AF325747

# ÉLÉMENTS

DE

# MATHÉMATIQUES

## SUPÉRIEURES

(COURS DE MATHÉMATIQUES GÉNÉRALES)

À L'USAGE DES

PHYSICIENS, CHIMISTES ET INGÉNIEURS ET DES ÉLÈVES
DES FACULTÉS DES SCIENCES

PAR

H. VOGT

PROFESSEUR À LA FACULTÉ DES SCIENCES
DIRECTEUR DE L'INSTITUT DE MÉCANIQUE ET DE PHYSIQUE APPLIQUÉE
DE NANCY

DOUZIÈME ÉDITION

ENTIÈREMENT REFONDUE

PARIS

LIBRAIRIE VUIBERT

BOULEVARD SAINT-GERMAIN, 63

# ÉLÉMENTS

DE

## MATHÉMATIQUES SUPÉRIEURES

(COURS DE MATHÉMATIQUES GÉNÉRALES)

# DU MÊME AUTEUR



**Solutions des exercices** proposés dans les *Éléments de Mathématiques supérieures*. — Un vol. 25/16$^{cm}$, avec figures, 3$^e$ édition. . . . . . . . . **14 fr.** »

# ÉLÉMENTS

DE

# MATHÉMATIQUES

## SUPÉRIEURES

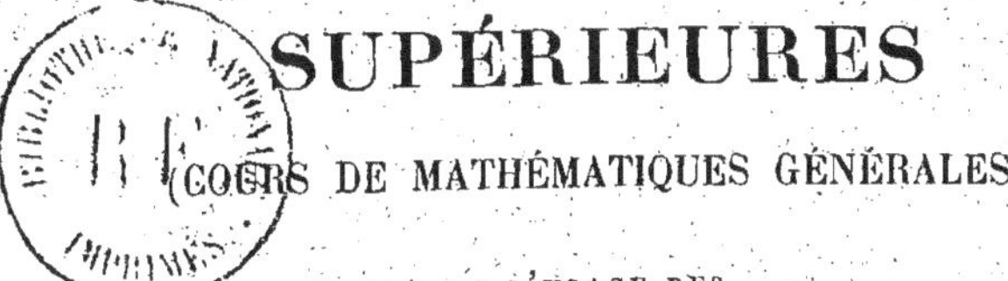

(COURS DE MATHÉMATIQUES GÉNÉRALES)

A L'USAGE DES

PHYSICIENS, CHIMISTES ET INGÉNIEURS ET DES ÉLÈVES
DES FACULTÉS DES SCIENCES

PAR

## H. VOGT

PROFESSEUR A LA FACULTÉ DES SCIENCES
DIRECTEUR DE L'INSTITUT ÉLECTROTECHNIQUE ET DE MÉCANIQUE APPLIQUÉE
DE NANCY

DOUZIÈME ÉDITION
ENTIÈREMENT REFONDUE

PARIS
LIBRAIRIE VUIBERT
BOULEVARD SAINT-GERMAIN, 63

1925

# PRÉFACE DE LA 1ʳᵉ ÉDITION

Cet ouvrage est en grande partie la reproduction du cours que j'ai professé pendant plusieurs années à la Faculté des sciences de Nancy, à l'usage des étudiants candidats à la Licence ès sciences physiques, n'ayant pas fait d'études de Mathématiques spéciales ni de Calcul différentiel et intégral. Ce cours, que je fais encore en partie, est actuellement l'un des cours fondamentaux de la Faculté des sciences et répond à un réel besoin.

La plupart des étudiants en Mathématiques, en Physique ou en Chimie arrivent à l'Université sans autres connaissances que celles qui sont exigées pour les baccalauréats scientifiques, et il est nécessaire de leur enseigner les éléments de l'Algèbre, du Calcul différentiel et intégral et de la Géométrie analytique pour leur permettre de suivre les cours de sciences pures ou appliquées qui font l'objet du véritable enseignement supérieur.

Ces *Éléments de Mathématiques supérieures* sont destinés à mettre les étudiants à même de profiter le plus rapidement possible de l'enseignement supérieur théorique ou appliqué ; ils s'adressent aux jeunes gens qui ont fait de bonnes études de mathématiques élémentaires et qui, désirant suivre des cours d'analyse, de mécanique, de physique, d'électrotechnique, de chimie physique, d'électrochimie, etc., ne peuvent consacrer toute une année à acquérir dans une classe de Mathématiques spéciales le peu d'Algèbre ou de Géométrie analytique qui leur est nécessaire ni suivre un cours complet de Calcul différentiel et intégral.

Ils s'adressent également aux maîtres répétiteurs des lycées et des collèges qui n'ont pas la ressource de suivre un cours de Spéciales et désirent cependant se préparer à des certificats d'Université ; ils pourront aussi intéresser, je l'espère, les personnes se destinant à l'industrie ou aux travaux publics, n'ayant à acquérir et à appliquer qu'un ensemble restreint de connaissances mathématiques supérieures qu'elles trouveraient difficilement mises à leur portée dans des ouvrages trop complets.

Je me suis limité dans ces *Éléments* aux théories fondamentales et je me suis efforcé de les présenter de la manière la plus simple, laissant de côté les distinctions trop subtiles et les longues discussions ; il est toujours facile d'appliquer à chaque cas spécial une théorie ou un résultat établis dans un cas simple et général.

Parmi les matières qui font partie du cours de Mathématiques spéciales, je n'ai gardé que celles qui sont absolument indispensables ; loin de moi la pensée de considérer comme inutiles les autres parties de ce cours ; elles sont d'un puissant intérêt pour rompre l'esprit à la discipline mathématique et former des mathématiciens, mais elles sont superflues pour les physiciens et les chimistes.

J'ai introduit la notion de déterminant en partant des formules de résolution des équations linéaires à deux ou trois inconnues. J'ai défini la fonction $e^x$ au moyen de son développement en série ; cette méthode, qui n'est pas nouvelle, amène quelques simplifications dans le calcul et dans la démonstration des propriétés de la fonction exponentielle, ainsi que dans la recherche de la limite de $\left(1 + \dfrac{1}{m}\right)^m$.

Je n'ai conservé de la théorie des imaginaires et de celle des équations que les parties indispensables pour la pratique : la formule de Moivre et ses applications trigonométriques, la définition des racines multiples et la résolution numérique des équations.

En géométrie analytique, je me suis limité dans le corps de l'ouvrage aux questions générales relatives à la représentation des lignes et des surfaces, à la détermination de leurs tangentes et de leurs plans tangents, et à leur construction, mais sans insister sur les théories particulières relatives aux courbes et aux surfaces du second ordre. Cependant, comme il est utile, dans certaines questions d'analyse ou de physique, d'étudier particulièrement les coniques et les quadriques, leurs diamètres ou plans diamétraux, leurs axes, etc., j'ai placé dans des notes à la fin du volume quelques remarques relatives aux propriétés des courbes et des surfaces du second ordre ; j'y ai joint les formules fondamentales de la trigonométrie sphérique.

Il n'est pas indispensable, dans la lecture de cet ouvrage, de s'astreindre à l'ordre qui y est suivi ; les questions de géométrie analytique peuvent être étudiées en même temps que celles d'algèbre, et les applications géométriques du calcul différentiel supposent

seulement la connaissance des dérivées. J'ai insisté dans le calcul
intégral sur les intégrales curvilignes, les intégrales de surface, et
leurs transformations les unes dans les autres ; je me suis limité à
l'intégration des équations différentielles les plus simples et les plus
usuelles. J'ai réuni à la fin du volume un certain nombre d'exercices
courants se rapportant à l'Algèbre, à la Géométrie analytique et au
Calcul différentiel et intégral.

Je recevrai bien volontiers les réflexions et les critiques que suggé-
rera la lecture de ce livre aux membres de l'enseignement et aux
personnes qui s'y intéresseront. Je remercie mes collègues des indications qu'ils ont bien voulu me donner relativement à la rédaction
de cet ouvrage.

Nancy, mars 1901.

## PRÉFACE DE LA 12ᵉ ÉDITION

L'enseignement des Mathématiques Générales a pris une importance que légitime son rôle d'introduction à la fois aux sciences
pures et aux sciences appliquées ; son premier but est de donner
aux étudiants les méthodes propres aux sciences exactes, afin de les
habituer à l'enchaînement logique des raisonnements et des déduc-
tions. Sans diminuer la rigueur des raisonnements, mais sans entrer
dans le détail de démonstrations trop subtiles, il doit aussi mettre
entre leurs mains l'outil mathématique indispensable à l'étude des
sciences appliquées et leur donner en même temps le goût des calculs
numériques et des procédés graphiques.

Je me suis efforcé de remplir ce programme dans cette nouvelle
édition des *Éléments de Mathématiques supérieures* développés et
formant un *Cours de Mathématiques Générales*. Tout en conservant
le plan général de l'ouvrage, j'ai fait rentrer dans les théories générales les notes placées primitivement à la fin du volume ; j'ai modifié
l'ordre et le mode d'exposition de plusieurs chapitres de la première
partie, en donnant au début des idées générales sur la notion de
fonction et en reportant plus loin l'étude des séries, ainsi que celle
des déterminants et des équations linéaires, dont l'intérêt est moins

immédiat. J'ai insisté sur les calculs numériques, les procédés graphiques de résolution des équations, ainsi que sur les quadratures et l'intégration des équations différentielles par le tracé de lignes intégrales et de courbes isoclines.

J'ai donné à la théorie des fonctions de variables complexes un développement suffisant pour faire comprendre l'application de ces fonctions à la représentation conforme ; j'ai complété les chapitres relatifs à l'intégration des équations différentielles, et j'ai défini les fonctions de Bessel, dont l'importance s'accroît de jour en jour. J'ai indiqué le procédé d'intégration des équations aux différentielles totales, et j'ai montré, en prenant comme exemple l'équation des cordes vibrantes, le rôle des conditions initiales et des conditions aux limites dans l'intégration des équations aux dérivées partielles. J'ai insisté sur le calcul vectoriel ; j'ai aussi complété quelques points des applications géométriques de l'analyse, relatifs aux enveloppes des figures de l'espace, à la torsion, au contact, aux lignes de courbure. J'ai augmenté le nombre des exercices en conservant le caractère de simplicité de la plus grande partie d'entre eux, surtout de ceux du début, et en les élevant peu à peu jusqu'au niveau des problèmes proposés aux examens du Certificat de Mathématiques Générales.

Je serai heureux si cette édition rend service aux étudiants, en les mettant à même d'approfondir les ouvrages modernes sur les sciences mathématiques et physiques, ainsi que sur la mécanique et les sciences techniques.

Nancy, mars 1923.

H. V.

# ÉLÉMENTS

DE

# MATHÉMATIQUES SUPÉRIEURES

---

## PREMIÈRE PARTIE

## COMPLÉMENTS D'ALGÈBRE

---

### CHAPITRE I

#### ANALYSE COMBINATOIRE. — FORMULE DU BINOME

---

**1. Permutations.** — On appelle permutations de plusieurs objets distincts les groupes que l'on peut former en disposant tous ces objets sur une ligne l'un à la suite de l'autre, deux quelconques de ces groupes différant par l'ordre dans lequel sont placés les objets.

Avec deux objets représentés par les lettres $a$ et $b$, on peut former deux permutations,

$$ab, \quad ba;$$

avec trois objets représentés par les lettres $a$, $b$, $c$, on peut former six permutations,

$$abc, \quad acb, \quad cab,$$
$$bac, \quad bca, \quad cba.$$

Nous allons indiquer un procédé permettant de former de proche en proche les permutations de $m$ objets distincts représentés par les lettres $a$, $b$, $c$, ..., $h$, $k$, $l$ et de déterminer le nombre de ces permutations, nombre que nous représenterons par $P_m$.

Supposons qu'on ait formé le tableau des permutations de $m-1$ objets $a$, $b$, $c$, ..., $h$, $k$; à chacune de ces permutations nous adjoindrons un $m^e$ objet $l$ en le plaçant ou bien à la suite des autres, ou bien dans chacun des intervalles formés par deux objets consécutifs, ou bien en avant de tous les objets; nous formerons ainsi chaque fois une permutation des $m$ objets.

Toutes les permutations ainsi obtenues sont distinctes, car elles diffèrent les unes des autres par l'ordre des $m - 1$ premiers objets ou par la place du dernier. Toutes les permutations possibles des $m$ objets ont été formées, car si l'on imagine à l'avance une de ces permutations et si l'on y supprime le dernier objet $l$, on a une permutation du premier tableau et on en a sûrement déduit la permutation considérée; c'est du reste ainsi que nous avons procédé pour former les permutations de trois objets en partant de celles de deux.

De chaque permutation de $m - 1$ objets on déduit ainsi $m$ permutations de $m$ objets; on en conclut que le nombre $P_m$ de toutes les permutations de ces objets est $m$ fois plus grand que le nombre $P_{m-1}$ des permutations des $m - 1$ premiers, ou bien que l'on a la relation

$$P_m = m P_{m-1}.$$

Dans cette formule, qui est dite de récurrence, remplaçons $m$ par les nombres 2, 3, … $m - 1$, et remarquons que $P_1$ est égal à 1; nous avons

$$P_1 = 1,$$
$$P_2 = 2P_1,$$
$$\dots\dots\dots,$$
$$P_{m-1} = (m - 1) P_{m-2},$$
$$P_m = m P_{m-1};$$

il suffit de multiplier ces équations membre à membre pour trouver la formule

$$P_m = 1.\,2.\,3.\,\dots\,m$$

donnant le nombre cherché des permutations de $m$ objets; il est égal au produit des $m$ premiers nombres entiers. On représente ce produit par le symbole $m!$ que l'on énonce *factorielle m*.

*Exemple*: $m$ hommes peuvent être alignés de $P_m = m!$ manières différentes.

**2. Arrangements.** — On appelle arrangements de $m$ objets distincts $p$ à $p$ les groupes que l'on peut former en disposant $p$ de ces $m$ objets sur une ligne l'un à la suite de l'autre, deux quelconques de ces groupes différant par la nature des $p$ objets choisis ou par l'ordre dans lequel ils sont placés.

Soient $a, b, c, \dots h, k, l$ les $m$ objets représentés par des lettres distinctes ; les arrangements un à un sont les objets pris séparément,

$$a, \quad b, \quad c, \quad \ldots \quad h, \quad k, \quad l,$$

et sont en nombre $m$ ; les arrangements deux à deux sont

$$
\begin{array}{llll}
ab, & ac, & \ldots, & al, \\
ba, & bc, & \ldots, & bl, \\
\cdots & \cdots & \cdots & \cdots \\
la, & lb, & \ldots, & lk.
\end{array}
$$

Comme pour les permutations, nous allons indiquer un procédé permettant de former de proche en proche les arrangements des $m$ objets $p$ à $p$ et de déterminer leur nombre, que nous représenterons par $A_m^p$.

Supposons qu'on ait formé le tableau des arrangements des $m$ objets $p-1$ à $p-1$ ; à chacun de ces arrangements adjoignons un $p^e$ objet pris parmi ceux qui n'y entrent pas et dont le nombre est $m-p+1$, et plaçons-le à la suite des $p-1$ objets de l'arrangement considéré ; nous formerons ainsi des arrangements des $m$ objets $p$ à $p$. Tous les arrangements ainsi obtenus sont distincts, car ils diffèrent l'un de l'autre soit par l'ordre ou la nature des $p-1$ premiers objets soit par le dernier. Tous les arrangements possibles des $m$ objets $p$ à $p$ ont été formés, car si l'on imagine à l'avance un de ces arrangements et si l'on y supprime le dernier objet, on a un arrangement du premier tableau et l'on en a déduit sûrement l'arrangement considéré. C'est du reste ainsi que nous avons procédé pour former les arrangements 2 à 2 en partant des arrangements 1 à 1.

De chaque arrangement des $m$ objets $p-1$ à $p-1$ on déduit ainsi $m-p+1$ arrangements $p$ à $p$ ; on a dès lors la relation de récurrence

$$A_m^p = (m-p+1)A_m^{p-1}.$$

En donnant à $p$ les valeurs successives 2, 3, … et remarquant que $A_m^1$ est égal à $m$, on a

$$
\begin{aligned}
A_m^1 &= m, \\
A_m^2 &= (m-1)A_m^1, \\
\cdots & \cdots \cdots \cdots \cdots, \\
A_m^{p-1} &= (m-p+2)A_m^{p-2}, \\
A_m^p &= (m-p+1)A_m^{p-1}.
\end{aligned}
$$

Il suffit de multiplier ces équations membre à membre pour trouver la formule

$$A_m^p = m(m-1)\ldots(m-p+1).$$

donnant le nombre cherché des arrangements des $m$ objets $p$ à $p$; il est égal au produit de $p$ nombres consécutifs décroissants à partir de $m$. Dans le cas où $p$ est égal à $m$, les arrangements deviennent les permutations et on retrouve bien la formule donnant $P_m$.

*Exemple.* — Avec $m$ lettres distinctes, on peut former des mots de $p$ lettres qui sont des arrangements des $m$ lettres $p$ à $p$ et sont en nombre $A_m^p$.

**3. Combinaisons.** — On appelle combinaisons de $m$ objets distincts $p$ à $p$ les groupes que l'on peut former en prenant $p$ de ces objets et les plaçant d'une manière quelconque, deux quelconques de ces groupes différant par la nature des $p$ objets choisis mais non par leur ordre.

Pour former les combinaisons de $m$ objets $a, b, c, \ldots h, k, l$ pris $p$ à $p$, il suffit de former comme dans le n° précédent les arrangements de ces objets $p$ à $p$ et de conserver ceux de ces arrangements qui diffèrent l'un de l'autre par la nature des $p$ objets qui y entrent. Pour déterminer le nombre des combinaisons de $m$ objets $p$ à $p$, nombre que nous représenterons par $C_m^p$, il suffit de remarquer que les arrangements donnant la même combinaison de $p$ objets diffèrent les uns des autres par l'ordre des $p$ objets entrant dans cette combinaison et ne sont autres que les permutations de ces objets, il y a donc $P_p$ fois plus d'arrangements que de combinaisons, d'où la formule

$$(1) \qquad C_m^p = \frac{A_m^p}{P_p} = \frac{m(m-1)\ldots(m-p+1)}{1 . 2 \ldots p}.$$

REMARQUE I. — Le nombre $C_m^p$ est sûrement un nombre entier; nous en concluons que le produit de $p$ nombres entiers consécutifs quelconques est divisible par le produit des $p$ premiers nombres.

REMARQUE II. — Si nous multiplions les deux termes de la fraction précédente par le produit des $m-p$ premiers nombres, nous avons

$$C_m^p = \frac{m!}{p!\,(m-p)!} = \frac{P_m}{P_p P_{m-p}};$$

nous en concluons que l'on a $C_m^p = C_m^{m-p}$; en particulier $C_m^m$ est égal à 1.

*Exemples.* — Si l'on prend $m$ facteurs premiers distincts, les produits de $p$ de ces facteurs sont des combinaisons de ces $m$ facteurs pris $p$ à $p$, car ils changent quand on modifie les facteurs, mais non quand on intervertit leur ordre; leur nombre est égal à $C_m^p$.

Si l'on prend dans un plan $m$ droites dont plus de deux ne passent jamais par un même point, le nombre des points de rencontre de ces droites est égal au nombre de leurs combinaisons deux à deux, c'est-à-dire à

$$C_m^2 = \frac{m(m-1)}{2}.$$

De même, si l'on prend dans l'espace $m$ plans dont plus de deux ne passent jamais par une même droite et plus de trois par un même point, le nombre de leurs droites d'intersection est égal au nombre de leurs combinaisons deux à deux ou à $C_m^2$ ; le nombre des sommets des trièdres que l'on peut former avec ces plans est égal au nombre de leurs combinaisons trois à trois ou à

$$C_m^3 = \frac{m(m-1)(m-2)}{1 \cdot 2 \cdot 3}.$$

**4. Formule du binome.** — La formule du binome est celle qui donne le développement d'une puissance entière quelconque de la somme de deux quantités, ordonné suivant les puissances croissantes ou décroissantes de l'une d'elles. Si on les représente par $x$ et $a$, la formule donne le développement de $(x+a)^m$ ordonné suivant les puissances décroissantes de $x$.

Considérons d'abord le cas de $m = 2$ ; nous avons

$$(x+a)^2 = x^2 + 2ax + a^2 ;$$

multiplions les deux membres par $x+a$ et ordonnons, nous avons

$$(x+a)^3 = x^3 + 3ax^2 + 3a^2x + a^3 ;$$

multiplions encore par $x+a$ et ordonnons, nous avons de même

$$(x+a)^4 = x^4 + 4ax^3 + 6a^2x^2 + 4a^3x + a^4.$$

Nous pourrions continuer ainsi de proche en proche, mais il est préférable de chercher une loi de succession des coefficients ; pour cela nous chercherons d'une manière générale à développer le produit

$$(x+a)(x+b) \dots (x+k)(x+l),$$

où $a, b, \dots l$ sont des nombres distincts et à l'ordonner suivant les puissances décroissantes de $x$.

Le terme de plus haut degré est obtenu en multipliant l'un par l'autre les premiers termes de tous les binomes entrant dans le produit ; il est égal à $x^m$.

Les termes de degré $m-1$ sont obtenus en prenant le premier terme $x$ dans $m-1$ des facteurs, le terme indépendant de $x$ dans le $m^e$ facteur restant et formant leur produit ; en opérant ainsi de toutes les manières possibles et additionnant les résultats, on obtient la somme de ces termes, qui est

$$x^{m-1}(a + b + \cdots + k + l).$$

De même, les termes de degré $m - 2$ sont obtenus en prenant le premier terme $x$ dans $m - 2$ facteurs, les termes indépendants dans les deux facteurs restants et formant leur produit ; en opérant ainsi de toutes les manières possibles et additionnant les résultats, on obtient la somme de ces termes, qui est

$$x^{m-2}(ab + ac + \cdots + kl).$$

On formera ainsi de proche en proche les termes de degrés $m - 3, \ldots, m - p, \ldots$ jusqu'au terme indépendant de $x$, qui n'est autre que le produit des termes indépendants de $x$ dans les facteurs, c'est-à-dire

$$abc \ldots kl.$$

Nous écrirons le développement ainsi obtenu sous la forme

$$(x + a)(x + b) \ldots (x + l) = x^m + S_1 x^{m-1}$$
$$+ S_2 x^{m-2} + \cdots + S_p x^{m-p} + \cdots + S_m ;$$

$S_1$ est la somme des termes $a, b, c \ldots$ indépendants de $x$ ; $S_2$ est la somme de leurs produits deux à deux ; en général $S_p$ la somme de leurs produits $p$ à $p$, enfin $S_m$ est le produit de ces termes.

Nous allons compter le nombre des termes ou produits entrant dans les sommes $S_1, S_2, \ldots, S_p, \ldots S_m$ ; la première renferme autant de termes qu'il y a de combinaisons de $m$ lettres $a, b, c, \ldots, k, l$, 1 à 1, soit $C_m^1$ ; la deuxième autant qu'il y a de combinaisons de ces lettres deux à deux, soit $C_m^2$ ; d'une manière générale $S_p$ renferme autant de termes qu'il y a de combinaisons de $m$ lettres $p$ à $p$, soit $C_m^p$, enfin $S_m$ renferme un seul terme.

Cela posé, pour arriver à la formule du binome, il suffit de rendre tous les termes $a, b, c \ldots k, l$ égaux à $a$, alors tous les termes de $S_1$ deviennent égaux à $a$, ceux de $S_2$ à $a^2$, ceux de $S_p$ à $a^p$, et $S_m$ devient $a^m$ ; en tenant compte du nombre des termes entrant dans les sommes précédentes, nous voyons qu'elles deviendront respectivement

$$S_1 = C_m^1 a, \quad S_2 = C_m^2 a^2, \quad \ldots, \quad S_p = C_m^p a^p, \quad \ldots, \quad S_m = a^m,$$

et nous aurons la formule cherchée

$$(2) \quad (x + a)^m = x^m + C_m^1 a x^{m-1} + C_m^2 a^2 x^{m-2}$$
$$+ \cdots + C_m^p a^p x^{m-p} + \cdots + a^m,$$

que l'on appelle formule du binome de Newton, ou simplement formule du binome.

Si l'on remplace les coefficients $C_m^1$, $C_m^2$, ... par leurs valeurs déterminées au n° précédent, nous avons la formule

$$(3) \quad (x + a)^m = x^m + \frac{m}{1} a x^{m-1} + \frac{m(m-1)}{1 \cdot 2} a^2 x^{m-2} + \cdots$$
$$+ \frac{m(m-1)(m-2)\ldots(m-p+1)}{1 \cdot 2 \ldots p} a^p x^{m-p} + \cdots + a^m;$$

ordinairement on calcule les coefficients de proche en proche en partant du premier ; la formule précédente met en évidence la règle suivante :

**Règle.** — *Pour écrire les termes successifs du développement d'une puissance de $x + a$ ordonné suivant les puissances décroissantes de $x$, on commence par écrire $x$ affecté d'un exposant égal à celui de la puissance considérée ; chacun des termes successifs se déduit ensuite de celui qui le précède en diminuant l'exposant de $x$ d'une unité, et augmentant celui de $a$ d'une unité, puis en multipliant le coefficient numérique par l'ancien exposant de $x$ et le divisant par le nouvel exposant de $a$.*

Ainsi, dans le cas de la puissance quatrième, cette règle donne le développement suivant de $(x + a)^4$

$$x^4 + \frac{4}{1} a x^3 + \frac{4 \cdot 3}{1 \cdot 2} a^2 x^2 + \frac{4 \cdot 3 \cdot 2}{1 \cdot 2 \cdot 3} a^3 x + \frac{4 \cdot 3 \cdot 2 \cdot 1}{1 \cdot 2 \cdot 3 \cdot 4} a^4;$$

il s'accorde bien avec celui que nous avons trouvé précédemment.

Nous avons déduit la formule du binome des considérations développées précédemment sur les combinaisons ; il serait facile de s'en passer et de justifier la règle précédente par un raisonnement par récurrence. En supposant qu'elle est vraie pour l'exposant $m$, on démontrerait qu'elle est vraie pour l'exposant $m + 1$ en multipliant par $x + a$ le développement de $(x + a)^m$, ordonnant le produit suivant les puissances de $x$ et constatant qu'il est identique à celui que donnerait la règle pour l'exposant $m + 1$.

**5. Propriétés des coefficients du binome.** — On appelle coefficients du binome les coefficients de $x^m$, $a x^{m-1}$, ..., $a^p x^{m-p}$, ..., $a^m$ dans le développement de $(x + a)^m$ ; ils se déduisent du premier, qui est l'unité, par la règle que nous avons énoncée. Cette règle nous indique que les coefficients vont en augmentant tant que l'exposant de $x$ reste supérieur à celui de $a$, puis vont en diminuant jusqu'au dernier, qui est égal à l'unité.

Les coefficients de deux termes équidistants des extrêmes sont les mêmes ; en effet, si l'on échange les deux lettres $x$ et $a$ dans la formule (3), elle devient

$$(a + x)^m = a^m + \frac{m}{1} x a^{m-1} + \frac{m(m-1)}{1 \cdot 2} x^2 a^{m-2} + \cdots + x^m ;$$

comme les premiers membres sont identiques, les seconds doivent l'être et avoir les mêmes coefficients ; lorsqu'on les ordonne suivant les puissances décroissantes de la même lettre $x$, ceux de l'une des formules sont égaux à ceux de l'autre pris en ordre inverse ; il en résulte que les coefficients équidistants des extrêmes sont respectivement égaux.

Lorsque l'on veut trouver le développement de $(x - a)^m$, il suffit de changer $a$ en $-a$ dans la formule (3).

Si l'on veut développer la puissance $m^e$ d'une somme ou d'une différence de plus de deux quantités, par exemple de $x + y + z$, on considère cette somme comme composée de deux termes, l'un $x$ et l'autre $a = y + z$ ; on applique la formule (3) au binome $x + a$, et l'on remplace ensuite les différentes puissances de $a = y + z$ au second membre par leurs développements calculés d'après la même formule (3).

**6. Somme des carrés des $n$ premiers nombres.** — Nous nous proposons de calculer la somme

$$1^2 + 2^2 + 3^2 + \cdots + n^2,$$

que nous représenterons par $\overset{n}{\underset{1}{\Sigma}} p^2$.

Le symbole $\Sigma$ indique en général une somme de termes semblables à celui qui est écrit à la suite de ce symbole ; on écrit au-dessous et au-dessus de la lettre $\Sigma$ les valeurs du premier et du dernier des nombres auxquels s'étend la sommation considérée.

Nous nous servirons de la formule donnant $(x + a)^3$, et nous écrirons les égalités suivantes :

$$
\begin{aligned}
1^3 &= & 1^3 &= & & & & & 1, \\
2^3 &= & (1+1)^3 &= & 1^3 + & & 3 \cdot 1^2 + & & 3 \cdot 1 + 1, \\
3^3 &= & (2+1)^3 &= & 2^3 + & & 3 \cdot 2^2 + & & 3 \cdot 2 + 1, \\
& & & & \cdots & & & & \cdots, \\
n^3 &= (n-1+1)^3 &= (n-1)^3 &+ 3(n-1)^2 &+ 3(n-1) + 1, \\
(n+1)^3 &= & (n+1)^3 &= & n^3 + & & 3n^2 + & & 3n + 1.
\end{aligned}
$$

Faisons la somme de ces égalités membre à membre, et remarquons que les mêmes cubes se présentent dans l'un et l'autre membres, à l'exception de $(n+1)^3$; nous aurons, après réductions,

$$(n+1)^3 = 3(1^2 + 2^2 + \cdots + n^2) + 3(1 + 2 + \cdots + n) + n + 1;$$

en remplaçant la somme des $n$ premiers nombres par sa valeur $\dfrac{n(n+1)}{2}$, nous aurons

$$(n+1)^3 = 3\left(\sum_1^n p^2\right) + \frac{3n(n+1)}{2} + n + 1,$$

d'où, après réductions,

$$\sum_1^n p^2 = \frac{n(n+1)(2n+1)}{6}.$$

# CHAPITRE II

## LIMITES. — NOMBRES IRRATIONNELS

**7. Suite infinie de nombres rationnels.** — En arithmétique et en algèbre, on étudie d'abord les nombres entiers et les nombres fractionnaires positifs ou négatifs ; on les appelle nombres rationnels.

On dit qu'une suite infinie de tels nombres

$$(1) \qquad a_1, \quad a_2, \quad \ldots, \quad a_n, \quad \ldots$$

est déterminée si l'on a le moyen de calculer un terme quelconque connaissant le rang de ce terme ; ordinairement on donne une formule fournissant l'expression de $a_n$, que l'on appelle terme général, en fonction du rang $n$ ; c'est ce qui a lieu pour la suite

$$(2) \qquad \frac{1}{2}, \quad \frac{2}{3}, \quad \ldots, \quad \frac{n}{n+1}, \quad \ldots$$

dont le terme général est $a_n = \dfrac{n}{n+1}$ ; ou bien on a une formule de récurrence permettant de calculer de proche en proche chaque terme au moyen de ceux qui le précèdent, par exemple la suite que l'on rencontre en géométrie à propos du calcul de $\dfrac{1}{\pi}$ ; on donne les deux premiers termes de cette suite $a_1 = 0$, $a_2 = \dfrac{1}{2}$, et chacun des suivants est alternativement la moyenne arithmétique et la moyenne géométrique des deux qui le précèdent.

On dit qu'une suite telle que (1) a pour limite un nombre rationnel A si la différence entre A et chacun des termes successifs de cette suite devient et reste en valeur absolue plus petite qu'un nombre quelconque pris aussi petit qu'on le veut. Cela signifie que si l'on se donne un tel nombre $\varepsilon$, on peut trouver un rang $p$ assez élevé pour que tous les termes dont le rang $n$ est égal ou supérieur à $p$ soient compris entre $A - \varepsilon$ et $A + \varepsilon$.

Par exemple, la suite (2) a pour limite l'unité ; la différence entre

1 et le $n^e$ terme est en effet égale à

$$1 - \frac{n}{n+1} = \frac{1}{n+1}$$

et elle devient et reste plus petite que n'importe quel nombre lorsque $n$ croît indéfiniment.

Les nombres d'une suite peuvent être indifféremment supérieurs ou inférieurs à leur limite; la suite

$$+\frac{1}{2}, \quad -\frac{1}{3}, \quad +\frac{1}{4}, \quad -\frac{1}{5}, \quad \ldots$$

a pour limite zéro, et ses termes sont alternativement supérieurs et inférieurs à cette limite.

8. **Nombre irrationnel.** — A côté des nombres rationnels, on considère en algèbre des nombres appelés irrationnels, représentés par des symboles tels que $\sqrt{2}$, $\pi$, mais dont la valeur numérique ne peut être écrite à l'aide d'un nombre fini de chiffres. Ils s'introduisent de diverses manières; en cherchant par exemple à mesurer une grandeur incommensurable avec l'unité, comme la diagonale d'un carré construit sur l'unité de longueur, ou encore en donnant une suite infinie de nombres qui n'a pas une limite rationnelle. Toutes ces manières dérivent au fond de la suivante :

On définit un nombre irrationnel en donnant un moyen de ranger tous les nombres rationnels en deux classes, dites l'une inférieure, l'autre supérieure, tout nombre de la première étant inférieur à tout nombre de la seconde ; on dit souvent que l'on fait dans l'ensemble des nombres rationnels une coupure et que cette coupure définit un nombre irrationnel.

Par exemple, le nombre représenté par le symbole $\sqrt{2}$ est défini par la coupure séparant les nombres rationnels en deux classes, la classe supérieure renfermant les nombres rationnels positifs dont le carré est supérieur à 2, la classe inférieure renfermant les nombres positifs dont le carré est inférieur à 2 et les nombres négatifs. On peut sans inconvénient n'envisager que les nombres rationnels de même signe et laisser de côté par exemple les nombres négatifs dans la définition de $\sqrt{2}$.

On représente un nombre (*fig.* 1) par un point d'un axe $x'x$ sur lequel on choisit une origine O, un sens positif $x'x$ et une unité de longueur. A tout nombre rationnel on fait correspondre un point M tel que le segment OM ait pour mesure la valeur absolue du nombre donné et ait le sens de O vers $x$ si ce nombre est positif, le sens de O vers $x'$ s'il est négatif.

Un point A de l'axe $Ox$ qui ne correspond pas à un nombre rationnel détermine une coupure et définit un nombre irrationnel, les nombres rationnels de la classe supérieure étant représentés par des points M situés d'un côté de A, dans le sens positif, ceux de la classe inférieure par des points situés de l'autre côté de A. On dira que le nombre ainsi défini est la mesure de OA.

Remarque. — Un nombre rationnel tel que $\frac{3}{5}$ définit aussi une coupure des nombres rationnels et permet de les partager en deux classes, suivant qu'ils sont inférieurs ou supérieurs à $\frac{3}{5}$ ; on peut considérer ce nombre ou bien comme le plus grand des nombres de la classe inférieure, ou comme le plus petit de la classe supérieure. Pour un nombre irrationnel, il n'y a pas dans la 1$^{re}$ classe de nombre supérieur aux autres ni dans la seconde de nombre inférieur aux autres ; cependant la différence entre un nombre de la 1$^{re}$ et un nombre de la 2$^e$ classe peut être rendue aussi petite qu'on le veut.

Étant donné un nombre irrationnel représenté par le symbole A, la plus grande fraction de dénominateur $10^n$ faisant partie de la classe inférieure sera dite la valeur approchée de A à $\frac{1}{10^n}$ près par défaut, et la plus petite fraction de même dénominateur faisant partie de la classe supérieure sera dite la valeur approchée de A à $\frac{1}{10^n}$ près par excès ; les numérateurs de ces deux fractions diffèrent l'un de l'autre d'une unité. Par exemple, les nombres

$$1, \quad 1{,}4, \quad 1{,}41, \quad 1{,}414, \quad \ldots$$
$$2, \quad 1{,}5, \quad 1{,}42, \quad 1{,}415, \quad \ldots$$

sont les valeurs approchées de $\sqrt{2}$ par excès et par défaut à 1 unité, $\frac{1}{10}$, $\frac{1}{100}$, ... près.

**9. Opérations sur les nombres irrationnels.** — Soient A et B deux nombres irrationnels ou non, $a$ et $a'$ des nombres rationnels quelconques, l'un de la classe inférieure, l'autre de la classe supérieure de A, $b$ et $b'$ des nombres analogues relatifs à B ; on dit que A est égal à B si l'ensemble des nombres $a$ est identique à l'ensemble des nombres $b$ ; on dit que A est supérieur à B s'il y a au moins un nombre $a$ de la classe inférieure de A faisant partie de l'ensemble des nombres $b'$ de la classe supérieure de B.

La somme de deux nombres $A$ et $B$, que l'on écrit $A + B$, est définie en prenant dans la classe inférieure tous les nombres $a + b$ et ceux qui leur sont inférieurs et dans la classe supérieure tous les nombres $a' + b'$ et ceux qui leur sont supérieurs.

La différence des deux nombres $A$ et $B$, que l'on écrit $A - B$, est de même définie en prenant dans la classe inférieure les nombres $a - b'$ et ceux qui leur sont inférieurs et dans la classe supérieure les nombres $a' - b$ et ceux qui leurs sont supérieurs.

Le produit des deux nombres $A$ et $B$, que nous supposerons positifs, est défini en prenant dans la classe inférieure les produits des nombres positifs $ab$ et tous les nombres inférieurs à ces produits, et dans la classe supérieure tous les produits $a'b'$ et tous les nombres qui leur sont supérieurs.

De même, on définit le quotient de $A$ par $B$ en prenant dans la classe inférieure les quotients des nombres positifs $\dfrac{a}{b'}$ et tous les nombres qui leur sont inférieurs, et dans la classe supérieure les quotients des nombres positifs $\dfrac{a'}{b}$ et tous les nombres qui leur sont supérieurs. Il n'est pas nécessaire dans ces définitions d'envisager la totalité des nombres $a$, $a'$, $b$, $b'$, mais on peut se limiter à des suites infinies de valeurs approchées par défaut et par excès des nombres $A$ et $B$ à $\dfrac{1}{10^n}$ près, $n$ prenant des valeurs de plus en plus grandes. Si l'un des deux nombres $A$ ou $B$ est rationnel, par exemple $B$, on peut même se contenter de prendre pour $b$ et $b'$ le nombre $B$ lui-même.

**10. Notion générale de limite.** — Étant donnée une suite infinie déterminée de nombres rationnels ou même irrationnels

$$a_1, \quad a_2, \quad \ldots \quad a_n, \quad \ldots,$$

on dit comme au n° 7 que cette suite a une limite $A$, rationnelle ou irrationnelle, si la différence $A - a_n$ devient et reste en valeur absolue plus petite qu'un nombre quelconque aussi petit qu'on veut pour des valeurs suffisamment grandes de $n$. Par cela même, cette différence a pour limite zéro quand $n$ augmente indéfiniment.

D'après cela, la suite infinie des valeurs approchées par défaut à $\dfrac{1}{10^n}$ près $a_n$ d'un nombre irrationnel $A$ et la suite de ses valeurs approchées par excès $a'_n$ ont toutes deux pour limite ce nombre $A$, car $A$ est compris entre $a_n$ et $a'_n$, et la différence $a'_n - a_n$ a pour limite zéro ; il en est donc de même des valeurs absolues de $A - a_n$ et de $A - a'_n$.

Une suite infinie de nombres qui a une limite est dite convergente.

Un cas qui se présente fréquemment est celui qui fait l'objet du théorème fondamental suivant :

**Théorème.** — *Si les termes d'une suite infinie sont tels que chacun d'eux soit au moins égal au précédent ou, comme on dit, ne vont jamais en décroissant et s'ils restent tous inférieurs à un nombre fixe, cette suite a une limite égale ou inférieure à ce nombre.*

Soit en effet

$$a_1, \quad a_2, \quad \ldots, \quad a_n, \quad \ldots$$

une suite telle que l'on ait $a_p \geqslant a_n$ chaque fois que $p \geqslant n$ et que $a_n$ soit, quel que soit $n$, inférieur à un nombre fixe $A'$. En utilisant la représentation géométrique du n° 8, les nombres de cette suite sont représentés par des points $A_1, A_2, \ldots, A_n, \ldots$ se succédant dans le sens $Ox$ sans dépasser un point $A'$. On conçoit qu'un mobile se déplaçant sur $Ox$ à partir de $A'$ vers $O$ atteigne un point $A$ tel que tous les points $A_n$ soient situés entre $O$ et $A$, et que l'écart entre $A_n$ et $A$ soit aussi petit qu'on veut pour $n$ suffisamment grand. S'il en est ainsi, les points $A_{n+1}, A_{n+2}, \ldots$ sont tous compris entre $A_n$ et $A$ ; on en conclut que le point $A$ est la limite des points $A_1, A_2, \ldots$ et que le nombre qui mesure $OA$ est la limite des nombres de la suite donnée ; le théorème est ainsi démontré.

Voici une démonstration purement algébrique de ce théorème [1] ; nous remarquons d'abord comme au n° 8 que la suite considérée permet de définir un nombre, irrationnel ou non, $A$, par une coupure, séparant tous les nombres rationnels en deux classes. Dans la classe supérieure nous placerons les nombres $a'$, supérieurs à tous les nombres de la suite, dans la classe inférieure tous les nombres $a$ qui peuvent être dépassés par des nombres de la suite de rang suffisamment grand ; le nombre $A'$ est sûrement de la classe supérieure ; par suite $A$ est égal ou inférieur à $A'$.

Il nous restera à montrer que le nombre $A$ ainsi défini est la limite de la suite ou que $A - a_n$ a pour limite zéro.

Nous remarquerons pour cela qu'à partir d'un rang suffisamment grand, la différence entre deux nombres quelconques de la suite est aussi petite que l'on veut ; en effet, s'il n'en était pas ainsi, on pourrait trouver un nombre $\alpha$ et des rangs $n, p, q, r, \ldots$ en nombre infini tels que l'on ait,

$$a_p - a_n > \alpha, \quad a_q - a_p > \alpha, \quad a_r - a_q > \alpha, \quad \ldots,$$

---

1. Cette démonstration peut être laissée de côté dans une première lecture.

d'où $\quad a_p > a_n + \alpha, \quad a_q > a_n + 2\alpha, \quad a_r > a_q + 3\alpha, \quad \ldots$;

les nombres ainsi formés finiraient par dépasser A', ce qui est contraire à l'hypothèse.

Soit $a_n$ un nombre de la suite tel que pour tout nombre $p$ supérieur à $n$, la différence $a_p - a_n$ soit inférieure à un nombre donné $\varepsilon$ aussi petit qu'on veut; si l'on désigne alors par $a$ un nombre quelconque de la classe inférieure de A qui soit supérieur à $a_n$, $a$ est compris entre $a_n$ et un autre nombre de la suite de rang suffisamment élevé, et la différence $a - a_n$ est inférieure à $\varepsilon$. D'après la définition de la différence $A - a_n$, cette différence est aussi inférieure à $\varepsilon$, et cela suffit pour affirmer que $A - a_n$ a pour limite zéro, ce que nous voulions démontrer.

Nous verrions de la même manière que *si les termes d'une suite infinie ne vont jamais en croissant et s'ils restent supérieurs à un nombre fixe* $A''$, *cette suite a une limite* A *égale ou supérieure à* $A''$.

Les applications de ces théorèmes sont nombreuses; un exemple est donné par les valeurs approchées par défaut à $\dfrac{1}{10^n}$ près d'un nombre rationnel ou irrationnel; elles forment une suite ayant ce nombre pour limite, et il en est de même des valeurs approchées par excès.

Un autre exemple est fourni en Géométrie par les mesures des périmètres des polygones réguliers inscrits dans une circonférence de diamètre égal à l'unité lorsqu'on double indéfiniment le nombre des côtés; elles forment une suite ayant une limite, et cette limite est le nombre $\pi$.

**11. Suites ayant pour limite zéro.** — Nous allons démontrer sur ces suites les deux lemmes suivants :

**Lemme I.** — *Si l'on multiplie les termes d'une suite ayant pour limite zéro, respectivement par des facteurs restant inférieurs en valeur absolue à un nombre fixe* M, *on forme une autre suite de termes ayant également pour limite zéro.*

Pour le démontrer, il suffit de faire voir que les valeurs absolues des termes de la seconde suite deviennent et restent inférieures à un nombre quelconque $\varepsilon$ pris aussi petit qu'on veut; on pourra affirmer que cela a lieu si les valeurs absolues des termes de la première suite deviennent et restent inférieures à $\dfrac{\varepsilon}{M}$; mais cela résulte de l'hypothèse que les termes de cette suite ont pour limite zéro; la proposition se trouve donc démontrée.

**Lemme II.** — *Si l'on fait la somme des termes de même rang de deux suites ayant l'une et l'autre pour limite zéro, on forme une suite de termes ayant également pour limite zéro.*

Pour le démontrer, il suffit comme précédemment de faire voir que les valeurs absolues des termes de cette dernière suite deviennent et restent inférieures à un nombre quelconque $\varepsilon$ pris aussi petit qu'on veut ; on pourra affirmer que cela a lieu si les valeurs absolues des termes des deux premières deviennent et restent inférieures à $\frac{\varepsilon}{2}$ ; mais cela résulte de l'hypothèse ; la proposition se trouve donc démontrée.

**12. Théorèmes sur les limites.** — Soient deux suites de nombres

$$a_1, \quad a_2, \quad \ldots, \quad a_n, \quad \ldots$$
$$b_1, \quad b_2, \quad \ldots, \quad b_n, \ldots$$

ayant respectivement pour limites des nombres $A$ et $B$ ; nous allons montrer que les suites

$$a_1 + b_1, \quad a_2 + b_2, \quad \ldots, \quad a_n + b_n, \quad \ldots,$$
$$a_1 - b_1, \quad a_2 - b_2, \quad \ldots, \quad a_n - b_n, \quad \ldots,$$
$$a_1 b_1, \quad a_2 b_2, \quad \ldots, \quad a_n b_n, \quad \ldots,$$
$$\frac{a_1}{b_1}, \quad \frac{a_2}{b_2}, \quad \ldots, \quad \frac{a_n}{b_n},$$

dont les termes successifs sont obtenus en faisant la somme, la différence, le produit ou le quotient des termes de même rang dans les deux suites données, ont des limites respectivement égales à $A + B$, $A - B$, $AB$ et $\frac{A}{B}$, en supposant toutefois pour la dernière que $B$ ne soit pas nul.

Pour démontrer la première partie, formons la différence entre $A + B$ et le terme général $a_n + b_n$ ; nous pouvons l'écrire

$$A + B - (a_n + b_n) = (A - a_n) + (B - b_n).$$

Le second membre est la somme de deux termes ayant pour limite zéro ; d'après le second lemme, il a également pour limite zéro, par conséquent la suite $a_n + b_n$ a pour limite $A + B$.

Le raisonnement est le même dans le cas de la différence.

Dans le cas du produit, nous écrirons la différence $AB - a_n b_n$ sous la forme

$$AB - a_n b_n = A(B - b_n) + b_n(A - a_n) ;$$

les deux termes $B - b_n$ et $A - a_n$ tendent vers zéro ; leurs produits par $A$ et $b_n$, qui restent finis, tendent aussi vers zéro (lemme I) et la somme de ces produits a pour limite zéro (lemme II) ; la proposition est ainsi démontrée.

Dans le cas du quotient, nous écrirons la différence $\dfrac{A}{B} - \dfrac{a_n}{b_n}$ sous la forme

$$\frac{A}{B} - \frac{a_n}{b_n} = \frac{Ab_n - Ba_n}{Bb_n} = \frac{B(A - a_n) - A(B - b_n)}{Bb_n};$$

dans le numérateur de la dernière fraction, les deux différences $A - a_n$, $B - b_n$ ont pour limite zéro ; il en est de même de leurs produits par $A$ et $B$, et de la différence de ces produits ; dans le dénominateur, le nombre $Bb_n$ a pour limite un nombre $B^2$ non nul, par conséquent sa valeur absolue devient et reste, à partir d'un certain rang, supérieure à un nombre fixe et son inverse $\dfrac{1}{Bb_n}$ est en valeur absolue inférieure à un certain nombre M ; on en conclut (lemme I) que le second membre a pour limite zéro, ce qui démontre la proposition.

On énonce ordinairement ces résultats sous la forme suivante :

**Théorème.** — *La limite d'une somme, d'une différence, d'un produit ou d'un quotient est égale à la somme, à la différence, au produit ou au quotient des limites.*

Ce théorème s'étend à la somme d'un nombre quelconque de termes et au produit d'un nombre quelconque de facteurs égaux ou inégaux. On arrive ainsi de proche en proche à considérer un polynome entier ou, plus généralement, une fraction rationnelle de plusieurs lettres $a$, $b$, $c$, ... auxquelles on donne des valeurs successives égales aux termes de même rang de suites données ayant pour limites des nombres A, B, C, ... En appliquant le théorème précédent aux opérations successives que l'on a à effectuer, on arrive à un théorème général que l'on énonce sous la forme suivante :

**Théorème.** — *La limite d'un polynome entier ou d'une fraction rationnelle d'un ou de plusieurs nombres dont les valeurs successives ont des limites données est égale à la valeur de ce polynome ou de cette fraction rationnelle pour les limites de ces nombres ; ceci suppose toutefois que le dénominateur n'est pas nul pour les limites.*

**13. Limite d'une fraction rationnelle.** — Dans un grand nombre de recherches, une lettre $x$, appelée variable, est susceptible de prendre toutes les valeurs possibles comprises entre deux nombres $a$ et $b$, ou bien des valeurs quelconques ; ordinairement, on suppose que $x$ acquiert successivement les valeurs qu'on veut lui attribuer, par ordre de grandeur croissante ; c'est ainsi qu'on dit que $x$ varie en croissant de $a$ à $b$, ou de $-\infty$ à $+\infty$ ; quelquefois $x$ varie en décroissant. Dans tous les cas, on dit que la variable $x$ tend vers $X$ ou a pour limite un nombre $X$ si la différence $X - x$ devient et reste en valeur absolue, aussi petite que l'on veut.

Si l'on représente par $y$ le résultat d'un calcul indiqué sur la lettre variable $x$, on dit que $y$ est une fonction de $x$; on peut se proposer de chercher, quand $x$ a une limite $X$, si $y$ a une limite, et quelle est cette limite. Le théorème précédent permet de répondre à cette question lorsque $X$ est fini, et de calculer la limite de $y$.

Dans le cas où $x$ prend des valeurs positives augmentant indéfiniment, nous dirons, pour simplifier le langage, que $x$ tend vers $+\infty$ ou a pour limite $+\infty$; si $x$ prend des valeurs négatives dont la valeur absolue augmente indéfiniment, nous dirons que $x$ tend vers $-\infty$ ou a pour limite $-\infty$; nous emploierons les mêmes expressions pour $y$.

On peut se proposer de chercher si une fonction $y$ de $x$ a une limite quand $x$ tend vers $+\infty$ ou $-\infty$ et dans l'affirmative de calculer cette limite; nous allons résoudre cette question lorsque $y$ est une fraction rationnelle de $x$, c'est-à-dire le quotient de deux polynomes de la forme

$$y = \frac{a_0 x^m + a_1 x^{m-1} + \ldots + a_m}{b_0 x^p + b_1 x^{p-1} + \ldots + b_p},$$

$a_0$ et $b_0$ n'étant pas nuls; nous chercherons à introduire $\dfrac{1}{x}$ qui a pour limite zéro et nous nous servirons pour cela de la remarque suivante :

Si l'on désigne par $z$ le quotient des termes de plus haut degré,

$$z = \frac{a_0 x^m}{b_0 x^p},$$

le rapport des deux fractions $y$ et $z$ a pour limite l'unité quand $x$ augmente indéfiniment en valeur absolue.

En effet, en mettant en facteur les termes de plus haut degré dans le numérateur et le dénominateur de $y$, nous pouvons écrire

$$y = \frac{a_0 x^m \left( 1 + \dfrac{a_1}{a_0} \dfrac{1}{x} + \ldots + \dfrac{a_m}{a_0} \dfrac{1}{x^m} \right)}{b_0 x^p \left( 1 + \dfrac{b_1}{b_0} \dfrac{1}{x} + \ldots + \dfrac{b_p}{b_0} \dfrac{1}{x^p} \right)}.$$

Le rapport $\dfrac{y}{z}$ est égal au quotient de deux sommes qui ont pour limite l'unité quand $\dfrac{1}{x}$ tend vers zéro; par suite, d'après les théorèmes démontrés précédemment, ce rapport a pour limite l'unité.

Il résulte de là que la limite de $y$ pour $x$ infini est égale à celle de $z$ ; si les deux termes de la fraction ont le même degré $m = p$, $z$ est égal à $\dfrac{a_0}{b_0}$, et la limite de $y$ est égale à cette fraction ; si le degré du numérateur est inférieur à celui du dénominateur, $m < p$, $z$ est égal à $\dfrac{a_0}{b_0 x^{p-m}}$, et a pour limite zéro, $y$ a la même limite ; si le degré du numérateur est supérieur à celui du dénominateur, $m > p$, $z$ est égal à $\dfrac{a_0 x^{m-p}}{b_0}$ et tend vers $+\infty$ ou $-\infty$ suivant la parité de $m - p$ et les signes de $a_0$ et $b_0$, lorsque $x$ tend vers $+\infty$ ou $-\infty$ ; on arrive ainsi au résultat suivant :

*La limite d'une fraction rationnelle lorsque la variable tend vers $+\infty$ ou $-\infty$ est égale au quotient des coefficients des termes de plus haut degré si les deux termes ont le même degré ; elle est nulle si le degré du numérateur est inférieur à celui du dénominateur, et elle est infinie en valeur absolue si le degré du numérateur est supérieur à celui du dénominateur.*

Les résultats précédents s'appliquent naturellement au cas où $y$ se réduit à un polynome.

*Exemples* : Considérons les fractions

$$\frac{2x^3 + x - 1}{3x^3 - x^2 + 5}, \qquad \frac{2x^3 - 1}{x^4 + 3x^2 + 5}, \qquad \frac{-x^3 + 1}{2x^2 - x + 1} ;$$

quand $x$ tend vers $+\infty$ ou $-\infty$, la première a pour limite $\dfrac{2}{3}$, la seconde a pour limite zéro, la troisième a une limite infinie, égale à celle de $z = -\dfrac{x}{2}$ ; quand $x$ tend vers $+\infty$, cette fraction tend vers $-\infty$, et quand $x$ tend vers $-\infty$ elle tend vers $+\infty$.

**14. Limite de $\dfrac{\sin x}{x}$.** — Nous rappelons la démonstration du théorème suivant, dont on a souvent à faire usage.

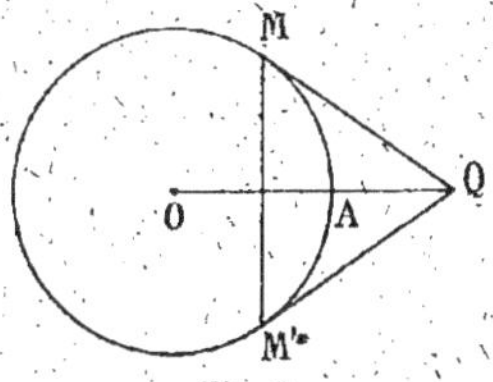

Fig. 2.

**Théorème.** — *Le rapport $\dfrac{\sin x}{x}$ a pour limite l'unité quand $x$ tend vers zéro.*

Nous pouvons supposer que $x$ est positif, car le rapport précédent ne change pas quand on remplace $x$ par $-x$. Soit dans le cercle trigonométrique (*fig. 2*) AM un arc égal à $x$, et soit M′ le point symétrique de M par rapport à OA ; l'arc M′M est égal à $2x$, la corde M′M est égale à $2\sin x$, et si l'on trace les tangentes au cercle en M et M′, tangentes qui se coupent en Q sur OA, la somme M′Q + QM est égale à $2\operatorname{tg} x$. Comme l'arc M′M est compris entre la corde M′M et la somme des côtés M′Q et MQ, on a les inégalités

$$2\sin x < 2x < 2\operatorname{tg} x;$$

si l'on divise tous les termes par $2\sin x$, on obtient

$$1 < \frac{x}{\sin x} < \frac{1}{\cos x}.$$

Lorsque $x$ tend vers zéro, $\cos x$ a pour limite l'unité, et le dernier rapport a également pour limite l'unité, il en est donc de même du rapport $\dfrac{x}{\sin x}$ et de son inverse $\dfrac{\sin x}{x}$, ce qu'il fallait démontrer.

# CHAPITRE III

## RADICAUX ET EXPOSANTS

**15. Radicaux.** — Étant donné un nombre positif $a$, on sait qu'il existe un nombre positif $\alpha$ et un seul, rationnel ou irrationnel, dont la puissance $m^e$ est égale à $a$; on appelle $\alpha$ la racine $m^e$ arithmétique de $a$, et on la représente par le symbole $\sqrt[m]{a}$ que l'on appelle un radical. Le nombre $m$ est dit l'indice du radical; lorsque l'indice est égal à 2, on se dispense de l'écrire. Il n'est question dans ce chapitre que de nombres et de radicaux arithmétiques ou positifs.

Le calcul des radicaux est l'ensemble des règles qui permettent d'effectuer les produits, les quotients, les puissances ou les racines de nombres représentés par des radicaux donnés, en ramenant ces opérations à d'autres analogues effectuées sur les nombres placés sous les radicaux. Ces règles sont les conséquences des lemmes suivants, que nous supposons démontrés :

1° La puissance $m^e$ d'un produit de plusieurs nombres est égale au produit des puissances $m^{es}$ de ces nombres.

2° La puissance $m^e$ du quotient de deux nombres est égale au quotient des puissances $m^{es}$ de ces nombres.

3° La puissance $m^e$ de la puissance $p^e$ d'un nombre est égale à la puissance $mp^e$ de ce nombre.

De ces lemmes résultent les théorèmes suivants :

1° Le produit des racines $m^{es}$ de plusieurs nombres est égal à la racine $m^e$ du produit de ces nombres.

2° La $p^e$ puissance de la racine $m^e$ d'un nombre est égale à la racine $m^e$ de la $p^e$ puissance de ce nombre.

3° Le quotient des racines $m^{es}$ de deux nombres est égal à la racine $m^e$ du quotient de ces nombres.

4° La racine $p^e$ de la racine $m^e$ d'un nombre est égale à la racine $mp^e$ de ce nombre.

Ces théorèmes sont exprimés par les égalités suivantes :

$$(1) \qquad \sqrt[m]{a}\,\sqrt[m]{b}\,\sqrt[m]{c} = \sqrt[m]{abc},$$

$$(2) \qquad \left(\sqrt[m]{a}\right)^p = \sqrt[m]{a^p},$$

$$(3) \qquad \frac{\sqrt[m]{a}}{\sqrt[m]{b}} = \sqrt[m]{\frac{a}{b}},$$

$$(4) \qquad \sqrt[p]{\sqrt[m]{a}} = \sqrt[mp]{a}.$$

Pour démontrer la première, il suffit d'élever les deux membres à la puissance $m$ ; d'après le premier lemme, la puissance $m^e$ du premier membre est égale au produit des puissances $m^{es}$ des trois radicaux, et est égale à $abc$ ; elle est bien égale à la puissance $m^e$ du second membre ; comme les puissances $m^{es}$ des deux membres sont égales, ces deux membres sont aussi égaux.

La deuxième égalité est l'application de la première à $p$ facteurs égaux à $\sqrt[m]{a}$ ; on démontre la troisième égalité en élevant les deux membres à la puissance $m$ et appliquant le deuxième lemme. Enfin on démontre la quatrième en élevant les deux membres à la puissance $mp$, et appliquant le troisième lemme ; on forme la puissance $mp^e$ du premier membre en l'élevant d'abord à la puissance $p$, puis le résultat à la puissance $m$, et l'on obtient finalement le nombre $a$ ; comme la puissance $mp^e$ du second membre est aussi égale à $a$, l'égalité est vérifiée.

**16. Corollaires.** — Les théorèmes précédents fournissent en particulier les règles de calcul propres à des radicaux de même indice ; nous mentionnerons encore les conséquences suivantes de ces théorèmes :

1° On peut faire sortir d'un radical un nombre dont l'exposant est un multiple de l'indice.

On a par exemple

$$\sqrt[3]{a^7b^5} = \sqrt[3]{a^6b^3}\sqrt[3]{ab^2} = a^2b\sqrt[3]{ab^2},$$

comme cela résulte de la première égalité ;

2° On peut multiplier ou diviser par un même nombre l'indice d'un radical et l'exposant du nombre placé sous ce radical.

On a

$$\sqrt[m]{a^p} = \sqrt[mq]{a^{pq}},$$

car on a, d'après la quatrième égalité ;

$$\sqrt[mq]{a^{pq}} = \sqrt[m]{\sqrt[q]{(a^p)^q}} = \sqrt[m]{a^p}.$$

3° On peut simplifier un radical en divisant par un même nombre l'indice et l'exposant; cela résulte de l'égalité précédente.

On a par exemple

$$\sqrt[12]{a^8} = \sqrt[3]{a^2}.$$

4° On peut réduire plusieurs radicaux au même indice, l'indice commun étant le plus petit commun multiple des indices donnés.

On peut remplacer par exemple

$$\sqrt[3]{a}, \qquad \sqrt[6]{b^3}, \qquad \sqrt[4]{c^5}$$

par des radicaux ayant pour indice commun 12; il suffit d'appliquer le deuxième corollaire; les radicaux seront égaux à

$$\sqrt[12]{a^4}, \qquad \sqrt[12]{b^9}, \qquad \sqrt[12]{c^{10}}.$$

5° Comme application, on peut effectuer le produit ou le quotient de radicaux d'indices différents en les ramenant d'abord au même indice; on a par exemple

$$\sqrt[3]{ab^2} \times \sqrt[4]{a^2b^3} \times \sqrt[6]{ab^5} = \sqrt[12]{a^4b^8} \times \sqrt[12]{a^6b^9} \times \sqrt[12]{a^2b^{10}}$$
$$= \sqrt[12]{a^{12}b^{27}} = ab^2\sqrt[12]{b^3} = ab^2\sqrt[4]{b}.$$

**17. Exposants fractionnaires.** — Lorsque $m$ est divisible par $n$, le nombre $\sqrt[n]{a^m}$ est égal à $a^{\frac{m}{n}}$, l'exposant $\frac{m}{n}$ étant entier; lorsque $m$ n'est plus divisible par $n$, on représente par définition le radical $\sqrt[n]{a^m}$ par le symbole $a^{\frac{m}{n}}$, dont l'exposant est appelé exposant fractionnaire; par exemple, $\sqrt[3]{a^2}$ est représenté par $a^{\frac{2}{3}}$.

Pour que l'introduction de ces exposants soit d'une utilité pratique en algèbre, il faut d'abord qu'à un symbole $a^{\frac{m}{n}}$ corresponde une seule valeur numérique; or on peut substituer à la fraction $\frac{m}{n}$, sans en changer la valeur, toute autre fraction équivalente; il faut donc s'assurer que $a^{\frac{m}{n}}$ est égal à $a^{\frac{m'}{n'}}$ lorsque $\frac{m}{n} = \frac{m'}{n'}$.

C'est ce qui a lieu en effet; pour le voir, il suffit de vérifier par exemple que $a^{\frac{m}{n}}$ et $a^{\frac{mp}{np}}$ représentent la même valeur numérique; or ces deux symboles représentent les nombres $\sqrt[n]{a^m}$ et $\sqrt[np]{a^{mp}}$ et ces nombres sont égaux d'après le numéro précédent.

Après avoir justifié l'introduction des exposants fractionnaires, nous allons montrer que les règles de multiplication, de division et d'élévation aux puissances données dans le cas des exposants entiers s'appliquent encore aux exposants fractionnaires; nous allons vérifier que l'on a

$$(5) \qquad a^{\frac{m}{n}} \times a^{\frac{p}{q}} = a^{\frac{m}{n} + \frac{p}{q}},$$

$$(6) \qquad \frac{a^{\frac{m}{n}}}{a^{\frac{p}{q}}} = a^{\frac{m}{n} - \frac{p}{q}},$$

$$(7) \qquad \left( a^{\frac{m}{n}} \right)^{\frac{p}{q}} = a^{\frac{m}{n} \cdot \frac{p}{q}}.$$

Dans la première égalité, le premier membre a pour valeur numérique $\sqrt[n]{a^m} \times \sqrt[q]{a^p}$; d'après le numéro précédent (5°), ce produit peut être remplacé par $\sqrt[nq]{a^{mq}} \times \sqrt[nq]{a^{np}} = \sqrt[nq]{a^{mq+np}}$, et c'est la valeur numérique du symbole $a^{\frac{mq+np}{nq}}$ ou $a^{\frac{m}{n} + \frac{p}{q}}$, c'est-à-dire du second membre; l'égalité est donc vérifiée; on ferait de même pour la seconde, dans laquelle $\frac{m}{n}$ est supposé supérieur à $\frac{p}{q}$.

Le premier membre de la troisième est égal à

$$\sqrt[q]{\left( \sqrt[n]{a^m} \right)^p} = \sqrt[q]{\sqrt[n]{a^{mp}}} = \sqrt[nq]{a^{mp}},$$

et il est bien égal au second membre, ce qui vérifie l'égalité.

$$\textit{Exemple:} \qquad a^{\frac{1}{3}} \times a^{\frac{1}{6}} = a^{\frac{1}{3} + \frac{1}{6}} = a^{\frac{1}{2}};$$

c'est la traduction de l'égalité $\quad \sqrt[3]{a}\sqrt[6]{a} = \sqrt[2]{a}$.

**18. Exposants négatifs.** — Nous venons de voir que le quotient de $a^{\frac{m}{n}}$ par $a^{\frac{p}{q}}$, lorsque $\frac{m}{n}$ est supérieur à $\frac{p}{q}$, est égal à $a^{\frac{m}{n} - \frac{p}{q}}$. Lorsque les deux exposants sont égaux, le quotient est égal à l'unité, et l'exposant $\frac{m}{n} - \frac{p}{q}$ devient nul; on est amené, dans un but de généralisation, à conserver encore dans ce cas l'égalité (6), et à dire par définition que le symbole $a^0$ est égal au quotient de deux puissances égales de $a$, c'est-à-dire égal à l'unité.

De même, lorsque $\frac{m}{n}$ est inférieur à $\frac{p}{q}$, le quotient de $a^{\frac{m}{n}}$ par $a^{\frac{p}{q}}$

peut être remplacé, en divisant les deux termes par $a^{\frac{m}{n}}$, par $\dfrac{1}{a^{\frac{p}{q}-\frac{m}{n}}}$;

le symbole $a^{\frac{m}{n}-\frac{p}{q}}$ a un exposant négatif, égal à $-\left(\dfrac{p}{q}-\dfrac{m}{n}\right)$; on conserve encore, dans un but de généralisation, l'égalité (6), et l'on dit, par définition, que le symbole $a^{-\left(\frac{p}{q}-\frac{m}{n}\right)}$ est égal à $\dfrac{1}{a^{\frac{p}{q}-\frac{m}{n}}}$, ou, plus simplement, que $a^{-s}$ représente $\dfrac{1}{a^{s}}$, $s$ étant un nombre positif entier ou fractionnaire. On dit que l'exposant de $a$ dans le symbole $a^{-s}$ est un exposant négatif.

Nous allons montrer que les règles de calcul des exposants positifs entiers ou fractionnaires démontrées précédemment s'étendent encore aux exposants nuls ou négatifs, c'est-à-dire que l'on a

$$a^{m} \times a^{p} = a^{m+p},$$
$$\frac{a^{m}}{a^{p}} = a^{m-p},$$
$$(a^{m})^{p} = a^{mp},$$

quelles que soient les valeurs entières ou fractionnaires, positives, nulles ou négatives des exposants.

Vérifions par exemple la première pour $m$ positif et $p$ négatif; soit $p = -p'$, $p'$ étant positif: le premier membre est égal à $\dfrac{a^{m}}{a^{p'}}$ et peut être représenté dans tous les cas par $a^{m-p'}$; c'est bien la même valeur que celle du symbole $a^{m+p}$. On vérifierait de même les autres dans les différents cas qui peuvent se présenter.

*Exemples:* $\quad a^{\frac{1}{2}} a^{-\frac{1}{3}} = a^{\frac{1}{2}-\frac{1}{3}} = a^{\frac{1}{6}}$; $\quad \left(a^{\frac{2}{3}}\right)^{-\frac{1}{2}} = a^{-\frac{1}{3}}$;

c'est la traduction des égalités

$$\frac{\sqrt[3]{a}}{\sqrt[2]{a}} = \sqrt[6]{a}, \qquad \frac{1}{\sqrt[2]{\left(\sqrt[3]{a^{2}}\right)}} = \frac{1}{\sqrt[3]{a}}.$$

# CHAPITRE IV

## GÉNÉRALITÉS SUR LES FONCTIONS. — FONCTION $x^m$.

---

**19. Des fonctions.** — Lorsqu'une variable $x$ est susceptible de prendre toutes les valeurs possibles depuis un nombre $a$ jusqu'à un nombre $b$, on dit qu'elle varie d'une manière continue dans l'intervalle $(a, b)$; les deux nombres $a$, $b$ sont appelés les limites de cet intervalle.

Si à chaque valeur de la variable $x$ on fait correspondre une valeur d'une autre variable $y$, on dit que la seconde est une *fonction* de la première.

Cette correspondance peut être établie de plusieurs manières ; ordinairement on donne une formule permettant de calculer la valeur de $y$ correspondant à chaque valeur de $x$ dans l'intervalle où la fonction est définie ; on dit alors que $y$ est une fonction *explicite* de $x$ ; exemples :

$$y = 2x^2 + 1, \qquad y = \frac{x+1}{x-1}, \qquad y = \frac{\sqrt{1-x^2}}{1+\sqrt{x}}.$$

Dans ces exemples, le calcul de $y$ comprend un nombre fini d'opérations algébriques, et l'on dit que $y$ est une fonction algébrique explicite de $x$ ; dans le premier cas, elle est rationnelle et entière, dans le second cas, rationnelle et fractionnaire, et dans le troisième, irrationnelle.

Les autres fonctions explicites telles que $y = \sin x$ sont dites transcendantes.

Lorsqu'une fonction est définie par une relation entre $y$ et $x$, non résolue par rapport à $y$, on dit qu'elle est *implicite* ; les équations

$$y^5 - 2xy + 1 = 0,$$
$$\sin y = x^2$$

déterminent des fonctions implicites ; la première est dite algébrique parce qu'elle est définie par une équation algébrique entre $x$ et $y$ ; la seconde est transcendante.

Lorsque la définition d'une fonction ne fait correspondre à chaque valeur de $x$ qu'une seule valeur de $y$, on dit que cette fonction est *uniforme*, sinon qu'elle est multiforme ou à plusieurs branches ; les fonctions implicites précédentes ne sont pas uniformes ; ordinairement on choisit dans ce cas une branche particulière de la fonction multiforme $y$ pour en faire l'étude quand $x$ varie.

Pour beaucoup de fonctions, la valeur numérique de $y$ correspondant à une valeur de $x$ est déterminée comme limite d'une suite de nombres qu'on peut calculer successivement ; c'est ce qui a lieu déjà pour $y = \sqrt{x}$ lorsque $x$ n'est pas carré parfait ; nous admettrons toujours que la définition d'une fonction permet d'en calculer la valeur numérique exacte ou approchée autant qu'on le veut.

**20. Continuité.** — Soit $y = f(x)$ une fonction définie dans un intervalle $(a, b)$ ; soit $x$ une valeur particulière de la variable et $x'$ une valeur voisine comprises dans cet intervalle. On dit que $f(x)$ est une fonction continue pour la valeur $x$ si $f(x')$ a pour limite $f(x)$ quand $x'$ tend vers $x$. Si l'on désigne $x'$ par $x + h$, cela revient à dire que la différence

$$f(x + h) - f(x)$$

a pour limite zéro quand $h$ tend vers zéro, ou bien peut être rendue aussi petite que l'on veut en valeur absolue pour des valeurs suffisamment petites de $h$ ; toutes ces propriétés sont équivalentes.

*Exemple :* La fonction $y = x^m$, où $m$ est un exposant entier et positif, est continue pour toute valeur positive ou négative de la variable ; si l'on donne en effet à $x$ deux valeurs voisines, $x$ et $x'$, la différence des valeurs correspondantes de la fonction est $x'^m - x^m$ ; d'après l'identité

$$(1) \qquad x'^m - x^m = (x' - x)(x'^{m-1} + xx'^{m-2} + \cdots + x^{m-1}),$$

cette différence est divisible par la différence $x' - x$ et l'on voit bien qu'elle a pour limite zéro quand $x' - x$ tend vers zéro.

**21. Fonction croissante ou décroissante.** — On dit qu'une fonction $f(x)$ définie dans un intervalle $(a, b)$ est croissante dans cet intervalle si elle augmente quand la variable augmente ; cela revient à dire que si l'on donne à $x$ deux valeurs quelconques, $x$ et $x'$ comprises dans l'intervalle ou égales aux limites, $f(x')$ est supérieur à $f(x)$ si $x'$ est supérieur à $x$, ou d'une manière générale $f(x') - f(x)$ n'est pas nul et a le signe de $x' - x$ quels que soient $x$ et $x'$.

On dit que la fonction est décroissante dans l'intervalle $(a, b)$ si $f(x')$ est inférieur à $f(x)$ quand $x'$ est supérieur à $x$ ou d'une manière générale, $f(x') - f(x)$ n'est pas nul et a le signe contraire à celui de $x' - x$ quels que soient $x$ et $x'$.

*Exemple :* La fonction $y = x^m$ où $m$ est entier positif impair est croissante dans tout intervalle, car, d'après l'identité (1), $x'^m - x^m$ a le signe de $x' - x$ quels que soient $x$ et $x'$.

On verrait de même que si $m$ est entier positif pair, la fonction $y = x^m$ est croissante dans l'intervalle $(0, \infty)$ et décroissante dans l'intervalle $(-\infty, 0)$.

**22. Fonction $x^m$.** — Lorsque $m$ est un nombre rationnel positif, négatif ou nul, à chaque valeur positive de $x$ correspond une valeur arithmétique bien déterminée de $x^m$, résultant des considérations développées dans le chapitre précédent; c'est cette valeur arithmétique que nous prendrons comme définition de la fonction $y = x^m$ dans l'intervalle $(0, \infty)$ lorsque $m$ n'est pas un nombre entier. Nous verrons plus loin comment on définit la fonction quand $m$ est irrationnel.

Il peut arriver que $x^m$ soit susceptible d'être définie pour des valeurs négatives de $x$; c'est ce qui a lieu si $m$ est un nombre entier ou une fraction qui, rendue irréductible, a un dénominateur impair, exemple les fonctions $x^{-2}$, $x^{\frac{2}{3}}$, $x^{-\frac{1}{5}}$, qui sont bien déterminées lorsque $x$ est négatif. Si $m$ est une fraction qui rendue irréductible a un dénominateur pair, il existe deux valeurs algébriques de $y = x^m$, égales et opposées, pour chaque valeur positive de $x$. Ce que nous dirons de la valeur arithmétique de $x^m$ dans l'intervalle $(0, \infty)$ s'étendrait facilement aux autres cas que l'on peut envisager.

**Théorème.** — *La fonction $y = x^m$ est continue pour toute valeur de la variable, sauf pour la valeur $x = 0$ dans le cas où $m$ est négatif.*

En effet : nous l'avons démontré lorsque $m$ est entier positif; lorsque $m$ est rationnel positif égal à une fraction $\dfrac{p}{q}$, nous utiliserons l'identité (1) en y remplaçant $m$ par $q$, $x$ par $x^{\frac{p}{q}}$ et $x'$ par $x'^{\frac{p}{q}}$ ; elle donnera la relation

$$x'^p - x^p = \left( x'^{\frac{p}{q}} - x^{\frac{p}{q}} \right)\left( x'^{\frac{(q-1)p}{q}} + \cdots \right).$$

Lorsque $x'$ tend vers $x$, le premier membre a pour limite zéro; d'après ce que nous avons dit lorsque l'exposant est entier, le second facteur du second membre n'est pas nul, par suite le premier facteur a pour limite zéro, ce qu'il fallait démontrer.

Lorsque $m$ est négatif, et égal à $-m'$, $m'$ étant positif et que $x$ et $x'$ ne sont pas nuls, on a

$$x'^m - x^m = \frac{1}{x'^{m'}} - \frac{1}{x^{m'}} = \frac{x^{m'} - x'^{m'}}{x'^{m'}x^{m'}};$$

au dernier membre, le numérateur a pour limite zéro, le dénominateur n'est pas nul, par suite le premier membre a pour limite zéro, ce qu'il fallait démontrer.

Nous énoncerons aussi les propriétés suivantes, dont les démonstrations sont assez simples pour que nous les supposions connues :

Si $m$ est positif, $x^m$ croît de 0 à 1, puis de 1 à $+\infty$ lorsque $x$ croît respectivement de 0 à 1 et de 1 à $+\infty$.

Si $m$ est négatif, $x^m$ décroît de $+\infty$ à 1, puis de 1 à 0 lorsque $x$ croît respectivement de 0 à 1 et de 1 à $+\infty$.

Comme nous l'expliquerons plus loin en détail, on utilise deux axes de coordonnées $Ox$, $Oy$ et l'on représente chaque couple de valeurs correspondantes de $x$ et $y = f(x)$ par un point $M$ de coordonnées $x$, $y$. Si lorsqu'on fait varier $x$ d'une manière continue dans un intervalle, $y$ varie d'une manière continue, l'ensemble des points $M$ correspondants forme une courbe continue que l'on appelle la courbe représentative de la fonction $y = f(x)$ dans cet intervalle. On donne à $x$ une succession de valeurs aussi rapprochées que l'on veut et l'on obtient autant de points de la courbe ; on les réunit ensuite par un trait continu.

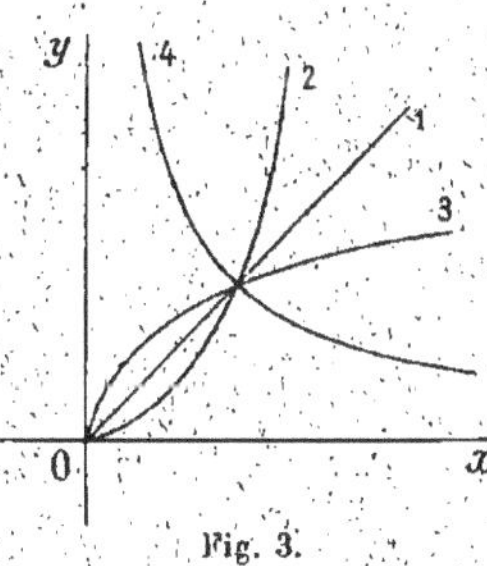

Fig. 3.

En appliquant ce procédé de représentation à la fonction $y = x^m$ dans l'intervalle $(0, +\infty)$ pour différentes valeurs de $m$, on obtient des courbes de la forme indiquée dans la figure 3. Pour $m$ positif la courbe passe par l'origine et $y$ croît avec $x$ ; pour $m$ négatif, $y$ décroît de $+\infty$ à 0 quand $x$ croît de 0 à $+\infty$. La ligne 1 correspond à $m = 1$, et elle est une droite bissectrice de l'angle des axes, la ligne 2 correspond à $m = 2$, la ligne 3 à $m = \frac{1}{2}$ et la ligne 4 à $m = -1$.

# CHAPITRE V

## FONCTION EXPONENTIELLE ET LOGARITHMES

**23. Fonction $a^x$ pour $x$ rationnel.** — La fonction exponentielle est représentée par le symbole $a^x$ où $a$ est un nombre donné positif et $x$ la variable. Lorsque $x$ est un nombre rationnel, positif, négatif ou nul, la valeur de $a^x$ est celle qui a été définie dans le chapitre III et est un nombre positif; lorsque $x$ est irrationnel, $a^x$ est définie comme limite d'une suite infinie, ainsi que nous le verrons plus loin.

Nous allons d'abord établir les propriétés fondamentales de la fonction $a^x$ lorsque $x$ est rationnel.

**Théorème 1.** — *Si $a$ est plus grand que 1, la fonction $a^x$ est croissante dans tout intervalle; elle croît de 0 à 1 lorsque $x$ varie de $-\infty$ à 0 et elle croît de 1 à $+\infty$ lorsque $x$ croît de 0 à $+\infty$.*

En effet, si $x$ est un nombre rationnel positif égal à $\dfrac{p}{q}$, $a^x$ est égal à $\sqrt[q]{a^p}$ et est supérieur à l'unité lorsque $a$ est lui-même supérieur à l'unité. Si $x$ et $x'$ sont deux valeurs quelconques de $x$, telles que $x' > x$, on a

$$a^{x'} = a^x \cdot a^{x'-x},$$

et comme $x' - x$ est positif, $a^{x'-x}$ est plus grand que 1, de sorte que $a^{x'} > a^x$; la fonction est donc bien croissante dans tout intervalle. Comme $a^x$ est égale à 1 pour $x = 0$, nous voyons qu'elle est supérieure à l'unité pour $x > 1$ et inférieure à l'unité pour $x < 1$.

Nous allons montrer que $a^x$ augmente indéfiniment quand la variable $x$ augmente elle-même indéfiniment par valeurs positives. Le nombre $a$ étant supérieur à 1 peut être remplacé par $1 + \alpha$ où $\alpha$ est positif; soit $m$ une valeur positive entière donnée à $x$; la valeur de $a^x$ est égale à $(1 + \alpha)^m$ où, en utilisant la formule du binome (n° 4), à

$$1 + m\alpha + \frac{m(m-1)}{1 \cdot 2}\alpha^2 + \cdots\cdots + \alpha^m.$$

Cette valeur est plus grande que la somme des deux premiers termes $1 + m\alpha$, et comme cette somme augmente indéfiniment avec $m$, il en est de même de $a^x$ lorsque $x$ prend des valeurs entières croissantes. Si maintenant on donne à $x$ une valeur quelconque supérieure à un entier $m$, $a^x$ est $> a^m$, et par suite $a^x$ augmente indéfiniment en même temps que $a^m$; la proposition est donc démontrée.

Supposons maintenant que l'on donne à $x$ des valeurs négatives; si nous posons $x = -x'$, $x'$ étant positif, nous avons

$$a^x = \frac{1}{a^{x'}};$$

quand $x$ croît de $-\infty$ à $0$, $x'$ décroît de $+\infty$ à $0$, $a^x$ décroît de $+\infty$ à $1$; dès lors $a^x$ est inférieur à $1$ et croît de $0$ à $1$. Le théorème est ainsi entièrement démontré.

**Théorème II.** — *Si $a$ est plus petit que $1$, la fonction $a^x$ est décroissante dans tout intervalle; elle décroît de $+\infty$ à $1$ lorsque $x$ croît de $-\infty$ à $0$ et elle décroît de $1$ à $0$ lorsque $x$ croît de $0$ à $+\infty$.*

Il suffit pour le démontrer de remplacer $a$ par $\dfrac{1}{b}$, et par suite $a^x$ par $\dfrac{1}{b^x}$. La fonction $b^x$ satisfait, $b$ étant supérieur à $1$, au théorème précédent; on en déduit les propriétés énoncées de $a^x$.

**24. Continuité de $a^x$.** — Nous allons montrer que la fonction $a^x$ est continue pour toute valeur rationnelle de $x$ ou que

$$a^{x+h} - a^x = a^x(a^h - 1)$$

tend vers zéro avec $h$. Il suffit pour cela de montrer que $a^h - 1$ tend lui-même vers zéro, ou bien que sa valeur absolue peut être rendue inférieure à tout nombre donné aussi petit qu'on veut pour des valeurs suffisamment petites de $h$.

Plaçons-nous d'abord dans le cas où $a > 1$ et $h > 0$; $a^h$ est supérieur à $1$; cherchons une valeur de $h$ de la forme $\dfrac{1}{m}$, $m$ étant entier, telle que l'on ait

$$a^{\frac{1}{m}} - 1 < \varepsilon;$$

cela entraîne les inégalités équivalentes

$$a^{\frac{1}{m}} < 1 + \varepsilon, \quad a < (1 + \varepsilon)^m.$$

Comme nous l'avons déjà remarqué en utilisant la formule du binome, on voit que $(1 + \varepsilon)^m$ est supérieur à $1 + m\varepsilon$ et il suffit de prendre

$$a < 1 + m\varepsilon, \qquad \text{d'où} \qquad m > \frac{a-1}{\varepsilon}$$

pour satisfaire à l'inégalité précédente.

Si $m_1$ est un nombre entier supérieur à $\frac{a-1}{\varepsilon}$, on est certain que $a^h - 1$ est inférieur à $\varepsilon$ pour toutes les valeurs de $h$ égales ou inférieures à $\frac{1}{m_1}$, et l'on peut dire que $a^h - 1$ a pour limite zéro quand $h$ tend vers zéro.

Cette proposition s'étend aux autres cas que l'on peut envisager. Si $a > 1$ et si $h$ prend des valeurs négatives égales à $-h'$, $a^h$ est égal à $a^{-h'}$ et est inférieur à $1$; quand $h$ tend vers zéro, $h'$ tend aussi vers zéro, la différence

$$1 - a^h = 1 - a^{-h'} = \frac{a^{h'} - 1}{a^{h'}}.$$

se met sous la forme d'une fraction dont le numérateur a pour limite zéro et dont le dénominateur a pour limite l'unité, par suite cette fraction a pour limite zéro (nº 12), ce qu'il fallait démontrer.

Si $a$ est inférieur à $1$ et si l'on remplace $a$ par $\frac{1}{b}$, $b$ étant supérieur à $1$, $a^h$ est égal à $b^{-h}$ et la valeur absolue de la différence $a^h - 1 = b^{-h} - 1$ a pour limite zéro quand $h$ tend vers zéro. La continuité de la fonction $a^x$ est ainsi établie dans tous les cas lorsque $x$ prend des valeurs rationnelles.

**25. Définition de $a^x$ pour $x$ irrationnel.** — Supposons que $x$ soit un nombre irrationnel positif; nous pouvons le définir comme limite d'une suite infinie de nombres rationnels croissants

$$(1) \qquad x_1, \quad x_2, \quad \ldots, \quad x_n, \quad \ldots,$$

qui sont par exemple ses valeurs approchées par défaut à $\frac{1}{10}$, $\frac{1}{10^2}$, $\ldots$, $\frac{1}{10^n}$, $\ldots$ près.

La suite des valeurs

$$(2) \qquad a^{x_1}, \quad a^{x_2}, \quad \ldots, \quad a^{x_n}, \quad \ldots$$

a une limite, car les nombres de cette suite varient dans le même sens. Si $a > 1$, ils vont en croissant ou jamais en décroissant; ils restent inférieurs à un nombre fixe, car si l'on désigne par $x_0$ une des valeurs approchées de $x$ par excès, les nombres de la suite sont inférieurs à $a^{x_0}$. Si $a$ est $< 1$, ils vont en décroissant ou jamais en croissant, en restant supérieurs à $a^{x_0}$; dans tous les cas, la suite (2) a une limite (n° 10).

Si l'on définit $x$ par une autre suite de nombres rationnels

$$(3) \qquad x_1', \quad x_2', \quad \ldots, \quad x_n', \quad \ldots,$$

allant ou non en croissant, et que l'on forme avec ces nombres une suite (4) analogue à (2), cette suite a encore une limite, et cette limite est égale à la précédente. En effet, la différence $x_n' - x_n$ tend vers zéro, puisque les suites (1) et (3) ont la même limite $x$, par suite la différence $a^{x_n'} - a^{x_n}$ a pour limite zéro, d'après la continuité de $a^x$ démontrée dans le n° précédent, donc la suite (4) a une limite égale à celle de la suite (2).

C'est cette limite que l'on prend comme valeur de $a^x$ pour $x$ irrationnel.

Remarquons que les considérations précédentes s'appliquent mot pour mot à la définition du symbole $a^m$ où $m$ est un nombre irrationnel, et par conséquent servent à définir ce qu'il faut entendre par valeur de $x^m$ pour $m$ irrationnel et $x$ variable; elles complètent par conséquent ce que nous avons dit au chapitre précédent sur la fonction $x^m$.

Il serait facile d'en déduire que les propriétés de cette fonction, continuité, croissance ou décroissance, énoncées dans le cas où $m$ est rationnel, sont encore vraies dans le cas où $m$ est quelconque, rationnel ou irrationnel.

**26. Extension des propriétés de la fonction $a^x$.** — Les propriétés démontrées précédemment dans le cas où $x$ est rationnel s'étendent au cas où $x$ est un nombre quelconque et généralisent les théorèmes démontrés au chapitre III sur les exposants. Elles se ramènent aux deux égalités fondamentales

$$(5) \qquad a^x . a^{x'} = a^{x+x'},$$
$$(6) \qquad (a^x)^{x'} = a^{xx'},$$

d'où découlent toutes les autres.

Pour faire voir que la première a encore lieu lorsque $x$ et $x'$ sont irrationnels, nous supposerons que ces nombres sont les limites de deux suites infinies de nombres rationnels

$$x_1, \quad x_2, \quad \ldots, \quad x_n, \quad \ldots,$$
$$x_1', \quad x_2', \quad \ldots, \quad x_n', \quad \ldots;$$

dès lors la suite

$$x_1 + x_1', \quad x_2 + x_2', \quad \ldots, \quad x_n + x_n', \quad \ldots,$$

a pour limite $x + x'$ et l'on a

$$\lim a^{x_n} = a^x, \quad \lim a^{x'_n} = a^{x'}, \quad \lim a^{x_n + x'_n} = a^{x + x'}.$$

Comme on a démontré l'égalité

$$a^{x_n} a^{x'_n} = a^{x_n + x'_n},$$

en passant à la limite on a l'égalité (5).

Elle s'étend au cas d'un produit de plusieurs facteurs et si ces facteurs sont égaux, en nombre $p'$, on a

$$(a^x)^{p'} = a^{xp'};$$

on en déduit l'égalité,

$$(7) \qquad (a^x)^{\frac{p'}{q'}} = a^{\frac{xp'}{q'}},$$

$q'$ étant un nombre entier quelconque, car les puissances d'exposant $q'$ des deux membres sont $(a^x)^{p'}$ et $a^{xp'}$, et elles sont égales d'après ce qui précède ; les deux membres de l'égalité (7) le sont aussi. On voit donc que l'égalité (6) est vérifiée dans le cas où $x'$ est rationnel.

Si $x'$ est irrationnel, on envisagera la suite de nombres (3) dont il est la limite ; on a, d'après ce qui précède,

$$(a^x)^{x'_n} = a^{xx'_n};$$

il suffit de passer à la limite et de remarquer que $xx'_n$ a pour limite $xx'$ pour voir que l'égalité (6) est vérifiée dans tous les cas.

Nous déduirions facilement de l'égalité (5) la généralisation au cas d'exposants quelconques des propriétés de croissance et de continuité démontrées dans le cas des exposants rationnels.

**27. Représentation de la fonction $a^x$.** — En utilisant, comme nous l'avons fait pour la fonction $x^m$, deux axes de coordonnées $Ox$, $Oy$, nous

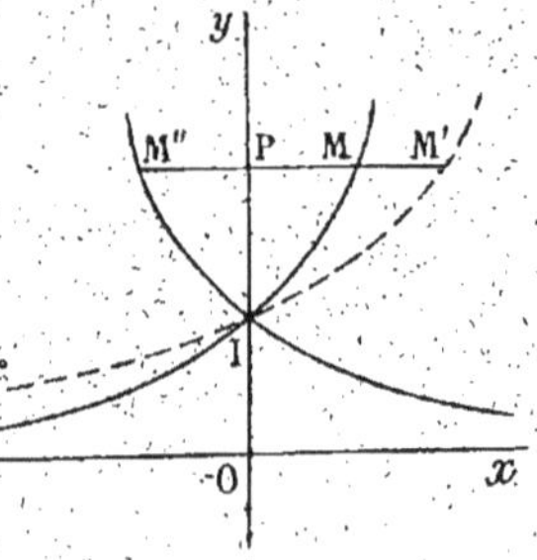


Fig. 4.

pourrons représenter la fonction $y = a^x$ par une courbe continue dont les points ont pour coordonnées les systèmes de valeurs correspondantes de $x$ et de $y$. Toutes les courbes obtenues en donnant à $a$ différentes valeurs (*fig.* 4) passent par le même point I d'ordonnée 1, situé sur $Oy$. Lorsque $a$ est supérieur à 1, la courbe a l'aspect de la branche IM ou IM′ et s'élève rapidement quand $x$ croît par valeurs positives, tandis qu'elle se rapproche de l'axe des abscisses si $x$ tend vers $-\infty$. Lorsque $a$ est inférieur à 1, la courbe a l'aspect de IM′.

Deux courbes correspondant à deux valeurs $a$ et $b$, inverses l'une de l'autre, sont du reste symétriques l'une de l'autre par rapport à $Oy$, car les valeurs de $a^x$ et $b^{-x}$ sont égales et donnent des points M, M'', dont les abscisses sont égales et opposées et dont les ordonnées OP sont les mêmes.

**28. Définition générale des logarithmes.** — D'après ce qui précède, la relation

$$X = a^x.$$

fait correspondre à tout nombre positif ou négatif $x$ un nombre positif X, et inversement, à tout nombre positif X correspond un nombre positif ou négatif $x$ et un seul; ce nombre est appelé *logarithme de* X *dans le système de base* $a$, et on le désigne par la notation

$$x = \log_a X.$$

Si la base $a$ est $> 1$, les nombres $X > 1$ ont des logarithmes positifs, et les nombres $X < 1$ ont des logarithmes négatifs; c'est le contraire si la base est $< 1$. Dans tous les cas, le logarithme de 1 est 0, et le logarithme de la base $a$ est 1.

Le logarithme d'un nombre X est égal à l'abscisse du point M de la courbe représentative de la fonction $y = a^x$ dont l'ordonnée OP a pour valeur X.

**29. Propriétés des logarithmes.** — *Le logarithme d'un produit de plusieurs facteurs est égal à la somme des logarithmes de ces facteurs.*

*Le logarithme du quotient de deux nombres est égal à la différence des logarithmes de ces nombres.*

*Le logarithme d'une puissance quelconque d'un nombre est égal au produit du logarithme de ce nombre par l'exposant de la puissance.*

Soient en effet des nombres $X_1$, $X_2$, $X_3$ dont les logarithmes sont $x_1$, $x_2$, $x_3$; nous avons par définition

$$X_1 = a^{x_1}, \quad X_2 = a^{x_2}, \quad X_3 = a^{x_3}.$$

Nous déduisons de là, en appliquant les propriétés de la fonction exponentielle, les relations suivantes:

$$X_1 X_2 X_3 = a^{x_1 + x_2 + x_3},$$
$$\frac{X_1}{X_2} = a^{x_1 - x_2},$$
$$X_1^m = a^{m x_1}.$$

La première exprime que le logarithme du produit $X_1 X_2 X_3$ est le nombre $x_1 + x_2 + x_3$, c'est-à-dire la somme des logarithmes des facteurs ; la deuxième exprime que le logarithme du quotient $\dfrac{X_1}{X_2}$ est la différence $x_1 - x_2$ des logarithmes du dividende et du diviseur ; enfin la dernière exprime que le logarithme de la puissance $m^e$ de $X_1$, est égal au produit du logarithme $x_1$ de ce nombre par l'exposant $m$, et cela quelle que soit la valeur de cet exposant.

**30. Comparaison des divers systèmes de logarithmes.** — Les logarithmes $x$ et $x'$ d'un même nombre $X$ dans deux systèmes de bases $a$ et $b$ satisfont aux égalités

$$X = a^x = b^{x'} ;$$

si nous prenons les logarithmes dans un système de base quelconque $c$ des différents membres de cette égalité, nous aurons

$$\log_c X = x \log_c a = x' \log_c b ;$$

nous en déduirons l'égalité

$$\frac{x'}{x} = \frac{\log_c a}{\log_c b} \qquad \text{ou} \qquad \frac{\log_b X}{\log_a X} = \frac{\log_c a}{\log_c b},$$

elle nous montre que le rapport des logarithmes d'un même nombre dans deux bases différentes est constant et égal au rapport inverse des logarithmes des bases dans un système quelconque. Si, en particulier, on prend pour $c$ le nombre $a$ ou le nombre $b$, le logarithme de $a$ dans la base $a$ et celui de $b$ dans la base $b$ sont égaux à l'unité et l'on a

$$\log_b X = \frac{\log_a X}{\log_a b} = \log_a X . \log_b a.$$

Il résulte de là que si l'on a composé une table de logarithmes dans un système particulier, les nombres composant une autre table dans un autre système seront égaux aux premiers multipliés par un même facteur ; on peut donc se contenter d'une seule table.

Le système habituellement employé pour les calculs numériques est à base $10$, de sorte que le logarithme de $10^m$ est égal à $m$ ; les logarithmes entiers sont donnés par le tableau :

| Nombres | $\dfrac{1}{10^m}$, | ... | $\dfrac{1}{10^2}$, | $\dfrac{1}{10}$, | 1, | 10, | 100, | ... | $10^m$, | ... |
|---|---|---|---|---|---|---|---|---|---|---|
| Logarithmes | $-m$, | ... | $-2$, | $-1$, | 0, | 1, | 2, | ..., | $m$, | ... |

les nombres intermédiaires ont des logarithmes compris entre les entiers de la seconde ligne. En analyse on utilise plutôt, tout au moins en théorie, les logarithmes dits népériens, dont nous parlerons plus tard.

**31. Fonction logarithmique. Représentation graphique.** — Le symbole $x = \log_a X$ représente, quand $X$ varie, une fonction de la variable $X$ que l'on appelle fonction logarithmique ; elle est dite *inverse* de la fonction exponentielle $X = a^x$ et elle est définie dans l'intervalle $(0, +\infty)$.

D'après ce que nous avons dit sur la continuité de $a^x$, à deux valeurs $x$ et $x'$ correspondent des valeurs de $X$ et $X'$ telles que $X' - X$ et $x' - x$ tendent en même temps vers zéro, par suite la fonction logarithmique est continue ; elle est croissante lorsque $a > 1$ et décroissante lorsque $a < 1$.

La courbe représentative de la fonction logarithmique

$$Y = \log_a X$$

est identique comme allure à la courbe représentative de la fonction expo-

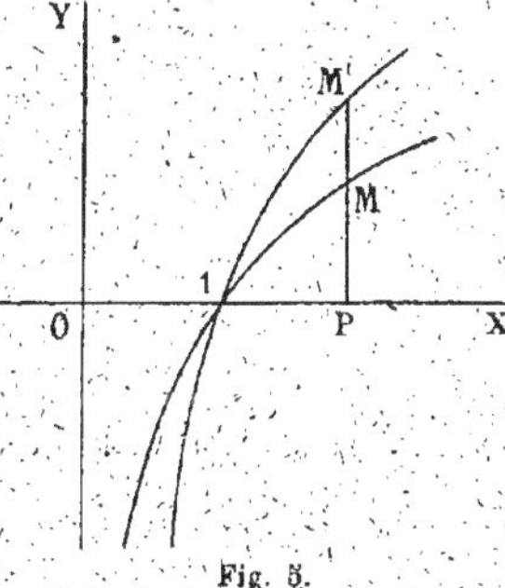


Fig. 5.

nentielle $y = a^x$, puisque l'abscisse et l'ordonnée de chaque point de l'une sont respectivement égales à l'ordonnée et à l'abscisse du point correspondant de l'autre ; il suffirait dans toutes les courbes de la figure 4 de prendre $Ox$ comme axe $OY$ et $Oy$ comme axe $OX$. On n'utilise pas dans la pratique les systèmes de base inférieure à 1 ; les courbes représentatives des fonctions logarithmiques de bases différentes supérieures à 1 ont l'aspect de la figure 5 ; elles passent toutes par le point d'abscisse 1 sur $OX$.

Remarquons que les points M et M', de même abscisse $OP = X$, situés sur deux de ces courbes ont des ordonnées PM', PM dont le rapport est constant ; on déduit de là que dans la figure 4 les abscisses PM, PM' de deux points de même ordonnée OP ont un rapport constant.

# CHAPITRE VI

## DES SÉRIES

---

**32. Définitions. Série convergente ou divergente.** — On appelle
série une expression composée d'une infinité de termes se succédant à
partir d'un terme initial d'après une loi donnée, et réunis par le signe $+$.

On dit qu'une série est déterminée si l'on a le moyen de calculer
chaque terme dès que l'on connaît son rang ; en particulier, si l'on donne
l'expression du terme de rang $n$ en fonction de $n$, on dit que l'on donne
le terme général de la série.

Par exemple, les séries

$$(1) \qquad \frac{1}{2} + \frac{1}{4} + \frac{1}{8} + \cdots + \frac{1}{2^n} + \cdots,$$

$$(2) \qquad 1 + 2 + 3 + \cdots + n + \cdots ;$$

$$(3) \qquad 1 - 1 + 1 -, \cdots + (-1)^{n-1} + \cdots$$

sont déterminées, et le terme général y est mis en évidence.

Considérons une série écrite sous la forme générale

$$(4) \qquad u_1 + u_2 + u_3 + \cdots + u_n + \cdots,$$

et formons les sommes constituées par le premier terme, les deux premiers termes, ....., les $n$ premiers termes, ....; désignons-les par

$$S_1 = u_1,$$
$$S_2 = u_1 + u_2,$$
$$\cdots \cdots \cdots$$
$$S_n = u_1 + u_2 + \cdots + u_{n-1} + u_n,$$
$$\cdots \cdots \cdots \cdots$$

Si la suite des nombres

$$(5) \qquad S_1, \quad S_2, \quad S_3, \ldots, S_n, \ldots$$

a une limite, on dit que la série (4) est *convergente* et que cette limite est
la somme de la série ; si la suite (5) n'a pas de limite, soit parce que ses

termes augmentent au delà de tout nombre donné, soit parce qu'ils oscillent sans tendre vers un seul nombre fixe, on dit que la série (4) est *divergente*.

Par exemple, la série (1) est convergente, car la somme $S_n$ des $n$ premiers termes est celle d'une progression géométrique et a pour valeur

$$S_n = \frac{\frac{1}{2} - \frac{1}{2^{n+1}}}{1 - \frac{1}{2}} = 1 - \frac{1}{2^n};$$

elle a pour limite 1, et ce nombre est la somme de la série.

La série (2) est divergente, car la somme des $n$ premiers termes augmente indéfiniment avec $n$; la série (3) est aussi divergente, car la somme des $n$ premiers termes est égale à 0 ou à 1 suivant que $n$ est pair ou impair, et cette somme n'a pas de limite.

Les séries convergentes sont les plus importantes, et sont du reste les seules que l'on puisse introduire dans les calculs; elles sont la généralisation des sommes arithmétiques ou algébriques formées d'un nombre fini de termes; nous indiquerons des règles qui permettent de décider dans beaucoup de cas si une série donnée est convergente ou non, et nous montrerons comment on peut calculer sa somme si elle est convergente.

**33. Progression géométrique.** — Pour chercher si une série est convergente, il faut, d'après la définition, chercher si la somme $S_n$ des $n$ premiers termes a une limite; il est rare que l'on puisse exprimer $S_n$ en fonction du rang $n$, et constater directement si cette somme a une limite et quelle est la valeur de cette limite. Le calcul n'est guère possible que dans le cas des progressions géométriques prolongées indéfiniment; ce sont les séries les plus simples.

Considérons une progression géométrique prolongée indéfiniment dont le premier terme est $a$ et la raison $q$.

$$a + aq + aq^2 + \cdots + aq^{n-1} + \cdots;$$

la somme $S_n$ des $n$ premiers termes a pour valeur

$$S_n = \frac{a(q^n - 1)}{q - 1}$$

Si $q$ est en valeur absolue supérieur ou égal à l'unité, $S_n$ augmente indéfiniment avec $n$ et la série est divergente; si au contraire $q$ est en valeur absolue inférieur à l'unité, $S_n$ a une limite qui est

$$S = \frac{a}{1-q},$$

et la série est convergente ; sa somme est égale à S.

On ramène autant que possible l'étude des séries à celle des progressions géométriques, comme nous le verrons plus loin ; nous commencerons par démontrer un premier théorème fondamental.

**34. Théorème I.** — *Pour qu'une série soit convergente, il est nécessaire que son terme général ait pour limite zéro.*

En effet, pour que la série (4) soit convergente, il est nécessaire que la suite (5) ait une limite déterminée ; deux termes consécutifs quelconques $S_{n-1}$ et $S_n$ de cette suite doivent tendre vers cette limite quand $n$ augmente, par suite leur différence, qui n'est autre que le terme $u_n$, doit tendre vers zéro lorsque $n$ augmente indéfiniment, d'après le théorème du n° 12 ; le théorème est ainsi démontré.

Les séries (2) et (3) ne remplissent pas la condition précédente et l'on a vu qu'elles sont divergentes ; au contraire la série (1), qui est convergente, a pour terme général un nombre qui tend vers zéro. Il faut remarquer toutefois que la condition énoncée dans le théorème précédent n'est pas suffisante et qu'il existe des séries qui ne sont pas convergentes, bien que le terme général tende vers zéro.

**35. Série harmonique.** — L'exemple le plus connu de ce fait est celui de la série

$$1 + \frac{1}{2} + \frac{1}{3} + \frac{1}{4} + \cdots + \frac{1}{n} + \cdots,$$

que l'on appelle série harmonique ; son terme général a pour limite zéro ; nous allons démontrer qu'elle est cependant divergente.

Séparons en effet les termes en groupes successifs, le dernier terme de chaque groupe ayant pour dénominateur une puissance de 2 ; si nous remarquons que dans chaque groupe un terme quelconque est supérieur au dernier, nous pouvons écrire les inégalités suivantes :

$$1 + \frac{1}{2} > \frac{2}{2} \quad \text{ou} \quad 1,$$

$$\frac{1}{3} + \frac{1}{4} > \frac{2}{4} \quad \text{ou} \quad \frac{1}{2},$$

$$\frac{1}{5} + \frac{1}{6} + \frac{1}{7} + \frac{1}{8} > \frac{4}{8} \quad \text{ou} \quad \frac{1}{2},$$

$$\frac{1}{9} + \frac{1}{10} + \cdots + \frac{1}{16} > \frac{8}{16} \quad \text{ou} \quad \frac{1}{2},$$

$$\cdots\cdots\cdots\cdots\cdots\cdots\cdots ;$$

nous voyons de cette façon que la somme des termes entrant dans les $p$ premiers groupes est supérieure à $\dfrac{p}{2}$ et augmente indéfiniment avec $p$; la série est donc divergente.

**36. Remarques.** — Si l'on supprime dans une série un ou plusieurs termes parmi les premiers, la série restante est convergente ou divergente en même temps que la première.

Supposons en effet que l'on supprime dans la série

$$u_1 + u_2 + \cdots + u_p + \cdots + u_n + \cdots$$

un certain nombre de termes parmi les premiers, et que le rang de ces termes ne dépasse pas le nombre $p$. Si l'on forme dans la série proposée et dans celle que l'on obtient après cette suppression les sommes des termes jusqu'à $u_n$, $n$ étant un nombre entier quelconque supérieur à $p$, ces sommes diffèrent l'une de l'autre d'une quantité fixe égale à la somme des termes supprimés; par suite, si l'une a une limite lorsque $n$ augmente indéfiniment, il en est de même de l'autre. Les deux séries sont donc en même temps convergentes ou divergentes.

Cette remarque permet, dans la recherche de la convergence ou de la divergence d'une série donnée, de faire abstraction d'un nombre fini de termes pris parmi les premiers, ou de considérer seulement les termes dont le rang dépasse un nombre donné arbitraire.

Nous ferons encore la remarque suivante : En multipliant par un même nombre $A$ tous les termes d'une série, on forme une deuxième série qui est convergente ou divergente en même temps que la première; en effet la somme des $n$ premiers termes de la deuxième série est égale au produit par $A$ de la somme des $n$ premiers termes de la première; si l'une des sommes a une limite, l'autre somme a aussi une limite, et inversement.

**37. Séries à termes positifs.** — Nous commencerons par étudier les séries dont les termes ont tous le même signe; nous pouvons supposer ces termes positifs; tout ce que nous dirons de ces séries s'appliquera au cas où les termes sont tous négatifs.

**Théorème II.** — *Si la somme des $n$ premiers termes d'une série à termes positifs reste finie lorsque $n$ augmente indéfiniment, la série est convergente.*

En effet, les termes de la suite formée par les sommes successives

$$S_1, \quad S_2, \quad \ldots, \quad S_n, \quad \ldots$$

vont en croissant lorsque $n$ augmente ; s'il restent finis, ils sont inférieurs à un nombre fixe, par suite ils ont une limite (n° 10), et l'on en
conclut que la série est convergente.

Ceci nous montre que si une série à termes positifs n'est pas convergente, la somme $S_n$ ne peut rester finie, et doit augmenter indéfiniment
avec $n$.

**38. Comparaison des séries.** — On étudie ordinairement la convergence d'une série dont la somme $S_n$ des $n$ premiers termes n'est pas
facile à déterminer, en comparant cette série à une autre dont les termes
sont plus simples et en appliquant les théorèmes suivants :

**Théorème III.** — *Si les termes d'une série à termes positifs sont, à
partir d'un certain rang, inférieurs ou au plus égaux aux termes de
même rang d'une autre série de même nature que l'on sait être convergente, la série proposée est également convergente.*

Si la propriété indiquée dans l'énoncé a lieu à partir d'un certain
rang $p$, nous pouvons appliquer la remarque du n° 36 et faire abstraction
dans les deux séries des $p$ premiers termes ; nous sommes ainsi ramenés
à démontrer le théorème dans le cas où tous les termes d'une série à
termes positifs sont, à partir du premier, inférieurs ou au plus égaux à
ceux d'une autre série de même nature, que l'on sait être convergente.

Désignons respectivement par $S_n$ et $S'_n$ les sommes des $n$ premiers
termes dans les deux séries ; d'après les hypothèses faites, $S_n$ est toujours
inférieure ou au plus égale à $S'_n$, et, d'après la convergence de la
deuxième série, $S'_n$ est constamment inférieure à la somme $S'$ de cette
série ; nous concluons de là que $S_n$ reste fini, et, d'après le théorème II,
que la première série est convergente ; sa somme est inférieure ou au plus
égale à $S'$.

*Exemples.* — Les séries

$$(6) \qquad \frac{1}{1 \cdot 2} + \frac{1}{2 \cdot 2^2} + \frac{1}{3 \cdot 2^3} + \cdots + \frac{1}{n \cdot 2^n} + \cdots$$

$$(7) \qquad \frac{\sin^2 \alpha}{2} + \frac{\sin^2 2\alpha}{2^2} + \frac{\sin^2 3\alpha}{2^3} + \cdots + \frac{\sin^2 n\alpha}{2^n} + \cdots$$

sont convergentes, car le terme de rang $n$ de chacune d'elles est au plus

égal à $\dfrac{1}{2^n}$, et la série dont ce dernier nombre est le terme général est

une progression géométrique convergente.

On verrait de même que *si les termes d'une série à termes positifs* sont, à partir d'un certain rang, supérieurs ou au moins égaux aux termes de même rang d'une autre série de même nature que l'on sait être divergente, la série proposée est également divergente.

**Corollaire I.** — *Si, $u_n$ et $v_n$ désignant les termes de même rang $n$ de deux séries à termes positifs, le rapport $\dfrac{u_n}{v_n}$ reste à partir d'un certain rang compris entre deux nombres fixes non nuls A et B, (A < B), les deux séries sont en même temps convergentes ou divergentes.*

Il suffit pour le démontrer de remarquer que $u_n$ reste compris entre $Av_n$ et $Bv_n$ et d'appliquer le théorème précédent.

*Exemple.* — La série dont le terme général est

$$u_n = \frac{3 + \sin n\alpha}{2^n}$$

peut être comparée à la série dont le terme général est $v_n = \dfrac{1}{2^n}$; le rapport $\dfrac{u_n}{v_n}$ reste compris entre $3 - 1 = 2$ et $3 + 1 = 4$. Comme la série de terme général $v_n$ est convergente, la série proposée l'est aussi.

**Corollaire II.** — *Si, $u_n$ et $v_n$ désignant les termes de même rang $n$ de deux séries à termes positifs, le rapport $\dfrac{u_n}{v_n}$ a pour $n$ infini une limite $l$ non nulle, les deux séries sont en même temps convergentes ou divergentes.*

Il suffit pour le démontrer de remarquer que le rapport $\dfrac{u_n}{v_n}$ reste, à partir d'un certain rang, compris entre deux nombres $l - \varepsilon$ et $l + \varepsilon$ différant de $l$ d'aussi peu qu'on le veut; il suffit de prendre pour A et B ces deux nombres et d'appliquer le corollaire précédent.

*Exemple.* — La série dont le terme général est

$$u_n = \frac{3}{2 + 5n}$$

est divergente, car si l'on prend pour $v_n$ le terme de rang $n$ de la série harmonique, qui est divergente, le rapport

$$\frac{u_n}{v_n} = \frac{3n}{2 + 5n}$$

a pour limite le nombre $\dfrac{3}{5}$

**39. Règle** $\dfrac{u_{n+1}}{u_n}$. — Cette règle, qui porte le nom de règle de d'Alembert, résulte du théorème suivant :

**Théorème IV.** — *Si dans une série à termes positifs,*

$$u_1 + u_2 + \cdots + u_n + u_{n+1} + \cdots,$$

*le rapport* $\dfrac{u_{n+1}}{u_n}$ *d'un terme au précédent est, à partir d'un certain rang, inférieur ou au plus égal à un nombre donné $k$ plus petit que $1$, la série est convergente ; si ce rapport est, à partir d'un certain rang, égal ou supérieur à l'unité, la série est divergente.*

Supposons qu'à partir d'un certain rang $p$ les rapports

$$\frac{u_{p+1}}{u_p}, \qquad \frac{u_{p+2}}{u_{p+1}}, \qquad \cdots, \qquad \frac{u_{n+1}}{u_p}, \qquad \cdots$$

soient au plus égaux à un nombre $k$ plus petit que $1$ ; nous avons

$$u_p = u_p,$$
$$u_{p+1} \leqslant k u_p,$$
$$u_{p+2} \leqslant k u_{p+1} \leqslant k^2 u_p,$$
$$u_{p+3} \leqslant k u_{p+2} \leqslant k^3 u_p,$$
$$\cdots\cdots\cdots\cdots\cdots\cdots;$$

les termes de la série proposée sont, à partir du rang $p$, au plus égaux à ceux d'une progression géométrique décroissante de raison $k$, qui est convergente ; cette série est donc elle-même convergente (Th. III).

Supposons maintenant que le rapport d'un terme au précédent soit, à partir du rang $p$, égal ou supérieur à l'unité ; tous les termes à partir de $u_p$ sont au moins égaux au terme $u_p$, et ils ne tendent pas vers zéro ; la série est donc divergente (Th. I).

Pour appliquer ce théorème, on cherche ordinairement si le rapport $\dfrac{u_{n+1}}{u_n}$ a une limite pour $n$ infini ; si cette limite existe et est un nombre $l$ inférieur à l'unité, on peut affirmer que la série est convergente. D'après ce que l'on a dit au n° 7 sur les limites, on peut en effet affirmer qu'à partir d'un certain rang, le rapport d'un terme au précédent est inférieur à un nombre $l + \varepsilon$ qui diffère de $l$ d'aussi peu qu'on le veut, et l'on peut toujours prendre ce nombre $l + \varepsilon$ inférieur à l'unité ; en le prenant pour valeur de $k$, on se trouve dans les conditions du théorème précédent et la série est convergente.

Si la limite $l$ est supérieure à l'unité, le rapport d'un terme au précédent est, à partir d'un certain rang, supérieur à un, et la série est divergente.

Si la limite $l$ est égale à l'unité, on ne peut en général rien affirmer sur la convergence ou la divergence de la série.

Comme exemple, la série suivante, où $a$ est un nombre positif,

$$(8) \qquad 1 + \frac{a}{1} + \frac{a^2}{1\cdot2} + \frac{a^3}{1\cdot2\cdot3} + \cdots + \frac{a^{n-1}}{(n-1)!} + \frac{a^n}{n!} + \cdots,$$

est toujours convergente, car le rapport $\dfrac{u_{n+1}}{u_n}$ a pour valeur

$$\frac{u_{n+1}}{u_n} = \frac{(n-1)!}{n!}\, a = \frac{a}{n}$$

et a pour limite zéro.

La série

$$(9) \quad 1 + 1\cdot a + 1\cdot2\cdot a^2 + 1\cdot2\cdot3\cdot a^3 + \cdots + (n-1)!\,a^{n-1} + n!\,a^n + \cdots$$

est, au contraire, toujours divergente, car le rapport d'un terme au précédent a pour valeur $na$ et augmente indéfiniment avec $n$.

La série

$$(10) \qquad \frac{a}{1} + \frac{a^2}{2} + \frac{a^3}{3} + \cdots + \frac{a^n}{n} + \frac{a^{n+1}}{n+1} + \cdots$$

est telle que l'on a

$$\frac{u_{n+1}}{u_n} = a\,\frac{n}{n+1};$$

ce rapport a pour limite $a$, pour $n$ infini; la série est convergente si $a$ est $< 1$, et divergente si $a$ est $> 1$; elle est aussi divergente pour $a = 1$, puisqu'elle se réduit à la série harmonique.

**40. Règle $\sqrt[n]{u_n}$.** — Cette règle, qui porte le nom de règle de Cauchy, résulte du théorème suivant :

**Théorème V.** — *Si dans une série à termes positifs*

$$u_1 + u_2 + \cdots + u_n + \cdots,$$

$\sqrt[n]{u_n}$ *est, à partir d'un certain rang, inférieur ou au plus égal à un nombre donné $k$ plus petit que 1, la série est convergente; si $\sqrt[n]{u_n}$ est, à partir d'un certain rang, égal ou supérieur à l'unité, la série est divergente.*

Si, à partir d'un certain rang, $\sqrt[n]{u_n}$ est au plus égal à un nombre $k < 1$, $u_n$ est inférieur à $k^n$, qui est le terme général d'une progression géométrique décroissante et convergente ; la série est donc aussi convergente (Th. III).

Si au contraire $\sqrt[n]{u_n}$ est égal ou supérieur à l'unité, $u_n$ est aussi égal ou supérieur à l'unité, et la série est divergente.

On applique ordinairement ce théorème en cherchant si $\sqrt[n]{u_n}$ a une limite ; on voit, comme au n° 34, que si cette limite existe et est plus petite que 1, la série est convergente ; si elle est plus grande que 1, la série est divergente, et si elle est égale à 1, on ne peut en général rien affirmer sur la convergence ou la divergence de la série.

**41. Série dont le terme général est $\dfrac{1}{n^\alpha}$.** — Considérons la série

$$(11) \qquad \frac{1}{1^\alpha}+\frac{1}{2^\alpha}+\frac{1}{3^\alpha}+\cdots+\frac{1}{n^\alpha}+\cdots$$

où $\alpha$ est un exposant donné arbitraire ; nous allons démontrer qu'*elle est divergente si $\alpha$ est inférieur ou égal à 1, et convergente si $\alpha$ est supérieur à 1.*

Si $\alpha$ est $\leqslant 1$, $\dfrac{1}{n^\alpha}$ est supérieur à $\dfrac{1}{n}$, par suite les termes de la série

(11) sont supérieurs aux termes de même rang de la série harmonique ; celle-ci étant divergente (n° 35), la série proposée l'est aussi.

Si $\alpha$ est $>1$, formons avec les termes de la série (11) des groupes successifs, le premier terme de chacun d'eux ayant un rang égal à une puissance de 2 ; si nous remarquons que, dans chaque groupe, un terme quelconque est au plus égal au premier, nous pouvons écrire

$$\frac{1}{2^\alpha}+\frac{1}{3^\alpha}<2\,\frac{1}{2^\alpha} \quad \text{ou} \quad <\frac{1}{2^{(\alpha-1)}},$$

$$\frac{1}{4^\alpha}+\frac{1}{5^\alpha}+\frac{1}{6^\alpha}+\frac{1}{7^\alpha}<4\,\frac{1}{4^\alpha} \quad \text{ou} \quad <\frac{1}{2^{2(\alpha-1)}},$$

$$\frac{1}{8^\alpha}+\frac{1}{9^\alpha}+\cdots+\frac{1}{15^\alpha}<8\,\frac{1}{8^\alpha} \quad \text{ou} \quad <\frac{1}{2^{3(\alpha-1)}},$$

$$\cdots\cdots\cdots\cdots\cdots\cdots\cdots\cdots\cdots\cdots$$

Nous voyons que les termes de la série (11) jusqu'à un rang quelconque ont une somme inférieure à celle d'un certain nombre de termes de la série

$$\frac{1}{1}+\frac{1}{2^{(\alpha-1)}}+\frac{1}{2^{2(\alpha-1)}}+\frac{1}{2^{3(\alpha-1)}}+\cdots;$$

celle-ci est une progression géométrique dont la raison $\dfrac{1}{2^{\alpha-1}}$ est inférieure à 1, et elle est convergente ; la série proposée est donc aussi convergente, et sa somme est au plus égale à celle de la progression précédente.

*Exemples* : La série de terme général $\dfrac{1}{n^2}$ est convergente ; la série dont le terme général est $\dfrac{a}{bn^2 + cn + d}$, $a$, $b$, $c$, $d$ étant des nombres fixes quelconques ($b \neq 0$), est aussi convergente, car le rapport de son terme général au terme général $\dfrac{1}{n^2}$ de la précédente a une limite déterminée et non nulle quand $n$ augmente indéfiniment (n° 38).

D'une manière générale, si $u_n$ est le terme général d'une série donnée à termes positifs et si l'on peut trouver un exposant $\alpha$ tel que le produit $n^\alpha u_n$ reste, à partir d'un certain rang, compris entre deux nombres fixes A et B non nuls ou ait une limite $l$ non nulle pour $n$ infini, la série donnée est convergente pour $\alpha < 1$ et divergente pour $\alpha > 1$.

**42. Séries à termes quelconques.** — Soit

$$(12) \qquad u_1 + u_2 + \cdots + u_n + \cdots$$

une série dont les termes, pris à partir d'un rang quelconque, ne sont pas tous de même signe ; cette série renferme donc une infinité de termes positifs et une infinité de termes négatifs. Le procédé le plus simple pour chercher si une telle série est convergente consiste à former la série dont les termes successifs sont les valeurs absolues des termes de la série donnée, et à chercher d'après les règles précédentes si cette série à termes tous positifs est convergente : on applique ensuite le théorème suivant :

**Théorème VI.** — *Si la série des valeurs absolues des termes d'une série donnée est convergente, cette série est elle-même convergente.*

Pour le démontrer, désignons par $S_n$ la somme des $n$ premiers termes de la série donnée (12) ; elle se compose de termes positifs dont nous désignerons la somme par $P_n$, et de termes négatifs dont nous représenterons la somme des valeurs absolues par $Q_n$ ; nous aurons

$$S_n = P_n - Q_n,$$

tandis que la somme des termes correspondants de la série des valeurs absolues sera égale à $P_n + Q_n$.

Lorsque $n$ augmente, $P_n$ et $Q_n$ croissent ou au moins ne décroissent jamais ; comme $P_n + Q_n$ a pour limite la somme de la série des valeurs absolues et tend vers cette limite par valeurs croissantes, $P_n$ et $Q_n$ restent inférieurs à des nombres fixes. D'après le principe du n° 10, ces deux nombres ont des limites ; si nous désignons ces limites par P et Q, la somme $S_n$ a une limite égale à $P - Q$ ; la série (12) est donc convergente et a pour somme $P - Q$.

*Exemples :* Les séries dont les termes généraux sont respectivement

$$\frac{(-1)^n}{n \cdot 2^n}, \quad \frac{\sin na}{2^n}, \quad \frac{(-1)^n}{n^2},$$

sont convergentes ; la série (8) est convergente pour toute valeur positive ou négative de $a$ ; la série (9) est toujours divergente, car le rapport de deux termes consécutifs de cette série est, à partir d'un certain rang, plus grand que l'unité en valeur absolue, et le terme général augmente indéfiniment ; la série (10) est convergente pour $a$ compris entre $-1$ et $+1$.

**43. Séries absolument convergentes.** — On dit qu'une série est absolument convergente si la série des valeurs absolues de ses termes est convergente. Une telle série jouit des mêmes propriétés qu'une somme d'un nombre fini de termes, comme le montrent les théorèmes suivants :

**Théorème VII.** — *En changeant d'une manière quelconque l'ordre des termes d'une série absolument convergente, on forme une autre série absolument convergente ayant même somme que la première.*

Supposons que la série (12) soit absolument convergente, et désignons par

(13) $$u_1' + u_2' + \cdots + u_n' + \cdots$$

une nouvelle série constituée par les termes de la première pris dans un ordre quelconque ; nous supposons toutefois que tous les termes pris jusqu'à un rang déterminé $n$ dans la série donnée se retrouvent avec un rang fini dans la nouvelle série et inversement ; autrement dit à chaque nombre $n$ correspondent des nombres $n'$ et $n + p$ tels que tous les termes de la série (12) jusqu'à $u_n$ se trouvent parmi les $n'$ premiers termes de (13), et que les $n'$ premiers termes de la deuxième série se trouvent parmi les $n + p$ premiers termes de la première ; les nombres $n$ et $n + p$ croissant indéfiniment avec $n'$.

Les lettres $S_n$, $P_n$, $Q_n$ ayant les mêmes significations que dans le numéro précédent, et les lettres $S_n'$, $P_n'$, $Q_n'$ ayant une signification analogue pour la série (13), nous pouvons écrire

$$P_n \leqslant P_n' \leqslant P_{n+p}, \quad Q_n \leqslant Q_n' \leqslant Q_{n+p} ;$$

lorsque $n'$ augmente indéfiniment, $n$ et $n + p$ augmentent également, $P_n$ et $P_{n+p}$ tendent vers une même limite $P$ ; de même $Q_n$ et $Q_{n+p}$

tendent vers une même limite $Q$ ; nous en concluons que $P'_n$ et $Q'_n$ ont des limites respectivement égales à $P$ et $Q$ ; nous en déduisons :

1° Que $S'_n = P'_n - Q'_n$ a une limite égale à $P - Q$, c'est-à-dire que la série (13) est convergente et a même somme que (12) ; 2° que $P'_n + Q'_n$ a aussi une limite, c'est-à-dire que la série (13) est absolument convergente.

Les séries non absolument convergentes ne jouissent pas de la propriété précédente ; nous nous contenterons de mentionner ce fait que l'on peut, en changeant l'ordre de succession des termes, changer la somme d'une telle série et même la rendre divergente.

**44. Séries alternées.** — Le théorème VI fournit une condition suffisante pour la convergence d'une série à termes quelconques, mais cette condition n'est pas nécessaire, comme nous le verrons plus loin. Les séries les plus importantes après les séries à termes tous de même signe sont celles dont les termes sont alternativement positifs et négatifs, et que l'on appelle séries alternées ; pour un grand nombre d'entre elles, on peut appliquer le théorème suivant :

**Théorème VIII.** — *Si les termes d'une série alternée vont constamment en décroissant en valeur absolue et tendent vers zéro, la série est convergente.*

Nous pouvons supposer sans inconvénient que le premier terme est positif ; nous écrirons la série, en mettant en évidence le signe des termes, sous la forme

$$(14) \qquad u_1 - u_2 + u_3 - u_4 + \cdots + (-1)^{n-1} u_n + \cdots$$

Nous emploierons une représentation géométrique pour démontrer le théorème. Sur une droite indéfinie (*fig.* 6), portons à partir d'un point $O$

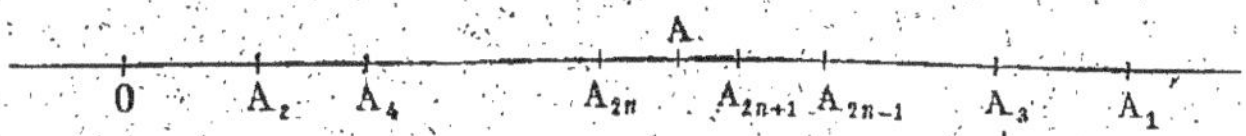

Fig. 6.

une longueur $OA_1$ mesurée par $u_1$, puis en sens contraire $A_1A_2 = u_2$ ; puis dans le sens primitif $A_2A_3 = u_3$, et ainsi de suite ; la somme $S_n$ des $n$ premiers termes de la série (14) est mesurée par $OA_n$.

Comme les nombres $u_1, u_2, \ldots$ vont en décroissant, $A_2$ est entre $O$ et $A_1$, $A_3$ entre $A_2$ et $A_1$, etc., et chaque point est situé entre les deux précédents dans la suite $O, A_1, A_2, A_3, \ldots$

Nous voyons que les sommes $S_2$, $S_4$, ..., $S_{2n}$, ... sont représentées par $OA_2$, $OA_4$, ..., $OA_{2n}$, ... et augmentent en restant inférieures à $S_1$; elles ont donc une limite (n° 10); de même les sommes $S_1$, $S_3$, ..., $S_{2n+1}$, ..., sont représentées par $OA_1$, $OA_3$, ..., $OA_{2n+1}$, ... et diminuent en restant positives; elles ont aussi une limite. Ces deux limites sont égales, car la différence entre $S_{2n+1}$ et $S_{2n}$ est égale à $u_{2n+1}$ et tend vers zéro; nous en concluons que la série est convergente.

Le raisonnement précédent montre que les points $A_1$, $A_2$, ..., $A_{2n}$, $A_{2n+1}$, ... ont un point limite $A$ tel que $OA$ soit égal à la somme de la série.

*Exemple.* — La série

$$(15) \qquad 1 - \frac{1}{2} + \frac{1}{3} - \frac{1}{4} + \cdots + (-1)^{n-1} \frac{1}{n} + \cdots$$

satisfait aux conditions du théorème, elle est donc convergente; cependant la série des valeurs absolues de ses termes est divergente, car elle est la série harmonique (n° 35). La série (10) est convergente pour $a = -1$.

**45. Calcul numérique de la somme d'une série convergente.** — Il est rare que l'on puisse déterminer exactement la somme d'une série convergente, en dehors du cas particulier des progressions géométriques; le plus souvent, on ne peut calculer qu'une valeur approchée de cette somme.

Il est vrai que les méthodes que nous allons indiquer permettent le plus souvent d'obtenir cette somme avec une approximation aussi grande qu'on le veut; on peut, de cette façon, former, si on le désire, une suite de valeurs approchées à $\frac{1}{10}$, $\frac{1}{10^2}$, $\frac{1}{10^3}$, ... près, et la somme cherchée sera la limite de cette suite de la même manière que $\sqrt{2}$ est la limite de ses valeurs approchées avec 1, 2, 3, ... chiffres décimaux. Toutefois la formation d'une telle suite est plutôt théorique que pratique, et l'on se contente dans les applications numériques d'une seule valeur approchée de la somme, obtenue avec une approximation fixée à l'avance.

Étant donnée la série convergente

$$u_1 + u_2 + \cdots + u_n + u_{n+1} + \cdots,$$

la méthode communément employée pour trouver une valeur approchée de sa somme consiste à conserver seulement un certain nombre de termes pris à partir du premier et à négliger les suivants, qui sont relativement petits, puisque le terme général tend vers zéro; de plus, on remplace les termes conservés par leurs valeurs décimales approchées à un certain degré d'approximation. En supposant que l'on s'arrête à $u_n$, et que l'on substitue à $u_1, u_2, \ldots, u_n$ les valeurs approchées $u_1', u_2', \ldots, u_n'$, on prend la somme

$$S_n' = u_1' + u_2' + \cdots + u_n'$$

comme valeur approchée de la somme S de la série.

L'erreur ainsi commise sur S se compose : 1° de l'ensemble des termes négligés, que l'on appelle ordinairement le reste de la série, et qui est

$$R_n = u_{n+1} + u_{n+2} + \cdots ;$$

2° des erreurs que l'on commet sur $u_1, u_2, \ldots, u_n$ en leur substituant les valeurs $u_1', u_2', \ldots, u_n'$. La détermination exacte de ces erreurs est en général impossible, surtout celle de la première, mais on peut trouver une limite supérieure de leur somme, et cette limite est la seule quantité qu'il importe de connaître.

Généralement, l'on se donne à l'avance le degré d'approximation avec lequel on veut calculer une valeur approchée de S ; on détermine alors le rang $n$ du terme auquel on doit s'arrêter, ensuite l'approximation avec laquelle on doit calculer les termes conservés pour que l'erreur totale commise soit inférieure à la limite que l'on s'est imposée.

Des deux sortes d'erreurs que nous avons mentionnées, la seconde, provenant de la substitution à $u_1, u_2, \ldots, u_n$ de valeurs décimales approchées, est du domaine de l'arithmétique et nous n'insisterons pas sur sa détermination ; c'est la première erreur, c'est-à-dire la valeur de $R_n$ ou une limite supérieure de cette valeur, qu'il nous importe le plus de connaître actuellement.

Dans le cas où la série a ses termes de même signe, par exemple tous positifs, le procédé le plus pratique pour calculer une limite supérieure de $R_n$ consiste à chercher une progression géométrique décroissante

$$v_{n+1} + v_{n+2} + \cdots ,$$

dont les termes soient égaux ou supérieurs à ceux dont se compose le reste $R_n$ de la série ; ce reste sera alors au plus égal à la somme de cette progression. Par exemple, le reste $R_n$ des séries (6) et (7) (n° 38) est inférieur à

$$\frac{1}{2^{n+1}} + \frac{1}{2^{n+2}} + \cdots = \frac{1}{2^{n+1}} \frac{1}{1 - \frac{1}{2}} = \frac{1}{2^n}.$$

Si l'on n'aperçoit pas immédiatement une telle progression, on peut utiliser le rapport $\dfrac{u_{n+1}}{u_n}$, ou bien $\sqrt{u_n}$, pour en former une ; supposons que le rapport d'un terme au précédent soit, à partir du rang $n+1$, inférieur à un nombre $k < 1$ ; nous voyons, comme au n° 39, que l'on a

$$u_{n+1} + u_{n+2} + \cdots < u_{n+1}(1 + k + k^2 + \cdots),$$

et nous en déduisons, en faisant la somme indiquée au second membre,

$$R_n < \frac{u_{n+1}}{1 - k}.$$

Pour donner un exemple, supposons que l'on veuille déterminer une valeur approchée à $\frac{1}{1\,000}$ près de la somme de la série

$$\frac{1}{8} + \frac{2}{8^2} + \frac{3}{8^3} + \cdots + \frac{n}{8^n} + \cdots;$$

cette série est convergente, car le rapport

$$\frac{u_{n+1}}{u_n} = \frac{n+1}{8n}$$

a pour limite le nombre $\frac{1}{8}$, qui est inférieur à l'unité.

En négligeant les termes à partir du rang $n$, le reste de la série est

$$R_n = \frac{n+1}{8^{n+1}} + \frac{n+2}{8^{n+2}} + \cdots;$$

comme dans cette somme le rapport d'un terme quelconque au précédent est au plus égal à celui des deux premiers, c'est-à-dire à $\frac{n+2}{8(n+1)}$, nous voyons, en répétant un raisonnement fait précédemment, que $R_n$ est inférieur au nombre

$$\frac{n+1}{8^{n+1}} \cdot \frac{1}{1 - \frac{n+2}{8(n+1)}} = \frac{(n+1)^2}{(7n+6)8^n}.$$

Pour $n = 4$, ce dernier nombre est inférieur à $\frac{1}{5\,000}$, et il en est de même de $R_n$ a fortiori ; il suffira alors de conserver les termes $u_1$, $u_2$, $u_3$ et $u_4$ et, comme le premier est connu exactement, de calculer une valeur approchée de trois autres à $\frac{1}{10\,000}$ près ; l'erreur totale sera alors inférieure à

$$\frac{1}{5\,000} + \frac{3}{10\,000} = \frac{5}{10\,000}, \quad \text{et } a \text{ } fortiori \text{ } \frac{1}{1\,000}.$$

Prenons la somme des valeurs approchées par défaut des quatre premiers termes avec 4 chiffres décimaux :

$$u'_1 = 0,125$$
$$u'_2 = 0,031\,2$$
$$u'_3 = 0,005\,8$$
$$u'_4 = 0,000\,9$$

$$u'_1 + u'_2 + u'_3 + u'_4 = 0,162\,9\,;$$

c'est une valeur approchée par défaut de la somme de la série à 5 dix-millièmes près ; cette somme est donc comprise entre 0,162 9 et 0,163 4. On peut affirmer que 0,163 est la valeur approchée à 1 millième près de la somme de la série, sans spécifier si c'est par défaut ou par excès.

Lorsque les termes d'une série décroissent rapidement, et que l'étude du reste à priori n'est pas facile, on se contente souvent de calculer les termes successifs à partir du premier avec un ou deux chiffres décimaux de plus que ceux qui sont nécessaires pour l'approximation demandée ; on s'arrête quand le calcul ainsi dirigé ne fournit plus de chiffre significatif, et l'on fait la somme des termes calculés. On estime que le reste, qui est comparable au premier terme négligé, est inférieur à l'erreur permise, et l'on se dispense de le calculer : il est bon cependant, dans un calcul précis, d'évaluer une limite supérieure du reste et de vérifier que l'erreur totale ne dépasse pas celle qui est imposée à l'avance.

Dans l'exemple précédent, en calculant les termes successifs avec 4 chiffres décimaux, on a d'abord pour $u'_1$, $u'_2$, $u'_3$, $u'_4$ les valeurs déjà données, puis pour $u'_5$ la valeur 0,000 1, et $u'_6$ n'intervient plus ; la somme des termes conservés est 0,163 0 et l'on prend 0,163 pour la valeur demandée.

Lorsque les termes d'une série ne sont pas tous de même signe, mais que cette série est absolument convergente, on est certain que le reste $R_n$ est au plus égal au reste correspondant de la série des valeurs absolues ; on peut en général calculer, par les procédés que nous venons d'indiquer, une limite supérieure de ce dernier reste, et ce sera une limite supérieure de $R_n$.

Si la série n'est pas absolument convergente, le calcul est moins simple ; dans le cas cependant où la série est alternée et satisfait aux conditions du théorème VIII on a le résultat suivant :

*Le reste* $R_n$ *a le même signe que le premier terme négligé, et sa valeur absolue est au plus égale à celle de ce terme.*

On voit en effet sur la figure que si l'on s'arrête au terme $u_{2n-1}$, $R_n$ est représenté par $A_{2n-1}A$ ; il est négatif et inférieur en valeur absolue à $A_{2n-1}A_{2n}$, c'est-à-dire à $u_{2n}$ ; si l'on s'arrête au contraire à $u_{2n}$, $R_n$ est positif et inférieur à $A_{2n}A_{2n+1}$, c'est-à-dire à $u_{2n+1}$, ce qui démontre la règle.

**46. Méthode de Stirling et de M. Andoyer**[1]. — Lorsque les termes d'une série convergente décroissent lentement, en particulier lorsque la valeur absolue du rapport d'un terme au précédent a pour limite l'unité, les méthodes précédentes conduisent à des calculs trop longs ou impraticables ; c'est ce qui a lieu par exemple pour la série (15), il faut alors aller jusqu'au $100^e$ terme pour être certain que $R_n$ est inférieur à un centième. C'est aussi ce qui a lieu pour la série (11), dans laquelle le rapport d'un terme au précédent a pour limite l'unité ; on ne peut donc comparer les termes du reste à ceux d'une progression géométrique simple.

La méthode que nous allons exposer consiste non pas à rendre le reste $R_n$ inférieur à l'approximation donnée, mais à trouver deux valeurs approchées de ce reste, l'une par excès, l'autre par défaut ; on peut alors prendre pour $n$ une valeur assez petite, ce qui simplifie le calcul de $S_n$. Il est vrai que l'on ne peut pas, comme dans les méthodes précédentes, se donner à l'avance une approximation et choisir $n$ en conséquence, mais les résultats auxquels on aboutit sont ordinairement suffisants pour le but qu'on se propose et exigent moins de calculs.

A la série donnée, de terme général $u_n$, nous ferons correspondre une autre série dont le terme général $u'_n$ est comparable à $\dfrac{u_n}{n^p}$, $p$ étant un entier arbitraire ; pour ne pas compliquer l'écriture, nous prendrons pour $p$ le nombre 3, mais le raisonnement s'étendrait facilement au cas où $p$ aurait d'autres valeurs.

Posons

$$u'_1 = u_1 + l_2 u_2,$$
$$u'_2 = u_2 - l_2 u_2 + l_3 u_3,$$
$$\dots \dots \dots \dots \dots \dots$$
$$u'_n = u_n - l_n u_n + l_{n+1} u_{n+1},$$
$$u'_{n+1} = u_{n+1} - l_{n+1} u_{n+1} + l_{n+2} u_{n+2},$$
$$\dots \dots \dots \dots \dots \dots$$

$l_2, l_3, \dots l_n, \dots$ étant des nombres encore inconnus, mais tels que le produit $l_n u_n$ ait pour limite zéro pour $n$ infini.

La série de terme général $u'_n$ est convergente, car on a

$$S'_n = S_n + l_{n+1} u_{n+1}$$

---

1. Ce paragraphe peut être laissé de côté dans une première lecture.

et, d'après les hypothèses faites, $S'_n$ a une limite égale à celle de $S_n$ ; le reste $R'_n$ de la nouvelle série a pour valeur

$$R'_n = R_n - t_{n+1} u_{n+1} ;$$

on en déduit

$$(16) \qquad R_n = R'_n + t_{n+1} u_{n+1} ;$$

c'est cette égalité qui sert à déterminer $R_n$.

La formule qui donne $u'_n$ s'écrit

$$(17) \qquad u'_n = u_n \left( 1 - t_n + t_{n+1} \frac{u_{n+1}}{u_n} \right) ;$$

nous désignerons par $T_n$ la parenthèse du second membre ; nous allons profiter de l'indétermination des quantités $t$ pour faire en sorte que $n^3 T_n$ ait une limite $l$ donnée à l'avance, pour $n$ infini ; nous distinguerons deux cas pour développer le calcul.

1ᵉʳ **Cas** : La limite de $\dfrac{u_{n+1}}{u_n}$ n'est pas égale à $+1$. Nous poserons alors, pour toute valeur de $n$,

$$(18) \qquad t_{n+1} = a + \frac{b}{n} + \frac{c}{n^2} + \frac{d}{n^3},$$

$a, b, c, d$ étant des constantes ; puis nous calculerons ces constantes par la condition qu'on ait pour $n$ croissant indéfiniment :

$$(19) \quad \lim T_n = 0, \quad \lim n T_n = 0, \quad \lim n^2 T_n = 0, \quad \lim n^3 T_n = l ;$$

ce choix de $t_{n+1}$ satisfait bien à la condition que $\lim t_n u_n = 0$, car $u_n$ a pour limite zéro.

Cela posé, les termes $u'_n$ décroissent rapidement ; il arrive alors ordinairement que pour des valeurs assez petites de $n$, le reste $R'_n$ ait le même signe que le premier terme négligé $u'_{n+1}$, et que ce signe soit celui de $\dfrac{l u_{n+1}}{n^3}$ dont $u'_{n+1}$ diffère très peu. Si l'on admet qu'il en est ainsi on donne à $l$ successivement deux valeurs de signes contraires, et l'on calcule les valeurs correspondantes de $t_{n+1} u_{n+1}$ ; comme $R'_n$ a dans l'un des cas une valeur positive, dans l'autre une valeur négative, les deux valeurs de $t_{n+1} u_{n+1}$ seront, d'après la formule (16), des valeurs approchées par défaut et par excès de $R_n$.

Il est inutile de calculer les termes $u'_1, u'_2, \ldots u'_n$ de la nouvelle série ; il suffit de déterminer directement $S_n$ avec une approximation suffisante et de lui ajouter les valeurs approchées de $R_n$ pour avoir des valeurs approchées de la somme de la série.

*Exemple :* Soit à trouver la somme de la série alternée (15) ; le rapport d'un terme au précédent a pour valeur

$$\frac{u_{n+1}}{u_n} = \frac{-n}{n+1};$$

avec la valeur (18) de $t_{n+1}$, nous avons

$$T_n = 1 - \left[a + \frac{b}{n-1} + \frac{c}{(n-1)^2} + \frac{d}{(n-1)^3}\right] - \frac{n}{n+1}\left[a + \frac{b}{n} + \frac{c}{n^2} + \frac{d}{n^3}\right];$$

les conditions (19) nous donnent successivement

$$a = \frac{1}{2}, \quad b = \frac{1}{4}, \quad c = -\frac{1}{4}, \quad d = \frac{1}{8} - \frac{l}{2}.$$

Choisissons pour $n$ la valeur 10, de sorte que $u_{n+1} = \frac{1}{11}$ ; en donnant à $l$ la valeur $\frac{1}{4}$, $R'_n$ est positif, et nous avons

$$t_{n+1} = \frac{1}{2} + \frac{1}{40} - \frac{1}{400} = \frac{209}{400}; \quad t_{n+1}u_{n+1} = 0{,}0475 ;$$

le dernier nombre est une valeur de $R_n$ approchée par défaut. En donnant à $l$ la valeur $-\frac{1}{4}$, $R'_n$ est négatif, et nous avons

$$t_{n+1} = \frac{1}{2} + \frac{1}{40} - \frac{1}{400} + \frac{1}{4000} = \frac{2091}{4000}; \quad t_{n+1}u_{n+1} = 0{,}0475227\ldots ;$$

le dernier nombre est une valeur de $R_n$ approchée par excès. Comme nous avons d'autre part directement

$$S_{10} = 0{,}6456349\ldots,$$

nous en concluons

$$0{,}69313 < S < 0{,}69316.$$

2° **Cas :** La limite de $\dfrac{u_{n+1}}{u_n}$ est égale à $+1$ ; il est nécessaire que $nu_n$ ait pour limite zéro, sinon la série donnée serait divergente en même temps que la série harmonique. A la place de la valeur (18) nous choisirons pour $t_{n+1}$ la valeur

$$(20) \qquad t_{n+1} = an + b + \frac{c}{n} + \frac{d}{n^2},$$

et nous déterminerons encore les constantes $a$, $b$, $c$, $d$ par les conditions (19) ; ce choix de $t_{n+1}$ satisfait bien à la condition que $t_n u_n$ ait pour limite zéro ; nous achèverons alors le calcul comme précédemment.

*Exemple :* Soit à trouver la somme de la série

$$1 + \frac{1}{2^2} + \frac{1}{3^2} + \frac{1}{4^2} + \cdots ;$$

le rapport d'un terme au précédent a pour valeur

$$\frac{u_{n+1}}{u_n} = \frac{n^2}{(n+1)^2} ;$$

avec la valeur (20) de $t_{n+1}$, nous avons

$$T_n = 1 - \left[ a(n-1) + b + \frac{c}{n-1} + \frac{d}{(n-1)^2} \right] + \frac{n^2}{(n+1)^2} \left[ an + b + \frac{c}{n} + \frac{d}{n^2} \right] ;$$

les conditions (19) nous donnent successivement

$$a = 1, \quad b = \frac{3}{2}, \quad c = \frac{1}{6}, \quad d = -\frac{1}{6} - \frac{l}{4}.$$

Choisissons pour $n$ la valeur 9, de sorte que $u_{n+1} = \frac{1}{100}$ ; en donnant à $l$ la valeur $\frac{1}{3}$, $R'_n$ est positif ; nous avons

$$t_{n+1} = 9 + \frac{3}{2} + \frac{1}{54} - \frac{1}{324} = \frac{3407}{324} ; \quad t_{n+1} u_{n+1} = 0,105\,154 \cdots ;$$

le dernier nombre est une valeur approchée de $R_n$ par défaut. En donnant à $l$ la valeur $-\frac{2}{3}$, nous avons

$$t_{n+1} = 9 + \frac{3}{2} + \frac{1}{54} = \frac{568}{54} ; \quad t_{n+1} u_{n+1} = 0,105\,185 \cdots ;$$

le dernier nombre est une valeur approchée de $R_n$ par excès. Comme nous avons d'autre part directement

$$S_9 = 1,539767 \cdots ,$$

nous en concluons

$$1,64492 < S < 1,64496.$$

Dans la méthode que nous venons d'exposer, l'approximation n'est connue qu'à la fin du calcul ; si elle est insuffisante, il suffit de prendre pour $n$ une valeur plus grande, ou bien d'appliquer la méthode à un exposant $p$ supérieur à 3.

**47. Addition de deux séries.** — Si deux séries

$$(21) \qquad \begin{cases} u_1 + u_2 + \cdots + u_n + \cdots, \\ v_1 + v_2 + \cdots + v_n + \cdots \end{cases}$$

sont convergentes, la série dont le terme général est

$$w_n = u_n + v_n$$

est convergente et a pour somme la somme des deux premières.

Si l'on représente en effet par $U_n$, $V_n$, $W_n$ les sommes des $n$ premiers termes de ces trois séries et par $U$ et $V$ les sommes des deux premières, on a

$$W_n = U_n + V_n;$$

par suite $W_n$ a une limite égale à $U + V$, ce qu'il fallait démontrer.

On dit, d'une manière plus rapide, qu'on fait l'addition de deux séries en ajoutant les termes de même rang de ces deux séries.

**48. Multiplication de deux séries.** — Le produit de deux séries peut être écrit sous la forme d'une troisième série dont les termes se déduisent d'une manière simple de ceux des deux premières, mais la convergence de cette troisième série n'est assurée que dans des cas particuliers ; nous n'examinerons que le cas où les deux séries données sont absolument convergentes, et nous démontrerons que la troisième l'est aussi.

Envisageons d'abord le cas où les deux séries (21) sont à termes tous positifs ; formons le produit d'après la règle de multiplication des sommes, en rangeant les produits partiels dans le tableau indiqué page suivante.

Nous formerons les termes de la troisième série en groupant ensemble les produits de ce tableau dont les indices des deux facteurs ont la même somme, et nous écrirons

$$w_2 = u_1 v_1,$$
$$w_3 = u_2 v_1 + u_1 v_2,$$
$$w_4 = u_3 v_1 + u_2 v_2 + u_1 v_3,$$
$$\dotfill$$
$$w_{n+1} = u_n v_1 + u_{n-1} v_2 + \cdots + u_1 v_n,$$
$$\dotfill$$

Ce sont les sommes des termes groupés suivant les diagonales figurées par des traits dans le tableau, la somme des indices de $u$ et $v$ dans les produits ainsi groupés étant égale à l'indice de $w$.

Si nous considérons la série

$$(22) \qquad w_2 + w_3 + \cdots + w_n + w_{n+1} + \cdots$$

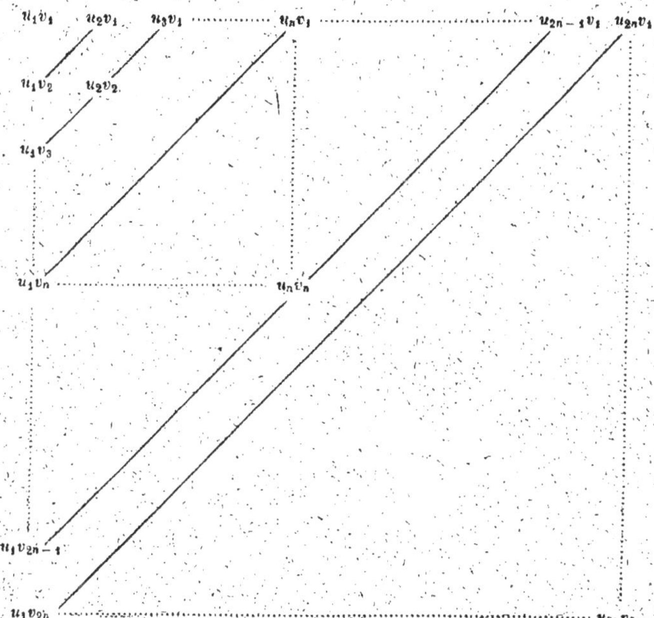


et si nous désignons par $W_n$ la somme

$$w_2 + w_3 + \cdots + w_n,$$

nous voyons à l'inspection du tableau précédent que l'on a

$$U_nV_n < W_{2n} < W_{2n+1} < U_{2n}V_{2n}.$$

Lorsque $n$ augmente indéfiniment, les produits $U_nV_n$ et $U_{2n}V_{2n}$ ont tous deux pour limite le produit $UV$ des sommes des deux séries données, par suite $W_{2n}$ et $W_{2n+1}$ ont la même limite égale à ce produit ; cela montre bien que la série (22) est convergente et a pour somme le produit des sommes des deux premières ; on dira que la série (22) est le produit des séries (21).

Examinons maintenant le cas où les séries données ont des termes de signes quelconques, mais sont absolument convergentes ; nous allons voir que la série (22) formée comme précédemment est absolument convergente et que sa somme est égale au produit des sommes des deux premières.

Désignons par $u'_n$, $v'_n$ les valeurs absolues de $u_n$, $v_n$, et par $w'_{n+1}$ la somme

$$w'_{n+1} = u'_n v'_1 + u'_{n-1} v'_2 + \cdots + u'_1 v'_n ;$$

la valeur absolue de $w_{n+1}$ est égale ou inférieure à $w'_{n+1}$. D'après l'hypothèse faite que les séries données sont absolument convergentes, les séries de terme général $u'_n$ et $v'_n$ sont convergentes et, d'après le raisonnement précédent, celle de terme général $w'_{n+1}$ l'est aussi ; comme la série des valeurs absolues des termes de (22) a ses termes égaux ou inférieurs à ceux de cette dernière, elle est convergente ; par suite la série (22) est absolument convergente.

Il reste à montrer que la somme de la série (22) est égale au produit UV des sommes des séries (21) ; pour cela remarquons que les différences

$$(23) \qquad W_{2n} - U_n V_n, \quad W_{2n+1} - U_n V_n,$$

sont, à l'inspection du tableau que nous avons formé, constituées par une partie des termes que l'on obtient en développant la différence

$$(24) \qquad U_{2n} V_{2n} - U_n V_n ;$$

les valeurs absolues des différences (23) sont égales ou inférieures à la somme des valeurs absolues des termes qui les composent, et à plus forte raison à la somme des valeurs absolues des termes formant le développement de (24) ; mais cette somme de valeurs absolues est identique au développement de la différence

$$U'_{2n} V'_{2n} - U'_n V'_n ;$$

comme cette dernière tend vers zéro quand $n$ augmente, les différences (23) tendent aussi vers zéro et cela montre bien que la somme de la série (22) est égale à $U \cdot V$ ; la proposition est ainsi démontrée.

# CHAPITRE VII

## LA SÉRIE $e$ ET LA FONCTION $e^x$.

49. Série $e$. — On appelle $e$ la somme de la série

$$(1) \quad 1 + \frac{1}{1} + \frac{1}{1.2} + \frac{1}{1.2.3} + \cdots + \frac{1}{1.2.3 \ldots n} + \cdots ;$$

cette série à termes positifs est bien convergente, car le rapport d'un terme au précédent est

$$\frac{u_{n+1}}{u_n} = \frac{1}{1.2.3 \ldots n} : \frac{1}{1.2.3 \ldots (n-1)} = \frac{1}{n},$$

et il tend vers zéro quand $n$ augmente indéfiniment.

Pour calculer une valeur approchée de la somme de cette série, supposons que l'on conserve les $n+1$ premiers termes dont nous désignons la somme par $S_n$, et que l'on néglige les suivants ; ces derniers constituent un reste $R_n$ ayant pour valeur

$$R_n = \frac{1}{1.2.3 \ldots n(n+1)} + \frac{1}{1.2.3 \ldots (n+1)(n+2)} + \cdots ;$$

nous obtiendrons une limite supérieure de $R_n$ en remplaçant, dans les dénominateurs, les nombres $n+2$, $n+3$, $\ldots$ par $n+1$, de sorte que nous aurons

$$R_n < \frac{1}{1.2.3 \ldots n(n+1)} \left[ 1 + \frac{1}{n+1} + \frac{1}{(n+1)^2} + \cdots \right].$$

Les termes qui entrent dans la parenthèse sont ceux d'une progression géométrique dont la somme est

$$\frac{1}{1 - \dfrac{1}{n+1}} = \frac{n+1}{n} ;$$

nous avons donc $\quad R_n < \dfrac{1}{1.2.3 \ldots n} \cdot \dfrac{1}{n} ;$

nous écrirons, en désignant par $\theta$ un nombre inférieur à 1,

$$(2) \qquad R_n = \frac{1}{1 \cdot 2 \cdot 3 \ldots n} \cdot \frac{\theta}{n}.$$

**50. Calcul de $e$.** — Nous allons d'abord démontrer que *le nombre $e$ est irrationnel.*

Supposons qu'il n'en soit pas ainsi, et que $e$ soit égal à une fraction irréductible $\frac{m}{n}$; mettons en évidence la somme des $n+1$ premiers termes et le reste correspondant, et écrivons

$$\frac{m}{n} = 1 + \frac{1}{1} + \frac{1}{1 \cdot 2} + \cdots + \frac{1}{1 \cdot 2 \cdot 3 \ldots n} + \frac{1}{1 \cdot 2 \cdot 3 \ldots n} \cdot \frac{\theta}{n}.$$

Multiplions les deux membres par $1 \cdot 2 \cdot 3 \ldots n$; nous obtiendrons partout des produits entiers, sauf au dernier terme, et nous aurons une égalité de la forme

$$M = M' + \frac{\theta}{n},$$

où M et M' sont des entiers; une telle égalité est impossible, car $\frac{\theta}{n}$ est une fraction non nulle et inférieure à l'unité; $e$ ne peut donc être égal à une fraction; il est par suite irrationnel.

Nous allons calculer une valeur approchée de $e$ avec un certain nombre de chiffres décimaux exacts, par exemple deux. Nous devons prendre $n$ assez grand pour que l'erreur commise en négligeant le reste $R_n$, jointe à celle que l'on obtient en substituant aux premiers termes des valeurs décimales approchées, donne une somme inférieure à un centième.

Or, si nous prenons $n = 5$, nous avons, d'après (2),

$$R_5 = \frac{1}{1 \cdot 2 \cdot 3 \cdot 4 \cdot 5} \cdot \frac{\theta}{5},$$

et cette valeur est inférieure à $\frac{1}{500}$; d'autre part la somme des termes jusqu'à $n = 5$ est

$$1 + \frac{1}{1} + \frac{1}{1 \cdot 2} + \frac{1}{1 \cdot 2 \cdot 3} + \frac{1}{1 \cdot 2 \cdot 3 \cdot 4} + \frac{1}{1 \cdot 2 \cdot 3 \cdot 4 \cdot 5}.$$

Les trois premiers sont exactement convertibles en nombres décimaux, mais il n'en est plus de même des trois autres; en calculant ces derniers avec trois chiffres décimaux exacts par défaut, nous commettons sur chacun d'eux une erreur inférieure à un millième et sur leur somme une erreur au plus égale à trois millièmes. L'erreur totale commise sur la somme de la série est alors inférieure à

$$\frac{1}{500} + \frac{3}{1\,000} = \frac{5}{1\,000}$$

et elle est bien inférieure à un centième.

Nous aurons donc la valeur cherchée en calculant les six premiers termes de la série $e$ à un millième près par défaut ; la somme de ces valeurs est

$$1 + 1 + 0,5 + 0,166 + 0,041 + 0,008 = 2,715 ;$$

nous sommes certains que le nombre $e$ est compris entre $2,715$ et $2,720$.

Sa valeur avec cinq chiffres décimaux exacts par défaut est

$$e = 2,718\,28.$$

**51. Limite de** $\left(1 + \dfrac{1}{m}\right)^m$. — Nous nous proposons de déterminer la limite de l'expression $\left(1 + \dfrac{1}{m}\right)^m$ lorsque $m$ augmente indéfiniment en valeur absolue par valeurs quelconques positives ou négatives. On ne peut déterminer *a priori* cette limite, car déjà dans le cas où $m$ prend des valeurs entières positives, l'expression est le produit de facteurs égaux dont le nombre augmente indéfiniment, tandis que chacun d'eux tend vers l'unité, et l'on ne peut dire si ce produit a une limite.

Nous allons considérer d'abord le cas où $m$ augmente par valeurs positives entières successives et montrer que l'expression considérée a pour limite le nombre $e$, que nous venons d'étudier. Pour une valeur donnée de $m$, appliquons la formule du binôme (n° 4) et écrivons le développement de la puissance $m^e$ de la somme $1 + \dfrac{1}{m}$ sous la forme

$$\left(1 + \frac{1}{m}\right)^m = 1 + \frac{m}{1} \cdot \frac{1}{m} + \frac{m(m-1)}{1\,.\,2} \cdot \frac{1}{m^2}$$
$$+ \ldots + \frac{m(m-1)\ldots(m-p+1)}{1\,.\,2\ldots p} \cdot \frac{1}{m^p}$$
$$+ \ldots + \frac{m(m-1)\ldots(m-m+1)}{1\,.\,2\ldots m} \cdot \frac{1}{m^m}$$

Au second membre se présentent les coefficients du binôme et le nombre des facteurs entrant au numérateur de chacun d'eux est égal à l'exposant de la puissance du facteur $\dfrac{1}{m}$ par lequel il est multiplié ; dès lors en divisant par $m$ chacun des facteurs du numérateur, on a

$$(3) \quad \left(1+\frac{1}{m}\right)^m = 1+\frac{1}{1}+\frac{1}{1.2}\left(1-\frac{1}{m}\right)$$

$$+\cdots+\frac{1}{1.2\ldots p}\left(1-\frac{1}{m}\right)\left(1-\frac{2}{m}\right)\cdots\left(1-\frac{p-1}{m}\right)$$

$$+\cdots+\frac{1}{1.2\ldots m}\left(1-\frac{1}{m}\right)\left(1-\frac{2}{m}\right)\cdots\left(1-\frac{m-1}{m}\right).$$

On voit apparaître au second membre les termes qui entrent dans la somme

$$S_m = 1+\frac{1}{1}+\frac{1}{1.2}+\cdots+\frac{1}{1.2\ldots m}$$

des $m+1$ premiers termes de la série $e$, ces termes étant multipliés par des facteurs inférieurs à l'unité; le second membre est donc inférieur à $S_m$, et comme $S_m$ est lui-même inférieur à la somme de la série $e$, on a

$$\left(1+\frac{1}{m}\right)^m < e.$$

Nous allons voir que $\left(1+\frac{1}{m}\right)^m$ augmente avec $m$; si l'on remplace en effet dans l'égalité (3) $m$ par $m+1$, chacun des facteurs de la forme $1-\dfrac{k}{m}$ se change en $1-\dfrac{k}{m+1}$ et devient plus grand; les termes écrits sont remplacés par d'autres qui leur sont égaux ou supérieurs et il y a un terme de plus; on a donc bien

$$\left(1+\frac{1}{m+1}\right)^{m+1} > \left(1+\frac{1}{m}\right)^m.$$

La suite infinie des valeurs de l'expression $\left(1+\frac{1}{m}\right)^m$ quand $m$ croît par valeurs entières est par suite formée de nombres croissants inférieurs à $e$; elle a donc une limite égale ou inférieure à $e$ (n° 10); nous allons montrer que cette limite est égale à $e$.

Si nous désignons par $p$ un nombre fixe, et si $m$ est supérieur à $p$, nous avons, en conservant les $p+1$ premiers termes du second membre de (3),

$$\left(1+\frac{1}{m}\right)^m > 1+\frac{1}{1}+\frac{1}{1.2}\left(1-\frac{1}{m}\right)$$

$$+\cdots+\frac{1}{1.2\ldots p}\left(1-\frac{1}{m}\right)\left(1-\frac{2}{m}\right)\cdots\left(1-\frac{p-1}{m}\right).$$

Les produits des parenthèses entrant au second membre de cette inégalité sont formés d'un nombre limité de facteurs dont chacun a pour limite l'unité quand $m$ tend vers l'infini, par suite ces produits ont pour limite l'unité et l'on voit que

$$\lim \left(1 + \frac{1}{m}\right)^m > S_p,$$

$S_p$ étant la somme des $p+1$ premiers termes de la série $e$; mais $S_p$ est aussi voisin que l'on veut de $e$, on a donc rigoureusement

$$\lim \left(1 + \frac{1}{m}\right)^m = e.$$

Cela posé, supposons maintenant que l'on fasse croître $m$ par valeurs positives quelconques, rationnelles ou irrationnelles ; désignons par $m_1$ le plus grand entier contenu dans $m$, de sorte que l'on ait

$$m_1 \leqslant m < m_1 + 1 ;$$

on en déduit

$$1 + \frac{1}{m_1} \geqslant 1 + \frac{1}{m} > 1 + \frac{1}{m_1 + 1} ;$$

si l'on élève ces termes respectivement aux puissances $m_1 + 1$, $m$, $m_1$, on obtient des inégalités de même sens, de sorte que l'on a

$$\left(1 + \frac{1}{m_1}\right)^{m_1 + 1} > \left(1 + \frac{1}{m}\right)^m > \left(1 + \frac{1}{m_1 + 1}\right)^{m_1},$$

ce que l'on peut écrire

$$\left[\left(1 + \frac{1}{m_1}\right)^{m_1}\right]\left(1 + \frac{1}{m_1}\right) > \left(1 + \frac{1}{m}\right)^m$$
$$> \left[\left(1 + \frac{1}{m_1 + 1}\right)^{m_1 + 1}\right]\left(1 + \frac{1}{m_1 + 1}\right)^{-1}$$

Lorsque $m$ tend vers l'infini, il en est de même de $m_1$ et de $m_1 + 1$; chacune des expressions dans les crochets du premier et du dernier terme a pour limite $e$ et les facteurs par lesquels elles sont multipliées ont pour limite l'unité ; par suite $\left(1 + \frac{1}{m}\right)^m$ est compris entre deux nombres ayant pour limite $e$ et a lui-même pour limite $e$.

Supposons enfin que $m$ prenne des valeurs négatives dont la valeur absolue augmente indéfiniment ; posons $m = -m'$, $m'$ étant positif, nous avons

$$\left(1+\frac{1}{m}\right)^m = \left(1-\frac{1}{m'}\right)^{-m'} = \left(\frac{m'}{m'-1}\right)^{m'}$$

$$= \left(1+\frac{1}{m'-1}\right)^{m'-1}\left(1+\frac{1}{m'-1}\right);$$

au dernier terme $m'-1$ augmente indéfiniment; le premier facteur a pour limite $e$, le second pour limite l'unité; par suite le produit a encore pour limite $e$. Nous arrivons ainsi à ce résultat:

*L'expression* $\left(1+\dfrac{1}{m}\right)^m$ *a pour limite* $e$ *lorsque la valeur absolue de* $m$ *augmente indéfiniment.*

**52. Limite de** $(1+\alpha)^\beta$. — Nous supposons que $\alpha$ et $\beta$ dépendent d'une même quantité variable et que $\alpha$ tend vers zéro tandis que la valeur absolue de $\beta$ augmente indéfiniment; écrivons

$$(1+\alpha)^\beta = \left[(1+\alpha)^{\frac{1}{\alpha}}\right]^{\alpha\beta}$$

et remplaçons dans la parenthèse $\alpha$ par $\dfrac{1}{m}$; celle-ci devient $\left(1+\dfrac{1}{m}\right)^m$ et a pour limite $e$; si l'exposant $\alpha\beta$ a une limite, l'expression a une limite, d'après les propriétés des exponentielles (n° 26), et l'on a

$$\lim (1+\alpha)^\beta = e^{\lim \alpha\beta}.$$

Lorsque l'on a une expression de la forme $A^\beta$ dans laquelle $A$ a pour limite l'unité, tandis que la valeur absolue de $\beta$ augmente indéfiniment, on met $A$ sous la forme $1+\alpha$, $\alpha$ tendant vers zéro, et l'on est ramené au cas précédent.

*Exemple.* — Cherchons la limite pour $n$ infini de

$$\left(\frac{n^2+1}{n^2-1}\right)^{n^2};$$

nous écrivons cette expression sous la forme

$$\left(1+\frac{2}{n^2-1}\right)^{n^2};$$

ici, $\alpha$ est égal à $\dfrac{2}{n^2-1}$, $\beta$ à $n^2$, et le produit $\alpha\beta$ a pour limite 2, de sorte que la limite de l'expression est $e^2$.

**53. Fonction** $e^x$. — Considérons l'expression $\left(1+\dfrac{x}{m}\right)^m$, dans laquelle $x$ a une valeur fixe et $m$ augmente indéfiniment en valeur absolue; elle rentre dans le cas examiné au n° précédent où l'on a $\alpha = \dfrac{x}{m}$; $\beta = m$, de sorte que $\alpha\beta = x$ et l'on en conclut

$$\lim\left(1 + \frac{x}{m}\right)^m = e^x.$$

Nous pourrions déterminer cette limite d'une autre manière en opérant comme au n° 51; si $m$ est un nombre entier positif, l'application de la formule du binome donne

$$\left(1 + \frac{x}{m}\right)^m = 1 + \frac{m}{1}\cdot\frac{x}{m} + \frac{m(m-1)}{1\cdot 2}\cdot\frac{x^2}{m^2} + \cdots$$

ou bien, en opérant comme précédemment,

$$\left(1 + \frac{x}{m}\right)^m = 1 + \frac{x}{1} + \frac{x^2}{1\cdot 2}\left(1 - \frac{1}{m}\right) + \cdots;$$

nous voyons ainsi apparaître des produits ayant pour limite, quand $m$ augmente indéfiniment, les termes successifs de la série

$$(4) \qquad E(x) = 1 + \frac{x}{1} + \frac{x^2}{1\cdot 2} + \cdots + \frac{x^n}{1\cdot 2 \ldots n} + \cdots;$$

il est donc à prévoir que cette série représente $e^x$.

Ce qui précède n'est pas un raisonnement suffisant; on peut cependant démontrer rigoureusement que la limite de $\left(1 + \dfrac{x}{m}\right)^m$ est égale à $E(x)$ quelles que soient la valeur de $x$ et la manière dont $m$ augmente indéfiniment, mais cela nous entraînerait trop loin. Nous verrons plus tard comme application des dérivées que $e^x$ peut se mettre sous la forme de la série $E(x)$; nous allons cependant montrer, comme application des calculs relatifs aux séries, que inversement la série $E(x)$ est égale à la fonction exponentielle particulière $e^x$, quelle que soit la valeur attribuée à la lettre $x$, considérée comme variable.

Étudions d'abord pour elle-même la série $E(x)$; cette série est convergente et même absolument convergente quelle que soit la valeur de $x$; si nous désignons en effet par $a$ la valeur absolue de $x$, la série des valeurs absolues des termes de la série (4) est la série (8) du n° 39 et nous avons démontré qu'elle est toujours convergente.

Pour calculer une valeur approchée de $E(x)$, on néglige les termes dont le rang dépasse un certain nombre convenablement choisi, et l'on fait la somme des valeurs approchées de ceux que l'on conserve. Supposons qu'on s'arrête au terme qui renferme $x^n$; le reste correspondant de la série est

$$R_n = \frac{x^{n+1}}{1.2.3 \ldots n(n+1)} + \frac{x^{n+2}}{1.2.3 \ldots n(n+1)(n+2)} + \cdots$$

Si $x$ est positif, ce reste est inférieur à la somme obtenue en remplaçant $n+2$, $n+3$, $\ldots$ par $n+1$ dans les dénominateurs, c'est-à-dire inférieur à

$$\frac{x^{n+1}}{1.2.3 \ldots n(n+1)}\left[1 + \frac{x}{n+1} + \frac{x^2}{(n+1)^2} + \cdots\right];$$

si, de plus, $n$ est assez grand pour que $n+1$ soit supérieur à $x$, la parenthèse est une progression géométrique convergente, et a pour somme $\frac{n+1}{n+1-x}$. On peut donc écrire, en désignant par $\theta$ un nombre positif inférieur à l'unité,

$$R_n = \frac{x^{n+1}}{1.2.3 \ldots n} \cdot \frac{\theta}{n+1-x}.$$

Si $x$ est négatif et égal à $-x'$, la valeur absolue de $R_n$ est inférieure à la somme des valeurs absolues de ses termes, et cette dernière somme est égale à celle que l'on obtiendrait en remplaçant $x$ par $x'$ dans le calcul précédent. La valeur absolue de $R_n$ est donc égale à une expression de la forme

$$\frac{x'^{n+1}}{1.2.3 \ldots n} \cdot \frac{\theta'}{n+1-x'},$$

où $\theta'$ est un nombre inférieur à l'unité; finalement l'on peut écrire dans le cas de $x$ négatif, en remplaçant $x'$ par $-x$,

$$(5) \qquad R_n = \frac{x^{n+1}}{1.2.3 \ldots n} \cdot \frac{\theta}{n+1+x},$$

$\theta$ étant un nombre positif ou négatif, inférieur à l'unité en valeur absolue.

**54. Identité entre $E(x)$ et $e^x$.** — Cette identité repose sur le théorème suivant:

*Si $x$ et $x'$ désignent deux valeurs quelconques de la variable, on a*

$$(5) \qquad E(x) . E(x') = E(x+x').$$

En effet, les deux séries

$$E(x) = 1 + \frac{x}{1} + \frac{x^2}{1.2} + \cdots + \frac{x^n}{1.2 \ldots n} + \cdots,$$

$$E(x') = 1 + \frac{x'}{1} + \frac{x'^2}{1.2} + \cdots + \frac{x'^n}{1.2 \ldots n} + \cdots$$

étant absolument convergentes pour toute valeur de $x$ et de $x'$, leur produit, effectué d'après la règle du n° 48, est une série absolument convergente ; le terme général de cette série produit a pour valeur

$$\frac{x^n}{1.2\cdots n}+\frac{x^{n-1}}{1.2\cdots(n-1)}\cdot\frac{x'}{1}+\frac{x^{n-2}}{1.2\cdots(n-2)}\cdot\frac{x'^2}{1.2}+\cdots$$
$$+\frac{x^{n-p}}{1.2\cdots(n-p)}\cdot\frac{x'^p}{1.2\cdots p}+\cdots+\frac{x'^n}{1.2\cdots n},$$

mais cette somme peut s'écrire

$$\frac{1}{n!}\left[x^n+\frac{n}{1}x^{n-1}x'+\frac{n(n-1)}{1.2}x^{n-2}x'^2+\cdots\right.$$
$$\left.+\frac{n(n-1)\ldots(n-p+1)}{1.2\ldots p}x^{n-p}x'^p+\cdots+x'^n\right]$$

et est identique à

$$\frac{(x+x')^n}{1.2\ldots n};$$

on voit donc que la série produit est égale à

$$E(x+x')=1+\frac{x+x'}{1}+\frac{(x+x')^2}{1.2}+\cdots+\frac{(x+x')^n}{1.2\ldots n}+\cdots,$$

ce qu'il fallait démontrer.

Nous allons déduire de là que pour $x$ rationnel la série $E(x)$ est identique à $e^x$. D'abord, pour $x=0$ la série prend la valeur 1 et pour $x=1$ la valeur $e$ ; si nous faisons ensuite dans l'égalité (5), $x'=x$, nous avons

$$E(x)\cdot E(x)=E(2x),$$

et en multipliant ensuite plusieurs fois par $E(x)$ les deux membres, nous arrivons de proche en proche à l'égalité

$$E(x)\cdot E(x)\ldots\ldots E(x)=E(mx),$$

$m$ étant le nombre des facteurs du premier membre.

En faisant alors $x=1$, nous voyons que $E(m)$, dans le cas de $m$ entier, est égal au produit de $m$ facteurs égaux à $E(1)$ ou à $e$, c'est-à-dire à la puissance $m^e$ du nombre $e$.

Si nous remplaçons maintenant $x$ par une fraction ordinaire positive $\frac{p}{q}$, et si nous formons le produit de $q$ facteurs égaux à $E\left(\frac{p}{q}\right)$, ce produit est égal à $E\left(q\frac{p}{q}\right)=E(p)=e^p$ ; nous avons donc

$$E\left(\frac{p}{q}\right)^q=e^p,\qquad\text{d'où}\qquad E\left(\frac{p}{q}\right)=e^{\frac{p}{q}};$$

pour toute valeur rationnelle positive de $x$, nous avons donc $E(x) = e^x$.

Si nous faisons enfin $x' = -x$ dans la formule (5), nous avons

$$E(x) \cdot E(-x) = E(0) = 1, \quad \text{d'où} \quad E(-x) = E(x)^{-1} = e^{-x}.$$

Nous avons ainsi montré l'identité de la série $E(x)$ et de la puissance $e^x$, lorsque $x$ est rationnel, positif ou négatif. On verrait facilement qu'elle a encore lieu lorsque $x$ est irrationnel, en considérant une suite de nombres rationnels dont $x$ est la limite.

**55. Logarithme népérien.** — Le système de logarithmes qui joue le rôle le plus important en analyse est celui qui a pour base le nombre $e$, et on l'appelle système de logarithmes népériens, du nom de Neper, son inventeur.

La raison d'être de ce choix est la suivante : Si l'on prend un nombre $\alpha$ très petit comme logarithme de $1 + \alpha$, le logarithme de $(1 + \alpha)^m$ sera égal à $m\alpha$; la table de logarithmes

Nombres :      $1 + \alpha$,    $(1 + \alpha)^2$,  .....,    $(1 + \alpha)^m$;   ...

Logarithmes :     $\alpha$,       $2\alpha$,      ...,      $m\alpha$,    ...

renfermera des nombres d'autant plus rapprochés les uns des autres que $\alpha$ sera plus petit. La base de ce système est un nombre $a$ tel que l'on ait

$$a^\alpha = 1 + \alpha, \quad a = (1 + \alpha)^{\frac{1}{\alpha}};$$

dès lors si $\alpha$ devient de plus en plus petit, $a$ aura pour limite $e$.

Nous emploierons la notation log pour désigner les logarithmes népériens ; d'après ce que nous avons dit au n° 30, la relation qui existe entre le logarithme népérien d'un nombre et son logarithme dans la base $a$ peut être mise sous l'une des deux formes

$$\log X = \log_a X \cdot \log a, \quad \log_a X = \log X \cdot \log_a e.$$

En particulier si l'on prend pour $a$ la base 10 des logarithmes usuels, on a

$$\log X = \log_{10} X \cdot \log 10, \quad \log_{10} X = \log X \cdot \log_{10} e.$$

Le nombre $\log_{10} e$, que l'on appelle module, a pour valeur approchée $M = 0{,}4343$; son inverse, qui est égal à $\log 10$, a pour valeur approchée $2{,}3026$; on a donc

$$\log X = 2{,}3026 \log_{10} X, \quad \log_{10} X = 0{,}4343 \log X.$$

**56. Calcul de la fonction exponentielle.** — La représentation de $e^x$ par la série $E(x)$ permet d'obtenir rapidement la fonction exponentielle

$e^x$; la série est en effet rapidement convergente, et il suffit d'un petit nombre de termes pour en obtenir une valeur suffisamment approchée ; nous avons d'ailleurs indiqué une limite supérieure du reste de cette série.

Si l'on considère un nombre positif quelconque $a$ et si $\alpha$ est son logarithme népérien, on a $a = e^\alpha$, et, par suite, d'après ce que nous avons vu (n° 26),

$$a^x = (e^\alpha)^x = e^{\alpha x} ;$$

en utilisant la série $E(x)$, on obtient pour représenter $a^x$ la série

$$a^x = e^{x\alpha} = 1 + \frac{x\alpha}{1} + \frac{x^2\alpha^2}{1 \cdot 2} + \cdots + \frac{x^n\alpha^n}{1 \cdot 2 \ldots n} + \cdots,$$

ou bien, en remplaçant $\alpha$ par $\log a$,

$$a^x = 1 + \frac{x \log a}{1} + \frac{x^2 \log^2 a}{1 \cdot 2} + \cdots + \frac{x^n \log^n a}{1 \cdot 2 \ldots n} + \cdots.$$

# CHAPITRE VIII

## DÉTERMINANTS

**57. Déterminants du second ordre.** — Les déterminants se présentent en Algèbre lorsque l'on veut résoudre un système de plusieurs équations du premier degré à plusieurs inconnues ; la discussion d'un tel système et le calcul de ses solutions sont simplifiés par l'introduction de certaines expressions formées au moyen des coefficients des équations, et que l'on appelle déterminants.

Bien que l'emploi des déterminants ne présente pas d'avantage dans l'étude d'un système de deux équations du premier degré à deux inconnues, nous allons montrer comment la résolution d'un tel système conduit à la notion de déterminant dans le cas le plus simple. Nous considérons deux équations du premier degré écrites sous la forme

$$(1) \qquad \begin{cases} ax + by = c, \\ a'x + b'y = c' ; \end{cases}$$

si $ab' - ba'$ n'est pas nul, elles ont une solution donnée par les formules

$$(2) \qquad x = \frac{cb' - bc'}{ab' - ba'}, \qquad y = \frac{ac' - ca'}{ab' - ba'}.$$

On représente la quantité $ab' - ba'$ par la notation

$$\begin{vmatrix} a & b \\ a' & b' \end{vmatrix}$$

et on l'appelle un déterminant du second ordre ; les quatre lettres $a$, $b$, $a'$, $b'$, sont disposées en carré suivant deux lignes et deux colonnes entre deux traits verticaux et sont appelées les éléments du déterminant.

Par définition, un déterminant du second ordre est la différence des produits en croix de ses éléments, en commençant par celui qui est placé en haut et à gauche, comme l'indique l'égalité

$$\begin{vmatrix} a & b \\ a' & b' \end{vmatrix} = ab' - ba'.$$

Les numérateurs des formules (2) sont aussi des déterminants qui peuvent être écrits sous la même forme que le dénominateur ; avec cette notation, les valeurs de $x$ et de $y$ sont données par les formules

$$x = \frac{\begin{vmatrix} c & b \\ c' & b' \end{vmatrix}}{\begin{vmatrix} a & b \\ a' & b' \end{vmatrix}}, \qquad y = \frac{\begin{vmatrix} a & c \\ a' & c' \end{vmatrix}}{\begin{vmatrix} a & b \\ a' & b' \end{vmatrix}}.$$

On voit que ce sont des fractions ayant pour dénominateur commun le déterminant des coefficients des inconnues ; les numérateurs sont des déterminants déduits de celui-là en y remplaçant, pour chaque inconnue, les coefficients de cette inconnue par les termes connus correspondants.

**58. Déterminant du troisième ordre.** — Considérons un système de trois équations du premier degré à trois inconnues $x, y, z$, écrites sous la forme générale

$$(3) \qquad \begin{cases} ax + by + cz = d, \\ a'x + b'y + c'z = d', \\ a''x + b''y + c''z = d''. \end{cases}$$

Supposons que $ab' - ba'$ ne soit pas nul ; nous pouvons tirer des deux premières équations, après avoir fait passer les termes en $z$ au second membre, les valeurs de $x$ et $y$ ; elles sont, d'après les formules (2),

$$(4) \quad x = \frac{(d - cz)b' - b(d' - c'z)}{ab' - ba'}, \qquad y = \frac{a(d' - c'z) - (d - cz)a'}{ab' - ba'}.$$

En portant ces valeurs dans la troisième équation, nous obtenons une équation qui ne renferme que l'inconnue $z$ ; en chassant le dénominateur, nous l'écrirons sous la forme

$$(5) \quad \left[a''(bc' - cb') + b''(ca' - ac') + c''(ab' - ba')\right]z$$
$$= \left[a''(bd' - db') + b''(da' - ad') + d''(ab' - ba')\right].$$

Le système des équations (4) et (5) est équivalent au système donné ; nous n'examinerons pour le moment que le cas où le coefficient de $z$ dans l'équation (5) n'est pas nul ; cette équation donne alors pour $z$ une seule valeur, et il lui correspond un seul système de valeurs de $x$ et de $y$ ; le système donné a donc une seule solution.

On représente le coefficient de $z$ par la notation

$$\begin{vmatrix} a & b & c \\ a' & b' & c' \\ a'' & b'' & c'' \end{vmatrix},$$

que l'on appelle un déterminant du troisième ordre ; ce déterminant possède neuf éléments disposés en carré dans trois lignes et dans trois colonnes entre deux traits verticaux ; on appelle première ligne celle du haut et première colonne celle de gauche.

Par définition, le déterminant est la somme algébrique

$$ab'c'' + bc'a'' + ca'b'' - cb'a'' - ac'b'' - ba'c'',$$

composée de six produits ou termes dont trois sont additifs et trois soustractifs. Pour les former facilement, on opère de la façon suivante : on écrit à la suite des colonnes du déterminant deux autres colonnes qui sont la répétition de la première et de la seconde, et l'on forme le tableau

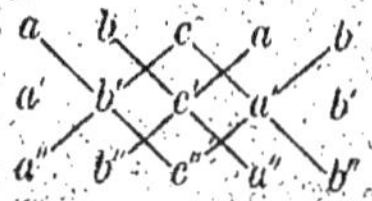

On considère la diagonale issue du premier élément en haut et à gauche $a$ et contenant $a$, $b'$ et $c''$, ainsi que les deux lignes parallèles à cette diagonale issues de $b$ et $c$, puis on forme les produits

$$ab'c'', \qquad bc'a'', \qquad ca'b''$$

des éléments situés dans ces lignes ; on considère de même la diagonale du déterminant dirigée dans l'autre sens et issue de $c$, ainsi que les lignes parallèles à cette diagonale issues des éléments suivants $a$ et $b$, puis on forme les produits

$$cb'a'', \qquad ac'b'', \qquad ba'c''$$

des éléments situés dans ces lignes ; le déterminant est la somme des trois premiers produits pris avec le signe $+$ et des trois derniers pris avec le signe $-$.

La valeur de $z$ tirée de l'équation (5) s'exprime sous la forme d'une fraction dont le dénominateur est le déterminant dont on vient de parler et dont le numérateur est un autre déterminant que l'on déduit de celui-là en y remplaçant les coefficients de $z$ par les termes connus correspondants. En calculant les valeurs de $x$ et de $y$ que fournissent ensuite les équations (4), on peut constater qu'elles s'expriment par des fractions ayant même mode de formation et même dénominateur que pour $z$ ; on retrouvera plus tard ce résultat, et on le complètera par l'examen des différents cas qui peuvent exister.

**59. Inversions dans une permutation.** — Avant de définir un déterminant dans le cas général, nous devons envisager les permutations de $n$ objets distincts, comme nous l'avons fait au n° 1, et dire ce qu'il faut entendre par inversions.

Supposons que les objets soient distingués les uns des autres de telle façon que l'on puisse leur assigner un ordre naturel; par exemple, ils sont représentés par les lettres successives de l'alphabet $a, b, c, \ldots$, ou bien par une même lettre affectée d'indices successifs: $a_1, a_2, a_3, \ldots$. Supposons de plus que les cases où ils doivent être placés soient disposées sur une ligne horizontale et numérotées en allant de gauche à droite. On dit que dans une permutation deux objets, consécutifs ou non, présentent une *inversion* si l'ordre dans lequel ils sont disposés est inverse de leur ordre naturel. Il est utile de connaître le nombre des inversions que présentent les objets d'une permutation envisagés deux à deux de toutes les manières possibles ; par exemple, dans la permutation de quatre objets représentés par $bdac$ ou par $a_2 a_4 a_1 a_3$, il y a trois inversions qui sont $ba, da, dc,$ ou $21, 41, 43$.

On range en deux classes toutes les permutations possibles d'un nombre déterminé d'objets donnés ; la première classe comprend celles qui renferment un nombre pair d'inversions, et la deuxième classe celles qui en renferment un nombre impair. Par exemple pour trois objets $a, b, c,$ la première classe comprend les permutations $abc, bca, cab,$ qui renferment zéro ou deux inversions; et la deuxième classe les permutations $acb, bac, cba,$ qui renferment une ou trois inversions. On peut vérifier que les permutations de plusieurs objets donnés sont aussi nombreuses dans une classe que dans l'autre.

**Théorème.** — *Une permutation change de classe quand on y échange deux éléments.*

Soit la permutation $a_2 a_4 a_1 a_3$ qui présente trois inversions; supposons qu'on y échange d'abord deux éléments consécutifs tels que $a_4$ et $a_1$ et qu'on forme la permutation $a_2 a_1 a_4 a_3$ ; en comparant les deux permutations, on voit que les inversions formées par $a_4$ et $a_1$ avec les élé-

ments qui les précèdent tous deux, et avec ceux qui les suivent tous deux
sont les mêmes dans les deux cas ; seuls $a_1$ et $a_4$ forment une inversion
dans l'une des permutations et non dans l'autre ; il y a donc une inversion
de plus dans l'une que dans l'autre, et elles sont de classes différentes, ce
qui démontre la proposition.

Supposons maintenant qu'on fasse l'échange de deux éléments quelconques tels que $a_4$, $a_3$ ; on peut y parvenir en échangeant $a_3$ successivement avec $a_1$ et $a_4$, ce qui conduit à la permutation $a_2 a_3 a_4 a_1$ ; puis
en échangeant $a_4$ avec $a_1$, ce qui conduit à la permutation $a_2 a_3 a_1 a_4$ ;
le nombre total des échanges ainsi effectués est trois. D'une manière
générale, il est égal à $2p+1$, si $p$ est le nombre des objets intermédiaires entre ceux que l'on veut substituer l'un à l'autre ; comme il y a de
ce fait un nombre impair de changements de classes, la permutation finale
est d'une classe différente de la première, ce qu'il fallait démontrer.

**60. Définition générale d'un déterminant.** — Soient $n^2$ nombres
quelconques, désignés aussi sous le nom d'éléments, disposés en carré
suivant $n$ lignes et $n$ colonnes entre deux traits verticaux ; on appelle
déterminant de ces éléments le résultat du calcul effectué sur eux d'après
la règle suivante :

On prend d'une manière arbitraire $n$ des éléments de façon cependant qu'il y en ait un seul tiré de chaque ligne et de chaque colonne, on
en forme le produit, et on multiplie ce produit par $+1$ ou $-1$ suivant
que la permutation des numéros des lignes et celle des numéros des
colonnes d'où sont tirés les éléments sont de même classe ou de classes
différentes ; un produit ainsi formé s'appelle un terme. La somme algébrique de tous les termes que l'on peut ainsi obtenir s'appelle le déterminant des $n^2$ éléments ; ce déterminant est dit du $n^e$ ordre.

Remarquons immédiatement que l'ordre dans lequel sont écrits les
éléments qui entrent dans un terme n'influe pas sur le signe du coefficient
$+1$ ou $-1$ qui entre dans ce terme ; supposons en effet que l'on ait
écrit ces éléments dans un certain ordre, puis que l'on échange deux
d'entre eux ; on produit alors dans la permutation des numéros des lignes
l'échange de ceux qui sont relatifs aux deux éléments considérés, et il en
est de même dans la permutation des numéros des colonnes. D'après le
théorème du n° précédent, ces permutations changent l'une et l'autre de
classe ; si donc elles étaient de même classe, elles restent encore de
même classe ; si elles étaient de classes différentes, elles restent de classes
différentes ; par suite le signe du terme n'est pas modifié.

D'une manière générale, si l'on représente respectivement par $l$ et

$c$ les nombres des inversions présentées par les numéros des lignes et par ceux des colonnes des éléments d'un terme, le coefficient $\pm 1$ dont est affecté ce terme peut être représenté par $(-1)^{l+c}$; cette expression est en effet égale à $+1$ ou à $-1$ suivant que $l$ et $c$ sont ou ne sont pas de même parité, c'est-à-dire suivant que les permutations des numéros des lignes et des colonnes sont ou ne sont pas de même classe.

Il résulte de ce qui précède que l'on peut ranger les éléments dans chaque terme suivant l'ordre des numéros croissants pour les lignes ou bien pour les colonnes ; par exemple le déterminant du 3ᵉ ordre

$$\begin{vmatrix} a_1^1 & a_1^2 & a_1^3 \\ a_2^1 & a_2^2 & a_2^3 \\ a_3^1 & a_3^2 & a_3^3 \end{vmatrix}$$

formé d'après la règle précédente, en écrivant les éléments dans chaque terme suivant l'ordre naturel des lignes, est égal à

$$a_1^1 a_2^2 a_3^3 + a_1^2 a_2^3 a_3^1 + a_1^3 a_2^1 a_3^2 - a_1^3 a_2^2 a_3^1 - a_1^1 a_2^3 a_3^2 - a_1^2 a_2^1 a_3^3 \,;$$

à la notation près, il est bien identique à celui qui a été défini au n° 58.

Le terme le plus simple d'un déterminant est formé par les éléments de la diagonale issue du coin en haut et à gauche ; les numéros des lignes et des colonnes se suivent alors dans l'ordre naturel, et le terme est affecté du coefficient $+1$. Ce terme est appelé terme principal et la diagonale correspondante est appelée diagonale principale ; l'autre diagonale est appelée la seconde diagonale.

En supposant que, dans chaque terme, les éléments sont écrits dans l'ordre naturel des lignes, on voit que les différents termes diffèrent l'un de l'autre par l'ordre dans lequel sont disposés les numéros des colonnes des éléments ; le nombre de manières dont on peut disposer ces numéros est égal au nombre de leurs permutations. Il en résulte que le nombre des termes d'un déterminant du $n^e$ ordre dont les éléments sont laissés indéterminés, est égal au nombre des permutations de $n$ objets, ou à $n!$.

61. **Calcul pratique d'un déterminant.** — La méthode de calcul d'un déterminant en partant de sa définition est peu pratique ; on cherche ordinairement à ramener le calcul d'un déterminant du $n^e$ ordre à celui de plusieurs déterminants du $(n-1)^e$ ordre ; chacun de ceux-ci à des déterminants du $(n-2)^e$ ordre ; et ainsi de suite jusqu'à des déterminants du 2ᵉ ou du 3ᵉ ordre, dont on a vu le calcul aux n°ˢ 57 et 58.

Pour arriver à ce résultat, nous raisonnerons sur un déterminant dont les éléments sont représentés par $a_\alpha^\lambda$, les numéros $\alpha$ de la ligne et $\lambda$ de la colonne variant de 1 à $n$.

Remarquons d'abord qu'un terme quelconque du déterminant renferme un élément et un seul d'une ligne ou d'une colonne données ; dès lors les termes renfermant un élément donné $a_\alpha^\lambda$ le contiennent au premier degré, et le coefficient A de $a_\alpha^\lambda$ dans la somme de ces termes ne contient aucun des éléments de la ligne de rang $\alpha$ ni de la colonne de rang $\lambda$. Le calcul de A résulte du théorème suivant :

*Théorème.* — *Le coefficient A de l'élément $a_\alpha^\lambda$ d'un déterminant dans la somme des termes qui renferment cet élément est égal à un autre déterminant obtenu en supprimant dans le déterminant donné la ligne et la colonne qui se croisent sur $a_\alpha^\lambda$, le nouveau déterminant étant multiplié par $+1$ ou $-1$ suivant que la somme des numéros de la ligne et de la colonne qui se croisent sur l'élément considéré est paire ou impaire.*

Pour fixer les idées, nous raisonnerons sur un déterminant D du $4^e$ ordre.

$$D = \begin{vmatrix} a_1^1 & a_1^2 & a_1^3 & a_1^4 \\ a_2^1 & a_2^2 & a_2^3 & a_2^4 \\ a_3^1 & a_3^2 & a_3^3 & a_3^4 \\ a_4^1 & a_4^2 & a_4^3 & a_4^4 \end{vmatrix};$$

considérons les termes qui renferment un élément tel que $a_2^3$ et écrivons-les en plaçant cet élément au premier rang ; ces termes seront de la forme

$$(-1)^{i+c} a_2^3 a_\alpha^\lambda a_\beta^\mu a_\gamma^\nu,$$

où $\alpha\beta\gamma$ est une permutation des numéros de lignes 1, 3, 4 et $\lambda\mu\nu$ une permutation des numéros de colonnes 1, 2, 4 ; de plus $i$ et $c$ sont les nombres respectifs d'inversions des permutations $2\alpha\beta\gamma$ et $3\lambda\mu\nu$. En mettant $a_2^3$ en facteur dans ces termes, le coefficient $A_2^3$ de $a_2^3$ pourra être représenté par

$$(6) \qquad A_2^3 = \Sigma\,(-1)^{i+c} a_\alpha^\lambda a_\beta^\mu a_\gamma^\nu,$$

le signe $\Sigma$ indiquant que l'on fait la somme de tous les termes analogues à celui qui est écrit.

Considérons maintenant le déterminant

$$D_2^3 = \begin{vmatrix} a_1^1 & a_1^2 & a_1^4 \\ a_3^1 & a_3^2 & a_3^4 \\ a_4^1 & a_4^2 & a_4^4 \end{vmatrix}$$

déduit de D par suppression de la 2e ligne et de la 3e colonne ; il est une somme de termes de la forme $(-1)^{l'+c'} a_\alpha^\lambda a_\beta^\mu a_\gamma^\nu$ où $\alpha\beta\gamma$ est une permutation des nombres 1, 3, 4, et $\lambda\mu\nu$ une permutation des nombres 1, 2, 4 ; de plus $l'$ et $c'$ sont les nombres respectifs d'inversions des numéros des lignes et des numéros des colonnes dont font partie les éléments $a_\alpha^\lambda$, $a_\beta^\mu$, $a_\gamma^\nu$ ; mais nous pouvons remarquer que ces lignes sont numérotées dans le même ordre que les nombres croissants 1, 3, 4 et que ces colonnes sont numérotées dans le même ordre que les nombres croissants 1, 2, 4 ; par suite les numéros des lignes et des colonnes présentent les mêmes inversions que les indices 1, 3, 4 et les indices 1, 2, 4 ; par conséquent $l'$ et $c'$ sont identiques aux nombres respectifs d'inversions des permutations $\alpha\beta\gamma$ et $\lambda\mu\nu$. Nous écrirons comme pour $A_2^3$

$$(7) \qquad D_2^3 = \Sigma(-1)^{l'+c'} a_\alpha^\lambda a_\beta^\mu a_\gamma^\nu.$$

Les sommes (6) et (7) sont composées des mêmes termes au signe près ; considérons ceux qui correspondent aux mêmes systèmes de valeurs des indices. Le nombre $l$ des inversions de $2\alpha\beta\gamma$ est égal au nombre $l'$ des inversions de $\alpha\beta\gamma$ augmenté du nombre des inversions de 2 avec les nombres qui le suivent dans la permutation ; ce ne peut être qu'avec 1, inférieur à 2, et l'on a $l = l' + 1$. De la même manière, le nombre $c$ des inversions de $3\lambda\mu\nu$ est égal au nombre $c'$ des inversions de $\lambda\mu\nu$, augmenté du nombre des inversions de 3 avec les nombres qui le suivent ; ce ne peut être qu'avec 1 et 2 inférieurs à 3, et l'on a $c = c' + 2$. De là résulte que l'on a

$$(-1)^{l+c} = (-1)^{l'+c'+3} = -(-1)^{l'+c'},$$

et comme cela a lieu pour tous les termes correspondants de (6) et (7), on a $A_2^3 = -D_2^3$.

Si au lieu de l'élément $a_2^3$ nous avions choisi un élément quelconque $a_\delta^\rho$, nous aurions trouvé $l = l' + \delta - 1$ et $c = c' + \rho - 1$, par conséquent nous aurions eu

$$(-1)^{l+c} = (-1)^{l'+c'} \times (-1)^{\delta+\rho-2} = (-1)^{l'+c'} \times (-1)^{\delta+\rho}$$

et

$$A_\delta^\rho = (-1)^{\delta+\rho} D_\delta^\rho.$$

Comme $(-1)^{\delta+\rho}$ est égal à $+1$ ou à $-1$ suivant que la somme $\delta+\rho$ des numéros de la ligne et de la colonne qui renferment $a_\delta^\rho$ est paire ou impaire, le théorème est démontré.

Nous pouvons déduire de là un procédé de calcul d'un déterminant en mettant en évidence les éléments d'une ligne ou d'une colonne particulières ; nous considérerons par exemple les éléments de la deuxième ligne du déterminant précédent D. Comme chaque terme renferme un élément et un seul de cette ligne, nous pouvons grouper ensemble les termes renfermant le même élément et mettre D sous la forme

$$(8) \qquad D = a_2^1 A_2^1 + a_2^2 A_2^2 + a_2^3 A_2^3 + a_2^4 A_2^4.$$

Chacune des parties de cette somme n'a aucun terme commun avec l'une des autres ; la première partie $a_2^1 A_2^1$ renferme par suite tous les termes de D qui contiennent $a_2^1$, la deuxième partie tous les termes qui contiennent $a_2^2$, etc. Nous en concluons que les coefficients $A_2^1$, $A_2^2$, $A_2^3$, $A_2^4$ sont fournis par l'application du théorème démontré précédemment.

Lorsqu'on écrit un déterminant sous une forme telle que (8), on dit *qu'on le développe suivant les éléments d'une ligne ou d'une colonne* ; les coefficients $A_2^1$, $A_2^2$, ... sont appelés *mineurs du premier ordre* du déterminant donné. Comme ces mineurs sont égaux, au facteur $\pm 1$ près, à des déterminants d'ordre inférieur d'une unité à celui du déterminant primitif, on peut les développer à leur tour suivant les éléments d'une ligne ou d'une colonne ; les coefficients seront appelés les *mineurs du second ordre* du premier déterminant, et ainsi de suite.

*Exemple.* — Soit à calculer le déterminant

$$D = \begin{vmatrix} 2 & 5 & 0 & 2 \\ 0 & 4 & -1 & 0 \\ 0 & 3 & 1 & 0 \\ 6 & -5 & -3 & 4 \end{vmatrix} ;$$

si on le développe suivant les éléments de la première colonne, on a

$$D = 2 \begin{vmatrix} 4 & -1 & 0 \\ 3 & 1 & 0 \\ -5 & -3 & 4 \end{vmatrix} - 6 \begin{vmatrix} 5 & 0 & 2 \\ 4 & -1 & 0 \\ 3 & 1 & 0 \end{vmatrix}.$$

Si l'on développe de même les deux déterminants du troisième ordre suivant les éléments de la dernière colonne, on a

$$D = 2 \times 4 \begin{vmatrix} 4 & -1 \\ 3 & 1 \end{vmatrix} - 6 \times 2 \begin{vmatrix} 4 & -1 \\ 3 & 1 \end{vmatrix}$$

$$= 8(4+3) - 12(4+3) = -28.$$

**62. Propriétés d'un déterminant.** — Nous allons démontrer les propriétés élémentaires suivantes des déterminants :

**Théorème I.** — *Un déterminant ne change pas quand on change les lignes en colonnes dans le même ordre.*

Soient les déterminants

$$D = \begin{vmatrix} a & b & c \\ a' & b' & c' \\ a'' & b'' & c'' \end{vmatrix}, \quad D' = \begin{vmatrix} a & a' & a'' \\ b & b' & b'' \\ c & c' & c'' \end{vmatrix}$$

dont les lignes de l'un renferment les éléments des colonnes de l'autre, dans le même ordre ; le terme du premier dont les éléments sont dans les lignes de numéros $\alpha$, $\beta$, $\gamma$ et dans les colonnes de numéros $\lambda$, $\mu$, $\nu$, et le terme du second dont les éléments sont dans les lignes de numéros $\lambda$, $\mu$, $\nu$ et dans les colonnes de numéros $\alpha$, $\beta$, $\gamma$ sont constitués au moyen des mêmes éléments, et ils sont affectés du même coefficient $+1$ si les permutations $\alpha\beta\gamma$ et $\lambda\mu\nu$ sont de même classe ou $-1$ si elles sont de classes différentes. On voit que $D$ et $D'$ sont composés des mêmes termes, et sont par conséquent égaux.

**Théorème II.** — *Un déterminant change de signe quand on y échange deux lignes ou deux colonnes.*

Soit $D$ un déterminant du $4^e$ ordre et $D'$ celui qu'on obtient en échangeant par exemple la première et la troisième ligne. Au terme de $D$ dont les éléments sont dans les lignes de numéros $1, 2, 3, 4$ et dans les colonnes de numéros $\lambda$, $\mu$, $\nu$, $\rho$, faisons correspondre le terme de $D'$ dont les éléments sont dans les lignes de numéros $3, 2, 1, 4$ et dans les colonnes de numéros $\lambda$, $\mu$, $\nu$, $\rho$ ; les termes sont constitués par les mêmes éléments, mais ils sont affectés de coefficients $+1$ ou $-1$ différents, car les permutations des numéros de lignes $1234$ et $3214$ sont de classes différentes (n° 59), tandis que celles des numéros de colonnes $\lambda\mu\nu\rho$ sont les mêmes ; ces termes sont donc égaux et de signes contraires, ou, comme on dit, symétriques.

$D$ et $D'$ étant formés de termes respectivement symétriques sont eux-mêmes des nombres symétriques.

**Théorème III.** — *Un déterminant qui a deux lignes ou deux colonnes identiques est nul.*

En effet il n'est pas altéré a priori si l'on échange les deux lignes ou les deux colonnes identiques ; mais d'autre part, d'après le théorème II, il doit changer de signe ; le déterminant, devant être un nombre égal à son symétrique, ne peut différer de zéro et il est nul.

Vogt. — Math. sup. 6

**Théorème IV.** — *Si l'on multiplie ou si l'on divise tous les éléments d'une même ligne ou d'une même colonne d'un déterminant par un même nombre, ce déterminant est multiplié ou divisé par ce nombre.*

Nous allons montrer que l'on a, par exemple,

$$\begin{vmatrix} ma & b & c \\ ma' & b' & c' \\ ma'' & b'' & c'' \end{vmatrix} = m \begin{vmatrix} a & b & c \\ a' & b' & c' \\ a'' & b'' & c'' \end{vmatrix};$$

en effet le développement du premier membre suivant les éléments de la première colonne est

$$ma(b'c'' - c'b'') - ma'(bc'' - cb'') + ma''(bc' - cb');$$

il est bien égal au produit de $m$ par le déterminant qui entre au second membre.

**Théorème V.** — *Si l'on décompose en plusieurs parties les éléments d'une ligne ou d'une colonne d'un déterminant, ce déterminant peut être remplacé par la somme de plusieurs autres analogues au premier.*

Nous allons montrer que l'on a par exemple

$$\begin{vmatrix} a + a_1 & b & c \\ a' + a_1' & b' & c' \\ a'' + a_1'' & b'' & c'' \end{vmatrix} = \begin{vmatrix} a & b & c \\ a' & b' & c' \\ a'' & b'' & c'' \end{vmatrix} + \begin{vmatrix} a_1 & b & c \\ a_1' & b' & c' \\ a_1'' & b'' & c'' \end{vmatrix};$$

il suffit en effet de comparer les développements des déterminants entrant dans les deux membres, effectués suivant les éléments de la première colonne, pour vérifier cette égalité.

**Théorème VI.** — *Si l'on ajoute aux éléments d'une ligne ou d'une colonne d'un déterminant les éléments correspondants d'une ligne ou d'une colonne parallèle, après les avoir multipliés par un même facteur, on forme un déterminant égal au premier.*

Nous allons montrer que l'on a par exemple

$$\begin{vmatrix} a + mb & b & c \\ a' + mb' & b' & c' \\ a'' + mb'' & b'' & c'' \end{vmatrix} = \begin{vmatrix} a & b & c \\ a' & b' & c' \\ a'' & b'' & c'' \end{vmatrix}.$$

Le premier membre peut en effet se mettre sous la forme d'une somme de deux déterminants dont l'un est le déterminant du second membre, et dont l'autre est

$$\begin{vmatrix} mb & b & c \\ mb' & b' & c' \\ mb'' & b'' & c'' \end{vmatrix};$$

d'après le théorème IV, celui-ci est le produit par $m$ d'un déterminant dont les premières colonnes sont identiques et il est nul (Th. III).

Ces propriétés permettent de simplifier le calcul d'un déterminant. Soit à calculer par exemple le déterminant

$$\begin{vmatrix} 1 & 2 & 3 \\ 2 & 5 & 8 \\ 3 & 8 & 15 \end{vmatrix};$$

retranchons des éléments de la seconde ligne ceux de la première multipliés par 2, et des éléments de la dernière ceux de la première multipliés par 3 ; nous obtenons un déterminant égal au premier, et égal à

$$\begin{vmatrix} 1 & 2 & 3 \\ 0 & 1 & 2 \\ 0 & 2 & 6 \end{vmatrix};$$

en développant ce dernier suivant les éléments de la première colonne, il ne reste qu'un seul produit, celui de 1 par le mineur

$$\begin{vmatrix} 1 & 2 \\ 2 & 6 \end{vmatrix},$$

dont la valeur est $6 - 4 = 2$ ; le déterminant donné est égal à 2.

# CHAPITRE IX

## ÉQUATIONS LINÉAIRES

---

**63. Résolution de trois équations linéaires à trois inconnues lorsque le déterminant des coefficients des inconnues n'est pas nul.** — Considérons un système de trois équations du premier degré à trois inconnues $x$, $y$, $z$, écrites sous la forme générale

$$(1) \qquad \begin{cases} ax + by + cz = d, \\ a'x + b'y + c'z = d', \\ a''x + b''y + c''z = d''. \end{cases}$$

Nous nous proposons de discuter et de résoudre ce système en appliquant la théorie des déterminants ; nous désignerons par $D$ le déterminant des coefficients des inconnues,

$$D = \begin{vmatrix} a & b & c \\ a' & b' & c' \\ a'' & b'' & c'' \end{vmatrix},$$

et nous nous placerons d'abord dans le cas où il n'est pas nul. Nous allons remplacer le système (1) par un autre qui lui est équivalent et dont chaque équation renferme une seule inconnue.

Développons le déterminant $D$ suivant les éléments de la première colonne (n° 61), nous avons une égalité de la forme

$$D = a\mathrm{A} + a'\mathrm{A}' + a''\mathrm{A}'',$$

$\mathrm{A}$, $\mathrm{A}'$, $\mathrm{A}''$ désignant les mineurs de $D$ par rapport à $a$, $a'$, $a''$ ; multiplions les deux membres des équations (1) respectivement par $\mathrm{A}$, $\mathrm{A}'$, $\mathrm{A}''$, et ajoutons membre à membre.

Le coefficient de $x$ dans le résultat est identique à $D$ ; le coefficient de $y$ est égal à $b\mathrm{A} + b'\mathrm{A}' + b''\mathrm{A}''$ ; c'est le résultat que l'on obtient en remplaçant dans $D$ les éléments $a$, $a'$, $a''$ par $b$, $b'$, $b''$, et il est nul, car c'est le développement d'un déterminant ayant deux colonnes identiques ; le coefficient de $z$ est égal à $cA + c'A' + c''A''$ ; c'est le résultat que l'on obtient en remplaçant de même dans D les éléments $a$, $a'$, $a''$ par $c$, $c'$, $c''$ et il est également nul ; nous obtenons de cette façon l'équation

$$(2) \qquad Dx = dA + d'A' + d''A''.$$

Opérons de même en développant D suivant les éléments de la seconde colonne ; multiplions les deux membres des équations respectivement par les mineurs B, B', B'' de D relatifs à $b$, $b'$, $b''$, et ajoutons membre à membre ; l'équation résultante ne contiendra que $y$ et sera

$$(3) \qquad Dy = dB + d'B' + d''B''.$$

Développons en dernier lieu D suivant les éléments de la troisième colonne, et désignons par C, C', C'' les mineurs relatifs à $c$, $c'$, $c''$ ; en opérant comme précédemment, nous aurons une équation qui ne contiendra plus que $z$ et sera

$$(4) \qquad Dz = dC + d'C' + d''C''.$$

Nous déduisons ainsi du système (1) un nouveau système, composé des équations (2), (3), (4) ; nous sommes certains que toute solution du premier satisfait au second ; nous allons montrer inversement que toute solution du second satisfait au premier.

Multiplions en effet les équations (2), (3), (4) respectivement par $a$, $b$, $c$ et ajoutons membre à membre ; nous obtenons une équation dont le premier membre est égal à $D(ax + by + cz)$. Au second membre, le coefficient de $d$ est $aA + bB + cC$, et il est égal au déterminant D, car il constitue le développement de ce déterminant suivant les éléments de la première ligne ; les coefficients de $d'$ et de $d''$ sont respectivement $aA' + bB' + cC'$ et $aA'' + bB'' + cC''$ ; ils sont nuls comme développements de déterminants ayant deux lignes identiques ; il reste donc

$$D(ax + by + cz) = dD ;$$

comme D n'est pas nul, on peut diviser les deux membres par D, ce qui fournit la première équation du système (1). On déduirait de même de (2), (3) et (4) les deux autres équations de ce système (1) ; celui-ci et le système (2), (3) et (4) sont donc équivalents.

Le deuxième système a une seule solution, dont la valeur est immédiate ; on en conclut que le système proposé a une solution et une seule ayant précisément cette valeur. Remarquons que les seconds membres des équations (2), (3), (4) sont les développements suivant $d$, $d'$, $d''$ des trois déterminants

$$D_1 = \begin{vmatrix} d & b & c \\ d' & b' & c' \\ d'' & b'' & c'' \end{vmatrix}; \qquad D_2 = \begin{vmatrix} a & d & c \\ a' & d' & c' \\ a'' & d'' & c'' \end{vmatrix}, \qquad D_3 = \begin{vmatrix} a & b & d \\ a' & b' & d' \\ a'' & b'' & d'' \end{vmatrix};$$

en introduisant ces déterminants, nous pouvons exprimer la solution unique du système proposé par les formules

$$(5) \qquad x = \frac{D_1}{D}, \qquad y = \frac{D_2}{D}, \qquad z = \frac{D_3}{D}$$

C'est le résultat que nous avons annoncé au n° 58.

*Exemple.* — Soit à résoudre le système d'équations

$$\begin{aligned} x + y - z &= 0, \\ 2x - y + 3z &= 9, \\ - 3y + z &= - 3. \end{aligned}$$

Les déterminants $D$, $D_1$, $D_2$, $D_3$ ont respectivement pour valeur

$$D = \begin{vmatrix} 1 & 1 & -1 \\ 2 & -1 & 3 \\ 0 & -3 & 1 \end{vmatrix} = 12, \qquad D_1 = \begin{vmatrix} 0 & 1 & -1 \\ 9 & -1 & 3 \\ -3 & -3 & 1 \end{vmatrix} = 12,$$

$$D_2 = \begin{vmatrix} 1 & 0 & -1 \\ 2 & 9 & 3 \\ 0 & -3 & 1 \end{vmatrix} = 24, \qquad D_3 = \begin{vmatrix} 1 & 1 & 0 \\ 2 & -1 & 9 \\ 0 & -3 & -3 \end{vmatrix} = 36;$$

il y a par suite une seule solution, $x = 1$, $y = 2$, $z = 3$.

REMARQUE. — Les méthodes élémentaires de résolution des équations linéaires conduiraient au même résultat, en éliminant d'abord une inconnue, puis une deuxième ; la méthode de résolution par les déterminants permet d'éliminer d'un seul coup toutes les inconnues sauf une.

**64. Cas où le déterminant des coefficients des inconnues est nul.** — Supposons d'abord que tous les mineurs du déterminant $D$ ne soient pas nuls, et que le déterminant

$$C'' = \begin{vmatrix} a & b \\ a' & b' \end{vmatrix},$$

par exemple, soit différent de zéro. Considérons les trois équations

$$(6) \qquad ax + by + cz - d = 0,$$

$$(7) \qquad a'x + b'y + c'z - d' = 0,$$

$$(8) \qquad \begin{vmatrix} a & b & ax + by + cz - d \\ a' & b' & a'x + b'y + c'z - d' \\ a'' & b'' & a''x + b''y + c''z - d'' \end{vmatrix} = 0 ;$$

nous allons montrer qu'elles forment un système équivalent au système
(1). En effet, toute solution de ce dernier système annule le premier
membre des équations (6) et (7), ainsi que les éléments de la dernière
colonne du déterminant formant le premier membre de l'équation (8),
par suite annule ce premier membre.

Inversement, si nous développons le premier membre de l'équation
(8) suivant les éléments de la dernière colonne, il est égal à

$$C(ax + by + cz - d) + C'(a'x + b'y + c'z - d')$$
$$+ C''(a''x + b''y + c''z - d'');$$

toute solution des équations (6), (7) et (8) satisfait d'abord aux deux premières équations du système (1) et de plus elle réduit l'équation (8) à

$$C''(a''x + b''y + c''z - d'') = 0.$$

Comme $C''$ n'est pas nul, $a''x + b''y + c''z - d''$ doit l'être, et la
troisième équation du système (1) est satisfaite. Le système (1) et le
système des équations (6), (7), (8) sont bien équivalents.

Cela posé, nous pouvons, d'après le théorème V du n° 62, décomposer le déterminant qui constitue le premier membre de l'équation (8) en
une somme de quatre autres déterminants : 1° un déterminant ayant pour
éléments de la dernière colonne $ax$, $a'x$, $a''x$ ; après division de ces éléments par $x$, il a deux colonnes identiques et est nul ; 2° un déterminant ayant pour éléments de la dernière colonne $by$, $b'y$, $b''y$ ; il est nul
pour la même raison ; 3° un déterminant ayant pour éléments de la dernière colonne $cz$, $c'z$, $c''z$ ; il est égal au produit par $z$ du déterminant
D et il est nul ; 4° un déterminant égal à

$$- \begin{vmatrix} a & b & d \\ a' & b' & d' \\ a'' & b'' & d'' \end{vmatrix}$$

et qui n'est autre que $- D_3$ ; $D_3$ est appelé *déterminant caractéristique*
relatif au mineur non nul $C''$. L'équation (8) se réduit donc à

$$(9) \qquad 0x + 0y + 0z - D_3 = 0.$$

Deux cas peuvent se présenter :

1° Si $D_3$ n'est pas nul, il n'existe aucun système de valeurs de $x$, $y$, $z$ satisfaisant à l'équation (9) ; le système (6), (7), (8) n'a aucune solution, et il en est de même du système (1) ; on dit que ce système est impossible ;

2° Si $D_3$ est nul, l'équation (9) est identiquement satisfaite ; le système (6), (7), (8) se réduit à deux équations (6) et (7) ; on peut y donner à $z$ une valeur arbitraire, et on en déduit des valeurs correspondantes pour $x$ et $y$, car le déterminant $ab' - ba'$ des coefficients de ces inconnues n'est pas nul. Le système (1), qui est équivalent au système (6), (7), (8) a donc une infinité de solutions ; on dit qu'il est indéterminé. L'indétermination est caractérisée par ce fait qu'on peut donner à $z$ une valeur arbitraire.

Supposons maintenant que tous les mineurs du déterminant D soient nuls, mais que les coefficients des inconnues ne le soient pas tous, par exemple que $a$ soit différent de zéro. Considérons les trois équations

$$(10) \qquad\qquad ax + by + cz - d = 0,$$

$$(11) \qquad\qquad \begin{vmatrix} a & ax + by + cz - d \\ a' & a'x + b'y + c'z - d' \end{vmatrix} = 0,$$

$$(12) \qquad\qquad \begin{vmatrix} a & ax + by + cz - d \\ a'' & a''x + b''y + c''z - d'' \end{vmatrix} = 0 ;$$

comme dans le cas précédent, nous allons montrer qu'elles forment un système équivalent au système (1). Les équations (11) et (12) s'écrivent

$$a(a'x + b'y + c'z - d') - a'(ax + by + cz - d) = 0,$$
$$a(a''x + b''y + c''z - d'') - a''(ax + by + cz - d) = 0 ;$$

toute solution du système (1) satisfait aux équations (10), (11), (12) ; inversement, toute solution de celles-ci annule d'abord $ax + by + cz - d$, puis, en raison de ce que $a$ est différent de zéro, annule

$$a'x + b'y + c'z - d', \quad \text{et} \quad a''x + b''y + c''z - d'',$$

par conséquent satisfait au système (1) ; les deux systèmes sont bien équivalents.

En décomposant, comme l'indique le théorème V du n° 62, les premiers membres des équations (11) et (12) en une somme de plusieurs déterminants, on constate que les coefficients de $x$, $y$, $z$ sont nuls comme mineurs nuls de D ou comme ayant deux colonnes identiques ; le système (10), (11) et (12) se ramène à la forme :

$$(13) \quad \left\{ \begin{array}{l} ax + by + cz - d = 0, \\[2mm] 0x + 0y + 0z - \begin{vmatrix} a & d \\ a' & d' \end{vmatrix} = 0, \\[2mm] 0x + 0y + 0z - \begin{vmatrix} a & d \\ a'' & d'' \end{vmatrix} = 0. \end{array} \right.$$

Les deux déterminants

$$\begin{vmatrix} a & d \\ a' & d' \end{vmatrix}, \qquad \begin{vmatrix} a & d \\ a'' & d'' \end{vmatrix}$$

s'appellent déterminants caractéristiques relatifs à l'élément non nul $a$ ; s'ils ne sont pas nuls tous les deux, le système (13) n'a aucune solution, et il en est de même du système (1) ; celui-ci est impossible. Si les déterminants caractéristiques sont tous les deux nuls, le système (13) se réduit à une seule équation, les deux autres étant identiquement satisfaites ; on peut donner à $y$ et à $z$ des valeurs arbitraires, et on en déduit une valeur correspondante pour $x$, puisque $a$ n'est pas nul. Le système (1) a donc dans ce cas une infinité de solutions, et il est indéterminé ; l'indétermination est caractérisée par ce fait qu'on peut donner à $y$ et à $z$ des valeurs arbitraires.

Supposons enfin que les coefficients des inconnues dépendent de certains paramètres, et qu'ils deviennent tous nuls pour des valeurs particulières attribuées à ces paramètres ; si les termes connus $d$, $d'$, $d''$ ne sont pas tous les trois nuls, le système (1) n'a aucune solution et est impossible ; si $d$, $d'$, $d''$ sont tous les trois nuls, le système (1) a une infinité de solutions et est indéterminé ; on peut donner à $x$, $y$, $z$ des valeurs arbitraires.

**65. Équations homogènes à trois inconnues.** — Lorsque les termes connus $d$, $d'$, $d''$ sont tous les trois nuls, les équations (1) sont homogènes et s'écrivent

$$(14) \quad \left\{ \begin{array}{l} ax + by + cz = 0, \\ a'x + b'y + c'z = 0, \\ a''x + b''y + c''z = 0. \end{array} \right.$$

Si le déterminant D des coefficients des inconnues n'est pas nul, ces équations ont une seule solution ; comme $D_1$, $D_2$, $D_3$ sont nuls, cette solution unique est $x = 0$, $y = 0$, $z = 0$.

Si D est nul sans que tous les mineurs le soient, et si l'on suppose par exemple que $C''$ soit différent de zéro, le déterminant caractéristique correspondant $D_3$ est nul, et le système (14) est indéterminé. Il se réduit aux deux premières équations, et l'on peut donner à $z$ une valeur arbitraire ; les valeurs qu'on en déduit pour $x$ et $y$ donnent lieu à la suite de proportions

$$\frac{x}{bc' - cb'} = \frac{y}{ca' - ac'} = \frac{z}{ab' - ba'} ;$$

les inconnues sont donc proportionnelles aux mineurs qui forment les dénominateurs des fractions précédentes.

Si tous les mineurs de $D$ sont nuls, sans que tous les éléments le soient, et si $a$, par exemple, est différent de zéro, les déterminants caractéristiques correspondants sont nuls, et le système (14) est indéterminé ; il se réduit à la première équation, et l'on peut donner à $y$ et à $z$ des valeurs arbitraires.

Si enfin pour certaines valeurs des paramètres tous les coefficients sont nuls, le système (14) est encore indéterminé, et l'on peut attribuer à $x, y, z$ des valeurs arbitraires.

De ce qui précède résulte le théorème suivant :

*La condition nécessaire et suffisante pour que trois équations linéaires et homogènes à trois inconnues aient une solution où toutes les inconnues ne sont pas nulles est que le déterminant des coefficients des inconnues soit nul ; dans ce cas, les équations ont une infinité de solutions.*

**66. Élimination de deux inconnues entre trois équations linéaires.** — Éliminer une ou plusieurs inconnues entre des équations dont le nombre est supérieur à celui des inconnues, c'est former les conditions que doivent remplir les coefficients de ces équations pour qu'elles admettent au moins une solution commune ou, comme on dit, pour qu'elles soient compatibles.

Supposons que nous voulions éliminer les deux inconnues $x$ et $y$ entre trois équations linéaires écrites sous la forme

$$(15) \qquad \begin{cases} ax + by = c, \\ a'x + b'y = c', \\ a''x + b''y = c''. \end{cases}$$

Considérons les déterminants du second ordre

$$C = a'b'' - b'a'', \qquad C' = a''b - b''a, \qquad C'' = ab' - ba'$$

formés par les coefficients des inconnues dans les équations prises deux à deux, et supposons d'abord qu'ils ne soient pas tous nuls, par exemple que $C''$ soit différent de zéro ; les deux premières équations (15) ont alors une solution, et il suffit de chercher la condition pour qu'elle satisfasse à la troisième.

Nous pouvons remplacer le système (15) par un autre système formé par les deux premières des équations données et par l'équation

$$(16) \qquad \begin{vmatrix} a & b & ax + by - c \\ a' & b' & a'x + b'y - c' \\ a'' & b'' & a''x + b''y - c'' \end{vmatrix} = 0 ;$$

par un raisonnement analogue à celui que nous avons fait au n° 64, nous pouvons voir : 1° que le nouveau système est équivalent au premier, et 2° que le premier membre de l'équation (16) se réduit à $-\,\mathrm{D}$, en désignant par D le déterminant

$$\mathrm{D} = \begin{vmatrix} a & b & c \\ a' & b' & c' \\ a'' & b'' & c'' \end{vmatrix},$$

qui est le déterminant caractéristique relatif à $C''$ ; l'équation (16) se réduit donc à

$$0x + 0y - \mathrm{D} = 0.$$

Si D n'est pas nul, l'équation (16) est impossible, et les équations (15) sont incompatibles.

Si D est nul, l'équation (16) est identiquement satisfaite, et le système (15) se réduit aux deux premières de ses équations ; la solution unique de ces deux équations satisfait à la troisième, et les trois équations sont compatibles.

Supposons maintenant que C, C', C'' soient tous les trois nuls, et que les coefficients des inconnues dans les équations (15) ne soient pas tous nuls, par exemple que $a$ soit différent de zéro. Nous pouvons remplacer le système (15) par un autre formé par la première de ses équations et par les deux suivantes

$$\begin{vmatrix} a & ax + by - c \\ a' & a'x + b'y - c' \end{vmatrix} = 0,$$

$$\begin{vmatrix} a & ax + by - c \\ a'' & a''x + b''y - c'' \end{vmatrix} = 0 ;$$

par un raisonnement analogue à celui que nous avons déjà fait, le nou-

veau système est équivalent au premier, et les deux dernières équations
se réduisent à

$$(17) \qquad \begin{aligned} 0x + 0y - (ac' - ca') &= 0, \\ 0x + 0y - (ac'' - ca'') &= 0. \end{aligned}$$

Si les seconds membres, qui sont les déterminants caractéristiques
relatifs à $a$, ne sont pas tous les deux nuls, les équations (17), et par
suite les équations données sont incompatibles ; si au contraire les déterminants caractéristiques sont nuls, les équations sont compatibles, et l'on
peut donner à $y$ une valeur arbitraire ; cette valeur et celle qu'on en
déduit pour $x$ de la première des équations (15) satisfont aux deux autres.

Dans le cas particulier où les coefficients de $x$ et de $y$ sont tous
nuls dans les équations (15), celles-ci sont incompatibles si $c, c', c''$ ne
sont pas tous nuls, et sont compatibles si $c, c', c''$ sont tous nuls ; $x$ et
$y$ sont alors arbitraires.

Remarquons que, dans tous les cas où les équations données sont
compatibles, le déterminant caractéristique $D$ est sûrement nul ; nous
pouvons donc énoncer le théorème suivant :

*La condition nécessaire pour que trois équations linéaires à deux
inconnues soient compatibles est que le déterminant formé par les coefficients des inconnues dans ces équations et par les termes connus soit
égal à zéro ; cette condition n'est pas toujours suffisante ; elle l'est toutefois lorsque deux des équations données ont une solution unique.*

**67. Résolution de $n$ équations linéaires à $n$ inconnues.** — Nous
envisageons $n$ équations à $n$ inconnues écrites sous la forme

$$(18) \qquad \begin{aligned} a_1^1 x_1 + a_1^2 x_2 + \cdots + a_1^n x_n &= b_1, \\ a_2^1 x_1 + a_2^2 x_2 + \cdots + a_2^n x_n &= b_2, \\ \cdots\cdots\cdots\cdots\cdots\cdots\cdots\cdots\cdots \\ a_n^1 x_1 + a_n^2 x_2 + \cdots + a_n^n x_n &= b_n, \end{aligned}$$

et nous examinons d'abord le cas où le déterminant

$$D = \begin{vmatrix} a_1^1 & a_1^2 & \cdots & a_1^n \\ \cdots & \cdots & \cdots & \cdots \\ a_n^1 & a_n^2 & \cdots & a_n^n \end{vmatrix}$$

des coefficients des inconnues n'est pas nul.

Pour déterminer une des inconnues, par exemple $x_p$, et former une
combinaison des équations données ne renfermant que cette inconnue,
nous développerons le déterminant $D$ suivant les éléments de la $p^e$

colonne, sous la forme

$$D = a_1^p A_1^p + a_2^p A_2^p + \cdots + a_n^p A_n^p,$$

$A_1^p$, $A_2^p$, ..., $A_n^p$ représentant les mineurs de $D$ relatifs aux éléments considérés, puis nous additionnerons membre à membre les équations (18) respectivement multipliées par ces mineurs. Au premier membre, le coefficient de $x_p$ sera précisément $D$, celui d'une autre inconnue quelconque, par exemple $x_q$, sera

$$a_1^q A_1^p + a_2^q A_2^p + \cdots + a_n^q A_n^p ;$$

c'est le développement d'un déterminant obtenu en substituant aux éléments de la colonne de rang $p$ ceux de la colonne de rang $q$, et ce déterminant ayant deux colonnes identiques est nul ; le premier membre se réduira donc à $D x_p$. Le second membre sera égal à

$$b_1 A_1^p + b_2 A_2^p + \cdots + b_n A_n^p,$$

c'est-à-dire au déterminant

$$D_p = \begin{vmatrix} a_1^1 \ldots b_1 \ldots a_1^n \\ \cdots\cdots\cdots\cdots \\ a_n^1 \ldots b_n \ldots a_n^n \end{vmatrix},$$

déduit de $D$ en y remplaçant les éléments de la colonne de rang $p$ par les termes tout connus.

Si l'on opère ainsi en donnant à $p$ les valeurs $1, 2, \ldots n$, on obtiendra le système

$$(19) \qquad D x_1 = D_1, \quad D x_2 = D_2, \quad \ldots, \quad D x_n = D_n ;$$

par un raisonnement analogue à celui du n° 63, on vérifiera qu'il est équivalent au système (18). Or le système (19) a une seule solution déterminée par les équations

$$(20) \qquad x_1 = \frac{D_1}{D}, \quad x_2 = \frac{D_2}{D}, \quad \ldots, \quad x_n = \frac{D_n}{D},$$

donc il en est de même du système donné, d'où le théorème suivant, connu sous le nom de règle de Cramer :

**Théorème.** — *Si un système de $n$ équations du 1ᵉʳ degré à $n$ inconnues est tel que le déterminant $D$ des coefficients des inconnues n'est pas nul, ce système a une solution ; la valeur d'une quelconque des inconnues s'exprime sous forme d'une fraction dont le dénominateur est le déterminant $D$ et dont le numérateur se déduit de ce déterminant en* *y remplaçant les coefficients de l'inconnue considérée par les termes tout connus correspondants.*

**68. Cas où le déterminant des coefficients des inconnues est nul.** — Supposons que le déterminant D soit nul ; pour plus de généralité, que ses mineurs soient tous nuls, qu'il en soit de même des mineurs de ceux-ci, et ainsi de suite jusqu'aux déterminants d'un certain ordre $p + 1$, tous ceux d'ordre $p$ tirés du tableau des coefficients n'étant pas nuls. Nous appellerons *déterminant principal* un déterminant d'ordre $p$ différent de zéro, tous ceux d'ordre supérieur à $p$ étant nuls ; comme on peut ranger dans un ordre arbitraire les $n$ équations et les inconnues dans ces équations, rien n'empêche de supposer que ce déterminant est précisément formé par les coefficients des $p$ premières inconnues dans les $p$ premières équations, nous l'appellerons $d$ et il est égal à

$$d = \begin{vmatrix} a_1^1 & \cdots & a_1^p \\ \cdots & \cdots & \cdots \\ a_p^1 & \cdots & a_p^p \end{vmatrix}$$

Considérons le système des équations

$$(21) \quad \left\{ \begin{array}{l} a_1^1 x_1 + \cdots + a_1^n x_n - b_1 = 0, \\ \cdots \cdots \cdots \cdots \cdots \cdots \cdots \cdots \\ a_p^1 x_1 + \cdots + a_p^n x_n - b_p = 0, \end{array} \right.$$

$$(22) \quad \begin{vmatrix} a_1^1 & \cdots & a_1^p & a_1^1 x_1 + \cdots + a_1^n x_n - b_1 \\ \cdots & \cdots & \cdots & \cdots \cdots \cdots \\ a_p^1 & \cdots & a_p^p & a_p^1 x_1 + \cdots + a_p^n x_n - b_p \\ a_q^1 & \cdots & a_q^p & a_q^1 x_1 + \cdots + a_q^n x_n - b_q \end{vmatrix} = 0,$$

où l'on donne à $q$ les valeurs $p + 1, p + 2, \ldots, n$. Ces $n$ nouvelles équations forment un système équivalent au système donné, car toute solution de celui-ci annule les premiers membres des équations (21), (22), et réciproquement toute solution de celui-ci annule d'abord les $p$ premiers éléments de la dernière colonne des premiers membres des équations (22), et ces équations se réduisent à

$$d(a_q^1 x_1 + \cdots + a_q^n x_n - b_q) = 0.$$

Comme $d$ n'est pas nul, le second facteur est nul, de sorte que l'équation de rang $q$ du système donné (18) est satisfaite ; et cela a lieu pour toute valeur de $q$ supérieure à $p$ ; par conséquent toute solution du système (21) et (22) satisfait au système (18) et les deux systèmes sont équivalents.

Si l'on remplace le premier membre de (22) par une somme de plusieurs déterminants renfermant en dernière colonne respectivement les termes en $x_1$, en $x_2$, ..., en $x_n$, et les termes connus, on peut mettre en facteur dans les premiers respectivement les inconnues $x_1$, $x_2$, ..., $x_n$; les coefficients de ces inconnues sont tous nuls soit comme déterminants ayant deux colonnes identiques, soit comme déterminants d'ordre $p+1$ tirés du tableau des coefficients, et ils sont nuls par hypothèse. Le premier membre de chaque équation (22) se réduit donc, au signe près, au déterminant

$$\begin{vmatrix} a_1^1 & a_1^2 & \ldots & a_1^p & b_1 \\ \ldots & \ldots & \ldots & \ldots & \ldots \\ a_p^1 & a_p^2 & \ldots & a_p^p & b_p \\ a_q^1 & a_q^2 & \ldots & a_q^p & b_q \end{vmatrix}$$

que l'on obtient en bordant le déterminant principal en bas par les coefficients des $p$ premières inconnues dans l'équation de rang $q$ et à droite par les termes tout connus des équations de rangs 1, 2, ..., $p$, $q$.

Nous appellerons *déterminants caractéristiques* les déterminants précédents et nous les désignerons par $d_q$; il y a $n-p$ déterminants caractéristiques obtenus en remplaçant $q$ par $p+1$, $p+2$, ..., $n$.

Le système (21), (22), qui est équivalent au premier, se réduit ainsi aux équations (21) et aux suivantes :

(23)            $0x_1 + 0x_2 + \cdots + 0x_n - d_q = 0$,

$q$ prenant les valeurs $p+1$, $p+2$, ..., $n$.

Si les déterminants caractéristiques ne sont pas tous nuls, le système (21), (23) n'a pas de solution et est dit impossible ; il en est de même du système donné. Si les déterminants caractéristiques sont tous nuls, le système se réduit aux $p$ premières équations et a une infinité de solutions; on peut donner des valeurs arbitraires aux inconnues $x_{p+1}$, $x_{p+2}$, ..., $x_n$, et les autres inconnues $x_1$, $x_2$, ..., $x_p$ sont déterminées alors d'une manière unique, car le déterminant des coefficients de ces inconnues dans les $p$ premières équations est précisément $d$ et n'est pas nul. Il en est de même du système proposé, qui est dit indéterminé.

*Exemple.* — Soit le système d'équations

$$3x + 2y - 7z + t = 5,$$
$$5x + 4y - 11z - 3t = 11,$$
$$4x + 3y - 9z - t = 8,$$
$$-x - y + 2z + 2t = -3;$$

le déterminant des coefficients des inconnues est nul, ainsi que ses mineurs du premier ordre, qui sont des déterminants du $3^e$ ordre. Les mineurs du second ordre ne sont pas tous nuls ; en particulier celui des coefficients de $x$ et de $y$ dans les deux premières équations n'est pas nul ; nous le choisirons comme déterminant principal.

Il existe deux déterminants caractéristiques, qui sont

$$\begin{vmatrix} 3 & 2 & 5 \\ 5 & 4 & 11 \\ 4 & 3 & 8 \end{vmatrix}, \qquad \begin{vmatrix} 3 & 2 & 5 \\ 5 & 4 & 11 \\ -1 & -1 & -3 \end{vmatrix};$$

ils sont nuls tous les deux ; par conséquent le système donné est indéterminé. On peut donner à $z$ et $t$ des valeurs arbitraires, et tirer les valeurs correspondantes de $x$ et de $y$ des deux premières équations ; on a de cette façon

$$x = 3z - 5t - 1,$$
$$y = -z + 7t + 4.$$

Lorsque les termes connus sont tous nuls, les équations sont homogènes. Si le déterminant $D$ des coefficients des inconnues n'est pas nul, les équations n'ont qu'une solution constituée par des valeurs nulles attribuées aux inconnues ; si le déterminant $D$ est nul, les déterminants caractéristiques sont tous nuls, et le système des équations est indéterminé ; il existe une infinité de solutions où toutes les inconnues ne sont pas nulles.

**69. Système de $m$ équations linéaires à $n$ inconnues.** — Nous allons considérer un système d'équations linéaires à $n$ inconnues, le nombre $m$ de ces équations étant quelconque ; nous allons d'abord examiner le cas particulier suivant :

Supposons que $m$ soit inférieur à $n$, et que l'on puisse choisir $m$ des inconnues de telle sorte que le déterminant de leurs coefficients dans les $m$ équations ne soit pas nul ; nous pourrons résoudre le système donné par rapport à ces $m$ inconnues, les autres ayant des valeurs arbitraires ; le système est alors indéterminé.

Laissons ce cas de côté, et plaçons-nous dans le cas général, $m$ pouvant être égal, inférieur ou supérieur à $n$ ; considérons le tableau des coefficients des inconnues dans les équations, ce tableau ayant $m$ lignes et $n$ colonnes, et calculons les déterminants que l'on peut tirer de ce tableau, en commençant par ceux d'ordre le plus élevé ; nous appellerons déterminant principal un de ces déterminants qui ne soit pas nul et qui soit d'ordre le plus élevé possible; l'ordre d'un tel déterminant ne peut pas dépasser le plus petit des deux nombres $m$ et $n$, et même nous pouvons supposer qu'il est inférieur à $m$, car sinon nous serions placés dans le cas particulier que nous venons d'examiner.

Si $p$ est l'ordre du déterminant principal, nous pouvons supposer que ce déterminant est formé par les coefficients des $p$ premières inconnues dans les $p$ premières équations. Nous formons alors les déterminants caractéristiques comme dans le numéro précédent : leur nombre est égal à $m - p$.

S'ils ne sont pas tous nuls, le système des équations est impossible; s'ils sont tous nuls, il a une ou plusieurs solutions : une seule si $p = n$, et une infinité si $p < n$.

Mentionnons comme cas particulier celui où $m$ est égal à $n+1$; si $p$ est égal à $n$, il existe un seul déterminant caractéristique, c'est le déterminant D formé par les coefficients des inconnues et par les termes connus dans les $n+1$ équations ; la condition nécessaire et suffisante pour que les équations soient compatibles est alors que ce déterminant D soit nul. Si $p$ est inférieur à $n$, il existe plusieurs déterminants caractéristiques, et les conditions nécessaires et suffisantes pour que les équations soient compatibles sont que tous ces déterminants soient nuls. Remarquons que dans ce cas où $p$ est inférieur à $n$, le déterminant D est nul, car ses mineurs relatifs aux éléments de la dernière colonne sont nuls par hypothèse; de ce qui précède nous concluons le théorème suivant :

*Pour que $n+1$ équations linéaires à $n$ inconnues soient compatibles, il est nécessaire que le déterminant formé par les coefficients des inconnues dans les équations et par les termes connus soit nul; cette condition n'est pas toujours suffisante; elle l'est toutefois lorsque $n$ des équations données ont une seule solution.*

# DEUXIÈME PARTIE

# PRINCIPES DE GÉOMÉTRIE ANALYTIQUE

## CHAPITRE I

### UNITÉS ET HOMOGÉNÉITÉ

**70. Grandeurs fondamentales et grandeurs dérivées.** — Lorsqu'une grandeur A est comparable à une grandeur de même espèce U prise comme unité, le rapport de A à son unité U est un nombre qui est appelé la mesure de la grandeur A : les longueurs, les masses, les intervalles de temps, etc., sont des grandeurs mesurables.

Toute relation entre des grandeurs mesurables dépendant les unes des autres, par exemple, entre les éléments d'une même figure géométrique, ou bien entre le volume et la pression d'une masse gazeuse, etc., se traduit par une formule, c'est-à-dire par une égalité ou une inégalité entre les résultats de certains calculs effectués sur les mesures de ces grandeurs.

Les différentes grandeurs que l'on étudie ne sont pas indépendantes, et l'on est amené à faire entre elles une distinction ; on considère d'une part les grandeurs fondamentales, qui ne sont pas réductibles les unes aux autres, telles que la longueur, le temps, etc., et les grandeurs dérivées, qui sont réductibles aux premières.

Le choix des grandeurs fondamentales peut être fait de différentes manières : en géométrie, les surfaces et les volumes sont des grandeurs dérivées des longueurs ; en physique et en mécanique, dans le système C. G. S. et le système M. T. S., la longueur, la masse et le temps sont des grandeurs fondamentales, la vitesse, la force, la puissance sont des grandeurs dérivées ; en mécanique industrielle, la longueur, la force et le temps sont des grandeurs fondamentales et la masse est une grandeur dérivée.

La liaison qui existe entre une grandeur dérivée et les grandeurs fondamentales dont elle dépend s'exprime par ce que l'on appelle une *équation de dimensions*. Cette équation sert à indiquer dans quelle proportion varie une grandeur dérivée lorsqu'on vient à modifier les grandeurs fondamentales dont elle dépend ; si l'une de celles-ci varie dans un rapport donné, la grandeur dérivée varie dans un rapport qui est une certaine puissance du rapport précédent ; cette puissance est dite la dimension de la grandeur dérivée par rapport à la grandeur fondamentale.

En géométrie, par exemple, une surface $S$ est équivalente au carré construit sur une longueur $L$ ; si cette longueur devient $m$ fois plus grande, $S$ devient $m^2$ fois plus grand ; on exprime ce fait par la relation $[S] = [L^2]$, qui est l'équation de dimensions de la surface ; de même l'équation de dimensions d'un volume est $[V] = [L^3]$. Dans le système C. G. S., L, M et T désignant une longueur, une masse et un temps, la vitesse, l'accélération et la force sont des grandeurs dérivées des précédentes, ayant respectivement pour dimensions $[LT^{-1}]$, $[LT^{-2}]$, $[MLT^{-2}]$. En mécanique industrielle, L, F, T désignant une longueur, une force et un temps, le travail et la puissance ont pour dimensions $[FL]$ et $[FLT^{-1}]$.

Les unités adoptées pour mesurer les grandeurs soit fondamentales, soit dérivées peuvent être choisies séparément d'une manière arbitraire. Le système le plus simple que l'on puisse concevoir est celui où les unités dérivées sont liées aux unités fondamentales par les équations de dimensions elles-mêmes ; dans un pareil système, que l'on appelle absolu, la formule qui relie les mesures d'une grandeur dérivée et des grandeurs fondamentales dont elle dépend, ces mesures étant effectuées à l'aide des unités correspondantes, ne diffère pas de l'équation de dimensions. Si l'on prend par exemple comme unité de surface le carré construit sur l'unité de longueur, et si l'on désigne par $s$ et $l$ les mesures d'un carré et de son côté, on a $s = l^2$.

Dans un système non absolu d'unités, la relation qui existe entre les mesures d'une grandeur dérivée et des grandeurs fondamentales dont elle dépend, diffère de l'équation de dimensions par l'introduction d'un facteur numérique dans un des deux membres.

**71. Mesures des angles.** — Dans le système absolu, l'unité d'angle, que l'on appelle *radian*, est l'angle au centre d'un arc de circonférence égal au rayon. On a alors entre les mesures d'un angle au centre quelconque et de l'arc qu'il intercepte dans une circonférence quelconque la relation

$$\text{mesure angle en radians} = \frac{\text{mesure arc}}{\text{mesure rayon}};$$

la mesure de quatre angles droits est $2\pi$, celle de l'angle droit est $\frac{\pi}{2}$.

Si l'on prend la seconde comme unité d'angle, $2\pi$ radians valent $360 \times 60 \times 60$ secondes; on en conclut que l'on a

$$1 \text{ radian} = \frac{360 \times 60 \times 60}{2\pi} \text{ secondes} = 206\,264,8 \text{ secondes};$$

si l'on prend le grade comme unité d'angle, $2\pi$ radians valent 400 grades; on en conclut que l'on a

$$1 \text{ radian} = \frac{400}{2\pi} \text{ grades} = 63,662 \text{ grades}.$$

**Remarque.** — En trigonométrie, les arcs sont mesurés en prenant comme unité de longueur le rayon de la circonférence; l'unité d'arc est celui qui est intercepté par un angle au centre égal à un radian.

Pour la commodité des calculs, les arcs sont évalués dans les tables de logarithmes en degrés, minutes et secondes ou en grades, mais il ne faut pas oublier que toute relation entre un arc et ses lignes trigonométriques suppose ces grandeurs mesurées en prenant le rayon comme unité; l'arc de $n$ secondes a alors pour mesure $\dfrac{n}{206\,264,8}$, et l'arc de $n$ grades a pour mesure $\dfrac{n}{63,662}$.

**72. Changement d'unités.** — Nous allons résoudre le problème général suivant:

*Étant donnée la mesure d'une grandeur évaluée au moyen de certaines unités, déterminer la mesure de la même grandeur évaluée au moyen d'autres unités liées d'une manière connue aux premières.*

Supposons d'abord qu'une grandeur $A$, qu'elle soit fondamentale ou dérivée, soit mesurée au moyen d'une unité de même espèce. $A_0$ et ait pour mesure le nombre $a$; nous nous proposons de trouver le nombre $a'$ qui la mesure au moyen d'une autre unité $A_0'$.

Le nombre $a'$ est égal au rapport des deux grandeurs $A$ et $A_0'$; d'après un théorème connu, il est égal au quotient des nombres qui mesurent ces deux grandeurs au moyen de l'unité $A_0$; nous pouvons donc écrire

$$a' = \left(\frac{A}{A_0'}\right) = \frac{\left(\dfrac{A}{A_0}\right)}{\left(\dfrac{A_0'}{A_0}\right)} = \frac{a}{\left(\dfrac{A_0'}{A_0}\right)} = a\left(\frac{A_0}{A_0'}\right).$$

En écrivant cette égalité sous la forme

$$(1) \qquad \frac{a'}{a} = \left(\frac{A_0}{A_0'}\right),$$

nous pouvons dire que le rapport des mesures d'une même grandeur au moyen de deux unités est égal au rapport inverse des unités.

Dans les applications, on remplace souvent l'égalité arithmétique (1) par la suivante

$$(2) \qquad A = aA_0 = a'A_0',$$

que l'on appelle une *égalité physique* et qui exprime comment la grandeur A est composée au moyen des unités $A_0$ et $A_0'$; on opère sur les lettres qui entrent dans cette égalité comme sur des nombres; on remplace une des unités par son expression au moyen de l'autre, et à la fin du calcul il n'entre plus dans les formules que des rapports entre les grandeurs, rapports qui sont des nombres arithmétiques.

Pour donner un exemple, considérons la surface S d'un triangle sphérique d'angles A, B, C; lorsqu'on prend l'angle droit comme unité d'angle et le triangle trirectangle comme unité de surface, les mesures $s$, $a$, $b$, $c$ de la surface et des angles sont liées par la formule

$$s = a + b + c - 2;$$

nous nous proposons de trouver la formule qui relie la mesure $s'$ du triangle en mètres carrés, aux mesures $a'$, $b'$, $c'$ des angles en radians; nous désignerons par $r$ la mesure du rayon de la sphère en mètres.

Si T désigne le triangle trirectangle, $M^2$ le mètre carré, l'égalité physique relative à la surface est

$$S = sT = s'M^2;$$

comme T vaut le huitième de la sphère, sa mesure en mètres carrés est $\frac{1}{2}\pi r^2$, nous avons donc

$$T = \frac{1}{2}\pi r^2 M^2, \qquad \text{d'où} \qquad s \cdot \frac{1}{2}\pi r^2 = s'.$$

De même si D désigne l'angle droit, R le radian, l'égalité physique relative à un angle tel que A est,

$$A = aD = a'R;$$

comme la mesure de D en radians est $\dfrac{\pi}{2}$, nous avons

$$D = \dfrac{\pi}{2} R, \qquad \text{d'où} \qquad a \cdot \dfrac{\pi}{2} = a'.$$

En évaluant au moyen des formules précédentes $s$, $a$ et de même $b$ et $c$ au moyen de $s'$, $a'$, $b'$, $c'$ et les portant dans la formule donnée, nous obtenons la formule cherchée qui est

$$s' = (a' + b' + c' - \pi)r^2.$$

**73. Cas des grandeurs dérivées.** — Supposons qu'une grandeur dérivée A ne soit pas mesurée directement, mais dépende de plusieurs grandeurs, par exemple d'une longueur L, d'une masse M et d'un temps T, que l'on mesure au moyen d'unités $L_0$, $M_0$, $T_0$; soient $l$, $m$, $t$ les mesures de L, M, T. Nous supposons que le nombre $a$ qui mesure A est fourni par une formule monome telle que

$$a = \mu l^\alpha m^\beta t^\gamma,$$

où $\alpha$, $\beta$, $\gamma$ sont des exposants donnés, entrant dans l'équation de dimensions de A, et où $\mu$ est un coefficient numérique donné égal à l'unité si le système est absolu.

Supposons maintenant que l'on évalue L, M, T au moyen de nouvelles unités $L_0'$, $M_0'$, $T_0'$, et que la mesure $a'$ de A soit liée aux nouvelles mesures $l'$, $m'$, $t'$ de L, M, T, par la formule

$$a' = \mu' l'^\alpha m'^\beta t'^\gamma,$$

$\mu'$ pouvant différer de $\mu$; nous allons chercher la relation qui existe entre $a$ et $a'$.

En divisant les deux égalités membre à membre, nous avons

$$\dfrac{a'}{a} = \dfrac{\mu'}{\mu}\left(\dfrac{l'}{l}\right)^\alpha\left(\dfrac{m'}{m}\right)^\beta\left(\dfrac{t'}{t}\right)^\gamma;$$

d'après ce que nous avons vu précédemment, les rapports $\dfrac{l'}{l}$, $\dfrac{m'}{m}$, $\dfrac{t'}{t}$ sont égaux aux rapports inverses des unités; nous avons donc la relation cherchée sous la forme suivante :

$$\dfrac{a'}{a} = \dfrac{\mu'}{\mu}\left(\dfrac{L_0}{L_0'}\right)^\alpha\left(\dfrac{M_0}{M_0'}\right)^\beta\left(\dfrac{T_0}{T_0'}\right)^\gamma.$$

On arrive au même résultat en utilisant les égalités physiques

$$A = \dfrac{a}{\mu} L_0^\alpha M_0^\beta T_0^\gamma = \dfrac{a'}{\mu'} L_0'^\alpha M_0'^\beta T_0'^\gamma.$$

et en remplaçant les unités d'un des systèmes par leurs expressions au moyen des unités de l'autre système.

Comme exemple, cherchons la relation qui existe entre les mesures d'une même puissance P en chevaux-vapeur et en kilowatts.

Dans le système industriel, un cheval-vapeur est la puissance de 75 kilogrammètres par seconde ; dans le système C. G. S., le kilowatt est la puissance de 1 000 joules par seconde, ou de $10^{10}$ dynes-centimètres par seconde ; si $p$ est la mesure de P dans le premier système et $p'$ dans le second, on a

$$P = p \cdot 75 \frac{\text{kilogramme} \times \text{mètre}}{\text{seconde}} = p' \cdot 10^{10} \frac{\text{dyne} \times \text{centimètre}}{\text{seconde}}.$$

Mais on a entre les unités les relations

$$1 \text{ kilogramme-force} = 10^3 \text{ grammes-force} = 10^3 \cdot 981 \text{ dynes,}$$
$$1 \text{ mètre} = 10^2 \text{ centimètres;}$$

on en déduit

$$P = p \cdot 75 \cdot 10^7 \cdot 9{,}81 \frac{\text{dyne} \cdot \text{centimètre}}{\text{seconde}} = p' \cdot 10^{10} \frac{\text{dyne} \cdot \text{centimètre}}{\text{seconde}},$$

d'où

$$p' = 0{,}736 p.$$

Si $p = 1$, un cheval-vapeur a pour mesure $p' = 0{,}736$ kilowatt ; si $p' = 1$, un kilowatt a pour mesure $p = 1{,}36$ cheval-vapeur.

**74. Homogénéité des formules.** — Toute relation entre des grandeurs dépendant les unes des autres est exprimée par une formule renfermant les mesures de ces grandeurs. Pour donner à une telle formule toute la généralité possible et la faire servir à tous les cas, on laisse les unités arbitraires, c'est-à-dire indépendantes des grandeurs considérées, et l'on représente par des lettres les mesures de ces dernières. La manière dont ces lettres entrent dans une formule n'est pas arbitraire ; elle doit satisfaire à certaines conditions que nous allons indiquer et que l'on appelle *conditions d'homogénéité.*

Plaçons-nous d'abord dans le cas où toutes les grandeurs considérées sont de même espèce et évaluées au moyen d'une même unité de cette espèce ; nous prendrons comme exemple, pour fixer les idées, une relation entre des longueurs. Soient A, B, C, X, Y des longueurs connues ou inconnues dont les mesures au moyen d'une même unité $L_0$ sont $a, b, c, x, y$ ; supposons qu'il existe entre ces longueurs une relation traduite par une égalité de la forme

$$(3) \qquad f(a, b, c, x, y) = g(a, b, c, x, y),$$

$f$ et $g$ étant des expressions contenant les lettres placées entre parenthèses, réunies par des signes d'opérations ou de calculs.

D'après la nature même des raisonnements employés pour établir la relation qui existe entre les longueurs, cette relation doit être indépendante de l'unité choisie, et elle sera également traduite par une formule de même forme que la précédente entre les mesures des longueurs effectuées au moyen d'une autre unité $L_0'$. Si $a'$, $b'$, $c'$, $x'$, $y'$ sont ces nouvelles mesures, nous devons avoir l'égalité

$$(4) \qquad f(a', b', c', x', y') = g(a', b', c', x', y').$$

Mais nous avons vu que l'on a entre les mesures les relations

$$\frac{a'}{a} = \frac{b'}{b} = \frac{c'}{c} = \frac{x'}{x} = \frac{y'}{y} = \frac{L_0}{L_0'};$$

si nous représentons par $k$ le rapport des unités $L_0$ et $L_0'$, les nouvelles mesures sont égales aux premières multipliées par $k$; en remplaçant dans l'équation (4) $a'$, $b'$, $c'$, $x'$, $y'$ par $ka$, $kb$, $kc$, $kx$, $ky$, elle devient

$$(5) \qquad f(ka, kb, kc, kx, ky) = g(ka, kb, kc, kx, ky).$$

Les équations (3) et (5) doivent être en même temps satisfaites, et cela quelle que soit la valeur de $k$; il en résulte que cette lettre doit disparaître identiquement de l'équation (5) ou entrer dans un facteur commun aux deux membres, de façon que la division par ce facteur commun redonne l'équation (3).

Ainsi donc, toute relation telle que (3) entre les mesures de grandeurs de même espèce doit satisfaire à la condition de ne pas changer lorsqu'on multiplie toutes ces mesures par un même facteur arbitraire $k$; c'est ce qu'on appelle la condition d'homogénéité.

Par exemple, la formule $a^2 = b^2 + c^2$, qui existe entre les mesures des côtés d'un triangle rectangle, satisfait bien à la condition précédente, car si l'on y remplace $a$, $b$, $c$ par $ka$, $kb$, $kc$, on obtient une relation dont on peut diviser les deux membres par $k^2$, et l'on retrouve de cette façon l'équation primitive.

Lorsqu'une formule n'est pas homogène, c'est une preuve qu'elle est inexacte, ou bien qu'une des lignes de la figure a été prise pour unité. Si par exemple un triangle rectangle a pour hypoténuse l'unité de longueur, la formule qui relie les mesures des autres côtés est $b^2 + c^2 = 1$; on évite l'emploi de telles formules, qui ne sont pas assez générales.

On dit qu'une expression composée au moyen de plusieurs lettres $a$, $b$, $c$, $x$, $y$, réunies par les symboles de l'algèbre : addition, soustraction, multiplication, division, élévation aux puissances, extraction de racines, est *homogène* si en y remplaçant ces lettres respectivement par $ka$, $kb$, $kc$, $kx$, $ky$, on obtient une nouvelle expression qui est égale au produit de la première par une certaine puissance de $k$ ; le degré de cette puissance est appelé *degré d'homogénéité* ; par exemple, les expressions

$$a^2 + b^2 - c^2, \qquad \frac{x^2 + a^2}{x^2 - a^2}, \qquad \frac{\sqrt{x} + \sqrt{y}}{x + y}$$

sont homogènes et de degrés respectifs $2$, $0$, $-\dfrac{1}{2}$.

Si une relation entre des grandeurs de même espèce est traduite par une formule telle que (3) dont les deux membres sont composés algébriquement comme nous venons de le dire, les deux membres $f$ et $g$ doivent être respectivement homogènes et du même degré d'homogénéité, sinon la lettre $k$ ne pourrait pas disparaître de la relation (5).

La notion d'homogénéité s'étend aux expressions quelconques, algébriques ou transcendantes ; par exemple, les expressions

$$\sin \frac{a}{b}, \qquad \log \frac{x + y}{x - y}$$

sont homogènes et de degré zéro, car si l'on multiplie $a$, $b$, $x$, $y$ par un nombre $k$, on forme de nouvelles expressions qui ne diffèrent pas des premières. Les seuls cas où l'on ait à utiliser des expressions transcendantes dans les relations entre les mesures de plusieurs grandeurs sont ceux où le signe transcendant porte sur une quantité algébrique et homogène de degré zéro.

**75. Homogénéité dans le cas des grandeurs dérivées.** — Plaçons-nous dans le cas où l'on établit une relation entre des grandeurs d'espèces différentes, fondamentales ou dérivées ; supposons, pour fixer les idées, que les grandeurs fondamentales dont dépendent toutes les autres soient une longueur L, une masse M et un temps T, et que l'on considère trois grandeurs A, B, C, dérivées des précédentes ; soient

$$[A] = [L^{\alpha} M^{\beta} T^{\gamma}], \qquad [B] = [L^{\alpha'} M^{\beta'} T^{\gamma'}], \qquad [C] = [L^{\alpha''} M^{\beta''} T^{\gamma''}]$$

les équations de dimensions de A, B, C.

Leurs mesures $a$, $b$, $c$ sont déterminées au moyen des mesures

$l$, $m$, $t$ de L, M et T par des formules de la forme

$$a = \mu\, l^{\alpha} m^{\beta} t^{\gamma}, \qquad b = \mu'\, l^{\alpha'} m^{\beta'} t^{\gamma'}, \qquad c = \mu''\, l^{\alpha''} m^{\beta''} t^{\gamma''},$$

où $\mu$, $\mu'$ et $\mu''$ sont des facteurs numériques donnés.

Lorsqu'on change les unités de longueur, de masse et de temps sans changer $\mu$, $\mu'$ et $\mu''$, les nouvelles mesures de A, B, C sont liées aux premières, comme nous l'avons vu au n° 73, par la formule

$$\frac{a'}{a} = \left(\frac{\mathrm{L}_0}{\mathrm{L}_0'}\right)^{\alpha}\left(\frac{\mathrm{M}_0}{\mathrm{M}_0'}\right)^{\beta}\left(\frac{\mathrm{T}_0}{\mathrm{T}_0'}\right)^{\gamma},$$

et par deux autres analogues pour $b'$ et $c'$. Si nous représentons par $k_1$, $k_2$ et $k_3$ les rapports $\dfrac{\mathrm{L}_0}{\mathrm{L}_0'}$, $\dfrac{\mathrm{M}_0}{\mathrm{M}_0'}$, $\dfrac{\mathrm{T}_0}{\mathrm{T}_0'}$, nous avons

$$a' = a k_1^{\alpha} k_2^{\beta} k_3^{\gamma}, \qquad b' = b k_1^{\alpha'} k_2^{\beta'} k_3^{\gamma'}, \qquad c' = c k_1^{\alpha''} k_2^{\beta''} k_3^{\gamma''}.$$

D'après un raisonnement analogue à celui que nous avons fait (n° 74), toute relation entre les grandeurs A, B, C, exprimée par une formule telle que

$$(6) \qquad f(a,\, b,\, c) = g(a,\, b,\, c),$$

doit être indépendante des unités choisies ; si l'on y remplace $a$, $b$, $c$ par $a'$, $b'$, $c'$ et ces dernières quantités par les expressions précédentes, la formule obtenue,

$$(7) \quad f(a k_1^{\alpha} k_2^{\beta} k_3^{\gamma},\ b k_1^{\alpha'} k_2^{\beta'} k_3^{\gamma'},\ c k_1^{\alpha''} k_2^{\beta''} k_3^{\gamma''}) = g(a k_1^{\alpha} k_2^{\beta} k_3^{\gamma},\ b k_1^{\alpha'} k_2^{\beta'} k_3^{\gamma'},\ c k_1^{\alpha''} k_2^{\beta''} k_3^{\gamma''}),$$

doit être identique à la première quelles que soient les valeurs de $k_1$, $k_2$, $k_3$ ; ces paramètres doivent disparaître identiquement ou entrer dans un facteur commun aux deux membres.

Si $f$ et $g$ sont des expressions algébriques, les deux membres de l'équation (7) ne peuvent différer des membres correspondants de l'équation (6) que par un facteur de la forme $k_1^{m_1} k_2^{m_2} k_3^{m_3}$, et les exposants doivent être les mêmes dans les deux membres ; $f$ et $g$ sont alors dits homogènes par rapport aux grandeurs fondamentales et de degrés d'homogénéité respectivement égaux à $m_1$, $m_2$, $m_3$ par rapport à ces grandeurs.

On peut vérifier l'homogénéité d'une formule de la façon simple suivante : on remplace la mesure de chaque grandeur par l'expression que fournit l'équation de dimensions de cette grandeur, et l'on évalue de proche en proche les dimensions des différents termes ; les deux membres doivent avoir les mêmes dimensions et par suite des exposants égaux ; ces exposants sont précisément les degrés d'homogénéité.

Considérons par exemple la formule du pendule simple

$$t = \pi \sqrt{\frac{l}{g}}\ ;$$

les dimensions du temps, de la longueur et de l'accélération sont respectivement $[T]$, $[L]$, $[LT^{-2}]$ ; $\pi$ est un coefficient numérique, rapport de la longueur d'une circonférence à celle de son diamètre ; il a pour dimension $[L^0]$ ou 1.

En remplaçant les différentes lettres par les expressions des dimensions correspondantes, on constate que les deux membres ont la même dimension $[T]$ ; la formule est donc bien homogène.

Lorsqu'on sait qu'une relation entre des grandeurs s'exprime par l'égalité de deux monomes, la considération de l'homogénéité permet souvent de déterminer *a priori* les exposants dont sont affectées les lettres entrant dans ces monomes.

Pour donner un exemple, un point matériel partant du repos et tombant en chute libre d'une hauteur $h$ possède une vitesse $v$ qui varie avec cette hauteur. Supposons que l'on sache que $v$ s'exprime par un monome renfermant $h$ et l'accélération $g$ de la pesanteur ; nous écrirons

$$v = \lambda g^\alpha h^\beta,$$

$\lambda$ étant un coefficient numérique, $\alpha$ et $\beta$ des exposants encore inconnus. Si nous exprimons que la formule est homogène, et si nous remplaçons les lettres $v$, $\lambda$, $g$, $h$ par les expressions de leurs dimensions, qui sont respectivement $[LT^{-1}]$, 1, $[LT^{-2}]$, $[L]$, nous devrons avoir identiquement

$$[LT^{-1}] = [LT^{-2}]^\alpha [L]^\beta\ ;$$

en égalant respectivement les exposants de $L$ et de $T$ dans les deux membres, nous avons les relations $1 = \alpha + \beta$, $-1 = -2\alpha$, d'où $\alpha = \beta = \frac{1}{2}$ ; nous en concluons que la formule cherchée doit avoir la forme

$$v = \lambda \sqrt{gh}.$$

Le coefficient $\lambda$ ne peut être fourni par les considérations précédentes ; on démontre en mécanique que la formule est $v = \sqrt{2gh}$.

# CHAPITRE II

## VECTEURS ET PROJECTIONS

---

**76. Segments et vecteurs.** — En géométrie, on appelle segment une portion de droite ; dans certaines recherches, on considère plusieurs segments situés sur une même droite et l'on attribue à chacun d'eux un sens de parcours, en distinguant son origine et son extrémité. On choisit alors sur la droite un sens de déplacement que l'on appelle sens positif ; une telle droite sur laquelle un sens a été déterminé s'appelle un *axe* ou une *droite dirigée*, et l'on indique souvent ce fait par une flèche placée sur la droite dans le sens choisi. On appelle *valeur relative* d'un segment un nombre relatif dont la valeur arithmétique est la mesure de ce segment et dont le signe est le signe $+$ ou le signe $-$ suivant que son sens est le sens positif ou le sens contraire.

On désigne par $(AB)$ la valeur relative d'un segment d'origine A et d'extrémité B ; deux segments de même longueur et de sens opposés ont des valeurs relatives égales et opposées ; c'est ce qui a lieu en particulier pour les deux segments AB et BA ; de sorte que l'on a

$$(AB) = -(BA).$$

En mécanique et en physique, certaines grandeurs, comme l'énergie, ne sont liées à aucune idée de direction ; on les appelle grandeurs *scalaires*. Il existe d'autres grandeurs, comme les vitesses, les forces, etc., auxquelles s'attache une idée de direction déterminée ; pour la commodité des raisonnements, on les représente par des segments ayant même mesure et même direction que ces grandeurs ; ces segments représentatifs portent le nom de *vecteurs*.

Dans certains cas, un vecteur est *lié* à un point déterminé de l'espace qui est son origine ; exemple : le vecteur représentant la vitesse d'un point. Si, dans une portion finie ou infinie de l'espace, on fait correspondre à chaque point un vecteur lié à ce point, on dit que l'on définit un *champ de vecteurs*.

Dans d'autres cas, l'origine d'un vecteur est indéterminée sur sa droite d'action et l'on dit que le vecteur est *glissant* sur cette droite; exemple : le vecteur représentant une vitesse angulaire de rotation. Enfin on peut supposer qu'un vecteur est *libre* et peut être transporté parallèlement à lui-même en un point quelconque de l'espace; exemple : le vecteur représentant le moment d'un couple.

Les segments et les vecteurs s'introduisent d'une manière identique dans les calculs; nous désignerons sous le nom général de vecteur une portion de droite dont on distingue l'origine de l'extrémité. On définit la valeur relative d'un vecteur par rapport à un axe auquel il est parallèle, comme nous l'avons fait pour un segment.

On détermine un vecteur en donnant son origine, sa valeur relative et un vecteur unité fixant en même temps l'axe auquel le vecteur est parallèle. Des vecteurs égaux, parallèles et de même sens sont dits *équipollents*; ils ont même valeur relative, et réciproquement.

Un vecteur nul est celui dont l'origine et l'extrémité sont confondues; il faut et il suffit pour cela que sa valeur relative soit nulle.

**77. Projection d'un vecteur.** — Étant donnés une droite indéfinie $x'x$ et un plan P non parallèle à cette droite (*fig.* 7), on appelle *projection* d'un point A sur la droite, parallèlement au plan, le point d'intersection $a$ de $x'x$ et d'un plan mené par A parallèlement au plan P; suivant que le plan est perpendiculaire ou non à la droite, on dit que la projection est *orthogonale* ou *oblique*.

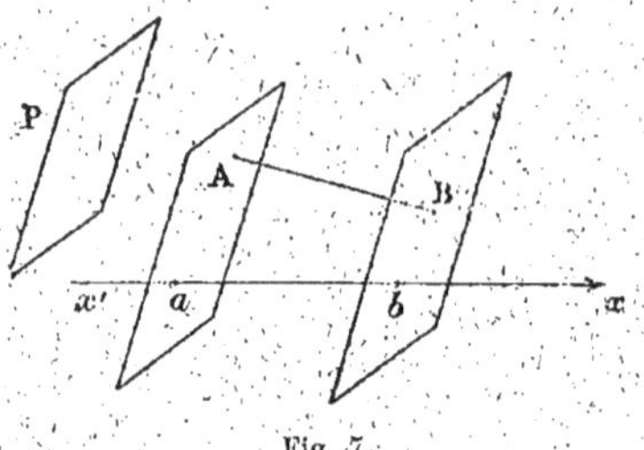

On appelle projection d'un vecteur AB le vecteur $ab$ dont l'origine et l'extrémité sont les projections de l'origine et de l'extrémité du vecteur considéré. Ordinairement la droite $x'x$ est une droite dirigée, et on l'appelle alors *axe de projection*; la valeur relative de $ab$ est appelée valeur relative de la projection de AB, ou simplement projection de AB, ce que l'on écrit

$$\text{proj.}\,AB = (ab).$$

Fig. 7.

**78. Contour polygonal. Théorème des projections.** — On appelle *contour polygonal* l'ensemble de plusieurs vecteurs consécutifs tels que l'extrémité de l'un soit en même temps l'origine du suivant. Le vecteur ayant pour origine l'origine du premier et pour extrémité l'extrémité du dernier est la *résultante* du contour ; les vecteurs donnés en sont les *composantes.*

Nous allons démontrer le théorème fondamental suivant, appelé théorème des projections :

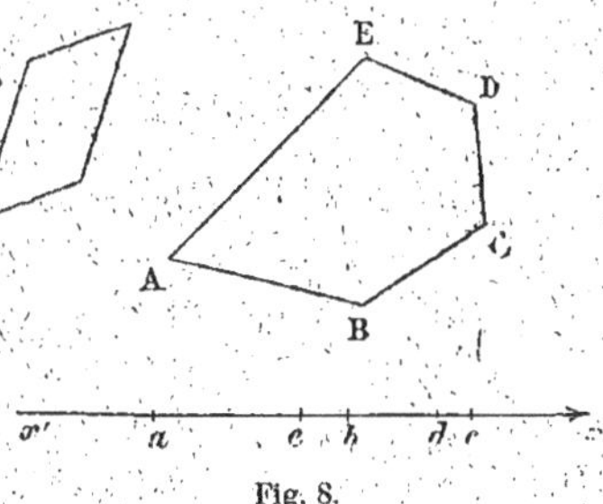

Fig. 8.

*La projection sur un axe de la résultante d'un contour polygonal est égale à la somme des projections des composantes.*

Considérons un contour ABCDE (*fig.* 8) et sa résultante AE ; soient $(ab)$, $(bc)$, $(cd)$, $(de)$ et $(ae)$ les projections des composantes et de la résultante ; d'après un théorème énoncé par Chasles et dont nous supposons connue la démonstration, on a

$$(ae) = (ab) + (bc) + (cd) + (de) ;$$

on en conclut immédiatement, d'après la définition des projections,

$$\text{proj. AE} = \text{proj. AB} + \text{proj. BC} + \text{proj. CD} + \text{proj. DE,}$$

émontre le théorème.

**79. Des angles dans le plan.** — De la même manière qu'on définit la valeur relative d'un vecteur parcouru sur une droite dans un certain sens, on définit la valeur relative d'un angle décrit autour d'un point O dans un certain sens de la façon suivante : on choisit autour de ce point un sens positif de rotation, ordinairement le sens inverse du mouvement des aiguilles d'une montre ; si une demi-droite, c'est-à-dire une portion de droite limitée dans un sens au point O et indéfinie dans l'autre sens, passe d'une position OA à une position OB en tournant autour de O, on appelle valeur relative de l'angle décrit un nombre dont la valeur arithmétique est la mesure de cet angle, et dont le signe est + ou — suivant que le mouvement a lieu dans le sens positif ou dans le sens contraire.

La valeur relative de l'angle ainsi décrit, que l'on appelle angle de OB avec OA, est désignée par la notation (OA, OB) ; tous les autres angles que l'on peut former en amenant une demi-droite d'abord confondue avec OA dans la position OB, soit dans un sens, soit dans l'autre, ont des valeurs relatives qui ne diffèrent de la première que par un multiple entier de $2\pi$, positif ou négatif.

Étant donnés plusieurs angles consécutifs autour du point O, tels que le côté extrémité de l'un soit le côté origine du suivant, on appelle angle résultant celui qui a pour côté origine l'origine du premier et pour côté extrémité l'extrémité du dernier. On sait que le théorème de Chasles s'applique aux angles ainsi considérés et que la valeur relative de l'angle résultant est, à un multiple entier près de $2\pi$, égale à la somme algébrique des valeurs relatives des angles composants, ce qui s'exprime par la formule

$$(OA, OK) = (OA, OB) + (OB, OC) + \cdots + (OH, OK) + 2k\pi.$$

Comme application, si l'on considère deux demi-droites OA, OB, et si l'on donne les angles de ces demi-droites avec un même axe de repère OX, l'angle de OB avec OA est donné, à un multiple près de $2\pi$, par la formule

$$(OA, OB) = (OX, OB) - (OX, OA).$$

Remarquons qu'étant données deux demi-droites quelconques OA, OB, tous les angles formés par l'une avec l'autre ont même cosinus, et cela quel que soit le sens positif choisi, car tous ces angles sont compris dans la formule générale $2k\pi \pm \alpha$, $\alpha$ étant l'un d'entre eux ; il est donc inutile, lorsqu'on parle du cosinus de l'angle de deux demi-droites, de spécifier quelle est la première et quelle est la seconde, ni de spécifier non plus le sens de rotation que l'on prend comme sens positif.

Pour définir l'angle de deux axes ou de deux droites dirigées, on trace à partir d'un point quelconque O de l'espace deux demi-droites OA, OB parallèles aux droites données, de façon que les sens de parcours de O vers A et de O vers B soient les sens positifs ; l'angle des demi-droites OA, OB est l'angle des deux axes. On définit de même l'angle d'une demi-droite et d'un axe et l'angle de deux demi-droites non issues du même point.

**80. Valeur des projections orthogonales.** — Considérons différents vecteurs tels que AB et CD situés sur une même droite dirigée $y'y$ ou parallèlement à cette droite (*fig.* 9) ; soient (AB), (CD) leurs valeurs relatives, et $(ab)$, $(cd)$ leurs projections sur un même axe $x'x$, faites parallèlement à un plan quelconque ; nous allons démontrer le théorème suivant :

*Les projections de plusieurs vecteurs parallèles sont proportionnelles aux valeurs relatives de ces vecteurs.*

Nous allons montrer que l'on a

$$(1) \qquad \frac{\text{pr. } AB}{(AB)} = \frac{\text{pr. } CD}{(CD)},$$

ou bien

$$\frac{(ab)}{(AB)} = \frac{(cd)}{(CD)},$$

en effet, les valeurs absolues de ces rapports sont égales d'après un théorème connu de géométrie ; il suffit de montrer que les signes sont les

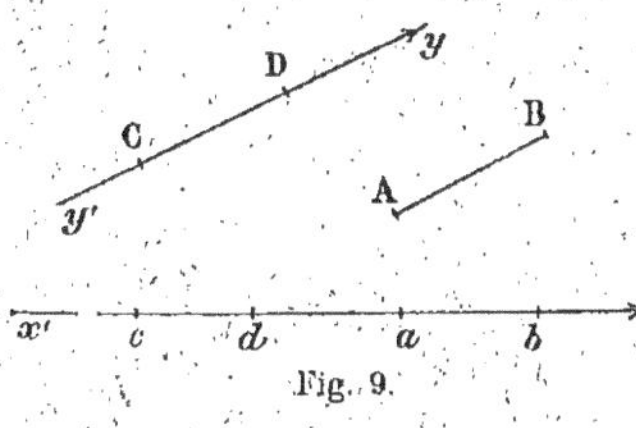

Fig. 9.

mêmes ; or si AB et CD ont le même sens, il en est de même de $ab$ et $cd$, et les numérateurs ont le même signe, ainsi que les dénominateurs ; si au contraire AB et CD ont des sens opposés, il en est de même de leurs projections, de sorte que les numérateurs ont des signes contraires, ainsi que les dénominateurs ; dans tous les cas les rapports ont le même signe, et la proposition est démontrée.

Supposons que CD soit un vecteur dont la longueur est égale à l'unité, et dirigé dans le sens positif ; on l'appelle quelquefois vecteur directeur ; nous avons $(CD) = +1$, et l'équation (1) nous donne

$$\text{pr. } AB = (AB) . (\text{pr. } CD) ;$$

nous voyons qu'on obtient la projection d'un vecteur en multipliant sa valeur relative par un facteur qui dépend simplement des deux axes $x'x$ et $y'y$ et qui est la projection du vecteur directeur.

Dans le cas des projections orthogonales, on sait que la projection d'un vecteur égal à l'unité placé sur $y'y$ est égale au cosinus de l'angle des deux axes $x'x$, $y'y$ ; nous avons donc

$$(2) \qquad \text{pr. } AB = (AB) \times \cos(x'x, \; y'y),$$

ce que nous énoncerons de la façon suivante :

*La projection orthogonale sur un axe d'un vecteur parallèle à un deuxième axe est égale au produit de la valeur relative du vecteur par le cosinus de l'angle des deux axes.*

**81. Projection d'une aire plane.** — *La projection orthogonale sur un plan* P *d'une aire polygonale contenue dans un plan* P' *est égale* *au produit de cette aire par le cosinus de l'angle aigu formé par les deux plans.*

Nous allons démontrer ce théorème dans le cas d'un triangle ABC

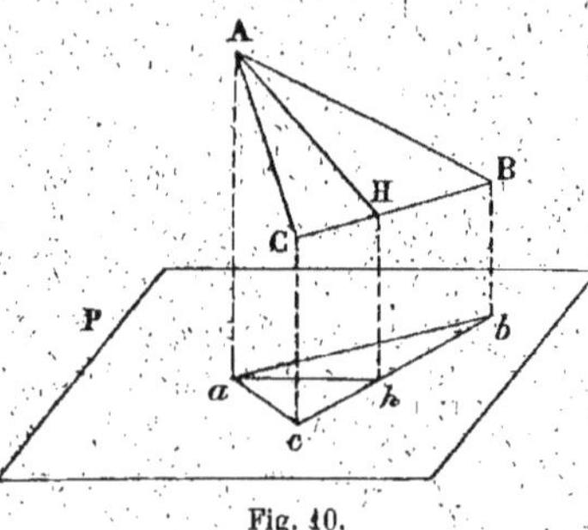



Fig. 10.

(*fig.* 10) dont la base BC est parallèle au plan P de projection; sa hauteur AH est une ligne de plus grande pente du plan P' du triangle, et se projette suivant la hauteur *ah* du triangle projection *abc*; en écrivant que l'on a

$$S = \frac{BC \times AH}{2},$$

$$\text{pr. } S = s = \frac{bc \times ah}{2},$$

et remarquant que l'on a

$$bc = BC \quad \text{et} \quad ah = AH \cos (P, P'),$$

on trouve bien la relation

$$\text{pr. } S = S \times \cos (P, P').$$

Le théorème que nous venons de démontrer pour un triangle s'étend immédiatement à une aire polygonale quelconque, puisqu'on peut toujours la décomposer en triangles ayant un côté parallèle au plan de projection, et qu'il s'applique à chacun de ces triangles.

Remarquons que l'angle aigu formé par les normales aux plans P et P' est égal à l'angle de ces deux plans; on peut donc encore écrire, en désignant par (N, N') l'angle aigu de ces normales,

$$\text{pr. } S = S \times \cos (N, N').$$

# CHAPITRE III

## COORDONNÉES DANS LE PLAN

**82. Coordonnées sur une droite.** — Nous nous proposons de représenter géométriquement les états d'une grandeur ; nous ne nous occuperons que des grandeurs mesurables susceptibles d'être comptées dans un seul sens, comme une masse ou une pression barométrique, ou bien dans deux sens opposés, comme les longueurs parcourues par un mobile se déplaçant sur une droite à partir d'un point donné dans un sens ou dans l'autre, les intervalles de temps comptés à partir d'un instant initial, etc.

Chaque état d'une pareille grandeur est complètement caractérisé par un nombre relatif ; les grandeurs les plus simples de cette espèce sont les vecteurs comptés sur une droite dirigée, à partir d'une même origine. En raison même de la simplicité de leur étude, où le calcul trouve une aide commode dans la représentation géométrique, on est amené à représenter géométriquement les divers états d'une grandeur où les nombres qui la caractérisent de la façon suivante :

Sur une droite dirigée $x'x$ (*fig.* 11), prenons une origine $O$ ; à tout nombre relatif $a$ correspond, à une échelle déterminée, un seul vecteur $OA$, et un seul point $A$ de l'axe qui est l'extrémité de ce vecteur ; on dit que $A$ est le point représentatif du nombre $a$. Inversement, à tout point $A$ de $x'x$ correspond un seul nombre relatif qui est la valeur du vecteur $OA$ ; ce nombre est appelé l'*abscisse* du point $A$ ; on le représente encore par $x$.

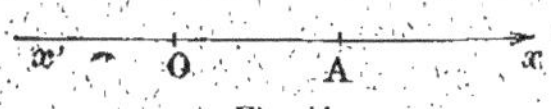

Fig. 11.

Si l'on considère un segment ou un vecteur $AB$ situé sur l'axe $x'x$, le théorème de Chasles donne immédiatement la valeur relative de ce segment au moyen des abscisses de ses extrémités par la formule

$$(AB) = (OB) - (OA) = b - a,$$

ce qui s'exprime de la façon suivante : *la valeur relative d'un segment ou*

*d'un vecteur est égale à la différence entre les abscisses de son extré-*
*mité et de son origine.*

**83. Coordonnées cartésiennes dans le plan.** — Considérons maintenant deux grandeurs mesurées ou caractérisées respectivement par les

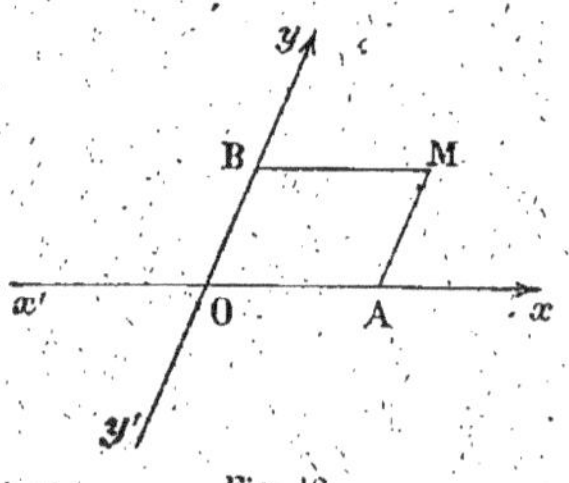

Fig. 12.

nombres $a$, $b$ ; prenons deux axes $x'x$, $y'y$ se coupant en un point O (*fig.* 12) ; choisissons sur chacun d'eux ce point comme origine et les sens $Ox$, $Oy$ comme sens positifs. Aux nombres $a$ et $b$ correspondent sur $x'x$ un point A et sur $y'y$ un point B tels que $(OA) = a$, $(OB) = b$ ; si nous menons par ces points des parallèles aux axes, elles se coupent en un seul point M ; on dit que M est le point représentatif du système des deux nombres $a$, $b$.

Inversement, étant donné un point M du plan, les parallèles aux axes, MA et MB, font correspondre à ce point M un seul point A sur $x'x$ et un seul point B sur $y'y$, et par suite un seul système de deux nombres relatifs $a,b$ qui sont les valeurs des vecteurs OA et OB. Ces deux nombres sont appelés les *coordonnées* du point M ; le premier est dit l'*abscisse* et est souvent représenté par $x$, le deuxième est dit l'*ordonnée* et est souvent représenté par $y$ ; les deux axes sont appelés *axes de coordonnées*, le premier, axe des $x$, et le deuxième, axe des $y$ ; le point O est appelé *origine des coordonnées*.

Les coordonnées que nous venons de définir sont dites *cartésiennes*, du nom de Descartes qui en a fait usage le premier ; elles sont dites rectangulaires ou obliques suivant que les axes sont rectangulaires ou non ; nous n'emploierons que des coordonnées rectangulaires, sauf dans des cas tout à fait particuliers. Nous ferons remarquer que les échelles de longueurs adoptées sur les deux axes peuvent être différentes l'une de l'autre dans la représentation graphique des grandeurs ; on les suppose cependant identiques en géométrie analytique.

**84. Vecteurs dans le plan. — Distance de deux points.** — Soit (*fig.* 13) $M_0M$ un vecteur d'origine $M_0$ et d'extrémité M ; la projection de ce vecteur sur $x'x$ faite parallèlement à l'axe $y'y$ est le segment $A_0A$ dont la valeur relative est égale à la différence des abscisses des points A et $A_0$, ou, ce qui est la même chose, des points M et $M_0$. De même, la projection de $M_0M$ sur $y'y$ faite parallèlement à l'axe $x'x$ est un segment $B_0B$ dont la valeur relative est égale à la différence des ordonnées de M et $M_0$.

On a donc ce résultat : *les projections sur les axes d'un segment ou d'un vecteur sont respectivement égales à la différence des abscisses et à la différence des ordonnées de son extrémité et de son origine.*

Un vecteur $M_0M$ lié à un point est généralement déterminé de l'une des deux manières suivantes : 1° on donne les coordonnées $x_0, y_0$ de l'origine $M_0$ et les projections X, Y du vecteur sur les axes ; les coordonnées $x, y$ de l'extrémité M sont déterminées, d'après ce qui précède, par les équations

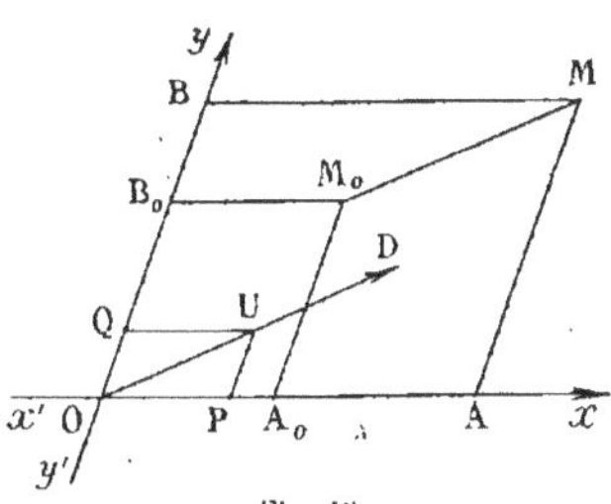


Fig. 13.

$$(1) \quad x - x_0 = X, \qquad y - y_0 = Y.$$

2° On donne l'origine du vecteur, la direction d'un axe auquel il est parallèle, et la valeur relative du vecteur par rapport à cet axe. Il est avantageux de donner un vecteur OU égal à l'unité sur une demi-droite D parallèle à la direction donnée ; ce vecteur, qui fixe à la fois cette direction et l'unité de longueur, est généralement défini par ses projections (OP), (OQ), que nous désignerons par $l$ et $m$.

Pour passer de la deuxième manière à la première, remarquons que si $\rho$ désigne la valeur relative du vecteur, X, Y celles de ses projections, nous avons, d'après le n° 80,

$$\frac{X}{l} = \frac{Y}{m} = \frac{\rho}{1},$$

nous en déduisons $X = \rho l$, $Y = \rho m$ ; si donc $x_0, y_0$ sont les coordonnées de l'origine du vecteur, celles de son extrémité sont données par

$$(2) \qquad x - x_0 = \rho l, \qquad y - y_0 = \rho m.$$

Ces considérations s'appliquent aussi bien au cas des coordonnées obliques qu'à celui des coordonnées rectangulaires ; dans ce dernier cas, nous désignerons par $\alpha$ l'angle (Ox, OD) compté positivement dans le sens de la rotation qui amène Ox sur Oy en décrivant l'angle $\frac{\pi}{2}$, et par $\beta$ l'angle (Oy, OD) compté positivement dans le sens qui amène Oy sur Ox en décrivant l'angle $\frac{\pi}{2}$ ; ces deux angles sont complémentaires à un multiple près de $2\pi$. Nous aurons alors

$$l = \cos \alpha, \qquad m = \cos \beta = \sin \alpha,$$

et les formules précédentes deviennent

$$(3) \qquad x - x_0 = X = \rho \cos \alpha, \qquad y - y_0 = Y = \rho \sin \alpha.$$

Si l'on donne inversement les coordonnées $x_0, y_0$ de $M_0$ et $x, y$ de $M$, ou les projections $X, Y$ du vecteur, on détermine $\rho$ et $\alpha$ par les formules précédentes, qui donnent

$$\rho = \pm \sqrt{X^2 + Y^2} = \pm \sqrt{(x - x_0)^2 + (y - y_0)^2},$$

$$\cos \alpha = \frac{X}{\rho} = \frac{x - x_0}{\rho}, \qquad \sin \alpha = \frac{Y}{\rho} = \frac{y - y_0}{\rho};$$

on voit qu'il existe deux manières de choisir $\rho$, correspondant aux deux sens possibles sur la droite indéfinie portant le vecteur. A la direction allant de $M_0$ vers $M$ correspond pour $\rho$ la valeur positive du radical ; $\alpha$ est alors déterminé par son sinus et son cosinus à $2k\pi$ près. A la direction opposée correspond pour $\rho$ la valeur négative du radical ; la valeur de $\alpha$ diffère alors de la précédente d'un multiple impair de $\pi$.

La valeur absolue de $\rho$ est la mesure de la distance des deux points $M_0$ et $M$ ; la formule qui donne cette distance est donc

$$d = \sqrt{(x - x_0)^2 + (y - y_0)^2}.$$

Remarquons que les coordonnées $x$ et $y$ d'un point $M$ sont identiques aux projections sur les axes du vecteur $OM$ (*fig.* 12) ; ce vecteur peut être considéré comme la résultante du contour $OAM$ dont les composantes comptées parallèlement aux axes ont pour valeurs relatives $x$ et $y$. Le contour $OAM$ est appelé contour des coordonnées du point $M$.

85. **Coordonnées polaires.** — On peut utiliser d'autres systèmes de coordonnées que celui que nous avons indiqué pour déterminer la position d'un point dans le plan ; le plus employé après le système cartésien est celui des coordonnées polaires.

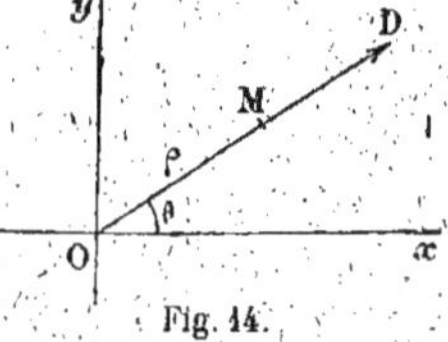

Fig. 14.

Par un point $O$ appelé origine ou pôle (*fig.* 14), on fait passer une droite dirigée $Ox$ appelée axe polaire, et l'on choisit un sens positif pour les angles, ordinairement le sens trigonométrique ; pour déterminer un point $M$, on donne un angle $\theta = (Ox, D)$ fixant une droite dirigée $D$ passant par $M$, et la valeur relative $\rho$ du vecteur $OM$ sur cette droite ; $\theta$ est appelé *angle polaire* et $\rho$ *rayon vecteur*.

À chaque système de valeurs de $\theta$ et de $\rho$ correspond un seul point M ; mais à un point M correspondent une infinité de valeurs des coordonnées polaires ; si $\rho_1$ est la valeur absolue du vecteur OM et $\alpha$ l'angle unique compris entre 0 et $2\pi$ formé par OM avec $Ox$, tous les couples de coordonnées polaires du point M sont compris dans les deux ensembles suivants :

$$\rho = \rho_1, \qquad \theta = \alpha + 2k\pi,$$

correspondant au choix de la droite dirigée D dans le sens de O vers M, et

$$\rho = -\rho_1, \qquad \theta = \alpha + \pi + 2k\pi,$$

correspondant au choix de D dans le sens opposé.

On passe des coordonnées polaires aux coordonnées cartésiennes ou inversement de la façon suivante : en traçant l'axe $Oy$ faisant avec $Ox$ l'angle $+\dfrac{\pi}{2}$, les coordonnées cartésiennes de M sont

$$x = \rho \cos\theta, \qquad y = \rho \sin\theta$$

inversement, on a

$$\rho = \pm\sqrt{x^2 + y^2}, \qquad \cos\theta = \frac{x}{\rho}, \qquad \sin\theta = \frac{y}{\rho}.$$

**86. Usage des coordonnées. — Représentation des lignes.** — Nous examinerons les différents cas suivants :

1er Cas. — On donne une relation entre deux variables $x$ et $y$ ; on choisit dans un plan deux axes de coordonnées $Ox$, $Oy$, et l'on considère les points M dont les coordonnées cartésiennes sont les couples de valeurs de $x$ et $y$ qui se correspondent. On donnera à $x$ une suite de valeurs assez rapprochées ; on calculera les valeurs correspondantes de $y$, et on construira ainsi un certain nombre de points. Si l'on imagine que $x$ varie d'une manière continue, et si $y$ est une fonction continue, le point de coordonnées $(x, y)$ variera d'une manière continue, en passant par les points que l'on a construits ; on est ainsi amené à joindre ceux-ci par un trait continu aussi régulier que possible, et l'on obtient une courbe que l'on appelle courbe représentative de la relation donnée.

Nous avons déjà utilisé ce mode de représentation lorsque nous avons étudié les fonctions $x^m$, $a^x$ et $\log X$.

2e Cas. — Pour rechercher, inversement, la formule qui régit un phénomène établissant une dépendance entre deux grandeurs variables, on fait un certain nombre d'expériences, on note chaque fois les mesures correspondantes des deux grandeurs, puis on marque sur un papier quadrillé les points dont ces couples de valeurs sont les coordonnées.

Comme nous avons le sentiment que les phénomènes naturels sont régis par des lois simples, et que les effets doivent varier d'une manière continue si les causes varient elles-mêmes d'une manière continue, nous sommes amenés à représenter par un trait continu la relation que nous cherchons. Si les mesures des grandeurs sont faites rigoureusement, ce trait doit passer par tous les points déterminés; mais nous ne sommes jamais certains de l'exactitude absolue des mesures, et nous supposons toujours qu'elles peuvent présenter de petites erreurs dont les limites dépendent des instruments employés; nous sommes ainsi conduits à tracer une ligne continue aussi régulière que possible passant par les points obtenus ou s'en écartant très peu, et nous disons qu'elle représente la loi cherchée de la façon la plus probable. Nous concevons même qu'elle la représente plus exactement que les expériences faites et que si un des points s'écarte trop du trait régulier, c'est que l'expérience qui l'a fourni est entachée d'une erreur trop considérable.

La ligne représentative de la loi d'un phénomène est quelquefois tracée automatiquement par un appareil enregistreur, et c'est ce qui arrive en particulier lorsque l'une des grandeurs variables est une longueur ou le temps.

Lorsque l'on a ainsi construit la ligne représentative d'une loi, on peut s'en servir pour rechercher l'expression analytique de cette loi ; c'est l'équation qui relie les abscisses et les ordonnées des points de la courbe. On écrit pour cela une équation entre $x$ et $y$, de la forme la plus probable, et dont les termes renferment des coefficients encore indéterminés ; on écrit que cette équation est satisfaite par les valeurs numériques des coordonnées d'un certain nombre de points de la courbe et l'on a de cette façon des relations qui permettent de calculer les coefficients laissés indéterminés.

Lorsqu'ils sont tous connus, et qu'on a trouvé entre $x$ et $y$ une équation dont tous les coefficients sont déterminés numériquement, on construit inversement, pour toutes les valeurs possibles des coordonnées, la courbe représentée par cette relation, et l'on regarde si elle est sensiblement identique à la courbe donnée ; si elle s'en écarte trop dans certaines de ses parties, on change la forme de l'équation choisie entre $x$ et $y$, ou bien l'on ajoute des termes correctifs à l'équation déjà formée. C'est ainsi que l'on opère dans les sciences expérimentales, par exemple dans l'étude des dilatations, de la conductibilité, etc.

Lorsque les phénomènes que l'on étudie ne sont régis par aucune loi simple, on se contente de déterminer comme précédemment des points particuliers et de joindre chacun d'eux au suivant par une ligne droite ; on obtient de cette façon une ligne brisée. C'est ainsi qu'on représente la variation journalière de la mortalité, ou la variation annuelle des importations et des exportations, etc.

3° **Cas.** — Nous venons de voir que toute équation entre $x$ et $y$ donne lieu à une ligne dont tous les points ont des coordonnées satisfaisant à cette équation. Inversement, si l'on considère une ligne, telle que la circonférence, la parabole, etc., définie cette fois par une propriété géométrique commune à tous ses points, cette propriété sert à former une équation entre $x$ et $y$, et l'on dit que cette équation représente la ligne considérée.

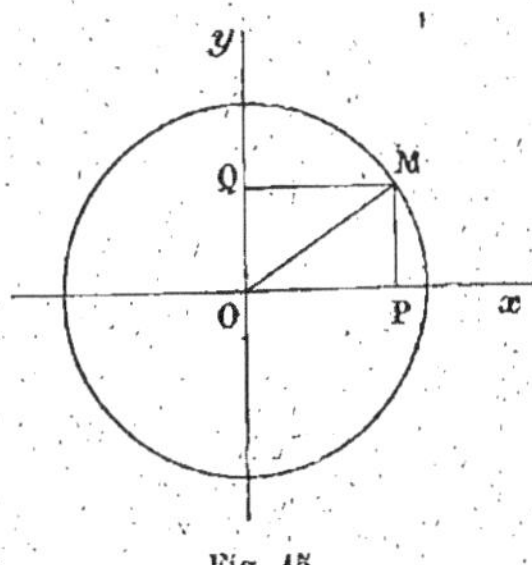
Fig. 15.

Pour donner un exemple, considérons une circonférence de rayon R ayant pour centre l'origine O des coordonnées rectangulaires (*fig.* 15) ; soient $(OP) = x$ et $(OQ) = y$ les coordonnées d'un point quelconque M de cette courbe ; la relation $\overline{OP}^2 + \overline{OQ}^2 = \overline{OM}^2$ nous donne immédiatement la suivante :

$$(4) \qquad x^2 + y^2 = R^2 ;$$

c'est l'équation qui représente la circonférence.

Quelquefois on exprime les deux coordonnées de chaque point de la ligne au moyen d'une quantité variable que l'on appelle un paramètre ; en appelant par exemple $\varphi$ l'angle $(Ox, OM)$ dans la figure précédente, on a

$$(5) \qquad \begin{cases} x = (OP) = R \cos \varphi, \\ y = (OQ) = R \sin \varphi. \end{cases}$$

D'une manière générale, on peut supposer que $x$ et $y$ sont fonctions d'un paramètre $t$ et s'expriment par des formules

$$(6) \qquad x = f(t), \qquad y = \varphi(t) ;$$

en donnant à $t$ une suite continue de valeurs, on obtient des suites de valeurs correspondantes de $x$ et $y$ et les points représentatifs de ces valeurs forment une ligne représentée par les équations (6). C'est ainsi qu'en mécanique on exprime en fonction du temps $t$ les coordonnées d'un point mobile dans un plan.

Lorsque l'on a deux équations telles que les précédentes, et qu'on en forme une combinaison qui ne renferme plus le paramètre, on dit qu'on élimine ce paramètre ; la nouvelle équation, qui ne renferme plus comme variables que $x$ et $y$, est l'équation de la ligne. Dans l'exemple précédent, si l'on élève au carré les deux membres des équations (5) et qu'on les ajoute, on retrouve l'équation (4).

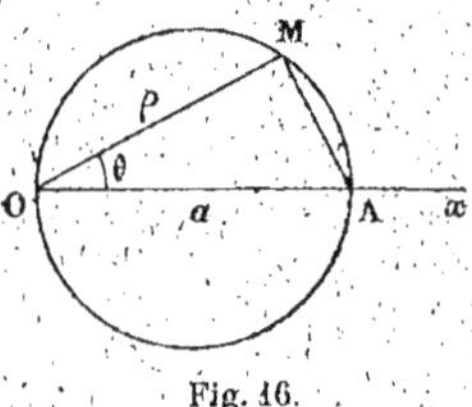

Fig. 16.

Les mêmes considérations s'appliquent au cas où les mesures des grandeurs sont prises comme coordonnées polaires d'un point, ou lorsqu'une ligne est définie par une propriété géométrique se traduisant par une équation entre les coordonnées polaires $\rho$ et $\theta$ de chacun de ses points. Par exemple une circonférence ayant un diamètre $OA = a$ dirigé suivant l'axe polaire (*fig.* 16) est représentée par l'équation

$$\rho = a \cos \theta.$$

Si l'on veut l'équation de la ligne en coordonnées cartésiennes, on appliquera les formules du n° 85 après avoir multiplié par $\rho$ les deux membres de l'équation précédente, et l'on obtiendra l'équation

$$x^2 + y^2 - ax = 0.$$

Les propriétés des lignes définies géométriquement peuvent être mises en évidence par des calculs algébriques effectués sur les équations qui les représentent ; ces calculs sont soumis à des règles simples dont l'ensemble constitue la *géométrie analytique* proprement dite ; c'est ainsi que cette géométrie est l'étude des figures par les procédés de l'analyse.

# CHAPITRE IV

## GÉNÉRATION DE LIGNES PLANES

— 

**87. Coordonnées cartésiennes des points d'une droite. — Équation d'une droite.** — La manière la plus simple de déterminer une droite dans le plan est de donner les coordonnées $(x_0, y_0)$ d'un point particulier $M_0$ de cette droite et de fixer sur elle ou sur une droite parallèle une direction positive. Tout point $M$ de la droite est alors l'extrémité d'un vecteur $M_0M$ comme celui que nous avons considéré au n° 84.

Si $l$ et $m$ sont les projections sur les axes du vecteur unité fixant la direction positive choisie, et $\rho$ la valeur relative du vecteur, les formules (2), (n° 84), donnent les coordonnées de $M$ ; celles-ci sont fournies par les équations

$$(1) \qquad x = x_0 + \rho l, \qquad y = y_0 + \rho m.$$

On obtient tous les points de la droite en faisant varier $\rho$ ; d'après ce que nous avons dit au n° 86, nous obtiendrons l'équation de la droite en éliminant $\rho$ entre les équations précédentes, ce qui donne

$$\frac{x - x_0}{l} = \frac{y - y_0}{m} ;$$

cette équation est du premier degré par rapport aux coordonnées $x$ et $y$ d'un point quelconque de la droite ; par suite *toute droite est représentée par une équation du premier degré.*

Dans le cas particulier où les axes sont rectangulaires, et où l'on désigne par $\alpha$ l'angle que fait avec $Ox$ la direction positive choisie sur la droite, on a $l = \cos \alpha$, $m = \sin \alpha$ et les formules précédentes deviennent

$$(2) \qquad x = x_0 + \rho \cos \alpha, \qquad y = y_0 + \rho \sin \alpha,$$

$$(3) \qquad \frac{x - x_0}{\cos \alpha} = \frac{y - y_0}{\sin \alpha}$$

**88. Ordre d'une ligne algébrique.** — On appelle ligne algébrique une ligne dont l'équation en coordonnées cartésiennes renferme ces coordonnées sous un nombre fini de symboles d'opérations algébriques ; addition, soustraction, multiplication, division, élévation aux puissances, extraction de racines. En faisant disparaître les radicaux, chassant les dénominateurs et faisant passer tous les termes dans un même membre, on peut toujours ramener l'équation de la ligne à la forme

$$(4) \qquad f(x, y) = 0,$$

où $f$ est un polynome entier par rapport à $x$ et $y$ ; le degré de ce polynome s'appelle ordre de la ligne algébrique.

Lorsque les coordonnées des points d'une ligne sont des fonctions algébriques d'un paramètre, cette ligne est algébrique, car l'élimination du paramètre fournit une équation algébrique entre $x$ et $y$.

Les lignes qui ne sont pas algébriques sont dites transcendantes. Il est essentiel de mettre l'équation d'une ligne algébrique sous forme entière pour trouver son ordre ; si l'on considère par exemple la ligne représentée par l'équation

$$(5) \qquad \sqrt{x} + \sqrt{y} = 1,$$

il faut élever d'abord au carré les deux membres, ce qui donne

$$x + y + 2\sqrt{xy} = 1,$$

puis faire disparaître le dernier radical, ce qui donne

$$(6) \qquad (x + y - 1)^2 - 4xy = 0,$$

pour rendre l'équation entière ; on voit alors que la ligne qu'elle représente est du second ordre.

Remarquons à ce propos que toutes les valeurs de $x$ et $y$ satisfaisant à l'équation (6) ne satisfont pas à l'équation donnée (5), si l'on y considère les radicaux comme positifs ; l'équation (5) ne représente qu'une partie de la ligne totale représentée par (6). En géométrie analytique, on considère toujours la ligne totale représentée par l'équation mise sous forme entière.

L'ordre d'une ligne algébrique est égal au nombre de points de rencontre, réels ou imaginaires, de cette ligne avec une droite quelconque ; pour le démontrer, supposons que la ligne soit représentée par une équation telle que (4), entière et de degré $m$ par rapport à $x$ et $y$, et qu'on la coupe par une droite $D$ définie comme au n° précédent, les coordonnées d'un point $M$ de cette droite étant exprimées par les équations (2). Pour que le point $M$ appartienne à la fois à la droite et à la ligne, il faut et il suffit que l'équation (4) soit satisfaite par les valeurs (2), c'est-à-dire que l'on ait

$$(7) \qquad f(x_0 + \rho \cos \alpha, \; y_0 + \rho \sin \alpha) = 0.$$

Cette équation est de degré $m$ par rapport à $\rho$, et nous verrons plus tard qu'elle a $m$ racines réelles ou imaginaires ; à chacune d'elles correspond un vecteur $M_0 M$ dont l'extrémité est à la fois sur la droite et sur la ligne ; celle-ci est donc coupée par la droite en autant de points qu'il y a d'unités dans le degré de l'équation (4), c'est-à-dire dans l'ordre de la ligne.

Si l'équation (7) était satisfaite par plus de $m$ valeurs de $\rho$, elle le serait pour toutes les valeurs de cette inconnue, et par suite tous les points de la droite D feraient partie de la ligne donnée.

La ligne représentée par une équation du premier degré est du premier ordre, par suite elle n'est rencontrée par une droite quelconque qu'en un seul point ; si une droite D la rencontrait en deux points, l'équation analogue à (7) aurait deux racines, et d'après la remarque que nous avons faite, tous les points de la droite D feraient partie de la ligne. Ces propriétés indiquent que la ligne donnée est elle-même une droite ; nous pouvons donc énoncer le résultat suivant, qui est la réciproque de celui que nous avons donné dans le n° précédent :

*Toute équation du premier degré représente une droite.*

Si l'on a l'équation d'une ligne en coordonnées polaires, il est nécessaire de la transformer en coordonnées cartésiennes pour déterminer l'ordre de la ligne ; la simplicité d'une équation en coordonnées polaires n'est pas une indication suffisante ; par exemple les équations

$$\rho = a\theta, \qquad \rho = a \cos \theta, \qquad \rho = \frac{a}{\cos \theta}$$

représentent la première une spirale, courbe transcendante, la deuxième une courbe du second ordre, d'après ce que nous avons vu au n° 86, et la troisième une droite d'équation $x = a$.

Remarquons encore qu'on peut multiplier ou diviser les deux membres d'une équation par un même nombre sans modifier cette équation ni la ligne qu'elle représente.

**89. Génération de lignes planes.** — On appelle *lieu géométrique* l'ensemble des points qui répondent à une même définition ; cette définition consiste ordinairement soit dans l'énoncé d'une propriété qui est commune à tous les points du lieu, soit dans un mode de construction qui permet d'obtenir autant de ces points que l'on veut.

Un lieu peut être formé de points isolés, ou bien de tous les points d'une certaine aire, ou encore de lignes ou de portions de lignes ; nous n'examinerons que ce dernier cas, qui est le plus habituel en géométrie analytique. La manière de représenter un lieu géométrique dépend de son mode de définition. Nous allons examiner les cas usuels.

1° Lorsqu'on donne la propriété commune à différents points, et qu'elle se traduit par une relation entre les coordonnées de l'un quelconque d'entre eux, cette relation constitue l'équation du lieu ; c'est ainsi que nous avons obtenu l'équation d'une circonférence ayant son centre à l'origine (n° 86).

Comme autre exemple, nous allons déterminer le lieu des points dont le produit des distances à deux points fixes $F$ et $F'$ est égal à $\dfrac{\overline{FF'}^2}{4}$.

Nous prendrons (*fig.* 17) comme origine le milieu de $FF'$, comme axe des $x$ la droite qui joint ces points, comme axe des $y$ la perpendiculaire à $FF'$ en son milieu ; nous désignerons par $2a$ la longueur $FF'$, de telle sorte que les abscisses de $F$ et $F'$ soient égales à $a$ et à $-a$.

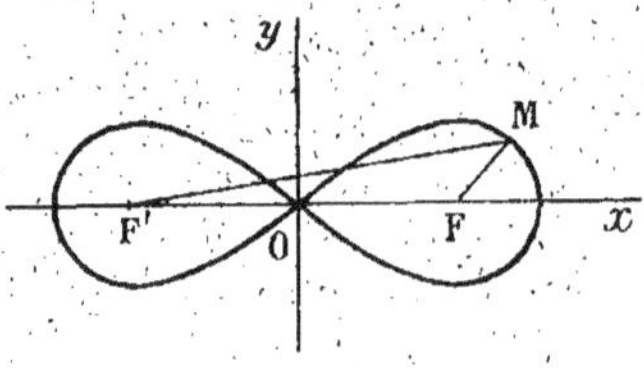


Fig. 17.

La formule qui donne la distance de deux points (n° 84) nous donne

$$MF = \sqrt{(x-a)^2 + y^2}, \qquad MF' = \sqrt{(x+a)^2 + y^2} ;$$

en écrivant que le produit de ces longueurs est égal à $a^2$, nous avons l'équation du lieu

$$\sqrt{(x-a)^2 + y^2}\,\sqrt{(x+a)^2 + y^2} = a^2.$$

En élevant au carré et simplifiant, nous obtenons l'équation

$$(x^2 + y^2)^2 - 2a^2(x^2 - y^2) = 0 ;$$

elle représente une courbe appelée *lemniscate de Bernoulli* ; en transformant l'équation précédente en coordonnées polaires et divisant les deux membres par $\rho^2$, elle prend la forme

$$\rho^2 = 2a^2 \cos 2\theta.$$

Il est facile de construire la courbe représentée par cette équation ; il suffit, pour obtenir tous ses points, de donner à $\theta$ des valeurs comprises entre $-\pi$ et $+\pi$ et rendant $\cos 2\theta$ positif.

A chaque valeur de $\theta$ comprise entre $-\dfrac{\pi}{4}$ et $+\dfrac{\pi}{4}$ correspondent pour $\rho$ deux valeurs égales et de signes contraires, donc deux points de la courbe symétriques par rapport à l'origine ; à deux valeurs de $\theta$ égales et opposées correspondent pour $\rho$ les mêmes valeurs, donc quatre points de la courbe deux à deux symétriques par rapport aux axes de coordonnées. Les points correspondant à d'autres valeurs de $\theta$ en dehors de l'intervalle $\left(-\dfrac{\pi}{4}, +\dfrac{\pi}{4}\right)$ ne diffèrent pas des premiers ; quand $\theta$ varie de $0$ à $\dfrac{\pi}{4}$, la valeur absolue de $\rho$ diminue de $a\sqrt{2}$ à $0$ ; on obtient ainsi la courbe représentée par la figure 17.

**90. Autres cas.** — 2° Un autre cas qui se présente souvent est le suivant : supposons que la forme ou la situation d'une ligne L dépendent de la position d'un point M du plan ; comment doit être choisi ce dernier pour que la ligne L satisfasse à une condition donnée ? Pour résoudre cette question, on écrit l'équation de la ligne L ; les coefficients de cette équation dépendent des coordonnées du point M ; on exprime ensuite que la ligne L satisfait à la condition donnée, ce qui se traduit par une relation entre les coefficients de son équation. Cette relation, qui renferme les coordonnées du point M, est l'équation du lieu de ce point.

Supposons par exemple que l'équation d'une droite en coordonnées cartésiennes soit

$$xy_0^2 + yx_0^2 - 8 = 0,$$

$x_0$ et $y_0$ désignant les coordonnées d'un point M ; lorsque cette droite est assujettie à passer par le point de coordonnées 2, 2, le lieu du point M est représenté par l'équation

$$2x_0^2 + 2y_0^2 - 8 = 0,$$

obtenue en remplaçant $x$ et $y$ par 2 dans l'équation de la droite ; en divisant par 2 les deux membres, on reconnaît l'équation d'une circonférence.

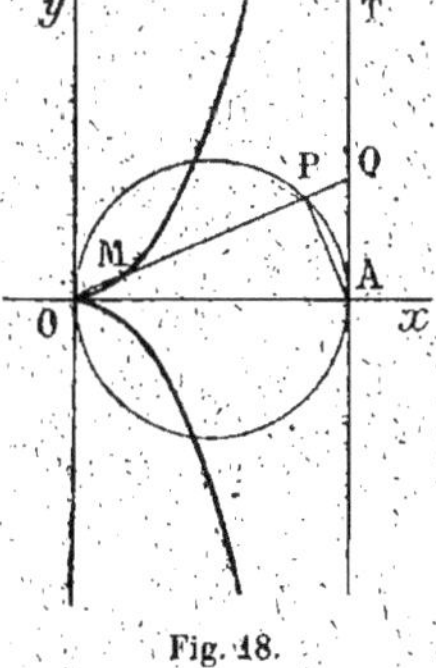

Fig. 18.

3° Plaçons-nous dans le cas où chacun des points du lieu résulte d'une construction donnée ; la traduction de cette construction par le calcul fournit souvent l'équation du lieu. Pour donner un exemple, étant données (*fig.* 18) une circonférence de diamètre $OA = a$ tangente à l'origine à l'axe $Oy$ et la tangente AT en A à cette circonférence, on mène par O une sécante coupant la circonférence en P et la tangente en Q, et l'on prend sur la sécante le segment OM égal à PQ ; on demande le lieu du point M quand la sécante varie.

En désignant par $\rho$ et $\theta$ les coordonnées polaires du point M, la figure donne

$$OP = a \cos\theta, \quad OQ = \frac{a}{\cos\theta}, \quad PQ = OQ - OP = \frac{a}{\cos\theta} - a\cos\theta ;$$

dès lors l'équation du lieu est

$$\rho = \frac{a}{\cos\theta} - a\cos\theta = \frac{a\sin^2\theta}{\cos\theta}.$$

En la transformant en coordonnées cartésiennes par les formules

$$\rho\cos\theta = x, \quad \sin^2\theta = \frac{y^2}{\rho^2} = \frac{y^2}{x^2 + y^2}$$

et chassant les dénominateurs, on obtient l'équation

$$(x^2 + y^2)x - ay^2 = 0 ;$$

elle représente une courbe du troisième ordre qu'on appelle *cissoïde de Dioclès*.

Pour la construire, nous utiliserons son équation en coordonnées cartésiennes et nous la résoudrons par rapport à $y$, ce qui donne

$$y = \pm\sqrt{\frac{x^3}{a - x}} ;$$

$y$ n'existe que pour $x$ compris entre 0 et $a$ ; à chaque valeur de $x$ de cet intervalle correspondent pour $y$ deux valeurs égales et opposées, donc deux points symétriques par rapport à $Ox$. Quand $x$ varie de 0 à $a$, la valeur absolue de $y$ augmente de zéro à l'infini ; la droite $x = a$, c'est-à-dire la tangente AT à la circonférence, est dite asymptote de la courbe, qui a la forme de la figure 18.

**91. Cas d'une transformation de figure.** — 4° Supposons qu'à un point M du plan on fasse correspondre un point M' par un procédé géométrique ; ce procédé se traduira par des formules permettant d'exprimer les coordonnées de M' au moyen de celles de M ou réciproquement. Ces formules s'appliqueront à tous les points du plan ou d'une région du plan ; si on les applique aux points d'une ligne L, l'ensemble des transformés de ces points formera une ligne $L'$, qui est dite transformée de $L$.

Si les formules de transformation sont résolues par rapport aux coordonnées cartésiennes du point $M$, par exemple sous la forme

$$x = f(x', y'), \quad y = \varphi(x', y'),$$

il suffit de remplacer $x$, $y$ par les valeurs précédentes dans l'équation de la ligne $L$ pour trouver l'équation de la ligne $L'$; il en est de même si les coordonnées polaires du point $M$ s'expriment par des formules données en fonction de celles du point $M'$.

*Exemples :* La transformation par homothétie avec un centre d'homothétie $O$ et un rapport d'homothétie $k$ fait correspondre à un point $M$ un point $M'$ situé sur $OM$ tel que l'on ait

$$\frac{OM'}{OM} = k.$$

Supposons que l'on prenne le point $O$ comme origine ; en coordonnées polaires, l'angle polaire est le même pour les deux points $M$ et $M'$ et le rapport de $\rho'$ à $\rho$ est égal à $k$, de sorte qu'il suffit de remplacer $\rho$ par $\frac{\rho'}{k}$ dans l'équation d'une ligne $L$ pour avoir l'équation de la transformée.

En coordonnées cartésiennes, le rapport des coordonnées de $M$ et $M'$ est égal au rapport des segments $OM$ et $OM'$, de sorte qu'il suffit d'écrire

$$\frac{x'}{x} = \frac{y'}{y} = \frac{OM'}{OM} = k$$

pour obtenir les formules de transformation

$$x = \frac{x'}{k}, \quad y = \frac{y'}{k}.$$

On voit que la transformée d'une ligne algébrique est une ligne algébrique de même ordre.

Dans la transformation par inversion par rapport au pôle d'inversion $O$ avec la puissance d'inversion $p$, à chaque point $M$ on fait correspondre un point $M'$ situé sur $OM$ tel que l'on ait

$$OM \cdot OM' = p.$$

En coordonnées polaires, les angles polaires des points $M$ et $M'$

sont les mêmes et les rayons vecteurs $\rho$ et $\rho'$ sont tels que l'on ait

$$\rho\rho' = p\,;$$

il suffit donc de remplacer $\rho$ par $\dfrac{p}{\rho'}$ pour obtenir l'équation de la transformée.

En coordonnées cartésiennes, on a

$$\frac{x'}{x} = \frac{y'}{y} = \frac{\mathrm{OM}'}{\mathrm{OM}} = \frac{\overline{\mathrm{OM}'^2}}{\mathrm{OM}\,.\,\mathrm{OM}'} = \frac{\mathrm{OM}\,.\,\mathrm{OM}'}{\overline{\mathrm{OM}^2}},$$

et l'on en déduit les formules de transformation

$$x = \frac{px'}{x'^2 + y'^2}, \qquad y = \frac{py'}{x'^2 + y'^2},$$

ainsi que les formules inverses

$$x' = \frac{px}{x^2 + y^2}, \qquad y' = \frac{py}{x^2 + y^2}.$$

Exemple, la transformée de la cissoïde d'équation

$$\rho = a\,\frac{\sin^2 \theta}{\cos \theta}$$

par rapport au point O comme pôle d'inversion avec la puissance $p$ a pour équation

$$\rho' = \frac{p}{a}\,\frac{\cos \theta}{\sin^2 \theta}\,;$$

en la transformant en coordonnées cartésiennes, elle a la forme

$$y'^2 = \frac{p}{a}\,x',$$

et nous verrons qu'elle représente une parabole.

**92. Cas du lieu de l'intersection de lignes variables.** — 5° Il arrive souvent que chaque point M d'un lieu géométrique est déterminé comme intersection de deux lignes L et L'; ces lignes venant à varier simultanément, le point M se déplace en décrivant le lieu cherché. Par exemple, le lieu du sommet M d'un angle droit dont les côtés passent par deux points fixes A et B est l'ensemble des points M tels que chacun d'eux soit l'intersection d'une droite passant par A et de la perpendiculaire à cette droite passant par B.

Pour déterminer analytiquement un lieu ainsi défini, nous écrirons les

équations des deux lignes L et L' rapportées à un même système d'axes ;
nous supposerons pour fixer les idées que l'on emploie les coordonnées
cartésiennes $x$ et $y$, mais les raisonnements que nous allons faire s'appliqueraient également à d'autres systèmes de coordonnées. Les équations
de L et L' doivent contenir un paramètre variable, et être de la forme

$$(8) \qquad f(x, y, a) = 0, \qquad \varphi(x, y, a) = 0,$$

$a$ désignant le paramètre ; les coordonnées du point M commun aux
lignes qui correspondent à une même valeur de $a$ sont alors les solutions
$x$ et $y$ communes aux équations (8).

Si nous résolvons ces équations par rapport à $x$ et $y$, nous avons
les expressions des coordonnées de M au moyen du paramètre $a$, et
lorsque $a$ varie, nous obtenons les différents points du lieu cherché. Si
nous voulons obtenir l'équation de ce lieu, il faut, comme nous l'avons dit
au n° 86, éliminer $a$ entre les expressions trouvées pour $x$ et $y$, ou
bien, ce qui est plus simple, entre les équations (8) qui servent à définir
ces coordonnées.

Il peut se faire que les équations des lignes L et L', dont l'intersection est un point M du lieu, dépendent de deux paramètres variables
$a$ et $b$, liés par une équation particulière ; les points du lieu sont alors
définis par un système d'équations tel que

$$(9) \qquad f(x, y, a, b) = 0, \qquad \varphi(x, y, a, b) = 0, \qquad \psi(a, b) = 0.$$

Ce cas ne diffère pas du précédent, car nous pouvons supposer que
l'on tire $b$ de la dernière relation en fonction de $a$ et qu'on porte la
valeur trouvée dans les deux premières ; nous sommes alors ramenés à un
système de deux relations analogues à (8).

Nous aurons l'équation du lieu en éliminant $a$ entre les deux relations ainsi formées ou, ce qui revient au
même, en éliminant $a$ et $b$ entre les
trois relations (9).

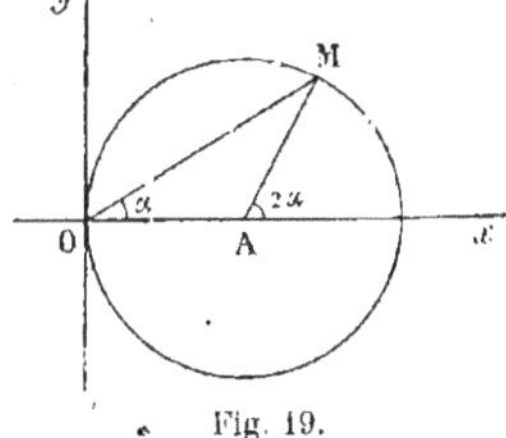

*Exemple.* — Cherchons le lieu du
point de rencontre de deux droites OM et
AM (*fig.* 19), l'une passant par l'origine,
l'autre par un point A de l'axe des $x$,
d'abscisse $x_0$, de telle sorte que l'angle
(A$x$, AM) soit le double de l'angle (O$x$,
OM).

Fig. 19.

Si nous désignons par $\alpha$ l'angle de OM avec O$x$, nous avons comme équations des droites OM et AM, d'après la formule (3) du n° 87,

$$(10) \qquad \begin{cases} x \sin \alpha - y \cos \alpha = 0, \\ (x - x_0) \sin 2\alpha - y \cos 2\alpha = 0. \end{cases}$$

Nous aurons l'équation du lieu du point M en éliminant $\alpha$ entre ces deux équations, ou bien encore en les écrivant sous la forme

$$x \operatorname{tg} \alpha - y = 0, \qquad (x - x_0) \operatorname{tg} 2\alpha - y = 0,$$

et les considérant comme renfermant les paramètres $\operatorname{tg} \alpha$ et $\operatorname{tg} 2\alpha$, ces paramètres étant reliés par la relation

$$(11) \qquad \operatorname{tg} 2\alpha = \frac{2 \operatorname{tg} \alpha}{1 - \operatorname{tg}^2 \alpha}.$$

En portant dans cette équation les valeurs de $\operatorname{tg} \alpha$ et $\operatorname{tg} 2\alpha$ tirées des précédentes, nous aurons l'équation du lieu; rendue entière, elle s'écrit

$$y(x^2 + y^2 - 2x_0 x) = 0,$$

et se décompose en deux autres :

1° $y = 0$, qui représente l'axe des $x$; cette solution correspond au cas où $\alpha$ est nul, car les droites AM et OM sont confondues avec l'axe $Ox$ et ont en commun tous les points de cet axe;

2° l'équation

$$x^2 + y^2 - 2x_0 x = 0;$$

d'après ce que nous avons dit dans le numéro 86, celle-ci représente la circonférence tangente à l'origine à l'axe $Oy$, et de diamètre $2x_0$; elle a pour centre le point A.

# CHAPITRE V

## PROBLÈMES SUR LA LIGNE DROITE

**93. Équation d'une droite donnée. — Coefficient angulaire.** — Nous avons démontré aux numéros 87 et 88 qu'une droite est représentée par une équation du premier degré entre les coordonnées $x$ et $y$ d'un quelconque de ses points, et réciproquement; nous allons résoudre les problèmes suivants : 1° former l'équation d'une droite définie géométriquement; 2° construire une droite d'équation donnée.

Occupons-nous du premier problème, et examinons différents cas.

**1ᵉʳ Cas.** — On donne un point $M_0$ de la droite et sa direction. Nous avons déjà examiné ce cas lorsque nous avons exprimé les coordonnées des points d'une droite; si nous désignons par $l$ et $m$ les projections d'un vecteur quelconque pris sur la droite, par $(x_0, y_0)$ les coordonnées de $M_0$ (*fig.* 20) et par $(x, y)$ celles d'un autre point M de la droite, nous avons, que les axes soient rectangulaires ou obliques,

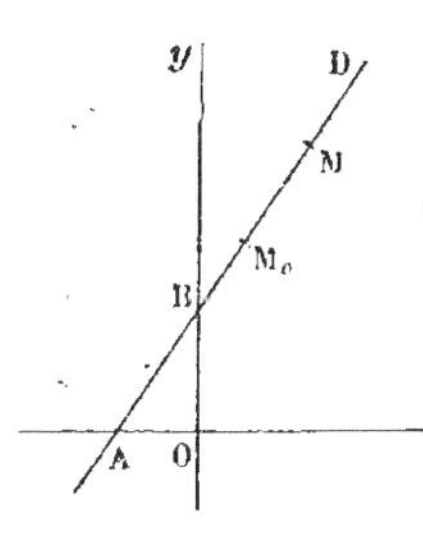

Fig. 20.

$$(1) \qquad \frac{x - x_0}{l} = \frac{y - y_0}{m};$$

telle est l'équation de la droite.

Si elle n'est pas parallèle à l'axe $Oy$ le coefficient $l$ n'est pas nul, et l'on peut sans inconvénient le supposer égal à l'unité; l'équation prend alors la forme

$$(2) \qquad y - y_0 = m(x - x_0),$$

que l'on a souvent à utiliser. Si les axes sont rectangulaires, et si $\alpha$ désigne l'angle que fait avec $Ox$ une direction choisie sur la droite, l'équation (1) devient, comme nous l'avons vu,

$$\frac{x - x_0}{\cos \alpha} = \frac{y - y_0}{\sin \alpha},$$

et si $\cos \alpha$ n'est pas nul, elle prend la forme

$$y - y_0 = \operatorname{tg} \alpha (x - x_0).$$

Le coefficient $m$, qui a dans ce cas particulier la valeur $\operatorname{tg} \alpha$, s'appelle *pente* ou encore *coefficient angulaire* de la droite; il est indépendant de la direction que l'on peut choisir sur la droite, car il ne change pas quand on remplace une de ces directions par la direction opposée.

Des droites parallèles ont même pente; si l'on trace par l'origine une parallèle à une droite, et si cette parallèle passe dans l'angle $xOy$ et dans l'angle opposé par le sommet, $m$ est positif; si au contraire elle passe dans les deux autres angles, $m$ est négatif.

Si l'on écrit l'équation (2) sous la forme

$$(3) \qquad\qquad y = mx + h,$$

le coefficient $h$ est appelé *ordonnée à l'origine* de la droite; il est égal à l'ordonnée de son point de rencontre B avec l'axe $Oy$, car on obtient cette ordonnée en remplaçant l'abscisse $x$ par 0 dans l'équation (3), et celle-ci donne alors $y = h$.

*Cas particuliers.* — Si la droite passe par l'origine, nous pouvons prendre pour $M_0$ le point O, de telle sorte que $x_0$ et $y_0$ soient nuls; l'équation prend alors la forme

$$y = mx \qquad \text{ou} \qquad y = x \operatorname{tg} \alpha;$$

elle est homogène en $x$ et $y$.

Si la droite est parallèle à l'axe des $x$, $m$ est nul et l'équation prend la forme

$$y = y_0;$$

de même si la droite est parallèle à l'axe des $y$, l'équation prend la forme

$$x = x_0.$$

En particulier l'axe des $x$ est représenté par l'équation $y = 0$ et l'axe des $y$ par l'équation $x = 0$.

2° **Cas.** — On donne deux points $M_0$ et $M_1$ de la droite; soient $(x_0, y_0)$ et $(x_1, y_1)$ les coordonnées de ces deux points; pour former l'équation de la droite, nous écrirons d'abord l'équation d'une droite passant par le point $M_0$ et ayant pour pente $m$ ; c'est l'équation (2) ; puis nous déterminerons $m$ par la condition que le point $M_1$ soit sur la droite, c'est-à-dire que l'équation précédente soit satisfaite par $x_1$, $y_1$, ce qui donne

$$y_1 - y_0 = m(x_1 - x_0),$$

d'où

$$(4) \qquad m = \frac{y_1 - y_0}{x_1 - x_0};$$

en remplaçant $m$ par cette valeur dans l'équation (3), nous obtenons l'équation cherchée, que nous pouvons écrire

$$\frac{y - y_0}{y_1 - y_0} = \frac{x - x_0}{x_1 - x_0}.$$

On peut exprimer les coordonnées des points de la droite en fonction d'un paramètre ; si l'on représente par $\lambda$ le rapport $\dfrac{M_0 M}{M M_1}$ et si l'on remarque que le rapport de deux segments est égal à celui de leurs projections sur l'un ou sur l'autre des axes, on a

$$\lambda = \frac{M_0 M}{M M_1} = \frac{x - x_0}{x_1 - x} = \frac{y - y_0}{y_1 - y};$$

on en déduit les formules

$$(6) \qquad x = \frac{x_0 + \lambda x_1}{1 + \lambda}, \qquad y = \frac{y_0 + \lambda y_1}{1 + \lambda},$$

qui fournissent les coordonnées de tous les points de la droite quand $\lambda$ varie de $-\infty$ à $+\infty$.

*Cas particulier.* — On donne l'abscisse $a$ du point A où la droite coupe l'axe des $x$, et l'ordonnée $b$ du point B où elle coupe l'axe des $y$. Pour avoir l'équation de la droite, il suffit de faire dans l'équation précédente $x_0 = a$, $y_0 = 0$, $x_1 = 0$, $y_1 = b$ ; on trouve ainsi une équation qu'on peut écrire sous la forme simple

$$\frac{x}{a} + \frac{y}{b} - 1 = 0.$$

**94. Construction d'une droite dont on donne l'équation.** — Occupons-nous du deuxième problème. Toute équation du premier degré entre $x$ et $y$ peut s'écrire sous la forme générale

$$(7) \qquad Ax + By + C = 0 :$$

nous nous proposons de construire la droite qu'elle représente, et nous allons examiner différents cas suivant la nature des coefficients ; les deux premiers ne sont pas nuls en même temps.

**1er Cas.** — L'un des coefficients A ou B est nul ; par exemple si A est nul, l'équation donne $y = -\dfrac{C}{B}$, et elle représente une parallèle à l'axe des $x$, d'ordonnée égale à la valeur constante de $y$ ; de même si B est nul, l'équation donne $x = -\dfrac{C}{A}$ et elle représente une parallèle à l'axe des $y$, d'abscisse égale à la valeur constante de $x$.

**2e Cas.** — Le terme constant C est nul ; l'équation est homogène et est satisfaite par les coordonnées de l'origine ; elle représente une droite passant par le point O. Pour la construire, il suffit de déterminer un autre quelconque de ses points, par exemple celui dont l'abscisse est égale à l'unité ; l'équation (7) permet de calculer son ordonnée ; on peut par suite construire ce point et il suffit de le joindre à l'origine.

**3e Cas.** — Aucun des coefficients n'est nul. Pour construire la droite, nous déterminerons les points A et B où elle rencontre les deux axes ; le premier a une ordonnée nulle, et son abscisse, fournie par l'équation (7), a pour valeur $x = -\dfrac{C}{A}$ ; le deuxième a une abscisse nulle, et son ordonnée a pour valeur $y = -\dfrac{C}{B}$.

Considérons par exemple la droite représentée par l'équation

$$(8) \qquad\qquad 3x - 2y + 6 = 0 ;$$

les coordonnées du point A où elle coupe $Ox$ sont $y = 0$, $x = -2$ et celles du point B où elle coupe $Oy$ sont $x = 0$, $y = 3$ ; la droite est complètement déterminée par ces deux points.

**Remarque.** — Dès que B n'est pas nul, quels que soient A et C, nous pouvons résoudre l'équation (7) par rapport à $y$, sous la forme

$$y = -\frac{A}{B}x - \frac{C}{B} ;$$

nous mettons ainsi en évidence la pente $m = -\dfrac{A}{B}$ et l'ordonnée à l'origine $-\dfrac{C}{B}$ de la droite ; la première permet de déterminer la direction de la droite et l'ordonnée à l'origine fournit un de ses points. Dans tous les cas, *la pente et l'ordonnée à l'origine sont le coefficient de $x$ et le terme connu dans l'équation résolue par rapport à $y$.*

Par exemple, en résolvant l'équation (8) par rapport à $y$, nous avons

$$y = \frac{3}{2}x + 3 \,;$$

la pente est égale à $\frac{3}{2}$, et l'ordonnée à l'origine égale à 3.

Il faut bien remarquer que la situation d'une droite dans le plan dépend uniquement des coefficients de son équation, et nullement de $x$ et $y$ ; ces deux variables sont des auxiliaires de calcul que l'on appelle souvent *coordonnées courantes* lorsque le point qu'elles déterminent reste variable.

L'équation d'une droite sert, d'une part, par ses coefficients, à fixer la position de cette droite ; d'autre part elle sert à calculer les coordonnées de certains points choisis sur elle, ces coordonnées étant toujours liées par l'équation ; si l'on donne par exemple l'abscisse $x = 2$ d'un point de la droite représentée par l'équation (8), l'ordonnée de ce point est égale à

$$y = \frac{1}{2}(6 + 3x) = 6\,.$$

**95. Droites parallèles. — Intersection de deux droites.** — Des droites parallèles ont même pente et réciproquement ; pour que deux droites représentées par les équations générales

$$(9) \qquad \begin{aligned} Ax + By + C &= 0, \\ A'x + B'y + C' &= 0 \end{aligned}$$

soient parallèles, il faut et il suffit que l'on ait

$$\frac{A}{A'} = \frac{B}{B'}\cdot$$

Les coordonnées du point commun à deux droites sont les valeurs de $x$ et $y$ qui satisfont à la fois aux équations de ces deux droites ; il suffit donc, pour les trouver, de résoudre un système d'équations du premier degré à deux inconnues, comme nous l'avons fait au n° 57. Inversement, pour résoudre graphiquement deux équations du premier degré, on construit les deux droites représentées par ces équations, et on évalue les coordonnées de leur point commun.

Supposons que les droites soient représentées par les équations générales (9) ; si $AB' - BA'$ n'est pas nul, il existe une solution et une seule, et les droites ont un seul point commun. Si $AB' - BA'$ est nul, le système est impossible ou indéterminé. Ce dernier résultat est facile à interpréter, car la condition $AB' - BA' = 0$ entraîne $\frac{A}{A'} = \frac{B}{B'}$ et elle exprime que les deux droites données sont parallèles ou confondues ; elles n'ont alors aucun point commun ou en ont une infinité.

L'équation

$$(Ax + By + C) + \lambda(A'x + B'y + C') = 0$$

représente, lorsque l'on donne à $\lambda$ différentes valeurs, des droites qui passent toutes par le point commun aux deux droites données. En représentant par D et D' les parenthèses, l'équation s'écrit d'une manière condensée sous la forme

$$D + \lambda D' = 0.$$

**95. Angle de deux droites. — Droites perpendiculaires.** — Nous supposerons les axes rectangulaires ; lorsque l'on donne deux droites dirigées D et D' et les angles $\alpha$ et $\alpha'$ qu'elles forment avec $Ox$, l'angle $V = (D, D')$ est égal à $\alpha' - \alpha$ à $2k\pi$ près. Si l'on ne fixe pas l'ordre dans lequel sont prises ces droites, le cosinus de cet angle a une seule valeur (n° 79) et il est donné par l'équation

$$\cos V = \cos \alpha \cos \alpha' + \sin \alpha \sin \alpha'.$$

Si l'on donne deux droites indéfinies sans fixer sur elles de directions positives, elles forment entre elles des angles compris dans la formule

$$V = k\pi \pm (\alpha' - \alpha) ;$$

nous nous proposons de trouver, au moyen des coefficients angulaires des deux droites, la tangente de ceux de ces angles qui sont égaux à $\alpha' - \alpha$, à un multiple entier de $\pi$ près. Nous avons alors

$$\operatorname{tg} V = \operatorname{tg}(\alpha' - \alpha) = \frac{\operatorname{tg}\alpha' - \operatorname{tg}\alpha}{1 + \operatorname{tg}\alpha \operatorname{tg}\alpha'},$$

mais $\operatorname{tg}\alpha$ et $\operatorname{tg}\alpha'$ sont égaux aux coefficients angulaires $m$ et $m'$ des deux droites ; nous avons donc

$$(10) \qquad \operatorname{tg} V = \frac{m' - m}{1 + mm'}.$$

Pour que deux droites soient rectangulaires, il faut et il suffit que $\operatorname{tg} V$ soit infinie, c'est-à-dire que $m$ et $m'$ satisfassent à la condition

$$(11) \qquad 1 + mm' = 0,$$

nous en tirons

$$m' = -\frac{1}{m},$$

ce qui nous donne ce théorème : *Le coefficient angulaire d'une perpen-diculaire à une droite est égal à l'inverse changé de signe du coefficient angulaire de cette droite.*

Comme exemple, cherchons l'équation de la perpendiculaire issue du point de coordonnées (1, 4) à la droite représentée par l'équation (8) ; nous avons

$$m = \frac{3}{2}, \qquad m' = -\frac{1}{m} = -\frac{2}{3} ;$$

l'équation cherchée est alors, en appliquant l'équation (2),

$$y - 4 = -\frac{2}{3}(x - 1).$$

Comme autre exemple, la perpendiculaire abaissée d'un point $M_0$ de coordonnées $(x_0, y_0)$ sur la droite représentée par

$$Ax + By + C = 0,$$

a pour coefficient angulaire l'inverse changé de signe de $-\dfrac{A}{B}$, c'est-à-dire $\dfrac{B}{A}$, et nous pouvons écrire son équation sous la forme

$$(12) \qquad \frac{x - x_0}{A} = \frac{y - y_0}{B}.$$

**97. Distance d'un point à une droite.** — Pour trouver la distance d'un point $M_0$, de coordonnées $(x_0, y_0)$, à une droite D, représentée par l'équation générale

$$(13) \qquad Ax + By + C = 0,$$

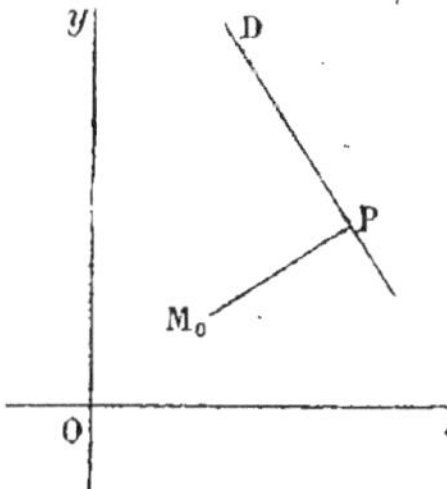

Fig. 21.

nous traçons par le point $M_0$ une perpendiculaire sur cette droite (*fig.* 21), nous déterminons le point P de rencontre de cette perpendiculaire avec la droite D, et nous calculons la distance des points $M_0$ et P. L'équation de la perpendiculaire est l'équation (12), et les coordonnées $x$ et $y$ du point P sont les solutions communes à (12) et (13) ; pour les calculer facilement, nous prendrons comme inconnue auxiliaire la valeur commune des deux membres de l'équation (12), que nous représenterons par $t$, et nous remplacerons dans l'équation (13), $x$ et $y$ par les valeurs $x_0 + At$,

$y_0 + Bt$ que nous déduisons de là ; nous aurons ainsi l'équation

$$Ax_0 + By_0 + C + (A^2 + B^2)t = 0,$$

qui nous donne

$$t = -\frac{Ax_0 + By_0 + C}{A^2 + B^2} ;$$

nous pouvons en déduire les coordonnées $x$ et $y$ du point P.

La distance $M_0P$ est égale à

$$d = \sqrt{(x - x_0)^2 + (y - y_0)^2} ;$$

la quantité sous le radical, exprimée en fonction de $t$, est égale à $(A^2 + B^2)t^2$ ; nous avons par suite, en remplaçant $t$ par sa valeur,

$$(14) \qquad d = \text{val. abs. de } \frac{Ax_0 + By_0 + C}{\sqrt{A^2 + B^2}}.$$

Par exemple la distance du point de coordonnées (1, 5) à la droite représentée par l'équation (8) est égale à la valeur absolue de

$$\frac{3 - 10 + 6}{\sqrt{9 + 4}} = \frac{-1}{\sqrt{13}} ;$$

elle est égale à $\dfrac{1}{\sqrt{13}}$.

Dans certains cas on calcule $d$ par la formule

$$d = \frac{Ax_0 + By_0 + C}{+\sqrt{A^2 + B^2}},$$

dont le second membre est positif ou négatif suivant le signe du numérateur ; la distance d'un point à une droite est alors envisagée comme une grandeur dirigée et sa valeur relative a un signe qui dépend du sens dans lequel elle est comptée.

Remarquons que $d$ ne peut être nul que si le point $M_0$ est sur la droite donnée ; celle-ci sépare le plan en deux régions et tant que $M_0$ reste dans l'une d'elles, le numérateur garde un signe constant. Ce signe n'est pas le même pour les points situés dans une région et les points situés dans l'autre ; supposons en effet, pour fixer les idées, que A ne soit pas nul et soit positif ; lorsque $M_0$ est situé à l'infini sur la direction positive de l'axe $Ox$, la quantité $Ax_0 + By_0 + C$ a un signe positif ; si au contraire $M_0$ est à l'infini sur la direction opposée de l'axe $Ox$, elle a un signe négatif. On voit ainsi que la valeur de $d$ est positive pour les points situés d'un côté de la droite et négative pour les points situés de l'autre côté.

**98. Equation d'une droite en coordonnées polaires.** — On détermine une droite D en donnant les coordonnées polaires du pied P de la perpendiculaire D' abaissée de l'origine sur D; soient $p$ et $\varphi$ ces coordonnées (*fig.* 22).

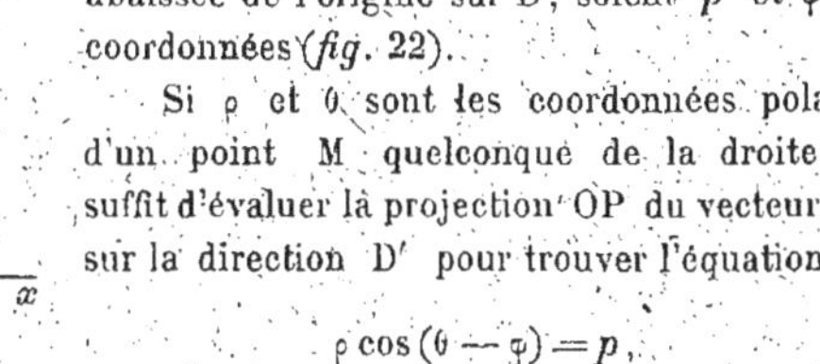
Fig. 22.

Si $\rho$ et $\theta$ sont les coordonnées polaires d'un point M quelconque de la droite, il suffit d'évaluer la projection OP du vecteur OM sur la direction D' pour trouver l'équation.

$$\rho \cos (\theta - \varphi) = p,$$

qui est l'équation cherchée.

Si on la transforme en coordonnées cartésiennes, elle prend la forme

$$x \cos \varphi + y \sin \varphi - p = 0,$$

que l'on appelle quelquefois *forme normale* de l'équation de la droite.

**99. Surface d'un triangle.** — Nous nous proposons d'évaluer la surface d'un triangle OAB (*fig.* 23) ayant un de ses sommets à l'origine, connaissant les coordonnées $(x_1, y_1)$ et $(x_2, y_2)$ des deux autres sommets A et B.

Supposons ces sommets rangés dans un ordre tel qu'une demi-droite d'origine O et confondue avec OA vienne coïncider avec OB en décrivant un angle positif inférieur à $\pi$; si nous désignons par $\rho_1$ et $\rho_2$ les longueurs OA et OB, par $\alpha_1$ et $\alpha_2$ les angles qu'elles forment avec O$x$, la surface du triangle OAB est égale à

$$\text{surf. OAB} = \frac{1}{2} \rho_1 \rho_2 \sin (\alpha_2 - \alpha_1).$$

Le second membre est égal à

$$\frac{1}{2} (\rho_1 \cos \alpha_1 \cdot \rho_2 \sin \alpha_2 - \rho_1 \sin \alpha_1 \cdot \rho_2 \cos \alpha_2);$$

les divers produits qui entrent dans la parenthèse sont égaux aux coordonnées de A et de B ; nous avons donc

$$\text{Surf. OAB} = \frac{1}{2}(x_1 y_2 - y_1 x_2) = \frac{1}{2}\begin{vmatrix} x_1 & y_1 \\ x_2 & y_2 \end{vmatrix}.$$

Si la disposition des sommets est contraire à la précédente, il faut intervertir l'ordre des points A et B, et changer le signe du résultat. On préfère conserver dans tous les cas la formule précédente ; elle fournit pour le symbole surf. OAB une valeur positive ou négative suivant que le sens de parcours du contour OAB est le sens positif ou le sens opposé.

**100. Équation homogène.** — Considérons une équation homogène et du second degré en $x$ et $y$, écrite sous la forme générale

$$Ax^2 + 2Bxy + Cy^2 = 0 ;$$

nous allons montrer qu'elle représente deux droites. Si nous divisons en effet par $x^2$ les deux membres, nous avons une équation du second degré en $\frac{y}{x}$,

$$C\left(\frac{y}{x}\right)^2 + 2B\left(\frac{y}{x}\right) + A = 0$$

qui a deux racines ; si nous les désignons par $m_1$ et $m_2$, nous voyons que l'équation est satisfaite quand on pose $\frac{y}{x} = m_1$ ou $\frac{y}{x} = m_2$. Nous en concluons qu'elle représente deux droites passant par l'origine et de pentes $m_1$ et $m_2$.

Remarquons que ces pentes sont les racines de l'équation

$$Cm^2 + 2Bm + A = 0,$$

obtenue en remplaçant dans l'équation donnée $x$ par $1$ et $y$ par $m$.

Ces résultats s'étendent à une équation homogène de degré quelconque ; elle représente des droites passant par l'origine et en nombre égal au degré de l'équation.

Lorsqu'on a les équations de deux lignes quelconques $f(x, y) = 0$ et $\varphi(x, y) = 0$, et qu'on en déduit une combinaison renfermant $x$ et $y$ d'une manière homogène, cette dernière équation représente des droites passant par l'origine ; elle est satisfaite d'autre part par les valeurs de $x$ et $y$ qui satisfont aux équations données, c'est-à-dire par les coordonnées des points communs aux deux lignes ; elle représente par suite l'ensemble des droites joignant l'origine aux points communs à ces deux lignes.

Par exemple, les droites joignant l'origine aux points communs aux deux courbes représentées par

$$\frac{x^2}{a^2}+\frac{y^2}{b^2}-1=0,\qquad x^2+y^2=R^2,$$

ont pour équation la suivante :

$$\frac{x^2}{a^2}+\frac{y^2}{b^2}-\frac{x^2+y^2}{R^2}=0;$$

on la forme en divisant par $R^2$ les deux membres de la seconde et retranchant membre à membre les équations obtenues.

**101. Rapport anharmonique. Transformation homographique.** — On appelle *rapport anharmonique* de quatre points $M_1$, $M_2$, $M_3$, $M_4$ situés sur une même droite dirigée et désignés dans l'ordre indiqué, le quotient

$$\frac{(M_1M_3)}{(M_1M_4)}:\frac{(M_2M_3)}{(M_2M_4)},$$

si $x_1$, $x_2$, $x_3$, $x_4$ sont les abscisses de ces points comptées sur la droite à partir d'une origine quelconque, le rapport anharmonique a pour valeur

$$\frac{x_3-x_1}{x_4-x_1}:\frac{x_3-x_2}{x_4-x_2}=\frac{(x_3-x_1)(x_4-x_2)}{(x_4-x_1)(x_3-x_2)};$$

on le représente par $(M_1M_2M_3M_4)$ ou par $(x_1x_2x_3x_4)$.

Par extension on appelle rapport anharmonique de quatre nombres $x_1$, $x_2$, $x_3$, $x_4$ ou de quatre éléments géométriques caractérisés par ces nombres le rapport précédent.

On peut remarquer que les rapports anharmoniques $(x_1x_2x_3x_4)$, $(x_3x_4x_1x_2)$, $(x_2x_1x_4x_3)$, $(x_4x_3x_2x_1)$ sont égaux.

Si deux variables $x$ et $x'$ sont reliées par une équation de la forme

$$Axx'+Bx+Cx'+D=0,$$

on dit que chacune d'elles se déduit de l'autre par une transformation homographique ; la transformation qui donne $x'$ en fonction de $x$ et la transformation inverse qui donne $x$ en fonction de $x'$ peuvent être écrites sous la forme

$$(15)\qquad x'=\frac{ax+b}{cx+d},$$

dont le second membre est une fraction du premier degré.

Si $x'$ se déduit de $x$ par une transformation homographique et si $x''$ se déduit de $x'$ par une autre transformation de même nature, on constate que $x''$ se déduit de $x$ par une autre transformation homographique et l'on dit que cette dernière est la résultante ou le produit des deux premières.

Les transformations les plus simples sont

$$x' = ax, \quad x' = x + b, \quad x' = \frac{1}{x},$$

et la transformation la plus générale résulte des précédentes.

**Théorème.** — *Le rapport anharmonique de quatre éléments est égal au rapport anharmonique des quatre éléments qui s'en déduisent par une transformation homographique.*

Je vais montrer que le rapport anharmonique de quatre nombres $x_1$, $x_2$, $x_3$, $x_4$ est égal à celui des nombres $x'_1$, $x'_2$, $x'_3$, $x'_4$ correspondant aux premiers par la transformation (15).

En effet, les différences entrant dans le rapport anharmonique $(x'_1 x'_2 x'_3 x'_4)$ sont égales, tous calculs faits, à

$$x'_3 - x'_1 = \frac{(ad - bc)(x_3 - x_1)}{(cx_1 + d)(cx_3 + d)}$$

et à des expressions analogues ; il en résulte immédiatement que l'on a

$$\frac{(x'_3 - x'_1)(x'_4 - x'_2)}{(x'_4 - x'_1)(x'_3 - x'_2)} = \frac{(x_3 - x_1)(x_4 - x_2)}{(x_4 - x_1)(x_3 - x_2)},$$

ce qui démontre la proposition.

Le raisonnement suppose que $ad - bc$ n'est pas nul ; si cette différence était nulle, le second membre de la formule de transformation (15) serait constant quel que soit $x$, et la question n'aurait plus aucun intérêt.

Réciproquement, si à trois nombres fixes $x_1$, $x_2$, $x_3$ on fait correspondre trois autres nombres fixes $x'_1$, $x'_2$, $x'_3$ et si à un nombre variable $x$ on fait correspondre un autre nombre variable $x'$ par la condition que les rapports anharmoniques $(x_1 x_2 x_3 x)$ et $(x'_1 x'_2 x'_3 x')$ soient constamment égaux, les nombres $x$ et $x'$ sont reliés par une transformation homographique.

Il suffit de remarquer que la relation

$$\frac{(x'_3 - x'_1)(x' - x'_2)}{(x' - x'_1)(x'_3 - x'_2)} = \frac{(x_3 - x_1)(x - x_2)}{(x - x_1)(x_3 - x_2)}$$

est de la forme (15) entre $x$ et $x'$ et définit une transformation homographique.

*Exemple :* Le rapport anharmonique de quatre points situés sur une droite quelconque est égal à celui des abscisses ou à celui des ordonnées de ces points dans un système quelconque d'axes de coordonnées ; cela résulte des formules

$$x = x_0 + \rho l, \qquad y = y_0 + \rho m$$

qui expriment les coordonnées d'un point d'une droite en fonction du vecteur compté sur cette droite à partir d'une origine $(x_0, y_0)$ jusqu'au point considéré. Le rapport anharmonique des quatre points est égal à celui des quatre valeurs de $\rho$ correspondantes ; il est égal à celui des quatre abscisses ou à celui des quatre ordonnées, car les formules précédentes sont celles de transformations homographiques particulières.

De même, si l'on exprime les coordonnées des points d'une droite au moyen d'un paramètre $\lambda$ (n° 93), le rapport anharmonique de quatre points est égal à celui des quatre valeurs de $\lambda$ correspondantes.

On appelle rapport anharmonique de quatre droites issues d'un même point le rapport anharmonique des coefficients angulaires de ces droites ; si $m_1, m_2, m_3, m_4$ sont ces coefficients angulaires, le rapport anharmonique est égal à

$$(m_1 m_2 m_3 m_4) = \frac{(m_3 - m_1)(m_4 - m_2)}{(m_4 - m_1)(m_3 - m_2)}.$$

Dans le cas particulier où $m_3$ tend vers zéro et $m_4$ augmente indéfiniment, le rapport anharmonique a pour limite $\dfrac{m_1}{m_2}$.

*Théorème.* — *Le rapport anharmonique de quatre droites est égal à celui des quatre points déterminés par ces droites sur une sécante quelconque.*

En effet, si une droite passant par un point $(x_0, y_0)$ et d'équation

$$y - y_0 = m(x - x_0)$$

est coupée par une sécante d'équation

$$Ax + By + C = 0$$

en un point M, l'abscisse de ce point est fournie par l'équation

$$(A + Bm)x + B(y_0 - mx_0) + C = 0,$$

qui établit entre $x$ et $m$ une transformation homographique ; par suite, le rapport anharmonique des quatre droites est égal à celui des quatre points où elles sont coupées par la sécante. On prend souvent ce résultat comme définition du rapport anharmonique de quatre droites.

**Corollaire.** — *Si quatre points d'une droite* D *sont projetés sur une droite* D' *par des rayons issus d'un point* S, *le rapport anharmonique des quatre nouveaux points est égal à celui des quatre premiers,* car il est égal à celui des quatre droites. Pour cette raison, le rapport anharmonique est dit *projectif.*.

**102. Systèmes harmoniques.** — Lorsque le rapport anharmonique de quatre nombres ou de quatre éléments géométriques est égal à  — 1, on dit qu'ils forment un *système harmonique* ; la relation qui existe entre quatre nombres  $x_1, x_2, x_3, x_4$  formant un système harmonique peut se mettre sous une forme simple ; l'équation

$$\frac{(x_3 - x_1)(x_4 - x_2)}{(x_4 - x_1)(x_3 - x_2)} = - 1$$

s'écrit en effet, d'une manière symétrique,

(16)                    $2x_1 x_2 + 2x_3 x_4 = (x_1 + x_2)(x_3 + x_4).$

Si l'on considère sur une droite quatre points  $M_1, M_2, M_3, M_4$  formant un système harmonique, on a entre les segments limités par ces points la relation

$$\frac{M_1 M_3}{M_1 M_4} = - \frac{M_2 M_3}{M_2 M_4},$$

qui ne change pas quand on permute les points  $M_1$  et  $M_2$  ou bien les points  $M_3$  et  $M_4$ ; on dit que les points  $M_1, M_2$  sont conjugués harmoniques par rapport à  $M_3$  et  $M_4$ .

La relation précédente peut encore s'écrire

$$\frac{M_3 M_1}{M_3 M_2} = - \frac{M_4 M_1}{M_4 M_2},$$

on voit donc que réciproquement  $M_3$  et  $M_4$  sont conjugués harmoniques par rapport à  $M_1$  et  $M_2$ . Cela résulte du reste de la forme symétrique de la relation (16) existant entre leurs abscisses.

Cette relation peut être écrite sous des formes plus simples si l'on prend l'origine  O  des abscisses d'une manière particulière. Si  O  est au point  $M_1$ ,  $x_1$  est nul et l'on peut écrire la relation sous la forme

$$\frac{2}{x_2} = \frac{1}{x_3} + \frac{1}{x_4}$$

ou bien

$$\frac{2}{M_1 M_2} = \frac{1}{M_1 M_3} + \frac{1}{M_1 M_4}.$$

Si l'on prend l'origine au milieu du segment $M_1M_2$, on a $x_2 = -x_1$ et la relation devient

$$x_1^2 = x_3 x_4 ,$$

ou bien

$$\overline{OM_1}^2 = (OM_3)(OM_4).$$

Quatre droites issues d'un même point et dont le rapport anharmonique est égal à $-1$ forment ce qu'on appelle un *faisceau harmonique*; si les deux dernières d'entre elles sont prises comme axes, les pentes des deux premières sont égales et de signe contraire. En particulier, les bissectrices des angles formés par deux droites forment avec ces deux droites un faisceau harmonique.

**103. Éléments doubles d'une transformation homographique.** — Considérons deux points M et M' variables situés sur une même droite, ou bien deux droites D et D' passant par un même point S, ou généralement deux éléments variables reliés par une transformation homographique; les nombres $x$ et $x'$ qui les caractérisent, tels que les abscisses des points ou les pentes des droites, sont reliés par une équation de la forme

$$(17) \qquad Axx' + Bx + Cx' + D = 0.$$

Lorsque les éléments qui se correspondent sont confondus, on dit qu'ils forment un élément double de la transformation homographique, ils satisfont à l'équation

$$(18) \qquad Ax^2 + (B + C)x + D = 0;$$

il y a donc deux éléments doubles caractérisés par les racines de l'équation précédente, que nous désignerons par $x_1$ et $x_2$.

**Théorème.** — *Le rapport anharmonique des deux éléments doubles et de deux éléments variables correspondants est constant.*

Je dis que le rapport anharmonique

$$(x_1 x_2\, xx') = \frac{(x - x_1)(x' - x_2)}{(x - x_2)(x' - x_1)}$$

est constant; il a en effet pour valeur

$$\frac{xx' - x_1 x' - x_2 x + x_1 x_2}{xx' - x_1 x - x_2 x' + x_1 x_2},$$

si l'on remplace $xx'$ par sa valeur tirée de (17) et $x_1 x_2$ par le produit des racines de l'équation (18) on trouve pour valeur du rapport précédent

$$\frac{(Ax_1 + C)x' + (Ax_2 + B)x}{(Ax_2 + C)x' + (Ax_1 + B)x},$$

mais en évaluant la somme des racines de l'équation (18) on a

$$A(x_1 + x_2) + B + C = 0,$$

par suite les coefficients de $x$ et $x'$ au numérateur sont égaux et de signe contraire et il en est de même au dénominateur, de sorte que le rapport est égal à

$$-\frac{Ax_1 + C}{Ax_1 + B},$$

il est constant, ce que nous voulions établir. La réciproque de ce théorème se démontre sans difficulté.

**104. Cas d'éléments en involution.** — Lorsque la transformation homographique (17) est symétrique par rapport aux éléments correspondants $x, x'$, on dit que la transformation est involutive et que trois couples quelconques d'éléments sont en involution. Ce cas est caractérisé par l'égalité des coefficients B et C dans la relation (17), qui prend la forme

$$(19) \qquad\qquad Axx' + B(x + x') + D = 0.$$

**Théorème.** — *Deux éléments correspondants quelconques d'une transformation involutive sont conjugués harmoniques par rapport aux éléments doubles.*

Cela se déduit du résultat obtenu précédemment; lorsque B et C sont égaux, le rapport anharmonique $(x_1 x_2\, xx')$ est égal à $-1$.

Réciproquement, deux éléments variables $x$ et $x'$ conjugués harmoniques par rapport à deux éléments fixes $x_1$, $x_2$ sont reliés par une transformation homographique involutive dont $x_1$ et $x_2$ sont les éléments doubles.

En effet, la relation existant entre $x$ et $x'$, de même forme que (16), s'écrit

$$2xx' - (x_1 + x_2)(x + x') + 2x_1 x_2 = 0;$$

elle est bien symétrique entre $x$ et $x'$, et l'équation qui fournit les éléments doubles a pour racines $x_1$ et $x_2$.

Exemple, considérons une équation du second degré de la forme

$$(a + \lambda a')x^2 + (b + \lambda b')x + c + \lambda c' = 0,$$

où $a$, $b$, $c$, $a'$, $b'$, $c'$ sont constants et $\lambda$ variable; les racines $x$ et $x'$

de cette équation varient avec $\lambda$ et sont deux éléments correspondants reliés par une transformation homographique involutive.

En effet, la somme et le produit des racines de l'équation ont pour valeur

$$x + x' = -\frac{b + \lambda b'}{a + \lambda a'}, \qquad xx' = \frac{c + \lambda c'}{a + \lambda a'};$$

en éliminant $\lambda$ entre ces deux équations, on obtient la relation

$$(ab' - ba')xx' + (ac' - ca')(x + x') + bc' - cb' = 0;$$

elle exprime que les nombres $x$ et $x'$ sont reliés par une transformation involutive; ils forment dès lors un système harmonique avec les éléments doubles.

Comme autre exemple, les côtés d'un angle constant qui tourne autour d'un point fixe sont des rayons correspondants de deux faisceaux homographiques de même sommet; cela résulte de ce que la relation

$$\mathrm{tg}\, V = \frac{m' - m}{1 + mm'}$$

exprime une transformation homographique entre $m$ et $m'$.

Lorsque l'angle $V$ est droit, la relation se réduit à l'équation

$$mm' + 1 = 0,$$

qui est une relation involutive entre $m$ et $m'$; elle exprime que les rayons d'un angle droit tournant autour d'un point fixe sont reliés par une transformation involutive.

Dans ces deux cas, les rayons doubles satisfont à l'équation

$$m^2 + 1 = 0$$

et sont imaginaires; leurs directions sont dites isotropes.

# CHAPITRE VI

## ÉQUATIONS USUELLES DES LIGNES DU SECOND ORDRE

---

**105. Cercle.** — Nous avons déjà vu (n° 86, 3ᵉ cas) que l'équation d'un cercle ayant pour centre l'origine et pour rayon R est

$$x^2 + y^2 = R^2.$$

En général, si un cercle a pour centre un point donné de coordonnées $(x_0, y_0)$ et pour rayon R, nous obtiendrons son équation en écrivant que le carré de la distance d'un point $(x, y)$ de la courbe au point $(x_0, y_0)$ est égal à $R^2$ ; nous aurons de cette façon la relation

$$(1) \qquad (x - x_0)^2 + (y - y_0)^2 = R^2.$$

En faisant passer tous les termes dans le premier membre et ordonnant, nous l'écrirons

$$(2) \qquad x^2 + y^2 - 2x_0 x - 2y_0 y + x_0^2 + y_0^2 - R^2 = 0 ;$$

c'est l'équation du cercle.

Nous voyons que c'est une équation du second degré, mais elle n'est pas de la forme la plus générale, car il n'y a pas de terme en $xy$, et les coefficients de $x^2$ et de $y^2$ sont égaux.

Nous allons montrer, réciproquement, que toute équation du second degré dans laquelle le coefficient de $xy$ est nul, et où les coefficients de $x^2$ et de $y^2$ sont égaux, représente un cercle. Si nous divisons en effet les deux membres par le coefficient de $x^2$, nous pouvons toujours écrire une semblable équation sous la forme

$$(3) \qquad x^2 + y^2 + 2ax + 2by + c = 0 ;$$

nous pouvons la remplacer par

$$(x + a)^2 + (y + b)^2 = a^2 + b^2 - c,$$

et sous cette forme elle exprime que la distance du point $(x, y)$ au point

$(-a, -b)$ est constante et égale à $\sqrt{a^2 + b^2 - c}$; elle représente bien un cercle.

Pour construire le cercle représenté par l'équation (3), on détermine son centre, dont les coordonnées sont $-a$ et $-b$, et son rayon, qui est égal à $\sqrt{a^2 + b^2 - c}$.

**106. Puissance d'un point par rapport à un cercle.** — Soit (*fig.* 24) un cercle de rayon R dont le centre C a pour coordonnées $(x_0, y_0)$ et soit P un point de coordonnées $(x_1, y_1)$; nous allons montrer que si une sécante issue de ce point est coupée par le cercle en des points M et M', le produit des segments PM, PM' a la même valeur quelle que soit la sécante.

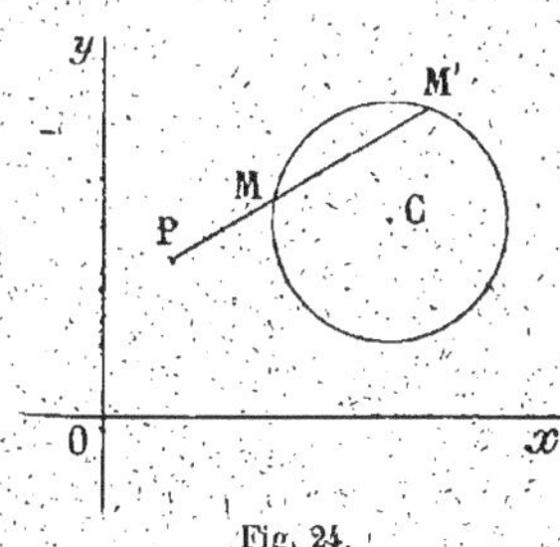

Fig. 24.

En effet, les coordonnées d'un point M de la sécante s'évaluent au moyen de la valeur $\rho$ du segment issu de P par les formules

$$x = x_1 + \rho \cos \alpha, \qquad y = y_1 + \rho \sin \alpha.$$

En écrivant que ce point est sur le cercle d'équation (1), on obtient l'équation

$$(x_1 - x_0 + \rho \cos \alpha)^2 + (y_1 - y_0 + \rho \sin \alpha)^2 - R^2 = 0$$

ou

$$\rho^2 + 2\rho[\cos \alpha (x_1 - x_0) + \sin \alpha (y_1 - y_0)] + (x_1 - x_0)^2 + (y_1 - y_0)^2 - R^2 = 0,$$

dont les racines sont les valeurs des segments PM et PM'; on voit que leur produit est indépendant de $\alpha$, ce qu'il fallait démontrer.

Ce produit constant est appelé puissance du point P par rapport au cercle; on voit que sa valeur est égale à $d^2 - R^2$, en désignant par $d$ la distance de P au centre du cercle. Remarquons qu'elle est encore égale au résultat de substitution des coordonnées $(x_1, y_1)$ de P à la place de $(x, y)$ dans le premier membre de l'équation du cercle lorsqu'elle est écrite sous la forme (2) ou (3), c'est-à-dire lorsque les coefficients de $x^2$ et $y^2$ sont égaux à l'unité.

**107. Axe radical de deux cercles.** — Le lieu des points d'égale puissance par rapport à deux cercles est une droite perpendiculaire à la ligne des centres de ces cercles.

Soient en effet

$$C = x^2 + y^2 + 2ax + 2by + c = 0,$$
$$C' = x^2 + y^2 + 2a'x + 2b'y + c' = 0$$

les équations des deux cercles ; si un point P a même puissance par rapport à ces cercles, les coordonnées de ce point doivent donner dans les premiers membres C et C' des résultats de substitution égaux et doivent satisfaire à l'équation

$$C - C' = 2(a - a')x + 2(b - b')y + c - c' = 0 ;$$

celle-ci représente bien une droite perpendiculaire à la ligne joignant les centres des cercles, centres qui ont pour coordonnées $(-a, -b)$, et $(-a', -b')$. Cette droite passe par les points communs aux deux cercles, car les coordonnées de ces points annulent C et C', et par suite la différence $C - C'$.

Tous les cercles représentés par l'équation

$$C + \lambda C' = 0,$$

où $\lambda$ est un paramètre variable, ont deux à deux comme axe radical celui des deux premiers cercles ; si l'on prend en effet deux de ces cercles obtenus en donnant à $\lambda$ les valeurs $\lambda_1$ et $\lambda_2$, les équations de ces cercles mises sous la forme (3) sont

$$C_1 = \frac{C + \lambda_1 C'}{1 + \lambda_1} = 0, \qquad C_2 = \frac{C + \lambda_2 C'}{1 + \lambda_2} = 0 ;$$

l'équation de leur axe radical est

$$C_1 - C_2 = \frac{(C - C')(\lambda_2 - \lambda_1)}{(1 + \lambda_1)(1 + \lambda_2)} = 0,$$

et l'on voit bien qu'il est le même que celui des deux premiers cercles. C'est du reste une conséquence de cette remarque que les points communs aux cercles $C = 0$, $C' = 0$ appartiennent à tous les cercles d'équation $C + \lambda C' = 0$.

Si l'on considère trois cercles quelconques dont les équations écrites sous la forme (3) sont

$$C = 0, \qquad C' = 0, \qquad C'' = 0,$$

les axes radicaux de ces cercles pris deux à deux ont pour équations

$$C - C' = 0, \qquad C - C'' = 0, \qquad C' - C'' = 0.$$

La troisième équation est une conséquence des deux premières, le troisième axe radical passe donc par tout point commun aux deux premiers ; on conclut de là que les axes radicaux de trois cercles pris deux à deux ont un point commun ; on l'appelle centre radical des trois cercles.

**108. Équation de l'ellipse.** — L'ellipse est le lieu d'un point $M$ dont la somme des distances à deux points fixes $F$ et $F'$ appelés foyers est constante. Nous désignerons par $2c$ la distance de ces deux points, et par $2a$ la somme constante $MF + MF'$ ; on a $a > c$ ; nous poserons enfin $b = \sqrt{a^2 - c^2}$.

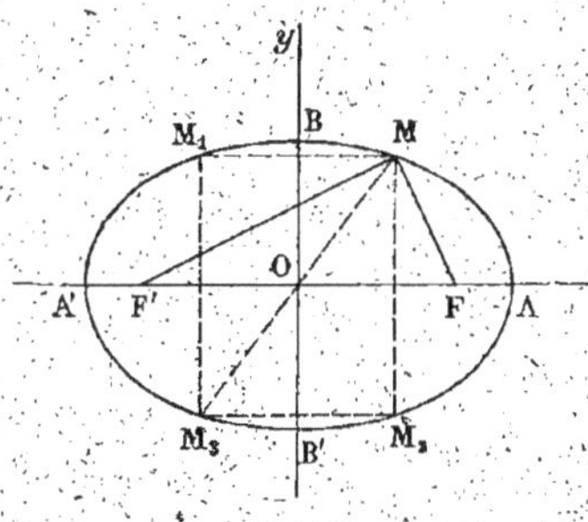


Fig. 25.

Nous allons chercher l'équation de l'ellipse rapportée à deux axes de coordonnées $Ox$ et $Oy$ (*fig. 25*) dont l'un est confondu avec $FF'$ et dont l'autre est la perpendiculaire au premier menée par le milieu de $FF'$ ; si $x$ et $y$ sont les coordonnées d'un point $M$ de la courbe, nous avons

$$(4) \qquad \begin{cases} \overline{MF}^2 = (x - c)^2 + y^2, \\ \overline{MF'}^2 = (x + c)^2 + y^2. \end{cases}$$

Nous allons calculer séparément $MF$ et $MF'$ en nous servant des expressions précédentes et de la relation fondamentale

$$(5) \qquad MF + MF' = 2a \, ;$$

si nous formons la différence $\overline{MF'}^2 - \overline{MF}^2$, elle a pour valeur $4cx$ d'après les équations (4) ; nous pouvons déduire de là la valeur de $MF' - MF$ :

$$(6) \qquad MF' - MF = \frac{\overline{MF'}^2 - \overline{MF}^2}{MF' + MF} = \frac{4cx}{2a} = \frac{2cx}{a}.$$

Les relations (5) et (6) donnent par addition et soustraction

$$(7) \qquad MF' = a + \frac{cx}{a}, \qquad MF = a - \frac{cx}{a} \, ;$$

en remplaçant dans l'une des équations (4), ou dans celle qui en résulte en les ajoutant membre à membre, $\overline{MF}^2 + \overline{MF'}^2 = 2(x^2 + c^2 + y^2)$ ; $MF$ et $MF'$ par les valeurs que nous venons de trouver, nous obtenons l'équation de la courbe ; elle est

$$a^2 + \frac{c^2 x^2}{a^2} = x^2 + c^2 + y^2 ;$$

en y remplaçant $c^2$ par $a^2 - b^2$, réunissant tous les termes dans un même membre et divisant les deux membres par $b^2$, nous obtenons l'équation sous la forme

$$(8) \qquad \frac{x^2}{a^2} + \frac{y^2}{b^2} - 1 = 0,$$

que nous considérerons désormais.

**109. Construction de l'ellipse. — Cercle principal.** — Pour construire la courbe représentée par l'équation précédente, nous résoudrons cette équation par rapport à $y$, ce qui nous donne

$$(9) \qquad y = \pm \frac{b}{a} \sqrt{a^2 - x^2} ;$$

$y$ n'est réel que si $x$ est compris entre $-a$ et $+a$ ; lorsque l'abscisse varie entre ces limites, la valeur absolue de l'ordonnée est d'abord nulle, puis croît jusqu'à $b$ pour $x = 0$, puis décroît pour redevenir nulle. A chaque valeur de $x$ correspondent deux valeurs de $y$ égales et de signes contraires, c'est-à-dire deux points de la courbe symétriques par rapport à l'axe des $x$ ; la courbe se compose ainsi de deux parties égales A'BA, A'B'A, comme l'indique la figure 25.

Remarquons que deux valeurs de $x$ égales et de signes contraires donnent lieu aux mêmes valeurs de $y$, de sorte que les points sont deux à deux symétriques par rapport à $Oy$ ; d'un point M on déduit trois autres points $M_1$, $M_2$, $M_3$ par symétrie par rapport aux deux axes. Nous en concluons que les points de la courbe sont deux à deux symétriques par rapport à l'origine O, comme le sont $M_1$ et $M_3$.

Les segments AA' et BB' compris entre les points de rencontre de l'ellipse avec $Ox$ et $Oy$ sont appelés grand axe et petit axe de la courbe ; leurs longueurs sont $2a$ et $2b$ ; leurs extrémités sont les sommets, et leur point de rencontre O est le centre de l'ellipse.

On appelle cercle principal de l'ellipse le cercle décrit sur le grand axe comme diamètre ; il a pour équation

$$x^2 + y^2 = a^2.$$

Désignons par $y$ et par $y_1$ les ordonnées, supposées de même signe, de deux points M et $M_1$ de l'ellipse et du cercle principal correspondant à une même abscisse $x = (OP)$ (*fig.* 26); $y$ est donné par l'équation (9) et $y_1$ est égal à $\pm\sqrt{a^2 - x^2}$ ; nous en déduisons

$$y = \frac{b}{a}\, y_1 ;$$

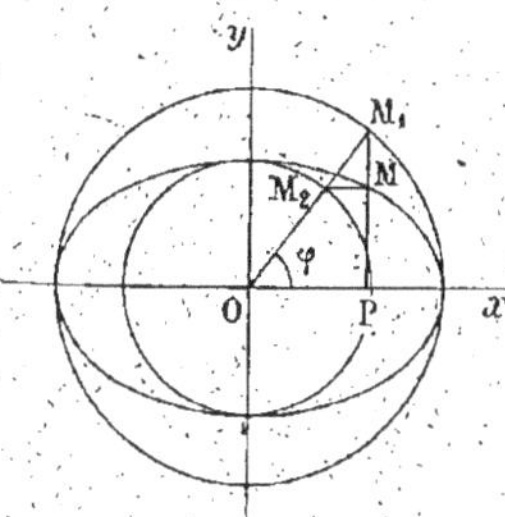
Fig. 26.

cette équation exprime que les ordonnées des points de l'ellipse s'obtiennent en réduisant les ordonnées correspondantes des points du cercle principal dans le rapport de $b$ à $a$ ; cette remarque permet de construire autant de points que l'on veut de la courbe.

Les coordonnées $x$ et $y_1$ du point $M_1$ s'expriment au moyen de l'angle

$$\varphi = (Ox, OM_1)\ \text{par les formules}$$

$$x = a \cos \varphi, \qquad y_1 = a \sin \varphi ;$$

par suite les coordonnées des points de l'ellipse ont pour valeurs

$$x = a \cos \varphi, \qquad y = b \sin \varphi ;$$

$\varphi$ est appelé *paramètre angulaire.*

Remarquons que $b \sin \varphi$ est l'ordonnée du point $M_2$, intersection de la droite $OM$ avec le cercle de centre $O$ et de rayon $b$ ; on en conclut que le point $M$ est à l'intersection de la parallèle à $Oy$ menée par $M_1$ et de la parallèle à $Ox$ menée par $M_2$. Cette remarque permet de construire graphiquement autant de points que l'on veut de l'ellipse en faisant varier le rayon $OM_2 M_1$.

**110. Directrices de l'ellipse. Équation de la courbe en coordonnées polaires.** — On appelle *directrices* de l'ellipse deux droites $\Delta$ et $\Delta'$ (*fig.* 27) perpendiculaires à l'axe focal, et d'abscisses respectives $\dfrac{a^2}{c}$ et $-\dfrac{a^2}{c}$ ; la première est dite directrice relative au foyer F, la deuxième relative au foyer F'.

Les valeurs des rayons vecteurs MF et MF', fournies par les équations (7), peuvent s'écrire

$$\mathrm{MF} = \frac{c}{a}\left(\frac{a^2}{c} - x\right), \qquad \mathrm{MF'} = \frac{c}{a}\left(\frac{a^2}{c} + x\right);$$

la première parenthèse est égale à la longueur MH de la perpendiculaire abaissée du point M sur $\Delta$, et la deuxième est égale à la longueur MH' de la perpendiculaire abaissée du même point sur $\Delta'$; nous pouvons donc écrire les relations

$$\frac{MF}{MH} = \frac{c}{a}, \qquad \frac{MF'}{MH'} = \frac{c}{a}$$

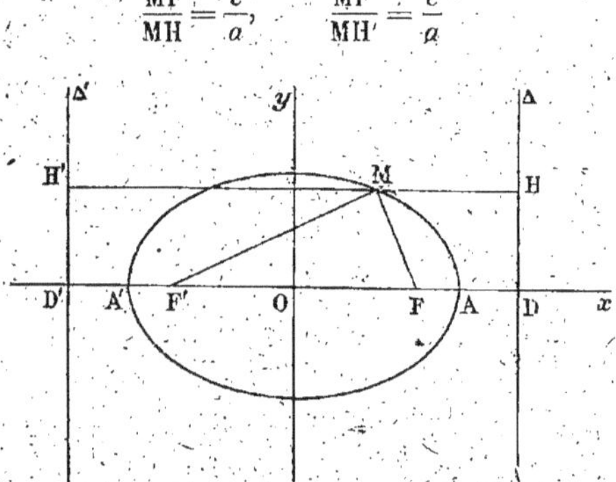


Fig. 27.

Ces relations, qui ont lieu pour tout point M de la courbe, nous indiquent que *le rapport des distances d'un point de l'ellipse à l'un des foyers et à la directrice correspondante est constant et égal à* $\frac{c}{a}$; la valeur de ce rapport est appelée *excentricité* et on la représente ordinairement par $e$; elle est inférieure à l'unité.

Les propriétés précédentes conduisent à une équation simple de l'ellipse en coordonnées polaires lorsque l'on prend comme pôle le foyer F et comme axe polaire la droite FA dirigée vers le sommet le plus voisin; l'angle polaire $\theta$ relatif à un point M est l'angle (FA, FM), et le rayon vecteur $\rho$ est égal à la valeur de MF, c'est-à-dire $\rho = a - \dfrac{cx}{a}$. L'abscisse primitive $x$ du point M étant égale à $c + \rho \cos \theta$, nous avons l'équation

$$\rho = a - \frac{c}{a}(c + \rho \cos \theta);$$

en la résolvant par rapport à $\rho$, remplaçant $\dfrac{c}{a}$ par $e$, et désignant $\dfrac{a^2 - c^2}{a} = \dfrac{b^2}{a}$ par $p$, nous trouvons l'équation cherchée qui est

$$\rho = \frac{p}{1 + e \cos \theta}.$$

**Remarque.** — La construction géométrique des foyers et des directrices d'une ellipse dont on donne les demi-axes $a$ et $b$ (*fig.* 28) peut être effectuée simplement de la manière suivante.

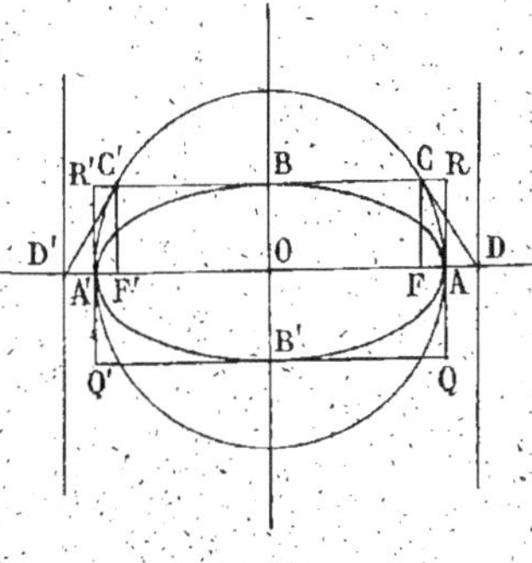

Fig. 28.

On construit le rectangle $RR'QQ'$ dont les côtés sont parallèles aux axes et passent par les sommets A, A', B, B' de la courbe; on décrit le cercle de diamètre AA'; il coupe le côté $RR'$ du rectangle en C et C'. Les projections de ces points sur AA' sont les foyers F et F'; les tangentes au cercle en C et C' coupent AA' en des points D et D' par lesquels passent les directrices perpendiculaires à AA'.

**111. Équation de l'hyperbole.** — L'hyperbole est le lieu d'un point M dont la différence des distances à deux points fixes F et F' appelés foyers est constante. Nous désignerons par $2c$ la distance de ces deux points, et par $2a$ la différence constante, $a$ étant $< c$; nous poserons enfin $b = \sqrt{c^2 - a^2}$.

Nous allons chercher l'équation de la courbe rapportée à deux axes de coordonnées $Ox$, $Oy$ (*fig.* 29), dont l'un est confondu avec FF' et dont l'autre est la perpendiculaire à FF' en son milieu, et nous opérerons comme dans le cas de l'ellipse.

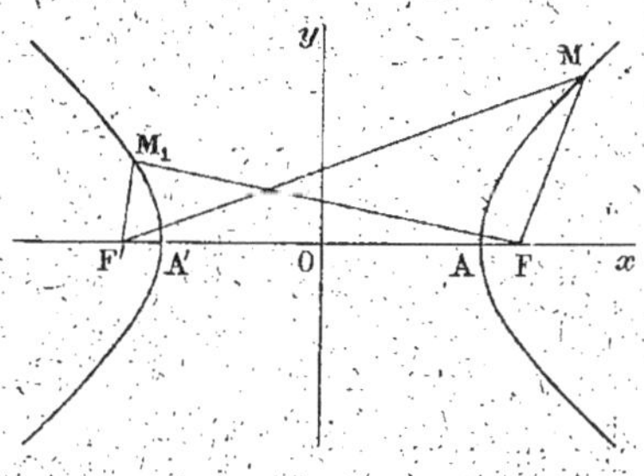

Fig. 29.

Nous avons, pour tout point M de coordonnées $(x, y)$,

$$\overline{MF}^2 = (x - c)^2 + y^2,$$
$$\overline{MF'}^2 = (x + c)^2 + y^2,$$

mais nous devons distinguer les points plus rapprochés de F que de F', de ceux qui sont plus rapprochés de F' que de F.

Considérons d'abord les premiers; ils ont tous une abscisse positive; pour chacun d'eux, nous avons

$$MF' - MF = 2a,$$

et, par le même raisonnement que dans le cas de l'ellipse, en formant la différence $\overline{MF'}^2 - \overline{MF}^2 = 4cx$, nous trouvons

$$MF' + MF = \frac{2cx}{a};$$

nous tirons de ces deux relations

$$(10) \qquad MF = \frac{cx}{a} - a, \qquad MF' = \frac{cx}{a} + a.$$

Soit maintenant $M_i$ un des autres points, plus rapprochés de $F'$ que de $F$; ils ont tous une abscisse négative; nous avons cette fois

$$M_1 F - M_1 F' = 2a;$$

comme $\overline{M_1 F}^2 - \overline{M_1 F'}^2$ est égal à $-4cx$, la somme $M_1 F + M_1 F'$ a la valeur

$$M_1 F + M_1 F' = -\frac{2cx}{a},$$

et nous tirons de ces deux relations

$$(11) \qquad M_1 F = -\frac{cx}{a} + a, \qquad M_1 F' = -\frac{cx}{a} - a;$$

ces valeurs sont bien positives parce que $x$ est négatif et $< -a$.

En écrivant que $\overline{MF}^2 + \overline{MF'}^2$ et que $\overline{M_1 F}^2 + \overline{M_1 F'}^2$ sont égaux à $2(x^2 + c^2 + y^2)$, on obtient une même relation entre $x$ et $y$, elle est

$$a^2 + \frac{c^2 x^2}{a^2} = x^2 + c^2 + y^2;$$

si l'on y remplace $c^2$ par $a^2 + b^2$, si l'on réunit tous les termes dans le même membre et si l'on divise enfin par $b^2$, on obtient l'équation de l'hyperbole sous la forme

$$(12) \qquad \frac{x^2}{a^2} - \frac{y^2}{b^2} - 1 = 0;$$

on voit qu'elle diffère de l'équation de l'ellipse en ce que $b^2$ est remplacé par $-b^2$.

**112. Construction de l'hyperbole. — Asymptotes. — Hyperboles conjuguées. —** Pour construire la courbe représentée par cette équation, nous la résoudrons par rapport à $y$, ce qui nous donne

$$(13) \qquad y = \pm \frac{b}{a} \sqrt{x^2 - a^2};$$

$y$ n'est réel que si $x$ est supérieur à $a$ en valeur absolue; si $x$ varie
de $-a$ à $-\infty$ ou de $+a$ à $+\infty$, la valeur absolue de $y$ augmente
de zéro à $+\infty$. La courbe se compose de deux branches infinies distinctes;
elle admet, comme l'ellipse, les deux axes de coordonnées comme axes
de symétrie et l'origine comme centre; elle a deux sommets A et A' sur
O$x$ (*fig.* 30).

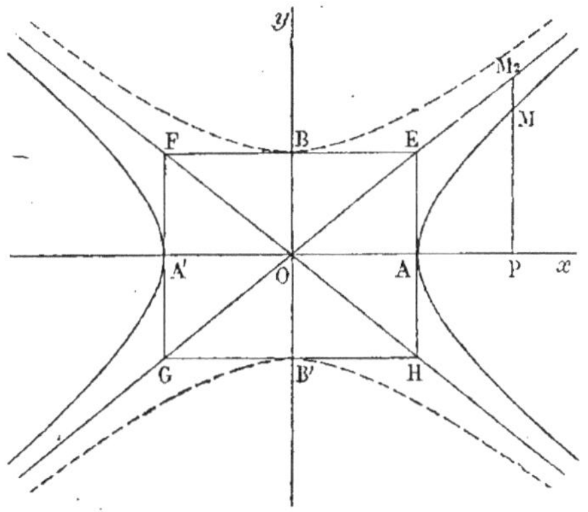


Fig. 30.

Si nous supprimons dans l'équation (12) le terme constant, nous
obtenons une équation homogène

$$\frac{x^2}{a^2} - \frac{y^2}{b^2} = 0,$$

qui représente deux droites; leurs équations écrites séparément sont

$$y = \frac{b}{a}x \quad \text{et} \quad y = -\frac{b}{a}x.$$

Ces droites sont les diagonales d'un rectangle EFGH dont les côtés
sont parallèles aux axes et ont pour longueurs $AA' = 2a$ et $BB' = 2b$;
elles sont appelées *asymptotes* de l'hyperbole et elles jouissent de cette
propriété que les branches de la courbe s'en rapprochent indéfiniment au
fur et à mesure qu'on s'éloigne des sommets.

Nous allons démontrer en effet que si l'on considère un point M de
l'hyperbole, et le point M₂ de l'une des asymptotes ayant même abscisse
OP et une ordonnée de même signe que celle de M, la différence MM₂
entre les deux ordonnées tend vers zéro lorsque OP augmente indéfini-

ment. En supposant les abscisses et les deux ordonnées positives pour fixer les idées, les ordonnées ont pour valeurs

$$y = \frac{b}{a}\sqrt{x^2 - a^2}, \qquad y_2 = \frac{b}{a}x,$$

et leur différence est égale à

$$y_2 - y = \frac{b}{a}\left(x - \sqrt{x^2 - a^2}\right);$$

en multipliant et divisant le second membre par la quantité conjuguée de la parenthèse, nous obtenons

$$y_2 - y = \frac{ab}{x + \sqrt{x^2 - a^2}},$$

et le second membre tend bien vers zéro lorsque $x$ augmente indéfiniment, ce qui démontre la proposition.

Une hyperbole est dite équilatère lorsque ses asymptotes sont rectangulaires ; pour que cela ait lieu, il faut et il suffit que $a$ soit égal à $b$.

Si l'on change dans l'équation (12) $x$ en $y$ et $a$ en $b$, on obtient l'équation d'une hyperbole dont l'axe focal est égal à $2b$, et est dirigé suivant l'axe des $y$ ; cette équation peut s'écrire

$$(14) \qquad \frac{x^2}{a^2} - \frac{y^2}{b^2} + 1 = 0,$$

et l'on voit sous cette forme qu'elle ne diffère de (12) que par le changement de signe du terme constant.

Cette hyperbole a les mêmes axes et les mêmes asymptotes que la première ; elle a pour sommets les points B et B', et elle est représentée en pointillé dans la figure 30.

Les deux hyperboles représentées par les équations (12) et (14) sont dites *conjuguées* ; AA' est dit l'axe transverse de la première et BB' l'axe transverse de la seconde.

**113. Directrices de l'hyperbole. — Équation de la courbe en coordonnées polaires. —** On appelle directrices de l'hyperbole deux droites $\Delta$, $\Delta'$ (*fig.* 31) perpendiculaires à l'axe focal, et d'abscisses respectives $\frac{a^2}{c}$ et $-\frac{a^2}{c}$ ; la première est relative au foyer F et la deuxième au foyer F'.

Les rayons vecteurs MF, MF' d'un point M de la branche dirigée du côté des $x$ positifs ont des valeurs fournies par les équations (10), et on peut les écrire

$$\mathrm{MF} = \frac{c}{a}\left(x - \frac{a^2}{c}\right), \qquad \mathrm{MF'} = \frac{c}{a}\left(x + \frac{a^2}{c}\right);$$

les parenthèses sont égales aux longueurs des perpendiculaires MH et MH' abaissées de M sur les directrices ; nous avons donc les relations

$$\frac{\mathrm{MF}}{\mathrm{MH}} = \frac{c}{a}, \qquad \frac{\mathrm{MF'}}{\mathrm{MH'}} = \frac{c}{a}$$

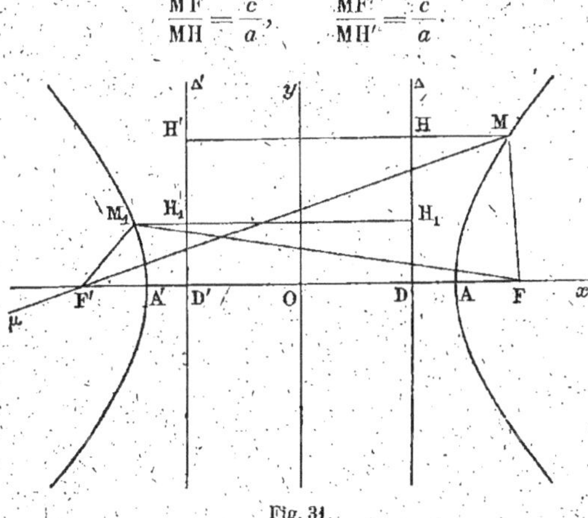

Fig. 31.

De la même manière, les rayons vecteurs $\mathrm{M_1F}$, $\mathrm{M_1F'}$ d'un point $\mathrm{M_1}$ de l'autre branche de la courbe ont des valeurs fournies par les équations (11) et on peut les écrire

$$\mathrm{M_1F} = \frac{c}{a}\left(\frac{a^2}{c} - x\right), \qquad \mathrm{M_1F'} = \frac{c}{a}\left(-\frac{a^2}{c} - x\right);$$

les parenthèses sont égales aux longueurs des perpendiculaires $\mathrm{M_1H_1}$, $\mathrm{M_1H_1'}$ abaissées de $\mathrm{M_1}$ sur les directrices ; nous avons donc encore les relations

$$\frac{\mathrm{M_1F}}{\mathrm{M_1H_1}} = \frac{c}{a}, \qquad \frac{\mathrm{M_1F'}}{\mathrm{M_1H_1'}} = \frac{c}{a}$$

Dans l'un et l'autre cas, nous voyons que le rapport des distances d'un point quelconque de l'hyperbole à l'un des foyers et à la directrice correspondante a une valeur constante et égale à $\dfrac{c}{a}$ ; cette valeur, appelée excentricité et représentée par $e$, est supérieure à l'unité.

VOGT. — Math. sup.                                            11

L'équation de l'hyperbole en coordonnées polaires prend une forme simple lorsqu'on prend comme pôle le foyer $F'$ et comme axe polaire la droite $F'A'$ dirigée vers le sommet voisin. Considérons d'abord un point $M_1$ de la branche voisine de $F'$ et prenons comme angle polaire de $M_1$ l'angle $\theta = (F'A', F'M_1)$ ; le rayon vecteur $\rho$ est positif et a pour valeur $\rho = -a - \dfrac{cx}{a}$. L'abscisse primitive $x$ du point $M_1$ étant égale à $-c + \rho \cos \theta$, nous avons l'équation

$$\rho = -a - \frac{c}{a}(-c + \rho \cos \theta) ;$$

en la résolvant par rapport à $\rho$, remplaçant $\dfrac{c}{a}$ par $e$, et $\dfrac{c^2 - a^2}{a} = \dfrac{b^2}{a}$ par $p$, nous trouvons l'équation

$$(15) \qquad\qquad \rho = \frac{p}{1 + e \cos \theta}.$$

Considérons maintenant un point $M$ de l'autre branche ; pour aboutir à un résultat comparable au précédent, nous sommes amenés à prendre comme angle polaire du point $M$ l'angle $(F'A', F'\mu)$ formé avec $F'A'$ par la direction opposée à $F'M$ ; le rayon vecteur $\rho$ est alors négatif, et égal à $-F'M$, c'est-à-dire que l'on a $\rho = -\left(a + \dfrac{cx}{a}\right)$. L'abscisse primitive $x$ du point $M$ étant toujours égale à $-c + \rho \cos \theta$, nous avons l'équation

$$\rho = -a - \frac{c}{a}(-c + \rho \cos \theta) ;$$

elle nous conduit à la même valeur de $\rho$ que précédemment. L'équation (15) représente ainsi toute la courbe en faisant varier $\theta$ de 0 à $2\pi$ ; les valeurs positives du rayon vecteur correspondent aux points de la branche avoisinant le pôle, et les valeurs négatives correspondent aux points de l'autre branche.

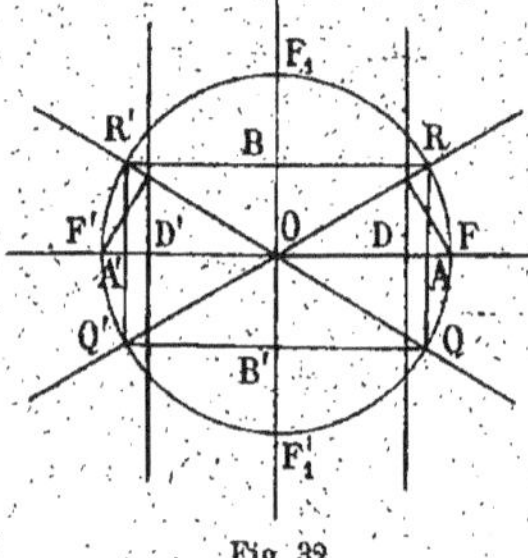


Fig. 32.

Remarque. — La construction géométrique des foyers et des directrices d'une hyperbole dont on donne les demi-axes $a$ et $b$ peut être effectuée simplement de la manière suivante. On construit (*fig.* 32) le rectangle $RR'QQ'$ dont les côtés sont parallèles aux axes et passent par les extrémités A,

A′, B, B′ des segments égaux à $\pm a$, $\pm b$ portés à partir du centre sur les axes. Les diagonales de ce rectangle sont les asymptotes de l'hyperbole et de l'hyperbole conjuguée ; le cercle circonscrit au rectangle rencontre l'axe transverse aux foyers F et F′ de la première hyperbole, et l'axe non transverse aux foyers $F_4$ et $F_4'$ de la seconde. En projetant F et F′ sur les diagonales, on a des points par lesquels passent les directrices de la première hyperbole et l'on obtiendrait de même les directrices de la seconde.

**114. Parabole.** — La parabole est le lieu d'un point M équidistant d'un point fixe F appelé foyer et d'une droite fixe $\Delta$ appelée directrice.

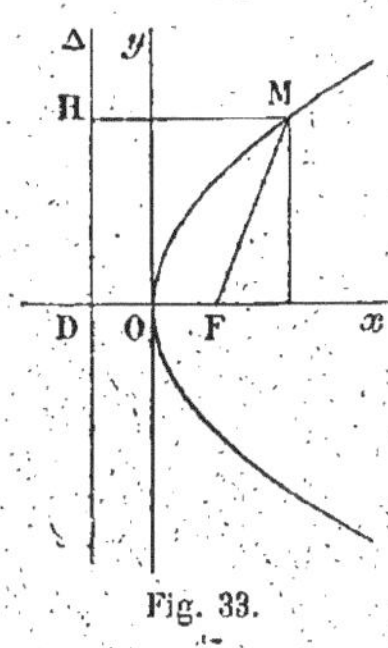

Fig. 33.

Prenons comme origine O (*fig.* 33) le milieu de la perpendiculaire abaissée du foyer sur la directrice, comme axe des $x$ la droite dirigée du point O vers le foyer et comme axe des $y$ la perpendiculaire menée par O à cette droite. En désignant par $p$ le paramètre de la parabole, c'est-à-dire la distance du foyer à la directrice, nous voyons que l'abscisse du foyer est $\frac{p}{2}$, et celle de la directrice $-\frac{p}{2}$ ; les distances MF et MH d'un point M de coordonnées $(x, y)$ au foyer et à la directrice sont égales à

$$\mathrm{MF}=\sqrt{\left(x-\frac{p}{2}\right)^2+y^2}, \qquad \mathrm{MH}=x+\frac{p}{2} ;$$

en écrivant que les carrés de ces distances ont la même valeur, nous avons la relation

$$\left(x-\frac{p}{2}\right)^2+y^2=\left(x+\frac{p}{2}\right)^2 ;$$

après simplification, nous obtenons l'équation de la parabole sous la forme

$$(16) \qquad\qquad y^2-2px=0.$$

En la résolvant par rapport à $y$, nous avons

$$y=\pm\sqrt{2px} ;$$

$y$ n'est réel que si $x$ est positif ; lorsque $x$ augmente de 0 à $+\infty$, la valeur absolue de $y$ augmente aussi de 0 à $+\infty$ ; à chaque valeur de

$x$ correspondent deux valeurs de $y$ égales et de signes contraires ; nous en concluons que la courbe admet comme axe l'axe des $x$. Elle passe par l'origine O, qui est appelé sommet de la parabole, et l'axe $Oy$ est appelé la tangente au sommet de la courbe.

Si l'on change $x$ en $y$ et $y$ en $x$, l'équation de la parabole se met sous la forme

$$x^2 - 2py = 0 \; ;$$

l'axe $Oy$ est l'axe de symétrie de la courbe et l'axe $Ox$ en est la tangente au sommet.

**115. Équation de la parabole en coordonnées polaires.** — Prenons comme pôle le foyer F et comme axe polaire la droite FO dirigée vers le sommet ; si $\rho$ et $\theta$ sont les coordonnées polaires d'un point M de la courbe, l'abscisse primitive $x$ est égale à $\dfrac{p}{2} - \rho\cos\theta$ ; en remplaçant $x$ par cette valeur dans la relation $\rho = x + \dfrac{p}{2}$, et résolvant par rapport à $\rho$, nous obtenons l'équation cherchée qui est

$$\rho = \frac{p}{1 + \cos\theta}.$$

Remarquons que les équations focales des trois coniques en coordonnées polaires ont la même forme

$$\rho = \frac{p}{1 + e\cos\theta} \; ;$$

elles ne diffèrent que par la valeur de $e$ qui est plus petit que 1 pour l'ellipse, plus grand que 1 pour l'hyperbole et égal à 1 pour la parabole.

La circonférence, l'ellipse, l'hyperbole et la parabole, que nous avons considérées dans ce chapitre, sont désignées souvent sous le nom général de *coniques*, parce qu'elles sont identiques aux sections planes d'un cône de révolution. Nous démontrerons dans le chapitre suivant que toute courbe du second ordre non décomposable en deux droites ne diffère pas de l'une des précédentes ; c'est de là que vient le nom de conique qui lui est donné ordinairement.

# CHAPITRE VII

## TRANSFORMATION DE COORDONNÉES. APPLICATIONS.

---

**116. Transformation de coordonnées cartésiennes dans le plan.** — Lorsque l'on possède dans un système d'axes $Ox$, $Oy$ l'équation d'une courbe, et que l'on veut ultérieurement en étudier les propriétés, il y a souvent avantage à choisir de nouveaux axes placés d'une manière plus simple par rapport à la courbe donnée, et à déterminer l'équation de cette courbe par rapport à ces nouveaux axes.

Le problème de la transformation de coordonnées est le suivant :

*Étant donnés deux systèmes d'axes $Ox$, $Oy$, $O'x'$, $O'y'$, exprimer les coordonnées $x$ et $y$ d'un point quelconque dans le premier système au moyen des coordonnées $x'$ et $y'$ du même point dans le second.*

Lorsqu'il est résolu, il suffit de remplacer, dans l'équation d'une courbe rapportée au premier système, $x$ et $y$ par leurs valeurs en fonction de $x'$ et $y'$ pour avoir l'équation de cette courbe dans le second. Nous examinerons trois cas :

**1er Cas.** — Les nouveaux axes sont parallèles aux premiers et dirigés dans le même sens.

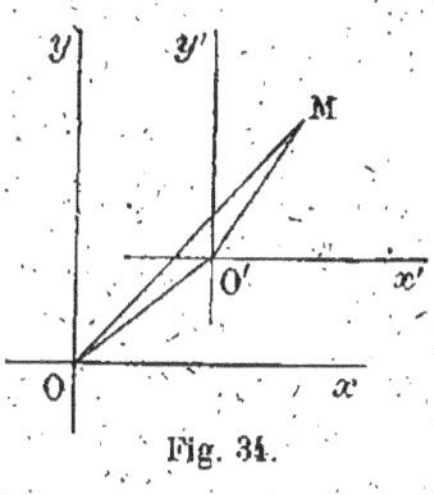

Ces axes $O'x'$, $O'y'$ sont complètement déterminés par les coordonnées $x_0$, $y_0$ de la nouvelle origine $O'$ ; considérons un point quelconque $M$ et les deux vecteurs $OO'$ et $O'M$, ainsi que leur résultante $OM$ (*fig*. 34) ; leurs projections sur l'axe des $x$ sont respectivement égales à $x_0$, $x'$ et $x$, et sur l'axe des $y$ à $y_0$, $y'$ et $y$ ; le théorème des projections nous donne alors les relations

$$(1) \qquad x = x_0 + x', \qquad y = y_0 + y'.$$

Fig. 34.

Ces formules résolvent le problème, et elles subsistent dans tous les cas, que les coordonnées soient obliques ou rectangulaires.

**2ᵉ Cas.** — Les nouveaux axes ont même origine que les premiers.

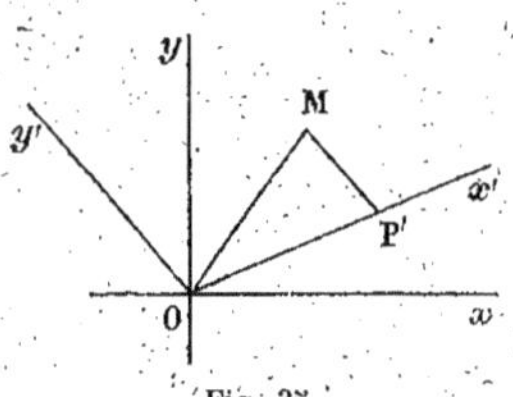

Fig. 35.

Étant donné (*fig.* 35) le système d'axes rectangulaires $Ox$, $Oy$, le nouveau système $Ox'$, $Oy'$ sera complètement déterminé, qu'il soit rectangulaire ou oblique, par les angles $(Ox, Ox')$ et $(Ox, Oy')$, que nous désignerons par $\alpha$ et $\alpha'$. Considérons un point quelconque M, formons le contour OP'M de ses coordonnées $x'$, $y'$ dans le nouveau système, et projetons ce contour et sa résultante sur les axes primitifs $Ox$, $Oy$ ; le théorème des projections nous donne les formules

$$(2) \quad \begin{cases} x = x' \cos(Ox, Ox') + y' \cos(Ox, Oy') = x' \cos\alpha + y' \cos\alpha', \\ y = x' \cos(Oy, Ox') + y' \cos(Oy, Oy') = x' \sin\alpha + y' \sin\alpha'. \end{cases}$$

Le cas ordinaire est celui où le nouveau système est rectangulaire et présente la même disposition que le premier ; on a alors $\alpha' = \alpha + \dfrac{\pi}{2}$ et les formules (2) deviennent

$$(3) \quad \begin{cases} x = x' \cos\alpha + y' \cos\left(\alpha + \dfrac{\pi}{2}\right) = x' \cos\alpha - y' \sin\alpha, \\ y = x' \sin\alpha + y' \sin\left(\alpha + \dfrac{\pi}{2}\right) = x' \sin\alpha + y' \cos\alpha. \end{cases}$$

**3ᵉ Cas.** — On fait un changement quelconque d'axes.

Soient (*fig.* 36) $O'x'$, $O'y'$ les nouveaux axes ; ils sont complètement

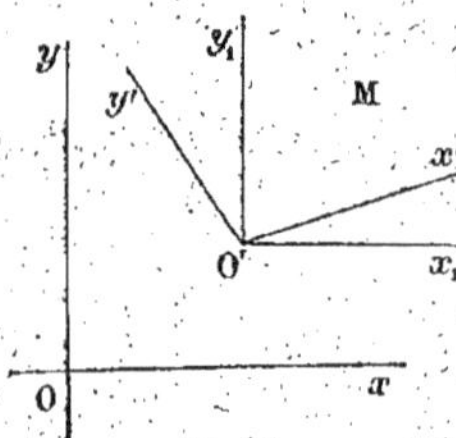

Fig. 36.

déterminés par les coordonnées $x_0$, $y_0$ de la nouvelle origine, ainsi que par les angles $(Ox, O'x')$, $(Ox, O'y')$. Prenons un système d'axes intermédiaires $O'x_1$, $O'y_1$ parallèles aux premiers et de même origine que les seconds, et appelons $x_1$, $y_1$ les coordonnées d'un point M dans ce système ; les formules (1) nous donnent

$$x = x_0 + x_1, \qquad y = y_0 + y_1,$$

et les formules (2) ou (3) nous donnent les valeurs de $x_1$ et $y_1$ en fonction de $x'$ et $y'$ ; nous en déduisons immédiatement les formules cherchées ; dans le cas simple où les nouveaux axes sont rectangulaires, elles sont

$$(4) \quad \begin{cases} x = x_0 + x' \cos\alpha - y' \sin\alpha, \\ y = y_0 + x' \sin\alpha + y' \cos\alpha. \end{cases}$$

Il est essentiel de remarquer que toutes ces formules contiennent les coordonnées au premier degré ; il en résulte que le degré d'une équation algébrique entre $x$ et $y$, c'est-à-dire l'ordre de la courbe algébrique qu'elle représente, ne change pas lorsqu'on fait une transformation quelconque de coordonnées.

**117. Hyperbole rapportée à ses asymptotes.** — Comme application des calculs qui précèdent, nous allons rapporter l'hyperbole représentée par l'équation

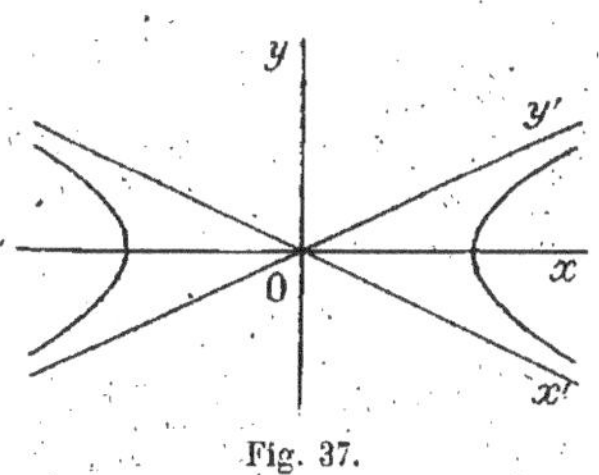

Fig. 37.

$$\frac{x^2}{a^2} - \frac{y^2}{b^2} - 1 = 0$$

à ses asymptotes $Ox'$, $Oy'$ prises comme nouveaux axes de coordonnées. Les angles $(Ox,\ Ox') = \alpha$ et $(Ox,\ Oy') = \alpha'$ que font ces axes avec $Ox$ (*fig.* 37) sont égaux et de signes contraires, et l'on a

$$\operatorname{tg}\alpha = -\frac{b}{a}, \qquad \sin\alpha = -\frac{b}{c}, \qquad \cos\alpha = \frac{a}{c},$$

$$\operatorname{tg}\alpha' = +\frac{b}{a}, \qquad \sin\alpha' = +\frac{b}{c}, \qquad \cos\alpha' = \frac{a}{c};$$

les formules (2) donnent alors

$$x = (x' + y')\frac{a}{c}, \qquad y = (-x' + y')\frac{b}{c},$$

et en transportant ces valeurs dans l'équation de l'hyperbole, celle-ci devient

$$x'y' - \frac{c^2}{4} = 0.$$

On voit que l'équation d'une hyperbole rapportée à ses asymptotes est de la forme

$$xy = k.$$

**118. Classification des courbes du second ordre.** — Une équation du second degré entre $x$ et $y$ peut toujours être ramenée à la forme

$$(5) \qquad f(x, y) = Ax^2 + 2Bxy + Cy^2 + 2Dx + 2Ey + F = 0.$$

Les lignes qu'elle est susceptible de représenter lorsqu'on donne aux coefficients des valeurs numériques sont rangées dans différentes catégories ; une première classification est basée sur la nature des branches infinies qu'elles peuvent posséder.

Supposons qu'une ligne représentée par l'équation (5) ait une branche infinie, et qu'un point M, de coordonnées $(x, y)$, s'éloigne indéfiniment sur cette branche ; nous allons chercher la limite de la direction de la droite OM joignant l'origine à ce point.

Si $\alpha$ est l'angle de cette droite avec $Ox$, et si $\rho$ représente le vecteur OM, nous pouvons remplacer $x$ et $y$ par $\rho \cos \alpha$ et $\rho \sin \alpha$ ; si nous faisons cette substitution dans l'équation (5), nous avons la relation

(6) $\rho^2(A \cos^2\alpha + 2B \sin \alpha \cos \alpha + C \sin^2\alpha) + 2\rho(D \cos \alpha + E \sin \alpha) + F = 0.$

Lorsque le point M s'éloigne indéfiniment, $\rho$ devient infini ; en divisant les deux membres de l'équation précédente par $\rho^2$ et passant à la limite, nous avons l'équation

$$A \cos^2\alpha + 2B \sin \alpha \cos \alpha + C \sin^2\alpha = 0,$$

ou

$$C \, tg^2 \alpha + 2B \, tg \alpha + A = 0,$$

qui fournit en général deux valeurs pour $tg \alpha$, d'où deux directions pour la limite de la droite OM ; ces limites sont appelées *directions asymptotiques*.

Suivant la nature des racines de l'équation précédente, nous distinguerons les cas suivants :

1° Si $B^2 - AC < 0$, l'équation a ses racines imaginaires, la ligne n'a pas de branche réelle s'étendant à l'infini ; on dit qu'elle est du *genre ellipse*.

2° Si $B^2 - AC > 0$, l'équation a ses racines réelles et distinctes ; la ligne a des branches infinies dans deux directions ; on dit qu'elle est du *genre hyperbole*.

3° Si $B^2 - AC = 0$, l'équation a ses racines réelles et égales ; la ligne a des branches infinies dans une seule direction ; on dit qu'elle est du *genre parabole.*

Nous pouvons ajouter que dans ce dernier cas les termes du second degré de l'équation (5) forment un carré parfait. Remarquons aussi qu'un cercle est du genre ellipse, car dans son équation on a $B = 0, A = C$ et $B^2 - AC$ est négatif.

**119. Première réduction de l'équation du second degré.** — Nous allons chercher des axes de coordonnées par rapport auxquels l'équation d'une courbe du second ordre aura la forme la plus simple possible. La première simplification que nous opérerons portera sur les termes du second degré ; si le coefficient B n'est pas nul, nous allons remplacer les axes $Ox, Oy$ par d'autres axes rectangulaires $Ox', Oy'$ de même origine, de façon que le coefficient de $x'y'$ soit nul dans la nouvelle équation.

Si nous remplaçons dans les termes du second degré,

$$Ax^2 + 2Bxy + Cy^2,$$

de l'équation d'une conique, $x$ et $y$ par les valeurs (3), le coefficient de $2x'y'$ est

$$B' = B\cos^2\alpha - (A - C)\sin\alpha\cos\alpha - B\sin^2\alpha ;$$

en l'annulant, nous avons pour déterminer $\alpha$ l'équation

$$B\,\mathrm{tg}^2\alpha + (A - C)\,\mathrm{tg}\,\alpha - B = 0 ;$$

elle donne pour $\mathrm{tg}\,\alpha$ deux valeurs réelles dont le produit est égal à $-1$. A ces valeurs correspondent deux directions rectangulaires et les directions opposées ; il en résulte qu'il existe un seul système de deux droites rectangulaires sur lesquelles on choisira les axes $Ox'$ et $Oy'$.

Considérons par exemple la courbe représentée par l'équation

$$9x^2 - 4xy + 6y^2 - 100x = 0,$$

qui est du genre ellipse ; en utilisant les formules (3), le coefficient de $2x'y'$ est

$$-2\cos^2\alpha - 3\sin\alpha\cos\alpha + 2\sin^2\alpha ;$$

il deviendra nul si $\alpha$ est choisi de façon que l'on ait

$$2\,\mathrm{tg}^2\alpha - 3\,\mathrm{tg}\,\alpha - 2 = 0.$$

Adoptons pour $\alpha$ le plus petit des angles positifs fournis par l'équation précédente ; il est tel que l'on ait

$$\mathrm{tg}\,\alpha = 2, \qquad \sin\alpha = \frac{2}{\sqrt{5}}, \qquad \cos\alpha = \frac{1}{\sqrt{5}} ;$$

en remplaçant $\sin\alpha$ et $\cos\alpha$ par les valeurs précédentes dans les formules de transformation, nous trouvons l'équation nouvelle de la conique

$$5x'^2 + 10y'^2 - 20\sqrt{5}\,x' + 40\sqrt{5}\,y' = 0.$$

Lorsque la courbe est du genre parabole, le calcul est plus simple, en raison de cette remarque que les termes du second degré forment un carré parfait. Si A est nul, B doit l'être aussi et l'équation a déjà une forme simple ; si A n'est pas nul, nous écrirons les termes du second degré sous la forme

$$\frac{1}{A}(Ax + By)^2 ;$$

nous ferons dans la parenthèse la transformation définie par les équations (3) et nous annulerons le coefficient du terme en $x'$ dans le résultat, ce qui donnera

$$\text{A} \cos \alpha + \text{B} \sin \alpha = 0, \qquad \text{d'où} \qquad \operatorname{tg} \alpha = -\frac{\text{A}}{\text{B}}.$$

Nous trouverons ainsi une seule valeur pour $\operatorname{tg} \alpha$ et une seule droite indéfinie sur laquelle sera pris l'axe $Ox'$; en utilisant les formules (3), nous aurons finalement une équation de la forme

$$\text{C}'y'^2 + 2\text{D}'x' + 2\text{E}'y' + \text{F}' = 0.$$

Considérons par exemple la courbe représentée par l'équation (6) du n° 88.

$$x^2 - 2xy + y^2 - 2x - 2y + 1 = 0;$$

nous écrirons cette équation

$$(x - y)^2 - 2(x + y) + 1 = 0;$$

en effectuant la transformation (3), la première parenthèse devient

$$x'(\cos \alpha - \sin \alpha) - y'(\sin \alpha + \cos \alpha);$$

nous annulerons le coefficient de $x'$ dans cette somme en prenant $\operatorname{tg} \alpha = 1$, et nous choisirons pour $\alpha$ la valeur $\frac{\pi}{4}$, d'où $\sin \alpha = \cos \alpha = \frac{\sqrt{2}}{2}$; l'équation deviendra, après transformation,

$$2y'^2 - 2x'\sqrt{2} + 1 = 0.$$

**120. Réduction finale de l'équation du second degré.** — Supposons que par rapport à des axes que nous prendrons pour $Ox$, $Oy$, l'équation soit ramenée à la forme

$$\text{A}x^2 + \text{C}y^2 + 2\text{D}x + 2\text{E}y + \text{F} = 0;$$

avec la condition supplémentaire $A = 0$ dans le cas du genre parabole; nous allons faire une nouvelle transformation de coordonnées en transportant les axes parallèlement à eux-mêmes en un point de coordonnées $(x_0, y_0)$ pour faire disparaître certains termes du premier degré.

Si $A$ et $C$ ne sont pas nuls, nous prendrons $x_0 = -\dfrac{\text{D}}{\text{A}}$, $y_0 = -\dfrac{\text{E}}{\text{C}}$, et la transformation

$$x = x_0 + x' = -\frac{\text{D}}{\text{A}} + x', \qquad y = y_0 + y' = -\frac{\text{E}}{\text{C}} + y'$$

ramènera l'équation à la forme

$$Ax'^2 + Cy'^2 + F' = 0.$$

Si $A = 0$ et $D \neq 0$, nous pourrons toujours choisir les valeurs de $x_0$ et $y_0$ de façon que le coefficient de $y'$ et le terme constant soient nuls dans la nouvelle équation, et nous arriverons à l'équation simple

$$Cy'^2 + 2Dx' = 0.$$

Si $A$ et $D$ sont nuls, nous poserons

$$y_0 = -\frac{E}{C},$$

et nous obtiendrons une équation de la forme

$$Cy'^2 + F' = 0.$$

En résumé, les formes réduites de l'équation du second ordre auxquelles nous aboutissons sont de l'un ou l'autre des types

$$Ax^2 + Cy^2 + F = 0,$$
$$Cy^2 + 2Dx = 0,$$
$$Cy^2 + F = 0.$$

Si $F$ n'est pas nul dans la 1re, celle-ci se ramène suivant les signes de $A$, $C$, $F$ à l'une des formes

$$\frac{x^2}{a^2} + \frac{y^2}{b^2} - 1 = 0, \qquad \frac{x^2}{a^2} + \frac{y^2}{b^2} + 1 = 0, \qquad \frac{x^2}{a^2} - \frac{y^2}{b^2} \pm 1 = 0;$$

la première représente une ellipse; la deuxième n'est satisfaite par aucune valeur réelle de $x$ et $y$; on dit qu'elle représente une ellipse imaginaire; la troisième représente une hyperbole.

Si $F$ est nul dans la même équation, celle-ci est homogène et représente deux droites réelles ou imaginaires passant par l'origine.

La deuxième équation se ramène, si $C$ et $D$ sont de signes contraires, à la forme

$$y^2 - 2px = 0,$$

et représente une parabole; si $C$ et $D$ sont de même signe, il suffit de faire tourner de $\pi$ les axes $Ox$ et $Oy$ pour obtenir la même forme réduite avec $p$ positif. Enfin la dernière équation représente deux droites parallèles, réelles, ou imaginaires, ou confondues.

Nous arrivons à cette conclusion que les seules lignes représentées par l'équation du second ordre sont l'ellipse réelle, l'ellipse imaginaire, l'hyperbole, la parabole et deux droites.

Remarquons que les calculs précédents fournissent en grandeur et en position les éléments géométriques qui caractérisent les coniques représentées par des équations quelconques du second degré.

Pour donner un exemple, si l'on considère la première des courbes envisagées précédemment et représentée par l'équation

$$5x^2 + 10y^2 - 20\sqrt{5}\,x + 40\sqrt{5}\,y = 0,$$

en posant $x_0 = 2\sqrt{5}$, $y_0 = -2\sqrt{5}$ et faisant la transformation

$$x = 2\sqrt{5} + x', \qquad y = -2\sqrt{5} + y',$$

nous arrivons à l'équation

$$5x'^2 + 10y'^2 - 300 = 0,$$

que l'on peut écrire

$$\frac{x'^2}{60} + \frac{y'^2}{30} - 1 = 0;$$

elle représente une ellipse de demi-axes $a = \sqrt{60}$, $b = \sqrt{30}$.

Si nous considérons de même la seconde courbe, représentée par l'équation

$$2y^2 - 2x\sqrt{2} + 1 = 0,$$

il suffit de prendre $x_0 = \dfrac{\sqrt{2}}{4}$, $y_0 = 0$ et de poser

$$x = \frac{\sqrt{2}}{4} + x', \qquad y = y'$$

pour arriver à l'équation réduite

$$y'^2 - x'\sqrt{2} = 0,$$

qui représente une parabole de paramètre $\dfrac{\sqrt{2}}{2}$.

# CHAPITRE VIII

## COORDONNÉES ET VECTEURS DANS L'ESPACE

121. **Trièdre de coordonnées.** — Pour représenter simultanément trois grandeurs mesurées ou caractérisées par des nombres $x$, $y$, $z$, on envisage trois droites dirigées ou axes $x'x$, $y'y$, $z'z$ se coupant en un point O et formant un trièdre ; sur chacun d'eux on prend O comme origine et un sens positif, celui de O vers $x$ ou vers $y$ ou vers $z$.

Les trois axes ainsi considérés sont appelés axes de coordonnées et les plans qu'ils forment deux à deux sont appelés plans de coordonnées, plans des $xy$, des $xz$ et des $yz$.

Les axes peuvent avoir dans l'espace des situations qui, en faisant abstraction d'un mouvement d'ensemble ne modifiant pas leurs positions relatives, se ramènent à deux distinctes représentées dans la figure 38.

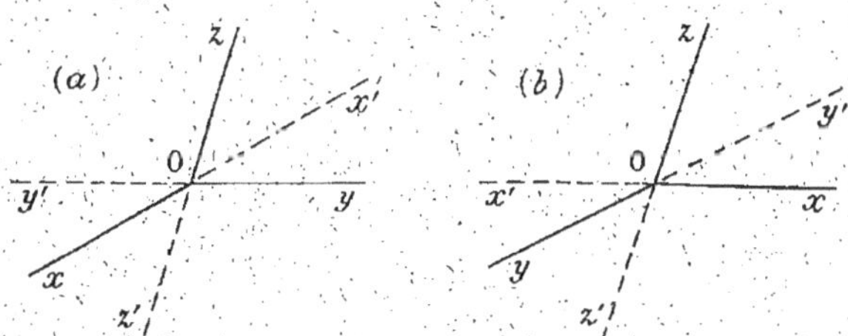

Fig. 38.

Dans la partie $(a)$, les axes $Oy$, $Oz$ sont supposés dans le plan du dessin, $Oy$ tourné vers la droite, $Oz$ vers le haut, et $Ox$ est supposé en avant du plan $yOz$ ; dans la partie $(b)$, ce sont les axes $Ox$, $Oz$ qui sont dans le plan du dessin, $Ox$ vers la droite, $Oz$ vers le haut, et c'est $Oy$ qui est supposé en avant du plan $xOz$.

Dans la première configuration, le mouvement d'une demi-droite placée sur $Ox$, venant sur $Oy$ en restant dans le plan $xOy$ et décrivant un angle inférieur à $\pi$ est vu par un observateur placé sur $Oz$, les pieds en $O$ et la tête en $z$, comme s'effectuant de sa droite à sa gauche ; il en est de même pour le mouvement de $Oy$ vers $Oz$ vu par un observateur placé sur $Ox$ et pour le mouvement de $Oz$ vers $Ox$ vu par un observateur placé sur $Oy$.

Ce sens, que l'on peut caractériser par l'ordre de succession de trois lettres $(xyz)$ et qui ne change pas quand on effectue sur ces lettres les permutations circulaires qui les remplacent par $(yzx)$ et $(zxy)$ constitue ce qu'on appelle le sens du trièdre $Oxyz$.

Si l'on examine la seconde configuration, on voit que le sens du trièdre $Oxyz$ est contraire au précédent et que le mouvement de $Ox$ vers $Oy$ pour l'observateur $Oz$ est vu de sa gauche à sa droite ; il y a donc deux systèmes possibles de trièdres, que l'on ne peut ramener l'un à l'autre pas plus qu'en géométrie on ne peut amener en coïncidence deux trièdres symétriques.

Rien n'impose un sens de trièdre plutôt que l'autre. Nous adopterons le premier (configuration $a$), parce que le sens choisi est identique à celui de la trigonométrie et à celui de la géométrie analytique plane ; c'est aussi le sens adopté en astronomie et dans certaines théories d'électromagnétisme ; mais ce choix n'a rien d'absolu, et du reste les raisonnements que nous ferons seront valables dans tous les systèmes. Il serait facile de modifier les figures sur lesquelles sont établies des formules et celles-ci subsistent dans tous les cas.

En effectuant une rotation du trièdre $(a)$ autour de $Oz$, on peut imaginer que l'axe $Ox$ est dans le plan du dessin, comme dans $(b)$, mais $Oy$ se trouve alors en arrière de ce plan.

**122. Coordonnées cartésiennes.** — Pour représenter simultanément trois nombres $x$, $y$, $z$, on prend respectivement sur les axes, à une échelle convenue qui peut ne pas être la même pour les trois, les vecteurs OA, OB, OC (*fig.* 39) mesurés par ces nombres et l'on mène par A, B, C des plans parallèles aux faces du trièdre de coordonnées. Ces plans forment avec les plans de coordonnées un parallélépipède et se coupent en un seul point M, qui est dit le point représentatif du système des trois nombres $x$, $y$, $z$.

Inversement, étant donné un point M de l'espace, les plans tracés par ce point parallèlement aux plans de coordonnées coupent les axes en des points A, B, C ; au point M correspond un seul système de trois nombres $x$, $y$, $z$ qui sont les valeurs relatives des vecteurs OA, OB, OC ;

ces nombres sont appelés les coordonnées de M ; $x$ est l'abscisse, $y$ l'ordonnée et $z$ la cote.

Les projections du vecteur OM faites sur chacun des axes parallèlement au plan des deux autres ont pour valeurs les coordonnées du point M ; de plus, si Q est le sommet du parallélogramme dont OA et OB sont deux côtés, les vecteurs OA, AQ, QM dont la résultante est OM ont aussi pour valeurs les coordonnées de M ; le contour OAQM est appelé *contour des coordonnées* du point M.

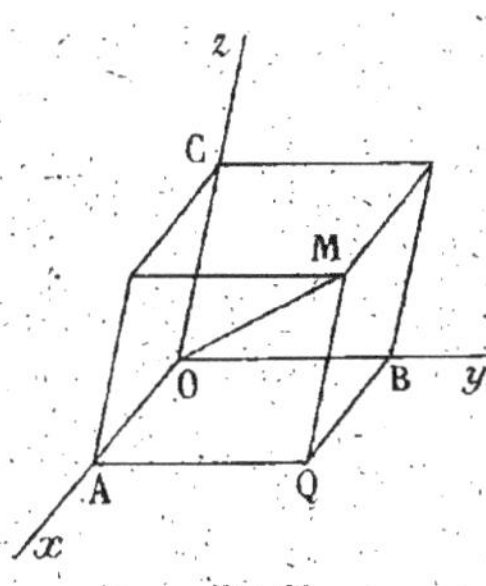

Fig. 39.

Les coordonnées que nous venons de définir sont appelées cartésiennes ; suivant que les axes forment ou non un trièdre trirectangle, on dit que les coordonnées sont rectangulaires ou obliques ; sauf dans des cas tout particuliers, nous n'emploierons que des coordonnées rectangulaires. Dans la géométrie analytique proprement dite, on suppose de plus que les échelles adoptées pour la construction des vecteurs sont les mêmes pour les trois axes.

**123. Relations entre les angles d'une direction avec les axes de coordonnées.** — Considérons une droite D passant par l'origine ; nous désignons par $\alpha$, $\beta$, $\gamma$ les angles (Ox, OD), (Oy, OD), (Oz, OD) formés par cette direction avec les axes de coordonnées supposés rectangulaires. Si nous prenons sur la droite un vecteur OM de valeur algébrique $\rho$, les projections orthogonales de ce vecteur ont pour valeurs

$$(1) \qquad X = \rho \cos \alpha, \qquad Y = \rho \cos \beta, \qquad Z = \rho \cos \gamma ;$$

mais ces projections sont identiques aux coordonnées du point M, et sont les arêtes d'un parallélépipède de diagonale OM. En écrivant que la somme des carrés de ces arêtes est égale au carré de la diagonale, nous avons

$$X^2 + Y^2 + Z^2 = \rho^2,$$

d'où nous tirons, en remplaçant X, Y, Z par leurs valeurs, l'équation fondamentale

$$(2) \qquad \cos^2 \alpha + \cos^2 \beta + \cos^2 \gamma = 1.$$

A des valeurs de $\cos \alpha$, $\cos \beta$, $\cos \gamma$ satisfaisant à cette relation correspond une seule demi-droite issue de O. En effet, les demi-droites pour lesquelles cos α a une valeur donnée forment un cône de révolution d'axe $Ox$ et bien déterminé ; celles pour lesquelles cos β est donné forment un deuxième cône d'axe $Oy$. Ces deux cônes ont en commun deux génératrices symétriquement placées par rapport au plan $xOy$ ; l'une fait avec $Oz$ un angle aigu de cosinus positif et l'autre un angle obtus de cosinus négatif. Si l'on donne cos γ, il n'y a qu'une seule des deux génératrices répondant à la question.

**124. Angle de deux directions.** — Considérons (*fig.* 40) deux droites dirigées OD, OD′ issues du point O ; désignons par V l'angle de ces deux droites, par α, β, γ les angles de la première et par α′, β′, γ′ les angles de la seconde avec les axes de coordonnées. Prenons sur la première un vecteur OM de valeur algébrique ρ et considérons la projection OM′ de ce vecteur sur la deuxième droite ; elle est égale (n° 80) à

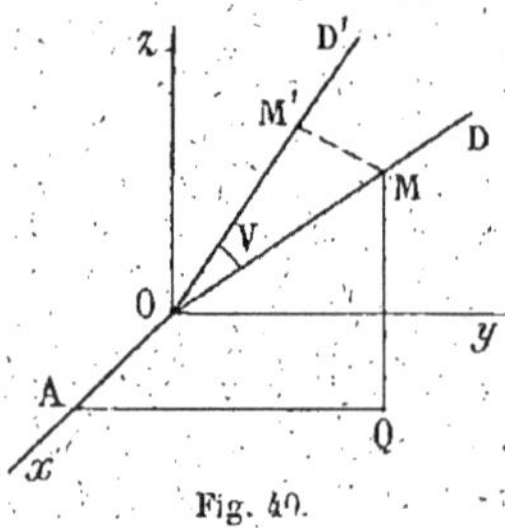

Fig. 40.

$$(OM') = \rho \cos V,$$

mais le vecteur OM est la résultante du contour OAQM des coordonnées du point M et l'on a (n° 78)

$$\text{proj. } OM = \text{proj. } OA + \text{proj. } AQ + \text{proj. } QM.$$

Les projections sur OD′ des composantes ont respectivement pour valeurs

$$(OA) \cos (Ox, OD') = X \cos \alpha',$$
$$(AQ) \cos (Oy, OD') = Y \cos \beta',$$
$$(QM) \cos (Oz, OD') = Z \cos \gamma' ;$$

on a donc

$$\rho \cos V = X \cos \alpha' + Y \cos \beta' + Z \cos \gamma'.$$

En remplaçant X, Y, Z par les valeurs (1) et divisant par ρ les deux membres de l'équation, nous obtenons la relation

$$(3) \qquad \cos V = \cos \alpha \cos \alpha' + \cos \beta \cos \beta' + \cos \gamma \cos \gamma'.$$

Comme cas particulier, si les deux directions OD, OD′ sont rectangulaires, cos V est nul et l'on obtient la condition de perpendicularité sous la forme

$$(4) \qquad \cos \alpha \cos \alpha' + \cos \beta \cos \beta' + \cos \gamma \cos \gamma' = 0.$$

Les relations que nous venons d'obtenir sont valables pour des demi-droites issues de points quelconques de l'espace, car les angles d'une demi-droite avec les axes et l'angle de deux demi-droites ne changent pas quand on les remplace par d'autres qui leur sont respectivement parallèles.

**125. Vecteurs dans l'espace. — Distance de deux points.** — Soit $M_0M$ un vecteur d'origine $M_0$ et d'extrémité $M$ ; comme au n° 84, les projections de $M_0M$ sur les axes de coordonnées sont les segments $A_0A$, $B_0B$, $C_0C$ compris respectivement entre les projections de $M_0$ et de $M$, et les valeurs de ces projections sont égales aux différences entre les coordonnées de l'extrémité et celles de l'origine du vecteur ; on a donc

$$X = x - x_0, \quad Y = y - y_0, \quad Z = z - z_0.$$

Ces formules donnent les coordonnées d'un point $M$ d'une droite issue de $M_0$ en fonction de la valeur du vecteur $M_0M$ ; si l'on remarque que l'on a, en supposant toujours les axes rectangulaires,

$$\overline{M_0M}^2 = X^2 + Y^2 + Z^2,$$

on trouve, pour calculer la distance $d$ de deux points $M_0$ et $M$, la formule

$$d^2 = (x - x_0)^2 + (y - y_0)^2 + (z - z_0)^2.$$

Remarquons que le vecteur $M_0M$ est complètement déterminé par les coordonnées de son origine et celles de son extrémité ; mais si l'on veut en déduire les éléments $\rho$, $\alpha$, $\beta$, $\gamma$ relatifs à ce vecteur, on obtient pour $\rho$ deux valeurs

$$\rho = \pm \sqrt{X^2 + Y^2 + Z^2} \; ;$$

à chacune d'elles correspondent des valeurs uniques de $\cos\alpha$, $\cos\beta$, $\cos\gamma$, qui sont

$$\cos\alpha = \frac{X}{\rho}, \quad \cos\beta = \frac{Y}{\rho}, \quad \cos\gamma = \frac{Z}{\rho},$$

et une direction unique. Le double signe trouvé pour $\rho$ s'explique en remarquant que sur la droite indéfinie portant le vecteur $M_0M$ on peut choisir le sens de $M_0$ vers $M$ donnant lieu à une valeur positive de $\rho$, ou le sens opposé donnant pour $\rho$ une valeur négative.

**126. Produit scalaire de deux vecteurs.** — Soient deux vecteurs portés par des droites dirigées $D$ et $D'$ et de valeurs relatives $\rho$ et $\rho'$ ;

on appelle produit scalaire de ces vecteurs l'expression

$$\rho\rho' \cos(D, D')$$

obtenue en faisant le produit des valeurs relatives de ces vecteurs et du cosinus de l'angle des droites dirigées qui les portent. On peut remarquer qu'il est égal au produit de la valeur relative d'un des vecteurs par la projection de l'autre sur la droite qui le porte.

Si l'on introduit les angles formés avec les axes par les droites portant les vecteurs, l'expression du produit est

$$\rho\rho' (\cos \alpha \cos \alpha' + \cos \beta \cos \beta' + \cos \gamma \cos \gamma'),$$

mais on peut encore introduire les projections $X$, $Y$, $Z$; $X'$, $Y'$, $Z'$ des vecteurs sur les axes, et le produit a pour valeur

$$XX' + YY' + ZZ'.$$

Le produit de deux vecteurs ne change pas quand on intervertit l'ordre des facteurs.

Nous verrons plus tard qu'il existe une autre espèce de produit de deux vecteurs appelé produit vectoriel.

**127. Somme géométrique de plusieurs vecteurs.** — On appelle somme géométrique de plusieurs vecteurs la résultante d'un contour polygonal dont les composantes sont équipollentes à ces vecteurs ; on suppose dans cette définition qu'il s'agit de vecteurs libres, qu'on peut transporter en des points quelconques de l'espace.

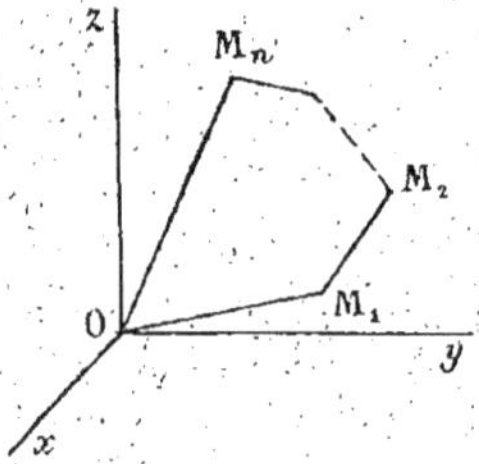

On détermine la somme géométrique de vecteurs $V_1, V_2, \ldots, V_n$ en construisant à partir d'un point $O$ des vecteurs $OM_1$, $M_1M_2 \ldots$ parallèles à $V_1, V_2 \ldots$ et en traçant le vecteur résultant $OM_n$ du contour (*fig.* 41). On peut employer pour cela des procédés graphiques basés sur la construction successive de parallélogrammes, en s'aidant au besoin des procédés de la géométrie descriptive ; on peut aussi utiliser des calculs de trigonométrie, et en particulier les formules de résolution de triangles ; mais nous allons indiquer un procédé général fondé sur la théorie des projections.

Nous prendrons trois axes rectangulaires $Ox$, $Oy$, $Oz$ et nous projetterons chacun des vecteurs donnés sur ces axes ; les projections

Fig. 41.

$X_1$, $Y_1$, $Z_1$ de $V_1$ peuvent être calculées en fonction de la valeur relative $\rho_1$ de ce vecteur et des angles $\alpha_1$, $\beta_1$, $\gamma_1$ que fait avec les axes la droite qui le porte par les formules

$$X_1 = \rho_1 \cos\alpha_1, \qquad Y_1 = \rho_1 \cos\beta_1, \qquad Z_1 = \rho_1 \cos\gamma_1,$$

et il en est de même des autres vecteurs. D'après le théorème fondamental des projections, les projections de la résultante sur les axes sont respectivement égales aux projections des composantes; si nous les désignons par X, Y, Z, nous avons

$$(5) \qquad \begin{cases} X = X_1 + X_2 + \cdots + X_n = \Sigma X_1, \\ Y = Y_1 + Y_2 + \cdots + Y_n = \Sigma Y_1, \\ Z = Z_1 + Z_2 + \cdots + Z_n = \Sigma Z_1. \end{cases}$$

Les valeurs de X, Y, Z ainsi trouvées permettent de déterminer la somme géométrique cherchée soit géométriquement soit analytiquement; la grandeur de la somme est donnée par l'équation

$$(6) \qquad \rho = + \sqrt{X^2 + Y^2 + Z^2} = + \sqrt{(\Sigma X_1)^2 + (\Sigma Y_1)^2 + (\Sigma Z_1)^2},$$

et sa position est déterminée par les équations

$$\cos\alpha = \frac{X}{\rho}, \qquad \cos\beta = \frac{Y}{\rho}, \qquad \cos\gamma = \frac{Z}{\rho}.$$

Comme les seconds membres des équations (5) ont la même valeur quel que soit l'ordre des termes dont on fait la somme, nous en concluons que la somme géométrique de plusieurs vecteurs est indépendante de l'ordre de succession des composantes du contour polygonal dont elle est la résultante.

Pour que la somme de plusieurs vecteurs soit nulle, il faut et il suffit que le contour polygonal dont elle est la résultante soit fermé; ou que les projections X, Y, Z de la résultante soient nulles, ce qui donne les conditions

$$\Sigma X_1 = 0, \qquad \Sigma Y_1 = 0, \qquad \Sigma Z_1 = 0.$$

**128. Coordonnées semi-polaires.** — On peut déterminer la position d'un point M de l'espace par d'autres coordonnées que les coordonnées cartésiennes. On peut conserver la cote $z$ du point et remplacer ses coordonnées $x$ et $y$, qui sont aussi celles de sa projection Q sur le plan des $xy$, par les coordonnées polaires dans ce plan (*fig.* 42); en choisissant comme pôle l'origine, comme axe polaire l'axe $Ox$ et comme sens positif des angles le sens dans lequel il faut faire tourner $Ox$ pour l'amener à coïncider avec $Oy$ par une rotation de $\frac{\pi}{2}$, nous avons toujours, comme au n° 85,

$$x = \rho \cos \theta, \qquad y = \rho \sin \theta.$$

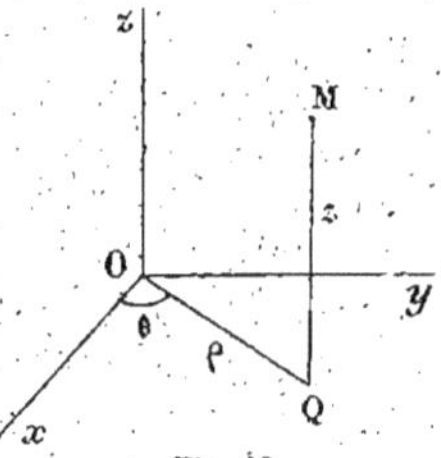

Fig. 42.

Les coordonnées $\rho, \theta, z$ sont appelées coordonnées semi-polaires ou cylindriques du point M.

**129. Coordonnées polaires.** — Étant donnés le système d'axes rectangulaires $Oxyz$ et un point M (*fig.* 43), considérons la droite indéfinie passant par O et M et sur cette droite un sens positif OD ; nous appellerons rayon vecteur de M le vecteur OM, et nous désignerons par $\rho$ sa valeur relative sur la droite dirigée OD. Le plan indéfini déterminé par les deux droites $Oz$ et OD est partagé par l'axe des $z$ en deux demi-plans ; considérons seulement celui de ces deux demi-plans qui contient la demi-droite OD et appelons $Od$ sa trace sur le plan des $xy$.

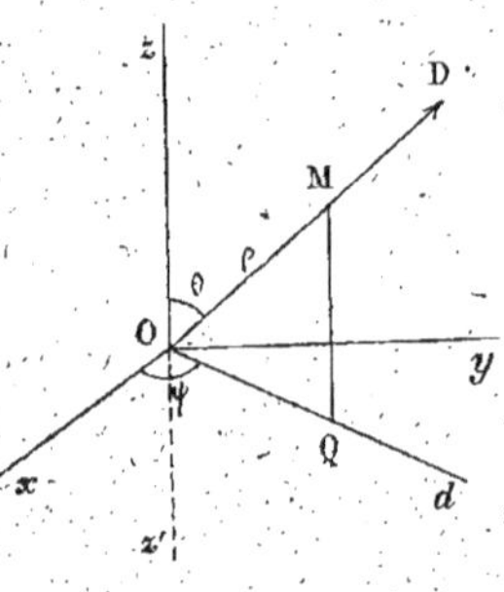

Fig. 43.

Dans le plan $xOy$ choisissons comme sens positif celui dans lequel on doit faire tourner $Ox$ pour l'amener à coïncider avec $Oy$ par une rotation de $\frac{\pi}{2}$, et désignons par $\psi$ l'angle $(Ox, Od)$ ; dans le demi-plan $zdz'$, choisissons de même comme sens positif celui dans lequel on doit faire tourner $Oz$ pour l'amener à coïncider avec $Od$ par une rotation de $\frac{\pi}{2}$ et désignons par $\theta$ l'angle $(Oz, OD)$.

Nous voyons qu'à chaque système de valeurs de $\psi, \theta$ et $\rho$ correspond un seul point M de l'espace, car $\psi$ détermine $Od$ et le demi-plan $zdz'$, $\theta$ détermine dans ce demi-plan la droite dirigée OD, et $\rho$ détermine sur cette droite le point M ; les nombres $\psi, \theta, \rho$ sont appelés coordonnées polaires du point M.

Mais, inversement, à un point M correspondent une infinité de systèmes de valeurs de $\psi, \theta$ et $\rho$ ; il existe cependant un système plus simple que les autres que l'on envisage souvent ; il est formé de la valeur absolue $\rho_1$ du vecteur OM, de l'angle unique $\theta_1$ compris entre $0$ et $\pi$ formé par OM avec $Oz$, et si $Od_1$ désigne la trace sur le plan $xOy$ du demi-plan $zOM$, de l'angle unique $\psi_1$ compris entre $0$ et $2\pi$ formé par $Od_1$ avec $Ox$. Tous les autres systèmes de coordonnées polaires du point M se déduisent du précédent par les formules suivantes qui correspondent aux différents choix que l'on peut faire du sens positif soit sur OM, soit sur $Od$ :

$$\psi = \psi_1 + 2k\pi, \qquad \theta = \theta_1 + 2k'\pi, \qquad \rho = \rho_1,$$
$$\psi = \psi_1 + 2k\pi, \qquad \theta = \theta_1 + (2k'+1)\pi, \qquad \rho = -\rho_1,$$
$$\psi = \psi_1 + (2k+1)\pi, \qquad \theta = 2k'\pi - \theta_1, \qquad \rho = \rho_1,$$
$$\psi = \psi_1 + (2k+1)\pi, \qquad \theta = (2k'+1)\pi - \theta_1, \qquad \rho = -\rho_1,$$

$k$ et $k'$ étant entiers positifs, négatifs ou nuls.

Pour passer des coordonnées polaires aux coordonnées cartésiennes $x$, $y$, $z$ ou inversement, nous remarquerons que la projection $OQ$ du vecteur OM sur le plan des $xy$ a pour valeur relative $\rho \sin \theta$, et nous obtiendrons les relations

$$x = (OQ)\cos \psi = \rho \sin \theta \cos \psi,$$
$$y = (OQ)\sin \psi = \rho \sin \theta \sin \psi,$$
$$z = (OM)\cos \theta = \rho \cos \theta ;$$

elles donnent inversement

$$\rho = \pm \sqrt{x^2 + y^2 + z^2},$$
$$\cos \theta = \frac{z}{\rho}, \qquad \cos \psi = \frac{x}{\rho \sin \theta}, \qquad \sin \psi = \frac{y}{\rho \sin \theta}.$$

Si M est un point d'une sphère, $\psi$ et $\theta$ sont sa longitude et sa colatitude.

# CHAPITRE IX

REPRÉSENTATION DES SURFACES ET DES LIGNES

**130. Représentation des surfaces.** — Considérons une équation entre les coordonnées d'un point, par exemple entre les trois coordonnées cartésiennes $x$, $y$, $z$, soit

$$(1) \qquad F(x, y, z) = 0 \, ;$$

supposons qu'on la résolve par rapport à $z$, et qu'elle fournisse, pour fixer les idées, deux valeurs de cette variable ; nous les appellerons

$$(2) \qquad z_1 = f_1(x, y), \qquad z_2 = f_2(x, y) \, ;$$

à chaque système de valeurs des coordonnées $x$ et $y$ représentées par

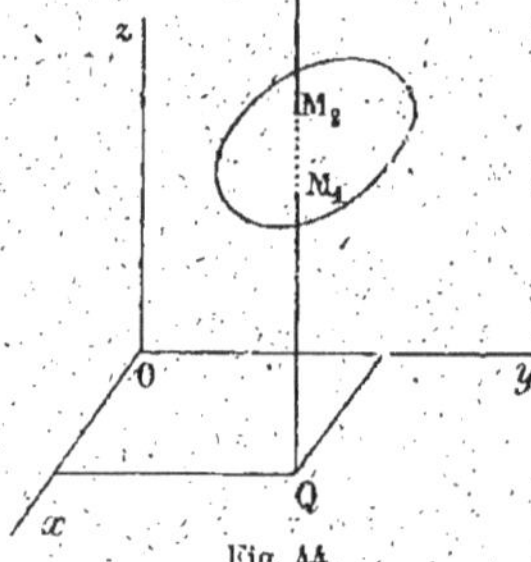

Fig. 44.

un point tel que Q du plan des $xy$ correspondent deux points $M_1$ et $M_2$ de l'espace (*fig.* 44) dont les cotes ont les valeurs (2) ; lorsque Q se déplace dans tout le plan $xOy$, l'ensemble des points $M_1$ et $M_2$ forme une surface.

Inversement, si l'on donne une surface, toute parallèle à l'un des axes, par exemple à l'axe des $z$, la coupe ordinairement en un ou plusieurs points $M_1$, $M_2$, ... ; la coté de chacun d'eux dépend des coordonnées $x$ et $y$ du point Q où la parallèle rencontre le plan des $xy$, de sorte qu'il existe une relation telle que

$$z = f(x, y)$$

entre les coordonnées d'un point de la surface ; celle-ci est donc représentée par une équation entre les coordonnées de chacun de ses points.

Une surface est souvent définie par une propriété géométrique commune à tous ses points; il suffit de traduire cette propriété par une relation entre les coordonnées pour avoir l'équation de la surface. Par exemple, une sphère de rayon R ayant pour centre l'origine est telle que la distance OM de ce point à un point M de la surface est égale à R; d'après ce que nous avons vu au n° 125, nous avons entre les coordonnées $x, y, z$ de chacun des points tels que M la relation

$$x^2 + y^2 + z^2 = R^2 \, ;$$

c'est l'équation de la sphère.

**131. Cas particulier des cônes et des cylindres.** — Toute équation homogène représente une surface conique ayant pour sommet l'origine des coordonnées.

Supposons en effet qu'une surface soit représentée par une équation homogène, et soit M un point de coordonnées $x, y, z$ situé sur elle; d'après la définition de l'homogénéité (n° 74), son équation est satisfaite non seulement par $x, y, z$, mais encore par tous les nombres de la forme

$$x' = kx, \qquad y' = ky, \qquad z' = kz.$$

Lorsque $k$ varie, tous les points de coordonnées $x', y', z'$ sont ceux de la droite OM, et cette droite est tout entière sur la surface; celle-ci jouit ainsi de la propriété de contenir toutes les droites joignant l'origine à chacun de ses points; c'est donc une surface conique ayant pour sommet l'origine.

Réciproquement, l'équation d'un cône de sommet O doit être homogène par rapport à $x, y, z$, car si elle est satisfaite par les coordonnées $x, y, z$ d'un point M, elle doit l'être aussi par les coordonnées

$$x' = kx, \qquad y' = ky, \qquad z' = kz$$

d'un autre point de OM, et cela quel que soit $k$, ce qui est bien la condition d'homogénéité de l'équation.

Pour donner un exemple, nous allons former l'équation d'un cône de révolution ayant pour sommet l'origine O, pour demi-angle au sommet un angle donné V et pour axe une droite faisant avec les axes de coordonnées des angles donnés égaux à $\alpha, \beta, \gamma$.

Soit M un point quelconque de la surface, soient $x, y, z$ ses coordonnées et $\rho$ le vecteur OM; en évaluant, comme nous l'avons fait au n° 124, la projection de OM sur l'axe du cône, nous obtenons la relation

$$\rho \cos V = x \cos \alpha + y \cos \beta + z \cos \gamma \, ;$$

en élevant au carré les deux membres et remplaçant $\rho^2$ par $x^2 + y^2 + z^2$, nous avons l'équation cherchée qui est

$$(x^2 + y^2 + z^2)\cos^2 V = (x\cos\alpha + y\cos\beta + z\cos\gamma)^2.$$

On verrait, comme au n° 100, que si l'on forme au moyen des équations de deux surfaces

$$F(x, y, z) = 0, \qquad \Phi(x, y, z) = 0$$

une combinaison renfermant $x, y, z$ d'une manière homogène, l'équation obtenue représente le cône ayant pour sommet l'origine et passant par les points communs aux deux surfaces.

Supposons maintenant que l'équation d'une surface ne renferme que deux des variables, par exemple $x$ et $y$, et soit de la forme

$$(3) \hspace{6cm} f(x, y) = 0 \, ;$$

nous allons montrer qu'elle représente une surface cylindrique dont les

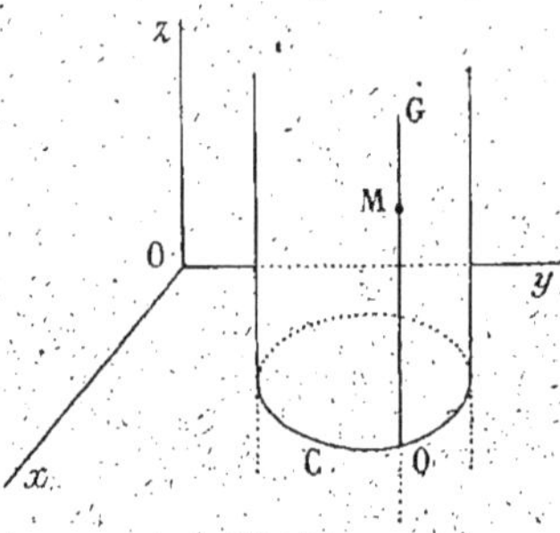

génératrices sont parallèles à $Oz$. Soit en effet M (*fig.* 45) un point de coordonnées $(x, y, z)$ situé sur la surface, et G la parallèle à $Oz$ passant par M ; tous les points de cette droite ont les mêmes coordonnées $x$ et $y$ que M, et la cote $z$ seule diffère de l'un à l'autre ; les coordonnées de chacun d'eux satisfont donc constamment à l'équation (3). Nous concluons de là que la droite G est tout entière sur la surface ; celle-ci jouit ainsi

Fig. 45.

de la propriété de contenir toutes les droites parallèles à $Oz$ et passant par chacun de ses points ; c'est donc une surface cylindrique parallèle à l'axe des $z$.

Réciproquement, l'équation d'un cylindre dont les génératrices sont parallèles à $Oz$ ne doit pas contenir la variable $z$, car si elle est satisfaite par les coordonnées $x, y, z$ d'un point M, elle doit l'être lorsqu'on change $z$ d'une manière quelconque sans changer $y$ et $x$ ; elle ne doit donc pas renfermer la variable $z$.

Tous les points de la trace C du cylindre sur le plan des $xy$ ont des coordonnées $x$ et $y$ satisfaisant à l'équation (3) ; cette équation représente donc dans l'espace un cylindre parallèle à $Oz$, et en géométrie plane la trace de ce cylindre sur le plan des $xy$ ; de même, une équation ne renfermant pas $x$ où $y$, représente un cylindre parallèle à l'axe des $x$ ou à l'axe des $y$.

Par exemple, l'équation

$$x^2 + y^2 - \mathrm{R}^2 = 0$$

représente un cylindre ayant ses génératrices parallèles à $Oz$, et ayant pour base dans le plan des $xy$ un cercle de rayon $R$ et de centre $O$.

En coordonnées semi-polaires, toute relation entre $\rho$ et $\theta$ représente un cylindre parallèle à $Oz$ ; en coordonnées polaires, toute relation entre $\theta$ et $\psi$ représente un cône de sommet $O$.

**132. Représentation des lignes.** — Considérons deux équations entre $x, y, z$ ; soient

$$(4) \qquad \mathrm{F}(x, y, z) = 0, \qquad \Phi(x, y, z) = 0 ;$$

supposons qu'on les résolve par rapport à $y$ et $z$ et qu'elles fournissent un ou plusieurs systèmes de valeurs tels que

$$(5) \qquad y = f(x), \qquad z = \varphi(x) ;$$

à chaque valeur de $x$ représentée par un point P de $Ox$ (*fig.* 46) cor-

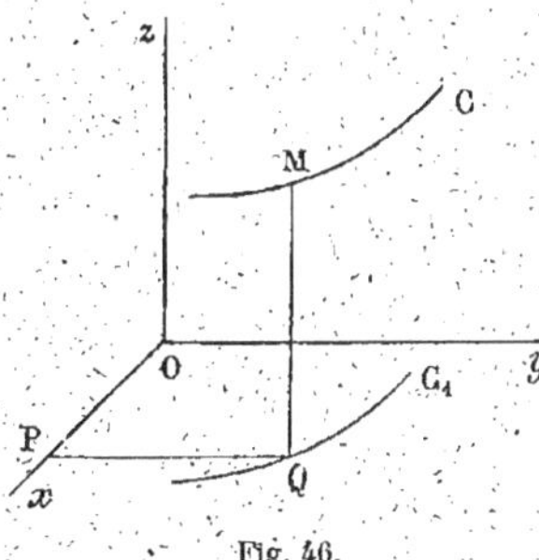

respondent un ou plusieurs points de l'espace tels que M dont les coordonnées $y$ et $z$ ont les valeurs (5) ; lorsque P se déplace sur $Ox$, l'ensemble de ces points M constitue une ligne.

Inversement, si l'on donne une ligne C, tout plan parallèle à l'un des plans de coordonnées, par exemple au plan des $yz$, la coupe ordinairement en un ou plusieurs points tels que M ; l'ordonnée (PQ) et la cote (QM) de l'un d'eux dépendent de l'abscisse (OP) du point où le plan coupe l'axe des $x$, et il existe deux relations telles que (5) entre les coordonnées d'un point de la ligne ; celle-ci est donc représentée par deux équations entre les coordonnées de ses points.

Chacune des deux équations telles que (4) qui définissent une ligne représente elle-même une surface ; les points communs aux deux surfaces ainsi obtenues sont ceux dont les coordonnées satisfont à la fois aux deux équations, c'est-à-dire ceux qui appartiennent à la ligne considérée ; on dit alors que cette ligne est l'intersection des deux surfaces représentées par ses deux équations.

Si l'une des deux équations, ou une combinaison que l'on en déduit, ne renferme que deux coordonnées, si elle a par exemple la forme

$$y = f(x)$$

de la première des équations (5), elle représente un cylindre parallèle à $Oz$ et passant par la ligne ; on dit que c'est le *cylindre projetant* la ligne parallèlement à l'axe des $z$. La même équation représente aussi, dans le plan des $xy$, la trace de ce cylindre, c'est-à-dire la projection $C_1$ de la courbe C sur le plan $xOy$. En formant de même une combinaison ne renfermant pas $y$, c'est-à-dire en éliminant $y$ entre les deux équations de la ligne, on obtient l'équation du cylindre projetant parallèlement à $Oy$, et aussi celle de la projection de la ligne sur le plan $xOz$ ; l'élimination de $x$ conduirait de même à l'équation du cylindre projetant parallèlement à $Ox$ et à celle de la projection de la ligne sur le plan des $yz$.

Comme exemple, si la seconde des équations (4) se réduit à $z = 0$, l'équation obtenue en faisant $z = 0$ dans la première

$$F(x, y, 0) = 0$$

représente la section par le plan des $xy$ de la surface d'équation $F(x, y, z) = 0$. De même, si la seconde des équations est $z = h$, l'équation

$$F(x, y, h) = 0$$

représente le cylindre projetant sur le plan $xOy$ la section de la surface $F(x, y, z) = 0$ par le plan parallèle au plan $xOy$ de cote $h$ ; c'est aussi l'équation de la projection de cette section, et celle de cette section dans son plan, rapportée à des axes parallèles à $Ox$ et $Oy$, issus du point de rencontre de $Oz$ avec le plan sécant.

On étudierait ainsi les sections d'une surface par des plans successifs parallèles au plan $xOy$ et on en déduirait un aperçu sur la forme de la surface.

Il arrive souvent que les trois coordonnées d'un point sont exprimées au moyen d'un même paramètre variable ; l'ensemble des points correspondant à toutes les valeurs de ce paramètre constitue une ligne. Supposons en effet que l'on ait des relations de la forme

$$(6) \qquad x = f_1(t), \qquad y = f_2(t), \qquad z = f_3(t),$$

où $t$ est un paramètre variable ; à chaque valeur de $x$ correspondent une ou plusieurs valeurs de $t$, et à chacune d'elles une valeur de $y$ et une de $z$; ces deux dernières coordonnées sont donc liées à $x$ par des relations de la forme (5), et ces équations représentent une ligne.

Toute combinaison des équations (6) d'où $t$ est éliminé représente une surface passant par la ligne définie par ces équations. En particulier, l'élimination de $t$ entre les trois équations (6) fournit entre les coordonnées $x$, $y$, $z$ deux équations telles que (4); elles peuvent servir à définir la ligne.

Les équations (6) prises deux à deux représentent les projections de la ligne sur les plans de coordonnées. Les deux premières, par exemple, servent à représenter la projection sur le plan des $xy$ et l'équation de cette projection s'obtient en éliminant $t$ entre les deux premières équations. Il en est de même pour les projections sur les autres plans de coordonnées.

Considérons, par exemple, les équations

$$x = t, \qquad y = t^2, \qquad z = t^3;$$

elles représentent une ligne commune aux surfaces représentées par des équations obtenues par élimination de $t$, par exemple les équations

$$x^2 = y, \qquad xy = z, \qquad xz = y^2.$$

Les projections de la ligne sur les plans de coordonnées sont définies respectivement par les systèmes d'équations

$$x = t, \qquad y = t^2, \qquad x^2 = y;$$
$$x = t, \qquad z = t^3, \qquad x^3 = z;$$
$$y = t^2, \qquad z = t^3, \qquad y^3 = z^2.$$

**133. Coordonnées des points d'une droite.** — Comme au n° 87, la manière la plus simple de déterminer analytiquement les points d'une droite consiste à donner les coordonnées $x_0$, $y_0$, $z_0$ d'un des points $M_0$ de cette droite, et les angles $\alpha$, $\beta$, $\gamma$ que fait avec les axes de coordonnées une direction positive choisie sur elle. Si nous prenons sur cette ligne, à partir de $M_0$, un vecteur $M_0M$ égal à $\rho$ (*fig.* 47), et si $x$, $y$, $z$ sont les coordonnées de l'extrémité $M$ de ce vecteur, nous avons vu que les projections de $M_0M$ sur $Ox$,

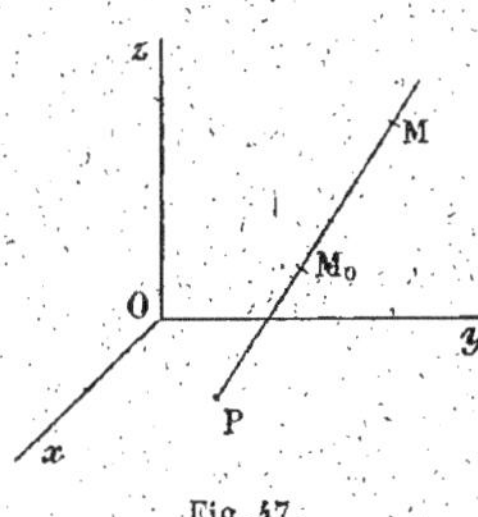

Fig. 47.

$Oy$, $Oz$ sont égales aux différences $x - x_0$, $y - y_0$, $z - z_0$; nous pouvons donc écrire

$$(7) \qquad \begin{aligned} x - x_0 &= \varrho \cos \alpha, \\ y - y_0 &= \varrho \cos \beta, \\ z - z_0 &= \varrho \cos \gamma ; \end{aligned}$$

nous en déduisons les relations

$$(8) \qquad \begin{aligned} x &= x_0 + \varrho \cos \alpha, \\ y &= y_0 + \varrho \cos \beta, \\ z &= z_0 + \varrho \cos \gamma ; \end{aligned}$$

elles donnent les expressions, en fonction du paramètre variable $\varrho$, des coordonnées des points de la droite.

L'élimination de $\varrho$ entre ces relations nous donne les équations de la droite :

$$(9) \qquad \frac{x - x_0}{\cos \alpha} = \frac{y - y_0}{\cos \beta} = \frac{z - z_0}{\cos \gamma} ;$$

ce sont deux équations du premier degré satisfaites par les coordonnées de tous les points de la droite ; nous voyons donc qu'*une droite est représentée par deux équations du premier degré.*

On peut choisir simplement le point $M_0$ et supposer par exemple que c'est le point P de la droite situé dans le plan des $xy$ ; on a alors $z_0 = 0$. Les équations (9) peuvent s'écrire dans ce cas

$$x = \frac{\cos \alpha}{\cos \gamma} z + x_0 ; \qquad y = \frac{\cos \beta}{\cos \gamma} z + y_0 ;$$

on les met ordinairement sous la forme

$$(10) \qquad x = az + p, \qquad y = bz + q.$$

**134. Équation d'un plan.** — La manière la plus simple de déterminer analytiquement un plan consiste à donner les coordonnées $(x_0, y_0, z_0)$ d'un de ses points, $M_0$, et les angles $\alpha$, $\beta$, $\gamma$ que fait avec les axes de coordonnées une perpendiculaire à ce plan.

Soit M un point quelconque du plan, de coordonnées $(x, y, z)$, et soient $\alpha'$, $\beta'$, $\gamma'$ les angles que fait avec les axes le vecteur $M_0M$ ; entre les cosinus de ces angles et les coordonnées des points $M_0$ et M existent les relations suivantes, analogues à (9),

$$(11) \qquad \frac{x - x_0}{\cos \alpha'} = \frac{y - y_0}{\cos \beta'} = \frac{z - z_0}{\cos \gamma'} ;$$

la condition pour que les droites faisant avec les axes les angles $\alpha$, $\beta$, $\gamma$

et $\alpha'$, $\beta'$ $\gamma'$ soient rectangulaires est, comme nous l'avons vu au n° 124,

$$\cos\alpha \cos\alpha' + \cos\beta \cos\beta' + \cos\gamma \cos\gamma' = 0 ;$$

en remplaçant $\cos\alpha'$, $\cos\beta'$, $\cos\gamma'$ par les valeurs proportionnelles tirées de (11), nous avons l'équation suivante :

$$(12) \qquad (x - x_0)\cos\alpha + (y - y_0)\cos\beta + (z - z_0)\cos\gamma = 0,$$

qui est satisfaite par les coordonnées des points du plan ; c'est donc l'équation du plan ; comme elle est du premier degré entre $x$, $y$, $z$, nous voyons qu'*un plan est représenté par une équation du premier degré.*

**135. Ordre d'une surface ou d'une courbe algébriques.** — On appelle surface algébrique une surface dont l'équation est algébrique par rapport aux trois variables $x$, $y$, $z$ ; si l'on rend cette équation rationnelle et entière et si l'on fait passer tous les termes dans le premier membre, elle prend la forme

$$(13) \qquad F(x, y, z) = 0,$$

où $F$ est un polynome entier en $x, y, z$ ; le degré de ce polynome est appelé l'ordre de la surface.

L'ordre d'une surface est égal au nombre de points réels ou imaginaires de rencontre de cette surface avec une droite quelconque ; pour le démontrer, nous suivrons le même mode de raisonnement qu'au n° 88. Les coordonnées des points d'une droite $D$ issue d'un point $M_0$ étant données par les formules (8), les points de rencontre de cette droite avec la surface représentée par l'équation (13) seront fournis par l'équation

$$(14) \qquad F(x_0 + \rho\cos\alpha, \quad y_0 + \rho\cos\beta, \quad z_0 + \rho\cos\gamma) = 0 ;$$

les racines de cette équation, où $\rho$ est l'inconnue, sont les valeurs relatives des vecteurs ayant pour origine $M_0$ et pour extrémités les points de rencontre de la droite et de la surface ; le nombre de ces derniers est égal au degré de l'équation, et il est le même que le degré du polynome $F(x, y, z)$, c'est-à-dire l'ordre de la surface.

Si l'équation (14) a plus de racines qu'il n'y a d'unités dans son degré, elle est satisfaite par toute valeur de $\rho$, et la droite $D$ est située tout entière sur la surface.

La surface du premier ordre est représentée par une équation du premier degré, dont la forme générale est

$$(15) \qquad Ax + By + Cz + D = 0 ;$$

elle est rencontrée par une droite quelconque en un seul point, et si une droite la rencontre en deux points, elle est tout entière sur la surface ; ces propriétés caractérisent un plan, donc *une équation du premier degré représente un plan.*

On appelle ligne algébrique une ligne dont les deux équations sont algébriques ou, ce qui revient au même, dont les coordonnées des différents points sont des fonctions algébriques d'un paramètre. On appelle ordre d'une ligne algébrique le nombre des points de rencontre de cette ligne avec un plan quelconque ; pour le déterminer, on cherche le nombre des solutions communes aux équations de la ligne et à l'équation d'un plan quelconque, prise sous la forme (15).

Par exemple la ligne représentée par deux équations du premier degré est rencontrée par un plan en un seul point, car la résolution de trois équations du premier degré dans le cas général fournit une seule solution ; cette ligne est donc du premier ordre, et c'est une droite ; nous voyons que *deux équations du premier degré représentent une droite.*

Une section plane d'une surface algébrique est une courbe plane algébrique ; elle est rencontrée par une droite de son plan en un même nombre de points que la surface, par conséquent elle a même ordre que la surface ; ainsi toute section plane d'une surface du second ordre est une courbe du second ordre.

L'intersection de deux surfaces algébriques est une ligne algébrique ; on démontre en algèbre que l'ordre de cette ligne est égal au produit des ordres de ces deux surfaces ; par exemple la ligne d'intersection de deux surfaces du second ordre est une ligne du quatrième ordre. Cette ligne peut se décomposer en plusieurs autres, par exemple en deux lignes du second ordre, ou en une droite et une ligne du troisième ordre, ou en quatre droites.

Lorsque les coordonnées des points d'une ligne sont données en fonction d'un paramètre $t$ par des équations telles que (6) et que ces équations sont algébriques, on écrit que les coordonnées satisfont à l'équation d'un plan quelconque (15) et l'on obtient une équation algébrique

$$A f_1(t) + B f_2(t) + C f_3(t) + D = 0 ;$$

le nombre des solutions de cette équation est l'ordre de la ligne, car à chaque solution correspond un point.

Si l'on considère par exemple la ligne représentée par les équations

$$x = t, \qquad y = t^2, \qquad z = t^3,$$

les points où elle rencontre un plan sont déterminés par l'équation

$$A t + B t^2 + C t^3 + D = 0$$

qui a trois racines; la courbe est du $3^e$ ordre et l'on dit qu'elle est une cubique.

**136. Génération des lignes et des surfaces.** — Comme en géométrie plane, on peut envisager divers modes de définition d'un lieu géométrique ; le premier consiste à énoncer les propriétés communes à tous les points du lieu ; la traduction de ces propriétés au moyen des coordonnées de ces points fournit une ou deux équations entre ces coordonnées ; dans le premier cas l'équation représente une surface qui est le lieu, dans le second cas les deux équations représentent une ligne qui est le lieu cherché. C'est ainsi que nous avons trouvé l'équation d'une sphère ayant pour centre l'origine et pour rayon R.

Un deuxième mode consiste dans un procédé de construction qui permet d'obtenir autant de points du lieu que l'on veut ; il suffit de traduire cette construction au moyen des coordonnées d'un point pour obtenir l'équation ou les équations du lieu, ou bien encore d'exprimer les coordonnées des points du lieu au moyen d'un paramètre. Par exemple, l'hélice circulaire tracée sur un cylindre de rayon R est définie comme le lieu des points obtenus par la construction suivante :

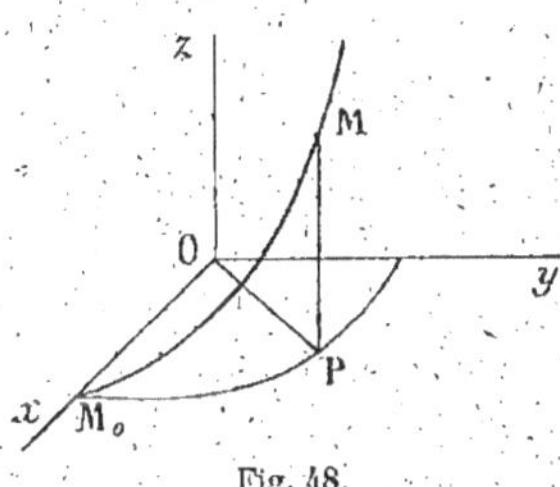
Fig. 48.

sur le cercle de base du cylindre (*fig.* 48) on prend un arc $M_0P$ et sur la génératrice du cylindre passant par P, on prend un segment

$$PM = k \text{ arc } M_0P,$$

$k$ étant une constante. Si l'on prend l'axe du cylindre comme axe des $z$, le plan du cercle de base comme plan des $xy$, et l'axe $Ox$ passant par $M_0$, puis si l'on prend comme paramètre l'angle $\theta = \widehat{M_0OP}$, on a arc $M_0P = R\theta$, et, $PM = kR\theta$. En coordonnées semi-polaires ou cylindriques, l'hélice est représentée par les équations

$$\rho = R, \qquad z = kR\theta ;$$

en coordonnées cartésiennes, elle est représentée par les équations

$$(16) \qquad x = R \cos\theta, \qquad y = R \sin\theta, \qquad z = kR\theta,$$

exprimant les coordonnées au moyen du paramètre $\theta$.

Un autre mode de définition d'un lieu géométrique consiste à le déduire d'une figure donnée par une transformation géométrique ; ordinairement cette transformation est définie pour un point quelconque de l'espace, et à chaque point M elle fait correspondre un point M' ; les points M' correspondant aux points M d'une figure donnée constituent le lieu cherché. Les formules qui définissent la transformation permettent d'exprimer les coordonnées de M au moyen de celles de M' ; en écrivant que les premières satisfont aux équations de la figure donnée, on obtiendra les équations du lieu.

Nous pouvons citer comme exemples l'homothétie et l'inversion, dont les formules en géométrie de l'espace sont analogues à celles de la géométrie plane (n° 91).

**137. Génération d'une surface par une ligne variable. Surfaces réglées.** — Un procédé très général de génération d'une surface consiste à la définir comme le lieu des positions successives d'une ligne variable qui se déplace en changeant ou non de forme suivant une loi donnée. Par exemple, on considère une surface conique comme engendrée par une droite passant par un point fixe, le sommet de la surface, et s'appuyant sur une ligne ou une surface fixes. De même, on considère une surface cylindrique comme engendrée par une droite qui reste parallèle à une direction fixe et s'appuie sur une ligne ou une surface fixes. Dans tous les cas, la ligne mobile s'appelle *génératrice* et les lignes fixes qu'elle est assujettie à rencontrer s'appellent *directrices*.

Une génératrice de la surface est ordinairement représentée par deux équations renfermant un paramètre variable, de la forme

$$f(x, y, z, a) = 0, \qquad \varphi(x, y, z, a) = 0,$$

$a$ étant le paramètre ; à chaque valeur de $a$ correspond une position de la ligne mobile. On obtient l'équation de la surface engendrée par la ligne génératrice en formant une combinaison des deux équations de cette ligne ne renfermant plus le paramètre $a$, ou, comme on dit, en éliminant $a$ entre les deux équations.

*Exemple.* — La droite représentée par deux équations

$$y = ax, \qquad z = a$$

se déplace lorsque $a$ varie, et engendre une surface dont on forme l'équation en éliminant $a$ entre les deux relations précédentes ; on obtient ainsi l'équation $y = xz$, qui représente une surface du second ordre.

On peut envisager le cas où les équations de la ligne mobile dépendent de deux paramètres $a, b$ liés par une équation, soient

$$f(x, y, z, a, b) = 0, \qquad \varphi(x, y, z, a, b) = 0, \qquad \psi(a, b) = 0$$

les équations de la ligne et la relation de condition ; on obtiendra l'équation de la surface en éliminant $a$ et $b$ entre ces trois équations.

*Exemple.* — Cherchons l'équation du cylindre dont la directrice est, dans le plan des $xy$, la parabole d'équation $y^2 - 2px = 0$ et dont les génératrices font avec les axes de coordonnées des angles donnés $\alpha$, $\beta$, $\gamma$.

Si nous désignons par $a$, $b$ et $c = 0$ les coordonnées d'un point de la parabole, les équations d'une génératrice sont (n° 133)

$$\frac{x - a}{\cos \alpha} = \frac{y - b}{\cos \beta} = \frac{z}{\cos \gamma};$$

les paramètres $a$, $b$ sont reliés par l'équation

$$b^2 - 2pa = 0.$$

En tirant $a$, $b$ des premières et portant leurs valeurs dans la dernière, on obtient l'équation cherchée du cylindre

$$\left(y - z\,\frac{\cos \beta}{\cos \gamma}\right)^2 - 2p\left(x - z\,\frac{\cos \alpha}{\cos \gamma}\right) = 0.$$

On définit quelquefois la ligne génératrice en donnant les expressions des coordonnées d'un point de cette ligne au moyen d'un premier paramètre ; désignons-le par $u$ ; lorsque $u$ varie, on obtient les points successifs de la génératrice. Les expressions des coordonnées renferment en outre un deuxième paramètre, que nous appellerons $v$ ; à chaque valeur de $v$ correspond alors une position de la génératrice ; de cette façon, on a, pour représenter les coordonnées des points successifs de la surface engendrée par la ligne, des expressions renfermant deux paramètres, de la forme

$$x = f(u, v), \qquad y = \varphi(u, v), \qquad z = \psi(u, v).$$

Toute relation entre $u$ et $v$ représente une ligne tracée sur la surface ; en particulier les lignes représentées par $u = c^{te}$ ou $v = c^{te}$ sont appelées *lignes coordonnées*, parce qu'elles généralisent sur une surface quelconque les parallèles $x = c^{te}$, $y = c^{te}$ aux axes de coordonnées de la géométrie plane. Tout système de nombres $u$, $v$ détermine un point dont ces nombres sont appelés *coordonnées curvilignes* ; ce point est l'intersection des lignes coordonnées relatives à $u$ et $v$. On obtient l'équation de la surface en éliminant les paramètres $u$ et $v$ entre les équations qui expriment les coordonnées $x$, $y$, $z$ au moyen de ces paramètres.

*Exemple.* — Les équations

$$x = u\cos v, \qquad y = u \sin v, \qquad z = kv$$

représentent une surface dont l'équation est

$$\frac{y}{x} = \operatorname{tg} \frac{z}{k} \, ;$$

les lignes $u = c^{\text{te}}$ sont des hélices tracées sur des cylindres d'axe $Oz$ et de rayon $u$, les lignes $v = c^{\text{te}}$ sont des droites situées dans des plans parallèles au plan des $xy$, de cote $z = kv$, s'appuyant sur $Oz$ et sur une des hélices précédentes ; la surface formée par ces droites s'appelle *hélicoïde à plan directeur*.

On appelle *surfaces réglées* celles qui sont engendrées par le déplacement d'une droite mobile. En général, on suppose que les équations de la génératrice sont mises sous la forme

$$x = az + p, \qquad y = bz + q,$$

et que les quatre coefficients $a$, $b$, $p$, $q$ sont des fonctions d'un même paramètre $t$ ; lorsque $t$ varie, on obtient les droites successives de la surface ; on forme l'équation de cette surface en éliminant $t$ entre les équations de la génératrice.

Parmi les surfaces réglées, nous mentionnerons les surfaces coniques et les surfaces cylindriques, dont nous avons vu au n° 131 les équations dans des cas particuliers. Nous mentionnerons aussi les surfaces *conoïdes* ; on appelle ainsi les surfaces engendrées par une droite restant parallèle à un plan fixe appelé *plan directeur*, en s'appuyant sur une droite fixe appelée *directrice rectiligne* et sur une autre ligne, droite ou courbe. L'hélicoïde à plan directeur est une surface conoïde.

On peut envisager des droites dont les équations dépendent de deux paramètres ; elles forment ce qu'on appelle une *congruence*. Par tout point de l'espace passent des droites en nombre limité ; un exemple est fourni par les droites qui rencontrent deux directrices.

Les droites dont les équations dépendent de trois paramètres forment ce qu'on appelle un *complexe*. Par tout point de l'espace passent des droites en nombre infini formant un cône ; un exemple est fourni par toutes les droites tangentes à une sphère.

**138. Surfaces de révolution.** — Une surface de révolution est obtenue en faisant tourner une ligne plane ou gauche autour d'une droite fixe que l'on appelle *axe* de la surface ; dans ce mouvement, tout point de la ligne mobile décrit une circonférence dont le centre est sur l'axe et dont le plan est perpendiculaire à l'axe ; une telle circonférence s'appelle un *parallèle* de la surface ; les sections par des plans passant par l'axe sont des lignes égales entre elles et sont désignées sous le nom de *méridiens*.

Au lieu de considérer la surface comme le lieu des positions successives d'une ligne invariable de forme tournant autour de l'axe, on peut encore la regarder comme engendrée par une circonférence variable de grandeur et de position, dont le centre est sur l'axe, le plan perpendiculaire à l'axe, et assujettie de plus à s'appuyer sur une ligne donnée ; cette manière d'envisager la surface est souvent employée pour former son équation.

Nous supposerons que l'on prend comme axe des $z$ l'axe de la surface de révolution, et que l'on donne l'équation d'un méridien de cette surface dans un plan que nous prendrons comme plan des $xz$ ; soit, dans ce plan,

$$(17) \qquad f(x, z) = 0$$

l'équation de la courbe méridienne, et soient $(x_0, z_0)$ les coordonnées d'un point de cette courbe. Dans le plan de cote $z_0$ existe un parallèle de la surface dont le rayon est $x_0$, et dont les équations sont

$$z = z_0, \qquad x^2 + y^2 = x_0^2 ;$$

en écrivant que $x_0$ et $z_0$ satisfont à l'équation (17), nous avons l'équation de la surface, qui est

$$(18) \qquad f(\sqrt{x^2 + y^2}, z) = 0 ;$$

on l'obtient simplement en remplaçant $x$ par $\sqrt{x^2 + y^2}$ dans l'équation de la ligne méridienne donnée dans le plan des $xz$. En coordonnées cylindriques, l'équation de la surface est simplement

$$f(\rho, z) = 0.$$

Comme exemples de surfaces de révolution, nous mentionnerons :

1° L'ellipsoïde de révolution, engendré par une ellipse tournant autour de l'un de ses axes ; l'ellipsoïde est allongé ou aplati suivant que l'axe de révolution est le grand ou le petit axe. Si nous supposons que les axes dirigés suivant $Ox$ et $Oz$ soient égaux à $2a$ et $2c$, et que $Oz$ soit l'axe de révolution, l'équation de la surface est

$$\frac{x^2 + y^2}{a^2} + \frac{z^2}{c^2} - 1 = 0 ;$$

2° L'hyperboloïde de révolution, engendré par une hyperbole tournant autour de l'un de ses axes ; en employant les mêmes notations que précédemment, l'équation de la surface est

$$\frac{x^2 + y^2}{a^2} - \frac{z^2}{c^2} - 1 = 0$$

si l'axe de révolution est l'axe non transverse ; l'hyperboloïde est alors dit à une nappe. L'équation est

$$\frac{x^2 + y^2}{a^2} - \frac{z^2}{c^2} + 1 = 0$$

si l'axe de révolution est l'axe transverse ; l'hyperboloïde est alors dit à deux nappes ;

3° Le paraboloïde de révolution, engendré par une parabole tournant autour de son axe ; son équation est de la forme

$$x^2 + y^2 - 2pz = 0 ;$$

4° Le tore, engendré par une circonférence tournant autour d'un axe situé dans son plan et ne passant pas par son centre.

# CHAPITRE X

## PROBLÈMES SUR LA DROITE ET LE PLAN

**139. Équations d'une droite de direction donnée.** — Nous allons traiter dans l'espace les problèmes analogues à ceux que nous avons résolus aux n$^{os}$ 93 et suivants en géométrie plane.

Lorsque l'on donne un point $M_0$ d'une droite, de coordonnées $(x_0, y_0, z_0)$, et les angles $\alpha$, $\beta$, $\gamma$ que fait avec les axes une direction positive choisie sur elle, nous avons vu (n° 133) que les coordonnées d'un point $M$ de la droite sont données en fonction de la valeur $\rho$ du vecteur $M_0M$ par les formules

$$(1) \qquad x = x_0 + \rho \cos \alpha, \qquad y = y_0 + \rho \cos \beta, \qquad z = z_0 + \rho \cos \gamma,$$

et nous en avons déduit les équations de la droite

$$\frac{x - x_0}{\cos \alpha} = \frac{y - y_0}{\cos \beta} = \frac{z - z_0}{\cos \gamma}.$$

On peut multiplier les dénominateurs par un facteur quelconque sans changer les équations ; elles prennent alors la forme générale

$$(2) \qquad \frac{x - x_0}{a} = \frac{y - y_0}{b} = \frac{z - z_0}{c}$$

que nous considérerons habituellement ; les nombres $a$, $b$, $c$ représentent les projections sur les axes d'un vecteur quelconque pris sur la droite ou sur une droite parallèle et s'appellent *coefficients directeurs* de la droite.

Lorsque l'on donne les coefficients directeurs d'une droite, on peut retrouver inversement les angles de cette droite avec les axes, car les cosinus de ces angles satisfont d'une part aux équations

$$(3) \qquad \frac{\cos \alpha}{a} = \frac{\cos \beta}{b} = \frac{\cos \gamma}{c}$$

et d'autre part à la condition

$$\cos^2 \alpha + \cos^2 \beta + \cos^2 \gamma = 1 \, ;$$

la valeur de chacun des rapports (3) est égale à la racine carrée du quotient de la somme des carrés des numérateurs par la somme des carrés des dénominateurs, et elle est égale à $\dfrac{1}{\pm\sqrt{a^2+b^2+c^2}}$; par suite $\alpha$, $\beta$, $\gamma$ sont déterminés par les équations

$$(4) \quad \begin{cases} \cos\alpha = \dfrac{a}{\pm\sqrt{a^2+b^2+c^2}}, \quad \cos\beta = \dfrac{b}{\pm\sqrt{a^2+b^2+c^2}}, \\[2ex] \cos\gamma = \dfrac{c}{\pm\sqrt{a^2+b^2+c^2}}, \end{cases}$$

les radicaux étant pris chaque fois avec le même signe. Aux deux signes correspondent les deux directions opposées que l'on peut choisir sur la droite.

**Cas particuliers.** — Nous allons examiner des cas particuliers. Si $c$ n'est pas nul, on peut sans inconvénient le supposer égal à l'unité; si de plus $M_0$ est dans le plan des $xy$ et a pour coordonnées $x_0 = p$, $y_0 = q$, $z_0 = 0$, les équations (2) peuvent s'écrire

$$(5) \quad x = az + p, \quad y = bz + q;$$

c'est une forme commode des équations d'une droite, parce qu'elles renferment seulement quatre coefficients, ce qui est le nombre le plus petit possible.

Lorsqu'on veut revenir de la forme (5) des équations à la forme habituelle, on écrit

$$\frac{x-p}{a} = \frac{y-q}{b} = \frac{z}{1}.$$

Si la droite est parallèle à un plan de projection, un des cosinus ou des coefficients directeurs est nul, et le numérateur correspondant doit être égalé à zéro; par exemple les équations d'une droite parallèle au plan des $xy$ sont de la forme

$$Ax + By + C = 0, \quad z = z_0.$$

Si la droite est parallèle à l'un des axes de coordonnées, deux des cosinus ou des coefficients directeurs sont nuls, et les numérateurs correspondants doivent être égalés à zéro; par exemple les équations d'une parallèle à $Oz$ sont

$$x = x_0, \quad y = y_0.$$

L'axe des $z$ a pour équations $x = 0$, $y = 0$; l'axe des $x$ a pour équations $y = 0$, $z = 0$ et l'axe des $y$ a pour équations $x = 0$, $z = 0$.

Si la droite est définie par deux points $M_0$ et $M_1$ de coordonnées $(x_0, y_0, z_0)$ et $(x_1, y_1, z_1)$, nous formerons d'abord les équations (2) d'une droite passant par $M_0$, puis nous déterminerons les coefficients $a$, $b$, $c$ par la condition que les équations soient satisfaites par $(x_1, y_1, z_1)$: nous aurons ainsi les conditions

$$(6) \qquad \frac{a}{x_1 - x_0} = \frac{b}{y_1 - y_0} = \frac{c}{z_1 - z_0};$$

nous en déduirons les équations de la droite, qui sont

$$(7) \qquad \frac{x - x_0}{x_1 - x_0} = \frac{y - y_0}{y_1 - y_0} = \frac{z - z_0}{z_1 - z_0}.$$

En désignant par $\lambda$ le rapport $\dfrac{M_0 M}{M M_1}$, nous verrions comme au n° 93 que les coordonnées de $M$ s'expriment encore par les formules

$$(8) \qquad x = \frac{x_0 + \lambda x_1}{1 + \lambda}, \qquad y = \frac{y_0 + \lambda y_1}{1 + \lambda}, \qquad z = \frac{z_0 + \lambda z_1}{1 + \lambda}.$$

En particulier, les équations de la droite joignant l'origine au point de coordonnées $(x_1, y_1, z_1)$ sont

$$\frac{x}{x_1} = \frac{y}{y_1} = \frac{z}{z_1}.$$

**140. Droites parallèles. — Angle de deux droites. — Droites rectangulaires.** — Étant données deux droites, représentées respectivement par les équations

$$(9) \qquad \begin{aligned} \frac{x - x_0}{a} &= \frac{y - y_0}{b} = \frac{z - z_0}{c}, \\ \frac{x - x_1}{a'} &= \frac{y - y_1}{b'} = \frac{z - z_1}{c'}, \end{aligned}$$

la condition nécessaire et suffisante pour qu'elles soient parallèles est qu'elles fassent les mêmes angles avec les axes de coordonnées; les cosinus de ces angles, d'après les formules (4), sont respectivement proportionnels à $a$, $b$, $c$ et à $a'$, $b'$, $c'$; nous en concluons qu'il faut et il suffit que ces coefficients soient proportionnels, c'est-à-dire que l'on ait

$$(10) \qquad \frac{a}{a'} = \frac{b}{b'} = \frac{c}{c'}.$$

L'angle de deux droites est l'angle formé par les parallèles à ces droites menées par un point quelconque, par exemple par l'origine. Si les équations des deux lignes données sont sous la forme que nous venons d'indiquer, les parallèles qu'on peut leur mener par l'origine font avec les axes les angles $\alpha$, $\beta$, $\gamma$, $\alpha'$, $\beta'$, $\gamma'$ déterminés par les équations (4) pour la première, et par des équations analogues pour la seconde.

Nous avons vu au n° 124 que l'angle V formé par deux droites issues de l'origine est donné par la formule

$$\cos V = \cos \alpha \cos \alpha' + \cos \beta \cos \beta' + \cos \gamma \cos \gamma' \,;$$

nous avons donc, en remplaçant les cosinus par leurs valeurs,

$$(11) \qquad \cos V = \frac{aa' + bb' + cc'}{\pm \sqrt{a^2 + b^2 + c^2} \sqrt{a'^2 + b'^2 + c'^2}}.$$

Pour que les deux droites soient rectangulaires, il faut et il suffit que $\cos V$ soit nul, c'est-à-dire que l'on ait la condition

$$(12) \qquad aa' + bb' + cc' = 0.$$

**141. Équation d'un plan. — Angles de droites et de plans.** — Par un raisonnement analogue à celui du n° 134, nous allons former l'équation d'un plan passant par un point $M_0$ de coordonnées $(x_0, y_0, z_0)$ et perpendiculaire à une droite D de coefficients directeurs $a$, $b$, $c$. Si $x$, $y$, $z$ sont les coordonnées d'un point M du plan, les coefficients directeurs de la droite $M_0M$ sont proportionnels à $x - x_0$, $y - y_0$, $z - z_0$, et en écrivant, d'après la formule (12), que cette droite est perpendiculaire à D, nous obtenons l'équation du plan, qui est

$$(13) \qquad a(x - x_0) + b(y - y_0) + c(z - z_0) = 0 \,;$$

elle est de la forme

$$(14) \qquad Ax + By + Cz + D = 0.$$

Si nous appelons coefficients directeurs d'un plan les coefficients A, B, C de $x$, $y$, $z$ dans son équation, nous déduisons de ce qui précède le théorème suivant :

*Lorsqu'un plan est perpendiculaire à une droite, les coefficients directeurs du plan sont proportionnels à ceux de la droite.*

Ce théorème nous permet de former inversement les équations d'une droite passant par un point de coordonnées $(x_0, y_0, z_0)$ et perpendiculaire à un plan représenté par l'équation générale (14); elles sont

$$\frac{x - x_0}{A} = \frac{y - y_0}{B} = \frac{z - z_0}{C}.$$

En général, pour trouver l'angle de deux plans, on cherche l'angle de deux droites menées respectivement perpendiculaires à ces plans ; on écrit que deux plans sont parallèles ou sont rectangulaires en écrivant que ces droites sont elles-mêmes parallèles ou rectangulaires. Si l'on considère, par exemple, deux plans représentés par les équations

$$(15) \qquad \begin{aligned} Ax + By + Cz + D &= 0, \\ A'x + B'y + C'z + D' &= 0, \end{aligned}$$

l'angle de ces plans est donné par la formule analogue à (11)

$$\cos V = \frac{AA' + BB' + CC'}{\sqrt{A^2 + B^2 + C^2}\,\sqrt{A'^2 + B'^2 + C'^2}} ;$$

les conditions pour qu'ils soient parallèles sont

$$\frac{A}{A'} = \frac{B}{B'} = \frac{C}{C'},$$

et la condition pour qu'ils soient rectangulaires est

$$AA' + BB' + CC' = 0.$$

L'angle d'une droite et d'un plan est le complément de l'angle de la droite et d'une perpendiculaire au plan.

Pour qu'une droite et un plan soient parallèles, il faut et il suffit que la droite soit perpendiculaire à une perpendiculaire au plan ; si la droite et le plan ont respectivement pour coefficients directeurs $a, b, c$ et $A, B, C$, il faut et il suffit que l'on ait

$$(16) \qquad Aa + Bb + Cc = 0.$$

**142. Cas particuliers de la détermination d'un plan.** — Supposons qu'un plan soit assujetti à passer par un point $M_0$ de coordonnées $(x_0, y_0, z_0)$ et à être parallèle à deux droites de coefficients directeurs $a, b, c$ et $a', b', c'$ ; nous formerons l'équation générale d'un plan passant par le point $M_0$ ; elle est

$$(17) \qquad A(x - x_0) + B(y - y_0) + C(z - z_0) = 0,$$

puis nous déterminerons les coefficients $A, B, C$ par les conditions que le plan soit parallèle aux deux droites ; ces conditions sont

$$(18) \qquad \begin{aligned} Aa + Bb + Cc &= 0, \\ Aa' + Bb' + Cc' &= 0. \end{aligned}$$

Nous tirons de là

$$(19) \qquad \frac{A}{bc' - cb'} = \frac{B}{ca' - ac'} = \frac{C}{ab' - ba'},$$

et il nous suffit de porter ces valeurs dans l'équation (17). Nous pouvons aussi remarquer que les équations (17) et (18) sont homogènes par rapport à A, B, C, et doivent être satisfaites par un système de valeurs non toutes nulles de ces trois quantités ; d'après ce que nous avons vu au n° 65, le déterminant de leurs coefficients doit être nul, et cette condition nous fournit l'équation cherchée sous la forme

$$\begin{vmatrix} x - x_0 & y - y_0 & z - z_0 \\ a & b & c \\ a' & b' & c' \end{vmatrix} = 0.$$

Si un plan est assujetti à passer par deux points $M_0 (x_0, y_0, z_0)$ et $M_1 (x_1, y_1, z_1)$ et à être parallèle à une droite de coefficients $a, b, c$, il suffit de remarquer que le plan est parallèle à la droite $M_0 M_1$ et que les coefficients directeurs de cette droite sont $x_1 - x_0$, $y_1 - y_0$ et $z_1 - z_0$. Nous obtiendrons l'équation du plan en remplaçant dans l'équation précédente $a'$, $b'$, $c'$ par $x_1 - x_0$, $y_1 - y_0$, $z_1 - z_0$.

De même, si un plan est assujetti à passer par trois points $M_0 (x_0, y_0, z_0)$, $M_1 (x_1, y_1, z_1)$ et $M_2 (x_2, y_2, z_2)$, il suffit d'exprimer qu'il passe par $M_0$ et qu'il est parallèle aux droites $M_0 M_1$ et $M_0 M_2$. Une autre manière consiste à écrire l'équation générale d'un plan sous la forme (14), et à exprimer que cette équation est satisfaite par les coordonnées de $M_0$, $M_1$ et $M_2$ ; les trois conditions ainsi formées, jointes à l'équation du plan, sont quatre relations linéaires et homogènes par rapport aux quatre quantités A, B, C, D, et comme elles doivent être satisfaites par des valeurs non toutes nulles de ces quantités, il faut que le déterminant de leurs coefficients soit nul. Nous obtenons ainsi l'équation du plan sous la forme

$$\begin{vmatrix} x & y & z & 1 \\ x_0 & y_0 & z_0 & 1 \\ x_1 & y_1 & z_1 & 1 \\ x_2 & y_2 & z_2 & 1 \end{vmatrix} = 0.$$

En particulier, si les points donnés sont l'un d'abscisse $a$ sur $Ox$, l'autre d'ordonnée $b$ sur $Oy$ et le troisième de cote $c$ sur $Oz$, l'une ou l'autre des méthodes précédentes conduisent à l'équation

$$\frac{x}{a} + \frac{y}{b} + \frac{z}{c} - 1 = 0.$$

Pour construire un plan donné par une équation donnée, on peut déterminer les traces de ce plan sur les plans de coordonnées, ou bien les points de rencontre avec les axes ; la trace sur le plan des $xy$ par exemple s'obtient en faisant $z = 0$ dans l'équation donnée ; le point de rencontre avec $Ox$ s'obtient en faisant $y = 0$ et $z = 0$.

**143. Intersection de plans et de droites.** — L'intersection de deux plans qui ne sont pas parallèles ou confondus est une droite, qui est représentée par les équations des deux plans. Si l'on veut mettre les équations de la droite sous la forme fondamentale (2), il faut calculer les coordonnées d'un de ses points, et les coefficients qui déterminent sa direction.

Pour déterminer un des points de la droite, il suffit de considérer par exemple les traces des deux plans sur un des plans de coordonnées, et de calculer les coordonnées de leur intersection. Pour déterminer les coefficients directeurs, que nous appellerons $a, b, c$, il suffit d'écrire que ce sont ceux d'une droite parallèle aux deux plans. Si ceux-ci sont représentés par les équations générales (15), $a, b, c$ satisfont aux conditions

$$Aa + Bb + Cc = 0,$$
$$A'a + B'b + C'c = 0 ;$$

elles donnent

$$\frac{a}{BC' - CB'} = \frac{b}{CA' - AC'} = \frac{c}{AB' - BA'} ;$$

on peut remarquer l'analogie de ce calcul avec celui qui a fourni les formules (19).

L'équation

$$(Ax + By + Cz + D) + \lambda(A'x + B'y + C'z + D') = 0$$

représente, quel que soit $\lambda$, un plan passant par la droite d'intersection des deux plans donnés par les équations (15).

Les coordonnées d'un point commun à trois plans donnés sont un système de valeurs de $x, y, z$ satisfaisant aux équations des trois plans ; la détermination et la discussion de l'intersection de trois plans se confond avec la résolution et la discussion de trois équations linéaires à trois inconnues ; elle a été faite aux n⁰ˢ 63 et suivants.

Pour trouver le point de rencontre d'une droite et d'un plan, il suffit de trouver le point commun à trois plans : le plan donné et deux plans passant par la droite. Il est plus simple, lorsque la droite est représentée par des équations de la forme (2), de suivre la même marche que celle qui a été employée à propos de l'ordre d'une surface (n° 135).

Deux droites n'ont en général aucun point commun ; pour qu'elles en aient un, il faut que deux plans passant par la première et deux plans passant par la seconde se coupent en un même point, ou bien que les quatre équations de ces plans soient satisfaites par un même système de valeurs de trois inconnues $x$, $y$, $z$. Il faut pour cela (n° 69) que le déterminant des coefficients des inconnues et des termes connus soit nul.

**144. Distance d'un point à un plan ou à une droite.** — Pour trouver la distance du point de coordonnées $x_0$, $y_0$, $z_0$ au plan d'équation

$$A x + B y + C z + D = 0,$$

nous suivrons la même marche qu'au n° 97 ; nous abaisserons (*fig.* 49) la perpendiculaire $M_0 P$ sur le plan, et nous chercherons la distance de $M_0$ au point $P$ de rencontre de cette droite et du plan.

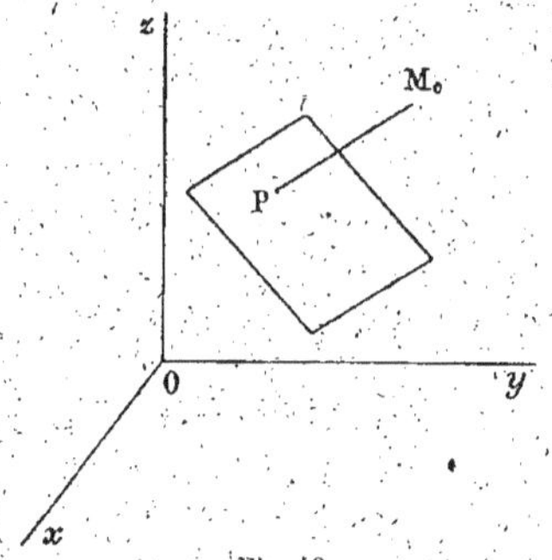

Les équations de la perpendiculaire sont

Fig. 49.

$$\frac{x - x_0}{A} = \frac{y - y_0}{B} = \frac{z - z_0}{C},$$

si nous désignons par $t$ la valeur commune de ces rapports, nous avons

$$x = x_0 + A t, \qquad y = y_0 + B t, \qquad z = z_0 + C t,$$

et en transportant ces valeurs dans l'équation du plan, nous avons la relation

$$A x_0 + B y_0 + C z_0 + D + (A^2 + B^2 + C^2) t = 0,$$

qui donne la valeur de $t$ correspondant au point P,

$$t = - \frac{A x_0 + B y_0 + C z_0 + D}{A^2 + B^2 + C^2}.$$

La distance $M_0 P$ est égale à $\sqrt{(x - x_0)^2 + (y - y_0)^2 + (z - z_0)^2}$ ; en remplaçant $x$, $y$, $z$ par leurs valeurs en fonction de $t$, et $t$ par la valeur précédente, on a pour valeur de la distance $d = M_0 P$,

$$d = \text{Val. abs. de } \frac{A x_0 + B y_0 + C z_0 + D}{\sqrt{A^2 + B^2 + C^2}}.$$

Dans certains cas, comme au n° 97, on peut adopter pour $d$ une valeur algébrique égale à la fraction du second membre.

Pour avoir la distance d'un point $M_1(x_1, y_1, z_1)$ à une droite issue

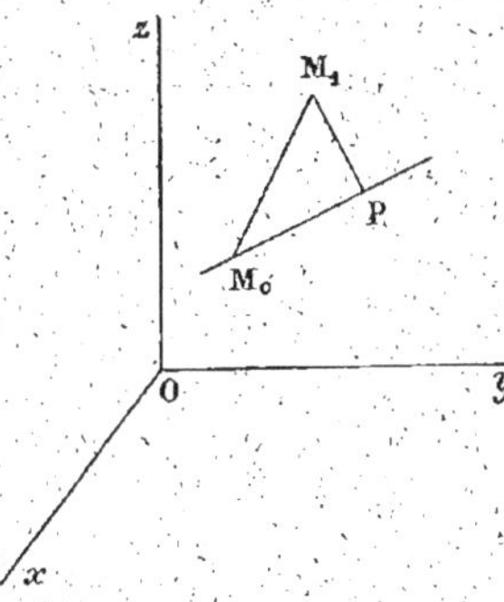

Fig. 50.

d'un point $M_0$ et représentée par les équations (2), on trace par le point $M_1$ un plan perpendiculaire à la droite (*fig.* 50); son équation est

$$a(x - x_1) + b(y - y_1) + c(z - z_1) = 0 ;$$

on peut déterminer le point P commun à ce plan et à la droite, et calculer la distance $M_1P$; mais il est plus simple de calculer d'abord la distance du point $M_0$ au plan précédent, puis la distance des deux points $M_0$, $M_1$; on a alors la distance cherchée par la formule

$$M_1P = \sqrt{\overline{M_0M_1}^2 - \overline{M_0P}^2} .$$

La plus courte distance de deux droites D et D' est la distance d'un point de l'une à un plan mené par l'autre parallèlement à la première; l'équation de ce plan résulte des considérations du n° 142.

Pour former les équations de la perpendiculaire commune à D et D', on détermine d'abord un plan parallèle à ces deux droites, puis une droite D″ perpendiculaire à ce plan. On forme ensuite l'équation du plan P qui passe par D et est parallèle à D″, puis l'équation du plan P′ qui passe par D′ et est parallèle à D″; ces deux plans P et P′ déterminent la perpendiculaire commune à D et D'.

# CHAPITRE XI

ÉQUATIONS USUELLES DES SURFACES DU SECOND ORDRE

---

**145. Sphère.** — Nous obtiendrons l'équation d'une sphère de centre $M_0(x_0, y_0, z_0)$ et de rayon R en écrivant que la distance d'un point $M(x, y, z)$ de la surface au centre est égale à R ; nous aurons de cette façon l'équation

$$(1) \qquad (x - x_0)^2 + (y - y_0)^2 + (z - z_0)^2 = R^2.$$

En faisant passer tous les termes dans le premier membre et ordonnant, nous l'écrirons

$$x^2 + y^2 + z^2 - 2x_0 x - 2y_0 y - 2z_0 z + x_0^2 + y_0^2 + z_0^2 - R^2 = 0.$$

C'est une équation du second degré, mais elle n'est pas de la forme la plus générale, car il n'y a pas de termes en $yz$, $zx$, $xy$, et les coefficients de $x^2$, $y^2$ et $z^2$ sont égaux.

Nous allons montrer, réciproquement, que toute équation du second degré en $x$, $y$, $z$ dans laquelle les coefficients de $yz$, $zx$ et $xy$ sont nuls et les coefficients de $x^2$, $y^2$ et $z^2$ égaux, représente une sphère. Si nous divisons en effet les deux membres par le coefficient de $x^2$, nous pouvons toujours écrire une semblable équation sous la forme

$$(2) \qquad x^2 + y^2 + z^2 + 2ax + 2by + 2cz + d = 0 ;$$

nous pouvons la remplacer par

$$(x + a)^2 + (y + b)^2 + (z + c)^2 = a^2 + b^2 + c^2 - d,$$

et sous cette forme elle exprime que la distance du point $(x, y, z)$ au point $(-a, -b, -c)$ est constante et égale à $\sqrt{a^2 + b^2 + c^2 - d}$ ; elle représente bien une sphère.

Nous pouvons développer pour une sphère les mêmes considérations que pour un cercle en géométrie plane. Si par un point P on trace une sécante quelconque qui rencontre la sphère en M et M′, le produit

PM. PM′ des segments déterminés par la sécante a une valeur constante égale à $d^2 - R^2$, $d$ étant la distance du point P au centre de la sphère. Cette valeur est égale au résultat de la substitution des coordonnées du point P dans le premier membre de l'équation de la sphère écrite sous la forme (2) ; on l'appelle *puissance* du point P par rapport à la sphère.

Le lieu des points d'égale puissance par rapport à deux sphères est un plan perpendiculaire à la ligne des centres, que l'on appelle *plan radical* des deux sphères. Si S et S′ sont les premiers membres des équations des sphères écrites sous la forme (2), l'équation du plan radical est

$$S - S' = 0.$$

Ce plan contient tous les points communs aux deux sphères. Toutes les sphères représentées par l'équation $S + \lambda S' = 0$, où $\lambda$ est un paramètre variable, ont deux à deux même plan radical.

Les plans radicaux de trois sphères prises deux à deux ont en commun une droite appelée *axe radical* de ces sphères. Les plans radicaux de quatre sphères prises deux à deux ont en commun un point, qui est appelé *centre radical* des quatre sphères.

**146. Ellipsoïde.** — L'ellipsoïde est la surface représentée par l'équation

$$\frac{x^2}{a^2} + \frac{y^2}{b^2} + \frac{z^2}{c^2} - 1 = 0,$$

où $a$, $b$, $c$ sont les mesures de trois longueurs données ; on suppose ordinairement que l'on a $a \geqslant b \geqslant c$.

Les sections de la surface par les plans des $xy$, des $xz$ et des $yz$ sont trois ellipses représentées respectivement par les équations

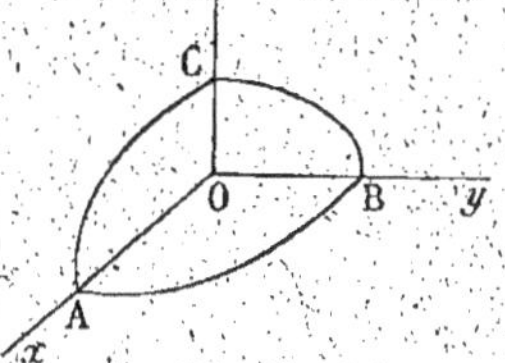

$$z = 0, \quad \frac{x^2}{a^2} + \frac{y^2}{b^2} - 1 = 0,$$

$$y = 0, \quad \frac{x^2}{a^2} + \frac{z^2}{c^2} - 1 = 0,$$

$$x = 0, \quad \frac{y^2}{b^2} + \frac{z^2}{c^2} - 1 = 0 ;$$

Fig. 51.

elles ont pour axes des longueurs AA′, BB′ et CC′ égales à $2a$, $2b$, $2c$ et dirigées suivant les axes de coordonnées ; leur centre commun est l'origine O. Nous avons représenté dans la figure 51 la portion de l'ellipsoïde comprise dans le trièdre positif des coordonnées.

On se rend compte de la forme de la surface en déterminant ses sections par des plans horizontaux successifs ; le plan de cote $h$ la coupe suivant une ellipse dont l'équation dans son plan est

$$\frac{x^2}{a^2} + \frac{y^2}{b^2} - \left(1 - \frac{h^2}{c^2}\right) = 0 ;$$

elle a pour axes de symétrie les intersections de son plan par les plans des $xz$ et des $yz$, et les demi-longueurs de ses axes sont

$$a\sqrt{1 - \frac{h^2}{c^2}}, \quad b\sqrt{1 - \frac{h^2}{c^2}} ;$$

elles ne sont réelles que si $h$ est compris entre $-c$ et $+c$.

On voit que la surface admet l'origine comme centre, les plans et les axes de coordonnées comme plans et axes de symétrie ; les extrémités des axes sont appelées les sommets de la surface.

Lorsque deux des quantités $a, b, c$ sont égales, l'ellipsoïde est de révolution ; si l'on a par exemple $a = b$, la surface est de révolution autour de l'axe $Oz$ ; nous avons déjà examiné ce cas au n° 138. Lorsque l'on a $a = b = c$, la surface devient une sphère ; du reste, les points de l'ellipsoïde peuvent se déduire des points d'une sphère concentrique de rayon $a$ en réduisant l'ordonnée et la cote des points de cette sphère, la première dans le rapport de $b$ à $a$ et la seconde dans le rapport de $c$ à $a$.

**147. Hyperboloïdes et cône asymptote.** — On appelle hyperboloïde à une nappe la surface représentée par l'équation

$$\frac{x^2}{a^2} + \frac{y^2}{b^2} - \frac{z^2}{c^2} - 1 = 0 ;$$

sa section par le plan des $xy$ est une ellipse dont les axes sont dirigés suivant les axes de coordonnées et ont pour longueurs $2a$ et $2b$ ; ses sections par les deux autres plans de coordonnées sont des hyperboles dont l'axe non transverse est dirigé suivant $Oz$. La section par un plan parallèle au plan des $xy$ est une ellipse dont les axes vont en augmentant avec la cote du plan.

On appelle hyperboloïde à deux nappes la surface représentée par l'équation

$$\frac{x^2}{a^2} + \frac{y^2}{b^2} - \frac{z^2}{c^2} + 1 = 0 ;$$

sa section par le plan des $xy$ est une ellipse imaginaire ; ses sections par

les autres plans de coordonnées sont des hyperboles ayant pour axe transverse l'axe $Oz$, et conjuguées des sections de l'hyperboloïde à une nappe
par les mêmes plans. La section par un plan parallèle au plan des $xy$
est une ellipse dont les axes ne sont réels que si la cote du plan
est en valeur absolue supérieure à $c$.

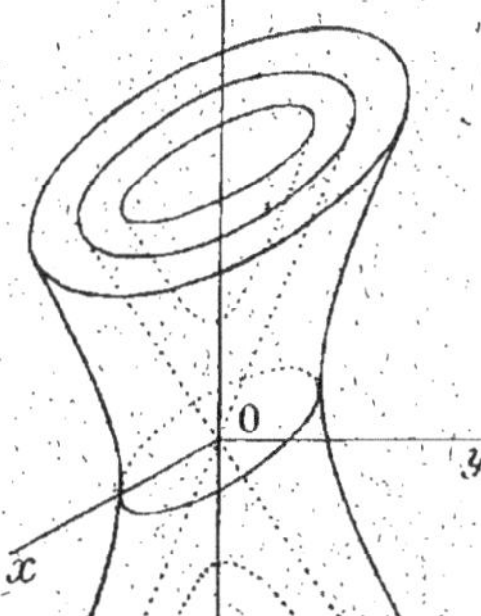

Fig. 52.

Le cône représenté par l'équation

$$\frac{x^2}{a^2} + \frac{y^2}{b^2} - \frac{z^2}{c^2} = 0$$

est appelé cône asymptote des deux hyperboloïdes précédents ; la figure 52 indique
la position respective des trois surfaces,
l'hyperboloïde à une nappe entoure le cône
et l'hyperboloïde à deux nappes est formé
de deux parties distinctes situées dans chacune des nappes du cône ; nous avons
limité ces surfaces supérieurement à un
même plan perpendiculaire à $Oz$.

Lorsque l'on a $a = b$, les surfaces
sont de révolution autour de $Oz$. On peut
vérifier qu'une droite qui tourne autour de
$Oz$ engendre un cône de révolution ou
un hyperboloïde de révolution à une nappe suivant qu'elle rencontre l'axe
ou ne le rencontre pas.

**148. Génératrices rectilignes de l'hyperboloïde à une nappe.** —
L'hyperboloïde à une nappe possède la propriété remarquable d'avoir une
infinité de droites situées tout entières sur sa surface ; considérons en
effet les équations

$$(3) \qquad \begin{cases} \dfrac{x}{a} = \dfrac{z}{c}\sin\varphi + \cos\varphi, \\[2mm] \dfrac{y}{b} = -\dfrac{z}{c}\cos\varphi + \sin\varphi\,; \end{cases}$$

lorsqu'on attribue à $\varphi$ une valeur déterminée, elles représentent une
droite ; l'ensemble des droites ainsi obtenues, lorsque $\varphi$ varie, constitue
une surface, et l'on a l'équation de cette surface en éliminant $\varphi$ entre les
deux équations (3) ; or, si l'on fait la somme des carrés des deux membres, on obtient la relation

$$\frac{x^2}{a^2} + \frac{y^2}{b^2} = \frac{z^2}{c^2} + 1,$$

qui n'est autre que l'équation de l'hyperboloïde à une nappe ; les équations (3) représentent donc, lorsqu'on fait varier le paramètre $\varphi$, une infinité de génératrices rectilignes situées sur cette surface. Nous pouvons ajouter que $\varphi$ est le paramètre angulaire (n° 109) du point de rencontre de la droite (3) avec l'ellipse du plan des $xy$. Un raisonnement analogue montre que les équations

$$(4) \quad \begin{cases} \dfrac{x}{a} = -\dfrac{z}{c} \sin \varphi' + \cos \varphi', \\[2mm] \dfrac{y}{b} = \dfrac{z}{c} \cos \varphi' + \sin \varphi' \end{cases}$$

représentent, quelle que soit la valeur de $\varphi'$, une droite également située sur le même hyperboloïde ; les droites ainsi obtenues, lorsque $\varphi'$ varie, ne se confondent pas avec les premières, mais avec leurs symétriques par rapport au plan des $xy$, car il suffit de changer $z$ en $-z$ pour passer du système (3) au système (4).

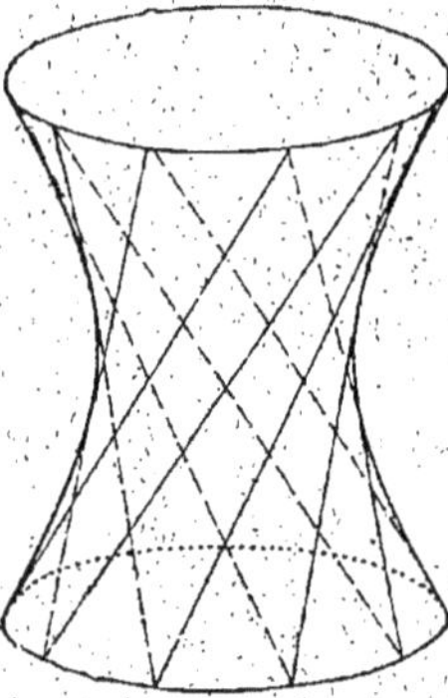

Fig. 53.

Deux génératrices d'un même système ne se rencontrent jamais, car on voit facilement que les équations d'une droite représentée par les équations (3) pour une valeur $\varphi$ du paramètre et celles d'une autre droite du même système correspondant à une autre valeur $\varphi'$ du même paramètre sont incompatibles. Par contre, deux droites de systèmes différents se rencontrent toujours ; on constate en effet que les équations (3) et (4) de deux telles droites sont compatibles ; en égalant les valeurs de $\dfrac{x}{a}$ et celles de $\dfrac{y}{b}$ on a deux équations en $z$ satisfaites par la même valeur de cette inconnue,

$$\frac{z}{c} = \frac{\cos \varphi' - \cos \varphi}{\sin \varphi + \sin \varphi'} = \frac{\sin \varphi - \sin \varphi'}{\cos \varphi' + \cos \varphi} = \operatorname{tg} \frac{\varphi - \varphi'}{2}.$$

Une conséquence de cette remarque est que toutes les droites d'un système rencontrent toutes celles de l'autre. La figure 53 rend compte de la position des génératrices sur la surface et donne une idée de la représentation de la surface au moyen de fils ; l'un des systèmes est figuré en traits pleins et l'autre en traits interrompus.

Remarquons que si l'on donne trois droites $D_1$, $D_2$, $D_3$, toutes les droites $D'$ qui s'appuient sur elles constituent un système bien déterminé de génératrices d'une surface réglée, car à chaque point $M_1$ de $D_1$ correspond une droite $D'$, intersection des plans $M_1D_2$ et $M_1D_3$ ; un hyperboloïde est donc complètement défini par trois génératrices d'un même système. On peut démontrer, d'une manière générale, que les droites $D'$ s'appuyant sur trois droites quelconques, $D_1$, $D_2$, $D_3$, forment un hyperboloïde à une nappe.

**149. Paraboloïdes.** — Nous appelons paraboloïde elliptique la surface représentée par l'équation

$$\frac{x^2}{p} + \frac{y^2}{q} - 2z = 0,$$

$p$ et $q$ étant deux nombres positifs. Les sections de cette surface par les plans des $xz$ et des $yz$ ont pour équations

$$y = 0, \qquad x^2 - 2pz = 0,$$
$$x = 0, \qquad y^2 - 2qz = 0 ;$$

ce sont des paraboles ayant pour axe l'axe des $z$, pour sommet l'origine et dirigées dans le même sens ; la section par un plan perpendiculaire à l'axe des $z$, de cote positive $h$, est une ellipse représentée dans son plan par l'équation

$$\frac{x^2}{2hp} + \frac{y^2}{2hq} - 1 = 0 ;$$

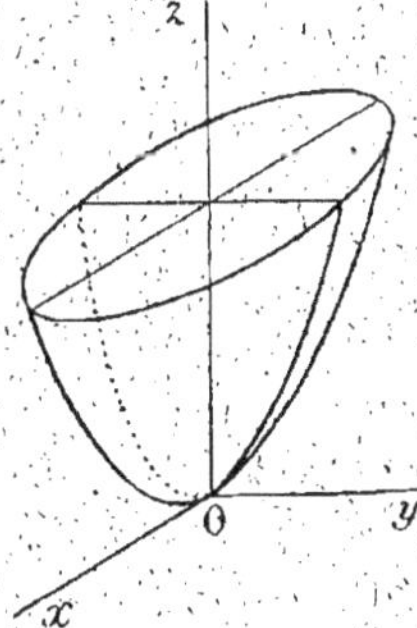

Fig. 54.

la surface n'a aucun point dont la cote soit négative ; elle s'étend indéfiniment du côté des $z$ positifs ; elle a comme sommet l'origine, comme axe et plans de symétrie l'axe $Oz$ et les plans des $xz$ et des $yz$ ; nous avons représenté dans la figure 54 une portion de la surface limitée à une section perpendiculaire à $Oz$.

Nous appelons paraboloïde hyperbolique la surface représentée par l'équation

$$(5) \qquad \frac{x^2}{p} - \frac{y^2}{q} - 2z = 0,$$

où $p$ et $q$ sont positifs. Les sections de cette surface par les plans des

$xz$ et des $yz$ ont pour équations

$$y = 0, \qquad x^2 - 2pz = 0,$$
$$x = 0, \qquad y^2 + 2qz = 0.$$

Ce sont deux paraboles ayant pour sommet l'origine, pour axe l'axe des $z$, mais dirigées dans des sens opposés de part et d'autre du plan des $xy$.

Un plan parallèle à ce dernier, de cote $z = h$, coupe la surface suivant une hyperbole dont l'équation dans son plan est

$$\frac{x^2}{p} - \frac{y^2}{q} - 2h = 0 ;$$

si $h$ est positif, son axe transverse est situé dans le plan des $xz$ ; si $h$ est négatif, son axe transverse est dans le plan des $yz$ ; enfin, si $h$ est nul, c'est-à-dire si le plan se confond avec le plan des $xy$, la section se réduit à un système de deux droites, dont les équations séparées sont

$$(6) \qquad \frac{x}{\sqrt{p}} - \frac{y}{\sqrt{q}} = 0, \qquad \frac{x}{\sqrt{p}} + \frac{y}{\sqrt{q}} = 0.$$

Ces équations sont du reste les mêmes que celles des asymptotes des hyperboles déterminées par des plans dont la cote $h$ n'est pas nulle ; dans l'espace, les équations (6) représentent deux plans passant par l'axe $Oz$ et appelés *plans directeurs* du paraboloïde. Les asymptotes de toute section par un plan perpendiculaire à $Oz$ sont les droites d'intersection des plans directeurs et du plan sécant.

La figure 55 rend compte de la forme de la surface ; nous avons supposé le paraboloïde limité par deux plans parallèles au plan des $xz$ et symétriques par rapport à ce plan, et par un plan normal à $Oz$ ; elle semble représenter une selle de cheval.

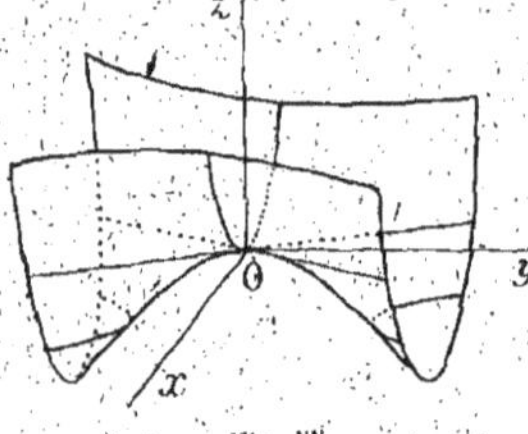

Fig. 55.

Si $p$ et $q$ sont égaux, les plans directeurs sont rectangulaires, et sont les plans bissecteurs du dièdre formé par les plans de coordonnées qui se coupent suivant l'axe des $z$ ; toutes les hyperboles sections de la surface par les plans perpendiculaires à cet axe sont équilatères ; on dit dans ce cas que le paraboloïde est *équilatère*.

**150. Génératrices rectilignes du paraboloïde hyperbolique.** — Le paraboloïde hyperbolique partage avec l'hyperboloïde à une nappe la propriété de posséder des génératrices rectilignes. Considérons en effet les équations

$$(7) \quad \begin{cases} \dfrac{x}{\sqrt{p}} + \dfrac{y}{\sqrt{q}} = 2\lambda z, \\[2mm] \dfrac{x}{\sqrt{p}} - \dfrac{y}{\sqrt{q}} = \dfrac{1}{\lambda}; \end{cases}$$

pour une valeur donnée du paramètre, elles représentent une droite, et le lieu de cette droite, lorsque $\lambda$ varie, est le paraboloïde hyperbolique représenté par l'équation (5), car cette dernière équation résulte de l'élimination de $\lambda$ entre les deux précédentes.

Les équations

$$(8) \quad \begin{cases} \dfrac{x}{\sqrt{p}} - \dfrac{y}{\sqrt{q}} = 2\lambda' z. \\[2mm] \dfrac{x}{\sqrt{p}} + \dfrac{y}{\sqrt{q}} = \dfrac{1}{\lambda'} \end{cases}$$

représentent, lorsque $\lambda'$ varie, des droites formant un deuxième système de génératrices du même paraboloïde.

La deuxième des équations (7) représente un plan parallèle à l'un des plans directeurs de la surface ; toutes les génératrices du premier système sont donc parallèles à ce plan ; de la même manière, toutes celles du deuxième système sont parallèles à l'autre plan directeur.

On peut vérifier, comme pour l'hyperboloïde, que deux génératrices d'un même système ne se rencontrent pas, car elles sont dans des plans parallèles distincts, et que deux génératrices de systèmes différents se rencontrent toujours, car les équations (7) et (8) de ces droites sont satisfaites par la même valeur de $z$, égale à

$$z = \frac{1}{2\lambda\lambda'};$$

on en conclut que toutes les droites d'un système rencontrent toutes les droites de l'autre.

Remarquons que si l'on donne deux droites $D_1$, $D_2$ et un plan $P'$, les droites $D'$ parallèles à $P'$ et s'appuyant sur $D_1$ et $D_2$ forment un système bien déterminé de génératrices d'une surface réglée ; un paraboloïde hyperbolique est donc déterminé par deux génératrices d'un système et la direction du plan directeur de l'autre ; on démontre inversement que les droites D' parallèles à un plan P' et s'appuyant sur deux droites quelconques engendrent un paraboloïde hyperbolique.

On se rend compte de la position des génératrices et de la représentation de la surface par des fils de la façon suivante, que nous indiquons sans démonstration : soit ABCD un quadrilatère gauche (*fig.* 56) ; partageons deux côtés opposés tels que AB et DC chacun en un même nombre de parties égales et joignons les points de division successifs correspondants ; faisons de même avec les deux autres côtés ; nous obtiendrons de cette façon des génératrices de chacun des systèmes d'un paraboloïde hyperbolique ; un seul système est représenté dans la figure 56.

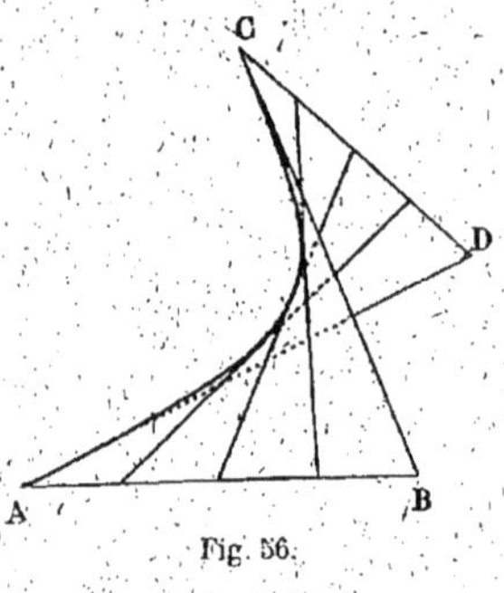


Fig. 56.

**Remarque.** — Nous avons constaté que certaines surfaces du second ordre possèdent une infinité de génératrices rectilignes ; nous allons montrer que c'est là une propriété générale des surfaces représentées par une équation du second degré.

Considérons une surface quelconque du second ordre représentée par l'équation $f(x, y, z) = 0$, et une droite représentée par les équations (5) du n° 139

$$x = az + p, \qquad y = bz + q;$$

les cotes des points communs à la droite et à la surface sont déterminées par l'équation

$$f(az + p, bz + q, z) = 0,$$

qui est du second degré par rapport à $z$. Si les trois coefficients de cette équation sont nuls, l'équation est une identité et est satisfaite par toute valeur de $z$ ; la droite considérée est alors située tout entière sur la surface (n° 135) ; en annulant les trois coefficients de l'équation, nous obtenons trois relations entre les quatre paramètres $a$, $b$, $p$, $q$ ; elles sont satisfaites par une infinité de valeurs réelles ou imaginaires de ces paramètres ; nous en concluons qu'il y a une infinité de droites situées sur la surface.

Le calcul qui précède est purement théorique et n'est que rarement employé ; la recherche des génératrices d'une surface quelconque du second ordre résulte généralement de la remarque suivante : Si l'équation d'une surface peut être mise sous la forme

$$PQ = RS;$$

où P, Q, R, S sont des fonctions du premier degré ou des constantes,
les droites représentées par les équations

$$P = \lambda R, \qquad Q = \frac{1}{\lambda} S$$

forment, quand $\lambda$ varie, un premier système de génératrices, et les droites
représentées par les équations

$$P = \lambda' S, \qquad Q = \frac{1}{\lambda'} R$$

forment, quand $\lambda'$ varie, un deuxième système de génératrices, car l'élimination de $\lambda$ entre les premières équations et de $\lambda'$ entre les dernières
donne l'équation de la surface.

Cette remarque a été appliquée pour le paraboloïde ; elle peut être
utilisée pour l'hyperboloïde, dont l'équation s'écrit

$$\frac{x^2}{a^2} - \frac{z^2}{c^2} = 1 - \frac{y^2}{b^2},$$

et les deux membres sont décomposables chacun en un produit de deux
facteurs du premier degré.

Nous verrons plus tard que les seules surfaces du second ordre sont
l'ellipsoïde, les hyperboloïdes et les cônes, les paraboloïdes, les cylindres à
base elliptique, hyperbolique ou parabolique et les systèmes de deux plans.

# CHAPITRE XII

## TRANSFORMATION DE COORDONNÉES DANS L'ESPACE. — APPLICATIONS

**151. Transformation de coordonnées cartésiennes.** — Nous allons envisager des questions analogues à celles que nous avons traitées au chapitre VII ; le problème que nous avons à résoudre s'énonce de la façon suivante : *Étant donnés deux systèmes d'axes* $Oxyz$, $O'x'y'z'$, *exprimer les coordonnées* $x$, $y$, $z$ *d'un point quelconque dans le premier système au moyen des coordonnées* $x'$, $y'$, $z'$ *du même point dans le second.* Nous examinerons successivement plusieurs cas.

**1ᵉʳ Cas.** — Les nouveaux axes sont parallèles aux premiers et dirigés dans le même sens.

Ces axes sont complètement définis dès que l'on donne les coordonnées $x_0$, $y_0$, $z_0$ de la nouvelle origine $O'$ dans le système $Oxyz$ ; un raisonnement identique à celui que nous avons fait au n° 116 nous montre que les formules de transformation sont

$$(1) \qquad x = x_0 + x', \qquad y = y_0 + y', \qquad z = z_0 + z'.$$

**2ᵉ Cas.** — Les nouveaux axes ont même origine que les premiers et un axe commun avec eux.

Supposons que les nouveaux axes soient $Ox'y'z'$, tels que $Oz'$ soit confondu avec $Oz$ ; le nouveau système est déterminé par les angles $\alpha = (Ox, Ox')$ et $\alpha' = (Ox, Oy')$ formés par $Ox'$ et $Oy'$ avec $Ox$ ; nous nous plaçons dans le cas où $Ox$ et $Oy$ sont rectangulaires, $Ox'$ et $Oy'$ pouvant être quelconques dans le plan $Oxy$.

Nous voyons que les coordonnées $z$ et $z'$ d'un point M sont égales et que les coordonnées $x$ et $y$ se transforment en $x'$, $y'$ par les formules du n° 116 ; on a donc les formules de transformation

$$(2) \qquad \begin{cases} x = x' \cos\alpha + y' \cos\alpha', \\ y = x' \sin\alpha + y' \sin\alpha'. \end{cases}$$

Dans le cas particulier où les nouveaux axes sont rectangulaires, elles prennent la forme

$$(3) \qquad \begin{cases} x = x' \cos \alpha - y' \sin \alpha, \\ y = x' \sin \alpha + y' \cos \alpha. \end{cases}$$

On trouverait des formules analogues si l'on changeait $Oy$ et $Oz$ en conservant $Ox$, ou bien, $Oz$ et $Ox$ en conservant $Oy$.

*Exemple.* — Paraboloïde hyperbolique rapporté à ses plans directeurs. Soit

$$\frac{x^2}{p} - \frac{y^2}{q} - 2z = 0$$

l'équation d'un paraboloïde hyperbolique d'axe $Oz$ ; prenons pour axes $Ox'$ et $Oy'$ les traces sur le plan des $xy$ des deux plans directeurs d'équations

$$\frac{x}{\sqrt{p}} + \frac{y}{\sqrt{q}} = 0, \qquad \frac{x}{\sqrt{p}} - \frac{y}{\sqrt{q}} = 0 .$$

Les angles $\alpha$ et $\alpha'$ sont égaux et de signes contraires, et leurs lignes trigonométriques sont données par les formules

$$\frac{\sin \alpha}{-\sqrt{q}} = \frac{\cos \alpha}{\sqrt{p}} = \frac{1}{\sqrt{p+q}},$$

$$\frac{\sin \alpha'}{\sqrt{q}} = \frac{\cos \alpha'}{\sqrt{p}} = \frac{1}{\sqrt{p+q}}.$$

En introduisant ces valeurs dans les formules (2), elles deviennent

$$x = (x' + y')\frac{\sqrt{p}}{\sqrt{p+q}}, \qquad y = (-x' + y')\frac{\sqrt{q}}{\sqrt{p+q}},$$

et l'équation transformée du paraboloïde est

$$x'y' - \frac{p+q}{2}z' = 0.$$

Lorsque le paraboloïde est équilatère, le nouveau trièdre de coordonnées est trirectangle.

La forme d'équation que nous venons d'obtenir, et que nous pouvons écrire, par rapport à des axes $Oxyz$ rectangulaires ou non,

$$xy - kz = 0,$$

permet d'écrire simplement les équations des génératrices ; elles sont

$$x = \lambda z, \qquad y = \frac{k}{\lambda},$$

$$y = \lambda' z, \qquad x = \frac{k}{\lambda'},$$

$\lambda$ et $\lambda'$ étant des paramètres variables.

**152. Changement des trois axes. — 3e Cas.** — Nous supposons que l'origine est conservée, que le trièdre $Oxyz$ est trirectangle et que les axes $Ox'y'z'$ sont définis par leurs angles respectifs avec les premiers. Pour simplifier l'écriture, on a l'habitude de supprimer le mot cosinus, et de désigner par $\alpha$, $\beta$, $\gamma$ les cosinus des angles d'une droite avec $Ox$, $Oy$ et $Oz$ ; nous appellerons $\alpha_1$, $\beta_1$, $\gamma_1$ ceux des angles de $Ox'$ avec les premiers axes, $\alpha_2$, $\beta_2$, $\gamma_2$ ceux des angles de $Oy'$ et $\alpha_3$, $\beta_3$, $\gamma_3$ ceux des angles de $Oz'$ avec ces mêmes axes, comme l'indique le tableau suivant :

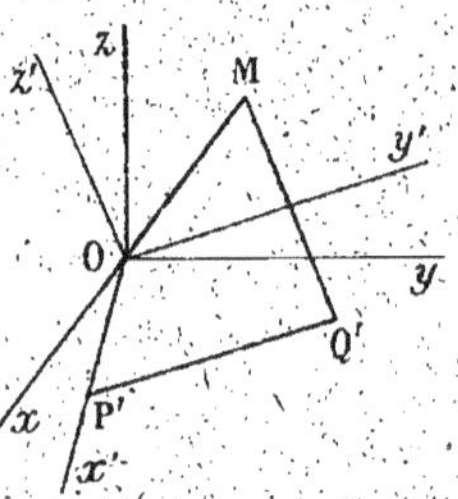

Fig. 57.

$$(4) \qquad \begin{array}{c|ccc} & x & y & z \\ \hline x' & \alpha_1 & \beta_1 & \gamma_1 \\ y' & \alpha_2 & \beta_2 & \gamma_2 \\ z' & \alpha_3 & \beta_3 & \gamma_3 \end{array}$$

Si $M$ est un point quelconque de l'espace (*fig.* 57), traçons le contour $OP'Q'M$ de ses coordonnées dans le second système et projetons ce contour, ainsi que sa résultante $OM$, sur chacun des axes $Ox$, $Oy$, $Oz$ ; le théorème des projections nous donne

$$\text{pr. } OM = \text{pr. } OP' + \text{pr. } P'Q' + \text{pr. } Q'M ;$$

si nous projetons sur l'axe des $x$, nous avons

$$x = x' \cos(Ox, Ox') + y' \cos(Ox, Oy') + z' \cos(Ox, Oz'),$$

nous pouvons projeter de même sur les autres axes, et nous avons, en introduisant les valeurs données des cosinus, les formules de transformation

$$(5) \qquad \begin{cases} x = \alpha_1 x' + \alpha_2 y' + \alpha_3 z', \\ y = \beta_1 x' + \beta_2 y' + \beta_3 z', \\ z = \gamma_1 x' + \gamma_2 y' + \gamma_3 z'. \end{cases}$$

**4ᵉ Cas. — Cas général.** — Étant donnés les deux systèmes $Oxyz$, $O'x'y'z'$, prenons un système d'axes intermédiaire $O'x_1y_1z_1$ ayant même origine que le second et mêmes directions d'axes que le premier ; nous avons alors à effectuer successivement les transformations du premier et du deuxième cas. Les formules qui en résultent sont, comme les précédentes, toutes du premier degré par rapport aux coordonnées anciennes et nouvelles ; nous en concluons que le degré d'une équation algébrique ne change pas par une transformation de coordonnées ; l'ordre d'une surface ou d'une courbe algébrique reste donc le même lorsqu'on passe d'un système d'axes à un autre.

**153. Relations entre les cosinus directeurs des arêtes d'un trièdre trirectangle.** — Plaçons-nous dans le cas où l'on considère deux trièdres trirectangles $Oxyz$, $Ox'y'z'$ de même sommet ; entre les cosinus inscrits dans le tableau (4) existent les relations

$$(6) \quad \begin{aligned} \alpha_1^2 + \beta_1^2 + \gamma_1^2 &= 1, & \alpha_1\alpha_2 + \beta_1\beta_2 + \gamma_1\gamma_2 &= 0, \\ \alpha_2^2 + \beta_2^2 + \gamma_2^2 &= 1, & \alpha_1\alpha_3 + \beta_1\beta_3 + \gamma_1\gamma_3 &= 0, \\ \alpha_3^2 + \beta_3^2 + \gamma_3^2 &= 1, & \alpha_2\alpha_3 + \beta_2\beta_3 + \gamma_2\gamma_3 &= 0, \end{aligned}$$

les premières exprimant la propriété des cosinus directeurs de chacun des axes $Ox'$, $Oy'$, $Oz'$, les dernières exprimant que ces axes sont deux à deux rectangulaires.

Nous allons montrer comment on peut exprimer les cosinus directeurs de l'un des axes $Ox'y'z'$ au moyen de ceux des deux autres ; nous allons calculer, par exemple, les trois cosinus $\alpha_3$, $\beta_3$, $\gamma_3$ ; ils satisfont aux trois équations

$$\alpha_1\alpha_3 + \beta_1\beta_3 + \gamma_1\gamma_3 = 0, \quad \alpha_2\alpha_3 + \beta_2\beta_3 + \gamma_2\gamma_3 = 0, \quad \alpha_3^2 + \beta_3^2 + \gamma_3^2 = 1.$$

Des deux premières nous tirons

$$(7) \quad \frac{\alpha_3}{\beta_1\gamma_2 - \gamma_1\beta_2} = \frac{\beta_3}{\gamma_1\alpha_2 - \alpha_1\gamma_2} = \frac{\gamma_3}{\alpha_1\beta_2 - \beta_1\alpha_2};$$

nous allons déterminer la valeur commune de ces rapports ; si nous la désignons par $\varepsilon$ et si nous remplaçons $\alpha_3$, $\beta_3$, $\gamma_3$ par leurs valeurs dans la troisième équation, nous avons

$$\varepsilon^2\left[(\beta_1\gamma_2 - \gamma_1\beta_2)^2 + (\gamma_1\alpha_2 - \alpha_1\gamma_2)^2 + (\alpha_1\beta_2 - \beta_1\alpha_2)^2\right] = 1.$$

La parenthèse est égale à

$$(\alpha_1^2 + \beta_1^2 + \gamma_1^2)(\alpha_2^2 + \beta_2^2 + \gamma_2^2) - (\alpha_1\alpha_2 + \beta_1\beta_2 + \gamma_1\gamma_2)^2,$$

et se réduit à l'unité ; nous en concluons que $\varepsilon^2$ est égal à 1, et que $\varepsilon$ est égal à $+1$ ou à $-1$.

Nous avons défini au n° 121 ce qu'il faut entendre par sens d'un trièdre ; nous allons voir que si les trièdres sont de même sens, $\varepsilon$ est égal à $+1$, sinon qu'il est égal à $-1$. Supposons en effet que l'on déplace d'une manière continue le trièdre $Ox'y'z'$ jusqu'à ce que $Ox'$ vienne coïncider avec $Ox$ et $Oy'$ avec $Oy$ ; alors $Oz'$ viendra s'appliquer sur $Oz$ ou sur la direction opposée suivant que les trièdres sont de même sens ou de sens différents ; les rapports (7), dont les termes varient d'une manière continue, restent constamment égaux à $+1$ ou à $-1$. Lorsque $Ox'$ et $Oy'$ viennent coïncider avec $Ox$ et $Oy$, $\alpha_1$ et $\beta_2$ deviennent égaux à $+1$, $\beta_1$ et $\alpha_2$ égaux à zéro ; si $Oz'$ coïncide avec $Oz$, $\gamma_3$ est égal à $+1$, et le dernier des rapports (7) a pour valeur $+1$ : si au contraire $Oz'$ coïncide avec la direction opposée à $Oz$, $\gamma_3$ devient égal à $-1$ et le dernier des rapports est égal à $-1$ ; la proposition se trouve ainsi démontrée.

Nous avons finalement pour déterminer $\alpha_3$, $\beta_3$, $\gamma_3$ les relations

$$(8) \quad \alpha_3 = \varepsilon(\beta_1\gamma_2 - \gamma_1\beta_2), \qquad \beta_3 = \varepsilon(\gamma_1\alpha_2 - \alpha_1\gamma_2), \qquad \gamma_3 = \varepsilon(\alpha_1\beta_2 - \beta_1\alpha_2),$$

$\varepsilon$ étant égal à $+1$ si les trièdres sont de même sens, et égal à $-1$ s'ils sont de sens différents ; nous aurions des relations analogues en effectuant sur les indices une permutation circulaire quelconque.

Remarquons que le déterminant

$$(9) \qquad \begin{vmatrix} \alpha_1 & \beta_1 & \gamma_1 \\ \alpha_2 & \beta_2 & \gamma_2 \\ \alpha_3 & \beta_3 & \gamma_3 \end{vmatrix}$$

a pour valeur

$$\alpha_3(\beta_1\gamma_2 - \gamma_1\beta_2) + \beta_3(\gamma_1\alpha_2 - \alpha_1\gamma_2) + \gamma_3(\alpha_1\beta_2 - \beta_1\alpha_2) ;$$

il est égal au produit de $\varepsilon$ par la quantité $\alpha_3^2 + \beta_3^2 + \gamma_3^2$ qui a pour valeur l'unité ; le déterminant précédent est donc égal à $+1$ ou à $-1$ suivant que les trièdres sont de même sens ou de sens différents.

Si l'on donne le trièdre $Ox'y'z'$, les cosinus directeurs des axes $Ox$, $Oy$, $Oz$ par rapport à $Ox'$, $Oy'$, $Oz'$ sont fournis par les colonnes du tableau (4) ; par un raisonnement analogue à celui du n° précédent, nous établirions les formules de transformation

$$x' = \alpha_1 x + \beta_1 y + \gamma_1 z,$$
$$y' = \alpha_2 x + \beta_2 y + \gamma_2 z,$$
$$z' = \alpha_3 x + \beta_3 y + \gamma_3 z.$$

Les cosinus directeurs ainsi introduits satisfont aux formules

$$\alpha_1^2 + \alpha_2^2 + \alpha_3^2 = 1, \qquad \alpha_1\beta_1 + \alpha_2\beta_2 + \alpha_3\beta_3 = 0,$$
$$\beta_1^2 + \beta_2^2 + \beta_3^2 = 1, \qquad \alpha_1\gamma_1 + \alpha_2\gamma_2 + \alpha_3\gamma_3 = 0,$$
$$\gamma_1^2 + \gamma_2^2 + \gamma_3^2 = 1, \qquad \beta_1\gamma_1 + \beta_2\gamma_2 + \beta_3\gamma_3 = 0 ;$$

on pourrait démontrer, ce que nous ne ferons pas, qu'elles sont une conséquence des relations (6).

**154. Volume d'un tétraèdre.** — Nous nous proposons d'évaluer le volume d'un tétraèdre OABC ayant un sommet à l'origine des coordonnées (*fig.* 58), connaissant les coordonnées $x_1, y_1, z_1 ; x_2, y_2, z_2 ; x_3, y_3, z_3$ des trois autres sommets.

Les trois faces du tétraèdre issues de O n'étant pas toutes parallèles
à l'axe Ox, supposons pour fixer les idées que le plan OBC ne soit pas parallèle à cet axe. Traçons par le sommet A un plan parallèle à celui de la face opposée et désignons par A' le point où il coupe Ox; le tétraèdre OA'BC est équivalent au premier. Projetons maintenant les sommets B et C en B' et C' sur le plan Oyz ; le tétraèdre OA'B'C' est équivalent à OA'BC, et par suite à OABC ; nous sommes donc ramenés à calculer le volume du tétraèdre

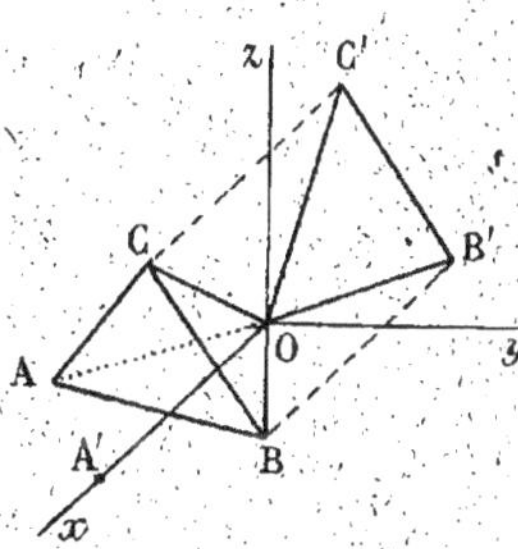

Fig. 58.

OA'B'C' ; nous pouvons ajouter que les transformations précédentes n'ont pas altéré le sens des trièdres, et que le trièdre OA'B'C' est de même sens que le trièdre OABC.

Évaluons l'abscisse du point A' ; l'équation du plan passant par le point A de coordonnées $(x_1, y_1, z_1)$ et parallèle aux droites OB et OC est (n° 142)

$$\begin{vmatrix} x - x_1 & y - y_1 & z - z_1 \\ x_2 & y_2 & z_2 \\ x_3 & y_3 & z_3 \end{vmatrix} = 0 ;$$

si nous y faisons $y$ et $z$ nuls, nous avons pour déterminer l'abscisse $x$ de A' une équation qui s'écrit sous la forme

$$x(y_2 z_3 - z_2 y_3) = \begin{vmatrix} x_1 & y_1 & z_1 \\ x_2 & y_2 & z_2 \\ x_3 & y_3 & z_3 \end{vmatrix}.$$

Le coefficient de $x$ au premier membre est, au signe près, égal au double de la surface du triangle $OB'C'$ (n° 99) ; la valeur absolue de ce premier membre représente donc le produit de la hauteur du tétraèdre $OA'B'C'$ par le double de la surface de sa base, ou bien 6 fois le volume de ce tétraèdre ; les tétraèdres $OABC$, $OA'B'C'$ étant équivalents, nous avons finalement

$$(10) \qquad \text{volume } OABC = \frac{\varepsilon}{6} \begin{vmatrix} x_1 & y_1 & z_1 \\ x_2 & y_2 & z_2 \\ x_3 & y_3 & z_3 \end{vmatrix},$$

$\varepsilon$ étant égal à $+1$ ou à $-1$. Nous allons montrer que $\varepsilon$ doit être pris égal à $+1$ si le trièdre $OABC$ est de même sens que le trièdre $Oxyz$, et égal à $-1$ dans le cas contraire.

En effet, dans le premier cas, il résulte d'une remarque faite que le trièdre $OA'B'C'$ est de même sens que le trièdre des axes de coordonnées ; si $OA'$ est positif, le sens de $OB'$, $OC'$ est le même que celui de $Oy$, $Oz$ et la différence $y_2 z_3 - z_2 y_3$ est positive (n° 99) ; si $OA'$ est négatif, les sens de $OB'$, $OC'$ et de $Oy$, $Oz$ sont opposés, et cette différence est au contraire négative ; dans les deux cas, le produit $x(y_2 z_3 - z_2 y_3)$ est positif, et le déterminant qui entre au second membre de l'équation (10) est positif ; il faut donc prendre $\varepsilon = +1$.

Les conclusions sont opposées si les trièdres $OABC$ et $Oxyz$ sont de sens différents et il faut prendre $\varepsilon = -1$ pour avoir la valeur arithmétique du volume du tétraèdre. Dans certaines recherches, on considère le volume comme un nombre relatif positif ou négatif et l'on prend toujours $\varepsilon = +1$ dans la formule (10).

**Remarque.** — Si $\rho_1$, $\rho_2$, $\rho_3$ désignent les longueurs des arêtes $OA$, $OB$, $OC$ ; si $\alpha_1$, $\beta_1$, $\gamma_1$ ; $\alpha_2$, $\beta_2$, $\gamma_2$ ; $\alpha_3$, $\beta_3$, $\gamma_3$ désignent les cosinus des angles formés par ces arêtes avec les axes, nous avons $x_1 = \alpha_1 \rho_1$, $y_1 = \beta_1 \rho_1$, $z_1 = \gamma_1 \rho_1$ et de même pour les autres sommets ; nous en concluons que l'on a

$$\begin{vmatrix} x_1 & y_1 & z_1 \\ x_2 & y_2 & z_2 \\ x_3 & y_3 & z_3 \end{vmatrix} = \rho_1 \rho_2 \rho_3 \begin{vmatrix} \alpha_1 & \beta_1 & \gamma_1 \\ \alpha_2 & \beta_2 & \gamma_2 \\ \alpha_3 & \beta_3 & \gamma_3 \end{vmatrix},$$

et que le déterminant (9) a le même signe que le volume du tétraèdre $OABC$ ; par suite ce déterminant est, dans tous les cas de figure, positif ou négatif suivant que le trièdre $OABC$ est de même sens que le trièdre $Oxyz$ ou est de sens différent.

**155. Moment d'un vecteur par rapport à un point. — Produit vectoriel de deux vecteurs.** — La valeur arithmétique du moment d'un vecteur AB par rapport à un point O (*fig.* 59) est égale au produit de la mesure de la longueur de ce vecteur par celle de la perpendiculaire OP abaissée du point O sur sa direction.

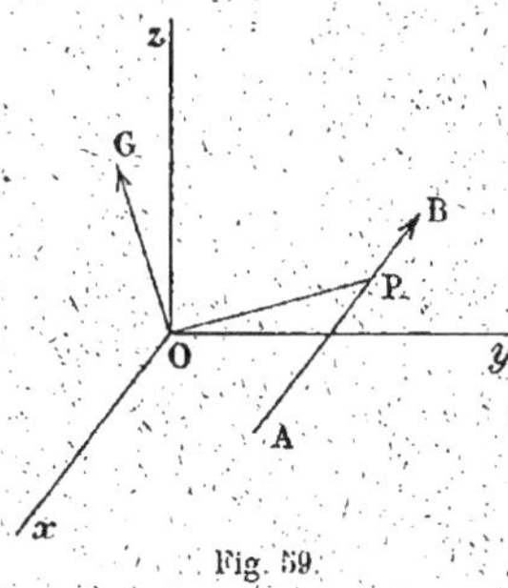

Fig. 59.

On représente géométriquement ce moment par un vecteur OG ayant pour origine O et pour valeur absolue celle du produit $AB \times OP$ ; il est porté par la perpendiculaire en O au plan OAB dans un sens tel que le trièdre dont les arêtes seraient parallèles à OP, AB et OG ait le même sens que le trièdre des axes de coordonnées. Pour un observateur dirigé suivant OG, les pieds en O et la tête en G, le vecteur AB semble entraîner son bras de levier OP dans le même sens que celui qui va de l'axe des $x$ vers l'axe des $y$ pour un observateur placé sur l'axe des $z$.

Plaçons-nous dans le cas où le point O par rapport auquel on prend les moments est l'origine des coordonnées, comme dans la figure 59 ; désignons par $x, y, z$ les coordonnées du point A origine du vecteur AB, et par X, Y, Z les projections de ce vecteur ; nous allons évaluer les projections ou composantes du vecteur moment OG suivant les trois axes, composantes que nous désignerons par L, M, N.

Nous appellerons $\alpha_1, \beta_1, \gamma_1 ; \alpha_2, \beta_2, \gamma_2 ; \alpha_3, \beta_3, \gamma_3$ les cosinus des angles formés avec les axes par les directions OP, AB, OG ; $p$ et $\rho$ les mesures des longueurs OP et AB ; les projections de OG sont respectivement égales à

$$L = p\rho\alpha_3, \qquad M = p\rho\beta_3, \qquad N = p\rho\gamma_3,$$

ou bien, en remplaçant $\alpha_3, \beta_3, \gamma_3$ par les valeurs (8), et remarquant que $\varepsilon$ est égal à $+1$ d'après les hypothèses faites,

$$L = p\rho(\beta_1\gamma_2 - \gamma_1\beta_2), \qquad M = p\rho(\gamma_1\alpha_2 - \alpha_1\gamma_2), \qquad N = p\rho(\alpha_1\beta_2 - \beta_1\alpha_2).$$

Mais $\rho\alpha_2, \rho\beta_2, \rho\gamma_2$ sont respectivement égaux aux projections X, Y, Z du vecteur ; d'autre part, si nous projetons sur les axes le vecteur OP et les vecteurs OA et AP, dont il est la somme géométrique, nous avons

$$p\alpha_1 = x + (AP)\alpha_2, \qquad p\beta_1 = y + (AP)\beta_2, \qquad p\gamma_1 = z + (AP)\gamma_2.$$

en remplaçant les produits $p\alpha_2, \ldots, px_1, \ldots$ par ces valeurs et réduisant, nous trouvons les expressions

$$(11) \qquad L = yZ - zY, \qquad M = zX - xZ, \qquad N = xY - yX.$$

La manière dont nous avons défini ces valeurs montre qu'elles sont indépendantes de la position du point A sur la droite indéfinie qui porte le vecteur AB, et qu'elles ne changent pas lorsqu'on transporte ce vecteur en un point quelconque de sa ligne d'action ; il serait facile de le vérifier par le calcul.

Les six quantités X, Y, Z, L, M, N sont appelées les six coordonnées du vecteur AB ; il existe entre elles la relation identique

$$(12) \qquad LX + MY + NZ = 0.$$

Lorsqu'on donne six nombres X, Y, Z, L, M, N liés par la relation précédente, on peut trouver un vecteur et même une infinité de vecteurs dont ils sont les six coordonnées ; en effet les projections du vecteur inconnu sont égales à X, Y, Z ; quant à son origine, elle a pour coordonnées la solution des équations (11) où $x$, $y$, $z$ sont les inconnues ; lorsque la relation (12) est satisfaite, ces équations sont compatibles et ont une infinité de solutions. Tous les points qu'elles déterminent sont situés sur une même droite, les coefficients directeurs de cette droite étant précisément égaux aux projections X, Y, Z du vecteur ; les six coordonnées déterminent donc une infinité de vecteurs situés sur une même droite et constituant un vecteur *glissant* (n° 76).

Dans le cas où le point par rapport auquel on prend les moments n'est pas l'origine des coordonnées, mais un point C de coordonnées $x_0$, $y_0$, $z_0$, le calcul des projections du moment sur les axes est analogue au précédent ; dans l'évaluation de $p\alpha_1$, $p\beta_1$, $p\gamma_1$ entrent les différences $x - x_0$, $y - y_0$, $z - z_0$ à la place de $x$, $y$, $z$, et les projections du moment ont pour valeur

$$(13) \qquad \begin{cases} L' = (y - y_0)Z - (z - z_0)Y = L - (y_0 Z - z_0 Y), \\ M' = (z - z_0)X - (x - x_0)Z = M - (z_0 X - x_0 Z), \\ N' = (x - x_0)Y - (y - y_0)X = N - (x_0 Y - y_0 X). \end{cases}$$

**Remarque.** — Si l'on considère plusieurs vecteurs concourant en un même point de coordonnées $(x, y, z)$ et dont les projections sur les axes sont respectivement $(X_1, Y_1, Z_1)$, $(X_2, Y_2, Z_2), \ldots$, les projections de la résultante de ces vecteurs sont égales (n° 127) à

$$X = \Sigma X_1, \qquad Y = \Sigma Y_1, \qquad Z = \Sigma Z_1.$$

Si l'on évalue les projections $(L_1', M_1', N_1')$, $(L_2', M_2', N_2')$, ... des moments de ces vecteurs par rapport à un point quelconque C, et les projections $(L', M', N')$ du moment de leur résultante par rapport au même point, on voit immédiatement que l'on a

$$L' = \Sigma L_1', \qquad M' = \Sigma M_1', \qquad N' = \Sigma N_1';$$

nous pouvons donc énoncer le théorème suivant, connu sous le nom de théorème de Varignon : *Le moment, par rapport à un point, de la résultante de plusieurs vecteurs concourants est égal à la somme géométrique des moments par rapport à ce point des vecteurs composants.*

En particulier, le moment d'un vecteur par rapport à un point est égal à la somme géométrique des moments des composantes de ce vecteur parallèles aux axes de coordonnées.

On appelle *produit vectoriel* de deux vecteurs V et V' un troisième vecteur ayant pour mesure l'aire d'un parallélogramme dont les côtés sont respectivement égaux et parallèles aux vecteurs donnés ; ce troisième vecteur est porté par une droite perpendiculaire à V et V' dans un sens tel que le trièdre des directions de V, V' et du produit ait le même sens que celui des coordonnées.

Remarquons que si l'on forme un contour OAB dont les composantes OA et AB sont respectivement égales et parallèles à V et V', le moment du vecteur AB par rapport au point O a même mesure que l'aire du parallélogramme de côtés égaux à V et V' ; il est porté par la même droite que le produit vectoriel et dans le même sens, et est égal à ce produit. Si $(X, Y, Z)$ et $(X', Y', Z')$ sont les projections de V et V' sur les axes de coordonnées, celles du produit vectoriel sont, d'après les formules (11),

$$L = YZ' - ZY', \qquad M = ZX' - XZ', \qquad N = XY' - YX'.$$

Le produit de V' par V est égal et opposé au produit de V par V'. D'après le théorème de Varignon, le produit d'un vecteur par la somme de plusieurs autres est égal à la somme géométrique des produits de ce vecteur par chacun des autres.

**156. Moment d'un vecteur par rapport à un axe. — Moment relatif de deux vecteurs.** — Étant donnés un axe D et un vecteur AB, si l'on prend le moment de AB par rapport à un point C de D, et si l'on projette sur l'axe D le vecteur représentatif de ce moment, la projection est appelée moment du vecteur par rapport à cet axe.

Nous allons montrer que ce moment est indépendant du point C choisi sur D ; nous ferons le calcul en supposant que D est l'axe Oz du trièdre des coordonnées (*fig.* 60). Nous désignerons par $x_0 = 0$, $y_0 = 0$ et $z_0$ les coordonnées du point C; les projections L', M', N' du moment CG' de AB par rapport à C sont données par les formules (13); en particulier la projection N' sur $Oz$ se réduit dans le cas actuel à $xY - yX$, et elle est indépendante de $z_0$, ce qui démontre la proposition.

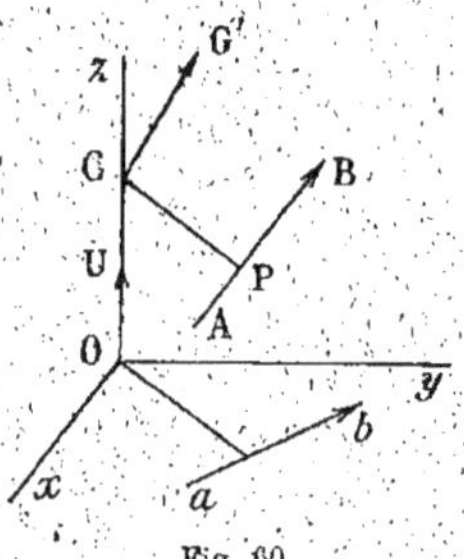


Fig. 60.

Nous voyons, en spécialisant, que les moments d'un vecteur par rapport aux trois axes de coordonnées sont les projections L, M, N sur ces axes du moment de ce vecteur par rapport à l'origine.

Si l'on projette le vecteur AB suivant $ab$ sur le plan $xOy$, le moment de $ab$ par rapport au point O est égal à $xY - yX$ et est identique au moment de AB par rapport à $Oz$. Nous pouvons ajouter que ce moment est encore égal à six fois le volume relatif du tétraèdre OABU, OU étant un vecteur égal à $+1$ pris sur $Oz$. En effet, les coordonnées des sommets A et B sont respectivement $x, y, z$ et $x + X, y + Y, z + Z$, et six fois le volume du tétraèdre OABU a pour valeur relative

$$\begin{vmatrix} x & y & z \\ x + X & y + Y & z + Z \\ 0 & 0 & 1 \end{vmatrix} = xY - yX ;$$

c'est bien le moment N de AB par rapport à $Oz$.

On appelle *moment relatif* de deux vecteurs le produit de la mesure de l'un d'eux par le moment de l'autre par rapport à l'axe qui porte le premier.

Soient $\rho_0$ la valeur relative du premier vecteur situé sur un axe $D_0$, et $\alpha_0, \beta_0, \gamma_0$ les cosinus des angles formés par $D_0$ avec les axes de coordonnées ; soient $x_0, y_0, z_0$ les coordonnées de l'origine du vecteur, $X_0, Y_0, Z_0$ ses projections, et $L_0, M_0, N_0$ ses trois autres coordonnées; soient $x, y, z, X, Y, Z, L, M, N$ les coordonnées analogues relatives au deuxième vecteur.

En désignant comme précédemment par L', M', N' les projections sur $Ox$, $Oy$, $Oz$ du moment de ce deuxième vecteur par rapport au point $(x_0, y_0, z_0)$, la projection de ce moment sur l'axe $D_0$ est égale à la somme des projections sur cet axe de ses composantes L', M', N' et a pour valeur

$$L'\alpha_0 + M'\beta_0 + N'\gamma_0 ;$$

dès lors la valeur du moment relatif des deux vecteurs sera

$$\rho_0(L'\alpha_0 + M'\beta_0 + N'\gamma_0) = L'X_0 + M'Y_0 + N'Z_0 ;$$

en remplaçant L', M', N' par les valeurs (13), nous trouverons l'expression suivante, qui renferme symétriquement les coordonnées des deux vecteurs :

$$LX_0 + MY_0 + NZ_0 + XL_0 + YM_0 + ZN_0.$$

D'après ce que nous savons, il est facile de voir que le moment relatif de deux vecteurs $A_0B_0$, AB est égal à six fois le volume relatif du tétraèdre $A_0B_0AB$ ayant pour sommets les origines et les extrémités de ces deux vecteurs.

**157. Angles d'Euler.** — Les formules de transformation (5) du n° 152 contiennent neuf cosinus $\alpha_1$, $\beta_1$, $\gamma_1$, …. qui ne sont pas indépendants, et qui satisfont aux six relations (6) ; dans certaines questions, il est utile d'avoir des formules de transformation renfermant seulement trois paramètres indépendants ; on y parvient en employant les angles d'Euler, qui sont définis de la façon suivante :

Soient (*fig.* 61) $Oxyz$ et $Ox'y'z'$ deux trièdres trirectangles de même sommet et de même sens ; désignons par sens positif le sens de

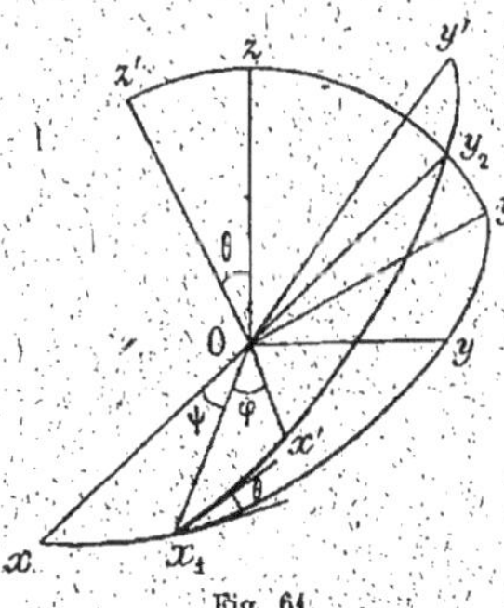

Fig. 61.

rotation déterminé par le sens de ces trièdres. Soit $Ox_1$ l'une des deux demi-droites opposées situées sur l'intersection des plans $xOy$ et $x'Oy'$ ; nous désignerons par $\psi$ l'angle $(Ox, Ox_1)$ évalué avec son signe dans le plan $xOy$ par un observateur dirigé suivant $Oz$, puis par $\theta$ l'angle $(Oz, Oz')$ évalué par un observateur dirigé suivant $Ox_1$, enfin par $\varphi$ l'angle $(Ox_1, Ox')$ évalué par un observateur dirigé suivant $Oz'$ ; les trois angles $\psi$, $\theta$, $\varphi$ sont les angles d'Euler. Ils sont encore égaux aux arcs de grand cercle déterminés par les plans de coordonnées sur une sphère de centre O et de rayon 1, arcs que nous avons représentés dans la figure 61.

La transformation de coordonnées permettant de passer des axes $Oxyz$ aux axes $Ox'y'z'$ peut être décomposée en trois transformations simples :

1° Passage du système $Oxyz$ au système $Ox_1y_1z$ par une rotation autour de $Oz$, l'axe $Oy_1$ étant situé dans le plan $xOy$ de telle sorte que $(Oy, Oy_1) = \psi$; les formules de transformation résultent du 2° cas du n° 151, et sont

$$x = x_1 \cos \psi - y_1 \sin \psi,$$
$$y = x_1 \sin \psi + y_1 \cos \psi,$$
$$z = z.$$

2° Passage du système $Ox_1y_1z$ au système $Ox_1y_2z'$ par une rotation autour de $Ox_1$, l'axe $Oy_2$ étant situé dans le plan $Oy_1zz'$ perpendiculaire à $Ox_1$, et tel que $(Oy_1, Oy_2) = \theta$; les formules de transformation sont

$$x_1 = x_1,$$
$$y_1 = y_2 \cos \theta - z' \sin \theta,$$
$$z = y_2 \sin \theta + z' \cos \theta.$$

3° Passage du système $Ox_1y_2z'$ au système $Ox'y'z'$ par une rotation autour de $Oz'$, les axes $Ox_1, Oy_2, Ox', Oy'$ étant dans un même plan perpendiculaire à $Oz'$, et tels que les angles $(Ox_1, Ox')$ et $(Oy_2, Oy')$ soient égaux à $\varphi$; les formules de transformation sont

$$x_1 = x' \cos \varphi - y' \sin \varphi,$$
$$y_2 = x' \sin \varphi + y' \cos \varphi,$$
$$z' = z'.$$

En éliminant $x_1$, $y_1$ et $y_2$ entre les formules précédentes, on obtient les formules de transformation cherchées.

**158. Formules fondamentales de la trigonométrie sphérique.** — Comme application des méthodes de transformation précédentes, nous allons établir les formules fondamentales reliant les trois angles A, B, C d'un triangle sphérique ABC aux trois côtés opposés $a$, $b$, $c$, ces angles et ces côtés étant évalués en radians sur la sphère de rayon 1.

Comme un triangle sphérique est déterminé par trois de ses éléments, angles ou côtés, quatre éléments ne sont pas indépendants et doivent être reliés par une équation; nous allons établir les relations les plus simples entre quatre éléments du triangle.

Soit, sur une sphère de rayon 1, ABC un triangle sphérique (*fig.* 62); formons un premier système d'axes rectangulaires pour lequel l'origine est au centre de la sphère, l'axe des $z$ passe par B, le plan des $xz$ est confondu avec le plan OAB, et le plan des $yz$ est perpendiculaire au précédent; l'axe des $x$ est tel que le sens de $Oz$ vers $Ox$ soit celui de OB vers OA, et l'axe des $y$ tel que le sens de $Ox$ vers $Oy$ soit celui de BA vers BC.

Formons un deuxième système d'axes $Ox'y'z'$ ayant même origine et même sens que le premier, pour lequel l'axe $Oy'$ est identique à $Oy$, et l'axe $Oz'$ passe cette fois par A ; le système des axes $Ox'z'$ se déduit du système $Oxz$ par une rotation d'angle égal à $c$ dans le sens de $Oz$ vers $Ox$.

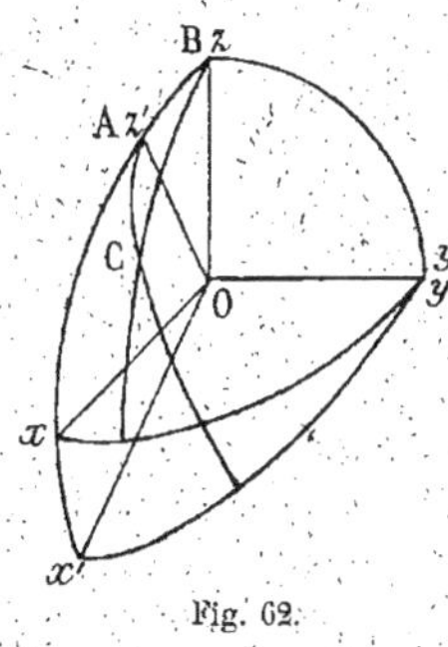
Fig. 62.

Nous établirons les formules de transformation d'un système de coordonnées dans l'autre, et nous les appliquerons aux coordonnées du point C ; nous avons d'abord $y' = y$, et en appliquant aux deux coordonnées $z$ et $x$ les formules (3) du n° 151 où $x$ et $y$ sont remplacés par $z$ et $x$, et $\alpha$ par $c$, nous aurons

$$(14) \quad \begin{cases} y = y', \\ z = z' \cos c - x' \sin c, \\ x = z' \sin c + x' \cos c. \end{cases}$$

Les coordonnées du point C s'expriment au moyen des éléments du triangle par les formules du n° 129 relatives aux coordonnées polaires dans l'espace ; dans le premier système, elles sont obtenues en faisant $\rho = 1$, $\theta = a$, $\psi = B$, et dans le second, en faisant $\rho = 1$, $\theta = b$, $\psi = \pi - A$ ; nous trouvons ainsi

$$x = \sin a \cos B, \qquad y = \sin a \sin B, \qquad z = \cos a,$$
$$x' = - \sin b \cos A, \qquad y' = \sin b \sin A, \qquad z' = \cos b.$$

En introduisant ces valeurs dans les formules (14), nous avons

$$(15) \quad \begin{cases} \sin a \sin B = \sin b \sin A, \\ \cos a = \cos b \cos c + \sin b \sin c \cos A, \\ \sin a \cos B = \cos b \sin c - \sin b \cos c \cos A. \end{cases}$$

La première de ces formules indique que le rapport entre le sinus d'un côté et le sinus de l'angle opposé a une valeur constante ; la deuxième permet d'évaluer un côté connaissant les deux autres et l'angle qu'ils comprennent. La troisième contient cinq éléments ; nous la remplacerons par une autre renfermant quatre éléments en substituant à sin $a$ sa valeur tirée de la première et divisant les deux membres par sin $b$. Nous écrirons ainsi les formules fondamentales sous la forme suivante :

$$(16) \quad \begin{cases} \dfrac{\sin a}{\sin \mathrm{A}} = \dfrac{\sin b}{\sin \mathrm{B}} = \dfrac{\sin c}{\sin \mathrm{C}}, \\[2mm] \cos a = \cos b \cos c + \sin b \sin c \cos \mathrm{A}, \\[2mm] \sin \mathrm{A} \cotg \mathrm{B} = \sin c \cotg b - \cos c \cos \mathrm{A}. \end{cases}$$

Nous obtiendrons d'autres formules en considérant le triangle polaire du triangle donné ; il a respectivement pour côtés et pour angles les suppléments des angles et des côtés de ce triangle ; de toute relation entre $a$, $b$, $c$, A, B, C découle une autre relation que l'on obtient en remplaçant ces éléments par $\pi - \mathrm{A}$, $\pi - \mathrm{B}$, $\pi - \mathrm{C}$, $\pi - a$, $\pi - b$, $\pi - c$. La première des équations (16) ne change pas, la deuxième devient

$$(17) \qquad \cos \mathrm{A} = - \cos \mathrm{B} \cos \mathrm{C} + \sin \mathrm{B} \sin \mathrm{C} \cos a,$$

et la troisième donne lieu à une relation qui ne diffère de cette troisième que par le changement de $a$ et A en $c$ et C. Les formules (14), (15), et toutes celles qui s'en déduisent par permutation quelconque des éléments sont les seules formules à quatre éléments, et sont les relations nécessaires et suffisantes d'où se déduisent toutes les autres.

Dans le cas où le triangle ABC est rectangle en A, celles des formules générales qui renferment l'angle A se transforment en des formules ne contenant plus que trois éléments ; entre les trois côtés existe la relation

$$\cos a = \cos b \cos c ;$$

entre deux côtés et un angle existent les relations

$$\sin b = \sin a \sin \mathrm{B};$$
$$\tg b = \tg a \cos \mathrm{C},$$
$$\tg b = \sin c \tg \mathrm{B},$$

et celles qu'on en déduit par permutation de $b$ et $c$ ainsi que de B et C ; enfin, entre un côté et deux angles existent les relations

$$\cos a = \cotg \mathrm{B} \cotg \mathrm{C},$$
$$\cos \mathrm{B} = \cos b \sin \mathrm{C};$$

et celle qu'on déduit de la dernière par permutation de $b$ et $c$ ainsi que de B et C.

# TROISIÈME PARTIE

# DÉRIVÉES ET DIFFÉRENTIELLES

## CHAPITRE I

### DÉRIVÉES DES FONCTIONS D'UNE VARIABLE

**159. Fonction. — Accroissement. — Continuité.** — Étant donnée une variable $x$ susceptible de prendre toutes les valeurs possibles dans un intervalle $(a, b)$, nous avons dit au n° 19 qu'une variable $y$ est une fonction de $x$ définie dans cet intervalle si à chaque valeur de $x$ comprise entre $a$ et $b$ on fait correspondre une valeur déterminée de $y$; généralement cette correspondance est exprimée par une formule de la forme

$$y = f(x),$$

permettant de calculer $y$ pour chaque valeur de $x$.

Lorsque l'on considère deux valeurs voisines de la variable représentées par $x$ et $x + h$, on dit que l'on passe de la première à la seconde en donnant à $x$ l'accroissement $h$; cet accroissement peut être positif ou négatif.

Si aux valeurs $x$ et $x + h$ de la variable correspondent des valeurs de la fonction représentées par $f(x)$ et $f(x + h)$, on dit que la différence $f(x + h) - f(x)$ est l'accroissement de la fonction correspondant à l'accroissement $h$ de la variable; si on le représente par $k$, on a

$$k = f(x + h) - f(x),$$

de sorte que les valeurs de la fonction pour $x$ et $x + h$ sont

$$y = f(x), \qquad y + k = f(x + h).$$

Soit $y = f(x)$ une fonction déterminée dans un intervalle, $x$ une valeur particulière et $x' = x + h$ une valeur voisine de la variable dans cet intervalle ; on dit que $y$ est une fonction continue pour la valeur $x$ si la différence $f(x') - f(x)$ tend vers zéro lorsque $x'$ tend vers $x$ ou, ce qui revient au même, si l'accroissement de la fonction a pour limite zéro lorsque l'accroissement $h$ de la variable tend vers zéro d'une manière quelconque.

Nous avons déjà envisagé la notion de continuité au n° 20 et nous avons montré que les fonctions $x^m$, $a^x$, $\log_a x$ sont des fonctions continues. D'après les propriétés démontrées sur les limites, *la somme, le produit, le quotient de fonctions continues sont des fonctions continues ; toute expression rationnelle constituée au moyen de fonctions continues est aussi continue tant que le dénominateur n'est pas nul.*

Par exemple un polynome entier

$$y = A_0 x^m + A_1 x^{m-1} + \ldots + A_{m-1} x + A_m$$

est une fonction continue pour toute valeur de $x$, puisque ses termes le sont ; un tel polynome diffère très peu de son terme constant $A_m$ lorsque $x$ est très petit en valeur absolue.

En écrivant ce polynome sous la forme

$$y = x^m \left[ A_0 + A_1 \frac{1}{x} + \cdots + A_m \frac{1}{x^m} \right],$$

on voit que pour les valeurs de $x$ très grandes en valeur absolue, la parenthèse diffère peu de $A_0$, et le polynome a le même signe que son terme de plus haut degré $A_0 x^m$.

Le quotient de deux polynomes est une fonction continue pour toutes les valeurs de $x$ qui n'annulent pas le dénominateur.

**160. Dérivée d'une fonction.** — Soit $y = f(x)$ une fonction continue pour la valeur $x$ de la variable ; donnons à $x$ un accroissement $h$ et désignons par $k$ l'accroissement correspondant de $y$ ; si le rapport de l'accroissement $k$ de la fonction à l'accroissement $h$ de la variable tend vers une limite déterminée quand celui-ci tend vers zéro, on dit que cette limite est la *dérivée* de la fonction pour la valeur de $x$ considérée ; on la représente par $y'$ ou par $f'(x)$, et l'on écrit

$$(1) \qquad y' = \lim \frac{k}{h} = \lim \frac{f(x+h) - f(x)}{h}.$$

Il est nécessaire que $k$ tende vers zéro en même temps que $h$, c'est-à-dire que la fonction soit continue pour qu'elle ait une dérivée ; mais cette condition n'est pas toujours suffisante, et il existe des exemples de fonctions continues n'ayant pas de dérivée. De tels cas sont tout à fait exceptionnels, et les fonctions usuelles ont une dérivée pour toutes les valeurs où elles sont continues, comme nous le verrons bientôt.

Dans certains calculs, on représente par $\Delta x$ l'accroissement de $x$ et par $\Delta y$ celui de $y$ ; la dérivée est alors la limite du rapport $\dfrac{\Delta y}{\Delta x}$ lorsque $\Delta x$ tend vers zéro, et l'on écrit

$$(2) \qquad y' = \lim \frac{\Delta y}{\Delta x} = \lim \frac{f(x + \Delta x) - f(x)}{\Delta x}.$$

**161. Applications géométriques.** — Une des applications les plus importantes du calcul des dérivées est la détermination des tangentes aux courbes. Si l'on trace par un point M d'une courbe une sécante MM' joignant ce point à un point voisin M', et si cette sécante a une position limite MT lorsque M' se rapproche indéfiniment de M d'une manière quelconque, on dit que MT est la tangente à la courbe au point M.

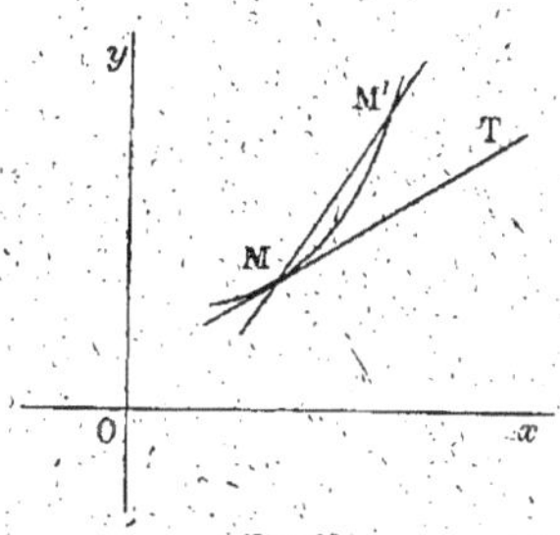

C'est souvent par le calcul plutôt que par la géométrie qu'on peut affirmer l'existence d'une tangente en un point d'une courbe, et qu'on peut la déterminer.

Fig. 63.

Plaçons-nous d'abord dans le cas particulier où la courbe est plane, et est rapportée à un système d'axes de coordonnées $Ox$, $Oy$ (*fig.* 63); nous supposons que l'ordonnée $y$ est une fonction connue de l'abscisse $x$ ; nous désignons par $x$, $y$ les coordonnées du point M, et par $x + \Delta x$, $y + \Delta y$ celles du point M'.

D'après ce que nous avons vu au n° 93, équation (4), la pente de la sécante MM' est égale au rapport $\dfrac{\Delta y}{\Delta x}$ de la différence des ordonnées à celle des abscisses de M et M' ; si la fonction $y$ a une dérivée, le rapport précédent a une limite précisément égale à la dérivée $y'$, et l'on peut affirmer que la courbe a une tangente au point M, la pente de cette tangente étant égale à $y'$. Nous avons donc ce théorème, qui est vrai quelles que soient les échelles égales ou inégales adoptées pour représenter $x$ et $y$.

*La pente de la tangente en un point d'une courbe plane est égale à la dérivée de l'ordonnée considérée comme fonction de l'abscisse.*

Supposons maintenant, pour nous placer dans le cas le plus général, que la courbe soit rapportée à un système d'axes de coordonnées $Ox$, $Oy$, $Oz$ (*fig. 64*), et que les coordonnées de chacun de ses points soient des fonctions d'un paramètre $t$,

$$(3) \qquad x = f(t), \quad y = \varphi(t), \quad z = \psi(t);$$

soit $t$ la valeur du paramètre qui correspond au point $M$ de coordonnées $x, y, z$; soit $t + \Delta t$ celle qui correspond au point $M'$, $\Delta t$ tendant vers zéro quand $M'$ se rapproche de $M$, et soient $x + \Delta x$, $y + \Delta y$, $z + \Delta z$ les coordonnées du point $M'$.

Comme nous l'avons vu au n° 139, équations (6), les coefficients directeurs de la sécante $MM'$ sont proportionnels aux différences $\Delta x$, $\Delta y$, $\Delta z$ entre les coordonnées des points $M$ et $M'$, et ils sont aussi proportionnels aux quotients de ces différences par $\Delta t$, c'est-à-dire à

$$(4) \qquad \frac{\Delta x}{\Delta t}, \quad \frac{\Delta y}{\Delta t}, \quad \frac{\Delta z}{\Delta t}.$$

Si les fonctions (3) sont continues et ont des dérivées, on peut affirmer que les rapports (4) ont des limites quand $\Delta t$ tend vers zéro, ces limites étant précisément égales aux dérivées $x'$, $y'$, $z'$; on en conclut que la sécante $MM'$ a une position limite quand $M'$ se rapproche du point $M$, et que la courbe a une tangente en ce point, les coefficients directeurs de cette tangente étant proportionnels aux dérivées $x'$, $y'$, $z'$; nous avons donc ce théorème :

*Les coefficients directeurs de la tangente en un point d'une courbe sont proportionnels aux dérivées des coordonnées des points de cette courbe considérées comme fonctions d'une même variable.*

**162. Applications mécaniques et physiques.** — Une autre application importante des dérivées est la détermination de la vitesse du mouvement d'un point. Étant donnés trois axes de coordonnées liés à un système de repère, un point est en mouvement relativement à ce système si ses coordonnées varient avec le temps; parmi les différentes manières d'étudier le mouvement d'un point mobile, nous mentionnerons les deux suivantes :

1° Dans la première méthode, on donne la trajectoire du mobile, et l'on suppose que l'on sait mesurer les arcs de cette trajectoire, comme cela a lieu sur une droite ou une circonférence. On prend alors sur cette ligne (*fig. 64*) une origine $M_0$ et un sens positif, comme sur une droite dirigée, et l'on fait correspondre à chaque point M de la ligne la valeur relative $s$ de l'arc $M_0M$ ; on peut l'appeler abscisse curviligne du point M.

De même à chaque instant on fait correspondre la valeur relative $t$ de l'intervalle de temps compris entre un instant pris comme origine et l'instant considéré, le signe de $t$ étant $+$ ou $-$ suivant que ce dernier instant suit ou précède le premier. Alors un mouvement du mobile sur la trajectoire est caractérisé par une relation entre $s$ et $t$, de la forme

$$s = f(t).$$

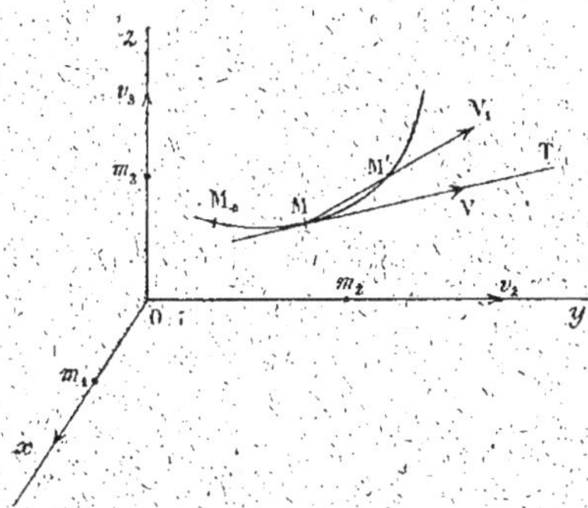

Fig. 64.

Soient M et M' les positions occupées par le mobile aux instants $t$ et $t_1 = t + \Delta t$ ; soient $s$ et $s_1 = s + \Delta s$ les abscisses curvilignes de ces positions ; on appelle *vitesse moyenne* du mobile entre M et M' le rapport de l'arc MM' au temps employé à le décrire ; cette vitesse a une valeur positive ou négative égale au rapport

$$\frac{s_1 - s}{t_1 - t} = \frac{\Delta s}{\Delta t}.$$

Si $s$ est une fonction admettant une dérivée pour la valeur $t$ de la variable, le rapport précédent a une limite lorsque $\Delta t$ tend vers zéro ; cette limite est appelée *vitesse du mobile à l'instant $t$*, et elle est égale à la dérivée de $s$ ; nous avons alors ce résultat :

*La vitesse d'un mobile est égale à la dérivée de son abscisse curviligne considérée comme fonction du temps.*

**Remarque.** — Lorsqu'on se déplace sur la trajectoire à partir du point M, on appelle *sens du mouvement* celui que suit le mobile lorsque l'on donne à $\Delta t$ des valeurs positives croissantes, et l'on appelle *sens des arcs croissants* celui que suit le mobile lorsque l'on donne à $\Delta s$ des valeurs positives croissantes ; ces sens sont identiques ou opposés suivant que $s$ augmente ou diminue quand $t$ augmente.

Lorsque la trajectoire possède une tangente au point M, on définit de la même manière sur cette tangente le sens du mouvement et le sens des arcs croissants, correspondant à ceux que l'on vient de définir sur la trajectoire.

Dans certaines recherches, on représente la vitesse du mobile M à l'instant $t$ par un vecteur MV dont l'origine est le point M, le sens celui de la tangente *dans le sens du mouvement*, et dont la longueur a pour mesure la valeur absolue de la vitesse. En examinant les divers cas qui peuvent se présenter, on voit facilement que l'on obtient ce vecteur représentatif de la vitesse en portant à partir du point M, sur la tangente *dirigée dans le sens des arcs croissants*, un vecteur dont la valeur relative est égale à celle de la vitesse telle que nous l'avons définie, c'est-à-dire égale à la dérivée de $s$.

2° Dans la seconde méthode, on donne les expressions des coordonnées du mobile en fonction du temps, sous la forme (3) en supposant que $t$ représente le temps ; ces équations (3) définissent à la fois la trajectoire et la loi du mouvement lorsque $t$ varie.

Soient $x$, $y$, $z$ et $x_1 = x + \Delta x$, $y_1 = y + \Delta y$, $z_1 = z + \Delta z$ les coordonnées des positions M et M' du mobile aux instants $t$ et $t_1 = t + \Delta t$ ; portons sur la droite indéfinie MM' (*fig.* 64) un vecteur MV, dont la valeur relative est liée à celle de la corde MM' par la relation

$$(MV_1) = \frac{(\text{corde MM'})}{\Delta t},$$

puis faisons tendre $\Delta t$ vers zéro. Nous allons démontrer que la limite de $MV_1$, lorsqu'elle existe, est le vecteur MV représentatif de la vitesse ; nous supposons toutefois, ce qui a toujours lieu dans les cas usuels, que le rapport de la corde MM' à l'arc qu'elle sous-tend ait pour limite l'unité lorsque MM' tend vers zéro.

En effet, on voit d'abord, en examinant les divers cas qui peuvent se présenter, que la limite du vecteur $MV_1$ est toujours située sur la tangente en M dans le sens du mouvement ; on a d'autre part, en valeur absolue,

$$\lim \frac{\text{corde MM'}}{\Delta t} = \lim \frac{\text{arc MM'}}{\Delta t} \times \lim \frac{\text{corde MM'}}{\text{arc MM'}} ;$$

comme le dernier terme du second membre est par hypothèse égal à l'unité, on voit bien que la limite de $MV_1$ a même valeur absolue que MV ; la proposition se trouve donc démontrée.

Cela posé, les projections du vecteur $MV_1$ sur les axes de coordonnées sont respectivement égales aux rapports

$$\frac{\Delta x}{\Delta t}, \qquad \frac{\Delta y}{\Delta t}, \qquad \frac{\Delta z}{\Delta t},$$

si les fonctions $x$, $y$, $z$ ont des dérivées, ces rapports ont des limites respectivement égales aux dérivées $x'$, $y'$, $z'$; nous pouvons affirmer dans ce cas que $MV_1$ a bien une limite, et que les projections de cette limite, c'est-à-dire celles du vecteur $MV$ représentatif de la vitesse, sont égales à $x'$, $y'$, $z'$. Nous pouvons remarquer, comme vérification, que ces projections sont proportionnelles aux coefficients directeurs de la tangente en M à la trajectoire. Nous arrivons donc au résultat suivant :

*Le vecteur représentatif de la vitesse du mobile en un point a pour projections sur les axes les dérivées des coordonnées du mobile considérées comme fonction du temps.*

Les équations (3) prises séparément représentent les mouvements des projections $m_1$, $m_2$, $m_3$ du mobile M sur les trois axes ; les vitesses de ces mouvements sont représentées par des vecteurs $m_1v_1$, $m_2v_2$, $m_3v_3$ portés par ces axes et respectivement égaux aux dérivées $x'$, $y'$, $z'$. Si nous remarquons que ces vecteurs sont précisément les projections de $MV$, nous pouvons encore énoncer ce résultat :

*Le vecteur représentatif de la vitesse du mobile en un point M est la somme géométrique des vecteurs représentatifs des vitesses de ses projections sur les trois axes.*

Dans différentes branches des sciences appliquées se présentent des notions analogues à celles que nous venons de développer à propos de la vitesse d'un mouvement.

Lorsque deux grandeurs dépendent l'une de l'autre, on a souvent à considérer le rapport des accroissements correspondants de ces grandeurs, puis la limite de ce rapport ; cette limite est égale à la dérivée de la fonction qui exprime les valeurs d'une des grandeurs au moyen de l'autre.

Par exemple, en physique, la longueur $l$ d'une barre égale à l'unité de longueur à $0^{\circ}$ s'exprime en fonction de la température par une équation telle que $l = f(t)$ ; si $l$ et $l_1 = l + \Delta l$ sont les longueurs aux températures $t$ et $t_1 = t + \Delta t$, le rapport $\dfrac{\Delta l}{\Delta t}$ est le coefficient moyen de dilatation entre les températures $t$ et $t_1$ ; la limite de ce rapport est le coefficient de dilatation à la température $t$ ; il est égal à la dérivée de la fonction $l = f(t)$.

**163. Dérivées successives.** — Étant donnée une fonction $y = f(x)$, sa dérivée $y'$ ou $f'(x)$ est déterminée pour chaque valeur de $x$ où elle existe ; elle est elle-même une fonction de cette variable et peut posséder une dérivée ; lorsque celle-ci existe, on l'appelle dérivée seconde de $y$, et on la représente par $y''$ ou $f''(x)$. C'est une nouvelle fonction de $x$ dont la dérivée est appelée dérivée troisième de $y$ et est représentée par

$y'''$ ou $f'''(x)$, et ainsi de suite ; la dérivée $m^e$ est représentée par $y^{(m)}$ ou $f^{(m)}(x)$ ; $y'$ est appelée dérivée première.

*Exemple.* — Lorsqu'un point mobile est animé d'un mouvement rectiligne, la dérivée de sa vitesse par rapport au temps est appelée son *accélération* ; elle est égale à la dérivée seconde de l'abscisse par rapport au temps.

Nous allons calculer la dérivée première des fonctions usuelles ; les dérivées suivantes s'en déduiront par l'application des règles trouvées.

**164. Dérivée des fonctions simples.** — 1° *Dérivée d'une constante.* — Si une fonction $y$ reste constante pour toute valeur de $x$, son accroissement $k$ est toujours nul, ainsi que le rapport $\dfrac{k}{h}$ ; la limite de ce rapport est donc toujours nulle également ; nous concluons de là que *la dérivée d'une constante est nulle.*

2° *Dérivée de $y = x^m$.* — Nous supposons $m$ entier et positif ; les valeurs de la fonction pour $x$ et $x + h$ sont, $x^m$ et $(x+h)^m$, de sorte que l'accroissement $k$ de $y$ correspondant à l'accroissement $h$ de $x$ est $(x+h)^m - x^m$. Si nous développons $(x+h)$ d'après la formule du binome (n° 4), nous avons

$$(x+h)^m = x^m + mhx^{m-1} + \frac{m(m-1)}{1 \cdot 2}h^2 x^{m-2} + \ldots + h^m ;$$

nous en déduisons la valeur de $k$, et nous trouvons

$$\frac{k}{h} = mx^{m-1} + \frac{m(m-1)}{1 \cdot 2}hx^{m-2} + \ldots + h^{m-1}.$$

Lorsque $h$ tend vers zéro, les termes qui suivent le premier au second membre tendent vers zéro, et comme ils sont en nombre fini, leur somme tend vers zéro, de sorte que le rapport $\dfrac{k}{h}$ a une limite égale à $mx^{m-1}$ ; nous avons par suite ce résultat :

La dérivée de $x^m$ pour $m$ entier positif est $mx^{m-1}$.

3° *Dérivée de $y = a^x$.* — Aux valeurs $x$ et $x + h$ correspondent pour $y$ les valeurs $a^x$ et $a^{x+h}$, de sorte que l'accroissement de la fonction est

$$k = a^{x+h} - a^x = a^x(a^h - 1)$$

et le rapport des accroissements de la fonction et de la variable est

$$\frac{k}{h} = a^x \frac{a^h - 1}{h}.$$

Pour déterminer la limite de ce rapport, nous remarquons que le numérateur tend vers zéro avec $h$ ; nous poserons $a^h - 1 = \alpha$, $\alpha$ tendant vers zéro ; nous en déduirons

$$a^h = 1 + \alpha$$

et, en prenant les logarithmes népériens des deux membres,

$$h \log a = \log (1 + \alpha),$$

d'où

$$\frac{a^h - 1}{h} = \frac{\alpha \log a}{\log (1 + \alpha)} = \frac{\log a}{\log (1 + \alpha)^{\frac{1}{\alpha}}}.$$

Quand $h$ tend vers zéro, $\alpha$ tend vers zéro, $(1 + \alpha)^{\frac{1}{\alpha}}$ tend vers le nombre $e$ (n° 52), de sorte que la limite du dernier dénominateur est $\log e$, qui est égal à 1. Par suite la limite de $\dfrac{a^h - 1}{h}$ est égale à $\log a$ et celle de $\dfrac{k}{h}$ est égale à $a^x \log a$. D'où ce résultat :

*La dérivée de $a^x$ est égale à $a^x \log a$.*

Dans le cas particulier où $a$ est égal au nombre $e$, la dérivée de $e^x$ est égale à $e^x$ lui-même.

*Toutes les dérivées de $e^x$ sont égales à $e^x$.*

4° *Dérivée de* $y = \log x$. — Nous entendons par ce symbole le logarithme népérien de $x$. Aux valeurs $x$ et $x + h$ correspondent pour la fonction les valeurs $\log x$ et $\log (x + h)$, et à l'accroissement $h$ donné à $x$ correspond pour $y$ l'accroissement

$$k = \log (x + h) - \log x = \log \left( \frac{x + h}{x} \right) = \log \left( 1 + \frac{h}{x} \right);$$

lorsque $h$ tend vers zéro, il en est de même de $k$, ce qui montre déjà que la fonction est continue ; le rapport $\dfrac{k}{h}$ peut s'écrire

$$\frac{k}{h} = \frac{1}{h} \log \left( 1 + \frac{h}{x} \right) = \frac{1}{x} \frac{x}{h} \log \left( 1 + \frac{h}{x} \right) = \frac{1}{x} \log \left( 1 + \frac{h}{x} \right)^{\frac{x}{h}}.$$

La quantité sous le signe $\log$ est de la forme $(1 + \alpha)^{\frac{1}{\alpha}}$, $\alpha$ ayant pour valeur $\dfrac{h}{x}$, et ayant pour limite zéro quand $h$ tend vers zéro ; nous savons (n° 52) que la limite de cette expression est égale au nombre $e$ ; comme $\log e$ est égal à l'unité, la limite du second membre est égale à

$\frac{1}{x}$; d'où ce résultat :

*La dérivée de* $\log x$ *est égale à* $\frac{1}{x}$.

**165. Dérivée des fonctions simples trigonométriques. — 1° *Déri-*** *vée de* $y = \sin x$. — Aux valeurs $x$ et $x + h$ de la variable correspondent pour la fonction les valeurs $\sin x$ et $\sin(x + h)$, et à l'accroissement $h$ donné à $x$ correspond pour $y$ l'accroissement

$$k = \sin(x + h) - \sin x = 2 \sin \frac{h}{2} \cos\left(x + \frac{h}{2}\right);$$

cet accroissement tend vers zéro avec $h$, ce qui montre déjà que la fonction est continue ; le rapport $\frac{k}{h}$ peut s'écrire

$$\frac{k}{h} = \frac{2 \sin \frac{h}{2}}{h} \cos\left(x + \frac{h}{2}\right) = \frac{\sin \frac{h}{2}}{\frac{h}{2}} \cos\left(x + \frac{h}{2}\right);$$

lorsque $h$ tend vers zéro, le premier facteur, rapport d'un sinus à l'arc, a pour limite l'unité (n° 14), et le deuxième a pour limite $\cos x$, de sorte que la limite du second membre est $\cos x$, d'où ce résultat :

*La dérivée de* $\sin x$ *est* $\cos x$.

2° *Dérivée de* $y = \cos x$. — Aux valeurs $x$ et $x + h$ correspondent pour la fonction les valeurs $\cos x$ et $\cos(x + h)$, et à l'accroissement $h$ donné à $x$ correspond pour $y$ l'accroissement

$$k = \cos(x + h) - \cos x = -2 \sin \frac{h}{2} \sin\left(x + \frac{h}{2}\right);$$

cet accroissement tend vers zéro avec $h$, ce qui montre que la fonction est continue ; le rapport $\frac{k}{h}$ peut s'écrire

$$\frac{k}{h} = -\frac{2 \sin \frac{h}{2}}{h} \sin\left(x + \frac{h}{2}\right) = -\frac{\sin \frac{h}{2}}{\frac{h}{2}} \sin\left(x + \frac{h}{2}\right).$$

La limite du second membre est, pour la même raison que précédemment, égale à $-\sin x$, d'où ce résultat :

*La dérivée de* $\cos x$ *est* $-\sin x$.

3° *Dérivée de* $y = \operatorname{tg} x$. — Aux valeurs $x$ et $x + h$ correspondent pour la fonction les valeurs $\operatorname{tg} x$ et $\operatorname{tg}(x+h)$, et à l'accroissement $h$ donné à $x$ correspond pour $y$ l'accroissement

$$k = \operatorname{tg}(x+h) - \operatorname{tg} x = \frac{\sin(x+h)}{\cos(x+h)} - \frac{\sin x}{\cos x} = \frac{\sin h}{\cos(x+h)\cos x},$$

cet accroissement tend vers zéro avec $h$ lorsque $\cos x$ n'est pas nul, ce qui montre que la fonction est continue, sauf pour les valeurs de $x$ qui la rendent infinie, et qui sont de la forme $x = (2k+1)\frac{\pi}{2}$ ; le rapport $\frac{k}{h}$ peut s'écrire

$$\frac{k}{h} = \frac{\sin h}{h} \cdot \frac{1}{\cos(x+h)\cos x},$$

lorsque $h$ tend vers zéro, le premier rapport du second membre a pour limite l'unité et le second, $\frac{1}{\cos^2 x}$, de sorte que la limite de $\frac{k}{h}$ est $\frac{1}{\cos^2 x}$, d'où ce résultat :

*La dérivée de* $\operatorname{tg} x$ *est* $\dfrac{1}{\cos^2 x}$.

**166. Dérivée des fonctions inverses.** — Soit $y = f(x)$ une fonction continue, et C sa courbe représentative ; une parallèle à l'axe des $x$, d'ordonnée $y$, coupe cette courbe en un ou plusieurs points. Si M est un de ces points, l'arc de la courbe C avoisinant le point M permet de déterminer une succession de valeurs de l'abscisse $x$ correspondant à des valeurs successives de l'ordonnée $y$ ; ces valeurs de $x$ forment une branche d'une fonction uniforme ou multiforme $x = \varphi(y)$ que l'on appelle *inverse de la fonction* $y = f(x)$. C'est une fonction continue ; nous allons montrer qu'elle a une dérivée, et déterminer cette dérivée.

Soient $x$ et $x+h$ deux valeurs de $x$ voisines l'une de l'autre, $y$ et $y+k$ les valeurs correspondantes de $y$ ; par hypothèse, $\frac{k}{h}$ a une limite $y'$ ou $f'(x)$ lorsque $h$ tend vers zéro ; supposons que cette limite ne soit pas nulle. Lorsque l'on considère $x$ comme fonction de $y$, les accroissements correspondants de la fonction $x$ et de la variable $y$ sont cette fois $h$ et $k$, et leur rapport est $\frac{h}{k}$ ; comme il est l'inverse du premier, il a une limite qui est l'inverse de la première ; la fonction $x$ de $y$ a donc une dérivée $x'$ qui est l'inverse de la dérivée $y'$, d'où ce théorème :

*Les dérivées de deux fonctions inverses ont des valeurs inverses l'une de l'autre.*

Vogt. — Math. sup.

16

Nous avons déjà rencontré des exemples de fonctions inverses ; les fonctions exponentielle et logarithmique sont inverses l'une de l'autre ; nous pouvons déduire leurs dérivées l'une de l'autre et nous allons calculer la dérivée de la fonction $y = \log_a x$, le logarithme étant pris dans la base $a$.

La fonction inverse est $x = a^y$, dont la dérivée est $x' = a^y \log a$ ; dès lors on a

$$y' = \frac{1}{a^y \log a} = \frac{1}{x \log a} ;$$

lorsque $a$ est égal à $e$, on retrouve bien la dérivée de $\log x$.

Nous allons appliquer le théorème précédent à la recherche de la dérivée des fonctions circulaires inverses.

**167. Dérivée des fonctions trigonométriques inverses.** — 1° *Dérivée de $y = \arcsin x$.* — Si le sinus d'un arc $y$ est désigné par $x$, inversement à un sinus égal à $x$ et compris entre $-1$ et $+1$ correspondent une infinité d'arcs $y$ ; en désignant par $\beta$ celui d'entre eux qui est compris entre $-\dfrac{\pi}{2}$ et $+\dfrac{\pi}{2}$, tous les autres sont compris dans les formules

$$y = 2k\pi + \beta, \quad y = (2k+1)\pi - \beta.$$

L'un quelconque de ces arcs ayant pour sinus $x$ est désigné sous le nom de $\arcsin x$, mais on ne considère ordinairement que le premier $\beta$, et c'est le seul que nous étudierons comme fonction de $x$ ; nous allons calculer sa dérivée en utilisant celle de sa fonction inverse.

La fonction inverse de $y = \arcsin x$ est $x = \sin y$, dont la dérivée est (n° 165)

$$x' = \cos y ;$$

dès lors nous avons, d'après le théorème démontré dans le n° précédent, $y' = \dfrac{1}{x'} = \dfrac{1}{\cos y}$, et comme $\cos y$ est égal à $\sqrt{1 - \sin^2 y}$ ou égal à $\sqrt{1 - x^2}$, nous trouvons

$$y' = \frac{1}{\sqrt{1 - x^2}} ;$$

on doit prendre le signe $+$ devant le radical, car $\cos y$ est positif dans le cas actuel ; pour un autre choix de $y$, on doit prendre le radical avec le signe $+$ ou le signe $-$, suivant que $\cos y$ est positif ou négatif ; dans le cas ordinaire, nous avons ce résultat :

*La dérivée de* arc sin $x$ *est* $\dfrac{1}{\sqrt{1-x^2}}$.

2° *Dérivée de* $y = $ arc cos $x$. — A un cosinus $x$ compris entre $-1$ et $+1$ correspondent une infinité d'arcs $y$; si $\beta$ est celui d'entre eux qui est compris entre $0$ et $\pi$, tous les autres sont compris dans la formule

$$y = 2k\pi \pm \beta.$$

L'un quelconque de ces arcs ayant pour cosinus $x$ est appelé arc cos $x$, mais on considère ordinairement l'arc $\beta$, et c'est le seul que nous étudierons comme fonction de $x$; la fonction inverse de $y = $ arc cos $x$ est $x = \cos y$, dont la dérivée est (n° 165)

$$x' = -\sin y.$$

Alors, par un raisonnement analogue au précédent, nous avons

$$y' = \frac{1}{x'} = \frac{-1}{\sin y} = \frac{-1}{\sqrt{1-x^2}},$$

le radical étant pris avec le signe $+$ puisque $\sin y$ est positif; pour un autre choix de $y$, on prendra devant le radical le signe de $\sin y$; nous avons ainsi ce résultat :

*La dérivée de* arc cos $x$ *est* $\dfrac{-1}{\sqrt{1-x^2}}$.

3° *Dérivée de* $y = $ arc tg $x$. — A une tangente égale à $x$ correspondent une infinité d'arcs $y$; si $\beta$ est celui d'entre eux qui est compris entre $-\dfrac{\pi}{2}$ et $+\dfrac{\pi}{2}$, tous les autres sont compris dans la formule

$$y = k\pi + \beta.$$

L'un quelconque de ces arcs ayant pour tangente $x$ est appelé arc tg $x$, mais on considère ordinairement l'arc $\beta$, et c'est le seul que nous étudierons comme fonction de $x$; la fonction inverse de $y = $ arc tg $x$ est $x = $ tg $y$, dont la dérivée est

$$x' = \frac{1}{\cos^2 y},$$

nous avons alors, par un raisonnement analogue aux précédents,

$$y' = \frac{1}{x'} = \cos^2 y = \frac{1}{1 + \text{tg}^2 y} = \frac{1}{1 + x^2},$$

d'où ce résultat :

*La dérivée de* arc tg $x$ *est* $\dfrac{1}{1+x^2}$.

**168. Dérivée d'une fonction composée.** — Étant données des fonctions simples de $x$, désignées par $u$, $v$, $w$, ..., toute fonction $y$ de $u$, $v$, $w$, ... est appelée fonction composée de $x$; nous allons montrer dans les cas usuels que si $u$, $v$, $w$, ... ont des dérivées, la fonction $y$ a aussi une dérivée, et nous indiquerons comment on peut la déterminer au moyen de celles des fonctions composantes. Pour plus de commodité, nous représenterons par $\Delta x$ l'accroissement de la variable, et par $\Delta y$, $\Delta u$, $\Delta v$, ... les accroissements correspondants des fonctions $y$, $u$, $v$, ...

1° Considérons d'abord le cas où $y$ est le produit d'une fonction $u$ par une constante $A$; l'accroissement $\Delta y$ est égal à $A\Delta u$, et nous avons, en divisant par $\Delta x$,

$$\frac{\Delta y}{\Delta x} = A\frac{\Delta u}{\Delta x};$$

lorsque $\Delta x$ tend vers zéro, le rapport $\dfrac{\Delta u}{\Delta x}$ a par hypothèse une limite $u'$, par suite le premier membre a une limite et $y$ a une dérivée qui est

$$y' = Au',$$

de sorte que *la dérivée de Au est Au'*.

2° *Dérivée d'une somme.* — Soit une somme de trois fonctions

$$y = u + v + w;$$

à un accroissement $\Delta x$ de la variable correspondent des accroissements $\Delta y$, $\Delta u$, $\Delta v$, $\Delta w$, et l'accroissement de $y$ est égal à la somme des accroissements des autres fonctions; nous avons donc

$$\Delta y = \Delta u + \Delta v + \Delta w;$$

en divisant par $\Delta x$, nous trouvons

$$\frac{\Delta y}{\Delta x} = \frac{\Delta u}{\Delta x} + \frac{\Delta v}{\Delta x} + \frac{\Delta w}{\Delta x};$$

lorsque $\Delta x$ tend vers zéro, chacun des rapports du second membre a une limite égale à la dérivée de la fonction correspondante; par suite le premier en a une égale à leur somme, et $y$ a une dérivée égale à

$$y' = u' + v' + w';$$

nous voyons que *la dérivée d'une somme $u + v + w$ est égale à la somme $u' + v' + w'$ des dérivées*.

*Exemple.* — La dérivée d'un polynome

$$y = A_0 x^m + A_1 x^{m-1} + A_2 x^{m-2} + \cdots + A_{m-2} x^2 + A_{m-1} x + A_m$$

est égale à la somme des dérivées de ses termes; d'après ce que nous avons dit sur la dérivée de $x^m$, et sur celle de $Au$, elle a pour valeur

$$y' = mA_0 x^{m-1} + (m-1)A_1 x^{m-2} + (m-2)A_2 x^{m-3}$$
$$+ \cdots + 2A_{m-2} x + A_{m-1};$$

la même règle donne pour valeur de la dérivée seconde

$$y'' = m(m-1)A_0 x^{m-2} + (m-1)(m-2)A_1 x^{m-3} + \cdots + 2 . 1 . A_{m-2},$$

et ainsi de suite; les dérivées successives sont des polynomes dont le degré va en décroissant; la dérivée $m^e$ est une constante :

$$y^{(m)} = m(m-1)(m-2) \ldots 2 . 1 . A_0,$$

et les dérivées suivantes sont toutes nulles.

**169.** 3° *Dérivée d'un produit.* — Soit le produit de deux fonctions

$$y = uv;$$

soient $u + \Delta u$ et $v + \Delta v$ les valeurs que prennent les deux facteurs pour la valeur $x + \Delta x$ de la variable; à l'accroissement $\Delta x$ correspondent pour $u$ et $v$ les accroissements $\Delta u$ et $\Delta v$, et pour $y$ l'accroissement

$$\Delta y = (u + \Delta u)(v + \Delta v) - uv = \Delta u . v + \Delta v . u + \Delta u . \Delta v;$$

en divisant par $\Delta x$, nous avons

$$\frac{\Delta y}{\Delta x} = \frac{\Delta u}{\Delta x} v + \frac{\Delta v}{\Delta x} u + \frac{\Delta u}{\Delta x} \Delta v.$$

Lorsque $\Delta x$ tend vers zéro, $\frac{\Delta u}{\Delta x}$ et $\frac{\Delta v}{\Delta x}$ ont des limites égales aux dérivées $u'$ et $v'$; $\Delta v$ tend vers zéro, et le dernier terme du second membre tend aussi vers zéro; nous en concluons que le second membre a une limite égale à la somme $u'v + v'u$ des limites des deux premiers termes, et par suite que $y$ a une dérivée égale à

$$y' = u'v + v'u,$$

d'où ce résultat : *la dérivée d'un produit $uv$ est égale à $u'v + v'u$.*

*Exemples.* — Les fonctions

$$y = (3x - 1)(x^2 + 2), \qquad z = \sin x \cos x$$

ont pour dérivées

$$y' = 3(x^2 + 2) + 2x(3x - 1) = 9x^2 - 2x + 6,$$
$$z' = \cos^2 x - \sin^2 x.$$

Si l'on a trois facteurs $u$, $v$, $w$, on peut supposer d'abord effectué le produit des deux derniers ; d'après ce qui précède, nous avons

$$y' = u'(vw) + u(vw)' ;$$

en remplaçant la dérivée du produit $vw$ par sa valeur explicite au dernier terme, nous trouvons

$$y' = u'vw + u(v'w + w'v) = u'vw + v'uw + w'uv.$$

Nous pourrions opérer de la même façon dans le cas d'un produit d'un plus grand nombre de facteurs, et nous verrions que l'on *obtient la dérivée d'un produit en multipliant la dérivée de chaque facteur par tous les autres facteurs, et additionnant les résultats.*

170. *Dérivée d'un quotient.* — Soit le quotient de deux fonctions

$$y = \frac{u}{v} ;$$

soient, comme précédemment, $u + \Delta u$ et $v + \Delta v$ les valeurs que prennent les deux termes pour la valeur $x + \Delta x$ de la variable ; à l'accroissement $\Delta x$ correspondent pour $u$ et $v$ les accroissements $\Delta u$ et $\Delta v$, et pour $y$ l'accroissement

$$\Delta y = \frac{u + \Delta u}{v + \Delta v} - \frac{u}{v} = \frac{\Delta u \cdot v - \Delta v \cdot u}{(v + \Delta v)v} ;$$

en divisant par $\Delta x$, nous avons

$$\frac{\Delta y}{\Delta x} = \frac{\dfrac{\Delta u}{\Delta x} v - \dfrac{\Delta v}{\Delta x} u}{(v + \Delta v)v}$$

Lorsque $\Delta x$ tend vers zéro, $\dfrac{\Delta u}{\Delta x}$ et $\dfrac{\Delta v}{\Delta x}$ ont des limites égales aux dérivées $u'$ et $v'$ ; dans le dénominateur, $\Delta v$ tend vers zéro ; nous en concluons que le second membre a une limite, et par suite que $y$ a une dérivée égale à

$$y' = \frac{u'v - v'u}{v^2},$$

d'où ce résultat : *la dérivée d'un quotient* $\dfrac{u}{v}$ *est* $\dfrac{u'v - v'u}{v^2}$.

*Exemples.* — Les fonctions

$$y = \frac{2x^2 + 1}{3x - 2}, \qquad z = \frac{\sin x}{\cos x}$$

ont pour dérivées

$$y' = \frac{4x(3x - 2) - 3(2x^2 + 1)}{(3x - 2)^2} = \frac{6x^2 - 8x - 3}{(3x - 2)^2},$$

$$z' = \frac{\cos^2 x - (-\sin^2 x)}{\cos^2 x} = \frac{1}{\cos^2 x};$$

nous obtenons ainsi de nouveau la dérivée de $\operatorname{tg} x$.

En particulier, lorsque $u = 1$, on a $u' = 0$ ; nous en concluons que
*la dérivée de* $\dfrac{1}{v}$ *est égale à* $-\dfrac{v'}{v^2}$.

Lorsque nous aurons déterminé les dérivées des fonctions de plusieurs
variables, nous considérerons le cas général des fonctions composées.

**171. Dérivée d'une fonction de fonction. Dérivée logarithmique.**
— Si $u$ est une fonction de $x$, toute fonction de $u$

$$y = f(u)$$

est dite fonction de fonction de $x$ ; nous allons calculer la dérivée de $y$
en supposant connues la dérivée de la fonction $f(u)$ de la variable $u$, et
celle de la fonction $u$ de $x$. Soient $\Delta x$ un accroissement donné à la
variable $x$, $\Delta u$ et $\Delta y$ les accroissements correspondants de $u$ et $y$ ;
nous avons identiquement

$$\frac{\Delta y}{\Delta x} = \frac{\Delta y}{\Delta u} \cdot \frac{\Delta u}{\Delta x};$$

lorsque $\Delta x$ tend vers zéro, les deux rapports du second membre ont des
limites égales à $f'(u)$ et $u'$ ; par suite, le premier membre a une limite,
et $y$ a une dérivée égale à

$$y' = f'(u) \cdot u';$$

d'où ce résultat : *la dérivée d'une fonction de fonction est égale au produit des dérivées des fonctions dont elle se compose prises chacune par
rapport à la variable dont elle dépend immédiatement.*

Ce résultat s'étend à un nombre quelconque de fonctions successives ;
si $u$ est une fonction de $x$, si $v = \varphi(u)$ est une fonction de $u$, et

$y = f(v)$ une fonction de $v$, nous avons de même

$$\frac{\Delta y}{\Delta x} = \frac{\Delta y}{\Delta v} \cdot \frac{\Delta v}{\Delta u} \cdot \frac{\Delta u}{\Delta x},$$

et nous en concluons, en passant à la limite,

$$y' = f'(v) \cdot \varphi'(u) \cdot u'.$$

*Exemple.* — Soit $y = e^{-x^2}$ ; nous poserons $u = -x^2$, et nous aurons $y = e^u$ ; la dérivée de $y$ sera alors

$$y' = e^u u' = e^{-x^2}(-2x).$$

Le cas d'une fonction de fonction se présente couramment lorsque la variable entre sous le signe d'une fonction simple par un de ses multiples ou de ses sous-multiples ou plus généralement par une expression linéaire ; on prend alors cette expression pour valeur de $u$. On se dispense même d'écrire la lettre $u$, et l'on fait immédiatement le calcul de la dérivée.

*Exemples :*    $y = \sin mx,$        $y' = m \cos mx$ ;

$$y = \log(ax + b), \qquad y' = \frac{a}{ax + b}.$$

On appelle dérivée logarithmique d'une fonction $u = f(x)$ la dérivée de $y = \log u$, le logarithme étant népérien. D'après ce que nous venons de dire, cette dérivée est égale à $\frac{1}{u} \cdot u'$ ; d'où ce résultat : *la dérivée logarithmique de $u$ est égale à* $\frac{u'}{u}$.

**172. Dérivée d'une puissance.** — Soit

$$y = u^m$$

une puissance d'une fonction donnée $u$ de $x$, l'exposant $m$ étant un nombre quelconque positif ou négatif. En prenant les logarithmes népériens des deux nombres, nous avons

$$\log y = m \log u ;$$

en égalant l'une à l'autre les dérivées par rapport à $x$ des deux membres de cette dernière relation, c'est-à-dire les dérivées logarithmiques de $y$ et de $u^m$, nous trouvons

$$\frac{y'}{y} = m \frac{u'}{u} ;$$

nous tirons de là, en remplaçant $y$ par sa valeur

$$y' = m\frac{u'}{u}y = mu^{m-1}u',$$

d'où ce résultat : *la dérivée de $u^m$ est $mu^{m-1}u'$.*

*Exemples.* — Les fonctions

$$y = (x^2 - 1)^{\frac{3}{2}}, \quad z = \frac{1}{\sqrt{\cos x}} = (\cos x)^{-\frac{1}{2}}$$

ont pour dérivées

$$y' = \frac{3}{2}(x^2 - 1)^{\frac{3}{2}-1} \times 2x = 3x(x^2 - 1)^{\frac{1}{2}},$$

$$z' = \left(-\frac{1}{2}\right)(\cos x)^{-\frac{3}{2}}(-\sin x) = \frac{\sin x}{2(\cos x)^{\frac{3}{2}}}.$$

Dans le cas particulier où $m$ est égal à $\frac{1}{2}$, on a $y' = \frac{1}{2}u^{-\frac{1}{2}}u'$ ; nous avons donc le résultat :

*La dérivée de $\sqrt{u}$ est $\dfrac{u'}{2\sqrt{u}}$.*

# CHAPITRE II

## VARIATION DES FONCTIONS D'UNE VARIABLE

**173. Fonction croissante ou décroissante. Maximum ou minimum.**
— Comme nous l'avons dit au n° 21, une fonction $f(x)$ d'une variable $x$
est *croissante* dans un intervalle donné relatif à cette variable si, $a$ et $b$
étant deux valeurs quelconques de $x$ comprises dans l'intervalle considéré, la différence $f(b) - f(a)$ a toujours le signe de la différence $b - a$,
et n'est pas nulle.

Une fonction $f(x)$ est *décroissante* dans un intervalle si, $a$ et $b$ étant
deux valeurs quelconques de $x$ comprises dans l'intervalle, la différence
$f(b) - f(a)$ a toujours le signe contraire à celui de $b - a$, et n'est pas
nulle.

On dit qu'une fonction $f(x)$ définie dans un certain intervalle passe
par un *maximum* pour une valeur $x = a$ de la variable comprise dans cet
intervalle, si sa valeur pour $x = a$ est supérieure aux valeurs voisines. On
le reconnaît à ce que l'on peut trouver un nombre positif $h$ tel que pour
toute valeur $b$ comprise dans l'intervalle donné et entre $a - h$ et $a + h$,
$f(b)$ est inférieur à $f(a)$.

Lorsque la fonction $f(x)$ est croissante entre $a - h$ et $a$, et décroissante entre $a$ et $a + h$, on peut affirmer qu'elle passe par un maximum
pour $x = a$, car $f(a)$ est supérieur aux autres valeurs que prend $f(x)$
entre $a - h$ et $a + h$.

On dit qu'une fonction $f(x)$ définie dans un certain intervalle passe
par un *minimum* pour une valeur $x = a$ de la variable comprise dans cet
intervalle, si sa valeur pour $x = a$ est inférieure aux valeurs voisines. On
le reconnaît à ce que l'on peut trouver un nombre positif $h$ tel que pour
toute valeur $b$ comprise dans l'intervalle donné et entre $a - h$ et $a + h$,
$f(b)$ est supérieur à $f(a)$. Lorsque la fonction $f(x)$ est décroissante entre
$a - h$ et $a$, et croissante entre $a$ et $a + h$, on peut affirmer qu'elle passe
par un minimum pour $x = a$, car $f(a)$ est inférieur aux autres valeurs
que prend $f(x)$ entre $a - h$ et $a + h$.

**174. Théorème I.** — *Si une fonction est constante dans un intervalle, sa dérivée est nulle pour toute valeur de la variable comprise dans cet intervalle.*

*Si une fonction est croissante dans un intervalle, sa dérivée est positive ou nulle, mais jamais négative pour toute valeur de la variable comprise dans cet intervalle.*

*Si une fonction est décroissante dans un intervalle, sa dérivée est négative ou nulle, mais jamais positive pour toute valeur de la variable comprise dans cet intervalle.*

Soient en effet $a$ et $b$ deux valeurs quelconques de $x$ dans l'intervalle considéré ; formons la différence $f(b) - f(a)$, puis le rapport

$$(1) \qquad \frac{f(b) - f(a)}{b - a},$$

et cherchons la limite de ce rapport lorsque $b$ tend vers $a$ ; c'est la valeur de la dérivée $f'(x)$ pour $x = a$.

Si la fonction est constante, $f(b)$ est toujours égal à $f(a)$ ; le rapport (1) est nul, et sa limite est toujours nulle.

Si la fonction est croissante, le rapport (1) est positif et sa limite est positive ou nulle, mais jamais négative. De même, si la fonction est décroissante, le rapport (1) est négatif et sa limite est négative ou nulle, mais jamais positive ; la proposition est ainsi démontrée.

**175. Théorème II.** — *Si une fonction continue et possédant une dérivée déterminée dans un intervalle passe par un maximum ou un minimum pour une valeur de la variable comprise dans cet intervalle et différente de l'une des limites, sa dérivée s'annule pour cette valeur de la variable.*

Supposons que la fonction $f(x)$ passe par un maximum pour une valeur $x = a$ intérieure à l'intervalle que l'on considère ; il existe alors, comme nous l'avons dit, un intervalle $(a - h, a + h)$ renfermé dans le précédent, et tel que pour tout nombre $b$ de ce dernier intervalle, $f(b)$ est inférieur à $f(a)$. Formons encore la différence $f(b) - f(a)$ et le rapport (1).

Donnons d'abord à $b$ des valeurs inférieures à $a$ et tendant vers $a$ ; le numérateur et le dénominateur du rapport (1) sont négatifs, et ce rapport est positif ; sa limite est donc positive ou nulle. Donnons ensuite à $b$ des valeurs supérieures à $a$ et tendant vers $a$ ; le numérateur du rapport (1) est négatif, le dénominateur positif, et ce rapport est négatif ; sa limite est donc négative ou nulle. Mais, par hypothèse, la limite du rapport (1) est bien déterminée, et elle a par suite la même valeur dans les deux cas ; elle ne peut donc être que nulle.

On ferait un raisonnement analogue si $f(x)$ passait par un minimum pour $x = a$.

La représentation graphique d'une fonction rend intuitives les démonstrations des théorèmes précédents ; dans la figure 65 on se rend compte des relations qui existent entre l'allure

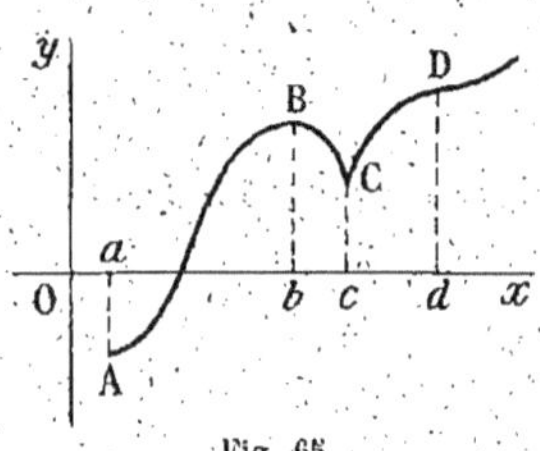

Fig. 65.

d'une fonction continue et le signe de sa dérivée. Dans l'intervalle $(a, b)$, la fonction est croissante, et la pente de la tangente à la courbe, qui est égale à la dérivée, est positive. Dans l'intervalle $(b, c)$, la fonction est décroissante, et la pente de la tangente est négative. Pour la valeur $b$, la fonction passe par un maximum et la pente de la tangente est nulle. Pour la valeur $c$ la fonction passe par un minimum, mais la tangente est parallèle à $Oy$, et sa pente, c'est-à-dire la dérivée, n'a pas de valeur finie et n'est pas nulle. Ce cas montre bien la nécessité de l'hypothèse introduite dans l'énoncé du théorème II, que la dérivée doit être déterminée dans l'intervalle considéré.

**176. Théorème des accroissements finis.** — La réciproque du théorème I repose sur un théorème fondamental, que l'on appelle théorème des accroissements finis, et qui a pour but d'évaluer la valeur du rapport (1) au moyen de la dérivée de la fonction $f(x)$ ; nous commencerons par démontrer le lemme suivant :

**Lemme.** — *Si une fonction $f(x)$ est continue et admet une dérivée déterminée pour toutes les valeurs de $x$, comprises entre deux nombres $a$ et $b$, et si elle s'annule pour ces deux nombres, sa dérivée s'annule au moins pour une valeur de $x$ comprise entre $a$ et $b$.*

Si en effet la fonction est constamment nulle entre $a$ et $b$, sa dérivée est nulle pour toute valeur de $x$ comprise entre ces deux nombres (Théorème I). Si la fonction n'est pas constamment nulle, elle prend entre $a$ et $b$ des valeurs positives ou négatives ; supposons pour fixer les idées que certaines des valeurs qu'elle prend soient positives ; d'après l'hypothèse faite que $f(x)$ est continue, la plus grande de ces valeurs, que nous désignerons par M, reste finie ; M est sûrement un maximum de la fonction, et celle-ci passe par ce maximum pour une certaine valeur $c$ de la variable comprise entre $a$ et $b$ et non égale à ces limites. D'après le théorème II, la dérivée $f'(x)$ s'annule alors pour $x = c$, ce qui démontre la proposition.

Le raisonnement serait le même si l'on considérait le cas où $f(x)$ prend des valeurs négatives; la fonction passerait par un minimum. Remarquons qu'il n'est pas nécessaire de supposer dans ce qui précède que la dérivée $f'(x)$ reste finie pour $x = a$ ou $x = b$.

Le théorème des accroissements finis s'énonce ainsi :

*Si une fonction $f(x)$ est continue et admet une dérivée déterminée pour toutes les valeurs de $x$ comprises entre deux nombres $a$ et $b$, on a l'égalité*

$$(2) \qquad \frac{f(b) - f(a)}{b - a} = f'(c),$$

$c$ étant un nombre compris entre $a$ et $b$.

Désignons par P la valeur du premier membre de l'équation précédente; elle satisfait à la relation

$$(3) \qquad f(b) - f(a) - (b - a)\,\mathrm{P} = 0;$$

considérons la fonction auxiliaire

$$\mathrm{F}(x) = f(b) - f(x) - (b - x)\,\mathrm{P},$$

obtenue en remplaçant dans le premier membre de l'égalité (3) $a$ par $x$ dans $f(a)$ et dans $b - a$, mais non dans P; $\mathrm{F}(x)$ s'annule pour $x = a$ d'après (3), et pour $x = b$ identiquement; elle jouit, en même temps que $f(x)$, de la propriété d'être continue et d'avoir une dérivée déterminée pour toute valeur de $x$ entre $a$ et $b$; par suite, d'après le lemme précédent, sa dérivée s'annule au moins pour une valeur telle que $c$ comprise entre $a$ et $b$. Comme cette dérivée est

$$\mathrm{F}'(x) = - f'(x) + \mathrm{P},$$

nous obtenons, en écrivant que $\mathrm{F}'(c)$ est nul, la relation

$$\mathrm{P} = f'(c),$$

ce qui démontre le théorème.

On donne souvent à l'équation (2) une autre forme que nous allons indiquer, bien qu'elle ne nous soit pas utile actuellement. Si l'on remplace $a$ par $x$, et $b$ par $x + h$, $b - a$ est égal à $h$; quant au nombre $c$, qui est compris entre $x$ et $x + h$, il peut être écrit sous la forme $x + \theta h$, $\theta$ étant compris entre $0$ et $1$; avec ces changements, l'équation (2) devient

$$(4) \qquad f(x + h) - f(x) = hf'(x + \theta h).$$

La représentation graphique de la fonction rend intuitive les démonstrations précédentes. Sur la figure 66, on voit que la fonction s'annule pour les valeurs $a$ et $b$ de $x$ et que sa dérivée s'annule pour une valeur $c$ comprise entre $a$ et $b$; il n'est pas nécessaire que la dérivée existe aux limites et elle peut être infinie pour $a$, mais elle doit être finie et déterminée

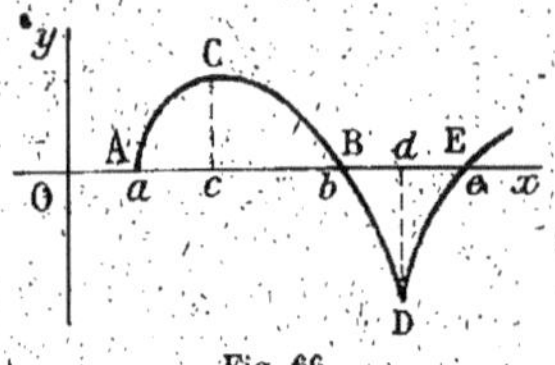

Fig. 66.

entre $a$ et $b$. Cette condition n'est pas remplie pour la valeur $d$, et la dérivée ne s'annule pas dans l'intervalle $(b, e)$.

Si l'on considère la courbe représentative de la fonction dans un intervalle $(a, b)$ où la dérivée a toujours une valeur déterminée ($fig.$ 67), il existe au moins un point C de la courbe où la tangente est parallèle à la corde AB. Pour l'abscisse $c$ de ce point, la pente $f'(c)$ de la tangente est égale à la pente $\dfrac{f(b) - f(a)}{b - a}$ de la corde AB; c'est l'expression

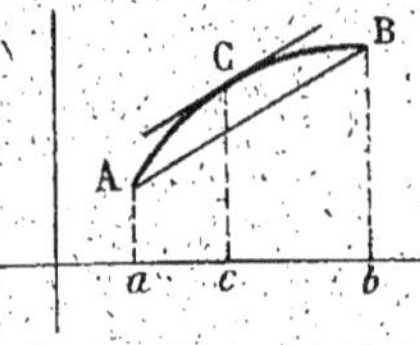

Fig. 67.

du théorème des accroissements finis.

**177. Réciproque du théorème 1.** — *Si une fonction continue a une dérivée constamment nulle dans un intervalle, elle est constante dans cet intervalle.*

*Si une fonction continue a une dérivée bien déterminée dans un intervalle, sauf peut-être aux limites, et si cette dérivée est constamment positive entre les limites, sauf peut-être pour des valeurs isolées de la variable, où elle est nulle, cette fonction est croissante dans cet intervalle.*

*Si, dans les mêmes conditions, la dérivée est négative, la fonction est décroissante dans l'intervalle.*

Soit $f(x)$ la fonction donnée, $a$ et $b$ deux valeurs quelconques de $x$ comprises dans l'intervalle considéré ou égales aux limites ; dans le cas où $f'(x)$ est constamment nulle, la formule (2) des accroissements finis montre que l'on a toujours $f(b) = f(a)$ et la fonction est constante, ce qui démontre la première partie de la réciproque.

Pour démontrer la seconde partie, nous considérerons de même deux valeurs quelconques $a$ et $b$ de la variable comprises dans l'intervalle.

ou égales aux limites ; nous supposerons $b > a$, ce qui ne nuit pas à la généralité du raisonnement.

Plaçons-nous d'abord dans le cas simple où la dérivée est positive et non nulle pour toutes les valeurs comprises entre $a$ et $b$, (elle peut avoir une valeur quelconque pour $a$ ou $b$) ; dans l'équation (2), le second membre $f'(c)$ est positif et non nul, par suite $f(b)$ est supérieur à $f(a)$.

Supposons maintenant que la dérivée s'annule pour certaines valeurs de la variable comprises entre $a$ et $b$ ; nous pouvons toujours trouver deux nombres $a'$ et $b'$ tels que l'on ait $a < a' < b' < b$, et tels que $f'(x)$ soit positive sans être nulle pour toutes les valeurs de $x$ comprises entre $a$ et $a'$, ainsi qu'entre $b'$ et $b$.

D'après le raisonnement du cas simple précédent, $f(a')$ est sûrement supérieur à $f(a)$, et $f(b)$ est sûrement supérieur à $f(b')$ ; quant à la différence $f(b') - f(a')$, d'après un raisonnement analogue, elle est positive ou nulle, car la dérivée $f'(x)$ est positive ou nulle pour toute valeur de $x$ comprise entre $a'$ et $b'$ ; il résulte de là que la différence

$$f(b) - f(a) = \left[f(b) - f(b')\right] + \left[f(b') - f(a')\right] + \left[f(a') - f(a)\right]$$

est positive et non nulle.

Dans l'un comme dans l'autre cas, nous voyons que $f(x)$ est croissante dans tout l'intervalle considéré, ce qui démontre la deuxième partie.

Nous ferions un raisonnement analogue pour démontrer la troisième partie de la réciproque.

**178. Remarques relatives aux maxima et minima.** — Nous avons vu (Théorème II) que si une fonction $f(x)$ passe par un maximum ou un minimum pour $x = a$, et possède une dérivée $f'(x)$ bien déterminée, cette dérivée doit être nulle pour cette valeur de $x$. La réciproque n'est pas toujours vraie, et $f'(x)$ peut s'annuler pour une valeur $x = a$ sans que la fonction passe par un maximum ou un minimum pour cette valeur ; si la dérivée $f'(x)$ reste par exemple positive pour toutes les valeurs comprises entre $a - h$ et $a + h$, sauf pour $x = a$, la fonction $f(x)$ est croissante dans l'intervalle $(a - h, a + h)$ et ne devient pas maximum ou minimum pour $x = a$.

La fonction $f(x) = x^3$ fournit un exemple de ce fait ; sa dérivée $f'(x) = 3x^2$ s'annule pour $x = 0$ et cependant la fonction croît constamment sans passer par un maximum ou un minimum pour cette valeur de $x$.

D'autre part il peut se faire qu'une fonction reste continue et passe par un maximum ou un minimum pour une valeur $x = a$, sans que sa dérivée s'annule pour cette valeur de $x$; il peut arriver que cette dérivée n'ait pas une valeur déterminée et devienne par exemple infinie pour $x = a$. La fonction $\sqrt[3]{x^2} = x^{\frac{2}{3}}$ offre un exemple de ce fait; elle est continue et passe par un minimum pour $x = 0$, et cependant sa dérivée $\frac{2}{3} x^{-\frac{1}{3}}$ est discontinue et non nulle pour cette valeur de $x$.

Le théorème suivant indique d'une manière précise comment on détermine les maxima et les minima d'une fonction continue; nous supposerons toutefois, ce qui a toujours lieu dans les applications usuelles, que les valeurs de la variable pour lesquelles la dérivée n'est pas déterminée ou change de signe sont en nombre fini dans tout intervalle limité.

**Théorème III.** — *La condition nécessaire et suffisante pour qu'une fonction continue passe par un maximum pour une valeur de $x$ est que sa dérivée passe du positif au négatif lorsque $x$ passe en croissant par la valeur considérée.*

*La condition nécessaire et suffisante pour qu'une fonction continue passe par un minimum pour une valeur de $x$ est que sa dérivée passe du négatif au positif lorsque $x$ passe en croissant par la valeur considérée.*

Démontrons d'abord que la condition est nécessaire; supposons que la fonction $f(x)$ passe par un maximum pour $x = a$. Sans faire aucune hypothèse sur la valeur de la dérivée $f'(x)$ pour $x = a$, nous pouvons trouver un nombre positif $h$ tel que, entre $a - h$ et $a$, cette dérivée soit déterminée, ne s'annule pas et garde le même signe, et qu'il en soit de même entre $a$ et $a + h$. Nous allons montrer qu'elle est positive dans le premier intervalle et négative dans le second.

En effet, d'après la réciproque que nous avons démontrée dans le n° précédent, la fonction varie toujours dans le même sens entre $a - h$ et $a$, et il en est de même entre $a$ et $a + h$; comme, par hypothèse, $f(a)$ est supérieur aux valeurs voisines, la fonction est sûrement croissante dans le premier de ces intervalles et la dérivée est positive; pour la même raison, la fonction est décroissante dans le deuxième intervalle et la dérivée est négative. Nous voyons donc que la dérivée passe du positif au négatif lorsque $x$ passe en croissant par la valeur $a$.

Si au contraire $f(x)$ passe par un minimum pour $x = a$, sa dérivée passe du négatif au positif lorsque $x$ passe en croissant par la valeur $a$.

Nous allons maintenant démontrer que la condition est suffisante; supposons que la dérivée de la fonction $f(x)$ soit positive pour $x$ compris entre $a - h$ et $a$, et négative pour $x$ compris entre $a$ et $a + h$,

$h$ étant un nombre positif convenablement choisi ; d'après la réciproque du théorème I, la fonction est croissante dans le premier intervalle et décroissante dans le second ; dès lors sa valeur pour $x = a$ est supérieure aux valeurs voisines, et elle passe par un maximum pour $x = a$.

On verrait de même que $f(x)$ passe par un minimum pour $x = a$ si sa dérivée passe du négatif au positif lorsque $x$ passe en croissant par cette valeur.

La démonstration précédente ne fait intervenir en aucune façon la valeur de la dérivée $f'(x)$ pour $x = a$, mais seulement son signe pour les valeurs de $x$ voisines de $a$. La représentation graphique de la fonction (*fig.* 65) rend intuitives les remarques précédentes pour les points B, C et D.

**179. Étude de la variation d'une fonction.** — Étudier la variation d'une fonction, c'est partager l'intervalle total où cette fonction est définie en intervalles partiels dans lesquels elle est continue et croissante ou décroissante ; c'est indiquer dans ces intervalles le sens de la variation de la fonction ; c'est enfin déterminer ses valeurs remarquables, correspondant aux limites des intervalles trouvés, en particulier ses maxima et ses minima.

Pour faire l'étude de la variation d'une fonction, on commence par déterminer les intervalles dans lesquels elle est réelle ; on cherche ensuite les valeurs de la variable comprises dans ces intervalles pour lesquelles la fonction est discontinue.

Pour étudier le sens de la variation de la fonction, on forme sa dérivée, puis on détermine les valeurs de la variable qui annulent cette dérivée, ou bien la rendent infinie ou discontinue ; c'est seulement pour ces valeurs qu'elle peut changer de signe. On range alors par ordre de grandeur croissante les valeurs de la variable ainsi trouvées, en même temps que celles qui limitent les intervalles de réalité, et celles qui rendent la fonction discontinue. On a ainsi une suite d'intervalles partiels tels que dans chacun d'eux la fonction soit réelle et continue, et que sa dérivée ait un signe constant, par suite que la fonction varie toujours dans le même sens. On détermine alors dans chacun de ces intervalles le signe de la dérivée ; si elle est positive, la fonction est croissante ; si elle est négative, la fonction est décroissante.

Lorsque la dérivée a le même signe dans deux intervalles successifs, la fonction varie dans le même sens dans les deux intervalles et ne passe ni par un maximum ni par un minimum pour la valeur de $x$ qui les sépare ; on peut ne pas tenir compte de cette valeur de la variable si la fonction y reste continue. Lorsque, au contraire, la dérivée change de signe quand $x$ passe en croissant par la limite commune à ces intervalles, la fonction passe par un maximum ou un minimum pour cette valeur de la variable : un maximum si la dérivée passe du positif au négatif, un minimum dans le cas contraire.

Pour plus de facilité, on dresse un tableau à trois colonnes ; dans la première, on inscrit les valeurs remarquables trouvées pour $x$, rangées par ordre de grandeur croissante ; dans la seconde, on indique le signe de la dérivée pour chacun des intervalles limités par ces valeurs ; dans la troisième, on inscrit le sens de la variation de la fonction dans chaque intervalle, ainsi que les valeurs des maxima et des minima ; plus généralement on y indique les valeurs de la fonction pour les limites des intervalles conservés et, s'il y a lieu, pour d'autres valeurs remarquables de la variable. Nous allons appliquer ces considérations à quelques exemples :

**180. Exemples.** — 1° Considérons le trinome du second degré

$$y = ax^2 + bx + c ;$$

c'est une fonction réelle et continue pour toute valeur de $x$ ; sa dérivée est

$$y' = 2ax + b ;$$

elle s'annule en changeant de signe pour la valeur $x_1 = -\dfrac{b}{2a}$ ; nous considérerons donc les deux intervalles $(-\infty, x_1)$, $(x_1, +\infty)$.

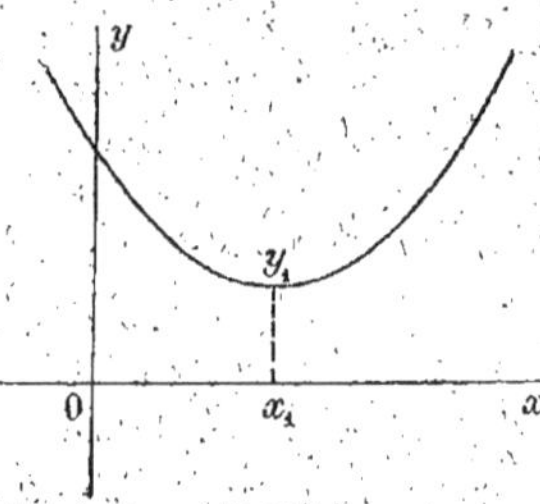

Fig. 68.

Si $a$ est positif, la dérivée $y'$ est négative dans le premier intervalle et la fonction est décroissante ; dans le second, $y'$ est positive et la fonction est croissante ; $y$ passe alors par un minimum pour $x = x_1$, et la valeur de ce minimum est

$$y_1 = \frac{4ac - b^2}{4a} ;$$

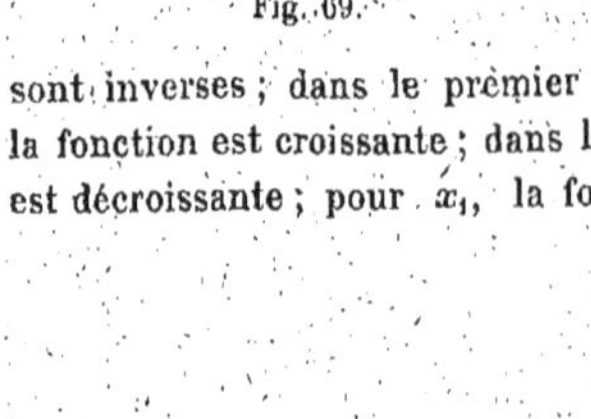

la courbe représentative de la variation de la fonction est une parabole, comme l'indique la figure 68.

Fig. 69.

Si $a$ est négatif, les conclusions sont inverses ; dans le premier intervalle, la dérivée $y'$ est positive et la fonction est croissante ; dans le second, $y'$ est négative et la fonction est décroissante ; pour $x_1$, la fonction passe par un maximum dont la valeur $y_1$ est donnée par la même expression que précédemment ; la courbe de variation est celle de la figure 69.

2° Soit la fonction

$$y = \frac{1}{3}(x+1)^3(3x-2)^2 ;$$

elle est réelle et continue pour toute valeur de $x$ ; sa dérivée est, en appliquant la règle de dérivation d'un produit (n° 169),

$$y' = (x+1)^3(3x-2)^2 + 2(3x-2)(x+1)^3$$
$$= 5x(x+1)^2(3x-2) ;$$

cette dérivée s'annule pour $x = -1$, mais sans changer de signe ; elle s'annule pour $x = 0$ et $x = \frac{2}{3}$ et elle a le même signe que le trinome $x(3x-2)$ ; c'est-à-dire qu'elle est positive en dehors des deux racines $0$ et $\frac{2}{3}$ et négative entre ces racines ; nous considérerons les intervalles limités par les valeurs de $x$ égales à $-\infty$, $0$, $\frac{2}{3}$, $+\infty$. Dans le premier, la dérivée est positive et la fonction est croissante ; dans le second, la dérivée est négative et la fonction est décroissante ; enfin, dans le troisième, la dérivée est de nouveau positive et la fonction est croissante ; $y$ passe donc par un maximum pour $x = 0$, ce maximum étant égal à $\frac{4}{3}$, et par un minimum pour $x = \frac{2}{3}$, ce minimum étant égal à $0$ ; de plus $y$ est égal à $-\infty$ pour $x = -\infty$ et à $+\infty$ pour $x = +\infty$. Ces résultats sont indiqués dans le tableau suivant :

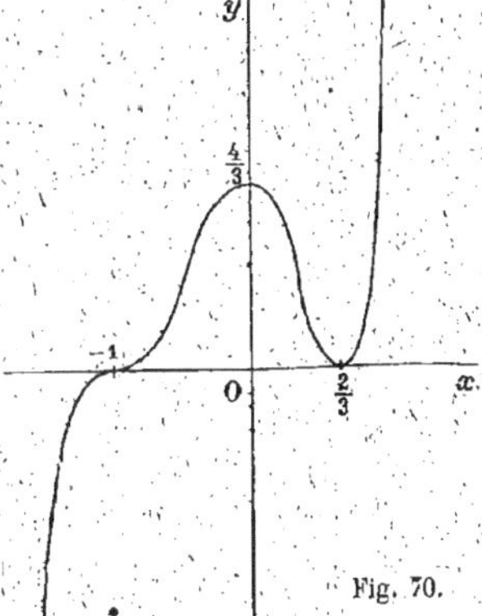

Fig. 70.

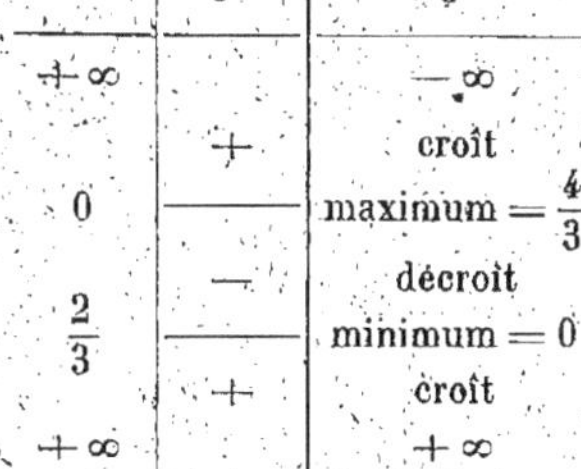

| $x$ | $y'$ | $y$ |
|---|---|---|
| $-\infty$ | | $-\infty$ |
| | $+$ | croît |
| $0$ | | maximum $= \frac{4}{3}$ |
| | $-$ | décroît |
| $\frac{2}{3}$ | | minimum $= 0$ |
| | $+$ | croît |
| $+\infty$ | | $+\infty$ |

260 DÉRIVÉES ET DIFFÉRENTIELLES

La figure 70 donne la courbe représentative de la fonction $y$ ; pour $x = -1$ la dérivée est nulle, de sorte que la tangente à la courbe a un coefficient angulaire nul (n° 161) et se confond ici avec l'axe des $x$ ; le point d'abscisse $-1$ est dit un point d'inflexion de la courbe.

3° Soit la fonction

$$y = \sqrt{\frac{x-1}{x(x+1)}};$$

elle n'est réelle que si le produit des trois facteurs situés sous le radical est positif, c'est-à-dire si $x$ est compris entre $-1$ et $0$, ou supérieur à $1$ ; elle est discontinue pour $-1$ et $0$ et devient infinie quand $x$ s'approche de ces valeurs ; elle a pour limite zéro pour $x$ infini (n° 13).

La dérivée est, d'après les règles des n°ˢ 172 et 170,

$$y' = \frac{1}{2\sqrt{\dfrac{x-1}{x(x+1)}}} \cdot \frac{-x^2 + 2x + 1}{x^2(x+1)^2};$$

elle ne change de signe que lorsque le numérateur s'annule, c'est-à-dire pour les valeurs $1-\sqrt{2}$ et $1+\sqrt{2}$, et elle est positive entre ces valeurs.

| $x$ | $y'$ | $y$ |
|---|---|---|
| | | imaginaire |
| $-1$ | | |
| | $-$ | $+\infty$ |
| | | décroît |
| $1-\sqrt{2}$ | | min. $= \sqrt{2}+1$ |
| | $+$ | croît |
| $0$ | | $+\infty$ |
| | | imaginaire |
| $1$ | | |
| | | $0$ |
| | $+$ | croît |
| $1+\sqrt{2}$ | | max. $= \sqrt{2}-1$ |
| | $-$ | décroît |
| $+\infty$ | | $0$ |

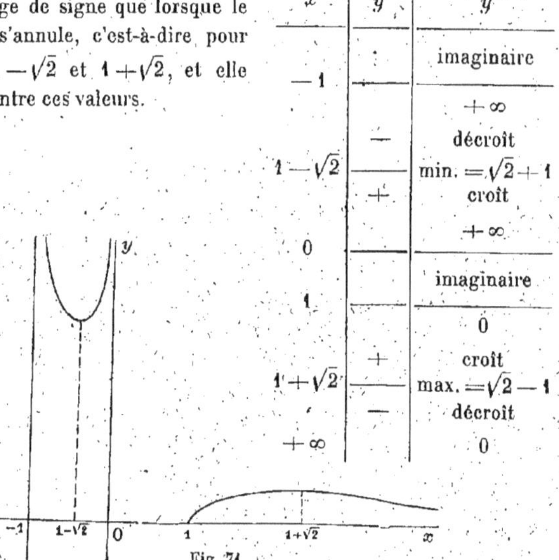

Fig. 71.

Nous avons à considérer les intervalles successifs $(-1,\ 1-\sqrt{2})$, $(1-\sqrt{2},\ 0)$, $(1,\ 1+\sqrt{2})$, et $(1+\sqrt{2},\ +\infty)$ ; dans le premier, la dérivée est négative et la fonction décroît; dans le deuxième, la dérivée est positive et la fonction croît; il en est de même dans le troisième; enfin dans le dernier, la dérivée est négative et la fonction décroît; $y$ passe donc par un minimum pour $x = 1 - \sqrt{2}$, ce minimum étant égal à $\sqrt{2} + 1$, et par un maximum pour $x = 1 + \sqrt{2}$, ce maximum étant égal à $\sqrt{2} - 1$. Ces résultats sont indiqués dans le tableau ci-dessus, et la figure 71 donne la courbe représentative de la fonction.

# CHAPITRE III

## FORMES INDÉTERMINÉES

---

**181. Forme $\frac{0}{0}$.** — Si les deux termes d'une fraction $\frac{f(x)}{\varphi(x)}$ deviennent simultanément nuls ou simultanément infinis pour une valeur $a$ de $x$, on dit que la fraction prend une forme indéterminée ; elle n'a aucun sens précis pour $x = a$, mais si les valeurs de cette fraction pour des valeurs de $x$ voisines de $a$ ont une limite quand $x$ tend vers $a$, on dit que cette limite est la vraie valeur de la fraction pour $x = a$.

Nous allons d'abord considérer le cas où les deux termes de la fraction deviennent nuls pour une valeur finie $x = a$ de la variable ; il est souvent possible de mettre en évidence un facteur commun au numérateur et au dénominateur, facteur s'annulant pour $x = a$ ; après suppression de ce facteur, il reste une fraction ayant pour $x = a$ une valeur déterminée, qui est la vraie valeur de la fraction.

*Exemples.* — Les fractions

$$\frac{x^3 - a^3}{x^2 - a^2}, \quad \frac{\cos x - \cos a}{\sin x - \sin a},$$

qui prennent pour $x = a$ la forme $\frac{0}{0}$, peuvent être remplacées par

$$\frac{(x - a)(x^2 + ax + a^2)}{(x - a)(x + a)}, \quad \frac{-\sin \dfrac{x - a}{2} \sin \dfrac{x + a}{2}}{\sin \dfrac{x - a}{2} \cos \dfrac{x + a}{2}} ;$$

en supprimant les facteurs communs aux deux termes et en faisant $x = a$ dans les fractions restantes, on a les vraies valeurs

$$\frac{3}{2} a, \quad -\operatorname{tg} a.$$

**182. Règle de l'Hopital.** — Lorsque l'on ne peut mettre en évidence par des procédés élémentaires un facteur commun aux deux termes de la fraction, on a souvent recours à la règle suivante, connue sous le nom de règle de l'Hopital, s'appliquant non seulement au cas considéré, mais à d'autres plus généraux :

*La vraie valeur d'un quotient* $\dfrac{f(x)}{\varphi(x)}$ *qui prend une forme indéterminée est la même que la vraie valeur du quotient des dérivées* $\dfrac{f'(x)}{\varphi'(x)}$.

Nous allons la démontrer lorsque la fraction prend pour $x = a$ la valeur $\dfrac{0}{0}$. La démonstration repose sur une formule analogue à celle des accroissements finis (n° 176) ; si $f(x)$ et $\varphi(x)$ sont deux fonctions continues et ayant des dérivées déterminées dans un intervalle $(a, b)$, nous allons montrer que l'on a

$$(1) \qquad \frac{f(b) - f(a)}{\varphi(b) - \varphi(a)} = \frac{f'(c)}{\varphi'(c)},$$

$c$ étant un nombre compris entre $a$ et $b$.

Désignons en effet par P la valeur du premier membre de l'équation (1) ; elle satisfait à la relation

$$(2) \qquad f(b) - f(a) - P[\varphi(b) - \varphi(a)] = 0 ;$$

désignons par $F(x)$ la fonction auxiliaire, obtenue en remplaçant dans le premier membre de cette identité $a$ par $x$, sauf dans P qui reste par définition dépendant de $a$ et $b$ ; nous aurons

$$F(x) = f(b) - f(x) - P[\varphi(b) - \varphi(x)].$$

D'après les hypothèses faites sur $f(x)$ et $\varphi(x)$, $F(x)$ est une fonction continue et a une dérivée déterminée dans l'intervalle $(a, b)$ ; elle s'annule pour $x = a$ d'après l'équation (2) et pour $x = b$ identiquement ; d'après le lemme du n° 176, sa dérivée s'annule pour une valeur $x = c$ comprise entre $a$ et $b$ ; comme nous avons

$$F'(x) = - f'(x) + P\varphi'(x),$$

nous obtenons, en écrivant que $F'(c)$ est nul,

$$P = \frac{f'(c)}{\varphi'(c)},$$

ce qui démontre la proposition.

La règle de l'Hopital s'en déduit immédiatement ; si $\dfrac{f(x)}{\varphi(x)}$ prend pour $x = a$ la forme $\dfrac{0}{0}$, sa vraie valeur est par définition la limite du rapport

$\dfrac{f(b)}{\varphi(b)}$ lorsque $b$ s'approche indéfiniment de $a$ ; comme $f(a)$ et $\varphi(a)$ sont nuls, ce rapport peut être remplacé par $\dfrac{f(b) - f(a)}{\varphi(b) - \varphi(a)}$, et il est égal au second membre de la relation (1) ; comme $c$ se rapproche de $a$ en même temps que $b$, la limite cherchée est la même que celle du rapport $\dfrac{f'(x)}{\varphi'(x)}$ quand $x$ tend vers $a$, en supposant toutefois que le dernier rapport ait une limite ; la proposition se trouve ainsi démontrée.

Généralement les dérivées $f'(x)$ et $\varphi'(x)$ ont des valeurs finies et non nulles à la fois pour $x = a$ ; l'application de la règle donne alors immédiatement la vraie valeur cherchée en faisant $x = a$ dans le quotient des dérivées ; en l'utilisant pour les exemples du n° précédent, on retrouve les résultats obtenus. Lorsque les dérivées $f'(x)$ et $\varphi'(x)$ s'annulent simultanément pour $x = a$, on peut appliquer à leur quotient la règle de l'Hopital, et chercher la limite pour $x = a$ du quotient de leurs dérivées $f''(x)$ et $\varphi''(x)$ ; par exemple, la vraie valeur pour $x = 0$ du quotient $\dfrac{1 - \cos x}{x^2}$ est égale à celle des rapports des dérivées premières et des dérivées secondes

$$\frac{\sin x}{2x}, \quad \frac{\cos x}{2}$$

et est égale à $\dfrac{1}{2}$, comme le donneraient du reste des calculs élémentaires.

L'avantage de la règle de l'Hopital est de pouvoir remplacer le rapport des dérivées par tout autre équivalent avant de passer à la limite. Pour donner un exemple, soit à trouver la limite du rapport $\dfrac{\arccos x}{\sqrt{1 - x}}$ pour $x = 1$ ; les deux termes sont nuls, mais leurs dérivées $-\dfrac{1}{\sqrt{1 - x^2}}$ et $\dfrac{-1}{2\sqrt{1 - x}}$ deviennent infinies pour $x = 1$. Avant de passer à la limite, le rapport des dérivées est égal à

$$\frac{\dfrac{-1}{\sqrt{1 - x^2}}}{\dfrac{-1}{2\sqrt{1 - x}}} = \frac{2\sqrt{1 - x}}{\sqrt{1 - x^2}} = \frac{2}{\sqrt{1 + x}},$$

et la limite de ce rapport pour $x = 1$ est égale à $\sqrt{2}$ ; c'est la vraie valeur cherchée.

**183. Forme $\dfrac{\infty}{\infty}$.** — Lorsque les deux termes de la fraction $\dfrac{f(x)}{\varphi(x)}$ deviennent infinis pour $x = a$, on obtient sa vraie valeur, si elle existe, en appliquant la règle de l'Hopital, c'est-à-dire en cherchant la vraie valeur du quotient des dérivées $\dfrac{f'(x)}{\varphi'(x)}$.

Nous allons d'abord le démontrer dans le cas où la vraie valeur du quotient de $f(x)$ par $\varphi(x)$ est un nombre $l$ qui n'est ni nul ni infini ; à la place de ce quotient nous prendrons celui de $\dfrac{1}{\varphi(x)}$ par $\dfrac{1}{f(x)}$, qui lui est égal ; cette fois les deux termes deviennent nuls, et nous pouvons appliquer la règle démontrée précédemment. D'après cette règle, la vraie valeur $l$ est égale à celle du quotient des dérivées, et ce quotient est

$$\frac{\dfrac{-\varphi'(x)}{\varphi^2(x)}}{\dfrac{-f'(x)}{f^2(x)}} = \frac{f^2(x)}{\varphi^2(x)} \cdot \frac{\varphi'(x)}{f'(x)},$$

nous avons donc

$$l = \lim \frac{f^2(x)}{\varphi^2(x)} \cdot \lim \frac{\varphi'(x)}{f'(x)}.$$

Le premier terme du second membre est égal à $l^2$ ; le second terme est l'inverse de $\lim \dfrac{f'(x)}{\varphi'(x)}$ ; nous avons par suite

$$l = l^2 : \lim \frac{f'(x)}{\varphi'(x)},$$

ou bien, puisque $l$ n'est ni nul ni infini,

$$\lim \frac{f'(x)}{\varphi'(x)} = l.$$

Le raisonnement précédent ne s'applique plus lorsque $l$ est nul ou infini ; on tourne alors la difficulté de la façon suivante :

Si $l$ est nul, on considère à la place du rapport $\dfrac{f(x)}{\varphi(x)}$ le rapport auxiliaire

$$\frac{f(x) + \varphi(x)}{\varphi(x)} = \frac{f(x)}{\varphi(x)} + 1,$$

dont la vraie valeur $l'$ est égale à $l + 1$ ou à $1$ et n'est pas nulle ; nous pouvons lui appliquer le raisonnement précédent, et nous avons

$$\lim \frac{f(x) + \varphi(x)}{\varphi(x)} = \lim \frac{f'(x) + \varphi'(x)}{\varphi'(x)} ;$$

nous en déduisons, en retranchant 1 aux deux membres,

$$\lim \frac{f(x)}{\varphi(x)} = \lim \frac{f'(x)}{\varphi'(x)},$$

et la règle s'applique encore dans ce cas.

Si $l$ est infini, on considère à la place du rapport $\dfrac{f(x)}{\varphi(x)}$ son inverse $\dfrac{\varphi(x)}{f(x)}$ qui a zéro pour vraie valeur ; d'après ce qui précède, le rapport des dérivées $\dfrac{\varphi'(x)}{f'(x)}$ aura aussi pour vraie valeur zéro, et son inverse $\dfrac{f'(x)}{\varphi'(x)}$ deviendra infini comme $\dfrac{f(x)}{\varphi(x)}$ ; la règle est donc encore applicable.

*Exemple.* — Soit à trouver pour $x = \dfrac{\pi}{2}$ la vraie valeur de la fraction $\dfrac{\log\left(x - \dfrac{\pi}{2}\right)}{\operatorname{tg} x}$ ; elle a la forme $\dfrac{-\infty}{\infty}$ ; le rapport des dérivées est

$$\frac{1}{x - \dfrac{\pi}{2}} \cdot \frac{1}{\cos^2 x} = \frac{\cos^2 x}{x - \dfrac{\pi}{2}} ;$$

pour $x = \dfrac{\pi}{2}$, le dernier quotient prend la forme $\dfrac{0}{0}$. Le rapport des dérivées des deux termes est $\dfrac{-2\sin x \cos x}{1}$, et il est nul pour $x = \dfrac{\pi}{2}$ ; par suite la vraie valeur de la fraction donnée est nulle.

**184. Cas où la variable est infinie.** — Nous allons montrer que la règle de l'Hopital s'étend encore au cas où $x$ augmente indéfiniment, et où les deux termes de la fraction deviennent nuls ou infinis. Si nous posons $x = \dfrac{1}{X}$, nous avons

$$\frac{f(x)}{\varphi(x)} = \frac{f\left(\dfrac{1}{X}\right)}{\varphi\left(\dfrac{1}{X}\right)},$$

et nous sommes ramenés à chercher la vraie valeur du dernier rapport pour $X = 0$ ; la règle de l'Hopital lui est applicable et sa vraie valeur est la même que celle du rapport des dérivées, qui est

$$\frac{f'\left(\dfrac{1}{X}\right)\left(-\dfrac{1}{X^2}\right)}{\varphi'\left(\dfrac{1}{X}\right)\left(-\dfrac{1}{X^2}\right)} = \frac{f'\left(\dfrac{1}{X}\right)}{\varphi'\left(\dfrac{1}{X}\right)}.$$

La vraie valeur du second membre pour $X = 0$ est la même que celle du rapport $\dfrac{f'(x)}{\varphi'(x)}$ pour $x$ infini ; nous voyons donc que la règle de l'Hôpital est encore applicable en conservant la variable $x$.

*Exemples.* — Considérons les deux rapports

$$\frac{e^x}{x}, \qquad \frac{\log x}{x}$$

qui pour $x = \infty$ prennent la forme $\dfrac{\infty}{\infty}$ ; les rapports des dérivées sont $e^x$ et $\dfrac{1}{x}$ et ont respectivement pour limites $\infty$ et $0$ ; ce sont les vraies valeurs des rapports considérés.

On verrait de même, en appliquant plusieurs fois la règle de l'Hôpital, que la vraie valeur pour $x$ infini des rapports

$$\frac{e^x}{x^m}, \qquad \frac{\log x}{x^m},$$

où $m$ est un nombre positif quelconque, sont respectivement $\infty$ et $0$ ; on énonce ce fait d'une manière expressive en disant que pour $x$ infini $e^x$ l'emporte sur toute puissance de $x$ et que toute puissance de $x$ l'emporte sur $\log x$.

**185. Autres formes indéterminées.** — Lorsqu'un produit $f(x) \cdot \varphi(x)$ prend, pour une valeur finie ou infinie de $x$, la forme $0 \times \infty$, on le remplace par l'un des rapports

$$\frac{f(x)}{\dfrac{1}{\varphi(x)}}, \qquad \frac{\varphi(x)}{\dfrac{1}{f(x)}}$$

qui prend la forme $\dfrac{0}{0}$ où $\dfrac{\infty}{\infty}$, et l'on applique la règle de l'Hôpital.

*Exemple.* — Soit le produit $x^m \log x$ où $m$ est un exposant quelconque positif ; pour $x = 0$, ce produit prend la forme $0 \times (-\infty)$ ; prenons à sa place le quotient de $\log x$ par $\dfrac{1}{x^m}$ ; celui-ci prend la forme $\dfrac{-\infty}{\infty}$ pour $x = 0$. En lui appliquant la règle de l'Hôpital, nous avons pour valeur du rapport des dérivées

$$\frac{1}{x} : \frac{-mx^{m-1}}{x^{2m}} = -\frac{x^m}{m};$$

ce rapport devient nul pour $x = 0$, nous en concluons que la vraie valeur du produit $x^m \log x$ pour $x = 0$ est égale à zéro.

Si l'on a une fonction exponentielle $f(x)^{\varphi(x)}$ et si elle prend pour une valeur finie ou infinie de $x$ une des formes $1^\infty$, $\infty^0$, $0^0$, on considère son logarithme, qui est $\varphi(x) \log f(x)$, et l'on est ramené à un produit, auquel on applique les considérations précédentes.

# CHAPITRE IV

## DÉRIVÉES DES FONCTIONS DE PLUSIEURS VARIABLES

---

**186. Dérivées partielles.** — Soit $f(x, y)$ une fonction de deux variables indépendantes; on dit qu'elle est continue pour un système de valeurs $(x, y)$ si l'accroissement de la fonction correspondant à des accroissements $h$ et $k$ des variables, c'est-à-dire la différence

$$f(x + h, y + k) - f(x, y)$$

tend vers zéro lorsque $h$ et $k$ tendent simultanément vers zéro d'une manière quelconque.

On appelle dérivée partielle de $f(x, y)$ par rapport à $x$ la dérivée de cette fonction, où $x$ est regardé comme seule variable et $y$ comme constant; c'est la limite du rapport

$$\frac{f(x + h, y) - f(x, y)}{h},$$

lorsque $h$ tend vers zéro; on la désigne par $f'_x(x, y)$.

On appelle de même dérivée partielle de $f(x, y)$ par rapport à $y$ la dérivée de la fonction où $y$ seul est regardé comme variable, et $x$ comme constant; c'est la limite du rapport

$$\frac{f(x, y + k) - f(x, y)}{k},$$

lorsque $k$ tend vers zéro; on la désigne par $f'_y(x, y)$.

Les dérivées du premier ordre sont des fonctions de $x, y$ ayant en général elles-mêmes des dérivées partielles qu'on appelle dérivées partielles du second ordre de $f(x, y)$; celles que l'on obtient en dérivant $f'_x$ par rapport à $x$ ou par rapport à $y$ sont désignées respectivement par $f''_{x^2}$ et $f''_{xy}$; de même celles que l'on obtient en dérivant $f'_y$ son désignées par $f''_{yx}$ et par $f''_{y^2}$.

Les dérivées secondes ont elles-mêmes des dérivées partielles qui sont les dérivées du troisième ordre de $f(x, y)$, et ainsi de suite.

*Exemple.* — La fonction $x^m y^n$ a pour dérivées premières et secondes

$$f'_x = m x^{m-1} y^n, \qquad f'_y = n x^m y^{n-1},$$
$$f''_{x^2} = m(m-1) x^{m-2} y^n, \qquad f''_{yx} = m n x^{m-1} y^{n-1},$$
$$f''_{xy} = m n x^{m-1} y^{n-1}, \qquad f''_{y^2} = n(n-1) x^m y^{n-2}.$$

Nous voyons que les deux dérivées partielles $f''_{xy}$ et $f''_{yx}$ sont identiques ; c'est une propriété générale des fonctions usuelles, et nous allons la démontrer.

**187. Interversion des dérivations.** — Soit $f$ une fonction de deux variables $x$ et $y$. Donnons d'abord à $x$ un accroissement $h$, et considérons la différence

$$(1) \qquad f(x + h, y) - f(x, y) ;$$

si $f$ est continue par rapport à $x$ et admet une dérivée partielle par rapport à cette variable dans tout l'intervalle $(x, x + h)$, nous pouvons lui appliquer le théorème des accroissements finis (n° 176) et écrire, en désignant par $\theta$ un nombre compris entre 0 et 1,

$$(2) \qquad f(x + h, y) - f(x, y) = h f'_x(x + \theta h, y).$$

Donnons maintenant à $y$ l'accroissement $k$, et formons la différence des valeurs de l'expression (1) pour $y$ et pour $y + k$ ; elle est égale à

$$(3) \qquad f(x + h, y + k) - f(x, y + k) - f(x + h, y) + f(x, y) ;$$

mais d'après l'identité (2), elle est égale à la différence des valeurs du second membre de cette identité, c'est-à-dire à

$$h[f'_x(x + \theta h, y + k) - f'_x(x + \theta h, y)].$$

Si $f'_x(x + \theta h, y)$ est une fonction continue par rapport à $y$ et admet une dérivée par rapport à cette variable dans l'intervalle $(y, y + k)$, nous pouvons appliquer à la différence entre parenthèses le théorème des accroissements finis, et nous trouverons pour valeur de l'expression (3) la suivante :

$$(4) \qquad h k f''_{xy}(x + \theta h, y + \theta' k),$$

$\theta'$ étant, comme $\theta$, compris entre 0 et 1.

Formons maintenant une nouvelle valeur de la même expression, mais en donnant d'abord à $y$ l'accroissement $k$ et en partant de la différence $f(x, y + k) - f(x, y)$ ; si $f$ est continue par rapport à $y$ et a une dérivée par rapport à cette variable dans l'intervalle $(y, y + k)$, nous avons

$$f(x, y + k) - f(x, y) = k f'_y(x, y + \theta'_1 k) ;$$

si nous donnons ensuite à $x$ l'accroissement $h$, et si $f'_y(x, y + \theta'_1 k)$ est continue et a une dérivée par rapport à $x$ dans l'intervalle $(x, x + h)$, nous avons

$$f(x + h, y + k) - f(x + h, y) - f(x, y + k) + f(x, y)$$
$$= k[f'_y(x + h, y + \theta'_1 k) - f'_y(x, y + \theta'_1 k)],$$

et le second membre a pour valeur

$$(5) \qquad h k f''_{yx}(x + \theta_1 h, y + \theta'_1 k),$$

$\theta_1$ et $\theta'_1$ étant compris entre $0$ et $1$.

Les expressions (4) et (5), qui sont égales à l'expression (3), sont égales entre elles ; en les divisant par $hk$, nous avons la relation

$$(6) \qquad f''_{xy}(x + \theta h, y + \theta' k) = f''_{yx}(x + \theta_1 h, y + \theta'_1 k).$$

Si nous supposons enfin que $f''_{xy}(x, y)$ et $f''_{yx}(x, y)$ sont des fonctions continues de $x$ et $y$ pour le système de valeurs $(x, y)$, nous pouvons affirmer qu'en faisant tendre $h$ et $k$ vers zéro, les deux membres de l'égalité (6) ont pour limites $f''_{xy}(x, y)$ et $f''_{yx}(x, y)$ ; à la limite, ces deux dérivées sont donc égales entre elles. Nous pouvons dès lors énoncer ce résultat :

*Si une fonction $f(x, y)$ de deux variables est continue et possède des dérivées premières $f'_x, f'_y$, ainsi que des dérivées secondes $f''_{xy}$ et $f''_{yx}$ également continues, on peut affirmer que l'on a $f''_{xy} = f''_{yx}$.*

Ce théorème s'étend au cas où l'on dérive par rapport à $x$, puis par rapport à $y$, une dérivée partielle d'ordre quelconque de la fonction $f(x, y)$, pourvu que les dérivées soient continues ; par un raisonnement analogue à celui que l'on fait en arithmétique à propos d'un produit de facteurs, on voit que, dans le calcul d'une dérivée d'ordre quelconque de $f$, on peut changer l'ordre des dérivations successives sans modifier le résultat ; on peut par exemple effectuer d'abord toutes les dérivations par rapport à $x$, puis toutes les dérivations par rapport à $y$.

Les définitions et le théorème qui précèdent s'étendent aux fonctions d'un nombre quelconque de variables ; si l'on considère par exemple une fonction de trois variables $f(x, y, z)$, on définit comme nous l'avons fait les dérivées partielles $f'_x, f'_y, f'_z, f''_{x^2}, f''_{xy}$, etc., et l'on démontre que l'on peut effectuer les dérivations dans un ordre quelconque. On désigne le résultat de $n$ dérivations, dont $\alpha$ par rapport à $x$, $\beta$ par rapport à $y$ et $\gamma$ par rapport à $z$, par $f^{(n)}_{x^\alpha y^\beta z^\gamma}$.

**188. Dérivée des fonctions composées.** — Nous avons déterminé au n° 168 les dérivées de certaines fonctions composées d'une variable ; nous allons examiner en général les fonctions composées quelconques d'une ou de plusieurs variables et calculer leurs dérivées par rapport à l'une ou l'autre de ces variables. Pour fixer les idées, nous supposerons que l'on ait une fonction $f$ de trois lettres variables $u$, $v$, $w$, ces trois lettres représentant des fonctions données de variables indépendantes $x$, $y$, ... ; nous nous proposons de calculer la dérivée de $f$ par rapport à l'une de ces variables, par exemple par rapport à $x$, connaissant les dérivées partielles de $f$ par rapport à $u$, $v$, $w$, et les dérivées de ces trois fonctions par rapport à $x$.

Désignons par $x$, $u$, $v$, $w$ et par $f(u, v, w)$ les valeurs correspondantes des diverses données, par $\Delta x$ un accroissement donné à $x$, par $\Delta u$, $\Delta v$, $\Delta w$ et $\Delta f$ les accroissements correspondants des autres quantités qui en dépendent ; nous avons

$$\Delta f = f(u + \Delta u, v + \Delta v, w + \Delta w) - f(v, v, w).$$

Cet accroissement peut être décomposé en trois autres sous la forme

$$\begin{aligned}
\Delta f = {}& f(u + \Delta u, v, w) - f(u, v, w) \\
& + f(u + \Delta u, v + \Delta v, w) - f(u + \Delta u, v, w) \\
& + f(u + \Delta u, v + \Delta v, w + \Delta w) - f(u + \Delta u, v + \Delta v, w) ;
\end{aligned}$$

appliquons le théorème des accroissements finis à chacune des différences qui composent le second membre ; dans la première, $u$ est la variable, $v$ et $w$ restant constants ; dans la deuxième, la variable est $v$, et dans la troisième $w$ ; nous avons alors, en désignant par $\theta_1$, $\theta_2$, $\theta_3$ des nombres convenablement choisis entre $0$ et $1$,

$$(7) \quad \Delta f = f'_u(u + \theta_1 \Delta u, v, w)\Delta u + f'_v(u + \Delta u, v + \theta_2 \Delta v, w)\Delta v$$
$$+ f'_w(u + \Delta u, v + \Delta v, w + \theta_3 \Delta w)\Delta w.$$

Pour arriver à la dérivée de $f$ par rapport à $x$, nous devons diviser les deux membres par $\Delta x$ et faire tendre cet accroissement vers zéro ; nous avons

$$\frac{\Delta f}{\Delta x} = f'_u(u + \theta_1 \Delta u, v, w)\frac{\Delta u}{\Delta x} + f'_v(u + \Delta u, v + \theta_2 \Delta v, w)\frac{\Delta v}{\Delta x}$$
$$+ f'_w(u + \Delta u, v + \Delta v, w + \theta_3 \Delta w)\frac{\Delta w}{\Delta x}.$$

Au second membre de cette égalité, les accroissements $\Delta u$, $\Delta v$, $\Delta w$ tendent vers zéro en même temps que $\Delta x$, et les rapports $\dfrac{\Delta u}{\Delta x}$, $\dfrac{\Delta v}{\Delta x}$, $\dfrac{\Delta w}{\Delta x}$ ont des limites respectivement égales aux dérivées $u'_x$, $v'_x$, $w'_x$; si les dérivées partielles de $f(u, v, w)$ par rapport aux lettres variables $u$, $v$, $w$ sont des fonctions continues de ces variables, les valeurs qu'elles possèdent dans le second membre ont des limites égales à celles qu'elles possèdent quand $\Delta u$, $\Delta v$ et $\Delta w$ sont nuls. Nous concluons de là que dans ces conditions $\dfrac{\Delta f}{\Delta x}$ a une limite, par suite que $f$ a une dérivée par rapport à $x$, et cette dérivée est donnée par la formule

$$(8) \qquad f'_x = f'_u(u, v, w)u'_x + f'_v(u, v, w)v'_x + f'_w(u, v, w)w'_x,$$

ce que nous pouvons énoncer de la façon suivante :

*Pour former la dérivée d'une fonction composée, on multiplie la dérivée de cette fonction par rapport à chacune des lettres dont elle dépend par la dérivée de cette lettre, et l'on fait la somme des résultats.*

Cette règle générale comprend toutes celles que nous avons données aux n$^{os}$ 168 et suivants ; nous pouvons le montrer sur un exemple, en cherchant la dérivée d'un produit de trois facteurs $f = uvw$. Ici nous avons

$$f'_u = vw, \qquad f'_v = uw, \qquad f'_w = uv,$$

et nous en déduisons la dérivée de $f$ par rapport à $x$ ; elle est

$$f'_x = vw \times u'_x + uw \times v'_x + uv \times w'_x,$$

comme nous l'avions déjà trouvé.

Comme application, cherchons la dérivée par rapport à $x$ de la fonction

$$f = (x^2 y)^x;$$

nous poserons $u = x^2 y$, $v = x$, de sorte que $f$ sera égal à $u^v$; d'après ce que nous avons vu aux n$^{os}$ 164 et 165, nous avons

$$f'_u = vu^{v-1} = x(x^2 y)^{x-1};$$
$$f'_v = u^v \log u = (x^2 y)^x \log (x^2 y);$$

comme de plus les dérivées de $u$ et $v$ sont

$$u'_x = 2xy, \qquad v'_x = 1,$$

nous trouvons

$$f'_x = x(x^2 y)^{x-1} \times 2xy + (x^2 y)^x \log (x^2 y) = (x^2 y)^x [2 + \log (x^2 y)].$$

**189. Remarques géométriques.** — Toute fonction de deux variables $x$ et $y$, telle que

$$z = f(x, y)$$

peut être représentée dans un système d'axes $Oxyz$ par une surface (n° 131) dont les points $M$ ont pour coordonnées les valeurs de $x$, $y$, $z$ liées par l'équation précédente. Soit S cette surface, C et C′ ses sections par des plans passant par un de ses points $M$ et respectivement parallèles aux plans $xOz$ et $yOz$ (*fig.* 72); la courbe C représente la fonction $z$ de la variable $x$ quand $y$ est constant, et la dérivée $z'_x = f'_x$ est la pente de la tangente $MT$ à cette courbe en $M$ ; la courbe C′ représente la fonction $z$ de la variable $y$

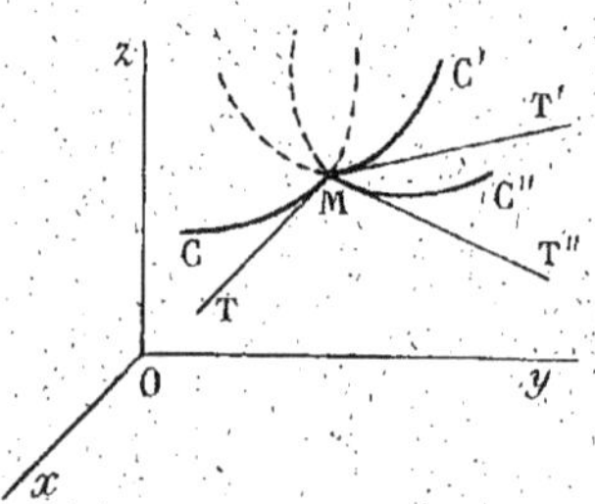


Fig. 72.

quand $x$ est constant, et la dérivée $z'_y = f'_y$ est la pente de la tangente $MT'$ à cette courbe en $M$. Ces deux tangentes déterminent un plan passant par $M$, appelé *plan tangent* à la surface S en ce point.

Les coefficients A, B, C de l'équation de ce plan sont déterminés (n° 142) par les conditions imposées au plan d'être parallèle aux deux droites $MT$, $MT'$ de coefficients directeurs

$$a = 1, \qquad b = 0, \qquad c = f'_x,$$
$$a' = 0, \qquad b' = 1, \qquad c' = f'_y;$$

d'après les formules (19) du n° 142, on a

$$\frac{A}{-f'_x} = \frac{B}{-f'_y} = \frac{C}{1}.$$

Nous allons montrer que ce plan renferme les tangentes en $M$ à toutes les courbes tracées par ce point sur la surface. Soit C″ une telle courbe ; les coordonnées de ses points peuvent être envisagées comme des fonctions d'un paramètre $t$, de la forme $x(t)$, $y(t)$, $z(t)$, et les coefficients directeurs de la tangente $MT''$ à cette courbe sont égaux (n° 161) à $x'_t$, $y'_t$, $z'_t$. Mais comme la courbe est sur la surface, on a toujours la relation

$$z(t) = f[x(t), y(t)]$$

et on en déduit, d'après la règle du n° précédent,

$$z'_t = f'_x x'_t + f'_y y'_t.$$

On vérifie bien que l'on a identiquement

$$A x'_i + B y'_i + C z'_i = 0,$$

ce qui montre que $MT''$ est parallèle au plan déterminé par les deux droites $MT$, $MT'$, et par suite est contenue dans ce plan. C'est la justification du nom de plan tangent donné au plan $MTT'$.

**190. Dérivée des fonctions implicites.** — Soit $y$ une fonction implicite de $x$ définie par une équation écrite sous la forme

$$(9) \qquad\qquad f(x, y) = 0 ;$$

nous allons déterminer sa dérivée au moyen des dérivées partielles de $f$.

Supposons pour un instant qu'on connaisse l'expression de cette fonction au moyen de $x$, et qu'on la mette à la place de $y$ dans $f(x, y)$, le résultat sera identiquement nul ; mais ce résultat de substitution se présente sous la forme d'une fonction composée de $x$, analogue à $f(u, v)$ dans laquelle on aurait $u = x$ et $v = y$. Cette fonction étant nulle, sa dérivée est nulle ; si nous la formons d'après la règle du n° précédent et si nous l'égalons à zéro, nous avons l'équation

$$(10) \qquad\qquad f'_x + f'_y \times y'_x = 0 ;$$

si $f'_y$ n'est pas nul, nous en déduisons la dérivée cherchée $y'_x$ ; elle a pour valeur

$$y'_x = - \frac{f'_x}{f'_y}.$$

*Exemple.* — Soit la fonction $y$ définie par l'équation

$$x^3 + y^3 - 3axy = 0 ;$$

sa dérivée est fournie par l'équation (10) qui donne

$$(3x^2 - 3ay) + (3y^2 - 3ax)y'_x = 0,$$

d'où nous tirons

$$y'_x = \frac{x^2 - ay}{ax - y^2}.$$

Ces considérations s'étendent aux fonctions implicites de plusieurs variables définies par une ou plusieurs équations ; par exemple si une fonction $z$ de deux variables $x$ et $y$ satisfait à l'équation

$$f(x, y, z) = 0,$$

le premier membre est, après avoir remplacé $z$ par son expression en

$x$ et $y$, une fonction composée des deux variables indépendantes $x$ et $y$ ; elle est identiquement nulle et ses dérivées partielles par rapport à chacune de ces variables sont nulles ; nous avons ainsi les deux équations

$$(11) \qquad f'_x + f'_z \times z'_x = 0, \qquad f'_y + f'_z \times z'_y = 0$$

qui déterminent les dérivées $z'_x$ et $z'_y$.

Si $z$ est défini par exemple par l'équation d'un ellipsoïde

$$\frac{x^2}{a^2} + \frac{y^2}{b^2} + \frac{z^2}{c^2} - 1 = 0,$$

ses dérivées sont fournies par les équations

$$\frac{2x}{a^2} + \frac{2z}{c^2} \times z'_x = 0, \qquad \frac{2y}{b^2} + \frac{2z}{c^2} \times z'_y = 0,$$

qui donnent

$$z'_x = -\frac{c^2 x}{a^2 z}, \qquad z'_y = -\frac{c^2 y}{b^2 z}.$$

**191. Théorème d'Euler sur les fonctions homogènes.** — On reconnaît qu'une fonction $f(x, y, z)$ est homogène et de degré $m$ (n° 74) à ce que l'on a identiquement

$$f(kx, ky, kz) = k^m f(x, y, z).$$

Prenons les dérivées par rapport à $k$ des deux membres de cette identité ; le premier membre est une fonction composée de la forme $f(u, v, w)$, les composantes étant

$$u = kx, \qquad v = ky, \qquad w = kz ;$$

elle a pour dérivée

$$f'_u u'_k + f'_v v'_k + f'_w w'_k = x f'_{kx} + y f'_{ky} + z f'_{kz} ;$$

le second membre a pour dérivée

$$m k^{m-1} f(x, y, z).$$

En égalant les dérivées ainsi trouvées, et faisant ensuite $k = 1$, nous arrivons à la formule

$$x f'_x + y f'_y + z f'_z = m f(x, y, z),$$

qui constitue le théorème d'Euler sur les fonctions homogènes.

*Exemple.* — Soit la fonction

$$f(x,\, y,\, z) = x^3 y + 3y^2 z^2 - \frac{z^5}{x},$$

qui est homogène et de degré $m = 4$ ; ses dérivées partielles sont

$$f'_x = 3x^2 y + \frac{z^5}{x^2}, \qquad f'_y = x^3 + 6yz^2, \qquad f'_z = 6y^2 z - \frac{5z^4}{x}.$$

Si l'on forme la somme $xf'_x + yf'_y + zf'_z$, elle a pour valeur

$$x\left(3x^2 y + \frac{z^5}{x^2}\right) + y\left(x^3 + 6yz^2\right) + z\left(6y^2 z - \frac{5z^4}{x}\right)$$
$$= 4\left(x^3 y + 3y^2 z^2 - \frac{z^5}{x}\right),$$

et l'on vérifie bien qu'elle est égale à $4f(x,\, y,\, z)$.

Nous ajouterons, sans le démontrer, que la réciproque du théorème d'Euler est exacte.

# CHAPITRE V

## FORMULES DE TAYLOR ET DE MACLAURIN

**192. Formule de Taylor.** — Si une fonction $f(x)$ est continue dans un certain intervalle, et si $a$ et $b$ sont deux valeurs de $x$ dans cet intervalle, la différence $f(b) - f(a)$ s'annule en même temps que $b - a$; la formule de Taylor a pour objet de mettre cette différence des valeurs de la fonction sous une forme où apparaissent une ou plusieurs puissances successives de la différence $b - a$ des valeurs de la variable.

Nous avons déjà rencontré (n° 176) la formule des accroissements finis

$$(1) \qquad f(b) - f(a) = (b - a)f'(c),$$

où la première puissance de $b - a$ est mise en évidence et où $c$ est compris entre $a$ et $b$; la formule de Taylor en est une généralisation, et elle la comprend comme cas particulier.

*Théorème.* — *Si une fonction $f(x)$ est continue ainsi que ses $n$ premières dérivées pour toutes les valeurs de $x$ comprises entre deux nombres $a$ et $b$, et si elle admet pour ces valeurs une dérivée $(n+1)^e$ déterminée, on a*

$$(2) \qquad f(b) - f(a) = \frac{b-a}{1}f'(a) + \frac{(b-a)^2}{1 \cdot 2}f''(a) + \cdots$$
$$+ \frac{(b-a)^n}{1 \cdot 2 \ldots n}f^{(n)}(a) + \frac{(b-a)^{n+1}}{1 \cdot 2 \ldots (n+1)}f^{(n+1)}(c),$$

*$c$ étant compris entre $a$ et $b$.*

Nous démontrerons ce théorème de la même manière que la formule des accroissements finis; désignons par P la quantité définie par l'équation

$$(3) \qquad f(b) - f(a) = \frac{b-a}{1}f'(a) + \frac{(b-a)^2}{1 \cdot 2}f''(a) + \cdots$$
$$+ \frac{(b-a)^n}{1 \cdot 2 \ldots n}f^{(n)}(a) + \frac{(b-a)^{n+1}}{1 \cdot 2 \ldots n(n+1)}P,$$

et considérons la fonction auxiliaire

$$F(x) = f(b) - f(x) - \frac{b-x}{1}f'(x) - \frac{(b-x)^2}{1 \cdot 2}f''(x) - \cdots$$
$$- \frac{(b-x)^n}{1 \cdot 2 \ldots n}f^{(n)}(x) - \frac{(b-x)^{n+1}}{1 \cdot 2 \ldots n(n+1)}P,$$

obtenue en faisant passer tous les termes de la relation précédente dans le premier membre et remplaçant $a$ par $x$ partout sauf dans $P$ qui, par sa définition même, ne dépend que de $a$ et de $b$.

Cette fonction $F(x)$ s'annule identiquement pour $x = b$, et aussi pour $x = a$ d'après la relation (3); calculons sa dérivée, en appliquant les règles de dérivation des sommes et des produits; nous avons

$$F'(x) = - f'(x) - \frac{b-x}{1}f''(x) - \frac{(b-x)^2}{1 \cdot 2}f'''(x) - \cdots - \frac{(b-x)^n}{1 \cdot 2 \ldots n}f^{(n+1)}(x)$$
$$+ \frac{1}{1}f'(x) + \frac{2(b-x)}{1 \cdot 2}f''(x) + \cdots + \frac{n(b-x)^{n-1}}{1 \cdot 2 \ldots n}f^{(n)}(x)$$
$$+ \frac{(n+1)(b-x)^n}{1 \cdot 2 \ldots n(n+1)}P;$$

la dérivée d'un terme de $F(x)$ se compose de deux parties dont la première renferme la dérivée du second facteur, et la seconde la dérivée du premier facteur; nous les avons écrites l'une au-dessous de l'autre. Chaque terme de la seconde ligne est égal et de signe contraire à un terme de la première, et la dérivée se réduit, après suppression de ces termes égaux et de signes contraires, à

$$(4) \qquad F'(x) = \frac{(b-x)^n}{1 \cdot 2 \ldots n}\left[P - f^{(n+1)}(x)\right].$$

Cette dérivée est bien déterminée dans l'intervalle $(a, b)$ puisque $f^{(n+1)}(x)$ est déterminée; d'après le lemme du n° 176, elle s'annule pour une valeur $c$ comprise entre $a$ et $b$; comme le premier facteur ne devient pas nul, nous avons

$$P - f^{(n+1)}(c) = 0,$$

ce qui démontre le théorème.

En remplaçant $a$ par $x$ et $b$ par $x+h$, $b-a$ est égal à $h$, et $c$ est un nombre de la forme $x + \theta h$, $\theta$ étant compris entre $0$ et $1$; la relation (2) prend alors la forme suivante, souvent usitée:

$$(5) \qquad f(x+h) = f(x) + \frac{h}{1}f'(x) + \frac{h^2}{1 \cdot 2}f''(x) + \cdots$$
$$+ \frac{h^n}{1 \cdot 2 \ldots n}f^{(n)}(x) + \frac{h^{n+1}}{1 \cdot 2 \ldots n(n+1)}f^{(n+1)}(x + \theta h).$$

La formule de Taylor consiste dans l'égalité (2) ou dans l'égalité (5); si nous y faisons $n + 1 = 1$, nous retrouvons la formule des accroissements finis.

**193. Formule de Maclaurin.** — Supposons la formule (2) de Taylor applicable dans un intervalle $(0, x)$ et remplaçons-y $a$ par 0 et $b$ par $x$; $c$ sera un nombre de la forme $\theta x$, $\theta$ étant compris entre 0 et 1, et nous aurons, en faisant passer $f(0)$ au second membre, la relation

$$(6) \quad f(x) = f(0) + \frac{x}{1} f'(0) + \frac{x^2}{1 \cdot 2} f''(0) + \cdots$$
$$+ \frac{x^n}{1 \cdot 2 \ldots n} f^{(n)}(0) + \frac{x^{n+1}}{1 \cdot 2 \ldots n(n+1)} f^{(n+1)}(\theta x);$$

c'est la formule de Maclaurin.

Lorsque $f(x)$ est un polynome de degré $n$, la dérivée d'ordre $n + 1$ est nulle (n° 168); les formules (5) et (6) sont alors limitées au terme de degré $n$, sans terme complémentaire; la formule (6) par exemple fournit le développement d'un polynome de degré $n$ ordonné suivant les puissances croissantes de la variable sous la forme

$$f(x) = f(0) + \frac{x}{1} f'(0) + \frac{x^2}{1 \cdot 2} f''(0) + \cdots + \frac{x^n}{1 \cdot 2 \ldots n} f^{(n)}(0).$$

**Remarque.** — On a quelquefois besoin pour le dernier terme de la formule de Maclaurin d'une autre expression que nous allons mentionner. Dans la formule (3) du numéro précédent, remplaçons le dernier terme $\dfrac{(b-a)^{n+1}}{1 \cdot 2 \ldots n(n+1)} P$ par $\dfrac{(b-a)}{1 \cdot 2 \ldots n} Q$, et répétons le raisonnement que nous avons fait; nous aurons à la place de la formule (4) la relation

$$F'(x) = \frac{1}{1 \cdot 2 \ldots n} [Q - (b-x)^n f^{(n+1)}(x)],$$

d'où nous tirerons, en écrivant que $F'(x)$ s'annule pour $x = c$,

$$Q = (b-c)^n f^{(n+1)}(c);$$

en faisant $a = 0$, $b = x$, $c = \theta x$, nous arriverons à l'expression suivante du dernier terme de la formule de Maclaurin :

$$(7) \quad \frac{x^{n+1}}{1 \cdot 2 \cdot 3 \ldots n} (1 - \theta)^n f^{(n+1)}(\theta x).$$

**194. Formule de Taylor pour les fonctions de plusieurs variables.** — Nous allons généraliser la formule de Taylor (5) et l'étendre aux fonctions de deux variables $x$ et $y$ ; le raisonnement s'appliquerait immédiatement au cas d'un nombre quelconque de variables ; nous allons développer l'expression $f(x+h,\ y+k)$ suivant les puissances des accroissements $h$ et $k$.

Considérons la fonction suivante de la variable auxiliaire $t$ :

$$F(t) = f(x+ht,\ y+kt),$$

et appliquons-lui la formule de Maclaurin (6) :

$$F(t) = F(0) + \frac{t}{1} F'(0) + \frac{t^2}{1.2} F''(0) + \cdots + \frac{t^n}{1.2\ldots n} F^{(n)}(0)$$
$$+ \frac{t^{n+1}}{1.2\ldots(n+1)} F^{(n+1)}(\theta t) ;$$

$F$ est une fonction composée que nous pouvons écrire sous la forme $F(t) = f(u, v)$, en posant $u = x+ht$, $v = y+kt$ ; sa dérivée première par rapport à $t$ est (n° 188)

$$F'(t) = f'_u u'_t + f'_v v'_t = hf'_u + kf'_v ;$$

sa dérivée seconde est

$$F''(t) = h(hf''_{u^2} + kf''_{uv}) + k(hf''_{vu} + kf''_{v^2}) = h^2 f''_{u^2} + 2hk f''_{uv} + k^2 f''_{v^2} ;$$

nous calculerions de même les suivantes ; nous constaterions que leurs valeurs sont analogues aux développements fournis par la formule du binome et ont la forme générale

$$F^{(n)}(t) = h^n f^{(n)}_{u^n} + \frac{n}{1} h^{n-1} k f^{(n)}_{u^{n-1}v} + \frac{n(n-1)}{1.2} h^{n-2} k^2 f^{(n)}_{u^{n-2}v^2} + \cdots + k^n f^{(n)}_{v^n} ;$$

nous ferions voir du reste facilement que la formule est générale en montrant que si elle est vraie pour $n$, elle l'est encore pour $n+1$. Nous écrirons symboliquement

$$F^{(n)}(t) = (hf'_u + kf'_v)^{(n)},$$

en convenant de développer le second membre suivant la formule du binome, et de remplacer dans le développement un produit tel que $(f'_u)^p(f'_v)^{n-p}$ par $f^{(n)}_{u^p v^{n-p}}$.

En faisant $t = 0$ dans les dérivées successives, $u$ et $v$ deviennent égaux à $x$ et $y$ ; nous avons alors pour développement de $F(t)$

$$F(t) = f(x,\ y) + \frac{t}{1}(hf'_x + kf'_y) + \frac{t^2}{1.2}(h^2 f''_{x^2} + 2hk f''_{xy} + k^2 f''_{y^2}) + \cdots$$
$$+ \frac{t^n}{1.2\ldots n}(hf'_x + kf'_y)^{(n)} + \frac{t^{n+1}}{1.2\ldots(n+1)}(hf'_{x+\theta ht} + kf'_{y+\theta kt})^{(n+1)}.$$

Faisons enfin $t = 1$ dans cette formule, nous obtiendrons le résultat cherché

$$(8)\quad f(x+h, y+k) = f(x, y) + \frac{1}{1}(hf'_x + kf'_y) + \frac{1}{1.2}(h^2 f''_{x^2} + 2hk f''_{xy} + k^2 f''_{y^2})$$
$$+ \ldots + \frac{1}{1.2\ldots n}(hf'_x + kf'_y)^{(n)} + \frac{1}{1.2\ldots(n+1)}(hf'_{x+\theta h} + kf'_{y+\theta k})^{(n+1)};$$

pour calculer le dernier terme, on prend les dérivées d'ordre $n+1$ de $f(x, y)$ par rapport à $x$ et à $y$ telles qu'elles sont indiquées dans le développement de la puissance symbolique $(hf'_x + kf'_y)^{(n+1)}$, et l'on remplace dans le résultat $x$ par $x + \theta h$, et $y$ par $y + \theta k$.

De cette formule de Taylor on déduit une formule de Maclaurin donnant le développement de $f(x, y)$ suivant les puissances de $x$ et de $y$; on remplace dans la formule précédente $x$ et $y$ par $h$ et $k$, et inversement, puis on fait $h$ et $k$ égaux à zéro.

**Remarque.** — Si $f(x, y)$ est un polynome de degré $n$, ses dérivées partielles d'ordre $n+1$ sont toutes nulles, et les seconds membres de la formule de Taylor et de celle de Maclaurin sont limités aux termes de degré $n$, sans terme complémentaire.

Comme application, considérons le polynome du second degré

$$f(x, y) = Ax^2 + 2Bxy + Cy^2 + 2Dx + 2Ey + F,$$

et formons le développement de $f(x+h, y+k)$ d'après la formule (8); nous avons

$$f(x+h, y+k) = f(x, y) + hf'_x + kf'_y + \frac{1}{2}(h^2 f''_{x^2} + 2hk f''_{xy} + k^2 f''_{y^2});$$

mais les dérivées secondes de $f$ ont pour valeurs

$$f''_{x^2} = 2A, \qquad f''_{xy} = 2B, \qquad f''_{y^2} = 2C;$$

nous avons par suite

$$(9)\quad f(x+h, y+k) = f(x, y) + hf'_x + kf'_y + Ah^2 + 2Bhk + Ck^2.$$

# CHAPITRE VI

## APPLICATIONS ANALYTIQUES DE LA FORMULE DE TAYLOR

**195. Maxima et minima d'une fonction d'une variable.** — Nous avons vu dans le chapitre II comment la recherche des maxima et minima d'une fonction résulte de l'étude de la dérivée première de cette fonction ; nous allons montrer qu'elle peut se faire aussi au moyen de la formule de Taylor. La méthode que nous allons indiquer ne nécessite pas, comme la première, l'examen du signe de la dérivée dans des intervalles successifs ; par contre elle exige le calcul de certaines dérivées d'ordre supérieur au premier ; de plus elle n'est applicable que dans le cas où les dérivées à calculer sont finies et continues pour les valeurs de la variable que l'on a à considérer ; c'est là une restriction à laquelle n'est pas assujettie la première méthode.

Soit $f(x)$ une fonction finie et continue dans un certain intervalle ; nous supposons que pour toute valeur $x_0$ de cet intervalle les dérivées successives $f'(x)$, $f''(x)$, ... sont également finies et continues, au moins jusqu'à la première qui n'est pas nulle pour $x = x_0$. Dans ces conditions, en supposant que $f^{(n+1)}(x_0)$ soit le premier terme non nul de la suite $f'(x_0)$, $f''(x_0)$, ..., nous pouvons toujours écrire la formule de Taylor réduite à un terme sous la forme

$$(1) \qquad f(x_0 + h) - f(x_0) = \frac{h^{n+1}}{1 \cdot 2 \cdots (n+1)} f^{(n+1)}(x_0 + \theta h).$$

D'après les hypothèses faites sur la continuité des dérivées, $f^{(n+1)}(x_0 + \theta h)$ diffère peu de $f^{(n+1)}(x_0)$, par suite cette dérivée n'est pas nulle et a le signe qu'elle possède pour $x_0$ lorsque $h$ est en valeur absolue inférieur à un nombre convenablement choisi ; pour toutes ces valeurs de $h$, le premier membre de l'équation (1) a toujours le signe de $h^{n+1}$ si $f^{(n+1)}(x_0)$ est positif, et toujours le signe opposé dans le cas contraire.

Si $n + 1$ est impair, la différence $f(x_0 + h) - f(x_0)$ change de signe en même temps que $h$; la fonction $f(x)$ n'est pas maximum ou minimum pour $x = x_0$.

Si $n + 1$ est pair, la différence $f(x_0 + h) - f(x_0)$ a toujours le même signe pour les valeurs de $h$ considérées, qu'elles soient positives ou négatives. Si $f^{(n+1)}(x_0)$ est positif, cette différence est positive, la valeur de la fonction $f(x)$ pour $x = x_0$ est inférieure aux valeurs voisines, et cette fonction est minimum pour la valeur $x_0$ de la variable.

Si au contraire $f^{(n+1)}(x_0)$ est négatif, la valeur de $f(x)$ pour $x = x_0$ est supérieure aux valeurs voisines, et cette fonction est maximum pour cette valeur de la variable.

Il résulte de là que la dérivée première $f'(x)$ doit être nulle pour toutes les valeurs de $x$ comprises dans l'intervalle où $f(x)$ est continue, et rendant cette fonction maximum ou minimum ; on est ainsi amené, pour trouver les maxima et minima de $f(x)$, à résoudre l'équation $f'(x) = 0$.

Mais toute racine $x_0$ de cette équation ne donne pas forcément un maximum ou un minimum ; pour le reconnaître, il faut calculer les dérivées successives $f''(x), f'''(x), \ldots$ en s'arrêtant à la première qui n'est pas nulle pour $x = x_0$. Si elle est d'ordre pair, ce qui a lieu ordinairement, car $f''(x_0)$ n'est pas nul en général, il y a maximum ou minimum : maximum si la dérivée est négative, minimum si elle est positive. Si elle est d'ordre impair, il n'y a pour $x = x_0$ ni maximum ni minimum.

**196. Maxima et minima d'une fonction de plusieurs variables.** — Les mêmes considérations s'appliquent aux fonctions de plusieurs variables dans les intervalles où la formule de Taylor est applicable.

Considérons une fonction de deux variables $f(x, y)$; on dit qu'elle est maximum pour $(x_0, y_0)$ si l'on a

$$f(x_0, y_0) > f(x_0 + h, y_0 + k),$$

pour $h$ et $k$ suffisamment petits, aussi bien positifs que négatifs; on dit qu'elle est minimum pour les mêmes valeurs si l'on a

$$f(x_0, y_0) < f(x_0 + h, y_0 + k)$$

dans les mêmes conditions. Nous allons déterminer les valeurs des variables rendant la fonction maximum ou minimum, et montrer d'abord qu'elles doivent annuler les dérivées premières $f'_x$ et $f'_y$.

Supposons en effet que $f'_x$ et $f'_y$ ne soient pas nulles à la fois pour $x = x_0, y = y_0$; écrivons la formule de Taylor sous la forme

$$f(x_0 + h, y_0 + k) - f(x_0, y_0) = h f'_x(x_0 + \theta h, y_0 + \theta k)$$
$$+ k f'_y(x_0 + \theta h, y_0 + \theta k),$$

pour $h$ et $k$ très petits en valeur absolue, le second membre diffère peu de la somme $hf'_x(x_0, y_0) + kf'_y(x_0, y_0)$ et a le signe de cette somme ; mais celle-ci prend des valeurs de signes contraires lorsque l'on donne à $h$ et $k$ des systèmes de valeurs égales et de signes contraires, par conséquent le second membre n'a pas un signe constant, et $f(x, y)$ n'a ni maximum ni minimum pour $x = x_0, y = y_0$ ; nous pouvons donc énoncer ce résultat :

*Pour qu'une fonction $f(x, y)$ soit maximum ou minimum pour un système de valeurs $x_0, y_0$ des variables, il faut que ces valeurs annulent les deux dérivées du premier ordre $f'_x$ et $f'_y$.*

Nous sommes ainsi amenés, pour trouver les valeurs des variables rendant $f(x, y)$ maximum ou minimum, à résoudre le système d'équations

$$f'_x = 0, \qquad f'_y = 0 ;$$

elles fournissent un ou plusieurs couples de valeurs tels que $(x_0, y_0)$, mais à chacun d'eux ne correspond pas toujours un maximum ou un minimum. Pour le reconnaître, supposons d'abord que les trois dérivées partielles du second ordre $f''_{x^2}, f''_{xy}, f''_{y^2}$ ne soient pas nulles en même temps pour $x_0, y_0$ ; écrivons alors la formule de Taylor sous la forme

$$(2) \qquad f(x_0 + h, y_0 + k) - f(x_0, y_0) = \frac{1}{2}(h^2 f''_{x^2} + 2hk f''_{xy} + k^2 f''_{y^2}),$$

les valeurs des dérivées au second membre étant prises pour $x_0 + \theta h$ et $y_0 + \theta k$ ; pour $h$ et $k$ très petits en valeur absolue, ce second membre a le signe qu'il prend pour les valeurs $x_0, y_0$ attribuées aux variables, ou bien encore le signe du trinome

$$(3) \qquad \left(\frac{h}{k}\right)^2 f''_{x_0^2} + 2\frac{h}{k} f''_{x_0 y_0} + f''_{y_0^2}.$$

Si ce trinome a ses racines réelles, c'est-à-dire si $f''^2_{x_0 y_0} - f''_{x_0^2} f''_{y_0^2} > 0$, il est tantôt positif, tantôt négatif suivant que la valeur de $\frac{h}{k}$ est comprise ou non entre les racines ; par suite le premier membre de (2) n'a pas un signe constant et la fonction $f(x, y)$ n'est ni maximum ni minimum pour le système $(x_0, y_0)$. Si le trinome (3) a ses racines imaginaires, c'est-à-dire si $f''^2_{x_0 y_0} - f''_{x_0^2} f''_{y_0^2} < 0$, il a toujours le signe de son premier terme, c'est-à-dire celui de $f''_{x_0^2}$ ; on voit alors que si ce coefficient est négatif, le premier membre de (2) est toujours négatif pour les différentes valeurs suffisamment petites de $h$ et $k$, et $f(x, y)$ est maximum pour le système $(x_0, y_0)$ ; si au contraire, $f''_{x_0^2}$ est positif, le premier membre de (2) est toujours positif dans les mêmes conditions, et $f(x, y)$ est minimum pour le système $(x_0, y_0)$.

Lorsque les racines du trinome (3) sont égales, ou lorsque $x_0, y_0$ annulent les trois dérivées secondes de $f(x, y)$, il est nécessaire de considérer dans la formule de Taylor les termes en $h$ et $k$ de degré supérieur au second et de refaire des raisonnements analogues aux précédents, mais nous n'entrerons pas dans le détail de ces recherches.

*Exemple.* — Soit à trouver le maximum d'un produit

$$f = xyz$$

de trois facteurs dont la somme est constante et positive et a pour valeur

$$x + y + z = a \, ;$$

si nous tirons $z$ de la dernière équation, et si nous portons dans $f$ la valeur obtenue, nous avons la fonction de deux variables indépendantes

$$f = xy(a - x - y),$$

dont nous devons trouver le maximum ou le minimum.

En annulant les dérivées $f'_x$ et $f'_y$, nous avons les deux équations

$$f'_x = y(a - x - y) - xy = 0,$$
$$f'_y = x(a - x - y) - xy = 0,$$

qui ont comme solutions

$$1° \quad x = y = \frac{a}{3}; \qquad 2° \quad x = y = 0,$$
$$3° \quad x = 0, y = a, \qquad 4° \quad x = a, y = 0.$$

Les dérivées secondes sont

$$f''_{x^2} = -2y, \qquad f''_{xy} = a - 2x - 2y, \qquad f''_{y^2} = -2x \, ;$$

la première solution $x = y = \dfrac{a}{3}$ donne à ces dérivées les valeurs $-\dfrac{2a}{3}$, $-\dfrac{a}{3}$, $-\dfrac{2a}{3}$, de sorte que $f''^2_{x_0 y_0} - f''_{x_0^2} f''_{y_0^2}$ est égal à $-\dfrac{a^2}{3}$ et est négatif ; $f''_{x_0^2}$ est aussi négatif ; la fonction est donc maximum ; remarquons que dans ce cas $x, y, z$ sont égaux à $\dfrac{a}{3}$, et les trois facteurs du produit sont égaux.

Les autres solutions rendent $f''^2_{x_0 y_0} - f''_{x_0^2} f''_{y_0^2}$ positif, et la fonction n'est alors ni maximum ni minimum.

**197. Remarques géométriques.** — La représentation géométrique d'une fonction $z = f(x, y)$ par une surface rend intuitifs les résultats précédents. Si la fonction est maximum ou minimum pour $(x_0, y_0)$, le plan tangent à la surface au point $M_0$ correspondant (n° 189) doit être parallèle au plan $xOy$, par suite les deux dérivées $f'_x$ et $f'_y$ doivent être nulles pour $x_0, y_0$. Mais cette condition nécessaire n'est pas toujours suffisante ; il faut en effet que dans le voisinage de $M_0$ les points de la surface soient tous situés d'un même côté du plan tangent ; c'est la discussion algébrique qui peut indiquer si cette condition est remplie.

*Exemple.* — Considérons la fonction

$$z = f(x, y) = \frac{x^2}{2p} + \frac{y^2}{2q},$$

$p$ et $q$ ayant des signes quelconques ; les dérivées sont

$$f'_x = \frac{x}{p}, \qquad f'_y = \frac{y}{q}, \qquad f''_{x^2} = \frac{1}{p}, \qquad f''_{xy} = 0, \qquad f''_{y^2} = \frac{1}{q}.$$

Les deux premières s'annulent pour $x = 0$, $y = 0$, et pour ces valeurs on a

$$f''^2_{xy} - f''_{x^2} f''_{y^2} = \frac{-1}{pq} ;$$

la fonction est maximum pour $x = 0$, $y = 0$ si $p$ et $q$ sont tous deux négatifs, minimum si $p$ et $q$ sont tous deux positifs ; elle n'est ni maximum ni minimum si $p$ et $q$ sont de signes différents.

La surface représentative de la fonction est un paraboloïde (n° 149) dont le plan tangent à l'origine est le plan $xOy$. On voit bien que si $p$ et $q$ sont de même signe, le paraboloïde est elliptique et est tout entier d'un même côté du plan tangent ; si $p$ et $q$ sont de signes contraires, le paraboloïde est hyperbolique et les points voisins de l'origine sont les uns d'un côté du plan tangent et les autres du côté opposé, de sorte qu'il n'y a ni maximum ni minimum de $z$ à l'origine.

**198. Calcul des accroissements très petits.** — Une des principales applications de la formule de Taylor consiste dans la détermination d'une valeur approchée de l'accroissement que prend une fonction lorsque l'on donne aux variables des accroissements très petits ; si en effet dans les formules (5) et (8) des n°ˢ 192 et 194, $h$ et $k$ sont très petits, les termes des seconds membres ont des valeurs décroissant très rapidement, et les premiers de ces termes suffisent, dans la pratique, pour calculer une valeur approchée des premiers membres.

Le cas le plus simple de la formule de Taylor pour une variable, c'est-à-dire la formule des accroissements finis écrite sous la forme

$$f(x + h) - f(x) = hf'(x + \theta h),$$

permet déjà de déterminer les limites entre lesquelles est comprise la différence $f(x + h) - f(x)$; $\theta$ est en général inconnu, mais si l'on connaît la plus petite et la plus grande valeur de la dérivée lorsque la variable est comprise entre $x$ et $x + h$, on est certain que $f'(x + \theta h)$ est compris entre ces valeurs, et l'on en déduit les limites du second membre.

Considérons par exemple le logarithme népérien de $x$; nous avons, en appliquant la formule précédente,

$$\log(x + h) - \log x = h\frac{1}{x + \theta h},$$

et le second membre reste compris entre $\dfrac{h}{x}$ et $\dfrac{h}{x + h}$.

Lorsqu'on a besoin de calculer au second membre de la formule (5) (n° 192) un, deux, ou un nombre donné de termes, on a toujours la faculté de prendre la valeur de $n$ égale à ce nombre; c'est précisément parce que $n$ est indéterminé dans la formule de Taylor et peut être choisi comme on le veut dans chaque cas particulier, que cette formule se prête à toutes les applications. Si l'on se donne $n$ et si l'on prend comme valeur approchée de $f(x + h) - f(x)$ la somme

$$\frac{h}{1}f'(x) + \frac{h^2}{1 \cdot 2}f''(x) + \cdots + \frac{h^n}{1 \cdot 2 \cdots n}f^{(n)}(x),$$

l'erreur commise est égale au terme complémentaire

$$R = \frac{h^{n+1}}{1 \cdot 2 \cdots (n+1)}f^{(n+1)}(x + \theta h);$$

$\theta$ est en général inconnu, mais on connaît souvent une limite supérieure de la valeur absolue de la dérivée d'ordre $(n+1)$ dans l'intervalle $(x, x + h)$, et l'on en déduit une limite supérieure de la valeur absolue de R.

Ces considérations s'appliquent aux fonctions de plusieurs variables lorsqu'on utilise la formule (8) (n° 194) ou des formules analogues.

**199. Cas où l'on donne aux variables des valeurs très petites. —** La formule de Maclaurin donne lieu aux mêmes remarques, lorsqu'on veut calculer $f(x)$ ou $f(x, y)$ pour des valeurs très petites des variables. Considérons comme exemples les deux fonctions $\sin x$ et $\cos x$ dont nous désignerons la première par $f(x)$ et la deuxième par $\varphi(x)$ ; ces fonctions et leurs dérivées successives ont pour valeurs (n° 165)

$$
\begin{aligned}
f(x) &= \sin x, & \varphi(x) &= \cos x, \\
f'(x) &= \cos x, & \varphi'(x) &= -\sin x, \\
f''(x) &= -\sin x, & \varphi''(x) &= -\cos x, \\
f'''(x) &= -\cos x, & \varphi'''(x) &= \sin x, \\
f^{\mathrm{IV}}(x) &= \sin x, & \varphi^{\mathrm{IV}}(x) &= \cos x,
\end{aligned}
$$

$$\ldots \ldots \ldots \ldots \ldots \ldots$$

Nous voyons que les termes de ces suites, à partir du quatrième, sont respectivement égaux aux premiers, de sorte qu'ils se reproduisent périodiquement de quatre en quatre ; toutes ces dérivées sont du reste continues, et nous pouvons appliquer la formule de Maclaurin en donnant à $n$ une valeur quelconque.

Donnons à $n$ la valeur 4 pour $f(x)$ et la valeur 3 pour $\varphi(x)$, en remarquant que $\sin 0 = 0$ et $\cos 0 = 1$ ; nous aurons les formules

$$\sin x = \frac{x}{1} - \frac{x^3}{1.2.3} + \frac{x^5}{1.2.3.4.5} \cos \theta x,$$

$$\cos x = 1 - \frac{x^2}{1.2} + \frac{x^4}{1.2.3.4} \cos \theta x ;$$

comme $\cos \theta x$ est inférieur à l'unité en valeur absolue, nous voyons que l'on peut remplacer $\sin x$ par $x - \dfrac{x^3}{6}$ avec une erreur inférieure à la valeur absolue de $\dfrac{x^5}{120}$ et, de même, qu'on peut remplacer $\cos x$ par $1 - \dfrac{x^2}{2}$ avec une erreur inférieure à $\dfrac{x^4}{24}$.

Comme autre exemple, considérons la fonction $\sqrt{1+x} = (1+x)^{\frac{1}{2}}$ ; ses deux premières dérivées sont $\dfrac{1}{2}(1+x)^{-\frac{1}{2}}$ et $-\dfrac{1}{4}(1+x)^{-\frac{3}{2}}$ ; nous avons par suite

$$\sqrt{1+x} = 1 + \frac{x}{2} - \frac{x^2}{8(1+\theta x)^{\frac{3}{2}}} ;$$

nous pouvons donc substituer à $\sqrt{1+x}$ la quantité $1 + \dfrac{x}{2}$ dans les calculs approchés lorsque $x$ est très petit.

**200. Développements limités.** — Les exemples précédents nous ont donné une représentation d'une fonction $y = f(x)$ sous forme d'un polynome de degré $n$, augmenté d'un terme complémentaire égal au produit de $x^{n+1}$ par un facteur qui reste fini quand $x$ tend vers zéro ; un tel développement s'appelle un développement limité d'ordre $n$. Il est très utile pour le calcul des quantités très petites, le terme complémentaire étant négligeable dans les applications numériques pour une valeur convenablement choisie de $n$.

Si l'on considère une fonction de fonction $f(u)$ dont on connaît le développement par rapport à $u$ et le développement de $u$, on peut en déduire le développement de la fonction par rapport à $x$; soit par exemple la fonction

$$y = \sin \frac{e^x - e^{-x}}{2},$$

dont on veut obtenir le développement d'ordre 5 ; on peut écrire $y = \sin u$ avec $u = \dfrac{e^x - e^{-x}}{2}$; d'après la représentation de $e^x$ par la série $E(x)$ (n° 53), on a

$$u = \frac{e^x - e^{-x}}{2} = \frac{x}{1} + \frac{x^3}{1 \cdot 2 \cdot 3} + \frac{x^5}{1 \cdot 2 \cdot 3 \cdot 4 \cdot 5} + \lambda x^7,$$

$\lambda$ restant fini quand $x$ tend vers zéro.

Il suffit d'utiliser le développement de $\sin u$ d'ordre 5

$$\sin u = \frac{u}{1} - \frac{u^3}{1 \cdot 2 \cdot 3} + \frac{u^5}{1 \cdot 2 \cdot 3 \cdot 4 \cdot 5} + \mu u^7,$$

d'y remplacer $u$ par sa valeur et de conserver dans le résultat les termes de degré $\leqslant 5$ pour trouver, tous calculs faits,

$$y = \frac{x}{1} - \frac{x^5}{15} + \nu x^7,$$

où $\nu$ reste fini pour $x$ tendant vers zéro.

Une généralisation de ce qui précède est le développement limité d'une fonction qui reste finie pour $x$ infini et sa représentation par un polynome en $\dfrac{1}{x}$ avec un terme complémentaire, sous la forme

$$y = a_0 + a_1 \frac{1}{x} + \cdots + a_n \left(\frac{1}{x}\right)^n + \lambda \left(\frac{1}{x}\right)^{n+1},$$

$\lambda$ restant fini pour $x$ tendant vers l'infini ; un tel développement est utile pour trouver une valeur approchée de $y$ quand $x$ est très grand.

Enfin on considère, pour $x$ très petit, le cas où il existe une puissance $x^{-\alpha}$ d'exposant positif ou négatif, entier ou non, telle que le produit $x^{-\alpha}y$ ait une valeur finie pour $x$ tendant vers zéro. Si l'on connaît un développement limité de ce produit qui soit d'ordre $n$, on aura pour $y$ une expression de la forme

$$y = x^\alpha(a_0 + a_1 x + \cdots + a_n x^n + \lambda x^{n+1}).$$

*Exemple.* — Soit $y = \mathrm{cotg}\, x$ ; pour $x$ très petit, le produit $xy$ reste fini et a pour valeur la fraction

$$xy = \frac{x \cos x}{\sin x} = \frac{x\left(1 - \dfrac{x^2}{1 \cdot 2} + \dfrac{x^4}{1 \cdot 2 \cdot 3 \cdot 4} + \lambda x^6\right)}{x - \dfrac{x^3}{1 \cdot 2 \cdot 3} + \dfrac{x^5}{1 \cdot 2 \cdot 3 \cdot 4 \cdot 5} + \mu x^7},$$

où les développements d'ordre 5 sont mis en évidence ; en supprimant le facteur $x$ commun aux deux termes et effectuant la division suivant les puissances croissantes de $x$, on a

$$xy = 1 - \frac{x^2}{3} - \frac{x^4}{45} + \nu x^6,$$

$$y = \frac{1}{x} - \frac{x}{3} - \frac{x^3}{45} + \nu x^5.$$

Les mêmes considérations s'appliqueraient au cas où $x$ est très grand en mettant $\dfrac{1}{x}$ en évidence à la place de $x$.

Comme nous venons de le voir, les formules de Taylor et de Maclaurin ne sont pas les seules qu'on puisse utiliser ; la division algébrique rend souvent les mêmes services lorsqu'on veut former un développement limité d'une fonction et en déduire la valeur approchée du quotient de deux polynomes pour de petites valeurs de la variable. Par exemple nous avons, en divisant 1 par $1 - x$, la formule

$$\frac{1}{1 - x} = 1 + x + x^2 + \cdots + x^n + \frac{x^{n+1}}{1 - x},$$

où $n$ peut être choisi arbitrairement ; lorsqu'on le prend égal à l'unité, on voit que $\dfrac{1}{1 - x}$ peut être remplacé par $1 + x$ avec une erreur égale à $\dfrac{x^2}{1 - x}$.

Dans le même ordre d'idées, on remplace souvent, pour $x$ et $y$ très petits, le produit $(1 + x)(1 + y)$ par $1 + x + y$ ; l'erreur commise est égale à $xy$.

# CHAPITRE VII

## ERREURS. INTERPOLATION

---

**201. Limite des erreurs.** — Supposons qu'un nombre bien défini $a$, tel que $\pi$, $\sqrt{2}$, la somme d'une série convergente, un nombre exprimé par un grand nombre de chiffres, soit difficile à calculer, et qu'on le remplace par un nombre approché $a'$ ; on dit qu'on commet une erreur dont la valeur est la quantité qu'il faudrait ajouter au nombre approché pour avoir le nombre exact. C'est ainsi qu'en remplaçant 2,43285 par 2,4 on commet une erreur égale à 0,03285 ; en remplaçant la somme d'une série convergente par celle de ses $n$ premiers termes, on commet une erreur égale au reste de la série. L'erreur est positive si $a'$ est approché par défaut, négative s'il est approché par excès.

Généralement, la valeur exacte de l'erreur n'a aucun intérêt, il suffit de connaître sa limite, c'est-à-dire un nombre relativement simple auquel sa valeur absolue est toujours inférieure ; dans l'exemple précédent, on dira que la limite de l'erreur est 0,04. Lorsqu'on remplace $\pi = 3{,}1415926\ldots$ par 3,14, l'erreur est positive et a pour limite 0,002 ; lorsqu'on le remplace par 3,1416 l'erreur est négative et a pour limite $\dfrac{1}{10^5}$.

Dans les applications, si un nombre est connu avec $n$ chiffres décimaux exacts et si l'on supprime les suivants, on peut affirmer que la limite de l'erreur commise est $\dfrac{1}{10^n}$. Dans la pratique on peut souvent diminuer cette limite ; lorsqu'on peut compter sur l'exactitude du $(n+1)^e$ chiffre décimal, et que celui-ci est inférieur à 5, on supprime tous les chiffres suivant le $n^e$ ; lorsque le $(n+1)^e$ est supérieur ou égal à 5, on force d'une unité le $n^e$ chiffre et l'on supprime les suivants ; dans les deux cas, on peut affirmer que la limite de l'erreur est $\dfrac{1}{2} \cdot \dfrac{1}{10^n}$. En remplaçant

2,43285 et 3,6275 par 2,43 et 3,63, on peut affirmer que l'erreur est
en valeur absolue inférieure à un demi-centième.

Dans la mesure de grandeurs physiques, on utilise des instruments et
des méthodes dont la précision n'est pas absolue ; on obtient à la place
d'une mesure exacte inconnue $a$, une valeur approchée $a'$ entachée
d'une erreur. On distingue : 1° les erreurs *systématiques*, généralement
de même signe, dues à un défaut des instruments qu'un examen attentif
permet de corriger ; 2° les erreurs *accidentelles*, aussi bien positives que
négatives, qu'on ne peut éviter. Nous ne nous occuperons que des
secondes ; on ne connaît pas la grandeur ni le sens de l'erreur $a — a'$,
mais seulement sa limite, qui dépend des instruments employés.

Nous représenterons dans tous les cas par $\delta a$ la valeur connue ou
inconnue de l'erreur, par $\Delta a$ sa limite ; nous aurons

$$\delta a := a — a', \qquad a = a' + \delta a, \qquad |a — a'| \leqslant \Delta a ;$$

on peut toujours affirmer que $a$ est compris entre $a' — \Delta a$ et $a' + \Delta a$ ;
par exemple si la mesure expérimentale d'une longueur est $0^m,527$ à
$2^{mm}$ près, la valeur exacte est comprise entre $0^m,525$ et $0^m,529$.

L'erreur telle que nous venons de la définir s'appelle erreur *absolue* ;
dans certaines questions, on introduit l'erreur *relative*, qui est le quotient
de l'erreur absolue par le nombre exact. Par exemple une erreur de 2 centimètres sur une longueur de 50 centimètres constitue une erreur relative
de $\dfrac{2}{50}$ ou $\dfrac{4}{100}$ ; la même erreur de 2 centimètres sur une longueur de
25 mètres constitue une erreur relative de $\dfrac{0,02}{25} = \dfrac{8}{10\,000}$.

**202. Premier problème.** — Dans les calculs effectués sur des nombres approchés, on a à résoudre deux problèmes fondamentaux ; le premier est le suivant :

*Déterminer une limite supérieure de l'erreur absolue dont est affecté
un calcul numérique, sachant que les valeurs des données introduites
dans ce calcul ne sont qu'approchées, et connaissant les limites supérieures des erreurs absolues dont sont affectées ces données.*

Supposons que l'on ait une formule telle que

$$N = f(a, b, c)$$

permettant de calculer la valeur exacte d'un nombre $N$ lorsqu'on donne
les valeurs exactes de nombres $a$, $b$, $c$ ; si l'on connaît seulement des
valeurs approchées $a'$, $b'$, $c'$ de ces nombres et si l'on prend pour valeur

approchée de $N$ le nombre $N' = f(a', b', c')$, l'erreur commise est $\delta N = N - N'$; nous nous proposons de calculer une limite supérieure $\Delta N$ de sa valeur absolue, lorsqu'on donne les limites supérieures $\Delta a$, $\Delta b$, $\Delta c$ des valeurs absolues des erreurs

$$\delta a = a - a', \qquad \delta b = b - b', \qquad \delta c = c - c'.$$

Nous connaissons $N'$; nous allons évaluer $N = f(a, b, c)$, que nous pouvons écrire $f(a' + \delta a, b' + \delta b, c' + \delta c)$; en employant la formule de Taylor du n° 194 pour le cas de trois variables et pour $n + 1 = 1$, nous avons

$$f(a' + \delta a, b' + \delta b, c' + \delta c) = f(a', b', c') + \delta a f'_a(a' + \theta \delta a, b' + \theta \delta b, c' + \theta \delta c)$$
$$+ \delta b f'_b(a' + \theta \delta a, \ldots) + \delta c f'_c(a' + \theta \delta a, \ldots),$$

et nous en déduisons pour $\delta N$ la valeur suivante :

$$(1) \quad \delta N = \delta a f'_a(a' + \theta \delta a, \ldots) + \delta b f'_b(a' + \theta \delta a, \ldots) + \delta c f'_c(a' + \theta \delta a, \ldots).$$

Nous ne connaissons pas $\delta a$, $\delta b$, $\delta c$, mais seulement les limites supérieures $\Delta a$, $\Delta b$, $\Delta c$ de leurs valeurs absolues; de même $\theta$ est inconnu, mais nous pouvons affirmer que $a' + \theta \delta a$ est compris entre $a' - \Delta a$, et $a' + \Delta a$, et de même des autres.

Pour obtenir une limite supérieure de la valeur absolue du deuxième membre, on remplace chacun des termes par une limite supérieure de sa valeur, et l'on fait la somme des valeurs absolues de ces limites. Pour cela, on commence par chercher la plus grande valeur absolue des dérivées $f'_a$, $f'_b$, $f'_c$ lorsque $a$, $b$, $c$ varient dans les intervalles

$$(a' - \Delta a, a' + \Delta a), \quad (b' - \Delta b, b' + \Delta b), \quad (c' - \Delta c, c' + \Delta c)$$

ou bien dans d'autres plus faciles à évaluer comprenant les précédents; ordinairement, on arrondit les nombres donnés $a'$, $b'$, $c'$, dans un sens tel que les dérivées $f'_a$, $f'_b$, $f'_c$ ne puissent qu'augmenter en valeur absolue; on multiplie ensuite les résultats par $\Delta a$, $\Delta b$, $\Delta c$ et l'on fait la somme des valeurs absolues des produits obtenus.

On écrit souvent le résultat du calcul précédent sous la forme

$$(2) \qquad \Delta N = |f'_a| \Delta a + |f'_b| \Delta b + |f'_c| \Delta c$$

et l'on prend les valeurs approchées par excès des dérivées pour les valeurs connues $a'$, $b'$, $c'$ des variables ou pour des valeurs s'en écartant peu; on a ainsi une valeur de $\Delta N$ toujours suffisante dans la pratique. La formule (2) rappelle la formule (7) du n° 188 et celle que nous trouverons plus tard dans le calcul des différentielles (n° 235), mais il faut remarquer que l'on doit toujours, dans le cas actuel, ajouter les valeurs absolues des termes qui composent le second membre. Si l'on considère par exemple une somme, un produit, un quotient ou une racine carrée, on écrit

$$(3) \qquad \Delta\,(a \pm b \pm c) = \Delta a + \Delta b + \Delta c,$$

$$(4) \qquad \Delta ab = b\Delta a + a\Delta b,$$

$$(5) \qquad \Delta\,\frac{a}{b} = \frac{1}{b}\,\Delta a + \frac{a}{b^2}\,\Delta b,$$

$$(6) \qquad \Delta\sqrt{a} = \frac{1}{2\sqrt{a}}\,\Delta a.$$

Dans la pratique, on ramène un calcul quelconque à une suite de calculs élémentaires de la nature des quatre précédents, et l'on applique successivement à chacun d'eux les formules simples que nous venons d'établir, de plus dans chaque résultat on ne conserve pas toujours tous les chiffres décimaux ; par exemple si $\Delta N$ est égal à deux centièmes, il est inutile de conserver dans $N'$ les chiffres décimaux au delà des centièmes. Il est nécessaire de tenir compte de l'erreur commise en supprimant les chiffres non conservés, et d'ajouter une limite supérieure de sa valeur à la limite fournie par la théorie précédente. Si l'on supprime simplement les chiffres qui suivent par exemple les centièmes, la nouvelle erreur est inférieure à un centième ; si cependant on a soin, comme nous l'avons dit, de forcer le chiffre des centièmes d'une unité dès que le chiffre suivant est égal ou supérieur à 5, la nouvelle erreur est au plus égale à un demi-centième.

*Exemples.* — Calculer le rayon $R$ d'un cercle dont on donne la surface $S$ ; on connaît la valeur de cette surface $S' = 123^{m2},57$ à $1^{dm2}$ près, et l'on prend comme valeur de $\pi$ le nombre $\pi' = 3,1416$ à un dix-millième près.

La formule qui donne le rayon est $R = \sqrt{\dfrac{S}{\pi}}$ ; nous avons à effectuer un quotient, suivi d'une racine carrée. Considérons d'abord le quotient $\dfrac{S}{\pi}$, que nous remplaçons par $\dfrac{S'}{\pi'}$ ; d'après la formule (5), l'erreur sur ce quotient est au plus égale à

$$\Delta\,\frac{S}{\pi} = \frac{1}{\pi}\,\Delta S + \frac{S}{\pi^2}\,\Delta\pi \,;$$

arrondissons dans le second membre les valeurs de $S$ et de $\pi$ ; substituons à la première le nombre plus grand 150 et à la seconde le nombre plus petit 3 ; ce second membre ne peut qu'augmenter ; nous obtenons de cette façon pour sa limite supérieure la valeur

$$\frac{1}{3} \cdot \frac{1}{100} + \frac{150}{9} \cdot \frac{1}{10\,000} = \frac{15}{3\,000} = \frac{5}{1\,000}.$$

Divisons $S'$ par $\pi'$ et conservons trois chiffres décimaux, ce qui donne comme résultat 39,333 ; la suppression des chiffres décimaux suivants nous fournit une nouvelle erreur inférieure à un millième ; l'erreur totale est donc inférieure à 6 millièmes.

Prenons maintenant la racine carrée du nombre 39,333 ; d'après la formule (6), l'erreur de la racine sera au plus égale à

$$\Delta R = \frac{1}{2\sqrt{\dfrac{S}{\pi}}} \cdot \Delta \frac{S}{\pi} ;$$

en prenant sous le radical le nombre 36 à la place de $\dfrac{S}{\pi}$, on voit que le second membre a pour limite supérieure $\dfrac{1}{12} \cdot \dfrac{6}{1\,000}$ ou $\dfrac{1}{2} \cdot \dfrac{1}{1\,000}$ ; si de plus on calcule $\sqrt{39,333}$ avec 4 chiffres décimaux, la nouvelle erreur commise est inférieure à $\dfrac{1}{10\,000}$ ; l'erreur totale est donc inférieure à

$$\frac{1}{2} \cdot \frac{1}{1\,000} + \frac{1}{10\,000} = \frac{6}{10\,000}.$$

La racine ainsi calculée étant 6,2716, on voit que $R$ est compris entre 6,2710 et 6,2722. On adoptera la valeur $R' = 6,272$ approchée à 1 millième près.

Comme autre exemple, nous allons déterminer une limite supérieure de l'erreur dont est affectée la valeur de $i$ fournie par la formule

$$i = a \,\mathrm{tg}\, \varphi,$$

sachant que $a = 25,82$ à un centième près, et $\varphi = 42° 27' 50''$ à 20 secondes près.

La formule (2) nous donne

$$\Delta i = \mathrm{tg}\, \varphi \cdot \Delta a + \frac{a}{\cos^2 \varphi} \Delta \varphi ;$$

au second membre, nous remplacerons $\mathrm{tg}\, \varphi$ par une valeur supérieure $\mathrm{tg}\, 45° = 1$, $a$ par 30, $\cos \varphi$ par $\cos 45°$ ou $\dfrac{\sqrt{2}}{2}$, puis $\Delta a$ par 1 centième ; quant à $\Delta\varphi$, on doit l'évaluer en radians, et il a pour limite supérieure (n° 71) $\dfrac{20}{206\,265}$ ou, en forçant, $\dfrac{20}{200\,000} = \dfrac{1}{10\,000}$. Nous avons par suite

$$\Delta i = \frac{1}{100} + \frac{30}{\frac{1}{2}} \cdot \frac{1}{10\,000} = \frac{16}{1\,000} ;$$

il faudra lui ajouter l'erreur provenant de l'approximation des tables de logarithmes et des chiffres décimaux supprimés.

**203. Deuxième problème.** — *Les données d'un calcul numérique étant entièrement connues ou susceptibles d'être déterminées avec autant de décimales que l'on veut, on demande le nombre de décimales qu'il suffit de conserver dans ces données pour que l'erreur absolue du résultat du calcul effectué avec les valeurs approchées soit inférieure à un nombre donné.*

Ordinairement, on demande que le résultat du calcul soit obtenu avec une erreur inférieure à une unité d'un certain ordre décimal ; supposons pour plus de généralité que la limite $\Delta N$ soit de la forme $\dfrac{p}{10^k}$.

$p$ étant un nombre entier ou non, compris entre 1 et 10. Comme nous l'avons déjà remarqué, l'erreur totale du résultat se compose de deux parties qui s'ajoutent généralement, l'une provenant de la substitution de nombres approchés aux données exactes, l'autre provenant de la suppression des chiffres décimaux dépassant un certain rang dans les résultats des calculs successifs ; si nous appelons respectivement $\Delta_1 N$ et $\Delta_2 N$ les limites supérieures de ces erreurs, nous devons choisir ces limites de façon que leur somme soit inférieure au nombre donné $\Delta N$.

Nous admettrons qu'à la fin du calcul on supprime dans $N'$ les chiffres décimaux qui suivent ceux de l'ordre $k$, et que de plus on force le dernier chiffre conservé si le suivant est égal ou supérieur à 5 ; nous aurons alors $\Delta_2 N = \dfrac{1}{2}\dfrac{1}{10^k}$, et $\Delta_1 N = \left(p - \dfrac{1}{2}\right)\dfrac{1}{10^k}$.

Lorsqu'on connaît ainsi $\Delta_1 N$, la formule (2) permet de déterminer les limites supérieures $\Delta a$, $\Delta b$, $\Delta c$ des erreurs dont peuvent être affectées les données. En général, on répartit également $\Delta_1 N$ sur les termes du second membre de la formule ; s'ils sont en nombre $q$, on prend pour chacun d'eux la valeur $\dfrac{\Delta_1 N}{q}$ ; en divisant ce nombre par les coefficients $|f'_a|, |f'_b|, \ldots$ ou des nombres plus forts, on obtient les valeurs que l'on peut attribuer aux limites $\Delta a$, $\Delta b$, ... On peut remplacer si l'on veut ces limites par d'autres plus petites ; on substitue alors à $a$, $b$, ..., des nombres $a'$, $b'$, ... qui en diffèrent de moins des limites choisies, et l'on calcule en partant de ces valeurs approchées le nombre $N'$ comme il a été dit dans le numéro précédent.

Le plus souvent, on décompose l'opération totale en opérations simples successives telles qu'une somme, un produit, un quotient, une racine, et l'on représente par une lettre le résultat de chacune d'elles. On a ainsi une suite de nombres $N$, $k$, $h$, ... $b$, $a$, dont chacun s'exprime simplement au moyen des suivants, les derniers étant les données numériques. En partant de la limite de l'erreur permise $\Delta N$, que l'on décompose comme on l'a dit en $\Delta_1 N$ et $\Delta_2 N$, on calcule de proche en proche les limites $\Delta k$, $\Delta h$, ... ; on opère de même sur celles-ci, et ainsi de suite jusqu'à ce qu'on obtienne les limites $\Delta b$, $\Delta a$ des erreurs que l'on peut se permettre sur les données. On calcule ensuite en sens inverse les nombres approchés $a'$, $b'$, ... $h'$, $k'$ et $N'$, en supprimant chaque fois les chiffres décimaux inutiles, comme le permettent les valeurs admises pour $\Delta a$, ..., $\Delta_2 h$, $\Delta_2 k$, $\Delta_2 N$.

On peut dresser un tableau où l'on écrit d'abord de haut en bas : 1° les lettres $a$, $b$, ... $h$, $k$, $N$ dans l'ordre où l'on doit les calculer avec l'indication de l'opération qui détermine chacune d'elles ; 2° leurs valeurs par excès et par défaut calculées rapidement avec une grossière approximation ; 3° les valeurs de $|f'_a|$, $|f'_b|$, ... ou des nombres supérieurs à ces coefficients. Ensuite on écrit, de bas en haut, les valeurs de

$$\Delta N, \ \Delta_1 N, \ \Delta_2 N, \ \ldots ;$$

enfin on écrit de haut en bas les valeurs définitives $a'$, $b'$, ... $h'$, $k'$, $N'$.

*Exemple.* — Soit à calculer à un centième près le nombre

$$N = \sqrt{\frac{\sqrt{3} + \sqrt{5}}{\pi}} ;$$

nous écrirons les formules

$$a = \sqrt{3}, \quad b = \sqrt{5}, \quad c = \pi, \quad d = a + b, \quad e = \frac{d}{c}, \quad N = \sqrt{e},$$

$$\Delta N = \Delta_1 N + \Delta_2 N, \quad \Delta_1 N = \frac{\Delta e}{2\sqrt{e}} ;$$

$$\Delta e = \Delta_1 e + \Delta_2 e, \quad \Delta_1 e = \frac{\Delta d}{c} + \frac{d \Delta c}{c^2}, \quad \frac{\Delta d}{c} = \frac{d \Delta c}{c^2} = \frac{1}{2} \Delta_1 e ;$$

$$\Delta d = \Delta_1 d + \Delta_2 d, \quad \Delta_1 d = \Delta a + \Delta b, \quad \Delta a = \Delta b = \frac{1}{2} \Delta_1 d,$$

puis le tableau des calculs

| NOMBRES | EXCÈS | DÉFAUT | $f$ | $\Delta$ | $\Delta_1$ | $\Delta_2$ | CALCUL |
|---|---|---|---|---|---|---|---|
| $a$ | 1,8 | 1,7 | 1 | $\dfrac{2}{1\,000}$ | | | 1.732 |
| $b$ | 2,3 | 2,2 | 1 | $\dfrac{2}{1\,000}$ | | | 2,236 |
| $c$ | 3,2 | 3,1 | $\dfrac{d}{c^2} \leqslant 0,5$ | $\dfrac{5}{1\,000}$ | | | 3,14 |
| $d = a + b$ | 4,1 | 3,9 | $\dfrac{1}{c} \leqslant 0,5$ | $\dfrac{5}{1\,000}$ | $\dfrac{4,5}{1\,000}$ | $\dfrac{1}{2}\dfrac{1}{1\,000}$ | 3,968 |
| $e = \dfrac{d}{c}$ | 1,4 | 1,2 | $\dfrac{1}{2N} \leqslant 0,5$ | $\dfrac{1}{100}$ | $\dfrac{5}{1\,000}$ | $\dfrac{1}{2}\dfrac{1}{100}$ | 1,26 |
| $N = \sqrt{c}$ | 1,2 | 1 | | $\dfrac{1}{100}$ | $\dfrac{5}{1\,000}$ | $\dfrac{1}{2}\dfrac{1}{100}$ | 1,12 |

**Remarque.** — Nous n'avons considéré jusqu'ici que les erreurs absolues ; il est facile d'en déduire les erreurs relatives et les limites de ces dernières. Si l'on connait une valeur approchée $a'$ d'un nombre $a$, et une limite supérieure $\Delta a$ de son erreur absolue $\delta a$, on peut affirmer que son erreur relative $\dfrac{\delta a}{a}$ a pour limite supérieure $\dfrac{\Delta a}{a''}$, $a''$ étant un nombre $\leqslant a' - \Delta a$. Inversement, si l'on connaît une limite supérieure $Ra$ de l'erreur relative de $a$, on peut affirmer que son erreur absolue a pour limite supérieure $a'''Ra$, $a'''$ étant un nombre $\geqslant a' + \Delta a$.

Le calcul des limites des erreurs relatives est simple dans le cas d'un produit, d'un quotient ou d'une racine ; les formules (4), (5) et (6) donnent en effet

$$\frac{\Delta ab}{ab} = \frac{\Delta a}{a} + \frac{\Delta b}{b}, \qquad \frac{\Delta \dfrac{a}{b}}{\dfrac{a}{b}} = \frac{\Delta a}{a} + \frac{\Delta b}{b}, \qquad \frac{\Delta \sqrt{a}}{\sqrt{a}} = \frac{1}{2} \cdot \frac{\Delta a}{a} ;$$

plus généralement, si l'on a une expression monome telle que $N = \dfrac{a^{\alpha} b^{\beta}}{c^{\gamma}}$, on obtient une limite supérieure de l'erreur relative de $N$, suffisante dans la pratique, en faisant la somme des limites des erreurs relatives des différents termes, d'après la formule

$$\frac{\Delta N}{N} = \alpha \frac{\Delta a}{a} + \beta \frac{\Delta b}{b} + \gamma \frac{\Delta c}{c},$$

elle rappelle la formule de la différentielle logarithmique d'un monome, que nous verrons plus loin (n° 227).

**204. Utilisation des mesures répétées d'une grandeur.** — Soit $x$ la mesure exacte inconnue d'une grandeur ; il est naturel de penser que $n$ mesures de cette grandeur désignées par $d_1, d_2, \ldots d_n$ permettront de trouver une valeur de $x$ plus approchée qu'une seule. On adopte comme valeur approchée la plus probable la moyenne arithmétique des mesures,

$$(7) \qquad x_0 = \frac{d_1 + d_2 + \cdots + d_n}{n}.$$

Les erreurs $x - d_p$, que l'on appelle encore écarts ou résidus, se présentent d'une manière remarquable lorsque le nombre $n$ des mesures est assez grand. Supposons que l'on prenne deux axes de coordonnées $Ox$, $Oy$, que l'on partage l'axe $Ox$ en segments $\Delta x$ assez petits et qu'on porte au point d'abscisse $x + \frac{\Delta x}{2}$ une ordonnée égale au nom-

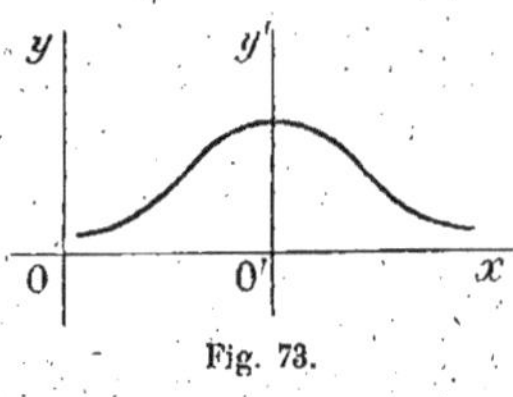

Fig. 73.

bre des mesures $d$ comprises entre $x$ et $x + \Delta x$. Les points obtenus seront, avec une grande approximation, répartis sur une courbe que l'on appelle courbe en cloche ou courbe de Gauss (*fig.* 73) ; elle est symétrique par rapport à une ordonnée $O'y'$ et a par rapport aux axes $O'xy'$ une équation de la forme

$$y = y_0 e^{-k^2 x^2} ;$$

cette courbe, qui s'étend à l'infini et est très rapidement asymptotique à $Ox$ n'est naturellement utilisable qu'au voisinage de l'origine. Le coefficient $k$ est d'autant plus grand que les mesures sont plus précises, et sert de mesure à la précision de ces mesures. Cette courbe joue un rôle important dans le calcul des probabilités. On la retrouve dans l'étude des écarts du tir des projectiles.

Lorsqu'on utilise des mesures faites dans des conditions différentes, et n'ayant pas la même précision, on attribue à chacune un *poids* ; si $d_1, d_2, \ldots, d_n$ ont des poids $p_1, p_2, \ldots, p_n$, on adopte comme valeur approchée la plus probable de $x$ la valeur

$$x_0 = \frac{p_1 d_1 + p_2 d_2 + \cdots + p_n d_n}{p_1 + p_2 + \cdots + p_n},$$

on démontre, ce que nous ne ferons pas, que les poids sont proportionnels aux carrés des coefficients $k$ mesurant la précision.

**205. Méthode des moindres carrés.** — Cette méthode sert à déterminer les valeurs les plus probables d'une ou de plusieurs inconnues fournies par des équations dont le nombre est supérieur à celui des inconnues. Généralement les coefficients de ces équations résultent directement ou indirectement de mesures expérimentales, et l'on fait un grand nombre de mesures pour arriver à des valeurs plus précises des inconnues.

Nous avons déjà envisagé dans le n° précédent la détermination d'une inconnue $x$ satisfaisant à une équation telle que $x = d$, lorsque $n$ expériences ont fourni $n$ valeurs de $d$ ; nous avons donc à envisager $n$ équations

$$x = d_1, \qquad x = d_2, \qquad \ldots, \qquad x = d_n$$

et à y satisfaire non rigoureusement, mais de la manière la plus approchée. Remarquons que la solution adoptée (7) pour la valeur la plus probable est celle qui rend minimum la somme des carrés des erreurs ou des résidus

$$(x - d_1)^2 + (x - d_2)^2 + \cdots + (x - d_n)^2,$$

car elle annule la dérivée de cette somme prise par rapport à $x$.

Prenons maintenant plusieurs inconnues, par exemple trois, $x, y, z$, satisfaisant à des équations linéaires de la forme

$$ax + by + cz = d ;$$

nous supposons que les coefficients et les termes connus dans ces équations sont des résultats d'observations et peuvent être entachés d'erreurs généralement faibles ; il en résulte que les valeurs même exactes des inconnues ne satisfont pas toujours rigoureusement aux équations, mais dans tous les cas rendent très petite la différence entre les deux membres ; cette différence s'appelle encore résidu.

Supposons que les observations faites fournissent $n$ équations simultanées

$$a_1 x + b_1 y + c_1 z = d_1,$$
$$a_2 x + b_2 y + c_2 z = d_2,$$
$$\cdots\cdots\cdots\cdots\cdots$$
$$a_n x + b_n y + c_n z = d_n,$$

et qu'on veuille calculer les valeurs de $x, y, z$ satisfaisant le mieux possible à ces $n$ équations ; on forme la somme des carrés des résidus

$$(8) \qquad \sum_{h=1}^{h=n} (a_h x + b_h y + c_h z - d_h)^2$$

et l'on adopte comme valeurs les plus probables des inconnues celles qui rendent cette somme minimum. D'après ce que nous avons vu au n° 196, ces valeurs, que nous appellerons $x_0, y_0, z_0$ doivent annuler les trois dérivées partielles de la fonction (8), et elles sont données par les trois équations à trois inconnues

$$\Sigma a_h(a_h x_0 + b_h y_0 + c_h z_0 - d_h) = 0,$$
$$\Sigma b_h(a_h x_0 + b_h y_0 + c_h z_0 - d_h) = 0,$$
$$\Sigma c_h(a_h x_0 + b_h y_0 + c_h z_0 - d_h) = 0;$$

la solution de ces équations fournit les valeurs cherchées.

Enfin plaçons-nous dans le cas général où les inconnues, que nous appellerons $x, y, z$, satisfont à une ou plusieurs équations quelconques

$$f(x, y, z, a, b, c, \ldots) = 0,$$
$$\varphi(x, y, z, a, b, c, \ldots) = 0,$$
$$\ldots\ldots\ldots\ldots\ldots\ldots\ldots\ldots,$$

$a, b, c, \ldots$ étant des paramètres dont les valeurs résultent d'observations et peuvent être entachées d'erreurs.

Supposons qu'on ait obtenu par des expériences répétées $n$ équations

$$f(x, y, z, a_1, b_1, c_1, \ldots) = 0,$$
$$(9) \qquad \varphi(x, y, z, a_2, b_2, c_2, \ldots) = 0,$$
$$\ldots\ldots\ldots\ldots\ldots\ldots\ldots\ldots;$$

au moyen de trois d'entre elles, on peut déjà calculer des valeurs approchées $x_0, y_0, z_0$ des trois inconnues, mais ce ne sont pas les plus probables, car les $n - 3$ autres équations n'ont pas été utilisées de cette manière. On estime cependant que les valeurs cherchées diffèrent de $x_0, y_0, z_0$ d'accroissements $\Delta x, \Delta y, \Delta z$ assez petits pour qu'on puisse négliger leurs produits et leurs puissances.

On remplace dans les équations (9) $x, y, z$ par $x_0 + \Delta x, y_0 + \Delta y, z_0 + \Delta z$, on développe les premiers membres d'après la formule de Taylor, et on ne conserve que les termes constants et les termes du premier degré; on arrive ainsi, pour déterminer $\Delta x, \Delta y, \Delta z$, à $n$ équations

$$f(x_0, y_0, z_0, a_1, b_1, c_1, \ldots) + f'_{x_0}\Delta x + f'_{y_0}\Delta y + f'_{z_0}\Delta z = 0,$$
$$\varphi(x_0, y_0, z_0, a_2, b_2, c_2, \ldots) + \varphi'_{x_0}\Delta x + \varphi'_{y_0}\Delta y + \varphi'_{z_0}\Delta z = 0,$$
$$\ldots\ldots\ldots\ldots\ldots\ldots\ldots\ldots\ldots\ldots\ldots\ldots$$

Ce sont des équations linéaires que l'on résout par la méthode des moindres carrés; elles fournissent les valeurs les plus probables des accroissements $\Delta x, \Delta y, \Delta z$, et on en déduit les valeurs les plus probables des inconnues $x, y, z$.

**206. Méthodes d'interpolation.** — Lorsqu'on connaît les valeurs numériques d'une fonction $f(x)$ pour un certain nombre de valeurs de $x$, et qu'il est difficile ou impossible d'obtenir les valeurs exactes de cette fonction pour les autres valeurs de la variable, on se contente ordinairement de déterminer pour ces dernières une valeur approchée de $f(x)$, suffisante dans les applications pratiques ; on utilise pour cela un procédé simple de calcul que l'on appelle interpolation. On emploie l'interpolation dans trois cas principaux que nous allons exposer :

1° La fonction $f(x)$ est donnée analytiquement, mais son calcul numérique est long et pénible pour une valeur quelconque de $x$ ; on se contente alors de calculer exactement $f(x)$ pour un certain nombre de valeurs de $x$ assez rapprochées les unes des autres et on en forme des tables ; on emploie ensuite, pour les valeurs de $x$ non comprises dans les tables, une formule simple d'interpolation ; elle donne, non pas la valeur exacte de la fonction, mais une valeur approchée qui est suffisante dans les applications.

La formule de Taylor conduit déjà à une formule d'interpolation ; si l'on connaît la valeur exacte de $f(x)$ et de ses dérivées pour la valeur $x$, celle qu'elle prend pour $x + h$ est donnée par

$$f(x + h) = f(x) + \frac{h}{1} f'(x) + \frac{h^2}{1 \cdot 2} f''(x) + \cdots + \mathrm{R},$$

$\mathrm{R}$ étant le terme complémentaire ; on se limite ordinairement à la première ou à la seconde puissance de $h$ dans le second membre, et on néglige les termes suivants lorsque $h$ est petit. On emploie quelquefois ce procédé pour le calcul des logarithmes des nombres non compris dans les tables.

2° La fonction $f(x)$ n'est pas donnée par une formule analytique, mais par une série d'expériences physiques ; on ne connaît alors que la valeur numérique de $f(x)$ pour un nombre limité de valeurs de $x$ telles que $x_0, x_1, \ldots$ ; on ne connaît ni la forme analytique de la fonction, ni sa valeur numérique pour les autres valeurs de $x$.

On considère dans ce cas une fonction analytique simple $u$, généralement un polynome, renfermant autant de coefficients indéterminés que le nombre des valeurs de $x$ considérées et on l'assujettit à prendre les mêmes valeurs numériques que la fonction $f(x)$ pour les valeurs $x_0, x_1, \ldots$ ; on obtient ainsi juste assez d'équations pour déterminer les coefficients inconnus. On admet alors que, dans les intervalles limités par ces valeurs $x_0, x_1, \ldots$, la fonction inconnue $f(x)$ s'écarte peu de la fonction choisie $u$, et les valeurs de celle-ci pour les différentes valeurs de la variable sont considérées comme étant des valeurs suffisamment approchées de $f(x)$.

Les méthodes d'interpolation que nous allons indiquer dans ce deuxième cas s'appliquent du reste aux fonctions que nous avons considérées dans le premier cas ; elles ne font intervenir que les valeurs numériques de $f(x)$ pour un certain nombre de valeurs de $x$, et l'on peut toujours supposer ces valeurs données ou calculées à l'avance.

3° On adopte pour représenter $f(x)$ d'une manière approchée une fonction simple

$$u(x, a, b, \ldots)$$

dépendant de certains coefficients indéterminés, en nombre inférieur aux valeurs numériques connues de $f(x)$ ; on ne peut alors rendre $u$ égal à ces dernières pour toutes les valeurs de $x$ correspondantes, mais on peut faire en sorte que $u$ s'en écarte le moins possible. On écrira alors les équations approchées

$$u(x_0, a, b, \ldots) = f(x_0),$$
$$u(x_1, a, b, \ldots) = f(x_1),$$
$$\cdots\cdots\cdots\cdots\cdots\cdots\cdots\cdots$$

en nombre supérieur à celui des coefficients inconnus $a$, $b$, ... et on leur appliquera la méthode des moindres carrés. On obtiendra ainsi la fonction $u$ la plus probable de la forme choisie, et on s'en servira pour calculer les valeurs approchées de $f(x)$ pour toutes les valeurs de la variable.

Nous allons indiquer les méthodes usuelles relatives au deuxième cas.

**207. Interpolation par parties proportionnelles.** — Le cas le plus simple est celui où l'on connaît les valeurs de $f(x)$ pour deux valeurs $x_0$ et $x_1$ de $x$ ; nous les désignerons par $u_0$ et $u_1$ ; on prend alors comme fonction simple approchée une expression du premier degré prenant les valeurs $u_0$ et $u_1$ pour $x_0$ et $x_1$ ; si on la désigne par $u$, elle doit satisfaire à la condition

$$\frac{u - u_0}{x - x_0} = \frac{u_1 - u_0}{x_1 - x_0};$$

on en déduit

$$u = u_0 \frac{x - x_1}{x_0 - x_1} + u_1 \frac{x - x_0}{x_1 - x_0}.$$

On dit que l'on fait une interpolation par parties proportionnelles parce que l'on écrit que l'accroissement de $u$ est proportionnel à celui de $x$ ;

cela revient au fond à substituer à la courbe représentative de la fonction $f(x)$ la droite joignant les deux points de cette courbe d'abscisses $x_0$ et $x_1$ ; cette méthode est employée couramment, en particulier dans la recherche des logarithmes des nombres ne se trouvant pas dans les tables.

**208. Formule d'interpolation de Lagrange.** — Plus généralement, si l'on connaît les valeurs $u_0$, $u_1$, ..., $u_n$ de $f(x)$ pour les valeurs $x_0$, $x_1$, ..., $x_n$, en nombre $n+1$, il existe un polynome $u$ de degré $n$ prenant les mêmes valeurs que la fonction pour ces $n+1$ valeurs de $x$ ; ce polynome est

$$u = u_0 \frac{(x-x_1)(x-x_2)\ldots(x-x_n)}{(x_0-x_1)(x_0-x_2)\ldots(x_0-x_n)} + u_1 \frac{(x-x_0)(x-x_2)\ldots(x-x_n)}{(x_1-x_0)(x_1-x_2)\ldots(x_1-x_n)}$$
$$+ \ldots + u_n \frac{(x-x_0)(x-x_1)\ldots(x-x_{n-1})}{(x_n-x_0)(x_n-x_1)\ldots(x_n-x_{n-1})} ;$$

on vérifie bien que ce polynome, qui est de degré $n$, se réduit à $u_0$ pour $x = x_0$, à $u_1$ pour $x = x_1$, etc. La valeur ainsi choisie pour $u$ est connue sous le nom de formule d'interpolation de Lagrange.

**209. Des différences.** — Il arrive communément que les valeurs successives de la variable que l'on considère forment une progression arithmétique et sont de la forme

$$(10) \qquad x_0, \qquad x_0+h, \qquad x_0+2h, \qquad \ldots, \qquad x_0+nh,$$

$h$ étant la raison de la progression ; ce qu'il importe alors de connaître, ce sont les différences qui existent entre les valeurs consécutives $u_0$, $u_1$, ..., $u_n$ de la fonction.

On appelle *différences premières* les accroissements successifs lorsqu'on passe de chaque valeur à la suivante ; on les désigne par

$$\Delta u_0 = u_1 - u_0, \qquad \Delta u_1 = u_2 - u_1, \qquad \ldots, \qquad \Delta u_{n-1} = u_n - u_{n-1} ;$$

elles sont en nombre $n$ ; les différences de ces quantités sont appelées *différences secondes* et désignées par

$$\Delta^2 u_0 = \Delta u_1 - \Delta u_0, \quad \Delta^2 u_1 = \Delta u_2 - \Delta u_1, \quad \ldots, \quad \Delta^2 u_{n-2} = \Delta u_{n-1} - \Delta u_{n-2} ;$$

elles sont en nombre $n-1$ ; en continuant, on forme les différences troisièmes et ainsi de suite, et l'on arrive à une différence $n^e$

$$\Delta^n u_0 = \Delta^{n-1} u_1 - \Delta^{n-1} u_0 ;$$

il peut arriver que les différences d'un certain ordre soient toutes nulles, et il en est de même alors de celles des ordres suivants.

Le calcul des différences se fait en disposant les nombres dans les colonnes verticales d'un tableau de la façon suivante, qui se comprend d'elle-même ; nous supposons que l'on donne quatre nombres inscrits dans la première colonne et nous écrivons les différences successives dans les colonnes suivantes.

| $u$ | $\Delta u$ | $\Delta^2 u$ | $\Delta^3 u$ |
|---|---|---|---|
| $u_0 = 2,94$ | $\Delta u_0 = 0,60$ | $\Delta^2 u_0 = 0,05$ | $\Delta^3 u_0 = 0,01$ |
| $u_1 = 3,54$ | $\Delta u_1 = 0,65$ | $\Delta^2 u_1 = 0,06$ | |
| $u_2 = 4,19$ | $\Delta u_2 = 0,71$ | | |
| $u_3 = 4,90$ | | | |

Lorsque l'on connaît les nombres de la première ligne, c'est-à-dire $u_0$ et ses différences successives $\Delta u_0$, $\Delta^2 u_0$, ..., on peut retrouver, par des additions successives, les différents nombres du tableau ; ceux de la deuxième ligne ont pour valeurs

$$u_1 = u_0 + \Delta u_0, \qquad \Delta u_1 = \Delta u_0 + \Delta^2 u_0, \qquad \ldots \qquad \Delta^{n-1} u_1 = \Delta^{n-1} u_0 + \Delta^n u_0 ;$$

de même ceux de la troisième ont pour valeurs

$$u_2 = u_1 + \Delta u_1, \qquad \Delta u_2 = \Delta u_1 + \Delta^2 u_1, \ldots ;$$

si nous remplaçons $u_1$ et ses différences par leurs valeurs en fonction de $u_0$, $\Delta u_0$, ..., nous avons

$$u_2 = u_0 + 2\Delta u_0 + \Delta^2 u_0, \qquad \Delta u_2 = \Delta u_0 + 2\Delta^2 u_0 + \Delta^3 u_0, \ldots :$$

nous obtenons de la même manière

$$u_3 = u_2 + \Delta u_2 = u_0 + 3\Delta u_0 + 3\Delta^2 u_0 + \Delta^3 u_0,$$

et ainsi de suite. Nous voyons apparaître les coefficients successifs du développement du binome $(x + a)^3$ ; il serait facile de démontrer que l'on a en général

$$(11) \qquad u_n = u_0 + \frac{n}{1} \Delta u_0 + \frac{n(n-1)}{1 \cdot 2} \Delta^2 u_0 + \cdots + \Delta^n u_0,$$

les coefficients étant ceux du binome $(x + a)^n$ ; on vérifierait que si la formule est vraie pour une valeur de l'indice, elle est encore vraie pour la valeur suivante.

**210. Calcul numérique d'un polynome entier.** — La théorie des différences est utile lorsqu'on veut calculer rapidement les valeurs d'un polynome entier pour des valeurs de la variable se succédant en progression arithmétique. Soit

$$u = f(x) = a_0 x^n + a_1 x^{n-1} + \cdots + a_{n-1} x + a_n$$

un polynome entier de degré $n$ dont nous voulons calculer les valeurs lorsqu'on remplace $x$ par les termes d'une progression arithmétique de raison $h$ commençant par $x_0$; la différence première est

$$\Delta u_0 = f(x_0 + h) - f(x_0) = h f'(x_0) + \frac{h^2}{1 \cdot 2} f''(x_0) + \cdots$$

et elle est un polynome de degré $n - 1$ en $x_0$; la différence seconde est un polynome de degré $n - 2$, et ainsi de suite; la $n^e$ différence est une constante égale à

$$(12) \qquad\qquad \Delta^n u_0 = 1 \cdot 2 \cdot \ldots \cdot n a_0 h^n,$$

et toutes les différences suivantes sont nulles.

Si nous calculons les $n$ premières valeurs de $u$, c'est-à-dire $u_0, u_1, \ldots u_{n-1}$, nous pouvons obtenir les $n - 1$ premières différences $\Delta u_0, \Delta^2 u_0, \ldots \Delta^{n-1} u_0$ par de simples soustractions; de plus, nous connaissons toutes les $n^{es}$ différences $\Delta^n u_0, \Delta^n n_1, \ldots$ qui ont la valeur constante (12); nous pouvons dès lors calculer par de simples additions les différences et les valeurs de la fonction pour les autres valeurs de $x$ faisant partie de la même progression arithmétique que les $n$ premières.

*Exemple:* Considérons le polynome du troisième degré

$$u = x^3 - 6x + 1,$$

et cherchons ses valeurs pour les valeurs entières de la variable; choisissons les trois nombres $x_0 = -1$, $x_1 = 0$, et $x_2 = +1$, qui donnent pour le polynome les valeurs $u_0 = 6$, $u_1 = 1$, $u_2 = -4$; nous en déduisons $\Delta u_0 = -5$, $\Delta u_1 = -5$, $\Delta^2 u_0 = 0$.

Comme toutes les différences troisièmes sont *a priori* égales à 6, nous pouvons former le tableau suivant:

| $x$ | $u$ | $\Delta u$ | $\Delta^2 u$ | $\Delta^3 u$ |
|---|---|---|---|---|
| $-1$ | 6 | $-5$ | 0 | 6 |
| 0 | 1 | $-5$ | 6 | 6 |
| 1 | $-4$ | 1 | 12 | |
| 2 | $-3$ | 13 | | |
| 3 | 10 | | | |

dont le mécanisme se comprend facilement ; en partant d'un nombre 6 inscrit dans la dernière colonne, nous l'ajoutons au nombre placé à sa gauche et nous écrivons le résultat au-dessous de celui-ci ; nous continuons de cette manière en constituant des diagonales allant du haut à droite jusqu'en bas à gauche dans la colonne $u$.

Ainsi nous dirons $6 + 0 = 6$ ; $6 - 5 = 1$, $1 - 4 = -3$, c'est la valeur de $u$ pour $x = 2$ ; ensuite $6 + 6 = 12$, $12 + 1 = 13$, $13 - 3 = 10$, c'est la valeur pour $x = 3$. On pourrait prolonger le tableau au-dessus, et obtenir les valeurs correspondant à $-2, -3, \ldots$

**211. Formule d'interpolation de Newton.** — Cette formule est utilisée pour former, comme celle de Lagrange, un polynome $u$ de degré $n$ lorsqu'on donne la valeur numérique qu'il prend pour $n + 1$ valeurs de la variable $x$ ; la formule de Newton suppose toutefois que ces dernières sont en progression arithmétique, mais elle permet de faire varier $n$ à volonté, comme la formule de Taylor. Supposons que les $n + 1$ valeurs de $x$ soient celles de la suite (10), et que les valeurs correspondantes de $u$ soient $u_0, u_1, \ldots, u_n$ ; formons les différences successives de ces valeurs et posons $z = \dfrac{x - x_0}{h}$. La formule de Newton est

$$(13) \qquad u = u_0 + \frac{z}{1}\Delta u_0 + \frac{z(z-1)}{1 \cdot 2}\Delta^2 u_0 + \cdots$$
$$+ \frac{z(z-1)(z-2)\ldots(z-n+1)}{1 \cdot 2 \ldots n}\Delta^n u_0.$$

Vérifions que pour $x = x_0$, $x_0 + h$, $\ldots$ elle fournit pour $u$ les valeurs $u_0, u_1, \ldots$. Pour $x = x_0$, nous avons $z = 0$, et alors $u = u_0$. Pour $x = x_0 + h$, nous avons $z = 1$, et $u = u_0 + \Delta u_0 = u_1$. En général, pour $x = x_0 + ph$, nous avons $z = p$, et

$$u = u_0 + \frac{p}{1}\Delta u_0 + \frac{p(p-1)}{1 \cdot 2}\Delta^2 u_0 + \cdots + \Delta^p u_0 ;$$

d'après la formule (11), le second membre est égal à $u_p$ ; nous voyons que le polynome $u$ satisfait bien aux conditions voulues.

Comme nous l'avons dit, on adopte pour valeur de la fonction relative à une valeur de $x$ non inscrite dans la suite (10) celle que prend le polynome $u$ pour cette valeur de la variable.

Pour donner un exemple, supposons qu'une fonction inconnue $f(x)$ ait les valeurs inscrites dans la première colonne du tableau du n° 209 pour les valeurs suivantes formant une progression de raison 0,2

$$x_0 = 2, \qquad x_0 + h = 2,2, \qquad x_0 + 2h = 2,4, \qquad x_0 + 3h = 2,6 ;$$

nous poserons alors $n = 3$ et $z = 5(x - 2)$; nous aurons ainsi

$$u = 2,94 + \frac{0,60}{1}(5x - 10) + \frac{0,05}{1 \cdot 2}(5x - 10)(5x - 11)$$
$$+ \frac{0,01}{1 \cdot 2 \cdot 3}(5x - 10)(5x - 11)(5x - 12).$$

Si nous voulons une valeur approchée de $f(x)$ pour $x = 2,1$, nous adopterons celle que prend $u$ pour cette valeur ; elle est égale à

$$2,94 + 0,60 \times 0,5 - \frac{0,05 \times 0,5 \times 0,5}{2} + \frac{0,01 \times 0,5 \times 0,5 \times 1,5}{6} = 3,23437.$$

**212. Autres formules d'interpolation.** — La marche suivie dans les calculs précédents ne fait intervenir que les valeurs de $x$ qui suivent $x_0$ et non celles qui le précèdent ; on conçoit cependant que celles-ci aient de l'influence sur la détermination de la fonction empirique $f(x)$ lorsque $x$ est voisin de $x_0$.

Nous supposerons, dans ce qui suit, que $x_0$ désigne une valeur médiane parmi celles que l'on fait intervenir dans le calcul ; nous désignerons toujours par $u_p$ la valeur de $f(x)$, supposée connue, pour $x = x_0 + ph$, et nous adopterons pour les différences les notations suivantes

$$\delta_{p+\frac{1}{2}} = u_{p+1} - u_p, \qquad \delta_p^2 = \delta_{p+\frac{1}{2}} - \delta_{p-\frac{1}{2}},$$
$$\delta_{p+\frac{1}{2}}^3 = \delta_{p+1}^2 - \delta_p^2, \qquad \delta_p^4 = \delta_{p+\frac{1}{2}}^3 - \delta_{p-\frac{1}{2}}^3,$$
$$\cdots\cdots\cdots\cdots\cdots\cdots\cdots\cdots;$$

enfin, dans le tableau des différences, nous placerons chaque terme en face du milieu de l'intervalle compris entre les nombres qui ont servi à le former ; nous aurons ainsi un tableau de la forme suivante :

$$
\begin{array}{ccccc}
u_{-2} & & & & \\
& \delta_{-\frac{3}{2}} & & & \\
u_{-1} & & \delta_{-1}^2 & & \\
& \delta_{-\frac{1}{2}} & & \delta_{-\frac{1}{2}}^3 & \\
u_0 & & \delta_0^2 & & \delta_0^4 \\
& \delta_{\frac{1}{2}} & & \delta_{\frac{1}{2}}^3 & \\
u_1 & & \delta_1^2 & & \\
& \delta_{\frac{3}{2}} & & & \\
u_2 & & & & \\
\end{array}
$$

Nous poserons pour simplifier $z = \dfrac{x - x_0}{h}$ et

$$C_z^p = \frac{z(z-1)(z-2)\ldots(z-p+1)}{1 \cdot 2 \ldots p}$$

Gauss a indiqué les deux formules suivantes :

$$u(z) = u_0 + C_z^1 \delta_{\frac{1}{2}} + C_z^2 \delta_0^2 + C_{z+1}^3 \delta_{\frac{1}{2}}^3 + C_{z+1}^4 \delta_0^4 + C_{z+2}^5 \delta_{\frac{1}{2}}^5 + \cdots,$$

$$u(z) = u_0 + C_z^1 \delta_{-\frac{1}{2}} + C_{z+1}^2 \delta_0^2 + C_{z+1}^3 \delta_{-\frac{1}{2}}^3 + C_{z+2}^4 \delta_0^4 + C_{z+2}^5 \delta_{-\frac{1}{2}}^5 + \cdots,$$

qu'il serait facile de justifier comme celle de Newton, et qui servent à interpoler la première en avant, la deuxième en arrière de $x_0$. En prenant la demi-somme de ces deux formules, on fait intervenir symétriquement les différences placées sur la ligne renfermant $u_0$ et sur les lignes voisines ; pour plus de commodité, si nous écrivons

$$\sigma_0^p = \frac{1}{2}\left[\delta^p_{\frac{1}{2}} + \delta^p_{-\frac{1}{2}}\right],$$

nous avons

$$u(z) = u_0 + \frac{z}{2} C_z^1 \delta_0^2 + \frac{z}{4} C_{z+1}^3 \delta_0^4 + \frac{z}{6} C_{z+2}^5 \delta_0^6 + \cdots$$
$$+ C_z^1 \sigma_0^1 + C_{z+1}^3 \sigma_0^3 + C_{z+2}^5 \sigma_0^5 + \cdots$$

# CHAPITRE VIII

## FONCTIONS REPRÉSENTÉES PAR DES SÉRIES

---

**213. Séries uniformément convergentes.** — On a souvent à considérer une fonction représentée par une série telle que

$$(1) \qquad y = u_1(x) + u_2(x) + \ldots + u_n(x) + \ldots,$$

dont les termes sont des fonctions simples de $x$, par exemple

$$y = 1 + x + x^2 + \cdots + x^{n-1} + \cdots,$$

$$y = \frac{\sin x}{1} - \frac{\sin 2x}{2} + \frac{\sin 3x}{3} - \cdots \pm \frac{\sin nx}{n} \mp \cdots;$$

une telle série ne peut servir à définir et à calculer la fonction que pour les valeurs de $x$ où elle est convergente. Ces valeurs forment ce qu'on appelle le *domaine* de convergence de la série, et elles constituent ordinairement un ou plusieurs intervalles.

Soit $(a, b)$ un intervalle de convergence d'une série telle que (1), $S_n$ la somme de ses $n$ premiers termes et $R_n$ le reste correspondant; on dit que la série est *uniformément convergente* dans l'intervalle $(a, b)$ si l'on peut trouver une valeur de $n$ suffisamment grande pour que le reste $R_n$ soit inférieur en valeur absolue à un nombre donné aussi petit qu'on veut, cette valeur de $n$ étant indépendante de la valeur choisie pour $x$ dans l'intervalle considéré.

Pour reconnaître qu'une série est uniformément convergente dans un intervalle, on utilise ordinairement le théorème suivant:

**Théorème I.** — *Si, pour toutes les valeurs de $x$ comprises dans un intervalle $(a, b)$, les termes de la série (1) sont, en valeur absolue, au plus égaux aux termes correspondants d'une série*

$$(2) \qquad v_1 + v_2 + \ldots + v_n + \ldots$$

*à termes constants positifs, que l'on sait être convergente, la série* (1) *est uniformément convergente dans l'intervalle considéré.*

En effet, d'après ce que nous avons vu aux n°ˢ 38 et 43, la série (1) est convergente et même absolument convergente pour toute valeur de $x$ dans l'intervalle $(a, b)$; de plus la valeur absolue $|R_n|$ du reste de cette série est au plus égale au reste $R'_n$ correspondant de la série (2). Si nous choisissons $n$ assez grand pour que $R'_n$ soit inférieur à un nombre donné, nous sommes certains que $|R_n|$ est également inférieur à ce nombre, et cela quel que soit $x$ dans l'intervalle $(a, b)$; par conséquent la série (1) est uniformément convergente dans cet intervalle.

L'intérêt des séries uniformément convergentes réside dans le théorème suivant :

**Théorème II.** — *Une série dont les termes sont des fonctions continues et qui est uniformément convergente dans un intervalle est elle-même une fonction continue pour toute valeur de $x$ comprise dans cet intervalle.*

Supposons que la série (1) soit uniformément convergente dans l'intervalle $(a, b)$; soient $S_n(x)$ et $R_n(x)$ la somme de ses $n$ premiers termes et le reste correspondant ; si nous donnons à $x$ l'accroissement $h$, l'accroissement de la série est égal à

$$k = \left[ S_n(x + h) - S_n(x) \right] + R_n(x + h) - R_n(x);$$

nous allons montrer que pour les valeurs de $h$ inférieures en valeur absolue à un nombre $h_1$ convenablement choisi, $|k|$ sera inférieur à un nombre $\varepsilon$ donné à l'avance aussi petit qu'on veut.

Comme la série (1) est uniformément convergente, nous pouvons choisir $n$ assez grand pour que $|R_n|$ soit $\leqslant \frac{\varepsilon}{3}$ quel que soit $x$ dans l'intervalle $(a, b)$; dès lors $R_n(x + h)$ et $R_n(x)$ sont en valeur absolue au plus égaux à $\frac{\varepsilon}{3}$. D'autre part, $n$ étant fixé de cette façon, $S_n(x)$ est la somme d'un nombre fini de fonctions continues et est elle-même une fonction continue (n° 159) ; nous pouvons donc fixer un nombre $h_1$ assez petit pour que $S_n(x + h) - S_n(x)$ soit en valeur absolue au plus égal à $\frac{\varepsilon}{3}$ dès que $|h| \leqslant h_1$. Dans ces conditions, $k$ se compose de trois termes dont la valeur absolue est au plus égale à $\frac{\varepsilon}{3}$, et sa valeur absolue $|k|$ est au plus égale à $\varepsilon$ ; nous concluons de là que la fonction $y$ est continue dans l'intervalle $(a, b)$.

Une série telle que (1), lorsqu'elle est convergente, n'a pas toujours une dérivée, et, lorsqu'elle en possède une, cette dérivée n'est pas toujours représentée par la série formée par les dérivées de ses termes ; un exemple est fourni par la série $\Sigma \dfrac{\sin n^2 x}{n^2}$ qui est uniformément convergente dans tout intervalle, car ses termes sont en valeur absolue au plus égaux à ceux de la série convergente $\Sigma \dfrac{1}{n^2}$. La série formée par les dérivées de ses termes est $\Sigma \cos n^2 x$, et elle n'est pas convergente, car son terme général ne tend pas vers zéro.

**214. Séries entières.** — On appelle série entière une série de la forme

$$(3) \qquad y = a_0 + a_1 x + a_2 x^2 + \cdots + a_{n-1} x^{n-1} + a_n x^n + \cdots,$$

ordonnée suivant les puissances entières et positives de la variable ; une telle série jouit de propriétés simples, qui sont la généralisation de celles des polynomes.

**Théorème III.** — *Si les termes d'une série entière restent finis pour* $x = x_0$, *cette série est convergente pour toutes les valeurs de* $x$ *dont la valeur absolue est inférieure à celle de* $x_0$.

Supposons que pour $x = x_0$ les termes de la série (3) restent en valeur absolue inférieurs à un nombre $m$, c'est-à-dire que l'on ait pour toute valeur de $n$

$$|a_n x_0^n| < m,$$

$m$ étant un nombre fixe ; considérons une valeur de $x$ dont la valeur absolue est inférieure à $|x_0|$, et écrivons la série (3) sous la forme

$$y = a_0 + a_1 x_0 \left(\frac{x}{x_0}\right) + a_2 x_0^2 \left(\frac{x}{x_0}\right)^2 + \cdots + a_n x_0^n \left(\frac{x}{x_0}\right)^n + \cdots ;$$

ses termes sont en valeur absolue inférieurs aux termes correspondants de la série

$$m + m \left|\frac{x}{x_0}\right| + m \left|\frac{x}{x_0}\right|^2 + \cdots + m \left|\frac{x}{x_0}\right|^n + \cdots,$$

qui est une progression géométrique décroissante convergente ; la série (3) est donc aussi convergente, et même absolument convergente.

*Exemples.* — Les termes de la série

$$\frac{x}{1} - \frac{x^2}{2} + \frac{x^3}{3} - \cdots$$

restent finis pour $x = 1$ ; cette série est alors convergente pour $|x| < 1$, ajoutons qu'elle est convergente pour $x = +1$, divergente pour $x = -1$, et divergente également pour $|x| > 1$.

La série

$$1 + \frac{x}{1} + \frac{x^2}{1 \cdot 2} + \cdots + \frac{x^n}{1 \cdot 2 \cdot 3 \ldots n} + \cdots,$$

qui est égale à $e^x$, est, comme nous l'avons vu, convergente pour toute valeur de $x$ ; au contraire, la série

$$1 + 1 \cdot x + 1 \cdot 2 \cdot x^2 + \cdots + 1 \cdot 2 \cdot 3 \ldots n \cdot x^n + \cdots$$

n'est convergente que pour $x = 0$.

Nous pourrions démontrer de la même manière que si pour $x = x_0$ les termes de la série (3) ne tendent pas vers zéro, cette série est divergente pour $|x| \geqslant x_0$.

Il résulte de là que le domaine de convergence d'une série entière se compose d'un seul intervalle qui peut s'étendre à l'infini à la fois dans les deux sens, ou bien est limité par deux nombres généralement symétriques. Si $x_0$ est le plus grand nombre positif pour lequel les termes de la série (3) restent finis ou tendent vers zéro, l'intervalle de convergence s'étend de $-x_0 + \varepsilon$ à $x_0 - \varepsilon'$, les nombres $\varepsilon$ et $\varepsilon'$ étant, suivant les cas, soit nuls soit positifs aussi petits que l'on veut.

Dans un grand nombre de cas, la détermination de l'intervalle de convergence résulte du théorème suivant :

**Théorème IV.** — *Si l'un des deux nombres* $\sqrt[n]{|a_n|}$, $\left|\dfrac{a_{n-1}}{a_n}\right|$ *a une limite* $l$, *le plus grand nombre positif* $x_0$ *pour lequel les termes de la série (3) restent finis est égal à* $\dfrac{1}{l}$.

En effet, supposons que $\sqrt[n]{|a_n|}$ ait pour limite $l$, on a

$$\sqrt[n]{|a_n x_0^n|} = \sqrt[n]{|a_n|}\, x_0,$$

et cette quantité a pour limite $l x_0$ pour $n$ infini. Si l'on prend $x_0 = \dfrac{1}{l}$, cette limite est égale à l'unité et $a_n x_0^n$ a aussi pour limite l'unité, donc reste finie ; si l'on prend au contraire $x_0$ supérieur à $\dfrac{1}{l}$, le terme $a_n x_0^n$ est la puissance $n^e$ d'un nombre supérieur à 1 et augmente indéfiniment ; la proposition est bien démontrée.

On ferait un raisonnement analogue dans le cas où $\left|\dfrac{a_{n+1}}{a_n}\right|$ a une limite ; on voit en passant que si les deux expressions $\sqrt[n]{|a_n|}$ et $\left|\dfrac{a_{n+1}}{a_n}\right|$ ont des limites, les deux limites ne peuvent différer l'une de l'autre, car il n'y a qu'un seul nombre $x_0$ qui soit le plus grand pour lequel $a_n x_0^n$ reste fini.

**215. Dérivée d'une série entière. — Théorème V.** — *Soit $x_0$ un nombre positif tel que pour $x = x_0$ les termes d'une série entière restent finis ou tendent vers zéro, et $x_1$ un nombre quelconque positif inférieur à $x_0$; dans l'intervalle $(-x_1, x_1)$ la série entière est absolument et uniformément convergente; elle a une dérivée représentée par la série des dérivées de ses termes successifs.*

En employant les notations du théorème III, nous voyons que pour toute valeur de $x$ comprise dans l'intervalle $(-x_1, x_1)$ les termes de la série (3) sont en valeur absolue au plus égaux à ceux de la série

$$ m + m\left(\frac{x_1}{x_0}\right) + m\left(\frac{x_1}{x_0}\right)^2 + \cdots ; $$

cette série, à termes constants positifs, est convergente ; par suite (Th. I) la série (3) est uniformément convergente ; nous pouvons ajouter qu'elle est une fonction continue de $x$ dans le même intervalle (Th. II).

Nous allons montrer maintenant que la série

$$ (4) \qquad y_1 = 0 + a_1 + 2a_2 x + \cdots + n a_n x^{n-1} + \cdots $$

constituée par les dérivées des termes successifs de la série (3) est absolument et uniformément convergente dans le même intervalle $(-x_1, x_1)$ que la première.

La valeur absolue du terme général de cette série est au plus égale à celle de $n a_n x_1^{n-1}$ ou de $\dfrac{n}{x_0}(a_n x_0^n)\left(\dfrac{x_1}{x_0}\right)^{n-1}$, et celle-ci est au plus égale à $\dfrac{n}{x_0} m\left(\dfrac{x_1}{x_0}\right)^{n-1}$ ; par suite les termes de la série (4) sont en valeur absolue au plus égaux à ceux de la série

$$ 0 + \frac{m}{x_0} + \frac{m}{x_0} 2\left(\frac{x_1}{x_0}\right) + \cdots + \frac{m}{x_0} n\left(\frac{x_1}{x_0}\right)^{n-1} + \cdots ; $$

mais cette série est convergente, car la limite du rapport d'un terme au précédent est égale à $\dfrac{x_1}{x_0}$ et est inférieure à l'unité ; par conséquent la série (4) est absolument et uniformément convergente.

De ce qui précède résulte de la même manière que la série

$$ (5) \qquad y_2 = 0 + 0 + 2.1\, a_2 + \cdots + n(n-1) a_n x^{n-2} + \cdots $$

déduite de $y_1$ par dérivation des termes successifs, et celles qu'on en déduit par le même procédé sont toutes absolument et uniformément convergentes dans le même intervalle $(-x_1, x_1)$.

Il nous reste à démontrer que $y_1$ est égal à la dérivée de $y$ ; pour cela, désignons ici par $S_n$ la somme des $n+1$ premiers termes de la série (3), par $S_n^{(1)}$ celle des $n+1$ premiers termes de la série (4) ; cette dernière somme, qui renferme un nombre fini de termes, ne diffère pas de la dérivée $S_n'$ du polynome $S_n(x)$.

Si $x$ et $x+h$ désignent deux valeurs comprises dans l'intervalle $(-x_1, x_1)$, formons la différence

$$D = S_n(x+h) - S_n(x) - hS_n^{(1)}(x) ;$$

elle est formée de termes que l'on peut grouper en différences telles que

$$(x+h)^p - x^p = h\left[(x+h)^{p-1} + (x+h)^{p-2}x + \cdots + x^{p-1}\right],$$

le nombre des termes de la parenthèse étant égal à $p$ ; on a par suite

$$D = a_2 h^2 + \cdots + a_n h\left[(x+h)^{n-1} + (x+h)^{n-2}x + \cdots + x^{n-1} - nx^{n-1}\right]$$

et, en mettant de même en évidence dans la parenthèse les différences $(x+h)^{n-1} - x^{n-1}$, $(x+h)^{n-2}x - x^{n-1}$, ..., on aura

$$D = h^2 \left\{ a_2 + a_3(x + h + 2x) + \cdots + a_n\left[(x+h)^{n-2} + 2(x+h)^{n-3}x + \cdots + (n-1)x^{n-2}\right] \right\}.$$

Si $x_2$ est la plus grande des valeurs absolues de $x$ et $x+h$, la valeur absolue du coefficient de $h^2$ dans la valeur de $D$ est au plus égale à

$$\frac{h^2}{2}\left[2.1|a_2| + 3.2|a_3|x_2 + \cdots + n(n-1)|a_n|x_2^{n-2}\right].$$

Lorsque $n$ augmente indéfiniment, la parenthèse précédente a une limite, car elle devient la série des valeurs absolues des termes de $y_2$, et cette série est convergente, puisque $x_2 < x_1$ ; finalement, la valeur absolue de $D$ est inférieure à une quantité de la forme $\dfrac{h^2}{2}L$, et l'on a

$$\left|S_n(x+h) - S_n(x) - hS_n^{(1)}(x)\right| < \frac{h^2}{2}L.$$

En passant à la limite, lorsque $n$ augmente indéfiniment, on a

$$\left|y(x+h) - y(x) - hy_1(x)\right| < \frac{h^2}{2}L,$$

et si l'on divise par $h$ les deux membres, on voit que la différence

$$\frac{y(x+h) - y(x)}{h} - y_1(x)$$

tend vers zéro, ou que $y$ a une dérivée égale à $y_1$, ce que nous voulions démontrer.

La dérivée seconde de $y$ est égale à $y_2$ et ainsi de suite.

**216. Identité des séries entières.** — L'analogie entre les séries entières et les polynomes entiers, mise en évidence par ce qui précède, se manifeste encore par les théorèmes suivants.

**Théorème VI.** — *Si une série entière est nulle pour toutes les valeurs de la variable comprises entre* $-x_1$ *et* $x_1$, $x_1$ *étant intérieur à l'intervalle de convergence, tous ses coefficients sont nuls.*

Si l'on fait $x = 0$ dans la série (3), on voit que $a_0$ doit être nul ; nous allons voir que tous les autres coefficients sont nuls.

Supposons qu'il n'en soit pas ainsi et soit $a_p$ le premier coefficient non nul ; nous aurons

$$y = x^p(a_p + a_{p+1}x + \cdots) ;$$

la parenthèse du second membre est, comme $y$, une série convergente dans l'intervalle $(-x_1, +x_1)$ et est une fonction continue dans cet intervalle ; lorsqu'on donne à $x$ des valeurs voisines de zéro et non nulles, cette parenthèse est aussi voisine que l'on veut de $a_p$ et par conséquent n'est pas nulle ; le facteur $x^p$ n'est pas nul non plus, de sorte que $y$ n'est pas nul, ce qui est contraire à l'hypothèse ; il faut donc que tous les coefficients soient nuls.

**Théorème VII.** — *Si deux séries entières ont la même valeur pour toutes les valeurs de la variable comprises entre* $-x_1$ *et* $x_1$, $x_1$ *étant intérieur à l'intervalle de convergence, elles ont les mêmes coefficients et sont identiques.*

Il suffit de remarquer que l'on forme la différence des deux séries en les retranchant terme à terme (n° 47) ; cette différence étant nulle dans l'intervalle $(-x_1, x_1)$ a tous ses coefficients nuls.

Il résulte de là qu'une fonction ne peut être représentée que d'une seule manière par une série entière dans l'intervalle de convergence ; nous allons indiquer les procédés habituels de développement de fonctions en série entière.

**217. Série de Maclaurin.** — Il y a intérêt à remplacer une fonction dont l'expression a une forme compliquée par une série entière souvent plus commode pour le calcul numérique. Le procédé habituellement employé pour développer en série une fonction donnée consiste à appliquer la formule de Maclaurin (n° 193), qui est

$$(6) \qquad f(x) = f(0) + \frac{x}{1} f'(0) + \frac{x^2}{1 \cdot 2} f''(0) + \cdots + \frac{x^n}{1 \cdot 2 \ldots n} f^{(n)}(0)$$
$$+ \frac{x^{n+1}}{1 \cdot 2 \ldots (n+1)} f^{(n+1)}(\theta x);$$

nous désignerons par $S_n$ la somme des termes du second membre jusqu'à $x^n$ inclusivement, et par R le terme complémentaire

$$R = \frac{x^{n+1}}{1 \cdot 2 \ldots (n+1)} f^{(n+1)}(\theta x).$$

Les premiers termes, composant $S_n$, sont le commencement d'une série indéfinie

$$(7) \qquad y = f(0) + \frac{x}{1} f'(0) + \frac{x^2}{1 \cdot 2} f''(0) + \cdots + \frac{x^n}{1 \cdot 2 \ldots n} f^{(n)}(0) + \cdots,$$

dont la loi de succession des termes est évidente, et qu'on appelle série de Maclaurin.

**Théorème.** — *La série de Maclaurin est convergente et a pour somme $f(x)$ pour toutes les valeurs de $x$ telles que le terme complémentaire tende vers zéro lorsque $n$ augmente indéfiniment.*

Écrivons en effet que l'on a, d'après la formule (6),

$$f(x) = S_n + R,$$

ou bien

$$f(x) - S_n = R\,;$$

si $x$ a une valeur telle que le terme R ait pour limite zéro quand $n$ augmente indéfiniment, $f(x) - S_n$ a pour limite zéro, et $S_n$ a pour limite $f(x)$; ceci montre que la somme des premiers termes de la série $y$ a une limite lorsque le nombre de ces termes augmente indéfiniment, et que cette limite est $f(x)$; en d'autres termes que la série $y$ est convergente et a pour somme $f(x)$, ce qu'il fallait démontrer.

**Remarque.** — Dans les applications, on commence par chercher pour quelles valeurs de $x$ la série $y$ est convergente; on cherche ensuite pour quelles valeurs le terme complémentaire tend vers zéro.

Si l'on veut appliquer le développement en série de Maclaurin au calcul numérique d'une fonction, la formule (6) est préférable à la série (7), car cette formule donne la valeur du reste de la série lorsqu'on s'arrête au terme en $x^n$, et l'on peut en déduire une limite de l'erreur commise.

**218. Développement de** $e^x$, $\sin x$, $\cos x$. — Nous allons retrouver le développement en série de $e^x$ en partant de la formule de Maclaurin. La fonction et ses dérivées successives sont égales à $e^x$ (n° 104) et toutes ces quantités deviennent égales à l'unité pour $x = 0$; la formule de Maclaurin nous donne ainsi

$$e^x = 1 + \frac{x}{1} + \frac{x^2}{1 \cdot 2} + \cdots + \frac{x^n}{1 \cdot 2 \ldots n} + \frac{x^{n+1}}{1 \cdot 2 \ldots (n+1)} e^{\theta x};$$

quel que soit $x$, la série correspondante est convergente; le terme complémentaire est le produit d'un terme de cette série par $e^{\theta x}$ qui reste fini; comme le terme général de la série tend vers zéro quand $n$ augmente indéfiniment, il en est de même du terme complémentaire R; par conséquent $e^x$ est représenté pour toute valeur de $x$ par la série de Maclaurin et nous avons bien

$$e^x = 1 + \frac{x}{1} + \frac{x^2}{1 \cdot 2} + \cdots + \frac{x^n}{1 \cdot 2 \ldots n} + \cdots.$$

Nous avons déjà calculé au n° 199 les dérivées successives de $\sin x$ et $\cos x$; elles deviennent successivement $1$, $0$, $-1$, $0$, ... pour $x = 0$, et la formule de Maclaurin nous donne

$$\sin x = \frac{x}{1} - \frac{x^3}{1 \cdot 2 \cdot 3} + \frac{x^5}{1 \cdot 2 \cdot 3 \cdot 4 \cdot 5} - \cdots \pm \frac{x^{2n+1}}{1 \cdot 2 \cdot 3 \ldots (2n+1)} \cos \theta x,$$

$$\cos x = 1 - \frac{x^2}{1 \cdot 2} + \frac{x^4}{1 \cdot 2 \cdot 3 \cdot 4} - \cdots \pm \frac{x^{2n}}{1 \cdot 2 \cdot 3 \ldots 2n} \cos \theta x;$$

les séries correspondant à ces formules sont convergentes, comme la série $e^x$, pour toute valeur de $x$, et les termes complémentaires tendent aussi vers zéro; les deux fonctions sont donc représentées par les séries de Maclaurin pour toute valeur de $x$, et nous avons

$$\sin x = \frac{x}{1} - \frac{x^3}{1 \cdot 2 \cdot 3} + \frac{x^5}{1 \cdot 2 \cdot 3 \cdot 4 \cdot 5} - \cdots,$$

$$\cos x = 1 - \frac{x^2}{1 \cdot 2} + \frac{x^4}{1 \cdot 2 \cdot 3 \cdot 4} - \cdots.$$

**219. Développement de** $(1 + x)^m$. — La formule du binome donne le développement de la puissance $m^e$ de $(1 + x)$ lorsque $m$ est un nombre entier positif; nous allons considérer le cas général où $m$ est quelconque, positif ou négatif. Quand $m$ est une fraction irréductible de dénominateur pair, $(1+x)^m$ n'est réel que si $x > -1$ ; c'est ce qui a lieu par exemple pour la fonction $(1+x)^{\frac{3}{2}} = \sqrt{(1+x)^3}$ qui n'est réelle que si $1+x$ est positif, ou $x$ supérieur à $-1$.

La fonction $f(x) = (1+x)^m$ et ses dérivées successives ont pour valeurs

$$f(x) = (1+x)^m,$$
$$f'(x) = m(1+x)^{m-1},$$
$$f''(x) = m(m-1)(1+x)^{m-2},$$
$$\dots\dots\dots\dots\dots\dots\dots$$
$$f^{(n)}(x) = m(m-1)\dots(m-n+1)(1+x)^{m-n},$$
$$f^{(n+1)}(x) = m(m-1)\dots(m-n)(1+x)^{m-n-1} ;$$

en faisant $x = 0$ dans les premières égalités, jusqu'à la dérivée $n^e$, nous devons remplacer aux seconds membres $1+x$ par $1$ ; dans la $(n+1)^e$, nous devons remplacer $1+x$ par $1+\theta x$ ; en substituant les valeurs trouvées dans la formule de Maclaurin, elle donne

$$(1+x)^m = 1 + \frac{m}{1}x + \frac{m(m-1)}{1\cdot 2}x^2 + \dots + \frac{m(m-1)\dots(m-n+1)}{1\cdot 2\dots n}x^n$$
$$+ \frac{m(m-1)\dots(m-n)}{1\cdot 2\dots(n+1)}x^{n+1}(1+\theta x)^{m-n-1}.$$

La série correspondante est convergente lorsque la valeur absolue de $x$ est inférieure à l'unité ; en effet, dans la série des valeurs absolues des termes, le rapport d'un terme au précédent est

$$\frac{u_{n+1}}{u_n} = \left| \frac{m-n+1}{n}x \right|$$

et a pour limite $|x|$ pour $n$ infini ; par conséquent si $|x|$ est plus petit que $1$, la série des valeurs absolues est convergente, et il en est de même de la série considérée.

Nous allons montrer que, dans ces conditions, le terme complémentaire $R$ tend vers zéro : si $x$ est positif, $R$ est égal au produit de deux facteurs ; l'un est

$$\frac{m(m-1)\dots(m-n)}{1\cdot 2\dots(n+1)}x^{n+1}$$

et l'autre est

$$(1+\theta x)^{m-n-1} \qquad \text{ou} \qquad \frac{1}{(1+\theta x)^{n+1-m}} ;$$

lorsque $n$ augmente indéfiniment, le premier facteur tend vers zéro, car il est le terme général de la série convergente que nous venons d'étudier; le second facteur reste inférieur à 1, par conséquent leur produit tend vers zéro.

Lorsque $x$ est négatif, et égal à $-x'$, le raisonnement précédent ne suffit plus; nous aurons alors recours à la forme particulière du reste que nous avons mentionnée (n° 193, formule 7); elle nous donne ici

$$R = \frac{m(m-1)\ldots(m-n)}{1 \cdot 2 \ldots n} x^{n+1}(1-\theta)^n(1+\theta x)^{m-n+1};$$

nous l'écrirons sous la forme suivante, où $x'$ est un nombre positif représentant la valeur absolue de $x$,

$$R = \left[\frac{m(m-1)\ldots(m-n)}{1 \cdot 2 \ldots n} x^{n+1}\right]\left(\frac{1-\theta}{1-\theta x'}\right)^n(1-\theta x')^{m-1}.$$

Le premier facteur est le terme général d'une série convergente analogue à la précédente et tend vers zéro; le deuxième facteur est inférieur à 1 et le troisième est fini, par suite R tend vers zéro.

La fonction $(1+x)^m$ est donc, pour les valeurs de $x$ comprises entre $-1$ et $+1$, égale à la série de Maclaurin

$$(1+x)^m = 1 + \frac{m}{1}x + \frac{m(m-1)}{1 \cdot 2}x^2 + \cdots$$
$$+ \frac{m(m-1)\ldots(m-n+1)}{1 \cdot 2 \ldots n}x^n + \cdots;$$

lorsque $m$ est entier et positif, les termes où l'exposant de $x$ est supérieur à $m$ sont tous nuls, et l'on retrouve la formule du binome; on dit que la série précédente, dans le cas de $m$ quelconque, est la formule générale du binome.

Lorsque l'on a l'expression $(a+b)^m$, si $a$ est supérieur à $b$ en valeur absolue, on l'écrit $(a+b)^m = a^m\left(1+\frac{b}{a}\right)^m$ et l'on pose $\frac{b}{a} = x$; en appliquant la formule précédente, on obtient le développement en série de l'expression donnée suivant les puissances croissantes de $\frac{b}{a}$.

Soit, par exemple, à développer en série la fonction

$$f(x) = \frac{1}{\sqrt{1-x^2}} = (1-x^2)^{-\frac{1}{2}};$$

en remplaçant dans la série qui donne le développement de $(1+x)^m$ $x$

par $-x^2$ et $m$ par $-\dfrac{1}{2}$, nous trouvons

$$\frac{1}{\sqrt{1-x^2}} = 1 + \frac{1}{2}x^2 + \frac{1 \cdot 3}{2 \cdot 4}x^4 + \frac{1 \cdot 3 \cdot 5}{2 \cdot 4 \cdot 6}x^6 + \cdots$$

**220. Développement de $\log(1+x)$ et de $\arctan x$.** — Lorsque la dérivée d'une fonction $f(x)$ est facile à mettre sous forme d'une série entière, un procédé de développement de cette fonction consiste à développer $f'(x)$ en série, puis à former une série $F(x)$ dont les termes ont pour dérivées ceux de la série $f'(x)$ ; nous allons montrer que, dans son intervalle de convergence, cette nouvelle série représente $f(x)$ ou n'en diffère que par une constante additive.

En effet, dans cet intervalle la dérivée de la fonction $F(x)$ est une série formée par les dérivées des termes de cette fonction (n° 215) et cette série des dérivées est identique à $f'(x)$. Les deux fonctions $F(x)$ et $f(x)$ ayant toutes deux pour dérivée $f'(x)$, leur différence a une dérivée constamment nulle, et elle est par suite une constante (n° 177), ce que nous voulions établir.

Nous allons appliquer ce procédé à la fonction $\log(1+x)$ ; sa dérivée est $\dfrac{1}{1+x}$, et pour $|x| < 1$, cette dérivée est représentée par la série

$$\frac{1}{1+x} = 1 - x + x^2 - x^3 + \cdots \pm x^{n-1} \mp \cdots ;$$

les termes de la série

$$\frac{x}{1} - \frac{x^2}{2} + \frac{x^3}{3} - \frac{x^4}{4} \cdots \pm \frac{x^n}{n} \mp \cdots$$

ont pour dérivées ceux de la série précédente ; la nouvelle série et la fonction $\log(1+x)$ ne diffèrent l'une de l'autre que par une constante ; comme elles s'annulent pour $x = 0$, elles sont identiques ; nous en concluons que l'on a, pour toute valeur de $x$ comprise entre $-1$ et $+1$,

$$\log(1+x) = \frac{x}{1} - \frac{x^2}{2} + \frac{x^3}{3} - \cdots \pm \frac{x^n}{n} \mp \cdots.$$

C'est cette série qui sert de base au calcul des logarithmes népériens des nombres.

Le même procédé peut être employé pour former le développement en série de la fonction $\arctan x$ ; sa dérivée est $\dfrac{1}{1+x^2}$, et cette dérivée est représentée, pour $|x| < 1$, par la série

$$\frac{1}{1+x^2} = 1 - x^2 + x^4 - \cdots \pm x^{2n} \mp \cdots;$$

les termes de la série

$$\frac{x}{1} - \frac{x^3}{3} + \frac{x^5}{5} - \cdots \pm \frac{x^{2n+1}}{2n+1} \mp \cdots$$

ont pour dérivées ceux de la précédente ; cette nouvelle série et la détermination de la fonction $\arctan x$ qui s'annule pour $x = 0$ ne diffèrent pas l'une de l'autre ; nous en concluons que cette détermination de $\arctan x$ est représentée, pour $x$ compris entre $-1$ et $+1$, par la série

$$\arctan x = \frac{x}{1} - \frac{x^3}{3} + \frac{x^5}{5} - \cdots \pm \frac{x^{2n+1}}{2n+1} \mp \cdots;$$

cette série est employée pour le calcul de $\pi$ ; on a en effet $\dfrac{\pi}{4} = \arctan 1$ ou bien encore $\dfrac{\pi}{4} = \arctan \dfrac{1}{2} + \arctan \dfrac{1}{3}$, d'après la relation

$$\arctan \frac{1}{2} + \arctan \frac{1}{3} = \arctan \frac{\dfrac{1}{2} + \dfrac{1}{3}}{1 - \dfrac{1}{2} \cdot \dfrac{1}{3}} = \arctan 1.$$

**221. Autres procédés de développement en série.** — La méthode de la division algébrique que nous avons déjà indiquée au n° 200 pour la recherche de développements limités s'applique sans modification pour effectuer le développement en série d'une fraction rationnelle ; c'est ainsi que l'on a

$$\frac{1}{1-x} = 1 + x + x^2 + \cdots + x^n + \cdots,$$

la série du second membre étant convergente pour $|x| < 1$.

Un autre procédé de développement en série consiste dans l'emploi de coefficients indéterminés ; nous allons l'exposer, sans justifier sa légitimité, en cherchant les premiers termes du développement en série de la fonction $y = \tan x$. Nous écrirons

$$y = a_0 + a_1 x + a_2 x^2 + \cdots,$$

les coefficients étant encore indéterminés ; nous utiliserons l'équation

$$\sin x = y \cos x,$$

et nous remplacerons les fonctions entrant dans les deux membres par leurs développements en série ; nous aurons ainsi

$$\left(\frac{x}{1} - \frac{x^3}{1 \cdot 2 \cdot 3} + \frac{x^5}{1 \cdot 2 \cdot 3 \cdot 4 \cdot 5} - \cdots\right)$$
$$= (a_0 + a_1 x + \cdots)\left(1 - \frac{x^2}{1 \cdot 2} + \frac{x^4}{1 \cdot 2 \cdot 3 \cdot 4} - \cdots\right).$$

Nous écrirons alors que les coefficients des mêmes puissances de $x$ sont égaux dans les deux membres supposés ordonnés suivant les puissances croissantes de la variable ; nous trouverons ainsi les coefficients successifs $a_0$, $a_1$, $a_2$, ..., et nous obtiendrons le développement cherché.

$$y = \operatorname{tg} x = \frac{x}{1} + \frac{x^3}{3} + \frac{2x^5}{15} + \cdots$$

# CHAPITRE IX

## INFINIMENT PETITS ET DIFFÉRENTIELLES
## DES FONCTIONS D'UNE VARIABLE

**222. Ordre d'un infiniment petit.** — On appelle infiniment petit une quantité variable à laquelle on attribue une suite de valeurs dont la limite est zéro.

Si une fonction $y$ de $x$ a pour limite zéro lorsque la variable tend vers zéro, $y$ est infiniment petit en même temps que $x$ ; lorsque l'on a divers infiniment petits dépendant l'un de l'autre, et qu'on veut les comparer, on choisit l'un d'eux que l'on considère comme infiniment petit principal et l'on considère les autres comme des fonctions de celui-là. Si l'on désigne l'infiniment petit principal par $\Delta x$, et si un autre infiniment petit dépendant du premier est représenté par $\Delta y$, il arrive ordinairement que l'on peut trouver un exposant $m$ tel que le rapport $\dfrac{\Delta y}{\Delta x^m}$ ait une limite déterminée et non nulle ; on dit alors que $\Delta y$ est un infiniment petit d'ordre $m$ ; l'infiniment petit principal $\Delta x$ est d'après cela toujours du premier ordre.

*Exemples.* — Les infiniment petits

$$\Delta y = \sqrt[3]{2\Delta x^2 + \Delta x^4}, \qquad \Delta z = \sin \Delta x$$

sont, le premier de l'ordre $\dfrac{2}{3}$, et le deuxième du premier ordre, car le rapport de $\Delta y$ à $\Delta x^{\frac{2}{3}}$ a pour valeur $\sqrt{2 + \Delta x^2}$ et a pour limite $\sqrt[3]{2}$, et d'autre part, le rapport de $\Delta z$ à $\Delta x$ a pour valeur $\dfrac{\sin \Delta x}{\Delta x}$ et a pour limite 1.

Si une quantité infiniment petite $\Delta z$ a un ordre supérieur à celui d'une autre quantité analogue $\Delta y$, on dit que $\Delta z$ est un infiniment petit par rapport à $\Delta y$ ; le rapport $\dfrac{\Delta z}{\Delta y}$ a alors pour limite zéro.

Soit $\Delta y$ un infiniment petit d'ordre $m$, et $l$ la limite du rapport $\dfrac{\Delta y}{\Delta x^m}$ ; nous pouvons écrire

$$\frac{\Delta y}{\Delta x^m} = l + \varepsilon,$$

$\varepsilon$ étant une quantité ayant pour limite zéro ; nous en concluons

$$\Delta y = (l + \varepsilon)\Delta x^m = l\Delta x^m + \varepsilon\Delta x^m ;$$

le produit $l\Delta x^m$ de $\Delta x^m$ par la limite $l$ est appelé partie principale de l'infiniment petit $\Delta y$ ; la partie complémentaire $\varepsilon\Delta x^m$ est infiniment petite par rapport à cette partie principale. Ainsi, les parties principales des infiniment petits $\Delta y$ et $\Delta z$, que nous avons indiqués comme exemples, sont $\sqrt[3]{2}\Delta x^{\frac{2}{3}}$ et $\Delta x$.

Les méthodes que nous avons mentionnées dans la recherche des développements limités (n° 200) et dans le chapitre précédent permettent, à défaut de procédés élémentaires, de déterminer l'ordre d'un infiniment petit, sa partie principale, et autant de termes qu'il est utile de la partie complémentaire ; on a par exemple, en utilisant les premiers termes des développements en série,

$$(1 + \Delta x^2)^{\frac{1}{3}} - 1 = \frac{1}{3}\Delta x^2 - \frac{1}{9}\Delta x^4 + \cdots$$

$$1 - \cos \Delta x = \frac{\Delta x^2}{2} - \frac{\Delta x^4}{24} + \cdots$$

**223. Opérations sur les infiniment petits.** — La propriété la plus importante des infiniment petits résulte du théorème suivant :

**Théorème.** — *La limite du rapport de deux infiniment petits du même ordre est égale au quotient de leurs parties principales.*

Si $\Delta y$ et $\Delta z$ sont deux infiniment petits d'ordre $m$, et si l'on a

$$\Delta y = (l + \varepsilon)\Delta x^m, \qquad \Delta z = (l' + \varepsilon')\Delta x^m,$$

le rapport $\dfrac{\Delta y}{\Delta z}$ a pour valeur $\dfrac{l + \varepsilon}{l' + \varepsilon'}$ et a pour limite $\dfrac{l}{l'}$ ; cette limite est bien identique au quotient des parties principales $l\Delta x^m$ et $l'\Delta x^m$.

**Corollaire.** — *On ne change pas la limite du rapport de deux infiniment petits du même ordre en augmentant ou diminuant chacun d'eux d'une quantité infiniment petite par rapport à lui.*

En effet on n'altère pas les parties principales des deux infiniment petits. Il résulte de là que l'on peut, dans des rapports, remplacer un infiniment petit par un autre ayant même partie principale ou, comme on dit, équivalent au premier.

En ce qui concerne les opérations élémentaires sur les infiniment petits, on voit immédiatement que *la somme d'infiniment petits de même signe a toujours le même ordre que celui qui a l'ordre le plus petit,* mais il n'en est pas toujours de même de la différence. *La différence de deux infiniment petits de même signe et de même ordre est d'ordre supérieur si les parties principales sont égales ;* on a par exemple

$$\Delta x - \sin \Delta x = \frac{\Delta x^3}{6}(1 + \epsilon).$$

*Le produit et le quotient de deux infiniment petits ont des ordres égaux à la somme et à la différence des ordres de ces infiniment petits* (en supposant toutefois cette différence positive ou nulle).

**224. Infiniment grands.** — On appelle infiniment grand une quantité variable à laquelle on attribue une suite de valeurs croissant indéfiniment.

Si une fonction $y$ de $x$ augmente indéfiniment en même temps que la variable, $y$ est infiniment grand en même temps que $x$ ; si l'on considère $x$ comme infiniment grand principal, et si l'on peut trouver un exposant $m$ tel que $\frac{y}{x^m}$ ait une limite finie $l$ pour $x$ infini, on dit que $y$ est infiniment grand d'ordre $m$ et que $lx^m$ est sa partie principale ; la partie complémentaire est d'ordre inférieur à $m$.

Si $z$ est infiniment grand en même temps que $x$ et $y$, mais a un ordre inférieur à celui de $y$, le rapport $\frac{z}{y}$ a pour limite zéro. Dans une somme de deux infiniment grands d'ordres différents, c'est celui qui a l'ordre le plus grand qui est prépondérant. La limite du rapport de deux infiniment grands de même ordre est égale au rapport de leurs parties principales. On ne change pas la limite de ce rapport en augmentant ou diminuant chacun des infiniment grands d'une quantité d'ordre inférieur, ce qui le remplace par un infiniment grand équivalent.

La recherche de l'ordre d'un infiniment grand $y$ fonction de $x$ se fait en étudiant la fonction $\frac{1}{y}$ de l'infiniment petit $\frac{1}{x}$, d'après ce que nous avons dit au n° 200.

**225. Différentielle d'une fonction d'une variable.** — Soit $y = f(x)$ une fonction continue ayant une dérivée $f'(x)$ ; l'accroissement $\Delta y$ de la fonction correspondant à un accroissement $\Delta x$ de la variable indépendante est un infiniment petit en même temps que $\Delta x$; comme le rapport de ces infiniment petits a pour limite $f'(x)$, nous voyons que $\Delta y$ est du premier ordre (sauf pour les valeurs de $x$ qui annulent la dérivée) et a pour partie principale $f'(x)\Delta x$.

Cette partie principale est appelée *différentielle* de $y$ et est représentée par la notation $dy$, de sorte que l'on a par définition

$$dy = f'(x)\Delta x.$$

Si l'on considère en particulier une fonction égale à la variable $x$, sa dérivée est égale à $1$, et sa différentielle $dx$ est identique à $\Delta x$; il est donc indifférent d'écrire $dx$ ou $\Delta x$; c'est pourquoi l'on écrit ordinairement, dans le cas d'une fonction quelconque $y = f(x)$,

$$(1) \qquad dy = f'(x)dx;$$

on en déduit

$$(2) \qquad \frac{dy}{dx} = f'(x).$$

La signification géométrique de la différentielle est la suivante : nous avons vu au n° 161 que la dérivée $f'(x)$ est le coefficient angulaire de

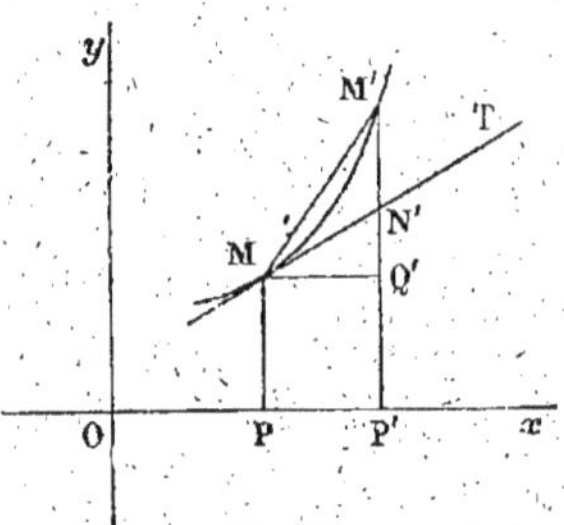

Fig. 74.

la tangente MT à la courbe représentative de la fonction $f(x)$, au point M d'abscisse $x$ (*fig.* 74). Soit PP' l'accroissement de l'abscisse $x$, désigné par $\Delta x$; soient M' le point de la courbe d'abscisse $x + \Delta x$, et N' le point de rencontre de P'M' avec la tangente MT; si MQ' est la parallèle à Ox tracée par le point M, nous voyons que la différence P'M' — PM = Q'M' représente l'accroissement $\Delta y$. Quant à la différentielle $dy$, qui a pour valeur $f'(x)\Delta x$,

elle est l'accroissement de l'ordonnée de la tangente MT correspondant à l'accroissement $\Delta x$ de l'abscisse, car MT a pour coefficient angulaire $f'(x)$; nous voyons que la différentielle $dy$ est représentée par la différence P'N' — PM = Q'N' des ordonnées de la tangente relatives aux abscisses $x$ et $x + \Delta x$; N'M' représente la partie complémentaire.

**226. Différentielle d'une fonction de fonction.** — Soit une fonction

$$y = f(u)$$

dans laquelle $u$ est une fonction donnée de la variable indépendante $x$ ; nous avons vu que la dérivée $y'$ est égale à $f'(u) \cdot u'_x$ ; par suite la différentielle $dy$ est égale à $f'(u) \cdot u'_x \, dx$. Mais le produit $u'_x dx$ est égal à la différentielle $du$ de la fonction $u$ ; par suite nous avons

$$(3) \qquad dy = f'(u)du ;$$

nous déduisons de là

$$(4) \qquad \frac{dy}{du} = f'(u).$$

Nous obtenons ainsi les mêmes formules que dans le cas d'une fonction de $x$ ; nous pouvons donc comprendre tous les cas dans un même énoncé de la façon suivante :

**Théorème I.** — *La différentielle d'une fonction est égale à la dérivée de cette fonction par rapport à la variable dont elle dépend immédiatement, multipliée par la différentielle de cette variable, que celle-ci soit indépendante ou non.*

**Théorème II.** — *La dérivée d'une fonction est égale au quotient de la différentielle de cette fonction par la différentielle de la variable dont elle dépend, que celle-ci soit la variable indépendante ou non.*

**227. Calcul des différentielles.** — Les théorèmes précédents ramènent l'un à l'autre le calcul des différentielles et celui des dérivées. Lorsqu'il s'agit de fonctions simples, c'est du calcul des dérivées que l'on déduit celui des différentielles ; les résultats obtenus dans les $n^{os}$ 164 et 165 permettent d'écrire immédiatement dans tous les cas, $u$ étant variable indépendante ou non, les différentielles suivantes :

$$du^m = mu^{m-1}du, \qquad\qquad d\,\mathrm{tg}\,u = \frac{1}{\cos^2 u}du,$$

$$de^u = e^u du, \qquad\qquad d\,\mathrm{arc\,sin}\,u = \frac{1}{\sqrt{1-u^2}}du,$$

$$d\log u = \frac{1}{u}du, \qquad\qquad d\,\mathrm{arc\,cos}\,u = \frac{-1}{\sqrt{1-u^2}}du,$$

$$d\sin u = \cos u\, du, \qquad\qquad d\,\mathrm{arc\,tg}\,u = \frac{1}{1+u^2}du.$$

$$d\cos u = -\sin u\, du,$$

Lorsqu'il s'agit de fonctions composées d'une variable, le calcul des différentielles est souvent plus simple que celui des dérivées ; prenons comme exemple le calcul de la différentielle d'une somme $y = u + v + w$ ; nous pouvons calculer l'accroissement de $y$, qui est la somme des accroissements des différentes parties, et nous avons

$$\Delta y = \Delta u + \Delta v + \Delta w;$$

en écrivant que les parties principales du premier ordre des deux membres sont égales, nous avons immédiatement

$$dy = du + dv + dw;$$

nous en déduisons après coup, en divisant par $dx$, la relation qui existe entre les dérivées des fonctions $y$, $u$, $v$ et $w$, elle est

$$\frac{dy}{dx} = \frac{du}{dx} + \frac{dv}{dx} + \frac{dw}{dx}.$$

Nous obtiendrions de même comme différentielles d'un produit et d'un quotient les valeurs

$$d(uv) = vdu + udv, \qquad d\left(\frac{u}{v}\right) = \frac{vdu - udv}{v^2},$$

et nous en déduirions immédiatement les dérivées en divisant les deux membres par $dx$; nous retrouverions ainsi les résultats connus.

La différentielle logarithmique d'une fonction $u$ est $\frac{du}{u}$; celle d'un produit $y = u^\alpha v^\beta w^\gamma$ est

$$\frac{dy}{y} = \frac{\alpha du}{u} + \frac{\beta dv}{v} + \frac{\gamma dw}{w}.$$

**228. Usages des différentielles.** — Un des principaux avantages de l'emploi des différentielles réside dans ce fait que la notation $\frac{dy}{dx}$ indique indifféremment la dérivée de $y$ par rapport à $x$ ou le quotient des différentielles de $y$ et de $x$. Toute relation entre les dérivées premières de plusieurs fonctions d'une même variable peut dès lors être remplacée par une relation entre leurs différentielles et celle de la variable dont elles dépendent; il suffit pour cela de remplacer chaque dérivée par le quotient des différentielles de la fonction et de la variable. En multipliant les deux membres de la relation donnée par une puissance convenable de la différentielle de cette variable, on rend cette relation entière par rapport aux différentielles qu'elles renferme; elle est forcément homogène par rapport à ces différentielles.

Inversement, toute relation homogène entre les différentielles de plusieurs quantités variant simultanément peut être remplacée par une relation entre leurs dérivées prises par rapport à une variable indépendante donnée ; il suffit en effet de diviser les deux membres par la puissance de la différentielle de cette variable dont l'exposant est égal au degré d'homogénéité. Une relation entre des différentielles est plus avantageuse que celle qu'on peut en déduire entre les dérivées, car dans la première la variable indépendante n'est pas spécifiée, et l'on peut la choisir comme on veut dans chaque cas particulier.

*Exemple.* — Supposons qu'entre une variable $x$, deux fonctions $y$ et $z$ de cette variable et leurs dérivées premières existe la relation

$$xy'^2 + 2z' - yz = 0 ;$$

en remplaçant $y'$ et $z'$ par $\dfrac{dy}{dx}$ et $\dfrac{dz}{dx}$, et multipliant par $dx^2$, on obtient la relation homogène

$$xdy^2 + 2dxdz - yzdx^2 = 0 ;$$

inversement, de cette relation on déduit la première en divisant par $dx^2$ les deux membres.

Dans les applications, on cherche ordinairement les relations qui existent entre les limites des rapports de quantités infiniment petites variant simultanément ; nous allons montrer, dans le cas où ces infiniment petits sont tous du premier ordre, que ces relations sont équivalentes à des équations homogènes entre des différentielles.

Soient, pour fixer les idées, trois quantités $x, y, z$ dépendant d'une même variable indépendante $t$ qui peut être identique à l'une d'elles, et soient $\Delta x, \Delta y, \Delta z$ les accroissements infiniment petits correspondant à un accroissement infiniment petit $\Delta t$ de $t$. Désignons par

$$(5) \qquad f(x, y, z, \Delta x, \Delta y, \Delta z) = 0$$

une relation établie entre les variables et les accroissements et supposée mise sous forme entière. Appelons $f_1(\Delta x, \Delta y, \Delta z)$ l'ensemble des termes du plus bas degré d'homogénéité par rapport à $\Delta x, \Delta y, \Delta z$ ; soit $m$ ce plus bas degré, et $f_2$ l'ensemble des autres termes, qui sont infiniment petits par rapport à ceux de $f_1$ ; en divisant par $\Delta t^m$ les deux membres de l'équation (5), nous pouvons l'écrire sous la forme

$$(6) \qquad f_1\left(\frac{\Delta x}{\Delta t}, \frac{\Delta y}{\Delta t}, \frac{\Delta z}{\Delta t}\right) + \frac{1}{\Delta t^m}f_2 = 0.$$

Si nous faisons tendre $\Delta t$ vers zéro, les quotients de $\Delta x, \Delta y, \Delta z$ par $\Delta t$ ont pour limites les quotients des différentielles correspondantes ; les termes qui constituent $\dfrac{f_2}{\Delta t^m}$ sont infiniment petits, ont pour limite zéro ;

nous avons donc à la limite

$$f_1\left(\frac{dx}{dt},\ \frac{dy}{dt},\ \frac{dz}{dt}\right) = 0.$$

C'est la relation cherchée entre les limites des rapports ; en la multipliant par $dt^m$, nous la remplaçons par l'équation équivalente suivante, qui est homogène par rapport aux différentielles :

$$(7) \qquad f_1(dx, dy, dz) = 0 ;$$

nous arrivons à ce résultat : *On conserve dans l'équation* (5) *les termes de plus bas degré par rapport aux accroissements* $\Delta x$, $\Delta y$, $\Delta z$, *et l'on y remplace ces derniers par les différentielles correspondantes.*

On peut, dans l'établissement des relations telles que (5), substituer aux infiniment petits considérés d'autres qui n'en diffèrent que par des quantités infiniment petites par rapport à eux, car on ne change pas les différentielles et la relation finale (7) est toujours la même.

*Exemple.* — Soit AB un segment de droite de longueur $l$ (*fig.* 75) dont la grandeur et la position dépendent d'une variable $t$ ; lorsque cette variable acquiert un accroissement infiniment petit $\Delta t$, AB prend une position A′B′ et une longueur $l + \Delta l$ ; désignons par $\Delta a$ et $\Delta b$ les segments AA′ et BB′, par $\alpha_1$ et $\beta_1$ les angles de AA′ avec AB et BB′ avec BA. Si nous prenons des axes de coordonnées tels que A soit à l'origine, et AB suivant $Ox$, les coordonnées de A′ sont $\Delta a \cos \alpha_1$, $\Delta a \sin \alpha_1$ ; celles de B′ sont $l - \Delta b \cos \beta_1$, $\Delta b \sin \beta_1$ ; en écrivant que la distance des deux points A′, B′ est égale à $l + \Delta l$, nous avons la relation

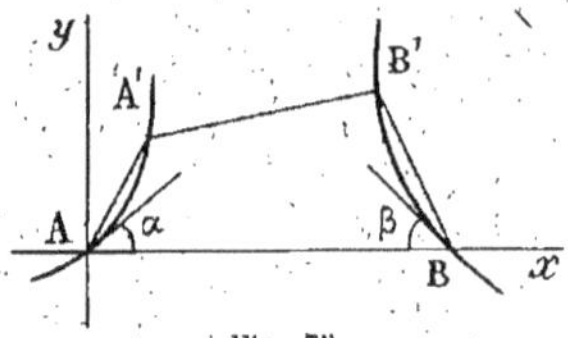

$$(l + \Delta l)^2 - (l - \Delta b \cos \beta_1 - \Delta a \cos \alpha_1)^2 - (\Delta b \sin \beta_1 - \Delta a \sin \alpha_1)^2 = 0 ;$$

on voit que les termes finis disparaissent, et que les termes d'ordre infinitésimal minimum sont

$$2l\,\Delta l + 2l(\Delta a \cos \alpha_1 + \Delta b \cos \beta_1).$$

Pour former une relation entre les différentielles, on annule la somme de ces termes après y avoir remplacé $\Delta a$, $\Delta b$, $\Delta l$ par $da$, $db$, $dl$, et $\alpha_1$ et $\beta_1$ par leurs limites, c'est-à-dire par les angles $\alpha$ et $\beta$ que forment avec AB les tangentes aux courbes décrites par A′ et B′ ; on arrive ainsi à la relation

$$dl + da \cos \alpha + db \cos \beta = 0,$$

Fig. 75.

nous verrons dans le n° suivant que $da$ et $db$ sont égales aux différentielles des arcs de courbe $AA'$ et $BB'$.

**229. Différentielle d'un arc de courbe.** — On appelle longueur d'un arc de courbe la limite du périmètre d'une ligne polygonale inscrite dans cet arc lorsque le nombre des côtés de cette ligne polygonale augmente indéfiniment, chacun d'eux tendant vers zéro.

Nous démontrerons dans le calcul intégral que si les coordonnées des points d'une courbe plane ou gauche s'expriment au moyen d'un paramètre $t$ par des fonctions continues telles que

$$x = f(t), \qquad y = \varphi(t), \qquad z = \psi(t),$$

tout arc de cette courbe a une longueur bien déterminée. Si l'on compte les arcs à partir d'un point $M_0$, la longueur $s$ d'un arc $M_0 M$ est une fonction continue du paramètre $t$ correspondant au point $M$, et la dérivée de cette fonction est

$$(8) \qquad\qquad s'_t = \sqrt{x_t'^2 + y_t'^2 + z_t'^2}.$$

De ce résultat, que nous démontrerons plus tard, nous pouvons déduire la différentielle $ds$ de la fonction $s$; elle est égale à

$$ds = s'_t dt = \sqrt{x_t'^2 dt^2 + y_t'^2 dt^2 + z_t'^2 dt^2} \,;$$

comme les expressions situées sous le radical sont les carrés des différentielles $dx, dy, dz$, nous avons entre ces différentielles et celle de l'arc la relation fondamentale

$$(9) \qquad\qquad ds^2 = dx^2 + dy^2 + dz^2.$$

Dans le cas particulier où la courbe est plane, et où son plan est pris pour plan des $xy$, la cote $z$ est toujours nulle; si de plus $x$ est la variable indépendante à la place de $t$, dans la formule (8) $x'_t$ devient égal à l'unité, de sorte que cette formule devient

$$(10) \qquad\qquad s'_x = \sqrt{1 + y_x'^2} \,;$$

la formule (9) prend la forme

$$(11) \qquad\qquad ds^2 = dx^2 + dy^2.$$

**Remarque I.** — Si, dans la formule (8), nous choisissons le signe $+$ devant le radical, la dérivée $s'_t$ est toujours positive, et la fonction $s$ croît avec $t$; comme elle s'annule pour le point $M_0$ origine des arcs, nous voyons que $s$ est positive lorsque le point $M$ décrit la courbe à partir de

$M_0$ dans le sens de $t$ croissant, et est négative lorsqu'il la décrit dans le sens opposé.

Si nous choisissons sur la tangente au point M la direction qui correspond aux valeurs croissantes de $t$, les cosinus des angles que fait cette direction avec les axes de coordonnées sont respectivement égaux à

$$\frac{x_t'}{\sqrt{x_t'^2 + y_t'^2 + z_t'^2}}, \qquad \frac{y_t'}{\sqrt{x_t'^2 + y_t'^2 + z_t'^2}}, \qquad \frac{z_t'}{\sqrt{x_t'^2 + y_t'^2 + z_t'^2}}.$$

Le sens choisi sur la tangente est précisément celui des arcs croissants ; nous pouvons ajouter que les valeurs précédentes des cosinus peuvent être remplacées par les suivantes qui leur sont égales

$$\frac{dx}{ds}, \qquad \frac{dy}{ds}, \qquad \frac{dz}{ds}.$$

**Remarque II.** — Si MM′ est un arc infiniment petit pris à partir de M, la corde MM′ est un infiniment petit dont la valeur $\Delta l$ est donnée par la relation (n° 125)

$$\Delta l^2 = \Delta x^2 + \Delta y^2 + \Delta z^2 ;$$

à la limite, on voit que la différentielle $dl$ est égale à $ds$, ou bien que l'arc et la corde ont même différentielle ; ce sont des infiniment petits équivalents, et leur rapport a pour limite l'unité.

**230. Différentielles d'ordres supérieurs.** — Plaçons-nous d'abord dans le cas d'une fonction $y = f(x)$ d'une variable indépendante $x$ ; à l'accroissement $\Delta x$ correspond la différentielle

$$dy = f'(x)\Delta x,$$

que nous appellerons différentielle du premier ordre ; elle varie avec $x$ et, en tant que fonction de $x$, elle a elle-même une différentielle que l'on appelle différentielle du second ordre de $y$ ; on la représente par la notation $d^2y$.

D'après la définition donnée au n° 225, on l'obtient en multipliant la dérivée de $dy$ par l'accroissement $\Delta x$ ; pour prendre la dérivée de $dy$, il faut considérer cette fonction comme le produit de deux facteurs, l'un égal à $f'(x)$ qui varie avec $x$, et l'autre égal à l'accroissement $\Delta x$ que l'on suppose rester le même quel que soit $x$ ; $\Delta x$ est alors traité comme une constante dans le calcul de la dérivée. D'après cela, la dérivée de $dy$ est $f''(x)\Delta x$ ; par suite la différentielle de $dy$ est

$$d^2y = \left[f''(x)\Delta x\right]\Delta x = f''(x)\Delta x^2.$$

Cette différentielle a elle-même une différentielle que l'on appelle différentielle du troisième ordre et qu'on représente par $d^3y$ ; d'après le même raisonnement, elle a pour valeur

$$d^3y = f'''(x)\,\Delta x^3,$$

et ainsi de suite ; en général, la différentielle d'ordre $m$ a pour valeur

$$d^m y = f^{(m)}(x)\,\Delta x^m.$$

On peut indifféremment représenter l'accroissement $\Delta x$ par $\Delta x$ ou $dx$, comme nous l'avons dit, et l'on écrit habituellement, en introduisant $dx$ à la place de $\Delta x$,

$$(12) \qquad\qquad d^m y = f^{(m)}(x)\,dx^m ;$$

on en tire

$$(13) \qquad\qquad \frac{d^m y}{dx^m} = f^{(m)}(x).$$

Ces deux équations permettent d'introduire dans les calculs la notation $\dfrac{d^m y}{dx^m}$ à la place de la dérivée $y^{(m)}$, et de considérer ce symbole aussi bien comme représentant la dérivée que le quotient de $d^m y$ par $dx^m$, à *la condition toutefois que $x$ soit la variable indépendante.*

Considérons maintenant le cas d'une fonction de fonction, comme au n° 226 ; nous avons pour sa différentielle du premier ordre la valeur

$$dy = f'(u)\,du,$$

mais pour former sa différentielle $d^2y$, il faut remarquer que $du$ n'est pas constant quand $x$ varie, comme l'était $\Delta x$ ; nous avons alors à prendre la différentielle d'un produit de deux facteurs variables. D'après une formule démontrée (n° 227), nous avons

$$d^2 y = [df'(u)]\,du + f'(u)\,d(du) ;$$

comme $df'(u)$ est égal à $f''(u)\,du$ (Théorème I, n° 226) et que $d(du)$ est représenté par $d^2u$, nous avons

$$d^2 y = f''(u)\,du^2 + f'(u)\,d^2 u ;$$

nous trouverions de la même manière les différentielles suivantes d'après les règles de différentiation de sommes et de produits. Si $u$ devient la variable indépendante $x$, les différentielles $d^2x$, $d^3x$ … sont nulles, et l'on retrouve la formule (12).

**231. Changement de variables. — Premier problème. — Étant**

données une ou plusieurs fonctions $y, z, \ldots$ d'une même variable $x$, et une expression composée au moyen de $x, y, z; \ldots$ et des dérivées $y'_x, z'_x, y''_{x^2}, \ldots$, on se propose de chercher ce que devient cette expression lorsqu'on prend comme variable indépendante une autre quantité liée à $x$ d'une manière donnée.

Pour résoudre cette question, nous commencerons par remplacer l'expression donnée par une autre renfermant les différentielles successives de $x, y, z, \ldots$, et nous considérerons toutes ces quantités comme fonctions d'une variable nouvelle laissée indéterminée.

Toute dérivée du premier ordre telle que $y'_x$ est égale au quotient $\dfrac{dy}{dx}$ des différentielles de $y$ et de $x$; mais cette remarque ne se généralise pas pour les dérivées suivantes, et $y''_{x^2}$ n'est égal à $\dfrac{d^2y}{dx^2}$ que si $x$ est la variable indépendante (n° 230). Pour déterminer $y''$ en fonction des différentielles successives de $x$ et de $y$, nous remarquerons qu'elle est la dérivée première de $y'$, et qu'elle est égale au rapport $\dfrac{dy'}{dx}$; comme le numérateur est la différentielle de $y'$, c'est-à-dire la différentielle du quotient $\dfrac{dy}{dx}$, nous aurons, d'après la règle de différentiation d'un quotient (n° 227),

$$dy' = \frac{dx\,d^2y - dy\,d^2x}{dx^2};$$

nous en déduirons

$$y''_{x^2} = \frac{dy'}{dx} = \frac{dx\,d^2y - dy\,d^2x}{dx^3};$$

nous formerons de même les expressions des dérivées successives $y''' = \dfrac{dy''}{dx}, \ldots$ au moyen des différentielles de $y$ et de $x$ et nous les substituerons aux dérivées dans l'expression proposée.

Considérons par exemple l'expression suivante, qui représente, comme nous le verrons, le rayon de courbure d'une courbe plane :

$$R = \frac{(1 + y'^2)^{\frac{3}{2}}}{y''},$$

calculée en considérant $x$ comme variable indépendante; en introduisant les différentielles et remplaçant $y'$ et $y''$ par les valeurs trouvées précédemment, nous obtenons la formule générale

$$R = \frac{\left[1 + \left(\dfrac{dy}{dx}\right)^2\right]^{\frac{3}{2}}}{\dfrac{dx\,d^2y - dy\,d^2x}{dx^3}} = \frac{(dx^2 + dy^2)^{\frac{3}{2}}}{dx\,d^2y - dy\,d^2x}.$$

Lorsque l'on a ainsi introduit dans une expression les différentielles des quantités qui y entrent, si l'on veut particulariser dans un cas donné la variable indépendante et mettre en évidence les dérivées par rapport à cette variable, il suffit d'exprimer les différentielles au moyen des dérivées. Si par exemple la variable choisie est désignée par $t$, on remplace les différentielles par leurs valeurs $dx = x'dt$, $d^2x = x''dt^2$, et ainsi de suite.

Par exemple, l'expression précédente de $R$ devient, après introduction des dérivées par rapport à $t$ et suppression du facteur commun $dt^3$ au numérateur et au dénominateur,

$$R = \frac{(x'^2 + y'^2)^{\frac{3}{2}}}{x'y'' - y'x''}.$$

Il arrive quelquefois que les quantités $x, y, z, \ldots$ sont liées à d'autres variables par des relations connues; supposons par exemple que l'on fasse sur $x$ et $y$ la transformation des coordonnées cartésiennes en coordonnées polaires (n° 85), définie par les relations

$$x = \rho \cos \theta, \qquad y = \rho \sin \theta.$$

En différentiant les deux membres, sans spécifier la variable indépendante, les coordonnées $\rho$ et $\theta$ étant fonctions l'une de l'autre ou bien fonctions d'une autre variable, nous aurons

$$(14) \quad \begin{cases} dx = d\rho \cos \theta - \rho \sin \theta\, d\theta, \\ dy = d\rho \sin \theta + \rho \cos \theta\, d\theta, \end{cases}$$

$$(15) \quad \begin{cases} d^2x = d^2\rho \cos \theta - 2d\rho\, d\theta \sin \theta - \rho \cos \theta\, d\theta^2 - \rho \sin \theta\, d^2\theta, \\ d^2y = d^2\rho \sin \theta + 2d\rho\, d\theta \cos \theta - \rho \sin \theta\, d\theta^2 + \rho \cos \theta\, d^2\theta, \end{cases}$$

et ainsi de suite; si nous possédons une relation entre $x$, $y$ et leurs différentielles, nous y remplacerons $x, y, dx, dy, \ldots$ par les valeurs précédentes, et nous obtiendrons une expression formée au moyen de $\rho, \theta$ et de leurs différentielles; on pourra toujours après coup, si c'est nécessaire, fixer la variable indépendante.

Par exemple, le carré $ds^2$ de la différentielle de l'arc d'une courbe plane est (n° 229) égal à $dx^2 + dy^2$; pour former son expression en coordonnées polaires, nous remplacerons $dx$ et $dy$ par leurs valeurs (14), et nous aurons

$$ds^2 = d\rho^2 + \rho^2 d\theta^2 ;$$

par un calcul analogue, la quantité R que nous avons considérée précédemment deviendra, en coordonnées polaires,

$$R = \frac{\left(\rho^2 + \rho^2 d\theta^2\right)^{\frac{3}{2}}}{\rho^2 d\theta^3 + 2d\rho^2 d\theta - \rho d^2\rho d\theta + \rho d\rho d^2\theta} ;$$

si nous particularisons la nouvelle variable indépendante et si nous la prenons égale à $\theta$, $\rho$ est une fonction de cette variable, et les différentielles de $\rho$ doivent être remplacées par $d\rho = \rho' d\theta$, $d^2\rho = \rho'' d\theta^2$, tandis que $d^2\theta$ est nul; nous avons ainsi

$$R = \frac{\left(\rho'^2 + \rho^2\right)^{\frac{3}{2}}}{\rho^2 + 2\rho'^2 - \rho\rho''}.$$

<h1 style="text-align:center">CHAPITRE X</h1>

DIFFÉRENTIELLES DES FONCTIONS DE PLUSIEURS VARIABLES

**232. Notation relative aux dérivées partielles.** — Pour simplifier l'exposition qui va suivre, nous considérerons une fonction de deux variables indépendantes $x$, $y$, que nous désignerons par

$$z = f(x, y);$$

les raisonnements seraient les mêmes pour les fonctions d'un nombre quelconque de variables.

Par analogie avec l'écriture adoptée dans le chapitre précédent, on représente les dérivées partielles du premier ordre $f'_x$, $f'_y$ par $\dfrac{\partial f}{\partial x}$ et $\dfrac{\partial f}{\partial y}$ ; mais il est essentiel de remarquer que cette notation de pure convention ne représente pas un quotient de deux différentielles, et qu'on ne peut séparer l'un de l'autre le numérateur du dénominateur des fractions précédentes. C'est pour cela qu'on emploie la lettre $\partial$ pour l'écriture des dérivées partielles, en réservant $d$ pour les différentielles.

De la même manière, les dérivées partielles du second ordre de $f(x, y)$ sont représentées par

$$\frac{\partial^2 f}{\partial x^2} = f''_{x^2}, \qquad \frac{\partial^2 f}{\partial x \partial y} = f''_{xy}, \qquad \frac{\partial^2 f}{\partial y^2} = f''_{y^2},$$

et en général on écrit $\dfrac{\partial^n f}{\partial x^\alpha \partial y^\beta}$ pour $f^{(n)}_{x^\alpha y^\beta}$, $\alpha + \beta$ étant égal à $n$.

**233. Différentielle totale d'une fonction de plusieurs variables indépendantes.** — Si dans la fonction $f(x, y)$ nous laissons $y$ constant et si nous donnons à $x$ un accroissement infiniment petit $\Delta x$, la partie principale de l'accroissement de la fonction est égale à $f'_x \Delta x$ ou $\dfrac{\partial f}{\partial x} \Delta x$.

De même, si nous laissons $x$ constant et si nous donnons à $y$ un accroissement infiniment petit $\Delta y$, la partie principale du nouvel accroissement de la fonction est égale à $f'_y \Delta y$ ou $\dfrac{\partial f}{\partial y} \Delta y$.

On appelle par définition *différentielle totale* de la fonction $z = f(x, y)$ la somme des deux parties principales précédentes, qui sont les *différentielles partielles*; on la représente par $dz$ ou $df(x, y)$ et l'on pose

$$(1) \qquad df = f'_x \Delta x + f'_y \Delta y = \frac{\partial f}{\partial x} \Delta x + \frac{\partial f}{\partial y} \Delta y.$$

Si l'on considère le cas particulier où $f(x, y)$ se réduit à $x$, on a $f'_x = 1$, $f'_y = 0$ et $df$, c'est-à-dire $dx$, prend la valeur $\Delta x$. De même si $f(x, y)$ se réduit à $y$, $df$ ou $dy$ prend la valeur $\Delta y$; il en résulte que l'on peut remplacer $\Delta x$ par $dx$, et $\Delta y$ par $dy$, et écrire

$$(2) \qquad df = f'_x dx + f'_y dy = \frac{\partial f}{\partial x} dx + \frac{\partial f}{\partial y} dy.$$

**Remarque I.** — Si nous formons la différence

$$\Delta f = f(x + \Delta x, y + \Delta y) - f(x, y),$$

et si nous la développons suivant la formule de Taylor, les termes du premier degré dans le développement obtenu constituent la différentielle totale $df$; on peut dire que $df$ est la partie du premier ordre de l'accroissement $\Delta f$ si l'on suppose les accroissements $\Delta x$ et $\Delta y$ simultanément du premier ordre, tout en restant indépendants; la partie complémentaire $\Delta f - df$ est alors d'ordre supérieur au premier.

Dans les calculs, il faut traiter $dx$ et $dy$ comme deux variables indépendantes; dès lors deux fonctions identiques de ces différentielles ont leurs coefficients égaux terme à terme; en particulier, si l'on sait, par un procédé quelconque, mettre la différentielle totale d'une fonction $f(x, y)$ sous la forme $A dx + B dy$, les coefficients A et B représentent toujours les dérivées partielles $f'_x$ et $f'_y$.

**Remarque II.** — Pour qu'une fonction $f(x, y)$ soit indépendante de $x$, il faut et il suffit, comme on le sait, que sa dérivée par rapport à $x$ soit nulle; de même, pour qu'elle soit indépendante de $y$, il faut et il suffit que sa dérivée par rapport à $y$ soit nulle. Nous concluons de là que pour qu'une fonction de plusieurs variables se réduise à une constante, il faut et il suffit que ses dérivées partielles soient séparément nulles, ou bien, ce qui revient au même, que sa différentielle totale soit nulle identiquement.

**234. Représentation géométrique.** — En généralisant ce que nous avons dit au n° 225, nous pouvons représenter géométriquement la différentielle totale d'une fonction de deux variables $z = f(x, y)$. Nous avons vu au n° 189 que les tangentes en un point M à toutes les courbes passant par ce point sur la surface représentative de la fonction sont contenues dans un plan appelé plan tangent à la surface en M ; les coefficients directeurs de ce plan sont

$$A = -f'_x, \qquad B = -f'_y, \qquad C = 1 ;$$

si $x$, $y$, $z$ sont les coordonnées de M, $x'$, $y'$, $z'$ celles d'un autre point du plan tangent, on a

$$A(x' - x) + B(y' - y) + C(z' - z) = 0 ,$$

d'où l'on tire, en remplaçant A, B, C par leurs valeurs,

$$z' - z = f'_x(x' - x) + f'_y(y' - y).$$

Soit (*fig.* 76) P la projection de M sur le plan $xOy$. P' celle d'un

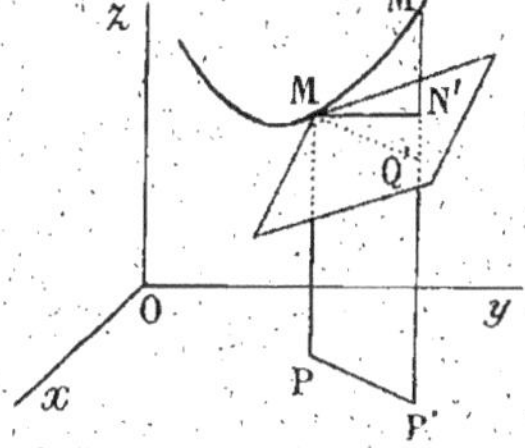

Fig. 76.

point voisin M', de coordonnées $x + \Delta x$, $y + \Delta y$, $f(x + \Delta x, y + \Delta y)$ ; la parallèle à $Oz$ passant par M' rencontre le plan tangent en un point N' de cote

$$z' = z + f'_x \Delta x + f'_y \Delta y ;$$

la différentielle totale $df$ est par suite égale à la différence $z' - z$ et est représentée par le segment

$$P'N' - PM = Q'N'$$

limité au plan tangent ; le segment N'M' représente la partie complémentaire $\Delta f - df$, qui est d'ordre supérieur au premier.

**235. Différentielle totale d'une fonction composée.** — Soit

$$z = f(u, v, w)$$

une fonction de symboles $u$, $v$ et $w$ qui sont eux-mêmes des fonctions d'une ou de plusieurs variables indépendantes, par exemple de $x$ et de $y$ ; $z$ est une fonction composée de ces variables.

D'après ce que nous avons vu au n° 188 (formule 8), ses dérivées partielles sont égales à

$$f'_x = f'_u u'_x + f'_v v'_x + f'_w w'_x ,$$
$$f'_y = f'_u u'_y + f'_v v'_y + f'_w w'_y ;$$

si nous les multiplions respectivement par $dx$ et $dy$, et si nous ajoutons les résultats, nous formerons la différentielle totale de la fonction ; nous aurons ainsi

$$df = f'_u(u'_x dx + u'_y dy) + f'_v(v'_x dx + v'_y dy) + f'_w(w'_x dx + w'_y dy);$$

mais les parenthèses ne sont autre chose que les différentielles $du$, $dv$, $dw$ de $u$, $v$, $w$ ; nous avons par suite la formule

$$(3) \qquad df = f'_u du + f'_v dv + f'_w dw.$$

Elle est la généralisation de la formule (3) du n° 226 ; nous pouvons énoncer le théorème suivant, analogue à celui de ce numéro :

*Théorème I. — La différentielle totale d'une fonction composée est égale à la somme des produits obtenus en multipliant la dérivée partielle de cette fonction par rapport à chacune des variables dont elle dépend immédiatement, par la différentielle de cette variable, que celle-ci soit indépendante ou non.*

Dans le cas où $u$, $v$, $w$ sont des fonctions indépendantes les unes des autres, leurs différentielles $du$, $dv$, $dw$ sont également indépendantes, et deux fonctions identiques de ces différentielles doivent avoir leurs coefficients égaux terme à terme ; nous pouvons alors ajouter ce théorème :

*Théorème II. — Si une fonction composée $f(u, v, w)$ est formée au moyen de fonctions $u$, $v$, $w$ indépendantes, et si l'on met la différentielle totale $df$ sous forme linéaire des différentielles $du$, $dv$, $dw$, les coefficients de ces différentielles sont les dérivées partielles de $f$ par rapport à $u$, $v$, $w$.*

Ces théorèmes permettent de ramener l'un à l'autre le calcul des différentielles et celui des dérivées, mais il y a souvent avantage à calculer d'abord les différentielles et à en déduire les dérivées. Considérons par exemple la fonction

$$z = \operatorname{arc\,tg} \frac{y}{x} + \frac{1}{2} \log(x^2 + y^2);$$

nous formerons d'abord sa différentielle totale, et pour cela nous poserons

$$\frac{y}{x} = u, \qquad x^2 + y^2 = v, \qquad z = \operatorname{arc\,tg} u + \frac{1}{2} \log v;$$

nous aurons alors

$$dz = \frac{du}{1 + u^2} + \frac{dv}{2v};$$

nous remplacerons ensuite $du$ et $dv$ par leurs valeurs qui sont

$$du = \frac{x\,dy - y\,dx}{x^2}, \qquad dv = 2x\,dx + 2y\,dy;$$

puis nous mettrons dans le résultat $dx$ et $dy$ en facteurs ; nous aurons ainsi

$$dz = \frac{x - y}{x^2 + y^2}\,dx + \frac{x + y}{x^2 + y^2}\,dy\;;$$

les coefficients de $dx$ et $dy$ sont les dérivées partielles de $z$ par rapport à $x$ et à $y$.

**236. Application aux fonctions implicites.** — Étant donnée une équation telle que

$$(4) \qquad\qquad f(x, y, z) = 0$$

entre des variables, indépendantes ou non, et des fonctions de ces variables, le premier membre de cette équation est une fonction composée des variables indépendantes, et cette fonction est constamment nulle ; par conséquent sa différentielle totale est nulle.

En formant cette différentielle d'après la formule (3), nous obtenons l'équation suivante :

$$(5) \qquad\qquad f'_x\,dx + f'_y\,dy + f'_z\,dz = 0.$$

Cette équation a l'avantage de conserver la même forme quels que soient le nombre et la nature des variables indépendantes ; si par exemple $z$ est une fonction de $x$ et de $y$ définie par l'équation (4), ses dérivées partielles sont les coefficients de $dx$ et de $dy$ dans l'équation (5) résolue par rapport à $dz$.

Comme cas particulier, si $y$ est une fonction implicite de $x$ définie par l'équation

$$f(x, y) = 0,$$

nous obtenons par différentiation

$$f'_x\,dx + f'_y\,dy = 0\;;$$

en résolvant cette équation par rapport à $\dfrac{dy}{dx}$, nous trouverons la dérivée de $y$ par rapport à $x$ ; elle est, comme nous l'avons vu (n° 190),

$$\frac{dy}{dx} = -\frac{f'_x}{f'_y}.$$

**237. Différentielles d'ordres supérieurs.** — Considérons une fonction $z$ de deux variables indépendantes $x$ et $y$; la formule (1) nous a donné sa différentielle totale du premier ordre

$$dz = f'_x \Delta x + f'_y \Delta y \, ;$$

c'est une fonction qui a elle-même une différentielle, qu'on appelle différentielle totale seconde de $z$ et qu'on représente par $d^2 z$. On l'obtient en faisant la somme des différentielles des deux termes; mais, dans chacun d'eux, on doit considérer les accroissements $\Delta x$ et $\Delta y$ comme des facteurs constants lorsque $x$ et $y$ varient; on a ainsi

$$d^2 z = (f''_{x^2} \Delta x + f''_{xy} \Delta y) \Delta x + (f''_{yx} \Delta x + f''_{y^2} \Delta y) \Delta y,$$

ou bien, en réunissant les termes semblables et remplaçant $\Delta x$ et $\Delta y$ par $dx$ et $dy$

$$(6) \qquad d^2 z = f''_{x^2} dx^2 + 2 f''_{xy} dx\, dy + f''_{y^2} dy^2 \, ;$$

par le même procédé, on obtient les différentielles suivantes $d^3 z$, $d^4 z$, …

On forme facilement la valeur d'une de ces différentielles en remarquant qu'elle est composée de termes analogues à ceux qui interviennent dans la formule du binôme; ainsi $d^2 z$ peut s'écrire sous la forme symbolique

$$d^2 z = (f'_x dx + f'_y dy)^{(2)},$$

et d'une manière générale la différentielle d'ordre $n$ sous la forme

$$d^n z = (f'_x dx + f'_y dy)^{(n)},$$

en convenant de remplacer dans le développement de la puissance $n^e$ de la parenthèse tout produit tel que $(f'_x)^p (f'_y)^{n-p}$ par $f^{(n)}_{x^p y^{n-p}}$; on vérifierait que si la formule est vraie pour $n$, elle est encore vraie pour $n + 1$.

Lorsque l'on a une fonction composée, sa différentielle du premier ordre est donnée par la formule (3); si l'on veut trouver sa différentielle du second ordre, il faut considérer $du$, $dv$ et $dw$ non plus comme des accroissements constants, mais comme des fonctions variables : on traite alors chaque partie de la somme comme un produit. Si l'on suppose pour simplifier que $z$ dépende de deux fonctions $u$ et $v$, on a

$$d^2 z = f''_{u^2} du^2 + 2 f''_{uv} du\, dv + f''_{v^2} dv^2 + f'_u d^2 u + f'_v d^2 v.$$

On forme de même les différentielles suivantes.

**238. Changement de variables. Deuxième problème.** — Soit V une fonction de plusieurs variables indépendantes, de $x$ et de $y$ par exemple, et F une expression renfermant les dérivées partielles de V par rapport à ces variables ; nous allons chercher ce que devient cette expression lorsqu'on remplace $x$ et $y$ par d'autres variables indépendantes ; nous prendrons comme exemple la transformation des coordonnées cartésiennes en coordonnées polaires, définie par les équations

$$x = \rho \cos \theta, \qquad y = \rho \sin \theta ;$$

nous appellerons $V_1(\rho, \theta)$ ce que devient la fonction $V(x, y)$ après cette transformation.

Nous allons évaluer les dérivées partielles de V par rapport à $x$ et $y$ au moyen des dérivées partielles de $V_1$ par rapport à $\rho$ et $\theta$ ; lorsque nous les aurons obtenues, il suffira de les remplacer par leurs valeurs dans la fonction donnée F.

Une première méthode consiste à prendre les dérivées partielles successives, par rapport aux variables $\rho$ et $\theta$, des deux membres de l'identité

$$V(x, y) = V_1(\rho, \theta),$$

et cela en considérant le premier membre comme une fonction composée de ces variables $\rho$ et $\theta$ par l'intermédiaire de $x$ et de $y$ ; en appliquant les règles de dérivation des fonctions composées (n° 188), nous obtenons entre les dérivées du premier ordre les égalités

$$\frac{\partial V}{\partial x}\frac{\partial x}{\partial \rho} + \frac{\partial V}{\partial y}\frac{\partial y}{\partial \rho} = \frac{\partial V_1}{\partial \rho},$$

$$\frac{\partial V}{\partial x}\frac{\partial x}{\partial \theta} + \frac{\partial V}{\partial y}\frac{\partial y}{\partial \theta} = \frac{\partial V_1}{\partial \theta}.$$

En remplaçant les dérivées partielles de $x$ et de $y$ par leurs valeurs.

$$\frac{\partial x}{\partial \rho} = \cos \theta, \qquad \frac{\partial y}{\partial \rho} = \sin \theta,$$

$$\frac{\partial x}{\partial \theta} = - \rho \sin \theta, \quad \frac{\partial y}{\partial \theta} = \rho \cos \theta,$$

nous avons les équations

$$(7) \qquad \left\{ \begin{aligned} & \frac{\partial V}{\partial x} \cos \theta + \frac{\partial V}{\partial y} \sin \theta = \frac{\partial V_1}{\partial \rho}, \\ & -\frac{\partial V}{\partial x} \rho \sin \theta + \frac{\partial V}{\partial y} \rho \cos \theta = \frac{\partial V_1}{\partial \theta} ; \end{aligned} \right.$$

ce sont celles qui nous fourniront les valeurs de $\dfrac{\partial V}{\partial x}$ et de $\dfrac{\partial V}{\partial y}$ en fonction de $\dfrac{\partial V_1}{\partial \rho}$ et $\dfrac{\partial V_1}{\partial \theta}$.

Pour calculer les dérivées partielles du second ordre de $V$, nous prendrons de même les dérivées partielles, par rapport à $\rho$ et $\theta$, des deux membres des équations (7), en considérant les premiers membres comme des fonctions composées de ces variables par l'intermédiaire de $\rho$, $\theta$, $x$ et $y$. Comme la dérivée de $\dfrac{\partial V_1}{\partial \rho}$ par rapport à $\theta$ et celle de $\dfrac{\partial V_1}{\partial \theta}$ par rapport à $\rho$ sont identiques, nous obtiendrons seulement trois équations distinctes ; les seconds membres seront $\dfrac{\partial^2 V_1}{\partial \rho^2}$, $\dfrac{\partial^2 V_1}{\partial \rho \partial \theta}$, $\dfrac{\partial^2 V_1}{\partial \theta^2}$ ; les premiers membres renfermeront d'une part les dérivées $\dfrac{\partial^2 V}{\partial x^2}$, $\dfrac{\partial^2 V}{\partial x \partial y}$, $\dfrac{\partial^2 V}{\partial y^2}$, d'autre part les dérivées de $x$ et de $y$ par rapport à $\rho$ et $\theta$, dérivées que nous avons déjà évaluées, enfin dans certains termes les dérivées $\dfrac{\partial V}{\partial x}$, $\dfrac{\partial V}{\partial y}$. En remplaçant ces dernières par leurs valeurs tirées des équations (7), il nous restera finalement trois équations permettant de calculer les dérivées $\dfrac{\partial^2 V}{\partial x^2}$, $\dfrac{\partial^2 V}{\partial x \partial y}$, $\dfrac{\partial^2 V}{\partial y^2}$ au moyen des dérivées du premier et du second ordre de $V_1$ par rapport à $\rho$ et $\theta$. La même méthode de calcul fournira les dérivées partielles du troisième ordre, et ainsi de suite.

Une autre méthode consiste à écrire que les différentielles totales des fonctions $V$ et $V_1$ sont identiques ; si nous prenons d'abord les différentielles totales du premier ordre, nous avons la relation

$$\frac{\partial V}{\partial x} dx + \frac{\partial V}{\partial y} dy = \frac{\partial V_1}{\partial \rho} d\rho + \frac{\partial V_1}{\partial \theta} d\theta \, ;$$

si nous remplaçons $dx$ et $dy$ par leurs valeurs, nous obtenons

$$\frac{\partial V}{\partial x}(d\rho \cos\theta - \rho \sin\theta \, d\theta) + \frac{\partial V}{\partial y}(d\rho \sin\theta + \rho \cos\theta \, d\theta) = \frac{\partial V_1}{\partial \rho} d\rho + \frac{\partial V_1}{\partial \theta} d\theta \, ;$$

c'est une identité par rapport aux différentielles indépendantes $d\rho$ et $d\theta$ ; en égalant respectivement les coefficients de ces différentielles dans les deux membres, nous obtenons précisément les relations (7).

Si nous formons de même les différentielles totales du second ordre de $V$ et de $V_1$, en considérant $\rho$ et $\theta$ comme variables indépendantes, et si nous identifions ces différentielles, nous pourrons calculer les dérivées partielles du second ordre de $V$.

Comme application des formules (7), nous pouvons vérifier que la somme $\left(\dfrac{\partial V}{\partial x}\right)^2 + \left(\dfrac{\partial V}{\partial y}\right)^2$ se transforme en $\left(\dfrac{\partial V_1}{\partial \rho}\right)^2 + \dfrac{1}{\rho^2}\left(\dfrac{\partial V_1}{\partial \theta}\right)^2$.

# QUATRIÈME PARTIE

# THÉORIE DES ÉQUATIONS

## CHAPITRE 1

### NOMBRES COMPLEXES

**239. Nombres imaginaires.** — Les nombres imaginaires ont été introduits en algèbre pour généraliser la notion de racine d'une équation, en particulier pour donner des solutions aux équations du second degré qui ne sont satisfaites par aucun nombre positif ou négatif.

L'équation $x^2 = -1$ n'a pas de racine ; par définition on dit qu'elle est satisfaite par un nombre imaginaire désigné par $i$, tel que l'on ait par conséquent $i^2 = -1$ ; par analogie avec l'écriture des radicaux, on écrit $i = \sqrt{-1}$.

De la même manière, on dit, par définition, que l'équation

$$(x - a)^2 = -b^2 = b^2(-1)$$

est satisfaite lorsque $x - a$ est égal à $b\sqrt{-1}$ ou $bi$, et l'on écrit $x = a + bi$.

En partant de là, on appelle nombre imaginaire une expression de la forme $a + bi$, où $a$ et $b$ sont des nombres relatifs, positifs ou négatifs, et où $i$ est le symbole $\sqrt{-1}$.

Les nombres relatifs ordinaires sont dits réels, par opposition aux nombres imaginaires dont ils ne sont du reste qu'un cas particulier ; un nombre de la forme $bi$ est dit imaginaire pur, de sorte que $a + bi$ peut être considéré comme la réunion d'un nombre réel $a$ et d'un nombre imaginaire pur $bi$.

Deux nombres $a + bi$ et $a - bi$, qui ont même partie réelle et dont les coefficients de $i$ sont égaux et de signes contraires sont dits imaginaires conjugués.

Les opérations auxquelles sont soumis les nombres imaginaires sont définies de façon qu'elles se réduisent aux opérations sur les nombres réels lorsque la partie imaginaire pure disparaît, et qu'elles satisfassent de plus à la condition suivante : le nombre $i$ est traité comme une variable indéterminée dont on doit remplacer le carré par $-1$ partout où il se présente; on est ainsi amené aux défizitions suivantes :

1° On dit que $a + bi$ est nul si $a$ et $b$ sont nuls séparément.

2° On dit que deux nombres $a + bi$ et $a' + b'i$ sont égaux si l'on a séparément $a = a'$ et $b = b'$.

3° On fait la somme de deux imaginaires en additionnant les parties réelles d'une part et les coefficients de $i$ d'autre part, c'est-à-dire en posant

$$(1) \qquad (a + bi) + (a' + b'i) = (a + a') + (b + b')i.$$

4° Le produit de deux nombres est donné par la règle ordinaire de multiplication des polynomes

$$(a + bi)(a' + b'i) = aa' + ab'i + ba'i + bb'i^2 ;$$

si l'on y remplace $i^2$ par $-1$, on a

$$(2) \qquad (a + bi)(a' + b'i) = (aa' - bb') + (ab' + ba')i.$$

En particulier, le produit de deux nombres imaginaires conjugués est

$$(a + bi)(a - bi) = a^2 + b^2 ;$$

et l'on voit qu'il est réel.

5° Les produits et les puissances d'un nombre quelconque de facteurs sont donnés par les règles ordinaires de la multiplication algébrique et donnent lieu aux mêmes remarques que lorsque les facteurs sont réels ; par exemple, on peut intervertir d'une manière quelconque l'ordre des facteurs, on peut remplacer plusieurs d'entre eux par leur produit effectué ; pour qu'un produit de plusieurs facteurs soit nul, il faut et il suffit que l'un des facteurs soit nul, etc.

En particulier, les puissances successives du nombre $i$ sont

$$i = i, \ i^2 = -1, \ i^3 = i^2 \times i = -i, \ i^4 = (i^2)^2 = +1, \ i^5 = (i^4)i = i, \ \ldots ;$$

elles se reproduisent dans le même ordre de quatre en quatre.

6° Le quotient de deux nombres $a + bi$, $a' + b'i$ est un nombre $x + yi$ tel que l'on ait

$$(x + yi)(a' + b'i) = a + bi ;$$

en développant le premier membre, égalant les parties réelles et les coefficients de $i$ dans les deux membres, on a deux équations du premier degré donnant $x$ et $y$ ; mais il est plus commode de multiplier les deux nombres par la quantité conjuguée du diviseur et d'écrire

$$\frac{a+bi}{a'+b'i} = \frac{(a+bi)(a'-b'i)}{(a'+b'i)(a'-b'i)} = \frac{(aa'+bb')+(ba'-ab')i}{a'^2+b'^2},$$

ce qui donne immédiatement le quotient.

**Remarque.** — On voit que le résultat d'un certain nombre d'opérations : addition, soustraction, multiplication, division, effectuées sur des nombres de la forme $a+bi$ peut toujours être ramené à la même forme $A+Bi$, A et B étant réels. Remarquons que si l'on effectue une même suite d'opérations, d'une part sur certains nombres donnés, d'autre part sur leurs conjugués, les deux résultats sont conjugués, et sont de la forme $A+Bi$ et $A-Bi$ ; on peut en effet le vérifier pour chaque opération élémentaire, et c'est encore vrai pour un nombre quelconque d'opérations successives.

**240. Nombres complexes.** — La notion de nombre imaginaire se rattache d'une manière trop spéciale aux équations du second degré et n'a pas assez de généralité, c'est pourquoi on la remplace par la notion de nombre complexe.

On appelle nombre complexe un ensemble de deux nombres positifs ou négatifs $a$, $b$ qui ne jouent pas le même rôle ; nous le représenterons provisoirement par $(a, b)$. Les propriétés de ces nombres résultent des définitions que l'on donne des opérations auxquelles ils sont soumis ; ces définitions, inspirées par celles que nous avons données pour les nombres imaginaires, sont les suivantes :

1° On dit que $(a, b) = 0$ si $a = 0$, $b = 0$.

2° On dit que $(a, b) = (a', b')$ si $a = a'$, $b = b'$.

3° La somme de deux nombres est fournie par l'égalité

$$(a, b) + (a', b') = (a + a', b + b').$$

4° Le produit de deux nombres est fourni par l'égalité

$$(a, b)(a', b') = (aa' - bb', ab' + ba').$$

5° Le quotient de $(a, b)$ par $(a', b')$ est un nombre $(x, y)$ tel que l'on ait

$$(x, y)(a', b') = (a, b).$$

Les propriétés de la multiplication sont les mêmes qu'en algèbre élémentaire ; les nombres les plus simples sont $(1, 0)$ et $(0, 1)$ et sont tels que l'on ait

$$(a, b)(1, 0) = (a, b) ; \quad (a, b)(0, 1) = (-b, a)$$

et, en particulier,

$$(1, 0)(1, 0) = (1, 0), \quad (0, 1)(0, 1) = (-1, 0) ;$$

dès lors, tout nombre complexe $(a, b)$ peut être remplacé par

$$(a, b) = (a, 0)(1, 0) + (b, 0)(0, 1).$$

Le nombre $(1, 0)$ joue le même rôle que l'unité ordinaire, car le produit d'un nombre $(a, b)$ par $(1, 0)$ est égal au nombre lui-même. Les nombres $(a, 0)$ et $(b, 0)$ jouent le même rôle que les nombres ordinaires et peuvent être sans inconvénient représentés par $a$ et $b$ ; quant au nombre $(0, 1)$, il constitue un nombre complexe particulier qui ne se réduit à aucun nombre ordinaire ; nous le représenterons par $i$, de sorte que nous pourrons écrire

$$(a, b) = a + bi.$$

Le nombre complexe $i = (0, 1)$ a, comme nous l'avons vu, son carré égal à $-1$ ; on voit par là que l'on peut adopter pour les nombres complexes la même écriture et les mêmes règles de calcul que pour les nombres imaginaires.

**241. Représentation géométrique des nombres complexes.** — Nous avons vu (n° 82) qu'on représente un nombre positif ou négatif $a$ par le

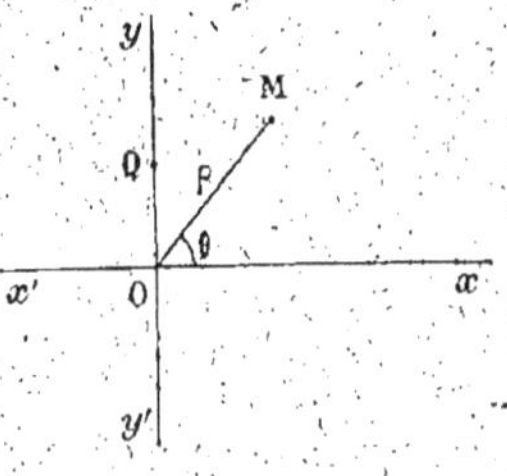


Fig. 77.

point d'un axe $Ox$ dont l'abscisse est égale à $a$. Il est tout naturel de représenter un nombre complexe $(a, b) = a + bi$ par le point d'un plan rapporté à deux axes rectangulaires $Ox$, $Oy$ dont les coordonnées sont $a$, $b$ ; c'est ce que nous ferons désormais. A chaque nombre correspond un point ; aux nombres réels correspondent les points de l'axe $x'x$, aux nombres imaginaires purs correspondent les points de l'axe $y'y$ (*fig.* 77) ; le nombre $i$ est représenté par le point Q de l'axe $Oy$ d'ordonnée 1 ; inversement à chaque point M correspond un nombre $a + bi$ qui est dit l'*affixe* du point.

Le point M peut être déterminé par ses coordonnées polaires $\rho$ et $\theta$ ;

nous convenons dans la théorie actuelle de considérer $\rho$ comme une quantité essentiellement positive ; elle est égale à

$$\rho = \text{longueur } OM = +\sqrt{a^2 + b^2},$$

et on l'appelle *module* du nombre $a + bi$ ; l'angle polaire $\theta$, qui est égal à l'un des angles $(Ox, OM)$, est appelé *argument* de ce nombre ; il n'est déterminé qu'à un multiple près de $2\pi$.

Comme nous avons

$$a = \rho \cos \theta, \qquad b = \rho \sin \theta,$$

nous pouvons écrire le nombre $a + bi$ sous la forme

$$(3) \qquad\qquad a + bi = \rho(\cos \theta + i \sin \theta),$$

qui met en évidence le module et l'argument ; le nombre conjugué du précédent est égal à

$$a - bi = \rho(\cos \theta - i \sin \theta) ;$$

ces deux nombres ont même module, et l'on peut toujours supposer que leurs arguments sont égaux et de signes contraires.

D'après la règle d'addition des nombres complexes, la somme de deux nombres représentés par les points $M$ et $M'$ (*fig.* 78) est représentée par l'extrémité $M''$ de la somme géométrique des vecteurs $OM$, $OM'$. Cette règle s'étend à la somme de plusieurs nombres complexes, qui correspond à la somme géométrique de plusieurs vecteurs.

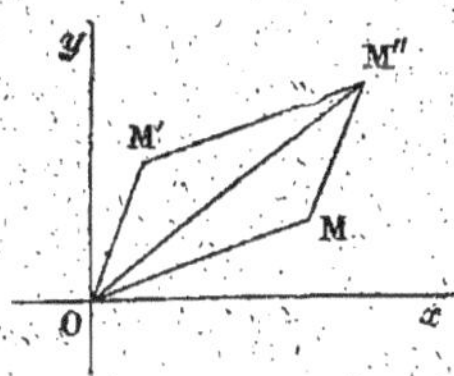

Fig. 78.

Pour mettre en évidence la représentation géométrique du produit de deux nombres complexes, nous les écrirons sous la forme trigonométrique (3) en mettant en évidence leurs modules et leurs arguments ; d'après la formule (3) nous avons

$$\rho(\cos \theta + i \sin \theta)\rho'(\cos \theta' + i \sin \theta')$$
$$= \rho\rho'[\cos \theta \cos \theta' - \sin \theta \sin \theta' + i(\sin \theta \cos \theta' + \cos \theta \sin \theta')]$$
$$= \rho\rho'[\cos (\theta + \theta') + i \sin (\theta + \theta')].$$

Nous obtenons ce résultat : *le produit de deux nombres complexes a un module égal au produit des modules et un argument égal à la somme des arguments des deux facteurs.*

Deux nombres conjugués ayant même module et des arguments égaux et de signes contraires, ont, d'après cela, un produit réel et égal au carré du module de l'un d'eux, comme nous l'avons déjà constaté.

De même, *le quotient de deux nombres complexes a un module égal au quotient des modules et un argument égal à la différence des arguments du dividende et du diviseur.*

Il résulte de là que pour effectuer géométriquement le produit de deux nombres représentés par M et M' (*fig.* 79),

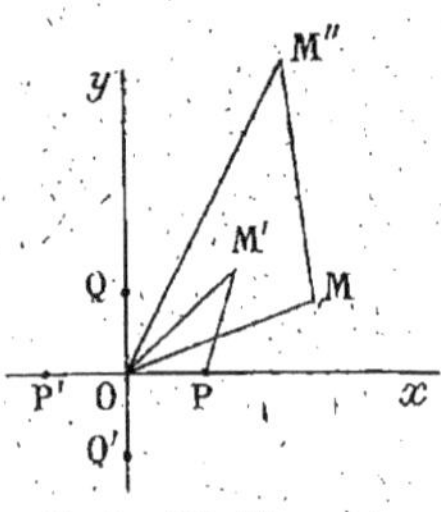

Fig. 79.

on prend sur OM un vecteur égal à OM × OM' et on le fait tourner d'un angle égal à l'argument de M', ou bien encore on prend sur $Ox$ le point P d'abscisse unité et l'on construit sur OM un triangle OMM'' semblable au triangle OPM' et de même orientation ; le point M'' représente le produit.

En particulier, le carré de $i$ s'obtient en faisant tourner de $\dfrac{\pi}{2}$ le vecteur OQ égal à l'unité pris sur $Oy$ ; on vérifie bien que $i^2 = -1$ ; on retrouverait de cette façon les puissances successives de $i$ représentées par P, Q, P', Q'.

**242. Équation du second degré.** — Nous avons vu que la somme des carrés de deux nombres réels $a^2 + b^2$ est égale au produit de deux nombres imaginaires conjugués $a + bi$ et $a - bi$ ; nous allons déduire de là que toute équation du second degré à coefficients réels, lorsqu'elle n'a pas de racine réelle, est satisfaite par deux nombres imaginaires conjugués.

Considérons en effet l'équation du second degré écrite sous la forme

$$x^2 + px + q = 0 ;$$

lorsque $\dfrac{p^2}{4} - q$ est négatif, le premier membre peut se mettre sous la forme d'une somme de deux carrés

$$x^2 + px + q = \left(x + \frac{p}{2}\right)^2 + \left(\sqrt{q - \frac{p^2}{4}}\right)^2 ;$$

le second membre peut être décomposé en deux facteurs imaginaires conjugués, et nous avons

$$x^2 + px + q = \left(x + \frac{p}{2} - i\sqrt{q - \frac{p^2}{4}}\right)\left(x + \frac{p}{2} + i\sqrt{q - \frac{p^2}{4}}\right).$$

Pour que le produit des deux facteurs du second membre soit nul, il faut et il suffit que l'un des facteurs soit nul, c'est-à-dire que $x$ soit égal à l'un des deux nombres imaginaires conjugués compris dans la formule

$$x = -\frac{p}{2} \pm i\sqrt{q - \frac{p^2}{4}}\,;$$

ces nombres sont donc les deux racines de l'équation.

En partant de ce résultat, on peut dire que toute équation du second degré à coefficients réels a deux racines soit réelles et distinctes, soit réelles et égales, soit imaginaires conjuguées.

**243. Fonction de variable complexe.** — Un nombre complexe $z = x + yi$ dont les deux parties $x$ et $y$ sont variables est une variable complexe ; toute expression $Z = f(z)$ formée au moyen de la lettre $z$ avec des coefficients réels ou complexes s'appelle une fonction de la variable $z$. Une telle fonction ne présente d'intérêt que si l'on peut mettre sa valeur sous la forme d'un nombre complexe $Z = X + Yi$ ou, comme on dit encore, si l'on peut la décomposer dans sa partie réelle et sa partie imaginaire. Cette séparation est possible, d'après les règles données aux n°$^s$ 239 et 240, pour la fonction $z^m$, $m$ étant entier et positif, pour un polynome

$$F(z) = a_0 + a_1 z + \cdots + a_m z^m$$

et pour une fraction rationnelle ; nous verrons qu'elle est encore possible pour une série entière. C'est à ces cas qu'on ramène tous les autres ; par exemple l'expression $\sin z$ ne peut être mise sous la forme $X + Yi$ que si on la définit au moyen d'une série entière. Nous supposerons toujours qu'on peut séparer $f(x + yi)$ en ses deux parties réelle et imaginaire ; en le faisant, on obtient deux fonctions réelles de deux variables réelles

$$(4) \qquad X = U(x,\ y). \qquad Y = V(x,\ y).$$

La représentation graphique d'une fonction $Z = f(z)$ nécessite deux plans, l'un rapporté à deux axes $x$, $y$, l'autre à deux axes $X$, $Y$ ; la fonction fait correspondre à tout point $(x,\ y)$ du premier plan un point $(X,\ Y)$ du second.

**244. Dérivée d'une fonction.** — Comme dans le cas d'une variable réelle, on définit la dérivée de la fonction $Z = f(z)$ comme la limite du rapport

$$\frac{f(z + \Delta z) - f(z)}{\Delta z}$$

lorsque $\Delta z$ tend vers zéro ; mais il faut bien remarquer que $\Delta z = \Delta x + i\Delta y$

dépend des deux accroissements indépendants $\Delta x$ et $\Delta y$ qui doivent tendre vers zéro d'une manière quelconque.

La fonction $z^m$, où $m$ est entier positif, a une dérivée, car la formule du binome et le calcul du n° 164 sont valables avec la lettre $z$ aussi bien qu'avec $x$ : les résultats des n°s 168, 169, 170 sont également valables, par conséquent tout polynome et toute fonction rationnelle de $z$ ont des dérivées.

Toute fonction $f(z)$ doit se mettre sous la forme $U(x, y) + iV(x, y)$; mais une telle expression formée au moyen de deux fonctions $U$ et $V$ quelconques ne constitue pas une fonction de $z$; on n'envisage que celles qui ont une dérivée, et on les appelle fonctions *analytiques* ; nous allons chercher les conditions pour qu'une fonction $U(x, y) + iV(x, y)$ ait une dérivée.

Il faut pour cela que le rapport

$$\frac{d(U + iV)}{d(x + iy)} = \frac{\dfrac{\partial U}{\partial x}\,dx + \dfrac{\partial U}{\partial y}\,dy + i\left(\dfrac{\partial V}{\partial x}\,dx + \dfrac{\partial V}{\partial y}\,dy\right)}{dx + idy}$$

ait une limite indépendante de la façon dont $dx$ et $dy$ tendent vers zéro, ou bien indépendante du rapport $\dfrac{dy}{dx}$ que l'on peut mettre en évidence en divisant haut et bas par $dx$ ; il faut donc que l'on ait

$$\frac{\dfrac{\partial U}{\partial x} + i\dfrac{\partial V}{\partial x}}{1} = \frac{\dfrac{\partial U}{\partial y} + i\dfrac{\partial V}{\partial y}}{i};$$

en mettant cette condition sous forme entière et séparant les parties réelles et les parties imaginaires, on trouve les conditions

$$(5) \qquad \frac{\partial U}{\partial x} = \frac{\partial V}{\partial y}, \qquad \frac{\partial V}{\partial x} = -\frac{\partial U}{\partial y}.$$

**245. Remarques géométriques.** — Les formules (4) établissent une transformation d'un plan rapporté à deux axes $(x, y)$ dans un plan rapporté à deux axes $(X, Y)$ ; considérons une fonction analytique satisfaisant aux conditions (5) ; imaginons que le point $(x, y)$ décrive des courbes $c$ passant par un point $m$, le point $(X, Y)$ décrira des courbes $C$ passant par le point correspondant $M$ (*fig.* 80).

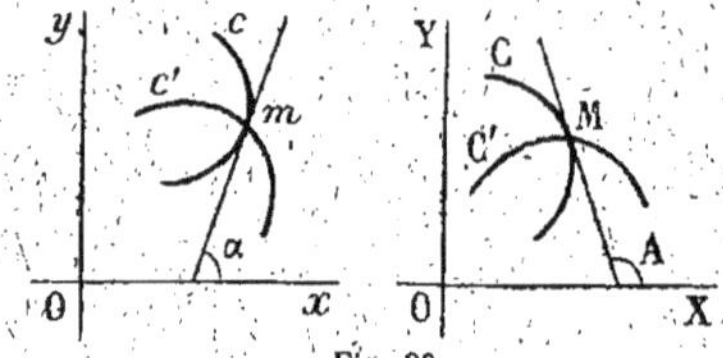

Fig. 80.

Soit $\alpha$ l'angle que fait avec $Ox$ la tangente en $m$ à une courbe $c$, $A$ l'angle que fait avec $OX$ la tangente en $M$ à la courbe $C$ correspondante ; on a

$$\operatorname{tg}\alpha = \frac{dy}{dx}, \qquad \operatorname{tg}A = \frac{dY}{dX} = \frac{\dfrac{\partial V}{\partial x}\,dx + \dfrac{\partial V}{\partial y}\,dy}{\dfrac{\partial U}{\partial x}\,dx + \dfrac{\partial U}{\partial y}\,dy} \;;$$

en utilisant les formules (5) on peut écrire

$$\operatorname{tg}A = \frac{\dfrac{\dfrac{\partial V}{\partial x}}{\dfrac{\partial V}{\partial y}} + \dfrac{dy}{dx}}{1 - \dfrac{\dfrac{\partial V}{\partial x}}{\dfrac{\partial V}{\partial y}}\dfrac{dy}{dx}}.$$

Si l'on désigne par $\operatorname{tg}\alpha_0$ ██████ terme du numérateur, on voit que

$$\operatorname{tg}A = \operatorname{tg}(\alpha_0 + \alpha), \qquad A = \alpha_0 + \alpha.$$

Les directions des tangentes à toutes les courbes $C$ en $M$ se déduisent en quelque sorte de celles des tangentes aux courbes $c$ en $m$ en leur imprimant une même rotation d'angle $\alpha_0$ ; par suite *l'angle des tangentes en $M$ à deux courbes quelconques $C$ est égal à l'angle des tangentes en $m$ aux deux courbes correspondantes $c$.*

En raison de cette propriété, on dit que les formules (4) définissent une *représentation conforme* du plan $(x, y)$ sur le plan $(X, Y)$ ; un quadrilatère formé de courbes $c$ se transforme en un quadrilatère de courbes $C$ ayant les mêmes angles que le premier.

Si l'on considère par exemple la fonction $Z = z^2$, on a

$$X + iY = (x + iy)^2 = x^2 - y^2 + 2ixy,$$
$$X = x^2 - y^2, \qquad Y = 2xy ;$$

aux lignes $X = X_0$, $Y = Y_0$ du plan $XY$ correspondent les hyperboles équilatères $x^2 - y^2 = X_0$, $2xy = Y_0$ du plan $xy$ ; comme les premières lignes sont orthogonales, il en est de même de ces hyperboles.

**246r Séries à termes complexes. —** Soit

$$(6) \qquad\qquad u_1 + u_2 + \cdots + u_n + \cdots$$

une série dont les termes sont des nombres complexes de la forme

$$u_n = a_n + b_n i;$$

comme au n° 32 on dit qu'une telle série est convergente si la somme des $n$ premiers termes a une limite quand $n$ augmente indéfiniment.

Comme on a

$$S_n = (a_1 + a_2 + \cdots + a_n) + i(b_1 + b_2 + \cdots + b_n),$$

pour que la série (6) soit convergente, il faut et il suffit que les sommes entre parenthèses aient respectivement des limites, ou bien que les séries formées respectivement par les parties réelles et les coefficients de $i$ soient convergentes. Si A et B sont les sommes de ces deux séries, la série (6) a pour somme $A + Bi$.

Il y a intérêt à envisager les modules

$$\rho_n = \sqrt{a_n^2 + b_n^2}$$

des termes de la série, car on utilise souvent le théorème suivant :

**Théorème.** — *Si la série des modules des termes d'une série donnée est convergente, cette dernière série est convergente.*

En effet, les valeurs absolues de $a_n$ et de $b_n$ sont sûrement au plus égales à $\rho_n$, par suite, les séries de terme général $a_n$ et $b_n$ sont absolument convergentes, et la série proposée est convergente. On dit encore qu'elle est absolument convergente.

Considérons une série entière d'une variable complexe $z$,

$$(7) \qquad Z = a_0 + a_1 z + a_2 z^2 + \cdots + a_n z^n + \cdots,$$

les coefficients $a_1, a_2, \ldots, a_n \ldots$ étant des nombres ordinaires ou complexes ; les valeurs de $z$ pour lesquelles elle est convergente forment un ensemble représenté dans le plan $(x, y)$ de la variable complexe par un domaine pouvant se réduire au point $z = 0$ ou s'étendre à l'infini dans tous les sens.

**Théorème.** — *Si pour une valeur réelle et positive $z = \rho_0$ les modules des termes de la série (7) restent finis, la série est convergente pour toutes les valeurs de $z$ dont le module est inférieur à $\rho_0$.*

La démonstration est identique à celle du n° 214 ; il suffit d'y remplacer le terme valeur absolue par le mot module.

Si pour $z = \rho_0$ le module du terme général reste fini sans tendre vers zéro pour $n$ infini, on peut affirmer que la série est divergente pour les valeurs de $z$ dont le module est supérieur à $\rho_0$. On peut donc affirmer que le cercle de centre O et de rayon $\rho_0$ sépare le plan représentatif de $z$ en deux régions, la région intérieure pour tous les points de laquelle la série est convergente, et la région extérieure, où elle est divergente. On ne peut rien dire en général pour les points situés sur le cercle. Un cercle jouissant de la propriété précédente s'appelle cercle de convergence. Toute série entière a un cercle de convergence dont le rayon peut être nul ou infini ; nous admettrons ce fait sans insister sur sa démonstration, qui repose sur les principes développés au n° 10.

*Exemple.* — Les séries

$$\frac{z}{1} - \frac{z^2}{2} + \frac{z^3}{3} - \cdots,$$

$$1 + \frac{z^2}{1.2} + \frac{z^4}{1.2.3.4} + \cdots,$$

$$1 + 1.2.z^2 + 1.2.3.4.z^4 + \cdots$$

ont des cercles de convergence de rayons égaux à 1, $\infty$ et 0.

Par un raisonnement identique à celui du n° 215, en introduisant les modules à la place des valeurs absolues, on démontrerait ce théorème :

**Théorème.** — *Si $\rho_0$ est le rayon du cercle de convergence d'une série entière, et $\rho_1$ un nombre positif inférieur à $\rho_0$, pour toute valeur de $z$ de module égal ou inférieur à $\rho_1$, la série est absolument et uniformément convergente ; elle a une dérivée représentée par la série des dérivées de ses termes successifs.*

Nous ajouterons, sans insister sur la démonstration, que deux séries entières égales pour toutes les valeurs de $z$ de module inférieur ou égal à $\rho_1$ sont identiques et ont les mêmes coefficients.

**247. Fonctions $e^z$, $\sin z$, $\cos z$.** — Les fonctions de variable réelle sont définies par des considérations d'algèbre ou de géométrie, et ensuite développées en série (n° 218) ; lorsqu'on veut au contraire étudier une fonction de variable complexe, on prend comme définition de cette fonction sa représentation par une série entière ; on est certain que la fonction a une dérivée dans son cercle de convergence. C'est ainsi que l'on définit les fonctions $e^z$, $\sin z$, $\cos z$ par les séries

$$(8) \qquad e^z = 1 + \frac{z}{1} + \frac{z^2}{1.2} + \cdots + \frac{z^n}{1.2\ldots n} + \cdots,$$

$$(9) \qquad \sin z = \frac{z}{1} - \frac{z^3}{1.2.3} + \cdots \pm \frac{z^{2p+1}}{1.2\ldots(2p+1)} \mp \cdots,$$

$$(10) \qquad \cos z = 1 - \frac{z^2}{1.2} + \frac{z^4}{1.2.3.4} - \cdots \pm \frac{z^{2p}}{1.2\ldots 2p} \mp \cdots;$$

elles sont convergentes pour toute valeur de $z$.

La règle de multiplication des séries et les raisonnements du n° 54 s'étendent aux séries de variables complexes, et montrent que l'on a l'identité

$$(11) \qquad e^z e^{z'} = e^{z + z'}.$$

Pour calculer numériquement $e^z$ lorsque $z$ est un nombre complexe, donnons d'abord à $z$ la valeur purement imaginaire $ix$; nous aurons

$$e^{ix} = 1 + \frac{ix}{1} + \frac{i^2 x^2}{1 \cdot 2} + \frac{i^3 x^3}{1 \cdot 2 \cdot 3} + \cdots;$$

en remplaçant les puissances de $i$ par leurs valeurs et séparant le second membre en sa partie réelle et sa partie imaginaire, nous avons

$$e^{ix} = \left[ 1 - \frac{x^2}{1 \cdot 2} + \frac{x^4}{1 \cdot 2 \cdot 3 \cdot 4} - \cdots \right] + i \left[ \frac{x}{1} - \frac{x^3}{1 \cdot 2 \cdot 3} + \cdots \right];$$

mais les parenthèses sont les développements en série de $\cos x$ et de $\sin x$ (n° 218); nous avons donc la relation fondamentale dite d'Euler

$$(12) \qquad e^{ix} = \cos x + i \sin x;$$

supposons qu'on change $i$ en $-i$; nous aurons

$$e^{-ix} = \cos x - i \sin x;$$

par addition et soustraction, nous en déduirons

$$(13) \qquad \cos x = \frac{e^{ix} + e^{-ix}}{2}, \qquad \sin x = \frac{e^{ix} - e^{-ix}}{2i}.$$

Ces relations montrent la liaison qui existe entre la fonction exponentielle et les fonctions trigonométriques. Remarquons que $e^{2ki\pi} = 1$, $k$ étant un nombre entier positif ou négatif.

Si l'on donne maintenant à $z$ dans la série (8) la valeur $x + yi$, $x$ et $y$ étant réels, on a

$$(14) \qquad e^{x + yi} = e^x \times e^{yi} = e^x(\cos y + i \sin y).$$

Pour calculer $\sin z$ et $\cos z$, on peut remarquer que les équations (13) sont des identités valables pour une valeur quelconque de la variable, et l'on vérifie, en partant des séries (8), (9) et (10), que l'on a

$$\cos z = \frac{e^{iz} + e^{-iz}}{2}, \qquad \sin z = \frac{e^{iz} - e^{-iz}}{2i};$$

si $z$ est un nombre complexe égal à $x + yi$, on remplacera $iz$ par $ix - y$, et l'on remplacera les exponentielles par leurs valeurs. On pourrait vérifier que les formules fondamentales de la trigonométrie sont encore valables pour des valeurs complexes des variables ; elles découlent toutes de la relation (11).

Remarquons encore que tout nombre complexe de module $\rho$ et d'argument $\theta$ peut s'écrire sous la forme

$$\rho(\cos\theta + i\sin\theta) = \rho e^{i\theta} ;$$

on peut augmenter ou diminuer $\theta$ d'un multiple entier de $2\pi$ et écrire encore $\rho e^{i(\theta + 2k\pi)}$.

Ceci permet de définir le logarithme népérien d'un nombre complexe si l'on définit le logarithme de $z$ comme l'exposant $z'$ de $e$ tel que $e^{z'} = z$ ; on a

$$e^{z'} = \rho e^{i\theta} = e^{\log\rho + i\theta}$$

$\log\rho$ étant le logarithme népérien ordinaire du nombre positif $\rho$ ; on a par suite

$$z' = \log\rho + i(\theta + 2k\pi) ;$$

on voit qu'un nombre a une infinité de logarithmes différant les uns des autres d'un multiple entier de $2i\pi$.

**248. Fonctions hyperboliques.** — Les formules (13) ramènent l'étude des fonctions trigonométriques à celle de l'exponentielle. On définit par des formules analogues de nouvelles fonctions réelles de variables réelles, que l'on appelle *fonctions hyperboliques* ; ce sont

$$\operatorname{ch} x = \frac{e^x + e^{-x}}{2}, \qquad \operatorname{sh} x = \frac{e^x - e^{-x}}{2}, \qquad \operatorname{th} x = \frac{\operatorname{sh} x}{\operatorname{ch} x} = \frac{e^x - e^{-x}}{e^x + e^{-x}} ;$$

elles sont appelées respectivement cosinus hyperbolique, sinus hyperbolique et tangente hyperbolique de $x$.

Leurs propriétés rappellent celles des fonctions trigonométriques : nous mentionnerons en particulier les suivantes, qu'il est facile de démontrer :

$$\operatorname{ch}^2 x - \operatorname{sh}^2 x = 1 ;$$
$$\operatorname{ch}(x+y) = \operatorname{ch} x \operatorname{ch} y + \operatorname{sh} x \operatorname{sh} y ; \qquad \operatorname{sh}(x+y) = \operatorname{sh} x \operatorname{ch} y + \operatorname{ch} x \operatorname{sh} y ;$$
$$\frac{d\operatorname{sh} x}{dx} = \operatorname{ch} x ; \qquad \frac{d\operatorname{ch} x}{dx} = \operatorname{sh} x.$$

La fonction $\operatorname{ch} x$ est paire en ce sens qu'elle ne change pas quand on remplace $x$ par $-x$ ; les deux autres fonctions sont impaires, elles changent de signe, sans changer de valeur absolue, quand on remplace $x$

par $-x$ ; cela résulte aussi de leurs développements en série, qui sont, pour les deux premières :

$$\mathrm{ch}\ x = 1 + \frac{x^2}{1 \cdot 2} + \frac{x^4}{1 \cdot 2 \cdot 3 \cdot 4} + \cdots,$$

$$\mathrm{sh}\ x = \frac{x}{1} + \frac{x^3}{1 \cdot 2 \cdot 3} + \frac{x^5}{1 \cdot 2 \cdot 3 \cdot 4 \cdot 5} + \cdots$$

Ces séries sont toujours convergentes. En y remplaçant $x$ par $z$, on a la représentation par des séries entières des fonctions hyperboliques d'une variable complexe. Les courbes représentatives des trois fonctions $\mathrm{ch}\ x$, $\mathrm{sh}\ x$, $\mathrm{th}\ x$ pour $x$ réel ont la forme indiquée dans la figure 81.

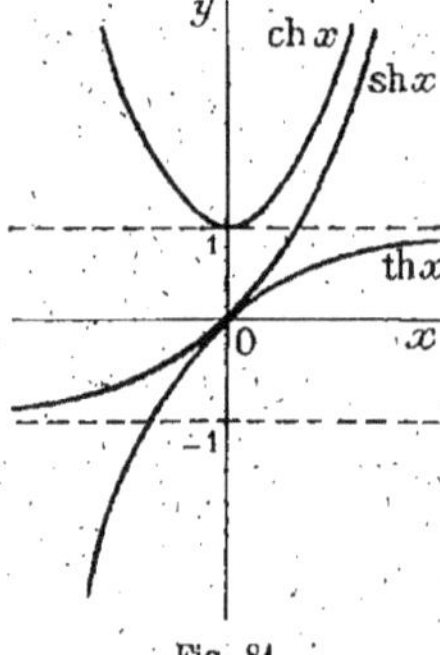


Fig. 81.

# CHAPITRE II

## APPLICATIONS TRIGONOMÉTRIQUES

---

**249. Formule de Moivre.** — La règle de multiplication des nombres complexes, que nous avons indiquée au n° 241, et qui s'exprime par l'égalité

$$\rho(\cos\theta + i\sin\theta)\,\rho'(\cos\theta' + i\sin\theta') = \rho\rho'\left[\cos(\theta + \theta') + i\sin(\theta + \theta')\right],$$

est une conséquence immédiate de la représentation des nombres complexes par des exponentielles sous la forme $\rho e^{i\theta}$, et se réduit à l'égalité

$$\rho e^{i\theta}\,\rho'e^{i\theta'} = \rho\rho'e^{i(\theta + \theta')}.$$

Ces formules s'étendent de proche en proche à un nombre quelconque de facteurs ; si les facteurs sont égaux et en nombre $m$, nous voyons que la puissance $m^e$ du nombre $\rho(\cos\theta + i\sin\theta)$ a pour module la puissance $m^e$ du module $\rho$ et pour argument $m$ fois l'argument $\theta$ ; elle est égale à $\rho^m(\cos m\theta + i\sin m\theta)$. En particulier, si $\rho$ est égal à l'unité, nous avons la formule suivante, connue sous le nom de formule de Moivre,

$$(1) \qquad\qquad \left[\cos\theta + i\sin\theta\right]^m = \cos m\theta + i\sin m\theta;$$

elle est aussi une conséquence de l'identité

$$(e^{i\theta})^m = e^{im\theta}.$$

**250. Multiplication des arcs.** — Le premier membre de cette relation (1), développé suivant la formule du binome, a pour valeur

$$\cos^m\theta + \frac{m}{1}\,i\cos^{m-1}\theta\sin\theta + \frac{m(m-1)}{1\cdot 2}\,i^2\cos^{m-2}\theta\sin^2\theta + \cdots;$$

si nous y remplaçons les puissances $i^2$, $i^3$, ... par $-1, -i, \ldots$ (n° 239, 5°) et si nous réunissons les parties réelles d'une part et les parties purement imaginaires d'autre part, nous mettrons le résultat sous la forme $A + Bi$, A et B étant réels ; pour l'égaler au second membre, nous devons égaler d'une part les parties réelles, et d'autre part les coefficients de $i$; en opérant ainsi, nous obtenons les deux formules suivantes :

$$(2) \quad \cos m\theta = \cos^m \theta - \frac{m(m-1)}{1 \cdot 2} \cos^{m-2} \theta \sin^2 \theta$$
$$+ \frac{m(m-1)(m-2)(m-3)}{1 \cdot 2 \cdot 3 \cdot 4} \cos^{m-4} \theta \sin^4 \theta - \cdots;$$

$$(3) \quad \sin m\theta = \frac{m}{1} \cos^{m-1} \theta \sin \theta - \frac{m(m-1)(m-2)}{1 \cdot 2 \cdot 3} \cos^{m-3} \theta \sin^3 \theta$$
$$+ \frac{m(m-1) \ldots (m-4)}{1 \cdot 2 \ldots 5} \cos^{m-5} \theta \sin^5 \theta - \cdots.$$

Ce sont les formules de multiplication des arcs, donnant le sinus et le cosinus de l'arc $m\theta$ en fonction du sinus et du cosinus de $\theta$.

En les divisant l'une par l'autre, et divisant les deux seconds membres par $\cos^m\theta$, nous obtenons la formule donnant $\operatorname{tg} m\theta$ en fonction de $\operatorname{tg} \theta$; elle est

$$(4) \quad \operatorname{tg} m\theta = \frac{\dfrac{m}{1} \operatorname{tg} \theta - \dfrac{m(m-1)(m-2)}{1 \cdot 2 \cdot 3} \operatorname{tg}^3 \theta + \cdots}{1 - \dfrac{m(m-1)}{1 \cdot 2} \operatorname{tg}^2 \theta + \cdots}$$

En particulier, pour $m = 3$, nous avons

$$(5) \quad \cos 3\theta = \cos^3 \theta - 3 \cos \theta \sin^2 \theta = 4 \cos^3 \theta - 3 \cos \theta;$$

$$(6) \quad \sin 3\theta = 3 \cos^2 \theta \sin \theta - \sin^3 \theta = 3 \sin \theta - 4 \sin^3 \theta,$$

$$(7) \quad \operatorname{tg} 3\theta = \frac{3 \operatorname{tg} \theta - \operatorname{tg}^3 \theta}{1 - 3 \operatorname{tg}^2 \theta}.$$

**251. Division des arcs.** — $\operatorname{Cos} \dfrac{\theta}{m}$. — Proposons-nous d'abord de calculer $\cos \dfrac{\theta}{m}$ connaissant $\cos \theta$; la question peut être résolue de deux manières, soit numériquement au moyen des tables, soit algébriquement.

Dans la première méthode, on commence par calculer au moyen des tables l'arc compris entre $0$ et $\pi$ ayant pour cosinus le cosinus donné, celui-ci étant supposé compris entre $-1$ et $+1$; si $\theta_0$ est cet arc, on sait que tous ceux qui ont même cosinus sont compris dans la formule

$$\theta = 2k\pi \pm \theta_0,$$

$k$ étant un entier quelconque; leur $m^e$ partie a pour valeur

$$\frac{\theta}{m} = \frac{2k\pi}{m} \pm \frac{\theta_0}{m};$$

et la valeur cherchée pour $\cos\dfrac{\theta}{m}$ est donnée par la formule générale

$$\cos\frac{\theta}{m} = \cos\left(\frac{2k\pi}{m} \pm \frac{\theta_0}{m}\right).$$

Bien que $k$ doive prendre toutes les valeurs entières de $-\infty$ à $+\infty$, le second membre n'a que $m$ valeurs distinctes, obtenues en donnant à $k$ les valeurs $0, 1, 2, \ldots, m-1$, et en prenant le signe $+$ devant $\dfrac{\theta_0}{m}$; ces valeurs sont

$$(8) \qquad \cos\frac{\theta_0}{m}, \qquad \cos\left(\frac{2\pi}{m} + \frac{\theta_0}{m}\right), \qquad \ldots, \qquad \cos\left[\frac{2(m-1)\pi}{m} + \frac{\theta_0}{m}\right].$$

En effet, si l'on considère d'abord un arc $\dfrac{2k\pi}{m} + \dfrac{\theta_0}{m}$, et si $k$ est négatif ou supérieur à $m-1$, cette valeur de $k$ diffère de l'un des nombres $0, 1, \ldots, m-1$ par un multiple de $m$; les arcs correspondants diffèrent par un multiple entier de $2\pi$ et ont même cosinus; si l'on considère maintenant un arc de la forme $\dfrac{2k\pi}{m} - \dfrac{\theta_0}{m}$, on peut l'écrire $-\left[\dfrac{2(-k)\pi}{m} + \dfrac{\theta_0}{m}\right]$; il est égal et de signe contraire à l'un des arcs considérés précédemment et a le même cosinus que cet arc.

Il résulte de là que l'on a seulement $m$ valeurs pour $\cos\dfrac{\theta}{m}$, et que ces valeurs numériques sont celles des $m$ quantités (8); on les évalue numériquement au moyen des tables.

Pour déterminer $\cos\dfrac{\theta}{m}$ par la méthode algébrique, on utilise l'équation (2); on y remplace au second membre $\sin^2\theta$ par $1 - \cos^2\theta$, de manière à mettre ce second membre sous la forme d'un polynôme de degré $m$ en $\cos\theta$; on remplace enfin $\theta$ par $\dfrac{\theta}{m}$ dans les deux membres. On obtient de cette façon une équation de degré $m$ en $\cos\dfrac{\theta}{m}$; ses $m$ racines sont les $m$ valeurs (8), dont nous avons démontré précédemment l'existence; nous voyons par là que ces $m$ racines sont réelles.

Dans la pratique, on ne cherche pas à résoudre algébriquement cette équation; au contraire, on utilise le procédé de calcul trigonométrique que nous avons mentionné dans la première méthode, pour déterminer numériquement ses racines. Par exemple, l'équation qui donne $\cos\dfrac{\theta}{3}$ en fonction de $\cos \theta$ s'obtient en remplaçant $\theta$ par $\dfrac{\theta}{3}$ dans l'équation (5); elle est

$$4 \cos^3 \frac{\theta}{3} - 3 \cos \frac{\theta}{3} - \cos \theta = 0 \; ;$$

on évalue les valeurs numériques de ses trois racines en calculant au moyen des tables les trois quantités

$$\cos \frac{\theta_0}{3}, \quad \cos\left(\frac{2\pi}{3} + \frac{\theta_0}{3}\right), \quad \cos\left(\frac{4\pi}{3} + \frac{\theta_0}{3}\right),$$

$\theta_0$ étant un arc ayant pour cosinus le cosinus donné.

**252. Sin $\dfrac{\theta}{m}$.** — Proposons-nous de la même manière de calculer $\sin \dfrac{\theta}{m}$ connaissant $\sin \theta$. Par la méthode trigonométrique, nous calculerons au moyen des tables l'arc $\theta_0$ compris entre $-\dfrac{\pi}{2}$ et $+\dfrac{\pi}{2}$ ayant pour sinus le sinus donné, celui-ci étant supposé compris entre $-1$ et $+1$; tous les arcs $\theta$ sont alors compris dans les formules

$$\theta = 2k\pi + \theta_0, \qquad \theta = (2k+1)\pi - \theta_0,$$

et leurs $m^{es}$ parties dans les formules

$$\frac{\theta}{m} = \frac{2k\pi}{m} + \frac{\theta_0}{m}, \qquad \frac{\theta}{m} = \frac{(2k+1)\pi}{m} - \frac{\theta_0}{m} \; ;$$

le sinus cherché est alors donné par l'une des deux formules générales

$$\sin \frac{\theta}{m} = \sin\left(\frac{2k\pi}{m} + \frac{\theta_0}{m}\right), \quad \sin \frac{\theta}{m} = \sin\left(\frac{(2k+1)\pi}{m} - \frac{\theta_0}{m}\right).$$

Comme précédemment, nous verrions que la première formule donne seulement $m$ valeurs pour $\sin \dfrac{\theta}{m}$, et qu'on les obtient en donnant à $k$ les valeurs $0, 1, 2, \ldots, (m-1)$; ces valeurs sont

$$(9) \quad \sin \frac{\theta_0}{m}, \quad \sin\left(\frac{2\pi}{m} + \frac{\theta_0}{m}\right), \quad \cdots, \quad \sin\left[\frac{2(m-1)\pi}{m} + \frac{\theta_0}{m}\right].$$

Nous allons montrer que si $m$ est impair, les sinus donnés par la deuxième formule sont égaux aux précédents; supposons en effet que l'on pose $m = 2m' + 1$; on vérifie que l'arc $\dfrac{(2k+1)\pi}{m} - \dfrac{\theta_0}{m}$ est le supplément de $\dfrac{2(m'-k)\pi}{m} + \dfrac{\theta_0}{m}$, et il a même sinus que lui; les sinus de la seconde série d'arcs sont alors les mêmes que ceux de la première série, et leurs valeurs sont celles de la suite (9) : il existe donc seulement $m$ valeurs de $\sin \dfrac{\theta}{m}$.

Si au contraire $m$ est pair, les sinus de la seconde série d'arcs sont différents de ceux de la première ; leurs valeurs sont au nombre de $m$ ; elles sont égales, comme le montrerait un raisonnement analogue aux précédents, aux $m$ quantités

$$(10) \quad \sin\left(\frac{\pi}{m} - \frac{\theta_0}{m}\right); \quad \sin\left(\frac{3\pi}{m} - \frac{\theta_0}{m}\right), \ldots, \sin\left[\frac{(2m-1)\pi}{m} - \frac{\theta_0}{m}\right] :$$

il existe donc dans le cas de $m$ pair $2m$ valeurs de $\sin\dfrac{\theta}{m}$, celles des nombres des suites (9) et (10).

Pour déterminer $\sin\dfrac{\theta}{m}$ par la méthode algébrique, on utilise l'équation (3) ; si $m$ est impair, les puissances de $\cos\theta$ au second membre sont toutes paires, et l'on peut remplacer chaque fois $\cos^2\theta$ par $1 - \sin^2\theta$ ; on obtient de cette façon au second membre un polynome de degré $m$ en $\sin\theta$ ; en remplaçant enfin aux deux membres $\theta$ par $\dfrac{\theta}{m}$, on obtient une équation de degré $m$ en $\sin\dfrac{\theta}{m}$ ; les $m$ racines sont les valeurs (9) et elles sont toutes réelles ; leur calcul numérique s'effectue dans la pratique au moyen des tables par la méthode trigonométrique.

Si $m$ est pair, les puissances de $\cos\theta$ au second membre de l'équation (3) sont toutes impaires ; si l'on forme le rapport $\dfrac{\sin m\theta}{\cos\theta}$, il ne renferme cette fois que des puissances paires de $\cos\theta$ et peut être mis, en remplaçant $\cos^2\theta$ par $1 - \sin^2\theta$, sous forme d'un polynome de degré $m - 1$ en $\sin\theta$. En élevant alors les deux membres au carré, on voit que $\dfrac{\sin^2 m\theta}{\cos^2\theta}$ ou bien $\dfrac{\sin^2 m\theta}{1 - \sin^2\theta}$ est un polynome de degré $2m - 2$ en $\sin\theta$, et l'on en déduit la valeur de $\sin^2 m\theta$ sous forme d'un polynome de degré $2m$ en $\sin\theta$ ; il suffit de remplacer $\theta$ par $\dfrac{\theta}{m}$ pour avoir une équation de degré $2m$ donnant $\sin\dfrac{\theta}{m}$ en fonction de $\sin\theta$ ; les $2m$ racines de cette équation sont les valeurs (9) et (10) ; nous voyons par là que ces $2m$ racines sont encore réelles.

253. $\mathbf{Tg}\,\dfrac{\theta}{m}$. — Proposons-nous enfin de calculer $\operatorname{tg}\dfrac{\theta}{m}$ connaissant $\operatorname{tg}\theta$. Par la méthode trigonométrique, nous déterminerons au moyen des

tables l'arc $\theta_0$, compris entre $0$ et $\pi$ ayant pour tangente la tangente donnée ; tous les arcs $\theta$ sont compris dans la formule $\theta = k\pi + \theta_0$, et les tangentes de leurs $m^{es}$ parties sont comprises dans la formule générale

$$\operatorname{tg} \frac{\theta}{m} = \operatorname{tg}\left( \frac{k\pi}{m} + \frac{\theta_0}{m} \right);$$

par un raisonnement analogue à ceux que nous avons déjà faits, nous verrions que le second membre a seulement $m$ valeurs, obtenues en donnant à $k$ les valeurs $0, 1, 2, \ldots, m-1$.

Par la méthode algébrique, on remplace dans l'équation (4) $\theta$ par $\dfrac{\theta}{m}$ et l'on a une équation de degré $m$ en $\operatorname{tg} \dfrac{\theta}{m}$ ; ses $m$ racines sont les valeurs précédentes et sont toutes réelles.

**254. Résolution de l'équation binome.** — Considérons d'abord l'équation

$$x^m - 1 = 0$$

et cherchons les nombres réels ou imaginaires qui peuvent y satisfaire. Supposons que $x$ soit écrit sous la forme $\rho(\cos\theta + i\sin\theta)$ ; d'après ce que nous avons dit, $x^m$ est égal à $\rho^m(\cos m\theta + i\sin m\theta)$ ; son module est $\rho^m$ et son argument $m\theta$ ; pour que $x^m$ soit égal à l'unité, il faut et il suffit que le module $\rho^m$ soit égal à l'unité, et que l'argument $m\theta$ soit égal à un multiple entier de $2\pi$ de la forme $2k\pi$, $k$ étant un entier quelconque, positif ou négatif. Nous en concluons que $\rho = 1$ et $\theta = \dfrac{2k\pi}{m}$, de sorte que les nombres $x$ cherchés sont donnés par la formule générale

$$(11) \qquad x = \cos\frac{2k\pi}{m} + i\sin\frac{2k\pi}{m};$$

c'est l'expression générale des racines de l'équation binome $x^m - 1 = 0$.

Les valeurs de $x$ sont seulement au nombre de $m$ distinctes, obtenues en donnant à $k$ les valeurs $0, 1, 2, \ldots, (m-1)$ ; la première est toujours réelle et égale à $1$. Si $m$ est impair, toutes les autres sont imaginaires ; si $m$ est pair, il existe une seconde racine réelle égale à $-1$, obtenue en faisant $k = \dfrac{m}{2}$, et les autres racines sont imaginaires ; les $m$ racines (11) sont dites les racines $m^{es}$ de l'unité.

Si l'on sait résoudre l'équation binome par les méthodes de l'algèbre, et si l'on met ses racines sous la forme $a + bi$, les nombres $a$ et $b$ sont, d'après la formule (11), les valeurs de $\cos\dfrac{2k\pi}{m}$ et de $\sin\dfrac{2k\pi}{m}$ ; la comparaison des deux méthodes fournit ainsi un procédé de calcul de ces lignes trigonométriques.

Considérons par exemple l'équation $x^3 - 1 = 0$; elle se décompose en deux autres, en écrivant

$$x^3 - 1 = (x - 1)(x^2 + x + 1) = 0;$$

ses trois racines sont

$$x = 1, \qquad x = \frac{-1 + i\sqrt{3}}{2}, \qquad x = \frac{-1 - i\sqrt{3}}{2};$$

les deux dernières, qui sont imaginaires conjuguées, sont appelées les racines cubiques imaginaires de l'unité; on vérifierait facilement qu'elles sont égales à $\cos\frac{2\pi}{3} + i\sin\frac{2\pi}{3}$ et à $\cos\frac{4\pi}{3} + i\sin\frac{4\pi}{3}$ en utilisant les valeurs des sinus et des cosinus de $\frac{2\pi}{3}$ et de $\frac{4\pi}{3}$; d'autre part, la remarque que nous avons faite fournit inversement les valeurs de $\cos\frac{2\pi}{3}$, $\sin\frac{2\pi}{3}$, $\cos\frac{4\pi}{3}$ et $\sin\frac{4\pi}{3}$ lorsqu'on a résolu algébriquement l'équation $x^3 - 1 = 0$.

Considérons maintenant l'équation générale

$$x^m = A,$$

où $A$ est un nombre quelconque, réel ou imaginaire; ses racines sont appelées racines $m^{es}$ algébriques de $A$, et l'une quelconque d'entre elles est représentée par $\sqrt[m]{A}$.

Si $A$ est donné sous la forme $r(\cos\alpha + i\sin\alpha)$, nous voyons déjà, d'après le n° 249, que le nombre

$$x_0 = \sqrt[m]{r}\left(\cos\frac{\alpha}{m} + i\sin\frac{\alpha}{m}\right),$$

où $\sqrt[m]{r}$ désigne la valeur arithmétique du radical, satisfait à l'équation et est une de ses racines; pour trouver les autres, posons $x = x_0 x'$; $x'$ sera alors donné par l'équation $x'^m = 1$, et il aura $m$ valeurs fournies par la formule (11). Nous voyons ainsi qu'il existe $m$ racines $m^{es}$ algébriques d'un nombre, et qu'on les obtient en multipliant l'une d'elles par les $m$ racines $m^{es}$ de l'unité.

Si l'on donne par exemple un nombre réel $A$, et si l'on représente par $\sqrt[3]{A}$ sa racine cubique réelle, ses trois racines cubiques algébriques sont, d'après ce que nous avons dit au numéro précédent,

$$\sqrt[3]{A}, \qquad \frac{-1+i\sqrt{3}}{2}\sqrt[3]{A}, \qquad \frac{-1+i\sqrt{3}}{2}\sqrt[3]{A}.$$

**255. Calcul de $\cos^m \theta$ et de $\sin^m \theta$.** — On a souvent besoin d'évaluer $\cos^m \theta$ et $\sin^m \theta$ en fonction linéaire des lignes trigonométriques, cosinus et sinus, de $\theta$ et de ses multiples ; pour $m = 2$, l'on a

$$2\cos^2 \theta = 1 + \cos 2\theta, \qquad 2\sin^2 \theta = 1 - \cos 2\theta ;$$

on a de même, d'après les formules (5) et (6) (n° 250),

$$4\cos^3 \theta = \cos 3\theta + 3\cos \theta, \qquad 4\sin^3 \theta = 3\sin \theta - \sin 3\theta.$$

Une méthode générale consiste à utiliser les formules de transformation d'une somme ou d'une différence de sinus et de cosinus en un produit ; elles permettent inversement d'évaluer un produit sous forme linéaire, de la façon suivante :

$$2\sin a \sin b = \cos (a - b) - \cos (a + b),$$
$$2\sin a \cos b = \sin (a + b) + \sin (a - b),$$
$$2\cos a \cos b = \cos (a + b) + \cos (a - b) ;$$

elles permettent alors d'évaluer de proche en proche un produit d'un nombre quelconque de sinus ou de cosinus sous forme linéaire.

Pour calculer rapidement $\cos^m \theta$ et $\sin^m \theta$, nous emploierons une autre méthode et nous utiliserons les relations (13) du n° 247 ; écrivons la première sous la forme

$$2\cos \theta = e^{i\theta} + e^{-i\theta},$$

et élevons les deux membres à la puissance $m$ ; nous aurons

$$(12) \qquad 2^m \cos^m \theta = (e^{i\theta} + e^{-i\theta})^m$$
$$= e^{mi\theta} + \frac{m}{1} e^{(m-2)i\theta} + \frac{m(m-1)}{1 \cdot 2} e^{(m-4)i\theta} + \cdots + e^{-mi\theta} ;$$

en réunissant les termes équidistants des extrêmes, dont les exposants sont égaux et de signes contraires, nous aurons, après division par 2,

$$(13) \qquad 2^{m-1} \cos^m \theta = \cos m\theta + \frac{m}{1} \cos (m - 2)\theta$$
$$+ \frac{m(m-1)}{1 \cdot 2} \cos (m - 4)\theta + \cdots ;$$

il faut remarquer toutefois que si $m$ est pair, il existe au milieu du second membre de la relation (12) un terme constant qui est le coefficient de $e^0$ ; ce coefficient, dans le second membre de la formule finale, doit être divisé par 2 pour accompaguer $\cos 0$.

De la même manière, en partant de la relation

$$2i \sin 0 = e^{i0} - e^{-i0},$$

et opérant comme précédemment, nous obtiendrons, si $m$ est impair,

$$(-1)^{\frac{m-1}{2}} 2^{m-1} \sin^m 0 = \sin m0 - \frac{m}{1} \sin (m-2)0$$
$$+ \frac{m(m-1)}{1 \cdot 2} \sin (m-4)0 - \cdots,$$

et si $m$ est pair,

$$(-1)^{\frac{m}{2}} 2^{m-1} \sin^m 0 = \cos m0 - \frac{m}{1} \cos (m-2)0$$
$$+ \frac{m(m-1)}{1 \cdot 2} \cos (m-4)0 - \cdots ;$$

nous devons toutefois observer, comme dans la formule (13), que le coefficient de $\cos 0$ au dernier terme doit être divisé par 2.

# CHAPITRE III

## PROPRIÉTÉS DES RACINES DES ÉQUATIONS ALGÉBRIQUES

**256. Nombre des racines.** — Les propriétés des polynomes entiers démontrées en algèbre lorsque la variable et les coefficients sont réels sont encore vraies lorsqu'ils sont imaginaires, car elles reposent sur l'identité de la division, qui s'étend à tous les cas. En particulier, si un polynome entier s'annule pour $x = x_1$, il est divisible par $x - x_1$ quelles que soient les valeurs réelles ou imaginaires de $x_1$ et des coefficients.

Soit une équation algébrique de degré $m$,

$$(1) \qquad f(x) = A_0 x^m + A_1 x^{m-1} + \ldots + A_{m-1} x + A_m = 0,$$

dont les coefficients sont des nombres réels ou imaginaires de la forme $a + bi$ ; il résulte d'une proposition énoncée par d'Alembert, et que nous ne démontrerons pas, que le premier membre de l'équation devient nul au moins pour une valeur de la variable, réelle ou imaginaire de la forme $a + bi$ ; une telle valeur s'appelle une racine de l'équation.

Si $x_1$ est racine, $f(x)$ est divisible par $x - x_1$, et nous pouvons poser, en effectuant la division,

$$f(x) = (x - x_1)\,\varphi(x);$$

$\varphi(x)$ est un polynome de degré $m - 1$ à coefficients réels ou imaginaires, dont le premier terme est $A_0 x^{m-1}$.

D'après la même proposition, $\varphi(x)$ a au moins une racine ; si $x_2$ est une telle racine, $\varphi(x)$ est divisible par $(x - x_2)$ ; en appelant $\psi(x)$ le quotient, nous pouvons écrire

$$\varphi(x) = (x - x_2)\psi(x),$$

nous en déduisons

$$f(x) = (x - x_1)(x - x_2)\,\psi(x),$$

$\psi(x)$ étant de degré $m - 2$, et ayant $A_0 x^{m-2}$ comme terme de degré

$m - 2$. En continuant de la même manière, nous décomposerons $f(x)$ en un produit de $m$ facteurs du premier degré sous la forme

$$(2) \qquad f(x) = A_0(x - x_1)(x - x_2) \ldots (x - x_m),$$

$A_0$ étant le coefficient de $x^m$ dans le premier membre de (1).

La relation (2) montre que $f(x)$ s'annule pour $m$ valeurs de $x$, égales à $x_1$, $x_2$, $\ldots$, $x_m$ et qu'il ne peut s'annuler pour d'autres valeurs ; nous arrivons ainsi à cette conclusion :

**Théorème I.** — *Une équation algébrique de degré $m$ a $m$ racines.*

Si les coëfficients de l'équation (1) dépendent d'un ou plusieurs paramètres, et si ces paramètres, en variant d'une manière continue, prennent des valeurs pour lesquelles les $p$ premiers coëfficients $A_0$, $A_1$, $\ldots$ $A_{p-1}$ deviennent nuls, l'équation (1) se transforme en une autre de degré $m - p$ ayant $m - p$ racines. On démontre dans ce cas que $p$ des racines de l'équation primitive ont leur module augmentant indéfiniment ; on dit alors que ces $p$ racines deviennent infinies.

**257. Relations entre les coefficients et les racines.** — Les valeurs de $f(x)$ fournies par les équations (1) et (2) doivent être identiques ; le développement du produit

$$(x - x_1)(x - x_2) \ldots (x - x_m)$$

ordonné suivant les puissances décroissantes de $x$ doit alors être identique au polynôme

$$(3) \qquad x^m + \frac{A_1}{A_0} x^{m-1} + \frac{A_2}{A_0} x^{m-2} + \cdots + \frac{A_m}{A_0}.$$

Or, nous avons, par un calcul analogue à celui du n° 4,

$$(x - x_1)(x - x_2) = x^2 - (x_1 + x_2)x + x_1 x_2,$$
$$(x - x_1)(x - x_2)(x - x_3) = x^3 - (x_1 + x_2 + x_3)x^2$$
$$+ (x_1 x_2 + x_1 x_3 + x_2 x_3)x - x_1 x_2 x_3,$$

et ainsi de suite ; nous avons en général pour $m$ facteurs

$$(4) \quad (x - x_1)(x - x_2) \ldots (x - x_m) = x^m - (\Sigma x_1)x^{m-1}$$
$$+ (\Sigma x_1 x_2)x^{m-2} - \cdots \pm x_1 x_2 \ldots x_m,$$

le coefficient de $x^{m-1}$ étant la somme des racines changée de signe, celui de $x^{m-2}$, la somme des produits deux à deux, celui de $x^{m-3}$, la somme changée de signe des produits trois à trois, etc., le terme constant étant enfin le produit des racines avec le signe $+$ si $m$ est pair, et le signe — si $m$ est impair. En écrivant que le polynome (3) et le second membre de l'équation (4) sont identiques et ont par suite les mêmes coefficients, nous obtenons les relations

$$\Sigma x_1 = -\frac{A_1}{A_0}, \qquad \Sigma x_1 x_2 = \frac{A_2}{A_0}, \qquad \ldots, \qquad x_1 x_2 \ldots x_m = (-1)^m \frac{A_m}{A_0}.$$

Ces relations donnent, au moyen des coefficients, la somme des racines, la somme de leurs produits deux à deux, trois à trois, et ainsi de suite jusqu'à leur produit; elles sont la généralisation des relations entre les coefficients et les racines démontrées dans le cas d'une équation du second degré.

Par exemple, les racines de l'équation du troisième degré

$$x^3 + px + q = 0$$

étant désignées par $x_1$, $x_2$ et $x_3$, nous avons

$$x_1 + x_2 + x_3 = 0, \qquad x_1 x_2 + x_1 x_3 + x_2 x_3 = p, \qquad x_1 x_2 x_3 = -q.$$

Les relations générales que nous venons d'établir permettent de calculer au moyen des coefficients de l'équation, et sans avoir besoin de la résoudre, les *fonctions symétriques* des racines, c'est-à-dire les expressions telles que

$$x_1^2 + x_2^2 + \cdots + x_n^2, \qquad \frac{x_1^2 x_2^2 + x_1^2 x_3^2 + \cdots}{x_1^3 + x_2^3 + \cdots},$$

qui ne changent pas de forme algébrique quand on remplace chacune des lettres $x_1$, $x_2$, ... par la lettre de même rang d'une permutation quelconque de ces lettres (n° 1). On a par exemple

$$x_1^2 + x_2^2 + \cdots + x_n^2 = (\Sigma x_1)^2 - 2\Sigma x_1 x_2 = \left(\frac{A_1}{A_0}\right)^2 - 2\frac{A_2}{A_0};$$

nous admettrons, sans le démontrer, que toute fonction symétrique rationnelle des racines s'exprime rationnellement au moyen des coefficients de l'équation.

**258. Racines multiples.** — Il peut arriver que plusieurs des nombres $x_1$, $x_2$, ... $x_m$ soient égaux; si $p$ d'entre eux sont égaux à $x_1$, on dit que $x_1$ est une racine multiple d'ordre $p$ de l'équation donnée. En réunissant dans le second membre de la relation (2) les facteurs identiques, nous obtenons la forme générale suivante de décomposition de $f(x)$ en facteurs linéaires:

$$(5) \qquad f(x) = A_0(x - x_1)^p (x - x_2)^q \ldots,$$

$x_1$ étant racine multiple d'ordre $p$, $x_2$ d'ordre $q$, etc. Les racines d'ordre
1, 2, 3... sont dites simples, doubles, triples...

**Théorème II.** — *Toute racine multiple d'ordre $p$ de l'équation
$f(x) = 0$ est racine d'ordre $p - 1$ de l'équation dérivée $f'(x) = 0$.*

La relation (5) peut en effet s'écrire sous la forme

$$f(x) = (x - x_1)^p \varphi(x),$$

$\varphi(x)$ ne s'annulant pas pour $x = x_1$; en prenant la dérivée des deux
membres, nous avons

$$f'(x) = p(x - x_1)^{p-1} \varphi(x) + (x - x_1)^p \varphi'(x) = (x - x_1)^{p-1} \psi(x),$$

le polynôme $\psi(x) = p\varphi(x) + (x - x_1)\varphi'(x)$ n'étant pas nul pour $x = x_1$,
puisque $\varphi(x_1)$ n'est pas nul.

Nous voyons que l'équation dérivée $f'(x) = 0$ admet la racine $x = x_1$
au degré de multiplicité $p - 1$, ce qui démontre le théorème.

Il résulte de ce théorème, appliqué à l'équation $f'(x) = 0$ que $x_1$
est racine d'ordre $p - 2$ de $f''(x) = 0$, et ainsi de suite; elle est racine
simple de l'équation $f^{(p-1)}(x) = 0$ et n'est pas racine de l'équation
$f^{(p)}(x) = 0$. On peut donc énoncer le théorème suivant :

**Théorème III.** — *La condition nécessaire et suffisante pour qu'une
racine $x_1$ de l'équation $f(x) = 0$ soit d'ordre $p$ de multiplicité est
qu'elle annule le premier membre et ses $p - 1$ premières dérivées, sans
annuler sa dérivée d'ordre $p$.*

*Exemple.* — L'équation

$$x^4 - 5x^3 + 9x^2 - 7x + 2 = 0$$

admet la racine 1 ; on vérifie que cette racine annule le premier membre
et ses deux premières dérivées sans annuler la troisième; par conséquent,
elle est racine triple.

Comme la somme des quatre racines est égale à 5, et que trois
d'entre elles ont pour valeur 1, la quatrième est égale à 2.

**Remarque.** — L'énoncé du théorème que nous venons de démontrer
pour une équation algébrique sert de définition à ce que l'on doit entendre
par ordre de multiplicité d'une racine d'une équation transcendante. Soit
par exemple l'équation

$$x - \sin x = 0,$$

qui admet pour racine 0 ; les deux premières dérivées du premier membre
s'annulent pour $x = 0$, et la troisième ne s'annule pas ; on dit alors que
la racine est d'ordre de multiplicité 3.

Il résulte de là que si le premier membre d'une équation algébrique ou transcendante est développable par la formule de Taylor suivant les puissances de $x - x_1$ et si $x_1$ est une racine multiple d'ordre $p$, le développement commence par un terme de degré $p$.

**259. Équations à coefficients réels.** — Supposons qu'une équation algébrique telle que (1) ait ses coefficients réels, et qu'elle admette une racine imaginaire $\alpha + \beta i$, d'un certain ordre de multiplicité $p$ égal ou supérieur à 1 ; si nous remplaçons $x$ par $\alpha + \beta i$ dans le premier membre et si nous mettons le résultat sous la forme $A + B i$, A et B étant réels, ce résultat doit être nul, ce qui entraîne les conditions que A et B soient séparément nuls.

Si nous remplaçons maintenant $x$ par la valeur $\alpha - \beta i$ conjuguée de la première, le résultat est conjugué du premier et a pour valeur $A - B i$ ; il est nul d'après ce qui précède, et nous en concluons que $\alpha - \beta i$ est racine de l'équation.

Le même raisonnement s'applique aux dérivées successives $f'(x)$, $f''(x)$, ... $f^{(p-1)}(x)$ qui sont à coefficients réels ; elles sont toutes nulles pour $\alpha - \beta i$ en même temps que pour $\alpha + \beta i$, mais la dérivée d'ordre $p$ ne peut s'annuler pour $\alpha - \beta i$, sinon elle s'annulerait pour $\alpha + \beta i$, ce qui est contraire à l'hypothèse ; nous concluons de là que $\alpha - \beta i$ annule $f(x)$ et ses $p - 1$ premières dérivées, sans annuler la $p^e$ ; par conséquent, elle est racine d'ordre $p$, d'où ce théorème :

**Théorème IV.** — *Si une équation algébrique à coefficients réels admet une racine imaginaire d'un certain ordre de multiplicité, elle admet la racine imaginaire conjuguée, et celle-ci a le même ordre de multiplicité que la première.*

**Corollaire.** — *Une équation algébrique de degré impair, à coefficients réels, a au moins une racine réelle, et elle en a toujours un nombre impair.*

En effet, le nombre des racines imaginaires est toujours pair, d'après le théorème précédent.

Supposons que l'on décompose le premier membre d'une équation algébrique à coefficients réels en facteurs du premier degré, sous la forme (2) ou (5), et qu'on effectue le produit des facteurs correspondant à deux racines imaginaires conjuguées $\alpha + \beta i$ et $\alpha - \beta i$ ; ce produit a pour valeur

$$(x - \alpha - \beta i)(x - \alpha + \beta i) = (x - \alpha)^2 + \beta^2 ;$$

nous voyons qu'il se met sous la forme d'un trinome du second degré à coefficients réels, tel que $x^2 + px + q$.

En opérant de la même façon pour tous les couples de racines imaginaires conjuguées, nous pourrons mettre $f(x)$ sous la forme

$$(6) \quad f(x) = A(x - x_1)^p (x - x_2)^q \ldots (x^2 + p_1 x + q_1)^r (x^2 + p_2 x + q_2)^s \ldots,$$

où $x_1$, $x_2$, ... sont les racines réelles de l'équation $f(x) = 0$, et où les trinomes ont chacun leurs coefficients réels, mais leurs racines imaginaires conjuguées, les exposants de ces trinomes étant égaux aux ordres de multiplicité des racines correspondantes de l'équation. Ce résultat peut s'énoncer ainsi :

**Théorème V.** — *Tout polynome à coefficients réels est décomposable en un produit de facteurs réels du premier et du second degré.*

Par exemple, le polynome $x^4 + 1$ peut être décomposé en facteurs du second degré ; nous écrirons pour cela

$$x^4 + 1 = (x^2 + 1)^2 - 2x^2 = (x^2 + \sqrt{2}\, x + 1)(x^2 - \sqrt{2}\, x + 1);$$

en annulant chacun des deux trinomes, nous obtiendrons les quatre racines de l'équation $x^4 + 1 = 0$, et ces racines sont deux à deux imaginaires conjuguées.

**260. Élimination.** — Éliminer une inconnue $x$ entre deux équations algébriques

$$(7) \quad f(x) = A_0 x^m + A_1 x^{m-1} + \cdots + A_{m-1} x + A_m = 0,$$

$$(8) \quad \varphi(x) = B_0 x^p + B_1 x^{p-1} + \cdots + B_{p-1} x + B_p = 0,$$

c'est chercher la condition à laquelle doivent satisfaire les coefficients de ces équations pour qu'elles aient une racine commune ; théoriquement, on l'obtient en tirant la valeur de $x$ de l'une et la portant dans l'autre, mais ce procédé n'est pratique que si l'une des deux équations est du premier degré. Par exemple, le résultat de l'élimination de $x$ entre les équations

$$ax + b = 0, \quad a'x + b' = 0,$$

est

$$ab' - ba' = 0.$$

Dans le cas d'équations quelconques, nous allons indiquer des méthodes d'élimination n'exigeant que des calculs rationnels ; l'une d'elles consiste à former des combinaisons des équations données qui soient réductibles à des équations de degrés moindres, jusqu'à ce qu'on arrive à un système de deux équations dont l'une soit du premier degré.

Pour y arriver, un moyen commode consiste à effectuer les calculs qui conduisent au plus grand commun diviseur des premiers membres des deux équations. Soient $f(x)$ et $\varphi(x)$ ces premiers membres, $q(x)$ et $r(x)$ le quotient et le reste de leur division; l'identité

$$f(x) = \varphi(x)q(x) + r(x)$$

montre que toute solution commune aux deux équations $f(x) = 0$, $\varphi(x) = 0$ est aussi une solution commune aux équations $\varphi(x) = 0$ et $r(x) = 0$, et réciproquement; il suffit donc d'éliminer $x$ entre ces dernières, qui sont de degré moins élevé que les premières.

On opère de la même façon sur $\varphi(x)$ et $r(x)$ en effectuant leur division, et l'on continue ainsi, comme dans la théorie arithmétique du plus grand commun diviseur; si l'on arrive à une division qui se fasse exactement, le diviseur de cette division est le plus grand commun diviseur de $f(x)$ et $\varphi(x)$; en l'égalant à zéro, on obtient les racines communes aux deux équations données. Si aucune division ne réussit, le dernier reste ne renferme plus la variable, et en l'égalant à zéro on obtient la condition pour que les équations aient au moins une racine commune; le dernier diviseur est alors le plus grand commun diviseur de $f(x)$ et $\varphi(x)$. Dans la pratique, on s'arrête lorsqu'on arrive à un reste du premier degré; on écrit alors que la valeur de $x$ qui annule ce reste annule aussi le dernier diviseur; cette valeur se trouve être la solution commune aux deux équations données.

Comme exemple, considérons deux équations du second degré

$$f(x) = ax^2 + bx + c = 0,$$
$$\varphi(x) = a'x^2 + b'x + c' = 0;$$

nous pouvons supposer $a$ et $a'$ différents de zéro, sinon l'une des équations serait du premier degré, et il suffirait d'écrire que la solution de cette équation satisfait à l'autre.

Le reste de la division de $f(x)$ par $\varphi(x)$ est, au facteur $a'$ près, égal à

$$(9) \qquad a'f(x) - a\varphi(x) = (ba' - ab')x + (ca' - ac').$$

Si $ba' - ab'$ n'est pas nul, ce reste s'annule pour

$$(10) \qquad x = -\frac{ca' - ac'}{ba' - ab'}.$$

écrivons que cette valeur annule $\varphi(x)$; nous avons la condition

$$a'(ca' - ac')^2 - b'(ca' - ac')(ba' - ab') + c'(ba' - ab')^2 = 0 \; ;$$

si nous mettons $ba' - ab'$ en facteur dans les derniers termes, nous voyons que le premier membre de cette condition contient $a'$ en facteur, et en supprimant ce facteur qui n'est pas nul, il nous reste une relation que l'on écrit ordinairement sous la forme suivante :

$$(11) \qquad (ac' - ca')^2 - (ab' - ba')(bc' - cb') = 0 \; ;$$

c'est la condition pour que les équations données aient une racine commune ; cette racine a la valeur (10).

Nous avons supposé $ba' - ab'$ différent de zéro ; si cette différence est nulle, le reste (9) ne peut s'annuler que si $ca' - ac'$ est nul en même temps ; la condition (11) est alors nécessaire et suffisante pour qu'il en soit ainsi. Remarquons que dans ce cas on a

$$\frac{a}{a'} = \frac{b}{b'} = \frac{c}{c'},$$

et les équations ont leurs deux racines communes.

**261. Élimination par la méthode de Sylvester.** — Nous allons indiquer une méthode d'élimination fondée sur la théorie des déterminants ; cette méthode, plus théorique que pratique, conduit à certains résultats qu'il est utile de connaître. Pour simplifier, nous raisonnerons sur deux équations dont l'une est du troisième degré et l'autre du second :

$$(12) \qquad f(x) = A_0 x^3 + A_1 x^2 + A_2 x + A_3 = 0,$$
$$(13) \qquad \varphi(x) = B_0 x^2 + B_1 x + B_2 = 0.$$

Toute solution commune à ces équations satisfait aux $3 + 2 = 5$ équations suivantes dont le degré est au plus égal à $3 + 2 - 1 = 4$ :

$$
\begin{aligned}
x f(x) &= A_0 x^4 + A_1 x^3 + A_2 x^2 + A_3 x && = 0, \\
f(x) &= \phantom{A_0 x^4 +\;} A_0 x^3 + A_1 x^2 + A_2 x + A_3 &&= 0, \\
x^2 \varphi(x) &= B_0 x^4 + B_1 x^3 + B_2 x^2 && = 0, \\
x \varphi(x) &= \phantom{B_0 x^4 +\;} B_0 x^3 + B_1 x^2 + B_2 x &&= 0, \\
\varphi(x) &= \phantom{B_0 x^4 + B_1 x^3 +\;} B_0 x^2 + B_1 x + B_2 &&= 0.
\end{aligned}
$$

Ces cinq équations sont satisfaites par le même système de valeurs des quantités $x$, $x^2$, $x^3$, $x^4$, que l'on peut considérer comme quatre inconnues entrant linéairement ; par conséquent, le déterminant des coefficients de ces inconnues et des termes constants doit être nul (n° 69) ; nous obtenons ainsi la condition nécessaire suivante :

$$(14) \qquad \begin{vmatrix} A_0 & A_1 & A_2 & A_3 & 0 \\ 0 & A_0 & A_1 & A_2 & A_3 \\ B_0 & B_1 & B_2 & 0 & 0 \\ 0 & B_0 & B_1 & B_2 & 0 \\ 0 & 0 & B_0 & B_1 & B_2 \end{vmatrix} = 0.$$

Le premier membre, que l'on appelle *résultant* de l'élimination, est un déterminant facile à former ; il contient les coefficients de chacune des équations dans un nombre de lignes égal au degré de l'autre.

Nous allons montrer que la condition précédente, qui est nécessaire, est aussi suffisante et que, si elle est remplie, les deux équations (12) et (13) ont une racine commune. Pour cela, multiplions les éléments de la première colonne du déterminant (14) par $x^4$, ceux de la seconde par $x^3$, ceux de la troisième par $x^2$, ceux de la quatrième par $x$, et ajoutons-les à ceux de la dernière ; nous obtenons ainsi un déterminant égal au premier, par conséquent nul, qui est

$$\begin{vmatrix} A_0 & A_1 & A_2 & A_3 & xf(x) \\ 0 & A_0 & A_1 & A_2 & f(x) \\ B_0 & B_1 & B_2 & 0 & x^2\varphi(x) \\ 0 & B_0 & B_1 & B_2 & x\varphi(x) \\ 0 & 0 & B_0 & B_1 & \varphi(x) \end{vmatrix} = 0.$$

Si nous développons le premier membre suivant les éléments de la dernière colonne, nous avons une identité de la forme

$$f(x)(\mathrm{L}x + \mathrm{M}) = \varphi(x)(\mathrm{P}x^2 + \mathrm{Q}x + \mathrm{R});$$

les racines du premier membre doivent être les mêmes que celles du second ; or, une seule au plus des racines de $\varphi(x)$ qui entre au second membre peut annuler le facteur $\mathrm{L}x + \mathrm{M}$ ; par conséquent, une au moins des racines de $\varphi(x)$ annule $f(x)$, ce qu'il fallait démontrer.

**262. Résolution de deux équations algébriques à deux inconnues.** — Soient deux équations algébriques à deux inconnues $x$ et $y$,

$$(15) \qquad f(x, y) = 0, \qquad \varphi(x, y) = 0.$$

Désignons par $\mathrm{R}(y)$ le résultant de l'élimination de $x$ entre ces deux équations ; si $(x_1, y_1)$ est une solution du système (15), les deux équations en $x$

$$(16) \qquad f(x, y_1) = 0, \qquad \varphi(x, y_1) = 0$$

ont une solution commune égale à $x_1$, et le résultant de l'élimination de $x$ doit être nul ; or ce résultant n'est autre que $R(y_1)$ ; par suite, il est nécessaire que $y_1$ soit une racine de l'équation résultante $R(y) = 0$.

Réciproquement, si $y_1$ est une racine de cette équation résultante, les deux équations (16) ont au moins une racine commune ; en calculant cette racine et en la désignant par $x_1$, le système $(x_1, y_1)$ est une solution des équations (15). Nous avons donc ce résultat :

*Pour résoudre deux équations algébriques à deux inconnues telles que (15), on élimine l'une des inconnues $x$ entre les deux équations ; l'équation résultante fournit les valeurs de l'autre inconnue $y$ ; à chacune des valeurs $y_1$ de $y$ ainsi déterminées correspond au moins une valeur $x_1$ de $x$ qui est la racine commune aux équations (16).*

**Théorème de Bezout.** — *Le nombre des solutions de deux équations algébriques de degrés $m$ et $p$ est égal au produit $mp$ des degrés de ces équations.*

Nous allons le démontrer dans le cas de deux équations de degrés 3 et 2 ; le raisonnement serait le même dans le cas général.

En ordonnant les premiers membres suivant les puissances décroissantes de $x$, nous pouvons écrire les équations sous les formes (12) et (13), les coefficients $A_0$, $A_1$, ..., $B_0$, $B_1$, ... contenant $y$ à un degré au plus égal à l'indice.

Le résultant $R(y)$ de l'élimination de $x$ entre les deux équations est le déterminant (14) ; nous allons voir qu'il est en $y$ du degré $3 \times 2 = 6$.

Si nous multiplions la deuxième ligne par $y$, la quatrième par $y$, et la cinquième par $y^2$, nous multiplions $R(y)$ par $y^4$, et nous avons

$$y^4 R(y) = \begin{vmatrix} A_0 & A_1 & A_2 & A_3 & 0 \\ 0 & A_0 y & A_1 y & A_2 y & A_3 y \\ B_0 & B_1 & B_2 & 0 & 0 \\ 0 & B_0 y & B_1 y & B_2 y & 0 \\ 0 & 0 & B_0 y^2 & B_1 y^2 & B_2 y^2 \end{vmatrix} ;$$

dans le déterminant du second membre, les colonnes renferment $y$ aux degrés successifs 0, 1, 2, 3, 4, de sorte que ce déterminant est une fonction du $10^e$ degré en $y$ ; $R(y)$ est dès lors du $6^e$ degré. Comme à chaque racine de l'équation résultante correspond une solution des deux équations, nous voyons que celles-ci ont 6 solutions, ce qu'il fallait démontrer.

Il peut arriver dans certains cas exceptionnels que le terme de plus haut degré de $R(y)$ soit nul, alors, le nombre des solutions diminue ; dans tous les cas, il est au plus égal au produit des degrés des deux équations (1) et (2).

Comme conséquence du théorème de Bezout, nous pouvons énoncer ce corollaire : *Deux courbes algébriques d'ordres $m$ et $p$ ont en général $mp$ points communs.*

Nous énoncerons sans le démontrer le théorème général suivant :

*Le nombre des solutions d'un système de $n$ équations algébriques à $n$ inconnues est en général égal au produit des degrés de ces équations ; il peut dans certains cas être inférieur à ce produit.*

**Corollaire.** — *Trois surfaces algébriques d'ordres $m$, $p$, $q$ ont en général $mpq$ points communs.*

**263. Condition pour qu'une équation algébrique ait une racine multiple. — Théorème VI.** — *La condition nécessaire et suffisante pour qu'une équation algébrique ait une racine multiple est qu'elle ait une racine commune avec sa dérivée.*

Cela résulte immédiatement du théorème II (n° 258) ; toute racine multiple de l'équation $f(x) = 0$ est racine de l'équation dérivée $f'(x) = 0$, et réciproquement une racine commune à l'équation donnée et à l'équation dérivée est une racine multiple de la première.

D'après cela, on obtiendra la condition pour qu'une équation ait une racine multiple en éliminant l'inconnue entre cette équation et sa dérivée ; si l'on opère par divisions successives, les racines du dernier reste non nul sont les racines multiples de l'équation donnée. Une telle racine est double si elle n'annule pas la dérivée seconde de $f(x)$ ; plus généralement, elle est racine multiple d'ordre $p$, si elle annule les dérivées successives de $f(x)$ jusqu'à celle d'ordre $p-1$ inclusivement.

Comme application, cherchons la condition pour que l'équation du troisième degré

$$x^3 + px + q = 0$$

ait une racine double ; l'équation dérivée est

$$3x^2 + p = 0.$$

En divisant les premiers membres l'un par l'autre, nous avons

$$x^3 + px + q = (3x^2 + p)\frac{x}{3} + \frac{2px}{3} + q ;$$

s'il existe une racine commune aux deux équations, elle doit annuler le reste de la division, et dès lors elle a pour valeur $x_1 = \dfrac{-3q}{2p}$; en écrivant qu'elle annule la dérivée $3x^2 + p$, nous trouvons la condition cherchée, qui est

$$4p^3 + 27q^2 = 0.$$

La racine double est égale, ainsi que nous venons de le voir, à $\dfrac{-3q}{2p}$; comme la somme des trois racines est nulle (n° 257), la racine simple est égale à $\dfrac{3q}{p}$.

# CHAPITRE IV

## SÉPARATION DES RACINES. ÉQUATION DU TROISIÈME DEGRÉ

---

**264. Théorème de Rolle.** — Ce que nous allons dire s'applique non seulement aux équations algébriques à coefficients réels rationnels ou irrationnels, mais encore aux équations transcendantes ; nous supposerons dans ce qui suit que tous les termes sont placés dans le premier membre, et nous désignerons ce premier membre par $f(x)$. Avant de calculer des valeurs exactes ou approchées des racines réelles de l'équation, nous commencerons par les séparer, c'est-à-dire par former une suite d'intervalles $(a, b)$, $(c, d)$, ... tels qu'il existe dans chacun d'eux une et une seule racine réelle. On y parvient ordinairement par l'application du théorème fondamental suivant et de son corollaire.

*Théorème de Rolle.* — *Dans tout intervalle où le premier membre d'une équation est continu et a une dérivée finie et déterminée, deux racines réelles consécutives de cette équation comprennent au moins une racine réelle de l'équation dérivée.*

Nous avons vu en effet (n° 176) que si une fonction $f(x)$ continue et possédant une dérivée dans un certain intervalle s'annule pour deux valeurs comprises dans cet intervalle ou égales aux limites, sa dérivée $f'(x)$ s'annule au moins une fois entre ces deux valeurs ; le théorème de Rolle exprime cette propriété sous une autre forme.

*Corollaire.* — *Dans tout intervalle où le premier membre d'une équation est continu et a une dérivée finie et déterminée, deux racines réelles consécutives de l'équation dérivée comprennent au plus une racine réelle de la proposée.*

Si elles en comprenaient en effet plusieurs, il existerait entre ces racines d'autres racines de la dérivée, d'après le théorème précédent ; mais cela est impossible d'après l'hypothèse.

Il résulte de ces propositions que si l'on sait trouver d'une part les valeurs pour lesquelles le premier membre d'une équation et sa dérivée

deviennent discontinus, d'autre part les racines réelles de l'équation dérivée, et si l'on range toutes ces valeurs, ainsi que $-\infty$ et $+\infty$ par
ordre de grandeur, dans chaque intervalle il existe au plus une racine de
l'équation donnée. La suite de ces valeurs s'appelle *suite de Rolle*.

**265. Séparation des racines.** — Les applications du théorème de
Rolle résultent du théorème suivant :

**Théorème.** — *Dans tout intervalle où le premier membre d'une*
*équation est continu, deux nombres dont les résultats de substitution*
*dans ce premier membre sont de signes contraires comprennent au moins*
*une racine de l'équation.*

Car si l'on fait varier $x$ d'une manière continue de l'un à l'autre de
ces nombres, $f(x)$ varie d'une manière continue ; comme cette fonction
change de signe, elle s'annule forcément pour une valeur au moins, comprise entre les deux nombres.

Ce théorème est d'un usage fréquent ; il montre par exemple que
l'équation

$$x^5 - 5x - 2 = 0$$

a au moins une racine réelle positive, car les nombres $0$ et $+\infty$ donnent dans le premier membre des résultats de signes contraires.

De même l'équation

$$x^6 + x^5 + 4x^3 - 2 = 0$$

a au moins une racine réelle positive et une racine réelle négative, car les
nombres $-\infty$, $0$ et $+\infty$ donnent dans le premier membre des résultats successivement de signes contraires.

Nous allons appliquer ce théorème à la suite de Rolle.

**Corollaire.** — *Deux nombres consécutifs de la suite de Rolle com-*
*prennent une racine de l'équation ou n'en comprennent aucune suivant*
*que leurs résultats de substitution dans le premier membre sont de signes*
*contraires ou de même signe.*

En effet, d'après la manière même dont a été formée la suite de Rolle,
la dérivée du premier membre de l'équation garde un signe constant
entre deux termes consécutifs de cette suite, et le premier membre lui-
même est une fonction continue variant toujours dans le même sens dans
chacun des intervalles ; si deux nombres compris dans un de ces intervalles ou égaux aux limites, substitués dans le premier membre, donnent
des résultats de signes contraires, ils comprennent une et une seule

racine ; s'ils donnent des résultats de même signe, ils n'en comprennent aucune.

Nous pouvons ajouter que si un des nombres de la suite de Rolle, faisant partie de l'ensemble des racines de la dérivée, annule le premier membre de l'équation donnée, il est racine multiple de celle-ci. Le raisonnement que nous venons d'employer montre qu'il n'existe aucune autre racine de l'équation dans les deux intervalles situés de part et d'autre de cette racine multiple.

**Remarque.** — Lorsqu'un intervalle fourni par la suite de Rolle est limité par une valeur de $x$, telle que $x = b$ par exemple, rendant discontinu le premier membre $f(x)$ de l'équation, il faut entendre par signe du résultat de substitution de cette valeur dans $f(x)$ celui que l'on obtient en remplaçant $x$ par une valeur voisine de $b$ et tendant vers $b$ tout en restant comprise dans l'intervalle considéré.

Supposons par exemple que les deux intervalles consécutifs limités par $b$ soient $(a, b)$ et $(b, c)$ ; pour appliquer le corollaire précédent au premier de ces intervalles, on doit substituer à $x$, à la place de $b$, un nombre $b - \varepsilon$, $\varepsilon$ étant positif et assez petit pour que $f(x)$ garde un signe constant entre $b - \varepsilon$ et $b$ ; de la même manière, pour l'intervalle suivant, on doit substituer à $x$, à la place de $b$, un nombre $b + \varepsilon$, $\varepsilon$ étant positif et assez petit pour que $f(x)$ garde un signe constant entre $b$ et $b + \varepsilon$. Dans le tableau des résultats de substitution, on écrit ordinairement les deux nombres $b - \varepsilon$ et $b + \varepsilon$, en les séparant par un trait.

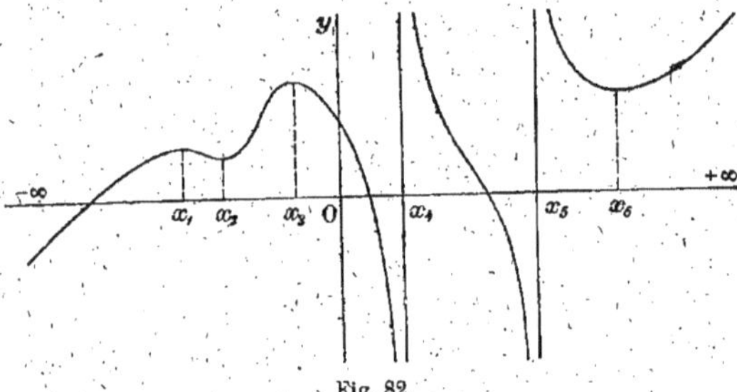


Fig. 82.

La courbe représentative du premier membre d'une équation rend bien compte des théorèmes précédents ; si l'on prend comme exemple l'équation dont le premier membre est représenté par la courbe de la figure 82, on voit que la suite de Rolle est formée des nombres

$$- \infty, \quad x_1, \quad x_2, \quad x_3, \quad x_4, \quad x_5, \quad x_6, \quad + \infty$$

pour lesquels la fonction est discontinue ou passe par un maximum ou un minimum ; on écrira de la façon suivante le tableau des résultats de substitution correspondants

$$-\infty, \quad x_1, \quad x_2, \quad x_3, \quad x_4 - \varepsilon \mid x_4 + \varepsilon, \quad x_5 - \varepsilon \mid x_5 + \varepsilon_1 \quad x_6, \quad +\infty,$$
$$- \quad\quad + \quad + \quad + \quad\quad - \mid + \quad\quad - \mid + \quad\quad + \quad\quad +.$$

On voit sur la figure que l'équation a trois racines, comprises l'une entre $-\infty$ et $x_1$, l'autre entre $x_3$ et $x_4$, et la dernière entre $x_4$ et $x_5$ ; on vérifie bien l'exactitude du théorème de Rolle et des corollaires énoncés précédemment.

**266.** *Exemples.* — 1° Soit l'équation

$$x^5 - 5x - 2 = 0 ;$$

l'équation dérivée

$$5x^4 - 5 = 0$$

a deux racines réelles $-1$ et $+1$ ; la suite de Rolle est formée des nombres $-\infty, -1, +1, +\infty$ ; les signes des résultats de substitution correspondants sont indiqués dans le tableau suivant :

$$-\infty, \quad -1, \quad +1, \quad +\infty$$
$$- \quad\quad + \quad\quad - \quad\quad + ;$$

comme ils sont alternativement de signes contraires, l'équation a trois racines réelles séparées par les nombres de la suite précédente.

2° Soit l'équation

$$x^3 + 1 - \frac{1}{x} = 0 ;$$

le premier membre est discontinu pour $x = 0$ ; sa dérivée $3x^2 + \dfrac{1}{x^2}$ ne s'annule pas ; la suite de Rolle est formée de $-\infty, 0, +\infty$, et les signes des résultats de substitution, obtenus comme nous l'avons dit dans la remarque du numéro précédent, sont

$$-\infty \quad -\varepsilon \mid +\varepsilon \quad +\infty$$
$$- \quad\quad + \mid - \quad\quad + ;$$

on voit que l'équation a une racine réelle positive et une négative.

3° Soit l'équation

$$x - \operatorname{tg} x = 0 ;$$

au lieu d'employer le théorème de Rolle, qui conduirait sans trop de difficulté à la séparation des racines, nous emploierons un procédé géométrique que l'on utilise souvent. Les racines de l'équation sont les abscisses des points communs aux deux lignes représentées par les équations

$$y = \operatorname{tg} x, \qquad y = x\,;$$

la première (*fig.* 83) se compose d'une suite de courbes égales ; l'une d'elles a pour asymptotes les droites $x = -\dfrac{\pi}{2}$ et $x = +\dfrac{\pi}{2}$ et elle passe par l'origine ; sa tangente en ce point, d'après le théorème du n° 161, a pour coefficient angulaire la valeur de la dérivée de $\operatorname{tg} x$ pour $x = 0$ ; il est égal à l'unité et la tangente est la bissectrice de l'angle $xOy$ ; les autres branches se déduisent de celle-là en augmentant ou diminuant les abscisses d'un multiple de $\pi$.

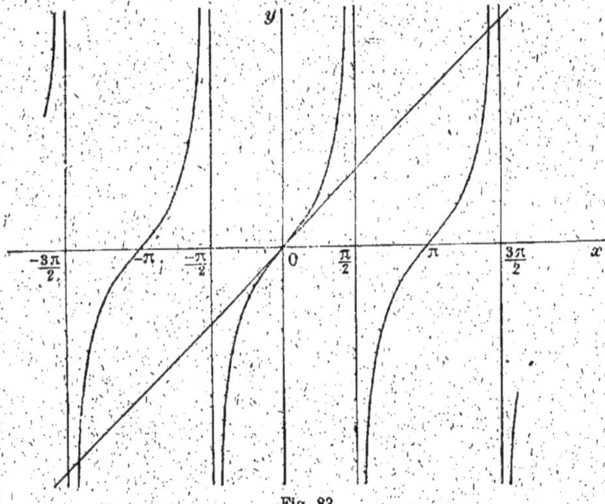


Fig. 83.

La deuxième ligne est la bissectrice de l'angle $xOy$ ; elle coupe la première branche à l'origine et lui est tangente ; on peut vérifier que $x = 0$ est une racine triple de l'équation proposée (n° 258, remarque). La bissectrice coupe chacune des autres branches de la courbe en un point ; on en conclut que l'équation, outre la racine triple $x = 0$, a une racine simple dans chacun des intervalles

$$\left(\pi, \frac{3\pi}{2}\right), \quad \left(2\pi, 2\pi + \frac{\pi}{2}\right), \cdots, \quad \left(-\pi, -\frac{3\pi}{2}\right), \cdots$$

**267. Équation du 3ᵉ degré. Réduction à une forme simple.** — Soit

$$A_0 x^3 + A_1 x^2 + A_2 x + A_3 = 0$$

l'équation générale du troisième degré ; pour la résoudre, nous commencerons par la ramener à une forme plus simple en posant

$$x = x' - \frac{A_1}{3 A_0} ;$$

si nous remplaçons $x$ par cette valeur, le terme du second degré disparaît dans l'équation en $x'$ ; si nous divisons alors tous les coefficients par celui de $x'^3$, nous obtenons une équation de la forme

$$x'^3 + p x' + q = 0.$$

Il suffit donc de résoudre cette dernière équation et de retrancher de chacune de ses racines la quantité $\dfrac{A_1}{3 A_0}$ pour avoir les racines de l'équation donnée. Nous supposerons désormais que l'on a fait au préalable le calcul que nous venons d'indiquer, et nous ne nous occuperons que de l'équation mise sous la forme

$$(1) \qquad f(x) = x^3 + px + q = 0.$$

**268. Nombre de racines réelles.** — Nous allons appliquer à l'équation (1) la méthode de séparation des racines fondée sur le théorème de Rolle ; l'équation dérivée est

$$(2) \qquad f'(x) = 3x^2 + p = 0.$$

Si $p$ est $> 0$, elle n'a pas de racine réelle ; la suite de Rolle se réduit à $(-\infty, +\infty)$, dont les deux termes donnent dans $f(x)$ des résultats de signes contraires ; l'équation (1) a une seule racine réelle.

Si $p$ est $< 0$, l'équation dérivée a deux racines

$$x_1 = -\sqrt{-\frac{p}{3}}, \quad x_2 = +\sqrt{-\frac{p}{3}},$$

et la suite de Rolle est $-\infty, x_1, x_2, +\infty$. Au lieu de substituer $x_1$ et $x_2$ dans $f(x)$, nous utiliserons le reste de la division de $f(x)$ par $f'(x)$, comme au n° 263 ; nous avons

$$f(x) = x^3 + px + q = (3x^2 + p)\frac{x}{3} + \frac{2px}{3} + q,$$

de sorte que $f(x_1)$ et $f(x_2)$ sont respectivement égaux à $\dfrac{2px_1}{3} + q$ et $\dfrac{2px_2}{3} + q$.

Pour étudier les signes de ces deux quantités, remarquons que $f'(x)$ a les signes indiqués dans le tableau suivant :

$$
\begin{array}{ccccc}
\text{Suite de Rolle} & -\infty & x_1 & x_2 & +\infty \\
f'(x) & & + \ 0 & - \ 0 & + \\
f(x) & -\infty & f(x_1) & f(x_2) & +\infty.
\end{array}
$$

Si $f(x_1)$ et $f(x_2)$ ont le même signe, la suite des valeurs de $f(x)$ a un seul changement de signe et l'équation (1) a une seule racine réelle.

Si $f(x_1)$ ou $f(x_2)$ sont nuls, l'équation a une racine double ; les trois racines sont réelles.

Si $f(x_1)$ et $f(x_2)$ ont des signes différents, $f(x_1)$ est $> 0$ et $f(x_2) < 0$, car $f(x)$ décroît de $x_1$ à $x_2$ ; la suite des valeurs de $f(x)$ présente trois changements de signe et l'équation a trois racines réelles et distinctes.

On voit que les différents cas se distinguent l'un de l'autre par la valeur et le signe du produit $f(x_1) \cdot f(x_2)$, qui est égal à

$$\left(\frac{2p}{3} x_1 + q\right)\left(\frac{2p}{3} x_2 + q\right) = \frac{4p^2}{9} x_1 x_2 + \frac{2pq}{3}(x_1 + x_2) + q^2 ;$$

en remplaçant $x_1 x_2$ et $x_1 + x_2$ par le produit et la somme des racines de l'équation (2), on trouve

$$f(x_1) \cdot f(x_2) = \frac{4p^3}{27} + q^2.$$

Si cette quantité est négative, ce qui ne peut avoir lieu que si $p < 0$, l'équation (1) a trois racines réelles et distinctes ; si elle est nulle, l'équation a une racine double, comme nous l'avons déjà dit au n° 263 ; si elle est positive, l'équation a une seule racine réelle.

Les raisonnements précédents supposent $p < 0$ ; lorsque $p$ est positif, l'équation n'a qu'une racine réelle, et la quantité $\frac{4p^3}{27} + q^2$ est sûrement positive ; on peut donc réunir tous les cas dans le tableau suivant où apparaît le produit par 27 de la quantité précédente :

$$4p^3 + 27q^2 \begin{cases} < 0, & \text{trois racines réelles et distinctes,} \\ = 0, & \text{une racine double,} \\ > 0, & \text{une seule racine réelle.} \end{cases}$$

**269. Cas de trois racines réelles.** — On calcule numériquement les racines de l'équation (1) en les comparant à celles de l'équation qui donne

$\cos\dfrac{\theta}{3}$ connaissant $\cos\theta$ (n° 251); cette dernière est

$$(3) \qquad \cos^3\frac{\theta}{3} - \frac{3}{4}\cos\frac{\theta}{3} - \frac{1}{4}\cos\theta = 0.$$

Posons dans l'équation (1)

$$(4) \qquad x = \rho\cos\frac{\theta}{3};$$

elle devient, après division par $\rho^3$,

$$(5) \qquad \cos^3\frac{\theta}{3} + \frac{p}{\rho^2}\cos\frac{\theta}{3} + \frac{q}{\rho^3} = 0.$$

Pour qu'elle soit identique à (3), il suffit de poser

$$\frac{p}{\rho^2} = -\frac{3}{4}, \qquad \frac{q}{\rho^3} = -\frac{1}{4}\cos\theta,$$

ce qui donne

$$(6) \qquad \rho = 2\sqrt{-\frac{p}{3}}, \qquad \cos\theta = \frac{3q}{2p\sqrt{-\dfrac{p}{3}}}.$$

Pour qu'à des valeurs données de $p$ et de $q$ correspondent des valeurs réelles pour $\rho$ et $\theta$, il est nécessaire que $p$ soit négatif, puis que $\cos^2\theta$ soit inférieur à l'unité, ce qui conduit à la condition

$$4p^3 + 27q^2 < 0.$$

Cette dernière condition, qui est à elle seule suffisante, est bien celle que nous avons trouvée pour que les trois racines soient réelles; lors qu'elle est remplie, on détermine $\rho$ et $\theta$ par les équations (6) et il suffit de prendre une seule des déterminations de ces quantités; les racines de l'équation (1) sont alors données par la formule (4), où l'on remplace $\rho$ par la valeur choisie et $\cos\dfrac{\theta}{3}$ par chacune des trois racines de l'équation (3); si $\theta_0$ est l'un des angles fournis par (6), ces racines sont

$$\cos\frac{\theta_0}{3}, \qquad \cos\left(\frac{\theta_0}{3} + \frac{2\pi}{3}\right), \qquad \cos\left(\frac{\theta_0}{3} + \frac{4\pi}{3}\right),$$

et les racines de l'équation proposée ont pour valeurs

$$x_1 = 2\sqrt{-\frac{p}{3}}\cos\frac{\theta_0}{3}, \qquad x_2 = 2\sqrt{-\frac{p}{3}}\cos\left(\frac{\theta_0}{3} + \frac{2\pi}{3}\right),$$

$$x_3 = 2\sqrt{-\frac{p}{3}}\cos\left(\frac{\theta_0}{3} + \frac{4\pi}{3}\right).$$

**270. Cas d'une seule racine réelle.** — Plaçons-nous dans le cas où l'on a

$$4p^3 + 27q^2 > 0 \, ;$$

nous allons déterminer les racines de l'équation du troisième degré par une méthode algébrique. Remplaçons dans (1) $x$ par la somme de deux quantités inconnues $y$ et $z$, ce qui donne l'équation

$$y^3 + z^3 + 3yz(y + z) + p(y + z) + q = 0 \, ;$$

nous pouvons assujettir $y$ et $z$ à une condition choisie arbitrairement, puisqu'elles sont reliées par une seule équation ; écrivons que le coefficient de $y + z$ est nul, c'est-à-dire que l'on a

$$(7) \qquad 3yz + p = 0 \, ;$$

il reste alors la relation suivante pour déterminer $y$ et $z$ :

$$(8) \qquad y^3 + z^3 + q = 0 .$$

L'équation (7) nous donne $z = -\dfrac{p}{3y}$, et en portant cette valeur dans (8), nous avons, pour déterminer $y$, l'équation

$$(9) \qquad y^6 + qy^3 - \left(\frac{p}{3}\right)^3 = 0 .$$

$y^3$ est donné par une équation du second degré qui a pour racines

$$-\frac{q}{2} \pm \sqrt{\left(\frac{q}{2}\right)^2 + \left(\frac{p}{3}\right)^3} \, ;$$

d'après l'hypothèse faite sur $p$ et $q$, ces deux racines sont réelles ; à chacune d'elles correspondent pour $y$ trois valeurs dont l'une est réelle et les deux autres imaginaires conjuguées. En prenant par exemple le signe $+$ devant le radical carré, nous avons pour $y$ une valeur réelle que nous représenterons par

$$y_1 = \sqrt[3]{-\frac{q}{2} + \sqrt{\left(\frac{q}{2}\right)^2 + \left(\frac{p}{3}\right)^3}} \, ,$$

et deux valeurs imaginaires ; celles-ci sont (n° 254)

$$y_2 = \left(\frac{-1 + i\sqrt{3}}{2}\right)y_1 , \qquad y_3 = \left(\frac{-1 - i\sqrt{3}}{2}\right)y_1 .$$

Les valeurs de $z$ correspondantes sont, la première, réelle, et les deux autres, imaginaires ; la valeur réelle $z_1$ est telle que le produit $y_1 z_1$ soit égal à $-\dfrac{p}{3}$, ou bien, ce qui revient au même, que $y_1^3 z_1^3$ soit égal à

$\left(-\dfrac{p}{3}\right)^3$. D'après cette remarque, $z_1^3$ est la deuxième racine de l'équation (9), et nous avons

$$z_1 = \sqrt[3]{-\frac{q}{2} - \sqrt{\left(\frac{q}{2}\right)^2 + \left(\frac{p}{3}\right)^3}},$$

le radical ayant sa valeur réelle ; les autres valeurs de $z$ sont

$$z_2 = \left(\frac{-1 - i\sqrt{3}}{2}\right)z_1, \qquad z_3 = \left(\frac{-1 + i\sqrt{3}}{2}\right)z_1.$$

Nous pouvons vérifier que les produits $y_2 z_2$ et $y_3 z_3$ ont la même valeur que $y_1 z_1$ et sont égaux par suite à $-\dfrac{p}{3}$ ; il faut donc associer $z_2$ à $y_2$ et $z_3$ à $y_3$.

Les trois valeurs de $x$ sont alors

$$x_1 = y_1 + z_1$$

$$= \sqrt[3]{-\frac{q}{2} + \sqrt{\left(\frac{q}{2}\right)^2 + \left(\frac{p}{3}\right)^3}} + \sqrt[3]{-\frac{q}{2} - \sqrt{\left(\frac{q}{2}\right)^2 + \left(\frac{p}{3}\right)^3}},$$

$$x_2 = y_2 + z_2 = \left(\frac{-1 + i\sqrt{3}}{2}\right)y_1 + \left(\frac{-1 - i\sqrt{3}}{2}\right)z_1,$$

$$x_3 = y_3 + z_3 = \left(\frac{-1 - i\sqrt{3}}{2}\right)y_1 + \left(\frac{-1 + i\sqrt{3}}{2}\right)z_1;$$

si nous avions pris pour $y^3$ l'autre racine de l'équation (9), il aurait suffi d'intervertir le rôle de $y$ et $z$, et nous aurions obtenu les mêmes valeurs pour $x$.

Nous voyons ainsi que, dans le cas où $4p^3 + 27q^2$ est positif, l'équation (1) a une racine réelle et deux racines imaginaires ; la formule qui donne la racine réelle est connue sous le nom de *formule de Cardan*. Si l'on veut calculer cette racine par logarithmes, on rend calculables par logarithmes les racines de l'équation (9), puis on calcule leurs racines cubiques, et l'on fait la somme de ces racines cubiques.

La méthode qui nous a conduits à la formule de Cardan s'applique sans modification au cas où $4p^3 + 27q^2$ est négatif, et elle donne des expressions algébriques, formées au moyen de radicaux, pour les trois racines de l'équation (1) ; mais ces expressions sont impropres au calcul numérique de ces racines, car les radicaux cubiques portent sur des quantités imaginaires, et l'on démontre qu'il est impossible de les calculer numériquement sans passer par la méthode trigonométrique.

# CHAPITRE V

## RÉSOLUTION NUMÉRIQUE DES ÉQUATIONS

**271. Nature du problème.** — Il est rare que l'on puisse exprimer les racines d'une équation par des formules au moyen des coefficients, comme cela a lieu pour les équations du second degré ; nous avons bien vu (n° 270) que les racines d'une équation du troisième degré s'expriment par la formule de Cardan. On peut également donner une formule de résolution de l'équation du quatrième degré ; mais on ne peut généraliser ces méthodes ; Abel a démontré en effet que les équations générales de degré égal ou supérieur à cinq ne peuvent être résolues par une expression algébrique formée au moyen des coefficients.

Quel que soit l'intérêt qui s'attache à une formule donnant les valeurs des racines d'une équation, une telle formule est en général peu propre au calcul numérique ; elle ne fournit souvent aucune distinction entre les racines réelles et les racines imaginaires. Nous nous proposons d'indiquer dans ce chapitre des méthodes permettant de calculer, avec une approximation suffisante dans la pratique, les racines réelles d'une équation numérique donnée, algébrique ou transcendante simple, à coefficients numériques réels.

**272. Racines entières ou fractionnaires d'une équation algébrique à coefficients rationnels.** — Soit

$$A_0 x^m + A_1 x^{m-1} + \cdots + A_{m-1} x + A_m = 0$$

une équation algébrique dont nous supposons les coefficients réels entiers ou fractionnaires ; en chassant les dénominateurs, nous pouvons les supposer tous entiers ; nous nous proposons de calculer les racines réelles entières ou fractionnaires de cette équation.

Cherchons si l'équation proposée peut avoir une racine réelle entière ou fractionnaire de la forme $\dfrac{p}{q}$, $p$ et $q$ étant entiers positifs ou négatifs ; nous pouvons toujours supposer ces nombres premiers entre eux. En écrivant que $\dfrac{p}{q}$ annule le premier membre et chassant les dénominateurs, nous aurons l'identité

$$A_0 p^m + A_1 p^{m-1} q + \cdots + A_{m-1} p q^{m-1} + A_m q^m = 0 ;$$

nous en déduirons les deux égalités

$$p\,(A_0 p^{m-1} + A_1 p^{m-2} q + \cdots + A_{m-1} q^{m-1}) = - A_m q^m,$$
$$q\,(A_1 p^{m-1} + \cdots + A_{m-1} p q^{m-2} + A_m q^{m-1}) = - A_0 p^m.$$

Comme $p$ et $q$ sont premiers entre eux, la première de ces égalités exprime que $p$ doit diviser $A_m$, et la seconde que $q$ doit diviser $A_0$; on voit donc que le choix des nombres $p$ et $q$ est limité. On prendra $p$ parmi les diviseurs de $A_m$ et $q$ parmi ceux de $A_0$, on formera les différentes fractions positives ou négatives $\dfrac{p}{q}$ dont les termes sont pris en valeur absolue parmi ces diviseurs, et l'on substituera ces fractions à $x$ dans le premier membre de l'équation : celles qui l'annuleront seront des racines. On reconnaîtra d'après les théorèmes du n° 258 celles de ces racines qui sont multiples, et on déterminera leur ordre. On divisera enfin le premier membre par le produit des facteurs linéaires de la forme $(x - x_1)^r$, $(x - x_2)^s$, $\cdots$ correspondant aux racines trouvées, affectés d'un exposant égal à l'ordre de multiplicité de ces racines, et le quotient, égalé à zéro, donnera les racines réelles irrationnelles et les racines imaginaires de l'équation.

*Exemple.* — Soit l'équation

$$3x^4 + 2x^3 - 3x - 2 = 0 ;$$

$p$ doit diviser 2 et être égal à 1 ou 2; $q$ doit diviser 3 et être égal à 1 ou 3; nous sommes conduits à essayer les nombres

$$\pm 1, \quad \pm \frac{1}{3}, \quad \pm 2, \quad \pm \frac{2}{3} ;$$

on constate que $+1$ et $-\dfrac{2}{3}$ sont des racines, et sont simples ; en divisant le premier membre par les facteurs $x - 1$ et $3x + 2$ correspondant à ces racines, on le met sous la forme

$$(x - 1)(3x + 2)(x^2 + x + 1) ;$$

les deux dernières racines de l'équation, obtenues en annulant le dernier facteur, sont imaginaires, et sont égales à $\dfrac{-1 \pm i\sqrt{3}}{2}$.

Lorsqu'on a ainsi débarrassé l'équation de ses racines entières ou fractionnaires, il peut arriver que l'équation à laquelle on est conduit et dont les racines sont irrationnelles ou imaginaires ait des racines multiples ; on le reconnaîtra (n°. 263) à ce qu'elle a des racines communes avec sa dérivée. On sait dans ce cas former par des divisions successives, comme en arithmétique, le plus grand commun diviseur entre le premier membre de l'équation et sa dérivée ; en l'égalant à zéro, on forme une équation qui a pour racines les racines multiples de la proposée. Nous supposerons qu'on ait résolu cette nouvelle équation, et qu'on ait débarrassé la première de ses racines multiples en divisant son premier membre par les facteurs linéaires correspondants ; nous pourrons donc nous limiter au cas d'une équation n'ayant que des racines simples ; c'est ce que nous supposerons désormais.

**273. Limites des racines d'une équation algébrique.** — Afin de diminuer les calculs que l'on a à effectuer pour obtenir les valeurs exactes ou approchées des racines réelles d'une équation algébrique à coefficients réels, il est utile de connaître les limites entre lesquelles sont comprises ces racines. Nous allons d'abord déterminer une limite supérieure des racines positives.

Remarquons d'abord que si tous les coefficients ont le même signe, l'équation n'a pas de racine positive, car le premier membre a un signe constant et ne s'annule pas lorsqu'on donne à la variable une valeur positive. Dans le cas où tous les coefficients n'ont pas le même signe, nous pouvons supposer que celui du terme de plus haut degré est positif ; nous mettrons en évidence le signe des divers coefficients, et nous écrirons l'équation sous la forme

$$A_0 x^m + \ldots - A_p x^{m-p} + \ldots - A_q x^{m-q} + \ldots = 0,$$

$A_p$, $A_q$, ... désignant les valeurs absolues des coefficients négatifs.

*Théorème.* — *Si $n$ est le nombre des coefficients négatifs, $N$ la plus grande des valeurs absolues de ces coefficients, et $m - p$ le degré le plus élevé des termes qui les possèdent, on peut affirmer que tout nombre égal ou supérieur à la fois à 1 et à $\sqrt[p]{\dfrac{nN}{A_0}}$ est une limite supérieure des racines de l'équation.*

Nous pouvons en effet écrire son premier membre sous la forme

$$(A_0 x^p - nN)x^{m-p} + (N - A_p)x^{m-p} + \ldots + (Nx^{q-p} - A_q)x^{m-q} + \ldots + \varphi(x),$$

$\varphi(x)$ représentant l'ensemble des termes à coefficients positifs autres que le premier. Or tout nombre supérieur à $\sqrt[p]{\dfrac{nN}{A_0}}$, mis à la place de $x$, rend positive la première parenthèse ; tout nombre supérieur à l'unité, mis à la place de $x$, rend les suivantes positives, enfin $\varphi(x)$ est positif pour toute valeur positive de $x$ ; il en résulte que le premier membre de l'équation est positif et ne s'annule pas dès que $x$ est supérieur à la fois à 1 et à $\sqrt[p]{\dfrac{nN}{A_0}}$, ce qu'il fallait démontrer.

Pour avoir une limite inférieure des racines de l'équation, il suffit de trouver une limite supérieure des valeurs absolues de ses racines négatives. Or si l'on remplace $x$ par $-x'$ dans le premier membre, l'équation en $x'$ ainsi obtenue a pour racines positives les valeurs absolues des racines négatives de l'équation proposée, et réciproquement. Il suffit donc d'appliquer à l'équation en $x'$ le théorème précédent pour trouver la limite cherchée.

*Exemple.* — Soit l'équation

$$x^6 + 8x^3 - 50x^2 + 4 = 0 ;$$

nous avons $p = 4$, $n = 1$, $A_0 = 1$, $N = 50$ ; par suite tout nombre égal ou supérieur à $\sqrt[4]{50}$, par exemple 3, est une limite supérieure des racines positives.

L'équation transformée de la première, obtenue en remplaçant $x$ par $-x'$, est

$$x'^6 - 8x'^3 - 50x'^2 + 4 = 0 ;$$

tout nombre égal ou supérieur à $\sqrt[5]{2 \times 50}$, en particulier 5, est une limite supérieure de ses racines positives. Les racines réelles de l'équation donnée sont donc comprises entre $-5$ et $3$.

**274. Calcul d'une valeur approchée d'une racine.** — Nous considérons une équation algébrique ou transcendante $f(x) = 0$ n'ayant que des racines simples et dont nous avons effectué la séparation des racines comme nous l'avons indiqué au chapitre précédent. Nous allons indiquer quelques méthodes usuelles permettant de trouver une valeur approchée de la racine comprise dans un intervalle donné $(a, b)$.

Le procédé le plus simple consiste à substituer à $x$ une suite de nombres croissants intermédiaires entre $a$ et $b$, tels que

$$a, a_1, a_2, \ldots, a_p, a_{p+1}, \ldots, b,$$

et à chercher les signes des résultats de leur substitution dans $f(x)$. Puisque $f(a)$ et $f(b)$ sont de signes contraires, on trouvera dans la suite ou bien un résultat nul, ce qui fera connaître la racine, ou bien deux résultats consécutifs de signes contraires, et les deux nombres substitués correspondants comprendront la racine.

Si elle est comprise par exemple entre $a_p$ et $a_{p+1}$, on pourra substituer des nombres intermédiaires entre ces deux-là, et resserrer l'intervalle dans lequel se trouve comprise la racine. En général, on substitue des nombres entiers successifs, puis, dans l'intervalle des deux entiers consécutifs qui comprennent la racine, on substitue des nombres croissant de dixième en dixième, puis de centième en centième, etc. Les méthodes de calcul fondées sur la théorie des différences (n° 210) permettent d'opérer rapidement. On obtient ainsi des valeurs approchées de la racine avec $1, 2, \ldots$ chiffres décimaux par défaut et par excès.

*Exemple.* — Nous avons vu au n° 266 que l'équation

$$f(x) = x^5 - 5x - 2 = 0$$

a trois racines, dont l'une est supérieure à 1; pour calculer cette dernière, nous remarquons que 1 et 2 donnent des résultats, l'un négatif, l'autre positif, et comprennent la racine.

En substituant les nombres $1,1, 1,2\ldots,$ on constate que l'on a

$$f(1,5) = -1,906\,25; \qquad f(1,6) = +0,485\,76;$$

par conséquent la racine est comprise entre $1,5$ et $1,6$; en substituant les nombres $1,51, 1,52, \ldots, 1,59,$ on constate que l'on a

$$f(1,58) = -0,053\ldots, \qquad f(1,59) = +0,212\ldots;$$

on en conclut que la racine est comprise entre $1,58$ et $1,59$; il est probable qu'elle est plus voisine du premier de ces nombres que du second.

**275. Méthode par parties proportionnelles.** — Supposons que l'on ait trouvé deux nombres assez rapprochés $a$ et $b$ comprenant la racine cherchée : si l'on substitue dans l'intervalle $(a, b)$ au premier membre $f(x)$ de l'équation une fonction plus simple et si l'on cherche la valeur de $x$ annulant cette fonction dans l'intervalle considéré, cette valeur s'écartera peu de la racine cherchée et pourra être prise comme valeur approchée de cette racine.

La manière la plus simple de choisir la fonction auxiliaire consiste, comme nous l'avons déjà vu au n° 207, à supposer qu'elle est linéaire et qu'elle prend pour $a$ et $b$ les valeurs $f(a)$ et $f(b)$, ce qui revient à dire qu'elle varie proportionnellement à l'accroissement de la variable; en la désignant par $u$, nous avons

$$\frac{u - f(a)}{f(b) - f(a)} = \frac{x - a}{b - a}.$$

La valeur de $x$ qui annule $u$ s'obtient en faisant $u = 0$ dans l'équation précédente ; elle surpasse $a$ d'un accroissement $x - a$ donné par la relation

$$\frac{x - a}{b - a} = \frac{-f(a)}{f(b) - f(a)},$$

le nombre $x$ fourni par cette formule est pris pour valeur approchée de la racine.

*Exemple*. — En nous reportant à l'équation du numéro précédent, supposons que l'on ait constaté que la racine cherchée est comprise entre $1,5$ et $1,6$ et prenons ces deux nombres pour valeurs de $a$ et $b$. L'accroissement $b - a$ est égal à $0,1$ ; l'accroissement $x - 1,5$, que nous désignerons par $h'$, sera déterminé au moyen des valeurs de $f(1,5)$ et $f(1,6)$, par la relation

$$\frac{h'}{0,1} = \frac{1,906\,25}{0,485\,76 + 1,906\,25},$$

qui donne

$$h' = 0,079\,69. \ldots ;$$

nous obtenons ainsi pour la racine la valeur approchée $1,579$.

**276. Méthode d'approximation de Newton.** — Soit $a$ une valeur approchée d'une racine, $a + h$ sa valeur exacte inconnue ; en écrivant que $f(a + h)$ est nul et développant cette fonction suivant la formule de Taylor limitée à trois termes, nous avons

$$(1) \qquad 0 = f(a + h) = f(a) + hf'(a) + \frac{h^2}{2} f''(a + \theta h).$$

La méthode de Newton consiste à négliger le dernier terme, qui contient en facteur la quantité $h^2$ généralement très petite, et à prendre comme valeur approchée de $h$ la valeur $h_1$ fournie par l'équation du premier degré

$$f(a) + h_1 f'(a) = 0,$$

c'est-à-dire

$$(2) \qquad h_1 = \frac{-f(a)}{f'(a)}.$$

Pour que l'on puisse employer cette méthode avec avantage, il faut que la valeur approchée $a + h_1$ de la racine soit plus voisine de la valeur exacte $a + h$ que la valeur primitive $a$; on sera assuré que cela a lieu si les nombres $a$, $a + h_1$ et $a + h$ sont rangés par ordre de grandeur croissante ou décroissante, c'est-à-dire si la différence $h_1$ entre le deuxième et le premier de ces nombres, et la différence $h - h_1$ entre le troisième et le deuxième sont des quantités de même signe. Or, nous avons, d'après les équations (1) et (2),

$$h = -\frac{f(a)}{f'(a)} - \frac{h^2}{2}\frac{f''(a + \theta h)}{f'(a)},$$

$$h - h_1 = -\frac{h^2}{2}\frac{f''(a + \theta h)}{f'(a)};$$

nous en concluons que $h - h_1$ aura le signe de $h_1$ si $f(a)$ et $f''(a + \theta h)$ sont de même signe.

On ne connaît pas $f''(a + \theta h)$, mais, en général, la dérivée $f''(x)$ garde un signe constant connu entre $a$ et $a + h$; si ce signe est celui de $f(a)$, on est certain que la méthode s'applique avantageusement au nombre $a$. Dans les applications, on connaît deux nombres $a$ et $b$ comprenant la racine, et tels que $f(a)$ et $f(b)$ soient de signes contraires; en supposant, ce qui arrive ordinairement, que $f''(x)$ garde un signe constant connu entre $a$ et $b$, on est certain que la méthode s'applique avantageusement à l'un des nombres $a$ ou $b$; on choisit celui de ces nombres qui donne à $f(x)$ et à $f''(x)$ des valeurs de même signe. Il n'est pas interdit d'appliquer la méthode à l'autre nombre, mais on est moins certain du sens de l'approximation du résultat.

La méthode de Newton permet de calculer une suite de valeurs de plus en plus approchées de la racine. Supposons qu'elle s'applique, dans les conditions que nous venons de mentionner, au nombre $a$ et qu'elle fournisse une valeur approchée $a + h_1$; comme $a + h_1$ est compris entre $a$ et $a + h$, $f(a + h_1)$ a le même signe que $f(a)$ et ce signe est aussi celui de la dérivée seconde $f''(x)$ dans l'intervalle; par suite, la méthode est applicable à $a + h_1$, et elle fournit une valeur $a + h_1 + h_2$ plus approchée de la racine que la première, et ainsi de suite.

La méthode de Newton présente enfin cet avantage de donner une limite de l'erreur commise; en prenant $a + h_1$ comme valeur approchée de la racine $a + h$, l'erreur (n° 201) est égale à

$$h - h_1 = -\frac{h^2}{2}\frac{f''(a + \theta h)}{f'(a)}.$$

bien qu'on ne connaisse pas tous les termes du second membre, on peut en déterminer ordinairement une limite supérieure.

**277. Remarques géométriques.** — Dans les cas usuels, la racine exacte est comprise entre la valeur fournie par la méthode des parties proportionnelles et celle que donne la méthode de Newton ; supposons en effet que l'on construise la courbe de variation de la fonction $f(x)$ entre les points A et B d'abscisses $a$ et $b$ ($fig.$ 84); l'abscisse du point M où cette courbe coupe l'axe $Ox$ est la valeur exacte de la racine. La méthode des parties proportionnelles consiste à substituer à la courbe la droite AB, et à prendre comme valeur approchée de la racine l'abscisse du point $M_1$ où cette droite coupe $Ox$; l'équation de la droite AB est en effet

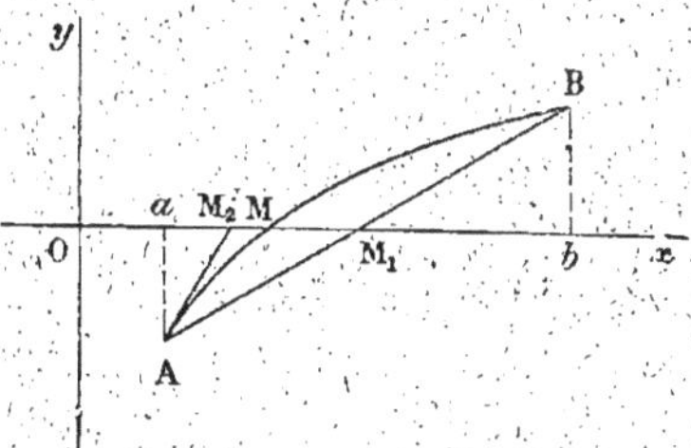

Fig. 84.

$$\frac{y - f(a)}{f(b) - f(a)} = \frac{x - a}{b - a},$$

et en y faisant $y = 0$, nous trouvons pour valeur de $x$ l'abscisse du point $M_1$; elle est identique à la valeur approchée que nous avons donnée au n° 275.

La méthode de Newton, appliquée au nombre $a$, consiste à substituer à la courbe la tangente au point A et à prendre comme valeur approchée de la racine l'abscisse du point $M_2$ où cette tangente coupe $Ox$; en effet, le coefficient angulaire de la tangente (n° 161) est $f'(a)$, et l'équation de cette droite est

$$y - f(a) = f'(a)(x - a);$$

en y faisant $y = 0$, nous trouvons pour valeur de $x$ l'abscisse du point $M_2$; elle est égale à $a - \dfrac{f(a)}{f'(a)}$, ce qui est la valeur approchée fournie par la méthode de Newton.

Dans les cas habituels, en particulier lorsque la dérivée seconde de $f(x)$ garde un signe constant entre $a$ et $b$, le point M est situé entre $M_1$ et $M_2$, et la racine exacte est comprise entre les valeurs approchées fournies par les deux méthodes que nous avons mentionnées. Ordinairement, on applique simultanément les deux méthodes ; elles donnent des valeurs approchées comprenant la racine ; si $a_1$ et $b_1$ sont ces valeurs, on applique de nouveau les deux méthodes à $a_1$ et $b_1$, ce qui fournit des valeurs $a_2$, $b_2$ comprises entre les précédentes et comprenant la racine ; on peut continuer de cette façon plusieurs fois. Si l'on s'arrête à $a_2$ et $b_2$ par exemple, la demi-somme $\dfrac{a_2 + b_2}{2}$ sera une valeur encore plus approchée que $a_2$ et $b_2$, et l'erreur commise est en valeur absolue inférieure à la demi-différence $\dfrac{b_2 - a_2}{2}$.

**278. *Exemples*.** — 1° Appliquons la méthode de Newton à l'équation algébrique déjà traitée dans les numéros précédents, qui possède une racine comprise entre 1,5 et 1,6 ; nous avons

$$f(x) = x^5 - 5x - 2, \qquad f'(x) = 5x^4 - 5, \qquad f''(x) = 20x^3 ;$$

$f''(x)$ est positif pour $x$ positif ; nous choisirons par suite comme valeur approchée initiale un nombre rendant $f(x)$ positif ; en prenant la valeur $a = 1,6$ pour point de départ, nous aurons

$$h_1 = -\frac{f(1,6)}{f'(1,6)} = -\frac{0,485\,76}{27,768} = -0,017\,49\ldots ;$$

nous en déduisons pour $a + h_1$ la valeur approchée

$$a + h_1 = 1,6 - 0,017\,49 = 1,582\,51 ;$$

elle est approchée par excès à un cent-millième près.

En prenant ce nombre pour valeur de la racine, on commet une erreur qui se compose de deux parties ; la première provient de la suppression dans $h_1$ des chiffres décimaux venant après le cinquième, et elle est au plus égale à un cent-millième ; la deuxième provient de la substitution de $h_1$ à $h$ dans le calcul de la racine, et elle a pour valeur $\dfrac{h^2}{2} \cdot \dfrac{f''(a + \theta h)}{f'(a)}$.

Pour évaluer une limite de cette dernière erreur, nous remarquerons que $f''(a + \theta h)$ est inférieur à la valeur de $f''(x)$ pour $x = 1,6$, c'est-à-dire à 81,92 ; d'autre part, la méthode des parties proportionnelles nous a fourni la valeur 1,579 ; elle est inférieure à la racine, et $h$ est sûrement inférieur en valeur absolue à la différence entre 1,6 et 1,579, c'est-à-dire à 0,021 ; nous en concluons que l'erreur $h - h_1$ est inférieure à

$$\frac{(0,021)^2}{2} \cdot \frac{81,92}{27,768} < 0,000\,66$$

et que la racine exacte diffère de $a + h_1$ d'une quantité inférieure à cette limite ; comme elle est inférieure à $a + h_1$, dont nous avons la valeur approchée à 0,000 01 près, elle diffère de cette valeur au plus de 0,000 67 et elle est comprise entre 1,582 51 et 1,581 84 ; nous pouvons la prendre égale à la demi-somme de ces valeurs ou encore à 1,582 2 à quatre dix-millièmes près.

2° Considérons comme autre exemple l'équation

$$f(x) = x - \operatorname{tg} x = 0,$$

et cherchons la racine qu'elle possède entre $\pi$ et $\dfrac{3\pi}{2}$ ; nous voyons déjà que cette racine est supérieure à $\dfrac{5\pi}{4}$ dont la tangente est 1.

Prenons pour $x$ les valeurs en radians d'arcs croissant de degré en degré à partir de $180° + 45°$ ; on trouve ces valeurs dans la table intitulée « Longueur des arcs de cercle pour le rayon 1 » et placée à la suite des tables ordinaires de logarithmes ; quant à $\operatorname{tg} x$, on l'obtient en cherchant d'abord son logarithme dans les tables trigonométriques, puis en remontant au nombre. Nous trouverons ainsi deux arcs $a$ et $b$ différant entre eux d'un degré et comprenant la racine :

$$a = \operatorname{arc}(180° + 77°) = 4,485\,496\ldots,$$

$$\log \operatorname{tg} a = 0,636\,635\,9, \qquad \operatorname{tg} a = 4,331\,47, \qquad f(a) = +\,0,154\,02\ldots;$$

$$b = \operatorname{arc}(180° + 78°) = 4,502\,949\ldots,$$

$$\log \operatorname{tg} b = 0,672\,525\,5, \qquad \operatorname{tg} b = 4,704\,63, \qquad f(b) = -\,0,201\,68\ldots.$$

Si nous appliquons la méthode des parties proportionnelles, nous obtenons comme valeur approchée de la racine le nombre

$$x_1 = 4,493\,05 = \operatorname{arc}(180° + 77° 25' 58'') ;$$

si nous appliquons la méthode de Newton, nous avons

$$f'(x) = -\operatorname{tg}^2 x, \qquad f''(x) = \frac{-2 \operatorname{tg} x}{\cos^2 x} ;$$

comme $f''(x)$ est négatif dans le voisinage de la racine, nous appliquerons la méthode au nombre $b$ ; l'accroissement $h_1 = \dfrac{-f(b)}{f'(b)}$ est, en calculant par logarithmes, égal à $-0,009\,112\ldots$, de sorte qu'une valeur approchée de la racine est

$$x_2 = 4,493\,84 = \operatorname{arc}(180° + 77° 28' 42'') ;$$

la racine elle-même est comprise entre $x_1$ et $x_2$, et l'on peut prendre la demi-somme $\dfrac{x_1 + x_2}{2}$ comme valeur approchée de $x$.

**279. Usage de développements en série.** — Nous allons exposer sur un exemple une autre méthode de calcul donnant une valeur approchée d'une racine d'une équation ; cette méthode est fondée sur la considération du développement en série du premier membre de l'équation donnée.

Considérons un fil homogène pesant, de longueur $2s$, dont les deux extrémités B et C sont sur une même ligne horizontale à la distance $2l$ l'une de l'autre (*fig.* 85) ; la figure d'équilibre de ce fil est une courbe que l'on appelle chaînette ; nous nous proposons de calculer le paramètre caractéristique de cette courbe et d'en déduire la flèche AD.

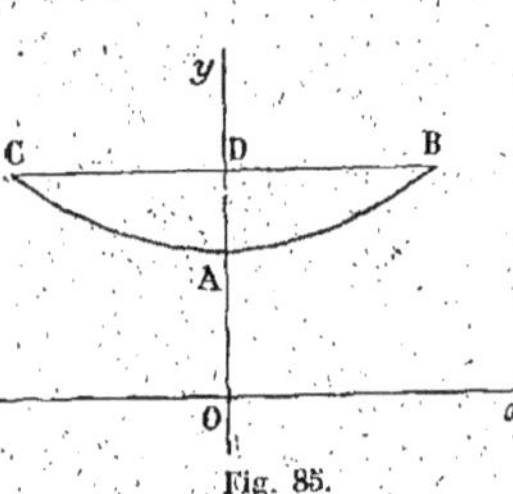

Fig. 85.

On démontre en mécanique que l'équation de la chaînette rapportée à la perpendiculaire au milieu de BC comme axe des $y$ et à un axe des $x$ convenablement choisi est de la forme

$$y = \frac{a}{2}\left(e^{\frac{x}{a}} + e^{-\frac{x}{a}}\right) = a\,\mathrm{ch}\left(\frac{x}{a}\right),$$

$a$ étant un paramètre encore inconnu et ch désignant le cosinus hyperbolique (n° 248) ; on voit facilement que l'arc compris entre le point A d'abscisse zéro et un point d'abscisse $x$ est

$$s = \frac{a}{2}\left(e^{\frac{x}{a}} - e^{-\frac{x}{a}}\right) = a\,\mathrm{sh}\left(\frac{x}{a}\right),$$

car on vérifie bien que le carré $ds^2$ de la différentielle de cet arc est égal à $dx^2 + dy^2$ (n° 229), et $s$ est nul pour $x = 0$ ; la valeur de l'arc AB est donc, en remplaçant $x$ par l'abscisse $l$ de B,

$$(3) \qquad \text{arc AB} = s = \frac{a}{2}\left(e^{\frac{l}{a}} - e^{-\frac{l}{a}}\right) = a\,\mathrm{sh}\left(\frac{l}{a}\right).$$

Lorsque $s$ et $l$ sont donnés, le paramètre $a$ s'obtient en résolvant l'équation précédente par rapport à $a$ ; il y a intérêt à prendre comme inconnue $z = \dfrac{l}{a}$ et à poser $s = l(1 + \alpha)$, $\alpha$ étant généralement très petit ; l'équation à résoudre est alors

$$(4) \qquad f(z) = \frac{e^{z} - e^{-z}}{2} - (1 + \alpha)z = \mathrm{sh}\,z - (1 + \alpha)z = 0.$$

Nous allons démontrer qu'elle a une racine positive $z$ et nous déterminerons une valeur approchée de cette racine en nous servant du développement en série de $f(z)$ ; si nous remplaçons $e^z$ et $e^{-z}$ ou sh $z$ par les séries correspondantes (n$^{os}$ 53 et 248), nous avons

$$f(z) = z\left[-\alpha + \frac{z^2}{6} + \frac{z^4}{120} + \cdots\right].$$

Nous voyons déjà que l'équation (4) a la racine $z = 0$ ; elle a une seule racine positive, car si $z$ croît à partir de zéro dans la parenthèse précédente, les termes qui suivent $-\alpha$ sont positifs et vont en croissant à partir de zéro ; leur somme passe donc une fois et une seule par la valeur $\alpha$ ; elle a également une seule racine négative, symétrique de la précédente ; nous ne nous occuperons que de la racine positive.

Si $\alpha$ est petit et si nous négligeons dans la parenthèse les termes de degré égal ou supérieur à 4, nous avons pour déterminer $z$ une équation simple, qui a pour racine $z_1 = \sqrt{6\alpha}$ ; c'est une valeur suffisamment approchée de la racine positive de l'équation (4).

Si l'on veut calculer la flèche AD, elle est égale à la différence entre les ordonnées des points B et A, et a pour valeur

$$f = a \operatorname{ch}\frac{l}{a} - a = \frac{l}{z}(\operatorname{ch} z - 1).$$

En remplaçant ch $z$ par son développement en série, on a

$$f = lz\left[\frac{1}{1.2} + \frac{z^2}{1.2.3.4} + \cdots\right]$$

et l'on peut adopter comme valeur suffisamment approchée de $f$ la valeur

$$f_1 = \frac{lz_1}{2} = \frac{l\sqrt{6\alpha}}{2}.$$

Comme exemple numérique, supposons que $\alpha = 0,01$ ; les valeurs de $z_1$ et $f_1$ fournies par le calcul précédent sont

$$z_1 = \sqrt{0,06} = 0,2449\ldots, \qquad f_1 = l.\,0,1224\ldots$$

**280. Autre méthode d'approximation.** — Dans certains cas, il est commode de séparer les termes de l'équation en deux groupes, sous la forme

$$\varphi(x) + \psi(x) = 0,$$

$\varphi(x)$ étant une fonction simple, et $\psi(x)$ une fonction dont la valeur numérique est très petite lorsque $x$ est voisin de la racine cherchée. Dans une première approximation, on néglige $\psi(x)$, et l'on résout l'équation $\varphi(x) = 0$ ; soit $x_1$ la racine de celle-ci voisine de celle que l'on veut obtenir. Dans une deuxième approximation, on remplace $x$ par

$x_1$ dans $\psi(x)$ et l'on résout l'équation

$$\varphi(x) + \psi(x_1) = 0 \, ;$$

soit $x_2$ la racine de cette équation voisine de $x_1$. On continue de cette façon en remplaçant $x$ par $x_2$ dans $\psi(x)$ et ainsi de suite.

Il faut s'assurer dans chaque cas particulier que les nombres $x_1$, $x_2$, ... s'approchent de la racine cherchée ; ordinairement, lorsque leur nombre augmente, ils forment une suite ayant pour limite cette racine.

Cette méthode s'applique par exemple à la résolution de l'équation

$$x - e \sin x = a$$

lorsque $e$ est très petit. Si $e$ est inférieur à l'unité, cette équation a une seule racine, car le premier membre a une dérivée toujours positive ; il va donc en croissant avec $x$ et il passe une fois et une seule par la valeur $a$.

Les valeurs approchées successives de la racine sont les nombres fournis par les égalités

$$x_1 = a,$$
$$x_2 = a + e \sin x_1,$$
$$x_3 = a + e \sin x_2,$$
$$\dots \dots \dots \dots$$

on démontre que la suite $x_1$, $x_2$, ... prolongée indéfiniment a pour limite la racine.

Cette méthode s'applique également à la résolution d'une équation de la forme

$$a_0 + a_1 x + a_2 x^2 + \cdots = 0$$

dont le premier membre est une série entière convergente ; si le rapport $\dfrac{a_0}{a_1}$ est très petit et si l'équation a une racine très petite, on obtient la valeur de cette racine en appliquant la méthode précédente, après avoir posé

$$\varphi(x) = a_0 + a_1 x, \qquad \psi(x) = a_2 x^2 + \cdots$$

# CHAPITRE VI

## PROCÉDÉS GRAPHIQUES DE RÉSOLUTION DES ÉQUATIONS

**281. Cas d'une seule variable.** — La résolution graphique des équations repose sur l'emploi de dessins plans, dans lesquels sont tracés des traits qui se coupent ; au point commun à deux traits correspond en général un nombre que l'on peut déterminer d'une manière suffisamment approchée dans la pratique, soit que ce nombre soit déjà inscrit sur le dessin, soit qu'il soit compris entre deux nombres qui y sont inscrits, et peu différents l'un de l'autre.

Nous examinerons plusieurs cas suivant que l'équation a ses coefficients fixés d'une manière invariable, ou bien qu'ils dépendent d'un ou de plusieurs paramètres auxquels on attribue dans chaque exemple numérique des valeurs particulières. Dans le premier cas, nous considérerons le premier membre comme une fonction d'une seule variable ; dans le second nous traiterons les paramètres comme des variables au même titre que l'inconnue, et nous considérerons le premier membre de l'équation comme une fonction de plusieurs variables. Nous examinerons d'abord le premier cas.

Un procédé ordinairement employé pour résoudre graphiquement une équation consiste à l'écrire sous la forme

$$\varphi(x) = \psi(x)$$

et à construire les courbes représentées par les équations

$$y = \varphi(x), \qquad y = \psi(x) ;$$

les abscisses des points communs à ces deux courbes sont les racines de l'équation ; en utilisant du papier quadrillé au millimètre, on peut obtenir ces racines avec une approximation correspondant à deux dixièmes de millimètre.

Si $\psi(x)$ est du premier degré ou est nul, la deuxième courbe est une droite ou est l'axe des $x$. C'est ainsi qu'on peut résoudre l'équation

$x - \operatorname{tg} x = 0$ déjà traitée aux n°s 266 et 278 ; on peut de même résoudre une équation du troisième degré de la forme

$$x^3 + px + q = 0$$

en coupant la courbe $y = x^3$ par la droite d'équation

$$y + px + q = 0 .$$

**Remarque.** — On peut établir entre les points de l'axe des $x$ et les valeurs de la variable $x$, et de même entre les ordonnées et les valeurs de $y$, des correspondances différentes de celles que l'on emploie en analytique, sans changer l'esprit de la méthode. Supposons que l'on pose $X = F(x)$, et $Y = \Phi(y)$, F et $\Phi$ étant des fonctions quelconques assujetties cependant à être continues et à varier toujours dans le même sens, puis que l'on construise par rapport à un système d'axes OX, OY les courbes représentées par les équations

$$X = F(x), \qquad Y = \Phi(y) = \Phi[\psi(x)],$$
$$X = F(x), \qquad Y = \Phi(y) = \Phi[\psi(x)],$$

elles joueront le même rôle que celles dont nous avons parlé. Il suffit d'écrire à côté de chaque point de l'axe OX la valeur de $x$ qui a servi à l'obtenir ; ordinairement on inscrit les valeurs de $x$ égales aux nombres entiers successifs ou aux nombres croissant de dixième en dixième, et l'on évalue par une interpolation à vue les valeurs correspondant aux points intermédiaires. C'est ainsi que dans certaines recherches on adopte des échelles logarithmiques en posant $X = \log x$ et $Y = \log y$.

**282. Cas de deux variables.** — Étant donnée une équation

$$(1) \qquad\qquad f(x, y) = 0$$

entre deux variables $x$ et $y$, nous nous proposons de déterminer l'une de ces variables lorsqu'on donne à l'autre une valeur numérique. Le procédé courant consiste à construire la courbe représentative de l'équation (1) ; lorsqu'on connaît l'une des coordonnées d'un de ses points, on peut évaluer l'autre immédiatement. Comme dans le cas précédent, on peut choisir des coordonnées différentes de $x$ et de $y$, prendre deux fonctions $X = F(x)$, $Y = \Phi(y)$ et construire dans un système d'axes OX, OY la courbe correspondant à l'équation (1) ; cela revient au fond à tracer dans le plan du dessin un réseau formé par des parallèles aux axes, et à faire correspondre à chacune de ces parallèles une valeur de $x$ ou de $y$.

On peut arriver au même résultat sans construire de courbe ; il suffit de prendre deux droites parallèles voisines l'une de l'autre, d'inscrire près

des points de l'une les nombres $x$, et près des points de l'autre les nombres $y$ d'après des lois arbitraires, mais de telle façon cependant que les
nombres correspondant aux points placés en face l'un de l'autre soient liés
par la relation (1) ; une simple lecture permet de résoudre l'équation
qu'on déduit de cette relation lorsqu'on donne une valeur numérique à
l'une des variables. Ceci suppose toutefois que cette équation n'a qu'une
seule racine acceptable.

De la même manière, étant données deux équations entre trois variables $x$, $y$, $z$, on peut inscrire les valeurs de l'une sur une droite, d'après
une loi arbitraire, et inscrire en regard, sur des droites parallèles voisines,
les valeurs correspondantes des deux autres variables. Ce procédé ne diffère pas au fond de l'emploi de tables numériques analogues aux tables de
logarithmes.

**283. Règle à calcul.** — Lorsque les droites parallèles dont nous
venons de parler sont susceptibles de se déplacer d'un mouvement de
translation dans leur propre
direction, on peut effectuer des
opérations d'une manière très
rapide. L'exemple le plus simple est celui de la règle à cal-

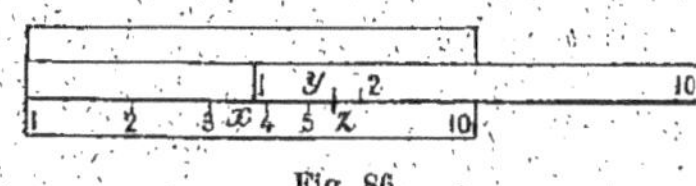

Fig. 86.

cul ; une telle règle se compose (*fig.* 86) de deux échelles parallèles
glissant l'une contre l'autre ; sur chacune sont inscrits des nombres simples
et tracés de petits traits correspondant à des nombres inscrits et à d'autres
intermédiaires, de telle sorte qu'à chaque nombre donné $x$ correspond
un point M de l'échelle et à chaque point M un nombre $x$ connu avec
une approximation suffisante dans la pratique.

L'abscisse X du point M est égal à $\log_{10} x$ ; dans la pratique on se
contente de donner à $x$ les valeurs comprises entre 1 et 10 ; tout autre
nombre est en effet de la forme $x' = 10^n x$, $n$ étant entier positif ou
négatif, et $x$ compris entre 1 et 10 ; on a alors

$$X' = \log_{10} x' = n + \log_{10} x = n + X,$$

de sorte que l'échelle des nombres compris entre $10^n$ et $10^{n+1}$ est, à
une translation près égale à $n$, identique à l'échelle des nombres compris
entre 1 et 10.

Considérons alors deux échelles parallèles ; sur la première sont figu-
rés les nombres $x$ aux points d'abscisse $X = \log_{10} x$, sur la seconde les
nombres $y$ aux points d'abscisse $Y = \log_{10} y$ ; pour trouver le produit
$xy$, il suffit de déplacer la deuxième échelle de façon que l'origine des

abscisses soit en regard du point marqué $x$ sur la première ; en face du point marqué $y$ sur la deuxième se trouvera alors sur la première un point marqué $z$ ; l'abscisse de ce point est

$$Z = X + Y = \log_{10} x + \log_{10} y = \log_{10} xy,$$

de sorte que $z$ est égal au produit $xy$.

De la même manière pour trouver le quotient de $z$ par $y$, on déplace la deuxième échelle de façon que le point marqué $y$ se trouve en regard du point marqué $z$ de la première ; en face de l'origine de la deuxième échelle se trouve marqué sur la première le quotient $x$ cherché.

**284. Cas de trois variables. Abaques.** — Étant donnée une équation entre trois variables

$$(2) \qquad\qquad f(x, y, z) = 0,$$

nous nous proposons de déterminer la valeur de l'une d'elles correspondant à des valeurs numériques attribuées aux deux autres ; les dessins que l'on emploie à cet effet s'appellent *abaques* ou *nomogrammes*, et leur étude constitue la nomographie.

Une première méthode consiste à donner à $z$ une suite de valeurs simples $z_1$, $z_2$, ... et à construire dans un même système d'axes de coordonnées X, Y, comme dans le cas précédent, les courbes $C_1$, $C_2$, ... correspondant aux équations

$$f(x, y, z_1) = 0, \qquad f(x, y, z_2) = 0, \qquad \ldots ;$$

ces courbes représentent au fond les projections sur le plan XOY des sections de la surface (2) par des plans $z = h$. On les construit aussi nombreuses et aussi rapprochées que le permet la netteté du dessin, et l'on inscrit sur chacune d'elles la valeur de $z$ qui a servi à l'obtenir.

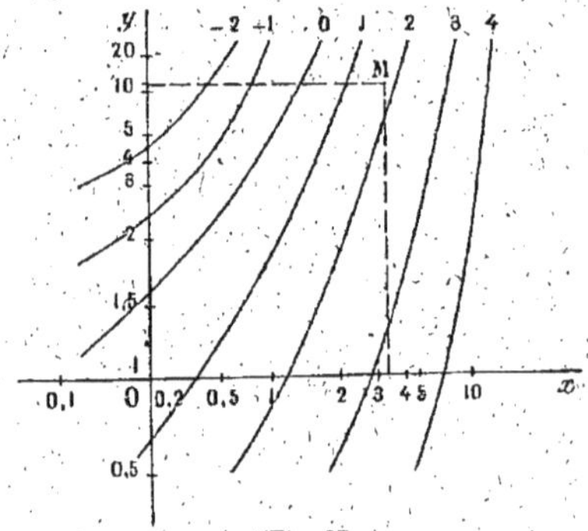

Si l'on se donne les valeurs de $x$ et de $y$, il leur correspond (*fig.* 87) un point M du plan, celui qui est à l'intersection des parallèles aux axes portant les nombres $x$

Fig. 87.

et $y$ ; ce point est situé sur une des courbes C tracées ou entre deux courbes voisines ; connaissant les nombres inscrits sur ces courbes, on évalue, par une interpolation à vue, la valeur cherchée de $z$. Le même procédé s'applique au cas où l'on donne les valeurs de deux quelconques des trois variables et où l'on cherche celle de la dernière.

C'est de cette façon que l'on a construit un abaque donnant la consommation théorique $z$ de vapeur en kilogs par cheval-heure dans un moteur fonctionnant sous une pression absolue d'entrée $y$ et une pression absolue d'échappement $x$ évaluées en kilogs par centimètre carré ; les courbes de rendement d'un moteur dont le fonctionnement dépend de deux paramètres constituent un abaque analogue aux précédents.

On peut utiliser un abaque de cette nature pour résoudre l'équation du 3ᵉ degré

$$x^3 + px + q = 0$$

lorsque $p$ et $q$ ont des valeurs quelconques, entre des limites compatibles avec l'exécution du dessin ; on remplace $p$ par $x$, $q$ par $y$ et $x$ par $z$, de façon à mettre l'équation sous la forme

$$f(x, y, z) = z^3 + zx + y = 0.$$

Les lignes $C$ sont des droites dont chacune porte un nombre égal à la valeur de $z$ (*fig.* 88) ; on voit que par certains points du plan de coordonnées $(x, y)$ passe une seule droite, l'équation a une seule racine ; par d'autres satisfaisant à la condition $4x^3 + 27y^2 < 0$ passent trois droites et l'équation a trois racines.

Comme nous l'avons déjà dit, on peut prendre comme abscisses et ordonnées des fonctions $X = F(x)$, $Y = \Phi(y)$ des nombres $x$ et $y$ ; c'est ainsi qu'en prenant des échelles logarithmiques la relation $z = xy$ se transforme en

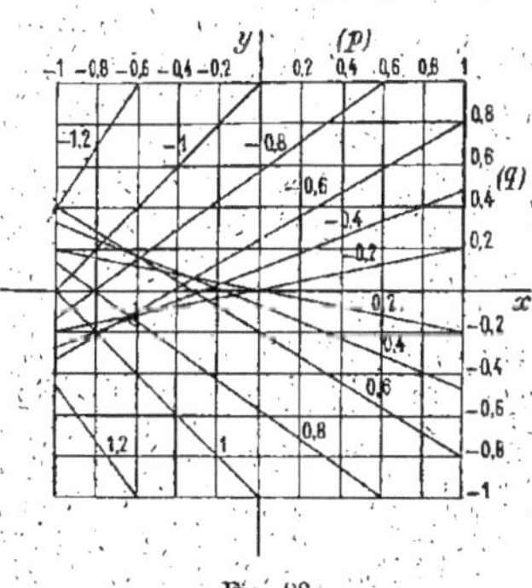

Fig. 88.

$$\log z = \log x + \log y = X + Y$$

et les lignes $C$ sont des droites ; on obtient ainsi l'abaque employé par Lalanne pour effectuer des multiplications.

Dans certaines recherches où l'équation (2) est de la forme

$$(3) \qquad f_1(x) + f_2(y) = f_3(z),$$

on utilise un abaque *hexagonal* formé par trois droites OX, OY, OZ (*fig.* 89), faisant entre elles des angles de 60°. Sur la première on inscrit les nombres $x$, chacun d'eux correspondant au point d'abscisse $X = f_1(x)$; de même sur la seconde et sur la troisième on inscrit les nombres $y$ et $z$ aux points d'abscisses $Y = f_2(y)$ et $Z = f_3(z)$. Les projections orthogonales d'un point M sur les axes satisfont à la relation

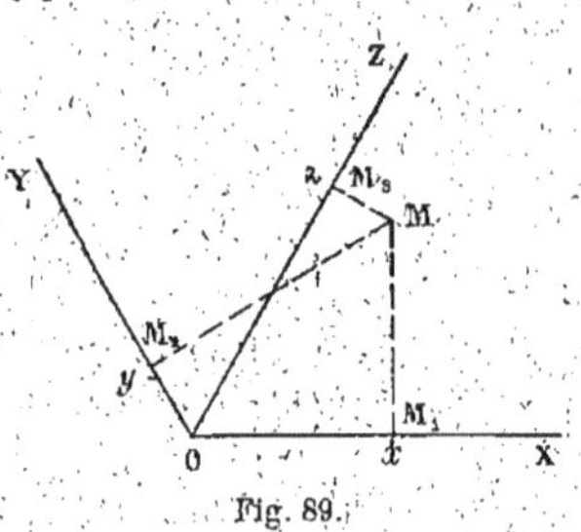

Fig. 89.

$$OM_1 + OM_2 = OM_3,$$

car si l'on désigne par $\rho$ le segment OM et par $\alpha$ l'angle (OM, OZ), on a

$$\rho \cos \alpha = \rho \cos \left( \frac{\pi}{3} - \alpha \right) + \rho \cos \left( \frac{\pi}{3} + \alpha \right);$$

dès lors, pour que des valeurs de $x$, $y$, $z$ soient reliées par l'équation (3), il faut et il suffit que les perpendiculaires aux trois axes tracées par les points correspondant à ces valeurs soient concourantes.

Il suffit d'utiliser un papier transparent sur lequel sont tracées trois droites concourantes à 60° ; si l'on se donne par exemple $x$ et $y$, on ajuste ce papier de façon que deux des droites soient perpendiculaires à OX et OY aux points marqués $x$ et $y$ ; la troisième droite va couper OZ en un point indiquant la valeur cherchée de $z$.

**285. Abaques par points alignés.** — Pour la netteté du dessin, il est préférable d'avoir, au lieu de trois familles de lignes, trois lignes seulement, et d'utiliser les points d'intersection de ces trois lignes avec une ligne mobile, soit que cette dernière soit tracée sur le dessin dans chaque application, soit qu'elle soit tracée sur un transparent mobile. On est amené de cette manière, pour résoudre les équations telles que (2), à tracer trois lignes A, B, C (*fig.* 90) et à y inscrire respectivement les valeurs successives de $x$, $y$, $z$ de telle façon que les points représentatifs de trois valeurs satisfaisant à l'équation donnée soient situés en ligne droite. Si l'on donne alors les valeurs de deux des variables, de $x$ et de $y$ par exemple, on figure, soit sur le dessin, soit au moyen d'un transparent, la droite qui joint les points représentatifs de ces valeurs sur les lignes A et B. Cette droite rencontre C en un point auquel correspond la valeur cherchée de $z$. Le même procédé s'applique au calcul de $x$ ou de $y$ connaissant la valeur des deux autres variables. Dans les applications on prend pour A et B deux droites parallèles.

Un tel abaque ne peut être construit que si la relation (2) renferme les variables d'une manière particulière ; le cas le plus commun est celui où elle a la forme :

$$(4) \qquad f_1(x)\varphi_1(z) + f_2(y)\varphi_2(z) = \varphi_3(z).$$

Dans ce cas, nous prenons dans un système d'axes OX, OY deux droites A et B parallèles à OY, d'abscisses $a$ et $-a$ ; sur la première nous inscrivons les valeurs de $x$, en faisant correspondre à chacune d'elles le point de coordonnées $X_1 = a$, $Y_1 = f_1(x)$ ; de même sur la seconde nous inscrivons les valeurs de $y$, en faisant correspondre à chacune d'elles le point de coordonnées $X_2 = -a$, $Y_2 = f_2(y)$. La droite qui joint deux points $M_1$ et $M_2$ pris respectivement sur A et B a pour équation

$$(5) \qquad f_1(x)(a+X) + f_2(y)(a-X) - 2aY = 0 ;$$

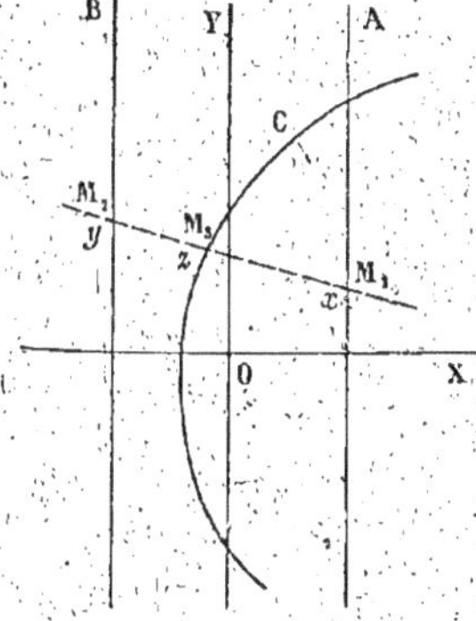

Fig. 90.

si nous l'identifions avec l'équation (4), nous obtenons les relations

$$\frac{a+X}{\varphi_1(z)} = \frac{a-X}{\varphi_2(z)} = \frac{2aY}{\varphi_3(z)},$$

qui donnent

$$(6) \qquad X = a\frac{\varphi_1(z) - \varphi_2(z)}{\varphi_1(z) + \varphi_2(z)}, \qquad Y = \frac{\varphi_3(z)}{\varphi_1(z) + \varphi_2(z)}.$$

Si nous construisons la courbe représentée par ces équations (6), en inscrivant près de chacun de ses points la valeur de $z$ qui a servi à l'obtenir, nous obtiendrons précisément la courbe C qui avec A et B constitue l'abaque. Cette courbe devient une droite dans des cas particuliers dont le plus intéressant est celui où $\varphi_1$ et $\varphi_2$ sont dans un rapport constant ; X est alors constant et C est une droite parallèle à A et B.

Ce procédé s'applique immédiatement à la résolution d'une équation à deux paramètres, de la forme

$$H(z) + pK(z) + q = 0 ;$$

une telle équation rentre en effet dans le type (4) en posant

$$f_1(x) = x = q, \qquad f_2(y) = y = p,$$
$$\varphi_1(z) = 1, \qquad \varphi_2(z) = K(z), \qquad \varphi_3(z) = -H(z) ;$$

comme cas particulier, en prenant $H(z) = z^m$ et $K(z) = z^n$, on obtient une équation algébrique trinome.

Nous allons considérer en particulier l'équation du troisième degré écrite sous la forme

$$(7) \qquad z^3 + pz + q = 0.$$

Dans la résolution de cette équation, nous pouvons nous limiter à la recherche des racines positives, car les racines négatives, changées de signe, deviennent les racines positives de l'équation

$$(8) \qquad z^3 + pz - q = 0$$

déduite de la première par le changement de $z$ en $-z$ ; on aura donc toutes les racines de l'équation (7) en calculant les racines positives de cette équation et celles de sa transformée (8), puis en changeant le signe des dernières.

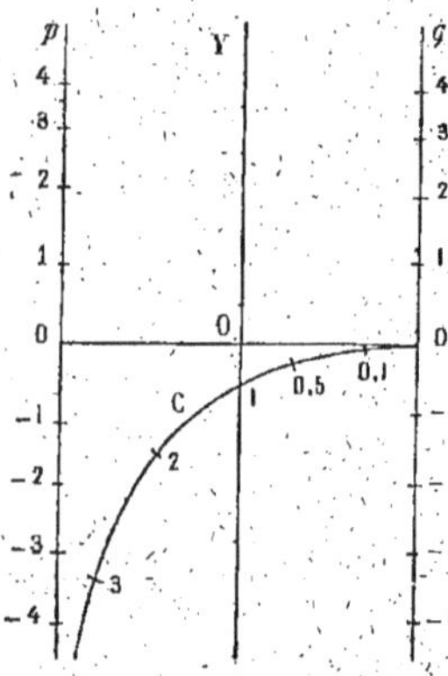

Fig. 94.

La courbe C est fournie par les équations

$$X = a\frac{1-z}{1+z}, \qquad Y = \frac{-z^3}{1+z};$$

nous n'avons besoin d'en construire que la portion qui correspond aux valeurs positives de $z$ ; elle est représentée dans la figure 94 ; les valeurs de $q$ sont inscrites à droite, et celles de $p$ à gauche. Les droites joignant le point marqué $p$ aux points marqués $q$ et $-q$ rencontrent la courbe C en un ou plusieurs points ; les nombres $z$ inscrits près de ces points fournissent d'une part les racines positives, d'autre part les valeurs absolues des racines négatives de l'équation (7).

**286. Cas de quatre variables.** — Étant donnée une relation

$$(9) \qquad f(x, y, z, t) = 0$$

entre quatre variables $x, y, z, t$, supposons que par rapport aux trois premières elle rentre dans un type résoluble par la méthode des points alignés. Nous donnerons à $t$ une suite de valeurs numériques $t_1, t_2, \ldots$ et nous construirons dans un abaque les courbes $C_1, C_2, \ldots$ relatives aux équations

$$f(x, y, z, t_1) = 0, \qquad f(x, y, z, t_2) = 0, \qquad \ldots;$$

sur chacune d'elles nous inscrirons les valeurs de $z$ successives. A l'aide
de ce faisceau de courbes, nous pourrons déterminer la valeur de l'une
quelconque des quatre variables connaissant celles des trois autres.

Remarquons que les points correspondant à une même valeur $z_1$ de
$z$ sont situés sur une ligne $D_1$ que l'on peut tracer ; on peut de même
tracer les lignes $D_2$, ... contenant les points marqués $z_2$, .... De
cette façon l'abaque contient, outre les droites A et B, deux faisceaux
de courbes C et D ; chacune des courbes C est affectée d'un nombre
qui indique une valeur de $t$, et chacune des courbes D d'un nombre qui
indique une valeur de $z$. Le point de la droite A marqué $x$, le point
de la droite B marqué $y$ et le point de rencontre des lignes C et D
marquées $t$ et $z$ sont en ligne droite dès que les quatre nombres $x$, $y$, $z$, $t$
sont reliés par l'équation (9).

Les procédés de nomographie que nous venons d'indiquer peuvent
être généralisés, avec ou sans usage de papier transparent, et permettent
d'étudier les équations à plus de quatre variables, comme l'a montré
M. d'Ocagne.

# CINQUIÈME PARTIE

# APPLICATIONS GÉOMÉTRIQUES

## CHAPITRE I

### TANGENTES ET NORMALES AUX COURBES PLANES

**287. Tangente en un point d'une courbe plane.** — La tangente en un point M d'une courbe est la limite des positions d'une sécante passant par ce point et par un point voisin M′ situé sur la courbe lorsque ce point M′ se rapproche indéfiniment du premier. Nous avons démontré (n° 161) que le coefficient angulaire de la tangente est égal à la dérivée de l'ordonnée considérée comme fonction de l'abscisse ; nous allons retrouver ce résultat et déterminer en même temps l'équation de la tangente.

Soient $x$, $y$ les coordonnées cartésiennes du point M de la courbe ; $x + \Delta x$, $y + \Delta y$ celles du point voisin M′, et X, Y les coordonnées courantes ; comme la différence des abscisses et celle des ordonnées des deux points M, M′ sont égales à $\Delta x$ et $\Delta y$, l'équation de la sécante MM′ est

$$(1) \qquad \frac{X - x}{\Delta x} = \frac{Y - y}{\Delta y} ;$$

la pente de cette droite est égale à $\dfrac{\Delta y}{\Delta x}$ ; sa limite, c'est-à-dire la pente de la tangente, est égale à la dérivée $y'_x$ de $y$ par rapport à $x$, ce que nous voulions d'abord démontrer.

Quant à l'équation de la tangente, c'est celle d'une droite passant par le point $(x, y)$ et ayant pour pente ou coefficient angulaire $y'_x$ ; elle est par suite

$$(2) \qquad Y - y = y'_x(X - x) ;$$

en remplaçant $y'_x$ par $\dfrac{dy}{dx}$, nous pouvons encore écrire cette équation sous la forme équivalente

$$(3) \qquad \frac{X-x}{dx} = \frac{Y-y}{dy} ;$$

c'est du reste celle que l'on déduirait de (1) en y remplaçant, à la limite, les infiniment petits $\Delta x$ et $\Delta y$ par les différentielles $dx$ et $dy$, ainsi que nous l'avons expliqué au n° 228.

La forme (2) de l'équation de la tangente convient surtout lorsque l'équation de la courbe est résolue par rapport à $y$ ; considérons par exemple la courbe représentative de la fonction $\sin x$ ; elle a pour équation

$$y = \sin x$$

et est appelée *sinusoïde*. La fonction $y$ est périodique et a pour période $2\pi$ ; il suffit donc de construire la courbe lorsque $x$ varie de 0 à $2\pi$, et de reproduire la portion obtenue dans les autres intervalles $(2\pi, 4\pi)$, $(4\pi, 6\pi)$, ... $(-2\pi, 0)$, $(-4\pi, -2\pi)$, ....

La dérivée de $y$ est $y' = \cos x$, et l'équation de la tangente en un point est

$$Y - y = \cos x\,(X - x) ;$$

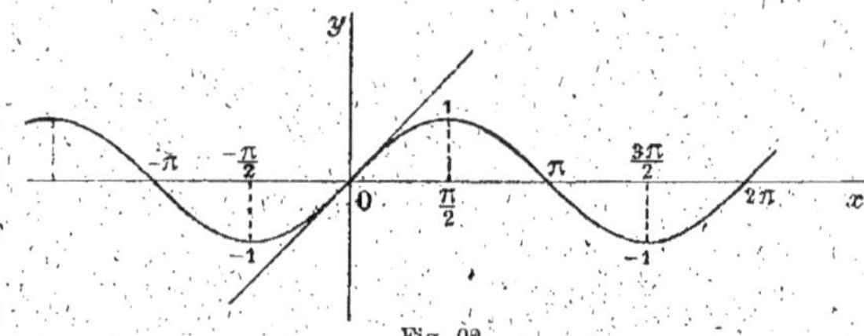

Fig. 92.

en particulier la courbe passe à l'origine, car $y$ est nul en même temps que $x$ ; le coefficient angulaire de la tangente en ce point est égal à la valeur de $\cos x$ pour $x = 0$, et il est égal à l'unité ; la tangente à l'origine est donc la bissectrice de l'angle des axes. La courbe a la forme indiquée dans la figure 92.

La forme (3) de l'équation de la tangente convient particulièrement lorsque les coordonnées $x$ et $y$ d'un point de la courbe sont exprimées au moyen d'un paramètre. Considérons par exemple une ellipse ; nous avons vu (n° 109) que les coordonnées d'un point de la courbe s'expriment au moyen du paramètre angulaire $\varphi$ par les formules

$$x = a \cos \varphi, \qquad y = b \sin \varphi ;$$

nous en déduisons, en différentiant,

$$dx = - a \sin \varphi \, d\varphi, \qquad dy = b \cos \varphi \, d\varphi \, ;$$

en portant ces valeurs dans l'équation (3) et supprimant $d\varphi$ aux deux membres, nous avons, pour représenter la tangente, l'équation

$$\frac{X - a \cos \varphi}{- a \sin \varphi} = \frac{Y - b \sin \varphi}{b \cos \varphi},$$

que nous pouvons mettre sous la forme

$$\frac{X \cos \varphi}{a} + \frac{Y \sin \varphi}{b} - 1 = 0.$$

288. Supposons que la courbe soit représentée par une équation entre $x$ et $y$, de la forme

$$(4) \qquad\qquad f(x, y) = 0 \, ;$$

nous obtiendrons la dérivée $y'$ ou $\dfrac{dy}{dx}$ en différentiant le premier membre de cette relation, ce qui donne

$$(5) \qquad\qquad f'_x dx + f'_y dy = 0 \, ;$$

supposons que $f'_x$ et $f'_y$ ne soient pas nuls tous les deux pour le point de la courbe considéré ; celui-ci est dit alors point ordinaire ou point simple ; en éliminant la dérivée $\dfrac{dy}{dx}$ entre les équations (2) ou (3) et (5), nous avons comme équation de la tangente

$$(6) \qquad\qquad (X - x) f'_x + (Y - y) f'_y = 0.$$

On met souvent cette équation sous une autre forme ; écrivons-la de la manière suivante :

$$X f'_x + Y f'_y - (x f'_x + y f'_y) = 0,$$

et cherchons à transformer le dernier terme. Supposons qu'on change $x$ et $y$ en $\dfrac{x}{z}$ et $\dfrac{y}{z}$ dans l'équation (4), et qu'on chasse s'il y a lieu les dénominateurs ; elle se transforme en une équation

$$(7) \qquad\qquad f(x, y, z) = 0,$$

dont le premier membre est homogène en $x$, $y$, $z$ ; si nous lui appliquons le théorème d'Euler (n° 191) et si nous désignons par $m$ le degré d'homogénéité, nous avons

$$x f'_x + y f'_y + z f'_z = m f(x, y, z).$$

Si nous faisons ensuite $z = 1$ dans les deux membres de cette identité, le second devient égal à $mf(x, y)$ et il est nul, puisque le point $(x, y)$ est sur la courbe; nous en concluons que $xf'_x + yf'_y$ peut être remplacée par $-f'_z$, $f'_z$ désignant la dérivée du premier membre de l'équation (7) par rapport à $z$, dérivée dans laquelle on remplace $z$ par 1.

Après ce changement, l'équation de la tangente s'écrit

$$(8) \qquad Xf'_x + Yf'_y + f'_z = 0 ;$$

cette forme est particulièrement employée dans le cas des courbes algébriques.

**289. Normale en un point d'une courbe.** — On appelle normale en un point d'une courbe la perpendiculaire à la tangente en ce point; son coefficient angulaire (n° 96) est alors égal à l'inverse changé de signe de la dérivée $y'_x$. L'équation de la normale se met sous l'une des formes suivantes, qui correspondent aux équations (2), (3) et (6) de la tangente :

$$(9) \qquad Y - y = -\frac{1}{y'_x}(X - x),$$

$$(10) \qquad (X - x)dx + (Y - y)dy = 0,$$

$$(11) \qquad \frac{X - x}{f'_x} = \frac{Y - y}{f'_y}.$$

On appelle *sous-tangente* en un point M d'une courbe (*fig.* 93) le segment PT de l'axe des $x$ compris entre le pied de l'ordonnée du point M et le point de rencontre de la tangente avec $Ox$; on trouve sa valeur en faisant $Y = 0$ dans l'équation (2) de la tangente, et cherchant la valeur de $X - x$; on trouve ainsi que la sous-tangente est égale à $-\frac{y}{y'_x}$.

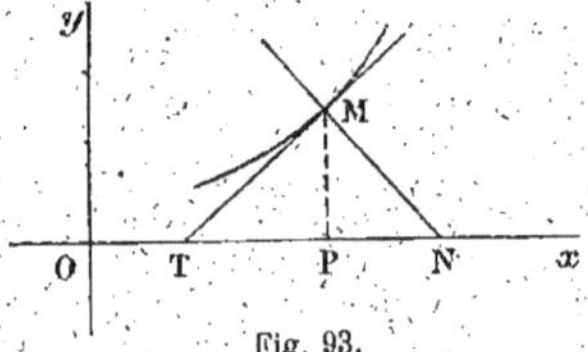

Fig. 93.

On appelle *sous-normale* le segment PN de l'axe des $x$ compris entre le pied de l'ordonnée et le point de rencontre de la normale avec l'axe des $x$; on trouve sa valeur en faisant $Y = 0$ dans l'équation (9) de la normale et cherchant la valeur de $X - x$; on trouve ainsi que la sous-normale est égale à $yy'_x$.

**290. Application aux coniques.** — 1° Considérons un cercle ayant pour centre l'origine et représenté par l'équation

$$x^2 + y^2 - R^2 = 0 ;$$

nous allons former l'équation de la tangente en un point de cette courbe de coordonnées $x, y$, en utilisant l'équation (6); nous avons $f'_x = 2x$, $f'_y = 2y$, de sorte que l'équation de la tangente est, en divisant par 2,

$$(X - x)x + (Y - y)y = 0.$$

Si nous remarquons que pour les points de la courbe $x^2 + y^2$ est égal à $R^2$, nous pouvons remplacer cette équation par la suivante :

$$Xx + Yy - R^2 = 0.$$

On vérifie sur cette équation que la tangente en un point d'une circonférence est perpendiculaire au rayon du point de contact.

2° Considérons l'ellipse représentée par l'équation

$$\frac{x^2}{a^2} + \frac{y^2}{b^2} - 1 = 0;$$

nous allons utiliser la forme (8) de l'équation de la tangente ; pour cela, nous remplacerons $x$ et $y$ par $\frac{x}{z}$ et $\frac{y}{z}$, et nous multiplierons par $z^2$, nous obtiendrons ainsi l'équation homogène

$$f(x, y, z) = \frac{x^2}{a^2} + \frac{y^2}{b^2} - z^2 = 0;$$

nous en tirerons

$$f'_x = \frac{2x}{a^2}, \qquad f'_y = \frac{2y}{b^2}, \qquad f'_z = -2z;$$

en remplaçant dans ces dérivées $z$ par 1, portant dans l'équation (8) et divisant par 2, nous obtiendrons l'équation de la tangente

$$(12) \qquad \frac{Xx}{a^2} + \frac{Yy}{b^2} - 1 = 0;$$

celle de la normale est

$$\frac{X - x}{\dfrac{x}{a^2}} = \frac{Y - y}{\dfrac{y}{b^2}},$$

ou bien

$$\frac{a^2 X}{x} - \frac{b^2 Y}{y} = a^2 - b^2 = c^2.$$

L'abscisse du point de rencontre $T$ de la tangente avec l'axe des $x$ (fig. 94) s'obtient en faisant $Y = 0$ dans l'équation (12), et a pour valeur $X = \frac{a^2}{x}$; celle du point de rencontre $N$ de la normale avec le même axe s'obtient en faisant $Y = 0$ dans l'équation de la normale et a pour valeur $\dfrac{c^2 x}{a^2}$. Le produit de ces abscisses est égal à $c^2$, ce qui montre que les points $N$ et $T$ sont conjugués harmoniques par rapport à $F$ et $F'$ (n° 102) ; nous en concluons que les rayons $MT$, $MN$ sont conjugués par rapport à $MF$, $MF'$, et comme les premiers sont rectangulaires, ils sont les bissectrices des angles des seconds.

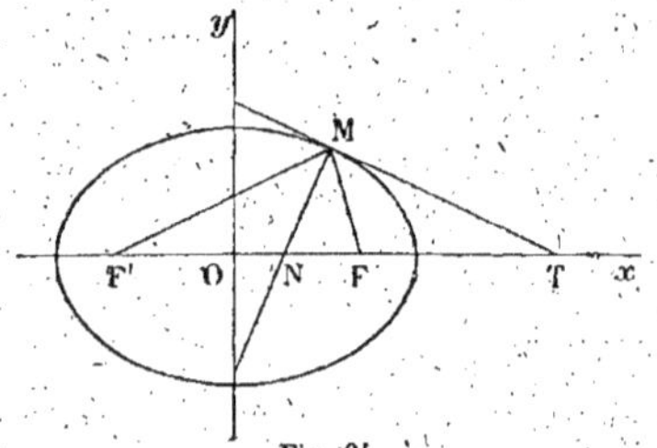

Nous voyons ainsi que *la tangente et la normale en un point d'une ellipse sont les bissectrices des angles formés par les rayons vecteurs.*

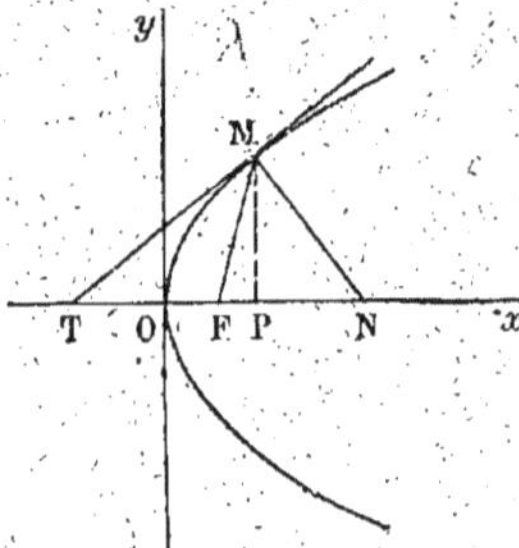

Fig. 94.

Les mêmes considérations s'appliqueraient à l'hyperbole en changeant $b^2$ en $-b^2$.

3° Considérons la parabole représentée par l'équation

$$y^2 - 2px = 0 \;;$$

en rendant, comme précédemment, l'équation homogène, nous la mettrons sous la forme

$$f(x, y, z) = y^2 - 2pxz = 0 \;;$$

nous en tirons

$$f'_x = -2pz, \qquad f'_y = 2y, \qquad f'_z = -2px \;;$$

en y remplaçant $z$ par $1$, portant dans l'équation (8) et divisant par 2, nous obtenons l'équation de la tangente

$$(13) \qquad Yy - p(X + x) = 0 \;;$$

celle de la normale est

$$(14) \qquad \frac{Y - y}{y} = \frac{X - x}{-p}.$$

La sous-tangente $PT$ de la parabole *(fig. 95)* s'obtient en faisant $Y = 0$ dans l'équation (13) ; l'abscisse de $T$ est $X = -x$, et l'on a $PT = -2x$ ; on obtient la sous-normale en faisant $Y = 0$ dans l'équation (14) ; elle donne $X - x = p$, d'où $PN = p$ ; nous concluons de là que *dans la parabole la sous-tan-*

Fig. 95.

*gente est égale au double de l'abscisse, prise en signe contraire, et la sous-normale est égale au paramètre.*

Remarquons encore que F étant le foyer de la courbe, la longueur FT est égale à $x + \dfrac{p}{2}$; elle est par conséquent égale au rayon vecteur FM et au segment FN; nous en concluons que les triangles FTM et FNM sont isocèles, par suite *la tangente et la normale en un point de la parabole font des angles égaux avec le rayon vecteur et la parallèle à l'axe.*

**291. Point singulier.** — En utilisant l'équation (5) pour former l'équation de la tangente en un point d'une courbe, nous avons supposé que les deux dérivées $f'_x$ et $f'_y$ ne sont pas nulles toutes les deux pour les coordonnées du point de contact; lorsqu'elles le sont, le calcul que nous avons effectué est illusoire; le point de coordonnées $x, y$ est alors appelé *point singulier* de la courbe.

Pour qu'un point soit singulier, il faut que ses coordonnées $x, y$ satisfassent à la fois aux trois équations

$$(15) \qquad f(x, y) = 0, \qquad f'_x = 0, \qquad f'_y = 0;$$

celles-ci n'ont généralement aucune solution commune, et elles n'en possèdent que si le résultat de l'élimination de $x$ et $y$ entre elles est nul; une courbe ne possède donc en général aucun point singulier.

Nous allons chercher la limite du coefficient angulaire d'une sécante passant par le point M de coordonnées $(x, y)$ et par un point voisin M' de coordonnées $(x + \Delta x, y + \Delta y)$; nous écrirons que l'on a

$$f(x, y) = 0, \qquad f(x + \Delta x, y + \Delta y) = 0$$

et nous développerons le premier membre de la seconde équation suivant la formule de Taylor (n° 194), en limitant le développement aux termes renfermant les dérivées d'ordre $p$, si ces dérivées ne sont pas toutes nulles pour les valeurs $x, y$ égales aux coordonnées de M, tandis que toutes celles d'ordre inférieur à $p$ sont nulles.

Le raisonnement que nous allons employer est déjà valable pour $p = 1$, c'est-à-dire si M est un point ordinaire; nous écrirons dans ce cas

$$f(x + \Delta x, y + \Delta y) = f(x, y) + \Delta x f'_x(x_1, y_1) + \Delta y f'_y(x_1, y_1),$$

$x_1$ et $y_1$ étant respectivement égaux à $x + \theta \Delta x, y + \theta \Delta y$, et $\theta$ étant un nombre convenablement choisi entre 0 et 1.

Le premier membre et le premier terme du second membre étant nuls, nous avons la relation

$$\Delta x f'_x(x_1,\, y_1) + \Delta y f'_y(x_1,\, y_1) = 0,$$

qui fournit le rapport $\dfrac{\Delta y}{\Delta x}$; lorsque $M'$ se rapproche de $M$, ce rapport a une limite, $\dfrac{dy}{dx}$, fournie par l'équation précédente dans laquelle $x_1$ et $y_1$ deviennent respectivement égaux à $x, y$, c'est-à-dire par l'équation

$$f'_x(x,\, y) + \frac{dy}{dx} f'_y(x,\, y) = 0.$$

Ce résultat n'est pas nouveau ; nous allons l'étendre aux autres cas.

Si $p = 2$, c'est-à-dire si les dérivées du premier ordre sont nulles pour les coordonnées de $M$, tandis que celles du second ne le sont pas toutes les trois, nous utiliserons la formule de Taylor sous la forme

$$f(x + \Delta x,\, y + \Delta y) = f(x,\, y) + \Delta x f'_x(x,\, y) + \Delta y f'_y(x,\, y)$$
$$+ \frac{1}{1 \cdot 2}\left[\Delta x^2 f''_{x^2}(x_1,\, y_1) + 2\Delta x \Delta y f''_{xy}(x_1,\, y_1) + \Delta y^2 f''_{y^2}(x_1,\, y_1)\right] = 0,$$

$x_1$ et $y_1$ étant comme précédemment de la forme $x + \theta\Delta x,\ y + \theta\Delta y$. L'équation se réduit à

$$\Delta x^2 f''_{x^2}(x_1,\, y_1) + 2\Delta x \Delta y f''_{xy}(x_1,\, y_1) + \Delta y^2 f''_{y^2}(x_1,\, y_1) = 0$$

et fournit pour le rapport $\dfrac{\Delta y}{\Delta x}$ deux valeurs ; la limite de ce rapport est donnée par l'équation suivante :

$$(16) \qquad f''_{x^2} + 2f''_{xy}\frac{dy}{dx} + f''_{y^2}\left(\frac{dy}{dx}\right)^2 = 0.$$

Cette équation étant du second degré, nous voyons que la sécante $MM'$ peut occuper deux positions limites, dont les coefficients angulaires sont les racines de l'équation précédente ; ces positions limites sont les tangentes à deux branches de courbe passant par $M$. On dit alors que le point $M$ est un point double de la courbe.

A chaque racine de l'équation (16) correspond une tangente représentée par l'une des équations (2) ou (3) ; si nous éliminons $\dfrac{dy}{dx}$ entre ces équations et la précédente, nous obtenons l'équation

$$(17) \qquad (X - x)^2 f''_{x^2} + 2(X - x)(Y - y)f''_{xy} + (Y - y)^2 f''_{y^2} = 0,$$

qui représente l'ensemble des tangentes à la courbe au point double.

Si les racines de l'équation (16) sont réelles, c'est-à-dire si la quantité

$$R = f''^2_{xy} - f''_{x^2} f''_{y^2}$$

est positive, les deux tangentes ont des coefficients angulaires réels et distincts ; le point M' est un point double ordinaire ; il y a deux branches réelles de courbe qui se coupent en ce point. Si les racines sont imaginaires, c'est-à-dire si R est négative, le point M est un point double que l'on appelle *isolé* parce que les branches de courbe qui y passent n'ont pas de tangente réelle, ni de point réel dans le voisinage de celui-là. Si enfin les racines sont égales, c'est-à-dire si R est nulle, les deux tangentes ont des coefficients angulaires égaux, et elles sont confondues ; les deux branches deviennent tangentes à la même droite au point double ; on dit dans ce cas que ce point est un point de *rebroussement*.

Considérons plus généralement le cas où les premières dérivées qui ne s'annulent pas pour les coordonnées $x, y$ du point M sont d'ordre $p$ ; en limitant la formule de Taylor à ces dérivées et raisonnant comme précédemment, nous aurons la relation

$$\frac{1}{1 \cdot 2 \ldots p}[\Delta x^p f_{x^p}^{(p)}(x_1, y_1) + \frac{p}{1}\Delta x^{p-1}\Delta y f_{x^{p-1}y}^{(p)}(x_1, y_1)$$
$$+ \cdots + \Delta y^p f_{y^p}^{(p)}(x_1, y_1)] = 0,$$

qui fournit $p$ valeurs pour le rapport $\frac{\Delta y}{\Delta x}$ ; lorsque M' tend vers M, la limite $\frac{dy}{dx}$ de ce rapport satisfait à l'équation

$$(18) \qquad f_{x^p}^{(p)} + \frac{p}{1}f_{x^{p-1}y}^{(p)}\frac{dy}{dx} + \cdots + f_{y^p}^{(p)}\left(\frac{dy}{dx}\right)^p = 0.$$

Cette équation a $p$ racines ; nous en concluons que la sécante MM' a $p$ positions limites dont les coefficients angulaires sont les racines de l'équation précédente, et qu'il existe dès lors $p$ branches de courbe se croisant au point M, chacune d'elles étant tangente à l'une des droites limites précédentes ; on dit que le point M est un point multiple d'ordre $p$.

A chaque racine correspond une tangente représentée par l'une des équations (2) ou (3) ; l'équation de l'ensemble des $p$ tangentes s'obtient en éliminant $\frac{dy}{dx}$ entre les équations (2) ou (3) et (18) ; elle est

$$(19) \qquad f_{x^p}^{(p)}(X - x)^p + \frac{p}{1}f_{x^{p-1}y}^{(p)}(X - x)^{p-1}(Y - y)$$
$$+ \cdots + f_{y^p}^{(p)}(Y - y)^p = 0.$$

Si l'équation (18) a des racines imaginaires, les branches correspondantes de courbe sont imaginaires ; si plusieurs racines sont égales, les branches correspondantes ont même tangente.

**292. Cas particulier de l'origine.** — Considérons une courbe algébrique passant par l'origine ; le terme constant dans l'équation doit être nul ; en ordonnant les autres suivant les puissances croissantes de $x$ et de $y$, nous écrirons l'équation sous la forme

$$f(x, y) = Ax + By + Cx^2 + 2Dxy + Ey^2 + Fx^3 + \ldots = 0 ;$$

nous allons déterminer les tangentes à cette courbe à l'origine. Les dérivées $f'_x$ et $f'_y$ ont pour valeurs

$$f'_x = A + 2Cx + 2Dy + 3Fx^2 + \ldots, \qquad f'_y = B + 2Dx + 2Ey + \ldots ;$$

lorsqu'on y remplace $x$ et $y$ par les coordonnées de l'origine, elles se réduisent à A et B. Si ces deux coefficients ne sont pas nuls simultanément, l'origine est un point simple et l'équation de la tangente en ce point est

$$AX + BY = 0.$$

Plaçons-nous dans le cas où A et B sont nuls ; l'origine est alors un point singulier ; si les termes du second degré n'ont pas tous leurs coefficients nuls, les dérivées secondes

$$f''_{x^2} = 2C + 6Fx + \ldots, \qquad f''_{xy} = 2D + \ldots, \qquad f''_{y^2} = 2E + \ldots$$

se réduisent pour l'origine à 2C, 2D et 2E ; elles ne sont pas nulles toutes les trois ; nous en concluons que l'origine est un point double.

L'ensemble des deux tangentes est représenté par l'équation (17) où l'on fait $x$ et $y$ nuls ; elle devient, après division par 2,

$$CX^2 + 2DXY + EY^2 = 0 ;$$

cette équation, résolue par rapport à $\dfrac{Y}{X}$, fournit les coefficients angulaires des tangentes ; suivant que ses racines sont réelles et distinctes, imaginaires ou confondues, l'origine est un point double à branches réelles, un point double isolé ou un point de rebroussement.

Si, plus généralement, les termes de plus bas degré de l'équation de la courbe sont de degré $p$, on constate que les premières dérivées qui ne s'annulent pas pour $x$ et $y$ nuls sont d'ordre $p$, et ces dérivées se réduisent, à un facteur numérique près, aux coefficients des termes de degré $p$ ; l'origine est alors un point multiple d'ordre $p$. L'ensemble des tangentes est représenté par l'équation (19) où l'on fait $x$ et $y$ nuls ; le calcul montre que cette équation est la même que celle qu'on obtient en annulant les termes de degré $p$ de l'équation de la courbe, après y avoir remplacé $x$, $y$ par X, Y. Ce changement n'est pas indispensable, et l'on peut sans inconvénient conserver les lettres $x$ et $y$ comme coordon-

nées courantes dans l'équation qui représente l'ensemble des tangentes.
Nous arrivons ainsi au théorème suivant :

*Lorsqu'une courbe algébrique passe à l'origine, l'ordre de multiplicité de ce point est égal au plus bas degré des termes de l'équation de cette courbe, et l'on obtient l'équation de l'ensemble des tangentes à l'origine en égalant à zéro l'ensemble des termes de plus bas degré de l'équation de la courbe.*

*Exemples.* — 1° Considérons la *lemniscate* (n° 89) représentée par l'équation

$$(x^2 + y^2)^2 - 2a^2(x^2 - y^2) = 0 ;$$

elle passe à l'origine et ce point est un point double ; l'ensemble des tangentes en ce point est représenté par l'équation

$$x^2 - y^2 = 0 ;$$

le premier membre se décompose en deux facteurs $x - y$ et $x + y$ qui, égalés à zéro, représentent les bissectrices des angles des deux axes ; ces bissectrices sont les tangentes cherchées.

2° Soit la courbe représentée par l'équation

$$x^4 + y^4 - a^2(x^2 + y^2) = 0 ;$$

elle a un point double à l'origine ; les tangentes sont représentées par l'équation $x^2 + y^2 = 0$ et sont imaginaires ; l'origine est un point double isolé. En formant l'équation de la courbe en coordonnées polaires et en effectuant la construction, on constate que la forme de la courbe est à peu près celle d'une circonférence et de son centre.

3° Soit enfin la *cissoïde* (n° 90) représentée par l'équation

$$x(x^2 + y^2) - ay^2 = 0 ;$$

elle a encore un point double à l'origine, et les tangentes en ce point sont représentées par l'équation $y^2 = 0$ ; elles sont confondues en une seule droite dirigée suivant l'axe des $x$ ; l'origine est un point de rebroussement.

**293. Tangentes parallèles à une droite.** — Lorsqu'on veut mener à une courbe une tangente ayant un coefficient angulaire donné $m$, on cherche à déterminer le point de contact d'une telle tangente ; on écrit pour cela que le coefficient angulaire $y'_x$ de la tangente est égal à $m$ ; si l'équation de la courbe est de la forme $y = f(x)$, on obtient la relation

$$f'_x = m,$$

qui fournit les abscisses des points de contact cherchés.

Si l'équation de la courbe est de la forme (4), $y'_x$ est donné par l'équation (5); en égalant à $m$ le coefficient angulaire $y'_x$, on a la relation

$$(20) \qquad f'_x + m f'_y = 0.$$

En joignant cette équation à celle de la courbe, on a deux équations à deux inconnues; leurs racines sont les coordonnées d'un ou de plusieurs points de contact répondant à la question; il suffit de mener à la courbe la tangente en chacun de ces points.

Si l'on considère dans l'équation (20) $x$ et $y$ comme coordonnées courantes, elle représente une ligne dont les points communs avec la courbe donnée sont les points cherchés; cette ligne auxiliaire est appelée *ligne diamétrale* de la courbe relativement à la direction de coefficient angulaire $m$.

Si la courbe donnée est algébrique et d'ordre $m$, la ligne diamétrale est une courbe d'ordre $m-1$ coupant en général la première en $m(m-1)$ points; on peut donc en général mener, à une courbe d'ordre $m$, $m(m-1)$ tangentes parallèles à une droite donnée.

Dans le cas d'une courbe du second ordre, la ligne représentée par l'équation (20) est une droite appelée *diamètre;* elle coupe en général la courbe en deux points; on peut donc ordinairement mener à une conique deux tangentes parallèles à une direction donnée; le diamètre est la corde de contact de ces tangentes.

**294. Tangentes passant par un point.** — Lorsqu'on veut mener à une courbe une tangente passant par un point donné $M_0$, on cherche à déterminer le point de contact d'une telle tangente; on écrit pour cela que la tangente à la courbe en ce point inconnu passe par le point $M_0$.

Supposons que l'équation de la courbe soit donnée sous la forme (4), et que la tangente en un point $(x, y)$ de cette courbe soit représentée par l'équation (8); désignons par $x_0$, $y_0$ les coordonnées du point donné $M_0$; en écrivant qu'elles satisfont à l'équation de la tangente, nous obtenons la relation

$$(21) \qquad x_0 f'_x + y_0 f'_y + f'_z = 0.$$

En joignant cette équation à celle de la courbe, on a deux équations à deux inconnues dont les solutions sont les coordonnées $(x, y)$ d'un ou de plusieurs points de contact répondant à la question; les tangentes à la courbe en chacun de ces points seront les tangentes cherchées.

Si l'on considère dans l'équation (21) $x$ et $y$ comme coordonnées courantes, cette équation représente une ligne dont les points communs avec la courbe donnée sont les points de contact cherchés.

Cette ligne auxiliaire est appelée la ligne *polaire* du point $(x_0, y_0)$ par rapport à la courbe donnée ; les points où elle la coupe sont les points de contact des tangentes répondant à la question.

Lorsque la courbe donnée est algébrique d'ordre $m$, l'équation (21) est de degré $m - 1$ en $x$ et $y$, et représente une courbe d'ordre $m - 1$ ; le nombre des points communs à ces deux lignes est en général $m(m - 1)$ ; on en conclut que par un point on peut en général mener à une courbe d'ordre $m$, $m(m - 1)$ tangentes.

Dans le cas d'une courbe du second ordre, la ligne polaire d'un point est une droite appelée polaire coupant ordinairement la courbe en deux points ; on peut donc en général mener d'un point deux tangentes à une conique, et la polaire du point est la corde joignant les points de contact de ces deux tangentes. On obtient l'équation de la polaire en remplaçant dans l'équation de la tangente, telle que (12) ou (13), X et Y par les coordonnées $x_0, y_0$ du point donné.

**295. Détermination de la tangente en coordonnées polaires. —**

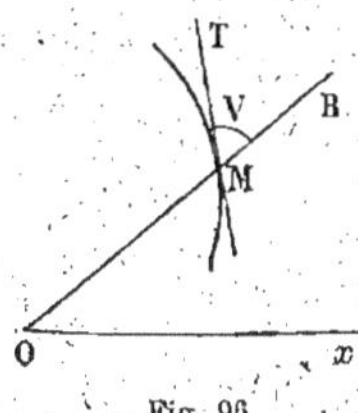

Fig. 96.

Soient $\rho$ et $\theta$ les coordonnées polaires d'un point M d'une courbe, MT la tangente en ce point (*fig.* 96) ; nous appelons OR la droite dirigée faisant l'angle $\theta$ avec l'axe polaire et sur laquelle est porté le vecteur $\rho$ ; nous nous proposons de déterminer l'angle (OR, MT), que nous désignerons par V ; cet angle détermine complètement la tangente au point M.

Les coefficients angulaires des deux droites OR et MT étant respectivement égaux à $\operatorname{tg}\theta$ et à $\dfrac{dy}{dx}$, nous avons, d'après la formule du n° 96,

$$\operatorname{tg} V = \frac{\dfrac{dy}{dx} - \operatorname{tg}\theta}{1 + \dfrac{dy}{dx}\operatorname{tg}\theta},$$

ou bien

$$\operatorname{tg} V = \frac{dy\cos\theta - dx\sin\theta}{dx\cos\theta + dy\sin\theta},$$

si nous remplaçons $dx$ et $dy$ par leurs valeurs en fonction de $d\rho$ et $d\theta$ obtenues en partant des formules $x = \rho\cos\theta$, $y = \rho\sin\theta$, comme nous l'avons déjà fait au n° 231, nous trouvons

$$\operatorname{tg} V = \frac{\rho\, d\theta}{d\rho} = \frac{\rho}{\rho'_\theta}.$$

*Exemple.* -- Considérons la courbe appelée *spirale logarithmique* et représentée par l'équation

$$\rho = \rho_0 e^{m\theta};$$

en appliquant la formule précédente, nous trouvons $\operatorname{tg} V = \dfrac{1}{m}$, de sorte que l'angle $V$ de la tangente avec le rayon vecteur reste constant.

On appelle sous-tangente et sous-normale polaires les segments ayant pour origine le pôle $O$ et pour extrémités les points où la tangente et la normale en un point $M$ rencontrent la perpendiculaire menée par $O$ au rayon vecteur $OM$. Leurs valeurs relatives comptées sur la droite dirigée faisant avec l'axe polaire $Ox$ l'angle $\theta + \dfrac{\pi}{2}$ sont respectivement égales à

$$\text{Sous-tangente} = -\rho \operatorname{tg} V = -\frac{\rho^2}{\rho_0'};$$
$$\text{Sous-normale} = \rho \operatorname{cotg} V = \rho_0'.$$

# CHAPITRE II

## CONSTRUCTION DE COURBES PLANES

---

**296.** Nous allons indiquer quelques règles relatives à la construction d'une courbe plane donnée par son équation. Nous supposerons dans ce chapitre que la courbe est représentée en coordonnées cartésiennes par une équation résolue par rapport à l'une des variables, par exemple par rapport à $y$; tout ce que nous dirons de ce cas s'appliquerait à celui où l'équation serait résolue par rapport à $x$ en changeant le rôle des deux variables.

Si $y = f(x)$ est l'équation de la courbe, l'étude des variations de la fonction $f(x)$, telle que nous l'avons faite au chapitre II de la troisième partie, fournira des indications sur la manière dont varie $y$; elle donnera les intervalles où la fonction $y$ est réelle et continue, croissante ou décroissante, les valeurs de $x$ pour lesquelles elle est maximum ou minimum et les valeurs correspondantes de $y$.

**297. Concavité. Convexité. Inflexion.** — On dit qu'un arc de courbe est *concave* du côté des $y$ positifs si tous les points de cet arc sont, par rapport à la tangente en l'un quelconque d'entre eux, du même côté que l'axe des $y$ positifs, comme l'indique la figure 97. On dit qu'un arc de courbe est *convexe* du côté des $y$ positifs si tous ses points sont, par rapport à la tangente en l'un quelconque d'entre eux, du même côté que l'axe des $y$ négatifs.

Supposons qu'un arc de courbe soit concave du côté des $y$ positifs, et considérons sur cet arc deux points $M$ et $M'$ d'abscisses $x$ et $x'$ ($x' > x$); d'après la définition de la concavité, le coefficient angulaire de la sécante $MM'$ est supérieur à celui de la tangente en $M$, mais inférieur à celui de la tangente en $M'$; nous concluons de là que le coefficient angulaire d'une tangente à l'arc de courbe va en croissant lorsqu'on fait croître l'abscisse de son point de contact; par conséquent la valeur $y' = f'(x)$ de ce coefficient angulaire est une fonction croissante de $x$.

D'après ce que nous avons dit (n° 174), la dérivée $y'' = f''(x)$ de cette fonction est positive ou du moins n'est jamais négative pour les abscisses de tous les points de l'arc considéré.

Nous verrions de la même façon que si un arc de courbe est convexe du côté des $y$ positifs, le coefficient angulaire d'une tangente à cet arc est une fonction décroissante de $x$, et la dérivée $y'' = f''(x)$ de cette fonction est négative ou du moins n'est jamais positive pour les abscisses de tous les points de cet arc.

Comme les résultats auxquels nous arrivons s'excluent l'un l'autre, les réciproques sont exactes, et nous pouvons énoncer ces théorèmes :

*Pour qu'un arc de courbe soit concave du côté des $y$ positifs, il faut et il suffit que la dérivée seconde de l'ordonnée par rapport à l'abscisse soit positive ou du moins jamais négative pour tous les points de cet arc.*

*Pour qu'un arc de courbe soit convexe du côté des $y$ positifs, il faut et il suffit que la dérivée seconde de l'ordonnée par rapport à l'abscisse soit négative ou du moins jamais positive pour tous les points de cet arc.*

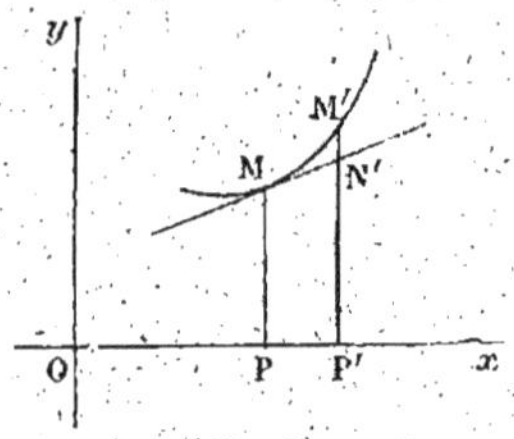

On dit qu'un point **M** d'une courbe est un point d'*inflexion* s'il sépare deux arcs, l'un concave, l'autre convexe du côté des $y$ positifs ; la tangente en un tel point traverse la courbe comme l'indique la figure 98, et son coefficient angulaire passe par un maximum ou un minimum. En nous appuyant sur les résultats précédents, nous pouvons énoncer ce théorème :

Fig. 97.

*Pour qu'un point d'une courbe soit d'inflexion, il faut et il suffit que la dérivée seconde de l'ordonnée par rapport à l'abscisse change de signe pour le point considéré.*

*Exemples.* — Considérons la courbe représentée par l'équation $y = x^3$ ; nous avons $y' = 3x^2$ et $y'' = 6x$ ; nous voyons que la dérivée seconde est négative pour $x < 0$, et positive pour $x > 0$. La partie de la courbe dont les points ont une abscisse négative est convexe du côté des $y$ positifs, et l'autre partie, dont les points ont une abscisse positive, est au contraire concave du même côté ; l'origine est un point d'inflexion de la courbe, et la tangente en ce point est l'axe des $x$.

Considérons de même la courbe représentée par l'équation $y^3 = x$, ou $y = x^{\frac{1}{3}}$ ; nous avons $y' = \frac{1}{3} x^{-\frac{2}{3}}$ et $y'' = \frac{-2}{9} x^{-\frac{5}{3}}$ ; les conclusions sont inverses de celles du cas précédent. L'origine est encore un point d'inflexion de la courbe, et la tangente en ce point est l'axe des $y$.

Nous voyons que les abscisses des points d'inflexion d'une courbe sont celles pour lesquelles $y''$ change de signe ; pour les obtenir, on cherche d'abord les valeurs de $x$ qui rendent $y''$ nulle ou discontinue et l'on conserve parmi ces valeurs celles pour lesquelles cette dérivée change de signe.

Dans tout ce qui précède n'interviennent pas les valeurs de $y'$ et $y''$, mais seulement les signes de $y''$ ; ces dérivées peuvent devenir infinies sans que les résultats soient modifiés, comme cela s'est présenté dans le second des exemples précédents.

Nous avons vu, dans l'étude des maxima et minima des fonctions d'une variable (n° 195), comment la formule de Taylor peut remplacer la recherche des signes de la dérivée ; nous allons montrer qu'ici encore la formule de Taylor, dans le cas où elle est applicable, permet de déterminer la concavité ou la convexité d'une courbe $y = f(x)$ au voisinage d'un de ses points, et de trouver ses points d'inflexion.

Soit $M$ un point de la courbe, d'abscisse $x$, et $M'$ un point voisin, d'abscisse $x + \Delta x$ (*fig.* 97) ; si la tangente au point $M$ est coupée en $N'$ par l'ordonnée $P'M'$ du point $M'$, nous avons

$$P'M' = f(x + \Delta x), \qquad P'N' = f(x) + \Delta x f'(x) ;$$

en développant $f(x + \Delta x)$ d'après la formule de Taylor, nous trouvons pour le segment $N'M' = P'M' - P'N'$ la valeur

$$(1) \qquad N'M' = \frac{\Delta x^2}{1 \cdot 2} f''(x) + \cdots + \frac{\Delta x^{n+1}}{1 \cdot 2 \cdots (n+1)} f^{(n+1)}(x + \theta \Delta x).$$

En général la dérivée $f''(x)$ est différente de zéro ; supposons que pour le point $M$ cette dérivée ne soit pas nulle et soit par exemple positive ; dans le second membre de la formule (1), le nombre $n$ est arbitraire ; si nous le prenons égal à l'unité, nous avons simplement

$$N'M' = \frac{\Delta x^2}{1 \cdot 2} f''(x + \theta \Delta x).$$

Nous pouvons supposer $\Delta x$ assez petit en valeur absolue pour que $f''(x + \theta \Delta x)$ ait le même signe que $f''(x)$ ; nous en concluons que $N'M'$ est positif aussi bien pour les valeurs positives que négatives de $\Delta x$, et que les points de la courbe situés aux environs du point $M$, comme le point $M'$, se trouvent du côté des $y$ positifs par rapport à la tangente, ainsi que l'indique la figure 97 ; la courbe tourne sa concavité vers les $y$ positifs.

Si la dérivée $f''(x)$ est négative, les conclusions sont inverses, et les points de la courbe se trouvent, dans le voisinage de M, du côté des $y$ négatifs par rapport à la tangente ; la courbe tourne sa convexité du côté des $y$ positifs.

Supposons maintenant que pour un point M particulier $f''(x)$ soit nulle et $f'''(x)$ différente de zéro ; on a alors, en faisant $n = 2$,

$$N'M' = \frac{\Delta x^3}{1 \cdot 2 \cdot 3} f'''(x + \theta \Delta x) ;$$

le second facteur a le signe de $f'''(x)$ pour des valeurs suffisamment petites de $\Delta x$, et le signe du second membre varie avec celui de $\Delta x$, car cette quantité est élevée à une puissance impaire ; nous en concluons que N'M' a un certain signe pour les points M' dont l'abscisse est supérieure à celle du point M, et le signe contraire pour ceux dont l'abscisse lui est inférieure ; la courbe traverse donc la tangente au point M, comme l'indique la figure 98 ; le point M est un point d'inflexion.

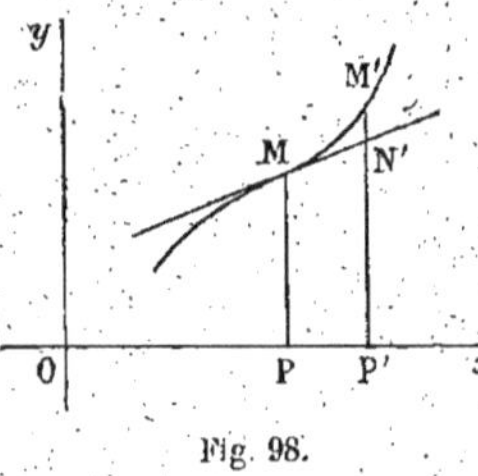

Fig. 98.

Il peut arriver que pour des points particuliers, non seulement $f''(x)$, mais encore une ou plusieurs des dérivées suivantes soient nulles ; si la première de celles qui ne s'annulent pas est d'ordre $p$, on verrait comme précédemment que la courbe ne traverse pas la tangente si $p$ est pair, et qu'au contraire elle la traverse et présente en M un point d'inflexion si $p$ est impair.

Lorsque l'on veut déterminer les points d'inflexion d'une courbe, on doit chercher les valeurs de $x$ pour lesquelles $f''(x)$ est nulle ; une racine de l'équation $f''(x) = 0$ n'est cependant l'abscisse d'un point d'inflexion que si la première des dérivées $f'''(x), \ldots$ qui ne s'annulent pas pour cette valeur est d'ordre impair.

**298. Équation de Van der Waals.** — L'équation connue en physique sous le nom d'équation de Van der Waals est

$$\left(p + \frac{a}{v^2}\right)(v - b) = \mathrm{R}T,$$

où $p$ et $v$ sont des variables représentant la pression et le volume d'un fluide, $a, b$ et R des constantes positives dépendant de la nature de ce fluide, et T la température absolue. Lorsque T reste constant, cette équation représente, avec $v$ et $p$ comme abscisse et ordonnée, une courbe *isotherme* ; en donnant à $T$ différentes valeurs positives, on a une famille de courbes que nous nous proposons de construire ; nous ne considérerons que la portion de chacune de ces courbes obtenue en donnant à $v$ des valeurs supérieures à $b$.

En résolvant l'équation par rapport à $p$, nous avons

$$p = \frac{RT}{v - b} - \frac{a}{v^2} = \frac{1}{v - b}\left[ RT - \frac{a(v - b)}{v^2} \right].$$

Cherchons d'abord si $p$ peut s'annuler ; cela a lieu si la fraction

$$y = \frac{a(v - b)}{v^2}$$

peut atteindre la valeur $RT$ ; pour le voir, étudions la variation de $y$ et formons sa dérivée ; elle a pour valeur

$$y' = \frac{a(2b - v)}{v^3},$$

et s'annule pour $v = 2b$ ; lorsque $v$ croît de $b$ à $2b$, $y$ croît depuis $0$ jusqu'à un maximum égal à $\frac{1}{2^2}\frac{a}{b}$ et décroît ensuite jusqu'à zéro. Nous en tirons cette première conclusion :

Suivant que $RT$ est inférieur, égal ou supérieur à $\frac{1}{2^2}\frac{a}{b}$, $p$ s'annule pour deux valeurs distinctes de $v$, ou pour deux valeurs confondues et égales à $2b$, ou ne s'annule pas.

Étudions maintenant la dérivée de $p$ ; elle a pour valeur

$$p' = \frac{-RT}{(v - b)^2} + \frac{2a}{v^3} = \frac{-1}{(v - b)^2}\left[ RT - \frac{2a(v - b)^2}{v^3} \right];$$

$p'$ s'annulera, et par conséquent $p$ aura des maxima ou des minima, si la fraction

$$z = \frac{2a(v - b)^2}{v^3}$$

peut atteindre la valeur $RT$ ; en opérant comme précédemment et formant la dérivée de $z$, qui est

$$z' = \frac{2a(v - b)(3b - v)}{v^4},$$

nous voyons que $z$ croît de $0$ à un maximum atteint pour $v = 3b$ et égal à $\frac{2^3}{3^3}\frac{a}{b}$, puis décroît jusqu'à zéro ; nous en tirons cette deuxième conclusion :

VOGT. — Math. sup.                                          28

Suivant que RT est inférieur, égal ou supérieur à $\frac{2^3}{3^3}\frac{a}{b}$, $p'$ s'annule pour deux valeurs distinctes de $v$ supérieures à $b$, ou pour deux valeurs confondues et égales à $3b$, ou ne s'annule pas ; à chaque valeur de $v$ annulant $p'$ correspond un maximum ou un minimum de $p$.

Étudions enfin la dérivée seconde de $p$ ; elle a pour valeur

$$p'' = \frac{2RT}{(v-b)^3} - \frac{6a}{v^4} = \frac{2}{(v-b)^3}\left[RT - \frac{3a(v-b)^3}{v^4}\right];$$

$p''$ s'annulera, et par conséquent la courbe aura des points d'inflexion, si la fraction

$$u = \frac{3a(v-b)^3}{v^4}$$

peut atteindre la valeur RT ; en opérant encore comme précédemment et formant la dérivée de $u$, qui est

$$u' = \frac{3a(v-b)^2(4b-v)}{v^5},$$

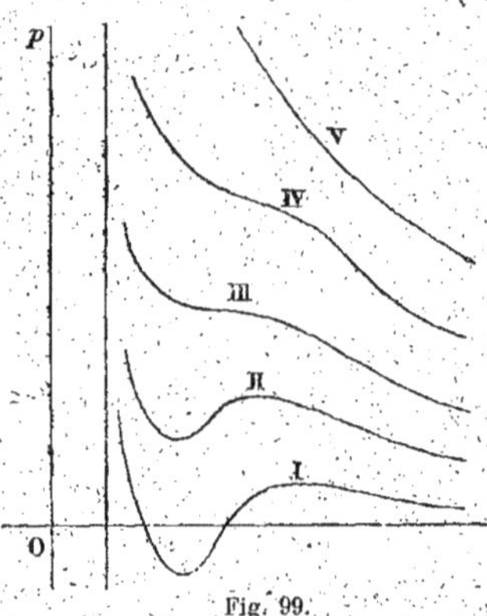



Fig. 99.

nous voyons que $u$ croît de 0 à un maximum atteint pour $v = 4b$ et égal à $\frac{3^4}{4^4}\frac{a}{b}$, puis décroît jusqu'à zéro ; nous en tirons cette troisième conclusion :

Suivant que RT est inférieur, égal ou supérieur à $\frac{3^4}{4^4}\frac{a}{b}$, $p''$ s'annule pour deux valeurs distinctes de $v$ supérieures à $b$, ou pour deux valeurs confondues et égales à $4b$, ou ne s'annule pas : à chaque valeur de $v$ annulant $p''$ correspond un point d'inflexion de la courbe.

La courbe représentative des variations de $p$ aura des formes distinctes suivant les valeurs de RT ; elles sont représentées dans la figure 99. La courbe 1 correspond à RT inférieur à $\frac{1}{2^2}\frac{a}{b}$ ; elle coupe $Ov$ en deux points réels ; ces points sont confondus et la courbe devient tangente à $Ov$ si $RT = \frac{1}{2^2}\frac{a}{b}$. La courbe II correspond à RT compris entre la valeur précédente et $\frac{2^3}{3^3}\frac{a}{b}$ ; $p$ passe comme dans le cas précédent par un minimum et un maximum. Ce minimum et ce maximum sont confondus pour $RT = \dfrac{2^3}{3^3}\dfrac{a}{b}$, comme l'indique la courbe III ; celle-ci présente alors, pour $v = 3b$, une tangente d'inflexion horizontale.

La courbe IV correspond à RT compris entre la valeur précédente et $\dfrac{3^4}{4^4}\dfrac{a}{b}$ ; elle présente comme les précédentes deux points d'inflexion ; enfin la courbe V correspond à R supérieur à $\dfrac{3^4}{4^4}\dfrac{a}{b}$ ; elle ne présente aucune inflexion et a la forme d'une branche d'hyperbole équilatère.

**299. Asymptotes.** — Lorsqu'une branche de courbe s'étend à l'infini, on dit qu'elle admet pour asymptote une droite donnée si la distance d'un point de la courbe à cette droite tend vers zéro lorsque ce point s'éloigne indéfiniment.

1° Si $y$ augmente indéfiniment lorsque $x$ s'approche d'une valeur $a$, la droite $x = a$ est une asymptote de la courbe ; on obtient par suite les asymptotes parallèles à l'axe des $y$ en cherchant les valeurs finies de $x$ pour lesquelles $y$ est infini. C'est ainsi que nous avons trouvé l'asymptote de la cissoïde (n° 90) ; de la même manière, la courbe représentative de la fonction $tg\,x$ a pour asymptotes toutes les droites d'abscisses $x = k\pi + \dfrac{\pi}{2}$.

2° Pour une raison analogue, si $y$ tend vers une limite $b$ lorsque $x$ augmente indéfiniment, la droite $y = b$ est une asymptote parallèle à l'axe des $x$ ; par exemple, la courbe

$$y = \frac{2x^2 - 1}{x^2 + 1}$$

a pour asymptote la droite $y = 2$, car $y$ tend vers la valeur 2 pour $x$ infini. En général si $y$ est une fraction rationnelle telle que le degré du numérateur soit égal ou inférieur à celui du dénominateur, la courbe a une asymptote parallèle à l'axe $Ox$ ou confondue avec lui.

Les courbes construites au numéro précédent ont pour asymptotes l'axe $Ov$ et la parallèle à l'axe $Op$ d'abscisse $v = b$.

3° Une courbe peut avoir d'autres asymptotes non parallèles aux axes ; on reconnaît qu'une droite représentée par l'équation

(2)
$$y = cx + d$$

est asymptote de la courbe $y = f(x)$ à ce que la différence entre les ordonnées de la courbe et de la droite correspondant à une même valeur de l'abscisse $x$ tend vers zéro lorsque $x$ augmente indéfiniment ; il faut et il suffit pour cela que l'on puisse écrire l'ordonnée de la courbe sous la forme

$$(3) \qquad y = f(x) = cx + d + \varepsilon,$$

$\varepsilon$ tendant vers zéro lorsque $x$ augmente indéfiniment.

Lorsque $f(x)$ est une fonction rationnelle et que le degré du numérateur surpasse d'une unité celui du dénominateur, le procédé le plus rapide pour déterminer l'asymptote consiste à effectuer la division du numérateur par le dénominateur ; si en effet $cx + d$ est le quotient de la division et $\varepsilon$ le reste divisé par le diviseur, $f(x)$ peut être écrit sous la forme (3), et $\varepsilon$ tend vers 0 lorsque $x$ augmente indéfiniment ; il résulte de là que l'on obtient l'équation de l'asymptote en supprimant $\varepsilon$, c'est-à-dire en égalant $y$ au quotient $cx + d$ de la division du numérateur par le dénominateur. Si le degré du numérateur surpasse de plus d'une unité celui du dénominateur, la courbe n'a pas d'asymptote non parallèle à $Oy$, mais des branches paraboliques.

Soit à construire par exemple la courbe du second ordre représentée par l'équation

$$2x^2 - 2xy - 2x + 4y - 1 = 0 ;$$

l'équation est du premier degré par rapport à $y$ ; elle donne, en la résolvant par rapport à cette variable,

$$y = \frac{2x^2 - 2x - 1}{2(x - 2)}.$$

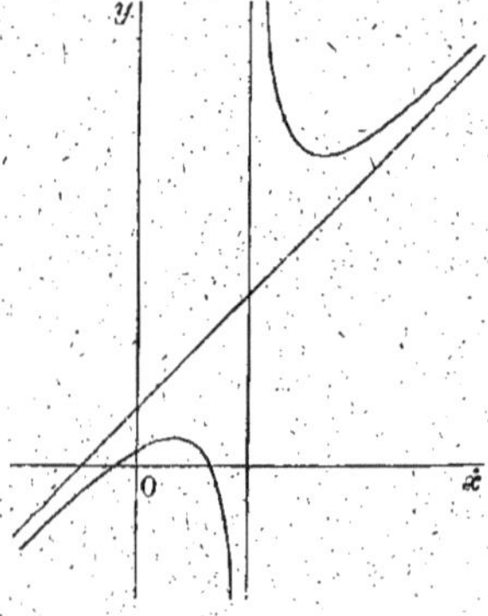

Fig. 100.

La courbe a une asymptote parallèle à $Oy$, d'abscisse 2 ; lorsque $x$ s'approche de 2 par valeurs inférieures à ce nombre, le numérateur est positif, le dénominateur négatif, et $y$ augmente indéfiniment par valeurs négatives ; de même lorsque $x$ tend vers 2 par valeurs supérieures, $y$ augmente indéfiniment par valeurs positives. En effectuant la division du numérateur par le dénominateur, on a

$$y = x + 1 + \frac{3}{2(x - 2)} ;$$

lorsque $x$ augmente indéfiniment par valeurs positives ou négatives, la fraction tend vers zéro, et l'ordonnée de la courbe tend vers la même valeur que l'ordonnée de la droite

$$y = x + 1.$$

Cette droite est la deuxième asymptote de la courbe ; on voit de plus que la fraction complémentaire est négative pour $x$ inférieur à 2 et positive pour $x$ supérieur à ce nombre ; dans le premier cas, la courbe est au-dessous de son asymptote et dans le second cas, au-dessus.

La dérivée de $y$ est

$$y' = \frac{2x^2 - 8x + 5}{2(x-2)^2},$$

elle indique que $y$ passe par un maximum pour $x = \dfrac{4 - \sqrt{6}}{2}$ et par un minimum pour $x = \dfrac{4 + \sqrt{6}}{2}$ ; $y$ est nul pour $x = \dfrac{1 \pm \sqrt{3}}{2}$, et pour $x = 0$, $y$ est égal à $\dfrac{1}{4}$.

La courbe a la forme indiquée par la figure 100 ; nous pouvons ajouter qu'elle est une hyperbole.

**300.** Lorsque la fonction $y = f(x)$ n'est pas rationnelle, il n'est pas toujours facile, pour la recherche d'une asymptote, de mettre cette fonction sous la forme

$$y = cx + d + \varepsilon,$$

$\varepsilon$ tendant vers zéro quand $x$ augmente indéfiniment. On calcule alors séparément le coefficient angulaire $c$ et l'ordonnée à l'origine $d$ de l'asymptote à l'aide du théorème suivant :

*Théorème.* — $c$ *est égal à la limite de* $\dfrac{y}{x}$ *et* $d$ *est égal à la limite de* $y - cx$ *pour* $x$ *infini.*

Pour le démontrer, remarquons que l'équation (3) nous donne les égalités

$$\frac{y}{x} = c + \frac{d}{x} + \frac{\varepsilon}{x}, \qquad y - cx = d + \varepsilon;$$

lorsque $x$ augmente indéfiniment, $\varepsilon$ d'une part, $\dfrac{d}{x} + \dfrac{\varepsilon}{x}$ d'autre part, tendent vers zéro ; par suite, la limite de $\dfrac{y}{x}$ est égale à $c$, et celle de $y - cx$ est égale à $d$.

Dans certains cas, il est possible d'effectuer le développement de la fonction $\dfrac{y}{x}$ suivant les puissances de $\dfrac{1}{x}$ sous la forme d'un développement limité ou non

$$\frac{y}{x} = a_0 + a_1 \frac{1}{x} + a_2 \frac{1}{x^2} + \cdots ;$$

les deux premiers coefficients de ce développement sont précisément les valeurs de $c$ et de $d$.

*Exemple.* — Soit la courbe représentée par l'équation

$$y = x \sqrt{\frac{x}{x-1}},$$

où le radical est d'abord pris avec le signe $+$ ; en appliquant le théorème précédent, nous avons d'abord à prendre la limite pour $x$ infini de $\frac{y}{x}$ ou de $\sqrt{\frac{x}{x-1}}$ et cette limite est égale à l'unité, d'où $c = 1$, puis nous devons prendre la limite de

$$y - cx = x\left( \sqrt{\frac{x}{x-1}} - 1 \right);$$

si nous multiplions et divisons le second membre par la somme des deux termes entrant dans la parenthèse, nous avons

$$y - cx = \frac{x}{\sqrt{\dfrac{x}{x-1}} + 1} \left( \frac{x}{x-1} - 1 \right) = \frac{x}{x-1} \cdot \frac{1}{\sqrt{\dfrac{x}{x-1}} + 1} ;$$

la limite de cette quantité pour $x$ infini est égale à $\frac{1}{2}$, d'où $d = \frac{1}{2}$ et l'équation de l'asymptote est

$$y = x + \frac{1}{2}.$$

Si nous voulons utiliser un développement limité ou non de la fonction $\frac{y}{x}$ suivant les puissances de $\frac{1}{x}$, nous écrirons

$$\frac{y}{x} = \sqrt{\frac{x}{x-1}} = \left( \frac{x}{x-1} \right)^{\frac{1}{2}} = \left( 1 - \frac{1}{x} \right)^{-\frac{1}{2}},$$

et nous appliquerons le résultat du n° 219 sur le développement de $(1 + x)^m$ ; nous aurons

$$\left( 1 - \frac{1}{x} \right)^{-\frac{1}{2}} = 1 + \left( -\frac{1}{2} \right)\left( -\frac{1}{x} \right) + \left( -\frac{1}{2} \right)\left( -\frac{1}{2} - 1 \right)\frac{1}{2}\left( -\frac{1}{x} \right)^2 + \cdots$$

$$= 1 + \frac{1}{2} \cdot \frac{1}{x} + \frac{3}{8} \cdot \frac{1}{x^2} + \cdots,$$

d'où

$$y = x + \frac{1}{2} + \frac{3}{8x}(1 + \eta).$$

En conservant les deux premiers termes du second membre, nous retrouvons l'équation de l'asymptote déjà obtenue ; le signe du terme suivant donne une indication sur la position de la courbe par rapport à l'asymptote.

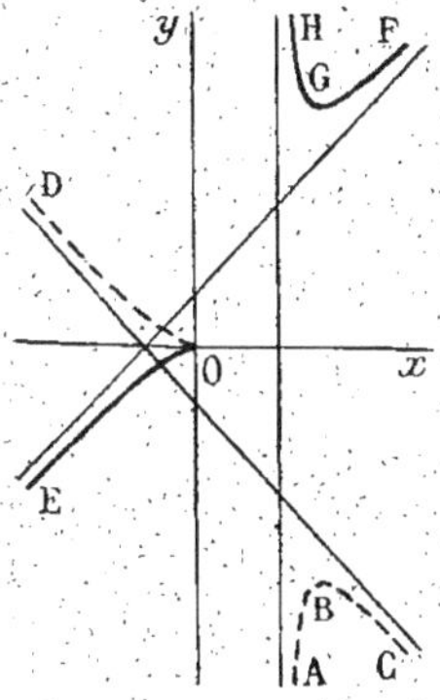

Si l'on prend le radical avec le signe $-$, on trouve une asymptote symétrique de la précédente par rapport à $Ox$ ; enfin il existe une asymptote parallèle à $Oy$ d'équation

$$x = 1.$$

Pour achever la construction de la courbe, nous ferons les remarques suivantes :

1° $y$ n'est réel que si $x$ est négatif ou supérieur à l'unité.

2° La courbe passe à l'origine et le coefficient angulaire de la tangente en ce point est la limite du rapport $\frac{y}{x}$ quand $x$ tend

Fig. 101.

vers zéro ; cette limite est nulle, de sorte que $Ox$ est la tangente à la courbe à l'origine.

3° Les maxima ou minima de la valeur absolue de $y$ sont obtenus pour les valeurs de $x$ rendant maximum ou minimum la fonction $y^2$, c'est-à-dire faisant changer le signe de la dérivée de cette fonction ; comme on a

$$\frac{d}{dx}y^2 = \frac{d}{dx}\left(\frac{x^3}{x-1}\right) = \frac{x^2(2x-3)}{(x-1)^2},$$

c'est pour $x = \frac{3}{2}$ que $y^2$ passe par un minimum égal à $\frac{27}{4}$, et la valeur absolue de $y$ est égale à $\frac{3\sqrt{3}}{2}$. La courbe représentative de la fonction $y$ qui correspond à la valeur positive du radical est tracée en traits pleins dans la figure 101 ; celle qui correspond à la valeur négative du radical est tracée en pointillé.

# CHAPITRE III

## CONSTRUCTION DE COURBES PLANES *(suite)*

---

**301.** Cas d'une équation non résolue. — Nous supposons maintenant que la courbe est représentée en coordonnées cartésiennes par une équation $f(x, y) = 0$ non résolue par rapport à l'une des variables; nous nous limiterons au cas où cette équation est algébrique, bien que plusieurs des résultats que nous indiquerons s'appliquent aux courbes transcendantes. Nous n'insisterons pas sur le cas où l'équation est facilement résoluble par rapport à $x$ ou à $y$; car il suffirait d'effectuer la résolution pour se trouver dans un des cas déjà examinés.

L'équation de la courbe définit l'une des variables, par exemple $y$, comme fonction implicite de l'autre; nous sommes amenés de cette manière à l'ordonner par rapport à cette variable et à l'écrire sous la forme

$$(1) \qquad f(x, y) = \varphi_0(x)y^p + \varphi_1(x)y^{p-1} + \cdots = 0,$$

$\varphi_0, \varphi_1, \ldots$ étant des polynomes entiers en $x$ ou des constantes. Les méthodes que nous avons indiquées dans la quatrième partie permettent de déterminer pour chaque valeur de $x$ le nombre et la grandeur des racines réelles $y$ qu'elle peut avoir; nous pourrons nous rendre compte, de cette façon, du nombre et de la position des points de la courbe situés sur une parallèle à $Oy$, lorsque l'on fait varier l'abscisse de cette parallèle de $-\infty$ à $+\infty$.

Si les racines de l'équation sont deux à deux égales et de signes contraires, c'est-à-dire si l'équation ne change pas quand on change $y$ en $-y$, la courbe est symétrique par rapport à l'axe $Ox$; de même, si l'équation ne change pas quand on y remplace $x$ par $-x$, la courbe est symétrique par rapport à l'axe des $y$; si enfin l'équation ne change pas quand on change de signe $x$ et $y$ à la fois, la courbe admet l'origine comme centre.

Nous obtiendrons la dérivée $y'$, comme nous l'avons déjà indiqué (n° 288), en différentiant l'équation (1), ce qui donne

$$f'_x dx + f'_y dy = 0 \; ;$$

nous déterminerons ainsi la tangente en un point quelconque de la courbe. Nous trouverons les maxima et minima de $y$ en annulant la dérivée $\dfrac{dy}{dx}$, c'est-à-dire en écrivant $f'_x = 0$, et de même les maxima et minima de $x$ en annulant la dérivée $\dfrac{dx}{dy}$ de $x$, c'est-à-dire en écrivant $f'_y = 0$. Les points singuliers sont ceux pour lesquels $f'_x$ et $f'_y$ sont nuls tous les deux ; nous avons vu au n° 291 comment on détermine les tangentes aux différentes branches de la courbe qui passent en ce point singulier.

**302. Asymptotes parallèles aux axes.** — Pour qu'une courbe ait une asymptote parallèle à $Oy$ (n° 299), il faut que l'ordonnée puisse devenir infinie pour une valeur finie de l'abscisse ; or l'équation (1) ne peut avoir de racine $y$, infinie pour une valeur finie de $x$ que si, pour cette valeur, le coefficient de la plus haute puissance de $y$ devient nul, c'est-à-dire si $\varphi_0(x)$ est égal à zéro ; nous avons donc ce résultat :

*Les abscisses des asymptotes parallèles à Oy se trouvent parmi les valeurs de x qui annulent le coefficient du terme de plus haut degré en y.*

En général, lorsque $x$ s'approche d'une racine de $\varphi_0(x)$, il y a des valeurs réelles de $y$ qui deviennent infinies ; il y a alors des branches réelles de la courbe qui sont asymptotes à la droite ayant cette racine pour abscisse ; si les valeurs de $y$ qui deviennent infinies sont imaginaires, la droite n'est asymptote à aucune branche réelle de courbe.

De la même manière, on obtient les asymptotes parallèles à $Ox$ en cherchant les valeurs de $y$ qui annulent le coefficient de la plus haute puissance de $x$ dans l'équation ordonnée par rapport à cette variable.

Comme exemple, considérons la courbe du second ordre représentée par l'équation

$$xy - 2x - 3y + 4 = 0 \; ;$$

$x$ et $y$ n'entrent qu'au premier degré au plus ; le coefficient de $y$ est $x - 3$ et celui de $x$ est $y - 2$ ; en annulant ces coefficients, nous voyons que les droites parallèles aux axes représentées par les équations $x = 3$ et $y = 2$ sont asymptotes de la courbe.

**303. Asymptotes non parallèles aux axes.** — Nous obtiendrons les asymptotes non parallèles aux axes de coordonnées en appliquant le théorème du n° 300 ; le coefficient angulaire $c$ d'une asymptote est la limite de $\frac{y}{x}$ et l'ordonnée à l'origine $d$ est la limite de $y - cx$ lorsque $x$ augmente indéfiniment.

Ordonnons le premier membre de l'équation en écrivant d'abord les termes de degré le plus élevé par rapport à $x$ et $y$ ; nous désignerons leur ensemble par $\varphi_m(x, y)$, $m$ étant l'ordre de la courbe ; nous désignerons ensuite par $\varphi_{m-1}(x, y)$ l'ensemble des termes de degré $m - 1$, et ainsi de suite ; nous écrirons ainsi l'équation sous la forme

$$(2) \qquad f(x, y) = \varphi_m(x, y) + \varphi_{m-1}(x, y) + \cdots = 0.$$

Pour déterminer le coefficient angulaire $c$ d'une asymptote, nous mettrons en évidence le rapport $\frac{y}{x}$ ; pour cela, nous remarquerons que pour toute valeur de $p$, $\varphi_p(x, y)$ peut être remplacé par $x^p \varphi_p\left(1, \frac{y}{x}\right)$, le dernier facteur se déduisant de $\varphi_p(x, y)$ par le changement de $x$ en $1$ et de $y$ en $\frac{y}{x}$. Si nous effectuons cette opération pour tous les termes, nous remplacerons l'équation (2) par la suivante :

$$(3) \qquad x^m \varphi_m\left(1, \frac{y}{x}\right) + x^{m-1} \varphi_{m-1}\left(1, \frac{y}{x}\right) + \cdots = 0 ;$$

si nous divisons les deux membres par $x^m$, si nous faisons croître $x$ indéfiniment, et si dans ces conditions $\frac{y}{x}$ a une limite égale à $c$, le premier terme de l'équation obtenue devient $\varphi_m(1, c)$ et les suivants deviennent tous nuls ; nous avons donc à la limite la relation

$$(4) \qquad \varphi_m(1, c) = 0 ;$$

nous déduisons de là ce premier résultat :

*Le coefficient angulaire $c$ d'une asymptote est une racine de l'équation obtenue en annulant les termes de plus haut degré de l'équation de la courbe après y avoir remplacé $x$ par $1$ et $y$ par $c$.*

En général, à chaque racine $c$ de cette équation correspond une asymptote ; pour la déterminer, posons dans l'équation (3)

$$\frac{y}{x} = c + \frac{\delta}{x} ;$$

la limite de $\delta$ pour $x$ infini est, d'après ce que nous avons vu au n° 300, l'ordonnée à l'origine $d$ de l'asymptote considérée. L'équation (3) devient après la substitution précédente

$$x^m \varphi_m\left(1, c + \frac{\delta}{x}\right) + x^{m-1} \varphi_{m-1}\left(1, c + \frac{\delta}{x}\right) + \cdots = 0 ;$$

développons chacun des termes du premier membre suivant les puissances de $\dfrac{\delta}{x}$, d'après la formule de Taylor ; nous avons

$$(5) \quad x^m \varphi_m(1, c) + x^{m-1} \left| \begin{array}{l} \delta \varphi'_m(1, c) \\ + \varphi_{m-1}(1, c) \end{array} \right. + x^{m-2} \left| \begin{array}{l} \dfrac{\delta^2}{1.2} \varphi''_m(1, c) + \cdots = 0, \\ + \delta \varphi'_{m-1}(1, c) \\ + \varphi_{m-2}(1, c) \end{array} \right.$$

les symboles $\varphi'_m(1, c)$, $\varphi''_m(1, c)$, $\ldots$ désignant les dérivées par rapport à $c$ des fonctions $\varphi_m(1, c)$, $\ldots$.

Le coefficient du premier terme est nul d'après l'équation (4) ; si nous divisons les suivants par $x^{m-1}$, nous mettons l'équation sous la forme

$$\delta \varphi'_m(1, c) + \varphi_{m-1}(1, c) + \frac{1}{x} \left[ \frac{\delta^2}{2} \varphi''_m(1, c) + \cdots \right] = 0 ;$$

lorsque $x$ augmente indéfiniment, tous les termes suivant les deux premiers deviennent nuls ; si $\delta$ a une limite égale à $d$, cette limite satisfait dès lors à l'équation

$$(6) \qquad d \varphi'_m(1, c) + \varphi_{m-1}(1, c) = 0 ;$$

nous avons donc ce deuxième résultat :

*L'ordonnée à l'origine $d$ d'une asymptote de coefficient angulaire $c$ est fournie par l'équation (6).*

Si $c$ est racine simple de l'équation (4), $\varphi'_m(1, c)$ n'est pas nul, et l'équation (6) donne pour $d$ une valeur déterminée ; au contraire, si $c$ est racine multiple, $\varphi'_m(1, c)$ est nul ; dans ce cas, si la racine multiple $c$ n'annule pas en même temps $\varphi_{m-1}(1, c)$, l'équation (6) donne pour $d$ une valeur infinie, et l'on dit que l'asymptote est rejetée à l'infini.

Lorsque $\varphi'_m(1, c)$ et $\varphi_{m-1}(1, c)$ sont nuls, les trois premiers coefficients de l'équation (5) sont nuls ; les termes suivants contiennent $x^{m-2}$ en facteur ; on divise alors les deux membres par la plus haute puissance de $x$, puis on fait croître $x$ indéfiniment ; on obtient comme précédemment une équation donnant la limite $d$ de $\delta$. Nous n'entrerons pas dans le détail du calcul, que l'on peut effectuer dans chaque cas particulier d'après les indications précédentes.

**Remarque I.** — Les droites issues de l'origine et parallèles aux asymptotes sont appelées directions asymptotiques ; leurs coefficients angulaires sont les racines de l'équation (4). L'ensemble de ces droites est représenté par l'équation obtenue en remplaçant $c$ par $\dfrac{y}{x}$ ; si l'on chasse le dénominateur, cette équation devient

$$\varphi_m(x, y) = 0.$$

Nous voyons que *l'on obtient l'équation représentant l'ensemble des directions asymptotiques d'une courbe algébrique en égalant à zéro l'ensemble des termes de plus haut degré de l'équation de cette courbe.*

**Remarque II.** — Si nous cherchons les abscisses des points communs à la courbe et à une droite d'équation

$$y = cx + d,$$

nous devons remplacer dans l'équation (2) $y$ par $cx + d$ ou dans l'équation (3) $\dfrac{y}{x}$ par $c + \dfrac{d}{x}$ ; les abscisses cherchées sont donc les racines d'une équation que l'on déduirait de (5) en remplaçant $\delta$ par $d$. D'après ce qui précède, pour que la droite soit asymptote, il faut et il suffit que les termes de degré $m$ et $m - 1$ disparaissent de l'équation, ou, ce qui revient au même, que l'équation aux abscisses des points communs ait deux racines infinies ; cette remarque permet souvent de déterminer les asymptotes par un calcul simple.

*Exemple.* — Comme exemple, considérons l'équation

$$f(x, y) = y^2(x - 1) - x^3 = 0,$$

qui est celle du n° 300 rendue entière ; en groupant ensemble les termes du même degré, nous aurons

$$f(x, y) = (xy^2 - x^3) - y^2,$$
$$\varphi_3(x, y) = xy^2 - x^3, \qquad \varphi_3(1, c) = c^2 - 1,$$
$$\varphi_2(x, y) = -y^2, \qquad \varphi_2(1, c) = -c^2.$$

Les directions asymptotiques sont fournies par l'équation

$$\varphi_3(x, y) = x(y^2 - x^2) = 0,$$

qui donne : 1° $x = 0$, la direction $Oy$, à laquelle correspond l'asymptote d'équation $x - 1 = 0$ ; 2° $y^2 - x^2 = 0$, c'est-à-dire les directions des deux bissectrices de l'angle $xOy$.

Les racines correspondantes $c = \pm 1$ de l'équation $\varphi_3(1, c) = 0$ fournissent des asymptotes dont l'ordonnée à l'origine est donnée par

$$d = \frac{-\varphi_2(1, c)}{\varphi_3'(1, c)} = \frac{c^2}{2c} = \frac{c}{2} ;$$

nous obtenons ainsi les deux asymptotes d'équations

$$y = x + \frac{1}{2}, \qquad y = -x - \frac{1}{2}.$$

Nous les retrouverions en appliquant la deuxième remarque du n° précédent ; les abscisses des points communs à la courbe et à une droite d'équation $y = cx + d$ sont fournies par l'équation

$$(cx + d)^2(x - 1) - x^3 = 0,$$
$$(c^2 - 1)x^3 + (2cd - c^2)x^2 + (d^2 - 2cd)x - d^2 = 0 ;$$

en annulant les coefficients des deux plus hautes puissances de $x$, nous retrouvons les valeurs déjà obtenues pour $c$ et $d$.

Le calcul que nous venons de faire a l'avantage de donner les abscisses des points à distance finie que la courbe peut avoir en commun avec ses asymptotes et dont le nombre est en général $m - 2$ ; dans le cas précédent, elles sont données par l'équation

$$(d^2 - 2cd)x - d^2 = 0,$$

qui donne $x = -\frac{1}{3}$.

Nous achèverions la construction de la courbe à l'aide des remarques suivantes : la courbe passe à l'origine, et les tangentes en ce point, représentées par l'équation $y^2 = 0$, sont confondues avec $Ox$ ; l'origine est donc un point de rebroussement. La réalité de $y$ exige que $x$ soit négatif ou supérieur à 1. Les points de contact des tangentes parallèles à $Ox$ ont des coordonnées satisfaisant à l'équation de la courbe et à l'équation

$$f'_x = y^2 - 3x^2 = 0,$$

d'où nous tirons, en éliminant $y$,

$$3x^2(x - 1) - x^3 = x^2(2x - 3) = 0 ;$$

on obtient ainsi l'origine et les points d'abscisse $\frac{3}{2}$. On aurait ainsi les éléments permettant de construire la courbe, qui a la forme indiquée figure 101.

**304. Cas où les coordonnées sont fonctions d'un paramètre.** — Nous allons considérer le cas où les coordonnées des points d'une courbe sont fonctions d'un paramètre ; un tel mode de représentation peut être donné à l'avance, ou peut dans certains cas se déduire de l'équation cartésienne de la courbe. Lorsque les coordonnées $x$ et $y$ s'expriment rationnellement au moyen du paramètre, la courbe est dite *unicursale*.

Si une courbe algébrique est rencontrée en un seul point variable M par les lignes successives d'une famille de droites ou de courbes dépendant d'un paramètre $t$, les coordonnées de ce point s'expriment facilement au moyen de ce paramètre, et les expressions sont rationnelles.

Une conique est unicursale, car si on la coupe par une droite tournant autour d'un de ses points, cette droite rencontre la courbe en un seul point variable. Il en est de même d'une courbe du troisième ordre ayant un point double ou un point de rebroussement ; toute droite passant par ce point rencontre la courbe en un seul point variable et les coordonnées de ce point sont des fonctions rationnelles du coefficient angulaire de la sécante.

Lorsque l'on veut construire une courbe dont les points ont des coordonnées fonctions d'un même paramètre $t$,

$$x = f(t), \qquad y = \varphi(t),$$

on étudie la variation des deux fonctions $f$ et $\varphi$ lorsque $t$ varie de $-\infty$ à $+\infty$, et l'on dresse un tableau des valeurs remarquables de ce paramètre ; on détermine en particulier celles qui annulent $x$ ou $y$, ou les rendent infinis, ou les rendent soit maximum soit minimum. Le coefficient angulaire d'une tangente est égal à $\dfrac{dy}{dx}$ ou à $\dfrac{\varphi'(t)}{f'(t)}$.

Si pour une valeur de $t$ finie ou infinie, $x$ et $y$ sont simultanément nuls, la courbe passe à l'origine, et le coefficient angulaire de la tangente en ce point est la limite du rapport $\dfrac{y}{x}$ ou du rapport $\dfrac{dy}{dx}$.

Si une valeur de $t$ rend infinie une des coordonnées, par exemple $y$, tandis que l'autre $x$ reste finie, la courbe a une asymptote parallèle à $Oy$, ayant pour abscisse la valeur finie de $x$.

Si une valeur de $t$ rend $x$ et $y$ simultanément infinis, la courbe a encore une branche infinie ; pour déterminer l'asymptote à cette branche, s'il en existe, on calcule son coefficient angulaire (n° 300) en cherchant la limite $c$ de $\dfrac{y}{x}$ lorsque $t$ s'approche de la valeur considérée, puis on calcule l'ordonnée à l'origine en cherchant la limite $d$ de $y - cx$.

*Exemple.* — Soit la courbe déjà étudiée au n° 300, à la fin du n° 303 et représentée par l'équation

$$y^2(x - 1) - x^3 = 0 ;$$

elle est du 3ᵉ ordre avec un point de rebroussement à l'origine, donc unicursale ; si on la coupe par une droite d'équation $y = tx$, les abscisses des points de rencontre sont les racines de l'équation

$$t^2 x^2 (x - 1) - x^3 = 0,$$

qui a une racine double nulle ; en supprimant cette racine, il reste pour les coordonnées du point variable de rencontre les valeurs

$$x = \frac{t^2}{t^2 - 1}, \qquad y = tx = \frac{t^3}{t^2 - 1}.$$

Nous allons appliquer les considérations précédentes à l'étude de la courbe ainsi définie en fonction de $t$. Les valeurs de ce paramètre rendant infinis $x$ ou $y$ sont : 1° $t$ infini, qui donne à $y$ une valeur infinie et à $x$ la valeur finie 1 ; la droite $x = 1$ est une première asymptote ; 2° $t = +1$, qui rend $x$ et $y$ infinis ; l'asymptote correspondante est telle que l'on ait

$$c = \lim \frac{y}{x} = \lim t = 1,$$

$$d = \lim (y - cx) = \lim \frac{t^3 - t^2}{t^2 - 1} = \lim \frac{t^2}{t + 1} = \frac{1}{2};$$

on a donc une asymptote d'équation $y = x + \dfrac{1}{2}$ ; enfin 3° $t = -1$, qui rend $x$ et $y$ infinis, et l'asymptote correspondante a pour équation $y = -x - \dfrac{1}{2}$.

Pour $t = 0$, $x$ et $y$ deviennent nuls, la courbe passe à l'origine et le coefficient angulaire de la tangente est

$$\lim \frac{y}{x} = \lim t = 0.$$

Les dérivées de $x$ et $y$ sont

$$\frac{dx}{dt} = \frac{-2t}{(t^2 - 1)^2}, \qquad \frac{dy}{dt} = \frac{t^2(t^2 - 3)}{(t^2 - 1)^2};$$

la première s'annule pour $t = 0$ en changeant de signe, la seconde pour $t = 0$ et pour $t = \pm\sqrt{3}$.

Nous dresserons le tableau des valeurs remarquables de $t$. Nous y indiquerons le sens de la variation de $x$ et $y$, les valeurs remarquables de ces coordonnées et les points correspondants de la courbe déjà tracée figure 101. Nous pouvons ajouter que des valeurs de $t$ égales et de signes contraires donnent pour $x$ la même valeur, pour $y$ des valeurs égales et de signes contraires, de sorte que la courbe est symétrique par rapport à $Ox$.

| $t$ | $x'_t$ | $y'_t$ | $x$ | $y$ | POINTS |
|---|---|---|---|---|---|
| $-\infty$ | | | 1 | $-\infty$ | A |
| | | $+$ | croît | croît | |
| $-\sqrt{3}$ | $+$ | | $\dfrac{3}{2}$ | max. $-\dfrac{3}{2}\sqrt{3}$ | B |
| | | | croît | décroît | |
| $-1$ | | | $+\infty$ | $-\infty$ | C |
| | | | $-\infty$ | $+\infty$ | D |
| | | | croît | décroît | |
| $0$ | $-$ | $-$ | 0 | 0 | O |
| | | | décroît | décroît | |
| $1$ | | | $-\infty$ | $-\infty$ | E |
| | | | $+\infty$ | $+\infty$ | F |
| | | | décroît | décroît | |
| $\sqrt{3}$ | $-$ | | $\dfrac{3}{2}$ | min. $\dfrac{3}{2}\sqrt{3}$ | G |
| | | $+$ | décroît | croît | |
| $+\infty$ | | | 1 | $+\infty$ | H |

**305. Cycloïde.** — Comme exemple de courbe transcendante dont les coordonnées s'expriment au moyen d'un paramètre $t$, nous mentionnerons la cycloïde; on appelle ainsi la courbe décrite par un point M d'une circonférence roulant sans glisser sur une droite.

Prenons cette droite comme axe des $x$, et comme origine O une des positions du point mobile M lorsqu'il est situé sur cette droite (*fig.* 102);

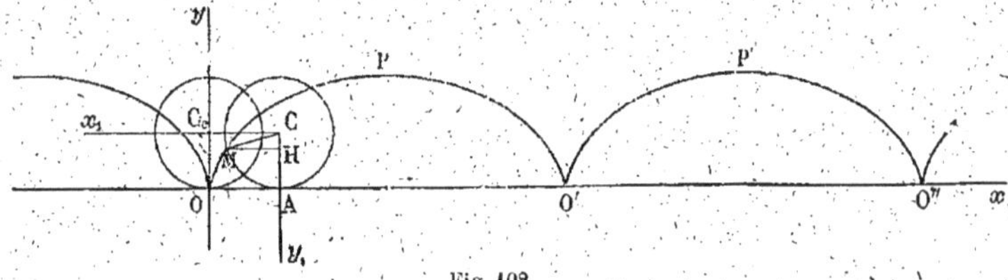



Fig. 102.

il résulte de ce choix que dans la position de la circonférence mobile pour laquelle son centre est situé sur l'axe des $y$ en $C_0$, le point décrivant la courbe est confondu avec le point O.

Supposons que la circonférence occupe une nouvelle position C après avoir roulé sur le segment OA de Ox; le point décrivant est passé de O en M, de telle sorte que l'arc AM est égal à AO, et de même sens. Considérons un système d'axes auxiliaires $Cx_1$, $Cy_1$ issus du point C et dirigés respectivement en sens inverse de Ox et Oy; si nous désignons par $a$ le rayon de la circonférence et par $t$ l'angle ACM dont a tourné le rayon CM passant par M à partir de la position initiale $C_0O$, nous avons

$$(OA) = (\text{arc AM}) = at.$$

Les coordonnées du point M dans le système $Cx_1y_1$ étant

$$x_1 = (\text{HM}) = a \sin t, \qquad y_1 = (\text{CH}) = a \cos t,$$

nous en déduisons, dans le système primitif,

$$x = (OA) - x_1 = a(t - \sin t),$$
$$y = (OC_0) - y_1 = a(1 - \cos t).$$

Telles sont les expressions des coordonnées d'un point de la cycloïde en fonction du paramètre $t$; lorsque celui-ci varie de 0 à $2\pi$, la circonférence roule d'une longueur égale à $2\pi a$, et le point M revient en O' sur Ox après avoir décrit l'arc OPO' de cycloïde. Lorsque $t$ prend des valeurs comprises entre $2\pi$ et $4\pi$, les valeurs de $x$ et de $y$ ne diffèrent des précédentes qu'en ce que $x$ est augmenté de $2\pi a$; on obtient ainsi un nouvel arc O'P'O" identique au premier, et ainsi de suite; il en est de même si $t$ prend des valeurs négatives.

Le coefficient angulaire de la tangente en un point est égal à $\dfrac{dy}{dx} = \dfrac{\sin t}{1 - \cos t} = \cotg \dfrac{t}{2}$; c'est celui de la droite joignant M au point diamétralement opposé à A sur le cercle générateur, car l'angle de cette droite avec le diamètre dirigé suivant AC est égal à $\dfrac{t}{2}$. On en conclut que la normale à la cycloïde au point M est la droite MA joignant ce point au point de contact du cercle générateur avec l'axe des $x$, qu'on appelle *base* de la cycloïde.

La courbe passe à l'origine; la tangente en ce point, qui correspond à $t = 0$, a un coefficient angulaire infini et se confond avec l'axe des $y$. Le point O est un point de rebroussement de la courbe, et il en est de même de O', O", ....

Si l'on fait rouler la circonférence C sur une autre circonférence, et extérieurement, la courbe décrite par le point M s'appelle une *épicycloïde*; si la circonférence C roule intérieurement sur une autre circonférence, la courbe décrite par M s'appelle une *hypocycloïde*.

VOGT. — Math. sup.                                        29

**306. Construction d'une courbe en coordonnées polaires.** — Nous supposons la courbe représentée par une équation entre le rayon vecteur $\rho$ et l'angle polaire $\theta$ résolue par rapport à $\rho$, de la forme

$$\rho = f(\theta).$$

Nous ferons varier $\theta$ de $-\infty$ à $+\infty$ et nous étudierons les variations de la fonction $\rho$; si $\rho$ s'annule pour une valeur de $\theta$, par exemple pour $\theta_0$, la courbe passe à l'origine, et la tangente en ce point est la droite faisant avec l'axe polaire l'angle $\theta_0$; cette droite est en effet la limite des positions d'une sécante passant par l'origine et par un point voisin correspondant à $\theta$, lorsque $\theta$ tend vers $\theta_0$.

Considérons par exemple la *spirale d'Archimède* représentée par l'équation

$$\rho = a\theta,$$

où $a$ est une constante positive; $\rho$ s'annule pour $\theta = 0$, par suite la courbe est tangente à l'origine à l'axe polaire. Lorsque $\theta$ varie de 0 à $+\infty$, on obtient une portion de courbe OABCDE ... dont les rayons vecteurs sont positifs (*fig.* 103); lorsque $\theta$ varie de 0 à $-\infty$, on obtient une autre portion de courbe OAB'CD'E ... dont les rayons vecteurs sont négatifs; la valeur absolue de $\rho$ correspondant à un angle négatif tel que $(Ox, OM)$ doit alors être portée sur la direction opposée OM'. On vérifie que les deux portions de la courbe sont symétriques par rapport à la perpendiculaire $Oy$ à l'axe polaire.

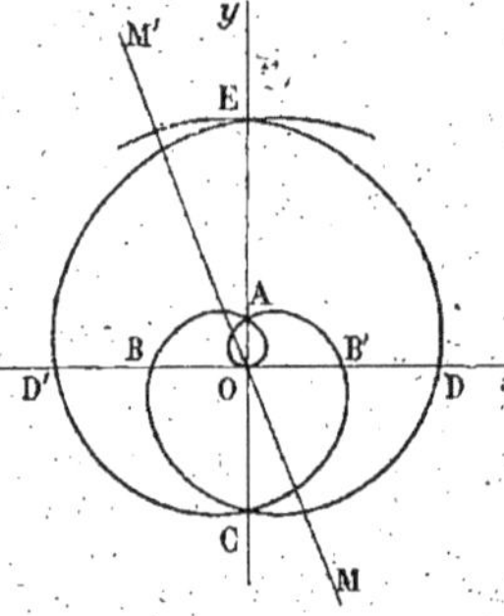


Fig. 103.

Nous avons vu (n° 295) qu'on détermine la tangente en un point par l'angle V qu'elle fait avec le rayon vecteur, et nous avons trouvé qu'il est donné par la formule

$$\operatorname{tg} V = \frac{\rho\, d\theta}{d\rho} = \frac{\rho}{\rho'}.$$

Dans la plupart des cas, le rayon vecteur $\rho$ dépend non de l'angle $\theta$ immédiatement, mais d'une ou de plusieurs lignes trigonométriques de cet angle $\theta$, ou bien de ses multiples ou de ses sous-multiples, comme dans les équations suivantes :

$$\rho = a\,\frac{\sin^2\theta}{\cos\theta}, \qquad \rho = a\sin\frac{\theta}{3}\,;$$

il n'est pas nécessaire alors de faire varier $\theta$ de $-\infty$ à $+\infty$ ; dans le premier exemple, il suffit de faire varier $\theta$ de 0 à $2\pi$, car, pour les autres valeurs de l'angle polaire, les lignes trigonométriques et $\rho$ reprennent la même valeur ; dans le second exemple, il suffit de faire varier $\theta$ de 0 à $6\pi$, l'arc sous le signe sinus variant alors de 0 à $2\pi$.

Dans beaucoup de cas, il est même possible de resserrer l'intervalle de variation de $\theta$ en s'aidant des symétries que peut posséder la courbe, et ces symétries se manifestent le plus souvent par le fait que $\rho$ conserve la même valeur absolue quand on change $\theta$ en $-\theta$, ou en $\pi+\theta$, ou en $\pi-\theta$ ; à chaque symétrie ainsi constatée correspond une réduction de l'intervalle dans lequel il est nécessaire de faire varier $\theta$.

En supposant que $\rho$ reprenne les mêmes valeurs quand $\theta$ augmente de $2\pi$, les cas qui se présentent habituellement sont les suivants, où $\rho_1$ désigne $f(\theta_1)$ :

1° Pour $\theta_1 = -\theta$ ou $2\pi-\theta$, on a $\rho_1 = +\rho$ ; il y a symétrie par rapport à $Ox$, il suffit de construire la portion obtenue quand $\theta$ varie de 0 à $\pi$ et de construire ensuite la symétrique de cette portion.

2° Pour $\theta_1 = -\theta$ ou $2\pi-\theta$, on a $\rho_1 = -\rho$ ; il y a symétrie par rapport à $Oy$ et même réduction à l'intervalle $(0, \pi)$ des valeurs de $\theta$ nécessaires pour obtenir une première portion de courbe, dont on prend ensuite la symétrique.

3° Pour $\theta_1 = \pi+\theta$, on a $\rho_1 = \rho$ ; il y a symétrie par rapport au pôle et réduction analogue des valeurs de $\theta$.

4° Pour $\theta_1 = \pi+\theta$, on a $\rho_1 = -\rho$ ; il suffit de faire varier $\theta$ de 0 à $\pi$ ; pour les autres valeurs de $\theta$, on obtient des points confondus avec les premiers.

5° Pour $\theta_1 = \pi-\theta$, on a $\rho_1 = \rho$ ; il y a symétrie par rapport à $Oy$, il suffit de construire la courbe obtenue quand $\theta$ varie dans les intervalles $\left(0, \dfrac{\pi}{2}\right)$, $\left(\pi, \dfrac{3\pi}{2}\right)$ et de construire ensuite la symétrique de cette portion.

6° Pour $\theta_1 = \pi-\theta$, on a $\rho_1 = -\rho$ ; il y a symétrie par rapport à $Ox$, et même réduction de l'intervalle dans lequel il est nécessaire de faire varier $\theta$.

Le premier des exemples mentionnés rentre dans le premier, le quatrième et le sixième cas ; on fera varier $\theta$ de 0 à $\dfrac{\pi}{2}$ et l'on prendra la symétrique par rapport à $Ox$ de la portion obtenue ; la courbe est la cissoïde du n° 90.

Dans le second exemple, nous ferons varier d'abord $\theta$ de $0$ à $\dfrac{3\pi}{2}$ ; lorsqu'il prendra ensuite les valeurs de $\dfrac{3\pi}{2}$ à $3\pi$, $\rho$ reprendra en sens inverse les valeurs qu'il a déjà acquises, et la nouvelle portion de courbe sera symétrique de la première par rapport à la droite faisant avec $Ox$ l'angle $\dfrac{3\pi}{2}$. Ensuite lorsque $\theta$ variera de $3\pi$ à $6\pi$, $\rho$ prendra des valeurs symétriques de celles qu'il a déjà acquises, et la nouvelle courbe se confondra avec la précédente.

**307. Limaçon de Pascal.** — Étant donnée une circonférence et un point O sur cette courbe, si l'on porte sur chaque rayon vecteur OM (*fig.* 104) un vecteur MP constant, le lieu du point P s'appelle limaçon de Pascal ; nous allons déterminer son équation en coordonnées polaires et le construire.

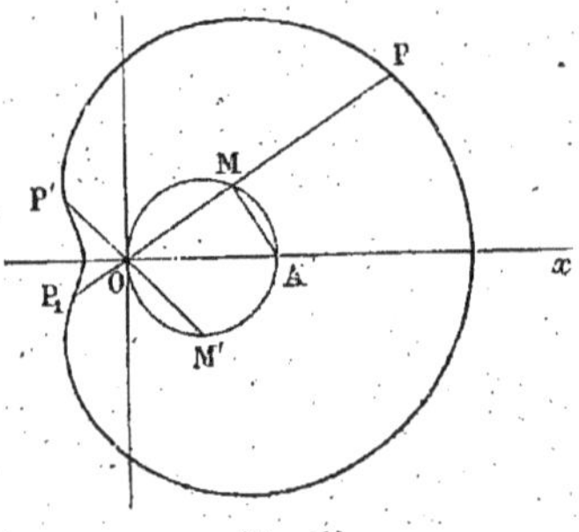

Prenons le point O comme pôle et le diamètre OA comme axe polaire, désignons par $a$ le diamètre de la circonférence et par $b$ la valeur du vecteur MP ; comme (OM) est égal à $a \cos \theta$, le rayon vecteur du point P a pour valeur

Fig. 104.

$$\rho = a \cos \theta + b.$$

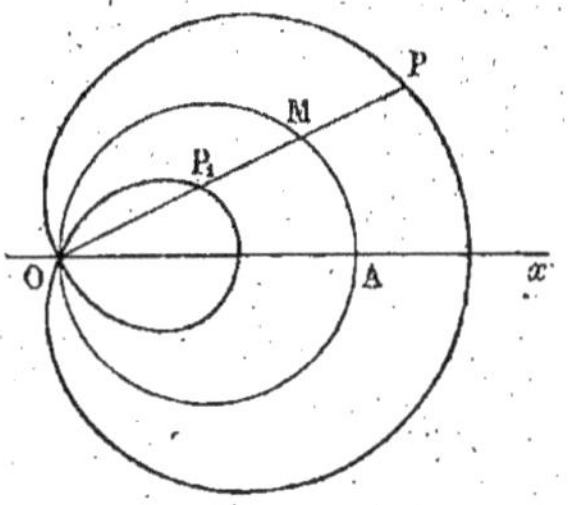

Nous allons construire la courbe représentée par cette équation ; il suffit de faire varier $\theta$ de $0$ à $2\pi$ ; en remarquant que $\rho$ prend la même valeur pour $\alpha$ et $2\pi - \alpha$, nous pouvons nous limiter à l'intervalle de $0$ à $\pi$, et prendre ensuite la symétrique par rapport à $Ox$ de la portion obtenue.

Supposons $b$ positif ; lorsque $\theta$ varie de $0$ à $\dfrac{\pi}{2}$, $\cos \theta$ est positif, et

Fig. 105.

l'on a en valeur absolue $\rho = \mathrm{OM} + \mathrm{MP}$ ; si $\theta$ varie de $\dfrac{\pi}{2}$ à $\pi$, $\cos \theta$

est négatif, et $\rho$ est égal à la différence des valeurs absolues des deux vecteurs tels que M'P' et OM' (*fig.* 104). Remarquons encore qu'à chaque point M de la circonférence correspondent deux points P et $P_1$ du limaçon relatifs à des angles $\theta$ différant de $\pi$ (*fig.* 105); ils sont tels que MP et $MP_1$ sont égaux à $b$ en valeur absolue, mais de sens contraire; nous en concluons que si l'on change le signe de $b$, la courbe n'est pas modifiée; nous pouvons donc nous limiter au cas où $b$ est positif.

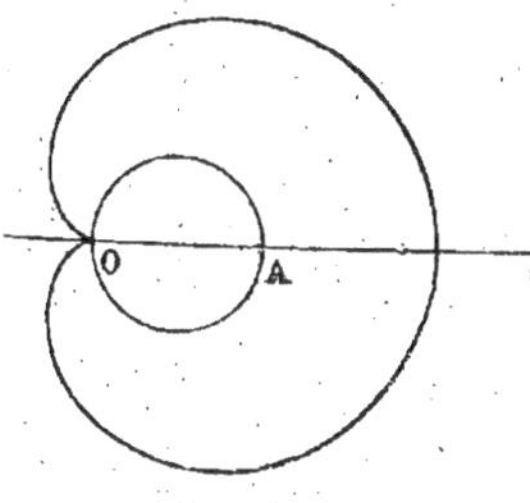

Fig. 106.

Si l'on a $b > a$, $\rho$ ne s'annule jamais et reste positif; la courbe a la forme de la figure 104. Si l'on a au contraire $b < a$, $\rho$ s'annule pour deux valeurs de $\theta$ comprises l'une entre $\dfrac{\pi}{2}$ et $\pi$, l'autre entre $\pi$ et $\dfrac{3\pi}{2}$, et devient négatif dans l'intervalle de ces deux valeurs; la courbe a la forme de la figure 105 et présente un point double au pôle; les tangentes en ce point sont déterminées, comme nous l'avons dit au numéro précédent, par les valeurs de $\theta$ annulant le rayon vecteur. Si l'on a enfin $b = a$, $\rho$ reste positif et s'annule pour $\theta = \pi$; la courbe a la forme de la figure 106; elle présente au pôle un point de rebroussement; on l'appelle dans ce cas *cardioïde*.

**808. Asymptotes.** — Si $\rho$ devient infini pour une valeur de $\theta$ telle que $\theta_0$, il existe une branche infinie de courbe, et la direction asymptotique correspondante fait l'angle $\theta_0$ avec l'axe polaire; pour déterminer l'asymptote elle-même, nous calculerons le vecteur OD (*fig.* 107) compris entre l'origine et l'asymptote sur la droite dirigée faisant avec l'axe polaire l'angle $\theta_0 + \dfrac{\pi}{2}$; nous appellerons $d$ la valeur relative de ce vecteur. $d$ est la limite de la projection du rayon vecteur $\rho$ sur la direction OD lorsque $\theta$ tend vers $\theta_0$;

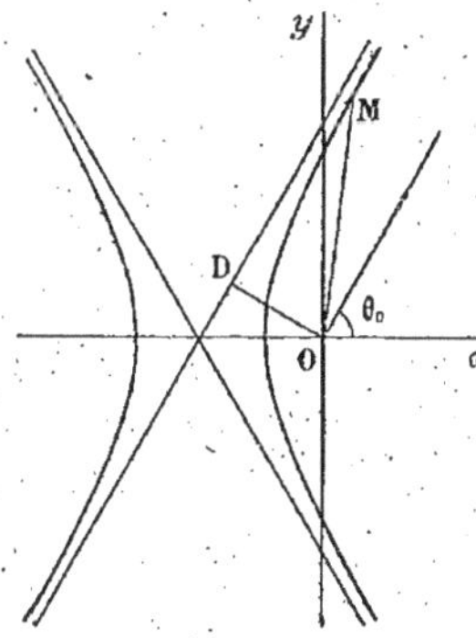

Fig. 107.

nous avons donc

$$d = \lim\left[\rho\cos\left(\theta_0 + \frac{\pi}{2} - \theta\right)\right] = \lim\left[\rho\sin(\theta - \theta_0)\right] ;$$

nous calculerons cette limite directement ou par la règle de l'Hopital.

Considérons par exemple la courbe représentée par l'équation

$$\rho = \frac{4}{1 - 2\cos\theta} ;$$

$\rho$ devient infini pour $\cos\theta = \frac{1}{2}$, c'est-à-dire pour $\theta = \frac{\pi}{3}$ et $\theta = 2\pi - \frac{\pi}{3}$ ; à la première direction asymptotique correspond une valeur de $d$ égale à

$$\lim\left[\rho\sin\left(\theta - \frac{\pi}{3}\right)\right] = \lim\frac{4\sin\left(\theta - \frac{\pi}{3}\right)}{1 - 2\cos\theta} ;$$

cette limite est égale au rapport des dérivées des deux termes de la dernière fraction, c'est-à-dire au rapport $\dfrac{4\cos\left(\theta - \frac{\pi}{3}\right)}{2\sin\theta}$ lorsqu'on y fait $\theta = \frac{\pi}{3}$, et elle est égale à $\dfrac{4}{\sqrt{3}}$ ; nous aurons donc l'asymptote en portant un vecteur égal à $\dfrac{4}{\sqrt{3}}$ à partir de l'origine sur la direction $\frac{\pi}{3} + \frac{\pi}{2}$. L'autre asymptote, correspondant à la direction $2\pi - \frac{\pi}{3}$, est symétrique de la première par rapport à $Ox$.

Pour construire la courbe, nous ferons varier d'abord $\theta$ de $0$ à $\pi$ ; la dérivée $\rho'_\theta$ étant alors négative, $\rho$ décroît ; il passe de $-4$ à $-\infty$ quand $\theta$ varie de $0$ à $\frac{\pi}{3}$, puis de $+\infty$ à $\frac{4}{3}$ quand $\theta$ varie de $\frac{\pi}{3}$ à $\pi$.

Lorsque $\theta$ varie de $\pi$ à $2\pi$, $\rho$ repasse en sens inverse par les mêmes valeurs, et la partie correspondante de la courbe est symétrique de la première par rapport à $Ox$.

La courbe a la forme indiquée par la figure 107 ; d'après ce que nous avons dit au n° 113, elle est une hyperbole ayant pour foyer l'origine.

# CHAPITRE IV

## ÉTUDE DES COURBES DU SECOND ORDRE

---

**309. Classification et construction des courbes du second ordre.** — Nous avons déjà établi au n° 118 une classification basée sur l'étude des branches infinies ; nous la retrouverons en effectuant la recherche des directions asymptotiques des courbes représentées par l'équation générale.

$$(1) \qquad f(x, y) = Ax^2 + 2Bxy + Cy^2 + 2Dx + 2Ey + F = 0.$$

On obtient ces directions asymptotiques en égalant à zéro l'ensemble des termes du second degré,

$$\varphi_2(x, y) = Ax^2 + 2Bxy + Cy^2,$$

et les coefficients angulaires $c$ des directions cherchées sont les racines de l'équation

$$\varphi_2(1, c) = A + 2Bc + Cc^2 = 0.$$

Si $B^2 - AC < 0$, les racines sont imaginaires, la courbe est du genre ellipse ;

Si $B^2 - AC > 0$, les racines sont réelles et distinctes, la courbe est du genre hyperbole ;

Si $B^2 - AC = 0$, les racines sont égales, la courbe est du genre parabole. Dans ce dernier cas, les termes du second degré forment un carré parfait.

Pour construire une courbe représentée par une équation telle que (1), il suffit d'appliquer les méthodes développées dans les deux chapitres précédents. La plus simple consiste à résoudre l'équation par rapport à l'une des variables ; nous avons déjà employé cette méthode au n° 299 pour construire la courbe représentée par l'équation

$$2x^2 - 2xy - 2x + 4y - 1 = 0 ;$$

elle est du genre hyperbole, car C est nul et $B^2 - AC$ est positif.

Nous allons donner un autre exemple en construisant la courbe représentée par l'équation

(2) $$5x^2 - 4xy + 4y^2 - 24x = 0 ;$$

ici   $A = 5,$   $B = -2,$   $C = 4,$   de sorte que   $B^2 - AC = -16 ;$
ce nombre étant négatif, la courbe est du genre ellipse. Pour la construire,
nous résoudrons l'équation par rapport à $y$, et nous aurons

$$y = \frac{x}{2} \pm \sqrt{-x^2 + 6x}.$$

A chaque valeur de l'abscisse $x$ correspondent deux valeurs de $y$
et par suite deux points de la courbe ; on obtient leurs ordonnées en augmentant et diminuant l'ordonnée de la droite $y = \dfrac{x}{2}$ d'une quantité égale
au radical $R = \sqrt{-x^2 + 6x}$.

Celui-ci n'est réel que si $x$ est compris entre les racines 0 et 6 ;
nous en concluons que la courbe est tout entière comprise entre les parallèles à $Oy$ d'abscisses 0 et 6. Lorsque $x$ croît de 0 à 6, R qui
est d'abord nul passe par un maximum $R = 3$ pour $x = 3$, demi-somme
des deux racines, puis décroît jusqu'à devenir nul ; nous pouvons ajouter
qu'il prend des valeurs égales pour des valeurs de $x$ dont la demi-somme
est égale à 3.

Construisons la droite OD (*fig.* 108) de coefficient angulaire $\dfrac{1}{2}$ et

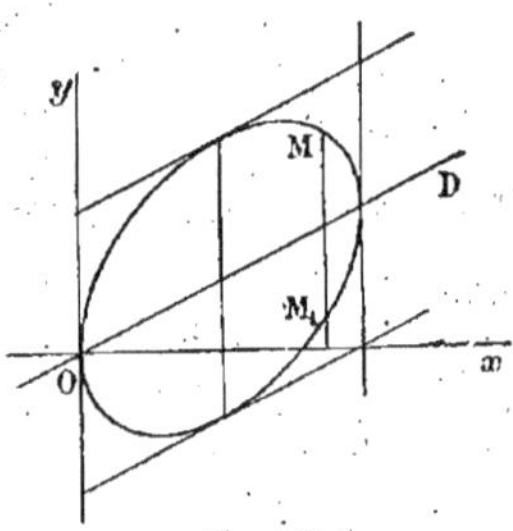

Fig. 108.

les parallèles à cette droite dont les ordonnées à l'origine sont $+3$ et $-3$ ;
ces deux droites, l'axe des $y$ et la parallèle à cet axe d'abscisse 6 forment un
parallélogramme à l'intérieur duquel se
trouve placée la courbe. La droite $D$
partage en deux parties égales les cordes
telles que $MM_1$ parallèles à $Oy$ ; de même
la parallèle à l'axe des $y$ d'abscisse 3
partage en parties égales les cordes parallèles à $D$ ; la courbe a pour centre le
centre du parallélogramme.

Nous trouverons les maxima et minima de $y$ en annulant la dérivée
$y'$ ; comme nous l'avons dit au n° 301, nous obtiendrons cette dérivée en
différentiant l'équation (2), ce qui donne

$$(10x - 4y - 24)dx + (-4x + 8y)dy = 0.$$

En écrivant que $\dfrac{dy}{dx}$ est nul, nous aurons l'équation

$$10x - 4y - 24 = 0 ;$$

elle représente une droite dont les points d'intersection avec la courbe correspondent au maximum ou au minimum de $y$; en ces points la tangente est parallèle à $Ox$.

Comme dernier exemple, nous allons construire la courbe représentée par l'équation déjà considérée au n° 88, et qui est

$$(3) \qquad x^2 - 2xy + y^2 - 2x - 2y + 1 = 0.$$

Comme A, B et C sont égaux à l'unité, $B^2 - AC$ est nul, et la courbe est du genre parabole; la direction asymptotique double est représentée par les termes du second degré égalés à zéro, c'est-à-dire par $(x - y)^2 = 0$, et elle est celle de la bissectrice de l'angle $xOy$.

En résolvant l'équation par rapport à $y$, nous obtenons

$$y = x + 1 \pm \sqrt{4x} ;$$

comme dans l'exemple précédent, nous construirons (*fig.* 109) la droite

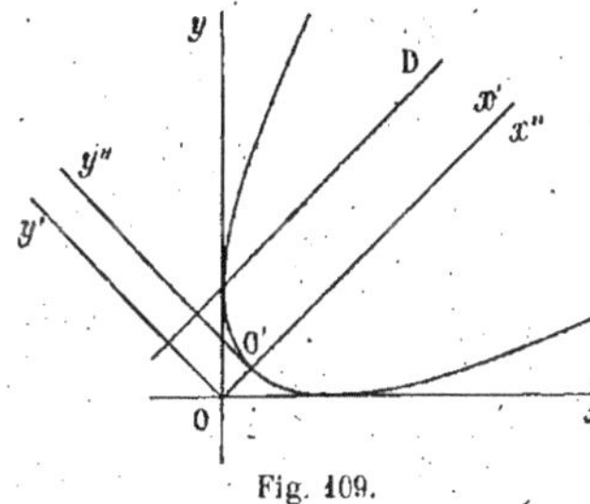

Fig. 109.

D représentée par $y = x + 1$, et pour chaque valeur de $x$ nous augmenterons et nous diminuerons les ordonnées de cette droite de la quantité $\sqrt{4x}$. Cette quantité n'est réelle que si $x$ est positif; nous en concluons que la courbe s'étend à partir de l'axe $Oy$ du côté des $x$ positifs. Nous pouvons vérifier qu'elle est tangente aux deux axes de coordonnées aux points dont l'abscisse ou l'ordonnée sont égales à 1.

**310. Recherche du centre.** — Comme nous l'avons dit au n° 301, on reconnaît qu'une courbe d'équation $f(x, y) = 0$ admet l'origine pour centre si l'équation ne change pas lorsqu'on change simultanément $x$ en $-x$ et $y$ en $-y$. Si $f(x, y)$ est un polynome entier, il ne doit contenir que des termes dont le degré a la même parité, par exemple tous de degrés pairs ou tous de degrés impairs; dans le cas des courbes du second ordre, ils doivent être de degré deux ou zéro, d'où cette conclusion:

*Pour que l'origine des coordonnées soit centre d'une courbe du second ordre, il faut et il suffit que l'équation de cette courbe ne renferme pas de termes du premier degré.*

Si l'équation de la courbe rapportée à deux axes $Ox$, $Oy$ renferme des termes du premier degré, nous ferons une transformation de coordonnées en transportant l'origine en un point de coordonnées $(x_0, y_0)$ et nous choisirons ces coordonnées, si c'est possible, de façon que dans l'équation de la courbe par rapport aux nouveaux axes les termes du premier degré disparaissent ; la nouvelle origine sera alors un centre de la courbe. Nous transporterons les axes parallèlement à eux-mêmes et nous utiliserons les formules de transformation (1) du n° 116

$$x = x_0 + x', \qquad y = y_0 + y' ;$$

l'équation de la courbe dans le nouveau système d'axes est

$$f(x_0 + x', \ y_0 + y') = 0 ;$$

en développant le premier membre par la formule de Taylor (n° 194), elle s'écrit

$$(4) \qquad Ax'^2 + 2Bx'y' + Cy'^2 + f'_{x_0}x' + f'_{y_0}y' + f(x_0, y_0) = 0.$$

Si nous annulons les coefficients de $x'$ et de $y'$, nous avons, après division par 2, les équations

$$(5) \qquad \begin{cases} \dfrac{1}{2}f'_{x_0} = Ax_0 + By_0 + D = 0, \\[2mm] \dfrac{1}{2}f'_{y_0} = Bx_0 + Cy_0 + E = 0 ; \end{cases}$$

le déterminant des coefficients des inconnues, que nous appellerons $\delta$, a pour valeur $\delta = AC - B^2$ ; s'il n'est pas nul, les équations ont une solution et une seule ; s'il est nul, les équations sont incompatibles ou bien se réduisent à une seule et ont une infinité de solutions. Dans le premier cas la conique est du genre ellipse ou hyperbole ; dans le second cas du genre parabole ; nous arrivons ainsi à ces résultats :

*Une conique du genre ellipse ou hyperbole a toujours un centre et un seul ; les coordonnées de ce centre sont fournies par le système d'équations*

$$f'_x = 0, \qquad f'_y = 0 ;$$

*une conique du genre parabole n'a pas de centre, ou bien a une infinité de centres situés sur une droite représentée par les équations équivalentes*

$$f'_x = 0, \qquad f'_y = 0.$$

Supposons que la courbe ait au moins un centre de coordonnées $(x_0, y_0)$ ; si l'on transporte les axes en ce point, l'équation de la courbe a la forme (4) ; les termes du premier degré disparaissent, et le terme constant, que nous appellerons F', est égal à $f(x_0, y_0)$. Le calcul de ce terme peut être simplifié si l'on remarque qu'il est égal à

$$x_0(Ax_0 + By_0 + D) + y_0'(Bx_0 + Cy_0 + E) + (Dx_0 + Ey_0 + F),$$

et, d'après les équations (5), il se réduit à

$$(6) \qquad\qquad F' = \frac{1}{2} f'_{z_0} = Dx_0 + Ey_0 + F,$$

$f'_{z_0}$ désignant, comme au n° 288, la dérivée de la fonction homogène $f(x_0, y_0, z_0)$ par rapport à $z_0$, lorsqu'on y fait ensuite $z_0 = 1$.

Dans le cas d'une conique du genre ellipse ou hyperbole, $\delta$ n'est pas nul; si l'on tire de (5) les valeurs de $x_0$, $y_0$ et si on les porte dans la relation (6), on obtient la valeur de $F'$ exprimée au moyen des coefficients de l'équation primitive; elle est

$$F' = \frac{ACF + 2BDE - AE^2 - CD^2 - FB^2}{AC - B^2};$$

le dénominateur est le déterminant $\delta$; le numérateur est le déterminant des coefficients de $x_0$, $y_0$ et des termes constants dans les demi-dérivées $\frac{1}{2} f'_{x_0}$, $\frac{1}{2} f'_{y_0}$, $\frac{1}{2} f'_{z_0}$ et on le représente par $\Delta$. Si nous posons

$$(7) \qquad\qquad \Delta = \begin{vmatrix} A & B & D \\ B & C & E \\ D & E & F \end{vmatrix},$$

$F'$ a la valeur $\dfrac{\Delta}{\delta}$, et l'équation (4) se réduit à

$$Ax'^2 + 2Bx'y' + Cy'^2 + \frac{\Delta}{\delta} = 0.$$

**311. Condition pour que l'équation du second degré représente deux droites.** — Plaçons-nous d'abord dans le cas où $\delta$ n'est pas nul; si $\Delta$ est nul, l'équation précédente est homogène en $x'$, $y'$ et représente deux droites passant par la nouvelle origine; la ligne dont l'équation est (1) est donc décomposable en deux droites.

Réciproquement, si une ligne du second ordre, du genre ellipse ou hyperbole, est un système de deux droites, ces deux droites sont parallèles aux directions asymptotiques de la ligne, et elles ne sont pas parallèles. Leur point commun est le centre de la ligne qu'elles constituent, et lorsqu'on prend ce centre comme nouvelle origine des coordonnées, l'équation par rapport au nouveau système doit être homogène; le terme constant $F'$ doit par conséquent être nul.

De là nous déduisons, dans le cas où $AC - B^2$ n'est pas nul, que

$\Delta = 0$ est la condition nécessaire et suffisante pour que l'équation du second degré représente deux droites.

Supposons maintenant que $\delta$ soit nul; A et C ne peuvent pas être nuls en même temps, sinon B serait nul et il n'y aurait plus de termes du second degré; nous nous placerons, pour fixer les idées, dans le cas où A est différent de zéro; nous pourrons alors de la relation $AC - B^2 = 0$ tirer $C = \dfrac{B^2}{A}$ et, comme nous l'avons déjà remarqué, écrire $f(x, y)$ sous la forme

$$(8). \qquad f(x, y) = \frac{1}{A}(Ax + By)^2 + 2Dx + 2Ey + F.$$

De même, nous pouvons écrire le déterminant $\Delta$,

$$(9) \quad \Delta = F(AC - B^2) + 2BDE - AE^2 - CD^2 = F(AC - B^2) - \frac{1}{A}(AE - BD)^2$$

et il se réduit à

$$- \frac{1}{A}(AE - BD)^2.$$

S'il est nul, $AE - BD$ est nul, et l'on a $E = \dfrac{BD}{A}$, de sorte que l'on peut écrire l'équation de la courbe

$$f(x, y) = \frac{1}{A}(Ax + By)^2 + \frac{2D}{A}(Ax + By) + F = 0 ;$$

de cette manière on voit que le premier membre se décompose en deux facteurs du premier degré et que l'équation se ramène à la forme

$$(10) \qquad \frac{1}{A}(Ax + By + H)(Ax + By + K) = 0 ;$$

la ligne se décompose donc en deux droites parallèles.

Réciproquement, si une courbe du genre parabole se décompose en deux droites, ces droites sont parallèles aux directions asymptotiques et comme celles-ci sont confondues, les droites sont parallèles; l'équation de l'ensemble de ces droites ne peut avoir que la forme (10) et alors les termes du premier degré ont leurs coefficients proportionnels à A et B; par suite le déterminant $\Delta$ écrit sous la forme (9) sera nul.

Nous voyons donc que $\Delta = 0$ est la condition nécessaire et suffisante pour qu'une conique du genre parabole représentée par l'équation (1) se décompose en deux droites parallèles. Nous vérifierions facilement que c'est aussi la condition pour que les équations du centre $f'_x = 0$, $f'_y = 0$ se réduisent à une seule.

Si nous réunissons les résultats ainsi obtenus, nous pouvons énoncer le théorème suivant :

*Pour que l'équation du second degré représente deux droites, il faut et il suffit que le déterminant $\Delta$ soit nul ; les droites se coupent si le déterminant $\delta$ n'est pas nul ; elles sont parallèles ou confondues si $\delta$ est égal à zéro.*

Lorsque $\delta$ n'est pas nul, le procédé le plus simple pour déterminer les droites dont se compose la ligne du second ordre consiste à faire passer par le centre des parallèles aux directions asymptotiques ; le même procédé est du reste applicable à la détermination des asymptotes d'une hyperbole représentée par une équation quelconque du second degré.

**312. Diamètres des courbes du second ordre.** — Nous avons vu (n° 293) que les points de contact des tangentes à une conique parallèles à une droite de coefficient angulaire $m$ sont situés sur une droite représentée par l'équation

$$(11) \qquad\qquad f'_x + m f'_y = 0,$$

que nous avons appelée diamètre. Nous allons montrer que cette droite est aussi le lieu des milieux des cordes de la conique parallèles à la droite donnée.

Soient MM' une telle corde (*fig.* 110) et P son milieu ; si $(x_0, y_0)$ sont les coordonnées de ce point P, $\alpha$ l'angle que fait avec $Ox$ la direction MM', $\rho$ la valeur relative d'un vecteur issu du point P et placé sur cette corde, les coordonnées $x, y$ de l'extrémité de ce vecteur sont (n° 87)

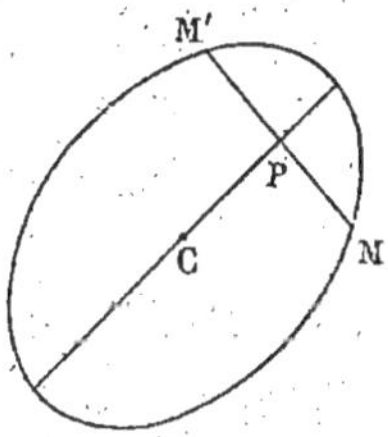

$$x = x_0 + \rho \cos \alpha, \qquad y = y_0 + \rho \sin \alpha.$$

En écrivant que $x$ et $y$ satisfont à l'équation de la courbe, nous aurons la relation

$$f(x_0 + \rho \cos \alpha,\ y_0 + \rho \sin \alpha) = 0 ;$$

Fig. 110.

en développant le premier membre d'après la formule de Taylor comme nous l'avons fait au n° 194, nous l'écrirons

$$f(x_0, y_0) + \rho(f'_{x_0} \cos \alpha + f'_{y_0} \sin \alpha) + \rho^2(A \cos^2 \alpha + 2B \cos \alpha \sin \alpha + C \sin^2 \alpha) = 0.$$

C'est une équation du second degré en $\rho$, et ses racines sont les valeurs relatives des deux vecteurs PM et PM'. Si le point P est le milieu de la corde MM', les deux valeurs de $\rho$ fournies par l'équation précédente sont égales et de signes contraires, et leur somme doit être nulle ; en écrivant cette condition, nous trouvons entre $x_0$ et $y_0$ la relation

$$f'_{x_0} \cos \alpha + f'_{y_0} \sin \alpha = 0.$$

Si nous remplaçons $\operatorname{tg}\alpha$ par le coefficient angulaire $m$ de la direction donnée, nous trouvons précisément que $x_0, y_0$ doivent satisfaire à l'équation (11); cette relation est la condition nécessaire et suffisante pour que le point $(x, y)$ soit le milieu d'une corde de coefficient angulaire $m$; elle est donc l'équation du lieu des milieux de ces cordes, ce que nous voulions établir.

Lorsque la conique donnée a un centre, nous pouvons remarquer que l'équation est satisfaite par les coordonnées de ce centre, puisqu'elles annulent $f'_x$ et $f'_y$; nous en concluons que tous les diamètres passent par le centre; ce résultat est évident géométriquement.

**313. Diamètres conjugués et directions principales.** — L'équation (11) du diamètre de la direction $m$ est, en développant les calculs,

$$Ax + By + D + m(Bx + Cy + E) = 0 ;$$

le coefficient angulaire $m'$ de cette droite a pour valeur

$$m' = -\frac{A + Bm}{B + Cm} ;$$

nous déduisons de là qu'entre $m$ et $m'$ existe la relation

$$(12) \qquad\qquad A + B(m + m') + Cmm' = 0.$$

Elle est symétrique en $m$ et $m'$; nous en concluons qu'inversement le diamètre de la direction $m'$ a pour coefficient angulaire $m$; les deux directions $m$ et $m'$ sont dites conjuguées. Dans le cas d'une ellipse ou d'une hyperbole, deux diamètres passant par le centre et dont les directions sont conjuguées sont appelés *diamètres conjugués*; chacun d'eux coupe en deux parties égales les cordes parallèles à l'autre.

Les directions des axes d'une conique du genre ellipse ou hyperbole sont conjuguées et de plus rectangulaires; on les appelle directions principales; leurs coefficients angulaires satisfont à la relation (12) et de plus à la condition de perpendicularité

$$mm' + 1 = 0.$$

Pour trouver ces coefficients angulaires, il suffit de remplacer $m'$ par $\dfrac{-1}{m}$ dans la relation (12), ce qui donne l'équation

$$Bm^2 + (A - C)m - B = 0 ;$$

elle est du second degré en $m$ et a deux racines réelles dont le produit est égal à $-1$; ces deux racines sont donc les coefficients angulaires de deux directions rectangulaires.

Lorsqu'on a ainsi trouvé les directions principales, il suffit de déterminer le diamètre de chacune de ces directions pour avoir l'axe parallèle à l'autre ; remarquons que l'équation précédente est équivalente à l'équation du n° 119, qui a servi à trouver les directions des axes dans la réduction de l'équation du second degré. Nous retrouverions ainsi, par la méthode actuelle, les résultats obtenus au n° 119.

**314. Diamètres de l'ellipse.** — Appliquons les considérations précédentes à l'ellipse représentée par l'équation

$$\frac{x^2}{a^2} + \frac{y^2}{b^2} - 1 = 0.$$

Le diamètre de la direction $m$ a pour équation

$$\frac{x}{a^2} + m\frac{y}{b^2} = 0 ;$$

son coefficient angulaire $m'$ a pour valeur $m' = -\dfrac{b^2}{a^2 m}$, de sorte qu'on a

$$(13) \qquad\qquad mm' = -\frac{b^2}{a^2} ;$$

c'est la relation qui existe entre les coefficients angulaires de deux diamètres conjugués. Comme le produit $mm'$ est négatif, on voit que deux diamètres conjugués tels que $MM_1$ et $M'M_1'$ (*fig.* 111) sont toujours situés dans des angles différents formés par les axes $Ox$, $Oy$.

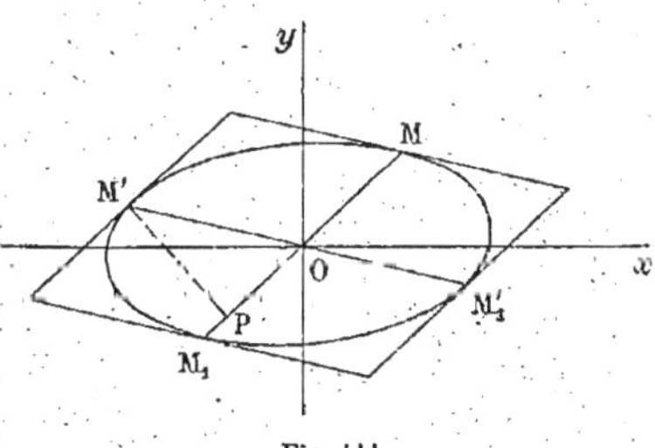
Fig. 111.

Nous pouvons ajouter que les tangentes aux extrémités de chaque diamètre sont parallèles au diamètre conjugué ; par suite, les tangentes en $M$, $M_1$, $M'$ et $M_1'$ forment un parallélogramme circonscrit à l'ellipse.

Lorsqu'on rapporte l'ellipse à deux axes de coordonnées $Ox'$, $Oy'$ confondus avec deux diamètres conjugués, à chaque valeur de l'une des variables $x'$ ou $y'$ doivent correspondre pour l'autre deux valeurs égales et opposées ; l'équation de la courbe doit donc avoir la forme

$$A'x'^2 + C'y'^2 + F' = 0 ;$$

nous pouvons l'écrire, en introduisant les longueurs $OM = a'$ et $OM' = b'$

des demi-diamètres conjugués,

$$\frac{x'^2}{a'^2} + \frac{y'^2}{b'^2} - 1 = 0.$$

Nous voyons qu'elle a la même forme que lorsque l'ellipse est rapportée à ses axes, mais il faut remarquer toutefois que deux diamètres quelconques forment un système d'axes de coordonnées obliques.

Il existe entre deux diamètres conjugués de l'ellipse des relations résultant des théorèmes suivants, appelés théorèmes d'Apollonius.

*La somme des carrés de deux diamètres conjugués d'une ellipse est égale à la somme des carrés des axes.*

*La surface du parallélogramme construit sur deux diamètres conjugués est égale à la surface du rectangle construit sur les axes.*

Soient $(x, y)$ les coordonnées de l'extrémité $M$ d'un diamètre, $(x', y')$ celles de l'extrémité $M'$ du diamètre conjugué; si $\varphi$ et $\varphi'$ sont les paramètres angulaires relatifs à ces deux points, nous avons

$$x = a \cos \varphi, \qquad y = b \sin \varphi,$$
$$x' = a \cos \varphi', \qquad y' = b \sin \varphi',$$

D'après la relation (13) qui existe entre les coefficients angulaires $m = \dfrac{y}{x}$ et $m' = \dfrac{y'}{x'}$ des deux diamètres, nous avons entre $\varphi$ et $\varphi'$ la relation

$$\frac{b^2 \sin \varphi \sin \varphi'}{a^2 \cos \varphi \cos \varphi'} = - \frac{b^2}{a^2},$$

ou bien

$$\operatorname{tg} \varphi \operatorname{tg} \varphi' = -1 ;$$

nous en concluons que $\varphi'$ est égal à $\varphi + \dfrac{\pi}{2}$ ou à $\varphi + \dfrac{3\pi}{2}$.

En adoptant pour $\varphi'$ la première valeur, nous avons

$$x' = - a \sin \varphi, \qquad y' = b \cos \varphi ;$$

l'autre valeur de $\varphi'$ donnerait le point diamétralement opposé.

La somme des carrés des diamètres $MM_1$, $M'M'_1$ est égale à $4(x^2 + y^2 + x'^2 + y'^2)$; en remplaçant $x$, $y$, $x'$, $y'$ par leurs valeurs, nous trouvons qu'elle est égale à $4(a^2 + b^2)$, et le premier théorème est démontré.

La surface du parallélogramme construit sur les deux diamètres est égale à huit fois celle du triangle $OMM'$; d'après la formule du n° 99, elle a pour valeur

$$4(y'x - x'y) = 4ab(\cos^2 \varphi + \sin^2 \varphi) = 4ab,$$

et le second théorème est démontré.

Si $a'$ et $b'$ désignent les longueurs de deux demi-diamètres conjugués OM, OM', et $\theta$ l'angle qu'ils font entre eux, la perpendiculaire M'P abaissée de M' sur OM est égale à $b' \sin \theta$ ; les théorèmes d'Apollonius s'expriment par les deux relations

$$a'^2 + b'^2 = a^2 + b^2, \qquad a'b' \sin \theta = ab.$$

**315. Diamètres de l'hyperbole.** — Pour trouver les propriétés des diamètres de l'hyperbole représentée par l'équation

$$\frac{x^2}{a^2} - \frac{y^2}{b^2} - 1 = 0,$$

il suffit de changer $b^2$ en $-b^2$ dans les résultats trouvés pour l'ellipse ; l'équation qui lie les coefficients angulaires $m$ et $m'$ de deux diamètres conjugués est

$$mm' = \frac{b^2}{a^2} ;$$

$m$ et $m'$ sont toujours de même signe ; en valeur absolue, l'un est inférieur et l'autre supérieur à $\dfrac{b}{a}$, qui est la valeur absolue du coefficient angulaire des asymptotes ; par suite, deux diamètres conjugués de l'hyperbole sont toujours dans le même angle des axes $Ox$, $Oy$, mais sont toujours séparés par les asymptotes (*fig.* 112) et forment avec elles un faisceau harmonique ; l'un rencontre en des points réels M et $M_1$ l'hyperbole donnée, l'autre la rencontre en des points imaginaires, mais coupe

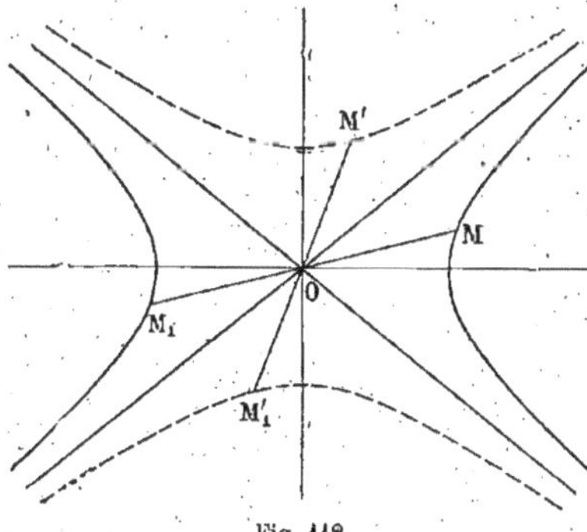

Fig. 112.

l'hyperbole conjuguée en des points réels M' et $M'_1$. On vérifierait facilement que les tangentes aux deux courbes en ces quatre points forment un parallélogramme dont les côtés sont parallèles aux diamètres et dont les diagonales sont les asymptotes.

En désignant par $a'$ et $b'$ les longueurs des demi-diamètres conjugués OM et OM', l'équation de la courbe rapportée à ces demi-diamètres comme axes est

$$\frac{x'^2}{a'^2} - \frac{y'^2}{b'^2} - 1 = 0.$$

**316. Diamètres et axe de la parabole.** — Dans la parabole d'équation

$$y^2 - 2px = 0,$$

le diamètre de la direction $m$ est représenté par l'équation

$$-p + my = 0;$$

nous voyons qu'il est parallèle à l'axe de la courbe.

En prenant comme axes de coordonnées un diamètre $O'x'$ de la parabole et la tangente $O'y'$ à l'extrémité, l'équation de la courbe a la forme

$$y'^2 - 2p'x' = 0;$$

mais les axes de coordonnées ne sont rectangulaires que s'ils sont formés par l'axe de symétrie de la parabole et sa tangente au sommet.

Lorsque l'équation générale du second degré représente une parabole, la direction commune à l'axe et aux diamètres de la courbe est celle de l'une des droites représentées par $f'_x = 0$ ou $f'_y = 0$; on a l'axe lui-même en cherchant le diamètre conjugué des cordes perpendiculaires à cette direction. L'intersection de l'axe et de la parabole est le sommet de la courbe.

Si l'on se reporte par exemple à l'équation (3) du n° 309, la direction $Ox'$ de l'axe est celle de la droite D (*fig.* 109) d'équation

$$\frac{1}{2}f'_y = -x + y - 1 = 0;$$

la direction $Oy'$ perpendiculaire a pour coefficient angulaire $-1$ et l'axe a pour équation

$$f'_x - f'_y = 4(x - y) = 0;$$

il est confondu avec $Ox'$ et il coupe la parabole au sommet O', de coordonnées $x = y = \frac{1}{4}$.

**317. Pôles et polaires dans les coniques.** — Nous avons vu au n° 294 que la corde de contact des tangentes issues d'un point $P(x_0, y_0)$ à la conique $f(x, y) = 0$ est représentée par l'équation

$$(14) \qquad x_0 f'_x + y_0 f'_y + z_0 f'_z = 0,$$

dans laquelle on fait ensuite $z$ et $z_0$ égaux à l'unité.

Cette droite est appelée *polaire* du point P par rapport à la conique; en divisant par 2 les coefficients de l'équation (1) on l'écrit

$$x_0(Ax + By + D) + y_0(Bx + Cy + E) + (Dx + Ey + F) = 0,$$

ou encore sous les formes équivalentes

$$x(Ax_0 + By_0 + D) + y(Bx_0 + Cy_0 + E) + (Dx_0 + Ey_0 + F) = 0,$$

$$(15) \qquad xf'_{x_0} + yf'_{y_0} + zf'_{z_0} = 0.$$

On peut donner de la polaire d'un point P une autre définition : Si

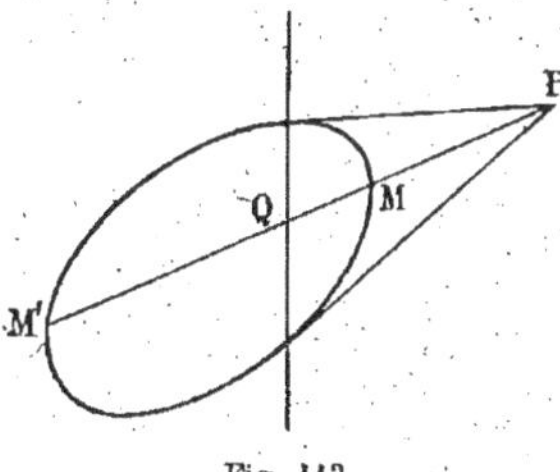

Fig. 113.

l'on fait tourner autour du point P (*fig.* 113) une sécante rencontrant la conique en deux points M et M′, le lieu du point Q conjugué de P par rapport à M et M′ est la polaire du point P.

Soient en effet $x_0$, $y_0$ et $x_1$, $y_1$ les coordonnées des points P et Q; celles d'un autre point M de la droite PQ s'expriment par les formules (6) (n° 93)

$$x = \frac{x_0 + \lambda x_1}{1 + \lambda}, \qquad y = \frac{y_0 + \lambda y_1}{1 + \lambda},$$

$\lambda$ représentant la valeur du rapport $\dfrac{PM}{MQ}$. En écrivant que $x, y$ satisfont à l'équation de la conique, nous aurons

$$f\left(\frac{x_0 + \lambda x_1}{1 + \lambda}, \; \frac{y_0 + \lambda y_1}{1 + \lambda}\right) = 0;$$

si nous chassons le dénominateur, nous obtenons le même résultat que si nous prenons l'équation de la conique rendue homogène sous la forme $f(x, y, z) = 0$, si nous formons l'équation

$$(16) \qquad f(x_0 + \lambda x_1, \; y_0 + \lambda y_1, \; z_0 + \lambda z_1) = 0$$

et si nous y faisons $z_0$ et $z_1$ égaux à l'unité. Le développement du premier membre de l'équation (16) d'après la formule de Taylor conduit à écrire

$$f(x_0, y_0, z_0) + \lambda(x_1 f'_{x_0} + y_1 f'_{y_0} + z_1 f'_{z_0}) + \lambda^2 f(x_1, y_1, z_1) = 0.$$

Cette équation donne pour $\lambda$ deux valeurs, celles des rapports $\dfrac{PM}{MQ}$ et $\dfrac{PM'}{M'Q}$; si P et Q sont conjugués harmoniques par rapport à M et M′, cés rapports sont égaux et de signes contraires et ont une somme nulle, dès lors le coefficient de $\lambda$ dans l'équation doit être nul ; cela démontre bien que les coordonnées $(x_1, y_1, z_1)$ du point $Q$ satisfont à l'équation (15) et que le lieu de ce point est la polaire du point $P$.

La polaire est ainsi définie quand bien même on ne pourrait mener du point $P$ des tangentes réelles à la conique.

Lorsque l'on donne une droite d'équation

$$Ax + By + C = 0,$$

il existe un point $P$ dont elle est la polaire par rapport à la conique ; ce point $P$ est appelé le *pôle* de la droite. Les coordonnées $x_0$, $y_0$ de $P$ satisfont aux relations d'identification de l'équation de la droite donnée et de l'équation (15), c'est-à-dire

$$(17) \qquad \frac{f'_{x_0}}{A} = \frac{f'_{y_0}}{B} = \frac{f'_{z_0}}{C}.$$

Il existe entre les pôles et polaires une réciprocité résultant de la propriété suivante :

*Les polaires des points d'une droite passent toutes par le pôle de la droite ; réciproquement, les pôles de toutes les droites tournant autour d'un point sont tous sur la polaire de ce point.*

Pour le démontrer, désignons par $x_1$, $y_1$ les coordonnées d'un point $P_1$ et par $D_1$ la polaire de ce point, d'équation

$$x_1 f'_x + y_1 f'_y + z_1 f'_z = 0 ;$$

si un point $P(x_0, y_0)$ se déplace sur cette droite, ses coordonnées satisfont a l'équation

$$(18) \qquad x_1 f'_{x_0} + y_1 f'_{y_0} + z_1 f'_{z_0} = 0 ;$$

mais cette équation exprime précisément que la polaire de $P(x_0, y_0)$ d'équation (15) passe par le point $P_1(x_1, y_1)$, ce qui démontre la 1re partie de la proposition.

De la même manière, si une droite d'équation $Ax + By + C = 0$ passe par un point $P_1(x_1, y_1)$, c'est-à-dire satisfait à la condition

$$Ax_1 + By_1 + C = 0,$$

les coordonnées $(x_0, y_0)$ du pôle $P$ de cette droite, déterminées par les équations (17), satisfont à l'équation (18) et par suite ce pôle se trouve sur la polaire de $P_1(x_1, y_1)$, ce qui démontre la deuxième partie de la proposition.

Une démonstration géométrique immédiate résulterait de la considération de la sécante $PP_1$ dont les points de rencontre avec la conique sont conjugués par rapport à P et $P_1$ ; ces deux points sont dits conjugués par rapport à la conique.

Considérons une ellipse d'équation

$$\frac{x^2}{a^2} + \frac{y^2}{b^2} - 1 = 0 \; ;$$

la polaire d'un point P de coordonnées $(x_0, y_0)$ a pour équation

$$\frac{xx_0}{a^2} + \frac{yy_0}{b^2} - 1 = 0 \; ;$$

elle est parallèle au diamètre conjugué de la droite OP, car le coefficient angulaire de cette droite est $m = \dfrac{y_0}{x_0}$ et le diamètre a pour équation

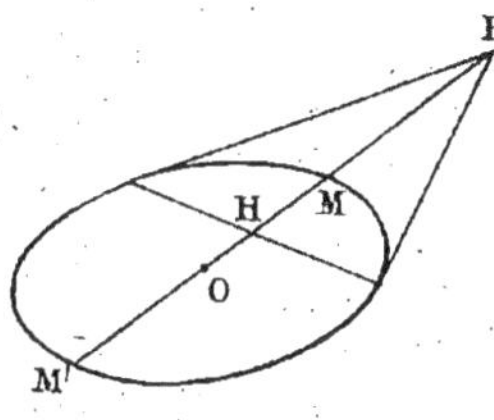

$$\frac{x}{a^2} + m\frac{y}{b^2} = 0, \qquad \frac{xx_0}{a^2} + \frac{yy_0}{b^2} = 0 \; ;$$

il est bien parallèle à la polaire de P.

C'est ce que nous avons représenté dans la figure 114 ; la polaire de P est parallèle aux tangentes à l'ellipse aux points M et M' où la sécante OP coupe la courbe ; nous pouvons ajouter, d'après la propriété des points conjugués harmoniques, que le point H de rencontre de OP avec la polaire est tel que l'on ait

Fig. 114.

$$OP \times OH = \overline{OM}^2.$$

**318. Détermination d'une conique.** — On a souvent à former l'équation d'une conique définie par certaines conditions ; si celles-ci se traduisent par une relation entre les coordonnées d'un point quelconque de la courbe, on a immédiatement l'équation de celle-ci comme dans les cas que nous avons mentionnés lors de la recherche des lieux géométriques.

*Exemple.* — Si une conique a un foyer donné de coordonnées $(\alpha, \beta)$, si l'on donne la directrice correspondante d'équation $lx + my + n = 0$, et l'excentricité $e$, on écrira que le rapport des distances d'un point M de la courbe au foyer et à la directrice est égal à $e$ (n° 110), ce qui donnera

$$\sqrt{(x-\alpha)^2 + (y-\beta)^2} = e\,\frac{lx + my + n}{\sqrt{l^2 + m^2}} \; ;$$

en élevant au carré les deux membres, on aura l'équation de la conique sous forme entière.

Dans beaucoup de cas, on opère autrement, on écrit l'équation la plus-générale des courbes du second ordre sous la forme (1) et l'on cherche à déterminer les coefficients par les conditions données ; il y a six coefficients, mais on peut les diviser par l'un d'entre eux sans changer l'équation, de sorte qu'en réalité il y a seulement cinq paramètres inconnus, les rapports de cinq coefficients au sixième.

On dit qu'une propriété imposée à une conique constitue une condition lorsque cette propriété se traduit par une équation entre les coefficients de l'équation (1) ; on voit dès lors que pour déterminer une conique, il faut cinq conditions.

Les équations auxquelles conduisent ces conditions peuvent être de degré plus ou moins élevé, et il peut y avoir plus d'une conique satisfaisant à cinq conditions. Donner les coordonnées d'un point par lequel passe une conique constitue une condition se traduisant par l'équation

$$f(x_0, y_0) = Ax_0^2 + 2Bx_0y_0 + Cy_0^2 + 2Dx_0 + 2Ey_0 + F = 0,$$

qui est du premier degré par rapport aux coefficients inconnus ; si donc on impose à la conique de passer par cinq points, on a cinq équations du premier degré ayant en général une solution et une seule, c'est ce qu'on exprime en disant que *cinq points déterminent une conique en général unique.*

Imposer à une conique la condition d'être une parabole se traduit par l'équation $B^2 - AC = 0$, qui est du second degré par rapport aux coefficients ; si l'on donne quatre points d'une conique et si l'on ajoute qu'elle doit être une parabole, on a cinq équations, dont quatre du premier degré et une du second, et le problème a deux solutions ; il y a deux paraboles passant par quatre points. On verrait de même que la condition d'être tangente à une droite s'exprime par la condition que l'équation aux abscisses des points de rencontre a une racine double et donne lieu à une équation du second degré entre les coefficients ; il y a deux coniques passant par quatre points et tangentes à une droite.

Lorsque l'on donne seulement quatre conditions, les coefficients ne sont reliés que par quatre équations et il reste un paramètre indéterminé dans l'équation de la conique. Si l'on assujettit par exemple une conique à passer par quatre points, on a quatre équations du premier degré entre les coefficients ; les rapports de quatre d'entre eux au sixième s'expriment linéairement en fonction du rapport du cinquième à ce sixième et l'équation de la conique a la forme

$$f(x, y) + \lambda\varphi(x, y) = 0,$$

$\lambda$ étant un paramètre indéterminé ; on dit que les coniques forment un *faisceau*.

Dans d'autres cas, les quatre conditions s'expriment par des équations de degré supérieur au premier et le paramètre restant entre d'une manière moins simple dans l'équation finale.

Si l'on donne seulement trois conditions, il reste deux paramètres indéterminés dans l'équation.

Dans certains cas, il est possible d'écrire l'équation d'une conique particulière sans passer par l'équation la plus générale, par exemple l'équation générale des paraboles est

$$(y - mx)^2 + 2Dx + 2Ey + F = 0$$

et l'équation des paraboles tangentes à l'origine à l'axe des $x$ est

$$(y - mx)^2 + 2\lambda y = 0,$$

$m$ étant le coefficient angulaire de l'axe.

**319. Intersection de deux coniques.** — Les coordonnées des points communs à deux coniques S et $S_1$ représentées par les équations

$$(19) \quad \begin{cases} f(x, y) = Ax^2 + 2Bxy + Cy^2 + 2Dx + 2Ey + F = 0, \\ \varphi(x, y) = A_1x^2 + 2B_1xy + C_1y^2 + 2D_1x + 2E_1y + F_1 = 0 \end{cases}$$

sont les valeurs de $x$ et $y$ qui satisfont à la fois à ces deux équations ; pour les trouver, on élimine entre elles une des inconnues, par exemple $y$ ; le procédé le plus simple consiste à former une combinaison qui renferme cette inconnue au premier degré, et à l'éliminer entre cette nouvelle équation et l'une des premières ; on obtient ainsi une équation résultante $R(x) = 0$, qui est en général du quatrième degré et fournit les abscisses des points cherchés ; à chaque racine de cette équation correspond une valeur de $y$, par suite un point commun aux deux coniques. Les deux courbes ont ainsi en général quatre points communs, comme l'indique du reste le théorème de Bezout (n° 262).

Lorsque l'une des coniques S ou $S_1$ est réduite à un système de deux droites, il suffit, pour trouver leurs points communs, de déterminer les points où chacune de ces droites coupe l'autre conique.

L'équation

$$(20) \qquad f(x, y) + \lambda \varphi(x, y) = 0$$

représente, quel que soit $\lambda$, une conique $S_2$ qui passe par les points communs aux deux coniques S et $S_1$ ; cette remarque permet de simplifier dans certains cas la recherche des points communs à ces deux coniques, car on peut remplacer l'une d'elles par la conique $S_2$ et choisir $\lambda$ de façon que le déterminant $\Delta$ relatif à l'équation de cette conique soit nul ; elle se réduit alors à un système de deux droites.

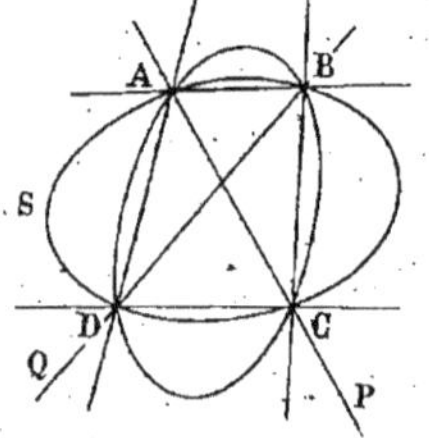

Fig. 115.

L'équation ainsi obtenue est du 3ᵉ degré en $\lambda$ ; à chacune de ses trois racines correspond un système de deux droites passant par les quatre points communs aux deux courbes et que l'on appelle *sécantes communes*. On voit qu'il y a trois systèmes de sécantes communes ; sur la figure 115 on constate bien qu'il y a trois systèmes (AB, CD), (AC, BD), (AD, BC) ; suivant la nature des racines de l'équation en $\lambda$, les sécantes communes et les points où elles coupent les coniques peuvent être réels ou imaginaires.

*Exemple.* — Soit à trouver les points communs aux deux coniques représentées par

$$(21) \qquad f(x, y) = 4x^2 + 6xy - 2y^2 + 4x = 0,$$
$$(22) \qquad \varphi(x, y) = x^2 + y^2 - 2x = 0.$$

Pour déterminer par l'algèbre les solutions de ces équations, remplaçons d'abord dans la première $y^2$ par sa valeur tirée de la seconde ; nous obtenons l'équation

$$6x^2 + 6xy = 0,$$

qui se décompose en 1° $x = 0$ ; il en résultera de (22) $y^2 = 0$, d'où une solution double donnant l'origine ; 2° $x + y = 0$, d'où $y = -x$ et, en portant $y$ dans (22), on aura $2x^2 - 2x = 0$, d'où les solutions $x = 0$, $y = 0$ et $x = 2$, $y = -2$.

Les points communs aux deux coniques sont donc l'origine comptée trois fois et le point de coordonnées $x = 2$, $y = -2$ ; les coniques ont même tangente à l'origine.

Par la géométrie, si nous formons le faisceau de coniques d'équation

$$f(x, y) + \lambda \varphi(x, y) = (4 + \lambda)x^2 + 6xy + (-2 + \lambda)y^2 + 2(2 - \lambda)x = 0,$$

et si nous cherchons la condition pour qu'une de ces coniques se réduise à deux droites, nous devons choisir $\lambda$ de façon que l'on ait

$$\Delta(\lambda) = \begin{vmatrix} 4 + \lambda & 3 & 2 - \lambda \\ 3 & -2 + \lambda & 0 \\ 2 - \lambda & 0 & 0 \end{vmatrix} = 0 ;$$

cette équation a une racine triple $\lambda = 2$, et les trois systèmes de sécantes communes sont confondus en un seul d'équation

$$f(x, y) + 2\varphi(x, y) = 6x(x + y) = 0 \; ;$$

il est constitué par l'axe des $y$ et par la droite d'équation $y = -x$; en cherchant les points communs à chacune de ces droites et à l'une des coniques on retrouve le résultat précédemment obtenu.

Supposons que la conique $S_1$ soit formée de deux droites, et que $\varphi(x, y)$ soit décomposable en un produit de facteurs du premier degré que nous représenterons par $P$ et $Q$, ces facteurs égalés à zéro représentant les deux droites ; l'équation (20) prend alors la forme

$$f(x, y) + \lambda PQ = 0 \; ;$$

toutes les coniques $S_2$ qu'elle représente passent par les points communs à $S$ et aux deux droites.

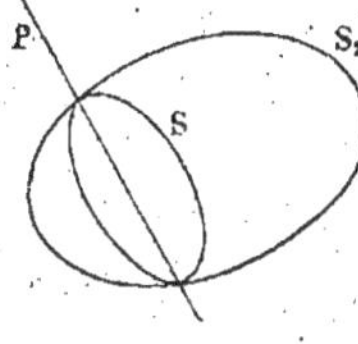

Lorsque ces droites viennent se confondre, $Q$ devient identique à $P$; les quatre points communs viennent se confondre deux à deux; les coniques $S_2$ sont alors représentées par une équation de la forme

$$f(x, y) + \lambda P^2 = 0.$$

Fig. 116.

On peut vérifier que les tangentes à $S$ et $S_2$ aux points communs à $S$ et à la droite $P = 0$ sont les mêmes ; on dit alors que les coniques $S$ et $S_2$ sont *bitangentes* (fig. 116).

**320. Lignes homothétiques.** — Étant donné un point $C$ appelé centre d'homothétie (fig. 117) et un nombre $k$ positif ou négatif, on appelle

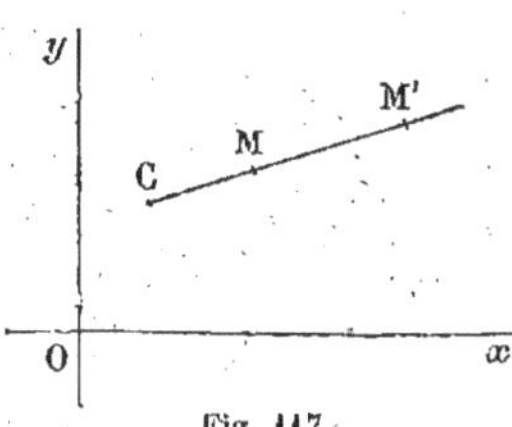

homothétique d'un point $M$ par rapport à $C$, avec le rapport d'homothétie $k$, le point $M'$ obtenu en portant sur $CM$ le segment $CM'$ tel que l'on ait

$$\frac{CM'}{CM} = k$$

Si $M$ décrit une ligne donnée, le point $M'$ décrit une ligne qui est dite l'homothétique de la première. Suivant que $k$ est positif ou négatif, l'homothétie est appelée directe ou inverse.

Fig. 117.

Étant donnée l'équation d'une ligne $S$ en coordonnées cartésiennes, nous allons former l'équation de la ligne $S'$ homothétique de $S$, connaissant le rapport $k$ et les coordonnées $(x_0, y_0)$ du centre C ; si $(x, y)$ et $(x', y')$ sont les coordonnées de deux points M et M' correspondants ou, comme on dit, homologues, nous avons

$$\frac{x' - x_0}{x - x_0} = \frac{y' - y_0}{y - y_0} = \frac{CM'}{CM} = k,$$

nous en déduisons les formules de transformation

$$(23) \qquad x = \frac{x' + (k-1)x_0}{k}, \qquad y = \frac{y' + (k-1)y_0}{k}.$$

Il suffit de remplacer $x$ et $y$ par les valeurs précédentes dans l'équation de la ligne S pour obtenir l'équation de la ligne homothétique S' ; comme les formules (23) sont du premier degré, les deux lignes S et S' ont le même ordre lorsqu'elles sont algébriques.

On vérifie en particulier que l'homothétique d'une droite est une droite parallèle à la première.

Supposons que S soit une conique représentée par l'équation (1) ; l'équation de la conique homothétique S' a, à un facteur près, les mêmes termes du second degré que celle de la première.

Réciproquement, si deux coniques rapportées aux mêmes axes sont telles que les termes du second degré dans leurs équations aient leurs coefficients respectivement proportionnels, ces deux courbes sont homothétiques.

On le démontre en remarquant qu'on peut toujours calculer $x_0$, $y_0$ et $k$ de façon que l'équation de l'une des coniques, transformée par les formules (23), ait ses coefficients proportionnels à ceux de l'autre ; en prenant $x_0$, $y_0$ et $k$ comme coordonnées du centre et comme rapport d'homothétie, l'une des coniques se confond avec l'homothétique de l'autre. Nous avons donc le théorème suivant :

*La condition nécessaire et suffisante pour que deux coniques soient homothétiques est que les termes du second degré dans leurs équations soient proportionnels.*

Par exemple, deux circonférences sont toujours homothétiques, et cela de deux manières ; on démontre que les rapports d'homothétie sont égaux, l'un au rapport des rayons et l'autre à ce rapport changé de signe.

# CHAPITRE V

## ENVELOPPES DE LIGNES PLANES

**321. Enveloppe d'une famille de lignes.** — Considérons une ligne dont l'équation

$$(1) \qquad f(x, y, a) = 0$$

renferme un paramètre $a$ ; en donnant à $a$ toutes les valeurs possibles, nous obtenons une infinité de lignes dont l'ensemble constitue ce qu'on appelle *une famille* de lignes.

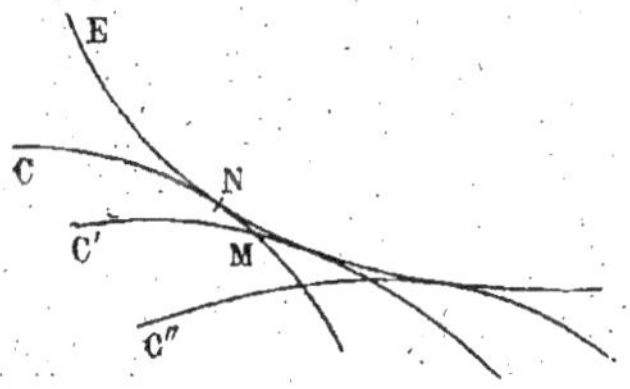

Figurons les positions C, C′, C″, ... de la ligne correspondant aux valeurs $a$, $a'$, $a''$, ... du paramètre (*fig.* 118) ; on constate généralement que l'ensemble de toutes ces lignes recouvre une partie du plan et n'empiète jamais sur une autre partie, et de plus, que ces deux parties sont séparées par une ligne E à laquelle les lignes C, C′, C″, ... restent tangentes. Cette ligne E est appelée *l'enveloppe* de la famille de lignes considérées.

Fig. 118.

Si les choses se passent comme nous venons de le dire, on constate graphiquement sur la figure qu'une ligne C est coupée par une ligne voisine C′ en un point M voisin de l'enveloppe E, et que la limite de ce point M, quand C′ tend vers C, est le point N où la ligne C touche cette enveloppe.

Nous allons préciser ces notions purement expérimentales et leur donner une forme analytique.

Une ligne C de la famille correspondant à la valeur $a$ du paramètre est coupée par une ligne voisine C′ correspondant à la valeur $a + \Delta a$ en un ou plusieurs points ; lorsque $\Delta a$ tend vers zéro, C′ tend vers C, et les points communs à ces deux lignes ont des positions limites que nous appellerons *points caractéristiques* de C ; le lieu des points caractéristiques de toutes les lignes C sera par définition l'enveloppe de ces lignes ; nous allons déterminer ce lieu par le calcul.

Soient

$$f(x, y, a) = 0, \qquad f(x, y, a + \Delta a) = 0$$

les équations des lignes C et C', déterminant les coordonnées des points communs à ces deux lignes ; nous pouvons remplacer ce système d'équations par le système équivalent

$$f(x, y, a) = 0, \qquad \frac{f(x, y, a + \Delta a) - f(x, y, a)}{\Delta a} = 0.$$

Lorsque $\Delta a$ tend vers zéro, le premier membre de la deuxième des relations précédentes a pour limite la dérivée $f'_a(x, y, a)$ de $f$ par rapport à $a$ ; nous en concluons que les limites des points communs à C et C', c'est-à-dire les points caractéristiques de C, sont fournis par les deux équations

$$(2) \qquad\qquad f(x, y, a) = 0, \qquad f'_a(x, y, a) = 0.$$

D'après ce que nous avons dit au n° 92, ces équations définissent le lieu de ces points, c'est-à-dire l'enveloppe ; si nous les résolvons par rapport à $x$ et à $y$, nous obtenons les coordonnées des points de l'enveloppe en fonction du paramètre $a$ ; si nous éliminons $a$ entre les équations (2), nous formons l'équation de cette enveloppe.

Dans le cas particulier où l'équation (1) renferme $a$ au premier degré et a la forme

$$\varphi(x, y) + a\psi(x, y) = 0,$$

le système des équations (2) est équivalent à

$$\varphi(x, y) = 0, \qquad \psi(x, y) = 0 ;$$

les points caractéristiques sont fixes et sont les points communs aux courbes représentées par les équations précédentes ; les courbes de la famille passent toutes par ces points qui constituent l'enveloppe.

**322.** Nous allons vérifier dans le cas général que le lieu des points caractéristiques, que nous appellerons E, est bien tangent à toutes les lignes C, et touche chacune d'elles en ses points caractéristiques ; cette propriété sera la justification du mot enveloppe appliqué à la courbe E.

Soit N un point de coordonnées $(x, y)$ qui est caractéristique de la courbe C correspondant à la valeur fixe $a$ du paramètre ; l'équation de la tangente en ce point à C est, comme nous l'avons vu au n° 288,

$$(X - x)f'_x + (Y - y)f'_y = 0,$$

$a$ étant traité comme une constante.

Cherchons maintenant la tangente à la courbe E au point N ; il faut supposer cette fois que l'on tire de la seconde des équations (2) la valeur de $a$ en fonction de $x$ et de $y$, et qu'on la porte dans la première ; on calculera alors les dérivées du premier membre de cette équation en considérant $a$ comme fonction des variables $x$ et $y$ ; on obtiendra ainsi, pour représenter la tangente à E au point N, l'équation

$$(X - x)(f'_x + f'_a a'_x) + (Y - y)(f'_y + f'_a a'_y) = 0 ;$$

mais $f'_a$ est nul par suite de la seconde équation (2) ; il reste donc la même relation que précédemment. Nous concluons de là que les tangentes en N aux lignes C et E sont confondues.

**323. Remarque.** — Considérons pour un instant la première des relations (2) comme une équation par rapport à l'inconnue $a$ ; nous devons, pour trouver l'équation de l'enveloppe, éliminer $a$ entre cette équation et sa dérivée ; mais cela revient à exprimer que l'équation a une racine double ou multiple (n° 263) ; nous en concluons que l'on obtient l'équation de l'enveloppe d'une ligne C en exprimant que l'équation de cette ligne a une racine double par rapport au paramètre. Cette remarque est surtout applicable lorsque l'équation renferme le paramètre d'une manière algébrique au second degré.

*Exemple.* — Cherchons l'enveloppe de la droite représentée par l'équation

$$y = mx + \frac{p}{2m},$$

où $m$ est un paramètre variable ; l'équation dérivée par rapport à $m$ est

$$0 = x - \frac{p}{2m^2} ;$$

ces deux équations fournissent les coordonnées du point caractéristique

$$x = \frac{p}{2m^2}, \qquad y = \frac{p}{m},$$

et l'élimination de $m$ entre ces relations conduit à l'équation de l'enveloppe

$$y^2 - 2px = 0 ;$$

l'enveloppe est une parabole et les droites données en sont les tangentes.

Si l'on rend entière l'équation donnée sous la forme

$$2m^2x - 2my + p = 0$$

et si l'on écrit que cette équation, où $m$ est l'inconnue, a une racine double, on obtient le même résultat, mais la première méthode a l'avantage de fournir les coordonnées du point caractéristique de la droite variable ; ces coordonnées sont celles du point de contact d'une tangente à la parabole en fonction du coefficient angulaire $m$ de cette tangente.

**324. Caustique par réflexion.** — Comme autre exemple, cherchons la caustique par réflexion des rayons lumineux parallèles entre eux tombant sur un miroir sphérique concave. Si nous considérons seulement un plan de section passant par un diamètre du miroir parallèle aux rayons lumineux, et les rayons situés dans ce plan, nous sommes ramenés au problème suivant :

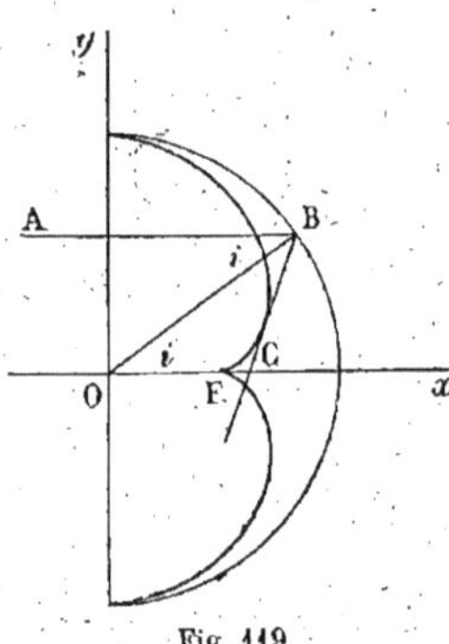

Fig. 119.

Étant donnée une demi-circonférence de rayon $r$ ayant pour centre l'origine (*fig.* 119), à chaque droite AB parallèle à $Ox$ et rencontrant la demi-circonférence en B, on fait correspondre une droite BC telle que le rayon OB soit la bissectrice de l'angle ABC ; trouver l'enveloppe de BC.

Soit $i$ l'angle d'incidence ; la droite BC fait avec $Ox$ l'angle $2i$, et passe par le point B de coordonnées ($r\cos i$, $r\sin i$) ; son équation est

$$y - r\sin i = \operatorname{tg} 2i(x - r\cos i),$$

ou bien, en multipliant tous les termes par $\cos 2i$,

$$(3) \qquad x\sin 2i - y\cos 2i = r\sin i.$$

Formons l'équation dérivée de la précédente ; c'est

$$(4) \qquad 2x\cos 2i + 2y\sin 2i = r\cos i ;$$

les équations (3) et (4) définissent l'enveloppe ; en les résolvant, nous avons

$$2x = r(2\sin i\sin 2i + \cos i\cos 2i) = r\cos i(3 - 2\cos^2 i),$$
$$2y = r(\sin 2i\cos i - 2\cos 2i\sin i) = 2r\sin^3 i ;$$

nous pourrions éliminer $i$ entre ces relations pour former l'équation du lieu, mais il est préférable de laisser $x$ et $y$ exprimés au moyen de $i$.

et de construire la courbe au moyen des expressions précédentes. Lorsque $i = 0$, on trouve $x = \dfrac{r}{2}$, $y = 0$, c'est-à-dire le foyer F du miroir ; l'enveloppe a la forme indiquée figure 119.

On peut montrer que cette courbe est une épicycloïde engendrée par un point d'un cercle de rayon $\dfrac{r}{4}$ roulant sur un cercle de centre O et de rayon $\dfrac{r}{2}$ (*fig.* 120).

Soit C une position quelconque du centre du cercle mobile, M le

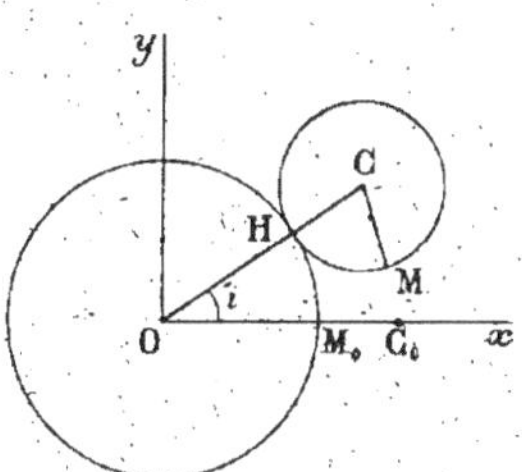

Fig. 120.

point de la circonférence de ce cercle décrivant l'épicycloïde. Pour une position particulière $C_0$ du point C, le point M est situé au point de contact $M_0$ des deux cercles ; nous prendrons la droite $OM_0$ comme axe des $x$ et nous désignerons par $i$ l'angle de OC avec $Ox$. Si H est le point de contact des deux cercles sur la droite OC, les arcs $HM_0$ et HM sont égaux, et comme les rayons des cercles sont l'un le double de l'autre, les angles au centre sont tels que $\widehat{HCM} = 2i$ ; l'angle de CM avec $Ox$ est égal à $i + \pi + 2i = 3i + \pi$.

En projetant le contour OCM sur les axes de coordonnées, nous aurons les valeurs des coordonnées du point M,

$$x = OC \cos i + CM \cos (3i + \pi) = \frac{3r}{4} \cos i - \frac{r}{4} \cos 3i,$$

$$y = OC \sin i + CM \sin (3i + \pi) = \frac{3r}{4} \sin i - \frac{r}{4} \sin 3i ;$$

en remplaçant $\cos 3i$ et $\sin 3i$ par leurs valeurs en fonction de $\sin i$ et $\cos i$ (n° 250), on obtient les mêmes expressions que celles que nous avons obtenues pour définir l'enveloppe.

**325. Cas de deux paramètres.** — Supposons qu'une ligne C dépende de deux paramètres $a$ et $b$ liés par une relation donnée ; soient

$$(5) \qquad\qquad f(x, y, a, b) = 0$$

l'équation de la courbe, et

$$(6) \qquad\qquad \varphi(a, b) = 0$$

la relation entre les paramètres. En tirant $b$ de la seconde en fonction.

de $a$ et portant la valeur trouvée dans la première, il ne restera plus dans celle-ci que le paramètre $a$, et l'on sera ramené au cas précédent; on peut cependant se dispenser de résoudre la deuxième équation par rapport à $b$, et conduire les calculs d'une manière plus symétrique, que nous allons indiquer :

En supposant pour un moment $b$ remplacé dans l'équation (5) par sa valeur en fonction de $a$, nous devons joindre à cette équation sa dérivée par rapport à $a$; nous avons de cette façon

$$f'_a + f'_b \frac{db}{da} = 0 \, ;$$

mais $b$ est lié à $a$ par l'équation (6), et celle-ci donne par dérivation

$$\varphi'_a + \varphi'_b \frac{db}{da} = 0 \, ;$$

si nous éliminons $\dfrac{db}{da}$ entre ces relations, nous obtenons

(7) $$\frac{f'_a}{\varphi'_a} = \frac{f'_b}{\varphi'_b}.$$

Il suffit d'éliminer $a$ et $b$ entre les équations (5), (6) et (7) pour avoir l'équation de l'enveloppe.

*Exemple.* — Enveloppe d'une droite qui détermine avec les axes de coordonnées rectangulaires un triangle de surface constante égale à S.

Si $a$ et $b$ sont les segments déterminés par la droite considérée sur les axes, cette droite a pour équation (n° 93)

$$f(x, y, a, b) = \frac{x}{a} + \frac{y}{b} - 1 = 0 \, ;$$

la condition imposée à la droite s'exprime par la relation

$$\varphi(a, b) = ab - 2S = 0.$$

La relation (7) devient ici

$$\frac{-\dfrac{x}{a^2}}{b} = \frac{-\dfrac{y}{b^2}}{a}, \qquad \text{ou} \qquad \frac{x}{a} = \frac{y}{b} \, ;$$

l'élimination de $a$ et de $b$ entre les trois relations est immédiate ; d'après la première, $\dfrac{x}{a}$ et $\dfrac{y}{b}$, qui doivent être égaux, ont pour valeur $\dfrac{1}{2}$, d'où l'on a $a = 2x$, $b = 2y$, et en portant ces valeurs dans la seconde, on obtient l'équation de l'enveloppe, qui est

$$xy = \frac{S}{2} \, ;$$

elle représente une hyperbole équilatère rapportée à ses asymptotes.

**326. Polaires réciproques.** — Un autre exemple d'enveloppe est fourni par la théorie des polaires réciproques. On considère une conique fixe appelée directrice ; l'enveloppe $L'$ des polaires des points d'une ligne donnée L par rapport à cette conique s'appelle la *polaire réciproque* de L.

Nous nous limiterons au cas où la conique directrice est une ellipse d'équation

$$\frac{x^2}{a^2} + \frac{y^2}{b^2} - 1 = 0 \, ;$$

si nous désignons par $\varphi(x, y) = 0$ l'équation de la ligne L, par $(x_0, y_0)$ les coordonnées d'un point de cette ligne, la polaire de ce point par rapport à l'ellipse a pour équation

$$(8) \qquad \frac{xx_0}{a^2} + \frac{yy_0}{b^2} - 1 = 0 \, ;$$

nous avons donc à trouver l'enveloppe de la droite d'équation (8), sachant que $x_0$, $y_0$ sont reliés par l'équation

$$(9) \qquad \varphi(x_0, y_0) = 0 \, ;$$

cette enveloppe est le résultat de l'élimination de $x_0$, $y_0$ entre les équations (8) et (9) et l'équation de la forme (7) du n° précédent, qui devient ici

$$(10) \qquad \frac{\dfrac{x}{a^2}}{\varphi'_{x_0}} = \frac{\dfrac{y}{b^2}}{\varphi'_{y_0}} \cdot$$

Si nous rendons homogène l'équation (9) par l'introduction d'une variable $z_0$, nous avons, comme nous l'avons déjà dit,

$$(11) \qquad x_0\varphi'_{x_0} + y_0\varphi'_{y_0} = -\varphi'_{z_0} \, ;$$

si nous multiplions les deux termes du premier rapport (10) par $x_0$, ceux du deuxième par $y_0$ et si nous ajoutons les numérateurs ainsi que les dénominateurs, nous obtenons un rapport égal aux précédents et, en tenant compte de (8) et de (11), nous pouvons écrire la suite des égalités

$$(12) \qquad \frac{\dfrac{x}{a^2}}{\varphi'_{x_0}} = \frac{\dfrac{y}{b^2}}{\varphi'_{y_0}} = \frac{1}{-\varphi'_{z_0}} \, ;$$

elles fournissent les coordonnées du point caractéristique de l'enveloppe, c'est-à-dire du point qui décrit la ligne $L'$ quand $x_0$, $y_0$ varient.

Nous allons justifier l'appellation de polaire réciproque donnée à la ligne $L'$ en montrant qu'il y a réciprocité entre $L$ et $L'$, ou bien que la polaire réciproque de $L'$ est la ligne $L$. Il suffit pour cela de montrer que $L$ est l'enveloppe des polaires des points de $L'$ ou, ce qui revient au même, que les polaires des points de $L'$ sont les tangentes à la ligne $L$.

Les coordonnées des points de $L'$ étant égales aux valeurs de $x$ et $y$ tirées des équations précédentes, la polaire de l'un d'eux par rapport à l'ellipse a pour équation, d'après (8),

$$-\frac{x\varphi'_{x_0}}{\varphi'_{z_0}} - \frac{y\varphi'_{y_0}}{\varphi'_{z_0}} - 1 = 0,$$

ou bien

$$x\varphi'_{x_0} + y\varphi'_{y_0} + \varphi'_{z_0} = 0 ;$$

mais c'est l'équation de la tangente à $L$ au point de coordonnées $x_0$, $y_0$ ; nous voyons donc que la polaire du point caractéristique défini par (12) n'est autre que la tangente à $L$ au point $(x_0, y_0)$, ce qui démontre la proposition.

Nous pouvons dire que les lignes $L$ et $L'$ polaires réciproques sont telles que chacune d'elles est à la fois l'enveloppe des polaires des points de l'autre et le lieu des pôles des tangentes de cette autre.

# CHAPITRE VI

## COURBURE DES COURBES PLANES

**327. Courbure. Centre et rayon de courbure.** — Considérons d'abord un cercle de centre $C$ et de rayon $R$ et sur ce cercle un arc quelconque $MM'$; les tangentes aux extrémités $M$ et $M'$ de cet arc font entre elles un angle $\Delta\alpha$ égal à l'angle des rayons $CM$, $CM'$. On dit que l'arc est plus ou moins courbé suivant que $\Delta\alpha$ est plus ou moins grand pour un arc $MM'$ de longueur donnée, et l'on prend comme mesure de la courbure le rapport $\dfrac{\Delta\alpha}{\text{arc } MM'}$; ce rapport est égal à l'inverse du rayon du cercle; de plus, les normales en $M$ et $M'$ se coupent au centre du cercle.

Nous allons généraliser ces notions pour une courbe quelconque. Soit sur cette courbe (*fig.* 121) $MM'$ un arc que nous désignerons par $\Delta s$ et soit $\Delta\alpha$ l'angle des tangentes aux extrémités de cet arc; on appelle courbure moyenne de l'arc $MM'$ le rapport $\dfrac{\Delta\alpha}{\Delta s}$ et courbure de la courbe en $M$ la limite de ce rapport quand $M'$ se rapproche de $M$. Si de plus nous traçons les normales à la courbe en $M$ et $M'$, ces normales se coupent en un point $N$; la limite $C$ de ce point $N$ quand $M'$ se rapproche indéfiniment de $M$ s'appelle *centre de courbure* de la courbe en $M$, et $MC$ s'appelle *rayon de courbure* en ce point. Nous allons évaluer la courbure et le rayon de courbure de la courbe en $M$, et nous démontrerons que la courbure est l'inverse du rayon de courbure, comme dans le cas d'un cercle.

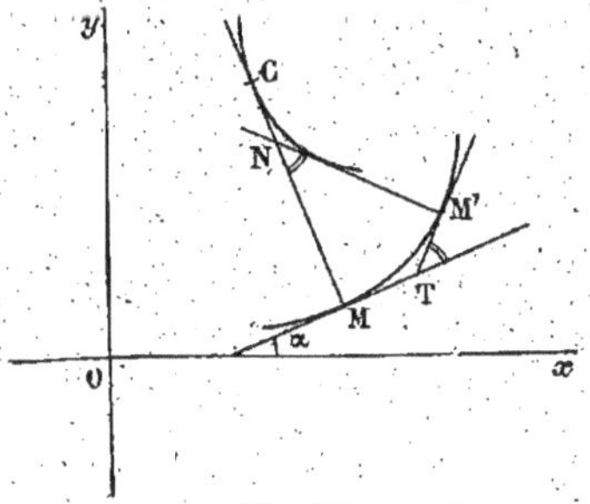

Nous commencerons par déterminer le centre de courbure $C$ comme

Fig. 121.

limite du point $N$ de rencontre des normales en $M$ et $M'$ ; le problème est identique à celui que l'on a à résoudre lorsque l'on cherche l'enveloppe des normales successives à la courbe donnée ; le point $C$ est en effet la limite du point de rencontre de $MN$ avec la normale infiniment voisine, et il est le point de contact de $MN$ avec son enveloppe.

D'après ce que nous avons vu dans le chapitre précédent, il est donné par l'équation de la normale et par la dérivée de cette équation par rapport au paramètre variable qu'elle renferme ; ce paramètre est ici la variable au moyen de laquelle s'expriment les coordonnées $x$ et $y$ des points successifs de la courbe donnée.

Plaçons-nous d'abord dans le cas simple où l'équation de la courbe est résolue par rapport à $y$ ; l'ordonnée est une fonction de l'abscisse $x$, l'équation de la normale est

$$(1) \qquad (X - x) + y'(Y - y) = 0$$

et sa dérivée par rapport au paramètre $x$ est

$$(2) \qquad -1 + y''(Y - y) - y'^2 = 0 ;$$

en résolvant ces équations par rapport à $X - x$ et $Y - y$, nous aurons les équations

$$(3) \qquad X - x = -\frac{y'(1 + y'^2)}{y''}, \qquad Y - y = \frac{1 + y'^2}{y''},$$

qui fournissent les coordonnées du centre $C$ de courbure ; quant au rayon de courbure, il est égal à

$$(4) \qquad R = \sqrt{(X - x)^2 + (Y - y)^2} = \pm \frac{(1 + y'^2)^{\frac{3}{2}}}{y''},$$

le signe étant choisi de façon que $R$ soit positif.

Considérons maintenant le cas général où $x$ et $y$ sont fonctions d'un paramètre ; nous pouvons introduire dans les calculs soit les dérivées, soit les différentielles de $x$ et $y$ ; nous utiliserons les différentielles.

L'équation de la normale (n° 289) est

$$(5) \qquad (X - x)dx + (Y - y)dy = 0 ;$$

annulons la dérivée ou, ce qui revient au même, la différentielle du premier membre ; nous obtenons de cette façon

$$(6) \qquad (X - x)d^2x + (Y - y)d^2y - dx^2 - dy^2 = 0.$$

Il suffit de résoudre ces deux équations par rapport à $X$ et $Y$ pour trouver les coordonnées de $C$ ; nous obtenons ainsi les formules

$$(7) \qquad X - x = -\frac{dy(dx^2 + dy^2)}{dx\,d^2y - dy\,d^2x}, \qquad Y - y = \frac{dx(dx^2 + dy^2)}{dx\,d^2y - dy\,d^2x}$$

Le rayon de courbure est égal à $\sqrt{(X - x)^2 + (Y - y)^2}$, et sa mesure est égale à

$$(8) \qquad R = \text{val. abs. de } \frac{(dx^2 + dy^2)^{\frac{3}{2}}}{dx\, d^2y - dy\, d^2x},$$

dont le numérateur est supposé pris avec sa valeur arithmétique.

Si l'on veut mettre en évidence le paramètre au moyen duquel s'expriment $x$ et $y$, et si on le désigne par $t$, on doit remplacer dans les formules précédentes $dx$, $dy$, $d^2x$ et $d^2y$ par $x'dt$, $y'dt$, $x''dt^2$ et $y''dt^2$, et elles deviennent

$$(9) \qquad X - x = -\frac{y'(x'^2 + y'^2)}{x'y'' - y'x''}, \qquad Y - y = \frac{x'(x'^2 + y'^2)}{x'y'' - y'x''},$$

$$(10) \qquad R = \text{val. abs. de } \frac{(x'^2 + y'^2)^{\frac{3}{2}}}{x'y'' - y'x''}.$$

Lorsque $x$ est la variable indépendante, $x'$ est égal à $1$, $x''$ est nul, et l'on retrouve les formules (3) et (4).

**328. Calcul direct de la courbure.** — Nous allons calculer la limite du rapport $\dfrac{\Delta\alpha}{\Delta s}$, c'est-à-dire le quotient $\dfrac{d\alpha}{ds}$; nous avons déjà (n° 229) $ds = \sqrt{dx^2 + dy^2}$; il nous reste à évaluer $d\alpha$. Nous savons que le coefficient angulaire de la tangente MT est égal à $\dfrac{dy}{dx}$ et a pour valeur $\text{tg}\,\alpha$; nous avons donc

$$\alpha = \text{arc tg } \frac{dy}{dx},$$

d'où, en différentiant,

$$d\alpha = \frac{1}{1 + \left(\dfrac{dy}{dx}\right)^2} \cdot \frac{dx\, d^2y - dy\, d^2x}{dx^2} = \frac{dx\, d^2y - dy\, d^2x}{dx^2 + dy^2};$$

nous avons par suite

$$(11) \qquad \frac{d\alpha}{ds} = \frac{dx\, d^2y - dy\, d^2x}{(dx^2 + dy^2)^{\frac{3}{2}}}.$$

Nous voyons que la valeur absolue de ce quotient est égale à l'inverse du rayon de courbure, nous avons ainsi démontré l'identité des deux points de vue que l'on peut envisager pour calculer le rayon de courbure, d'une part l'inverse de la courbure, d'autre part la longueur du segment MC compris entre le point M et la limite du point de rencontre de la normale en M et d'une normale voisine.

Remarquons que la valeur de la courbure (11) a un signe qui dépend du numérateur et peut être positif ou négatif ; on est amené à envisager pour le rayon de courbure une valeur relative donnée dans tous les cas par la formule

$$(12) \qquad \rho = \frac{(dx^2 + dy^2)^{\frac{3}{2}}}{dx\, d^2y - dy\, d^2x},$$

la valeur absolue de $\rho$ étant égale à R. L'importance de cette notion résulte des considérations suivantes :

Sur la tangente à la courbe au point M on prend comme sens positif MT celui du déplacement de M lorsque le paramètre $t$ va en croissant ; en mécanique, c'est le sens du mouvement si $t$ représente le temps. On adopte de plus en géométrie le sens ainsi choisi pour sens des arcs croissants, de telle sorte que la dérivée $s'$ de l'arc est toujours égale à la valeur arithmétique de $\sqrt{x'^2 + y'^2}$ (n° 229). On adopte ensuite sur la normale un sens positif MN tel que l'angle (MT, MN) soit égal à $+\frac{\pi}{2}$ ; le système MT, MN a alors la même orientation que le système des axes de coordonnées.

Nous allons vérifier que l'extrémité d'un vecteur égal à $\rho$ d'origine M, porté par la droite dirigée MN ainsi définie, est précisément le centre de courbure C.

Si nous désignons par $\alpha$ et par $\alpha'$ les angles que font avec $Ox$ les directions MT et MN, nous avons

$$\cos \alpha = \frac{x'}{s'} = \frac{dx}{\sqrt{dx^2 + dy^2}}, \qquad \sin \alpha = \frac{y'}{s'} = \frac{dy}{\sqrt{dx^2 + dy^2}},$$

$$\cos \alpha' = \cos\left(\alpha + \frac{\pi}{2}\right) = -\sin \alpha, \qquad \sin \alpha' = \sin\left(\alpha + \frac{\pi}{2}\right) = \cos \alpha.$$

Les coordonnées X et Y de l'extrémité d'un vecteur porté par MN, d'origine M et de valeur $\rho$, sont données par les formules

$$X - x = \rho \cos \alpha', \qquad Y - y = \rho \sin \alpha' ;$$

si nous remplaçons $\rho$, $\cos \alpha'$ et $\sin \alpha'$ par leurs valeurs, nous trouvons précisément les expressions fournies par les formules (7) ; la proposition se trouve donc établie.

**329. Développée.** — Le lieu des centres de courbure d'une courbe plane s'appelle la développée de cette courbe ; cette ligne n'est autre que l'enveloppe des normales, et chaque normale est tangente à la développée précisément au centre de courbure.

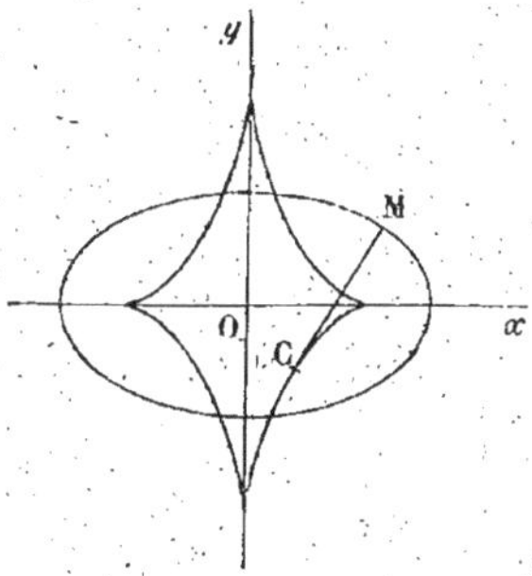

La développée est définie par les équations (5) et (6), ou encore par les équations (7) qui donnent les coordonnées (X, Y) de ses points successifs, mais on peut encore la déterminer par la recherche directe de l'enveloppe des normales à la courbe.

*Exemple.* — *Développée de l'ellipse.* — Nous savons que les coordonnées d'un point M de l'ellipse sont exprimées au moyen du paramètre angulaire $\varphi$ par les formules

Fig. 122.

$$x = a \cos \varphi, \qquad y = b \sin \varphi.$$

L'équation de la normale est, d'après la formule (5),

$$-(X - a \cos \varphi) a \sin \varphi + (Y - b \sin \varphi) b \cos \varphi = 0$$

ou bien, en représentant par $c^2$ la quantité $a^2 - b^2$,

$$aX \sin \varphi - bY \cos \varphi = c^2 \sin \varphi \cos \varphi ;$$

sa dérivée par rapport à $\varphi$ est

$$aX \cos \varphi + bY \sin \varphi = c^2 (\cos^2 \varphi - \sin^2 \varphi) ;$$

nous déduisons de là, en résolvant les deux dernières équations, les coordonnées du centre de courbure ; elles sont

$$X = \frac{c^2}{a} \cos^3 \varphi, \qquad Y = -\frac{c^2}{b} \sin^3 \varphi.$$

En faisant varier $\varphi$ de 0 à $2\pi$, nous obtiendrons tous les points de la développée de l'ellipse ; l'équation de cette courbe résulte de l'élimination de $\varphi$ entre les formules précédentes ; en écrivant que

$$\cos^2 \varphi + \sin^2 \varphi = 1,$$

nous avons

$$\left(\frac{aX}{c^2}\right)^{\frac{2}{3}} + \left(\frac{bY}{c^2}\right)^{\frac{2}{3}} = 1.$$

La courbe a la forme indiquée dans la figure 122 ; elle a quatre points de rebroussement situés sur les axes, et ces points sont les centres de courbure relatifs aux quatre sommets.

Les tangentes à la développée menées par un point du plan sont les normales à l'ellipse issues de ce point ; si celui-ci est intérieur à la développée, on peut tracer quatre normales réelles, et s'il est extérieur, on ne peut en tracer que deux.

Les segments compris entre le centre de l'ellipse et les points de rebroussement de la développée (*fig.* 123) ont pour valeurs

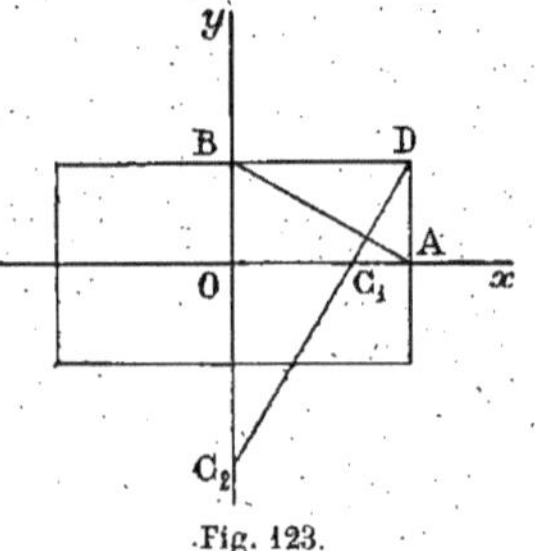

Fig. 123.

$$OC_1 = X_1 = \frac{c^2}{a}, \qquad OC_2 = Y_2 = -\frac{c^2}{b};$$

si l'on construit le rectangle OADB sur les deux demi-axes OA et OB comme côtés, la perpendiculaire menée de D à la diagonale AB rencontre les axes précisément aux points $C_1$ et $C_2$ ; cela résulte de la similitude des triangles OAB, $AC_1D$, $BC_2D$ et des relations

$$\frac{OA}{OB} = \frac{AD}{AC_1} = \frac{BC_2}{BD},$$

qui donnent en valeur absolue

$$AC_1 = \frac{b^2}{a}, \qquad BC_2 = \frac{a^2}{b},$$

et l'on vérifie bien que $OC_1$ et $OC_2$ ont les valeurs écrites précédemment. Si l'on trace le cercle de centre $C_1$ et de rayon $C_1A$, le cercle de centre $C_2$ et de rayon $C_2B$, ainsi que les cercles symétriques de ceux-là par rapport au centre O, ces cercles sont, dans le voisinage des sommets, très peu différents de l'ellipse et permettent de tracer la courbe avec une approximation souvent suffisante.

**330. Développante.** — On appelle développante d'une courbe C une trajectoire orthogonale de ses tangentes ; c'est donc une courbe D (*fig.* 124) coupant orthogonalement toutes les tangentes à la courbe C.

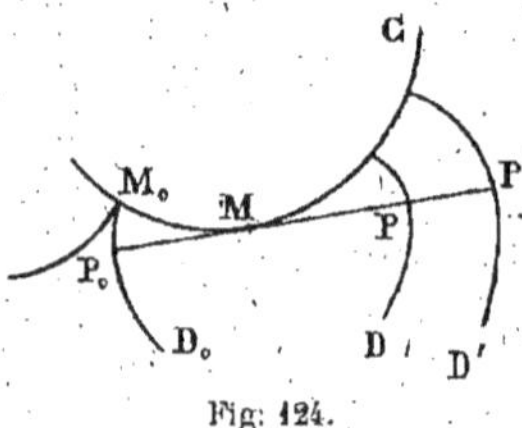

Fig. 124.

Pour déterminer une développante de C, nous cherchons quel segment $MP = \rho$ il faut porter sur la tangente à C en chacun de ses points M pour que la tangente en P à la courbe lieu de ce point P soit constamment perpendiculaire à MP. Nous supposerons que les coordonnées $x, y$ des points M de la courbe C sont exprimées en fonction de l'arc $M_0M = s$ de cette courbe compté à partir d'une origine $M_0$ ; le segment MP sera alors une fonction de $s$ et le problème consiste précisément à déterminer cette fonction inconnue.

Les coordonnées du point P sont

$$X = x + \rho \cos \alpha, \qquad Y = y + \rho \sin \alpha ;$$

les coefficients directeurs de la tangente en P à la courbe lieu de ce point sont

$$\frac{dX}{ds} = \frac{dx}{ds} + \frac{d\rho}{ds} \cos \alpha - \rho \sin \alpha \frac{d\alpha}{ds},$$

$$\frac{dY}{ds} = \frac{dy}{ds} + \frac{d\rho}{ds} \sin \alpha + \rho \cos \alpha \frac{d\alpha}{ds};$$

dans ces formules, nous pouvons remplacer $dx$ et $dy$ par $ds \cos \alpha$ et $ds \sin \alpha$, de sorte qu'elles deviennent

$$\frac{dX}{ds} = \left(1 + \frac{d\rho}{ds}\right) \cos \alpha - \rho \sin \alpha \frac{d\alpha}{ds},$$

$$\frac{dY}{ds} = \left(1 + \frac{d\rho}{ds}\right) \sin \alpha + \rho \cos \alpha \frac{d\alpha}{ds}.$$

Pour que la tangente en P soit perpendiculaire à MP, il faut et il suffit que l'on ait

$$\frac{dX}{ds} \cos \alpha + \frac{dY}{ds} \sin \alpha = 0,$$

c'est-à-dire

$$1 + \frac{d\rho}{ds} = 0, \qquad d\rho + ds = 0.$$

Nous voyons que la différentielle de $\rho + s$ doit être nulle, par suite cette somme est constante, et la solution du problème est fournie par l'équation

$$(13) \qquad \rho + s = C,$$

C étant une constante arbitraire.

Pour une valeur donnée de C, on obtient une développante D que l'on peut construire graphiquement de la manière suivante : On prend un fil flexible de longueur C, on attache une de ses extrémités au point $M_0$, on enroule une portion de ce fil sur la courbe suivant un arc $M_0M$ et l'on maintient la portion finale MP tendue suivant la tangente en M à l'aide d'un style placé à l'extrémité ; ce style décrit une portion de la développante D lorsque l'on enroule ou qu'on déroule le fil sur la courbe.

Lorsqu'on donne à la constante $C$ une autre valeur $C'$, on obtient une autre développante $D'$, en portant sur $MP$ un segment $PP'$ constant égal à $C' - C$. Les deux courbes $D$ et $D'$ ont la même normale en $P$ et $P'$, et le segment $PP'$ compris sur cette normale entre les deux courbes est constant; on dit que $D$ et $D'$ sont des courbes parallèles, parce qu'elles jouissent de la même propriété que deux droites parallèles.

Nous pouvons ajouter que toutes les développantes de la courbe $C$ ont même développée, cette courbe $C$ elle-même, car elle est l'enveloppe des normales à l'une quelconque des courbes $D$.

Lorsque la constante $C$ de l'équation (13) est nulle, on a $\rho = -s$; la développante $D_0$ correspondante passe par $M_0$ et est telle que sur chaque tangente à $C$ le segment $MP_0$ est égal à l'arc $MM_0$ dirigé de $M$ vers $M_0$. La développante se compose de deux branches présentant en $M_0$ un point de rebroussement.

*Exemple : Développante de cercle.* — Supposons que la courbe $C$ soit un cercle de centre $O$ et de rayon $R$ (*fig.* 125), que le point $M_0$ soit pris sur l'axe des $x$, et que l'on cherche la développante du cercle correspondant a une valeur nulle de la constante $C$ de la formule (13). On a alors à porter sur chaque tangente $MT$ dans le sens des arcs croissants un segment $MP$ de valeur relative $\rho = -s$.

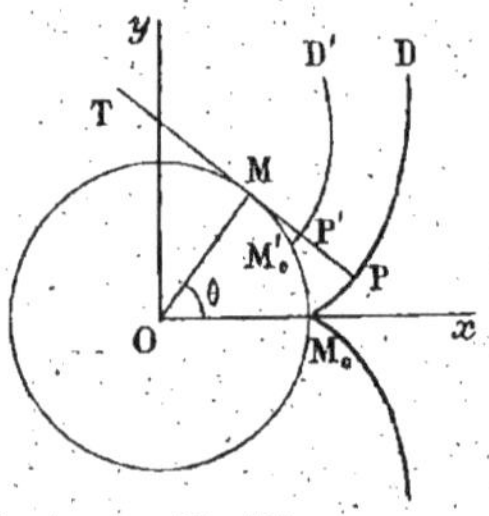

Si l'on désigne par $\theta$ l'angle $M_0OM$, on a $s = R\theta$; en projetant sur les axes de coordonnées le contour $OMP$, on a pour coordonnées de $P$

Fig. 125.

$$X = R\cos\theta + \rho\cos\left(\theta + \frac{\pi}{2}\right), \qquad Y = R\sin\theta + \rho\sin\left(\theta + \frac{\pi}{2}\right),$$

c'est-à-dire

$$X = R\cos\theta + R\theta\sin\theta, \qquad Y = R\sin\theta - R\theta\cos\theta;$$

la développante du cercle donné ayant son point de rebroussement en $M_0$ est définie par les formules précédentes.

Les autres développantes du même cercle sont égales à la précédente; si l'on prend en effet sur chaque tangente un segment $MP'$ différant de $MP$ par une constante, on obtient une développante $D'$ ayant un point de rebroussement $M_0'$ tel que $MM_0'$ soit égal à $MP'$. La courbe $D'$ se déduit du cercle en partant de $M_0'$ comme $D$ en partant de $M_0$, et il suffit de faire tourner la figure autour du centre d'un angle égal à $M_0OM_0'$ pour amener $D$ en coïncidence avec $D'$; toutes les développantes d'un cercle sont donc des courbes égales.

**331. Notions sur le contact des courbes planes.** — Soient $C$ et $C_1$ (*fig.* 126) deux courbes ayant un point commun $M$ et même tangente en ce point; si l'on prend sur ces courbes des points $M'$ et $M_1'$ voisins de $M$, et si l'on considère l'arc $MM'$ comme infiniment petit principal, la distance $M'M_1'$ est un infiniment petit d'ordre plus ou moins élevé (n° 222). Si cet ordre est $n+1$, on dit que les deux courbes ont en $M$ un contact d'ordre $n$.

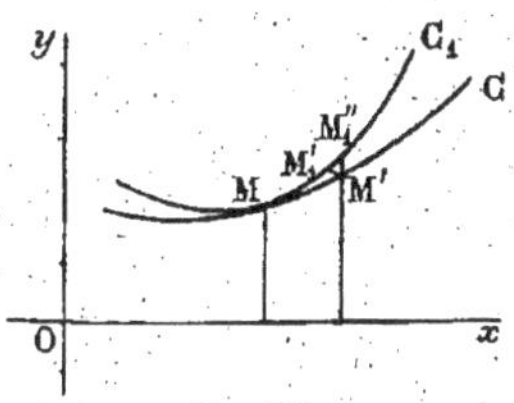

Fig. 126.

Il semble qu'il y ait dans cette définition une indétermination dans le choix des points $M'$ et $M_1'$ qui sont arbitraires; mais on peut voir que ce choix n'a pas d'influence sur le résultat.

Pour évaluer l'ordre infinitésimal de $M'M_1'$, il faut faire tendre les points $M'$ et $M_1'$ simultanément vers le point $M$ et chercher l'exposant $n+1$ qu'il faut adopter pour que la limite du rapport

$$\frac{M'M_1'}{(\text{arc } MM')^{n+1}}$$

ne soit ni nulle ni infinie. Si l'on prend au lieu de $M_1'$ un point $M_1''$ tel que le triangle $M'M_1'M_1''$ n'ait jamais d'angle nul quelle que soit la manière dont les points $M'$, $M_1'$, $M_1''$ tendent simultanément vers $M$, la limite du rapport $\dfrac{M'M_1'}{M'M_1''}$ n'est ni nulle ni infinie; par suite le rapport

$$\frac{M'M_1''}{(\text{arc } MM')^{n+1}}$$

tend en même tend que le précédent vers une limite qui n'est ni nulle ni infinie, et la valeur de l'ordre de contact est la même quand on considère $M_1''$ au lieu de $M_1'$.

Ceci permet de choisir d'une manière simple les points $M'$ et $M_1''$; si nous nous plaçons, ce que nous supposerons dans ce qui suit, dans le cas où la tangente en $M$ n'est pas parallèle à $Oy$, nous pouvons choisir $M'$ et $M_1''$ sur une même parallèle à $Oy$; de plus l'arc $MM'$ et l'accroissement $\Delta x$ de l'abscisse quand on passe de $M$ à $M'$ sont des infiniment petits de même ordre et nous pouvons choisir $\Delta x$ comme infiniment petit principal. Nous arrivons ainsi à la définition suivante, équivalente à la première :

Soient M un point d'abscisse $x$ commun à deux courbes C et $C_1$ ayant en ce point même tangente non parallèle à $Oy$, $M'$ et $M_1'$ deux points voisins de M pris respectivement sur ces courbes et ayant même abscisse $x + \Delta x$ ; si la différence $y_1 - y$ des ordonnées de ces deux points est un infiniment petit d'ordre $n + 1$ lorsque $\Delta x$ est pris pour infiniment petit principal, les deux courbes ont en M un contact d'ordre $n$.

Pour déterminer cet ordre, on évalue la différence $y_1 - y$ pour la valeur $x + \Delta x$ de la variable $x$ ; on la développe suivant les puissances de $\Delta x$ d'après les méthodes de recherche des développements limités ou la formule de Taylor, en admettant toutefois que celle-ci soit applicable, et l'on cherche quel est le premier terme non nul de ce développement ; le degré de ce terme est précisément $n + 1$.

Si nous désignons par $y(x)$, $y'(x)$, $y''(x)$, .., ou simplement par $y$, $y'$, $y''$, ..., les valeurs de l'ordonnée $y$ de la courbe C et de ses dérivées pour l'abscisse $x$ du point M, et de même par $y_1$, $y_1'$, $y_1''$, ... celles de l'ordonnée $y_1$ de la courbe $C_1$ et de ses dérivées pour la même abscisse, nous avons

$$y(x + \Delta x) = y + \Delta x\, y' + \frac{\Delta x^2}{1 \cdot 2} y'' + \cdots,$$

$$y_1(x + \Delta x) = y_1 + \Delta x\, y_1' + \frac{\Delta x^2}{1 \cdot 2} y_1'' + \cdots$$

Il en résulte que l'on a, puisque $y = y_1$,

$$y_1(x + \Delta x) - y(x + \Delta x) = \Delta x (y_1' - y') + \frac{\Delta x^2}{1 \cdot 2}(y_1'' - y'') + \cdots$$

Si l'ordre des premières dérivées de $y$ et $y_1$ qui ne sont pas égales pour l'abscisse $x$ de M est $n + 1$, on arrêtera la formule de Taylor à cet ordre et on pourra écrire

$$(14) \qquad y_1(x + \Delta x) - y(x + \Delta x)$$
$$= \frac{\Delta x^{n+1}}{1 \cdot 2 \cdots (n+1)} \left[ y_1^{(n+1)}(x + \theta \Delta x) - y^{(n+1)}(x + \theta \Delta x) \right].$$

La dernière parenthèse n'ayant pas une limite nulle, l'ordre infinitésimal du second membre est $n + 1$ et l'ordre de contact est $n$. On voit donc que l'ordre de contact est égal à l'ordre le plus élevé des premières dérivées de $y$ et $y_1$ qui sont égales pour l'abscisse $x$ du point M.

Comme corollaire, nous pourrons dire : *la condition nécessaire et suffisante pour que deux courbes aient en un point M un contact d'ordre n est que les ordonnées des deux courbes et leurs n premières dérivées soient égales pour l'abscisse x de ce point sans que leurs dérivées d'ordre n + 1 le soient.*

**Remarque I.** — Si l'on transporte l'origine au point M ou en un point ayant même abscisse, et si l'on connait les développements en série des ordonnées $y$ et $y_1$ suivant les puissances croissantes de $x$, l'examen des coefficients des mêmes puissances dans ces développements conduit aux mêmes résultats.

*Exemple.* — Soient les courbes d'équation

$$y = \sin x, \qquad y_1 = \operatorname{tg} x$$

qui ont à l'origine un point commun et une tangente commune ; prenons les dérivées successives

$$y' = \cos x, \qquad y'' = -\sin x, \qquad y''' = -\cos x, \qquad \ldots,$$

$$y_1' = \frac{1}{\cos^2 x}, \qquad y_1'' = \frac{2\sin x}{\cos^3 x}, \qquad y_1''' = \frac{2\cos^2 x + 6\sin^2 x}{\cos^4 x}, \qquad \ldots;$$

les deux premières dérivées sont les mêmes pour $x = 0$ et les troisièmes sont différentes, par suite le contact est d'ordre 2.

Si l'on utilise les développements de $\sin x$ et $\operatorname{tg} x$

$$y = \frac{x}{1} - \frac{x^3}{6} + \cdots, \qquad y_1 = \frac{x}{1} + \frac{x^3}{3} + \cdots,$$

on arrive au même résultat.

**Remarque II.** — La formule (14) permet d'évaluer le signe de la différence $y_1 - y$ pour la valeur $x + \Delta x$ voisine de l'abscisse $x$ du point M. Si $n$ est impair, $n + 1$ est pair, la différence conserve un signe constant pour les valeurs de $\Delta x$ suffisamment petites aussi bien positives que négatives ; on en conclut que les points de la courbe $C_1$ sont dans le voisinage de M du même côté de la courbe C.

Si $n$ est pair, $n + 1$ est impair, la différence $y_1 - y$ change de signe avec $\Delta x$ ; on en conclut que les courbes se traversent au point M. Nous avons déjà rencontré ce cas dans l'étude de l'inflexion (n° 297) ; une tangente d'inflexion a un contact d'ordre pair avec la courbe.

**332. Courbes osculatrices. Cercle osculateur.** — Soit C une courbe donnée fixe et $C_1$ une courbe dont l'équation renferme des paramètres arbitraires. Si l'on choisit ces paramètres de façon que $C_1$ passe par un point donné M de la courbe C et ait en ce point avec cette dernière un contact d'ordre le plus élevé possible, on dit que la courbe $C_1$ est osculatrice à C au point M.

Si l'équation de $C_1$ renferme $n+1$ paramètres, on peut assujettir $C_1$ à passer par $M$ et à avoir avec $C$ en ce point un contact d'ordre au moins égal à $n$ ; en effet, si $y_1$ et $y$ sont les ordonnées des courbes $C_1$ et $C$, les conditions pour que le contact soit au moins d'ordre $n$ s'expriment par les égalités

$$y_1 = y, \qquad y_1' = y', \qquad y_1'' = y'', \qquad \ldots \qquad y_1^{(n)} = y^{(n)},$$

qui doivent être remplies pour l'abscisse donnée du point $M$. Ces égalités, en nombre $n+1$, permettent de déterminer les $n+1$ paramètres arbitraires entrant dans l'équation de la courbe $C_1$.

En laissant de côté le cas tout à fait exceptionnel où ces équations sont incompatibles, il peut arriver pour ce choix des paramètres que les dérivées d'ordre $n+1$ de $y_1$ et $y$ et d'autres d'ordre plus élevé soient égales ; le contact est alors d'ordre supérieur à $n$.

Les équations des courbes $C$ et $C_1$ ne sont pas toujours données sous une forme résolue par rapport à $y$ et $y_1$ ; les raisonnements qui précèdent subsistent cependant, car il suffit d'écrire que l'ordonnée $y_1$ et quelques-unes de ses dérivées tirées de l'équation de $C_1$ ont pour le point $M$ la même valeur que l'ordonnée $y$ et ses dérivées tirées de l'équation $C$.

Comme application, nous allons déterminer le cercle $C_1$ osculateur à une courbe donnée $C$ en un point de cette courbe ; l'équation d'un cercle renferme trois paramètres : les coordonnées $x_0$, $y_0$ de son centre et le rayon $R$, et son équation peut s'écrire, avec les coordonnées courantes $x$ et $y_1$ :

$$(15) \qquad (x - x_0)^2 + (y_1 - y_0)^2 - R^2 = 0.$$

Nous pourrons avoir en un point d'abscisse $x$ un contact du second ordre ; il faut pour cela que $y_1$, $y_1'$, $y_1''$ tirées de l'équation (15) et de ses deux dérivées par rapport à $x$

$$(x - x_0) + y_1'(y_1 - y_0) = 0,$$
$$1 + y_1''(y_1 - y_0) + y_1'^2 = 0$$

aient les mêmes valeurs pour $x$ que $y$, $y'$ et $y''$ se rapportant à la courbe $C$ ; si nous écrivons ces conditions sous la forme

$$x_0 - x + y'(y_0 - y) = 0,$$
$$1 + y'^2 - y''(y_0 - y) = 0,$$
$$R^2 = (x_0 - x)^2 + (y_0 - y)^2,$$

nous voyons que les deux premières donnent pour $x_0$, $y_0$ précisément les valeurs des coordonnées $X$, $Y$ du centre de courbure de la courbe $C$

en M et la dernière donne pour R la valeur du rayon de courbure. Nous en concluons que le cercle osculateur en un point d'une courbe est identique au cercle de courbure. Celui-ci se rapproche plus que tout autre cercle de la courbe donnée aux environs du point M, et nous pouvons ajouter qu'en général la courbe et le cercle osculateur se traversent au point M.

# CHAPITRE VII

## TANGENTES ET NORMALES AUX FIGURES DE L'ESPACE

**333. Tangente en un point d'une courbe de l'espace.** — Comme nous l'avons déjà dit, la tangente en un point $M$ d'une courbe est la limite des positions d'une sécante passant par ce point et par un point voisin $M'$ situé sur la courbe, lorsque ce point $M'$ se rapproche indéfiniment du premier. Nous supposons que les coordonnées cartésiennes $x$, $y$, $z$ sont des fonctions d'un même paramètre $t$ possédant des dérivées; si nous désignons par $x$, $y$, $z$ les coordonnées du point $M$, par $x + \Delta x$, $y + \Delta y$, $z + \Delta z$ celles du point voisin $M'$, et par $X$, $Y$, $Z$ les coordonnées courantes, les équations de la sécante $MM'$ sont

$$\frac{X - x}{\Delta x} = \frac{Y - y}{\Delta y} = \frac{Z - z}{\Delta z}.$$

En divisant les dénominateurs par $\Delta t$, et passant à la limite quand $\Delta t$ tend vers zéro, nous obtiendrons les équations de la tangente en $M$; elles sont

$$(1) \qquad \frac{X - x}{x'_t} = \frac{Y - y}{y'_t} = \frac{Z - z}{z'_t},$$

ou bien, en multipliant les dénominateurs par $dt$,

$$(2) \qquad \frac{X - x}{dx} = \frac{Y - y}{dy} = \frac{Z - z}{dz}.$$

Si l'on égale ces rapports deux à deux, on obtient les équations des projections de la tangente sur les plans de coordonnées; mais ces équations sont précisément celles que l'on obtiendrait en cherchant les tangentes aux projections de la courbe sur ces plans [n° 287, équation (3)]; nous concluons de là que *la projection sur un plan de coordonnées de la tangente à une courbe de l'espace est tangente à la projection de cette courbe.*

Cette propriété s'étend à la projection sur un plan quelconque ; il est facile du reste de la démontrer géométriquement.

Comme exemple, considérons l'hélice circulaire (n° 136) définie par les équations

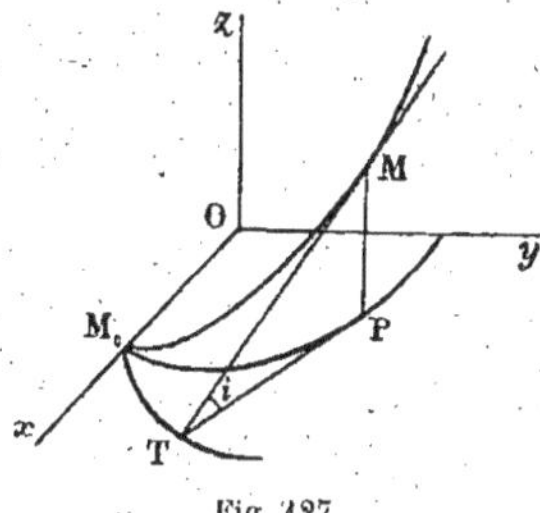
Fig. 127.

$$x = \mathrm{R} \cos \theta,$$
$$y = \mathrm{R} \sin \theta,$$
$$z = k\mathrm{R}\theta,$$

dans lesquelles $\theta$ est le paramètre ; les coefficients directeurs de la tangente en un point sont

$$x'_\theta = -\mathrm{R} \sin \theta,$$
$$y'_\theta = \mathrm{R} \cos \theta,$$
$$z'_\theta = k\mathrm{R},$$

de sorte que les équations de la tangente sont

$$(3) \qquad \frac{\mathrm{X} - x}{-\sin \theta} = \frac{\mathrm{Y} - y}{\cos \theta} = \frac{\mathrm{Z} - z}{k}.$$

L'angle $\gamma$ de cette tangente avec l'axe des $z$ (*fig.* 127) a pour cosinus (n° 139)

$$\cos \gamma = \frac{k}{\sqrt{\sin^2 \theta + \cos^2 \theta + k^2}} = \frac{k}{\sqrt{1 + k^2}}$$

et il est constant.

Nous voyons ainsi que *la tangente en un point d'une hélice circulaire fait un angle constant avec la génératrice du cylindre passant par ce point.*

Si l'on pose $\operatorname{tg} i = k$, $\gamma$ est égal à $\dfrac{\pi}{2} - i$, de sorte que $i$ est l'angle constant que font les tangentes avec le plan de base du cylindre.

Les coordonnées du point $\mathrm{T}$ de rencontre de la tangente avec ce plan de base sont données par les équations (3) dans lesquelles on fait $\mathrm{Z} = 0$ et ont pour valeurs

$$\mathrm{X} = \mathrm{R}(\cos \theta + \theta \sin \theta), \qquad \mathrm{Y} = \mathrm{R}(\sin \theta - \theta \cos \theta).$$

On voit que ce sont les coordonnées d'un point de la développante du cercle de base (n° 330). Il est facile de le démontrer géométriquement, car dans le triangle MPT on a

$$\mathrm{PT} = \mathrm{MP} \operatorname{cotg} i = \frac{k\mathrm{R}\theta}{k} = \mathrm{R}\theta = \operatorname{arc} \mathrm{M_0 P},$$

et $\mathrm{T}$ décrit bien la développante issue de $\mathrm{M_0}$.

**334. Plan normal.** — Le plan mené par un point d'une courbe perpendiculairement à la tangente en ce point s'appelle plan normal : il est représenté par l'une ou l'autre des équations suivantes :

$$(X - x)x'_t + (Y - y)y'_t + (Z - z)z'_t = 0,$$
$$(X - x)dx + (Y - y)dy + (Z - z)dz = 0.$$

**335. Cas de l'intersection de deux surfaces.** — Supposons que la courbe soit représentée par deux équations telles que

$$f(x, y, z) = 0, \qquad \varphi(x, y, z) = 0 ;$$

en les différentiant, nous avons

$$(4) \qquad \begin{cases} f'_x dx + f'_y dy + f'_z dz = 0, \\ \varphi'_x dx + \varphi'_y dy + \varphi'_z dz = 0 ; \end{cases}$$

si les trois différences $f'_y \varphi'_z - \varphi'_y f'_z$, $f'_z \varphi'_x - \varphi'_z f'_x$, $f'_x \varphi'_y - \varphi'_x f'_y$ ne sont pas nulles en même temps, ces équations donnent des valeurs proportionnelles à $dx$, $dy$ et $dz$, et en les portant dans les relations (2), nous avons les équations de la tangente ; mais il est plus simple de remplacer dans les équations (4) $dx$, $dy$ et $dz$ par les valeurs proportionnelles tirées des relations (2) ; nous trouvons ainsi pour représenter la tangente les deux équations

$$(5) \qquad \begin{cases} (X - x)f'_x + (Y - y)f'_y + (Z - z)f'_z = 0, \\ (X - x)\varphi'_x + (Y - y)\varphi'_y + (Z - z)\varphi'_z = 0. \end{cases}$$

**336. Plan tangent à une surface. — Théorème.** — *En un point* M *d'une surface, les tangentes à toutes les courbes passant par ce point et tracées sur la surface sont situées dans un même plan, que l'on appelle plan tangent à la surface au point* M.

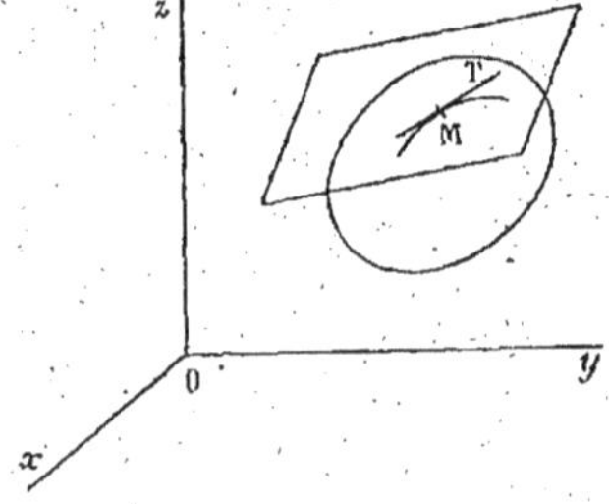


Fig. 128.

Soit $f(x, y, z) = 0$ l'équation de la surface donnée ; une quelconque des courbes passant par le point M et tracée sur la surface (*fig.* 128) peut être considérée comme l'intersection de cette surface et d'une autre, représentée par exemple par l'équation

$$\varphi(x, y, z) = 0.$$

La tangente MT à cette courbe est donnée par les équations (5), et elle est la droite d'intersection des deux plans représentés par ces équations ; le premier de ces plans ne dépend que de la surface donnée et est fixe quelle que soit la courbe considérée passant par M ; il contient dès lors les tangentes à toutes les courbes passant par M, et c'est le plan tangent en ce point à la surface.

Il résulte de là que l'équation du plan tangent en un point d'une surface $f(x, y, z) = 0$ est

$$(6) \qquad (X - x)f'_x + (Y - y)f'_y + (Z - z)f'_z = 0.$$

Le raisonnement serait en défaut si $f'_x$, $f'_y$, $f'_z$ étaient tous les trois nuls ; on dit dans ce cas que le point M est un point *singulier* de la surface. Des considérations analogues à celles du n° 291 s'appliqueraient à l'étude d'une surface aux environs d'un point singulier ; nous mentionnerons seulement ce fait que les tangentes aux courbes qui passent en un tel point forment en général un cône ; par exemple le sommet d'une surface conique est un point singulier, et les tangentes sont les génératrices de cette surface.

Si une ligne est l'intersection de deux surfaces, la tangente en un point de cette ligne est contenue à la fois dans les plans tangents en ce point aux deux surfaces, elle est par suite l'intersection de ces plans tangents. C'est ce que montrent du reste les équations (5) du numéro précédent ; elles représentent en effet les plans tangents aux deux surfaces $f(x, y, z) = 0$, $\varphi(x, y, z) = 0$, dont la ligne considérée est l'intersection.

Si dans l'équation d'une surface $f(x, y, z) = 0$ on remplace $x, y, z$ par $\dfrac{x}{t}$, $\dfrac{y}{t}$, $\dfrac{z}{t}$ et qu'on chasse s'il y a lieu les dénominateurs, on obtient une équation $f(x, y, z, t) = 0$ qui est homogène ; un raisonnement analogue à celui du n° 288 montre que l'on peut remplacer dans l'équation (6) la quantité $xf'_x + yf'_y + zf'_z$ par $-f'_t$, $f'_t$ étant la dérivée par rapport à $t$ dans laquelle on fait ensuite $t = 1$. L'équation du plan tangent se met alors sous la forme

$$(7) \qquad Xf'_x + Yf'_y + Zf'_z + f'_t = 0.$$

Considérons par exemple l'ellipsoïde représenté par l'équation

$$\frac{x^2}{a^2} + \frac{y^2}{b^2} + \frac{z^2}{c^2} - 1 = 0 ;$$

cette équation rendue homogène devient

$$\frac{x^2}{a^2} + \frac{y^2}{b^2} + \frac{z^2}{c^2} - t^2 = 0 ;$$

nous avons

$$f'_x = \frac{2x}{a^2}, \qquad f'_y = \frac{2y}{b^2}, \qquad f'_z = \frac{2z}{c^2}, \qquad f'_t = -2t\,;$$

en faisant dans ces dérivées $t = 1$, portant les valeurs trouvées dans l'équation (7) et divisant par 2, nous obtenons pour équation du plan tangent

$$\frac{Xx}{a^2} + \frac{Yy}{b^2} + \frac{Zz}{c^2} - 1 = 0.$$

**337. Plan tangent en un point d'une surface réglée. — Surface développable.** — Un plan est déterminé par deux droites qui se coupent ; nous en concluons que le plan tangent en un point M d'une surface est déterminé par les tangentes à deux lignes tracées par le point sur la surface, pourvu que ces tangentes soient distinctes. Par exemple, si les coordonnées des points d'une surface sont représentées en fonction de deux paramètres $u$ et $v$ (n° 137) par les équations

$$x = f(u, v), \qquad y = \varphi(u, v), \qquad z = \psi(u, v),$$

les tangentes en un point aux lignes $v = c^{te}$ et $u = c^{te}$ qui y passent ont respectivement pour équations

$$\frac{X - x}{x'_u} = \frac{Y - y}{y'_u} = \frac{Z - z}{z'_u},$$

$$\frac{X - x}{x'_v} = \frac{Y - y}{y'_v} = \frac{Z - z}{z'_v}$$

et le plan tangent a pour équation (n° 142)

$$\begin{vmatrix} X - x & Y - y & Z - z \\ x'_u & y'_u & z'_u \\ x'_v & y'_v & z'_v \end{vmatrix} = 0.$$

S'il existe sur la surface une droite passant par le point M, elle est à elle-même sa propre tangente et est contenue dans le plan tangent en ce point.

Nous concluons de là que le plan tangent en un point d'une surface réglée renferme les génératrices rectilignes qui passent par ce point ; par exemple, le plan tangent en un point d'un hyperboloïde à une nappe (n° 148) ou d'un paraboloïde hyperbolique (n° 149) est déterminé par les deux génératrices qui passent par ce point.

Soient, en général,

$$(8) \qquad\qquad x = az + p, \qquad y = bz + q$$

les équations d'une génératrice d'une surface réglée, $a$, $b$, $p$, $q$ étant
fonctions d'un paramètre $t$ ; le plan tangent en un point M, de coordonnées $x$, $y$, $z$, contient d'abord la génératrice passant par ce point ;
si X, Y, Z sont les coordonnées courantes, cette génératrice est l'intersection des plans représentés par

$$X - aZ - p = 0, \qquad Y - bZ - q = 0 ;$$

il en résulte (n° 143) qu'un plan passant par la génératrice a une équation de la forme

$$(9) \qquad (X - aZ - p) + \lambda(Y - bZ - q) = 0.$$

Nous achèverons de le déterminer en exprimant qu'il contient la tangente à la section de la surface par le plan passant par M et parallèle
au plan $xOy$ ; cette section est représentée dans son plan par les équations (8), où $z$ est constant et $t$ variable ; les paramètres directeurs de
sa tangente en M sont

$$x'_t = a'z + p', \qquad y'_t = b'z + q', \qquad z'_t = 0,$$

les accents indiquant les dérivées par rapport à $t$.

En écrivant que le plan (9) est parallèle à cette droite, nous obtenons
(n° 141) la relation

$$(a'z + p') + \lambda(b'z + q') = 0,$$

qui détermine $\lambda$ ; en portant dans l'équation (9) la valeur ainsi trouvée,
nous trouvons pour équation du plan tangent en M

$$(10) \qquad \frac{X - aZ - p}{a'z + p'} = \frac{Y - bZ - q}{b'z + q'}.$$

La trace du plan tangent sur le plan $xOy$ est représentée par l'équation qui se déduit de (10) en faisant $Z = 0$, et le coefficient angulaire
de cette trace est

$$m = \frac{b'z + q'}{a'z + p'}.$$

Si $a'q' - b'p'$ n'est pas nul, cette valeur de $m$ varie avec $z$, de
sorte que la direction du plan tangent change avec la position du point de
contact M sur la génératrice de ce point. Nous pouvons ajouter que $m$
est relié à $z$ par une transformation homographique (n° 101).

Si nous considérons deux surfaces réglées S et S' ayant en commun une génératrice G, et si nous prenons les plans tangents à ces
surfaces en un point M variable sur cette génératrice, les coefficients
angulaires $m$ et $m'$ des traces de ces plans sont reliés à $z$ par des

transformations homographiques, donc sont aussi reliés l'un à l'autre par une transformation de même nature. Les plans tangents seront confondus lorsque $m = m'$ et cela a lieu pour des valeurs de $z$ racines d'une équation du second degré ; *il y a donc sur une génératrice commune à deux surfaces réglées deux points pour lesquels les plans tangents sont confondus.* Si les plans tangents sont les mêmes pour trois points de la génératrice, l'équation en $z$ exprimant l'égalité $m = m'$ a plus de deux racines, elle est donc satisfaite identiquement et les surfaces ont même plan tangent en tous les points de la génératrice commune ; on dit qu'elles se raccordent suivant cette génératrice ; nous avons donc ce résultat :

*Si deux surfaces réglées ont même plan tangent en trois points d'une génératrice commune, elles se raccordent tout le long de cette génératrice.*

Un cas particulier remarquable est celui où le plan tangent à une surface réglée reste le même lorsque le point de contact se déplace sur une génératrice donnée ; pour que cela ait lieu, il faut et il suffit que le coefficient angulaire $m$ garde la même valeur quel que soit $z$, et pour cela que l'on ait la relation

$$(11) \qquad\qquad a'q' - b'p' = 0.$$

On dit qu'une surface réglée est *développable* si, pour une génératrice quelconque, le plan tangent est le même en tous les points de cette génératrice ; pour qu'il en soit ainsi, il faut et il suffit que la relation (11) soit satisfaite identiquement, c'est-à-dire pour toutes les valeurs de $t$.

Un cône est une surface développable, car si l'on choisit le sommet à l'origine, les valeurs de $p$ et $q$ doivent être nulles dans les équations (8). Un cylindre est aussi une surface développable, car, les génératrices restant parallèles à une droite fixe, $a$ et $b$ ont des valeurs indépendantes de $t$ ; dans l'un et l'autre cas, la relation (11) est satisfaite identiquement.

**338. Normale à une surface.** — La normale en un point $(x, y, z)$ d'une surface est la perpendiculaire au plan tangent en ce point ; ses équations sont

$$\frac{X - x}{f'_x} = \frac{Y - y}{f'_y} = \frac{Z - z}{f'_z} ;$$

par exemple, la normale en un point d'un ellipsoïde a pour équations

$$\frac{X - x}{\dfrac{x}{a^2}} = \frac{Y - y}{\dfrac{y}{b^2}} = \frac{Z - z}{\dfrac{z}{c^2}}.$$

Nous allons démontrer géométriquement la propriété fondamentale du plan tangent et de la normale à une surface de révolution. Le plan tangent en un point M d'une telle surface (*fig.* 129) est déterminé par la tangente MT au parallèle et par la tangente MS au méridien du point M ; cette dernière rencontre l'axe de la surface en un certain point S.

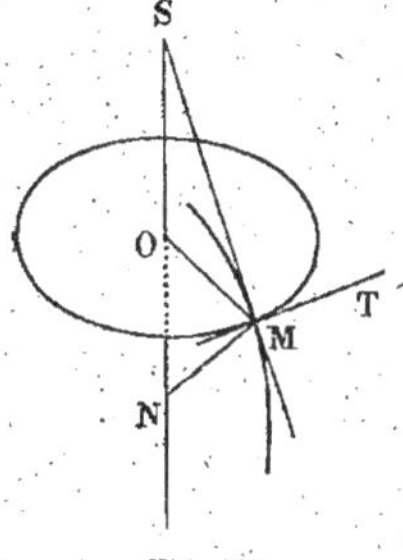

Fig. 129.

La normale à la surface en M est perpendiculaire au plan tangent, en particulier à la droite MT ; elle est donc contenue dans le même plan que le rayon MO du parallèle et que l'axe de révolution, qui sont tous deux perpendiculaires à MT ; on en conclut que la normale va rencontrer l'axe ; soit N le point de rencontre. Faisons tourner autour de l'axe la figure formée par le méridien du point M, les tangentes MT et MS et la normale MN ; dans ses différentes positions, le plan SMT reste tangent à la surface et il passe toujours par S ; de même, la droite MN reste normale à la surface et passe toujours par N ; on en conclut ce théorème :

*Les plans tangents à une surface de révolution en tous les points d'un parallèle rencontrent l'axe en un même point, et il en est de même des normales.*

**339. Plans tangents à une surface parallèles à un plan donné.** — Soit la surface représentée par $f(x, y, z) = 0$ ; pour déterminer les plans tangents à cette surface, parallèles à un plan d'équation

$$LX + MY + NZ = 0,$$

nous prendrons comme inconnues les coordonnées $(x, y, z)$ du point de contact de l'un de ces plans ; le plan tangent en ce point étant représenté par l'équation (6), la condition pour qu'il soit parallèle au plan précédent s'exprime par les relations

$$(12) \qquad \frac{f'_x}{L} = \frac{f'_y}{M} = \frac{f'_z}{N}.$$

Ces équations représentent, lorsque $x, y, z$ sont coordonnées courantes, une ligne que l'on appelle *ligne diamétrale* de la direction donnée de plan ; les points d'intersection de cette ligne et de la surface donnée sont les points de contact cherchés.

Lorsque la surface est du second ordre, toute ligne diamétrale est une droite que l'on appelle *diamètre* de la direction de plan donnée ; elle coupe généralement la surface en deux points; on peut donc mener à la surface deux plans tangents parallèles à un plan donné.

**340. Plans tangents à une surface parallèles à une droite donnée.** — Désignons par $l, m, n$ les paramètres directeurs de la droite donnée; si, comme précédemment, nous prenons comme inconnues les coordonnées $x, y, z$ du point de contact de l'un des plans tangents à la surface $f(x, y, z) = 0$ parallèles à cette droite, elles doivent satisfaire à la relation

$$(13) \qquad l f'_x + m f'_y + n f'_z = 0.$$

Cette équation représente, lorsque $x, y, z$ sont coordonnées courantes, une surface que l'on appelle *surface diamétrale* de la direction donnée; elle coupe la surface donnée suivant une ligne C, et le plan tangent en un point de cette ligne satisfait à la condition donnée.

Les parallèles à la droite donnée menées par chacun des points de cette ligne C forment une surface cylindrique; la surface donnée et cette dernière surface ont même plan tangent en chacun des points de la ligne C qui leur est commune, car ce plan passe par la tangente à la ligne C et est parallèle à la droite donnée. Le cylindre ainsi formé est dit *circonscrit* à la surface le long de la ligne C.

Dans le cas où la surface donnée est du second ordre, la surface diamétrale est un plan appelé *plan diamétral* et la ligne C est une courbe plane.

**341. Plans tangents passant par un point.** — Les plans tangents à une surface $f(x, y, z) = 0$ issus d'un point $M_0(x_0, y_0, z_0)$ sont complètement déterminés dès que l'on connaît leurs points de contact; les coordonnées $x, y, z$ d'un de ces points doivent satisfaire d'une part à l'équation de la surface, et d'autre part à la condition que le plan tangent passe par le point $M_0$; si l'on prend l'équation de ce plan sous la forme (7), cette dernière condition s'écrit

$$(14) \qquad x_0 f'_x + y_0 f'_y + z_0 f'_z + f'_t = 0.$$

L'équation (14) représente, lorsqu'on y considère $x, y, z$ comme coordonnées courantes, une surface que l'on appelle *polaire* du point M par rapport à la surface donnée; les deux surfaces se coupent suivant une ligne C et tous les points de cette ligne sont les points de contact de plans tangents répondant à la question.

Les droites issues du point M et s'appuyant sur cette ligne forment un cône; la surface donnée et ce cône ont même plan tangent en tous les points de la ligne  C  qui leur est commune ; le cône ainsi formé est dit circonscrit à la surface le long de cette ligne.

Lorsque la surface donnée est du second ordre, la surface polaire d'un point est un plan, que l'on appelle *plan polaire* de ce point par rapport à la surface, et la ligne  C  est une courbe plane.

# CHAPITRE VIII

## ÉTUDE DES SURFACES DU SECOND ORDRE

**342. Directions asymptotiques d'une surface du second ordre.** —
Une surface générale du second ordre, que l'on appelle encore une quadrique, est représentée par l'équation générale du second degré à trois variables, que l'on écrit sous la forme

$$(1) \quad f(x, y, z) = Ax^2 + A'y^2 + A''z^2 + 2Byz + 2B'zx + 2B''xy$$
$$+ 2Cx + 2C'y + 2C''z + D = 0 ;$$

nous représenterons par $\varphi(x, y, z)$ l'ensemble des termes du second degré.

La recherche des points à l'infini d'une surface représentée par cette équation se fait d'une manière analogue à celle que nous avons suivie pour les coniques ; si un point M d'une surface s'éloigne indéfiniment, la limite de la droite joignant l'origine O à ce point est une direction asymptotique ; comme au n° 118, nous démontrerions qu'une droite représentée par les équations $x = \rho \cos \alpha$, $y = \rho \cos \beta$, $z = \rho \cos \gamma$ rencontre la surface à l'infini si l'on a

$$A \cos^2 \alpha + A' \cos^2 \beta + A'' \cos^2 \gamma + 2B \cos \beta \cos \gamma$$
$$+ 2B' \cos \gamma \cos \alpha + 2B'' \cos \alpha \cos \beta = 0 ;$$

nous en concluons que l'ensemble des directions asymptotiques est le cône représenté par l'équation

$$(2) \quad \varphi(x, y, z) = Ax^2 + A'y^2 + A''z^2 + 2Byz + 2B'zx + 2B''xy = 0.$$

On se rend compte de la nature de ce cône, que l'on appelle cône des directions asymptotiques de la surface, en cherchant celle de la conique suivant laquelle il est coupé par un plan parallèle à un plan de coordonnées, par exemple par le plan $z = 1$, et en appliquant les méthodes du chapitre IV.

Pour que le cône (2) soit décomposable en deux plans, il faut et il suffit que sa section par le plan $z = 1$, d'équation

$$\mathrm{A}x^2 + 2\mathrm{B}''xy + \mathrm{A}'y^2 + 2\mathrm{B}'x + 2\mathrm{B}y + \mathrm{A}'' = 0,$$

soit décomposable en deux droites et pour cela (n° 311) que le déterminant

$$\Delta = \begin{vmatrix} \mathrm{A} & \mathrm{B}'' & \mathrm{B}' \\ \mathrm{B}'' & \mathrm{A}' & \mathrm{B} \\ \mathrm{B}' & \mathrm{B} & \mathrm{A}'' \end{vmatrix}$$

soit nul ; nous retrouverons ce déterminant dans d'autres recherches.

En nous reportant aux équations des surfaces usuelles du second ordre étudiées au chapitre VI de la 2ᵉ partie, nous remarquons que le cône des directions asymptotiques est indécomposable dans le cas de l'ellipsoïde, où il est imaginaire, et dans le cas des hyperboloïdes et du cône, où il est réel ; pour les autres surfaces, il est décomposable en deux plans.

Pour le paraboloïde et le cylindre elliptiques respectivement représentés par les équations

$$\frac{x^2}{p} + \frac{y^2}{q} - 2z = 0, \qquad \frac{x^2}{a^2} + \frac{y^2}{b^2} - 1 = 0,$$

le cône des directions asymptotiques est décomposable en deux plans imaginaires ayant en commun l'axe des $z$. Pour le paraboloïde et le cylindre hyperboliques représentés par les équations

$$\frac{x^2}{p} - \frac{y^2}{q} - 2z = 0, \qquad \frac{x^2}{a^2} - \frac{y^2}{b^2} - 1 = 0,$$

le cône est décomposable en deux plans réels se coupant suivant $Oz$ ; ce sont les plans directeurs du paraboloïde ou les plans asymptotes du cylindre. Enfin, pour le cylindre parabolique représenté par l'équation

$$y^2 - 2px = 0,$$

le cône des directions asymptotiques se réduit à un plan double d'équation $y = 0$. Lorsque la surface se décompose en deux plans, le cône des directions asymptotiques est formé de deux plans parallèles à ceux-là, passant par l'origine.

**343. Centre d'une surface du second ordre.** — Comme au n° 310, nous verrions que si les termes du premier degré manquent dans l'équation (1), l'origine des coordonnées est centre de la surface, et réciproquement ; nous sommes amenés, pour déterminer un centre de la surface, à faire une transformation de coordonnées en transportant les axes parallèlement à eux-mêmes, et à faire disparaître, si c'est possible, les termes du premier degré.

Si $x_0$, $y_0$, $z_0$ sont les coordonnées de la nouvelle origine, et si l'on utilise les formules de transformation

$$x = x_0 + x', \qquad y = y_0 + y', \qquad z = z_0 + z',$$

l'équation de la surface dans le nouveau système est

$$\varphi(x', y', z') + f'_{x_0} x' + f'_{y_0} y' + f'_{z_0} z' + f(x_0, y_0, z_0) = 0 \, ;$$

pour que les termes du premier degré disparaissent, il faut que l'on ait

$$\frac{1}{2} f'_{x_0} = A x_0 + B'' y_0 + B' z_0 + C = 0,$$

$$\frac{1}{2} f'_{y_0} = B'' x_0 + A' y_0 + B z_0 + C' = 0,$$

$$\frac{1}{2} f'_{z_0} = B' x_0 + B y_0 + A'' z_0 + C'' = 0.$$

Le déterminant des coefficients des inconnues est le déterminant $\Delta$ du numéro précédent; s'il n'est pas nul, les équations précédentes ont une seule solution ; la surface a un seul centre. S'il est nul, les équations n'ont aucune solution ou en ont une infinité ; dans le premier cas, la surface n'a pas de centre, dans le second cas elle a une infinité de centres situés sur une droite ou dans un plan.

S'il existe un centre au moins, de coordonnées $x_0$, $y_0$, $z_0$, en transportant l'origine en un tel centre, l'équation transformée prend la forme

$$\varphi(x', y', z') + D' = 0,$$

où $D'$ est la valeur de $f(x_0, y_0, z_0)$ ou encore, d'après le même raisonnement que celui du n° 310, la valeur de

$$\frac{1}{2} f'_{t_0} = C x_0 + C' y_0 + C'' z_0 + D.$$

Si $\Delta$ n'est pas nul, on voit facilement que $D'$ est égal au quotient par $\Delta$ du déterminant

$$H = \begin{vmatrix} A & B'' & B' & C \\ B'' & A' & B & C' \\ B' & B & A'' & C'' \\ C & C' & C'' & D \end{vmatrix}$$

formé par les coefficients de $x$, $y$, $z$, $t$ dans les demi-dérivées de $f(x, y, z, t)$ par rapport à $x$, $y$, $z$ et $t$.

Lorsque H est nul, l'équation de la surface est homogène et représente un cône ou un système de plans passant par la nouvelle origine.

En combinant les résultats obtenus, nous pouvons établir la classification suivante des surfaces du second ordre.

1° Si $\Delta$ n'est pas nul, genre ellipsoïde ou hyperboloïde suivant que le cône des directions asymptotiques est imaginaire ou réel et cas particulier d'un cône si H est nul.

2° Si $\Delta$ est nul et si la surface n'a pas de centre, genre paraboloïde elliptique ou paraboloïde hyperbolique suivant que le cône des directions asymptotiques se réduit à deux plans imaginaires, ou à deux plans réels qui se coupent ; genre cylindre parabolique s'il se réduit à un plan double.

3° Si $\Delta$ est nul et si la surface a une infinité de centres, genre cylindre elliptique ou cylindre hyperbolique, suivant que le cône des directions asymptotiques se réduit à deux plans imaginaires, ou à deux plans réels qui se coupent, et cas particulier de deux plans distincts ou confondus.

**344. Plans diamétraux et diamètres des quadriques.** — En cherchant à déterminer (n° 340) les plans tangents à une surface parallèles à une droite de coefficients directeurs $l$, $m$, $n$, nous avons trouvé que les points de contact de ces plans sont situés sur une surface représentée par l'équation

$$(3) \qquad lf'_x + mf'_y + nf'_z = 0 ;$$

dans le cas d'une quadrique, cette surface est un plan appelé *plan diamétral* de la direction $(l, m, n)$.

Par un raisonnement analogue à celui du n° 312 nous verrions que *le plan diamétral d'une direction donnée est le lieu des milieux des cordes de la quadrique parallèles à cette direction*. La forme de l'équation (3) montre que tout centre de la surface, s'il en existe, appartient à tous les plans diamétraux, car les coordonnées d'un centre annulent les dérivées $f'_x$, $f'_y$, $f'_z$.

Nous avons vu que les points de contact des plans tangents à une surface parallèles à un plan de coefficients directeurs L, M, N sont situés sur la ligne d'équation

$$(4) \qquad \frac{f'_x}{L} = \frac{f'_y}{M} = \frac{f'_z}{N}$$

et que dans le cas d'une quadrique cette ligne est une droite appelée *diamètre*. Nous allons montrer que *le diamètre d'une direction de plan est le lieu des centres des sections de la quadrique par des plans parallèles à cette direction*.

Si nous considérons une de ces sections (*fig.* 130), son centre P est caractérisé par cette propriété qu'il partage en deux parties égales toutes

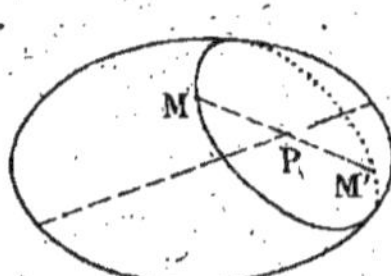

Fig. 130.

les cordes telles que MM′ passant par lui dans le plan de cette section ; il appartient par conséquent aux plans diamétraux de toutes les directions parallèles au plan donné.

Si $l$, $m$, $n$ sont les coefficients directeurs d'une direction de cordes MM′, le plan diamétral de cette direction est représenté par l'équation (3) ; d'autre part, $l$, $m$, $n$ doivent satisfaire, d'après la condition du parallélisme d'une droite et d'un plan (n° 141), à la condition

$$(5) \qquad l\mathrm{L} + m\mathrm{M} + n\mathrm{N} = 0.$$

Nous en concluons que les coordonnées d'un centre tel que P doivent satisfaire à l'équation (3) et cela pour toutes les valeurs de $l$, $m$, $n$ reliées par l'équation (5) ; nous pouvons tirer de cette dernière l'une des trois quantités $l$, $m$, $n$ en fonction des autres ; si par exemple L n'est pas nul, nous avons $l = -\dfrac{m\mathrm{M} + n\mathrm{N}}{\mathrm{L}}$ ; en portant cette valeur dans l'équation (3) du plan diamétral et en ordonnant le premier membre par rapport à $m$ et $n$, nous avons

$$m\left(f'_y - \frac{\mathrm{M}}{\mathrm{L}}f'_x\right) + n\left(f'_z - \frac{\mathrm{N}}{\mathrm{L}}f'_x\right) = 0.$$

Tous les plans représentés par cette équation, lorsque $m$ et $n$ varient, passent constamment par la ligne dont on obtient les équations en annulant séparément les coefficients de $m$ et $n$ ; ces équations peuvent s'écrire sous la forme suivante

$$(6) \qquad \frac{f'_x}{\mathrm{L}} = \frac{f'_y}{\mathrm{M}} = \frac{f'_z}{\mathrm{N}},$$

et elles représentent précisément le diamètre de la direction de plan L, M, N, ce que nous voulions établir. Remarquons que tout centre d'une quadrique appartient à tous les diamètres de cette quadrique.

**345. Application à l'ellipsoïde.** — Nous allons appliquer ce qui précède à l'ellipsoïde représenté par l'équation

$$\frac{x^2}{a^2} + \frac{y^2}{b^2} + \frac{z^2}{c^2} - 1 = 0 ;$$

ce que nous dirons s'étendrait aux hyperboloïdes et au cône en changeant

le signe de $c^2$ et en modifiant le terme constant, ce qui ne change pas
les équations (3) et (6).

Le plan diamétral de la direction de cordes $l$, $m$, $n$ est représenté
par l'équation

(7)
$$\frac{lx}{a^2} + \frac{my}{b^2} + \frac{nz}{c^2} = 0,$$

et le diamètre de la direction de plans L, M, N a pour équations

(8)
$$\frac{x}{a^2 L} = \frac{y}{b^2 M} = \frac{z}{c^2 N}.$$

Supposons que l'on prenne comme direction de plan celle du plan diamétral (7) ; le diamètre de cette direction est représenté par les équations
(8), où l'on remplace L, M et N par $\frac{l}{a^2}$, $\frac{m}{b^2}$, $\frac{n}{c^2}$ ; nous obtenons ainsi
les équations

$$\frac{x}{l} = \frac{y}{m} = \frac{z}{n} ;$$

la direction de la droite qu'elles représentent est précisément celle des
cordes dont le plan (7) est le plan diamétral ; nous avons par suite le théorème suivant, exprimant la réciprocité qui existe entre les diamètres et
les plans diamétraux :

*Le diamètre d'une direction de plan diamétral est parallèle aux
cordes que ce plan partage en deux parties égales.*

Cela posé, soit Q un plan diamétral quelconque (*fig.* 131) et $MOM_1$

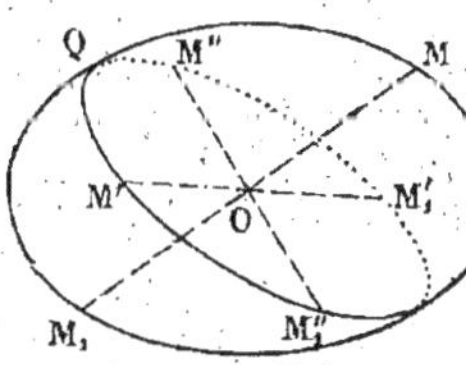

Fig. 131.

son diamètre ; d'après ce que nous venons
de voir, ce diamètre est parallèle aux cordes
que ce plan partage en deux parties égales.
Nous savons de plus, d'après la manière
même dont nous avons obtenu les équations d'un diamètre (n° 344), que la droite
$MOM_1$ est contenue dans le plan diamétral
de toute corde parallèle au plan Q.

Soit $M'OM_1'$ une corde tracée dans le
plan Q par le centre O, et soit $M″OM_1″$ la trace de son plan diamétral
$MM″M_1″$ sur ce plan Q ; $M″OM_1″$ coupe en deux parties égales les cordes de
ce plan parallèles à la direction $M'OM_1'$ ; elle est donc le diamètre conjugué
de cette direction dans la section de la surface par le plan Q.

D'après la réciprocité qui existe dans ce plan entre les diamètres
$M'OM_1'$ et $M″OM_1″$, le premier partage en deux parties égales les cordes
parallèles au second, par suite le plan diamétral de $M″OM_1″$ est le plan

déterminé par OM et OM'. Il résulte de ce qui précède que les trois droites OM, OM', OM" jouissent de cette propriété que le plan diamétral de chacune d'elles est celui qui est déterminé par les deux autres ; on dit que ces droites forment un *système de diamètres conjugués* de l'ellipsoïde.

D'après le n° 339, les plans tangents à l'ellipsoïde aux extrémités d'un diamètre sont parallèles au plan diamétral conjugué de ce diamètre ; les plans tangents à la surface aux extrémités de trois diamètres conjugués forment par suite un parallélépipède qui lui est circonscrit et dont les faces sont parallèles aux plans diamétraux formés par ces diamètres pris deux à deux.

Soient $(l, m, n)$, $(l', m', n')$, $(l'', m'', n'')$ les coefficients directeurs de trois diamètres conjugués ; ils sont liés par les équations que l'on obtient en écrivant que chacun d'eux est contenu dans le plan diamétral de l'un des autres ; ces équations sont

$$\frac{ll'}{a^2} + \frac{mm'}{b^2} + \frac{nn'}{c^2} = 0,$$

$$\frac{l'l''}{a^2} + \frac{m'm''}{b^2} + \frac{n'n''}{c^2} = 0,$$

$$\frac{ll''}{a^2} + \frac{mm''}{b^2} + \frac{nn''}{c^2} = 0.$$

Si $2a'$, $2b'$ et $2c'$ désignent les longueurs de trois diamètres conjugués de l'ellipsoïde, l'équation de la surface, lorsque ces diamètres sont pris comme axes de coordonnées, est

$$\frac{x'^2}{a'^2} + \frac{y'^2}{b'^2} + \frac{z'^2}{c'^2} - 1 = 0.$$

**346. Directions principales d'une quadrique.** — Si une quadrique a un plan de symétrie, ce plan partage en deux parties égales les cordes de la surface qui lui sont perpendiculaires ; c'est donc un plan diamétral particulier, perpendiculaire à la direction qui lui est conjuguée ; cette direction est dite *direction principale* et un plan de symétrie est encore appelé *plan principal*. Une quadrique a en général trois plans principaux formant un trièdre trirectangle ; ses axes sont les droites d'intersection des plans principaux deux à deux.

La recherche des plans et des axes de symétrie d'une quadrique revient à celle de ses directions principales, car il suffit ensuite de déterminer les plans diamétraux de ces dernières. Si la surface est représentée par l'équation (1), et les coefficients directeurs d'une direction principale par $l$, $m$, $n$, le plan diamétral de celle-ci est représenté par l'équation (3), qui s'écrit, en développant les calculs,

$$(9) \quad (Al + B''m + B'n)x + (B''l + A'm + Bn)y + (B'l + Bm + A''n)z$$
$$+ (Cl + C'm + C''n) = 0;$$

pour qu'il soit perpendiculaire à la direction donnée, il faut et il suffit que $l, m, n$ soient liés par les équations

$$\frac{Al + B''m + B'n}{l} = \frac{B''l + A'm + Bn}{m} = \frac{B'l + Bm + A''n}{n},$$

que l'on peut encore écrire sous la forme suivante

$$\frac{\frac{1}{2}\varphi'_l}{l} = \frac{\frac{1}{2}\varphi'_m}{m} = \frac{\frac{1}{2}\varphi'_n}{n},$$

en désignant par $\varphi(l, m, n)$ la fonction homogène

$$\varphi(l, m, n) = Al^2 + A'm^2 + A''n^2 + 2Bmn + 2B'nl + 2B''lm.$$

Pour les résoudre, égalons à $S$ la valeur commune des rapports précédents ; en chassant les dénominateurs et faisant passer tous les termes dans le premier membre, nous avons

$$(10) \quad \begin{cases} (A - S)l + B''m + B'n = 0, \\ B''l + (A' - S)m + Bn = 0, \\ B'l + Bm + (A'' - S)n = 0; \end{cases}$$

ces équations linéaires et homogènes doivent être satisfaites par un système de valeurs non toutes nulles de $l, m, n$ ; il est donc nécessaire que le déterminant des coefficients de ces inconnues soit nul (n° 65), c'est-à-dire que l'on ait

$$(11) \quad \begin{vmatrix} A - S & B'' & B' \\ B'' & A' - S & B \\ B' & B & A'' - S \end{vmatrix} = 0.$$

Le problème de la recherche des directions principales d'une quadrique est ramené à la résolution de l'équation du troisième degré précédente, que l'on appelle équation en $S$ ; nous démontrerons dans un instant qu'elle a ses racines réelles.

Lorsqu'on a calculé une de ses racines, les trois équations (10), où $S$ est remplacé par cette racine, sont compatibles, et en résolvant deux d'entre elles par rapport à deux des inconnues après avoir donné à la troisième une valeur arbitraire, on obtient des valeurs proportionnelles à $l, m, n$ ; ces valeurs déterminent une direction principale de la surface ; l'équation

(9) représente alors le plan diamétral qui lui est conjugué, c'est-à-dire le plan principal perpendiculaire à cette direction.

Nous allons montrer que les directions principales correspondant à deux racines distinctes de l'équation en $S$ sont rectangulaires. Soient $S_1$ et $S_2$ deux de ces racines, $l_1$, $m_1$, $n_1$ et $l_2$, $m_2$, $n_2$ les coefficients des deux directions principales qui s'en déduisent ; ils satisfont aux équations

$$\frac{1}{2}\varphi'_{l_1} = S_1 l_1, \qquad \frac{1}{2}\varphi'_{m_1} = S_1 m_1, \qquad \frac{1}{2}\varphi'_{n_1} = S_1 n_1,$$

$$\frac{1}{2}\varphi'_{l_2} = S_2 l_2, \qquad \frac{1}{2}\varphi'_{m_2} = S_2 m_2, \qquad \frac{1}{2}\varphi'_{n_2} = S_2 n_2 ;$$

multiplions respectivement par $l_2$, $m_2$, $n_2$ les deux membres des premières et ajoutons-les ; multiplions de même par $l_1$, $m_1$, $n_1$ les deux membres des dernières et ajoutons-les ; les premiers membres des résultats sont égaux d'après l'identité, facile à vérifier,

$$l_2\varphi'_{l_1} + m_2\varphi'_{m_1} + n_2\varphi'_{n_1} = l_1\varphi'_{l_2} + m_1\varphi'_{m_2} + n_1\varphi'_{n_2} ;$$

nous en déduisons, par soustraction, la relation

$$(S_1 - S_2)(l_1 l_2 + m_1 m_2 + n_1 n_2) = 0 ;$$

comme le premier facteur $S_1 - S_2$ n'est pas nul, le second facteur doit l'être, ce qui montre bien que les deux directions $(l_1, m_1, n_1)$, $(l_2, m_2, n_2)$ sont rectangulaires.

La conclusion à laquelle nous venons d'aboutir nous permet en outre de démontrer que l'équation en $S$ a ses racines réelles. Supposons en effet qu'elle ait deux racines imaginaires conjuguées $S_1$ et $S_2$ ; nous en déduirons pour $l_1$, $m_1$, $n_1$ et pour $l_2$, $m_2$, $n_2$ des valeurs respectivement conjuguées ; les produits $l_1 l_2$, $m_1 m_2$ et $n_1 n_2$ seront dès lors des sommes de carrés non tous nuls, et la somme $l_1 l_2 + m_1 m_2 + n_1 n_2$ sera positive et non nulle ; mais cette conclusion est en contradiction avec la relation précédemment démontrée, il est donc impossible que l'équation en $S$ ait des racines imaginaires, ce qu'il fallait démontrer.

Il résulte de là qu'il existe trois directions principales dont les coefficients sont réels, et que ces directions forment un trièdre trirectangle ; les plans diamétraux de ces directions forment aussi un trièdre trirectangle dont les faces sont les plans de symétrie de la surface et dont les arêtes en sont les axes de symétrie.

Les calculs qui précèdent supposent que les racines de l'équation en $S$ sont distinctes. Si, en partant de ce cas général, on modifie peu à peu les coefficients de l'équation (1) de façon que des racines deviennent égales, les conclusions précédentes sont encore vraies à la limite ; nous pouvons donc dire que, dans tous les cas, on peut trouver trois directions principales rectangulaires. Nous n'entrerons pas dans le détail de la détermination effective de ces directions lorsque l'équation en $S$ a des racines égales.

**347. Première réduction de l'équation du second degré.** — Nous nous proposons de ramener l'équation d'une quadrique à sa forme la plus simple par une transformation d'axes de coordonnées convenablement choisie. Comme dans le cas d'une conique, nous chercherons d'abord à réduire les termes du second degré, ensuite à réduire autant que possible les termes du premier degré et le terme constant.

La réduction des termes du second degré de l'équation (11) repose sur la détermination que nous venons de faire des directions principales; nous avons vu qu'aux trois racines de l'équation en $S$, que nous désignerons par $S_1, S_2, S_3$, correspondent trois directions principales formant un trièdre trirectangle; nous désignerons par $l_1, m_1, n_1$; $l_2, m_2, n_2$; $l_3, m_3, n_3$ les coefficients directeurs de ces directions et par $\alpha_1, \beta_1, \gamma_1$; $\alpha_2, \beta_2, \gamma_2$; $\alpha_3, \beta_3, \gamma_3$ les cosinus directeurs correspondants, cosinus qui sont tels que l'on ait

$$\frac{\alpha_1}{l_1} = \frac{\beta_1}{m_1} = \frac{\gamma_1}{n_1} = \frac{1}{\sqrt{l_1^2 + m_1^2 + n_1^2}},$$

et de même des autres.

Prenons alors un trièdre trirectangle $Ox'y'z'$ de même origine que le trièdre de coordonnées et dont les arêtes sont les directions précédentes; prenons-le comme nouveau trièdre de coordonnées et effectuons le changement de coordonnées défini par les équations du n° 152; les termes du second degré $\varphi(x, y, z)$ se transforment en

$$\varphi(\alpha_1 x' + \alpha_2 y' + \alpha_3 z', \ \beta_1 x' + \beta_2 y' + \beta_3 z', \ \gamma_1 x' + \gamma_2 y' + \gamma_3 z'),$$

que l'on peut écrire

$$\varphi_1(x', y', z') = A_1 x'^2 + A_1' y'^2 + A_1'' z'^2 + 2B_1 y'z' + 2B_1' z'x' + 2B_1'' x'y',$$

avec

$$A_1 = \varphi(\alpha_1, \beta_1, \gamma_1), \qquad B_1 = \frac{1}{2}(\alpha_2 \varphi'_{\alpha_3} + \beta_2 \varphi'_{\beta_3} + \gamma_2 \varphi'_{\gamma_3}),$$

$$A_1' = \varphi(\alpha_2, \beta_2, \gamma_2), \qquad B_1' = \frac{1}{2}(\alpha_3 \varphi'_{\alpha_1} + \beta_3 \varphi'_{\beta_1} + \gamma_3 \varphi'_{\gamma_1}),$$

$$A_1'' = \varphi(\alpha_3, \beta_3, \gamma_3), \qquad B_1'' = \frac{1}{2}(\alpha_1 \varphi'_{\alpha_2} + \beta_1 \varphi'_{\beta_2} + \gamma_1 \varphi'_{\gamma_2}).$$

Je vais montrer d'abord que les coefficients des rectangles $B_1, B_1', B_1''$

sont nuls et que l'on a, par exemple, $B_1'' = 0$ ; en effet, $\alpha_1$, $\beta_1$, $\gamma_1$ et $\alpha_2$, $\beta_2$, $\gamma_2$ sont proportionnels aux coefficients directeurs $l_1$, $m_1$, $n_1$ et $l_2$, $m_2$, $n_2$ et satisfont aux mêmes relations que ces derniers ; on a donc

$$\frac{1}{2}\,\varphi'_{\alpha_2} = S_2\alpha_2, \qquad \frac{1}{2}\varphi'_{\beta_2} = S_2\beta_2, \qquad \frac{1}{2}\varphi'_{\gamma_2} = S_2\gamma_2,$$

$$B_1'' = S_2(\alpha_1\alpha_2 + \beta_1\beta_2 + \gamma_1\gamma_2)$$

et cette quantité est nulle, d'après les propriétés des directions rectangulaires, de même $B_1'$ et $B_1''$ sont nuls.

Considérons maintenant $A_1$, que l'on peut écrire, d'après la relation d'Euler sur les fonctions homogènes (n° 184),

$$A_1 = \varphi(\alpha_1, \beta_1, \gamma_1) = \frac{1}{2}(\alpha_1\varphi'_{\alpha_1} + \beta_1\varphi'_{\beta_1} + \gamma_1\varphi'_{\gamma_1});$$

d'après le même raisonnement que le précédent, nous aurons

$$\frac{1}{2}\varphi'_{\alpha_1} = S_1\alpha_1, \qquad \frac{1}{2}\varphi'_{\beta_1} = S_1\beta_1, \qquad \frac{1}{2}\varphi'_{\gamma_1} = S_1\gamma_1,$$

de sorte que l'on a

$$A_1 = S_1(\alpha_1^2 + \beta_1^2 + \gamma_1^2)$$

et cette quantité est égale à $S_1$, d'après la propriété des cosinus $\alpha_1$, $\beta_1$, $\gamma_1$ ; nous obtiendrions un résultat analogue pour $A_1'$ et $A_1''$, de sorte que nous avons

$$A_1 = S_1, \quad A_1' = S_2, \quad A_1'' = S_3, \quad B_1 = 0, \quad B_1' = 0, \quad B_1'' = 0,$$

et les termes du second degré de l'équation transformée sont

$$\varphi_1(x', y', z') = S_1x'^2 + S_2y'^2 + S_3z'^2.$$

*Remarque.* — En développant le premier membre de l'équation (11), nous voyons que l'équation en $S$ s'écrit

$$-S^3 + (A + A' + A'')S^2 - (A'A'' - B^2 + A''A - B'^2 + AA' - B''^2)S + \Delta = 0,$$

$\Delta$ étant précisément le déterminant que nous avons rencontré aux n°${}^s$ 342 et 343.

Si $\Delta$ n'est pas nul, la surface est du genre ellipsoïde ou hyperboloïde et le produit des racines de l'équation en $S$, qui a pour valeur $\Delta$, n'est pas nul ; par suite, aucune des racines n'est nulle, la réduction de l'équation du second degré conduit donc à la forme

$$(12) \qquad S_1x'^2 + S_2y'^2 + S_3z'^2 + 2C_1x' + 2C_1'y' + 2C_1''z' + D = 0.$$

Si $\Delta$ est nul, la surface est du genre paraboloïde ou cylindre ; l'une au moins des racines de l'équation en $S$ est nulle, et l'équation prend la forme précédente avec suppression d'un ou de deux termes en $x'^2$, $y'^2$, $z'^2$.

*Exemple.* — Soit l'équation

$$x^2 + y^2 + z^2 + 2yz - 4 = 0 ;$$

l'équation en S est

$$\Delta(S) = \begin{vmatrix} 1 - S & 0 & 0 \\ 0 & 1 - S & 1 \\ 0 & 1 & 1 - S \end{vmatrix} = (1 - S)(S^2 - 2S) = 0$$

et a pour racines $S_1 = 1$, $S_2 = 2$, $S_3 = 0$ ; de ces trois racines on déduit à l'aide des équations (10) les coefficients des directions principales et leurs cosinus directeurs

$$\alpha_1 = 1, \qquad \beta_1 = 0, \qquad \gamma_1 = 0,$$
$$\alpha_2 = 0, \qquad \beta_2 = \frac{\sqrt{2}}{2}, \qquad \gamma_2 = \frac{\sqrt{2}}{2},$$
$$\alpha_3 = 0, \qquad \beta_3 = -\frac{\sqrt{2}}{2}, \qquad \gamma_3 = \frac{\sqrt{2}}{2} ;$$

en prenant ces directions comme nouveaux axes de coordonnées, l'équation a la forme réduite

$$x'^2 + 2y'^2 - 4 = 0$$

et elle représente un cylindre elliptique.

**348. Deuxième réduction de l'équation du second degré.** — Supposons que l'on soit parvenu à une équation de la forme (12) et désignons, pour ne pas compliquer l'écriture, par

$$f(x, y, z) = Ax^2 + A'y^2 + A''z^2 + 2Cx + 2C'y + 2C''z + D = 0$$

l'équation obtenue ; nous allons transporter les axes parallèlement à eux-mêmes en un point de coordonnées $x_0$, $y_0$, $z_0$ et nous choisirons ce point de façon à simplifier les termes qui suivent ceux du second degré.

1$^{er}$ Cas. A, A', A'' ne sont pas nuls, genre ellipsoïde ou hyperboloïde, il suffit de prendre

$$x_0 = -\frac{C}{A}, \qquad y_0 = -\frac{C'}{A'}, \qquad z_0 = -\frac{C''}{A''}$$

pour faire disparaître les termes du premier degré, et l'équation est ainsi réduite à la forme

$$Ax^2 + A'y^2 + A''z^2 + D' = 0,$$

que l'on ramène immédiatement, suivant les signes des coefficients, à l'une des formes

$$\frac{x^2}{a^2} + \frac{y^2}{b^2} + \frac{z^2}{c^2} \left\{ \begin{array}{l} -1 = 0, \\ +1 = 0, \\ \phantom{+1} = 0, \end{array} \right. \qquad \frac{x^2}{a^2} + \frac{y^2}{b^2} - \frac{z^2}{c^2} \left\{ \begin{array}{l} -1 = 0; \\ +1 = 0, \\ \phantom{+1} = 0; \end{array} \right.$$

elles représentent la première un ellipsoïde réel, la deuxième une surface qui n'a aucun point réel et que l'on appelle un ellipsoïde imaginaire, la troisième un cône imaginaire, n'ayant qu'un seul point réel à l'origine, la quatrième un hyperboloïde à une nappe, la cinquième un hyperboloïde à deux nappes et la sixième un cône réel.

2° Cas. L'équation en S a une racine nulle, soit $A'' = 0$ ; l'équation a la forme

$$Ax^2 + A'y^2 + 2Cx + 2C'y + 2C''z + D = 0.$$

Si $C''$ n'est pas nul, on peut transporter les axes en un point $(x_0, y_0, z_0)$ tel que les termes du premier degré en $x$ et $y$ et le terme indépendant soient nuls, et l'on arrive à l'équation réduite

$$Ax^2 + A'y^2 + 2C''z = 0,$$

qui se ramène, par un choix convenable de la direction des axes, à

$$\frac{x^2}{p} \pm \frac{y^2}{q} - 2z = 0$$

et représente un paraboloïde elliptique ou hyperbolique.

Si $C''$ est nul, on peut encore faire disparaître les termes du premier degré en $x$ et $y$ et aboutir à l'équation

$$Ax^2 + A'y^2 + D' = 0,$$

qui se ramène à

$$\frac{x^2}{a^2} \pm \frac{y^2}{b^2} \left\{ \begin{array}{l} -1 = 0, \\ +1 = 0, \\ \phantom{+1} = 0 \end{array} \right.$$

et représente un cylindre elliptique réel ou imaginaire, ou un cylindre hyperbolique, ou deux plans.

3° Cas. L'équation en S a deux racines nulles, soient $A' = A'' = 0$ ; l'équation a la forme

$$Ax^2 + 2Cx + 2C'y + 2C''z + D = 0.$$

Si $C'$ et $C''$ ne sont pas tous les deux nuls, on peut faire une rotation des axes $Oy$, $Oz$ qui fasse disparaître le terme en $z$, puis transporter les axes en un point tel que le terme en $x$ et le terme constant disparaissent ; on arrive à la forme

$$A x^2 + 2 C y = 0 \qquad \text{ou} \qquad x^2 - 2py = 0,$$

qui représente un cylindre parabolique. Enfin, si $C'$ et $C''$ sont nuls, l'équation représente deux plans parallèles.

**349. Plan polaire.** — Nous avons vu au n° 341 que si l'on veut mener à une surface des plans tangents passant par un point donné P de coordonnées $x_0, y_0, z_0$, les points de contact de ces plans sont à l'intersection de la surface donnée et de la surface polaire représentée par l'équation

$$x_0 f'_x + y_0 f'_y + z_0 f'_z + f'_t = 0 ;$$

dans le cas où $f$ est du second degré, la surface polaire est un plan que l'on appelle *plan polaire* du point P ; inversement, ce point est appelé *pôle du plan.*

L'équation du plan polaire peut encore s'écrire sous la forme

$$x f'_{x_0} + y f'_{y_0} + z f'_{z_0} + f'_{t_0} = 0$$

et les coordonnées $x_0, y_0, z_0$ du pôle d'un plan d'équation

$$A x + B y + C z + D = 0$$

sont données par les relations d'identification entre les deux équations précédentes, c'est-à-dire par les équations

$$\frac{f'_{x_0}}{A} = \frac{f'_{y_0}}{B} = \frac{f'_{z_0}}{C} = \frac{f'_{t_0}}{D}.$$

Comme au n° 317 dans le cas des coniques, nous démontrerions que si l'on trace par P une sécante quelconque rencontrant la surface en M et M', et si l'on prend le point Q conjugué harmonique de P par rapport à M et M', le lieu du point Q est le plan polaire de P. Les plans polaires de tous les points P d'un plan passent tous par le pôle de ce plan, et les pôles de tous les plans passant par un point $P_1$ sont tous dans le plan polaire de $P_1$.

Le plan polaire d'un point $P(x_0, y_0, z_0)$ par rapport à un ellipsoïde représenté par l'équation habituelle est déterminé par l'équation

$$\frac{x x_0}{a^2} + \frac{y y_0}{b^2} + \frac{z z_0}{c^2} - 1 = 0 ;$$

il est parallèle au plan diamétral de la direction OP, et si la droite OP rencontre le plan polaire en Q, la surface en M et M', on a

$$OP \cdot OQ = \overline{OM}^2.$$

**350. Intersection de deux quadriques.** — Deux surfaces du second ordre représentées par les équations

$$f(x, y, z) = \mathrm{A}x^2 + \mathrm{A}'y^2 + \mathrm{A}''z^2 + \cdots + \mathrm{D} = 0,$$
$$f_1(x, y, z) = \mathrm{A}_1 x^2 + \mathrm{A}_1' y^2 + \mathrm{A}_1'' z^2 + \cdots + \mathrm{D}_1 = 0$$

ont en commun une ligne du quatrième ordre (n° 135) représentée par l'ensemble de ces équations. Cette ligne peut se décomposer en une droite et une cubique, ou deux droites et une conique, ou quatre droites ; on le reconnaîtra soit par des considérations géométriques, soit en projetant la ligne d'intersection sur les plans de coordonnées et constatant que les premiers membres des équations de ces projections se décomposent en facteurs.

Le cas particulier le plus intéressant est celui où les quadriques ont en commun une conique connue à l'avance ; nous allons montrer qu'elles ont en commun une deuxième conique et trouver cette conique. Nous nous appuierons sur cette remarque : toutes les surfaces représentées par l'équation

$$f + \lambda f_1 = 0,$$

où $\lambda$ est un paramètre arbitraire, passent par les points communs aux deux surfaces données.

Supposons que l'on choisisse des axes de coordonnées de façon que le plan de la conique commune donnée soit le plan $xOy$ ; en faisant $z = 0$ dans les équations des deux surfaces, on doit obtenir des équations représentant la même conique d'intersection ; si $\psi(x, y) = 0$ est l'équation de cette conique, on peut supposer que l'on a

$$f = \psi(x, y) + z\mathrm{P}, \qquad f_1 = \psi(x, y) + z\mathrm{P}_1,$$

P et $\mathrm{P}_1$ étant des fonctions du premier degré de $x$, $y$, $z$. Les coordonnées de tous les points communs aux deux surfaces satisfont à l'équation

$$f - f_1 = z(\mathrm{P} - \mathrm{P}_1) = 0,$$

qui se décompose en deux autres, d'abord $z = 0$, qui conduit à la première conique, ensuite $\mathrm{P} - \mathrm{P}_1 = 0$, qui représente un plan. Ce plan coupe les surfaces suivant une deuxième conique commune, qui constitue avec la première l'intersection des deux surfaces ; la proposition est démontrée.

D'une manière générale, si l'on considère sur une surface S d'équation $f = 0$ deux coniques déterminées par les plans $\mathrm{P} = 0$, $\mathrm{Q} = 0$, et n'ayant pas de droite commune, toute surface $\mathrm{S}_1$ ayant avec la première ces coniques comme intersection est représentée par l'équation

$$f_1 = f + \lambda \mathrm{PQ} = 0.$$

Soit dans ce cas  M  un point commun aux surfaces d'équations

$$f = 0, \quad P = 0, \quad Q = 0, \quad f_1 = 0 ;$$

on voit facilement que les coordonnées de ce point rendent respectivement égales les dérivées de $f$ et de $f_1$, par suite les plans tangents aux deux surfaces sont les mêmes.

Si les coniques communes sont dans des plans distincts, la droite commune à ces deux plans coupe les surfaces  S  et  $S_1$  en deux points communs  M  et  M′  et les plans tangents en ces points sont les mêmes ; on dit que les deux surfaces sont *bitangentes*.

Si les coniques communes sont confondues, les plans  $P = 0$,  $Q = 0$ étant identiques, l'équation de  $S_1$  peut être mise sous la forme

$$f_1 = f + \lambda P^2 = 0$$

et les plans tangents aux deux surfaces  S  et  $S_1$  sont les mêmes en tous les points de la conique contenue dans le plan  $P = 0$ ;  on dit que les surfaces sont *circonscrites* le long de cette conique.

On a souvent à utiliser ce théorème : deux surfaces circonscrites à une troisième se coupent suivant deux coniques et sont bitangentes. Soit en effet S une première surface d'équation $f = 0$ ;  deux surfaces  $S_1$  et $S_2$,  circonscrites à  S  respectivement le long des coniques d'intersection par les plans d'équations  $P_1 = 0$,  $P_2 = 0$,  ont des équations de la forme

$$f_1 = f + \lambda_1 P_1^2 = 0, \quad f_2 = f + \lambda_2 P_2^2 = 0.$$

L'équation

$$f_1 - f_2 = \lambda_1 P_1^2 - \lambda_2 P_2^2 = 0$$

se décompose en deux équations du premier degré et représente deux plans ; par suite, l'intersection des surfaces  $S_1$  et  $S_2$  se décompose en deux coniques, ce qu'il fallait démontrer.

On remarque que les plans de ces deux coniques passent par la droite d'intersection des plans d'équations  $P_1 = 0$,  $P_2 = 0$,  c'est-à-dire des plans des coniques suivant lesquelles les surfaces  $S_1$  et  $S_2$  sont respectivement circonscrites à  S, et l'on verrait facilement qu'ils forment avec ces derniers plans un faisceau harmonique.

# CHAPITRE IX

## ENVELOPPES DES FIGURES DE L'ESPACE

**351. Enveloppe d'une famille de surfaces.** — Considérons une famille de surfaces $S$ représentées par une même équation

$$(1) \qquad f(x, y, z, a) = 0$$

renfermant un paramètre variable $a$. Par analogie avec ce que nous avons dit dans le cas d'une courbe plane (n° 321), nous définirons l'enveloppe de cette famille de surfaces de la façon suivante :

Prenons la surface correspondant à la valeur $a$ du paramètre et la surface voisine correspondant à la valeur $a + \Delta a$ du même paramètre ; lorsque $\Delta a$ tend vers zéro, la ligne d'intersection de ces deux surfaces tend vers une position limite que l'on appelle *ligne caractéristique* de la première. Par un raisonnement identique à celui du n° 321, nous verrions que cette ligne est représentée par les équations

$$(2) \qquad f(x, y, z, a) = 0, \quad f'_a(x, y, z, a) = 0 \,;$$

le lieu de cette ligne caractéristique, lorsque $a$ varie, est appelé l'enveloppe de la famille de surfaces $S$ et l'on obtient son équation en éliminant $a$ entre les deux relations précédentes.

Dans le cas particulier où l'équation (1) est de la forme

$$\varphi(x, y, z) + a\psi(x, y, z) = 0,$$

les surfaces qu'elle représente passent toutes par la ligne représentée par les équations $\varphi = 0$, $\psi = 0$, et cette ligne est leur enveloppe.

Nous allons vérifier, par un raisonnement analogue à celui du n° 322, qu'une surface enveloppée $S$ et l'enveloppe $E$ ont même plan tangent en tous les points de la ligne caractéristique. En un point de cette ligne, l'équation du plan tangent à la surface $S$ correspondant à la valeur fixe $a$ du paramètre est

$$(3) \qquad (X - x)f'_x + (Y - y)f'_y + (Z - z)f'_z = 0.$$

L'équation de E peut être considérée comme étant la première des équations (2) où $a$ a été remplacé par sa valeur tirée de la seconde en fonction de $x$, $y$, $z$ ; les coefficients de l'équation du plan tangent sont alors

$$f'_x + f'_a a'_x, \quad f'_y + f'_a a'_y, \quad f'_z + f'_a a'_z ;$$

mais $f'_a$ est nul, par suite ces coefficients sont les mêmes que dans l'équation (3), et les plans tangents sont identiques. Cette propriété justifie le nom d'enveloppe donné à la surface E.

*Exemple.* — Soit la famille de sphères représentées par l'équation

$$(4) \qquad x^2 + y^2 + z^2 - 2az + (a-p)^2 = 0,$$

où $a$ est variable et $p$ constant ; la dérivée de cette équation par rapport à $a$ est

$$-2z + 2(a-p) = 0 ;$$

on en conclut que la ligne caractéristique est le cercle d'intersection de la sphère et du plan $z = a - p$.

En éliminant $a$ entre les deux relations, nous obtenons l'équation de l'enveloppe, qui est

$$x^2 + y^2 - 2pz = 0 ;$$

elle représente un paraboloïde de révolution autour de $Oz$ ; nous obtiendrions encore son équation en écrivant que l'équation (4) a une racine double par rapport à $a$, d'après la remarque faite au n° 323.

Il peut arriver, comme au n° 325 pour les courbes planes, que les surfaces d'une famille soient représentées par une équation renfermant deux paramètres, de la forme

$$(5) \qquad f(x, y, z, a, b) = 0,$$

$b$ étant une fonction de $a$ ; la ligne caractéristique est alors représentée par l'équation (5) et sa dérivée par rapport à $a$, c'est-à-dire

$$(6) \qquad f'_a + f'_b \frac{db}{da} = 0.$$

Si en particulier $a$ et $b$ sont liés par une équation telle que

$$(7) \qquad \varphi(a, b) = 0,$$

la différentiation de cette équation conduit à la relation

$$(8) \qquad \varphi'_a + \varphi'_b \frac{db}{da} = 0,$$

et l'élimination de $\dfrac{db}{da}$ entre (6) et (8) donne l'équation

$$(9) \qquad \frac{f'_a}{\varphi'_a} = \frac{f'_b}{\varphi'_b};$$

nous obtiendrons dans ce cas l'équation de l'enveloppe en éliminant $a$ et $b$ entre les équations (5), (7) et (9).

**352. Cas de deux paramètres indépendants.** — Supposons que des surfaces soient représentées par l'équation (5) renfermant deux paramètres, et que ces paramètres soient indépendants l'un de l'autre. La ligne d'intersection d'une surface correspondant aux valeurs $a$, $b$ des paramètres, et d'une surface voisine correspondant aux valeurs $a + \Delta a$, $b + \Delta b$ de ces paramètres, ne tend vers une limite déterminée que si $\Delta b$ et $\Delta a$ tendent vers zéro d'après une loi donnée; c'est-à-dire si $\dfrac{\Delta b}{\Delta a}$ a une limite déterminée; cette ligne est alors représentée par les équations (5) et (6).

Si l'on vient à changer la loi de dépendance de $\Delta b$ et $\Delta a$, la ligne caractéristique change, mais elle passe toujours par les points dont les coordonnées satisfont aux équations

$$(10) \qquad f(x,\ y,\ z,\ a,\ b) = 0, \qquad f'_a = 0, \qquad f'_b = 0;$$

ces points sont appelés *points caractéristiques*, et leur lieu, lorsque $a$ et $b$ varient, est une surface appelée l'enveloppe des surfaces données.

On obtient l'équation de cette enveloppe en éliminant $a$ et $b$ entre les équations (10). Par un raisonnement analogue à celui du numéro précédent, nous verrions que la surface enveloppe est tangente à chaque surface enveloppée aux points caractéristiques de cette dernière.

Le cas le plus simple est celui de l'enveloppe des plans tangents à une surface quelconque; l'équation d'un tel plan renferme deux paramètres, par exemple, les coordonnées $x$ et $y$ du point de contact. L'enveloppe de ces plans est la surface elle-même, qui touche chaque plan au point caractéristique.

*Exemple.* — Soit à trouver l'enveloppe d'un plan d'équation

$$(11) \qquad ux + vy + wz + 1 = 0,$$

sachant que $u$, $v$, $w$ sont liés par l'équation

$$(12) \qquad w = uv.$$

Si nous remplaçons dans (11) $w$ par sa valeur, nous mettons l'équation du plan mobile sous la forme

$$(13) \qquad ux + vy + uvz + 1 = 0,$$

qui renferme deux paramètres indépendants ; en appliquant la méthode précédente, nous devons former les équations dérivées par rapport à $u$ et $v$

$$x + vz = 0, \qquad y + uz = 0,$$

et éliminer $u$ et $v$ entre ces relations et l'équation (13), ce qui donne pour équation de l'enveloppe

$$z = xy .$$

La surface enveloppe est un paraboloïde et les plans (11) en sont les plans tangents ; la relation (12) qui existe entre les coefficients de ces plans est appelée *équation tangentielle* du paraboloïde.

Nous pourrions ramener à ce cas celui d'une surface représentée par l'équation

$$(14) \qquad f(x, y, z, a, b, c) = 0,$$

dans laquelle entrent trois paramètres $a$, $b$, $c$, liés par une équation

$$(15) \qquad \varphi(a, b, c) = 0 ;$$

en considérant $c$ comme une fonction de $a$ et $b$, nous devons annuler les dérivées de $f$ par rapport à $a$ et $b$, ce qui donne

$$f'_a + f'_c \frac{\partial c}{\partial a} = 0, \qquad f'_b + f'_c \frac{\partial c}{\partial b} = 0 ;$$

mais on a

$$\varphi'_a + \varphi'_c \frac{\partial c}{\partial a} = 0, \qquad \varphi'_b + \varphi'_c \frac{\partial c}{\partial b} = 0 ;$$

l'élimination des dérivées $\dfrac{\partial c}{\partial a}$, $\dfrac{\partial c}{\partial b}$ donne

$$(16) \qquad \frac{f'_a}{\varphi'_a} = \frac{f'_b}{\varphi'_b} = \frac{f'_c}{\varphi'_c}$$

et nous aurons les équations de l'enveloppe en éliminant $a$, $b$, $c$ entre les équations (14), (15), (16).

Une application de ce calcul est la recherche des polaires réciproques. Étant donnée une quadrique directrice D et une surface S, on appelle polaire réciproque de S par rapport à D l'enveloppe S′ des plans polaires par rapport à D des points de S. La recherche de la polaire réciproque d'une surface par rapport à un ellipsoïde se fait d'une manière analogue à celle que nous avons développée au n° 326 ; nous verrions que les surfaces S et S′ sont réciproques et que chacune d'elles est à la fois l'enveloppe des plans polaires des points de l'autre et le lieu des pôles de ses plans tangents.

**353. Enveloppe d'une famille de lignes.** — Étant donnée dans l'espace une famille de lignes dépendant d'un paramètre, on ne peut définir leur enveloppe comme précédemment, car deux lignes voisines n'ont généralement aucun point commun ; on prend dans ce cas la propriété d'une enveloppe comme définition, et l'on appelle enveloppe d'une famille de lignes C une ligne L à laquelle sont tangentes toutes les lignes C.

En général, les lignes d'une famille n'ont pas d'enveloppe ; pour qu'elles en possèdent une, il est nécessaire qu'elles satisfassent à une condition particulière.

Nous allons chercher cette condition dans le cas particulier où les lignes sont des droites ; nous les supposerons représentées par des équations de la forme

$$(17) \qquad x = az + p, \qquad y = bz + q,$$

$a, b, p, q$ étant fonctions d'un paramètre $t$ ; chaque droite correspond à une valeur de ce paramètre. S'il existe une ligne enveloppe L, chaque point P de cette ligne est situé sur une des droites, et sa cote est une certaine fonction $f(t)$ du paramètre relatif à cette droite ; les coordonnées X, Y, Z des points de L sont donc de la forme

$$(18) \qquad Z = f(t), \qquad X = af(t) + p, \qquad Y = bf(t) + q.$$

La fonction encore inconnue $f(t)$ doit satisfaire à la condition que la tangente en P à la ligne L soit la droite de paramètre $t$ dont les coefficients directeurs sont $a, b, 1$ ; comme elles passent déjà l'une et l'autre par P, il faut et il suffit qu'elles soient parallèles, ce qui s'exprime par les conditions

$$\frac{X'_t}{a} = \frac{Y'_t}{b} = \frac{Z'_t}{1},$$

ou bien

$$\frac{a'f(t) + af'(t) + p'}{a} = \frac{b'f(t) + bf'(t) + q'}{b} = \frac{f'(t)}{1} ;$$

ces conditions se réduisent à

$$a'f(t) + p' = 0, \qquad b'f(t) + q' = 0.$$

Pour qu'elles fournissent une valeur de $f(t)$, il faut d'abord qu'elles soient compatibles et que l'on ait la relation

$$(19) \qquad a'q' - b'p' = 0 ;$$

cette condition, qui est nécessaire, est aussi suffisante, car si elle est remplie, la fonction $f(t)$ est égale à la valeur commune des rapports $\dfrac{-p'}{a'}$,

$\dfrac{-q'}{b'}$ ; les équations

$$Z = \dfrac{-p'}{a'} = \dfrac{-q'}{b'}, \qquad X = aZ + p, \qquad Y = bZ + q$$

définissent une ligne à laquelle toutes les droites (17) restent tangentes, et qui est l'enveloppe de ces droites.

La relation (19) est identique à celle qui exprime que les droites (17) forment une surface développable (n° 337); nous arrivons donc à cette conclusion :

*Pour que des droites aient une enveloppe, il faut et il suffit qu'elles forment une surface développable.*

L'enveloppe de ces droites est appelée *arête de rebroussement* de la surface développable, parce que toute section de cette surface par un plan quelconque présente un point de rebroussement précisément sur l'enveloppe que nous venons de déterminer ; celle-ci peut se réduire à un point, comme cela a lieu pour un cône.

Ajoutons que, d'après ce qui précède, les tangentes à une ligne de l'espace forment une surface développable ayant cette ligne comme arête de rebroussement, puisqu'elles l'admettent comme enveloppe.

Un autre exemple de lignes ayant une enveloppe est fourni par les caractéristiques des surfaces d'une famille à un paramètre. Si nous considérons des surfaces représentées par l'équation (1) et leurs caractéristiques représentées par les équations (2), nous pouvons montrer que ces dernières ont une enveloppe représentée par les équations

$$(20) \quad f(x, y, z, a) = 0, \qquad f'_a(x, y, z, a) = 0, \qquad f''_{a^2}(x, y, z, a) = 0.$$

Ces équations fournissent des valeurs de $x, y, z$ en fonction de $a$ et définissent, quand $a$ varie, une certaine ligne L. Supposons que nous tirions $a$ de la dernière des équations (20) et que nous portions dans les deux autres la valeur trouvée ; nous aurons les équations de la ligne L. Si nous formons d'après la méthode du n° 335 d'une part les équations de la tangente en un point de cette ligne, d'autre part celles de la tangente au point correspondant de la ligne caractéristique représentée par les équations (2), nous constaterons, comme au n° 351, que ces équations sont les mêmes et que les tangentes sont confondues ; la proposition se trouve ainsi démontrée.

La ligne L est dite l'arête de rebroussement de la surface enveloppe E.

**354. Enveloppe d'une famille de plans.** — Un exemple de ce qui précède est fourni par l'enveloppe d'une famille de plans. Supposons que les coefficients de l'équation d'un plan

$$(21) \qquad Ax + By + Cz + D = 0$$

soient fonctions d'un paramètre ; les plans de la famille ainsi définie ont une enveloppe déterminée par l'équation précédente et sa dérivée par rapport au paramètre ; si nous indiquons par des accents les dérivées des coefficients, cette équation dérivée est

$$(22) \qquad A'x + B'y + C'z + D' = 0.$$

La ligne caractéristique est une droite, et l'ensemble des droites caractéristiques est une surface réglée ; d'après une propriété démontrée, la surface enveloppée est tangente à l'enveloppe en tous les points de la ligne caractéristique ; nous en concluons que le plan représenté par (21) est tangent à la surface réglée, qui est son enveloppe, tout le long de la génératrice caractéristique ; cette surface réglée, ayant même plan tangent en tous les points d'une génératrice, est une surface développable.

L'arête de rebroussement de cette surface, c'est-à-dire l'enveloppe des génératrices, est définie par les équations (21) et (22) et par la dérivée de celle-ci par rapport au paramètre, c'est-à-dire par

$$A''x + B''y + C''z + D'' = 0.$$

# CHAPITRE X

## COURBURE DES LIGNES DE L'ESPACE

**355. Plan osculateur à une ligne.** — On appelle plan osculateur à une ligne de l'espace en un point de cette ligne, *la limite du plan passant par la tangente en ce point et parallèle à la tangente en un point voisin, lorsque celui-ci se rapproche indéfiniment du premier.*

Nous supposons que les coordonnées des points de la ligne sont fonctions d'un paramètre $t$ ; nous nous proposons de former l'équation du plan osculateur en un point $M$ de coordonnées $x$, $y$, $z$ correspondant à la valeur $t$ du paramètre ; nous déterminerons d'abord le plan passant par la tangente en ce point, et parallèle à la tangente en un point voisin $M'$ correspondant à la valeur $t + \Delta t$ du paramètre.

L'équation de ce plan est de la forme

$$(1) \qquad A(X - x) + B(Y - y) + C(Z - z) = 0 ;$$

les coefficients A, B, C seront déterminés par les conditions qu'il soit parallèle aux tangentes en $M$ et en $M'$ (n° 142). Comme les coefficients directeurs de ces tangentes sont respectivement $x'(t)$, $y'(t)$, $z'(t)$ et $x'(t + \Delta t)$, $y'(t + \Delta t)$, $z'(t + \Delta t)$, les conditions auxquelles doivent satisfaire A, B, C s'expriment par les équations

$$(2) \qquad Ax'(t) + By'(t) + Cz'(t) = 0 ,$$

$$(3) \qquad Ax'(t + \Delta t) + By'(t + \Delta t) + Cz'(t + \Delta t) = 0.$$

Remplaçons la dernière par la combinaison suivante de (2) et (3) :

$$(4) \quad A\frac{x'(t + \Delta t) - x'(t)}{\Delta t} + B\frac{y'(t + \Delta t) - y'(t)}{\Delta t} + C\frac{z'(t + \Delta t) - z'(t)}{\Delta t} = 0 ;$$

supposons maintenant que $M'$ se rapproche indéfiniment du point $M$ ; $\Delta t$ tend vers zéro et l'équation (4) devient à la limite

$$(5) \qquad Ax''(t) + By''(t) + Cz''(t) = 0 ;$$

nous en concluons que le plan osculateur au point $M$ est représenté par l'équation (1), les coefficients $A$, $B$, $C$ étant déterminés par les relations (2) et (5). Ces dernières déterminent seulement des valeurs proportionnelles aux inconnues ; mais, pour la commodité des calculs, nous adopterons désormais pour $A$, $B$, $C$ les valeurs suivantes qui satisfont aux relations (2) et (5)

$$(6) \qquad A = y'z'' - z'y'', \qquad B = z'x'' - x'z'', \qquad C = x'y'' - y'x''.$$

L'équation (1), dont les coefficients ont ces valeurs, peut être écrite sous la forme suivante.

$$(7) \qquad \begin{vmatrix} X - x & Y - y & Z - z \\ x'(t) & y'(t) & z'(t) \\ x''(t) & y''(t) & z''(t) \end{vmatrix} = 0,$$

ou bien encore, en introduisant les différentielles, sous la forme

$$\begin{vmatrix} X - x & Y - y & Z - z \\ dx & dy & dz \\ d^2x & d^2y & d^2z \end{vmatrix} = 0.$$

Il est facile de montrer que le plan osculateur est la limite d'un plan passant par la tangente en $M$ et par un point voisin, ou encore d'un plan passant par $M$ et par deux points voisins lorsque ces derniers tendent vers le point $M$.

Pour démontrer par exemple la dernière proposition, nous désignerons par $t$, $t_1$ et $t_2$ les valeurs de $t$ correspondant au point $M$ et à deux points voisins $M_1$ et $M_2$ ; un plan passant par $M$ et représenté par (1) passera par $M_1$ et $M_2$ si ses coefficients satisfont aux relations

$$A\big[x(t_1) - x(t)\big] + B\big[y(t_1) - y(t)\big] + C\big[z(t_1) - z(t)\big] = 0,$$
$$A\big[x(t_2) - x(t)\big] + B\big[y(t_2) - y(t)\big] + C\big[z(t_2) - z(t)\big] = 0.$$

Les premiers membres de ces équations sont des fonctions que l'on peut transformer par la formule des accroissements finis (n° 169) et ils sont égaux à

$$(t_1 - t)\big[Ax'(t_3) + By'(t_3) + Cz'(t_3)\big],$$
$$(t_2 - t)\big[Ax'(t_4) + By'(t_4) + Cz'(t_4)\big],$$

$t_3$ et $t_4$ étant des valeurs particulières de $t$ respectivement comprises entre $t$ et $t_1$ et entre $t$ et $t_2$ ; comme $t_1 - t$ et $t_2 - t$ ne sont pas nuls, nous avons donc les équations

$$Ax'(t_3) + By'(t_3) + Cz'(t_3) = 0,$$
$$Ax'(t_4) + By'(t_4) + Cz'(t_4) = 0.$$

Nous pouvons remplacer la dernière de ces deux équations par leur différence et appliquer de nouveau à cette différence la formule des accroissements finis, ce qui nous fournira l'équation suivante :

$$(t_4 - t_3)\left[Ax''(t_5) + By''(t_5) + Cz''(t_5)\right] = 0,$$

$t_5$ étant compris entre $t_3$ et $t_4$. Comme $t_4 - t_3$ n'est pas nul, nous voyons finalement que les coefficients A, B, C du plan passant par $M$, $M_1$, $M_2$ doivent satisfaire aux deux relations

$$Ax'(t_3) + By'(t_3) + Cz'(t_3) = 0,$$
$$Ax''(t_5) + By''(t_5) + Cz''(t_5) = 0.$$

Lorsque $M_1$ et $M_2$ se rapprochent de M, les valeurs $t_1$ et $t_2$ tendent vers $t$ et il en est de même de $t_3$ et $t_5$ ; par suite A, B, C doivent satisfaire à la limite aux équations (2) et (5), ce qui démontre la proposition.

**356. Normale principale.** — On appelle normale principale en un point d'une courbe de l'espace la normale à cette courbe située dans le plan osculateur ; elle est l'intersection du plan normal (n° 334) représenté par l'équation

$$(8) \qquad (X - x)x' + (Y - y)y' + (Z - z)z' = 0,$$

et du plan osculateur, représenté par les équations (1) et (6) ou (7).

Si la courbe considérée est plane, son plan osculateur en un point quelconque se confond avec le plan de la courbe ; la normale principale est alors la normale à la courbe dans son plan, telle qu'on la considère en géométrie plane.

**357. Centre et rayon de courbure en un point d'une courbe de l'espace.** — Par analogie avec ce que nous avons dit dans le cas d'une courbe plane (n° 327), nous poserons les définitions suivantes :

Considérons (*fig*. 132) un point M d'une courbe gauche et un point voisin M', soient $\Delta s$ la longueur de l'arc MM' et $\Delta\varphi$ l'angle des tangentes MT, M'T' à ses extrémités ; on appelle courbure moyenne de l'arc MM' le rapport $\dfrac{\Delta\varphi}{\Delta s}$, et courbure au point M la limite de ce rapport quand M' tend vers M. D'autre part, les plans normaux à la courbe en M et M' se coupent suivant une certaine droite ; soit D la position limite de cette droite lorsque M' se rapproche indéfiniment de M ; le point de rencontre C de cette droite D et du plan osculateur à la courbe au point M s'appelle centre de courbure relatif à ce point M. Ce point C est situé sur la normale principale à la courbe au point $M$ ; la longueur $MC$ est appelée rayon de courbure en ce point de la courbe.

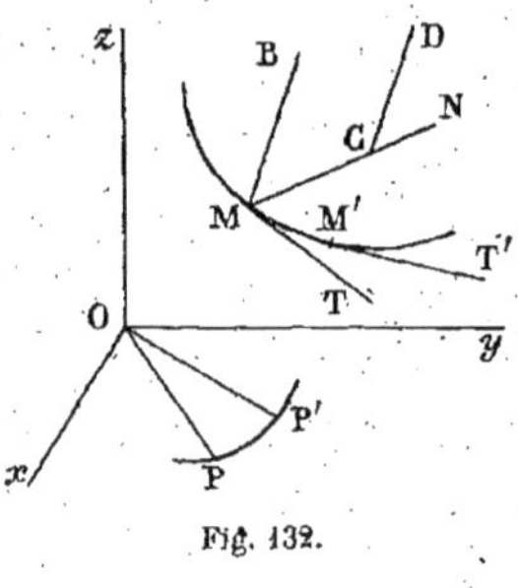

Fig. 132.

Nous allons d'abord déterminer le centre et le rayon de courbure en un point $M$ d'une courbe de l'espace. La droite $D$ est la ligne caractéristique du plan normal, c'est-à-dire la droite de contact de ce plan avec son enveloppe ; elle est appelée *droite polaire*, et est définie par l'équation (8) du plan normal et par la dérivée de cette équation qui est

$$(9) \qquad (X - x)x'' + (Y - y)y'' + (Z - z)z'' - (x'^2 + y'^2 + z'^2) = 0.$$

Si nous joignons à ces deux équations celle du plan osculateur en $M$, écrite sous la forme (1), avec les relations (6), nous avons trois équations pour déterminer les coordonnées $X$, $Y$, $Z$ du centre de courbure ; des équations (1) et (8) nous tirons des valeurs proportionnelles à $X - x$, $Y - y$, $Z - z$, telles que l'on ait

$$\frac{X - x}{Bz' - Cy'} = \frac{Y - y}{Cx' - Az'} = \frac{Z - z}{Ay' - Bx'}.$$

Nous obtiendrons la valeur commune des rapports précédents en utilisant l'équation (9) ; si nous multiplions les deux termes du premier rapport par $x''$, ceux du second par $y''$ et ceux du dernier par $z''$, puis si nous ajoutons les numérateurs et les dénominateurs, nous obtiendrons une fraction dont le numérateur est égal à $x'^2 + y'^2 + z'^2$ d'après l'équation (9) et dont le dénominateur est égal à

$$x''(Bz' - Cy') + y''(Cx' - Az') + z''(Ay' - Bx') = A^2 + B^2 + C^2 ;$$

nous obtiendrons finalement les relations

$$\frac{X - x}{Bz' - Cy'} = \frac{Y - y}{Cx' - Az'} = \frac{Z - z}{Ay' - Bx'} = \frac{x'^2 + y'^2 + z'^2}{A^2 + B^2 + C^2},$$

qui fournissent les coordonnées du centre de courbure. La résolution des équations (1), (8) et (9) par la méthode des déterminants aurait conduit au même résultat.

Le rayon de courbure est égal à $\sqrt{(X - x)^2 + (Y - y)^2 + (Z - z)^2}$, ou à la valeur absolue de

$$\frac{x'^2 + y'^2 + z'^2}{A^2 + B^2 + C^2} \sqrt{(Bz' - Cy')^2 + (Cx' - Az')^2 + (Ay' - Bx')^2} ;$$

mais, en vertu de l'identité dite de Lagrange, on a

$$(Bz' - Cy')^2 + (Cx' - Az')^2 + (Ay' - Bx')^2$$
$$= (A^2 + B^2 + C^2)(x'^2 + y'^2 + z'^2) - (Ax' + By' + Cz')^2$$

et de ce fait que le dernier terme du second membre est nul, nous voyons que le rayon de courbure R est égal à

$$(10) \qquad R = \frac{(x'^2 + y'^2 + z'^2)^{\frac{3}{2}}}{(A^2 + B^2 + C^2)^{\frac{1}{2}}}.$$

**Remarque.** — La droite polaire est perpendiculaire au plan osculateur ; en effet les relations (2) et (5) auxquelles satisfont les coefficients A, B, C expriment précisément que les plans (8) et (9) sont perpendiculaires au plan osculateur ; l'intersection de ces deux plans, c'est-à-dire la droite polaire, est donc aussi perpendiculaire à ce plan osculateur.

**358. Calcul direct de la courbure.** — Nous allons déterminer directement la courbure au point M, c'est-à-dire la limite du rapport $\frac{\Delta \varphi}{\Delta s}$ de l'angle des tangentes MT, M'T' à l'arc MM' et démontrer que le rayon de courbure au point M est égal à l'inverse de la courbure, c'est-à-dire à la limite de $\frac{\Delta s}{\Delta \varphi}$.

Nous nous aiderons pour cela d'une courbe auxiliaire, appelée *indicatrice sphérique* de la courbe donnée ; menons par l'origine (*fig.* 132) un vecteur OP, égal à l'unité, et parallèle à la demi-tangente en M comptée dans le sens des arcs croissant avec $t$ ; le lieu du point P est cette courbe indicatrice ; elle est tracée sur une sphère de centre O et de rayon un.

L'angle des tangentes MT, M'T' est égal à l'angle des vecteurs correspondants OP, OP' ; il est mesuré par l'arc de grand cercle joignant sur la sphère les points P et P' ; mais le rapport de cet arc de grand cercle à l'arc PP' de la courbe indicatrice a pour limite l'unité, car les rapports de chacun d'eux à la corde PP' ont pour limite l'unité ; nous sommes donc amenés, pour déterminer la courbure, à calculer la limite du rapport des arcs PP' et MM'. Si nous désignons par $s$ et $\sigma$ les arcs décrits par M et P, la courbure est égale au rapport $\frac{d\sigma}{ds}$ des différentielles de ces arcs, ou au rapport $\frac{\sigma'}{s'}$ des dérivées de ces arcs prises par rapport à la variable indépendante $t$.

Nous avons déjà (n° 222)

$$s'^2 = x'^2 + y'^2 + z'^2;$$

d'autre part les coordonnées du point P, que nous appellerons $\xi$, $\eta$, $\zeta$, sont égales aux cosinus directeurs de MT, et ont pour valeurs

$$\xi = \frac{x'}{\sqrt{x'^2 + y'^2 + z'^2}}, \qquad \eta = \frac{y'}{\sqrt{x'^2 + y'^2 + z'^2}}, \qquad \zeta = \frac{z'}{\sqrt{x'^2 + y'^2 + z'^2}};$$

si nous formons les dérivées de ces coordonnées, nous trouvons

$$\xi' = \frac{x''(x'^2 + y'^2 + z'^2) - x'(x'x'' + y'y'' + z'z'')}{(x'^2 + y'^2 + z'^2)^{\frac{3}{2}}} = \frac{Bz' - Cy'}{(x'^2 + y'^2 + z'^2)^{\frac{3}{2}}}$$

et des formules analogues pour $\eta'$ et $\zeta'$; si nous calculons $\sigma'$ par la formule

$$\sigma'^2 = \xi'^2 + \eta'^2 + \zeta'^2,$$

nous trouvons, tous calculs faits, en utilisant l'identité de Lagrange,

$$\sigma'^2 = \frac{A^2 + B^2 + C^2}{(x'^2 + y'^2 + z'^2)^2};$$

nous déduisons de là la valeur de la courbure et nous constatons que son inverse est égale à la valeur (10) de R, ce que nous voulions établir.

Remarquons encore que le plan $OPP'$ est parallèle aux deux tangentes MT, M'T'; par suite la limite de ce plan est parallèle au plan osculateur TMC. On vérifie facilement que la tangente à l'indicatrice comptée dans le sens des arcs $\sigma$ croissant avec $t$ est parallèle à la normale principale, et qu'elle a la même direction que le vecteur MC allant du point M au centre de courbure; il suffit pour cela de vérifier que $\xi'$, $\eta'$, $\zeta'$ ne diffèrent de $X - x$, $Y - y$, $Z - z$ que par un même facteur positif.

**359. Torsion.** — Considérons en un point M (*fig.* 132) la tangente MT, dirigée dans le sens des arcs croissants, et la normale principale MC dirigée vers le centre de courbure; on désigne sous le nom de *binormale* la perpendiculaire MB menée en M au plan osculateur, portant un sens tel que le trièdre MTCB ait le même sens que le trièdre des coordonnées.

On appelle deuxième courbure ou *torsion* de la courbe en M la limite du rapport de l'angle des plans osculateurs en M et M' à l'arc MM', ou bien la limite du rapport de l'angle des binormales en M et M' à l'arc MM'; par un raisonnement analogue à celui du n° précédent, on peut le déterminer en remplaçant l'angle des deux binormales par l'arc correspondant d'une deuxième indicatrice, lieu de l'extrémité d'un vecteur issu de l'origine, égal à l'unité et parallèle à la binormale.

Le calcul de la torsion se fait comme celui de la courbure. Si $\tau$ est la longueur de l'arc de la deuxième indicatrice compté à partir d'une certaine origine, la torsion en $M$ est égale à $\dfrac{d\tau}{ds} = \dfrac{\tau'}{s'}$.

Les coordonnées des points de la deuxième indicatrice, que nous appellerons $\xi_1$, $\eta_1$, $\zeta_1$, sont égales aux cosinus directeurs de la binormale, c'est-à-dire à

$$\xi_1 = \frac{A}{\sqrt{A^2 + B^2 + C^2}}, \qquad \eta_1 = \frac{B}{\sqrt{A^2 + B^2 + C^2}}, \qquad \zeta_1 = \frac{C}{\sqrt{A^2 + B^2 + C^2}};$$

si nous formons leurs dérivées telles que

$$\xi_1' = \frac{A'(A^2 + B^2 + C^2) - A(AA' + BB' + CC')}{(A^2 + B^2 + C^2)^{\frac{3}{2}}}$$

$$= \frac{-B(AB' - BA') + C(CA' - AC')}{(A^2 + B^2 + C^2)^{\frac{3}{2}}},$$

nous verrons apparaître dans les calculs le déterminant suivant

$$\Delta = \begin{vmatrix} x' & y' & z' \\ x'' & y'' & z'' \\ x''' & y''' & z''' \end{vmatrix}$$

et nous trouverons

$$BC' - CB' = x'\Delta, \qquad CA' - AC' = y'\Delta, \qquad AB' - BA' = z'\Delta,$$

de sorte que nous aurons

$$\frac{\xi_1'}{Bz' - Cy'} = \frac{\eta_1'}{Cx' - Az'} = \frac{\zeta_1'}{Ay' - Bx'} = \frac{-\Delta}{(A^2 + B^2 + C^2)^{\frac{3}{2}}}$$

et nous serons amenés à écrire, en utilisant l'identité de Lagrange,

$$\tau' = \sqrt{\xi_1'^2 + \eta_1'^2 + \zeta_1'^2} = \frac{-\Delta(x'^2 + y'^2 + z'^2)^{\frac{1}{2}}}{A^2 + B^2 + C^2};$$

finalement, nous aurons pour valeur de la torsion

$$\text{torsion} = \frac{\tau'}{s'} = \frac{-\Delta}{A^2 + B^2 + C^2}.$$

Par analogie avec ce qui a lieu pour la courbure, nous appellerons rayon de torsion l'inverse de la torsion; sa valeur, que nous appellerons

T, est égale à

$$(11) \qquad T = -\frac{A^2 + B^2 + C^2}{\Delta};$$

il est à remarquer qu'elle a une valeur relative parfaitement déterminée; nous pouvons ajouter qu'il n'y a pas de centre de torsion comme il y a un centre de courbure.

**360. Trièdre attaché à la courbe. Formules de Frenet.** — En un point M d'une courbe existe un trièdre trirectangle particulier formé par la tangente MT comptée dans le sens des arcs croissants, par la normale principale MN comptée dans le sens de M vers le centre de courbure et par la binormale MB comptée dans un sens tel que le trièdre MTNB ait le même sens que le trièdre des coordonnées. Si nous désignons par $\alpha_1$, $\beta_1$, $\gamma_1$; $\alpha_2$, $\beta_2$, $\gamma_2$; $\alpha_3$, $\beta_3$, $\gamma_3$ les cosinus directeurs des arêtes de ce trièdre, nous avons

$$\alpha_1 = \xi = \frac{x'}{s'}, \qquad \beta_1 = \eta = \frac{y'}{s'}, \qquad \gamma_1 = \zeta = \frac{z'}{s'},$$

$$\alpha_2 = \frac{X - x}{R}, \qquad \beta_2 = \frac{Y - y}{R}, \qquad \gamma_2 = \frac{Z - z}{R},$$

d'où

$$\frac{\alpha_2}{Bz' - Cy'} = \frac{\beta_2}{Cx' - Az'} = \frac{\gamma_2}{Ay' - Bx'} = \frac{1}{s'(A^2 + B^2 + C^2)^{\frac{1}{2}}},$$

enfin

$$\frac{\alpha_3}{A} = \frac{\beta_3}{B} = \frac{\gamma_3}{C} = \frac{\varepsilon}{(A^2 + B^2 + C^2)^{\frac{1}{2}}},$$

$\varepsilon$ étant égal à $\pm 1$ et les radicaux étant pris avec le signe $+$. On peut constater qu'il suffit de prendre $\varepsilon = +1$ pour que le trièdre MTNB soit de même sens que le trièdre de coordonnées, car le déterminant des neuf cosinus est alors positif et cette condition est suffisante d'après ce que nous avons dit au n° 153; il en résulte que $\alpha_3$, $\beta_3$, $\gamma_3$ sont égaux à $\xi_1$, $\eta_1$, $\zeta_1$.

Les formules de Frenet ont pour objet le calcul des dérivées par rapport à l'arc $s$ des neuf cosinus précédents; ce calcul résulte en grande partie de ceux que nous venons de faire pour déterminer $\sigma'$ et $\tau'$.

Pour les dérivées du premier, nous avons

$$\frac{d\alpha_1}{ds} = \frac{d\xi}{ds} = \frac{d\xi}{d\sigma}\frac{d\sigma}{ds} = \frac{\xi'}{\sigma'} \cdot \frac{\sigma'}{s'};$$

mais le premier facteur du dernier membre, que nous avons calculé, est égal à $\alpha_2$ et le second est égal à la courbure ou à $\dfrac{1}{R}$ ; nous aurions de même les dérivées de $\beta_1$ et $\gamma_1$, d'où le premier groupe de formules

$$(12) \qquad \frac{d\alpha_1}{ds} = \frac{\alpha_2}{R}, \qquad \frac{d\beta_1}{ds} = \frac{\beta_2}{R}, \qquad \frac{d\gamma_1}{ds} = \frac{\gamma_2}{R}$$

Prenons maintenant la dérivée de $\alpha_3$ ; nous avons

$$\frac{d\alpha_3}{ds} = \frac{d\xi_1}{ds} = \frac{d\xi_1}{d\tau}\frac{d\tau}{ds} = \frac{\xi_1'}{\tau'} \cdot \frac{\tau'}{s'},$$

Nous voyons encore, d'après les calculs effectués, que $\dfrac{\xi_1'}{\tau'}$ est égal à $\alpha_2$ ; le dernier quotient est égal à la torsion $\dfrac{1}{T}$ ; nous pouvons donc écrire le deuxième groupe de formules

$$(13) \qquad \frac{d\alpha_3}{ds} = \frac{\alpha_2}{T}, \qquad \frac{d\beta_3}{ds} = \frac{\beta_2}{T}, \qquad \frac{d\gamma_3}{ds} = \frac{\gamma_2}{T}.$$

Pour calculer la dérivée de $\alpha_2$, nous utiliserons la relation

$$\alpha_1^2 + \alpha_3^2 + \alpha_2^2 = 1$$

et nous en prendrons la dérivée par rapport à $s$, ce qui nous donnera

$$\alpha_1 \frac{d\alpha_1}{ds} + \alpha_2 \frac{d\alpha_2}{ds} + \alpha_3 \frac{d\alpha_3}{ds} = 0 ;$$

en remplaçant $\dfrac{d\alpha_1}{ds}$ et $\dfrac{d\alpha_3}{ds}$ par les valeurs déjà trouvées, nous aurons une formule donnant la dérivée de $\alpha_2$ ; nous arriverons ainsi au troisième groupe de formules

$$(14) \quad \frac{d\alpha_2}{ds} = -\frac{\alpha_1}{R} - \frac{\alpha_3}{T}, \qquad \frac{d\beta_2}{ds} = -\frac{\beta_1}{R} - \frac{\beta_3}{T}, \qquad \frac{d\gamma_2}{ds} = -\frac{\gamma_1}{R} - \frac{\gamma_3}{T}.$$

**Applications.** — Les formules de Frenet trouvent leur application dans un grand nombre de questions relatives aux courbes ; les plus importantes sont le calcul des dérivées de tous ordres des neuf cosinus du trièdre en fonction de ces cosinus eux-mêmes et des dérivées par rapport à l'arc de la courbure et de la torsion.

Les premières dérivées des cosinus résultent des formules de Frenet elles-mêmes ; les secondes dérivées s'obtiennent en prenant les dérivées des formules (12), (13) et (14) ; on a par exemple

$$\frac{d^2\alpha_1}{ds^2} = \frac{d}{ds}\left(\frac{d\alpha_1}{ds}\right) = \frac{d}{ds}\left(\frac{\alpha_2}{R}\right) = \frac{d\alpha_2}{ds}\left(\frac{1}{R}\right) + \alpha_2 \frac{d}{ds}\left(\frac{1}{R}\right)$$

et, en remplaçant $\dfrac{d\alpha_2}{ds}$ par sa valeur,

$$\frac{d^2\alpha_1}{ds^2} = -\frac{1}{R}\left(\frac{\alpha_1}{R} + \frac{\alpha_3}{T}\right) + \alpha_2 \frac{d}{ds}\left(\frac{1}{R}\right).$$

On opérerait de même pour les dérivées des autres cosinus et pour les dérivées d'ordre supérieur ; toutes les dérivées des cosinus $\alpha_1, \alpha_2, \alpha_3$ se ramènent à des sommes de la forme $H\alpha_1 + K\alpha_2 + L\alpha_3$, les coefficients H, K, L s'exprimant au moyen de R, T et de leurs dérivées par rapport à $s$ ; les mêmes formules ont lieu avec les cosinus $\beta$ et $\gamma$.

Nous allons montrer qu'une courbe est complètement déterminée si l'on donne les fonctions $R(s)$ et $T(s)$ exprimant les rayons de courbure et de torsion en chaque point M de la courbe en fonction de l'arc $s$ compté à partir d'une origine $M_0$ jusqu'à ce point M, et pour cela nous montrerons que les coordonnées $x, y, z$ sont des fonctions bien déterminées de $s$. Nous supposerons que l'on prend les axes de coordonnées $Ox$ suivant la tangente en $M_0$ dans le sens des arcs croissants, $Oy$ suivant la normale principale et $Oz$ suivant la binormale au même point $M_0$ ; le plan des $xy$ est le plan osculateur à la courbe en $M_0$. Nous admettrons qu'au voisinage de l'origine, pour une valeur suffisamment petite de l'arc $s$, les coordonnées $x, y, z$ des points de la courbe sont des fonctions de $s$ développables en séries de Maclaurin convergentes de la forme suivante

$$x = x_0 + \left(\frac{dx}{ds}\right)_0 \frac{s}{1} + \left(\frac{d^2x}{ds^2}\right)_0 \frac{s^2}{1.2} + \left(\frac{d^3x}{ds^3}\right)_0 \frac{s^3}{1.2.3} + \cdots$$

et des formes analogues pour $y$ et $z$.

Mais $x_0, y_0, z_0$ sont nuls ; d'autre part les premières dérivées $\dfrac{dx}{ds}$, $\dfrac{dy}{ds}, \dfrac{dz}{ds}$ ne sont autres que les cosinus $\alpha_1, \beta_1, \gamma_1$ ; les dérivées suivantes se calculent comme dérivées de ces cosinus d'après les formules de Frenet ainsi que nous l'avons expliqué ; il en résulte que les coefficients des formules de Maclaurin s'expriment au moyen des valeurs que prennent les neuf cosinus des arêtes du trièdre MTNB pour $s = 0$.

Par hypothèse, ces cosinus au point $M_0$ ont les valeurs

$$\begin{aligned}
&\alpha_1 = 1, && \beta_1 = 0, && \gamma_1 = 0, \\
&\alpha_2 = 0, && \beta_2 = 1, && \gamma_2 = 0, \\
&\alpha_3 = 0, && \beta_3 = 0, && \gamma_3 = 1,
\end{aligned}$$

de sorte que les calculs se simplifient et l'on obtient les résultats suivants :

$$x = s - \left(\frac{1}{R_0}\right)^2 \frac{s^3}{1 \cdot 2 \cdot 3} + \cdots,$$

$$y = \left(\frac{1}{R_0}\right)\frac{s^2}{1 \cdot 2} + \left[\frac{d\left(\frac{1}{R}\right)}{ds}\right]_0 \frac{s^3}{1 \cdot 2 \cdot 3} + \cdots,$$

$$z = -\frac{1}{R_0 T_0}\frac{s^3}{1 \cdot 2 \cdot 3} + \cdots.$$

Ces formules résolvent la question pour le choix particulier fait du trièdre de coordonnées, de sorte que la courbe a une forme bien déterminée par rapport à ce trièdre; toute autre courbe répondant à la question se déduirait de la précédente par une transformation quelconque des axes de coordonnées, ce qui correspond à un transport tout d'une pièce dans l'espace de la courbe liée au trièdre primitif. La courbe a ainsi une forme indépendante des axes ; c'est pour cela que l'on appelle *équations intrinsèques* de la courbe les relations donnant les rayons de courbure R et de torsion T en fonction de l'arc $s$.

**361. Signification du signe de la torsion.** — Les formules précédentes donnent lieu à une remarque importante relative à l'allure de la courbe aux environs du point $M_0$, qui est ici l'origine ; donnons à $s$ des valeurs positives croissant à partir de zéro et assez petites pour que les signes de $x, y, z$ soient ceux des premiers termes des seconds membres ; $R_0$ est un nombre positif par hypothèse, de sorte que $x$ et $y$ sont positifs, mais le rayon de torsion est un nombre positif ou négatif et le signe de $z$ est contraire à celui du rayon de torsion à l'origine. Si $T_0$ est positif, $z$ est négatif pour les petites valeurs positives de $s$, de sorte que la portion correspondante de la courbe est au-dessous du plan osculateur ; c'est le contraire si $T_0$ est négatif.

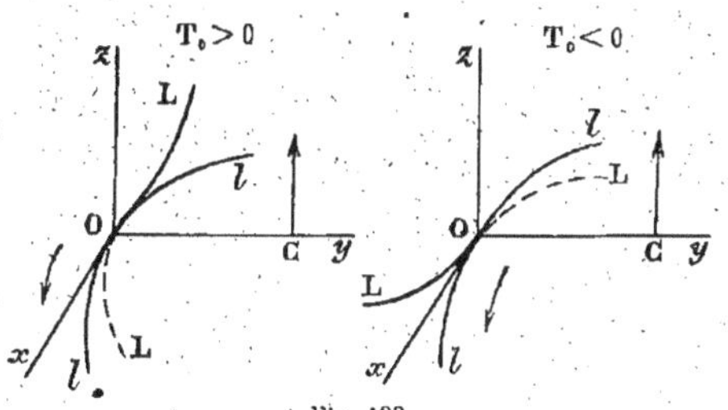

On peut encore énoncer ce fait de la façon suivante : Imaginons un observateur placé sur une des faces du plan osculateur, au centre de courbure, et un mobile se déplaçant sur la courbe, le



Fig. 133.

sens du mouvement de la projection du mobile sur le plan osculateur étant pour l'observateur le sens positif adopté pour les trièdres de coordonnées (ici, c'est le sens de droite à gauche ou le sens inverse des aiguilles d'une montre); si $T_0$ est positif, le mobile descend; si $T_0$ est négatif, le mobile monte. Il est à remarquer que cette appréciation n'est pas modifiée lorsque l'observateur se trouve sur l'autre face du plan osculateur dans une position symétrique de la première et qu'elle est inhérente à l'allure de la courbe; dans les figures 133, nous avons représenté en $l$ la projection de la courbe L sur le plan osculateur, et indiqué par une flèche le sens du mouvement du mobile; dans les vis industrielles, la torsion est négative. Nous devons toutefois faire observer que le sens du mouvement que l'on donne au mobile est rattaché à celui que l'on adopte pour le trièdre de coordonnées, et que les conclusions changent lorsque l'on adopte un autre sens pour ce dernier.

**362. Développantes d'une courbe dans l'espace.** — Comme en géométrie plane, nous appelons développante d'une courbe C une trajectoire orthogonale de ses tangentes, c'est-à-dire une courbe D coupant à angle droit toutes les tangentes à C (*fig.* 134); la détermination d'une développante se fait comme au n° 330.

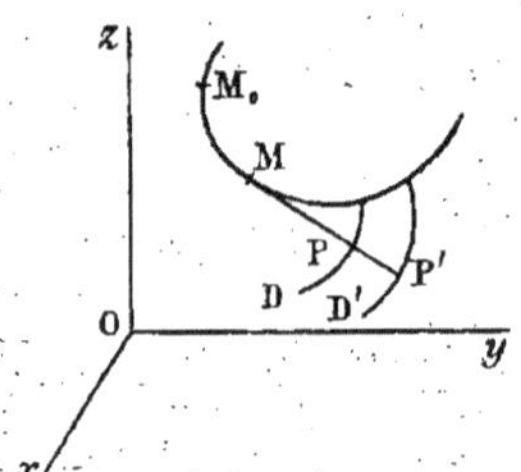

Fig. 134.

Supposons que l'on prenne sur la courbe C une origine $M_0$ des arcs, et que les coordonnées de chaque point M soient des fonctions connues de l'arc $M_0M = s$; le problème revient à chercher quel vecteur $MP = \rho(s)$ il faut porter sur la tangente à la courbe en M dans le sens des arcs croissants pour que la tangente au lieu de P soit toujours perpendiculaire à MP.

Si $\alpha_1$, $\beta_1$, $\gamma_1$ sont les cosinus directeurs de la tangente en M à la courbe C, les coordonnées de P sont

$$X = x + \rho\alpha_1, \qquad Y = y + \rho\beta_1, \qquad Z = z + \rho\gamma_1;$$

les coefficients directeurs de la tangente en P au lieu de ce point sont donnés par la formule

$$\frac{dX}{ds} = \frac{dx}{ds} + \alpha_1\frac{d\rho}{ds} + \rho\frac{d\alpha_1}{ds} = \alpha_1\left(1 + \frac{d\rho}{ds}\right) + \rho\frac{d\alpha_1}{ds}$$

et les formules analogues; en exprimant la condition de perpendicularité

$$\alpha_1\frac{dX}{ds} + \beta_1\frac{dY}{ds} + \gamma_1\frac{dZ}{ds} = 0$$

et remarquant que l'on a

$$\alpha_1^2 + \beta_1^2 + \gamma_1^2 = 1, \qquad \alpha_1 \frac{d\alpha_1}{ds} + \beta_1 \frac{d\beta_1}{ds} + \gamma_1 \frac{d\gamma_1}{ds} = 0,$$

on arrive à la relation

$$1 + \frac{d\rho}{ds} = 0, \qquad d\rho + ds = 0, \qquad \rho + s = c^{te}.$$

On voit donc que la somme de l'arc $M_0M$ et du vecteur $MP$ a, lorsque $M$ varie, une valeur constante arbitraire ; on obtient ainsi une infinité de développantes de la courbe donnée. A une valeur $C$ de la constante correspond une courbe $D$, à une autre valeur $C'$ une autre courbe $D'$ telle que le segment $PP'$ soit égal à la valeur constante $C' - C$ ; ce segment $PP'$ est normal aux deux courbes et a une valeur constante.

**363. Hélice.** — Nous nous proposons de déterminer une courbe tracée sur un cylindre donné et coupant les génératrices de ce cylindre sous un angle constant.

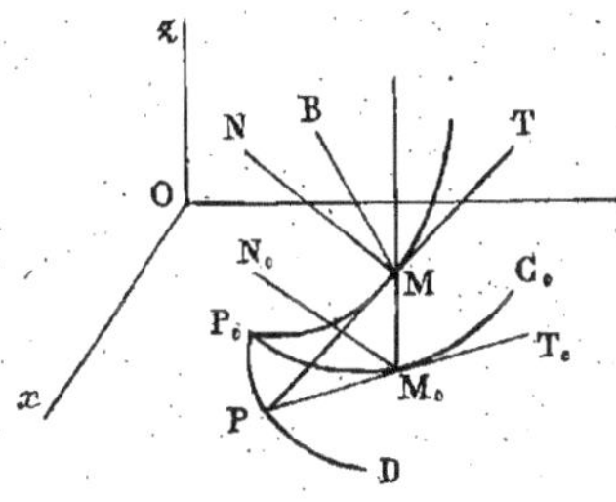

Fig. 135.

Nous supposerons que l'axe des $z$ est parallèle aux génératrices et que l'on donne la base $C_0$ du cylindre dans le plan des $xy$, nous supposerons aussi que les coordonnées $x_0$, $y_0$ d'un point $M_0$ de cette base sont exprimées au moyen de l'arc $P_0M_0 = s_0$ compté à partir d'un point $P_0$ (*fig.* 135).

Les fonctions $x_0$, $y_0$ ne sont pas quelconques, mais doivent satisfaire identiquement à l'égalité

$$dx_0^2 + dy_0^2 = ds_0^2,$$

qui peut être remplacée par la suivante :

$$x_0'^2 + y_0'^2 = 1.$$

Cela posé, soit $M$ un point de la courbe cherchée situé sur la génératrice du point $M_0$ ; ses coordonnées seront $x = x_0, y = y_0$ et $z$, que nous supposerons fonction de $s_0$ ; les coefficients directeurs de la tangente à la courbe sont $x'$, $y'$ et $z'$, et le cosinus de l'angle qu'elle fait avec la génératrice ou avec $Oz$ est égal à

$$\frac{z'}{\sqrt{x'^2 + y'^2 + z'^2}} = \frac{z'}{\sqrt{1 + z'^2}}.$$

Pour qu'il soit constant, il faut et il suffit que $z'$ ait une valeur constante ; si $k$ est cette valeur, $z$ est une fonction du premier degré de $s_0$ de la forme $ks_0 + k'$. On peut sans inconvénient supposer $k' = 0$, car les courbes correspondant à deux valeurs de $k'$ ne diffèrent l'une de l'autre que par une translation parallèle à $Oz$ et sont identiques. La courbe cherchée est donc caractérisée en coordonnées cylindriques par l'équation

$$z = ks_0 ;$$

celle-ci est la même que celle que nous avons prise comme définition de l'hélice circulaire (n° 136) ; nous dirons encore dans le cas général que la courbe est une hélice ; nous supposerons que $k$ est positif.

L'angle constant $\gamma$ que les tangentes font avec les génératrices est donné par

$$\cos \gamma = \frac{k}{\sqrt{1 + k^2}} ;$$

si l'on pose $k = \operatorname{tg} i$, on a $\gamma = \frac{\pi}{2} - i$, de sorte que $i$ est l'angle des tangentes avec le plan des $xy$, qui est un plan de section droite du cylindre.

L'hélice que nous considérons passe par l'origine $P_0$ des arcs de la base $C_0$ ; l'arc $s = P_0 M$ de la courbe de l'espace compté à partir du même point est tel que l'on ait

$$ds^2 = dx^2 + dy^2 + dz^2 = ds_0^2 + k^2 ds_0^2,$$
$$ds = ds_0\sqrt{1 + k^2} = \frac{ds_0}{\cos i},$$

d'où l'on a, puisque $s$ et $s_0$ s'annulent en même temps,

$$s = \frac{s_0}{\cos i}.$$

Soit $P$ la trace sur le plan des $xy$ de la tangente au point $M$ ; cette trace est située sur la tangente en $M_0$ à $C_0$ et l'on a

$$M_0 P = M_0 M \operatorname{cotg} i = \frac{M_0 M}{k} = s_0 = \text{arc } P_0 M_0,$$

de sorte que $P$ décrit, quand $M_0$ varie, une développante $D$ de la base issue de $P_0$ (n° 330) ; comme on a de plus

$$MP = \frac{M_0 P}{\cos i} = \frac{s_0}{\cos i} = s,$$

nous voyons que $P$ décrit une développante de la courbe de l'espace (n° 362) issue du même point $P_0$; cette développante est une courbe plane et les autres développantes, qui se déduisent de la première en prenant sur MP un segment constant PP', sont encore des courbes planes, identiques aux différentes développantes de la courbe de base $C_0$.

Inversement, si nous appelons développée d'une courbe une autre courbe dont la première est la développante, nous voyons que l'hélice est une développée de la courbe D et toutes les hélices déduites de la courbe $C_0$ en donnant à $k$ différentes valeurs sont aussi des développées de D. Nous pouvons conclure de là qu'une courbe plane D a dans l'espace une infinité de développées, d'abord la développée plane $C_0$ qu'elle possède dans son plan, et que l'on détermine comme nous l'avons dit au n° 329, ensuite les hélices tracées sur le cylindre droit de base $C_0$ et telles que $M_0M = k\,P_0\,M_0$; on peut remarquer que chacune de ces développées est l'enveloppe d'une famille particulière de normales à la courbe D.

Soit M un point de l'hélice d'équation $z = ks_0$, soit MT la tangente à cette courbe dans le sens des arcs croissants, et MN la normale principale; nous désignerons par $\alpha_1, \beta_1, \gamma_1$ et par $\alpha_2, \beta_2, \gamma_2$ les cosinus directeurs de ces droites comme au n° 360; d'après la relation (12) de Frenet, on a

$$\frac{d\gamma_1}{ds} = \frac{\gamma_2}{R};$$

comme $\gamma_1$ est constant, $\gamma_2$ est nul; donc la normale principale est perpendiculaire à Oz, elle est par suite dirigée suivant la normale menée par le point M au cylindre sur lequel est tracée l'hélice.

Si l'on appelle *ligne géodésique* d'une surface une ligne telle que le plan osculateur en chacun de ses points contienne la normale à la surface en ce point, on voit que l'hélice est une ligne géodésique du cylindre sur lequel elle est tracée.

Nous allons évaluer le rayon de courbure R de l'hélice au point M en fonction du rayon de courbure $R_0$ supposé connu de la base $C_0$ au point $M_0$.

Désignons par $\alpha_0, \beta_0$ et $\gamma_0 = 0$ les cosinus directeurs de la tangente en $M_0$, par $\alpha_2, \beta_2, \gamma_2$ ceux de la normale en ce point, cette normale étant, d'après ce que nous venons de dire, parallèle à la normale principale en M à l'hélice; nous avons

$$\alpha_0 = \frac{dx_0}{ds_0}, \qquad \alpha_1 = \frac{dx}{ds} = \frac{dx}{ds_0} \cdot \frac{ds_0}{ds} = \alpha_0 \cos i,$$

et nous en déduisons

$$\frac{d\alpha_1}{ds} = \frac{d\alpha_0}{ds} \cos i = \frac{d\alpha_0}{ds_0} \cos^2 i.$$

Si nous utilisons les formules de Frenet relatives aux courbes $C_0$ et $C$

$$\frac{d\alpha_0}{ds_0} = \frac{\alpha_2}{R_0}, \qquad \frac{d\alpha_1}{ds} = \frac{\alpha_2}{R},$$

et si nous comparons les premiers membres de ces égalités, nous trouvons la relation cherchée

$$R = \frac{R_0}{\cos^2 i}.$$

Pour calculer le rayon de torsion, nous remarquons que la binormale à la courbe en $M$ est contenue dans le plan tangent au cylindre et fait avec la génératrice un angle constant, puisqu'elle est perpendiculaire à la tangente à la courbe ; $\gamma_3$ est donc en valeur absolue égale à $\cos i$ et $\gamma_1$ est égal à $\sin i$. Si l'on écrit la formule de Frenet

$$\frac{d\gamma_2}{ds} = -\frac{\gamma_1}{R} - \frac{\gamma_3}{T}$$

et si l'on remarque que le premier membre est nul, on voit que le rapport des rayons de courbure et de torsion est constant et égal en valeur absolue à $\operatorname{tg} i$ ou à $k$.

Ces résultats sont applicables à l'hélice circulaire ; pour cette courbe, $R_0$ est constant et égal au rayon du cercle de base du cylindre sur lequel est tracée l'hélice ; le rayon de courbure de l'hélice est constant et égal à $\dfrac{R_0}{\cos^2 i}$ ; le rayon de torsion est aussi constant et égal à $\dfrac{-R_0}{\sin i \cos i}$.

**364. Notion sur l'ordre de contact d'une courbe et d'une surface.** — Nous pouvons étendre aux figures de l'espace les notions développées au n° 331 ; nous nous limiterons au cas d'une courbe $C$ et d'une surface $S_1$ ayant un point commun $M$ ; si $M'$ et $M'_1$ sont des points voisins de $M$ pris sur $C$ et $S_1$ et si $M'M'_1$ est d'ordre infinitésimal $n+1$ lorsque l'arc $MM'$ est infiniment petit principal, on dit que la courbe et la surface ont en $M$ un contact d'ordre $n$.

Si la tangente en $M$ à la courbe $C$ et le plan tangent au même point à la surface $S$ ne sont pas parallèles à $Oz$, on peut, sans modifier l'ordre de contact, prendre $M'_1$ sur la parallèle à $Oz$ passant par $M'$. De plus, si les coordonnées des points de $C$ sont des fonctions d'un paramètre $t$, si $t$ et $t + t\Delta$ sont les valeurs de ce paramètre correspondant à $M$ et à $M'$, l'arc $MM'$ et l'accroissement $\Delta t$ sont du même ordre, sauf dans le cas exceptionnel, que nous excluons, où les dérivées $x'(t)$, $y'(t)$, $z'(t)$ sont nulles toutes les trois pour le point $M$, et nous pouvons prendre $\Delta t$ comme infiniment petit principal.

Soit $f_1(x, y, z) = 0$ l'équation de la surface $S_1$; remplaçons dans le premier membre $x, y, z$ par les coordonnées $x(t), y(t), z(t)$ d'un point de la courbe $C$; le premier membre devient une fonction

$$\Phi(t) = f_1\big[x(t),\ y(t),\ z(t)\big]$$

qui est nulle pour le point $M$ et qui prend pour les points voisins une valeur $\Phi(t + \Delta t)$; je vais montrer que l'ordre infinitésimal de cette valeur quand $\Delta t$ est infiniment petit principal est précisément égal à $n + 1$, si $n$ est l'ordre de contact de la courbe et de la surface.

En effet, soient $x, y, z$ les coordonnées d'un point $M'$ de la courbe $C$ correspondant à $t + \Delta t$; soient $x, y$ et $z_1$ les coordonnées du point $M_1'$ de la surface situé sur la parallèle à $Oz$ passant par $M'$, on a $f_1(x, y, z_1) = 0$; en écrivant

$$f_1(x, y, z) = f_1\big[x, y, z_1 + (z - z_1)\big],$$

considérant $z - z_1$ comme un accroissement donné à $z_1$ et appliquant au second membre la formule des accroissements finis, nous aurons

$$f_1(x, y, z) = f_1(x, y, z_1) + (z - z_1) f_1'(x, y, z_2),$$

$z_2$ étant compris entre $z$ et $z_1$; le premier terme du second membre est nul, le coefficient de $z - z_1$ ne l'est pas pour des valeurs suffisamment petites de $z - z_1$, parce que le plan tangent en $M$ n'est pas parallèle à $Oz$; nous voyons ainsi que l'ordre infinitésimal $n + 1$ de $z - z_1$ est le même que celui de la fonction $\Phi(t) = f(x, y, z)$ lorsqu'on donne à $t$ la valeur $t + \Delta t$, et que $\Delta t$ est infiniment petit principal, ce que nous voulions établir.

Il résulte de là que pour déterminer l'ordre de contact de la courbe et de la surface, on considère la fonction $\Phi(t)$ et ses dérivées successives; l'ordre cherché $n$ est égal à celui de la dernière des dérivées $\Phi'(t)$, $\Phi''(t)$, ..., qui s'annulent simultanément pour la valeur de $t$ correspondant au point $M$.

On peut ajouter, comme au n° 331, que si $n$ est pair, $n + 1$ est impair, la différence $z - z_1$ change de signe avec $\Delta t$; la courbe traverse la surface en $M$; si $n$ est impair, $z - z_1$ ne change pas de signe, la courbe reste d'un même côté de la surface dans le voisinage du point $M$.

**365. Surface osculatrice à une courbe.** — On considère une courbe $C$ fixe, un point $M$ de cette courbe et une surface $S_1$ dont l'équation renferme $n + 1$ paramètres variables. Si l'on choisit ces paramètres de façon que $S_1$ ait avec la courbe en $M$ un contact d'ordre le plus élevé possible, on dit que la surface est osculatrice à la courbe au point $M$.

On peut faire en sorte que la surface passe en  M  et ait avec la courbe un contact au moins d'ordre  $n$,  car les conditions pour qu'il en soit ainsi s'expriment par les égalités

$$\Phi(t) = 0, \qquad \Phi'(t) = 0, \qquad \ldots, \qquad \Phi^{(n)}(t) = 0$$

et ce sont  $n + 1$  équations permettant de déterminer les  $n + 1$  paramètres entrant dans  $f_1(x, y, z)$ ; lorsque ces paramètres sont déterminés, il peut se faire que quelques-unes des dérivées suivantes  $\Phi^{(n+1)}(t)$, $\ldots$ soient nulles et l'ordre de contact peut devenir supérieur à  $n$.

Nous allons appliquer ces considérations à la recherche d'un plan osculateur à une courbe en un point M. L'équation d'un plan renferme quatre coefficients entrant d'une manière homogène, ce qui revient à trois paramètres, égaux aux rapports de trois de ces coefficients au quatrième ; on peut donc assurer un contact d'ordre deux.

Si l'équation cherchée est

$$Ax + By + Cz + D = 0,$$

il faut que le premier membre soit nul lorsqu'on remplace  $x, y, z$  par les coordonnées du point  M  de la courbe et que ses deux premières dérivées par rapport à  $t$  le soient pour ce point, c'est-à-dire que l'on ait

$$Ax'(t) + By'(t) + Cz'(t) = 0,$$
$$Ax''(t) + By''(t) + Cz''(t) = 0 ;$$

on obtient ainsi pour les coefficients A, B, C les valeurs que nous avons trouvées au n° 355 ; il y a donc identité entre le plan osculateur tel que nous l'avons défini dans ce n° et la surface plane osculatrice à la courbe au sens de la théorie du contact.

Si le contact est d'ordre 2, le plan osculateur et la courbe se traversent au point M ; si les coefficients du plan annulent la dérivée suivante, c'est-à-dire si l'on a

$$Ax'''(t) + By'''(t) + Cz'''(t) = 0,$$

le contact est d'ordre 3 au moins et en général la courbe ne traverse pas le plan osculateur ; on dit alors que celui-ci est un plan *stationnaire* de la courbe ; pour que cela ait lieu, il faut que le déterminant

$$\Delta = \begin{vmatrix} x' & y' & z' \\ x'' & y'' & z'' \\ x''' & y''' & z''' \end{vmatrix}$$

soit nul, ou que la torsion au point  M  soit nulle.

# CHAPITRE XI

## ÉTUDE DES LIGNES TRACÉES SUR UNE SURFACE

---

**366. Centre de courbure d'une ligne tracée sur une surface.** — Nous supposerons l'équation d'une surface donnée écrite sous la forme

$$(1) \qquad z = f(x,\, y)\,;$$

nous désignerons par $p$ et $q$ les dérivées partielles du premier ordre $f'_x$ et $f'_y$, par $r$, $s$, $t$ les dérivées partielles secondes, $f''_{x^2}$, $f''_{xy}$, $f''_{y^2}$. L'équation du plan tangent en un point $M$ de coordonnées $x$, $y$, $z$ est

$$Z - z = p(X - x) + q(Y - y),$$

et les équations de la normale sont

$$\frac{X - x}{-p} = \frac{Y - y}{-q} = \frac{Z - z}{1}\,;$$

si l'on choisit comme direction positive sur la normale celle qui est dirigée du côté des $z$ positifs, les coordonnées d'un point $N$ de cette normale s'expriment en fonction de la valeur $\rho$ du vecteur $MN$ par les formules

$$(2) \qquad X - x = \frac{-p\rho}{\sqrt{1 + p^2 + q^2}}, \qquad Y - y = \frac{-q\rho}{\sqrt{1 + p^2 + q^2}},$$

$$Z - z = \frac{\rho}{\sqrt{1 + p^2 + q^2}}.$$

Soit $L$ une ligne tracée sur la surface; les coordonnées d'un point de cette ligne sont fonctions d'un paramètre variable, que nous appellerons $t$, mais ces fonctions ne sont pas indépendantes, car elles sont liées par l'équation (1); leurs dérivées sont assujetties en particulier aux relations

$$(3) \qquad z' = f'_x x' + f'_y y' = px' + qy',$$

$$(4) \qquad z'' = f'_x x'' + f'_y y'' + (f''_{x^2} x' + f''_{xy} y')x' + (f''_{xy} x' + f''_{y^2} y')y'$$
$$= px'' + qy'' + rx'^2 + 2sx'y' + ty'^2,$$

analogues à celles du n° 237.

Nous nous proposons de déterminer le centre de courbure C de la ligne L au point M. Ce centre (*fig.* 136) est l'intersection du plan oscu-

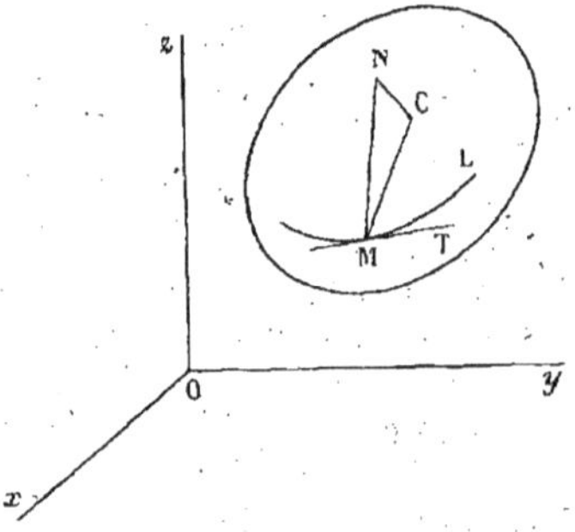



Fig. 136.

lateur de la courbe en M et de la droite polaire représentée par les équations (8) et (9) (nos 356 et 357); cette droite rencontre la normale à la surface, car elle est contenue dans le plan normal à la courbe, et celui-ci renferme la normale à la surface. Si nous connaissions le point N où la droite polaire rencontre cette normale, il suffirait d'abaisser du point N une perpendiculaire au plan osculateur de L pour trouver le point C, d'après la remarque finale du n° 357.

Nous obtiendrons la valeur $\rho$ de MN en remplaçant, dans les équations (8) et (9), les coordonnées X, Y, Z par leurs valeurs tirées de (2); la première devient une identité d'après la relation (3), et la seconde conduit à la relation

$$\frac{-p\rho x'' - q\rho y'' + \rho z''}{\sqrt{1+p^2+q^2}} = x'^2 + y'^2 + z'^2\ ;$$

en remplaçant $z''$ par la valeur (4) et résolvant par rapport à $\rho$, nous obtenons

$$(5) \qquad \rho = \frac{(x'^2 + y'^2 + z'^2)\sqrt{1+p^2+q^2}}{rx'^2 + 2sx'y' + ty'^2}.$$

Cette formule nous donne le point N ; elle présente cette particularité remarquable de ne renfermer que les dérivées $x'$, $y'$, $z'$ qui sont les paramètres directeurs de la tangente MT, et les dérivées $p$, $q$, $r$, $s$, $t$, qui ne dépendent que de la surface ; le point N est donc indépendant du plan osculateur à la ligne L au point M ; il est le même pour toutes les lignes tracées sur la surface et ayant même tangente MT.

La plus simple de toutes ces lignes est la section de la surface par le plan TMN contenant la normale à cette surface ; on l'appelle section normale relative à MT ; pour cette section, la normale principale MC est confondue avec MN, et le centre de courbure est précisément le point N ; pour les autres lignes, le centre de courbure se déduit de celui-là par le théorème suivant, qui résulte de ce qui précède, et qu'on appelle théorème de Meusnier :

*Le centre de courbure en un point d'une ligne tracée sur une surface est la projection, sur le plan osculateur de cette ligne, du centre de courbure de la section normale ayant même tangente en ce point.*

*Exemples :* En un point d'une sphère, la section normale est un grand cercle et le centre de courbure de cette section est le centre de la sphère ; le centre de courbure en un point d'une ligne quelconque tracée sur la sphère est la projection du centre de cette surface sur le plan osculateur à la ligne au point considéré.

Fig. 137.

Si l'on considère sur une surface de révolution des courbes passant par un point M et ayant en ce point même tangente perpendiculaire au plan méridien, les plus simples sont la section normale et le parallèle (*fig.* 137) ; le centre de courbure C de ce parallèle est situé sur l'axe de révolution, par suite le centre de courbure de la section normale est le point N dont la projection orthogonale sur le plan du parallèle est précisément C. Ce point N est donc le point de rencontre de l'axe de la surface avec la normale en M à la courbe méridienne ; de ce point N on déduira le centre de courbure de toutes les autres courbes passant par M et ayant en ce point même tangente MT normale au méridien.

**367. Centres de courbure des sections normales.** — Il résulte du théorème de Meusnier que la détermination des centres de courbure de toutes les lignes tracées sur une surface est ramenée à celle des centres de courbure des sections normales.

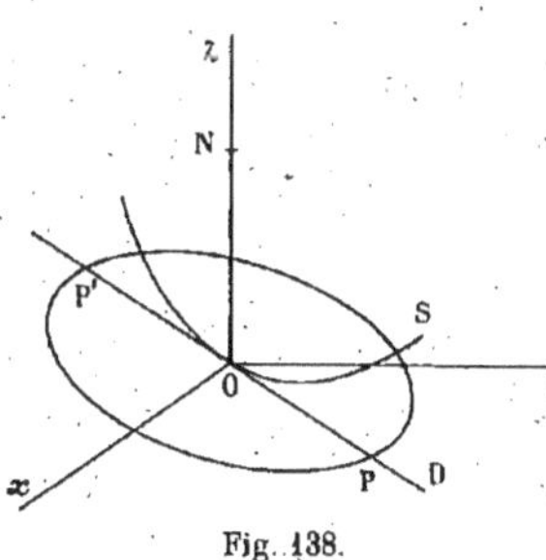

Fig. 138.

Nous allons considérer toutes les sections normales en un point de la surface ; nous choisirons des axes particuliers de coordonnées, l'origine étant le point donné et le plan des $xy$ le plan tangent à la surface en ce point ; pour l'origine, les dérivées partielles $p$ et $q$ sont alors nulles, ainsi que $z'$, et $\rho$ se réduit à

$$\rho = \frac{x'^2 + y'^2}{rx'^2 + 2sx'y' + ty'^2}.$$

Soit OD (*fig.* 138) la trace sur le plan $xOy$ d'une section normale S ; si $\theta$ désigne l'angle $(Ox, OD)$, les paramètres directeurs de la tangente sont tels que l'on ait

$$\frac{x'}{\sqrt{x'^2 + y'^2}} = \cos\theta, \qquad \frac{y'}{\sqrt{x'^2 + y'^2}} = \sin\theta ;$$

le centre de courbure N est alors déterminé par la formule

$$(6) \qquad \rho = \frac{1}{r\cos^2\theta + 2s\sin\theta\cos\theta + t\sin^2\theta} ;$$

on dit que $\rho$ est la valeur relative du rayon de courbure de la section normale considérée.

Différents cas peuvent se présenter suivant la nature des racines du trinome dénominateur ; ces cas correspondent à ceux qui caractérisent la section de la surface par son plan tangent à l'origine. Cette section est en effet représentée par $f(x, y) = 0$ ; cette courbe passe à l'origine et y a un point singulier, puisque les dérivées premières de $f$ sont nulles en ce point. Dans le cas général, l'origine est un point double, et les tangentes en ce point sont représentées (n° 291) par l'équation

$$(7) \qquad rX^2 + 2sXY + tY^2 = 0.$$

**1ᵉʳ Cas** : $s^2 - rt < 0$ ; le trinome (7) n'a pas de racine réelle ; la section de la surface par le plan tangent a à l'origine un point double isolé ; la valeur de $\rho$ donnée par la formule (6) garde toujours le même signe quand $\theta$ varie, et ne devient pas infinie. Toutes les sections normales tournent leur concavité du même côté du plan tangent ; un ellipsoïde offre un exemple de ce cas ; on dit que la surface est *convexe* au point M.

Si, en particulier, $s$ est nul et $r$ égal à $t$, $\rho$ est constant quel que soit $\theta$ ; l'origine est dite un *ombilic* de la surface. Tous les points d'une sphère sont des ombilics.

**2ᵉ Cas** : $s^2 - rt > 0$ ; le trinome (7) a ses racines réelles et distinctes ; la section de la surface par le plan tangent a à l'origine un point double à tangentes réelles et distinctes. Ces tangentes au point double séparent le plan tangent en deux régions, constituées chacune par les parties intérieures à deux angles opposés par le sommet ; lorsque la trace OD de la section normale est située dans une de ces régions, $\rho$ a un certain signe, et la section tourne sa concavité d'un certain côté du plan tangent ; lorsque OD est située dans l'autre région, $\rho$ a le signe contraire au précédent, et la section tourne sa concavité de l'autre côté ; enfin lorsque OD se confond avec l'une des tangentes au point double, $\rho$ est infini.

La surface traverse son plan tangent et est dite *à courbures opposées* ; un hyperboloïde à une nappe ou un paraboloïde hyperbolique offrent des exemples de ce cas ; la section de l'une ou de l'autre de ces deux surfaces par un plan tangent est formée de deux génératrices.

3ᵉ **Cas** : $s^2 - rt = 0$ ; le trinome (7) a ses racines égales ; la section de la surface par le plan tangent a à l'origine un point double à tangentes confondues ; $\rho$ garde le même signe pour toutes les sections normales, mais devient infini lorsque OD se confond avec la tangente double ; le point O est dit un point *parabolique* de la surface.

Un cylindre, un cône et plus généralement une surface réglée développable présentent en tous leurs points un exemple de ce cas ; la section d'une telle surface par un de ses plans tangents est formée de deux génératrices confondues.


**368. Indicatrice.** — On représente la variation du rayon de courbure des sections normales d'une surface en un point O au moyen d'une courbe tracée dans le plan tangent en ce point ; on construit cette courbe en portant sur la trace OD de chaque section normale, et de part et d'autre du point O, un segment OP ou OP′ (*fig.* 138), ayant pour mesure la racine carrée de la valeur absolue R du rayon de courbure de cette section au point O ; le lieu des extrémités de ces segments est appelé *indicatrice*. Remarquons que la construction géométrique des segments OP, OP′ exige la connaissance du segment U pris pour unité de longueur, et que l'on doit construire la moyenne géométrique de R et U.

Pour une section dont la trace fait avec Ox l'angle $\theta$, les coordonnées des points P et P′ de l'indicatrice ont pour valeurs

$$x = \pm \sqrt{R}\cos\theta, \qquad y = \pm \sqrt{R}\sin\theta ;$$

en éliminant $\theta$ entre ces relations et la formule (6), nous trouvons l'équation suivante

$$rx^2 + 2sxy + ty^2 = \frac{R}{\rho}.$$

Dans le premier cas, $s^2 - rt < 0$, $\rho$ garde un signe constant ; l'indicatrice est une ellipse ayant pour centre l'origine et représentée par l'équation

$$(8) \qquad rx^2 + 2sxy + ty^2 = \pm 1,$$

le signe du second membre étant celui de $\rho$. Par un choix convenable de la direction Oz on peut supposer qu'il est positif. Dans le cas particulier où l'origine est un ombilic, l'indicatrice est une circonférence.

Dans le deuxième cas, $s^2 - rt > 0$, $\rho$ est positif ou négatif suivant la position de OD ; l'indicatrice se compose alors de deux hyperboles conjuguées, ayant pour centre l'origine et représentées par l'équation (8), l'une correspondant au signe $+$, l'autre au signe $-$ au second membre. Les asymptotes de ces hyperboles sont les tangentes au point double représentées par l'équation (7).

Dans le troisième cas, $s^2 - rt = 0$, $\rho$ garde un signe constant ; l'indicatrice est encore représentée par l'équation (8), où le second membre a le signe de $\rho$ ; elle se compose de deux droites parallèles à la tangente double représentée par (7), et équidistantes de cette tangente.

Les axes de l'indicatrice sont les directions qu'il faut donner à la trace OD d'une section normale pour que le rayon de courbure $\rho$ ou bien sa valeur absolue R soit maximum ou minimum. Les sections ayant pour traces les axes de l'indicatrice sont dites *sections principales* et les rayons de courbure de ces sections au point O sont dits *rayons de courbure principaux* en ce point.

Supposons que l'on choisisse comme axes des $x$ et des $y$ les traces des sections principales sur le plan tangent ; l'équation (8) ne doit pas contenir de terme en $xy$, et $s$ doit être nul ; avec ce choix des axes, la formule (6) prend une forme plus simple, les rayons de courbure principaux sont alors les valeurs de $\rho$,

$$\rho_0 = \frac{1}{r}, \qquad \rho_1 = \frac{1}{t},$$

obtenues en faisant $\theta = 0$ ou $\theta = \frac{\pi}{2}$ ; la formule (6) peut alors s'écrire sous la forme

$$\frac{1}{\rho} = \frac{\cos^2 \theta}{\rho_0} + \frac{\sin^2 \theta}{\rho_1}.$$

Si l'on considère deux directions de tangentes OT, OT' rectangulaires, les rayons de courbure $\rho$ et $\rho'$ des sections normales correspondantes sont donnés par la formule précédente et celle qui s'en déduit en remplaçant $\theta$ par $\theta + \frac{\pi}{2}$ ; on en déduit que l'on a

$$\frac{1}{\rho} + \frac{1}{\rho'} = \frac{1}{\rho_0} + \frac{1}{\rho_1},$$

ce qui prouve que la somme des courbures de deux sections normales rectangulaires passant par un point M est constante ; cette somme est appelée courbure moyenne de la surface en M. On appelle courbure totale en ce point le produit $\dfrac{1}{\rho_0} \cdot \dfrac{1}{\rho_1}$.

**369. Détermination des directions principales et des rayons de courbure principaux.** — Considérons un point quelconque $M$ de la surface, de coordonnées $x$, $y$, $z$; nous nous proposons de déterminer en ce point les directions des axes de l'indicatrice et les rayons de courbure des sections normales déterminées par ces axes; les deux questions se ramènent l'une et l'autre à la recherche des maxima et minima du vecteur $\rho$ ou du quotient

$$(9) \qquad \frac{\rho}{\sqrt{1 + p^2 + q^2}} = \frac{x'^2 + y'^2 + (px' + qy')^2}{rx'^2 + 2sx'y' + ty'^2}$$

lorsque $x'$ et $y'$ varient; il ne dépend que du rapport de ces variables, et on peut le traiter comme fonction de $x'$ en laissant $y'$ constant, ou inversement; nous désignerons ses deux termes par $P$ et $Q$.

En annulant séparément les dérivées du quotient par rapport à $x'$ et à $y'$, nous avons les deux équations

$$\frac{\partial P}{\partial x'} Q - \frac{\partial Q}{\partial x'} P = 0, \qquad \frac{\partial P}{\partial y'} Q - \frac{\partial Q}{\partial y'} P = 0;$$

nous en concluons que les valeurs de $x'$ et $y'$ pour lesquelles $\rho$ est maximum ou minimum satisfont aux conditions

$$\frac{P}{Q} = \frac{\dfrac{\partial P}{\partial x'}}{\dfrac{\partial Q}{\partial x'}} = \frac{\dfrac{\partial P}{\partial y'}}{\dfrac{\partial Q}{\partial y'}}.$$

L'égalité des derniers rapports nous donne la relation

$$(10) \qquad \frac{x' + p(px' + qy')}{rx' + sy'} = \frac{y' + q(px' + qy')}{sx' + ty'},$$

qui est homogène et du second degré en $x'$ et $y'$; elle donne deux valeurs pour le rapport $\dfrac{y'}{x'} = \dfrac{dy}{dx}$, et ces valeurs sont les coefficients angulaires des projections sur le plan des $xy$ des tangentes en $M$ aux directions principales relatives à ce point.

En introduisant les différentielles totales de $z$, $p$ et $q$, on peut écrire l'équation (10) sous la forme suivante, équivalente mais plus condensée,

$$(11) \qquad \frac{dx + pdz}{dp} = \frac{dy + qdz}{dq}.$$

Lorsqu'on a trouvé en partant de l'équation (10) les valeurs du rapport des dérivées $y'$ et $x'$ relatives aux directions principales, on obtient les rayons de courbure correspondants en remarquant que les deux rapports entrant dans l'équation (10) sont égaux, d'après ce que nous avons dit, au second membre de l'équation (9) et par suite au quotient

$\dfrac{\rho}{\sqrt{1+p^2+q^2}}$. Si donc nous représentons ce quotient par $\lambda$, nous aurons les relations

$$\frac{(1+p^2)x'+pqy'}{rx'+sy'} = \frac{pqx'+(1+q^2)y'}{sx'+ty'} = \lambda,$$

où bien

$$(1+p^2-r\lambda)x'+(pq-s\lambda)y' = 0,$$
$$(pq-s\lambda)x'+(1+q^2-t\lambda)y' = 0.$$

Ces équations fournissent les valeurs de $\lambda$ et de $\rho$ quand on a calculé le rapport de $y'$ à $x'$, mais on peut se dispenser de connaître ce rapport et trouver directement $\lambda$ en remarquant que les équations précédentes sont homogènes et doivent être satisfaites par des valeurs non toutes nulles de $x'$ et $y'$; le déterminant des coefficients de ces deux dérivées doit être nul, ce qui donne l'équation

$$(1+p^2-r\lambda)(1+q^2-t\lambda)-(pq-s\lambda)^2 = 0;$$

des racines de cette équation on déduit immédiatement les valeurs des rayons de courbure principaux.

Pour qu'un point M soit un point parabolique de la surface, il faut que l'une des racines de l'équation précédente soit infinie ou que l'on ait $rt-s^2 = 0$. Si une surface est développable, tous ses points sont paraboliques et l'équation précédente doit être identiquement satisfaite. Si un point M est un ombilic, l'équation doit avoir une racine double et on peut vérifier qu'il est nécessaire d'avoir les relations

$$\frac{1+p^2}{r} = \frac{pq}{s} = \frac{1+q^2}{t}.$$

**370. Lignes de courbure d'une surface.** — On dit qu'une ligne tracée sur une surface est une ligne de courbure si la tangente en chacun de ses points est tangente à l'une des sections principales relatives à ce point.

Comme en tout point d'une surface existent deux sections principales, et que leurs tangentes en ce point sont rectangulaires, on voit que l'on peut faire passer par chaque point de la surface deux lignes de courbure, et qu'elles se coupent à angle droit; il existe donc deux familles de lignes de courbure, chaque ligne d'une famille coupant orthogonalement toutes celles de l'autre.

Par exception, en un ombilic passent une infinité de lignes de courbure, car toute section normale en un tel point peut être considérée comme section principale.

La détermination des lignes de courbure d'une surface d'équation $z = f(x, y)$ se ramène à la recherche de la relation qui doit exister entre les coordonnées $x, y$ des points d'une de ces lignes.

En résolvant comme nous l'avons dit l'équation (10) par rapport au quotient $\dfrac{y'}{x'} = \dfrac{dy}{dx}$, nous aurons deux relations de la forme

$$\frac{dy}{dx} = f_1(x, y), \qquad \frac{dy}{dx} = f_2(x, y).$$

Chacune de ces relations constitue une équation différentielle entre les variables $x$ et $y$, et nous verrons plus tard que les solutions d'une telle équation satisfont à une équation dite intégrale, renfermant une constante arbitraire ; les procédés d'intégration que nous indiquerons nous fourniront ainsi deux équations intégrales,

$$F_1(x, y, C_1) = 0, \qquad F_2(x, y, C_2) = 0,$$

renfermant chacune une constante arbitraire et représentant respectivement la projection sur le plan des $xy$ des deux familles de lignes de courbure de la surface.

Lorsque l'on donne aux constantes $C_1$ et $C_2$ toutes les valeurs possibles, on a toutes les lignes de courbure ; si l'on veut en particulier celles qui passent par un point de coordonnées $x_0, y_0$, il suffit de donner à $C_1$ et $C_2$ les valeurs tirées du système d'équations

$$F_1(x_0, y_0, C_1) = 0, \qquad F_2(x_0, y_0, C_2) = 0.$$

Dans certains cas, il est possible de déterminer les lignes de courbure d'une surface par des considérations géométriques en utilisant le théorème fondamental suivant :

*Pour qu'une ligne tracée sur une surface soit une ligne de courbure, il faut et il suffit que les normales à la surface en tous les points de cette ligne forment une surface développable.* Ces normales sont alors tangentes à une même courbe qui est l'arête de rebroussement de la surface développable qu'elles constituent ; nous montrerons de plus que *le point de contact d'une normale à la surface en un point* M *avec cette arête de rebroussement est le centre de courbure de la section normale déterminée par la tangente en* M *à la ligne de courbure considérée.*

Pour le démontrer, nous allons chercher la condition pour que la famille des normales à une surface menées en tous les points d'une ligne

L forme une surface développable ; ces normales sont représentées, comme nous l'avons vu au début du n° 366, par des équations que nous écrirons sous la forme

$$(12) \quad \begin{cases} \mathrm{X} = -p\mathrm{Z} + (x + pz), \\ \mathrm{Y} = -q\mathrm{Z} + (y + qz) ; \end{cases}$$

$x$, $y$, $z$, $p$, $q$ étant fonctions du paramètre variable $t$ qui sert à déterminer les points successifs de la ligne L. D'après ce que nous avons dit au n° 353, la condition pour que ces normales aient une enveloppe est que le rapport changé de signe des dérivées du dernier terme et du coefficient de Z ait la même valeur pour l'une et l'autre des équations (12), c'est-à-dire que l'on ait la relation

$$(13) \quad \frac{x' + pz' + p'z}{p'} = \frac{y' + qz' + q'z}{q'} ;$$

de plus, la valeur commune de ces rapports est égale à la cote Z du point de contact de chaque normale avec son enveloppe. On en conclut que l'on doit avoir

$$\mathrm{Z} - z = \frac{x' + pz'}{p'} = \frac{y' + qz'}{q'} .$$

Les deux derniers rapports ne sont autres que les rapports (10) ou (11), de sorte que leur égalité, exprimant que la surface formée par les normales aux différents points de L est développable, est identique à l'équation exprimant que L est une ligne de courbure.

La première partie de la proposition est ainsi démontrée ; quant à la seconde, elle résulte de ce que la valeur de $\mathrm{Z} - z$ est, d'après ce que nous avons dit, égale à

$$\frac{\rho}{\sqrt{1 + p^2 + q^2}}$$

et est égale à la projection sur $Oz$ du vecteur MN allant du point M au centre de courbure de la section normale déterminée par la tangente en M à la ligne de courbure.

Les centres de courbure de toutes les sections principales d'une surface forment une surface à deux nappes ; si l'on considère une normale en un point M, elle renferme deux centres de courbure principaux $N_0$ et $N_1$ tels que $MN_0 = \rho_0$ et $MN_1 = \rho_1$ soient égaux aux rayons de courbure principaux ; ces deux points $N_0$ et $N_1$ se trouvent respectivement sur l'une et l'autre nappe du lieu des centres. Si l'on considère sur la surface donnée les deux lignes de courbure issues de M, les normales à l'une d'elles forment une surface développable dont l'arête de rebroussement est tangente à la normale $MN_0N_1$ en l'un des deux points $N_0$ et $N_1$, par exemple en $N_0$, et cette arête de rebroussement est située sur la nappe du lieu des centres contenant $N_0$; les normales à l'autre ligne de courbure forment une autre surface développable dont l'arête de rebroussement est tangente à $MN_0N_1$ à l'autre centre $N_1$ et est située sur l'autre nappe de la surface des centres. On voit que la normale en $M$ est tangente en $N_0$ et $N_1$ respectivement aux deux arêtes de rebroussement et est par suite tangente aux deux nappes du lieu des centres.

Les exemples les plus simples de lignes de courbure sont les suivants:

1° Sur un plan, une ligne quelconque est une ligne de courbure, car les normales en ses points à la surface forment un cylindre, qui est développable.

2° Sur une sphère, une ligne quelconque est une ligne de courbure, car les normales en ses points à la surface forment un cône, qui est développable.

3° Pour des raisons analogues, les lignes de courbure d'une surface de révolution sont les méridiens et les parallèles de cette surface.

4° Si une famille de surfaces S a une enveloppe E et si la ligne caractéristique d'une surface S est une ligne de courbure pour S, elle l'est aussi pour l'enveloppe, car les normales en tous les points de la ligne caractéristique sont les mêmes pour les deux surfaces S et E et forment une surface développable.

En particulier, si l'on considère une famille de plans ou une famille de sphères et leur enveloppe, la droite caractéristique de chaque plan ou le cercle caractéristique de chaque sphère est une ligne de courbure pour l'enveloppe.

Ajoutons que si l'on connaît une famille de lignes de courbure d'une surface, la deuxième famille est constituée par les trajectoires orthogonales des lignes de la première. Par exemple, une surface développable, qui peut être considérée comme enveloppe d'un plan, a pour lignes de courbure d'une première famille ses génératrices, qui sont les tangentes à son arête de rebroussement; la deuxième famille est constituée par les trajectoires orthogonales de ces génératrices, c'est-à-dire par les développantes de l'arête de rebroussement.

# SIXIÈME PARTIE

# CALCUL INTÉGRAL

---

## CHAPITRE I

### INTÉGRALES DÉFINIES ET INDÉFINIES DE FONCTIONS D'UNE VARIABLE

---

**371. Limite d'une somme de quantités infiniment petites.** — Le calcul intégral a pour objet : 1° la détermination de la limite d'une somme de quantités infiniment petites dont le nombre croît indéfiniment; 2° la détermination d'une fonction dont on donne la dérivée ou la différentielle.

Nous verrons que ces deux problèmes, en apparence distincts, se ramènent l'un à l'autre; nous allons d'abord considérer le premier.

Soit

$$S = a_1 + a_2 + \cdots + a_n$$

la somme de $n$ quantités dont la valeur dépend d'une manière connue du nombre $n$; supposons que, dans un calcul, ce nombre puisse acquérir des valeurs de plus en plus grandes, et qu'en même temps les quantités $a$ tendent vers zéro; si la somme $S$ a une limite quand $n$ croît indéfiniment, cette limite est appelée la *somme intégrale* des quantités $a$. Ces quantités sont infiniment petites avec $\dfrac{1}{n}$, et l'on dit que $S$ est une somme de quantités infiniment petites dont le nombre devient infiniment grand.

C'est en géométrie que l'on rencontre les premiers exemples d'une pareille somme; on définit par exemple la longueur d'un arc de courbe comme la limite du périmètre d'une ligne brisée inscrite dont le nombre des côtés augmente indéfiniment, chacun d'eux tendant vers zéro.

Le calcul de la limite d'une somme de quantités infiniment petites est facilité par le théorème fondamental suivant, qui permet de comparer l'une à l'autre deux pareilles sommes :

*Étant données deux sommes d'un même nombre de quantités infiniment petites de même signe, si le rapport de deux termes correspondants a pour limite l'unité, et si l'une de ces sommes a une limite, l'autre a aussi une limite, et les deux limites sont égales.*

Soient les deux sommes

$$S = a_1 + a_2 + \cdots + a_n,$$
$$S' = b_1 + b_2 + \cdots + b_n$$

d'un même nombre de quantités infiniment petites ; nous supposons que la deuxième a une limite $L$ et que les rapports

$$\frac{a_1}{b_1}, \qquad \frac{a_2}{b_2}, \quad \cdots \cdots, \qquad \frac{a_n}{b_n}$$

ont tous pour limite l'unité ; nous allons démontrer que $S$ a une limite égale à $L$.

En effet, quel que soit le nombre $n$, le rapport

$$\frac{a_1 + a_2 + \cdots + a_n}{b_1 + b_2 + \cdots + b_n}$$

est compris entre le plus grand et le plus petit des rapports des termes correspondants ; il a donc comme ceux-ci pour limite l'unité ; nous en concluons que le numérateur a une limite et que cette limite est égale à celle du dénominateur, c'est-à-dire égale à $L$.

*Exemple.* — Soit à trouver la limite de la somme

$$S = \frac{1}{n^2 + 1} + \frac{2}{n^2 + 2} + \cdots + \frac{n}{n^2 + n}$$

pour $n$ croissant indéfiniment ; considérons la somme

$$S' = \frac{1}{n^2} + \frac{2}{n^2} + \cdots + \frac{n}{n^2} ;$$

le rapport de deux termes correspondants de $S$ et de $S'$ est de la forme $\frac{n^2}{n^2 + p}$, $p$ étant le rang de ces termes, et il a pour limite l'unité lorsque $n$ augmente indéfiniment. Or il est facile d'évaluer la somme $S'$, qui a pour valeur $\frac{n(n+1)}{2} \cdot \frac{1}{n^2}$, et pour limite $\frac{1}{2}$ lorsque $n$ croît indéfiniment ; la somme considérée $S$ a donc aussi pour limite $\frac{1}{2}$.

Il arrive souvent que les quantités infiniment petites dont on cherche la somme intégrale sont comparables chacune à un infiniment petit principal, qui est par exemple l'accroissement infiniment petit d'une variable telle qu'une longueur ou un intervalle de temps ; si l'on détermine la partie principale de chacune des quantités infiniment petites données, et si la somme de ces parties principales a une limite, on est certain, d'après le théorème du n° 223 et le précédent, que la somme donnée a la même limite. On peut, d'une manière générale, remplacer dans une somme des infiniment petits par d'autres qui leur sont équivalents ; cette remarque permet de simplifier, dans bien des cas, la recherche des sommes intégrales.

**372. Intégrale définie.** — Le problème de la recherche de la limite d'une somme se pose ordinairement de la façon suivante :

Soit $x$ une variable indépendante, qui est par exemple la mesure d'une longueur ou d'un intervalle de temps, et soit $f(x)$ une fonction que nous supposons déterminée et continue dans un intervalle donné ; nous désignons par $a$ et $b$ les limites de cet intervalle, et nous supposons, pour fixer les idées, $b > a$.

Nous partageons l'intervalle $(a, b)$ en $n$ parties positives que nous appelons $\Delta x_1, \Delta x_2, \ldots \Delta x_n$, et nous désignons par

$$x_0 = a, \quad x_1 = x_0 + \Delta x_1, \quad x_2 = x_1 + \Delta x_2, \quad \ldots, \quad x_n = b$$

les limites des intervalles partiels ainsi formés. D'autre part nous prenons une valeur particulière de la fonction $f(x)$ dans chacun des intervalles partiels, nous multiplions ensuite cette valeur par la grandeur de l'intervalle correspondant, et nous formons la somme des résultats.

Pour écrire cette somme, nous désignons par $\xi_1$ la valeur particulière de $x$ choisie dans l'intervalle $(x_0, x_1)$, puis nous multiplions la valeur correspondante $f(\xi_1)$ de la fonction par la grandeur $x_1 - x_0 = \Delta x_1$ de cet intervalle ; nous désignons de même par $\xi_2$ la valeur particulière de $x$ choisie dans l'intervalle $(x_1, x_2)$ et nous multiplions $f(\xi_2)$ par la grandeur $\Delta x_2$ de cet intervalle ; nous opérons de même pour les intervalles suivants et nous formons la somme des produits ainsi obtenus

$$(1) \qquad \Sigma = f(\xi_1)\Delta x_1 + f(\xi_2)\Delta x_2 + \cdots + f(\xi_n)\Delta x_n.$$

Nous allons démontrer que cette somme a une limite lorsque le nombre des intervalles augmente indéfiniment, chacun d'eux tendant vers zéro, et que cette limite est indépendante du choix des valeurs $\xi_1, \xi_2, \ldots, \xi_n$ comprises dans les intervalles et de la façon dont ces intervalles tendent simultanément vers zéro. Nous représentons la somme $\Sigma$ par la notation

$\overset{b}{\underset{a}{\Sigma}} f(x) \Delta x$,  et sa limite par la notation

$$\int_a^b f(x) dx ;$$

on énonce ce dernier symbole « somme de $a$ à $b$ de $f(x)dx$ » et on l'appelle « intégrale définie de la fonction $f(x)$ entre les limites $a$ et $b$ »; $a$ est dit la limite inférieure, et $b$ la limite supérieure de l'intégrale.

Pour faire le raisonnement, nous nous aiderons d'une représentation géométrique; nous supposerons pour simplifier que la fonction continue $f(x)$ est positive et croissante dans l'intervalle $(a, b)$; il serait facile de passer de ce cas au cas général.

Construisons dans un système d'axes rectangulaires $Oxy$ la courbe représentative de la fonction $y = f(x)$ (*fig.* 139); soient P et Q les points

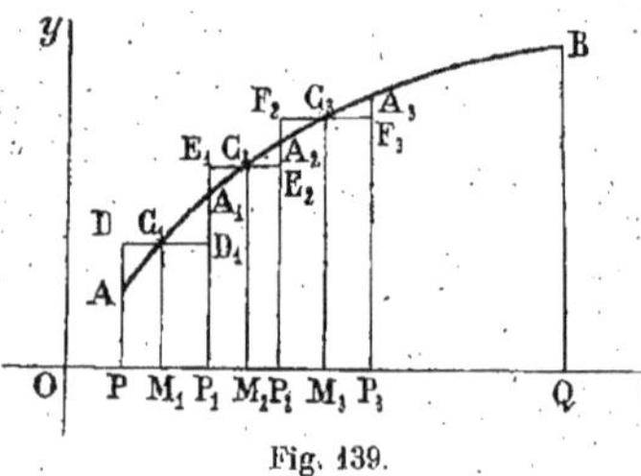

Fig. 139.

de l'axe des $x$ d'abscisses $a$ et $b$, A et B les points correspondants de la courbe. Décomposons le segment PQ en segments partiels $PP_1$, $P_1P_2$, ..., respectivement égaux à $\Delta x_1$, $\Delta x_2$, ... et traçons les ordonnées correspondantes $PA$, $P_1A_1$, $P_2A_2$, ...; traçons aussi les ordonnées $M_1C_1$, $M_2C_2$, ... des points d'abscisses $\xi_1, \xi_2, \ldots$ et menons par les points $C_1$, $C_2$, ... de la courbe des parallèles à $Ox$, $DD_1$, $E_1 E_2$, ... limitées aux ordonnées voisines.

Les éléments de la somme (1) sont les mesurés des aires des rectangles successifs $PDD_1P_1$, $P_1E_1E_2P_2$, ..., dont l'ensemble forme une surface différant peu de la surface limitée par l'axe $Ox$, la courbe AB, et les ordonnées extrêmes PA, QB. Nous admettons que l'aire de ce quadrilatère curviligne a une valeur déterminée, et nous allons démontrer que la somme (1) a une limite égale à cette aire.

Remarquons que la plus petite valeur de la somme (1) correspond au cas où $C_1$ est en A, $C_2$ en $A_1$, ..., et est égale à la somme des aires des rectangles inscrits $PAH_1P_1$, $P_1A_1H_2P_2$, ... (*fig.* 140); de même la plus grande valeur de la somme (1) est égale à la somme des aires des rectangles circonscrits $PKA_1P_1$, $P_1K_1A_2P_2$, .... L'aire curviligne PABQ et la somme (1) sont l'une et l'autre comprises entre la somme $s$ des rectangles inscrits et celle S des rectangles circonscrits.

La différence $S - s$ entre ces deux dernières sommes est égale à la somme des petits rectangles $AKA_1H_1$, $A_1K_1A_2H_2$, et elle est au plus égale au produit de la somme de leurs bases $PQ = b - a$ par la plus grande de leurs hauteurs ; mais ces hauteurs sont égales aux différences

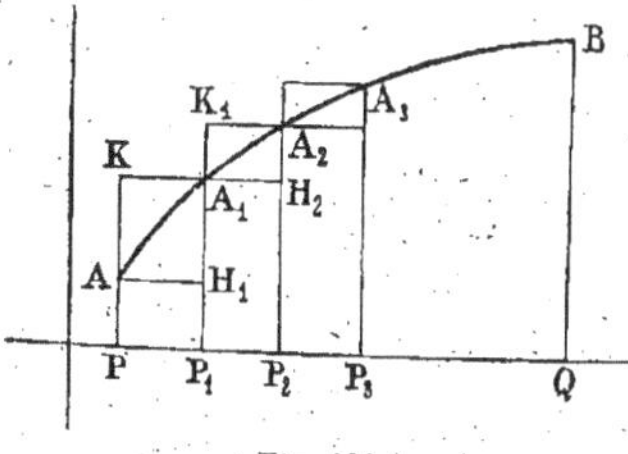


Fig. 140.

$$f(x_1) - f(x_0),$$
$$f(x_2) - f(x_1), \ldots$$

et, en vertu de la continuité de la fonction $f(x)$, elles tendent vers zéro en même temps que $\Delta x_1$, $\Delta x_2$, ... ; par conséquent la différence $S - s$ tend vers zéro.

Dès lors la différence entre la somme $\Sigma$ et l'aire curviligne PABQ, qui sont comprises toutes deux entre $s$ et $S$, a pour limite zéro en même temps que $S - s$ ; cela montre bien que $\Sigma$ a une limite égale à l'aire curviligne PABQ, ce que nous voulions démontrer. L'existence de l'intégrale définie est ainsi établie.

**373. Démonstration algébrique[1].** — Le raisonnement précédent s'appuie sur l'existence d'un nombre mesurant l'aire curviligne PABQ ; cette existence n'est démontrée en géométrie que dans un petit nombre de cas et elle doit être justifiée dans le cas général par des raisonnements plus complets. Logiquement, il faut d'abord montrer par l'algèbre seule que la somme (1) a une limite ; c'est cette limite que l'on prendra alors comme définition de la mesure de l'aire curviligne PABQ.

Nous allons démontrer par le calcul l'existence de la limite de la somme (1) ; nous ne ferons aucune hypothèse sur le signe et la variation de la fonction $f(x)$, pourvu qu'elle soit continue ; nous pourrions même supposer indifféremment $b$ supérieur ou inférieur à $a$ ; si $b < a$, les intervalles $\Delta x_1$, $\Delta x_2$, ... sont négatifs dans la somme $\Sigma f(\xi)\Delta x$ ; cependant, pour ne pas compliquer le raisonnement, nous supposerons $b > a$.

1° Désignons par $Y_1$ et $y_1$ la plus grande et la plus petite valeur de la fonction $f(x)$ dans le premier intervalle, par $Y_2$ et $y_2$ sa plus grande et sa plus petite valeur dans le second, et ainsi de suite ; avec ces valeurs, formons les deux sommes suivantes analogues à $\Sigma$ :

$$S = Y_1 \Delta x_1 + Y_2 \Delta x_2 + \cdots + Y_n \Delta x_n,$$
$$s = y_1 \Delta x_1 + y_2 \Delta x_2 + \cdots + y_n \Delta x_n;$$

nous allons démontrer que leur différence tend vers zéro.

[1] Ce paragraphe peut être laissé de côté dans une première lecture.

En effet, d'après l'hypothèse faite que la fonction $f(x)$ est continue, la différence $Y - y$ entre la plus grande et la plus petite valeur de la fonction dans un intervalle tend vers zéro avec la grandeur de cet intervalle, et celle-ci peut être choisie assez petite pour que $Y - y$ soit inférieur à un nombre donné $\varepsilon$. Si tous les intervalles $\Delta x_1, \Delta x_2, \ldots, \Delta x_n$ sont pris assez petits pour satisfaire à cette condition, la différence $S - s$ est inférieure à

$$\varepsilon(\Delta x_1 + \Delta x_2 + \cdots + \Delta x_n) = \varepsilon(b - a)$$

et elle peut être rendue aussi petite qu'on le veut en même temps que $\varepsilon$; nous en concluons qu'elle tend bien vers zéro lorsque les intervalles $\Delta x_1$, $\Delta x_2, \ldots$ tendent vers zéro.

2° La somme $\Sigma$ est toujours comprise entre $S$ et $s$; si nous parvenons à démontrer que l'une de ces dernières a une limite $l$, nous pouvons affirmer, d'après ce qui précède, que l'autre a la même limite, et que $\Sigma$ a aussi une limite égale à $l$. Nous sommes donc ramenés, pour démontrer l'existence d'une limite de $\Sigma$, à démontrer que $S$ ou $s$ a une limite; nous ferons le raisonnement pour $s$.

3° Nous allons faire croître le nombre des intervalles en opérant d'abord d'une façon particulière; nous divisons chacun des intervalles primitifs en d'autres partiels, ceux-ci de même en d'autres, et ainsi de suite.

Divisons par exemple le premier intervalle $\Delta x_1$ en $n_1$ parties que nous désignons par $\Delta' x_1, \Delta' x_2, \ldots, \Delta' x_{n_1}$; divisons de même le deuxième $\Delta x_2$ en $n_2$ parties $\Delta' x_{n_1+1}, \Delta' x_{n_1+2}, \ldots$, et ainsi de suite; puis multiplions la plus petite valeur $y$ de $f(x)$ dans chaque intervalle ainsi formé par la grandeur de cet intervalle et faisons la somme des résultats; nous obtenons ainsi une somme que nous appelons $s'$ et que nous écrivons de la façon suivante :

$$s' = y'_1 \Delta' x_1 + y'_2 \Delta' x_2 + \cdots + y'_n \Delta' x_{n_1}$$
$$+ y'_{n_1+1} \Delta' x_{n_1+1} + y'_{n_1+2} \Delta' x_{n_1+2} + \cdots$$
$$+ \cdots\cdots\cdots\cdots\cdots\cdots\cdots\cdots ,$$

en mettant dans la première ligne les éléments qui proviennent de la décomposition de $\Delta x_1$, dans la deuxième ligne ceux qui proviennent de la décomposition de $\Delta x_2$, et ainsi de suite.

Les termes $y'_1, y'_2, \ldots$ qui entrent dans la première ligne sont au moins égaux à $y_1$, puisque cette dernière valeur est la plus petite de celles que possède $f(x)$ dans l'intervalle $\Delta x_1$; la somme qui constitue la première ligne de $s'$ est donc égale ou supérieure à la quantité

$$y_1\left[\Delta' x_1 + \Delta' x_2 + \cdots + \Delta' x_{n_1}\right]$$

ou à $y_1 \Delta x_1$, c'est-à-dire au premier terme de $s$. De la même manière, les éléments de la deuxième ligne de $s'$ ont une somme égale ou supérieure au deuxième terme de $s$, et ainsi de suite ; nous en concluons que la somme $s'$ est égale ou supérieure à $s$.

Décomposons alors de nouveau les intervalles $\Delta' x_1, \ldots$ en d'autres partiels, et formons la somme correspondante, que nous désignons par $s''$, puis répétons cette opération de façon à augmenter indéfiniment le nombre des intervalles, chacun d'eux tendant vers zéro ; les sommes $s, s', s''$, $\ldots$ forment une suite de nombres allant en croissant ; mais elles restent manifestement inférieures au produit du maximum de $f(x)$ dans l'intervalle $(a, b)$ par la grandeur $b - a$ de cet intervalle ; ces sommes ont donc une limite (n° 10) ; nous désignerons cette limite par $l$.

4° Nous allons enfin démontrer que si l'on effectue d'une manière quelconque des décompositions successives de l'intervalle $(a, b)$ en intervalles partiels, de façon que leur nombre augmente indéfiniment et que chacun d'eux tende vers zéro, les sommes correspondantes analogues à $s$, sommes que nous désignerons par $s_1, s_2, \ldots$ ont encore une limite égale à la précédente, c'est-à-dire à $l$.

Soit en effet $s_k$ une quelconque de ces sommes ; nous allons la comparer à l'une de celles que nous avons considérées précédemment et qui ont pour limite $l$, par exemple à la somme $s^{(p)}$. Rangeons par ordre de grandeur les valeurs de $x$ qui limitent les intervalles relatifs à $s^{(p)}$ et à $s_k$, prenons toutes ces valeurs comme limites d'intervalles successifs, et formons la somme correspondante analogue à $s$ ; appelons-la $s_k^{(p)}$.

Les nouveaux intervalles peuvent être considérés comme résultant d'une division en intervalles partiels de ceux qui sont relatifs à $s^{(p)}$ ; $s_k^{(p)}$ est alors un terme d'une suite $s, s', \ldots s^{(p)}, s_k^{(p)} \ldots$ analogue à celle que nous avons formée dans le paragraphe précédent ; une pareille suite a, comme nous l'avons vu, une certaine limite ; il en résulte que la différence $s_k^{(p)} - s^{(p)}$ entre deux termes consécutifs est très petite si le nombre des intervalles est très grand, et qu'elle tend vers zéro.

Les nouveaux intervalles résultent aussi d'une division des intervalles relatifs à $s_k$ ; pour la même raison que précédemment, la différence $s_k^{(p)} - s_k$ est aussi très petite ; par conséquent, la différence $(s_k^{(p)} - s^{(p)}) - (s_k^{(p)} - s_k)$ ou $s_k - s^{(p)}$ est aussi très petite et tend vers zéro lorsque tous les intervalles relatifs à $s_k$ et à $s^{(p)}$ tendent vers zéro ; comme $s^{(p)}$ a pour limite $l$, il en est de même de $s_k$, ce que nous voulions établir.

Nous avons ainsi démontré que la somme $s$, et par suite la somme primitive $\Sigma$, ont une limite égale à $l$, quelle que soit la manière dont les intervalles partiels tendent vers zéro ; et quelles que soient les valeurs choisies pour la fonction dans chaque intervalle ; l'existence de l'intégrale définie se trouve ainsi démontrée en toute rigueur.

**374. Remarques.** — 1° Dans la définition d'une intégrale, rien n'empêche de supposer $b < a$ ; dans ce dernier cas, les différents intervalles $\Delta x$ sont négatifs. Si l'on considère deux intégrales définies de la même fonction $f(x)$ prises l'une entre les limites $a$ et $b$, l'autre entre les limites $b$ et $a$ égales aux précédentes mais en ordre inverse, les deux intégrales sont égales et de signes contraires. En effet, nous pouvons décomposer les intervalles $(a, b)$ et $(b, a)$ en intervalles partiels par les mêmes valeurs intermédiaires de $x$, et choisir dans chacun d'eux la même valeur de la fonction $f(x)$ ; de cette façon, les termes correspondants dans les deux sommes analogues à (1) ont des valeurs égales et de signes contraires, et il en est de même de ces sommes ; celles-ci ont dès lors des limites égales et de signes contraires. On exprime ce fait en disant qu'une intégrale change de signe lorsqu'on renverse l'ordre des limites d'intégration ; cette propriété est traduite par la formule

$$(2) \qquad \int_a^b f(x)dx = -\int_b^a f(x)dx.$$

Il résulte de là que l'on peut ramener le calcul d'une intégrale à limites quelconques à celui d'une autre dont la limite supérieure est plus grande que la limite inférieure.

2° Supposons qu'on prenne entre $a$ et $b$ des nombres fixes quelconques tels que $c$ et $d$ ; pour calculer l'intégrale de $f(x)$ entre $a$ et $b$, on peut partager l'intervalle $(a, b)$ en intervalles partiels $(a, c)$, $(c, d)$, $(d, b)$, puis partager ceux-ci en intervalles $\Delta x$ tendant vers zéro. En additionnant les sommes $\Sigma$ relatives aux intervalles $(a, c)$, $(c, d)$, $(d, b)$, on forme une somme $\Sigma$ relative à l'intervalle $(a, b)$ et en passant à la limite, on arrive à l'égalité

$$(3) \qquad \int_a^b f(x)dx = \int_a^c f(x)dx + \int_c^d f(x)dx + \int_d^b f(x)dx.$$

Comme application, nous pouvons décomposer l'intervalle total en d'autres à l'intérieur desquels la fonction varie toujours dans le même sens, ou bien encore garde un signe constant. Dans ce dernier cas, les considérations du n° 371 s'appliquent à chacun des intervalles partiels, et par suite aussi à l'intervalle total.

Cette égalité s'étend au cas où $c$ et $d$ sont quelconques, compris ou non entre $a$ et $b$ ; si l'on a par exemple $a < b < c$, on a la relation

$$\int_a^c = \int_a^b + \int_b^c = \int_a^b - \int_c^b,$$

d'où l'on tire

$$\int_a^b = \int_a^c + \int_c^b.$$

**375. Représentation géométrique.** — La représentation géométrique d'une intégrale définie $\int_a^b f(x)dx$ par une aire résulte des considérations développées dans les deux numéros précédents : si l'on suppose d'abord $f(x)$ positif et $b > a$, si l'on construit entre $a$ et $b$ la courbe représentative de la fonction $y = f(x)$, ainsi que les rectangles $PDD_1P_1$, $P_1E_1E_2P_2$, ... de bases $\Delta x_1$, $\Delta x_2$, ... et de hauteurs $f(\xi_1)$, $f(\xi_2)$ ..., la somme des aires de ces rectangles a une limite égale à l'intégrale ; comme les sommets $D$, $D_1$, ... des rectangles se rapprochent indéfiniment de la courbe, nous dirons par définition que cette limite est la valeur de l'aire curviligne comprise entre la courbe AB, l'axe des $x$ et les ordonnées PA et QB des points A et B. Il résulte de cette définition que l'intégrale définie $\int_a^b f(x)dx$ est représentée géométriquement par l'aire comprise entre la courbe $y = f(x)$, l'axe des $x$ et les ordonnées d'abscisses $a$ et $b$.

Supposons maintenant que $f(x)$ soit constamment négative entre $a$ et $b$ ; la courbe représentative est située tout entière, par rapport à Ox, du côté des $y$ négatifs ; les éléments $f(\xi_1)$, $f(\xi_2)$, ... sont tous négatifs, et les parties dont se compose la somme (1), ainsi que la limite de cette somme, sont négatives ; l'intégrale représente alors la valeur, changée de signe, de l'aire comprise entre la courbe $y = f(x)$, l'axe des $x$ et les ordonnées extrèmes d'abscisses $a$ et $b$.

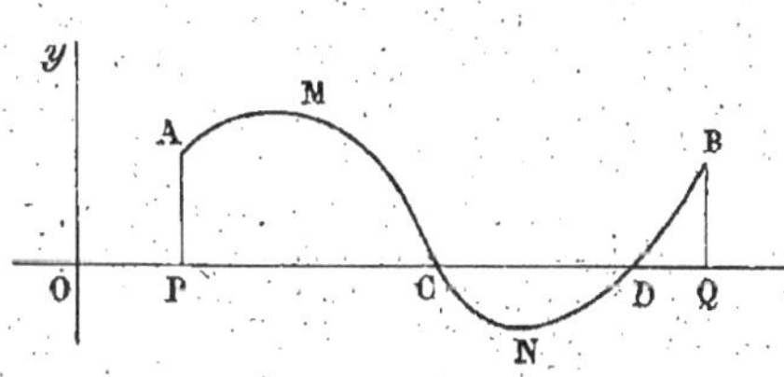


Fig. 141.

Supposons enfin que $f(x)$ change de signe entre $a$ et $b$ pour des valeurs telles que $c$ et $d$, comme l'indique la figure 141 ; nous avons, d'après la formule (3),

$$\int_a^b f(x)dx = \int_a^c f(x)dx + \int_c^d f(x)dx + \int_d^b f(x)dx \; ;$$

la valeur du second membre et par suite celle du premier est égale à la somme des aires situées, par rapport à Ox, du côté des $y$ positifs, diminuée de la somme des aires situées du côté des $y$ négatifs, c'est-à-dire égale à la somme

$$\text{aire PAMC} - \text{aire CND} + \text{aire DBQ}.$$

Le calcul d'une intégrale définie et la mesure d'une certaine aire sont, d'après ce qui précède, deux problèmes équivalents ; or, lorsqu'on sait évaluer une aire, on sait calculer le côté d'un carré équivalent, ou, comme on dit, faire la quadrature de cette aire ; par extension, on donne le nom de quadrature au calcul d'une intégrale définie.

**376. Valeur moyenne d'une fonction.** — Soit $f(x)$ une fonction continue déterminée dans un intervalle $(a, b)$ ; partageons cet intervalle en $n$ autres partiels égaux à $\Delta x = \dfrac{b-a}{n}$ ; prenons pour $\xi_1$, $\xi_2$, ... des valeurs comprises dans chacun de ces intervalles, généralement équidistantes des extrémités, et calculons la moyenne arithmétique

$$\frac{f(\xi_1) + f(\xi_2) + \cdots + f(\xi_n)}{n} ;$$

la limite de cette quantité, quand $n$ augmente indéfiniment, s'appelle valeur moyenne de la fonction entre $a$ et $b$.

Si l'on écrit la moyenne précédente sous la forme

$$\frac{1}{b-a} \Sigma f(\xi) \left( \frac{b-a}{n} \right) = \frac{1}{b-a} \Sigma f(\xi) \Delta x,$$

on voit que sa limite est égale à

$$\frac{1}{b-a} \int_a^b f(x)\,dx.$$

La valeur moyenne d'une fonction est sûrement comprise entre le maximum $M$ et le minimum $m$ de cette fonction entre $a$ et $b$ ; elle est égale à la valeur de $f(x)$ pour une valeur au moins de la variable convenablement choisie entre $a$ et $b$ ; si $c$ est une telle valeur, nous pouvons écrire l'égalité

$$(4) \qquad \int_a^b f(x)\,dx = (b-a)f(c).$$

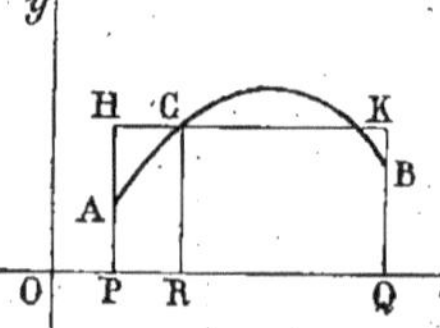

Fig. 142.

Remarquons que le second membre est la mesure de l'aire d'un rectangle PHKQ de base $b-a$ ayant la même valeur que l'intégrale, c'est-à-dire équivalent à l'aire PABQ (*fig.* 142) ; la hauteur de ce rectangle est égale à $f(c)$, et $c$ est l'abscisse d'un des points de rencontre de la courbe AB avec le côté supérieur HK du rectangle.

**377. Dérivée d'une intégrale.** — La valeur d'une intégrale définie dépend non seulement de la fonction à intégrer, mais encore des limites d'intégration. Désignons par X la limite supérieure que nous avons appelée précédemment $b$, et posons

$$F(X) = \int_a^X f(x)\,dx.$$

La fonction F(X) varie avec la limite supérieure X ; nous allons montrer *qu'elle est continue et qu'elle a pour dérivée* $f(X)$.

Donnons à la limite X un accroissement $\Delta X$, et considérons l'intégrale

$$F(X + \Delta X) = \int_a^{X + \Delta X} f(x)\,dx ;$$

nous avons

$$F(X + \Delta X) - F(X) = \int_a^{X + \Delta X} f(x)\,dx - \int_a^X f(x)\,dx = \int_X^{X + \Delta X} f(x)\,dx,$$

comme l'indique la formule (3). D'autre part, l'intégrale du dernier membre est égale, d'après le n° précédent, au produit de l'intervalle d'intégration $(X + \Delta X) - X = \Delta X$ par la valeur que prend la fonction pour une valeur de la variable intermédiaire entre X et $X + \Delta X$ ; si nous désignons par $X + \theta\Delta X$ cette valeur, nous avons

$$F(X + \Delta X) - F(X) = \Delta X f(X + \theta\Delta X),$$

d'où nous tirons

$$\frac{F(X + \Delta X) - F(X)}{\Delta X} = f(X + \theta\Delta X).$$

Ces égalités nous montrent d'abord que l'accroissement de F(X) tend vers zéro avec $\Delta X$, c'est-à-dire que la fonction F(X) est continue, d'autre part qu'elle a une dérivée égale à la limite de $f(X + \theta\Delta X)$ lorsque $\Delta X$ tend vers zéro, et cette dérivée est bien égale à $f(X)$, ce que nous voulions démontrer.

La représentation géométrique d'une intégrale par une aire rend intuitif le raisonnement précédent ; la différence $F(X + \Delta X) - F(X)$ est égale à l'aire d'une bande de largeur $\Delta X$, limitée par des ordonnées égales à $f(X)$ et $f(X + \Delta X)$ ; le quotient de cette aire par la base $\Delta X$ a pour limite l'ordonnée $f(X)$.

Remarquons que la différentielle de $F(X)$ est égale au produit de sa dérivée $f(X)$ par $dX$; nous pouvons donc écrire

$$dF(X) = f(X)dX\,;$$

si nous remplaçons $X$ par $x$, nous avons

$$dF(x) = f(x)dx\,;$$

nous en concluons que la différentielle d'une intégrale définie dont la limite supérieure est la variable $x$ est égale à la quantité placée sous le signe d'intégration ; de là vient le nom *d'élément différentiel* donné à cette quantité. Il résulte de là que l'on peut considérer une différentielle non seulement comme la partie principale d'un accroissement infiniment petit d'une fonction (n° 225), mais encore comme un élément d'une somme dont la limite est cette fonction elle-même ; les deux points de vue sont équivalents.

**378. Intégrale indéfinie.** — On appelle *fonction primitive* ou *intégrale indéfinie* d'une fonction $f(x)$ une autre fonction dont la dérivée est $f(x)$.

Toute fonction continue a au moins une fonction primitive, c'est l'intégrale définie

$$F(x) = \int_a^x f(x)\,dx,$$

dont la limite supérieure est la variable $x$ et dont la limite inférieure est un nombre fixe $a$ arbitrairement choisi. Il existe une infinité de fonctions primitives de $f(x)$, car on peut donner à la quantité $a$ une infinité de valeurs ; nous allons voir que ces fonctions ne diffèrent de l'une d'elles que par une constante. Si en effet $F(x)$ et $F_1(x)$ désignent deux fonctions ayant $f(x)$ comme dérivée, la différence $F_1(x) - F(x)$ a une dérivée nulle et elle est une constante (n° 177) ; nous avons donc, en désignant par $C$ cette constante,

$$F_1(x) = F(x) + C\,;$$

ceci nous montre bien qu'on obtient toutes les intégrales définies de $f(x)$ en ajoutant à l'une d'elles une constante arbitraire.

On représente ordinairement par $\int f(x)dx$, sans indication de limites, une intégrale indéfinie quelconque de $f(x)$.

**379.** Nous venons de voir que l'on obtient une fonction $F(x)$ satisfaisant à la condition d'avoir pour dérivée $f(x)$ en calculant une intégrale définie de $f(x)$ entre des limites $a$ et $x$; c'est ainsi que l'on opère lorsque $f(x)$ est définie expérimentalement ou graphiquement ou bien n'est pas une fonction simple. Mais dans beaucoup de cas usuels, on suit une marche inverse; on détermine d'abord, comme nous l'indiquerons plus loin, une intégrale indéfinie de $f(x)$; on en déduit ensuite les intégrales définies par le théorème suivant :

*Si l'on connaît une intégrale indéfinie* $F(x)$ *d'une fonction* $f(x)$, *l'intégrale définie de cette fonction entre les limites* $a$ *et* $X$ *est égale à la différence* $F(X) - F(a)$.

Nous voulons démontrer que l'on a

$$\int_a^X f(x)\,dx = F(X) - F(a).$$

En effet, les deux membres ont même dérivée $f(X)$; ils ne peuvent donc différer que par une constante; or, ils s'annulent tous deux lorsque la différence $X - a$ des limites d'intégration devient nulle dans la relation précédente; ils sont donc égaux, ce que nous voulions établir.

Si nous faisons $X = b$, nous obtenons la formule

$$\int_a^b f(x)\,dx = F(b) - F(a),$$

que l'on emploie dans le calcul des intégrales définies; il faut bien remarquer qu'elle n'est démontrée que dans le cas où $f(x)$ est continue entre $a$ et $b$.

# CHAPITRE II

## PROCÉDÉS D'INTÉGRATION. CAS DES FRACTIONS RATIONNELLES

**380. Intégration immédiate.** — Nous avons vu que l'on obtient l'intégrale indéfinie d'une fonction $f(x)$ en déterminant une fonction $F(x)$ ayant pour dérivée $f(x)$ et en lui ajoutant une constante arbitraire C. Nous allons indiquer comment on effectue cette détermination dans les cas usuels.

La connaissance des dérivées des fonctions simples nous permet d'écrire immédiatement les intégrales suivantes, où C désigne une constante arbitraire :

$$\int x^m dx = \frac{x^{m+1}}{m+1} + C \qquad (m \text{ quelconque différent de } -1),$$

$$\int \frac{1}{x}\, dx = \log|x| + C \qquad (\text{le logarithme étant népérien}),$$

$$\int e^x dx = e^x + C, \qquad\qquad \int a^x dx = \frac{a^x}{\log a} + C,$$

$$\int \cos x\, dx = \sin x + C, \qquad\qquad \int \sin x\, dx = -\cos x + C,$$

$$\int \frac{dx}{\cos^2 x} = \operatorname{tg} x + C, \qquad\qquad \int \frac{dx}{\sin^2 x} = -\operatorname{cotg} x + C,$$

$$\int \frac{dx}{\sqrt{1-x^2}} = \begin{cases} \operatorname{arc\,sin} x + C, \\ -\operatorname{arc\,cos} x + C, \end{cases} \qquad \int \frac{dx}{1+x^2} = \operatorname{arc\,tg} x + C.$$

Dans l'intégrale de la fonction $\frac{1}{x}$, $x$ peut être positif ou négatif ; quel que soit le signe de la variable, la fonction primitive est égale au logarithme de la valeur absolue de $x$, comme on peut le vérifier dans tous les cas.

Si une fonction $f(x)$ est la somme de plusieurs autres, son intégrale est égale à la somme des intégrales de ces autres fonctions ; si l'on multiplie une fonction $f(x)$ par un facteur constant, son intégrale est aussi multipliée par ce facteur. Ces remarques permettent de trouver immédiatement l'intégrale d'un polynome

$$f(x) = A_0 x^m + A_1 x^{m-1} + \cdots + A_{m-1} x + A_m ;$$

elle est

$$A_0 \frac{x^{m+1}}{m+1} + A_1 \frac{x^m}{m} + \cdots + A_{m-1} \frac{x^2}{2} + A_m x + C .$$

**381.** L'intégrale $F(x)$ d'une fonction $f(x)$ a pour différentielle

$$dF(x) = f(x)dx ;$$

si l'on peut mettre le second membre sous la forme $\varphi(u)du$, $u$ étant une fonction de $x$, et si l'on sait trouver une fonction $\Phi(u)$ ayant pour dérivée $\varphi(u)$, cette fonction est égale à l'intégrale $F(x)$ ou n'en diffère que par une constante ; en effet, sa dérivée par rapport à $x$

$$\frac{d\Phi(u)}{dx} = \frac{\varphi(u)du}{dx} = \frac{f(x)dx}{dx} = f(x)$$

est identique à celle de $F(x)$, les deux fonctions sont donc égales à une constante près.

Cette remarque est très utile dans le calcul des intégrales ; on aperçoit souvent dans $f(x)$ une quantité $u$ renfermant la variable, et dont la fonction $f$ dépend d'une manière simple ; on remplace alors $f(x)$ et $dx$ par leurs valeurs en fonction de $u$ et de $du$, on intègre l'expression obtenue et l'on substitue enfin à $u$, dans le résultat, sa valeur en fonction de $x$.

*Exemple.* — Soit à déterminer l'intégrale

$$\int \frac{dx}{2x-3} ;$$

nous poserons $2x - 3 = u$ ; nous en tirerons $2dx = du$, d'où

$$\frac{dx}{2x-3} = \frac{1}{2} \frac{du}{u} ;$$

l'intégrale à évaluer sera ainsi égale à

$$\int \frac{1}{2} \frac{du}{u} = \frac{1}{2} \log|u| + C = \frac{1}{2} \log|2x-3| + C .$$

On se dispense souvent d'écrire la lettre $u$, et l'on pose immédiatement, dans l'exemple précédent, la suite d'égalités

$$\int \frac{dx}{2x-3} = \int \frac{1}{2} \frac{d(2x-3)}{2x-3} = \frac{1}{2} \log|2x-3| + C .$$

Comme autre exemple, soit à déterminer $\displaystyle\int \frac{x\,dx}{\sqrt{1-x^2}}$; nous voyons

que le numérateur est, à un facteur près, la différentielle de $1-x^2$; nous poserons alors $1-x^2=u$, et nous aurons

$$-2x\,dx=du, \qquad \frac{x\,dx}{\sqrt{1-x^2}}=-\frac{du}{2\sqrt{u}}.$$

L'intégrale cherchée sera égale à

$$-\frac{1}{2}\int \frac{du}{\sqrt{u}}=-\frac{1}{2}\int u^{-\frac{1}{2}}\,du=-\frac{1}{2}\frac{u^{-\frac{1}{2}+1}}{-\frac{1}{2}+1}+C=-u^{\frac{1}{2}}+C,$$

c'est-à-dire, en remplaçant $u$ par sa valeur, à $-\sqrt{1-x^2}+C$.

**382. Intégration par substitution.** — C'est sur des considérations analogues aux précédentes qu'est fondé le procédé d'intégration par substitution; supposons que l'on remplace $x$ par une fonction donnée $\varphi(t)$ d'une nouvelle variable $t$; nous avons $dx=\varphi'(t)dt$, et par conséquent

$$f(x)\,dx=f[\varphi(t)]\varphi'(t)dt.$$

Il arrive souvent, par un choix convenable de la fonction $\varphi(t)$, que l'expression ainsi obtenue est simple et que l'on sait trouver facilement la fonction $\Phi(t)$ dont elle est la différentielle; cette fonction et l'intégrale $F(x)$ de $f(x)$, ayant même différentielle et même dérivée par rapport à $t$, ne diffèrent alors que par une constante; on écrit ainsi

$$\int f(x)dx=\int f[\varphi(t)]\varphi'(t)dt;$$

il suffit de remplacer dans $\Phi(t)$ $t$ par sa valeur en fonction de $x$ pour avoir l'intégrale de $f(x)$.

*Exemple.* — Soit à déterminer l'intégrale $\displaystyle\int\sqrt{1-x^2}\,dx$; posons $x=\sin t$, et choisissons $t$ tel que $\cos t$ soit positif; nous en tirons $\sqrt{1-x^2}=\cos t$, et $dx=\cos t\,dt$; nous avons par suite

$$\int\sqrt{1-x^2}\,dx=\int\cos^2 t\,dt;$$

pour déterminer l'intégrale du second membre, nous remplacerons $\cos^2 t$ par $\frac{1}{2}(1+\cos 2t)$, ce qui nous donnera

$$\int\cos^2 t\,dt=\frac{1}{2}\int dt+\frac{1}{2}\int\cos 2t\,dt=\frac{t}{2}+\frac{\sin 2t}{4}+C.$$

Comme $t$ est égal à $\arcsin x$ et que $\sin 2t$ est égal à $2\sin t\cos t$

ou à $2x\sqrt{1-x^2}$, nous aurons finalement

$$\int \sqrt{1-x^2}\,dx = \frac{\operatorname{arc\,sin} x}{2} + \frac{x\sqrt{1-x^2}}{2} + C.$$

**383. Intégration par parties.** — Si l'élément différentiel $f(x)\,dx$ est mis sous la forme $u\,dv$, $u$ et $v$ étant des fonctions de $x$, il y a quelquefois avantage à utiliser l'identité

$$d(uv) = u\,dv + v\,du,$$

qui fournit la différentielle d'un produit ; on en tire, en intégrant les deux membres,

$$uv = \int u\,dv + \int v\,du,$$

d'où

$$\int u\,dv = uv - \int v\,du ;$$

la recherche de l'intégrale donnée se ramène ainsi à celle de l'intégrale $\int v\,du$, qui peut être plus simple que la proposée ; on dit que l'on fait dans ce cas une intégration par parties.

*Exemple.* — Soit à déterminer l'intégrale $\int x \sin x\,dx$ ; posons $u = x$, $dv = \sin x\,dx$ ; nous en déduisons $v = -\cos x$ et $du = dx$ ; nous avons par suite, d'après la formule précédente,

$$\int x \sin x\,dx = -x\cos x - \int(-\cos x)\,dx = -x\cos x + \sin x + C.$$

Le même procédé peut servir à déterminer les intégrales

$$\int x^m e^x\,dx, \qquad \int x^m \log x\,dx$$

où, dans la première, $m$ est entier positif, en posant dans la première $u = x^m$ et dans la seconde $u = \log x$.

La formule d'intégration par parties permet de ramener l'une à l'autre l'intégration de deux fonctions inverses ; si par exemple $y$ est une fonction de $x$, on a

$$\int y\,dx = xy - \int x\,dy ;$$

dans la dernière intégrale, $x$ doit être remplacé par sa valeur, qui est la fonction inverse de la première.

**384. Intégration des fractions rationnelles.** — Soit à déterminer l'intégrale

$$\int \frac{f(x)}{\varphi(x)}\,dx,$$

$f$ et $\varphi$ étant deux polynomes en $x$ à coefficients réels. Si le premier est de degré égal ou supérieur au second, nous commencerons par effectuer la division du numérateur par le dénominateur; en appelant $Q(x)$ et $R(x)$ le quotient et le reste de l'opération, nous avons

$$\frac{f(x)}{\varphi(x)} = Q(x) + \frac{R(x)}{\varphi(x)} ;$$

nous sommes alors ramenés à intégrer le polynome $Q(x)$, ce que nous savons faire (n° 380), et à intégrer une fraction rationnelle dont le numérateur $R(x)$ est de degré inférieur à celui du dénominateur.

*Exemples.* — Soit à déterminer l'intégrale

$$F(x) = \int \frac{2x^2 - x + 2}{2x - 3} dx$$

d'une fraction dont le dénominateur est du premier degré; en effectuant la division du numérateur par le dénominateur, le quotient et le reste sont $x + 1$ et $5$; nous avons alors

$$F(x) = \int (x + 1)dx + \int \frac{5}{2x - 3} dx ;$$

la première intégrale est celle d'un polynome et est égale à $\frac{x^2}{2} + x$ ; la deuxième est analogue à celle du n° 381, et a pour valeur

$$\frac{5}{2} \log|2x - 3| + C ;$$

nous avons par suite

$$F(x) = \frac{x^2}{2} + x + \frac{5}{2} \log|2x - 3| + C.$$

Comme autre exemple, soit à déterminer l'intégrale

$$F(x) = \int \frac{x^2 + 1}{3(x - 2)^3} dx$$

d'une fraction dont le dénominateur est une puissance d'un polynome du premier degré; nous décomposerons cette fraction, dont le numérateur est de degré inférieur à celui du dénominateur, en une somme de plusieurs autres dont les numérateurs sont des constantes. Pour cela, nous ordonnerons le numérateur $x^2 + 1$ suivant les puissances de $x - 2$, en écrivant

$$x^2 + 1 = (x - 2 + 2)^2 + 1 = (x - 2)^2 + 4(x - 2) + 5,$$

de sorte que nous aurons, en divisant par $3(x - 2)^3$,

$$\frac{x^2 + 1}{3(x - 2)^3} = \frac{1}{3(x - 2)} + \frac{4}{3(x - 2)^2} + \frac{5}{3(x - 2)^3} ;$$

nous serons ramenés à la somme des intégrales simples suivantes :

$$\int \frac{dx}{3(x-2)} = \frac{1}{3}\log|x-2| + C,$$

$$\int \frac{4}{3}\frac{dx}{(x-2)^2} = \int \frac{4}{3}(x-2)^{-2}dx = \frac{4}{3}\frac{(x-2)^{-1}}{-1} + C,$$

$$\int \frac{5}{3}\frac{dx}{(x-2)^3} = \int \frac{5}{3}(x-2)^{-3}dx = \frac{5}{3}\frac{(x-2)^{-2}}{-2} + C,$$

et nous aurons finalement

$$F(x) = \frac{1}{3}\log|x-2| - \frac{4}{3}\frac{1}{x-2} - \frac{5}{6}\frac{1}{(x-2)^2} + C,$$

C désignant, comme toujours, une constante quelconque.

**385. Décomposition d'une fraction rationnelle en fractions simples.** — Nous supposerons désormais que l'on a effectué, comme nous l'avons dit, la division de $f(x)$ par $\varphi(x)$, ainsi que l'intégration du polynome $Q(x)$ ; nous ne nous occuperons que de la fraction $\dfrac{R(x)}{\varphi(x)}$ dont le numérateur est de degré inférieur au dénominateur. Le procédé général d'intégration de cette fraction consiste à la décomposer en une somme d'autres correspondant aux différentes racines du dénominateur, et à intégrer séparément ces dernières fractions. Bien que la méthode s'applique au cas où les coefficients entrant dans les diverses fractions sont imaginaires, nous n'introduirons dans les calculs que des nombres réels.

Nous commencerons par déterminer les racines du dénominateur $\varphi(x)$ ; soient $x_1, x_2, \ldots$ ses racines réelles, $p, q, \ldots$ leurs ordres de multiplicité, soient $x^2 + p_1 x + q_1,\ x^2 + p_2 x + q_2,\ \ldots$ les trinomes à coefficients réels correspondant aux couples de racines imaginaires conjuguées, $r, s, \ldots$ leurs ordres de multiplicité. Nous avons vu (n° 259) que le polynome $\varphi(x)$ est toujours décomposable en un produit de facteurs réels, sous la forme

$$\varphi(x) = A_0(x-x_1)^p(x-x_2)^q \ldots (x^2+p_1x+q_1)^r(x^2+p_2x+q_2)^s \ldots,$$

$A_0$ étant une constante, les facteurs suivants correspondant aux racines réelles, et les derniers aux couples de racines imaginaires conjuguées.

On appelle *fractions simples* des fractions de la forme

$$\frac{A}{(x-a)^m}, \qquad \frac{Hx+K}{(x^2+px+q)^n}$$

dans lesquelles tous les coefficients sont réels, $x^2 + px + q$ est un trinome ayant ses racines imaginaires, $m$ et $n$ sont des exposants entiers ;
nous allons montrer qu'une décomposition de $\dfrac{R(x)}{\varphi(x)}$ en une somme de
fractions simples est possible et indiquer des procédés permettant d'effectuer cette décomposition.

Considérons d'abord une racine réelle de $\varphi(x)$, s'il en existe ; soit
$x_1$ une telle racine, $p$ son ordre de multiplicité. Nous allons montrer
qu'on peut déterminer une fraction simple $\dfrac{A_1}{(x - x_1)^p}$ telle que la différence
entre $\dfrac{R(x)}{\varphi(x)}$ et cette fraction, mise sous forme de fraction irréductible,
renferme dans son dénominateur $x - x_1$ à une puissance inférieure à $p$.
Posons pour cela $\varphi(x) = (x - x_1)^p \psi(x)$, $\psi(x)$ ne s'annulant plus pour
$x = x_1$, et écrivons

$$\frac{R(x)}{\varphi(x)} - \frac{A_1}{(x - x_1)^p} = \frac{R(x) - A_1 \psi(x)}{(x - x_1)^p \psi(x)}.$$

Pour que la fraction du second membre, rendue irréductible, renferme au dénominateur $x - x_1$ à une puissance inférieure à $p$, il faut
et il suffit que son numérateur s'annule pour $x = x_1$, par suite que $A_1$
soit égal à $\dfrac{R(x_1)}{\psi(x_1)}$ ; en remplaçant $A_1$ par cette valeur, divisant les deux
termes de la dernière fraction par leur plus grand commun diviseur qui
ne peut être qu'une puissance de $x - x_1$, nous mettrons cette fraction
sous la forme $\dfrac{S(x)}{(x - x_1)^{p'} \psi(x)}$, où $p'$ est inférieur à $p$, et même peut être
nul ; nous obtiendrons ainsi l'identité.

$$\frac{R(x)}{\varphi(x)} = \frac{A_1}{(x - x_1)^p} + \frac{S(x)}{(x - x_1)^{p'} \psi(x)}.$$

Nous pouvons ajouter, d'après l'hypothèse faite sur les degrés de
$R(x)$ et $\varphi(x)$, que le degré du numérateur de la dernière fraction est
inférieur à celui de son dénominateur.

En opérant sur cette dernière fraction comme précédemment,
nous mettrons en évidence une autre fraction simple, de dénominateur
$(x - x_1)^{p'}$, et ainsi de suite jusqu'à ce que $x - x_1$ disparaisse du dénominateur, puis nous opérerons de même successivement avec les autres
racines réelles, et nous arriverons finalement à une identité de la
forme

$$\frac{R(x)}{\varphi(x)} = \frac{A_1}{(x-x_1)^p} + \frac{B_1}{(x-x_1)^{p-1}} + \cdots + \frac{E_1}{x-x_1}$$
$$+ \frac{A_2}{(x-x_2)^q} + \frac{B_2}{(x-x_2)^{q-1}} + \cdots + \frac{E_2}{x-x_2}$$
$$+ \cdots\cdots\cdots\cdots\cdots\cdots\cdots\cdots\cdots\cdots\cdots\cdots\cdots$$
$$+ \frac{T(x)}{\rho(x)},$$

les coefficients $A_1$, $A_2$, ... étant des constantes non nulles, quelques-uns des suivants $B_1$, ... $E_1$, $B_2$, ... pouvant être nuls, le dernier dénominateur $\rho(x)$ correspondant aux racines imaginaires et $T(x)$ ayant un degré inférieur à celui de $\rho(x)$.

Envisageons maintenant un couple de racines imaginaires $a+bi$, $a-bi$ d'ordre de multiplicité $r$, auxquelles correspond le trinome $x^2+p_1x+q_1$, et mettons $\varphi(x)$ ou $\rho(x)$ sous la forme

$$\varphi(x) = (x^2+p_1x+q_1)^r\psi(x),$$

$\psi(x)$ ne s'annulant plus pour les racines considérées ; nous allons mettre en évidence dans $\dfrac{R(x)}{\varphi(x)}$, ou dans $\dfrac{T(x)}{\rho(x)}$, une fraction simple de la forme $\dfrac{H_1x+K_1}{(x^2+p_1x+q_1)^r}$, où $H_1$ et $K_1$ sont deux constantes réelles ; nous raisonnerons sur $\varphi(x)$, le calcul serait le même avec $\rho(x)$.

Formons la différence

$$\frac{R(x)}{(x^2+p_1x+q_1)^r\psi(x)} - \frac{H_1x+K_1}{(x^2+p_1x+q_1)^r} = \frac{R(x)-(H_1x+K_1)\psi(x)}{(x^2+p_1x+q_1)^r\psi(x)},$$

nous pouvons déterminer $H_1$ et $K_1$ de façon que le numérateur de la dernière fraction s'annule pour $a+bi$ et pour $a-bi$ ; il faut et il suffit pour cela que l'on ait

$$R(a+bi) - \big[H_1(a+bi)+K_1\big]\psi(a+bi) = 0,$$
$$R(a-bi) - \big[H_1(a-bi)+K_1\big]\psi(a-bi) = 0 ;$$

ces deux équations fournissent pour $H_1$ et $K_1$ un système unique de valeurs non nulles toutes les deux, ne changeant pas quand on change $i$ en $-i$, et par conséquent réelles. Lorsque $H_1$ et $K_1$ sont ainsi déterminés, le numérateur de la dernière fraction est divisible par $x^2+p_1x+q_1$ et en supprimant ce facteur autant de fois que possible au numérateur et au dénominateur, on aura une identité de la forme

$$\frac{R(x)}{\varphi(x)} = \frac{H_1x+K_1}{(x^2+p_1x+q_1)^r} + \frac{S(x)}{(x^2+p_1x+q_1)^{r'}\psi(x)},$$

où $r'$ est inférieur à $r$.

On opérera sur la dernière fraction, dont le numérateur a un degré inférieur à celui du dénominateur, comme sur la première, et ainsi de suite, et l'on arrivera finalement à la décomposition cherchée, qui est

$$(1) \quad \frac{R(x)}{\varphi(x)} = \frac{A_1}{(x - x_1)^p} + \frac{B_1}{(x - x_1)^{p-1}} + \cdots + \frac{E_1}{x - x_1}$$
$$+ \frac{A_2}{(x - x_2)^q} + \frac{B_2}{(x - x_2)^{q-1}} + \cdots + \frac{E_2}{x - x_2}$$
$$+ \cdots\cdots\cdots\cdots\cdots\cdots\cdots\cdots\cdots$$
$$+ \frac{H_1 x + K_1}{(x^2 + p_1 x + q_1)^r} + \frac{L_1 x + M_1}{(x^2 + p_1 x + q_1)^{r-1}} + \cdots + \frac{S_1 x + T_1}{x^2 + p_1 x + q_1}$$
$$+ \cdots\cdots\cdots\cdots\cdots\cdots\cdots\cdots\cdots,$$

les coefficients $A_i$ n'étant pas nuls, les deux coefficients $H_i$ et $K_i$ n'étant pas nuls simultanément, les autres pouvant être nuls en tout ou en partie.

La détermination effective des coefficients se fait rarement par la méthode précédente, qui est plus théorique que pratique, sauf dans le cas où toutes les racines sont réelles et simples. Dans ce cas, les exposants $p$, $q$, ... étant égaux à l'unité, le numérateur $A_i$ de la fraction relative à $x - x_i$ est égal à la valeur que prend pour $x = x_i$ le quotient de $R(x)$ par $\dfrac{\varphi(x)}{x - x_i}$.

Nous allons indiquer une méthode de calcul qui réussit toujours, et qui évite l'emploi des nombres imaginaires ; c'est la méthode des coefficients indéterminés. Elle consiste à écrire la formule (1) avec des coefficients encore inconnus, à chasser les dénominateurs et à identifier les polynomes qui se présentent dans les deux membres ; si $m$ est le degré de $\varphi(x)$, celui de $R(x)$ est au plus $m - 1$, et l'on peut vérifier qu'il en est de même du polynome obtenu au second membre ; on écrit que les coefficients des mêmes puissances de $x$ sont égaux, et l'on a juste autant d'équations que de coefficients inconnus, ce nombre étant égal à $m$. Nous détaillerons les calculs dans les exemples suivants (n° 387).

**386. Intégration des fractions simples.** — Les fractions relatives aux racines réelles s'intègrent immédiatement ; on a en effet

$$\int \frac{E_1 dx}{x - x_1} = E_1 \log |x - x_1| + C,$$
$$\int \frac{A_1 dx}{(x - x_1)^p} = \int A_1 (x - x_1)^{-p} dx = \frac{A_1 (x - x_1)^{-p+1}}{-p + 1} + C ;$$

restent celles qui correspondent aux racines imaginaires, de la forme

$$\frac{H x + K}{x^2 + p x + q}, \qquad \frac{H x + K}{(x^2 + p x + q)^r}.$$

Le cas le plus simple est celui de la fraction $\dfrac{1}{x^2+1}$, son intégrale est

$$\int \frac{dx}{x^2+1} = \operatorname{arc\,tg} x + \mathrm{C}\,;$$

dans les autres cas, nous commencerons par mettre en évidence dans le numérateur, s'il contient $x$, la dérivée du trinome dénominateur, c'est à-dire $2x+p$ ; nous écrirons de cette façon

$$\mathrm{H}x + \mathrm{K} = \frac{\mathrm{H}}{2}(2x+p) + \mathrm{K} - \frac{p\mathrm{H}}{2},$$

puis nous décomposerons chaque fraction en deux autres : la première renfermant $2x+p$ et la seconde, s'il y a lieu, une constante au numérateur.

La première partie donnera lieu, à un facteur constant près, à une intégrale logarithmique ou rationnelle, d'après les égalités

$$\int \frac{(2x+p)\,dx}{x^2+px+q} = \log|x^2+px+q| + \mathrm{C},$$

$$\int \frac{(2x+p)\,dx}{(x^2+px+q)^r} = \frac{(x^2+px+q)^{-r+1}}{-r+1} + \mathrm{C}\,;$$

il ne nous restera plus que des intégrales de la forme

$$\int \frac{dx}{x^2+px+q}, \qquad \int \frac{dx}{(x^2+px+q)^r}.$$

Pour l'une et l'autre, la méthode d'intégration consiste à mettre $x^2+px+q$ sous forme d'une somme de deux carrés, à écrire

$$x^2+px+q = \left(x+\frac{p}{2}\right)^2 + \left(q-\frac{p^2}{4}\right),$$

puis à faire le changement de variable défini par l'égalité

$$x+\frac{p}{2} = t\sqrt{q-\frac{p^2}{4}}\,;$$

les intégrales se ramènent alors, à des facteurs constants près, à

$$\int \frac{dt}{t^2+1}, \qquad \int \frac{dt}{(t^2+1)^r}.$$

La première est égale à $\operatorname{arc\,tg} t + \mathrm{C}$ ; nous allons montrer qu'on peut évaluer la seconde au moyen de fractions rationnelles et d'autres intégrales analogues, pour lesquelles l'exposant du dénominateur est inférieur à $r$. Nous partirons pour cela de la différentielle de $\dfrac{t}{(t^2+1)^n}$, qui est

$$d\frac{t}{(t^2+1)^n} = \frac{dt}{(t^2+1)^n} - \frac{2nt^2\,dt}{(t^2+1)^{n+1}}\,;$$

nous remplacerons au numérateur du dernier terme $t^2$ par $(t^2+1)-1$, de façon à décomposer la dernière fraction en deux autres de dénominateurs $(t^2+1)^n$ et $(t^2+1)^{n+1}$, et nous aurons, en intégrant,

$$\frac{t}{(t^2+1)^n} = 2n \int \frac{dt}{(t^2+1)^{n+1}} - (2n-1)\int \frac{dt}{(t^2+1)^n}.$$

Si nous prenons pour $n$ la valeur $r-1$, nous ramenons l'intégrale de $\dfrac{1}{(t^2+1)^r}$ à celle de $\dfrac{1}{(t^2+1)^{r-1}}$ ; en opérant de même pour $n=r-2$, ..., nous aboutissons de proche en proche à des fractions rationnelles, et à l'intégrale de $\dfrac{1}{t^2+1}$, qui est $\operatorname{arc\,tg} t + C$.

L'intégration des dernières fractions peut se ramener à celles de fonctions trigonométriques par le changement de variables $t = \operatorname{tg} \varphi$ qui donne

$$\frac{1}{(t^2+1)^r} = \cos^{2r}\varphi, \qquad dt = \frac{d\varphi}{\cos^2\varphi}, \qquad \int \frac{dt}{(t^2+1)^r} = \int \cos^{2r-2}\varphi \, d\varphi \ ;$$

nous verrons plus tard comment on peut achever l'intégration, qui peut être dans certains cas plus rapide que par la méthode précédente, dite par formules de récurrence.

387. *Exemples.* — Nous allons appliquer ces méthodes à quelques exemples ; considérons d'abord la fraction

$$\frac{4x^2 - 6x + 1}{2x^3 - x^2} \ ;$$

le dénominateur a une racine double égale à $0$ et une racine simple égale à $\dfrac{1}{2}$ ; nous poserons alors

$$\frac{4x^2 - 6x + 1}{2x^3 - x^2} = \frac{A}{x^2} + \frac{B}{x} + \frac{C}{x - \dfrac{1}{2}},$$

A, B, C étant des coefficients indéterminés. En chassant les dénominateurs, nous aurons l'identité

$$4x^2 - 6x + 1 = A(2x - 1) + B(2x^2 - x) + 2Cx^2 \ ;$$

en égalant les coefficients des mêmes puissances de $x$ dans les deux membres, nous obtiendrons les relations

$$2B + 2C = 4, \qquad 2A - B = -6, \qquad -A = 1,$$

qui donnent

$$A = -1, \qquad B = 4, \qquad C = -2.$$

L'intégrale cherchée est la somme des trois intégrales

$$\int \frac{-dx}{x^2} + \int \frac{4\,dx}{x} + \int \frac{-2\,dx}{x - \frac{1}{2}},$$

et elle est égale à

$$\frac{1}{x} + 4 \log |x| - 2 \log \left| x - \frac{1}{2} \right| + C = \frac{1}{x} + 2 \log \left| \frac{x^2}{2x - 1} \right| + C'.$$

Nous allons encore considérer la fraction $\dfrac{x^4 + 1}{(x^3 - 1)^2}$ ; le dénominateur a trois racines doubles, qui sont les trois racines cubiques de l'unité, l'une d'elles est réelle et égale à 1 et les deux autres sont imaginaires et sont racines du trinome $x^2 + x + 1$ ; nous décomposerons donc le dénominateur en un produit de facteurs réels, et nous écrirons

$$(x^3 - 1)^2 = (x - 1)^2 (x^2 + x + 1)^2.$$

Nous chercherons alors à décomposer la fraction en une somme de fractions simples de la forme

$$\frac{x^4 + 1}{(x^3 - 1)^2} = \frac{A}{(x - 1)^2} + \frac{B}{x - 1} + \frac{Cx + D}{(x^2 + x + 1)^2} + \frac{Ex + F}{x^2 + x + 1},$$

A, B, C, D, E, F étant des coefficients encore indéterminés ; en chassant les dénominateurs et identifiant les polynomes obtenus, nous obtiendrons, après un calcul élémentaire,

$$A = \frac{2}{9}, \quad B = 0, \quad C = \frac{1}{3}, \quad D = 0, \quad E = 0, \quad F = \frac{7}{9},$$

et l'intégrale sera ramenée à la somme des trois suivantes :

$$\int \frac{2}{9} \frac{dx}{(x - 1)^2} + \int \frac{1}{3} \frac{x\,dx}{(x^2 + x + 1)^2} + \int \frac{7}{9} \frac{dx}{x^2 + x + 1}.$$

La première est égale à $-\dfrac{2}{9} \dfrac{1}{x - 1}$ ; pour calculer la troisième, nous décomposerons le dénominateur en une somme de deux carrés

$$x^2 + x + 1 = \left( x + \frac{1}{2} \right)^2 + \frac{3}{4},$$

et nous ferons le changement de variable défini par l'égalité

$$x + \frac{1}{2} = \sqrt{\frac{3}{4}}\, t \, ;$$

nous aurons de cette façon pour la troisième intégrale

$$\int \frac{7}{9}\,\frac{dx}{x^2+x+1} = \int \frac{7}{9}\sqrt{\frac{4}{3}}\,\frac{dt}{t^2+1} = \frac{14\sqrt{3}}{27}\,\text{arc tg}\,t + C.$$

Dans la deuxième intégrale, le numérateur renferme $x$; nous le remplacerons par $\frac{1}{2}(2x+1) - \frac{1}{2}$, et nous décomposerons l'intégrale en deux autres, d'abord

$$\int \frac{1}{6}\,\frac{(2x+1)dx}{(x^2+x+1)^2} = -\frac{1}{6}(x^2+x+1)^{-1} + C,$$

ensuite l'intégrale de la fraction $-\dfrac{1}{6}\,\dfrac{1}{(x^2+x+1)^2}$. Nous appliquerons à cette dernière le changement de variable déjà employé, et elle deviendra

$$\int -\frac{1}{6}\,\frac{dx}{(x^2+x+1)^2} = -\int \frac{4\sqrt{3}}{27}\,\frac{dt}{(t^2+1)^2};$$

pour la déterminer, nous formerons la différentielle de $\dfrac{t}{t^2+1}$ :

$$d\frac{t}{t^2+1} = \frac{dt}{t^2+1} - \frac{2t^2 dt}{(t^2+1)^2} = -\frac{dt}{t^2+1} + \frac{2dt}{(t^2+1)^2};$$

en intégrant les membres extrêmes, nous obtiendrons l'égalité

$$\frac{t}{t^2+1} = -\text{arc tg}\,t + 2\int \frac{dt}{(t^2+1)^2},$$

et nous en déduirons la valeur de la deuxième intégrale ; elle s'exprime au moyen d'une fraction rationnelle et d'un arc tg et est égale à

$$-\frac{2\sqrt{3}}{27}\left(\frac{t}{t^2+1} + \text{arc tg}\,t\right).$$

En réunissant les résultats trouvés, et en remplaçant $t$ par sa valeur, nous aurons finalement

$$\int \frac{x^4+1}{(x^3-1)^2}\,dx = -\frac{2}{9}\,\frac{1}{x-1} - \frac{1}{9}\,\frac{x+2}{x^2+x+1} + \frac{4\sqrt{3}}{9}\,\text{arc tg}\,\frac{2x+1}{\sqrt{3}} + C.$$

De tout ce qui précède, il résulte que l'intégrale d'une fraction rationnelle s'exprime au moyen de fractions rationnelles, de logarithmes et d'arc tg.

# CHAPITRE III

## INTÉGRATION DES FONCTIONS ALGÉBRIQUES
## ET DES FONCTIONS TRANSCENDANTES

**388. Cas d'un radical portant sur une fonction du premier degré.**
— Nous nous proposons d'intégrer une fonction contenant rationnellement
d'une part la variable $x$ et d'autre part un radical portant sur un polynome ou une fraction rationnelle de cette variable; une telle fonction
rentre dans la catégorie des fonctions algébriques de $x$; comme exemples,
nous citerons

$$\frac{x^2}{\sqrt{x-1}} + 2x\sqrt{x-1}, \qquad \frac{x^2}{\sqrt{1-x^2}}.$$

Nous ne considérerons ici que les fonctions renfermant un radical
carré portant sur un polynome du premier degré, ou sur un polynome du
second degré, ou sur une fraction rationnelle du premier degré; le dernier cas se ramène du reste au deuxième, car on peut toujours remplacer
un radical de la forme $\sqrt{\dfrac{ax+b}{a'x+b'}}$ par $\dfrac{1}{a'x+b'}\sqrt{(ax+b)(a'x+b')}$, et
le dernier radical porte sur un polynome du second degré. Nous montre-
rons que par un changement convenable de variable on ramène l'intégration de ces fonctions à celle de polynomes ou de fractions rationnelles,
intégration que nous avons effectuée au chapitre précédent.

Plaçons-nous d'abord dans le cas où la quantité sous le radical est
du premier degré; nous l'égalerons au carré d'une nouvelle variable et
nous remplacerons $x$ par sa valeur en fonction de cette variable. Considérons par exemple la première des deux fonctions citées précédemment;
nous poserons $x - 1 = t^2$, $t$ étant la nouvelle variable; nous en tirerons
$x = 1 + t^2$, $\sqrt{x-1} = t$ et $dx = 2t\,dt$; nous aurons alors

$$\int \left( \frac{x^2}{\sqrt{x-1}} + 2x\sqrt{x-1} \right) dx = \int \left[ \frac{(1+t^2)^2}{t} + 2(1+t^2)t \right] 2t\,dt.$$

L'intégrale du second membre porte sur un polynome entier; en l'effectuant, puis en remplaçant dans le résultat $t$ par $\sqrt{x-1}$, nous aurons l'intégrale cherchée, qui est

$$2t + \frac{8}{3}t^3 + \frac{6}{5}t^5 + C = \frac{8 + 4x + 18x^2}{15}\sqrt{x-1} + C.$$

**389. Cas d'un radical portant sur une fonction du second degré.** — Supposons que la fonction sous le radical soit un trinome du second degré $ax^2 + bx + c$; nous considérerons deux cas suivant que le coefficient de $x^2$ est positif ou négatif. En faisant sortir du radical la valeur absolue de ce coefficient, nous pouvons toujours admettre que le trinome est ramené à l'une des deux formes $x^2 + px + q$ ou $-x^2 + px + q$.

**1er Cas.** — Supposons que la fonction à intégrer renferme la variable $x$ et le radical $\sqrt{x^2 + px + q}$; nous introduirons une nouvelle variable $t$ définie par la relation

$$t = x + \sqrt{x^2 + px + q};$$

en rendant rationnelle cette relation, nous obtiendrons une équation du premier degré par rapport à $x$; nous pourrons exprimer rationnellement au moyen de $t$, d'une part la variable $x$, et d'autre part le radical, qui a pour valeur $t - x$; nous serons alors ramenés à intégrer une fonction rationnelle de $t$.

*Exemple.* — Soit à évaluer l'intégrale $\int \dfrac{dx}{\sqrt{x^2 + 1}}$; posons

$$t = x + \sqrt{x^2 + 1};$$

en rendant cette relation rationnelle, nous avons

$$t^2 - 2tx + x^2 = x^2 + 1, \qquad x = \frac{t^2 - 1}{2t};$$

nous en déduisons

$$\sqrt{x^2 + 1} = t - x = \frac{t^2 + 1}{2t}, \qquad dx = \frac{t^2 + 1}{2t^2}dt,$$

et l'intégrale devient, en remarquant que $t$ est positif,

$$\int \frac{dx}{\sqrt{x^2 + 1}} = \int \frac{dt}{t} = \log t + C.$$

En remplaçant $t$ par sa valeur, nous avons finalement

$$\int \frac{dx}{\sqrt{x^2 + 1}} = \log\left(x + \sqrt{x^2 + 1}\right) + C.$$

**2e Cas.** — Supposons que le coefficient de $x^2$ sous le radical soit négatif; pour que le trinome $-x^2 + px + q$ soit positif, il est nécessaire qu'il ait ses racines réelles, et que $x$ soit compris entre les racines; si nous les désignons par $a$ et $b$ $(b > a)$, nous aurons

$$-x^2 + px + q = (x - a)(b - x).$$

Nous ferons alors le changement de variable défini par l'égalité

$$x - a = (b - x)t^2;$$

$x$ s'exprimera rationnellement au moyen de $t$, et il en sera de même du radical, car nous avons

$$\sqrt{(x - a)(b - x)} = \sqrt{(b - x)^2 t^2} = (b - x)t;$$

nous serons donc ramenés à intégrer une fonction rationnelle de $t$.

*Exemple.* — Soit à déterminer l'intégrale

$$\int \sqrt{\frac{x}{(1 - x)^3}}\, dx;$$

cette intégrale rentre dans le cas que nous venons de considérer, car le coefficient de $dx$ peut s'écrire $\dfrac{1}{(1 - x)^2}\sqrt{x(1 - x)}$ et le nouveau radical porte sur un trinome dont le coefficient de $x^2$ est négatif; nous poserons $x = (1 - x)t^2$; nous en tirerons

$$x = \frac{t^2}{1 + t^2}, \qquad dx = \frac{2t\, dt}{(1 + t^2)^2};$$

nous aurons alors, en remplaçant $x$ et $dx$ par leurs valeurs,

$$\int \sqrt{\frac{x}{(1 - x)^3}}\, dx = \int \frac{2t^2 dt}{1 + t^2} = \int 2\, dt - \int \frac{2\, dt}{1 + t^2} = 2t - 2\,\mathrm{arc\ tg}\ t + \mathrm{C};$$

comme $t$ est égal à $\sqrt{\dfrac{x}{1 - x}}$, nous aurons pour valeur de l'intégrale

$$2\sqrt{\frac{x}{1 - x}} - 2\,\mathrm{arc\ tg}\,\sqrt{\frac{x}{1 - x}} + \mathrm{C}.$$

**Remarque I.** — Dans la catégorie précédente se trouve l'intégrale

$$\int \frac{dx}{\sqrt{1 - x^2}} = \mathrm{arc\ sin}\ x + \mathrm{C},$$

dont la valeur est connue sans qu'il soit nécessaire d'employer un changement de variable. On détermine quelquefois les intégrales de la forme

$$\int \frac{dx}{\sqrt{-x^2 + px + q}}$$

en les ramenant à la précédente; il suffit pour cela de mettre la quantité sous le radical sous la forme d'une différence de deux carrés,

$$- x^2 + px + q = q + \frac{p^2}{4} - \left( x - \frac{p}{2} \right)^2 \, ;$$

le changement de variable $x - \dfrac{p}{2} = t\sqrt{q + \dfrac{p^2}{4}}$ transforme l'intégrale donnée en la suivante

$$\int \frac{dt}{\sqrt{1 - t^2}} = \text{arc sin } t + C = \text{arc sin } \frac{x - \dfrac{p}{2}}{\sqrt{q + \dfrac{p^2}{4}}} + C.$$

Un changement de variable analogue permettrait de ramener l'intégrale $\displaystyle\int \frac{dx}{\sqrt{x^2 + px + q}}$ à la forme $\displaystyle\int \frac{dt}{\sqrt{t^2 \pm 1}}$ que nous avons considérée précédemment, et qui a pour valeur $\log \left| t + \sqrt{t^2 \pm 1} \right| + C$.

**Remarque II.** — Toute fonction algébrique de $x$ peut se ramener à une fonction contenant rationnellement $x$ et une fonction auxiliaire $y$ liée à $x$ par une équation entière $\varphi(x, y) = 0$. Si, en étudiant la courbe représentée par cette dernière équation, on constate qu'elle est unicursale et que $x$ et $y$ peuvent s'exprimer rationnellement au moyen d'un paramètre $t$ (n° 305), on prendra $t$ comme nouvelle variable; l'intégrale proposée sera ramenée à celle d'une fonction rationnelle de $t$.

Les intégrales que nous venons d'étudier rentrent dans ce cas, car les radicaux envisagés sont des fonctions de la forme

$$y = \sqrt{ax + b}, \qquad y = \sqrt{ax^2 + bx + c} \, ;$$

ces équations représentent des coniques, qui sont toujours unicursales. La première représente une parabole, que l'on coupera par une droite parallèle à l'axe, d'équation $y = t$; lorsque $a = 1$, la deuxième représente une hyperbole équilatère, et on aura un seul point d'intersection en la coupant par une parallèle à une asymptote, c'est-à-dire par une droite d'équation $y = -x + t$. Lorsque $a$ est égal à $-1$, l'équation représente un cercle; si on la met sous la forme

$$y = \sqrt{(x - a)(b - x)} \, ;$$

on considérera les droites passant par le point $(b, 0)$; leur équation est $y = t(x - b)$; on retrouvera ainsi les calculs précédents.

**390. Intégrales de différentielles binomes.** — En dehors des cas examinés dans les numéros précédents, il est rare qu'une intégrale de

fonction algébrique s'exprime à l'aide de fonctions élémentaires ; en général, une telle intégrale constitue une nouvelle fonction transcendante. Nous
citerons par exemple les intégrales de fonctions rationnelles de $x$ et d'un
radical $y = \sqrt{F(x)}$ où $F(x)$ est un polynome du $3^e$ ou du $4^e$ degré ; elles
sont dites intégrales *elliptiques*, parce qu'on les rencontre dans le calcul
des arcs d'ellipse. La plus simple est l'intégrale

$$\int \frac{dx}{\sqrt{(1 - x^2)(1 - k^2 x^2)}},$$

à laquelle on peut en ramener beaucoup d'autres et qui est la généralisation de l'intégrale égale à  $\arcsin x$.

On a parfois à considérer une intégrale rentrant dans le type

$$(1) \qquad \int (ax^m + bx^n)^p \, dx,$$

où  $m$, $n$, $p$  sont des nombres entiers ou fractionnaires, positifs ou négatifs, $a$ et $b$ des constantes quelconques ; on dit que c'est l'intégrale
d'une différentielle binome.

Si $p$ est entier, positif ou négatif, elle se ramène à l'intégrale d'une
fonction rationnelle ; en supposant que $m$ et $n$ soient des nombres entiers
ou fractionnaires de la forme $\dfrac{m_1}{m_2}$, $\dfrac{n_1}{n_2}$, où $m_1$, $n_1$, $m_2$, $n_2$ sont entiers,
il suffit d'effectuer le changement de variable défini par  $x = t^{m_2 n_2}$  pour
aboutir à l'intégrale d'une fonction rationnelle de  $t$.

Si $p$ n'est pas entier, essayons l'un des deux changements de variable
définis par les équations

$$(2) \qquad ax^{m-n} + b = u, \qquad a + bx^{n-m} = v ;$$

le premier donne pour  $x$  et  $dx$  en fonction de  $u$  et  $du$

$$x = \left(\frac{u - b}{a}\right)^{\frac{1}{m-n}}, \qquad dx = \frac{1}{m-n}\left(\frac{u-b}{a}\right)^{\frac{1}{m-n}-1}\frac{du}{a},$$

et ramène l'intégrale (1) à

$$\int \frac{1}{a(m-n)} u^p \left(\frac{u-b}{a}\right)^{\frac{np+1}{m-n}-1} du ;$$

en faisant entrer  $u^p$  dans la parenthèse, nous voyons qu'elle a la même
forme que (1), l'exposant $p$ étant remplacé par $p' = \dfrac{np+1}{m-n} - 1$ ; l'intégration sera possible si  $p'$  est entier, ou bien si  $\dfrac{np+1}{m-n}$  est entier.

Le deuxième changement (2) est analogue au précédent, et conduit à une intégration possible si $p' = \dfrac{mp+1}{n-m} - 1$ ou bien $\dfrac{mp+1}{n-m}$ sont entiers.

Nous voyons donc que la différentielle binome est intégrable lorsque l'un des nombres

$$p, \qquad \frac{np+1}{m-n}, \qquad \frac{mp+1}{n-m}$$

est entier ; on démontre que ce sont les seuls cas possibles d'intégration.

*Exemple*. — Soit à intégrer

$$\int \frac{dx}{\sqrt[4]{1+x^4}} = \int (1+x^4)^{-\frac{1}{4}} dx ;$$

nous avons $m=0$, $n=4$, $p=-\dfrac{1}{4}$, de sorte que $np+1$ est nul, et nous sommes dans un cas de possibilité ; nous utiliserons le premier des changements de variable (2) qui donne

$$x^{-4}+1 = u, \qquad x = (u-1)^{-\frac{1}{4}}, \qquad dx = -\frac{1}{4}(u-1)^{-\frac{1}{4}-1} du.$$

L'intégrale est ramenée à celle de $-\dfrac{1}{4} u^{-\frac{1}{4}} (u-1)^{-1} du$ ; on achèvera le calcul en posant $u=t^4$, de façon à n'avoir plus que des exposants entiers, et on aboutira à une intégrale de fonction rationnelle.

**391. Intégration des fonctions trigonométriques. — 1ᵉʳ Cas. —** Considérons d'abord un polynome entier par rapport à $\sin x$ et $\cos x$, c'est-à-dire une somme de termes de la forme $A \sin^m x \cos^n x$, $m$ et $n$ étant des nombres entiers positifs et $A$ un coefficient constant.

La méthode que l'on emploie pour intégrer une pareille fonction consiste à remplacer les puissances et les produits des sinus et des cosinus par une somme ou une différence de sinus ou de cosinus des multiples de $x$ ; on se sert pour cela des identités

$$2 \sin a \cos a = \sin 2a,$$
$$2 \sin^2 a = 1 - \cos 2a, \qquad 2 \cos^2 a = 1 + \cos 2a,$$
$$2 \sin a \sin b = \cos(a-b) - \cos(a+b),$$
$$2 \cos a \cos b = \cos(a-b) + \cos(a+b),$$
$$2 \sin a \cos b = \sin(a-b) + \sin(a+b) ;$$

en les appliquant plusieurs fois successivement, s'il est nécessaire, on ramène la fonction à intégrer à une somme de sinus ou de cosinus dont on détermine immédiatement les intégrales.

*Exemple.* — Soit à évaluer l'intégrale $\int \sin^2 x \cos^2 x\, dx$ ; on a

$$\sin^2 x \cos^2 x = \frac{1}{4}(1 - \cos 2x)(1 + \cos 2x) = \frac{1}{4} - \frac{1}{4}\cos^2 2x$$

$$= \frac{1}{4} - \frac{1}{8}(1 + \cos 4x) = \frac{1}{8} - \frac{\cos 4x}{8}.$$

L'intégrale a pour valeur

$$\int \frac{dx}{8} - \int \frac{\cos 4x\, dx}{8} = \frac{x}{8} - \frac{\sin 4x}{32} + C.$$

On peut dans certains cas utiliser les formules que nous avons données au n° 255 pour remplacer $\cos^m x$ et $\sin^m x$ par une somme de sinus ou de cosinus.

**2° Cas.** — Il arrive fréquemment qu'une fonction dépendant seulement de $\sin x$ et $\cos x$ peut se mettre sous la forme du produit d'une de ces deux quantités par une fonction de l'autre, c'est-à-dire sous la forme $f(\sin x)\cos x$ ou $f(\cos x)\sin x$.

Dans le premier cas, pour évaluer l'intégrale $\int f(\sin x)\cos x\, dx$ on fera le changement de variable $\sin x = u$, d'où $\cos x\, dx = du$, et l'on sera ramené à calculer l'intégrale $\int f(u)du$ ; on fera de même dans le second cas, en posant cette fois $\cos x = u$.

*Exemple.* — Soit l'intégrale $\int \operatorname{tg} x\, dx$ ; si nous y remplaçons $\operatorname{tg} x$ par $\dfrac{\sin x}{\cos x}$, nous voyons qu'elle rentre dans le cas que nous venons d'examiner ; en appliquant la méthode indiquée, nous poserons $\cos x = u$, d'où $\sin x\, dx = - du$ ; nous aurons alors

$$\int \frac{\sin x}{\cos x}\, dx = - \int \frac{du}{u} = - \log|u| + C = - \log|\cos x| + C.$$

**3° Cas.** — Lorsque l'on a à intégrer une fonction rationnelle de $\sin x$, $\cos x$ et $\operatorname{tg} x$, un procédé général consiste à prendre comme variable auxiliaire $\operatorname{tg} \dfrac{x}{2} = t$ ; les lignes trigonométriques précédentes s'expriment rationnellement au moyen de $t$, comme l'indiquent les formules

$$\sin x = \frac{2t}{1 + t^2}, \qquad \cos x = \frac{1 - t^2}{1 + t^2}, \qquad \operatorname{tg} x = \frac{2t}{1 - t^2} ;$$

$dx$ est aussi une fonction rationnelle de $t$ et de $dt$, car on a

$$x = 2 \operatorname{arc\,tg} t, \qquad \text{d'où} \qquad dx = \frac{2dt}{1 + t^2}.$$

On est alors ramené à intégrer une fonction rationnelle de $t$.

*Exemple.* — Soit à déterminer l'intégrale $\int \dfrac{dx}{\sin x}$ ; en faisant la transformation précédente, nous avons

$$\int \frac{dx}{\sin x} = \int \frac{dt}{t} = \log|t| + C = \log\left|\operatorname{tg} \frac{x}{2}\right| + C.$$

**392. Intégration des séries.** — Nous avons vu (n° 213) que si les termes d'une série uniformément convergente dans un intervalle

$$(3) \qquad y = u_1(x) + u_2(x) + \cdots + u_n(x) + \cdots$$

sont des fonctions continues, la série est elle-même une fonction continue dans cet intervalle ; nous allons montrer que la série des intégrales des termes successifs est convergente, et représente l'intégrale de la fonction. Si $a$ et $X$ représentent deux valeurs de la variable telles que l'intervalle $(a, X)$ soit entièrement compris dans l'intervalle considéré, nous allons démontrer que l'on a

$$(4) \qquad \int_a^X y\,dx = \int_a^X u_1(x)\,dx + \int_a^X u_2(x)\,dx + \cdots + \int_a^X u_n(x)\,dx + \cdots$$

et, en même temps, que la série du second membre est convergente.

Pour cela, nous décomposerons la série (3) en deux parties

$$y = S_n(x) + R_n(x),$$

$S_n(x)$ désignant la somme des $n$ premiers termes et $R_n(x)$ le reste correspondant, puis nous prendrons l'intégrale définie des deux membres de l'égalité précédente entre les limites $a$ et $X$ ; nous aurons

$$(5) \qquad \int_a^X y\,dx = \int_a^X S_n(x)\,dx + \int_a^X R_n(x)\,dx.$$

Comme $y$ est une fonction continue, le premier membre a une valeur bien déterminée, d'après le théorème d'existence de l'intégrale définie ; la première partie du second membre est l'intégrale d'une somme d'un nombre fini de fonctions continues, et elle est égale à la somme des intégrales de ses termes, c'est-à-dire à la somme des $n$ premiers termes de la série qui forme le second membre de l'équation (4).

D'autre part, d'après la formule (4) du n° 376, nous avons

$$\int_a^X R_n(x)\,dx = (X - a)\,R_n(c),$$

$c$ étant compris entre $a$ et $X$ ; mais $R_n(c)$ peut être rendu aussi petit qu'on le veut et tend vers zéro lorsque $n$ augmente indéfiniment ; nous en concluons que le premier terme du second membre de (5) a une limite égale au premier membre, par suite, que la série des intégrales des termes de la série proposée est convergente et que sa somme est égale à l'intégrale de $y$, ce que nous voulions établir.

Ces considérations s'appliquent à une intégrale indéfinie quelconque de $y$; elle ne diffère de la série des intégrales de ses termes que par une constante arbitraire.

Les développements en série de $\log(1+x)$ et de $\arctan x$ que nous avons obtenus au n° 220 s'obtiennent immédiatement d'après ce qui précède.

# CHAPITRE IV

## CALCUL DES INTÉGRALES DÉFINIES

---

**393. Cas où l'on connaît l'intégrale indéfinie.** — Lorsque l'on sait déterminer l'intégrale indéfinie $F(x)$ d'une fonction $f(x)$, l'intégrale définie de cette fonction entre deux limites $a, b$ est égale, comme nous l'avons vu (n° 379), à la différence des valeurs de $F(x)$ pour ces limites; c'est ce qu'exprime l'égalité

$$\int_a^b f(x)\,dx = F(b) - F(a).$$

Cette formule n'est démontrée toutefois que dans le cas où $f(x)$ reste continue dans l'intervalle $(a, b)$; de plus, si la fonction $F(x)$ est susceptible de plusieurs déterminations, comme $\arcsin x$ ou $\arctan r$, il faut choisir la même détermination pour les deux limites.

Supposons que l'on ait par exemple à calculer $\int_0^1 \dfrac{dx}{1 + x^2}$; l'intégrale indéfinie est la fonction $\arctan x + C$, et l'intégrale définie est égale à la différence des valeurs de cette fonction pour $x = 1$ et pour $x = 0$. Nous choisirons pour ces limites la même détermination de $\arctan x$, celle qui reste comprise entre $-\dfrac{\pi}{2}$ et $+\dfrac{\pi}{2}$; alors $\arctan 1$ est égal à $\dfrac{\pi}{4}$, $\arctan 0$ à zéro, et nous avons par suite

$$\int_0^1 \frac{dx}{1 + x^2} = \frac{\pi}{4}.$$

**394. Cas d'un changement de variable.** — Il arrive souvent, comme nous l'avons vu au n° 382, que l'on détermine l'intégrale indéfinie d'une fonction $f(x)$ en changeant de variable; si nous posons $x = \varphi(t)$, et si $\varphi(t)$ est une fonction continue, nous avons

$$\int f(x)\,dx = \int f[\varphi(t)]\varphi'(t)\,dt;$$

cette égalité, dont nous représenterons les deux membres respectivement par $F(x)$ et $\Phi(t)$ exprime, d'une part, que l'on obtient l'intégrale $F(x)$ de $f(x)$ en remplaçant dans $\Phi(t)$ $t$ par sa valeur en fonction de $x$ et, d'autre part, que $\Phi(t)$ se déduit inversement de $F(x)$ en y remplaçant $x$ par $\varphi(t)$.

Supposons que l'on veuille déterminer l'intégrale définie de $f(x)$ entre les limites $a$ et $b$, et que $t$ varie d'une manière continue entre deux nombres $t_0$ et $t_1$, lorsque $x$ varie de $a$ à $b$, de façon que l'on ait $a = \varphi(t_0)$, $b = \varphi(t_1)$. L'intégrale cherchée est égale à la différence $F(b) - F(a)$; mais il n'est pas nécessaire pour la calculer de former effectivement la fonction $F(x)$; nous avons en effet

$$F(b) - F(a) = F\big[\varphi(t_1)\big] - F\big[\varphi(t_0)\big] = \Phi(t_1) - \Phi(t_0);$$

il suffit donc de prendre l'intégrale définie $\Phi(t)$ entre les limites $t_0$ et $t_1$ correspondant à $a$ et $b$. Si $\varphi(t)$ et $\varphi'(t)$ ont plusieurs déterminations, il faut choisir celle qui convient pour chaque valeur de $x$ entre $a$ et $b$.

*Exemple.* — Soit à calculer $\int_{-1}^{+1} \sqrt{1 - x^2}\, dx$; nous avons vu (n° 382) qu'en posant $x = \sin t$, et supposant $\cos t > 0$, nous avons

$$\int \sqrt{1 - x^2}\, dx = \int \cos^2 t\, dt = \frac{t}{2} + \frac{\sin 2t}{4} + C.$$

Nous pouvons supposer que $t$ désigne le plus petit arc en valeur absolue dont le sinus est égal à $x$; cet arc croît d'une manière continue de $-\dfrac{\pi}{2}$ à $+\dfrac{\pi}{2}$ lorsque $x$ croît de $-1$ à $+1$; il nous suffit alors de calculer la différence des valeurs du dernier membre pour $t = \dfrac{\pi}{2}$ et $t = -\dfrac{\pi}{2}$; différence que l'on représente par la notation

$$\left[\frac{t}{2} + \frac{\sin 2t}{4} + C\right]_{-\frac{\pi}{2}}^{+\frac{\pi}{2}}.$$

Comme $\sin 2t$ s'annule pour les deux limites, cette différence est égale à $\dfrac{\pi}{4} + C - \left(-\dfrac{\pi}{4} + C\right) = \dfrac{\pi}{2}$, et nous avons

$$\int_{-1}^{+1} \sqrt{1 - x^2}\, dx = \frac{\pi}{2}.$$

**395. Séries trigonométriques.** — Parmi les séries dont les termes sont des fonctions trigonométriques de la variable $x$, les plus importantes, étudiées par Fourier, sont celles dont chaque terme est, à un facteur constant près, égal au sinus ou au cosinus de la variable ou de l'un de ses multiples entiers ; on les écrit sous la forme

$$(1) \quad A_0 + A_1 \cos x + A_2 \cos 2x + \cdots + A_m \cos mx + \cdots$$
$$+ B_1 \sin x + B_2 \sin 2x + \cdots + B_m \sin mx + \cdots$$

Une série trigonométrique de cette espèce, lorsqu'elle est convergente, représente une fonction périodique de $x$, la période étant égale à $2\pi$, car elle reprend la même valeur lorsqu'on augmente ou qu'on diminue la variable d'un multiple de $2\pi$.

Étant donnée une fonction quelconque $f(x)$, on peut se proposer de la représenter, pour les valeurs de $x$ comprises entre deux valeurs $x_0$ et $x_0 + 2\pi$, par exemple entre $0$ et $2\pi$, ou entre $-\pi$ et $+\pi$, par une série trigonométrique de la forme précédente ; si le problème est possible, et si $f(x)$ est une fonction périodique de période $2\pi$, elle est égale à la série pour toute valeur de $x$, mais si $f(x)$ n'a pas la période $2\pi$, elle ne peut coïncider avec la série que dans l'intervalle primitif d'étendue $2\pi$ ; la série et la fonction ont des valeurs différentes pour les autres valeurs de $x$.

Plaçons-nous dans le cas général où l'intervalle considéré s'étend de $x_0$ à $x_0 + 2\pi$, et proposons-nous de calculer les coefficients d'une série (1) égale à une fonction donnée $f(x)$ pour $x$ compris dans cet intervalle ; pour cela, nous déterminerons les intégrales définies de la forme suivante

$$(2) \quad \int_{x_0}^{x_0+2\pi} f(x)\,dx, \qquad \int_{x_0}^{x_0+2\pi} f(x)\cos mx\,dx, \qquad \int_{x_0}^{x_0+2\pi} f(x)\sin mx\,dx,$$

$m$ prenant toutes les valeurs entières successives. En admettant qu'on puisse les obtenir en intégrant terme à terme, elles sont respectivement égales aux sommes suivantes :

$$(3) \quad \int_{x_0}^{x_0+2\pi} A_0\,dx + \int_{x_0}^{x_0+2\pi} A_1 \cos x\,dx + \cdots + \int_{x_0}^{x_0+2\pi} B_1 \sin x\,dx + \cdots ;$$

$$(4) \quad \int_{x_0}^{x_0+2\pi} A_0 \cos mx\,dx + \int_{x_0}^{x_0+2\pi} A_1 \cos x \cos mx\,dx + \cdots$$
$$+ \int_{x_0}^{x_0+2\pi} B_1 \sin x \cos mx\,dx + \cdots ;$$

$$(5) \quad \int_{x_0}^{x_0+2\pi} A_0 \sin mx\,dx + \int_{x_0}^{x_0+2\pi} A_1 \cos x \sin mx\,dx + \cdots$$
$$+ \int_{x_0}^{x_0+2\pi} B_1 \sin x \sin mx\,dx + \cdots ;$$

mais en utilisant les formules du 1er cas du n° 391, nous avons les égalités suivantes :

$$\int_{x_0}^{x_0+2\pi} \sin mx\, dx = \left(\frac{-\cos mx}{m}\right)_{x_0}^{x_0+2\pi} = 0,$$

$$\int_{x_0}^{x_0+2\pi} \cos mx\, dx = \left(\frac{\sin mx}{m}\right)_{x_0}^{x_0+2\pi} = 0,$$

$$\int_{x_0}^{x_0+2\pi} \sin^2 mx\, dx = \int_{x_0}^{x_0+2\pi} \frac{1-\cos 2mx}{2}\, dx = \left(\frac{x}{2} - \frac{\sin 2mx}{4m}\right)_{x_0}^{x_0+2\pi} = \pi,$$

$$\int_{x_0}^{x_0+2\pi} \cos^2 mx\, dx = \int_{x_0}^{x_0+2\pi} \frac{1+\cos 2mx}{2}\, dx = \left(\frac{x}{2} + \frac{\sin 2mx}{4m}\right)_{x_0}^{x_0+2\pi} = \pi,$$

$$\int_{x_0}^{x_0+2\pi} \sin mx \sin px\, dx = \int_{x_0}^{x_0+2\pi} \frac{\cos (m-p)x - \cos (m+p)x}{2}\, dx = 0,$$

$$\int_{x_0}^{x_0+2\pi} \cos mx \cos px\, dx = \int_{x_0}^{x_0+2\pi} \frac{\cos (m-p)x + \cos (m+p)x}{2}\, dx = 0,$$

$$\int_{x_0}^{x_0+2\pi} \sin mx \cos px\, dx = \int_{x_0}^{x_0+2\pi} \frac{\sin (m-p)x + \sin (m+p)x}{2}\, dx = 0.$$

Dans la dernière, $m$ et $p$ sont quelconques ; dans les deux précédentes, ils sont supposés différents.

D'après ces égalités, la somme (3) se réduit à son premier terme, et a pour valeur $2\pi A_0$ ; la somme (4) se réduit au terme en $A_m$ et a pour valeur $\pi A_m$ ; enfin la somme (5) se réduit au terme en $B_m$ et a pour valeur $\pi B_m$ ; nous en concluons que l'on a

$$(6) \qquad A_0 = \frac{1}{2\pi} \int_{x_0}^{x_0+2\pi} f(x)\, dx, \qquad A_m = \frac{1}{\pi} \int_{x_0}^{x_0+2\pi} f(x) \cos mx\, dx,$$

$$B_m = \frac{1}{\pi} \int_{x_0}^{x_0+2\pi} f(x) \sin mx\, dx;$$

nous aurons ainsi, en donnant à $m$ les valeurs entières successives, tous les coefficients de la série (1).

Il resterait à voir si la série ainsi formée est convergente, et si elle a la même valeur que $f(x)$ pour toute valeur de $x$ comprise entre $x_0$ et $x_0 + 2\pi$ ; cela a lieu pour les fonctions usuelles, mais non pour une fonction $f(x)$ quelconque, et il est nécessaire que $f(x)$ satisfasse à certaines conditions que nous n'indiquerons pas ; lorsqu'elles sont remplies, on dit que la fonction $f(x)$ est développable en série de Fourier entre $x_0$ et $x_0 + 2\pi$.

*Exemple.* — La méthode précédente appliquée à la fonction $\dfrac{x}{2}$, entre $-\pi$ et $+\pi$, conduit à la formule

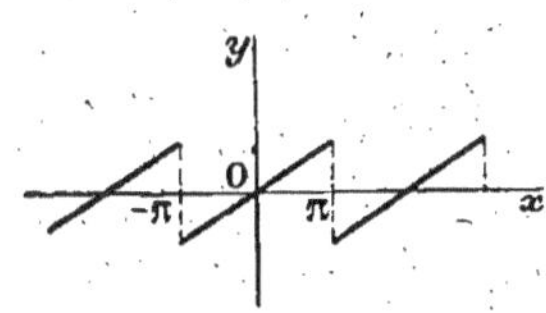

Fig. 143.

$$\frac{x}{2} = \frac{\sin x}{1} - \frac{\sin 2x}{2} + \frac{\sin 3x}{3} - \cdots;$$

le second membre est une fonction discontinue de la variable, représentée par la figure 143 ; lorsque $x$ s'approche de $\pi$ par valeurs inférieures à $\pi$, la fonction tend vers $\dfrac{\pi}{2}$ ; lorsque $x$ s'approche de $\pi$ par valeurs supérieures à $\pi$, la fonction tend vers $-\dfrac{\pi}{2}$, enfin pour $x = \pi$ elle prend la valeur zéro, qui est la demi-somme entre les deux valeurs précédentes ; on écrit habituellement ces résultats sous la forme

$$f(\pi - 0) = \frac{\pi}{2}, \qquad f(\pi + 0) = -\frac{\pi}{2}, \qquad f(\pi) = 0.$$

La même méthode s'applique sans modification entre $0$ et $2\pi$ ; dans cet intervalle, elle conduit à l'égalité

$$\frac{x}{2} = \frac{\pi}{2} - \frac{\sin x}{1} - \frac{\sin 2x}{2} - \frac{\sin 3x}{3} - \cdots$$

Plaçons-nous dans l'intervalle $(-\pi, +\pi)$ ; lorsqu'on représente par la série (1) une fonction qui change de signe lorsqu'on change $x$ en $-x$, il n'existe que des sinus dans le développement ; si la fonction ne change pas, le développement en série ne contient que des cosinus.

La série de Fourier (1) peut se mettre sous la forme

$$C_0 + C_1 \sin(x - \varphi_1) + C_2 \sin 2(x - \varphi_2) + \cdots + C_n \sin n(x - \varphi_n) + \cdots ;$$

$C_0$ est la partie constante, le terme suivant $C_1 \sin(x - \varphi_1)$ est la partie périodique fondamentale ou de rang un, les suivants sont les harmoniques ; $C_n$ est l'amplitude de l'harmonique de rang $n$, et $\varphi_n$ sa phase.

**396. Interpolation trigonométrique.** — Lorsqu'une fonction $f(x)$ que l'on sait être périodique et de période $2\pi$ est donnée graphiquement, il est difficile ou impossible de calculer les intégrales (2). On se contente alors, comme aux n$^{os}$ 206 et suivants, de calculer une fonction simple $u(x)$ qui prend les mêmes valeurs que $f(x)$ pour des valeurs particulières convenablement choisies de la variable, et l'on adopte $u(x)$ comme valeur approchée de $f(x)$. On admet que dans la représentation de $f(x)$ par une série de Fourier les coefficients vont en décroissant et l'on néglige les harmoniques à partir d'un rang généralement petit. On conserve seulement pour former $u(x)$ les premiers termes, et l'on écrit

$$u(x) = A_0 + A_1 \cos x + A_2 \cos 2x + \cdots + A_{n-1} \cos(n-1)x$$
$$+ B_1 \sin x + B_2 \sin 2x + \cdots + B_{n-1} \sin(n-1)x.$$

Il suffit de connaître les valeurs de $f(x)$ pour $2n - 1$ valeurs de la variable pour calculer les coefficients d'une fonction $u(x)$ prenant ces mêmes valeurs ; dans la pratique, on prend plutôt $2n$ valeurs de la variable partageant en parties égales un intervalle de $2\pi$, et de la forme

$$x_0, \quad x_1 = x_0 + \frac{2\pi}{2n}, \quad \ldots x_k = x_0 + k\frac{2\pi}{2n}, \quad \ldots, \quad x_{2n-1} = x_0 + (2n-1)\frac{2\pi}{2n},$$

et l'on détermine numériquement ou à l'aide de la représentation graphique les valeurs correspondantes de $f(x)$, que nous appellerons $u_0$, $u_1$, $\ldots u_k$, $\ldots$, $u_{2n-1}$ ; on évalue alors les sommes

$$S_0 = \Sigma_k u_k, \quad S_p = \Sigma_k u_k \cos px_k, \quad S'_p = \Sigma_k u_k \sin px_k,$$

$p$ étant pris successivement égal à 1, 2, $\ldots n - 1$ et chaque somme étant étendue aux valeurs 0, 1, 2, $\ldots 2n - 1$ de $k$. Ces sommes se réduisent à des termes simples, en appliquant le lemme suivant :

*Si $2n$ angles forment une progression arithmétique de raison $\frac{2q\pi}{2n}$, $q$ étant entier, la somme des cosinus et celle des sinus de ces angles sont nulles.*

Si l'on envisage en effet $2n$ vecteurs égaux à l'unité et faisant avec un axe $Ox$ les angles précédents, et si l'on construit le contour polygonal permettant de trouver leur somme géométrique, ce contour a l'aspect d'un polygone régulier fermé, de sorte que la somme géométrique des vecteurs est nulle ; les sommes de leurs projections sur l'axe $Ox$ et sur l'axe perpendiculaire $Oy$ sont nulles, ce qui démontre la proposition.

Si nous formons alors la somme $S_0$, et si nous groupons les termes ayant même coefficient, nous voyons que le coefficient de $A_0$ est $2n$ ; ceux de $A_q$ et de $B_q$ $(q \gtrless 0)$ sont respectivement égaux à $\Sigma_k \cos qx_k$ et $\Sigma_k \sin qx_k$ et sont nuls d'après le lemme ; il reste donc $S_0 = 2nA_0$.

Si nous formons de même la somme $S_p$, le coefficient de $A_q$ est

$$\Sigma_k \cos qx_k \cos px_k = \frac{1}{2}\Sigma_k \left[\cos(q+p)x_k + \cos(q-p)x_k\right] ;$$

il est nul pour la même raison si $q \neq p$ et il est égal à $n$ si $q = p$, les derniers cosinus du second membre étant égaux à l'unité. Le coefficient de $B_q$ est

$$\Sigma_k \sin qx_k \cos px_k = \frac{1}{2}\Sigma_k \left[\sin(q+p)x_k + \sin(q-p)x_k\right] ;$$

il est nul quels que soient $p$ et $q$ ; on a donc $S_p = nA_p$.

Si enfin nous formons la somme $S$, vnous errons par un calcul analogue que l'on a $S'_p = nB_p$ ; nous arrivons donc aux formules

$$A_0 = \frac{1}{2n} \Sigma_k u_k, \qquad A_p = \frac{1}{n} \Sigma_k u_k \cos px_k, \qquad B_p = \frac{1}{n} \Sigma_k u_k \sin px_k,$$

qui sont analogues à (6), et conduiraient du reste à ces dernières en faisant croître $n$ et utilisant la notion de valeur moyenne d'une fonction (n° 376). Dans la pratique, on prend $x_0 = 0$ ou $= -\pi$, on partage l'intervalle de $2\pi$ en douze parties égales à $\frac{\pi}{6}$, et l'on peut ainsi calculer les termes principaux et les harmoniques jusqu'à celui de rang 5 par des calculs simples.

**397. Valeur d'une intégrale définie lorsque l'élément différentiel devient infini.** — Nous n'avons défini $\int_a^b f(x)dx$ que dans le cas où la fonction $f(x)$ reste continue entre $a$ et $b$ ; si elle devient infinie dans l'intervalle ou pour les limites, ce que nous avons dit ne s'applique plus et le symbole $\int_a^b f(x)dx$ n'a plus un sens déterminé.

Supposons, pour fixer les idées, que $f(x)$ soit continue entre $a$ et $b$, sauf pour $x = b$, où elle devient infinie ; considérons l'intégrale définie de $f(x)$ entre les limites $a$ et $b - \varepsilon$, $\varepsilon$ étant une quantité quelconque aussi petite que l'on veut ; cette intégrale a une valeur déterminée ; si elle a une limite lorsque $\varepsilon$ tend vers zéro, on dit que le symbole $\int_a^b f(x)dx$ a un sens, et sa valeur est par définition la limite précédente ; si la limite n'existe pas, on dit que le dernier symbole n'a pas de sens ou que l'intégrale de $f(x)$ entre $a$ et $b$ n'a pas de valeur déterminée.

Les mêmes définitions s'appliquent au cas où la fonction est infinie pour $x = a$ ; plus généralement, si l'on suppose par exemple que $f(x)$ devient discontinue pour $a$ et $b$ et pour une valeur intermédiaire $c$, on considère la somme des intégrales

$$(7) \qquad \int_{a+\varepsilon_1}^{c-\varepsilon_2} f(x)\,dx + \int_{c+\varepsilon_3}^{b-\varepsilon_4} f(x)\,dx ;$$

si cette somme a une limite lorsque $\varepsilon_1, \varepsilon_2, \varepsilon_3, \varepsilon_4$ tendent vers zéro d'une manière quelconque, cette limite est la valeur du symbole $\int_a^b f(x)dx$ ; sinon, ce dernier symbole n'a pas de sens déterminé.

Lorsque l'on connaît l'intégrale indéfinie $F(x)$ de $f(x)$ et qu'elle reste continue pour toute valeur de $x$ comprise entre $a$ et $b$ inclusivement, quand même $f(x)$ serait discontinue, on est certain que la somme des intégrales (5), qui a pour valeur

$$F(c - \varepsilon_2) - F(a + \varepsilon_1) + F(b - \varepsilon_4) - F(c + \varepsilon_3),$$

a une limite lorsque les $\varepsilon$ tendent vers zéro, et cette limite est égale à $F(b) - F(a)$; l'intégrale de $f(x)$ entre $a$ et $b$ a donc un sens bien défini, et a pour valeur la différence précédente.

Considérons par exemple l'intégrale $\displaystyle\int_{-1}^{+1} \frac{dx}{\sqrt{1 - x^2}}$; l'élément différentiel devient infini pour les deux limites $-1$ et $+1$, mais l'intégrale indéfinie $F(x) = \arcsin x$ reste continue pour ces valeurs; l'intégrale définie a donc un sens et a pour valeur

$$\arcsin(+1) - \arcsin(-1) = \frac{\pi}{2} - \left(-\frac{\pi}{2}\right) = \pi.$$

De la même manière, les égalités

$$\int \frac{dx}{x - c} = \log|x - c| + C,$$

$$\int \frac{dx}{(x - c)^m} = \frac{(x - c)^{-m+1}}{-m+1} + C \quad (m \neq 1)$$

montrent que l'intégrale définie $\displaystyle\int_a^b \frac{dx}{(x - c)^m}$, dans laquelle $c$ est compris entre $a$ et $b$ ou égal à l'une de ces limites, a un sens si $m < 1$ et n'en a pas si $m \geqslant 1$.

Si une fonction $f(x)$ devient infinie d'ordre $m$ pour une valeur $c$ comprise entre $a$ et $b$ ou égale à l'une de ces valeurs, c'est-à-dire si l'on peut poser $f(x) = \dfrac{\varphi(x)}{(x - c)^m}$, $\varphi(x)$ restant continue et non nulle pour $x = c$, nous allons démontrer que l'intégrale de $f(x)$ entre $a$ et $b$ a un sens si $m$ est inférieur à $1$, et n'en a pas si $m$ est égal ou supérieur à $1$.

Supposons par exemple que $c$ soit égal à $a$; il nous suffit de faire le raisonnement entre des limites $a$ et $a_1$ dont la deuxième est voisine de $a$. Supposons qu'entre ces limites $\varphi(x)$ reste compris entre deux nombres $A$ et $B$ non nuls et de même signe; l'intégrale $\displaystyle\int_{a+\varepsilon}^{a_1} f(x)\,dx$ reste comprise entre les produits par $A$ et $B$ de l'intégrale

$$\int_{a+\varepsilon}^{a_1} \frac{dx}{(x - a)^m};$$

lorsque $\varepsilon$ tendra vers zéro, elle aura une limite en même temps que cette dernière, c'est-à-dire si $m < 1$, et elle n'en aura pas si $m \geqslant 1$.

Par exemple, si nous considérons la cissoïde représentée par la figure 18 (n° 90), l'aire comprise entre l'axe des $x$, la branche supérieure de la courbe à partir de l'origine, et une ordonnée d'abscisse $a - \varepsilon$, est égale à l'intégrale

$$\int_0^{a-\varepsilon} y\,dx = \int_0^{a-\varepsilon} \sqrt{\frac{x^3}{a-x}}\,dx\,;$$

l'élément différentiel étant infini d'ordre $\frac{1}{2}$, cette aire a une limite lorsque $\varepsilon$ tend vers zéro, c'est-à-dire lorsque l'ordonnée finale se rapproche indéfiniment de l'asymptote de la courbe.

**398. Cas où les limites d'intégration deviennent infinies.** — Nous avons supposé jusqu'à présent que l'intervalle d'intégration $(a, b)$ reste fini ; nous allons étendre la notion d'intégrale définie au cas où l'une des limites, ou les deux, deviennent infinies ; nous nous placerons d'abord, pour fixer les idées, dans le cas où la limite supérieure est infinie.

Considérons l'intégrale $\int_a^b f(x)dx$, et supposons qu'elle soit déterminée pour toute valeur de $b$ supérieure à $a$ ; si elle a une limite lorsque $b$ devient infini, on dit par définition que cette limite est la valeur de l'expression $\int_a^\infty f(x)dx$ ; si l'intégrale n'a pas de limite, cette dernière expression n'a pas de sens.

Lorsque l'on connaît l'intégrale indéfinie $F(x)$ de $f(x)$ et qu'elle a une limite déterminée pour $x$ croissant indéfiniment, on est certain que $F(b) - F(a)$ a une limite pour $b$ infini ; on en conclut que l'expression $\int_a^\infty f(x)dx$ a un sens et que sa valeur est égale à $F(\infty) - F(a)$. Les mêmes considérations s'appliquent au cas où $a$ décroît indéfiniment.

Par exemple, l'intégrale indéfinie

$$\int_a^b \frac{dx}{1+x^2} = \left(\operatorname{arc\,tg} x\right)_a^b$$

a une limite pour $b$ croissant indéfiniment ; si nous prenons en effet, comme au n° 393, l'arc compris entre $-\frac{\pi}{2}$ et $+\frac{\pi}{2}$, $\operatorname{arc\,tg} \infty$ a pour valeur $\frac{\pi}{2}$ ; nous avons par suite

$$\int_a^\infty \frac{dx}{1+x^2} = \frac{\pi}{2} - \operatorname{arc\,tg} a\,;$$

pour une raison analogue, la même intégrale a une limite lorsque $a$

décroît indéfiniment, et nous avons

$$\int_{-\infty}^{+\infty} \frac{dx}{1+x^2} = \frac{\pi}{2} - \left(-\frac{\pi}{2}\right) = \pi.$$

Comme dans le numéro précédent, on peut souvent, sans calculer l'intégrale indéfinie, reconnaître si elle reste finie pour $x$ infini, et si l'intégrale a un sens lorsque l'une ou l'autre des limites devient infinie ; on compare pour cela l'intégrale donnée à celle de la fonction plus simple $\frac{1}{x^m}$. En particulier, si l'on peut écrire $f(x) = \frac{\varphi(x)}{x^m}$, $\varphi(x)$ restant fini pour $x$ infini, on démontre que l'intégrale de $f(x)$ prise entre des limites infinies a un sens pour $m$ supérieur à 1 et n'en a pas pour $m$ égal ou inférieur à 1.

*Exemple.* — L'intégrale $\int_0^\infty e^{-x^2} dx$ que l'on rencontre dans la théorie des erreurs (n° 204) et le calcul des probabilités a un sens, car $e^{-x^2} x^m$ a une limite finie et même nulle pour $x$ infini. On démontre que cette intégrale a pour valeur $\frac{\sqrt{\pi}}{2}$.

L'intégrale $\int_0^\infty e^{-x} x^{n-1} dx$ a un sens pour sa limite supérieure quel que soit $n$, et un sens pour sa limite inférieure si $n > 0$. Cette intégrale porte le nom *d'intégrale eulérienne de seconde espèce* et est représentée par $\Gamma(n)$. C'est une fonction de la lettre $n$ dont on calcule la valeur pour $n$ compris entre 0 et 1 ; pour $n = 1$, elle est égale à $(-e^{-x})_0^\infty = 1$ ; pour $n = \frac{1}{2}$ elle est égale à $\sqrt{\pi}$. On calcule la valeur de $\Gamma(n)$ pour $n > 1$, au moyen des précédentes par une formule de récurrence ; on intègre par parties (n° 383) la quantité $e^{-x} x^n dx$ en posant $x^n = u$, $e^{-x} dx = dv$, d'où $v = -e^{-x}$ ; on a par suite

$$\int e^{-x} x^n dx = -e^{-x} x^n + n \int e^{-x} x^{n-1} dx ;$$

en prenant les valeurs des deux membres entre les limites 0 et $\infty$, le terme $e^{-x} x^n$ est nul pour ces limites et l'on a

$$\Gamma(n+1) = n\Gamma(n) ;$$

on peut appliquer cette formule pour calculer de proche en proche l'intégrale eulérienne ; si par exemple $n$ est compris entre deux nombres consécutifs $p$ et $p+1$, on a

$$\Gamma(n+1) = n(n-1) \ldots (n-p)\Gamma(n-p),$$

et si $n$ est lui-même un nombre entier, en posant $n = p + 1$, on a

$$\Gamma(n+1) = n(n-1)\ldots 2 \cdot 1 = n!.$$

**399. Application à l'étude de la convergence de certaines séries.**
— Lorsque le terme général $u_n$ d'une série numérique est une fonction
$f(n)$ du rang constamment décroissante, la convergence de cette série
est intimement liée à l'existence de l'intégrale de la fonction $f(x)$ pour
une limite supérieure infinie.

Si l'on construit la courbe d'équation $y = f(x)$ pour $x$ croissant
de 1 à l'infini, cette courbe doit être
asymptote à $Ox$ puisque $u_n$ doit tendre
vers zéro. Considérons (*fig.* 144) sur
l'axe des $x$ les points $P_1$, $P_2$, ...
d'abscisses 1, 2, ... et construisons
sur les segments $P_1P_2$, $P_2P_3$, ... les
rectangles inscrits dans la courbe et
les rectangles circonscrits ; les hauteurs
$P_1A_1$, $P_2A_2$, ... de ces rectangles sont
égales aux termes $u_1$, $u_2$, ... de la
série. L'intégrale de $f(x)$ entre les limites 1 et $n$ est comprise entre
la somme des rectangles inscrits de 1 à $n$ et celle des rectangles circonscrits, on a donc

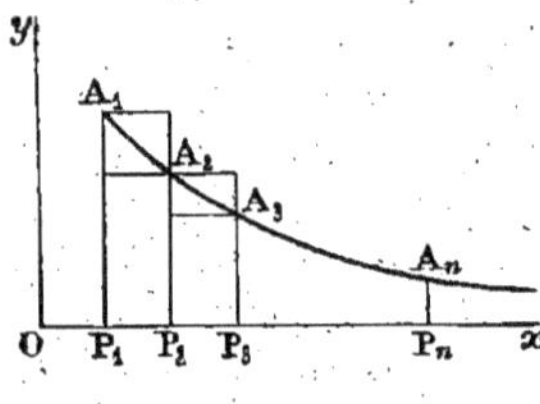
Fig. 144.

$$u_2 + \cdots + u_n < \int_1^n f(x)\,dx < u_1 + u_2 + \cdots + u_{n-1}.$$

Si la série est convergente, le dernier terme a une limite pour $n$
infini, et l'intégrale a un sens ; inversement, si l'intégrale a un sens, le
terme du milieu reste fini, il en est de même du premier terme et la série
est convergente. Si l'on dit pour simplifier que l'intégrale est convergente
lorsqu'elle a un sens, on arrive à ce résultat : *La série et l'intégrale sont
en même temps convergentes ou divergentes.*

Lorsqu'elles sont convergentes, en désignant par I la valeur de l'intégrale, par S la somme de la série, les inégalités précédentes donnent,
en passant à la limite,

$$S - u_1 < I < S, \qquad \text{d'où} \qquad I < S < I + u_1.$$

*Exemple.* — La série de terme général $\dfrac{1}{n^\alpha}$ (n° 41) est comparable à
l'intégrale $\displaystyle\int_1^\infty \dfrac{dx}{x^\alpha}$ ; elle est convergente pour $\alpha > 1$ et divergente pour
$\alpha \leqslant 1$.

**400. Calcul approché des intégrales définies.** — Il n'est pas toujours possible d'exprimer l'intégrale indéfinie d'une fonction quelconque $f(x)$ au moyen de fonctions connues en nombre limité; il existe aussi des fonctions, telles que celles qui sont définies graphiquement ou par des expériences physiques, dont on ne peut représenter l'intégrale par une formule analytique. Lorsque le calcul de l'intégrale indéfinie d'une fonction $f(x)$ est impossible ou trop compliqué, on évalue l'intégrale définie de cette fonction entre des limites données par des méthodes différentes de celle que nous avons indiquée précédemment ; ces méthodes fournissent en général non une valeur exacte de l'intégrale cherchée mais une valeur approchée suffisante dans la pratique; on peut du reste faire en sorte que l'erreur commise soit aussi petite qu'on le veut.

Un premier procédé consiste à effectuer le développement en série de $f(x)$, d'après la formule de Taylor ou celle de Maclaurin (n° 217); si les limites d'intégration sont comprises parmi les valeurs de $x$ pour lesquelles la série est convergente, il suffit, d'après ce que nous avons dit (n° 392), de prendre les intégrales définies des termes successifs et de calculer la somme de la série obtenue. En conservant seulement les premiers termes de cette série, on obtient une valeur suffisamment approchée de l'intégrale définie.

*Exemple.* — Soit à déterminer l'intégrale $\int_0^1 \sin \dfrac{\pi x^2}{2} dx$ ; d'après la formule donnant le développement en série de $\sin x$, nous avons

$$\sin \frac{\pi x^2}{2} = \frac{\pi x^2}{2} - \frac{1}{6}\left(\frac{\pi x^2}{2}\right)^3 + \frac{1}{120}\left(\frac{\pi x^2}{2}\right)^5 - \cdots;$$

la série est convergente quel que soit $x$ ; en intégrant entre $0$ et $x$, nous obtenons

$$\int_0^x \sin \frac{\pi x^2}{2} dx = \frac{\pi}{2}\frac{x^3}{3} - \frac{1}{6}\left(\frac{\pi}{2}\right)^3\frac{x^7}{7} + \frac{1}{120}\left(\frac{\pi}{2}\right)^5\frac{x^{11}}{11} - \cdots$$

En faisant $x = 1$, nous avons pour valeur de l'intégrale cherchée

$$0{,}5236 - 0{,}0923 + 0{,}0072 - 0{,}0003 + \cdots = 0{,}438,$$

à un millième près.

L'intégrale précédente, prise entre $0$ et $\infty$, s'appelle intégrale de Fresnel; on démontre qu'elle a un sens et a pour valeur $\dfrac{1}{2}$.

**401. Méthode des trapèzes.** — Pour calculer l'intégrale définie de la fonction $f(x)$ entre $a$ et $b$, $b$ étant plus grand que $a$, il suffit, d'après ce que nous avons dit au n° 375, de déterminer l'aire comprise entre la courbe représentative de cette fonction, l'axe des $x$ et les ordonnées d'abscisses $a$ et $b$; chaque portion de cette aire est prise positivement ou négativement suivant qu'elle est située, par rapport à $Ox$, du côté des $y$ positifs ou du côté opposé.

Nous supposerons, pour fixer les idées, que $f(x)$ garde un signe constant, et est positif entre $a$ et $b$. Soient AB (*fig.* 145) la courbe

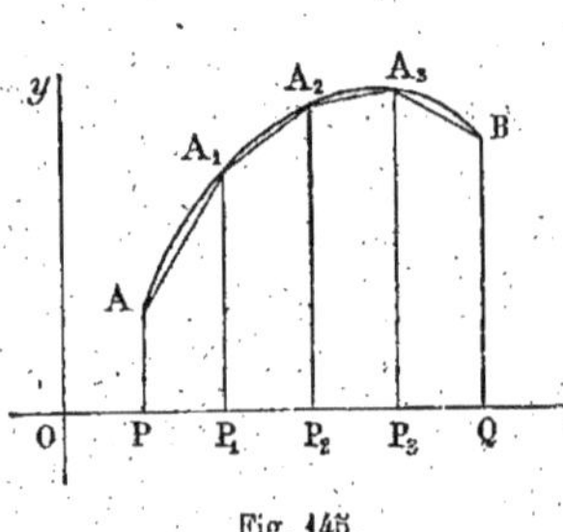

Fig. 145.

représentative de $f(x)$ entre ces limites, PA et QB les ordonnées des points A et B dont les abscisses sont égales à $a$ et $b$; nous obtiendrons une valeur approchée de l'aire PABQ en inscrivant dans l'arc AB un polygone $AA_1A_2 \ldots$, traçant les ordonnées PA, $P_1A_1$, $P_2A_2$, $\ldots$ des sommets de ce polygone et évaluant la somme des aires des trapèzes inscrits $PAA_1P_1$, $P_1A_1A_2P_2$, $\ldots$. Ordinairement, on partage le segment PQ de l'axe des $x$ en parties égales; si $n$ est le nombre de ces parties, chacune d'elles a pour valeur $\dfrac{b-a}{n}$; en désignant par $y_0, y_1, \ldots,$ $y_{n-1}, y_n$ les valeurs des ordonnées des points A, $A_1$, $\ldots$, B, calculées ou mesurées sur la figure, la somme des trapèzes a pour valeur

$$\frac{b-a}{2n}(y_0+y_1)+\frac{b-a}{2n}(y_1+y_2)+\cdots+\frac{b-a}{2n}(y_{n-1}+y_n),$$

ou bien

$$\frac{b-a}{n}\left[\frac{y_0+y_n}{2}+y_1+y_2+\cdots+y_{n-1}\right].$$

Il est possible d'indiquer une limite de l'erreur commise en remplaçant l'aire curviligne par la somme des trapèzes; nous supposerons que la fonction $f(x)$ est constamment croissante ou décroissante dans l'intervalle $(a, b)$, quitte à décomposer cet intervalle en autres partiels où cela a lieu.

Chaque trapèze, tel que $PAA_1P_1$ est compris entre les rectangles inscrit et circonscrit de même base et est du reste égal à leur demi-somme; la différence entre l'aire curviligne et le trapèze est inférieure à la demi-différence entre les deux rectangles, c'est-à-dire à la moitié du rectangle de base $PP_1$ et de hauteur $P_1A_1 - PA$. Il résulte de là que l'erreur totale est en valeur absolue inférieure à

$$\frac{b-a}{2n}\left[(y_1-y_0)+(y_2-y_1)+\cdots\right]=\frac{b-a}{2n}(y_n-y_0).$$

**402. Méthode par interpolation.** — Si l'on connaît seulement les valeurs de la fonction $f(x)$ pour les valeurs $x_0$, $x_1$, $x_2$, ... $x_n$ de la variable comprises entre $a$ et $b$ ou égales à ces limites, on sait déterminer, par la formule de Lagrange (n° 208), ou par d'autres analogues (n°s 211 et 212), un polynome $u(x)$ de degré $n$, qui prend les mêmes valeurs que $f(x)$ pour ces $n+1$ valeurs de la variable.

En substituant à $f(x)$ ce polynome, et en prenant l'intégrale définie de $u(x)$ entre $a$ et $b$, on obtient une valeur approchée de l'intégrale de $f(x)$ entre les mêmes limites.

Considérons d'abord un polynome $f(x)$ du deuxième ou du troisième degré

$$f(x)=a_0+a_1x+a_2x^2+a_3x^3\,;$$

il est facile de vérifier que l'intégrale d'un tel polynome entre deux limites quelconques $a$, $b$ s'exprime au moyen des valeurs extrêmes $f(a)$, $f(b)$ et de la valeur médiane $f\left(\frac{a+b}{2}\right)$ par la formule

$$(8)\qquad \int_a^b f(x)\,dx=\frac{b-a}{6}\left[f(a)+f(b)+4f\left(\frac{a+b}{2}\right)\right].$$

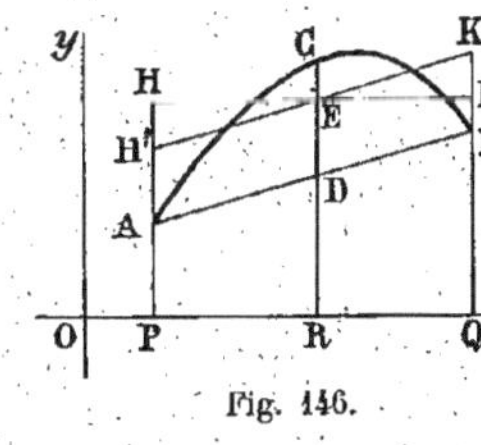

Si l'on construit (*fig.* 146) la courbe $y=f(x)$ entre $a$ et $b$, et si l'on trace les ordonnées PA, QB, RC d'abscisses $a$, $b$ et $\frac{a+b}{2}$, l'aire du quadrilatère curviligne PABQ est égale à

$$\frac{b-a}{6}(y_a+y_b+4y_m),$$

Fig. 146.

en désignant par $y_a$, $y_b$, $y_m$ les ordonnées extrêmes et médiane.

Si RC rencontre la corde AB en D, et si l'on prend le point E partageant le segment DC dans le rapport $\dfrac{DE}{DC}=\dfrac{2}{3}$, un calcul facile montre que l'ordonnée $y_e$ de E est égale à $\dfrac{1}{6}(y_a+y_b+4y_m)$; il en résulte que l'aire est égale à $(b-a)y_e$. On a par cela même construit la valeur moyenne du polynome $f(x)$ entre $a$ et $b$ (n° 376); si l'on trace par E une parallèle HK à $Ox$ ou une parallèle H'K' à la corde, l'aire du quadrilatère curviligne PABQ est égale à celle du rectangle PHKQ et à celle du trapèze PH'K'Q.

Si la fonction $f(x)$ n'est pas un polynome de degré égal ou inférieur à 3, ou est connue graphiquement, et si l'on estime qu'on peut lui substituer sans grande erreur un polynome du second degré $u(x)$ prenant les mêmes valeurs que $f(x)$ pour $a$, $b$ et $\dfrac{a+b}{2}$, l'intégrale de $u(x)$ entre $a$ et $b$ sera donnée par le second membre de la formule (8); ce second membre et son interprétation géométrique donnent une valeur approchée de l'intégrale de $f(x)$ entre $a$ et $b$.

Si l'intervalle $(a, b)$ est trop grand pour opérer de cette façon, on le partage en un nombre pair $2n$ de parties égales; posons $h = \dfrac{b-a}{2n}$; désignons par $x_0 = a$, $x_1 = a + h$, ..., $x_{2n} = b$ les limites de ces intervalles et par $y_0, y_1, \ldots, y_{2n}$ les valeurs correspondantes de la fonction.

Dans l'intervalle $(x_0, x_2)$ substituons à $f(x)$ un polynome du second degré $u(x)$ qui acquiert les mêmes valeurs que la fonction pour les trois valeurs $x_0, x_1, x_2$ de la variable, et prenons comme valeur approchée de l'intégrale de $f(x)$ dans cet intervalle celle du polynome $u(x)$; d'après la formule précédente, cette dernière intégrale est égale à

$$\frac{x_2 - x_0}{6}\big[u(x_0) + u(x_2) + 4u(x_1)\big] = \frac{h}{3}\big[y_0 + y_2 + 4y_1\big].$$

De la même manière, substituons à $f(x)$ dans l'intervalle $(x_2, x_4)$ un polynome du second degré qui prend les mêmes valeurs que la fonction pour $x_2, x_3$ et $x_4$; puis intégrons ce polynome, et opérons de même jusqu'à l'intervalle $(x_{2n-2}, x_{2n})$; la somme de toutes les intégrales partielles obtenues sera égale à

$$\frac{h}{3}\big[y_0 + y_{2n} + 2(y_2 + y_4 + \ldots + y_{2n-2}) + 4(y_1 + y_3 + \cdots + y_{2n-1})\big];$$

cette somme représente une valeur approchée de l'intégrale de la fonction donnée; elle constitue la formule dite de Simpson.

Une modification a été apportée à cette méthode par Tchebitcheff; on obtient une valeur très approchée de l'aire en déterminant seulement six ordonnées de la courbe. A partir du milieu du segment PQ, on porte sur l'axe des $x$, et de part et d'autre de ce milieu, des longueurs égales à

$$0,267\,\frac{b-a}{2}, \qquad 0,422\,\frac{b-a}{2}, \qquad 0,866\,\frac{b-a}{2},$$

et l'on calcule les six ordonnées correspondantes ; la formule

$$S = \frac{b-a}{6}(y_1 + y_2 + y_3 + y_4 + y_5 + y_6)$$

donne une valeur approchée de l'aire.

On justifie cette méthode par la remarque suivante : soit $f(x)$ un polynome de degré égal ou inférieur à 6, et soient

$$x_i = \frac{a+b}{2} + \lambda_i \frac{b-a}{2}, \qquad (i = 1, 2, \ldots 6)$$

six abscisses particulières, $y_i = f(x_i)$ les valeurs correspondantes de la fonction ; la formule précédente donne la valeur de l'intégrale entre $a$ et $b$ du polynome $f(x)$, quels que soient les coefficients de ce polynome, lorsque les nombres $\lambda_i$ sont les racines de l'équation

$$105 \lambda^6 - 105 \lambda^4 + 21 \lambda^2 - 1 = 0 ;$$

les racines de cette équation ont précisément comme valeurs approchées $\pm 0,267, \pm 0,422, \pm 0,866$. La formule de Tchebitcheff donne une valeur exacte de l'intégrale d'un polynome de degré égal ou inférieur à 6, et une valeur suffisamment approchée de l'intégrale d'une fonction quelconque.

**403. Méthode de Poncelet.** — Cette méthode a l'avantage de donner une limite de l'erreur commise dans l'évaluation approchée d'une intégrale ; elle s'applique aux fonctions $f(x)$ dont la dérivée seconde conserve un signe constant dans l'intervalle $(a, b)$ ; la courbe représentative tourne sa concavité toujours dans le même sens dans cet intervalle.

Elle consiste à partager $b - a$ en $2n$ parties égales à $h = \dfrac{b-a}{2n}$,

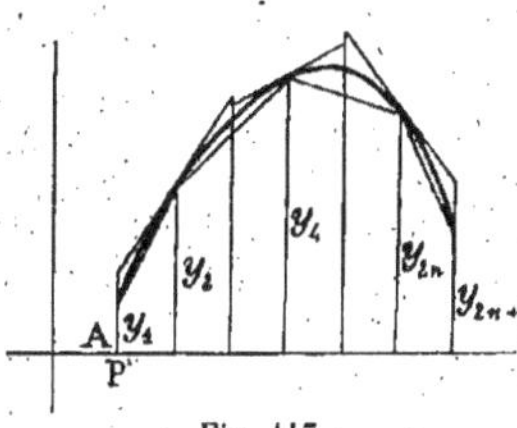

Fig. 147.

puis à évaluer d'une part les trapèzes dont les sommets sont les points de la courbe d'abscisses de rang pair et d'abscisses extrêmes, et d'autre part les trapèzes dont les côtés obliques sont les tangentes à la courbe aux points d'abscisses de rang pair, ces côtés étant limités aux ordonnées de rang impair $(fig. 147)$.

Si $y_1, y_2, y_3, \ldots y_{2n}, y_{2n+1}$ sont les ordonnées des points considérés, la somme des premiers trapèzes est égale à

$$S_1 = h\left[\frac{y_1 + y_2}{2} + \frac{y_{2n} + y_{2n+1}}{2}\right]$$
$$+ 2h\left[\frac{y_2 + y_4}{2} + \frac{y_4 + y_6}{2} + \cdots + \frac{y_{2n-2} + y_{2n}}{2}\right],$$

que l'on peut encore écrire sous la forme

$$S_1 = 2h\left[y_2 + y_4 + \cdots + y_{2n} + \frac{1}{4}(y_1 + y_{2n+1} - y_2 - y_{2n})\right],$$

la somme des seconds trapèzes est égale à

$$S_2 = 2h[y_2 + y_4 + \cdots + y_{2n}].$$

L'aire curviligne représentant l'intégrale est comprise entre $S_1$ et $S_2$; en prenant pour valeur approchée de cette aire la demi-somme de ces deux quantités

$$S = h\left[2(y_2 + y_4 + \cdots + y_{2n}) + \frac{1}{4}(y_1 + y_{2n+1} - y_2 - y_{2n})\right],$$

on commet une erreur inférieure à la valeur absolue de la demi-différence

$$\frac{h}{4}(y_1 + y_{2n+1} - y_2 - y_{2n}).$$

**404. Intégration graphique.** — Étant donnée une ligne d'équation $y = f(x)$, nous nous proposons de construire graphiquement une autre ligne dont les ordonnées représentent, à un facteur constant près qui peut être l'unité, les valeurs de l'intégrale $Y(x) = \int_{x_0}^{x} y\, dx$; cette deuxième ligne peut être appelée la ligne intégrale de la première. Nous allons examiner différents cas.

1er cas. — $y$ est constant et égal à $y_0$; l'intégrale est égale à $y_0(x - x_0)$ et toute ligne intégrale est une droite passant par le point $A_0$ d'abscisse $x_0$ (*fig.* 148). Prenons sur $Ox$ un point $O'$ et désignons par $a$ le segment $O'O$; si $B_0$ est le point de l'axe $Oy$ d'ordonnée $y_0$ et si l'on trace la droite $O'B_0$, la parallèle à cette droite menée par $A_0$ a pour équation

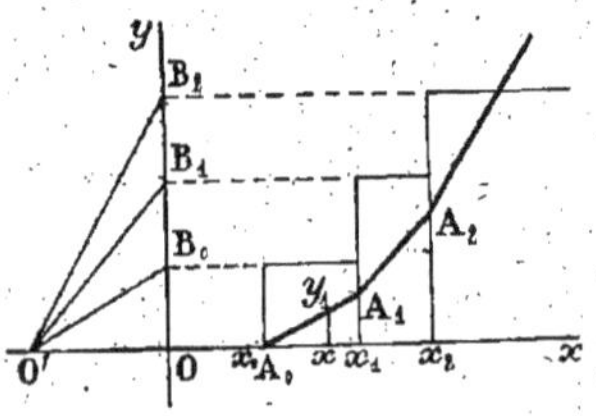

$$Y_1 = \frac{y_0}{a}(x - x_0).$$

Fig. 148.

On est ainsi amené à tracer par $A_0$ la parallèle à $O'B_0$; c'est une ligne intégrale et, pour chaque valeur de $x$, l'intégrale $Y$ est égale au produit par $a$ de l'ordonnée $Y_1$ de la droite. Ce résultat est bien conforme à la théorie de l'homogénéité, car une intégrale est homogène au produit de deux grandeurs, l'une mesurée par une ordonnée, l'autre mesurée par une abscisse. Dans les applications à la mécanique, il faut de plus tenir compte des échelles avec lesquelles sont représentées les grandeurs.

**2ᵉ cas.** — $y$ a une valeur constante $y_0$ dans un intervalle $(x_0, x_1)$, puis une autre valeur constante $y_1$ dans un intervalle contigu $(x_1, x_2)$ et ainsi de suite. Si $B_0$, $B_1$, ... sont les points de $Oy$ d'ordonnées $y_0$, $y_1$, ..., on tracera les droites $O'B_0$, $O'B_1$, ..., puis on tracera par $A_0$ une parallèle $A_0A_1$ à $O'B_0$, jusqu'à l'ordonnée d'abscisse $x_1$, par $A_1$ une parallèle $A_1A_2$ à $O'B_1$ jusqu'à l'ordonnée d'abscisse $x_2$, et ainsi de suite. La ligne brisée $A_0A_1A_2$ ... est une ligne intégrale, et si $Y_1$ est l'ordonnée d'un point de cette ligne d'abscisse $x$, l'intégrale $Y$ prise de $x_0$ à $x$ est égale à $aY_1$. Cela résulte de l'égalité

$$\int_{x_0}^{x} y\,dx = \int_{x_0}^{x_1} y\,dx + \int_{x_1}^{x_2} y\,dx + \cdots$$

et de ce que nous avons dit au sujet du premier cas.

**3ᵉ cas.** — $y$ est une fonction non constante, mais l'intervalle $(x_0, x)$ peut être décomposé en intervalles partiels dans lesquels $y$ est représenté par un polynome de degré égal ou inférieur à trois. Nous avons vu (n° 402) que dans chaque intervalle une aire curviligne telle que PABQ peut être remplacée par celle d'un rectangle PHKQ dont le côté HK parallèle à $Ox$

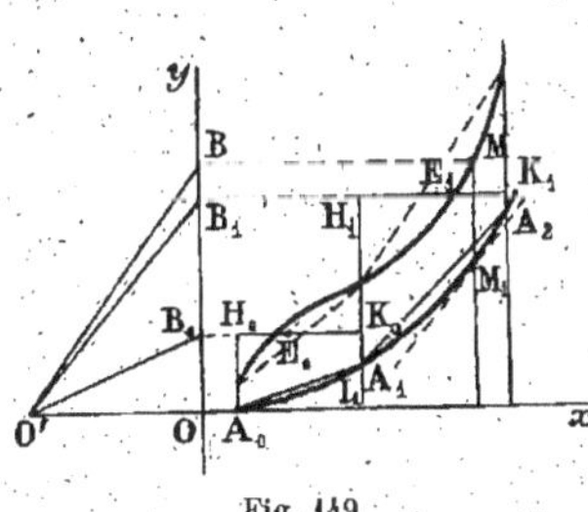


Fig. 149.

passe par un point bien déterminé E. On peut donc, sans changer l'intégrale étendue à un ou plusieurs intervalles, remplacer la fonction $y$ par une autre ayant une valeur constante dans chaque intervalle et représentée par une succession de droites $H_0K_0$, $H_1K_1$, ... (*fig.* 149). On est alors ramené au cas précédent et, en opérant comme il a été dit, on tracera une ligne brisée intégrale $A_0A_1A_2$ .... Elle fournira, par l'égalité $Y = aY_1$, la valeur de l'intégrale de $y$ étendue de $x_0$ à l'extrémité de l'un quelconque des intervalles partiels.

Naturellement la ligne brisée ne fournit pas la valeur exacte de l'intégrale étendue jusqu'à une valeur quelconque de $x$ intérieure à un des intervalles considérés, mais si les intervalles sont nombreux et de faible étendue, la différence entre la valeur exacte de Y et celle qui résulte de la ligne intégrale est relativement petite. De plus, si l'on sépare chacun des intervalles en autres partiels, on obtiendra par la même construction une ligne brisée $A_0A_1'A_2'\ldots$, qui est une ligne intégrale d'un plus grand nombre de côtés et qui passe encore par les sommets de la première.

Si l'on augmente ainsi le nombre des intervalles partiels, on obtient, en passant à la limite, une courbe intégrale $I_1$ telle que l'on ait, pour chaque valeur de $x$, $Y = aY_1$. Pratiquement, on trace la ligne brisée intégrale relative à une décomposition de l'intervalle total en un nombre fini d'intervalles partiels, et l'on trace une ligne $I_1$ de forme régulière passant par les sommets de la ligne brisée.

On peut encore ajouter qu'en un point quelconque M de la ligne $I_1$, le coefficient angulaire de la tangente à cette ligne est égal à

$$\frac{dY_1}{dx} = \frac{1}{a}\frac{dY}{dx} = \frac{y}{a};$$

il est donc le même que celui de la ligne O'B joignant le point O' au point B de l'axe $Oy$ d'ordonnée $y$; cette remarque permet de construire la direction de la tangente à la courbe $I_1$ en un point quelconque, en particulier aux sommets $A_0, A_1, A_2 \ldots$ de la ligne brisée primitive, ce qui augmente la précision du tracé de la courbe intégrale.

**4e cas général.** — Si $y$ est une fonction quelconque, on partage l'intervalle d'intégration en autres partiels dans chacun desquels $y$ peut être remplacé sans erreur sensible par un polynome de degré $\leqslant 3$.

On opère alors comme dans la méthode de Simpson; on détermine dans chaque intervalle les ordonnées extrêmes et l'ordonnée médiane, on en déduit les points tels que E, et l'on opère comme dans le cas précédent. On obtient ainsi une ligne brisée qui sert à tracer la ligne intégrale, et l'on peut construire si on le veut les tangentes à cette ligne; on en déduit les valeurs de l'intégrale Y avec une précision suffisante dans la pratique.

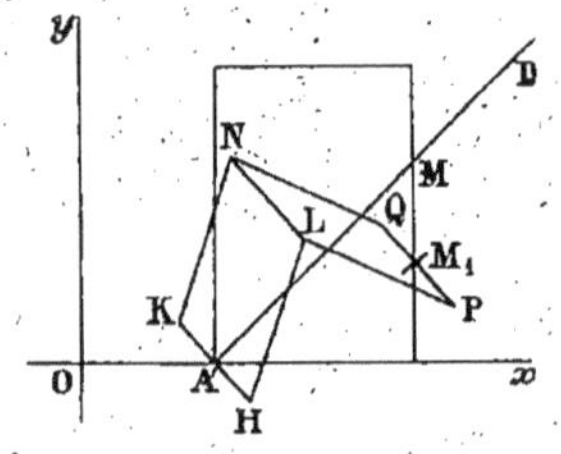

Un intégraphe est un appareil dont un point particulier décrit une courbe intégrale d'ordonnée $Y_1$ pendant qu'un autre point de même abscisse décrit la ligne $y = f(x)$. L'intégrateur de Boys se compose d'une planchette glissant parallèlement à $Ox$; dans une rainure parallèle à $Oy$ (*fig.* 150) se déplacent un style M décrivant la ligne donnée et un bouton $M_1$. Ce bouton porte une

Fig. 150.

roulette s'appuyant normalement sur la feuille de papier et tournant autour d'un axe PQ parallèle à cette feuille.

Une tige A'D passant constamment par M et suivant le style dans son mouvement est articulée à la planchette en un point A' se déplaçant le long de $Ox$, de telle sorte que A' soit à la distance $a$ du pied de la rainure. Un système de tiges articulées et de fils constitue un système équivalent à un ensemble de parallélogrammes HKLN, LNPQ dont le premier côté HK est toujours normal à A'D; il en est alors de même du dernier, PQ, et le plan de la roulette reste bien parallèle à A'D. La tranche de la roulette est biseautée de façon que son mouvement ait lieu par roulement sans glissement latéral; le point de contact ne peut que décrire une courbe dont la tangente en $M_1$ est toujours parallèle à A'M, par suite parallèle à la droite O'B de la figure 149; cette courbe est donc une courbe intégrale.

On dispose l'appareil de manière qu'au début du mouvement le point $M_1$ ait une ordonnée $Y_1$ nulle.

**405. Dérivée d'une intégrale définie par rapport à un paramètre.** — Supposons que l'on intègre entre deux limites $a$ et $b$ une fonction $f(x, \alpha)$ dépendant de la variable $x$ d'intégration et d'un paramètre $\alpha$; l'intégrale sera une fonction de ce paramètre en même temps que des limites; nous la représenterons par $F(a, b, \alpha)$, et nous écrirons

$$F(a, b, \alpha) = \int_a^b f(x, \alpha)dx \, ;$$

nous nous proposons de déterminer la dérivée de F par rapport à $\alpha$.

Plaçons-nous d'abord dans le cas où $a$ et $b$ sont indépendants du paramètre; en donnant à $\alpha$ un accroissement $\Delta\alpha$, nous aurons

$$F(a, b, \alpha + \Delta\alpha) = \int_a^b f(x, \alpha + \Delta\alpha)dx.$$

Supposons que $f(x, \alpha)$ possède des dérivées du premier et du second ordre par rapport à $\alpha$, et écrivons, en appliquant la formule de Taylor,

$$f(x, \alpha + \Delta\alpha) = f(x, \alpha) + \Delta\alpha \frac{\partial f(x, \alpha)}{\partial \alpha} + \frac{\Delta\alpha^2}{2} \frac{\partial^2 f(x, \alpha + \theta\Delta\alpha)}{\partial \alpha^2} \, ;$$

supposons, de plus, que le dernier terme soit une fonction de $x$ finie et continue dans l'intervalle d'intégration.

En intégrant terme à terme et remarquant que $\Delta\alpha$ est une constante quand $x$ varie, nous avons pour $F(a, b, \alpha + \Delta\alpha)$ la valeur

$$\int_a^b f(x, \alpha)dx + \Delta x \int_a^b \frac{\partial f(x, \alpha)}{\partial x} dx + \frac{\Delta\alpha^2}{2} \int_a^b \frac{\partial^2 f(x, \alpha + \theta\Delta\alpha)}{\partial \alpha^2} dx \, ;$$

nous en déduisons que

$$\frac{F(a,\, b,\, \alpha + \Delta\alpha) - F(a,\, b,\, \alpha)}{\Delta\alpha}$$

est égal à

$$\int_a^b \frac{\partial f(x,\, \alpha)}{\partial \alpha}\, dx + \frac{\Delta\alpha}{2} \int_a^b \frac{\partial^2 f(x,\, \alpha + \theta\Delta\alpha)}{\partial \alpha^2}\, dx.$$

Lorsque $\Delta\alpha$ tend vers zéro, le dernier terme est le produit de $\dfrac{\Delta\alpha}{2}$ par une intégrale qui reste finie d'après les hypothèses faites, et ce terme tend vers zéro ; nous en concluons que $F(a,\, b,\, \alpha)$ a une dérivée par rapport à $\alpha$, et que cette dérivée est égale à

$$\frac{\partial F(a,\, b,\, \alpha)}{\partial \alpha} = \int_a^b \frac{\partial f(x,\, \alpha)}{\partial \alpha}\, dx.$$

Nous pouvons donc, dans le cas où les limites $a$, $b$ sont fixes et où la fonction $f(x,\, \alpha)$ remplit les conditions données, énoncer le résultat suivant :

Théorème. — *La dérivée de l'intégrale définie d'une fonction $f(x,\, \alpha)$, par rapport au paramètre $\alpha$, est égale à l'intégrale définie de la dérivée de cette fonction par rapport à ce paramètre.*

Supposons maintenant que $a$, $b$ dépendent du paramètre $\alpha$ ; choisissons un nombre fixé $c$, et écrivons

$$F(a,\, b,\, \alpha) = \int_a^b f(x,\, \alpha)\, dx = \int_c^b f(x,\, \alpha)\, dx - \int_c^a f(x,\, \alpha)\, dx ;$$

la dérivée de $F$ par rapport au paramètre $\alpha$ a pour valeur

$$\frac{dF(a,\, b,\, \alpha)}{d\alpha} = \frac{\partial F}{\partial a} \frac{da}{d\alpha} + \frac{\partial F}{\partial b} \frac{db}{d\alpha} + \frac{\partial F}{\partial \alpha}.$$

D'après le n° 377, la dérivée d'une intégrale par rapport à sa limite supérieure est égale à la valeur que prend, pour cette limite, la fonction sous le signe d'intégration ; par conséquent, nous avons

$$\frac{\partial F}{\partial a} = -f(a,\, \alpha), \qquad \frac{\partial F}{\partial b} = f(b,\, \alpha) ;$$

d'autre part $\dfrac{\partial F}{\partial \alpha}$ est donné par la formule que nous avons établie dans le cas précédent ; nous avons donc finalement

$$\frac{dF(a,\, b,\, \alpha)}{d\alpha} = f(b,\, \alpha) \frac{db}{d\alpha} - f(a,\, \alpha) \frac{da}{d\alpha} + \int_a^b \frac{\partial f(x,\, \alpha)}{\partial \alpha}\, dx.$$

# CHAPITRE V

## APPLICATIONS DES INTÉGRALES DÉFINIES

---

**406. Aire des surfaces planes.** — Nous avons vu au n° 375 que l'intégrale définie

$$\int_a^b y\, dx$$

représente, en coordonnées rectangulaires, l'aire comprise entre la courbe d'ordonnée $y = f(x)$, l'axe des $x$, et les ordonnées d'abscisses $a$ et $b$. En supposant $b > a$, les parties de cette aire pour lesquelles $y$ est négatif sont comptées négativement. Nous allons considérer quelques exemples.

**Parabole.** — Soit la parabole représentée par l'équation $y^2 = 2px$ (*fig.* 151); soit OM un arc de cette courbe situé dans l'angle positif des axes de coordonnées entre l'origine et un point M d'abscisse donnée; l'aire comprise entre cet arc, l'axe des $x$ et l'ordonnée PM du point M est égale à

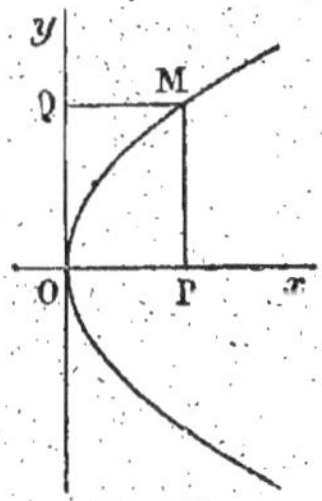

$$\int_0^x y\, dx = \int_0^x (2p)^{\frac{1}{2}} x^{\frac{1}{2}}\, dx = \frac{2}{3}(2p)^{\frac{1}{2}} x^{\frac{3}{2}}\,;$$

nous avons par suite

$$\text{aire OMP} = \frac{2}{3}\, x\sqrt{2px} = \frac{2}{3}\, xy\,;$$

Fig. 151.

nous voyons que cette aire est égale aux deux tiers de celle du rectangle OPMQ.

On arrive encore à ce résultat en évaluant l'aire du triangle curviligne OQM; par un raisonnement analogue à celui du n° 375, elle est égale à l'intégrale $\int_0^y x\, dy$. En remplaçant $x$ par $\dfrac{y^2}{2p}$, on a

$$\int_0^y x\, dy = \int_0^y \frac{y^2 dy}{2p} = \frac{y^3}{6p} = \frac{1}{3}\, xy,$$

de sorte que l'aire du triangle OQM est le tiers de celle du rectangle OPMQ.

**Ellipse.** — Soit l'ellipse représentée par l'équation

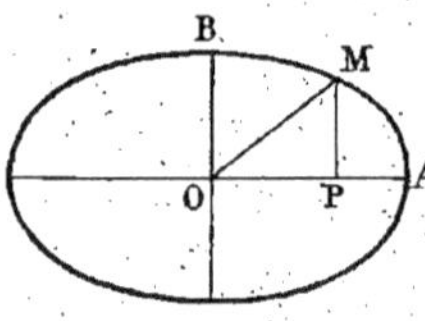

Fig. 152.

$$\frac{x^2}{a^2} + \frac{y^2}{b^2} - 1 = 0 \, ;$$

pour évaluer l'aire PMA comprise entre l'axe OA, la courbe, une ordonnée d'abscisse $x$ et le sommet A (*fig.* 152), nous changerons de variable et nous exprimerons $x$ et $y$ au moyen du paramètre angulaire $\varphi$ (n° 109); nous avons

$$x = a \cos \varphi, \qquad y = b \sin \varphi, \qquad \text{d'où} \qquad dx = - a \sin \varphi \, d\varphi \, ;$$

aux limites $x$ et $a$ pour $x$ correspondent les limites $\varphi$ et $0$ pour $\varphi$; d'après ce que nous avons dit au n° 394, nous avons

$$\int_x^a y \, dx = \int_\varphi^0 (- ab \sin^2 \varphi) d\varphi = \int_0^\varphi ab \sin^2 \varphi \, d\varphi.$$

En remplaçant $\sin^2 \varphi$ par $\dfrac{1 - \cos 2\varphi}{2}$, nous obtenons comme valeur de cette intégrale définie

$$\int_0^\varphi ab \frac{1 - \cos 2\varphi}{2} \, d\varphi = \frac{ab \, \varphi}{2} - \frac{ab \sin 2\varphi}{4}.$$

Si l'on remarque que le dernier terme est égal à $\dfrac{ab \sin \varphi \cos \varphi}{2}$, et représente l'aire du triangle OPM, on voit que l'aire du secteur d'ellipse AOM a pour valeur $\dfrac{ab\varphi}{2}$. Ajoutons que l'on obtient l'aire du quadrant d'ellipse OAB en faisant $\varphi = \dfrac{\pi}{2}$ dans l'intégrale, ce qui fournit $\dfrac{\pi ab}{4}$;

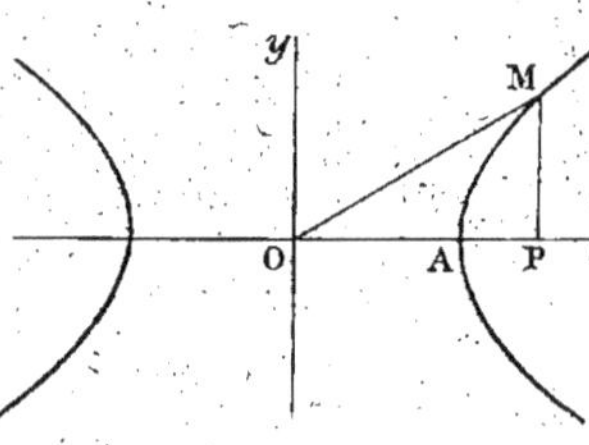

Fig. 153.

nous en concluons que l'aire intérieure à l'ellipse est égale à $\pi ab$.

**Hyperbole.** — Soit l'hyperbole représentée par l'équation

$$\frac{x^2}{a^2} - \frac{y^2}{b^2} - 1 = 0 \, ;$$

nous allons de même évaluer l'aire APM (*fig.* 153) comprise entre l'axe Ox, la courbe, le sommet et une ordonnée d'abscisse $x$; nous changerons de variable et nous exprimerons $x$ et $y$ par des fonctions hyperboliques d'un paramètre $t$ (n° 248) par les formules

$$x = a\,\operatorname{ch} t, \qquad y = b\,\operatorname{sh} t, \qquad \text{d'où} \qquad dx = a\,\operatorname{sh} t\, dt\,;$$

aux limites $a$ et $x$ pour $x$ correspondent les limites $0$ et $t$ pour $t$. L'aire considérée a pour valeur

$$\int_a^x y\, dx = \int_0^t ab\,\operatorname{sh}^2 t\, dt\,;$$

en remplaçant $\operatorname{sh}^2 t$ par $\dfrac{\operatorname{ch} 2t - 1}{2}$, d'après les formules du n° 248, nous obtenons comme valeur de cette intégrale

$$\int_0^t ab\,\frac{\operatorname{ch} 2t - 1}{2}\, dt = ab\,\frac{\operatorname{sh} 2t}{4} - \frac{ab\,t}{2}.$$

Si l'on remarque que le premier terme du second membre est égal à $\dfrac{ab\,\operatorname{sh} t\,\operatorname{ch} t}{2}$ et représente l'aire du triangle OPM, on voit que l'aire du secteur hyperbolique AOM a pour valeur $\dfrac{abt}{2}$.

L'analogie que l'on aperçoit entre les calculs relatifs à l'ellipse et à l'hyperbole est encore plus frappante lorsqu'on fait $a = b = 1$; le secteur de cercle a pour aire $\dfrac{\varphi}{2}$, et le secteur d'hyperbole équilatère a pour aire $\dfrac{t}{2}$. On a ainsi la signification géométrique de l'argument $t$ au moyen

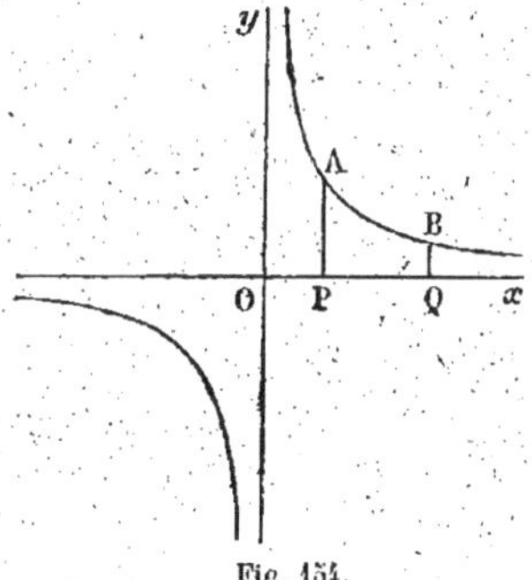

Fig. 154.

duquel s'expriment les coordonnées de l'hyperbole d'équation $x^2 - y^2 = 1$ par les formules $x = \operatorname{ch} t$, $y = \operatorname{sh} t$; $t$ représente le double de l'aire du secteur AOM, comme $\varphi$ est le double du secteur circulaire de rayon $1$.

Dans le cas où l'on a une hyperbole équilatère rapportée à ses asymptotes (*fig.* 154) et représentée par l'équation $xy = k$, $k$ étant un nombre positif, l'aire comprise entre $Ox$, la courbe et deux ordonnées d'abscisses $a$ et $x$ positives est égale à

$$\int_a^x y\, dx = \int_a^x \frac{k\, dx}{x} = k\,(\log x)_a^x = k \log \frac{x}{a}.$$

**407. Cas d'une courbe fermée.** — Considérons (*fig.* 155) une courbe fermée C; supposons, pour simplifier, qu'elle ne se coupe pas, et qu'elle n'est rencontrée par une parallèle à $Oy$ qu'en deux points tels que $M_0$ et $M_1$. Pour évaluer l'aire intérieure à cette courbe, nous tracerons d'abord les tangentes parallèles à $Oy$ ; soient A et B leurs points de contact, PA et QB les ordonnées de ces points ; l'aire comprise à l'intérieur de C est égale à la différence entre les aires PAM$_1$BQ, PAM$_0$BQ, limitées par l'axe des $x$, par les ordonnées extrêmes et par les arcs AM$_1$B et AM$_0$B.

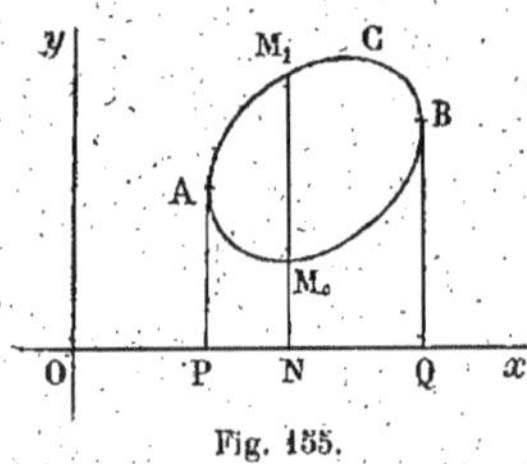


Fig. 155.

Si $a$ et $b$ sont les abscisses des points A et B, si $y_0$ et $y_1$ désignent les ordonnées NM$_0$, NM$_1$ des points de C correspondant à une même abscisse $x$, $y_1$ étant plus grand que $y_0$, nous aurons pour valeur de l'aire cherchée

$$\int_a^b y_1\,dx - \int_a^b y_0\,dx = \int_a^b (y_1 - y_0)\,dx.$$

On vérifie sans peine que cette formule, démontrée dans le cas où $y_0$ et $y_1$ sont positifs, s'applique encore au cas où la courbe C est coupée par l'axe $Ox$ ou lorsqu'elle est placée par rapport à cet axe du côté des $y$ négatifs.

Lorsque la différence $y_1 - y_0$ est une fonction de $x$ dont l'intégrale est inconnue ou difficile à calculer, ou bien encore lorsque le contour de l'aire n'est déterminé que par une construction graphique, on détermine une valeur approchée de l'aire en utilisant les procédés des n$^{os}$ 400, 401, 402. En particulier, on peut appliquer la formule des trapèzes ou celle de Simpson ; on remplace dans ces dernières $y_0, y_1, y_2, \ldots$ par les segments mesurés à l'intérieur de l'aire sur les ordonnées relatives aux points de division de l'intervalle total $(a, b)$.

**408. Cas des coordonnées polaires.** — On se propose ordinairement, en coordonnées polaires, d'évaluer l'aire d'un secteur compris entre un arc AB de courbe, et les rayons vecteurs OA et OB aboutissant aux extrémités de cet arc (*fig.* 156).

Soit $\rho = f(\theta)$ l'équation de la courbe donnée, $\theta_0$ et $\theta_1 > \theta_0$ les angles polaires des points A et B ; partageons l'angle $\theta_1 - \theta_0$ en un certain nombre de parties telles que MON dont nous ferons croître le nombre indéfiniment, tandis que chacune d'elles tendra vers zéro ; soient $\rho$ et $\theta$ les coordonnées du point M, $\rho + \Delta\rho$ et $\theta + \Delta\theta$ celles du point N.

L'aire MON est comprise entre celles des secteurs de cercle MON' et M'ON d'angle $\Delta\theta$ et de rayons $\rho$ et $\rho + \Delta\rho$; les aires de ces secteurs sont respectivement $\dfrac{\rho^2\Delta\theta}{2}$ et $\dfrac{(\rho+\Delta\rho)^2\Delta\theta}{2}$, et ces quantités infiniment petites ont même partie principale égale à $\dfrac{\rho^2\Delta\theta}{2}$; la partie principale de l'aire du secteur infiniment petit MON est donc aussi égale à la valeur précédente.

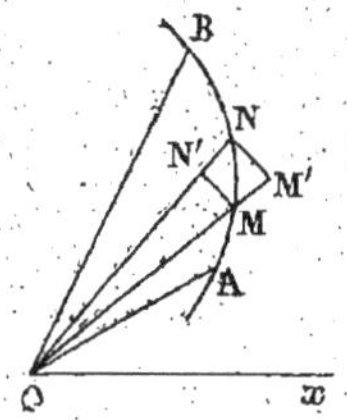

La limite de la somme des secteurs MON est égale, d'après les principes fondamentaux des nᵒˢ 371 et 372, à la limite de la somme de leurs parties principales, c'est-à-dire de la somme $\sum\limits_{\theta_0}^{\theta_1} \dfrac{\rho^2\Delta\theta}{2}$; si $\rho$ est une fonction continue de $\theta$, on sait que cette somme a une limite, et que cette limite est égale à l'intégrale définie

$$A = \int_{\theta_0}^{\theta_1} \frac{\rho^2 d\theta}{2};$$

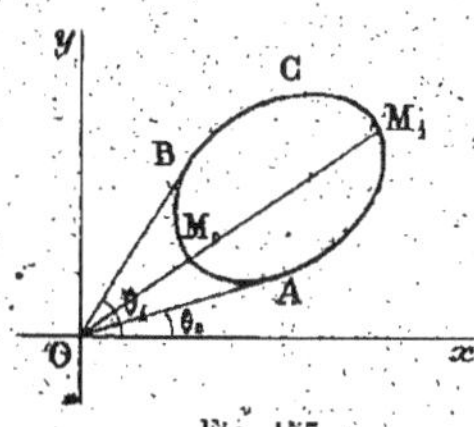

Fig. 156.

l'aire du secteur AOB est égale à cette intégrale, et sa différentielle est $dA = \dfrac{\rho^2 d\theta}{2}$.

*Exemple.* — La lemniscate (nᵒ 89) a pour équation $\rho^2 = 2a^2\cos 2\theta$; l'aire située entre la courbe et les directions positives des axes de coordonnées, c'est-à-dire la moitié de la boucle, est comprise entre les rayons dont les angles polaires sont $0$ et $\dfrac{\pi}{4}$; elle a pour valeur

$$\int_0^{\frac{\pi}{4}} \frac{\rho^2 d\theta}{2} = \int_0^{\frac{\pi}{4}} a^2\cos 2\theta\, d\theta = \left(\frac{a^2\sin 2\theta}{2}\right)_0^{\frac{\pi}{4}} = \frac{a^2}{2};$$

l'aire de la boucle entière, qui en est le double, est égale à $a^2$.

Si l'on a une courbe fermée entourant l'origine, on applique le calcul précédent en faisant varier $\theta$ dans un intervalle $(\theta_0, \theta_0 + 2\pi)$.

Si l'on a au contraire une courbe fermée C n'entourant pas l'origine (*fig.* 157), on considère les tangentes à cette courbe issues du point O; soient $\theta_0$ et $\theta_1$ les angles qu'elles font avec Ox, A et B leurs points de contact avec la courbe. L'aire intérieure à C est égale à la différence entre les deux secteurs OAM₁B et OAM₀B.

Fig. 157.

Si $\rho_0$ et $\rho_1$ désignent les rayons vecteurs des points $M_0$ et $M_1$ déterminés sur C par une droite issue de l'origine et faisant avec $Ox$ l'angle $\theta$, l'aire intérieure à la courbe est égale à l'intégrale

$$\int_{\theta_0}^{\theta_1} \frac{(\rho_1^2 - \rho_0^2)\,d\theta}{2}.$$

**409. Planimètre.** — On appelle planimètre un instrument donnant, par de simples lectures sur une échelle graduée, l'aire intérieure à un

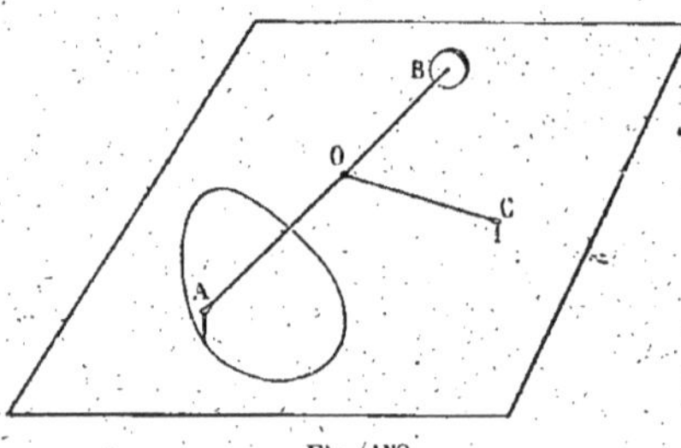

Fig. 158.

contour fermé quelconque dessiné sur une feuille de papier. Le plus simple des planimètres, celui d'Amsler, se compose en principe (*fig.* 158) de deux tiges AB, OC mobiles parallèlement au plan du dessin, et articulées au point O; la première porte en A une pointe mousse à laquelle on fait décrire le contour, et à l'extrémité opposée B une roulette mobile autour d'un axe ayant la direction de OB; cette roulette reste donc normale au plan du papier. Quant à l'autre tige OC, elle porte une pointe fine que l'on fixe en un point quelconque, afin de guider le mouvement de AB.

Lorsque la pointe tracée en A décrit le contour, la roulette, qui roule et glisse à la fois, tourne d'un certain angle que l'on évalue à l'aide d'une graduation placée sur la circonférence; de cet angle on déduit l'aire intérieure au contour.

Pour établir la théorie du planimètre, nous supposerons que la roulette B est entre O et A, ce qui ne change rien aux raisonnements, et nous désignerons par $a$ et $b$ les deux segments OA et OB. Nous évaluerons l'aire $\Delta A$ balayée par la tige OA dans un déplacement infiniment petit de cette tige de OA à O'A', le point O décrivant un arc de cercle de centre C et A un arc du contour de l'aire à mesurer. Cette aire ne diffère que par une quantité infiniment petite par rapport à elle de la somme des aires obtenues en opérant une translation

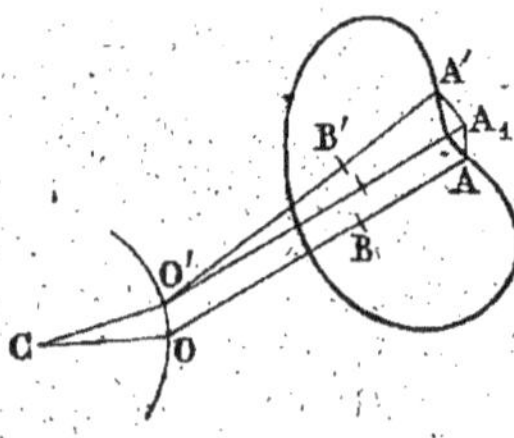

Fig. 159.

de OA en $O'A_1$ (*fig.* 159), puis une rotation autour de $O'$ de $O'A_1$ en $O'A'$ ; les quantités ainsi obtenues ont même partie principale $dA$.

Si $\Delta h$ est la distance des deux droites OA, $O'A_1$ et $\Delta\varphi$ l'angle de $O'A_1$ et $O'A'$, la somme des aires partielles est égale à $a\Delta h + \dfrac{a^2}{2}\Delta\varphi$, par suite, en prenant les parties principales, on a

$$dA = adh + \frac{a^2}{2}\,d\varphi.$$

L'arc $\Delta s$ dont a roulé la roulette B en passant de B à B′ ne diffère que par une quantité infiniment petite par rapport à lui de la distance $\Delta h$ augmentée de l'arc de cercle de rayon $b$ et d'angle $\Delta\varphi$ ; en prenant les parties principales, on a

$$ds = dh + bd\varphi.$$

En éliminant $dh$ entre les deux relations précédentes, on a

$$dA = ads + \left(\frac{a^2}{2} - ab\right)d\varphi,$$

d'où, en intégrant,

$$A = a(s - s_0) + \left(\frac{a^2}{2} - ab\right)(\varphi - \varphi_0).$$

Cela posé, si le point A décrit un contour fermé, la tige OAB reprend à la fin du mouvement la même position qu'au début. Différents cas peuvent se présenter suivant que le point C est à l'intérieur ou à l'extérieur du contour ; généralement il est à l'extérieur, le point O effectue un mouvement d'oscillation sur le cercle de centre C, et la différence $\varphi - \varphi_0$ est nulle ; d'autre part, l'aire balayée par la tige comprend l'aire intérieure au contour balayée une seule fois, et une portion extérieure balayée plusieurs fois dans des sens différents, et donnant lieu à une somme algébrique nulle ; on a donc finalement

$$\text{aire intérieure} = a\,(s - s_0);$$

on voit que l'aire cherchée est égale au produit de l'arc $s - s_0$ dont a roulé la roulette B, et lu sur la graduation de cette roulette, par un facteur constant qui est la mesure de OA.

Dans le cas très rare où C est à l'intérieur du contour, le point O peut décrire une ou plusieurs circonférences, $\varphi - \varphi_0$ peut être égal à un multiple de $2\pi$, et il faut en tenir compte dans l'évaluation de l'aire balayée ; l'aire intérieure au contour est de plus égale à l'aire balayée, augmentée de l'aire du cercle de rayon OC.

**410. Rectification des courbes.** — La longueur d'un arc de courbe est la limite du périmètre d'une ligne polygonale inscrite dans cet arc, lorsque le nombre des côtés augmente indéfiniment, chacun d'eux tendant vers zéro. Nous supposerons, pour nous placer dans le cas général, que la courbe est plane ou gauche, et que les coordonnées $x$, $y$, $z$ d'un quelconque de ses points sont des fonctions d'un même paramètre $t$ ; nous n'examinerons que le cas où ces fonctions sont continues, ainsi que leurs dérivées premières.

Un côté infiniment petit de la ligne polygonale a pour valeur $\sqrt{\Delta x^2 + \Delta y^2 + \Delta z^2}$, et sa partie principale est la quantité que l'on obtient en remplaçant $\Delta x$, $\Delta y$ et $\Delta z$ par leurs parties principales, c'est-à-dire par les différentielles $dx$, $dy$ et $dz$. La limite de la somme des côtés de la ligne polygonale est égale (n$^{os}$ 371 et 372) à la limite de la somme des parties principales, c'est-à-dire à

$$\Sigma\sqrt{dx^2 + dy^2 + dz^2} = \Sigma\sqrt{(x_i'\Delta t)^2 + (y_i'\Delta t)^2 + (z_i'\Delta t)^2}$$
$$= \Sigma\sqrt{x_i'^2 + y_i'^2 + z_i'^2}\,\Delta t.$$

D'après les hypothèses faites sur la continuité de $x$, $y$, $z$ et de leurs dérivées, cette somme a une limite égale à l'intégrale définie de la fonction $\sqrt{x'^2 + y'^2 + z'^2}$ prise entre les limites attribuées à $t$ ; nous en concluons que l'arc de la courbe a une longueur bien définie, égale à l'intégrale

$$s = \int \sqrt{x'^2 + y'^2 + z'^2}\, dt = \int \sqrt{dx^2 + dy^2 + dz^2}$$

prise entre ces limites. Nous déduisons de là que la différentielle $ds$ de l'arc a pour valeur

$$ds = \sqrt{dx^2 + dy^2 + dz^2},$$

comme nous l'avons déjà dit au n° 229.

Dans le cas où la courbe est plane, située dans le plan $xOy$, et où $x$ est la variable indépendante, $y$ étant une fonction donnée de $x$, on a $dy = y'dx$, de sorte que l'arc est donné par la formule

$$s = \int_{x_0}^{x_1} \sqrt{1 + y'^2}\, dx.$$

*Exemple.* — Considérons une ellipse rapportée à ses axes, et de demi-axes $a$ et $b$ ; en considérant $x$ comme variable indépendante, nous avons

$$y = \frac{b}{a}\sqrt{a^2 - x^2}, \qquad y' = -\frac{bx}{a\sqrt{a^2 - x^2}};$$

la longueur de l'arc d'ellipse compris entre les points d'abscisses $x_0$ et $x_1$ est, en appliquant la formule précédente, égale à

$$s = \int_{x_0}^{x_1} \sqrt{\frac{a^4 - (a^2 - b^2)x^2}{a^2(a^2 - x^2)}}\, dx.$$

Pour simplifier cette intégrale, posons $x = at$; en introduisant l'excentricité $e$ définie par $e = \dfrac{c}{a} = \dfrac{\sqrt{a^2 - b^2}}{a}$, et en désignant par $t_0$ et $t_1$ les valeurs de $t$ correspondant à $x_0$ et $x_1$, nous obtenons

$$s = a \int_{t_0}^{t_1} \sqrt{\frac{1 - e^2 t^2}{1 - t^2}}\, dt = a \int_{t_0}^{t_1} \frac{1 - e^2 t^2}{\sqrt{(1 - t^2)(1 - e^2 t^2)}}\, dt.$$

Nous sommes ramenés à évaluer l'intégrale d'une fonction algébrique ; elle renferme un radical portant sur un polynome du quatrième degré. Comme nous l'avons dit (n° 390), on ne peut évaluer cette intégrale au moyen des fonctions élémentaires, et elle constitue une fonction transcendante nouvelle que l'on appelle *intégrale elliptique* parce qu'elle se présente, comme on le voit, dans le calcul des arcs d'ellipse.

En utilisant le paramètre angulaire $\varphi$, comme dans l'évaluation de l'aire de l'ellipse (n° 416), l'arc de cette courbe est exprimé par l'intégrale

$$s = \int \sqrt{a^2 \sin^2 \varphi + b^2 \cos^2 \varphi}\, d\varphi = a \int \sqrt{1 - e^2 \cos^2 \varphi}\, d\varphi;$$

lorsque $e$ est petit, on développe l'élément différentiel en série ordonnée suivant les puissances de $e^2$ et l'on calcule les intégrales des termes de la série ainsi formée.

Pour déterminer la longueur d'un arc de courbe en coordonnées polaires, on remplace, comme nous l'avons vu (n° 231), $dx^2 + dy^2$ par $d\rho^2 + \rho^2 d\theta^2$; on a alors à évaluer une intégrale dont l'élément différentiel est

$$ds = \sqrt{d\rho^2 + \rho^2 d\theta^2}.$$

**411. Évaluation des volumes.** — Pour déterminer le volume compris à l'intérieur d'une surface donnée et limité par deux plans parallèles (*fig.* 169), on le décompose en tranches infiniment petites par des plans parallèles à ces deux-là, et l'on détermine la limite de la somme de ces tranches. Supposons que l'on prenne des axes de coordonnées tels que les plans sécants successifs soient parallèles au plan des $xy$; soient $h_0$ et $h_1$ les cotes des plans extrêmes limitant le volume, $z$ celle d'un plan intermédiaire quelconque P, et $z + \Delta z$ celle du plan voisin P'. L'aire d'une section quelconque varie en général avec $z$; désignons par $A(z)$ sa valeur;

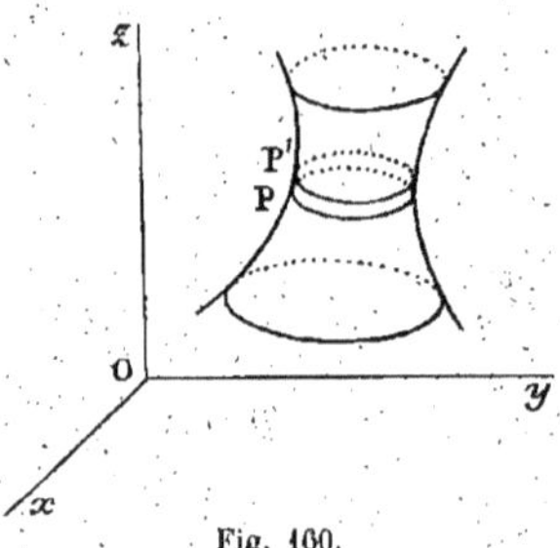

le volume infiniment petit compris entre les plans P et P' diffère d'une quantité infiniment petite par rapport à lui du volume d'un cylindre dont la hauteur est $\Delta z$ et dont la base est la section par le plan P; ce dernier volume a pour valeur $A(z)\Delta z$ et constitue la partie principale de la tranche comprise entre les plans P et P' à l'intérieur de la surface donnée.

Fig. 100.

Le volume total compris entre les plans extrêmes est égal à la limite de la somme de ces parties principales, c'est-à-dire à la limite de $\Sigma A(z)\Delta z$, étendue de $h_0$ à $h_1$; si $A(z)$ est une fonction continue de $z$, cette limite existe et est égale à l'intégrale

$$(1) \qquad V = \int_{h_0}^{h_1} A(z)\,dz.$$

Considérons par exemple l'ellipsoïde représenté par l'équation

$$\frac{x^2}{a^2} + \frac{y^2}{b^2} + \frac{z^2}{c^2} - 1 = 0,$$

et cherchons le volume intérieur à cet ellipsoïde. Si nous le coupons par un plan de cote $z$, la section est une ellipse dont l'équation est

$$\frac{x^2}{a^2} + \frac{y^2}{b^2} = 1 - \frac{z^2}{c^2};$$

les demi-axes de cette ellipse ont pour valeurs

$$a' = a\sqrt{1 - \frac{z^2}{c^2}}, \qquad b' = b\sqrt{1 - \frac{z^2}{c^2}};$$

la surface de la section est égale à $\pi a'b'$ (n° 406); nous aurons donc

$$A(z) = \pi ab\left(1 - \frac{z^2}{c^2}\right).$$

Le volume s'étend entre les plans extrêmes de cotes $-c$ et $+c$; il a pour valeur l'intégrale

$$V = \int_{-c}^{+c} \pi ab\left(1 - \frac{z^2}{c^2}\right)dz = \pi ab\left(z - \frac{z^3}{3c^2}\right)_{-c}^{+c} = \frac{4}{3}\pi abc.$$

Lorsque $a = b = c$, on retrouve le volume de la sphère $\frac{4}{3}\pi a^3$.

Comme au n° 402, on démontre que si l'aire $A(z)$ est une fonction rationnelle entière de $z$ de degré égal ou inférieur à 3, le volume compris entre deux sections de cotes $h_0$ et $h_1$ est donné par la formule

$$V = \frac{h_1 - h_0}{6}\left[ A(h_0) + A(h_1) + 4A\left(\frac{h_0 + h_1}{2}\right)\right];$$

que l'on appelle formule des trois niveaux.

**412. Volumes de révolution.** — La méthode précédente s'applique en particulier à la recherche d'un volume de révolution, ou d'une portion d'un tel volume comprise entre deux plans perpendiculaires à l'axe. Prenons l'axe de révolution comme axe des $z$, et désignons par $r$ le rayon d'un parallèle de cote $z$; l'aire de ce parallèle a pour valeur $\pi r^2$; nous avons donc, en appliquant la formule (1);

$$(2) \qquad V = \int_{h_0}^{h_1} \pi r^2 dz.$$

Comme exemple, considérons le volume du segment sphérique compris entre la surface d'une sphère de rayon $R$ et deux plans parallèles dont les distances au centre sont $h_0$ et $h_1$. En prenant l'origine au centre de la sphère, et l'axe des $z$ perpendiculaire aux bases du segment, nous avons $r^2 = R^2 - z^2$, d'où, en appliquant la formule précédente,

$$V = \int_{h_0}^{h_1} \pi(R^2 - z^2)dz = \pi\left( R^2 z - \frac{z^3}{3}\right)_{h_0}^{h_1}$$

$$= \pi(h_1 - h_0)\left( R^2 - \frac{h_1^2 + h_1 h_0 + h_0^2}{3}\right);$$

on peut vérifier que cette formule est identique à celle que l'on donne en géométrie élémentaire :

$$V = \frac{\pi h}{6}(h^2 + 3r^2 + 3r'^2),$$

où $h$ est la hauteur du segment, $r$ et $r'$ les rayons de ses deux bases.

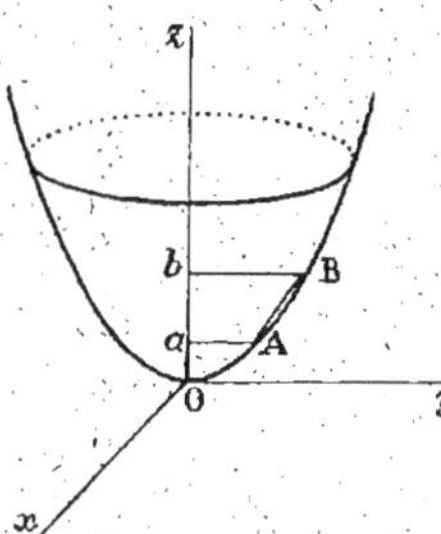


Fig. 161.

Comme autre exemple, considérons le paraboloïde de révolution engendré par la rotation de la parabole $x^2 = 2pz$ autour de $Oz$ (fig. 161); le rayon du parallèle de cote $z$ est égal à la valeur de $x'$ fournie par l'équation de la méridienne, de sorte que l'on a $\pi r^2 = 2\pi pz$. Le volume compris entre le sommet et un parallèle de cote $h_1$ a pour valeur

$$V = \int_0^{h_1} 2\pi pz\, dz = \left(\pi pz^2\right)_0^{h_1} = \pi ph_1^2 \, ;$$

c'est la moitié du volume du cylindre dont la base serait le parallèle limitant le segment de paraboloïde considéré et dont la hauteur serait celle de ce segment.

**413. Aire d'une surface de révolution.** — L'aire d'une surface de révolution comprise entre les plans de deux parallèles est la limite de la somme des aires latérales des troncs de cône engendrés par les côtés d'une ligne polygonale inscrite dans la méridienne de cette surface, lorsque les côtés de cette ligne tendent vers zéro, leur nombre augmentant indéfiniment.

Soit (*fig.* 161) AB un côté de la ligne polygonale, $r$ et $r + \Delta r$ les rayons $a$A et $b$B des parallèles des points A et B ; l'aire latérale du tronc de cône engendré par AB est

$$\pi(a\text{A} + b\text{B})\text{AB} = \pi(2r + \Delta r) \times \text{AB}.$$

La partie principale de la parenthèse est $2r$ ; celle de AB est la même que la différentielle $ds$ de l'arc AB de la méridienne ; la partie principale de l'aire infiniment petite est par suite égale à $2\pi r\, ds$, et l'aire elle-même est égale à la limite de la somme de ces parties principales, c'est-à-dire à l'intégrale

$$A = \int 2\pi r\, ds$$

étendue à l'arc de méridienne engendrant l'aire considérée.

*Exemple.* — Considérons le segment de paraboloïde de révolution dont nous avons évalué le volume au numéro précédent ; la différentielle de l'arc de la méridienne est $ds = \sqrt{dx^2 + dz^2}$, et nous avons

$$x = \sqrt{2pz}, \qquad dx = \frac{p\,dz}{\sqrt{2pz}}, \qquad ds = \sqrt{\frac{p + 2z}{2z}}\, dz.$$

Comme $r$ est égal à $x$ ou à $\sqrt{2pz}$, nous obtenons pour l'aire la valeur

$$A = \int 2\pi \sqrt{p(p + 2z)}\, dz.$$

L'intégrale indéfinie est $\dfrac{2}{3}\pi(p + 2z)\sqrt{p(p + 2z)}$ ; en prenant cette intégrale entre les limites $0$ et $h_1$, nous trouvons

$$A = \frac{2}{3}\pi\left[(p + 2h_1)\sqrt{p^2 + 2ph_1} - p^2\right].$$

**414. Moment d'inertie d'un volume de révolution.** — Étant donné un solide homogène, dont la masse de l'unité de volume est représentée par $\mu$, et dans ce solide un élément de volume infiniment petit $\Delta V$ entourant un point $M$, on appelle moment d'inertie de cet élément par rapport à une droite, le produit de sa masse par le carré de la distance du point $M$ à la droite; il est égal à $\mu\, r^2\, \Delta V$, si $r$ est la distance précédente. Le moment d'inertie du corps est la limite de la somme de ceux des éléments infiniment petits de volume dans lesquels on peut le décomposer, lorsque ces éléments tendent vers zéro, leur nombre croissant indéfiniment.

Considérons un corps de révolution homogène; nous allons déterminer son moment d'inertie par rapport à son axe; pour cela, nous décomposerons le volume en couronnes par des cylindres ayant pour axe l'axe de révolution, et dont les rayons croissent de quantités infiniment petites. Soient $r$ et $r + \Delta r$ les rayons de deux cylindres consécutifs, $h$ et $h + \Delta h$ les hauteurs de ces deux cylindres dans le corps de révolution. La surface comprise entre les cercles de base de ces deux cylindres est égale à $\pi(r + \Delta r)^2 - \pi r^2 = \pi \Delta r(2r + \Delta r)$ et a pour partie principale $2\pi r\, \Delta r$; le volume annulaire compris entre les deux cylindres est égal au produit de l'aire précédente par une hauteur intermédiaire entre $h$ et $h + \Delta h$, et la partie principale de ce volume infiniment petit est égale à $2\pi r h\, \Delta r$; sa masse est $\mu 2\pi r h\, \Delta r$.

La distance des différents points de ce volume à l'axe est comprise entre $r$ et $r + \Delta r$, et a $r$ comme partie principale; nous en concluons que le moment d'inertie du volume annulaire a pour partie principale $\mu 2\pi r^3 h \Delta r$. Celui du volume total sera la limite de la somme de ces parties principales et sera égal à l'intégrale

$$\int \mu 2\pi r^3 h\, dr$$

étendue aux valeurs extrêmes entre lesquelles est compris $r$.

Comme exemple, considérons le volume compris entre deux cylindres de rayons $r_0$ et $r_1$, et deux plans perpendiculaires à l'axe, dont la distance est $h$. Dans le cas qui nous occupe, $h$ est constant lorsque $r$ varie, et le moment d'inertie est égal à

$$\mu 2\pi h \int_{r_0}^{r_1} r^3 dr = \mu 2\pi h \left( \frac{r_1^4}{4} - \frac{r_0^4}{4} \right).$$

Remarquons que le volume du corps considéré est égal à $\pi(r_1^2 - r_0^2)h$, et que sa masse est égale à $\mu\pi(r_1^2 - r_0^2)h$; si on la représente par $M$, le moment d'inertie a pour valeur $M\dfrac{r_1^2 + r_0^2}{2}$. Dans le cas particulier d'un

cylindre de rayon $r_1$, le moment d'inertie est égal à $\mu 2\pi h \dfrac{r_1^4}{4} = M\dfrac{r_1^2}{2}$.

On peut encore déterminer le moment d'inertie d'un corps de révolution en le découpant en tranches, comme dans les numéros précédents, par des plans perpendiculaires à l'axe et appliquant le résultat précédent. Le moment d'inertie de chaque tranche ne diffère que d'une partie infiniment petite par rapport à lui du moment d'un volume cylindrique. Si une tranche est comprise entre les plans de cotes $z$ et $z + \Delta z$, et si le plan de cote $z$ découpe dans le corps une section annulaire comprise entre des cercles de rayons $r_0$ et $r_1$, la partie principale du moment d'inertie de la tranche est égale à

$$\mu\pi\frac{r_1^4 - r_0^4}{2}dz$$

et le moment d'inertie total est égal à l'intégrale de cette quantité entre les limites de $z$, $r_0$ et $r_1$ étant des fonctions données de cette variable.

**415. Travail d'une force de direction constante.** — Lorsqu'un mobile se déplaçant sur une droite est soumis à l'action d'une force constante F dirigée suivant cette droite, le travail de cette force pour un déplacement $l$ du mobile est égal au produit $T = Fl$ de la force par le déplacement.

Supposons que la force, tout en conservant la direction du déplacement, varie d'une manière connue avec l'abscisse $x$ du mobile comptée à partir d'une certaine origine, et qu'elle soit représentée par $F(x)$; supposons que le mobile se déplace depuis un point A d'abscisse $a$ jusqu'à un point B d'abscisse $b$. Partageons le déplacement total AB en déplacements infiniment petits $\Delta x_1$, $\Delta x_2$, ..., puis choisissons, dans chacun des intervalles, des valeurs $\xi_1$, $\xi_2$, ... de l'abscisse et les valeurs correspondantes $F(\xi_1)$, $F(\xi_2)$, ... de la force. Nous appellerons travaux élémentaires relatifs aux déplacements infiniment petits successifs les produits $F(\xi_1)\Delta x_1$, $F(\xi_2)\Delta x_2$, ..., et travail total la limite de la somme de ces travaux élémentaires lorsque les déplacements tendent vers zéro, leur nombre croissant indéfiniment.

Nous savons que la somme a une limite lorsque $F(x)$ est une fonction continue de $x$, et que cette limite est égale à l'intégrale définie

$$T = \int_a^b F(x)dx\,;$$

c'est cette intégrale qui est la valeur du travail de la force pour le déplacement AB. Elle est représentée géométriquement par l'aire comprise entre la ligne représentative de la force $F(x)$, l'axe des $x$ et les ordonnées extrêmes des points A et B.

*Exemple.* — Considérons une masse gazeuse placée dans un cylindre fermé par un piston; soit $s$ la surface de ce piston, $x$ sa distance au fond du cylindre, et $v = sx$ le volume du fluide. Désignons par $p$ la pression qu'il exerce par unité de surface; celle qu'il exerce sur le piston est égale à $ps$; si le piston se déplace d'une quantité infiniment petite $\Delta x$, le travail élémentaire de la pression a pour partie principale $ps\Delta x$ ou $p\Delta v$; si le piston se déplace de l'abscisse $x_0$ à l'abscisse $x_1$, le volume du fluide variant de $v_0$ à $v_1$, le travail total de la pression est égal à l'intégrale

$$\int_{x_0}^{x_1} ps\,dx = \int_{v_0}^{v_1} p\,dv.$$

Si, par exemple, $p$ est lié à $x$ par la formule $px = p_0 x_0$, le travail total est égal à

$$\int_{x_0}^{x_1} \frac{p_0 x_0 s\,dx}{x} = p_0 v_0 \int_{x_0}^{x_1} \frac{dx}{x} = p_0 v_0 \log \frac{x_1}{x_0} = p_0 v_0 \log \frac{v_1}{v_0}.$$

**416. Définitions.** — Nous avons défini au n° 372 l'intégrale définie d'une fonction $f(x)$ d'une variable entre des limites $a$ et $b$; nous allons étendre cette notion au cas de deux variables, que nous désignerons par $x$ et $y$.

Considérons toutes les valeurs de ces variables comprises entre certaines limites ou satisfaisant à des inégalités données; la manière la plus simple de les envisager consiste à employer une représentation géométrique, et à rapporter les valeurs de $x$ et de $y$ à deux axes de coordonnées rectangulaires; de cette façon, les couples de valeurs des variables sont représentées par les points du plan de ces deux axes. L'ensemble des valeurs que nous considérons, et que nous appellerons *champ d'intégration,* sera représenté par les points d'une aire limitée par une ou plusieurs lignes qui en forment le contour, ces lignes étant définies par les inégalités imposées à $x$ et à $y$.

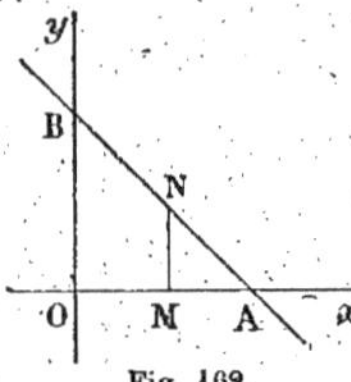

Fig. 162.

Par exemple, le champ d'intégration défini par les conditions

$$x \geqslant 0, \qquad y \geqslant 0, \qquad x + y - 1 \leqslant 0$$

est représenté par tous les points de l'aire d'un triangle OAB (*fig.* 162), limité par les axes et par la droite dont l'équation est $x + y - 1 = 0$.

Nous supposerons dans ce qui suit que le champ d'intégration est représenté par une aire limitée; ce n'est que dans des cas particuliers que l'on peut étendre les considérations actuelles au cas d'une aire s'étendant à l'infini.

Soit $f(x, y)$ une fonction des variables $x$ et $y$ continue dans le champ d'intégration. Partageons l'aire A représentative de ce champ en aires partielles infiniment petites $\Delta A_1$, $\Delta A_2$, ..., $\Delta A_n$. Soient $f(\xi_1, \eta_1)$ la valeur de la fonction pour un point de l'aire $\Delta A_1$, $f(\xi_2, \eta_2)$ sa valeur pour un point de l'aire $\Delta A_2$, etc. ; effectuons le produit de chacune de ces valeurs par la grandeur de l'aire correspondante, et formons la somme des résultats ; cette somme est

$$\Sigma = f(\xi_1, \eta_1)\, \Delta A_1 + f(\xi_2, \eta_2)\, \Delta A_2 + \cdots + f(\xi_n, \eta_n)\, \Delta A_n.$$

Supposons que le nombre des aires partielles augmente indéfiniment, de façon que les dimensions de chacune d'elles tendent vers zéro dans tous les sens ; pour préciser, supposons que chaque aire puisse être enfermée dans une petite circonférence dont le rayon tend vers zéro : par un raisonnement analogue à celui du n° 373, nous démontrerions que la somme $\Sigma$ a une limite, indépendante du mode de décomposition du champ d'intégration en aires partielles, et de la valeur $f(\xi, \eta)$ de la fonction dans chacune de ces aires.

Ce raisonnement montre que la limite existe, mais n'indique pas un moyen pratique d'en calculer la valeur ; cela tient à la difficulté qu'il y a de ranger les termes de la somme $\Sigma$ dans un ordre convenable pour le calcul.

Le moyen que l'on emploie consiste à grouper d'abord les aires en files, de façon à former des bandes traversant le champ d'intégration mais ayant une largeur infiniment petite, puis à grouper ensuite les bandes successives ; on fait alors la somme des termes de $\Sigma$ relative à chaque bande, puis on additionne toutes ces sommes. On dit dans ce cas que l'on effectue une somme double ; la limite de cette somme s'appelle l'intégrale double de la fonction $f(x, y)$ étendue à l'aire A, et on la représente par la notation

$$\iint_A f(x, y)\, dA.$$

Nous allons montrer comment on peut calculer sa valeur au moyen de deux intégrales simples successives.

**417. Cas d'un rectangle.** — Considérons d'abord le cas simple où les valeurs de $x$ et $y$ satisfont à des inégalités telles que

$$a \leqslant x \leqslant b, \qquad c \leqslant y \leqslant d,$$

$a$, $b$, $c$, $d$ étant des nombres constants ; le champ d'intégration est représenté par un rectangle ABCD dont les côtés sont parallèles aux axes (*fig.* 163). La manière la plus simple de le décomposer en aires partielles consiste à le découper en petits rectangles par des parallèles aux axes ; considérons les parallèles à $Oy$ qui ont pour abscisses $x$ et $x + \Delta x$ et les parallèles à $Ox$ qui ont pour ordonnées $y$ et $y + \Delta y$ ; elles découpent un rectangle $\alpha\beta\gamma\delta$ dont la surface est $\Delta A = \Delta x \Delta y$ et dont le sommet $\alpha$ a pour coordonnées $(x, y)$. Sans changer la limite de la somme $\Sigma$,

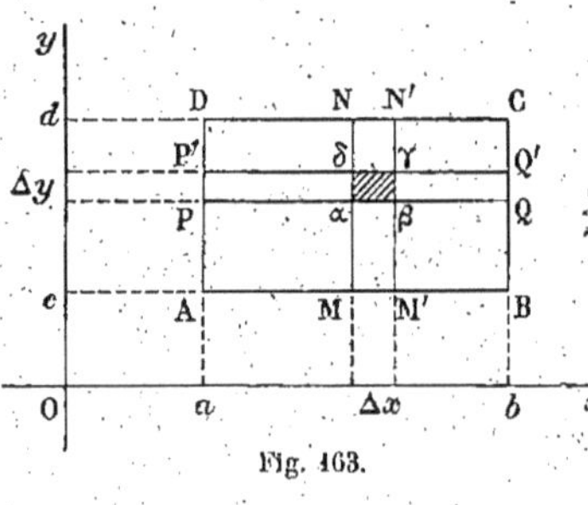


Fig. 163.

nous pouvons choisir comme valeurs des variables $\xi, \eta$ relatives à l'aire précédente, les coordonnées $x, y$ du sommet $\alpha$ du rectangle, de sorte que nous pouvons écrire chaque élément de la somme $\Sigma$ sous la forme

$$f(x, y)\, \Delta x\, \Delta y\,;$$

la limite de cette somme sera représentée par

$$\iint_A f(x, y)\, dx\, dy\,.$$

Pour la calculer, donnons d'abord à $x$ et $x + \Delta x$ des valeurs fixes et faisons varier $y$, autrement dit, considérons tous les rectangles $\alpha\beta\gamma\delta$ compris dans la bande parallèle à $Oy$ limitée par $MN$ et $M'N'$; la somme des éléments correspondants entrant dans la somme $\Sigma$ sera égale à $\Delta x \Sigma f(x, y) \Delta y$; nous admettrons comme démontré que l'on peut faire tendre les éléments $\Delta y$ vers zéro, et passer à la limite sans changer $\Delta x$; la somme des éléments précédents a une limite égale à $\Delta x \int_c^d f(x, y)\, dy$; l'intégrale étant prise par rapport à $y$ et $x$ étant considéré comme constant. Nous appellerons $\varphi(x)$ cette intégrale, de sorte que la somme précédente a pour valeur $\Delta x\, \varphi(x)$.

Nous considérerons ensuite toutes les bandes analogues obtenues en faisant varier $x$, et nous formerons la somme $\Sigma \Delta x\, \varphi(x)$; sa limite sera l'intégrale définie $\int_a^b dx\, \varphi(x)$ prise entre les limites $a$ et $b$.

De cette façon, nous obtiendrons la valeur de l'intégrale double au moyen de deux intégrales simples successives : 1° l'intégrale de $f(x, y)$ par rapport à $y$ entre $c$ et $d$; le résultat est une fonction $\varphi(x)$; 2° l'intégrale de $\varphi(x)$ entre les limites $a$ et $b$; cette manière d'opérer s'exprime par l'égalité

$$\iint_A f(x, y)\, dx\, dy = \int_a^b dx \int_c^d f(x, y)\, dy.$$

Nous aurions pu faire d'abord la somme des éléments de $\Sigma$ relatifs aux rectangles contenus dans chaque bande parallèle à $Ox$ telle que

PQP'Q', passer à la limite et faire ensuite la somme des résultats relatifs aux bandes successives ; nous aurions été amenés de cette façon à
effectuer l'intégration de $f(x, y)$ par rapport à $x$ entre les limites $a$ et $b$,
puis l'intégration du résultat par rapport à $y$ entre les limites $c$ et $d$,
ce qui s'exprime par l'égalité

$$\iint_A f(x, y)\, dx\, dy = \int_c^d dy \int_a^b f(x, y)\, dx \, ;$$

les deux procédés donnent le même résultat ; lorsqu'on passe de l'un à
l'autre, on dit que l'on intervertit l'ordre des intégrations.

**418. Cas général.** — Considérons maintenant le cas général où l'aire
d'intégration est limitée par un contour formé d'une ou de plusieurs
lignes droites ou courbes, dont nous désignerons l'ensemble par C. Ce
contour est défini par une ou plusieurs relations entre $x$ et $y$ ; nous supposerons qu'une parallèle à l'un des axes ne le coupe qu'en deux points ;
s'il en était autrement, nous décomposerions l'aire A par des lignes
transversales en aires partielles dont les contours jouiraient de la propriété précédente, et nous ferions la somme des intégrales étendues à
ces aires partielles.

Soient $a$ et $b$ les limites entre lesquelles varie l'abscisse d'un point

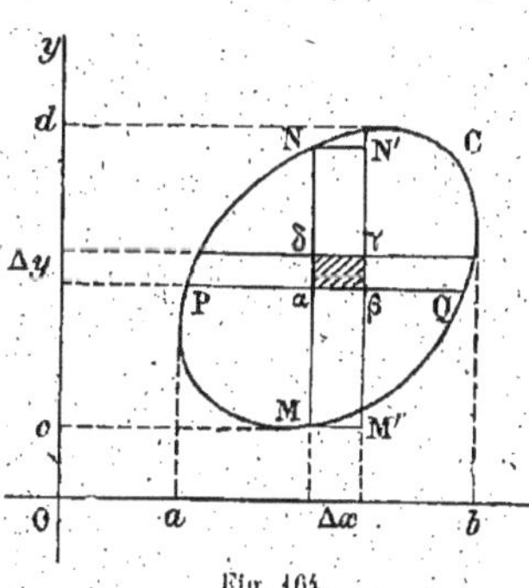

Fig. 164.

décrivant le contour, soient $c$ et $d$
celles de son ordonnée ; décomposons comme précédemment l'intervalle $(a, b)$ en intervalles partiels
$\Delta x$, et $(c, d)$ en intervalles $\Delta y$,
puis menons par les points de divi-
sion des parallèles aux axes ; nous
formons de cette façon des
rectangles tels que $\alpha\beta\gamma\delta$ dont la surface est égale à $\Delta x\, \Delta y$ (*fig.* 164).

L'aire totale A se trouve ainsi
décomposée en aires infiniment petites ; la plupart de ces aires sont
des rectangles entièrement inté-
rieurs au contour C ; mais quelques-unes, placées près de ce contour et
limitées par lui en partie, ne sont formées que par des portions de
rectangle ; nous allons montrer qu'on peut cependant, sans changer la
limite de la somme $\Sigma$, remplacer cette somme par une autre, étendue à
une aire composée exclusivement de rectangles entiers.

En effet, l'ensemble des rectangles qui sont coupés par le contour, et dont une portion seulement fait partie de l'aire A, constitue une couronne dont la largeur tend vers zéro en même temps que $\Delta x$ et $\Delta y$; si nous supposons, ce qui a lieu ordinairement, que la longueur du contour C est limitée, l'aire de cette couronne tend vers zéro. Comme la fonction $f(x, y)$ reste finie, la somme des produits obtenus en multipliant les valeurs de cette fonction soit par les aires des rectangles coupés par le contour, soit par une portion de ces aires, tend vers zéro; nous en concluons que l'on peut, sans altérer la limite de la somme totale $\Sigma f(x, y)\Delta A$, supprimer certaines des aires avoisinant le contour et non formées de rectangles entiers, ou remplacer certaines d'entre elles par les rectangles entiers dont elles font partie.

Nous substituerons alors à la somme $\Sigma$ une autre somme ayant la même limite et dont tous les éléments correspondent, comme nous venons de le dire, à des aires rectangulaires. Ces éléments ont une valeur de la forme $f(x, y)\Delta x\, \Delta y$; la limite de leur somme sera représentée par

$$\iint_A f(x,\ y)\, dx\, dy,$$

comme dans le cas simple du numéro précédent.

Pour calculer cette limite, nous opérerons comme dans le cas d'un rectangle. Considérons les parallèles à $Oy$ d'abscisses $x$ et $x + \Delta x$ (*fig.* 164), et désignons par $y_0$ et $y_1$ les ordonnées des points M et N où la première de ces droites rencontre le contour C, $y_1$ étant supérieur à $y_0$; ces ordonnées sont des fonctions de $x$ définies par l'équation du contour.

Considérons alors tous les rectangles tels que $\alpha\beta\gamma\delta$ compris entre les deux droites dont nous venons de parler et dont les sommets $\alpha$ et $\delta$ sont compris entre M et N; formons la somme $\Sigma f(x, y)\Delta x\, \Delta y$ relative à ces rectangles et calculons la limite de cette somme. Les rectangles que nous considérons ont pour limite la bande rectangulaire MNM'N' de hauteur MN et de largeur $\Delta x$, et la somme correspondante a pour limite le produit par $\Delta x$ de l'intégrale $\int_{y_0}^{y_1} f(x,\ y)\, dy$ étendue à l'intervalle MN.

L'intégrale précédente est une fonction de $x$, à la fois parce que la fonction renferme cette lettre $x$ et parce que les limites $y_0$ et $y_1$ en dépendent également; nous appellerons $\varphi(x)$ cette intégrale. Il nous reste alors à prendre la somme des éléments relatifs aux bandes successives, c'est-à-dire la somme $\Sigma \varphi(x)\Delta x$; la limite de cette somme est égale à l'intégrale $\int_a^b \varphi(x) dx$.

Ainsi donc, le calcul d'une intégrale double se ramène à celui de deux intégrales simples successives, dans le cas général comme dans le cas particulier primitivement étudié ; c'est ce qu'exprime l'égalité

$$\iint_A f(x,\, y)dx\, dy = \int_a^b dx \int_{y_0}^{y_1} f(x,\, y)dy.$$

Nous aurions pu commencer par faire la somme relative aux rectangles compris dans une bande parallèle à $Ox$, entre les ordonnées $y$ et $y + \Delta y$ ; si $x_0$ et $x_1$ sont les abscisses des points P et Q du contour ayant pour ordonnée $y$, cette somme a pour limite l'intégrale par rapport à $x$ prise entre $x_0$ et $x_1$ ; il reste ensuite à former l'intégrale du résultat par rapport à $y$ entre $c$ et $d$, ce qu'indique l'égalité

$$\iint_A f(x,\, y)dx\, dy = \int_c^d dy \int_{x_0}^{x_1} f(x,\, y)dx.$$

Lorsqu'on passe d'une méthode de calcul à l'autre, on dit qu'on intervertit l'ordre des intégrations.

**419. Exemples.** — Le cas le plus simple est celui où la fonction $f(x,\, y)$ est égale à l'unité ; la somme $\Sigma$ se réduit alors à $\Sigma \Delta A$ ou à l'aire A intérieure au contour C.

Il résulte de la théorie précédente que cette aire est égale à l'intégrale double $\iint_A dx\, dy$ ; une première intégration par rapport à $y$ entre les limites $y_0$ et $y_1$ nous donnera $\int_{y_0}^{y_1} dy = y_1 - y_0$ ; nous intégrerons ensuite le résultat par rapport à $x$ entre $a$ et $b$ ; nous obtiendrons de cette façon pour valeur de l'aire A

$$A = \iint_A dx\, dy = \int_a^b (y_1 - y_0)dx.$$

C'est le résultat que nous avons obtenu au n° 407 ; en changeant l'ordre des intégrations, nous obtiendrions l'intégrale $\int_c^d (x_1 - x_0)dy$.

Nous allons, comme autre exemple, évaluer l'intégrale double de la fonction $f(x,\, y) = xy$ étendue au champ d'intégration défini par les inégalités

$$x \geqslant 0, \quad y \geqslant 0, \quad x + y - 1 \leqslant 0 ;$$

ce champ est représenté, comme nous l'avons dit au n° 416, par le triangle OAB de la figure 162 ; les lignes du contour ont pour équations $x = 0$, $y = 0$, $x + y - 1 = 0$.

A une valeur de $x$ correspondent des valeurs de $y$ dont les limites, représentées par M et N, sont $y_0 = 0$ et $y_1 = 1 - x$ ; en intégrant d'abord par rapport à $y$ entre ces limites, nous avons

$$\int_{y_0}^{y_1} f(x, y)dy = \int_0^{1-x} xy\, dy = \left(\frac{xy^2}{2}\right)_{y=0}^{y=1-x} = \frac{x(1-x)^2}{2},$$

il nous reste à intégrer le résultat par rapport à $x$ entre les limites $0$ et $1$ ; nous obtenons ainsi la valeur

$$\int_0^1 \frac{x(1-x)^2}{2}\, dx = \int_0^1 \frac{x - 2x^2 + x^3}{2}\, dx = \left(\frac{x^2}{4} - \frac{x^3}{3} + \frac{x^4}{8}\right)_0^1 = \frac{1}{24}.$$

**420. Cas des coordonnées polaires.** — Lorsqu'une aire A du plan des $xy$ est limitée par des courbes définies en coordonnées polaires, on

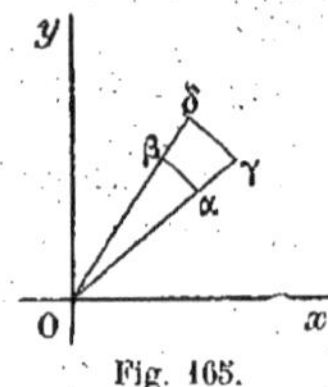


la décompose en aires partielles $\Delta A$ au moyen de demi-droites issues de l'origine, faisant entre elles des angles infiniment petits $\Delta\theta$, et au moyen de cercles concentriques à l'origine, dont les rayons croissent de quantités infiniment petites $\Delta\rho$ ; ces demi-droites et ces cercles déterminent dans le plan des quadrilatères curvilignes tels que $\alpha\beta\gamma\delta$ (fig. 165) ; ce seront les éléments d'aire $\Delta A$.

Soient $\theta$ et $\theta + \Delta\theta$, $\rho$ et $\rho + \Delta\rho$ les angles polaires et les rayons vecteurs des quatre côtés du quadrilatère $\alpha\beta\gamma\delta$ ; l'aire de ce quadrilatère est la différence des aires des secteurs $O\gamma\delta$ et $O\alpha\beta$, et elle est égale à

$$\frac{(\rho + \Delta\rho)^2 \Delta\theta}{2} - \frac{\rho^2 \Delta\theta}{2} = \rho\Delta\rho\Delta\theta + \frac{\Delta\rho^2 \Delta\theta}{2} ;$$

elle ne diffère du produit $\rho\Delta\rho\Delta\theta$ que par une quantité infiniment petite par rapport à ce produit.

Si $f(\rho, \theta)$ est une fonction donnée des coordonnées polaires d'un point intérieur au quadrilatère $\alpha\beta\gamma\delta$, la somme $\Sigma f(\rho, \theta)\Delta A$ a, d'après les principes des n$^{os}$ 371 et 372, la même limite que la somme $\Sigma f(\rho, \theta)\rho\,\Delta\rho\,\Delta\theta$, car le rapport de deux termes correspondants de ces sommes a pour limite l'unité. La limite de ces sommes est l'intégrale double

$$\iint_A f(\rho, \theta)\rho\, d\rho\, d\theta ;$$

on la calcule au moyen de deux intégrales simples successives prises par rapport à $\rho$ et à $\theta$, comme dans le cas des variables $x$ et $y$. En particulier, l'aire A est représentée par l'intégrale précédente où $f(\rho, \theta)$ a pour valeur l'unité, c'est-à-dire par $\iint_A \rho\, d\rho\, d\theta$.

Dans le cas particulier où l'aire est un secteur limité par deux rayons d'angles polaires $\theta_0$ et $\theta_1$, et par une courbe dont le rayon vecteur $\rho$ est une fonction donnée de $\theta$, une première intégration par rapport à $\rho$ donne $\int_0^\rho \rho\, d\rho = \dfrac{\rho^2}{2}$, et une deuxième intégration par rapport à $\theta$ donne pour valeur de l'aire l'intégrale

$$\int_{\theta_0}^{\theta_1} \frac{\rho^2\, d\theta}{2},$$

comme nous l'avons déjà vu au n° 408. Ce résultat s'étend au cas où l'aire est limitée par un contour fermé entourant l'origine ; il suffit alors de prendre pour les limites $\theta_0$ et $\theta_1$ les valeurs $0$ et $2\pi$.

Dans le cas où l'aire est limitée par un contour ne comprenant pas le pôle à son intérieur, si $\rho_0$ et $\rho_1$ sont les rayons vecteurs des points où ce contour est coupé par la demi-droite d'angle polaire $\theta$, et si $\theta$ varie entre $\theta_0$ et $\theta_1$, en effectuant une première intégration par rapport à $\rho$, nous obtiendrons pour valeur de l'aire l'intégrale

$$\int_{\theta_0}^{\theta_1} \frac{\rho_1^2 - \rho_0^2}{2}\, d\theta,$$

comme nous l'avons déjà dit au n° 408.

**421. Détermination des volumes.** — Une application importante des intégrales doubles est la détermination des volumes cylindriques et des volumes quelconques.

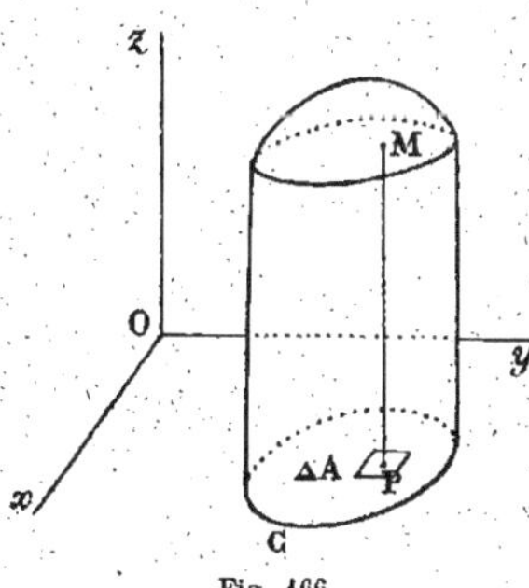

Considérons une surface représentée par l'équation $z = f(x, y)$ et dans le plan des $xy$ une aire A limitée par un contour C (*fig.* 166) ; nous allons définir et calculer le volume compris entre le plan des $xy$ et la surface donnée, à l'intérieur du cylindre dont la base est l'aire A, et dont les génératrices sont parallèles à $Oz$.

Fig. 166.

Décomposons l'aire A en éléments infiniment petits ; soit $\Delta A$ l'un d'eux ; prenons dans $\Delta A$ un point quelconque P et déterminons la cote PM du point M de la surface projeté en P sur le plan $xOy$. Considérons le volume prismatique dont la base est $\Delta A$ et la hauteur PM, et calculons la somme des éléments de volume infiniment petits analogues ayant pour bases les éléments de l'aire A ; si cette somme a une limite, cette limite sera par définition la valeur du volume cylindrique compris entre le plan des $xy$ et la surface.

En représentant par $x$ et $y$ les coordonnées du point P de l'aire $\Delta A$, et par $z$ la cote PM, la somme des volumes partiels est égale à $\Sigma z \Delta A$ ou $\Sigma f(x, y) \Delta A$, la somme étant étendue à tous les éléments $\Delta A$ ; si $f(x, y)$ est une fonction continue, nous savons que cette somme a une limite, et que cette limite est l'intégrale double

$$\iint_A f(x, y)\, dx\, dy .$$

Ainsi donc la valeur d'un volume cylindrique est égale à une intégrale double. Inversement, on peut représenter une intégrale double quelconque, telle que la précédente, par un volume cylindrique ; il suffit de construire la surface représentée par l'équation $z = f(x, y)$ et de considérer le volume intérieur au cylindre de base A et de génératrices parallèles à $Oz$, entre le plan des $xy$ et la surface ; l'intégrale double est représentée par la valeur de ce volume ; c'est la généralisation de la représentation géométrique d'une intégrale définie (n° 375).

Si nous avions admis l'existence d'un nombre mesurant un volume cylindrique limité par la surface $z = f(x, y)$, nous aurions pu démontrer simplement l'existence de l'intégrale double de $f(x, y)$, comme nous l'avons fait au n° 372 pour l'intégrale définie.

Remarquons que si $f(x, y)$ est négatif, l'intégrale double a une valeur négative, et est égale au volume précédemment considéré, pris en signe contraire.

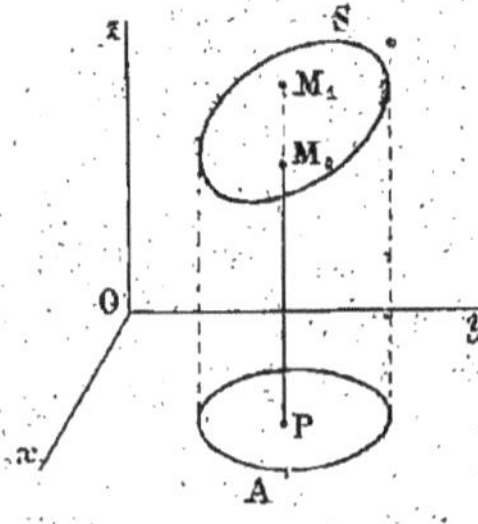


Fig. 167.

Lorsque l'on veut évaluer un volume quelconque, limité par une surface S (*fig. 167*), on considère le cylindre circonscrit à la surface et dont les génératrices sont parallèles à $Oz$ ; soit A la base de ce cylindre sur le plan des $xy$.

Supposons pour simplifier qu'une parallèle à $Oz$ issue d'un point P intérieur à A rencontre la surface en deux points $M_0$ et $M_1$ ; désignons par $z_0$ et $z_1$ les cotes de ces deux points, $z_1$ étant $> z_0$.

Le volume intérieur à S est la différence entre les volumes des cylindres de base A et limités l'un à la calotte supérieure, l'autre à la calotte inférieure de la surface S; il est donc égal à

$$\iint_A z_1\,dx\,dy - \iint_A z_0\,dx\,dy = \iint_A (z_1 - z_0)\,dx\,dy.$$

Cette méthode s'applique à la détermination du volume compris à la fois à l'intérieur de plusieurs surfaces données; la surface S limitant le volume se compose alors de plusieurs calottes distinctes appartenant chacune à l'une de ces surfaces.

**422. Aire des surfaces courbes.** — Considérons une surface fermée ou une calotte de surface S projetée sur le plan des $xy$ suivant une aire A (*fig.* 168). Nous supposerons que toute parallèle à Oz rencontre S en un seul point; dans le cas contraire, nous décomposerions la surface en calottes partielles jouissant de cette propriété; nous allons définir et calculer l'aire de la surface S.

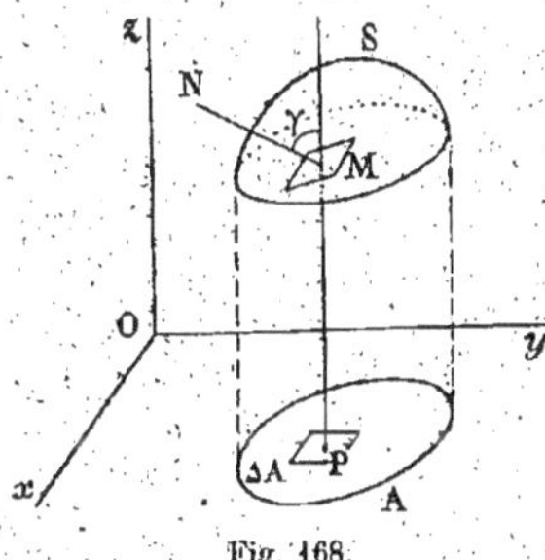


Fig. 168.

Décomposons l'aire A en éléments infiniment petits; soient $\Delta A$ l'un d'eux, P un point quelconque intérieur à cet élément, et M le point de la surface projeté en P. Traçons le plan tangent au point M à la surface S, et prenons dans ce plan tangent l'aire dont la projection est $\Delta A$, aire que nous représenterons par $\Delta\sigma$; elle est découpée dans le plan tangent par la surface prismatique parallèle à Oz dont la base est le contour de $\Delta A$.

Formons la somme des aires infiniment petites $\Delta\sigma$ ainsi déterminées; si cette somme a une limite, cette limite sera par définition la valeur de l'aire de la surface S; nous la désignerons par $\sigma$. Considérons la normale MN à la surface S au point M, et l'angle aigu $\gamma$ qu'elle fait avec une parallèle à l'axe des $z$; nous savons ($n^o$ 81) que la projection $\Delta A$ de l'aire $\Delta\sigma$ est égale à $\Delta\sigma \cos\gamma$; par conséquent, nous avons $\Delta\sigma = \dfrac{\Delta A}{\cos\gamma}$, et nous en concluons que la somme des aires $\Delta\sigma$ a pour valeur $\Sigma \dfrac{1}{\cos\gamma}\,\Delta A$.

Si $\cos\gamma$ est une fonction continue des coordonnées $x, y$ du point M et du point P, ainsi que son inverse, la somme précédente a une limite, et cette limite est égale à l'intégrale double de la fonction $\dfrac{1}{\cos\gamma}$

étendue à l'aire A ; nous avons dans ce cas

$$\sigma = \iint_A \frac{1}{\cos \gamma}\, dx\, dy.$$

Si l'équation de la surface S est $f(x, y, z) = 0$, les équations de la normale sont (n° 338)

$$\frac{X - x}{f'_x} = \frac{Y - y}{f'_y} = \frac{Z - z}{f'_z},$$

et le cosinus de l'angle aigu $\gamma$ qu'elle fait avec $Oz$ est égal à la valeur absolue de la quantité

$$\frac{f'_z}{\sqrt{f'^2_x + f'^2_y + f'^2_z}}.$$

Dans certains cas, on peut évaluer directement $\Delta\sigma$ ou sa partie principale ; c'est ce qui a lieu pour une surface cylindrique de génératrices parallèles à $Oz$, on prend comme élément d'aire un quadrilatère compris entre deux génératrices voisines et les sections par deux plans voisins parallèles au plan $xOy$. Si $\Delta s$ et $\Delta z$ sont les accroissements infiniment petits de l'arc de section droite et de la coté $z$, $\Delta\sigma$ est égal au produit $\Delta s \Delta z$ et l'on introduira dans les intégrales doubles l'élément $d\sigma = ds\, dz$.

Considérons encore une portion de la surface d'une sphère de rayon R ayant pour centre l'origine ; on prend comme éléments d'aire des quadrilatères curvilignes $\alpha\beta\gamma\delta$ (*fig.* 170, n° 426) découpés par des parallèles et des méridiens infiniment voisins. Si $\theta$ et $\psi$ sont les coordonnées polaires, colatitude et longitude, du point $\alpha$, $\Delta\theta$ et $\Delta\psi$ les accroissements de ces coordonnées, l'arc $\alpha\gamma$ est égal à $R\Delta\theta$, et l'arc $\alpha\beta$ est égal au produit par $\Delta\psi$ du rayon $\alpha_0\alpha$ du parallèle, rayon qui est égal à $R \sin\theta$. L'aire du quadrilatère diffère d'un infiniment petit par rapport à elle du produit de ces deux arcs, et l'on peut prendre comme partie principale de $\Delta\sigma$ l'élément

$$d\sigma = R^2 \sin\theta\, d\theta\, d\psi.$$

**423. Autres applications.** — Parmi les applications usuelles des intégrales doubles, en dehors de la détermination des aires et des volumes, nous mentionnerons les suivantes :

1° Supposons répartie sur une surface plane une couche dont la densité varie d'une manière continue d'après une loi donnée et est représentée en chaque point par une fonction $\rho(x, y)$ des coordonnées de ce point. La masse totale de la couche est égale à la limite de la somme $\Sigma \rho(x, y)\Delta A$, ou à l'intégrale double $\displaystyle\iint_A \rho(x, y)\, dx\, dy.$

2° On appelle moment d'inertie d'une surface plane homogène et de densité égale à l'unité, par rapport à une droite D, la limite de la somme $\Sigma d^2 \Delta A$, $\Delta A$ étant un élément de surface et $d$ la distance à la droite D d'un point intérieur à cet élément. En prenant la droite D comme axe des $x$, le moment d'inertie est égal à l'intégrale double $\iint_A y^2\, dx\, dy$.

De la même manière, le moment d'inertie polaire de la même surface par rapport à un point O est la limite de la somme $\Sigma \rho^2 \Delta A$, $\rho$ étant la distance à O d'un point de l'élément $\Delta A$; en prenant le point O comme pôle, le moment d'inertie est égal à l'intégrale double $\iint \rho^3\, d\rho\, d\theta$ en coordonnées polaires.

3° Considérons un orifice ou un canal de section donnée A par lequel s'écoule un liquide de façon que les vitesses des différentes molécules au moment de leur passage dans la section A soient normales à cette section. Si la vitesse en un point est une fonction donnée $v(x, y)$ des coordonnées de ce point, le débit de l'orifice ou du canal est la limite de la somme $\Sigma v(x, y)\Delta A$ et c'est l'intégrale double $\iint_A v(x, y)\, dx\, dy$.

Remarquons à ce propos qu'il est quelquefois plus facile de déterminer le résultat d'une intégration que les éléments dont se compose la somme; c'est ce qui a lieu dans l'exemple précédent, car il est plus facile de déterminer le débit total d'un orifice que la vitesse du liquide aux différents points.

# CHAPITRE VII

## INTÉGRALES TRIPLES

**424. Définition et calcul des intégrales triples.** — Considérons trois variables $x$, $y$, $z$ et toutes les valeurs de ces variables satisfaisant à des inégalités données ; elles constituent un champ d'intégration. En employant trois axes de coordonnées rectangulaires $Ox$, $Oy$, $Oz$, ce champ est représenté par tous les points d'un volume $V$ limité par une ou plusieurs portions de surface ; nous supposerons ce volume limité.

Soit $f(x, y, z)$ une fonction des variables continue dans le champ d'intégration ; partageons le volume $V$ en volumes partiels infiniment petits $\Delta V_1$, $\Delta V_2$, $\ldots \Delta V_n$ ; prenons la valeur de $f$ pour un point de chacun d'eux, multiplions-la par la grandeur du volume correspondant, et faisons la somme des produits ainsi formés, somme que nous représenterons par $\Sigma f(x, y, z)\Delta V$. Un raisonnement analogue à celui que nous avons fait au n° 373 montre que cette somme a une limite lorsque le nombre des volumes partiels augmente indéfiniment, les dimensions de chacun d'eux tendant vers zéro dans tous les sens, et que cette limite ne dépend ni du mode de décomposition du champ d'intégration, ni du point $(x, y, z)$ choisi dans chaque volume partiel.

Pour calculer cette limite, on groupe d'abord les volumes partiels en files traversant le volume d'intégration, les dimensions transversales de ces files étant infiniment petites ; ensuite on réunit ces files en tranches étendues chacune sur une certaine surface, mais ayant une épaisseur infiniment petite ; enfin on groupe les tranches successives de façon à constituer le volume total. On fait alors la somme des termes de $\Sigma$ relatifs à chaque file, on additionne les résultats relatifs à toutes les files d'une même tranche, enfin on additionne les sommes relatives à toutes les tranches. On dit dans ce cas que l'on effectue une somme triple, et la limite de cette somme s'appelle l'intégrale triple de la fonction $f(x, y, z)$

étendue au volume d'intégration; on la représente par la notation

$$\iiint_V f(x, y, z)\, dV.$$

Ordinairement, on décompose le volume en éléments partiels par des plans parallèles aux plans de coordonnées; ces plans déterminent des parallélépipèdes dont les arêtes sont parallèles aux axes. Si $\Delta x$, $\Delta y$ et $\Delta z$ représentent les dimensions de l'un quelconque d'entre eux, son volume est $\Delta V = \Delta x\, \Delta y\, \Delta z$; en raisonnant comme aux numéros 417 et 418, nous verrions que l'intégrale triple est la limite d'une somme d'éléments de la forme $f(x, y, z)\, \Delta x\, \Delta y\, \Delta z$, cette somme étant étendue à tous les parallélépipèdes contenus entièrement dans le volume d'intégration, et à un nombre quelconque de ceux qui sont coupés par la surface limitant ce volume. Cette limite est représentée par la notation

$$\iiint_V f(x, y, z)\, dx\, dy\, dz.$$

Pour la calculer, nous la ramènerons à trois intégrales simples successives. Supposons qu'une parallèle à $Oz$ rencontre la surface limitant le volume en deux points, et désignons par $z_0$ et $z_1$ les cotes des points $M_0$ et $M_1$ situés sur une telle parallèle à $Oz$ ayant pour abscisse $x$ et pour ordonnée $y$ (fig. 169); considérons alors la somme $\Sigma f(x, y, z)\, \Delta x\, \Delta y\, \Delta z$ étendue aux parallélépipèdes compris entre les plans d'abscisses $x$ et $x + \Delta x$ et les plans d'ordonnées $y$ et $y + \Delta y$, et dont un sommet est situé sur $M_0 M_1$. En admettant comme démontré que l'on peut d'abord faire tendre les éléments $\Delta z$ vers zéro, et passer à la limite, nous

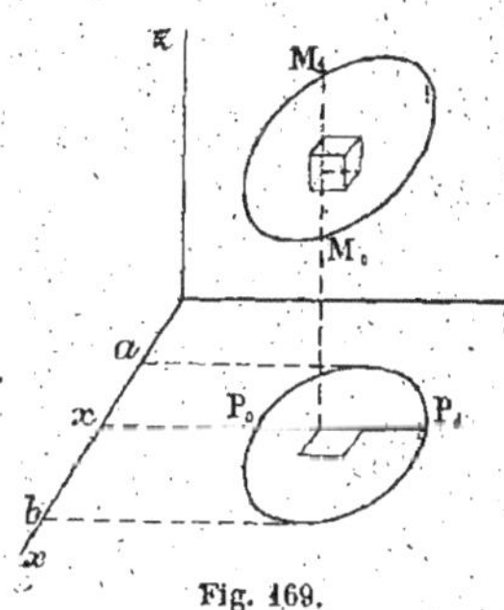


Fig. 169.

verrions, comme dans le cas des intégrales doubles, que la limite de cette somme, lorsque $\Delta x$ et $\Delta y$ restent fixes, est égale au produit de $\Delta x\, \Delta y$ par l'intégrale

$$\int_{z_0}^{z_1} f(x, y, z)\, dz.$$

Cette intégrale est une fonction de $x$ et de $y$, à la fois parce que $f$ en dépend et parce que $z_0$ et $z_1$ peuvent varier avec $x$ et $y$; nous la désignerons par $\varphi(x, y)$; nous aurons alors à chercher la limite de la somme $\Sigma\Sigma \varphi(x, y)\Delta x\, \Delta y$; cette limite n'est autre que l'intégrale double

$\iint_A \varphi(x, y)dx\, dy$ étendue à l'aire A suivant laquelle se projette le volume sur le plan des $xy$. Nous savons que la valeur de cette intégrale double est le résultat de deux intégrations successives, la première de $\varphi(x, y)$ par rapport à $y$ entre les ordonnées $y_0$ et $y_1$ des points $P_0$ et $P_1$ correspondant à une valeur de $x$ : le résultat est une fonction $\psi(x)$, et la seconde de $\psi(x)$ par rapport à $x$ entre les abscisses extrêmes $a$ et $b$.

Le calcul de l'intégrale triple se ramène ainsi à celui de trois intégrales simples, ce que nous indiquons par l'égalité

$$\iiint_V f(x, y, z)dx\, dy\, dz = \int_a^b dx \cdot \int_{y_0}^{y_1} dy \int_{z_0}^{z_1} f(x, y, z)dz.$$

Nous aurions pu commencer les intégrations par celle qui se rapporte à une autre variable que $z$ ; nous obtiendrions le même résultat, quel que soit l'ordre des intégrations.

**425. Détermination des volumes.** — Le cas le plus simple est celui où $f(x, y, z)$ se réduit à l'unité ; la somme $\Sigma f(x, y, z)\Delta V$ se réduit à $\Sigma \Delta V$, et est égale au volume du champ d'intégration ; nous voyons que la mesure de ce volume est égale à l'intégrale triple

$$V = \iiint_V dx\, dy\, dz.$$

Si nous effectuons une première intégration par rapport à $z$, nous sommes ramenés à l'intégrale double

$$V = \iint_A (z_1 - z_0)dx\, dy\, ;$$

nous retrouvons ainsi le résultat du n° 421.

Si nous effectuons au contraire une première intégration par rapport à $x$, puis une seconde par rapport à $y$, le résultat est l'intégrale double $\iint dx\, dy$, et il a pour valeur l'aire $A(z)$ de la section de cote $z$ ; nous avons alors, en effectuant la troisième intégration par rapport à $z$,

$$V = \int_{h_0}^{h_1} A(z)dz\, ;$$

nous retrouvons ainsi le résultat que nous avons obtenu au n° 411.

**426. Cas des coordonnées polaires.** — Lorsque les différents points de l'espace sont déterminés par leurs coordonnées polaires $\rho$, $\theta$, $\psi$ (n° 129), nous décomposons le volume $V$ d'intégration en volumes infiniment petits de la façon suivante :

Prenons des sphères concentriques ayant pour centre l'origine et dont le rayon croît de quantités infiniment petites $\Delta\rho$, puis des cônes de révolution autour de l'axe des $z$, ayant pour sommet l'origine, et

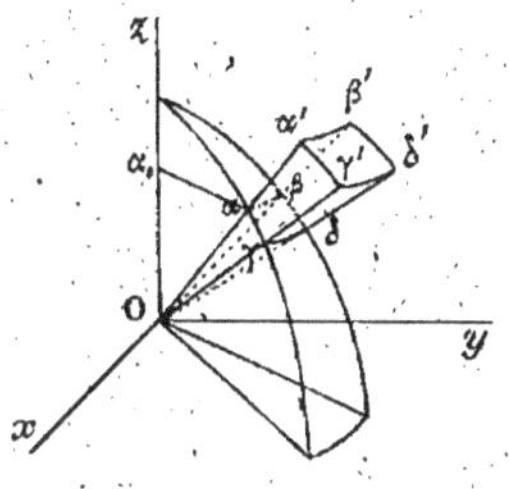

dont le demi-angle au sommet croît de quantités infiniment petites $\Delta\theta$, enfin des demi-plans passant par $Oz$ et dont l'angle avec le plan $xOz$ croît de quantités infiniment petites $\Delta\psi$.

Ces surfaces découpent dans l'espace de petits volumes que nous prenons pour éléments $\Delta V$ ; nous allons évaluer celui qui est compris entre les sphères de rayons $\rho$ et $\rho + \Delta\rho$, les cônes de demi-angles au sommet $\theta$ et $\theta + \Delta\theta$, et les plans faisant

Fig. 170.

avec $xOz$ les angles $\psi$ et $\psi + \Delta\psi$ ; il est représenté par $\alpha\beta\gamma\delta\alpha'\beta'\gamma'\delta'$ dans la figure 170.

Il diffère infiniment peu d'un parallélépipède rectangle dont les dimensions sont : 1° $\alpha\alpha'$, qui a pour valeur $\Delta\rho$, 2° l'arc $\alpha\gamma$, qui a pour valeur $\rho\Delta\theta$, et 3° l'arc $\alpha\beta$, qui est égal, comme nous l'avons dit au n° 422, au produit de $\Delta\psi$ par le rayon $\alpha_0\alpha$ du parallèle du point $\alpha$, c'est-à-dire à $\rho\sin\theta\Delta\psi$. Nous sommes conduits de cette façon à substituer à $\Delta V$ le produit $\rho^2\sin\theta\,\Delta\rho\,\Delta\theta\,\Delta\psi$ dont le rapport à $\Delta V$ a pour limite l'unité ; si $f(\rho, \theta, \psi)$ est la fonction à intégrer, nous voyons, par un raisonnement analogue à celui du n° 420, que l'intégrale cherchée est égale à

$$\iiint_V f(\rho, \theta, \psi)\rho^2\sin\theta\,d\rho\,d\theta\,d\psi ;$$

on l'évalue au moyen de trois intégrales simples successives, comme dans le cas des variables $x$, $y$, $z$.

En particulier, lorsque la fonction $f(\rho, \theta, \psi)$ est égale à l'unité, nous voyons que la mesure d'un volume en coordonnées polaires est fournie par l'intégrale triple

$$\iiint_V \rho^2\sin\theta\,d\rho\,d\theta\,d\psi.$$

En coordonnées semi-polaires $\rho$, $\theta$, $z$, l'élément de volume sera pris égal au produit par $\Delta z$ de l'élément de surface du plan $xOy$, élément que nous avons évalué au n° 420 ; nous aurons ainsi

$$dV = \rho\,d\rho\,d\theta\,dz.$$

**427. Autres applications.** — Les applications usuelles des intégrales triples, outre le calcul des volumes, sont la détermination des masses, des centres de gravité, de l'attraction et des moments d'inertie ; nous mentionnerons en particulier les suivantes :

1° Étant donné un corps dont la densité en chaque point varie d'une manière continue avec les coordonnées de ce point, et est représentée par une fonction donnée $\rho(x, y, z)$ de ces coordonnées, la masse $\Delta m$ d'un élément de volume $\Delta V$ entourant le point $(x, y, z)$ ne diffère du produit $\rho(x, y, z)\Delta V$ que d'une quantité infiniment petite par rapport à ce produit ; en prenant pour partie principale de cette masse la quantité $dm = \rho(x, y, z)\Delta V$, nous voyons que la masse totale est la limite de la somme $\Sigma\rho(x, y, z)\Delta V$ ; en coordonnées cartésiennes, elle est égale à l'intégrale triple

$$M = \iiint_V dm = \iiint_V \rho(x, y, z)dV = \iiint_V \rho(x, y, z)dx\, dy\, dz.$$

2° Étant donné un système de masses $m_1, m_2, \ldots$, dont les centres sont des points $g_1, g_2, \ldots$ de coordonnées $(x_1, y_1, z_1)$, $(x_2, y_2, z_2)$, $\ldots$, on appelle centre de masse ou centre de gravité de ce système le point $G$ d'application de la résultante de vecteurs parallèles, respectivement égaux à $m_1, m_2, \ldots$ et appliqués en $g_1, g_2, \ldots$. Le théorème des moments permet de déterminer les coordonnées $X, Y, Z$ de ce centre ; si $M = \Sigma m$ est la masse totale, elles sont données par les équations

$$MX = \Sigma m_i x_i, \qquad MY = \Sigma m_i y_i, \qquad MZ = \Sigma m_i z_i.$$

En appliquant ces formules aux masses infiniment petites en lesquelles on peut décomposer la masse comprise dans un volume $V$, et passant à la limite, nous trouvons les coordonnées du centre de masse ou centre de gravité de ce volume ; elles sont données par les équations

$$MX = \iiint_V x\, dm, \qquad MY = \iiint_V y\, dm, \qquad MZ = \iiint_V z\, dm.$$

Dans certains cas, lorsqu'il s'agit par exemple de surfaces ou de lignes, les intégrales triples précédentes peuvent être remplacées par des intégrales doubles ou des intégrales simples.

3° Si $r$ est la distance à un axe d'un point $(x, y, z)$ intérieur à un élément de volume $\Delta V$, le moment d'inertie par rapport à cet axe de la masse de ce volume $\Delta V$ a pour partie principale $r^2 dm$ ; le moment d'inertie de la masse totale par rapport à l'axe est la limite de la somme $\Sigma r^2 dm$, et est égal à l'intégrale triple

$$\iiint_V r^2 dm = \iiint_V r^2 \rho(x, y, z)dx\, dy\, dz,$$

$\varphi(x, y, z)$ étant, comme précédemment, la densité au point $(x, y, z)$. Dans certains cas, comme nous en avons vu des exemples aux n°ˢ 414 et 423, les intégrales triples peuvent être remplacées par des intégrales doubles ou des intégrales simples.

Considérons par exemple un tétraèdre trirectangle OABC (*fig.* 171), dont les arêtes OA, OB, OC, rectangulaires deux à deux, sont égales à $a$; supposons que le volume de ce tétraèdre soit homogène et que sa densité soit égale à l'unité; nous allons chercher son moment d'inertie par rapport à l'arête OC. Si nous prenons OC comme axe des $z$, OA et OB comme axes des $x$ et des $y$, le moment d'inertie cherché est égal à l'intégrale triple

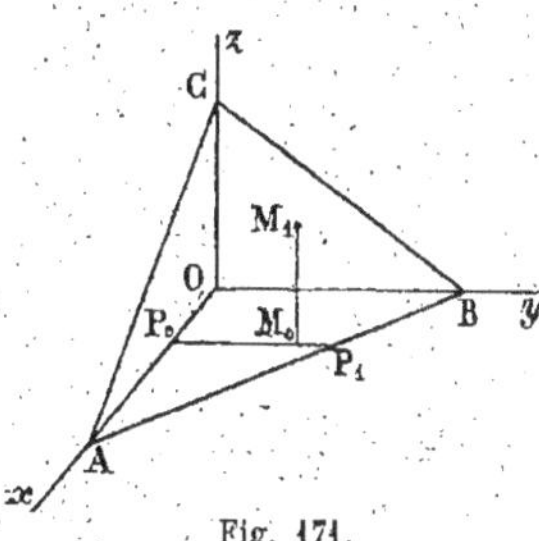

Fig. 171.

$$\iiint_V (x^2 + y^2)\, dx\, dy\, dz.$$

Nous effectuerons les intégrations successives, d'abord par rapport à $z$, ensuite par rapport à $y$, enfin par rapport à $x$; les points du volume se projettent sur le plan des $xy$ à l'intérieur du triangle OAB, et le plan ABC, limitant supérieurement le tétraèdre, a pour équation

$$x + y + z = a.$$

A un système de valeurs de $(x, y)$ représentées par un point $M_0$ de l'aire OAB correspondent dans le volume des valeurs de $z$ comprises entre les cotes des points $M_0$ et $M_1$; ces cotes sont respectivement $z_0 = 0$ et $z_1 = a - x - y$.

Dans le plan $xOy$, la droite AB limitant l'aire OAB a pour équation $x + y = a$. A une valeur de $x$ comprise entre $0$ et $a$ et représentée par $P_0$ correspondent dans l'aire OAB des valeurs de $y$ comprises entre les ordonnées des points $P_0$ et $P_1$; ces ordonnées sont respectivement $y_0 = 0$ et $y_1 = a - x$.

Enfin, $x$ varie de $0$ à $a$; nous avons par suite, pour calculer l'intégrale triple, à effectuer la suite des intégrales

$$\iiint_V (x^2 + y^2)\, dx\, dy\, dz = \int_0^a dx \int_0^{a-x} dy \int_0^{a-x-y} (x^2 + y^2)\, dz.$$

La première intégration, par rapport à $z$, donne pour résultat

$$\int_0^{a-x-y} (x^2 + y^2)\, dz = \Big[ (x^2 + y^2) z \Big]_0^{a-x-y} = (x^2 + y^2)(a - x - y);$$

la deuxième, par rapport à $y$, donne

$$\int_0^{a-x}(x^2+y^2)(a-x-y)dy=\int_0^{a-x}\left[x^2(a-x)-yx^2+y^2(a-x)-y^3\right]dy$$

$$=\left[x^2(a-x)y-\frac{y^2}{2}x^2+\frac{y^3}{3}(a-x)-\frac{y^4}{4}\right]_0^{a-x}=\frac{x^2(a-x)^2}{2}+\frac{(a-x)^4}{12};$$

la troisième, par rapport à $x$, a pour valeur

$$\int_0^a\left(\frac{7x^4}{12}-\frac{4ax^3}{3}+a^2x^2-\frac{a^3x}{3}+\frac{a^4}{12}\right)dx=\left(\frac{7x^5}{60}-\frac{ax^4}{3}+\frac{a^2x^3}{3}-\frac{a^3x^2}{6}+\frac{a^4x}{12}\right)_0^a$$

et le résultat est $\dfrac{a^5}{30}$.

# CHAPITRE VIII

## INTÉGRATION DES DIFFÉRENTIELLES TOTALES
## INTÉGRALES CURVILIGNES

—

**428. Intégration de la différentielle totale d'une fonction de deux variables.** — Nous nous proposons de résoudre le problème suivant :

*Trouver une fonction* $F(x, y)$ *de deux variables indépendantes, dont la différentielle totale est une expression donnée*

$$(1) \qquad P(x, y)dx + Q(x, y)dy.$$

Si le problème a une solution, l'expression précédente est identique à la différentielle totale de $F(x, y)$, qui est

$$dF = \frac{\partial F}{\partial x}dx + \frac{\partial F}{\partial y}dy\,;$$

nous devons avoir par conséquent les relations

$$(2) \qquad \frac{\partial F}{\partial x} = P(x, y), \qquad \frac{\partial F}{\partial y} = Q(x, y).$$

Mais les dérivées partielles de $F$ ne sont pas deux fonctions indépendantes l'une de l'autre, car la dérivée de la première par rapport à $y$ et la dérivée de la seconde par rapport à $x$ doivent être identiques, (n° 187); nous en concluons qu'une condition nécessaire de possibilité du problème est qu'il existe entre $P$ et $Q$ la relation identique

$$(3) \qquad \frac{\partial P}{\partial y} = \frac{\partial Q}{\partial x}.$$

Nous allons montrer que cette condition, que l'on appelle *condition d'intégrabilité*, est suffisante, et nous déterminerons, lorsqu'elle est remplie, toutes les fonctions répondant à la question. Nous allons déterminer d'abord les fonctions satisfaisant à la première des deux conditions (2); nous exprimerons ensuite qu'elles satisfont à la seconde.

Toutes les fonctions dont la dérivée par rapport à $x$ est égale à l'expression $P(x, y)$ sont les fonctions primitives de cette expression, où $x$ est considéré comme seule variable et $y$ comme constant ; d'après ce que nous avons dit au n° 378, nous obtiendrons une de ces fonctions primitives en prenant l'intégrale définie de la fonction $P(x, y)$ par rapport à $x$ entre les limites $a$ et $x$, $a$ étant une valeur fixe arbitraire ; toutes les autres ne différeront de cette intégrale que d'une quantité indépendante de $x$, mais pouvant contenir $y$ ; nous aurons alors comme expression générale des fonctions $F(x, y)$ satisfaisant à la première condition

$$F(x, y) = \int_a^x P(x, y)\,dx + \varphi(y),$$

$\varphi(y)$ désignant une fonction arbitraire de $y$.

Nous déterminerons cette dernière fonction par la seconde condition en écrivant que la dérivée de $F(x, y)$ par rapport à $y$ est égale à $Q(x, y)$ ; nous obtiendrons la dérivée de l'intégrale qui entre au second membre de la dernière relation en prenant la dérivée de la fonction $P(x, y)$ sous le signe d'intégration (n° 405) ; nous devons donc avoir

$$(4) \qquad Q(x, y) = \int_a^x \frac{\partial P(x, y)}{\partial y}\,dx + \frac{d\varphi(y)}{dy}.$$

La relation (3) étant supposée remplie, nous pouvons remplacer $\frac{\partial P}{\partial y}$ par $\frac{\partial Q}{\partial x}$ dans l'intégrale qui entre au second membre ; mais l'intégrale indéfinie par rapport à $x$ de $\frac{\partial Q}{\partial x}$ est la fonction $Q$ elle-même ; nous avons donc

$$\int_a^x \frac{\partial P(x, y)}{\partial y}\,dx = \int_a^x \frac{\partial Q(x, y)}{\partial x}\,dx = \left[ Q(x, y) \right]_a^x = Q(x, y) - Q(a, y) ;$$

en remplaçant par cette valeur le premier terme du second membre de l'équation (4), nous aurons, pour déterminer $\varphi(y)$, la condition

$$Q(x, y) = Q(x, y) - Q(a, y) + \frac{d\varphi}{dy},$$

ou bien

$$\frac{d\varphi}{dy} = Q(a, y).$$

Nous concluons de là que $\varphi(y)$ est une fonction primitive de $Q(a, y)$ ; pour plus de symétrie, nous la représenterons par une intégrale définie prise entre les limites $b$ et $y$, $b$ étant une quantité fixe arbitraire qui joue le rôle de la constante d'intégration ; nous avons de cette façon

$$\varphi(y) = \int_b^y Q(a, y)\,dy.$$

Nous voyons ainsi qu'il existe une solution du problème, dont l'expression générale est

$$(5) \qquad F(x, y) = \int_a^x P(x, y)\,dx + \int_b^y Q(a, y)\,dy ;$$

toute autre solution ne diffère de celle-là que par une constante, car la différence entre deux solutions a une différentielle totale nulle et elle est par suite une constante indépendante de $x$ et de $y$.

La fonction $F(x, y)$ ainsi obtenue semble dépendre de deux constantes $a$ et $b$; en réalité elle ne dépend que d'une seule constante, qui renferme à la fois $a$ et $b$; on peut en effet démontrer que le second membre de la relation (5) se met sous la forme $\Phi(x, y) - \Phi(a, b)$, et ne renferme par suite qu'une seule constante $\Phi(a, b)$.

*Exemple.* — Soit à intégrer la différentielle totale

$$(x^2 + y^2)dx + 2xy\,dy ;$$

la relation (3) est identiquement satisfaite; nous trouvons alors pour l'intégrale de cette différentielle totale, en appliquant la formule (5),

$$\int_a^x (x^2 + y^2)dx + \int_b^y 2a\,y\,dy = \left(\frac{x^3}{3} + xy^2\right)_a^x + (ay^2)_b^y$$

$$= \left(\frac{x^3}{3} + xy^2\right) - \left(\frac{a^3}{3} + ab^2\right).$$

La méthode que nous avons employée montre que toute différentielle totale a une intégrale indéfinie, et elle donne le moyen de la calculer à l'aide de deux intégrales définies; dans beaucoup de cas, on aperçoit immédiatement la fonction cherchée sans effectuer ces deux intégrations; c'est ainsi que les expressions

$$x\,dx + y\,dy, \qquad x\,dy + y\,dx, \qquad \frac{x\,dy - y\,dx}{x^2}, \qquad \frac{x\,dy - y\,dx}{x^2 + y^2}$$

sont les différentielles totales des fonctions

$$\frac{x^2 + y^2}{2} + C, \qquad xy + C, \qquad \frac{y}{x} + C, \qquad \text{arc tg}\,\frac{y}{x} + C.$$

**429. Intégration de la différentielle totale d'une fonction de trois variables.** — Nous nous proposons de déterminer une fonction $F(x, y, z)$ dont la différentielle totale est une expression donnée

$$(6) \qquad P(x, y, z)dx + Q(x, y, z)dy + R(x, y, z)dz.$$

Si le problème a une solution, cette expression est identique à la différentielle totale de $F$, qui est

$$dF = \frac{\partial F}{\partial x}dx + \frac{\partial F}{\partial y}dy + \frac{\partial F}{\partial z}dz\,;$$

nous devons avoir par conséquent les relations

$$(7) \qquad \frac{\partial F}{\partial x} = P(x, y, z), \qquad \frac{\partial F}{\partial y} = Q(x, y, z), \qquad \frac{\partial F}{\partial z} = R(x, y, z)\,;$$

mais les dérivées partielles de $F$ ne sont pas indépendantes l'une de l'autre et satisfont aux relations

$$\frac{\partial}{\partial y}\left(\frac{\partial F}{\partial x}\right) = \frac{\partial}{\partial x}\left(\frac{\partial F}{\partial y}\right) = \frac{\partial^2 F}{\partial x \partial y},$$

$$\frac{\partial}{\partial z}\left(\frac{\partial F}{\partial y}\right) = \frac{\partial}{\partial y}\left(\frac{\partial F}{\partial z}\right) = \frac{\partial^2 F}{\partial y \partial z},$$

$$\frac{\partial}{\partial x}\left(\frac{\partial F}{\partial z}\right) = \frac{\partial}{\partial z}\left(\frac{\partial F}{\partial x}\right) = \frac{\partial^2 F}{\partial z \partial x}\,;$$

il est donc nécessaire, d'après ce qui précède, que les fonctions $P, Q, R$ satisfassent identiquement aux trois relations

$$(8) \qquad \frac{\partial P}{\partial y} = \frac{\partial Q}{\partial x}, \qquad \frac{\partial Q}{\partial z} = \frac{\partial R}{\partial y}, \qquad \frac{\partial R}{\partial x} = \frac{\partial P}{\partial z}\,;$$

nous allons montrer que ces conditions, dites *conditions d'intégrabilité*, sont suffisantes, et nous déterminerons, lorsqu'elles sont remplies, toutes les fonctions dont l'expression donnée est différentielle totale.

Toute fonction $F(x, y, z)$ répondant à la question a une dérivée par rapport à $x$ égale à $P(x, y, z)$; par un raisonnement analogue à celui que nous avons fait précédemment, nous voyons que cette fonction a pour valeur

$$F(x, y, z) = \int_a^x P(x, y, z)\,dx + \varphi(y, z),$$

$a$ étant une constante et $\varphi(y, z)$ une fonction indépendante de $x$.

Pour déterminer $\varphi$, nous écrirons que les dérivées de $F$ par rapport à $y$ et $z$ sont $Q$ et $R$, c'est-à-dire que l'on a, en appliquant la règle de dérivation des intégrales définies,

$$Q(x, y, z) = \int_a^x \frac{\partial P}{\partial y}\,dx + \frac{\partial \varphi}{\partial y},$$

$$R(x, y, z) = \int_a^x \frac{\partial P}{\partial z}\,dx + \frac{\partial \varphi}{\partial z}\,;$$

mais, d'après les relations (8), nous pouvons remplacer $\dfrac{\partial P}{\partial y}$ et $\dfrac{\partial P}{\partial z}$ par $\dfrac{\partial Q}{\partial x}$ et $\dfrac{\partial R}{\partial x}$; nous avons par suite

$$Q(x, y, z) = \int_a^x \frac{\partial Q}{\partial x} dx + \frac{\partial \varphi}{\partial y} = \left[ Q(x, y, z) \right]_a^x + \frac{\partial \varphi}{\partial y},$$

$$R(x, y, z) = \int_a^x \frac{\partial R}{\partial x} dx + \frac{\partial \varphi}{\partial z} = \left[ R(x, y, z) \right]_a^x + \frac{\partial \varphi}{\partial z};$$

nous en tirons

$$\frac{\partial \varphi}{\partial y} = Q(a, y, z), \qquad \frac{\partial \varphi}{\partial z} = R(a, y, z).$$

La fonction $\varphi(y, z)$ doit ainsi satisfaire à la condition d'avoir pour différentielle totale l'expression

$$Q(a, y, z)dy + R(a, y, z)dz ;$$

la deuxième des relations (8) montre que cette expression est intégrable, et son intégrale est égale, d'après ce que nous avons vu, à

$$\int_b^y Q(a, y, z)dy + \int_c^z R(a, b, z)dz,$$

$b$ et $c$ désignant des constantes. Nous voyons ainsi qu'il existe une solution du problème dont l'expression générale est

$$F(x, y, z) = \int_a^x P(x, y, z)dx + \int_b^y Q(a, y, z)dy + \int_c^z R(a, b, z)dz ;$$

toute autre solution ne diffère de celle-là que par une constante arbitraire.

*Exemple.* — L'expression

$$(y + z)dx + (z + x)dy + (x + y)dz$$

satisfait aux conditions d'intégrabilité (8) ; elle a pour intégrale indéfinie

$$\int_a^x (y + z)dx + \int_b^y (z + a)dy + \int_c^z (a + b)dz$$
$$= (xy + xz + yz) - (ab + ac + bc) ;$$

on vérifie qu'elle ne dépend au fond que d'une seule constante arbitraire, et qu'elle a la forme $\Phi(x, y, z) - \Phi(a, b, c)$.

**430. Intégrale curviligne dans le cas de deux variables.** — Nous allons généraliser la notion d'intégrale définie d'une fonction d'une variable (n° 372).

Considérons deux fonctions $u(x, y)$ et $v(x, y)$ de deux variables $x$ et $y$, supposons que ces variables soient reliées l'une à l'autre d'une manière connue ; pour plus de généralité, admettons que $x$ et $y$ soient des fonctions données d'un même paramètre $t$,

$$x = f(t), \qquad y = \varphi(t).$$

Faisons varier $t$ d'une manière continue entre deux limites $\alpha$ et $\beta$; supposons que $x$ et $y$ soient continues, ainsi que $u(x, y)$ et $v(x, y)$, pour toutes ces valeurs de $t$.

Partageons l'intervalle $(\alpha, \beta)$ en $n$ intervalles partiels infiniment petits; désignons par $\Delta t_1, \Delta t_2, \cdots \Delta t_n$ les accroissements successifs de $t$, et par $\Delta u_1, \Delta u_2, \cdots \Delta u_n$ les accroissements correspondants de la fonction $u(x, y)$; prenons d'autre part une valeur particulière de la fonction $v(x, y)$ dans chacun des intervalles, multiplions-la par l'accroissement de $u(x, y)$ correspondant et faisons la somme des produits obtenus.

Pour fixer les idées, désignons par $\theta_1$ une valeur de $t$ choisie dans le premier intervalle, et par $\xi_1$ et $\eta_1$ les valeurs correspondantes de $x$ et $y$; multiplions $v(\xi_1, \eta_1)$ par $\Delta u_1$, opérons de même dans chacun des intervalles suivants, et additionnons les résultats; nous formerons la somme

$$(9) \qquad v(\xi_1, \eta_1)\Delta u_1 + v(\xi_2, \eta_2)\Delta u_2 + \cdots + v(\xi_n, \eta_n)\Delta u_n,$$

que nous représenterons par $\Sigma v(x, y)\Delta u$; nous allons montrer qu'elle a une limite lorsque le nombre des intervalles augmente indéfiniment, chacun d'eux tendant vers zéro.

Remarquons que $u$ et $v$ sont des fonctions de la seule variable indépendante $t$; représentons-les pour un instant par $u(t)$ et $v(t)$; $v(\xi_1, \eta_1)$ est égal à $v(\theta_1)$; d'autre part, l'accroissement $\Delta u_1$ est égal, d'après la formule des accroissements finis, au produit de l'accroissement $\Delta t_1$ par la valeur de la dérivée $u'(t)$ pour une valeur particulière $\theta_1'$ de $t$ comprise dans le premier intervalle. Le premier terme de la somme (9) est donc égal à $v(\theta_1)u'(\theta_1')\Delta t_1$, et les autres termes peuvent être mis sous une forme analogue.

En raisonnant comme nous l'avons fait aux n$^{os}$ 371 et 373, nous pouvons remplacer dans la somme précédente, sans en changer la limite, $\theta_1', \theta_2', \cdots$ par $\theta_1, \theta_2, \cdots$; nous obtenons ainsi la somme

$$(10) \qquad v(\theta_1)\, u'(\theta_1)\Delta t_1 + v(\theta_2)\, u'(\theta_2)\Delta t_2 + \cdots + v(\theta_n)\, u'(\theta_n)\Delta t_n.$$

Mais cette somme a une limite, qui n'est autre que l'intégrale définie

$$(11) \qquad \int_\alpha^\beta v(t)\, u'(t)\, dt\,;$$

par suite, la somme $\Sigma v(x, y)\Delta u$ a une limite égale à cette intégrale; comme $u'(t)\, dt$ est égal à $du$, on représente cette limite par la notation

$$\int_{ab}^{a'b'} v(x, y)\, du(x, y),$$

où $a$ et $b$ désignent les valeurs de $x$ et $y$ pour $t = \alpha$, $a'$ et $b'$ les valeurs des mêmes variables pour $t = \beta$ ; on l'appelle *intégrale curvi-ligne* et on la calcule en la remplaçant par l'intégrale définie (11).

**431. Interprétation géométrique.** — Le nom d'intégrale curviligne donné à cette intégrale provient de la significa-tion géométrique suivante qu'on lui donne ordi-nairement. Considérons les valeurs de $x$ et de $y$, qui dépendent du paramètre $t$, comme les coordonnées des points d'une courbe plane, et construisons cette courbe ; aux différentes valeurs de $t$ comprises entre $\alpha$ et $\beta$ corres-pondent les points successifs d'un arc AB (*fig.* 172) ; à une décomposition de l'intervalle $(\alpha, \beta)$ en intervalles partiels correspond une décomposition de l'arc AB en arcs partiels infiniment petits $AA_1$, $A_1A_2, \ldots$, et enfin aux valeurs $\theta_1, \theta_2, \ldots$ de $t$ correspondent des points $C_1, C_2, \ldots$ situés respectivement sur chacun de ces arcs.

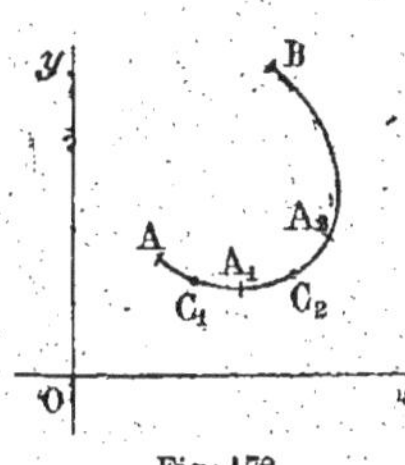

Fig. 172.

Imaginons un point mobile, de coordonnées égales à $x$ et $y$, se déplaçant sur l'arc AB, de A à B, lorsque $t$ varie de $\alpha$ à $\beta$ ; pour obtenir la somme (9), nous déterminerons les accroissements successifs de la fonction $u$ lorsque ce mobile parcourt chacun des arcs infiniment petits $AA_1$, $A_1A_2, \ldots$, nous multiplierons ces accroissements par les valeurs de $v$ en chacun des points $C_1, C_2, \ldots$ situés respectivement sur ces arcs, et nous formerons la somme des produits ainsi obtenus. D'après ce que nous avons vu, cette somme a une limite indépendante du mode de décomposition de l'arc AB en arcs partiels et du choix des points $C_1, C_2, \ldots$ sur ces arcs ; pour la déterminer, il suffit de remplacer $v$ et $du$ par leurs valeurs en fonction de $t$ et de $dt$, et de calculer l'intégrale définie obte-nue par rapport à $t$ entre les limites $\alpha$ et $\beta$. Nous donnerons à cette limite le nom d'intégrale curviligne étendue à l'arc AB, et nous la repré-senterons, lorsqu'il n'y a pas d'ambiguïté, par la notation $\int_A^B v\,du$.

Si le mobile que nous avons considéré parcourt l'arc AB en sens inverse du sens primitif, c'est-à-dire de B vers A, l'ordre des limites d'intégration dans l'intégrale définie (11) est interverti ; nous en concluons que la nouvelle intégrale curviligne a une valeur égale et de signe con-traire à la première ; c'est ce qu'exprime l'égalité

$$\int_B^A v\,du = -\int_A^B v\,du.$$

**Remarques.** — Dans une intégrale curviligne $\int_A^B v\,du$, nous pouvons remplacer la différentielle $du$ par sa valeur $u'_x\,dx + u'_y\,dy$, et écrire

$$\int_A^B v\,du = \int_A^B v\,u'_x\,dx + v\,u'_y\,dy,$$

car les intégrales sont toutes deux égales à $\int_\alpha^\beta v(t)\,u'(t)\,dt$.

Si nous considérons la somme de plusieurs intégrales curvilignes étendues au même arc, nous pouvons réunir d'une part les coefficients de $dx$, d'autre part ceux de $dy$, et mettre cette somme sous la forme

$$\int_A^B P(x,\,y)\,dx + Q(x,\,y)\,dy\,;$$

cette manière d'écrire une intégrale curviligne est souvent employée, bien qu'elle ne soit pas indispensable.

Il arrive souvent que l'on considère une intégrale curviligne étendue à un contour fermé ; on suppose que ce contour est parcouru par un mobile dans un certain sens, en partant d'un point déterminé et y revenant ; on forme comme dans le cas précédent la somme (9), et l'on détermine sa limite en la ramenant à une intégrale définie telle que (11). Remarquons que l'on obtient la même limite pour la somme (9) en prenant sur le contour un autre point de départ du mobile, pourvu que le parcours ait toujours lieu dans le même sens ; on peut donc représenter sans ambiguïté par la notation $\int_C v\,du$ l'intégrale curviligne étendue à un contour C, sans spécifier le point de départ, mais en indiquant toutefois le sens du parcours. Si ce sens est remplacé par le sens contraire, l'intégrale change de signe sans changer de valeur absolue.

**432. *Exemples*. —** Comme exemple d'intégrale curviligne, nous mentionnerons la détermination de la masse totale d'un arc de courbe AB dont la densité en chaque point est une fonction donnée $\rho(x,\,y)$ des coordonnées de ce point ; cette masse est égale à l'intégrale curviligne

$$\int_A^B \rho(x,\,y)\,ds,$$

$ds$ étant la différentielle de l'arc et ayant pour valeur $\sqrt{dx^2 + dy^2}$.

Un autre exemple est fourni par l'intégrale curviligne

$$\int_C y\,dx$$

étendue à un contour fermé C (*fig.* 173) ; nous supposerons, pour simplifier, que ce contour ne se coupe pas et qu'il n'est rencontré qu'en deux points par toute parallèle à $Oy$.

Si un observateur décrivant le contour a toujours l'aire intérieure à sa gauche, nous dirons qu'il se déplace dans le sens *direct*; ce sens est indiqué sur la figure par une flèche. Nous allons montrer que l'intégrale curviligne $\int_C y\,dx$, relative au contour parcouru dans le sens direct, est égale à l'aire intérieure prise négativement.

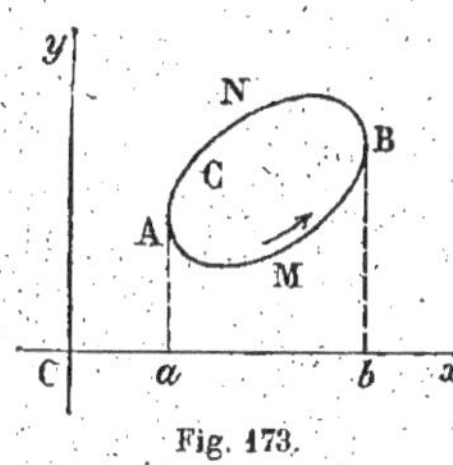

Fig. 173.

Soient A et B les points de contact des tangentes parallèles à $Oy$, $a$ et $b$ leurs abscisses. Nous pouvons décomposer l'intégrale curviligne en une somme de deux autres, étendues l'une à l'arc AMB et l'autre à l'arc BNA ; la première est égale à l'intégrale $\int_a^b y_0\,dx$, $y_0$ étant l'ordonnée d'un point de l'arc AMB, et a pour valeur l'aire $a$AMB$b$ ; la seconde est égale à

$$\int_b^a y_1\,dx = -\int_a^b y_1\,dx,$$

$y_1$ étant l'ordonnée d'un point de l'arc ANB, et elle est égale à l'aire $a$ANB$b$ prise négativement ; nous en concluons que l'intégrale étendue au contour C a pour valeur aire $a$AMB$b$ — aire $a$ANB$b$, et qu'elle est égale à l'aire intérieure au contour prise négativement.

Nous verrions de la même manière que l'intégrale $\int_C x\,dy$, prise aussi dans le sens direct, est égale à l'aire intérieure au contour ; en réunissant ces deux résultats, nous voyons que cette aire peut s'exprimer par l'intégrale

$$\int_C \frac{x\,dy - y\,dx}{2}$$

prise dans le sens direct.

Comme application, considérons une ellipse rapportée à ses axes, et supposons que l'on exprime les coordonnées de ses points au moyen du paramètre $\varphi$ par les formules

$$x = a\cos\varphi, \qquad y = b\sin\varphi ;$$

cette ellipse est parcourue dans le sens direct lorsque $\varphi$ varie de 0 à $2\pi$ ; d'après ce qui précède, nous aurons pour valeur de l'aire intérieure à la courbe

$$\text{aire} = \int_C \frac{x\,dy - y\,dx}{2} = \int_0^{2\pi} \frac{ab}{2}\,d\varphi = \pi ab ;$$

c'est le résultat trouvé au n° 406.

Vogt. — Math. sup.      42

**433. Condition pour qu'une intégrale curviligne ne dépende que des limites du chemin d'intégration.** — La valeur d'une intégrale curviligne dépend non seulement des valeurs que prennent $x$ et $y$ aux limites A et B du chemin d'intégration, mais encore de la nature des fonctions $x = f(t)$, $y = \varphi(t)$, c'est-à-dire de l'arc suivi entre A et B; en général, l'intégrale change de valeur quand on fait varier cet arc, quand même les limites A et B resteraient fixes.

Il peut arriver cependant qu'une intégrale curviligne ne dépende que des limites d'intégration et nullement du chemin parcouru entre ces limites; nous allons démontrer à ce propos le théorème suivant:

**Théorème I.** — *Pour que l'intégrale curviligne*

$$(12) \qquad \int_A^B P(x,\,y)dx + Q(x,\,y)dy$$

*ne dépende que des limites du chemin d'intégration, il faut et il suffit que la quantité sous le signe d'intégration soit différentielle totale exacte.*

1° La condition est nécessaire; supposons en effet que l'intégrale (12), prise entre les deux points A et B, ne dépende que des coordonnées de ces deux points; désignons par $(a, b)$ celles du premier et par $(x, y)$ celles du second; lorsque ces dernières varient, l'intégrale est une fonction bien déterminée des deux variables $x$ et $y$. Représentons-la par $F(x, y)$ et cherchons ses dérivées partielles.

Donnons à $x$ un accroissement $h$, $y$ restant constant, et désignons par B' le point de coordonnées $(x + h,\, y)$; la fonction $F(x + h,\, y)$ est égale à l'intégrale curviligne prise entre les points A et B'; comme elle ne dépend pas du chemin suivi, nous pouvons supposer que l'arc d'intégration se compose de l'arc d'abord suivi de A à B, puis d'un chemin rectiligne parallèle à $Ox$ de B à B'; la différence

$$F(x + h,\, y) - F(x,\, y)$$

est donc égale à l'intégrale relative à la droite BB'.

Mais, sur cette droite, $y$ reste constant et $dy$ est nul; nous avons donc simplement

$$F(x + h,\, y) - F(x,\, y) = \int_x^{x+h} P(x,\, y)dx;$$

cette égalité exprime précisément que la fonction $F(x, y)$, où $x$ est considéré comme seule variable, est égale à l'intégrale de $P(x, y)$ par rapport à $x$, ou qu'elle a pour dérivée $P(x, y)$ (n° 377). Nous verrions, par un raisonnement analogue, que la dérivée de $F(x, y)$ par rapport à $y$ est égale à $Q(x, y)$; nous concluons de là que *la fonction* $F(x, y)$ *a pour différentielle totale la quantité* $P\,dx + Q\,dy$, et par conséquent que la quantité sous le signe d'intégration (12) est une différentielle totale exacte.

2° La condition est suffisante ; supposons que $P\,dx + Q\,dy$ soit différentielle exacte ; nous savons déterminer (n° 428) l'intégrale indéfinie de cette différentielle ; désignons par $F(x, y)$ l'une quelconque de ses déterminations.

L'intégrale curviligne (12), prise le long d'un arc de courbe AB dont les coordonnées s'expriment au moyen d'un paramètre $t$ par les formules $x = f(t)$, $y = \varphi(t)$, s'obtient, comme nous l'avons vu, en remplaçant $x$ et $y$ par leurs valeurs et intégrant par rapport à $t$ entre les limites $\alpha$ et $\beta$ de ce paramètre ; elle est par suite égale à

$$(13) \qquad \int_{\alpha}^{\beta} \Big[ P\big[f(t), \varphi(t)\big]f'(t) + Q\big[f(t), \varphi(t)\big]\varphi'(t) \Big] dt.$$

Mais la quantité sous le signe d'intégration est identique à la différentielle par rapport à $t$ de la fonction $F\big[f(t), \varphi(t)\big]$, par suite l'intégrale (13) est égale à la différence des valeurs de cette fonction pour $t = \alpha$ et $t = \beta$, c'est-à-dire à la différence des valeurs que prend la fonction $F(x, y)$ pour les limites A et B du chemin d'intégration. Nous concluons de là que l'intégrale (12) ne dépend que des coordonnées des points A et B et nullement du chemin suivi entre ces deux points, ce qui démontre la proposition.

Du raisonnement que nous venons de faire, nous déduisons le théorème suivant :

**Théorème II.** — *Une intégrale curviligne de différentielle totale exacte est égale à la différence des valeurs que prend une intégrale indéfinie quelconque de cette différentielle aux limites d'intégration.*

**Remarque.** — L'expression (5) que nous avons obtenue pour l'intégrale indéfinie d'une différentielle totale peut être considérée comme une intégrale curviligne particulière dont le chemin d'intégration est formé : 1° d'une parallèle à l'axe des $y$ joignant le point $(a, b)$ au point $(a, y)$ ; $dx$ est alors nul, et $Q$ a la valeur $Q(a, y)$ ; 2° d'une parallèle à l'axe des $x$ joignant le point $(a, y)$ au point $(x, y)$ ; $dy$ est alors nul, et $P$ à la valeur $P(x, y)$. On pourrait remplacer ce chemin par tout autre ayant les mêmes extrémités sans changer le résultat.

**434. Cas d'un contour fermé.** — Si le chemin d'intégration est un contour fermé, l'origine et l'extrémité de ce chemin sont deux points confondus et ont mêmes coordonnées ; nous en concluons le théorème suivant :

**Théorème III.** — *Une intégrale curviligne de différentielle totale prise le long d'un contour fermé est nulle.*

Les raisonnements qui précèdent supposent toutefois que l'intégrale indéfinie $P(x, y)$ de la différentielle totale a une seule détermination, comme cela a lieu par exemple pour l'intégrale $x\,dy + y\,dx$, qui a pour valeur $xy + C$. Dans le cas où $F(x, y)$ est susceptible de plusieurs déterminations, il peut arriver que celle qu'elle possède à la fin du chemin d'intégration ne soit pas la même que celle qui correspond à l'origine, et qu'elle en diffère par une constante numérique ; alors, l'intégrale relative au contour peut ne pas être nulle, mais être égale à cette constante.

C'est ce qui a lieu pour l'intégrale curviligne

$$\int_C \frac{x\,dy - y\,dx}{x^2 + y^2} ;$$

la quantité sous le signe d'intégration a pour intégrale indéfinie

$$\operatorname{arc\,tg} \frac{y}{x} + C,$$

et cette fonction a une infinité de déterminations, qui diffèrent entre elles d'un multiple entier de $\pi$.

Si l'on prend l'intégrale précédente relativement à un contour n'entourant pas l'origine, l'arc dont la tangente est $\frac{y}{x}$ reprend la même valeur aux deux extrémités de ce contour, et l'intégrale est nulle ; mais si le contour enveloppe l'origine, par exemple dans le sens direct, l'arc dont la tangente est $\frac{y}{x}$ augmente de $2\pi$, ou d'un multiple de $2\pi$, et l'intégrale curviligne est égale à ce multiple de $2\pi$.

**435. Cas de trois variables.** — Tout ce que nous avons dit sur les intégrales curvilignes s'étend au cas de trois variables $x, y, z$. Supposons que ces variables soient des fonctions continues

$$x = f(t), \qquad y = \varphi(t), \qquad z = \psi(t)$$

d'un même paramètre $t$, et qu'on donne à ce paramètre successivement toutes les valeurs comprises entre deux nombres $\alpha$ et $\beta$ ; en employant une représentation géométrique et considérant $x, y$ et $z$ comme coordonnées d'un point de l'espace, le point $(x, y, z)$ décrit alors un certain arc de courbe $AB$.

Soient $u(x, y, z)$ et $v(x, y, z)$ deux fonctions continues des variables ; à toute décomposition de l'intervalle $(\alpha, \beta)$ en intervalles partiels infiniment petits $\Delta t$ correspondent une décomposition de l'arc AB en arcs infiniment petits et une somme analogue à la somme (9), de la forme $\Sigma v(x, y, z)\Delta u(x, y, z)$. Comme dans le cas de deux variables, cette somme a une limite, que l'on représente par $\int_A^B v\,du$, et que l'on appelle intégrale curviligne relative à l'arc AB ; on la calcule en remplaçant $v$ et $du$ par leurs valeurs en fonction de $t$, et intégrant le résultat par rapport à $t$ entre $\alpha$ et $\beta$.

On exprime ordinairement $du$ sous la forme $u'_x dx + u'_y dy + u'_z dz$ ; toute intégrale curviligne, ainsi que toute somme de telles intégrales se rapportant au même chemin d'intégration peuvent alors être écrites sous la forme

$$\int_A^B P(x, y, z)dx + Q(x, y, z)dy + R(x, y, z)dz.$$

Les résultats que nous avons obtenus dans les deux derniers numéros et les théorèmes I, II et III s'étendent sans changement aux intégrales curvilignes relatives à trois variables.

**436. Travail relatif à un déplacement dans un champ de forces.** — Un champ de forces est déterminé relativement à un mobile si à chaque point M de l'espace correspond un vecteur F. représentant en grandeur et direction la force qui s'exerce sur le mobile lorsqu'il occupe la position M ; ce champ est caractérisé par trois fonctions

$$X(x, y, z), \qquad Y(x, y, z), \qquad Z(x, y, z),$$

qui représentent les projections, sur les axes de coordonnées $Oxyz$, du vecteur F relatif au point de coordonnées $x, y, z$. Nous supposerons que ce sont trois fonctions continues dans la portion de l'espace où se déplace le mobile et nous n'examinerons que le cas où ces fonctions sont indépendantes du temps.

Pour un déplacement infiniment petit du mobile de M en M', on appelle travail élémentaire le produit du déplacement MM' par la projection sur la direction MM' du vecteur force F relatif au point M. Il est égal à $F \cdot MM' \cdot \cos(F, MM')$, c'est-à-dire au produit géométrique ou scalaire de F et MM' (n° 126) ; si $\Delta x, \Delta y, \Delta z$ sont les projections de MM' sur les axes, la valeur $\Delta T$ du travail élémentaire est, d'après ce que nous avons vu,

$$\Delta T = X\Delta x + Y\Delta y + Z\Delta z.$$

Pour un déplacement fini le long d'un arc AB, le travail total est la limite de la somme des travaux élémentaires relatifs aux déplacements infiniment petits successifs dans lesquels on décompose le déplacement total, et il est égal à l'intégrale curviligne

$$(14) \qquad T = \int_{A}^{B} X\,dx + Y\,dy + Z\,dz \, ;$$

on calcule cette intégrale, comme nous l'avons dit, en la ramenant à une intégrale simple relative au paramètre qui définit le déplacement ; ce paramètre est ordinairement le temps.

Un cas particulier remarquable est celui où $X, Y, Z$ sont les dérivées partielles par rapport à $x, y, z$ d'une même fonction $F(x, y, z)$ que l'on appelle *fonction des forces* ; pour que cela ait lieu, il faut et il suffit, d'après ce que nous avons dit au n° 429, que l'on ait

$$\frac{\partial X}{\partial y} = \frac{\partial Y}{\partial x}, \qquad \frac{\partial Y}{\partial z} = \frac{\partial Z}{\partial y}, \qquad \frac{\partial Z}{\partial x} = \frac{\partial X}{\partial z} \, ;$$

la fonction des forces est alors égale à une intégrale de la différentielle totale $X\,dx + Y\,dy + Z\,dz$ ; elle n'est connue qu'à une constante près.

Dans ce cas, le travail pour un déplacement $AB$ ne dépend pas du chemin suivi, mais seulement des limites, et il est égal à la différence des valeurs de la fonction des forces pour ces limites. Si $(a, b, c)$ et $(x, y, z)$ sont les coordonnées de l'origine et celles de l'extrémité du déplacement, le travail a pour valeur

$$T = F(x, y, z) - F(a, b, c).$$

Dans certaines théories, on introduit à la place de la fonction des forces une fonction $V(x, y, z)$ qui est égale à $F(x, y, z)$ changée de signe, et qu'on appelle *potentiel* ; elle n'est déterminée, comme la fonction des forces, qu'à une constante près ; le travail est alors égal à la différence

$$T = V(a, b, c) - V(x, y, z).$$

Le potentiel est une quantité scalaire, mais ses dérivées partielles servent à déterminer le vecteur force ; les composantes de ce vecteur suivant les axes de coordonnées ont pour valeur

$$(15) \qquad X = -\frac{\partial V}{\partial x}, \qquad Y = -\frac{\partial V}{\partial y}, \qquad Z = -\frac{\partial V}{\partial z}.$$

On appelle *surface de niveau* ou surface *équipotentielle* une surface en tous les points de laquelle $F(x, y, z)$ ou $V(x, y, z)$ ont une valeur constante donnée ; par chaque point de l'espace $(x_0, y_0, z_0)$ passe une surface de niveau dont l'équation est

$$V(x, y, z) - V(x_0, y_0, z_0) = 0 \, ;$$

d'après les équations (15), le vecteur force lié à un point est dirigé suivant la normale en ce point à la surface de niveau qui y passe.

On appelle *ligne de forces* une ligne telle qu'en chacun de ses points le vecteur force soit dirigé suivant la tangente à la ligne ; une ligne de forces est donc en chacun de ses points normale à la surface de niveau qui y passe ; elle est par conséquent une trajectoire orthogonale de la famille des surfaces de niveau.

Le travail pour un déplacement quelconque entre deux surfaces de niveau est égal à la différence, prise avec un signe convenable, des valeurs de la fonction des forces ou du potentiel pour ces deux surfaces, et ne dépend pas du chemin suivi entre elles.

*Exemple.* — Supposons que le champ soit caractérisé par les fonctions

$$X = \frac{2x}{z}, \qquad Y = \frac{2y}{z}, \qquad Z = 1 - \frac{x^2 + y^2}{z^2} ;$$

on voit que $X dx + Y dy + Z dz$ est la différentielle totale de la fonction

$$F(x, y, z) = \frac{x^2 + y^2 + z^2}{z} ;$$

les forces dérivent d'un potentiel ; les surfaces de niveau $F = c^{te}$ sont des sphères tangentes à l'origine au plan des $xy$, et les lignes de forces, qui sont orthogonales à ces sphères, sont des circonférences tangentes à l'origine à l'axe des $z$.

# CHAPITRE IX

## INTÉGRALES DE SURFACE.
## TRANSFORMATION DES INTÉGRALES MULTIPLES

**437. Intégrale double étendue à une surface.** — Nous allons généraliser ce que nous avons dit au n° 416 et étendre la notion d'intégrale double au cas où le champ d'intégration est une surface fermée ou une portion de surface, comme par exemple une calotte sphérique.

Soit $S$ une telle surface définie par des égalités ou des inégalités et déterminant un champ d'intégration et soit $f(x, y, z)$ une fonction continue des coordonnées des points de cette surface. Partageons $S$ en éléments infiniment petits $\Delta\sigma$; prenons dans chacun d'eux un point $(\xi, \eta, \zeta)$ et multiplions la valeur de la fonction en ce point $f(\xi, \eta, \zeta)$ par l'élément $\Delta\sigma$ correspondant, puis formons la somme des produits obtenus $\Sigma f(\xi, \eta, \zeta)\Delta\sigma$.

Comme dans les cas déjà étudiés, on démontre que cette somme a une limite lorsque le nombre des éléments $\Delta\sigma$ augmente indéfiniment, les dimensions de chacun d'eux tendant vers zéro, et que cette limite est indépendante du point $(\xi, \eta, \zeta)$ choisi dans chaque élément, ainsi que de la manière dont les éléments tendent vers zéro. Cette limite s'appelle valeur de l'intégrale double

$$\iint_S f(x, y, z)d\sigma$$

étendue à la surface $S$; on la calcule comme une intégrale double ordinaire en la ramenant à deux intégrales simples successives.

*Exemple.* — Soit à déterminer la masse totale d'une couche étendue sur un hémisphère de rayon $R$, ayant pour centre l'origine, et situé par rapport au plan des $xy$ du côté des $z$ positifs; la densité en chaque point est supposée proportionnelle à la cote, et égale à $\mu = \lambda z$, $\lambda$ étant un coefficient constant.

En utilisant les coordonnées polaires $\theta$ et $\psi$ sur la sphère, l'élément de surface (n° 422) a pour valeur

$$d\sigma = R^2 \sin\theta \, d\theta \, d\psi \, ;$$

la densité est égale à $\mu = \lambda R \cos\theta$, de sorte que la masse totale est égale à l'intégrale double

$$\iint \lambda R^3 \sin\theta \cos\theta \, d\theta \, d\psi$$

étendue à l'hémisphère, c'est-à-dire aux valeurs de $\theta$ de $0$ à $\dfrac{\pi}{2}$ et à celles de $\psi$ de $0$ à $2\pi$.

En effectuant d'abord l'intégration par rapport à $\psi$, entre $0$ et $2\pi$, on est ramené à l'intégrale simple

$$\int_0^{\frac{\pi}{2}} 2\pi\lambda R^3 \sin\theta \cos\theta \, d\theta = 2\pi\lambda R^3 \int_0^{\frac{\pi}{2}} \frac{\sin 2\theta}{2} \, d\theta \, ;$$

la dernière intégrale est égale à $\left(-\dfrac{\cos 2\theta}{4}\right)_0^{\frac{\pi}{2}} = \dfrac{1}{2}$ ; il en résulte que la masse est égale à $\pi\lambda R^3$.

Si l'élément d'aire de la surface n'est pas évalué directement, on introduit sa projection sur un plan de coordonnées, par exemple sur le plan $xOy$ ; en désignant par $\gamma$ l'angle aigu que fait avec $Oz$ la normale à la surface en un point, on sait que $d\sigma = \dfrac{dx \, dy}{\cos\gamma}$ (n° 422) ; on est ainsi conduit à calculer l'intégrale double

$$(1) \qquad \iint \frac{f(x, \, y, \, z)}{\cos\gamma} \, dx \, dy$$

étendue à la projection de la surface S sur le plan $xOy$ ; on doit naturellement remplacer dans $f(x, y, z)$ et dans la valeur de $\cos\gamma$ la cote $z$ par sa valeur en fonction de $x$, $y$, tirée de l'équation de la surface S.

Nous supposons, dans ce qui précède, que la surface S n'est coupée qu'en un point par une parallèle à $Oz$, de sorte que la projection de S ne recouvre qu'une fois une portion du plan des $xy$ ; si cela n'avait pas lieu, on partagerait S en portions jouissant de cette propriété, et l'on ferait la somme des intégrales correspondantes. Nous avons supposé aussi que $\gamma$ est l'angle aigu de la normale à la surface avec $Oz$ ; mais, dans un but de généralisation, nous nous affranchirons de cette restriction, et nous serons amenés à distinguer l'une de l'autre les deux faces d'une surface. Déjà dans une intégrale double étendue à un champ d'intégration du plan des $xy$, nous pourrions distinguer l'une de l'autre la face de ce plan tournée vers les $z$ positifs de la face opposée, mais cela n'offrirait pas grand intérêt. Enfin nous serons amenés, non seulement à envisager $\gamma$ comme aigu ou obtus, mais encore à désigner par une seule lettre $C(x, y, z)$ l'élément différentiel $\dfrac{f(x, y, z)}{\cos \gamma}$ de l'intégrale (1); nous arriverons ainsi à la notion générale suivante :

**438. Définition générale d'une intégrale de surface.** — Soit S une surface fermée simple analogue à une sphère ou à un tore, ou encore une portion finie de surface limitée par un contour C, comme une calotte sphérique limitée par un cercle. Nous distinguerons sur cette surface une face appelée positive, sur laquelle s'appuie constamment un observateur, et nous appellerons normale positive en un point de S la demi-droite comptée sur la normale à partir de ce point et dirigée du côté de l'observateur; par exemple, sur une sphère, nous choisirons comme positives la face extérieure et la normale vers l'extérieur.

Dans le cas où l'on considère une portion de surface limitée par un contour C et un sens de déplacement sur ce contour, on dit que ce sens est le sens direct ou positif si l'observateur debout sur la face positive de la surface et près du contour C voit le déplacement s'effectuer sur le contour dans le sens que nous avons appelé sens positif du trièdre de coordonnées (n° 121); nous supposerons que c'est le sens inverse de celui du mouvement des aiguilles d'une montre.

Nous nous placerons d'abord dans le cas où la surface S est rencontrée en un seul point par une parallèle à $Oz$, et nous désignerons par A la projection de son aire sur le plan des $xy$; $z$ sera une fonction déterminée de $x$ et $y$; nous la supposerons continue et nous l'appellerons $z = \varphi(x, y)$.

Cela posé, soit $C(x, y, z)$ une fonction continue des trois variables $x, y, z$; nous appellerons intégrale double étendue à la surface S une expression de la forme

$$(2) \qquad \iint_S C(x, y, z)\, dx\, dy$$

étendue à la surface S. Pour calculer sa valeur, nous remplacerons, dans C, $z$ par sa valeur en fonction de $x$, $y$, nous calculerons la valeur de l'intégrale double $\iint_A C[x, y, \varphi(x, y)]\, dx\, dy$ étendue à l'aire A du plan des $xy$, et nous multiplierons le résultat par $+1$ ou par $-1$ suivant que la normale positive à la surface S, choisie comme nous l'avons dit, fait avec $Oz$ un angle aigu ou un angle obtus; le résultat obtenu sera par définition la valeur de l'intégrale (2), étendue à la surface S.

Désignons comme précédemment par $\Delta\sigma$ ou $d\sigma$ un élément d'aire de S, élément essentiellement positif, par $x$, $y$, $z$ les coordonnées d'un point de cet élément, et par $\gamma$ l'angle aigu ou obtus que fait avec $Oz$ la normale positive en ce point ; nous pouvons vérifier que l'intégrale de surface

$$(3) \qquad \iint_S C(x, y, z) \cos\gamma \, d\sigma;$$

définie comme au numéro précédent, est égale à l'intégrale (2).

En effet, si $\gamma$ est aigu, le produit $\cos\gamma\Delta\sigma$ est positif et est égal à la projection $\Delta A$ de $\Delta\sigma$ sur le plan $xOy$ (n° 422) ; si, au contraire, $\gamma$ est obtus, ce produit est négatif et est égal à $-\Delta A$. Nous avons donc, en remplaçant $z$ par sa valeur

$$\iint_S C(x, y, z) \cos\gamma\Delta\sigma = \varepsilon \iint_A C[x, y, \varphi(x, y)]\Delta A,$$

$\varepsilon$ étant égal à $+1$ ou à $-1$ suivant que $\gamma$ est aigu ou obtus ; mais le second membre représente, dans tous les cas, la valeur de l'intégrale (2), par suite, les intégrales (2) et (3) sont toujours égales.

Supposons maintenant que la surface S soit rencontrée en plusieurs points par une parallèle à $Oz$ ; nous la décomposerons en portions rencontrées chacune par une telle droite en un seul point ; nous calculerons la valeur de l'intégrale (2) relative à chacune de ces portions et nous ferons la somme des résultats. L'égalité des intégrales (2) et (3), qui a lieu pour chacune des portions de surface, a encore lieu pour la surface totale S.

Les mêmes définitions et les mêmes raisonnements seraient applicables à des intégrales doubles de la forme

$$\iint_S A(x, y, z)dy\,dz, \qquad \iint_S B(x, y, z)dz\,dx;$$

elles se ramènent à des intégrales doubles étendues aux projections des différentes parties de S sur le plan des $yz$ ou sur le plan des $zx$ ; on appelle en général intégrale de surface une somme d'intégrales des formes précédentes, c'est-à-dire une intégrale de la forme

$$(4) \qquad \iint_S A(x, y, z)dy\,dz + B(x, y, z)dz\,dx + C(x, y, z)dx\,dy.$$

Si $\alpha$, $\beta$, $\gamma$ sont les angles que fait avec les axes la normale positive en un point de la surface S, nous verrions, par un raisonnement analogue à celui que nous avons fait pour les intégrales (2) et (3), que l'intégrale précédente (4) est égale à

$$\iint_S [A(x, y, z)\cos\alpha + B(x, y, z)\cos\beta + C(x, y, z)\cos\gamma]d\sigma.$$

**439. Formules de Stokes et de Cauchy.** — Considérons une portion de surface S limitée par un contour fermé C, et sur laquelle est choisie une face positive ; soit une intégrale curviligne

$$(5) \qquad \int_C P(x, y, z)\,dx + Q(x, y, z)\,dy + R(x, y, z)\,dz$$

étendue au contour C dans le sens direct, sens que nous avons défini précédemment ; nous allons démontrer que cette intégrale est égale à l'intégrale double

$$(6) \qquad \iint_S \left(\frac{\partial R}{\partial y} - \frac{\partial Q}{\partial z}\right)dy\,dz + \left(\frac{\partial P}{\partial z} - \frac{\partial R}{\partial x}\right)dz\,dx + \left(\frac{\partial Q}{\partial x} - \frac{\partial P}{\partial y}\right)dx\,dy$$

étendue à la surface S ; nous supposerons toutefois que P, Q, R et celles de leurs dérivées qui entrent dans l'intégrale double sont continues en tous les points de cette surface.

C'est dans l'égalité des intégrales (5) et (6) que consiste la formule de Stokes ; Ampère l'avait déjà rencontrée dans certains cas particuliers. Lorsque la surface S est contenue tout entière dans le plan des $xy$, la variable $z$ est nulle, et la formule de Stokes se réduit à l'égalité

$$(7) \qquad \int_C P(x, y)\,dx + Q(x, y)\,dy = \iint_S \left(\frac{\partial Q}{\partial x} - \frac{\partial P}{\partial y}\right)dx\,dy \, ;$$

cette dernière porte le nom de formule de Cauchy.

Nous commencerons par faire la remarque suivante : supposons que l'on décompose la surface S par des lignes transversales en portions $S_1, S_2, \ldots$ ; soient $C_1, C_2, \ldots$ les contours de ces portions parcourus tous dans le sens direct ; si les formules de Stokes ou de Cauchy sont démontrées pour chacune de ces portions, elles seront encore vraies pour la surface totale.

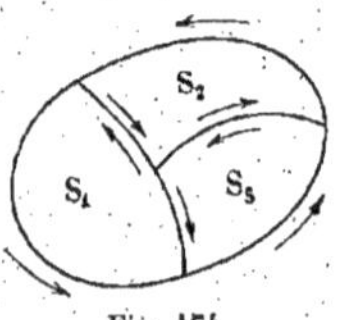

Fig. 174.

Pour le voir, formons d'abord les intégrales curvilignes analogues à (5) pour chacun des contours $C_1, C_2, \ldots$ et ajoutons-les ; la somme de toutes ces intégrales se compose : 1° de parties relatives aux différentes portions du contour extérieur C, 2° de parties relatives aux lignes transversales tracées sur S ; mais ces lignes, limitant des portions contiguës de surfaces $S_1, S_2, \ldots$, sont parcourues deux fois dans des sens opposés, comme le montre la figure 174 ; par suite, les intégrales correspondantes ont des valeurs deux à deux égales et de signes contraires, et leur somme est nulle ; il ne reste donc que l'intégrale relative au contour primitif C.

Si, d'autre part, on ajoute les intégrales doubles (6) relatives aux différentes portions de surface $S_1, S_2, \ldots$, leur somme est égale à l'intégrale analogue étendue à la surface totale $S$; la remarque que nous avons faite se trouve donc entièrement justifiée.

Nous supposerons que la surface $S$ est décomposable en parties qui sont rencontrées chacune en un seul point par une parallèle à l'un quelconque des axes, à moins qu'elles ne soient parallèles à l'un des plans de coordonnées; de plus, que le contour de chaque partie n'est rencontré qu'en deux points au plus par un plan parallèle à l'un quelconque des plans de coordonnées; nous serons certains en particulier que $\cos \alpha$, $\cos \beta$, $\cos \gamma$ gardent des signes constants en tous les points de chaque portion de surface ainsi définie. Nous démontrerons les formules de Stokes ou de Cauchy pour une quelconque des surfaces partielles, et elles seront vraies, d'après ce qui précède, pour la surface totale.

**440. Démonstration de la formule de Cauchy.** — Nous allons démontrer la formule (7) pour une surface du plan des $xy$, satisfaisant aux conditions simples dont nous venons de parler; nous la désignerons par $S$ et nous supposerons son contour $C$ parcouru dans le sens direct (*fig.* 175).

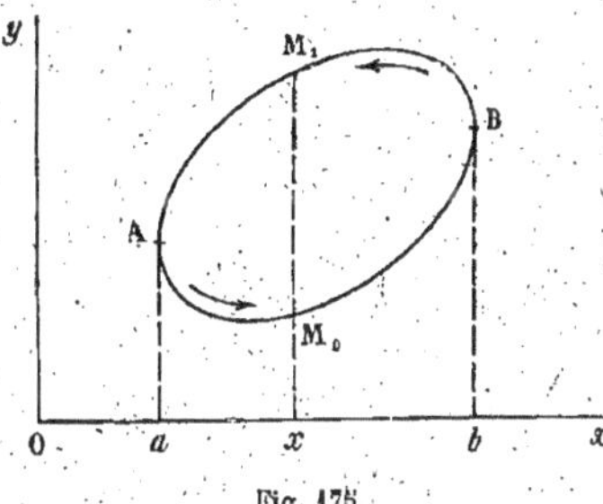

Fig. 175.

Soient A et B les points de contact des tangentes à $C$ parallèles à $Oy$, $a$ et $b$ les abscisses de ces points; soient $y_0$ et $y_1$ ($y_1 > y_0$) les ordonnées des points $M_0$ et $M_1$ du contour ayant même abscisse $x$.

Prenons d'abord l'intégrale $\int_C P(x, y)\,dx$; elle est égale à la somme de l'intégrale de $P(x, y_0)$ prise le long de $AM_0B$, et de l'intégrale de $P(x, y_1)$ prise le long de $BM_1A$; en changeant le signe et le sens de la dernière, nous pouvons écrire

$$\int_C P(x, y)\,dx = -\int_a^b \left[ P(x, y_1) - P(x, y_0) \right] dx.$$

Mais nous pouvons remplacer la différence $P(x, y_1) - P(x, y_0)$ par l'intégrale de la différentielle de $P$ par rapport à $y$, intégrale prise entre

$y_0$ et $y_1$, c'est-à-dire entre $M_0$ et $M_1$, et écrire

$$P(x, y_1) - P(x, y_0) = \int_{y_0}^{y_1} \frac{\partial P}{\partial y} \, dy \, ;$$

nous avons donc

$$\int_C P(x, y) dx = - \int_a^b dx \int_{y_0}^{y_1} \frac{\partial P}{\partial y} \, dy.$$

Le dernier membre n'est autre que la valeur de l'intégrale double $- \iint \frac{\partial P}{\partial y} \, dx \, dy$ étendue à l'aire A (n° 418).

Si nous opérons de même pour l'intégrale $\int_C Q(x, y) dy$, en intervertissant le rôle de $x$ et de $y$, nous verrons qu'elle est égale à l'intégrale double $\iint \frac{\partial Q}{\partial x} \, dx \, dy$ étendue à la même aire, mais prise cette fois avec le signe $+$. Si nous réunissons les résultats, nous trouverons, finalement la formule cherchée :

$$\int_C P(x, y) dx + Q(x, y) dy = \iint_A \left( \frac{\partial Q}{\partial x} - \frac{\partial P}{\partial y} \right) dx \, dy.$$

**Remarque.** — Si $P dx + Q dy$ est une différentielle totale exacte, l'élément différentiel de l'intégrale double est nul, et cette intégrale est nulle ; l'intégrale curviligne du premier membre est donc également nulle. C'est le résultat déjà obtenu au n° 434.

**441. Démonstration de la formule de Stokes.** — Nous allons faire un raisonnement analogue pour démontrer dans l'espace l'égalité des intégrales (5) et (6) ; nous supposerons que la surface et son contour, que nous appellerons S et C, satisfont aux conditions simples dont nous avons parlé et, pour fixer les idées, nous nous placerons dans le cas où les angles $\alpha$, $\beta$, $\gamma$ de la normale positive avec les axes de coordonnées sont aigus ; le raisonnement serait le même dans les autres cas.

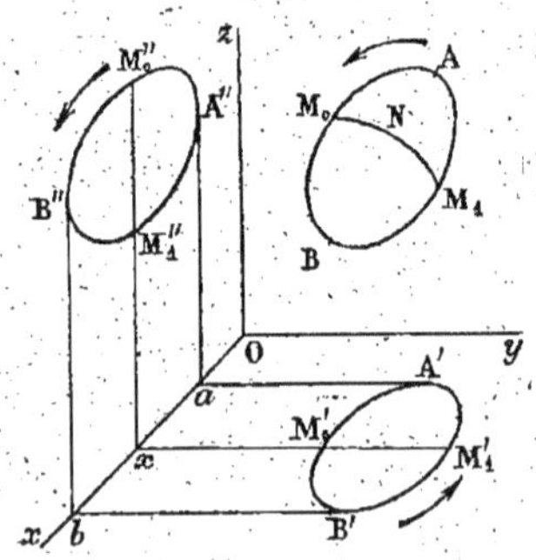

Transformons d'abord l'intégrale

$$\int_C P(x, y, z) dx \, ;$$

Fig. 176.

soient (*fig.* 176) A et B les points de contact des plans tangents au contour parallèles au plan $yOz$, et soient $a$ et $b$ les abscisses de ces points, $b$ étant supérieur à $a$.

Désignons par $M_0$ et $M_1$ les points du contour ayant une abscisse donnée $x$, $M_0$ étant le premier de ces points que l'on rencontre lorsqu'on décrit le contour $C$ à partir de $A$ dans le sens direct; désignons par $y_0$ et $z_0$ l'ordonnée et la cote du premier, par $y_1$ et $z_1$ celles du second; d'après les hypothèses faites, on a $y_0 < y_1$ et $z_0 > z_1$.

L'intégrale $\int_C P dx$ est égale à la somme de deux intégrales analogues prises, l'une le long de $AM_0B$, l'autre le long de $BM_1A$; cette dernière est égale à l'intégrale prise le long de $AM_1B$ changée de signe; nous pouvons donc écrire

$$\int_C P(x, y, z) dx = - \int_a^b \left[ P(x, y_1, z_1) - P(x, y_0, z_0) \right] dx.$$

Désignons par $M_0 N M_1$ la courbe de section de la surface $S$ par le plan perpendiculaire à l'axe $Ox$ et d'abscisse $x$; la différence $P(x, y_1, z_1) - P(x, y_0, z_0)$ est égale à l'intégrale de sa différentielle totale par rapport à $y$ et $z$, entre les limites $y_0, z_0$ et $y_1, z_1$; ou bien à l'intégrale curviligne de cette différentielle le long de l'arc $M_0 N M_1$; nous avons donc

$$P(x, y_1, z_1) - P(x, y_0, z_0) = \int_{M_0}^{M_1} \frac{\partial P}{\partial y} dy + \frac{\partial P}{\partial z} dz \, ;$$

il en résulte, en séparant en deux parties l'intégrale précédente,

$$\int_C P dx = - \int_a^b dx \int_{y_0}^{y_1} \frac{\partial P}{\partial y} dy - \int_a^b dx \int_{z_0}^{z_1} \frac{\partial P}{\partial z} dz.$$

La première intégrale du second membre est la valeur de l'intégrale double $\iint \frac{\partial P}{\partial y} dx\, dy$ étendue aux éléments d'aire intérieure à la projection $A'M_0'B'M_1'$ de l'aire $S$ sur $xOy$, mais la seconde est la valeur changée de signe de l'intégrale double $\iint \frac{\partial P}{\partial z} dx\, dz$ étendue aux éléments de la projection $A''M_0''B''M_1''$ de $S$ sur $zOx$ parce que, comme nous l'avons vu, $z_0$ est supérieur à $z_1$. En nous reportant aux définitions que nous avons données au n° 438, les deux intégrales doubles précédentes sont identiques, dans le cas actuel, aux intégrales de surface de même forme étendues à la surface $S$; nous avons donc l'égalité

$$\int P dx = - \iint_S \frac{\partial P}{\partial y} dx\, dy + \iint_S \frac{\partial P}{\partial z} dx\, dz.$$

Par permutation circulaire des lettres, nous transformerons les deux.

autres parties de l'intégrale (5) en intégrales doubles analogues aux précédentes, et, en faisant la somme des trois égalités, nous aurons

$$\int_C P\,dx + Q\,dy + R\,dz = \iint_S \left(\frac{\partial R}{\partial y} - \frac{\partial Q}{\partial z}\right) dy\,dz$$
$$+ \left(\frac{\partial P}{\partial z} - \frac{\partial R}{\partial x}\right) dz\,dx + \left(\frac{\partial Q}{\partial x} - \frac{\partial P}{\partial y}\right) dx\,dy,$$

ce qui est la formule de Stokes.

**Remarque.** — Si $P\,dx + Q\,dy + R\,dz$ est différentielle totale, tous les termes de l'intégrale (6) sont nuls ; par suite, l'intégrale (5) étendue à un contour fermé est nulle, en supposant toutefois que les fonctions P, Q, R et leurs dérivées soient continues en tous les points d'une surface limitée par le contour ; nous retrouvons ainsi le théorème III du n° 434.

**442. Cas où une intégrale de surface ne dépend que du contour.** — Toute intégrale de surface de la forme (4) ne peut pas toujours être identifiée à l'intégrale (6) ; il faut pour cela que l'on puisse trouver trois fonctions P, Q, R telles que l'on ait les égalités

$$(8) \qquad \frac{\partial R}{\partial y} - \frac{\partial Q}{\partial z} = A, \qquad \frac{\partial P}{\partial z} - \frac{\partial R}{\partial x} = B, \qquad \frac{\partial Q}{\partial x} - \frac{\partial P}{\partial y} = C;$$

nous concluons de là que l'on doit avoir identiquement

$$(9) \qquad \frac{\partial A}{\partial x} + \frac{\partial B}{\partial y} + \frac{\partial C}{\partial z} = 0.$$

Cette condition, qui est nécessaire, est aussi suffisante, car si A, B, C sont liés par cette relation, on vérifie que les fonctions

$$P = 0, \qquad Q = \int_a^x C(x, y, z)\,dx,$$
$$R = -\int_a^x B(x, y, z)\,dx + \int_b^y A(a, y, z)\,dy$$

forment une solution des équations (8) ; on en obtient du reste d'autres en ajoutant respectivement à ces fonctions les dérivées partielles d'une fonction quelconque par rapport à $x$, $y$ et $z$.

Lorsque la condition (9) est remplie, l'intégrale (4), qui est identique à (6), peut être remplacée par l'intégrale curviligne (5) étendue au contour de la surface S ; elle ne dépend donc que de ce contour ; nous en concluons ce résultat :

*Une intégrale de surface (4), dans laquelle les fonctions A, B, C satisfont à la relation (9), ne dépend que du contour de la surface d'intégration, et ne change pas lorsque cette surface varie en conservant le même contour.*

*Exemple.* - Considérons l'intégrale

$$\iint_S \frac{x\,dy\,dz + y\,dz\,dx + z\,dx\,dy}{(x^2 + y^2 + z^2)^{\frac{3}{2}}}$$

étendue à une surface S limitée par un contour C ; on vérifie que les fonctions A, B, C qui entrent sous le signe d'intégration satisfont à la relation (9), par suite l'intégrale ne dépend que du contour C.

Elle a une signification géométrique simple ; soient $\alpha$, $\beta$, $\gamma$ les angles que fait avec les axes la normale en un point M de la surface, et $\alpha'$, $\beta'$, $\gamma'$ ceux que fait avec les mêmes axes le rayon OM allant de l'origine au point M ; soit enfin $r$ la valeur du vecteur OM ; on a

$$r = \sqrt{x^2 + y^2 + z^2}, \qquad \cos \alpha' = \frac{x}{r}, \qquad \cos \beta' = \frac{y}{r}, \qquad \cos \gamma' = \frac{z}{r}.$$

En introduisant les valeurs précédentes, et en remplaçant $dy\,dz$, $dz\,dx$ et $dx\,dy$ par $\cos \alpha\,d\sigma$, $\cos \beta\,d\sigma$ et $\cos \gamma\,d\sigma$, l'intégrale s'écrit sous la forme

$$\iint_S \frac{(\cos \alpha \cos \alpha' + \cos \beta \cos \beta' + \cos \gamma \cos \gamma')d\sigma}{r^2},$$

ou bien, en appelant V l'angle de OM avec la normale en M,

$$\iint_S \frac{\cos V\,d\sigma}{r^2}.$$

Le numérateur est la valeur de la projection de l'élément d'aire $d\sigma$ sur un plan passant par M et perpendiculaire à OM ; la fraction placée sous le signe d'intégration représente la valeur d'un élément d'aire semblable à cette projection, le rapport de similitude étant $\frac{1}{r}$ ; on en conclut qu'elle est égale à la portion d'aire découpée sur la sphère de centre O et de rayon égal à l'unité par un cône ayant pour sommet le point O et pour base l'élément $d\sigma$ de la surface S.

L'intégrale elle-même est la somme des éléments de cette sphère correspondant aux éléments de S ; elle est égale à l'aire de la portion de sphère découpée par le cône ayant pour sommet l'origine et pour directrice le contour C de la surface ; on l'appelle angle solide compris dans ce cône.

**443. Formule d'Ostrogradsky.** — Étant donnée une surface fermée S, enfermant le volume V, et trois fonctions A, B, C, continues ainsi que leurs dérivées pour tous les points de ce volume, nous allons montrer que l'intégrale de surface

$$(4) \qquad \iint_S A\,dy\,dz + B\,dz\,dx + C\,dx\,dy$$

étendue à la face extérieure de la surface S est égale à l'intégrale triple

$$(10) \qquad \iiint_V \left( \frac{\partial A}{\partial x} + \frac{\partial B}{\partial y} + \frac{\partial C}{\partial z} \right) dx\,dy\,dz$$

étendue au volume V ; c'est l'égalité de ces deux intégrales qui constitue la formule d'Ostrogradsky.

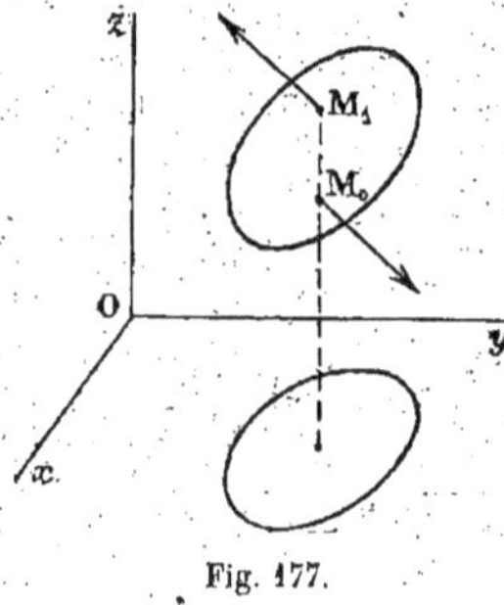


Fig. 177.

Supposons que la surface S soit coupée en deux points, $M_0$ et $M_1$, par toute sécante parallèle à $Oz$, et que $z_0$ et $z_1$ soient les cotes de ces deux points, $z_1$ étant supérieur à $z_0$. D'après l'hypothèse faite sur la direction de la normale, celle-ci fait en $M_1$ un angle aigu avec $Oz$, et en $M_0$ un angle obtus (*fig.* 177) ; nous en concluons que l'intégrale de surface $\iint_S C\,dx\,dy$ est égale, d'après sa définition (n° 438), à l'intégrale double

$$\iint_A [C(x,\,y,\,z_1) - C(x,\,y,\,z_0)]\,dx\,dy$$

étendue à tous les éléments positifs dont se compose la projection A de la surface S sur le plan des $xy$. Mais la différence qui est entre crochets est égale à l'intégrale

$$\int_{z_0}^{z_1} \frac{\partial C}{\partial z}\,dz\;;$$

en la remplaçant par cette valeur, nous avons comme résultat

$$\iint_S C\,dx\,dy = \iint_A dx\,dy \int_{z_0}^{z_1} \frac{\partial C}{\partial z}\,dz = \iiint_V \frac{\partial C}{\partial z}\,dx\,dy\,dz.$$

Nous établirions de même les relations transformant en intégrales triples les deux autres parties de l'intégrale de surface ; en ajoutant les résultats, nous avons l'égalité

$$(11) \qquad \iint_S A\,dy\,dz + B\,dz\,dx + C\,dx\,dy$$
$$= \iiint_V \left( \frac{\partial A}{\partial x} + \frac{\partial B}{\partial y} + \frac{\partial C}{\partial z} \right) dx\,dy\,dz,$$

qui est la formule à établir.

La démonstration suppose que la surface S n'est rencontrée qu'en deux points par toute sécante parallèle à l'un des axes ; il est facile de s'affranchir de cette restriction. Lorsqu'elle n'est pas remplie, on décompose le volume V en d'autres partiels $V_1, V_2, \ldots$ par des surfaces intermédiaires intérieures au volume primitif, de telle manière que les contours des nouveaux volumes ne soient coupés qu'en deux points par une parallèle aux axes.

Si l'on applique la formule d'Ostrogradsky à chacun des volumes, et si l'on fait la somme des résultats, la somme des intégrales de volume (10) n'est autre que la valeur de cette même intégrale pour le volume total ; d'autre part, la somme des intégrales de surface (4) se compose : 1° de la portion relative à la surface primitive S entourant le volume total ; 2° des portions relatives aux surfaces intermédiaires ; mais l'on voit, en raisonnant comme dans le cas de la formule de Stokes, que ces surfaces limitent chacune deux volumes contigus, et que l'on doit prendre la normale successivement dans des sens opposés ; les intégrales de surface correspondantes ont ainsi des valeurs deux à deux égales et de signes contraires, et leur somme est nulle. La formule se trouve ainsi démontrée dans tous les cas.

**Remarque.** — Lorsque A, B, C satisfont à la relation (9), le second membre de la formule (11) est nul, et le premier membre est aussi nul ; nous avons donc ce résultat :

*Lorsque les fonctions A, B, C satisfont à la condition (9), l'intégrale de surface (4) étendue à une surface fermée est nulle.*

**444. Formule de Green.** — Si nous appliquons la formule (11) aux fonctions particulières

$$A = U\frac{\partial V}{\partial x}, \qquad B = U\frac{\partial V}{\partial y}, \qquad C = U\frac{\partial V}{\partial z},$$

U et V étant des fonctions données, continues ainsi que leurs dérivées premières et secondes dans un volume donné, nous avons

$$\iint_S U\left(\frac{\partial V}{\partial x}\,dy\,dz + \frac{\partial V}{\partial y}\,dz\,dx + \frac{\partial V}{\partial z}\,dx\,dy\right)$$
$$= \iiint_V \left(\frac{\partial U}{\partial x}\frac{\partial V}{\partial x} + \frac{\partial U}{\partial y}\frac{\partial V}{\partial y} + \frac{\partial U}{\partial z}\frac{\partial V}{\partial z}\right)dx\,dy\,dz$$
$$+ \iiint_V U\left(\frac{\partial^2 V}{\partial x^2} + \frac{\partial^2 V}{\partial y^2} + \frac{\partial^2 V}{\partial z^2}\right)dx\,dy\,dz.$$

On simplifie l'écriture en introduisant dans la dernière intégrale du second membre le symbole $\Delta V$ pour représenter la somme

$$\Delta V = \frac{\partial^2 V}{\partial x^2} + \frac{\partial^2 V}{\partial y^2} + \frac{\partial^2 V}{\partial z^2};$$

en remplaçant dans la parenthèse du premier membre $dy\,dz$, $dz\,dx$, $dx\,dy$ par les produits $\cos \alpha\, d\sigma$, $\cos \beta\, d\sigma$, $\cos \gamma\, d\sigma$, comme au n° 438, cette parenthèse devient

$$\left(\frac{\partial V}{\partial x}\cos \alpha + \frac{\partial V}{\partial y}\cos \beta + \frac{\partial V}{\partial z}\cos \gamma\right)d\sigma.$$

On représente le coefficient de $d\sigma$ par $\dfrac{dV}{dn}$, et on l'appelle dérivée de $V$ suivant la normale à la surface ; la raison de cette dénomination est la suivante : considérons un déplacement $dn$ sur la normale ; la différentielle totale $dV$ de la fonction $V$ relative à ce déplacement a pour valeur

$$dV = \frac{\partial V}{\partial x}dx + \frac{\partial V}{\partial y}dy + \frac{\partial V}{\partial z}\partial z;$$

mais $dx$, $dy$ et $dz$ sont les projections sur les axes du déplacement $dn$ sur la normale, et ont pour valeurs

$$dx = dn \cos \alpha, \qquad dy = dn \cos \beta, \qquad dz = dn \cos \gamma;$$

nous avons donc

$$dV = \left(\frac{\partial V}{\partial x}\cos \alpha + \frac{\partial V}{\partial y}\cos \beta + \frac{\partial V}{\partial z}\cos \gamma\right)dn,$$

et nous voyons que $\dfrac{dV}{dn}$ est égal au coefficient de $d\sigma$. Avec ces notations, la formule primitive devient

$$\iint_{S} U\frac{dV}{dn}d\sigma = \iiint_{V}\left(\frac{\partial U}{\partial x}\frac{\partial V}{\partial x} + \frac{\partial U}{\partial y}\frac{\partial V}{\partial y} + \frac{\partial U}{\partial z}\frac{\partial V}{\partial z}\right)dx\,dy\,dz$$
$$+ \iiint_{V} U\Delta V\, dx\,dy\,dz.$$

Si nous changeons $U$ en $V$ et $V$ en $U$, et si nous retranchons membre à membre la nouvelle relation de la précédente, nous trouvons l'égalité

$$\iint_{S}\left(U\frac{dV}{dn} - V\frac{dU}{dn}\right)d\sigma = \iiint_{V}(U\Delta V - V\Delta U)dx\,dy\,dz;$$

c'est la formule de Green. Elle est établie en supposant que l'on prenne la normale extérieure à la surface fermée donnée ; si l'on prend la normale intérieure, il faut changer le signe du premier membre.

Si l'on fait en particulier $U = 1$, on a la formule

$$\iint_S \frac{dV}{dn}\, d\sigma = \iiint_V \Delta V\, dx\, dy\, dz.$$

**445. Calcul vectoriel. Dérivée d'un vecteur.** — Jusqu'ici nous avons étudié les vecteurs en utilisant leurs projections sur trois axes de coordonnées ; une opération effectuée sur des vecteurs est alors représentée en général par trois équations donnant les projections du résultat sur les trois axes. Il est possible de condenser ces équations en une seule en caractérisant un vecteur par un seul symbole et en soumettant ce symbole à des calculs particuliers remplaçant ceux que l'on fait ordinairement sur les projections du vecteur.

Les calculs élémentaires caractérisant l'égalité, la somme, le produit de plusieurs vecteurs sont basés sur les définitions suivantes : Deux vecteurs sont égaux s'ils ont même direction, même sens et même longueur. La somme de plusieurs vecteurs est le vecteur égal à leur somme géométrique (n° 127). Le mot produit a plusieurs significations : 1° Le produit d'un vecteur par un nombre $m$ est obtenu en multipliant par $m$ la grandeur du vecteur. 2° Le produit *scalaire* d'un vecteur $V_1$ par un vecteur $V_2$ (n° 126) est un nombre égal au produit des grandeurs de ces vecteurs et du cosinus de leur angle ; il peut être assimilé au travail de l'un des vecteurs lorsque son point d'application décrit l'autre vecteur. 3° Le produit *vectoriel* d'un vecteur $V_1$ par un vecteur $V_2$ (n° 155) est un troisième vecteur $V_3$ égal à l'aire du parallélogramme de côtés $V_1$ et $V_2$, porté perpendiculairement à $V_1$ et $V_2$ dans un sens tel que le trièdre de directions $V_1$, $V_2$, $V_3$ ait le sens positif. Si l'on forme le contour $OAB$ de côtés respectivement égaux et parallèles à $V_1$ et $V_2$, le produit est identique au moment de $AB$ par rapport à $O$.

La multiplication jouit dans chacun de ces cas de la propriété suivante : le produit d'un vecteur par la somme de plusieurs autres est égale à la somme des produits du premier vecteur par chacun des autres.

Cela posé, considérons un vecteur $V$ qui dépend d'une variable $t$ ; si l'on donne à $t$ un accroissement $\Delta t$ et si l'on forme la différence géométrique

$$V(t + \Delta t) - V(t),$$

puis le quotient de cette différence par le nombre $\Delta t$, le vecteur limite de ce quotient lorsque $\Delta t$ tend vers zéro est appelé dérivée géométrique du vecteur $V$ ; on le représente par $V'(t)$ ou par $\dfrac{dV}{dt}$ ; on peut définir de la même manière les dérivées successives du vecteur $V$.

La dérivée d'une somme de vecteurs est égale à la somme des dérivées de ces vecteurs. La dérivée du produit de deux vecteurs UV, soit scalaire, soit vectoriel, se détermine comme en algèbre ; on a en effet, d'après la propriété exprimée par $U(V_1 + V_2) = UV_1 + UV_2$, la relation

$$U(t + \Delta t)V(t + \Delta t) - U(t)V(t)$$
$$= [U(t + \Delta t) - U(t)]V(t + \Delta t) + U(t)[V(t + \Delta t) - V(t)] ;$$

en divisant par $\Delta t$ et passant à la limite, on a

$$\frac{d}{dt}(UV) = \frac{dU}{dt}V + U\frac{dV}{dt}.$$

Le calcul des différentielles est analogue à celui des dérivées.

*Exemple.* — Si un mobile M se déplace d'après une loi donnée de mouvement, sa vitesse est la dérivée géométrique du vecteur OM ; son accélération est la dérivée géométrique de la vitesse, c'est-à-dire la dérivée seconde du vecteur OM.

Si $m$ est la masse du mobile, F le vecteur force, l'équation de la dynamique s'exprime par l'égalité des vecteurs $m\gamma$ et F. Si nous faisons les produits scalaires des deux membres par le vecteur $vdt = ds$, $v$ étant la vitesse, nous avons

$$\left(m\frac{dv}{dt}\right)(vdt) = (mdv)v = Fds ;$$

le produit scalaire $(mdv)v$ est la différentielle du produit $\frac{1}{2}(mv)v$ et a pour valeur $d\frac{1}{2}mv^2$, le dernier membre est la différentielle du travail ; on retrouve ainsi le théorème des forces vives.

**446. Intégrale d'un vecteur. Circulation. Gradient.** — Un premier cas est celui où l'on considère un vecteur U fonction de $t$ dans un intervalle $(t_0, t)$ et la somme géométrique $\Sigma U(t)\Delta t$ étendue à cet intervalle ; la limite de cette somme est un vecteur intégral représenté par $\int_{t_0}^{t} Udt$, et dont la dérivée est précisément le vecteur U.

Le cas habituel est celui où l'on considère deux vecteurs U et V dépendant de la variable $t$ dans un intervalle $(t_0, t_1)$ ; si l'on décompose cet intervalle en d'autres partiels égaux à $\Delta t$, si l'on prend dans chacun d'eux le vecteur U pour une valeur intermédiaire de $t$, et la différence géométrique $\Delta V = V(t + \Delta t) - V(t)$, puis si l'on forme le produit scalaire $U\Delta V$ et la somme des produits analogues, cette somme a une limite lorsque les intervalles $\Delta t$ tendent tous vers zéro, et cette limite se calcule comme l'intégrale définie de la fonction numérique $U(t)V'(t)$ ; on la représente par

$$\int_{t_0}^{t_1} U(t)V'(t)dt = \int_{t_0}^{t_1} UdV.$$

Ordinairement V est un vecteur OM allant de l'origine au point d'application du vecteur U, $\Delta V$ est égal à la corde d'un élément de la ligne décrite par M quand $t$ varie, et $dV$ n'est autre que la différentielle $ds$ de l'arc de cette ligne ; le produit scalaire $Uds$ est le travail élémentaire du vecteur U pour un déplacement $ds$ du point M et l'intégrale $\int Uds$ est égale au travail total de ce vecteur U. Si P, Q, R sont les projections du vecteur U sur les axes, celles de $ds$ étant $dx$, $dy$, $dz$, on a

$$\int Uds = \int Pdx + Qdy + Rdz.$$

Le cas le plus important est celui où $Uds$ est la différentielle totale d'une fonction de forces $F(x, y, z)$ ; l'intégrale précédente étendue à un arc AB ne dépend que des limites du chemin d'intégration et est égale à la différence des valeurs de F aux deux extrémités (nos 433, 435, 436) ; en particulier l'intégrale étendue à un contour fermé est nulle en général.

Que $Uds$ soit ou non différentielle totale, l'intégrale $\int_C Uds$ prise le long d'un contour fermé s'appelle *circulation* du vecteur U le long de ce contour.

Lorsque $Uds$ est la différentielle totale d'une fonction $F(x, y, z)$, on dit que le vecteur U est le *gradient* de la fonction F et l'on écrit

$$U = \text{grad. } F ; \qquad dF = (\text{grad. } F)ds ;$$

les projections du gradient sur les axes sont $\dfrac{\partial F}{\partial x}, \dfrac{\partial F}{\partial y}, \dfrac{\partial F}{\partial z}$.

**447. Flux. Tourbillon. Divergence.** — Soit U un vecteur dont le point d'application décrit une surface S et soit $d\sigma$ un élément de cette surface. On appelle *flux* du vecteur à travers l'élément $d\sigma$ le produit scalaire de la grandeur de U par $d\sigma$ et par le cosinus de l'angle que fait la direction sur laquelle U est compté avec la normale positive à la surface en un point de $d\sigma$. Si $n$ est cette normale, le flux élémentaire est $Ud\sigma \cos(U, n)$, et le flux total est l'intégrale de cet élément étendu à S.

En désignant par A, B, C les projections du vecteur U sur les trois axes de coordonnées, par $\alpha$, $\beta$, $\gamma$ les angles de $n$ avec ces axes, on a

$$U \, d\sigma \cos (U, n) = (A \cos \alpha + B \cos \beta + C \cos \gamma) d\sigma$$
$$= A \, dy \, dz + B \, dz \, dx + C \, dx \, dy,$$

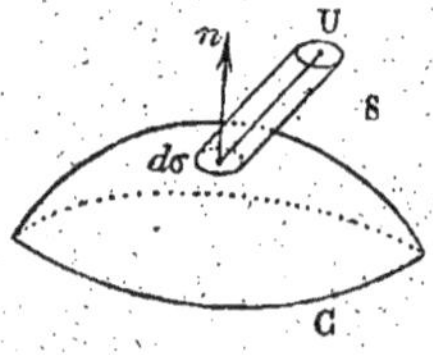

Fig. 178.

et le flux total est égal à l'intégrale de surface (4).

La signification géométrique du flux élémentaire est le volume d'un cylindre de base $d\sigma$, dont les génératrices sont égales et parallèles à U (*fig.* 178) ; c'est encore le débit de l'écoulement d'un fluide à travers $d\sigma$, la vitesse étant égale au vecteur U.

On appelle vecteur *tourbillon* d'un vecteur V de composantes P, Q, R, le vecteur U de composantes

$$(8) \qquad A = \frac{\partial R}{\partial y} - \frac{\partial Q}{\partial z}, \quad B = \frac{\partial P}{\partial z} - \frac{\partial R}{\partial x}, \quad C = \frac{\partial Q}{\partial x} - \frac{\partial P}{\partial y} ;$$

ce vecteur a une interprétation dans la dynamique des fluides où l'on considère une particule animée d'un mouvement de translation de vitesse V ; elle possède une rotation dont la vitesse est représentée par le vecteur $\frac{1}{2} U$ ; dans certains cas, c'est le vecteur $\frac{U}{2}$ que l'on appelle tourbillon.

Le vecteur U s'appelle encore *rotationnel* ou *curl,* mot anglais qui signifie boucle, et l'on écrit

$$U = \text{tourb } V = \text{rot. } V = \text{curl } V.$$

La quantité

$$(9) \qquad \frac{\partial A}{\partial x} + \frac{\partial B}{\partial y} + \frac{\partial C}{\partial z}$$

s'appelle *divergence* du vecteur U. Les théorèmes que nous avons démontrés peuvent alors s'énoncer de la manière suivante :

La formule de Stokes exprime que la circulation d'un vecteur le long d'un contour fermé est égale au flux du tourbillon de ce vecteur à travers une surface s'appuyant sur ce contour. La divergence d'un vecteur tourbillon est nulle en chaque point. La formule d'Ostrogradsky exprime que le flux d'un vecteur à travers une surface fermée de l'intérieur vers l'extérieur est égal à la divergence de ce vecteur étendue au volume intérieur à la surface.

Si une fonction $F(x, y, z)$ est telle que son gradient a une divergence nulle, cette fonction satisfait à l'équation $\Delta F = 0$.

# SEPTIÈME PARTIE

# ÉQUATIONS DIFFÉRENTIELLES

## CHAPITRE I

### ÉQUATIONS DIFFÉRENTIELLES DU PREMIER ORDRE

**448. Formation des équations différentielles.** — Considérons une fonction $y$ d'une variable $x$, définie par une équation renfermant un paramètre arbitraire $C$ ; si nous éliminons ce paramètre entre l'équation donnée et celle que l'on en déduit en égalant les dérivées ou les différentielles des deux membres, nous obtenons une relation entre la variable $x$, la fonction $y$ et sa dérivée $y'$ ou bien entre les deux variables $x$, $y$ et leurs différentielles du premier ordre $dx$ et $dy$ ; cette relation est indépendante de $C$ et elle est satisfaite par toutes les fonctions $y$ obtenues en donnant des valeurs différentes à ce paramètre ; on l'appelle équation différentielle du premier ordre.

*Exemple.* — Soit la fonction $y$ définie par l'équation

$$(1) \qquad y^2 = 2Cx,$$

où $C$ est un paramètre arbitraire ; en différentiant cette équation, on a

$$2y\,dy = 2C\,dx,$$

et en éliminant $C$ entre les deux relations, on obtient l'équation différentielle

$$(2) \qquad y\,dx - 2x\,dy = 0 ;$$

on peut la mettre, en divisant par $dx$, sous la forme suivante, équivalente à la première,

$$(3) \qquad y - 2x\frac{dy}{dx} = 0 ;$$

elle représente alors une relation entre la variable $x$, la fonction $y$ et sa dérivée $\dfrac{dy}{dx}$.

En considérant $x$ et $y$ comme les coordonnées d'un point d'un plan, toute équation telle que (1) représente une famille de lignes de ce plan ; l'équation différentielle à laquelle satisfont toutes ces lignes est une relation qui existe, pour toute ligne de la famille, entre les coordonnées $(x, y)$ d'un quelconque de ses points et le coefficient angulaire $\dfrac{dy}{dx}$ de la tangente en ce point.

Une autre manière de former une équation différentielle, souvent usitée dans les sciences physiques, consiste, comme nous l'avons dit au n° 228, à établir une relation entre des variables dépendant l'une de l'autre, et leurs accroissements infiniment petits ; pour passer à la limite quand ces accroissements tendent vers zéro, on conserve les termes de plus bas degré d'homogénéité par rapport aux infiniment petits, et l'on remplace ces derniers par les différentielles.

*Exemple.* — On étudie en chimie le temps nécessaire à une transformation ou une réaction ; le cas le plus simple est le suivant : On considère une substance unique dont l'unité de volume renferme à l'instant initial $a$ molécules, et l'on suppose que $x$ de ces molécules se sont transformées au bout du temps $t$. Si $\Delta x$ est l'accroissement très petit de ce nombre $x$ pendant un accroissement de temps très petit $\Delta t$, les expériences montrent que $\Delta x$ est proportionnel à $\Delta t$ et aussi au nombre $a - x$ des molécules non transformées ; c'est-à-dire que l'on a

$$\Delta x = k(a - x)\Delta t,$$

où $k$ est un coefficient constant ; on en déduit l'équation différentielle

$$(4) \qquad dx = k(a - x)dt \qquad \text{ou} \qquad \frac{dx}{dt} = k(a - x) ;$$

$\dfrac{dx}{dt}$ est appelé vitesse de la transformation.

**449. Problème inverse.** — Toute fonction $y$ qui satisfait à une équation différentielle donnée du premier ordre s'appelle une solution de cette équation ; intégrer une équation différentielle, c'est en rechercher toutes les solutions.

La solution qui renferme une constante arbitraire s'appelle *solution générale* ; celles qui s'en déduisent en donnant à la constante des valeurs numériques particulières s'appellent *solutions particulières* ; s'il existe d'autres solutions non renfermées dans la solution générale, on les appelle *solutions singulières*.

Parmi les solutions particulières, on a souvent à considérer celle qui se réduit à une valeur donnée $y_0$ pour une valeur donnée $x_0$ de la variable; il est facile de la déduire de la solution générale; il suffit en effet d'écrire que la relation qui définit cette solution est satisfaite pour $x = x_0$ et $y = y_0$; on obtient de cette façon une équation fournissant la valeur numérique qu'il faut attribuer à la constante $C$.

En remplaçant dans la solution générale $C$ par cette valeur, on obtient la solution particulière cherchée; on dit que $x_0$ et $y_0$ constituent les conditions initiales de cette solution particulière.

La relation qui définit la solution générale est quelquefois résolue par rapport à la constante arbitraire, et mise sous la forme $F(x, y) = C$; on dit alors que $F(x, y)$ est une *fonction intégrale* ou simplement une *intégrale* de l'équation différentielle.

Si $x$ et $y$ sont considérés comme les coordonnées des points d'un plan, la solution générale est fournie par une équation qui représente une famille de courbes, lorsqu'on donne à la constante qui entre dans cette solution générale toutes les valeurs possibles; définir une solution particulière par les conditions initiales $(x_0, y_0)$ revient à choisir la courbe de la famille qui passe par le point $(x_0, y_0)$.

L'enveloppe des courbes de la famille représentée par l'équation générale est une ligne qui satisfait à l'équation différentielle; en effet, en chacun de ses points, elle est tangente à une certaine courbe de la famille dont ce point est le point caractéristique (n° 322); les coordonnées de ce point et le coefficient angulaire de la tangente sont les mêmes pour l'enveloppe et pour l'enveloppée. Comme, pour cette dernière, ces quantités satisfont à l'équation différentielle, il en est de même pour la ligne enveloppe; celle-ci constitue donc une solution de l'équation différentielle; elle ne fait pas partie de la famille représentée par la solution générale, elle est donc une solution singulière.

Il résulte de là que la solution singulière d'une équation différentielle est fournie par l'enveloppe de la famille de lignes représentée par la solution générale; on l'obtient en éliminant la constante arbitraire $C$ entre l'équation qui définit cette solution et la dérivée de cette équation par rapport à $C$.

*Exemple.* — L'équation différentielle

$$y\left[1 + \left(\frac{dy}{dx}\right)^2\right] = 2x\frac{dy}{dx}$$

admet pour solution générale la fonction définie par l'équation

$$y^2 = 2Cx - C^2;$$

en éliminant C entre cette équation et sa dérivée par rapport à C; ou en écrivant qu'elle a par rapport à C une racine double, nous trouvons la relation $y^2 - x^2 = 0$, qui fournit les deux solutions $y = x$ et $y = -x$. Elles ne rentrent pas dans la solution générale et cependant satisfont à l'équation différentielle ; elles en constituent des solutions singulières.

Il peut arriver que les raisonnements précédents soient en défaut; c'est ce qui a lieu par exemple si le point caractéristique d'une courbe enveloppée est un point singulier de cette courbe. Il est bon de rechercher dans chaque cas si la fonction $y$ définie par le procédé de calcul des courbes enveloppes est bien une solution de l'équation différentielle.

**450. Procédés d'intégration. Cas des différentielles totales.** — Il n'existe pas de procédés généraux d'intégration des équations différentielles; ce n'est que dans des cas simples que l'on peut former la solution générale au moyen des fonctions connues.

Lorsqu'on peut exprimer $x$ et $y$, ou bien une fonction intégrale, au moyen d'intégrales définies ou indéfinies, on dit que l'intégration est ramenée aux quadratures, et l'on considère comme résolu le problème de la recherche des solutions de l'équation différentielle donnée; on sait en effet calculer numériquement une intégrale définie; on peut donc déterminer la valeur de chaque solution $y$ pour chaque valeur numérique de la variable $x$.

Lorsque l'équation différentielle a la forme

$$(5) \qquad P(x, y)dx + Q(x, y)dy = 0$$

et que le premier membre est une différentielle totale exacte, il suffit, pour obtenir la solution générale, d'égaler à une constante arbitraire l'intégrale indéfinie du premier membre ; on sait exprimer cette intégrale par des quadratures (n° 428), et elle constitue une intégrale de l'équation différentielle.

Si le premier membre n'est pas différentielle exacte, il peut arriver que l'on puisse calculer une fonction $\mu(x, y)$ telle que le produit par $\mu$ de $Pdx + Qdy$ devienne différentielle exacte ; on est alors ramené à des quadratures. La fonction $\mu(x, y)$ est appelée *facteur intégrant*.

**451. Cas où les variables se séparent.** — Lorsque dans l'équation (5) P ne dépend que de $x$ et Q que de $y$, c'est-à-dire lorsque l'équation différentielle a la forme

$$P(x)dx + Q(y)dy = 0,$$

on dit que les *variables sont séparées* ; le premier membre est la différentielle exacte de la somme des intégrales indéfinies de ses deux termes, et la solution générale est fournie par l'équation

$$\int P(x)dx + \int Q(y)dy = C.$$

Le cas le plus simple est celui où l'équation est de la forme

$$y' = f(x) \quad \text{ou} \quad dy = f(x)dx;$$

sa solution générale est alors l'intégrale indéfinie de $f(x)$, c'est-à-dire

$$y = \int f(x)dx + C.$$

Comme exemple, considérons l'équation (2), n° 448 ; en l'écrivant

$$\frac{2dy}{y} - \frac{dx}{x} = 0,$$

les variables sont séparées, et son intégrale est donnée par

$$2\log|y| - \log|x| = C;$$

si nous représentons par $\log|2C'|$ la constante qui entre au second membre, et si nous remontons des logarithmes aux nombres, nous obtenons, pour définir la solution générale, la relation $y^2 = |2C'x|$ que l'on peut écrire $y^2 = 2C'x$, car $C'$ doit être du signe de $x$ ; elle est identique à l'équation (1) qui avait conduit à l'équation différentielle.

Comme autre exemple, considérons l'équation (4)

$$\frac{dx}{dt} = k(a - x),$$

où $k$ est une constante ; pour l'intégrer, on l'écrit sous la forme

$$kdt = \frac{dx}{a - x};$$

les variables sont séparées, et la solution générale est donnée, en intégrant les deux membres, par l'équation

$$kt = -\log(a - x) + C,$$

$C$ étant la constante arbitraire, et $a - x$ étant toujours positif.

Proposons-nous d'obtenir la solution particulière qui correspond à $x = 0$ pour $t = 0$ ; en introduisant ces valeurs dans la relation précédente, elle donne $C = \log a$, d'où nous déduisons la relation cherchée

$$kt = \log a - \log(a - x) = \log \frac{a}{a - x}$$

ou, en remontant des logarithmes aux nombres,

$$\frac{a}{a-x} = e^{kt}, \qquad x = a(1 - e^{-kt}).$$

**452. Équation homogène.** — Lorsque, dans l'équation (5), P et Q sont des fonctions homogènes de $x$ et de $y$ ayant même degré d'homogénéité, on peut par un changement de variable se ramener au cas précédent. Si l'on divise P et Q par une puissance de $x$ égale au degré d'homogénéité, et si l'on met en évidence dans ces fonctions le rapport $\frac{y}{x}$, on écrit l'équation sous la forme

$$(6) \qquad\qquad P\left(\frac{y}{x}\right)dx + Q\left(\frac{y}{x}\right)dy = 0 ;$$

on pose alors $\frac{y}{x} = t$, c'est-à-dire $y = tx$, d'où $dy = x\,dt + t\,dx$ ; en remplaçant $y$ et $dy$ par ces valeurs, l'équation (6) devient

$$P(t)dx + Q(t)(x\,dt + t\,dx) = 0,$$

ou bien

$$[P(t) + Q(t)t]dx + Q(t)x\,dt = 0.$$

On peut séparer les variables et écrire cette équation sous la forme

$$\frac{dx}{x} + \frac{Q(t)dt}{P(t) + Q(t)t} = 0 ;$$

on est alors ramené au cas précédent et l'intégration est possible par quadratures ; il suffit de remplacer $t$ par $\frac{y}{x}$ dans le résultat pour avoir une intégrale de l'équation différentielle donnée et en déduire la solution générale. On peut aussi exprimer $x$ et $y$ en fonction de $t$.

*Exemple.* — Soit à intégrer l'équation différentielle

$$(3y + x)dx - (3x + y)dy = 0 ;$$

la transformation précédente conduit à l'équation

$$\frac{dx}{x} - \frac{(3 + t)dt}{(3t + 1) - (3 + t)t} = 0.$$

En décomposant en fractions simples (n° 385) la fraction rationnelle. facteur de $dt$, on met l'équation sous la forme

$$\frac{dx}{x} + \frac{2dt}{t - 1} - \frac{dt}{t + 1} = 0 ;$$

elle a pour intégrale la fonction

$$\log|x| + 2\log|t - 1| - \log|t + 1| = \log\left|\frac{x(t-1)^2}{t+1}\right| ;$$

en l'égalant à une constante $\log|C|$, remontant des logarithmes aux nombres, et remplaçant $t$ par $\dfrac{y}{x}$, on trouve que la solution générale de l'équation différentielle est donnée par la relation

$$(y - x)^2 = C(y + x).$$

Dans certains problèmes de géométrie, il y a intérêt à introduire les coordonnées polaires et à poser $x = \rho \cos \theta$, $y = \rho \sin \theta$, d'où

$$dx = d\rho \cos \theta - \rho \sin \theta\, d\theta, \qquad dy = d\rho \sin \theta + \rho \cos \theta\, d\theta\,;$$

l'équation se transforme en une autre dont les variables $\rho$ et $\theta$ se séparent.

**453. Équation linéaire.** — On appelle ainsi une équation entière et du premier degré par rapport à $y$ et $\dfrac{dy}{dx}$; on peut toujours la ramener à la forme

$$(7) \qquad \frac{dy}{dx} + P(x)y = Q(x),$$

où $P$ et $Q$ sont des fonctions données quelconques de $x$; nous allons montrer que l'on peut toujours intégrer une telle équation.

Considérons d'abord le cas où $Q(x)$ est nul; l'équation est dite linéaire et homogène ou sans second membre; en l'écrivant sous la forme

$$\frac{dy}{y} + P(x)\,dx = 0,$$

les variables sont séparées, et nous trouvons immédiatement l'intégrale suivante, où $\log |C|$ désigne une constante arbitraire,

$$\log |y| + \int P(x)\,dx = \log |C|\,;$$

nous en tirons, en remontant des logarithmes aux nombres, la solution générale sous la forme

$$(8) \qquad y = C\,e^{-\int P(x)\,dx}.$$

Considérons le cas général où le second membre n'est pas nul; on intègre ordinairement l'équation (7) par la méthode suivante, que l'on appelle *méthode de variation des constantes arbitraires*.

On commence par intégrer l'équation homogène obtenue en supprimant le second membre; sa solution renferme une constante arbitraire C, comme l'indique l'équation (8). On suppose alors que C représente non plus une constante, mais une fonction de $x$, et l'on cherche à déterminer cette fonction par la condition que l'expression trouvée satisfasse à l'équation donnée (7).

Nous allons appliquer cette méthode à un exemple. Soit l'équation

$$x\frac{dy}{dx} - 2y = x^2 - 3,$$

que nous pouvons écrire, en la mettant sous la forme (7),

$$\frac{dy}{dx} - \frac{2}{x}\,y = \frac{x^2 - 3}{x}.$$

Supprimons le second membre ; nous avons l'équation

$$\frac{dy}{dx} - \frac{2}{x}\,y = 0, \qquad \text{ou} \qquad \frac{dy}{y} - \frac{2dx}{x} = 0,$$

dont la solution est fournie par la relation

$$\log|y| - 2\log|x| = \log|C|, \qquad \text{d'où} \qquad y = Cx^2.$$

Considérons alors, dans cette valeur de $y$, C comme une fonction inconnue de $x$, et remplaçons, dans l'équation totale donnée, $y$ par $Cx^2$ et $\frac{dy}{dx}$ par $\frac{dC}{dx}x^2 + 2Cx$ ; nous avons, toutes réductions faites,

$$\frac{dC}{dx} = \frac{x^2 - 3}{x^3}.$$

Nous en déduisons

$$C = \int \frac{x^2 - 3}{x^3}\,dx = \int \left( \frac{1}{x} - \frac{3}{x^3} \right) dx = \log|x| + \frac{3}{2x^2} + C',$$

C' désignant une constante. Il suffit alors de remplacer C par cette valeur dans l'expression de $y$ pour obtenir la solution générale

$$y = x^2 \log|x| + \frac{3}{2} + C'x^2.$$

**454. Équations de Bernoulli, de Riccati.** — Les équations de la forme

$$\frac{dy}{dx} + P(x)y + Q(x)y^n = 0,$$

dites de *Bernoulli*, se ramènent aux équations linéaires en les divisant par $y^n$ et prenant $y^{1-n} = z$ comme nouvelle fonction inconnue ; on arrive ainsi immédiatement à l'équation

$$\frac{1}{1-n}\frac{dz}{dx} + P(x)z + Q(x) = 0,$$

qui est une équation différentielle linéaire.

On appelle équation de *Riccati* une équation de la forme

$$\frac{dy}{dx} + P(x) + Q(x)y + R(x)y^2 = 0 \, ;$$

on ne peut pas l'intégrer dans le cas général au moyen des fonctions élémentaires, mais nous allons montrer qu'elle est intégrable dès que l'on connaît une solution particulière $y_1$. Si l'on pose en effet $y = y_1 + z$, et si l'on effectue ce changement de fonction inconnue, le terme indépendant de $z$ est nul, et l'équation devient

$$\frac{dz}{dx} + (Q + 2Ry_1)z + Rz^2 = 0,$$

qui est une équation de Bernoulli intégrable.

**455. Équations non résolues par rapport à $y'$.** — On peut intégrer certaines de ces équations ; nous citerons d'abord l'équation de *Clairaut*, qui a la forme

$$(9) \qquad y = x\frac{dy}{dx} + f\left(\frac{dy}{dx}\right),$$

$f$ étant une fonction ne renfermant que la dérivée de $y$. La solution générale s'obtient simplement en remplaçant $\frac{dy}{dx}$ par une constante arbitraire $C$, et elle est

$$y = Cx + f(C) ;$$

cette équation représente en effet une famille de droites ; pour une quelconque d'entre elles, $\frac{dy}{dx}$ est égal à $C$, par conséquent l'équation (9) est identiquement satisfaite.

L'enveloppe de cette famille de droites fournit, comme nous l'avons vu au n° 449, une solution singulière de l'équation différentielle ; dans le cas actuel, cette solution est plus importante que la solution générale.

Plus généralement, on appelle équation de *Lagrange* une équation renfermant linéairement $x$ et $y$, de la forme

$$(10) \qquad y = xP\left(\frac{dy}{dx}\right) + Q\left(\frac{dy}{dx}\right) ;$$

la méthode d'intégration consiste à prendre comme variable auxiliaire la dérivée $\frac{dy}{dx}$, que l'on représente par $p$ ; $x$ et $y$ sont alors donnés en fonction de $p$ par le système des deux équations

$$(11) \qquad \begin{cases} dy = pdx, \\ y = xP(p) + Q(p). \end{cases}$$

En différentiant la seconde, et remplaçant $dy$ par sa valeur fournie par la première, nous obtenons entre $x$ et $p$ l'équation suivante :

$$pdx = P(p)dx + [xP'(p) + Q'(p)]dp ;$$

elle est linéaire en $x$ et $\dfrac{dx}{dp}$, et peut être intégrée ; lorsque $x$ est déterminé en fonction de $p$, la deuxième équation (11) fait connaître $y$, et l'on a ainsi $x$ et $y$ exprimés au moyen du paramètre $p$ ; l'élimination de $p$ fournirait l'intégrale générale.

456. **Intégration par une série.** — Un procédé plus théorique que pratique permet de déterminer, par un développement en série, une solution particulière d'une équation différentielle quelconque, solution caractérisée par des conditions initiales données $(x_0, y_0)$. Cette solution est fournie par la série de Taylor

$$(12) \qquad y = y_0 + \frac{x - x_0}{1}\left(\frac{dy}{dx}\right)_0 + \frac{(x - x_0)^2}{1 \cdot 2}\left(\frac{d^2y}{dx^2}\right)_0 + \cdots$$

Les coefficients de ce développement sont déterminés par l'équation différentielle ; celle-ci donne déjà $\dfrac{dy}{dx}$ ; ses dérivées successives donnent de proche en proche les dérivées suivantes de $y$, et en remplaçant dans les calculs effectués $x$ et $y$ par $x_0$ et $y_0$, on obtient les coefficients successifs de la série (12). On démontre, ce que nous ne ferons pas ici, que si $x_0, y_0$ n'ont pas de valeurs singulières, la série est convergente et est une intégrale de l'équation différentielle lorsque $x - x_0$ est en valeur absolue inférieur à un nombre convenablement choisi $R$, qui est le rayon de convergence de la série.

Le calcul de $y$ n'est possible que pour les valeurs de $x$ rendant la série convergente ; si l'on veut envisager d'autres valeurs de la variable, on prend une valeur $x_1$ dans l'intervalle de convergence, on calcule la valeur $y_1$ correspondante, puis on prend $x_1, y_1$ comme conditions initiales d'une solution qui est dite le prolongement de la première ; son intervalle de convergence s'étend ordinairement à d'autres valeurs de $x$ que pour la série (12) et l'on peut continuer de proche en proche.

Un procédé de calcul plus pratique est la méthode des coefficients indéterminés ; nous supposerons pour simplifier que l'on prenne $x_0 = 0$, ce qui réduit la série de Taylor à celle de Maclaurin. On considère une série entière

$$(13) \qquad y = a_0 + a_1 x + a_2 x^2 + \cdots + a_n x^n + \cdots,$$

dont les coefficients sont inconnus ; on substitue à $y$ et à $y'$ cette série et sa dérivée terme à terme et l'on écrit que l'équation différentielle est identiquement satisfaite ; en écrivant que les coefficients des mêmes puissances de $x$ dans les développements des deux membres sont égaux, on obtient des équations permettant de calculer de proche en proche les coefficients de la série (13). Il reste à chercher dans quels cas cette série est convergente ; elle peut dans certains cas se réduire à un polynome.

*Exemple.* — Considérons l'équation différentielle

$$\frac{dy}{dx} = xy + x^2 \, ;$$

en remplaçant $y$ par la série (13) nous aurons

$$a_1 + 2a_2 x + \cdots + na_n x^{n-1} + \cdots$$
$$= a_0 x + (a_1 + 1)x^2 + \cdots + a_n x^{n+1} + \cdots ;$$

l'identification nous donne les relations

$$a_1 = 0, \quad 2a_2 = a_0, \quad 3a_3 = a_1 + 1, \quad \cdots, \quad na_n = a_{n-2}, \quad \cdots,$$

qui donnent, à partir de $a_3$, chaque coefficient au moyen de l'antéprécédent :

$$a_1 = 0, \quad a_3 = \frac{1}{3}, \quad a_5 = \frac{a_3}{5} = \frac{1}{3 \cdot 5}, \quad a_7 = \frac{a_5}{7} = \frac{1}{3 \cdot 5 \cdot 7}, \quad \cdots,$$

$$a_2 = \frac{a_0}{2}, \quad a_4 = \frac{a_2}{4} = \frac{a_0}{2 \cdot 4}, \quad a_6 = \frac{a_4}{6} = \frac{a_0}{2 \cdot 4 \cdot 6}, \quad \cdots.$$

Le coefficient $a_0$ reste indéterminé et constitue la constante entrant dans la solution générale ; celle-ci est égale à

$$a_0\left(1 + \frac{x^2}{2} + \frac{x^4}{2 \cdot 4} + \frac{x^6}{2 \cdot 4 \cdot 6} + \cdots\right) + \left(\frac{x^3}{3} + \frac{x^5}{3 \cdot 5} + \frac{x^7}{3 \cdot 5 \cdot 7} + \cdots\right).$$

Les deux séries précédentes sont convergentes pour toute valeur de $x$.

Remarquons que l'équation différentielle est linéaire ; sa solution, obtenue par la méthode du n° 453, est

$$e^{\frac{x^2}{2}}\left(C + \int x^2 e^{-\frac{x^2}{2}} dx\right),$$

C étant la constante d'intégration identique à $a_0$ ; en développant en série $e^{\frac{x^2}{2}}$ et $e^{-\frac{x^2}{2}}$ on retrouverait le résultat précédent.

**457. Intégration graphique. Isoclines.** — Lorsqu'on ne connaît pas la solution générale d'une équation différentielle, et qu'on veut calculer pour une valeur de $x$ une valeur approchée d'une solution particulière définie par les conditions initiales $(x_0, y_0)$, un procédé simple consiste à décomposer l'intervalle $(x_0, x)$ en intervalles assez petits $\Delta x$, par des nombres $x_0, x_1, x_2, \ldots$ et à appliquer dans chacun d'eux la formule de Taylor réduite à ses premiers termes. Généralement, on se contente des termes du premier degré, l'on calcule d'abord une valeur approchée de l'intégrale pour $x_1$ par la formule

$$y_1 = y_0 + (x_1 - x_0)y'_0,$$

puis on calcule $y'_1$ tirée de l'équation différentielle pour le système $(x_1, y_1)$; ensuite on calcule une valeur approchée de $y$ pour $x_2$ par

$$y_2 = y_1 + (x_2 - x_1)y'_1$$

et ainsi de suite. Cela revient à substituer à la courbe intégrale $C$ issue de $M_0(x_0, y_0)$ (*fig.* 179) un petit segment $M_0M_1$ de la tangente en $M_0$, on prend ensuite un petit segment $M_1M_2$ sur la tangente en $M_1$ à la courbe intégrale $C_1$ passant par $M_1$, et ainsi de suite; on substitue ainsi à $C$ la ligne brisée $M_0M_1M_2\ldots$

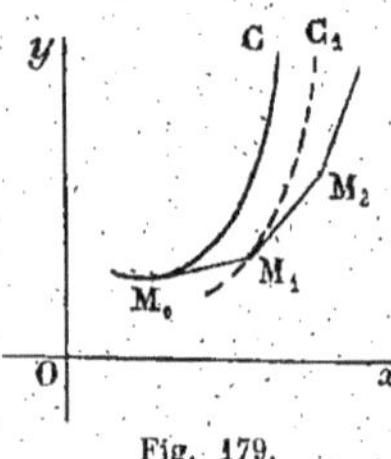

Fig. 179.

On voit que cette ligne peut dans certains cas s'écarter sensiblement de la ligne $C$; on pourrait utiliser un terme de plus dans la formule de Taylor, et remplacer les segments de tangente par des arcs de parabole, mais il est préférable d'employer des lignes isoclines.

Étant donnée une équation différentielle $F(x, y, y') = 0$, le lieu des points du plan pour lesquels le coefficient angulaire de la tangente à la courbe intégrale qui y passe a une valeur donnée $m$ est représenté par l'équation $F(x, y, m) = 0$; ce lieu est une ligne dite *isocline*; au point où une courbe intégrale quelconque coupe cette ligne, la tangente a une direction de coefficient angulaire $m$.

On est amené à tracer les isoclines $I_0, I_1, I_2, \ldots$ (*fig.* 180) relatives à des valeurs assez rapprochées $m_0, m_1, m_2, \ldots$ de $y'$; il est avantageux de les caractériser par des droites $O'B_0, O'B_1, \ldots$ ayant ces coefficients angulaires $m_0, m_1, \ldots$, comme celles dont nous avons parlé dans l'intégration graphique (n° 404). En partant d'un point $M_0$ supposé sur la première isocline, on tracera une courbe $C$ satisfaisant à la condition qu'aux

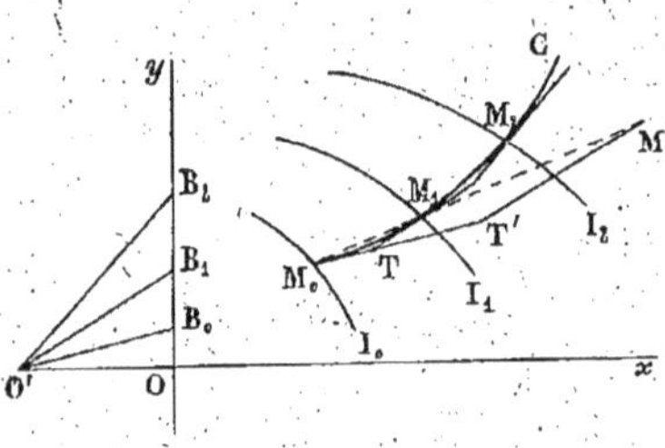

Fig. 180.

points $M_0, M_1, M_2, \ldots$ où elle coupe $I_0, I_1, I_2, \ldots$, les tangentes soient parallèles à $O'B_0, O'B_1, O'B_2, \ldots$; cette courbe $C$ différera peu d'une courbe intégrale issue de $M_0$.

Un tracé à vue de la ligne  C  par les directions de ses tangentes est généralement suffisant ; on peut cependant donner à ce tracé plus de précision en déterminant d'une manière aussi exacte que possible les points $M_1$, $M_2$, ... où  C  coupe les isoclines. Nous allons montrer comment on peut y arriver en supposant que chacun des arcs tels que $M_0M_1$ peut être remplacé avec une approximation suffisante par un arc de parabole d'axe parallèle à  $Oy$, issu de  $M_0$  et possédant à ses extrémités, $M_0$, $M_1$, des tangentes parallèles à  $O'B_0$  et  $O'B_1$.

Nous nous appuierons sur la remarque suivante, dont la démonstration est immédiate : Si  $M_0$  et  $M_1$  sont les extrémités d'une corde d'une parabole dont l'axe est parallèle à  $Oy$, l'abscisse du pôle de cette corde (n° 317) est la moyenne arithmétique des abscisses de  $M_0$  et  $M_1$ ; dès lors, si  T  est le point de rencontre des tangentes à la parabole en  $M_0$  et $M_1$, les parallèles à $Oy$ passant par  $M_0$, T et $M_1$ sont équidistantes. On en déduit la construction suivante : Sur la parallèle à  $O'B_0$  issue de  $M_0$, on prend un point quelconque  T' ;  par ce point on mène une parallèle à $O'B_1$  et l'on y prend un point  $M_1'$  tel que la projection sur  $Ox$  de  $T'M_1'$ soit égale à la projection de  $M_0T'$ ;  la droite  $M_0M_1'$  coupe l'isocline $I_1$ au point cherché  $M_1$, car, en vertu de la similitude des triangles $M_0TM_1$, $M_0T'M_1'$, l'abscisse de  T  est la moyenne arithmétique de celles de  $M_0$ et  $M_1$.  En partant de  $M_1$  et des directions des tangentes en  $M_1$  et  $M_2$, on tracera de même l'arc  $M_1M_2$  et ainsi de suite.

**458. Trajectoires orthogonales de lignes.** — Étant donnée une famille de lignes C, on dit qu'une ligne  D  est une trajectoire orthogonale aux lignes de cette famille si elle les coupe toutes à angle droit. Nous avons déjà rencontré des cas particuliers de trajectoires orthogonales en étudiant les développantes de lignes planes ou gauches (n°⁵ 330 et 362) ; nous allons étudier d'autres cas.

1° Les lignes  C  sont planes et représentées par une équation

$$(14) \qquad\qquad f(x, y, a) = 0$$

renfermant un paramètre arbitraire  $a$.  En un point  $(x, y)$  commun à une ligne  C  et à une trajectoire orthogonale, le coefficient angulaire de la tangente à  C  est donné par

$$(15) \qquad\qquad \left(\frac{dy}{dx}\right)_{\mathrm{C}} = -\frac{f'_x}{f'_y} ;$$

celui de la tangente à  D  est dès lors donné par

$$(16) \qquad\qquad \left(\frac{dy}{dx}\right)_{\mathrm{D}} = \frac{f'_y}{f'_x}.$$

Comme les coordonnées $(x, y)$ d'un point de $D$ doivent satisfaire aux équations simultanées (14) et (16) pour chaque valeur de $a$, le résultat de l'élimination de $a$ entre ces deux équations doit être nul; en effectuant cette élimination, on obtiendra une équation différentielle du premier ordre à laquelle satisfera une trajectoire orthogonale $D$; la solution générale de cette équation différentielle sera définie par une équation $F(x, y, C) = 0$ renfermant une constante arbitraire $C$; ce sera l'équation de la famille des trajectoires orthogonales $D$.

**Remarque.** — L'élimination du paramètre $a$ entre les équations (14) et (15) fournit l'équation différentielle de la famille des courbes $C$; si l'on a formé cette équation $\varphi\left(x, y, \dfrac{dy}{dx}\right) = 0$, il suffit d'y remplacer $\dfrac{dy}{dx}$ par son inverse changé de signe $-\dfrac{dx}{dy}$ pour trouver l'équation différentielle des trajectoires orthogonales.

*Exemple.* — Considérons la famille de paraboles tangentes à l'origine à l'axe $Oy$, et représentées par l'équation $y^2 - 2ax = 0$. Nous avons formé (n° 448) leur équation différentielle, qui est

$$y - 2x\frac{dy}{dx} = 0 ;$$

celle de leurs trajectoires orthogonales sera

$$y + 2x\frac{dx}{dy} = 0, \qquad y\,dy + 2x\,dx = 0,$$

dont l'intégrale générale est $\dfrac{y^2}{2} + x^2 = C$; cette équation représente une famille d'ellipses ayant pour axes $Ox$ et $Oy$, et homothétiques de l'une d'elles par rapport à l'origine.

2° Les lignes $C$ sont planes et définies en coordonnées polaires par une équation

$$(17) \qquad \qquad \rho = f(\theta, a)$$

renfermant un paramètre arbitraire $a$. En un point $M$ commun à une ligne $C$ et à une trajectoire orthogonale, l'angle $V_C$ formé par la tangente à $C$ avec le rayon vecteur $OM$ est donné par l'équation

$$(18) \qquad \qquad \operatorname{tg} V_C = \frac{\rho}{\rho'_\theta} = \frac{f}{f'} ;$$

l'angle $V_D$ de la tangente à $D$ au même point avec $OM$ est égal à $V_C + \dfrac{\pi}{2}$, de sorte que

$$(19) \qquad \left(\frac{\rho}{\rho_\theta'}\right)_D = \text{tg}\left(V_C + \frac{\pi}{2}\right) = -\frac{1}{\text{tg }V_C} = -\frac{f_\theta'}{f}.$$

Comme précédemment, l'élimination de $a$ entre les équations (17) et (19) donnera l'équation différentielle de la famille des trajectoires orthogonales D. Si l'on a déjà formé celle de la famille des courbes C, par l'élimination de $a$ entre les équations (17) et (18), il suffit d'y remplacer $\dfrac{\rho}{\rho'}$ par $-\dfrac{\rho'}{\rho}$.

*Exemple.* — Considérons les cercles tangents à l'origine à l'axe $Oy$ et représentés par l'équation

$$\rho = a \cos \theta ;$$

l'équation (19) est dans ce cas

$$\frac{\rho}{\rho_\theta'} = -\frac{f_\theta'}{f} = \frac{\sin \theta}{\cos \theta} ;$$

l'élimination du paramètre $a$ est toute faite ; en écrivant

$$\frac{\rho_\theta'}{\rho} = \frac{\cos \theta}{\sin \theta},$$

on a comme solution générale

$$\log|\rho| = \log|\sin \theta| + \log C, \qquad \rho = C \sin \theta ;$$

cette équation représente une famille de cercles tangents à l'origine à l'axe $Ox$.

3° Considérons une famille de lignes planes ou gauches dont les coordonnées sont exprimées au moyen d'un paramètre variable $t$, sous la forme

$$(20) \qquad x = f(t, a), \qquad y = \varphi(t, a), \qquad z = \psi(t, a),$$

les différentes lignes étant obtenues en donnant à $a$ différentes valeurs.

Les coordonnées $x, y, z$ des points de D ont des valeurs fournies par les équations (20), à la condition de choisir convenablement $t$ pour chacune des valeurs successives de $a$, ce qui revient à dire que $t$ doit être choisi comme fonction de $a$. Les coefficients directeurs de la tangente en un point M d'une ligne C sont

$$(dx)_C = f_t'\, dt, \qquad (dy)_C = \varphi_t'\, dt, \qquad (dz)_C = \psi_t'\, dt ;$$

ceux de la tangente au même point à la ligne D seront cette fois

$$(dx)_D = f_t'\, dt + f_a'\, da, \qquad (dy)_D = \varphi_t'\, dt + \varphi_a'\, da, \qquad (dz)_D = \psi_t'\, dt + \psi_a'\, da ;$$

en écrivant la condition de perpendicularité des tangentes

$$(dx)_C(dx)_D + (dy)_C(dy)_D + (dz)_C(dz)_D = 0,$$

nous obtiendrons l'équation

$$(21) \qquad (f_t'^2 + \varphi_t'^2 + \psi_t'^2)dt + (f_t'f_a' + \varphi_t'\varphi_a' + \psi_t'\psi_a')da = 0 ;$$

c'est l'équation différentielle qui relie les deux variables $t$ et $a$ ; l'intégration de cette équation fournira une relation $F(t, a, C) = 0$ servant à exprimer $t$ en fonction de $a$ ou inversement, et en les portant dans les expressions (20) on aura les coordonnées des points des trajectoires orthogonales.

*Exemple.* — Nous allons déterminer les trajectoires orthogonales des cercles de rayon constant $R$, situés dans un plan $xOy$, et dont le centre se déplace sur l'axe $Ox$. Si $a$ est l'abscisse du centre, les coordonnées des points du cercle s'expriment au moyen du paramètre angulaire $\varphi$ par les formules

$$(22) \qquad x = a + R\cos\varphi, \qquad y = R\sin\varphi.$$

En reprenant le raisonnement précédent, ou formant directement l'équation analogue à (21), nous aurons l'équation différentielle

$$R\,d\varphi - \sin\varphi\,da = 0, \qquad da = \frac{R\,d\varphi}{\sin\varphi},$$

dont la solution générale est

$$a = R\log\left|\operatorname{tg}\frac{\varphi}{2}\right| + C,$$

de sorte que les trajectoires orthogonales sont représentées par les équations

$$x = C + R\cos\varphi + R\log\left|\operatorname{tg}\frac{\varphi}{2}\right|, \qquad y = R\sin\varphi ;$$

elles représentent une famille de lignes qui se déduisent de l'une d'elles par translation parallèle à $Ox$ ; on les appelle *tractrices* en raison de cette propriété évidente d'après leur définition : le segment de tangente à l'une de ces lignes compris entre le point de contact $M$ et l'axe $Ox$ est constant ; ce segment est en effet égal au rayon du cercle auquel la tractrice est orthogonale en $M$.

On peut vérifier que la développée d'une tractrice est une chaînette.

## CHAPITRE II

### ÉQUATIONS DIFFÉRENTIELLES D'ORDRE SUPÉRIEUR

---

**459. Formation des équations différentielles.** — Considérons une fonction $y$ d'une variable $x$, définie par une équation renfermant $n$ paramètres arbitraires indépendants $C_1, C_2, \ldots, C_n$; si nous éliminons ces $n$ paramètres entre cette équation et ses $n$ premières dérivées, nous obtenons une relation entre $x$, $y$ et ses $n$ premières dérivées

$$\frac{dy}{dx}, \quad \frac{d^2y}{dx^2}, \quad \ldots, \quad \frac{d^ny}{dx^n};$$

elle est indépendante des paramètres et est satisfaite par toutes les fonctions obtenues en donnant à ces paramètres des valeurs quelconques; on l'appelle équation différentielle d'ordre $n$.

*Exemple.* — Soit la fonction $y$ définie par la relation

$$(1) \qquad y = C_1 \cos nx + C_2 \sin nx$$

renfermant deux paramètres $C_1$ et $C_2$; en formant les deux premières dérivées de l'équation (1)

$$\frac{dy}{dx} = - nC_1 \sin nx + nC_2 \cos nx,$$

$$\frac{d^2y}{dx^2} = - n^2C_1 \cos nx - n^2C_2 \sin nx,$$

et éliminant $C_1$ et $C_2$ entre les trois relations, nous obtenons l'équation différentielle du second ordre

$$(2) \qquad \frac{d^2y}{dx^2} + n^2y = 0.$$

**460. Problème inverse.** — Étant donnée une équation différentielle d'ordre $n$, on appelle solution générale de cette équation une fonction qui y satisfait et qui renferme $n$ constantes arbitraires indépendantes; les fonctions qui s'en déduisent en donnant aux constantes des valeurs numériques particulières sont appelées solutions particulières ; les autres solutions, s'il en existe, sont appelées solutions singulières.

Lorsque l'on connaît la solution générale

$$(3) \qquad y = \varphi(x, C_1, C_2, \ldots C_n)$$

d'une équation d'ordre $n$, on peut trouver une solution particulière qui prend, ainsi que ses $n-1$ premières dérivées, des valeurs données

$$y = y_0, \quad \frac{dy}{dx} = y_0', \quad \frac{d^2y}{dx^2} = y_0'', \quad \ldots, \quad \frac{d^{n-1}y}{dx^{n-1}} = y_0^{(n-1)},$$

pour une valeur donnée $x = x_0$ de la variable. Formons en effet les $n-1$ premières dérivées de la fonction (3), et écrivons que cette fonction et ses $n-1$ dérivées prennent pour $x = x_0$ les valeurs données, nous avons $n$ équations qui permettent de calculer les valeurs numériques de $C_1$, $C_2$, $\ldots$, $C_n$ ; il suffit alors de porter ces valeurs dans l'équation (3). Lorsqu'on effectue ce calcul, on dit que l'on impose à la solution les conditions initiales définies par $y_0$, $y_0'$, $\ldots$, $y_0^{(n-1)}$.

Considérons par exemple la fonction (1) qui est la solution générale de l'équation (2) ; cherchons la solution particulière qui se réduit à $y_0$ et dont la dérivée a la valeur $y_0'$ pour $x = 0$.

L'équation (1) et sa dérivée nous donnent, pour $x = 0$, $y_0 = C_1$, $y_0' = n C_2$ ; nous déduisons de là les valeurs de $C_1$ et $C_2$, et nous obtenons la solution particulière cherchée

$$(4) \qquad y = y_0 \cos nx + \frac{y_0'}{n} \sin nx.$$

Comme autre exemple, considérons un point mobile de masse $m$ se déplaçant sur une droite $Ox$, et soumis à une force ayant la direction de cet axe ; cette force peut dépendre de l'abscisse $x$ du mobile, de sa vitesse $\frac{dx}{dt}$, et même du temps $t$ ; nous représenterons sa valeur par $F\left(x, \frac{dx}{dt}, t\right)$. D'après le principe fondamental de la dynamique, le produit de la masse du mobile par son accélération $\frac{d^2x}{dt^2}$ (n° 163) est égal à la valeur de la force ; nous avons donc la relation

$$m \frac{d^2x}{dt^2} = F\left(x, \frac{dx}{dt}, t\right).$$

C'est une équation différentielle du second ordre dont la solution générale dépend de deux constantes arbitraires ; les solutions particulières s'en déduisent en donnant deux conditions initiales ; généralement on donne la position initiale du mobile et sa vitesse initiale, c'est-à-dire les valeurs de $x$ et de $\dfrac{dx}{dt}$ pour $t = 0$.

**461. Exemples d'intégration.** — A l'exception de certaines catégories d'équations simples, comme les équations linéaires à coefficients constants, il n'existe pas de procédés généraux pour intégrer les équations différentielles d'ordre supérieur. Théoriquement, on peut, comme au n° 456, former un développement en série de Taylor de la solution générale, en se donnant à l'avance les valeurs $y_0$, $y_0'$, ..., $y_0^{(n-1)}$ et en calculant les coefficients suivants d'après l'équation donnée et ses dérivées ; mais ce procédé est peu pratique.

On cherche en général à ramener l'intégration d'une équation d'ordre supérieur à celle d'équations successives d'ordre moindre, en particulier à celle d'équations du premier ordre ou à des quadratures.

Supposons qu'en partant d'une équation d'ordre $n$, on forme une autre équation d'ordre $n-1$ renfermant une constante arbitraire, et satisfaite par toute solution de la première ; cette équation, résolue par rapport à la constante, fournit une *intégrale première* de l'équation donnée. Nous allons indiquer quelques exemples.

1° Considérons l'équation (2), et cherchons à la ramener à une équation du premier ordre ; si nous multiplions les deux membres par $2\dfrac{dy}{dx}$, nous formons la relation

$$2\frac{dy}{dx}\frac{d^2y}{dx^2} + 2n^2 y \frac{dy}{dx} = 0,$$

dont le premier membre est la dérivée de $\left(\dfrac{dy}{dx}\right)^2 + n^2 y^2$ ; cette dernière quantité est par suite une constante et constitue une intégrale première. En désignant par $n^2 y_0^2$ une constante arbitraire, nous pourrons écrire

$$\left(\frac{dy}{dx}\right)^2 + n^2 y^2 = n^2 y_0^2 ; \qquad \frac{dy}{dx} = \sqrt{n^2(y_0^2 - y^2)}.$$

C'est une équation du premier ordre ; pour l'intégrer, nous l'écrirons, en séparant les variables,

$$\frac{dy}{\sqrt{y_0^2 - y^2}} = n\, dx ;$$

en intégrant les deux membres et représentant par $-nx_0$ une deuxième constante arbitraire, nous aurons

$$\arg \sin \frac{y}{y_0} = nx - nx_0 \,;$$

nous obtiendrons finalement, en prenant les sinus des deux membres,

$$(5) \qquad\qquad y = y_0 \sin n\,(x - x_0)\,;$$

c'est une autre forme de la solution générale qui a déjà été donnée par la relation (1). Nous verrons plus loin une méthode plus pratique d'intégration de l'équation (2).

2° Ce procédé de réduction à des équations d'ordre moindre s'applique immédiatement à une équation de la forme

$$\frac{d^n y}{d x^n} = f(x)\,;$$

il suffit d'effectuer $n$ quadratures successives, en ajoutant chaque fois une constante arbitraire; nous avons de cette façon

$$\frac{d^{n-1} y}{d x^{n-1}} = \int f(x)\,dx + \mathrm{C}_1,$$

$$\frac{d^{n-2} y}{d x^{n-2}} = \int dx \int f(x)\,dx + \mathrm{C}_1 x + \mathrm{C}_2,$$

et ainsi de suite.

3° Il s'applique aussi à une équation où $y$ n'entre pas. Si l'on a par exemple une équation entre $x$, $\dfrac{dy}{dx}$ et $\dfrac{d^2 y}{dx^2}$, on la considère comme une équation du premier ordre par rapport à la fonction inconnue $\dfrac{dy}{dx}$. Lorsqu'on a intégré cette équation et exprimé $\dfrac{dy}{dx}$ en fonction de $x$, on obtient $y$ par une quadrature.

**462. Cas où $x$ n'entre pas dans l'équation.** — Lorsque l'équation ne renferme pas $x$, on prend comme variable la quantité $y$, et l'on considère la dérivée $\dfrac{dy}{dx}$ comme fonction de $y$; on la représente par $p$, comme au n° 455. Les dérivées successives de $y$ par rapport à $x$ s'expriment au moyen de $p$ et de ses dérivées par rapport à la nouvelle variable $y$ par les équations

$$\frac{dy}{dx} = p,$$

$$(6) \qquad \frac{d^2 y}{dx^2} = \frac{dp}{dx} = \frac{dp}{dy}\frac{dy}{dx} = p\frac{dp}{dy},$$

$$\frac{d^3 y}{dx^3} = \frac{d}{dx}\left(p\frac{dp}{dy}\right) = p\frac{d}{dy}\left(p\frac{dp}{dy}\right),$$

et ainsi de suite.

Remarquons que les dérivées nouvelles au moyen desquelles s'expriment les dérivées primitives de $y$ sont toujours d'un ordre au moins inférieur d'une unité à l'ordre de celles-ci; si donc nous introduisons les valeurs (6) dans une équation d'ordre $n$ entre $y$ et $x$, nous obtiendrons une équation d'ordre $n-1$ seulement entre $p$ et $y$.

Supposons qu'on ait intégré cette équation, et que sa solution soit $p = \varphi(y)$; en remplaçant alors $p$ par $\dfrac{dy}{dx}$, nous obtenons entre $x$ et $y$ la relation du premier ordre

$$\frac{dy}{dx} = \varphi(y), \qquad \text{ou} \qquad dx = \frac{dy}{\varphi(y)},$$

et la solution de l'équation proposée est exprimée par la quadrature

$$x = \int \frac{dy}{\varphi(y)} + C.$$

S'il est plus facile d'exprimer $y$ en fonction de $p$, et si l'on a $y = \psi(p)$, on calcule $x$ par la relation

$$dx = \frac{dy}{p} = \frac{\psi'(p)dp}{p}, \qquad x = \int \frac{\psi'(p)dp}{p} + C;$$

on aura de cette façon exprimé $x$ et $y$ au moyen de $p$.

Nous allons appliquer cette méthode à l'équation

$$y \frac{d^2y}{dx^2} - \left(\frac{dy}{dx}\right)^2 + 2\frac{dy}{dx} = 0;$$

en remplaçant les dérivées par leurs valeurs (6), nous obtenons l'équation du premier ordre

$$yp \frac{dp}{dy} - p^2 + 2p = 0;$$

le premier membre est divisible par $p$; nous avons ainsi la solution particulière $p = 0$ ou $\dfrac{dy}{dx} = 0$, qui donne $y = C^{te}$. En supprimant le facteur $p$, il nous reste une équation dont les variables se séparent, et que nous pouvons écrire

$$\frac{dp}{p-2} = \frac{dy}{y}.$$

En intégrant, et représentant par $\log C_1$ une constante, nous avons

$$\log|p-2| = \log|y| + \log C_1, \qquad p - 2 = C_1 y.$$

Ayant la valeur de $p$ qui représente $\dfrac{dy}{dx}$, nous n'avons plus qu'à intégrer l'équation du premier ordre

$$\frac{dy}{dx} = C_1 y + 2, \quad \text{ou} \quad dx = \frac{dy}{C_1 y + 2};$$

en désignant par $-\log C_2$ une deuxième constante, nous avons

$$x = \frac{1}{C_1}\big[\log|C_1 y + 2| - \log C_2\big],$$

d'où nous tirons

$$C_1 y + 2 = C_2 e^{C_1 x}.$$

**463. Équations linéaires et homogènes.** — Une équation différentielle linéaire et homogène d'ordre $n$ est une équation de la forme

$$(7) \qquad a_0 \frac{d^n y}{dx^n} + a_1 \frac{d^{n-1}y}{dx^{n-1}} + \cdots + a_{n-1}\frac{dy}{dx} + a_n y = 0,$$

où $a_0, a_1, \ldots a_n$ sont des quantités constantes ou des fonctions de $x$ seul; on peut faire sur les solutions d'une telle équation les remarques suivantes:

1° Si $y_1$ est une solution quelconque, le produit $C_1 y_1$ de cette solution par une constante $C_1$ est encore une solution, car le résultat de substitution de $C_1 y_1$ dans le premier membre de (7) est égal au produit de $C_1$ par le résultat de substitution de $y_1$, et il est nul.

2° Si $y_1$ et $y_2$ sont deux solutions quelconques, la somme $C_1 y_1 + C_2 y_2$ est encore une solution, car le résultat de substitution de cette quantité dans le premier membre de (7) est la somme des résultats de substitution de $C_1 y_1$ et de $C_2 y_2$, et il est nul d'après ce qui précède.

Plus généralement, si l'on parvient à déterminer $n$ solutions particulières $y_1, y_2, \ldots, y_n$ de l'équation (7), un raisonnement identique au précédent montre que la fonction

$$(8) \qquad y = C_1 y_1 + C_2 y_2 + \cdots + C_n y_n$$

est encore une solution.

Cette solution renferme $n$ constantes arbitraires $C_1, C_2, \ldots C_n$; on ne peut pas toujours affirmer cependant qu'elle est la solution générale de l'équation différentielle, car si les fonctions $y_1, y_2, \ldots y_n$ ne sont pas indépendantes, le nombre des constantes réellement distinctes peut être inférieur à $n$.

Pour que $y$ soit la solution générale, il faut et il suffit qu'on puisse choisir les constantes $C_1, C_2, \ldots, C_n$ pour que $y$ satisfasse à des conditions initiales données quelconques, ou bien que, pour une valeur arbitraire

$x_0$ de la variable, $y$ et ses $n - 1$ premières dérivées prennent des valeurs données à l'avance.

En écrivant ces conditions à l'aide de l'équation (8) et de ses $n - 1$ premières dérivées, on obtient $n$ équations pour déterminer les inconnues $C_1, C_2, \ldots C_n$; le déterminant des coefficients de ces inconnues est la valeur que prend, pour $x_0$, le déterminant

$$(9) \qquad \begin{vmatrix} y_1 & y_2 & \cdots & y_n \\ y_1' & y_2' & \cdots & y_n' \\ \vdots & \vdots & & \vdots \\ y_1^{(n-1)} & y_2^{(n-1)} & \cdots & y_n^{(n-1)} \end{vmatrix}$$

Si ce déterminant n'est pas identiquement nul, on peut donner à $x$ une valeur $x_0$ telle qu'il ne soit pas nul pour cette valeur; il existe alors des valeurs de $C_1, C_2, \ldots C_n$ telles que les conditions initiales soient remplies par la fonction (8); cette fonction est donc bien la solution générale.

Nous voyons ainsi que la solution générale d'une équation différentielle linéaire et homogène d'ordre $n$ s'exprime au moyen de $n$ solutions particulières par la formule (8), à la condition que le déterminant (9) ne soit pas nul identiquement; si cette condition est remplie, les $n$ solutions particulières sont dites *indépendantes*.

3° Lorsqu'on connaît une première solution particulière $y_1$ de l'équation (7), et qu'on n'en aperçoit pas immédiatement d'autre, on peut ramener l'intégration de l'équation donnée à celle d'une autre équation de même forme et d'ordre moindre; il suffit de remplacer $y$ par $y_1 z$, et de considérer $z$ comme une nouvelle fonction inconnue; en faisant cette substitution, le coefficient de $z$ est nul, et on a une équation linéaire et homogène d'ordre $n - 1$ par rapport à $\dfrac{dz}{dx}$; lorsqu'on a intégré cette équation, on a $z$ par une quadrature.

Soit, par exemple, l'équation du second ordre linéaire et homogène

$$x^2 \frac{d^2 y}{dx^2} + x(x - 2) \frac{dy}{dx} - (x - 2)y = 0;$$

elle admet comme solution $y_1 = x$; nous poserons $y = xz$, d'où

$$\frac{dy}{dx} = x \frac{dz}{dx} + z, \qquad \frac{d^2 y}{dx^2} = x \frac{d^2 z}{dx^2} + 2 \frac{dz}{dx},$$

et en substituant dans l'équation, nous aurons, tous calculs faits,

$$\frac{d^2 z}{dx^2} + \frac{dz}{dx} = 0.$$

C'est une équation du premier ordre linéaire et homogène par rapport à $\dfrac{dz}{dx}$; sa solution générale est $\dfrac{dz}{dx} = C_1 e^{-x}$, de sorte que $z$ a pour valeur $z = -C_1 e^{-x} + C_2$; nous obtenons finalement pour $y$ la solution

$$y = xz = C_2 x - C_1 x e^{-x};$$

elle renferme deux constantes arbitraires; on vérifie facilement qu'elle est la solution générale de l'équation.

**464. Équations linéaires et homogènes du second ordre à coefficients constants.** — Le cas le plus important est celui où les coefficients $a_0, a_1, \ldots a_n$ de l'équation (7) sont des constantes; on peut toujours dans ce cas trouver la solution générale. La méthode consiste à chercher des solutions particulières de la forme $y = e^{rx}$, où $r$ est un coefficient constant encore inconnu; nous allons d'abord traiter le cas des équations du second ordre.

Soit l'équation

$$(10) \qquad \frac{d^2y}{dx^2} + a\frac{dy}{dx} + by = 0,$$

où $a$ et $b$ sont des coefficients constants réels; cherchons une solution de la forme $y = e^{rx}$; en remplaçant dans (10) $y$ et ses dérivées par leurs valeurs, qui sont

$$y = e^{rx}, \qquad \frac{dy}{dx} = re^{rx}, \qquad \frac{d^2y}{dx^2} = r^2 e^{rx},$$

le résultat de la substitution est $e^{rx}(r^2 + ar + b)$; comme il doit être nul et que l'exponentielle ne l'est pas, il faut que $r$ soit une racine de l'équation

$$(11) \qquad f(r) = r^2 + ar + b = 0;$$

que l'on appelle *équation caractéristique*.

**1er Cas.** — L'équation (11) a ses racines réelles et distinctes; si nous les désignons par $r_1$ et $r_2$, nous avons les deux solutions particulières $y_1 = e^{r_1 x}$, $y_2 = e^{r_2 x}$. Nous pouvons vérifier que le déterminant analogue à (9), formé avec ces fonctions et leurs dérivées premières, n'est pas identiquement nul; par conséquent la fonction

$$(12) \qquad y = C_1 e^{r_1 x} + C_2 e^{r_2 x}$$

est la solution générale de l'équation différentielle.

*Exemple.* — Soit l'équation

$$\frac{d^2y}{dx^2} + \frac{dy}{dx} - 2y = 0;$$

l'équation caractéristique est  $f(r) = r^2 + r - 2 = 0$,  et elle a pour racines $1$ et $-2$; la solution générale est donc

$$y = C_1 e^x + C_2 e^{-2x}.$$

2ᵉ Cas. — L'équation (11) a ses racines égales; soit $r_1$ la racine double; la fonction $e^{r_1 x}$ est déjà une solution; on vérifie que la fonction $xe^{r_1 x}$ en est une autre, car si l'on substitue à la place de $y$ et de ses dérivées cette valeur et ses dérivées

$$xe^{r_1 x}, \qquad r_1 xe^{r_1 x} + e^{r_1 x}, \qquad r_1^2 xe^{r_1 x} + 2r_1 e^{r_1 x},$$

le résultat de substitution est

$$(r_1^2 + ar_1 + b)xe^{r_1 x} + (2r_1 + a)e^{r_1 x},$$

et il est nul puisque $r_1$ est racine double de l'équation (11).

On peut vérifier que ces deux solutions particulières $e^{r_1 x}$ et $xe^{r_1 x}$ sont indépendantes; on en conclut que la solution générale est

(13) $$y = C_1 e^{r_1 x} + C_2 xe^{r_1 x}.$$

*Exemple.* — Soit l'équation différentielle

$$\frac{d^2 y}{dx^2} - 6\frac{dy}{dx} + 9y = 0;$$

l'équation caractéristique a une racine double égale à 3; la solution générale est

$$y = C_1 e^{3x} + C_2 xe^{3x}.$$

3ᵉ Cas. — L'équation (11) a ses racines imaginaires; soient $\alpha + \beta i$ et $\alpha - \beta i$ les deux racines imaginaires conjuguées de l'équation caractéristique; il leur correspond les deux solutions particulières $e^{(\alpha + \beta i)x}$ et $e^{(\alpha - \beta i)x}$. Pour n'introduire dans le calcul que des quantités réelles, nous remplacerons les exponentielles à exposants imaginaires par leurs valeurs exprimées au moyen des lignes trigonométriques, d'après les formules du n° 247; nous aurons de cette façon

$$e^{(\alpha + \beta i)x} = e^{\alpha x}(\cos \beta x + i \sin \beta x),$$
$$e^{(\alpha - \beta i)x} = e^{\alpha x}(\cos \beta x - i \sin \beta x).$$

Comme dans le premier cas, la solution générale est alors égale à

$$y = C_1 e^{(\alpha + \beta i)x} + C_2 e^{(\alpha - \beta i)x} = (C_1 + C_2)e^{\alpha x} \cos \beta x + (C_1 - C_2)ie^{\alpha x} \sin \beta x;$$

en représentant par $D_1$ et $D_2$ les deux quantités $C_1 + C_2$ et $(C_1 - C_2)i$, nous l'écrirons sous la forme

(14) $$y = D_1 e^{\alpha x} \cos \beta x + D_2 e^{\alpha x} \sin \beta x$$

où n'apparaissent que des fonctions réelles.

VOGT. — Math. sup.                                    45

*Exemple.* — Soit l'équation

$$(2) \qquad \frac{d^2y}{dx^2} + n^2y = 0,$$

que nous avons déjà rencontrée au n° 459 ; l'équation caractéristique est $r^2 + n^2 = 0$ et a pour racines $\pm ni$ ; la solution générale est

$$y = C_1 e^{nix} + C_2 e^{-nix} = C_1(\cos nx + i \sin nx) + C_2(\cos nx - i \sin nx),$$

que nous pouvons mettre sous la forme

$$D_1 \cos nx + D_2 \sin nx.$$

C'est la forme primitive (1) de cette solution ; nous pouvons, suivant la manière dont sont données les conditions initiales, la remplacer par les formes (4) ou (5).

**465. Application au mouvement oscillatoire amorti.** — Considérons sur un axe $Ox$, un mobile de masse $m$, attiré par le point $O$ proportionnéllement à sa distance à ce point, et éprouvant de la part du milieu une résistance proportionnelle à la vitesse ; si la force attractive est représentée par $-mn^2x$ et la résistance par $-2mb\frac{dx}{dt}$, l'équation du mouvement du mobile est

$$m\frac{d^2x}{dt^2} = -mn^2x - 2mb\frac{dx}{dt},$$

ou bien

$$(15) \qquad \frac{d^2x}{dt^2} + 2b\frac{dx}{dt} + n^2x = 0.$$

Considérons d'une manière analogue une aiguille de galvanomètre, oscillant autour d'un axe vertical ; soit $MK^2$ son moment d'inertie et $\alpha$ son angle d'écart à partir de sa position d'équilibre naturel. Supposons qu'elle soit soumise à un couple antagoniste proportionnel à l'écart et de moment $-W\alpha$, et à un couple résistant de moment $-A\frac{d\alpha}{dt}$ proportionnel à la vitesse ; l'équation du mouvement angulaire de l'aiguille est

$$MK^2\frac{d^2\alpha}{dt^2} = -W\alpha - A\frac{d\alpha}{dt},$$

ou bien, en posant $\dfrac{W}{MK^2} = n^2$, $\dfrac{A}{MK^2} = 2b$,

$$\frac{d^2\alpha}{dt^2} + 2b\frac{d\alpha}{dt} + n^2\alpha = 0.$$

Elle a la même forme que la précédente ; nous ne considérerons que l'équation (15).

Supposons d'abord que la résistance proportionnelle à la vitesse soit nulle, ou que $b = 0$ ; l'équation a la forme (2), et sa solution a la forme (1), (4) ou (5) ; si l'on suppose que l'abscisse initiale soit $x_0$, et que la vitesse initiale soit nulle, le mouvement a pour équation

$$x = x_0 \cos nt.$$

Le mobile oscille entre les points d'abscisses $x_0$ et $-x_0$, de sorte que l'amplitude de son mouvement est $2x_0$ ; la durée d'une oscillation simple est $T_0 = \dfrac{\pi}{n}$ ; le mouvement est périodique, la période étant $2T_0 = \dfrac{2\pi}{n}$.

Considérons maintenant le cas général ; l'équation caractéristique relative à (15) est

$$f(r) = r^2 + 2br + n^2 = 0 ;$$

suivant que $b$ est inférieur, égal ou supérieur à $n$, les racines sont imaginaires, égales, ou réelles et distinctes.

1$^{er}$ Cas. $b < n$. — Les racines sont $-b \pm i\sqrt{n^2 - b^2}$, et la solution générale, mise sous la forme (14), est

$$x = D_1 e^{-bt} \cos \sqrt{n^2 - b^2}\, t + D_2 e^{-bt} \sin \sqrt{n^2 - b^2}\, t ;$$

si, comme précédemment, l'abscisse initiale du mobile est $x_0$ et sa vitesse initiale nulle, l'équation du mouvement est

$$x = x_0 e^{-bt} \left[ \cos \sqrt{n^2 - b^2}\, t + \frac{b}{\sqrt{n^2 - b^2}} \sin \sqrt{n^2 - b^2}\, t \right] ;$$

la vitesse du mobile est à chaque instant

$$\frac{dx}{dt} = -\frac{n^2 x_0}{\sqrt{n^2 - b^2}} e^{-bt} \sin \sqrt{n^2 - b^2}\, t.$$

Les maxima et minima de l'abscisse sont atteints lorsque la vitesse est nulle, c'est-à-dire pour les valeurs du temps égales à $\dfrac{k\pi}{\sqrt{n^2 - b^2}}$, $k$ prenant toutes les valeurs entières successives ; nous voyons que les oscillations sont isochrones, la durée de chacune étant $T = \dfrac{\pi}{\sqrt{n^2 - b^2}}$, valeur supérieure à $T_0$. Quant aux abscisses correspondantes du mobile, que l'on appelle *élongations*, elles sont données pour chaque valeur du nombre entier $k$ par la formule

$$x_k = (-1)^k x_0 e^{-bk\mathrm{T}}.$$

Nous voyons que le rapport de deux élongations consécutives est constant, et que $b\mathrm{T}$ est égal au logarithme du rapport $\dfrac{-x_{k-1}}{x_k}$.

**2ᵉ Cas. $b = n$.** — Les racines de l'équation caractéristique sont égales à $-n$, et la solution générale est de la forme (13) ; avec les mêmes conditions initiales que précédemment, l'équation du mouvement est

$$x = x_0(1 + nt)e^{-nt}.$$

**3ᵉ Cas. $b > n$.** — Les racines de l'équation caractéristique sont réelles, et égales à $-b \pm \sqrt{b^2 - n^2}$ ; la solution générale a la forme (12). Avec les mêmes conditions initiales que précédemment, l'équation du mouvement est, tous calculs faits,

$$x = \frac{x_0}{2}e^{-bt}\left[\left(e^{\sqrt{b^2-n^2}\,t} + e^{-\sqrt{b^2-n^2}\,t}\right) + \frac{b}{\sqrt{b^2-n^2}}\left(e^{\sqrt{b^2-n^2}\,t} - e^{-\sqrt{b^2-n^2}\,t}\right)\right] ;$$

en introduisant les lignes hyperboliques (n° 248), elle a la forme suivante, analogue à celle du 1ᵉʳ cas :

$$x = x_0 e^{-bt}\left[\operatorname{ch}\sqrt{b^2-n^2}\,t + \frac{b}{\sqrt{b^2-n^2}}\operatorname{sh}\sqrt{b^2-n^2}\,t\right].$$

Dans les deux derniers cas, l'abscisse du mobile décroît et tend vers zéro quand $t$ augmente indéfiniment.

**466. Équations linéaires et homogènes d'ordre quelconque à coefficients constants.** — Ce que nous venons de dire sur les équations différentielles linéaires et homogènes du second ordre à coefficients constants s'étend immédiatement aux équations de même nature et d'ordre quelconque. Considérons l'équation (7) du n° 463 et supposons que $a_0$, $a_1$, ... $a_n$ soient des coefficients constants et réels ; nous allons chercher une solution de la forme $y = e^{rx}$ ; si nous substituons dans le premier membre de (7) les valeurs de $y$ et de ses dérivées

$$y = e^{rx}, \quad \frac{dy}{dx} = re^{rx}, \quad \frac{d^2y}{dx^2} = r^2 e^{rx}, \quad \dots \quad \frac{d^n y}{dx^n} = r^n e^{rx},$$

nous pouvons mettre $e^{rx}$ en facteur, et nous avons comme résultat

$$e^{rx}\left(a_0 r^n + a_1 r^{n-1} + \cdots + a_{n-1} r + a_n\right).$$

Comme ce produit doit être nul, et que l'exponentielle ne l'est pas, il faut que le polynome entre parenthèses soit égal à zéro ; nous en concluons que le nombre $r$ doit satisfaire à l'équation

$$(16) \qquad f(r) = a_0 r^n + a_1 r^{n-1} + \cdots + a_{n-1} r + a_n = 0,$$

cette équation algébrique de degré $n$ s'appelle *équation caractéristique* de l'équation différentielle.

Si l'équation (16) a toutes ses racines distinctes, et si nous les désignons par $r_1$, $r_2$, ... $r_n$, nous obtenons $n$ solutions particulières indépendantes, et nous en déduisons la solution générale

$$(17) \qquad y = C_1 e^{r_1 x} + C_2 e^{r_2 x} + \cdots + C_n e^{r_n x}.$$

Si l'équation (16) a des racines multiples, les $n$ solutions particulières précédentes ne sont plus distinctes ; nous allons voir qu'à une racine $r_1$ multiple d'ordre $p$ correspond une solution égale au produit de $e^{r_1 x}$ par un polynome de degré $p-1$ à coefficients arbitraires,

$$e^{r_1 x}(C_1 + C_2 x + \cdots + C_p x^{p-1}).$$

Pour cela, nous allons chercher s'il est possible de satisfaire à l'équation (7) par une fonction $y = e^{rx} \varphi(x)$, où $\varphi(x)$ est un polynome ; en prenant les dérivées successives de $y$, et mettant chaque fois $e^{rx}$ en facteur, on a

$$\frac{dy}{dx} = e^{rx}\big[r\varphi(x) + \varphi'(x)\big],$$

$$\frac{d^2 y}{dx^2} = e^{rx}\big[r^2\varphi(x) + 2r\varphi'(x) + \varphi''(x)\big],$$

$$\frac{d^3 y}{dx^3} = e^{rx}\big[r^3\varphi(x) + 3r^2\varphi'(x) + 3r\varphi''(x) + \varphi'''(x)\big] ;$$

on aperçoit les coefficients du binome et l'on peut vérifier que l'on a

$$\frac{d^n y}{dx^n} = e^{rx}\left[r^n\varphi(x) + \frac{n}{1}r^{n-1}\varphi'(x) + \frac{n(n-1)}{1 \cdot 2}r^{n-2}\varphi''(x) + \cdots + \varphi^{(n)}(x)\right],$$

en montrant que si cette relation est vraie pour $n$ elle est encore vraie pour $n+1$. Si alors on substitue ces valeurs dans le premier membre de l'équation différentielle, on obtient comme résultat

$$(18) \qquad e^{rx}\left[f(r)\varphi(x) + \frac{f'(r)}{1}\varphi'(x) + \frac{f''(r)}{1 \cdot 2}\varphi''(x) + \cdots\right].$$

Pour que $y$ soit solution, il faut que ce résultat soit identiquement nul, et que le coefficient $f(r)$ de la plus haute puissance de $x$ dans la parenthèse soit nul. Si $r_1$ est racine simple de $f(r)$, il suffit de prendre pour $r$ la valeur $r_1$ et pour $\varphi(x)$ une constante $C_1$ pour que la parenthèse soit nulle ; on retrouve la solution déjà envisagée. Si $r_1$ est une racine multiple d'ordre $p$, elle annule $f(r)$, $f'(r)$, ... $f^{(p-1)}(r)$; il suffit alors de donner à $r$ la valeur $r_1$ et d'annuler $\varphi^{(p)}(x)$ pour que la parenthèse soit nulle, car les dérivées suivantes de $\varphi$ sont nulles. Cela revient à prendre pour $\varphi(x)$ un polynome de degré $p - 1$ à coefficients arbitraires, ce que nous voulions établir.

Si, d'une manière générale, l'équation caractéristique a une racine $r_1$ d'ordre $p$, une racine $r_2$ d'ordre $q$, etc., la solution générale de l'équation est

$$(19) \qquad y = (C_1 + C_2 x + \cdots + C_p x^{p-1}) e^{r_1 x}$$
$$+ (C_{p+1} + C_{p+2} x + \cdots + C_{p+q} x^{q-1}) e^{r_2 x}$$
$$+ \cdots \cdots \cdots \cdots \cdots ;$$

elle renferme bien $n$ constantes arbitraires, et l'on peut vérifier que les coefficients de ces constantes sont des fonctions indépendantes.

Ce qui précède s'applique aussi bien aux racines imaginaires qu'aux racines réelles de l'équation caractéristique; cependant, lorsque celle-ci possède des racines imaginaires, on remplace ordinairement les exponentielles correspondantes par des fonctions trigonométriques, comme nous l'avons indiqué dans le cas des équations du second ordre. Si $\alpha + \beta i$ et $\alpha - \beta i$ sont deux racines imaginaires conjuguées, on remplace dans les formules (17) et (19) une somme telle que $x^m \left[ C_h e^{(\alpha + \beta i)x} + C_k e^{(\alpha - \beta i)x} \right]$ par

$$x^m e^{\alpha x} (D_h \cos \beta x + D_k \sin \beta x).$$

**467.** Aux équations que nous venons d'étudier se ramènent celles de la forme

$$a_0 x^n \frac{d^n y}{dx^n} + a_1 x^{n-1} \frac{d^{n-1} y}{dx^{n-1}} + \cdots + a_{n-1} x \frac{dy}{dx} + a_n y = 0$$

où $a_0$, $a_1$, ... $a_n$ sont constants. En posant $x = e^t$, l'équation qui définit $y$ en fonction de $t$ rentre dans le type (7) considéré précédemment; mais on peut effectuer directement l'intégration en cherchant des solutions de la forme $y = x^r$. En remplaçant $y$ et ses dérivées par leurs valeurs dans le premier membre, on obtient comme résultat

$$x^r \left[ a_0 r(r-1) \ldots (r-n+1) + \cdots + a_{n-2} r(r-1) + a_{n-1} r + a_n \right];$$

pour qu'il soit nul, il faut et il suffit que la parenthèse soit nulle, par conséquent que $r$ soit racine de l'équation caractéristique

$$f_1(r) = a_0 r(r-1) \ldots (r-n+1) + \cdots + a_{n-2} r(r-1) + a_{n-1} r + a_n = 0.$$

Si cette équation a ses racines distinctes, on obtient $n$ solutions particulières, et la solution générale de l'équation différentielle est

$$y = C_1 x^{r_1} + C_2 x^{r_2} + \cdots + C_n x^{r_n};$$

si l'équation a des racines multiples, et si $r_1$ est racine d'ordre $p$, on voit, en utilisant la transformation $x = e^t$, qu'il lui correspond la solution $e^{r_1 t}\varphi(t)$ où $\varphi(t)$ est un polynome de degré $p-1$ ; elle s'écrit avec $x$

$$x^{r_1}(C_1 + C_2 \log x + C_3 \log^2 x + \cdots + C_p \log^{p-1} x) ;$$

on peut ainsi former la solution générale qui a la forme (19) par rapport à $t$, ou la forme d'une somme de termes analogues aux précédents, par rapport à $x$.

**468. Équations linéaires avec second membre.** — On appelle équation différentielle linéaire non homogène une équation de la forme

$$(20) \qquad a_0 \frac{d^n y}{dx^n} + a_1 \frac{d^{n-1} y}{dx^{n-1}} + \cdots + a_{n-1} \frac{dy}{dx} + a_n y = b,$$

où entrent linéairement $y$ et ses dérivées ; on a l'habitude de placer au second membre le terme indépendant de $y$ ; $a_0$, $a_1$, ... $a_n$ et $b$ sont des fonctions de $x$ ou des constantes.

Dans beaucoup de cas, on intègre cette équation en appliquant le théorème suivant :

*On obtient la solution générale de l'équation avec second membre en ajoutant à une solution particulière de cette équation la solution générale de l'équation sans second membre.*

Soit en effet $y_0$ une solution particulière de l'équation totale (20) ; posons $y = y_0 + z$ et remplaçons $y$ par cette valeur dans l'équation proposée ; elle se réduit à

$$a_0 \frac{d^n z}{dx^n} + a_1 \frac{d^{n-1} z}{dx^{n-1}} + \cdots + a_n z = 0 ;$$

par conséquent $z$ doit être solution de l'équation sans second membre ; le théorème proposé s'en déduit immédiatement.

La recherche d'une solution particulière $y_0$ de l'équation totale est un problème facile dans le cas où le premier membre a ses coefficients constants et où le second membre a l'une des formes suivantes : 1° une constante ou un polynome entier ; 2° une exponentielle de la forme $e^{\alpha x}$ ; 3° une fonction trigonométrique telle que $\sin \beta x$ ou $\cos \beta x$ ; 4° une combinaison des fonctions précédentes par voie d'addition et de multiplication ; en général une somme de termes de l'une ou l'autre des formes $b_0 x^m e^{\alpha x} \cos \beta x$ ou $b_0 x^m e^{\alpha x} \sin \beta x$, $b_0$ étant une constante, les nombres $m$, $\alpha$, $\beta$ pouvant être nuls ensemble ou séparément.

Remarquons d'abord que si le second membre de l'équation est une somme de plusieurs fonctions $b_1$, $b_2$, ... et si l'on connaît une solution particulière de chacune des équations, où le second membre se réduirait à $b_1$, ou $b_2$, etc., il suffit de faire la somme de ces solutions pour former une solution particulière de l'équation totale, comme on le vérifie immédiatement. Il résulte de là qu'il suffit d'examiner le cas où le second membre est un produit de l'une des formes $\psi(x)e^{\alpha x}\cos\beta x$ ou bien $\psi(x)e^{\alpha x}\sin\beta x$, où $\psi(x)$ est un polynome entier.

Ces cas peuvent être considérés comme rentrant dans la forme $\psi(x)e^{(\alpha+\beta i)x}$ ou bien $\psi(x)e^{\rho x}$, où $\rho$ est un nombre réel ou imaginaire. Nous allons montrer comment on peut former, par la méthode des coefficients indéterminés, une solution particulière $y_0 = \varphi(x)e^{\rho x}$, où l'exponentielle est la même qu'au second membre et où $\varphi(x)$ est un polynome convenablement choisi.

Si nous substituons en effet $y$ et ses dérivées dans l'équation (20), nous aurons, par un calcul identique à celui du n° 466,

$$e^{\rho x}\left[ f(\rho)\varphi(x) + \frac{f'(\rho)}{1}\varphi'(x) + \frac{f''(\rho)}{1.2}\varphi''(x) + \cdots \right] = \psi(x)e^{\rho x}\,;$$

il faut et il suffit dès lors que la parenthèse du premier membre soit égale à $\psi(x)$.

Si $\rho$ n'est pas racine de l'équation caractéristique, $f(\rho)$ n'est pas nul, $\varphi(x)$ doit être du même degré que $\psi(x)$, et l'identification des deux membres fournira les coefficients successifs de $\varphi(x)$.

Si $\rho$ est racine de l'équation caractéristique, et, pour prendre immédiatement le cas général, racine d'ordre $p$ de multiplicité, elle annule $f(\rho)$ et ses $p-1$ premières dérivées ; la parenthèse commence par $\varphi^{(p)}(x)$, et ce terme doit être du même degré que $\psi(x)$, par conséquent le degré de $\varphi(x)$ doit être celui de $\psi(x)$ augmenté de $p$ unités. On prendra pour $\varphi$ un polynome du degré voulu, l'identification des deux membres fournira les coefficients des termes de $\varphi(x)$ de degré $\geqslant p$ ; quant aux autres, ils resteront indéterminés. Ces derniers termes, de coefficients arbitraires, ne sont autres que ceux qui entrent dans la solution de l'équation sans second membre et correspondent à la racine $r = \rho$ de l'équation caractéristique.

Il n'est pas nécessaire, pour calculer les coefficients de $\varphi(x)$, de ramener chaque fois les termes tels que $e^{\alpha x}\cos\beta x$ ou $e^{\alpha x}\sin\beta x$ à des termes de la forme $e^{(\alpha+\beta i)x}$ et $e^{(\alpha-\beta i)x}$ ; la solution cherchée

$$\varphi_1(x)e^{(\alpha+\beta i)x} + \varphi_2(x)e^{(\alpha-\beta i)x}$$

devrait être en effet réduite, à la fin du calcul, à une somme de termes de la forme $\varphi(x)e^{\alpha x}\cos\beta x$ et $\varphi(x)e^{\alpha x}\sin\beta x$ ; on peut donc, sans passer par les exposants imaginaires, chercher immédiatement par la méthode des coefficients indéterminés une solution particulière

$$y_0 = \varphi_1(x)e^{\alpha x}\cos\beta x + \varphi_2(x)e^{\alpha x}\sin\beta x.$$

Il ne faut pas oublier d'écrire la somme des termes en $\cos\beta x$ et en $\sin\beta x$, quand bien même le second membre $b$ de l'équation différentielle ne renfermerait qu'une seule de ces deux lignes. Quant aux degrés de $\varphi_1(x)$ et de $\varphi_2(x)$, on les prendra égaux à celui de $\psi(x)$ si $\alpha + \beta i$ et $\alpha - \beta i$ ne sont pas racines de l'équation caractéristique, et égaux à celui de ce polynome augmenté de $p$ unités, si $\alpha + \beta i$ et $\alpha - \beta i$ sont racines d'ordre $p$ de l'équation caractéristique.

**469. Exemples. Résonance.** — 1° Soit à intégrer l'équation

$$(21) \qquad \frac{d^2y}{dx^2} + \frac{dy}{dx} - 2y = 3e^{5x};$$

les racines de l'équation caractéristique $f(r) = r^2 + r - 2 = 0$ sont (n° 464) $1$ et $-2$; l'exposant $5$ du second membre n'étant pas une de ces racines, et le coefficient $\psi$ étant une constante, il suffira de prendre pour $\varphi$ dans la solution particulière une constante $h$ et de poser $y_0 = he^{5x}$; en substituant cette valeur à $y$, on a

$$(25 + 5 - 2)he^{5x} = 3e^{5x},$$

d'où $h = \dfrac{3}{28}$; la solution générale de l'équation est

$$(22) \qquad y = C_1 e^x + C_2 e^{-2x} + \frac{3}{28}e^{3x}.$$

2° Considérons l'équation différentielle

$$\frac{d^4y}{dx^4} + 4\frac{d^2y}{dx^2} = 1 + x + 6\sin 2x;$$

l'équation caractéristique $f(r) = r^4 + 4r^2 = 0$ de l'équation sans second membre a pour racines simples $r_1 = 2i$, $r_2 = -2i$, et pour racine double $r_3 = 0$; la solution correspondante est

$$D_1\cos 2x + D_2\sin 2x + C_3 + C_4 x.$$

Au second membre, le polynome $1 + x$ peut être considéré comme de la forme $\psi(x)e^{r_1 x}$, $r_1$ étant égal à $0$, qui est racine double de l'équation caractéristique; il lui correspondra la solution particulière $\varphi(x)e^{r_1 x}$, où $\varphi(x)$ est un polynome de degré supérieur de deux unités à celui de $\psi(x)$. De même $6\sin 2x$ est de la forme $\psi(x)(e^{2ix} - e^{-2ix})$, et les exposants sont des racines simples de l'équation caractéristique; il faudra donc chercher une solution particulière de même forme où $\varphi(x)$ est du premier degré. Finalement on cherchera une solution particulière

$$y_0 = (g + hx + kx^2 + lx^3) + (m + nx)\cos 2x + (p + qx)\sin 2x;$$

en substituant $y_0$ dans l'équation, on obtient tous calculs faits

$$2k + 6lx - 16q\cos 2x + 16n\sin 2x = 1 + x + 6\sin 2x;$$

l'identification donne $k = \dfrac{1}{2}$, $l = \dfrac{1}{6}$, $q = 0$, $n = \dfrac{3}{8}$; les coefficients $g$, $h$, $m$, $p$ restent indéterminés, ce qu'on pouvait prévoir puisqu'ils rentrent dans la solution de l'équation sans second membre, et l'on aurait pu se dispenser de les écrire; il reste donc comme solution générale de l'équation complète

$$y = C_3 + C_4 x + D_1\cos 2x + D_2\sin 2x + \frac{x^2}{2} + \frac{x^3}{6} + \frac{3}{8}x\cos 2x.$$

3° On rencontre en électrotechnique les équations

$$L\frac{di}{dt} + Ri = E,$$

$$L\frac{di}{dt} + Ri = E\sin \omega t,$$

donnant en fonction du temps $t$ l'intensité $i$ d'un courant produit dans un circuit soit par une force électromotrice constante $E$ soit par une force électromotrice variant avec le temps d'un manière sinusoïdale $e = E\sin \omega t$, de maximum $E$, de pulsation $\omega$ et de période $T = \dfrac{2\pi}{\omega}$. Les coefficients $L$ et $R$ sont des constantes égales au coefficient de self-induction et à la résistance du circuit.

L'équation caractéristique de l'équation sans second membre est $Lr + R = 0$; elle a une seule racine, réelle, $r = -\dfrac{R}{L}$, de sorte que la solution de l'équation sans second membre est $C_1 e^{-\frac{R}{L}t}$. Au second membre, les exponentielles qui remplaceraient la constante $E$ ou la fonction $E\sin \omega t$ auraient comme coefficient de $t$ soit $\rho = 0$, soit $\rho = \pm \omega i$, valeurs différentes de la racine $r$.

Dans le premier cas, on peut donc adopter comme solution particulière de l'équation complète un polynome de même degré que le second membre, c'est-à-dire une constante. En remplaçant $i$ par une constante $i_0$, il reste simplement $Ri_0 = E$, de sorte que $i_0 = \dfrac{E}{R}$ et la solution générale de l'équation complète est

$$i = C_1 e^{-\frac{R}{L}t} + \frac{E}{R}.$$

La première partie tend rapidement vers zéro quand $t$ augmente, de sorte que $i$ devient au bout d'un temps très court égal à la valeur constante $\frac{E}{R}$.

Dans le second cas, on peut adopter pour solution particulière de l'équation complète une fonction trigonométrique de même période que le second membre, c'est-à-dire une fonction de la forme

$$i_0 = h \sin \omega t + k \cos \omega t.$$

En remplaçant $i$ par cette valeur et écrivant que les coefficients de $\sin \omega t$ et de $\cos \omega t$ sont les mêmes dans les deux membres, on obtient les équations

$$- L\omega k + Rh = E, \qquad L\omega h + Rk = 0;$$

elles donnent les valeurs de $h$ et $k$; on en déduit la solution générale

$$i = C_1 e^{-\frac{R}{L}t} + \frac{E}{R^2 + L^2\omega^2}(R \sin \omega t - L\omega \cos \omega t).$$

La première partie tend rapidement vers zéro quand $t$ augmente; la deuxième partie, qui devient alors la plus importante, peut être écrite sous la forme

$$\frac{E}{\sqrt{R^2 + L^2\omega^2}} \sin (\omega t - \varphi),$$

où $\varphi$, différence de phase, est fourni par $\operatorname{tg} \varphi = \frac{L\omega}{R}$.

4° En mécanique, on a à étudier le mouvement, amorti ou non, provoqué par une force proportionnelle au déplacement, et par une force variant d'une manière sinusoïdale avec le temps. L'équation d'un tel mouvement a la forme générale

$$\frac{d^2x}{dt^2} + 2b\frac{dx}{dt} + n^2x = a \sin \omega t,$$

$a$, $b$, $n$ et $\omega$ étant des constantes. Si $b$ n'est pas nul, les coefficients $\pm \omega i$ entrant dans les exponentielles qui remplaceraient le second membre ne sont jamais égaux aux racines de l'équation caractéristique; une solution particulière de l'équation complète peut être écrite sous la forme $x_0 = h \sin \omega t + k \cos \omega t$. En substituant cette valeur à $x$ dans l'équation complète et égalant les coefficients de $\sin \omega t$ et ceux de $\cos \omega t$ dans les deux membres, on aura les équations

$$(n^2 - \omega^2)h - 2b\omega k = a,$$
$$2b\omega h + (n^2 - \omega^2)k = 0,$$

qui fourniront pour $h$ et $k$ les valeurs

$$h = \frac{a(n^2 - \omega^2)}{(n^2 - \omega^2)^2 + 4b^2\omega^2}; \qquad k = \frac{-2ab\omega}{(n^2 - \omega^2)^2 + 4b^2\omega^2}.$$

On ajoutera à la solution de l'équation sans second membre, déjà obtenue au n° 465, la solution particulière $x_0$ provoquée par la force sinusoïdale. Cette solution, qui est souvent la plus importante, peut être écrite, comme dans l'exemple précédent, sous la forme

$$\frac{a}{\sqrt{(n^2 - \omega^2)^2 + 4b^2\omega^2}} \sin(\omega t - \varphi),$$

la différence de phase $\varphi$ étant donnée par $\operatorname{tg}\varphi = \dfrac{2b\omega}{n^2 - \omega^2}$.

Lorsque le coefficient d'amortissement $b$ est nul, et que $n$ n'est pas égal à $\omega$, le calcul précédent subsiste ; $k$ et $\varphi$ sont alors égaux à zéro. Mais si avec $b = 0$ on a $n = \omega$, le coefficient $\omega i$ est égal à la racine $ni$ de l'équation caractéristique, et il est nécessaire de prendre une solution particulière de la forme

$$x_0 = ht \sin \omega t + kt \cos \omega t.$$

On trouve, tous calculs faits, $h = 0$, $k = \dfrac{-a}{2\omega}$, de sorte que la solution particulière à ajouter à celle de l'équation sans second membre est

$$x_0 = \frac{-at}{2\omega} \cos \omega t = \frac{at}{2\omega} \sin\left(\omega t - \frac{\pi}{2}\right);$$

on obtient des oscillations d'amplitude croissant indéfiniment avec le temps ; on dit dans ce cas qu'il y a *résonance*. Par extension, on dit encore qu'il y a résonance quand $n = \omega$ et que $b$ est petit, car l'amplitude des oscillations est grande, et $\varphi$ est égal à $\dfrac{\pi}{2}$.

**470. Méthode de la variation des constantes.** — Dans le cas où le second membre n'a pas la forme simple que nous venons de mentionner, la recherche directe d'une solution particulière de l'équation complète n'est plus possible en général ; on peut cependant l'effectuer dans tous les cas, que le premier membre ait ses coefficients constants ou non, dès que l'on connaît la solution générale de l'équation sans second membre, et pour cela on applique la méthode de la variation des constantes, comme nous allons l'exposer.

Soit une équation différentielle (20), dont la solution de l'équation sans second membre est

$$y = C_1 y_1 + C_2 y_2 + \cdots + C_n y_n ;$$

cherchons quelles fonctions de $x$ il faudrait mettre à la place de $C_1$, $C_2$, ... $C_n$ pour que l'équation complète soit satisfaite par $y$. On a $n$ fonctions inconnues ; on peut donc leur imposer $n-1$ conditions complémentaires ; ces conditions sont obtenues en écrivant que les dérivées successives de $y$ se réduisent à des valeurs simples. Comme on a

$$\frac{dy}{dx} = (C_1 y'_1 + C_2 y'_2 + \cdots + C_n y'_n) + (C'_1 y_1 + C'_2 y_2 + \cdots + C'_n y_n),$$

on imposera d'abord aux fonctions $C$ la condition que la deuxième parenthèse soit nulle, ce qui donne

$$(23) \qquad C'_1 y_1 + C'_2 y_2 + \cdots + C'_n y_n = 0$$

et réduit $\dfrac{dy}{dx}$ à la première parenthèse ; en dérivant de nouveau $y$, on a

$$\frac{d^2 y}{dx^2} = (C_1 y''_1 + C_2 y''_2 + \cdots + C_n y''_n) + (C'_1 y'_1 + C'_2 y'_2 + \cdots + C'_n y'_n) ;$$

on imposera de même aux fonctions $C$ la condition que la dernière parenthèse soit nulle, ce qui donne

$$(23)' \qquad C'_1 y'_1 + C'_2 y'_2 + \cdots + C'_n y'_n = 0$$

et réduit $\dfrac{d^2 y}{dx^2}$ à la première parenthèse. On opérera de même à chaque dérivation, jusqu'à celle d'ordre $n-1$, mais on conservera tous les termes de la dérivée $n^e$ de $y$, et l'on remplacera $y$ et ses dérivées ainsi réduites dans l'équation complète. Les coefficients de $C_1$, $C_2$, ... $C_n$ seront nuls parce que $y_1$, $y_2$, ... $y_n$ sont des solutions de l'équation sans second membre et il restera simplement

$$C'_1 y_1^{(n)} + C'_2 y_2^{(n)} + \cdots + C'_n y_n^{(n)} = b .$$

Cette équation, jointe aux équations de condition (23), (23)', ..., fournit un système d'équations donnant $C'_1$, $C'_2$, ... $C'_n$, et on en tire les fonctions $C$ par des quadratures ; le problème est ainsi résolu.

Nous allons appliquer cette méthode à l'intégration de l'équation (21) ; nous avons trouvé au n° 464 la solution générale de l'équation sans second membre ; elle est

$$y = C_1 e^x + C_2 e^{-2x} ;$$

$C_1$ et $C_2$ devenant fonctions de $x$, nous prenons la dérivée de $y$,

$$\frac{dy}{dx} = C_1 e^x - 2C_2 e^{-2x} + C_1' e^x + C_2' e^{-2x} ;$$

en annulant l'ensemble des deux derniers termes, nous avons

$$(24) \qquad C_1' e^x + C_2' e^{-2x} = 0 ;$$

en prenant la dérivée de la valeur simplifiée de $\frac{dy}{dx}$, nous avons

$$\frac{d^2 y}{dx^2} = C_1 e^x + 4 C_2 e^{-2x} + C_1' e^x - 2 C_2' e^{-2x}.$$

En transportant dans (21) $y$ et ses dérivées, nous obtenons, toutes réductions faites, l'équation suivante

$$C_1' e^x - 2 C_2' e^{-2x} = 3 e^{5x} ;$$

en la joignant à (24), nous tirons les valeurs des dérivées $C_1' = e^{4x}$, $C_2' = -e^{7x}$, et nous en déduisons

$$C_1 = \frac{1}{4} e^{4x} + D_1, \qquad C_2 = -\frac{1}{7} e^{7x} + D_2,$$

$D_1$ et $D_2$ étant des constantes ; en remplaçant $C_1$ et $C_2$ par ces valeurs, nous avons pour la solution générale de l'équation proposée

$$y = D_1 e^x + D_2 e^{-2x} + \frac{3}{28} \varepsilon^{5x},$$

comme nous l'avons déjà trouvé au n° précédent.

**471. Intégration par une série. Équation de Bessel.** — Les considérations du n° 456 s'étendent aux équations différentielles d'ordre quelconque ; on peut en général représenter, dans le voisinage d'une valeur $x = x_0$, une solution d'une équation d'ordre $n$ par une série de Taylor

$$(25) \quad y = y_0 + \frac{x - x_0}{1} y_0' + \frac{(x - x_0)^2}{1.2} y_0'' + \cdots + \frac{(x - x_0)^n}{1.2 \ldots n} y_0^{(n)} + \cdots$$

Il est ordinairement possible de choisir arbitrairement $y_0$ et les $(n-1)$ premières dérivées $y_0', y_0'', \ldots y_0^{(n-1)}$ ; l'équation différentielle donnée, et celles qui s'en déduisent par dérivation, fournissent les valeurs de $y^{(n)}$, $y^{(n+1)}, \ldots$ au moyen de $x, y, y', \ldots, y^{(n-1)}$ et en remplaçant $x$ par $x_0$, $y$ et ses $n-1$ premières dérivées par $y_0, y_0', \ldots, y_0^{(n-1)}$, on obtiendra les coefficients successifs de la série (25).

En considérant $y_0, y_0', \ldots y_0^{(n-1)}$ comme des constantes arbitraires, la série (25) fournit la solution générale de l'équation différentielle d'ordre $n$. On démontre que la série est convergente pour des valeurs suffisamment petites de $|x - x_0|$ quand les conditions initiales $x_0, y_0, \ldots, y_0^{(n)}$ satisfont à certaines inégalités, et ces inégalités sont satisfaites en particulier dans le cas des équations résolues par rapport à $y^{(n)}$ lorsque les conditions initiales n'annulent pas le dénominateur de la valeur de $y^{(n)}$. Il est cependant possible, dans certains cas, de trouver une solution particulière représentée par une série convergente, et même par un polynome, pour des valeurs des conditions initiales annulant ce dénominateur, valeurs que l'on appelle *singulières*.

Généralement, on suppose $x_0 = 0$ ; la série de Taylor se réduit à une série de Maclaurin, c'est-à-dire à une série entière de la forme

$$(25) \qquad y = a_0 + a_1 x + \cdots + a_p x^p + \cdots ;$$

pour en déterminer les coefficients, on emploie le plus souvent la méthode des coefficients indéterminés ; on remplace $y$ et ses dérivées par la série (25) et ses dérivées, et l'on écrit que le résultat est une identité, c'est-à-dire que les développements en série entière des deux membres de l'équation différentielle ont les coefficients des différentes puissances de $x$ respectivement égaux.

Nous allons appliquer ce procédé à la recherche de solutions particulières de l'équation de Bessel. Cette équation, qui se présente dans plusieurs questions de physique et d'astronomie, est une équation différentielle linéaire et homogène du second ordre à coefficients non-constants. Elle peut être écrite sous des formes différentes qui se ramènent du reste l'une à l'autre ; la plus simple s'écrit

$$(26) \qquad x \frac{d^2 y}{dx^2} + (n + 1) \frac{dy}{dx} - y = 0,$$

$n$ étant un nombre quelconque positif, négatif ou nul.

Le coefficient de la dérivée seconde s'annule pour $x = 0$, cette valeur de la variable est une valeur singulière ; nous allons voir que dans le cas où $n$ est positif ou nul, l'équation (26) a cependant une solution particulière représentée par une série entière de la forme (25).

Pour le montrer, nous emploierons la méthode des coefficients indéterminés, et nous remplacerons dans le premier membre de (26) $y$ et ses dérivées par la série (25) et ses dérivées

$$\frac{dy}{dx} = a_1 + 2 a_2 x + \cdots + p a_p x^{p-1} + \cdots,$$

$$\frac{d^2 y}{dx^2} = 2.1\, a_2 + 3.2\, a_3 x + \cdots + p(p-1) a_p x^{p-2} + \cdots ;$$

en égalant à zéro les coefficients de chacune des puissances de $x$ dans le résultat, nous aurons les équations

$$(n+1)a_1 - a_0 = 0,$$
$$2.1.a_2 + 2(n+1)a_2 - a_1 = 0,$$
$$\cdots\cdots\cdots\cdots\cdots\cdots\cdots\cdots,$$
$$p(p-1)a_p + p(n+1)a_p - a_{p-1} = 0,$$
$$\cdots\cdots\cdots\cdots\cdots\cdots\cdots\cdots,$$

qui donneront

$$a_1 = \frac{a_0}{n+1}, \qquad a_2 = \frac{a_1}{2(n+2)}, \qquad \cdots \qquad a_p = \frac{a_{p-1}}{p(n+p)},$$

On voit que $a_0$ reste arbitraire et que les autres coefficients ont les valeurs toujours finies

$$a_1 = \frac{a_0}{1.(n+1)}, \qquad a_2 = \frac{a_0}{1.2(n+1)(n+2)}, \qquad \cdots,$$
$$a_p = \frac{a_0}{1.2\ldots p(n+1)(n+2)\ldots(n+p)}, \qquad \cdots;$$

il en résulte une solution de l'équation de Bessel représentée par la série entière

$$F(n,x) = a_0\left[1 + \frac{x}{1.(n+1)} + \frac{x^2}{1.2.(n+1)(n+2)} + \cdots\right],$$

série qui est convergente pour toute valeur de $x$. Si l'on remarque que le produit $1.2\ldots p$ est égal à $\Gamma(p+1)$ (n° 398) et que l'on a

$$\Gamma(n+p+1) = (n+p)(n+p-1)\ldots(n+1)\Gamma(n+1),$$

on voit qu'il y a avantage à prendre $a_0 = \dfrac{1}{\Gamma(n+1)}$ et à poser

$$(27) \quad F(n,x) = \frac{1}{\Gamma(1)\Gamma(n+1)} + \frac{x}{\Gamma(2)\Gamma(n+2)} + \cdots$$
$$+ \frac{x^p}{\Gamma(p+1)\Gamma(n+p+1)} + \cdots;$$

c'est la forme habituelle que l'on donne à la solution entière de l'équation de Bessel.

Lorsqu'on a une première intégrale $y_1$ d'une équation différentielle linéaire et homogène, on peut ramener l'intégration de cette équation à celle d'une autre analogue plus simple en posant $y = y_1 z$ (n° 463); on obtient alors une équation différentielle linéaire et homogène par rapport à $\dfrac{dz}{dx}$ dont l'ordre est inférieur d'une unité à l'ordre de l'équation donnée; après avoir intégré cette équation, on est ramené à des quadratures.

Lorsque $n$ est un nombre entier positif, on applique ce procédé pour trouver une deuxième solution de l'équation de Bessel, et l'on obtient une fonction renfermant un logarithme, mais cette solution est peu intéressante et est rarement utilisée. Lorsque $n$ n'est pas entier, il est préférable de poser $y = x^{-n}z$ ; $z$ satisfait alors à une équation qui, tous calculs faits, est

$$(28) \qquad x \frac{d^2 z}{dx^2} + (-n+1)\frac{dz}{dx} - z = 0 ;$$

elle ne diffère de la première que par le changement de $n$ en $-n$ ; or la série (27) est encore convergente quand $n$ est négatif mais non entier, car aucun des dénominateurs ne devient nul. L'équation (28) a donc une solution série entière égale à $F(-n, x)$ ; par suite la solution générale de l'équation de Bessel est dans ce cas

$$(29) \qquad y = C_1 F(n, x) + C_2 x^{-n} F(-n, x).$$

Nous pouvons ajouter que si, dans l'équation (26), $n$ est négatif, il suffit d'opérer le changement précédent pour aboutir à l'équation (28) où apparaît un nombre $n' = -n$ positif.

On donne d'autres formes à l'équation de Bessel ; l'une d'elles est obtenue en faisant le changement de variable $x = -\frac{t^2}{4}$ ; on a alors

$$\frac{dy}{dx} = -\frac{2}{t}\frac{dy}{dt},$$

$$\frac{d^2 y}{dx^2} = \frac{d}{dx}\left(\frac{dy}{dx}\right) = -\frac{2}{t}\frac{d}{dt}\left(\frac{dy}{dx}\right) = -\frac{2}{t}\frac{d}{dt}\left(-\frac{2}{t}\frac{dy}{dt}\right) ;$$

tous calculs faits, l'équation (26) se transforme dans la suivante,

$$(30) \qquad t \frac{d^2 y}{dt^2} + (2n+1)\frac{dy}{dt} + ty = 0 ;$$

elle admet comme intégrale, dans le cas de $n$ positif, $F\left(n, -\frac{t^2}{4}\right)$ ; mais on envisage plutôt l'équation déduite de la précédente par le changement de fonction $y = t^{-n}z$ qui conduit, tous calculs faits, à l'équation suivante, souvent utilisée sous le nom d'équation de Bessel,

$$(31) \qquad t^2 \frac{d^2 z}{dt^2} + t \frac{dz}{dt} + (t^2 - n^2)z = 0.$$

Cette équation, dans laquelle on peut supposer $n$ positif, a une solution particulière

$$z = Ct^n y = Ct^n F\left(n, -\frac{t^2}{4}\right),$$

où $C$ est une constante arbitraire ; on pose $C = \dfrac{1}{2^n}$ et l'on désigne par la notation $J_n(t)$ la fonction ainsi obtenue, que l'on appelle fonction de Bessel,

$$z = J_n(t) = \left(\frac{t}{2}\right)^n F\left(n, -\frac{t^2}{4}\right)$$

$$= \frac{\left(\frac{t}{2}\right)^n}{\Gamma(n+1)}\left[1 - \frac{\left(\frac{t}{2}\right)^2}{1 \cdot (n+1)} + \frac{\left(\frac{t}{2}\right)^4}{1 \cdot 2 \cdot (n+1)(n+2)} - \cdots\right];$$

la série entre parenthèses est convergente pour toute valeur de $t$ quand $n$ est différent d'un nombre entier négatif.

Si $n$ n'est pas entier, la solution générale de l'équation (31), obtenue en partant de (29), est

$$z = C_1 J_n(t) + C_2 J_{-n}(t);$$

$C_1$ et $C_2$ étant des constantes arbitraires ; mais si $n$ est entier, la solution générale est plus compliquée et renferme des logarithmes.

La fonction de Bessel la plus simple correspond à $n = 0$ ; elle est solution des équations (30) et (31), qui deviennent identiques pour $n = 0$ ; elle est

$$J_0(t) = 1 - \frac{\left(\frac{t}{2}\right)^2}{1^2} + \frac{\left(\frac{t}{2}\right)^4}{(1 \cdot 2)^2} - \frac{\left(\frac{t}{2}\right)^6}{(1 \cdot 2 \cdot 3)^2} + \cdots;$$

les autres fonctions les plus simples sont celles qui correspondent à $n$ moitié d'un nombre entier impair ; on peut vérifier en particulier que l'on a

$$J_{\frac{1}{2}}(t) = \sqrt{\frac{2}{\pi}} \frac{\sin t}{\sqrt{t}};$$

le calcul numérique des fonctions de Bessel est facilité par des formules de récurrence dont les plus importantes, faciles à vérifier, sont

$$J_{n-1}(t) + J_{n+1}(t) = \frac{2n}{t} J_n(t),$$

$$J_{n-1}(t) - J_{n+1}(t) = 2 \frac{dJ_n(t)}{dt}.$$

REMARQUE. — Nous avons mentionné au n° 454 l'équation de Riccati

$$\frac{dy}{dx} + P(x)y + Q(x)y^2 = R(x);$$

on la ramène à une équation du second ordre linéaire et homogène par la transformation

$$y = Q(x) \frac{d \log z}{dx} = \frac{Q(x)}{z} \frac{dz}{dx};$$

en remplaçant $y$ et $y'$ par leurs valeurs, on obtient l'équation

$$Q \frac{d^2 z}{dx^2} + (P + Q') \frac{dz}{dx} - Rz = 0.$$

Si l'on sait intégrer cette équation et si sa solution générale est $z = C_1 z_1 + C_2 z_2$, l'intégrale générale de l'équation de Riccati est

$$y = Q \frac{C_1 z_1' + C_2 z_2'}{C_1 z_1 + C_2 z_2};$$

elle ne renferme en réalité qu'une seule constante arbitraire, le rapport $\frac{C_1}{C_2}$.

Un cas particulier important de l'équation de Riccati est celui où P est nul, Q est une constante $a$, et R est égal à $bx^m$, $b$ étant constant ; l'équation et sa transformée deviennent

$$\frac{dy}{dx} + ay^2 = bx^m ; \qquad a \frac{d^2 z}{dx^2} - bx^m z = 0.$$

Un changement de variable de la forme $x = \lambda t^{\frac{2}{m+2}}$, où $\lambda$ est une constante, transforme la seconde en

$$t \frac{d^2 z}{dt^2} + \frac{m}{m+2} \frac{dz}{dt} + b't z = 0 ;$$

et par un choix convenable de $\lambda$ on peut rendre $b'$ égal à l'unité ; on retrouve ainsi l'équation (30) dans laquelle $n$ a la valeur $\dfrac{-1}{m+2}$, et on l'intègre au moyen de fonctions de Bessel pouvant devenir dans certains cas des fonctions trigonométriques.

# CHAPITRE III

## ÉQUATIONS DIFFÉRENTIELLES SIMULTANÉES

---

**472. Système de deux équations différentielles simultanées du premier ordre à deux fonctions inconnues.** — Supposons, pour fixer les idées, que l'on considère deux fonctions $y$ et $z$ d'une même variable $x$, et que l'on donne deux équations entre la variable, les fonctions $y$ et $z$ et leurs dérivées par rapport à $x$ jusqu'à un certain ordre ; ce seront deux équations différentielles simultanées à deux fonctions inconnues. Nous allons ramener l'intégration de ce système à celle d'une ou de plusieurs équations différentielles ordinaires renfermant chacune une seule fonction inconnue. Ce que nous allons dire dans le cas de deux fonctions s'applique sans modification au cas d'un nombre quelconque d'équations différentielles simultanées renfermant le même nombre de fonctions inconnues.

Considérons d'abord le cas simple de deux équations renfermant seulement les dérivées premières de $y$ et de $z$ ; supposons-les résolues par rapport à ces dérivées, et mises sous la forme

$$(1) \qquad \frac{dy}{dx} = f(x, y, z), \qquad \frac{dz}{dx} = \varphi(x, y, z);$$

nous allons éliminer $z$ entre ces équations ; pour cela, nous prendrons la dérivée de la première et nous remplacerons $\dfrac{dz}{dx}$ par sa valeur fournie par la seconde ; nous aurons ainsi la relation

$$\frac{d^2y}{dx^2} = f'_x + f'_y \frac{dy}{dx} + f'_z \varphi(x, y, z).$$

Nous éliminerons alors $z$ entre cette équation et la première des équations (1) ; nous obtiendrons ainsi une équation différentielle du second ordre par rapport à la seule fonction $y$.

Supposons qu'on ait intégré cette équation et qu'on ait exprimé sa solution générale au moyen de $x$ et de deux constantes arbitraires $C_1$ et $C_2$; de la première des équations (1), nous pourrons tirer la valeur de $z$ en fonction de $x$, $y$ et $\frac{dy}{dx}$; en remplaçant $y$ par la solution trouvée, nous exprimerons $z$ en fonction de $x$ et des deux mêmes constantes $C_1$ et $C_2$; nous obtiendrons finalement pour $y$ et pour $z$ des valeurs de la forme

$$(2) \qquad y = F(x,\, C_1,\, C_2), \qquad z = \Phi(x,\, C_1,\, C_2).$$

On dit que ces valeurs forment la solution générale du système des équations (1); on peut déterminer les deux constantes $C_1$ et $C_2$ de façon que $y$ et $z$ prennent des valeurs données $y_0$ et $z_0$ pour $x = x_0$; on dit alors que l'on impose à la solution particulière ainsi formée des conditions initiales données.

Géométriquement, les équations (2) représentent une famille de lignes de l'espace; les équations (1) expriment deux relations qui existent, en chaque point de l'une quelconque de ces lignes, entre les coordonnées de ce point et les coefficients directeurs de la tangente à la ligne en ce point. Imposer les conditions initiales $y = y_0$ et $z = z_0$ pour $x = x_0$ revient à chercher la ligne passant par un point $(x_0,\, y_0,\, z_0)$ de l'espace.

*Exemple.* — Soit à intégrer le système d'équations simultanées

$$\frac{dy}{dx} = -3y + 4z + 5e^{5x}, \qquad \frac{dz}{dx} = -y + 2z - 3e^{5x}.$$

En prenant la dérivée de la première, et remplaçant $\frac{dz}{dx}$ par sa valeur tirée de la seconde, nous avons

$$\frac{d^2y}{dx^2} = -3\frac{dy}{dx} - 4y + 8z + 13e^{5x};$$

en remplaçant $z$ par sa valeur tirée de la première

$$(3) \qquad z = \frac{1}{4}\frac{dy}{dx} + \frac{3}{4}y - \frac{5}{4}e^{5x},$$

nous obtenons, pour déterminer $y$, l'équation du second ordre

$$\frac{d^2y}{dx^2} + \frac{dy}{dx} - 2y = 3e^{5x}.$$

Nous l'avons intégrée au n° 469 et nous avons trouvé pour sa solution générale

$$y = C_1 e^x + C_2 e^{-2x} + \frac{3}{28}e^{5x};$$

en la portant dans l'équation (3), nous avons

$$z = C_1 e^x + \frac{1}{4} C_2 e^{-2x} - \frac{29}{28} e^{5x}.$$

**473. Intégrales d'un système d'équations simultanées.** — Soient $y$ et $z$ une solution du système (1) définie par les équations (2); en résolvant ces dernières par rapport aux constantes $C_1$ et $C_2$, nous obtenons deux relations de la forme

(4)                    $u(x, y, z) = C_1, \qquad v(x, y, z) = C_2.$

Les fonctions $u$ et $v$ de $x, y, z$ sont dites *intégrales* du système (1); en général, on appelle intégrale de ce système toute fonction $w(x, y, z)$ qui se réduit à une constante lorsqu'on remplace $y$ et $z$ par la solution générale (2). On reconnaît qu'une fonction $w$ est une intégrale à ce que la fonction

(5)                    $w\big[x, F(x, C_1, C_2), \Phi(x, C_1, C_2)\big]$

ne dépend plus de la variable $x$ et a la forme $\Psi(C_1, C_2)$. Lorsqu'on connaît deux intégrales indépendantes telles que $u$ et $v$, toute fonction arbitraire $w = \Psi(u, v)$ est encore une intégrale; inversement toute intégrale se met sous cette forme : nous avons vu en effet que toute intégrale exprimée sous la forme (5) se réduit à $\Psi(C_1, C_2)$; elle est donc identique à $\Psi(u, v)$ d'après les équations (4).

La connaissance de deux intégrales indépendantes du système (1) permet de former la solution générale de ce système; il suffit en effet d'égaler les intégrales à deux constantes $C_1$ et $C_2$ pour définir les solutions $y$ et $z$ en fonction de $x, C_1$ et $C_2$. Il est parfois facile de former des combinaisons des équations données (1) dont les termes soient différentielles totales par rapport à $x, y, z$; ces combinaisons sont dites *intégrables*. Chaque fois que l'on intègre une telle combinaison, on obtient une intégrale du système.

*Exemple.* — Soit à intégrer le système d'équations simultanées

(6)                    $$\frac{dx}{x - z} = \frac{dy}{z - x} = \frac{dz}{x - y}.$$

De ces équations, nous tirons les deux combinaisons

$$dx + dy + dz = 0, \qquad 2(x\,dx + y\,dy + z\,dz) = 0,$$

dont les premiers membres sont des différentielles totales exactes; leurs intégrales sont deux intégrales du système donné; en les égalant à des constantes, nous avons deux relations

$$(7) \qquad x + y + z = C_1, \qquad x^2 + y^2 + z^2 = C_2,$$

qui définissent $y$ et $z$ comme fonctions de $x$ et de deux constantes arbitraires et donnent par suite la solution générale des équations (6); elles représentent une famille de cercles dont les plans sont parallèles et dont les centres sont sur une même droite issue de l'origine, de coefficients directeurs 1, 1 et 1.

474. **Trajectoires orthogonales de surfaces. Lignes de forces.** — Étant donnée une famille de surfaces S représentées par une équation

$$(8) \qquad F(x, y, z, a) = 0$$

renfermant un paramètre variable $a$, nous nous proposons de déterminer une ligne C coupant orthogonalement toutes ces surfaces. En un point $(x, y, z)$ commun à cette ligne et à une surface S, les coefficients directeurs $dx$, $dy$, $dz$ de la tangente à C sont proportionnels à ceux de la normale à la surface; on a donc les relations

$$(9) \qquad \frac{dx}{F'_x(x, y, z, a)} = \frac{dy}{F'_y(x, y, z, a)} = \frac{dz}{F'_z(x, y, z, a)}.$$

Les relations (8) et (9) doivent avoir lieu en tous les points de C, par conséquent pour toutes les valeurs de $a$; on obtiendra les conditions pour que cela ait lieu en éliminant $a$ entre les équations (8) et (9); on trouvera ainsi deux équations différentielles simultanées du premier ordre à deux fonctions inconnues. La solution générale de ce système sera de la forme (2) et représentera une famille de lignes de l'espace dépendant de deux paramètres; par tout point $(x_0, y_0, z_0)$ de l'espace passe en général une ligne C trajectoire orthogonale des surfaces S.

*Exemple.* — Considérons la famille de sphères tangentes à l'origine au plan $xOy$ et représentées par l'équation

$$x^2 + y^2 + z^2 - 2az = 0 ;$$

les équations (9) sont dans ce cas

$$\frac{dx}{x} = \frac{dy}{y} = \frac{dz}{z - a} ;$$

l'élimination de $a$ conduit au système

$$\frac{dx}{x} = \frac{dy}{y} = \frac{2z\,dz}{z^2 - x^2 - y^2} ;$$

nous pouvons former, comme dans le n° précédent, des combinaisons intégrables en ajoutant aux deux termes du dernier rapport les termes analogues des premiers multipliés respectivement par $2x$ et $2y$, ce qui donne

$$\frac{dx}{x} = \frac{dy}{y} = \frac{2(xdx + ydy + zdz)}{x^2 + y^2 + z^2}.$$

En intégrant, on a la solution générale déterminée par

$$\log|x| = \log|y| - \log C_1 = \log(x^2 + y^2 + z^2) - \log 2C_2,$$
$$y = C_1 x, \qquad x^2 + y^2 + z^2 = 2C_2 x.$$

Les trajectoires orthogonales sont des cercles situés dans des plans passant par l'axe $Oz$, et tangents à cet axe à l'origine.

Nous avons considéré au n° 436 un champ de forces, et nous avons supposé que les composantes X, Y, Z de la force issue d'un point sont des fonctions données des coordonnées $x$, $y$, $z$ de ce point. On appelle ligne de forces une ligne C telle que la tangente en chacun de ses points ait la même direction que la force issue de ce point; pour que cela ait lieu, il faut et il suffit que l'on ait

$$(10) \qquad \frac{dx}{X(x, y, z)} = \frac{dy}{Y(x, y, z)} = \frac{dz}{Z(x, y, z)}.$$

Ces relations sont deux équations différentielles simultanées du premier ordre et, comme nous l'avons dit, leur solution générale, qui a la forme (2), représente une famille de lignes à deux paramètres, qui sont précisément les lignes de forces.

Le problème des lignes de forces est, dans un cas particulier, intimement lié au précédent; nous avons vu en effet que si $X dx + Y dy + Z dz$ est la différentielle exacte d'une fonction des forces $F(x, y, z)$, par chaque point de l'espace passe une surface de niveau $F(x, y, z) = C$ et la normale à cette surface au point considéré a la direction de la force issue de ce point. Il résulte de là que, dans ce cas, les lignes de forces sont identiques aux trajectoires orthogonales des surfaces de niveau; c'est ce que montre du reste le calcul, car les équations (9) et (10) sont identiques.

**475. Cas général.** — Considérons maintenant le cas de deux équations d'ordre quelconque à deux fonctions inconnues $y$ et $z$ de la variable $x$. Soit $n$ l'ordre le plus élevé des dérivées de $y$, et $p$ celui des dérivées de $z$; supposons les équations données résolues par rapport aux dérivées d'ordre le plus élevé et mises sous la forme

$$(11) \qquad \frac{d^n y}{dx^n} = f\left(x, y, \frac{dy}{dx}, \ldots, \frac{d^{n-1}y}{dx^{n-1}}, z, \frac{dz}{dx}, \ldots, \frac{d^{p-1}z}{dx^{p-1}}\right),$$

$$(12) \qquad \frac{d^p z}{dx^p} = \varphi\left(x, y, \frac{dy}{dx}, \ldots, \frac{d^{n-1}y}{dx^{n-1}}, z, \frac{dz}{dx}, \ldots, \frac{d^{p-1}z}{dx^{p-1}}\right).$$

Nous allons éliminer $z$ entre ces deux équations ; nous prendrons pour cela $p$ fois successivement la dérivée de la première par rapport à $x$, en ayant soin chaque fois de remplacer $\dfrac{d^p z}{dx^p}$ par sa valeur (12). Nous formerons ainsi les dérivées

$$\frac{d^{n+1}y}{dx^{n+1}}, \quad \frac{d^{n+2}y}{dx^{n+2}}, \quad \ldots, \quad \frac{d^{n+p}y}{dx^{n+p}},$$

et leurs expressions renfermeront les dérivées de $z$ jusqu'à l'ordre $p-1$ au plus. En général, il est possible d'éliminer, entre l'équation (11) et les $p$ nouvelles équations ainsi formées, les $p$ quantités $z, \dfrac{dz}{dx}, \ldots, \dfrac{d^{p-1}z}{dx^{p-1}}$ ; en effectuant cette élimination, nous obtiendrons une équation renfermant $x$, $y$ et ses dérivées jusqu'à l'ordre $n+p$ ; ce sera une équation différentielle ordinaire d'ordre $n+p$ par rapport à $y$.

Si l'on sait intégrer cette équation, sa solution générale est une fonction $F$ dépendant de $x$ et de $n+p$ constantes arbitraires de la forme

$$(13) \qquad y = F(x, C_1, C_2, \ldots, C_{n+p}) ;$$

d'autre part, les équations qui ont servi à éliminer $z$ et ses dérivées permettent d'exprimer $z$ au moyen de $y$ et de quelques-unes des dérivées de cette dernière fonction ; il suffit alors de remplacer $y$ et ses dérivées par les valeurs tirées de l'équation (13) pour déterminer $z$ ; cette fonction dépendra de $x$ et des $n+p$ constantes qui entrent dans $y$, et sera de la forme

$$(14) \qquad z = \Phi(x, C_1, C_2, \ldots, C_{n+p}).$$

Le procédé que nous venons d'indiquer fournit ainsi des valeurs de $y$ et de $z$ dépendant de $n+p$ constantes arbitraires ; on dit qu'elles constituent la solution générale des équations (11) et (12) et l'on dit que l'ordre de ce système d'équations est $n+p$ ; on voit qu'il est égal à la somme des ordres des plus hautes dérivées de $y$ et de $z$.

Dans certains cas exceptionnels, il n'est pas nécessaire, pour éliminer $z$ entre les équations (11) et (12), de former $p$ fois la dérivée de la première ; nous nous contenterons d'indiquer le résultat suivant : si l'élimination de $z$ et de ses dérivées est possible après avoir pris les $p-q$ premières dérivées de l'équation (11), on obtient, pour déterminer $y$, une équation différentielle d'ordre $n+p-q$ ; mais il faut ensuite, pour déterminer $z$, intégrer une nouvelle équation d'ordre égal ou inférieur à $q$, dont les coefficients dépendent de la valeur trouvée pour $y$ ; la solution générale dépend au plus de $n+p$ constantes.

Lorsque l'on attribue aux constantes des valeurs numériques particulières, on obtient des solutions particulières du système d'équations différentielles simultanées. Il est possible de former une solution particulière telle que $y$ et ses $n-1$ premières dérivées, ainsi que $z$ et ses $p-1$ premières dérivées prennent des valeurs données $y_0, y_0', \ldots, y_0^{(n-1)}$, $z_0, z_0', \ldots, z_0^{(p-1)}$ pour une valeur donnée $x_0$ de la variable. Il suffit en effet de former, en partant des équations (13) et (14) qui donnent la solution générale du système, les valeurs de $y$ et de ses $n-1$ premières dérivées, ainsi que celles de $z$ et de ses $p-1$ premières dérivées, et d'écrire qu'elles prennent pour $x = x_0$ les valeurs données; on a ainsi $n+p$ équations qui permettent de calculer les valeurs numériques des $n+p$ constantes arbitraires entrant dans la solution.

Ces considérations s'appliquent à un nombre quelconque d'équations simultanées contenant un même nombre de fonctions inconnues d'une seule variable; dans le cas général, l'ordre du système est égal à la somme des ordres des plus hautes dérivées qui y entrent; dans des cas exceptionnels, cet ordre peut s'abaisser. La solution générale contient un nombre de constantes arbitraires indépendantes égal à l'ordre du système.

Un exemple est fourni par les équations générales du mouvement d'un point mobile; soit $m$ la masse de ce point, $x, y, z$ ses coordonnées par rapport à un système d'axes. La résultante des forces qui lui sont appliquées peut dépendre de la position qu'il occupe, c'est-à-dire de $x, y, z$, puis de sa vitesse, c'est-à-dire des composantes $\dfrac{dx}{dt}$, $\dfrac{dy}{dt}$, $\dfrac{dz}{dt}$ de celle-ci, et enfin du temps; nous désignerons par $X, Y, Z$ les projections de cette résultante sur les directions des axes. En écrivant que le produit de la masse par la projection de l'accélération sur l'un quelconque des axes de coordonnées est égal à la projection sur cet axe de la résultante des forces, nous obtenons un système de trois équations simultanées de la forme

$$(15) \quad \begin{cases} m \dfrac{d^2x}{dt^2} = X\left(x, y, z, \dfrac{dx}{dt}, \dfrac{dy}{dt}, \dfrac{dz}{dt}, t\right), \\[2ex] m \dfrac{d^2y}{dt^2} = Y\left(x, y, z, \dfrac{dx}{dt}, \dfrac{dy}{dt}, \dfrac{dz}{dt}, t\right), \\[2ex] m \dfrac{d^2z}{dt^2} = Z\left(x, y, z, \dfrac{dx}{dt}, \dfrac{dy}{dt}, \dfrac{dz}{dt}, t\right). \end{cases}$$

Ce système est du sixième ordre; sa solution générale fournit les expressions des coordonnées du mobile en fonction du temps et de six constantes arbitraires. Toute solution particulière est déterminée par six conditions initiales; ordinairement on donne la position initiale et la vitesse ini-

tiale du mobile, c'est-à-dire les valeurs de $x, y, z$ et de $\dfrac{dx}{dt}$ , $\dfrac{dy}{dt}$ , $\dfrac{dz}{dt}$
pour $t = 0$.

**476. Intégrales d'un système quelconque.** — On appelle *intégrale*
d'un système quelconque d'équations simultanées une fonction renfermant
la variable, les fonctions, et les dérivées de chacune de celles-ci d'ordre
inférieur à l'ordre le plus élevé où elles paraissent dans les équations du
système, cette fonction jouissant de la propriété de se réduire à une constante lorsqu'on substitue aux fonctions inconnues les valeurs qu'elles possèdent dans la solution générale.

Par exemple, toute intégrale du système (11) et (12) est une fonction
de la forme

$$w\left( x, y, \frac{dy}{dx}, \ldots, \frac{d^{n-1}y}{dx^{n-1}}, z, \frac{dz}{dx}, \ldots, \frac{d^{p-1}z}{dx^{p-1}} \right)$$

qui se réduit à une constante indépendante de $x$ quand on remplace $y$
et $z$ et leurs dérivées par les valeurs (13) et (14) et leurs dérivées.

Quand on connaît la solution générale du système, on peut former
$n + p$ intégrales particulières en résolvant par rapport aux $n + p$ constantes $C_1, C_2, \ldots, C_{n+p}$ les équations (13) et (14), auxquelles on joint
les $(n - 1)$ dérivées de la première et les $p - 1$ dérivées de la seconde.
Inversement, connaissant $n + p$ intégrales indépendantes, en les égalant
à $n + p$ constantes, on a des équations qui fournissent non seulement la
solution générale, mais les dérivées de cette solution.

La connaissance d'une ou de plusieurs intégrales permet de réduire
l'ordre du système d'un nombre d'unités égal à celui des intégrales connues, car en les égalant à des constantes on peut diminuer du même nombre
la somme des ordres des plus hautes dérivées inconnues qui entrent dans
les équations données.

Dans le cas particulier du système des équations (15) de la dynamique,
une intégrale de ce système est une fonction du temps, des coordonnées
du mobile et des composantes de sa vitesse, qui reste constante pendant
le mouvement. Un cas particulièrement remarquable est celui où les composantes $X, Y, Z$ de la force ne dépendent que des coordonnées $x, y, z$
et sont de plus les dérivées d'une même fonction des forces $F(x, y, z)$
(n° 436); on peut alors former une intégrale du système de la façon suivante :

Multiplions les deux membres des équations (15) respectivement par
$\dfrac{dx}{dt}, \dfrac{dy}{dt}, \dfrac{dz}{dt}$ et ajoutons ; nous avons

$$m\left(\frac{dx}{dt}\frac{d^2x}{dt^2}+\frac{dy}{dt}\frac{d^2y}{dt^2}+\frac{dz}{dt}\frac{d^2z}{dt^2}\right)=\mathrm{X}\frac{dx}{dt}+\mathrm{Y}\frac{dy}{dt}+\mathrm{Z}\frac{dz}{dt};$$

le premier membre est la demi-dérivée par rapport à $t$ de la somme

$$m\left[\left(\frac{dx}{dt}\right)^2+\left(\frac{dy}{dt}\right)^2+\left(\frac{dz}{dt}\right)^2\right],$$

qui représente le produit de la masse par le carré de la vitesse, et s'appelle *force vive* du mobile; le second membre est la dérivée par rapport à $t$ de l'intégrale

$$\int \mathrm{X}\,dx+\mathrm{Y}\,dy+\mathrm{Z}\,dz,$$

qui représente le travail de la force $(\mathrm{X}, \mathrm{Y}, \mathrm{Z})$ pendant le déplacement du mobile. Dans le cas que nous examinons, l'intégrale indéfinie est égale à la fonction des forces $\mathrm{F}(x, y, z)$. La différence entre les intégrales des deux membres, c'est-à-dire

$$\frac{1}{2}\,m\left[\left(\frac{dx}{dt}\right)^2+\left(\frac{dy}{dt}\right)^2+\left(\frac{dz}{dt}\right)^2\right]-\mathrm{F}(x, y, z)$$

est une intégrale du système; on l'appelle intégrale des forces vives.

Si l'on désigne par $v$ la vitesse du mobile à un instant quelconque, lorsqu'il occupe la position $(x, y, z)$, et par $v_0$ sa vitesse à l'instant initial, lorsqu'il occupe la position $(x_0, y_0, z_0)$, on a, d'après ce qui précède, l'équation

$$\frac{1}{2}\,m(v^2-v_0^2)=\mathrm{F}(x, y, z)-\mathrm{F}(x_0, y_0, z_0).$$

# CHAPITRE IV

## ÉQUATIONS AUX DÉRIVÉES PARTIELLES

**477. Formation des équations aux dérivées partielles du premier ordre.** — Lorsque l'on considère une ou plusieurs fonctions de plusieurs variables indépendantes, toute relation entre les variables, les fonctions et leurs dérivées partielles s'appelle une équation aux dérivées partielles ; si l'on a une seule fonction, l'ordre le plus élevé des dérivées partielles qui entrent dans l'équation s'appelle l'ordre de cette équation. Nous nous limiterons au cas où l'on a une seule fonction $z$ de deux variables $x$ et $y$ ; nous représenterons les dérivées partielles du premier ordre de $z$ par $p$ et $q$, et celles du second par $r$, $s$, $t$, comme nous l'avons déjà fait au n° 366.

Une équation aux dérivées partielles du premier ordre prend naissance de plusieurs manières ; les deux principales sont les suivantes :

**1ᵉʳ Cas.** — Supposons que la fonction $z$ dépende de deux constantes arbitraires $C_1$ et $C_2$ ; si, entre l'équation qui définit $z$, et les dérivées de cette équation par rapport à $x$ et par rapport à $y$, nous éliminons ces deux constantes, nous obtenons une relation entre $x, y, z, \dfrac{\partial z}{\partial x} = p$ et $\dfrac{\partial z}{\partial y} = q$ ; c'est une équation du premier ordre à laquelle satisfont toutes les fonctions $z$ quelles que soient les constantes $C_1$ et $C_2$.

Soit par exemple la fonction

$$(1) \qquad z = C_1 x^2 + C_2 y^2 ,$$

ses dérivées partielles sont $\dfrac{\partial z}{\partial x} = 2C_1 x$ et $\dfrac{\partial z}{\partial y} = 2C_2 y$ ; l'élimination de $C_1$ et $C_2$ conduit à l'équation du premier ordre

$$(2) \qquad 2z = x\frac{\partial z}{\partial x} + y\frac{\partial z}{\partial y} = xp + yq.$$

Soit encore la fonction

$$(3) \qquad = (x + C_1)(y + C_2);$$

elle satisfait à l'équation du premier ordre

$$(4) \qquad z = pq.$$

L'équation (2) est linéaire en $p$ et $q$, tandis que l'équation (4) ne l'est pas.

**2ᵉ Cas.** — Supposons que deux fonctions données de $x$, $y$ et $z$, que nous appelons $u(x, y, z)$ et $v(x, y, z)$, soient reliées l'une à l'autre de façon que l'une soit une fonction arbitraire de l'autre $v = \varphi(u)$; nous allons montrer que la fonction implicite $z$ de $x$ et $y$ ainsi définie satisfait à une équation aux dérivées partielles du premier ordre indépendante de la fonction arbitraire $\varphi$.

Écrivons que l'on a

$$(5) \qquad v(x, y, z) = \varphi[u(x, y, z)],$$

et égalons les dérivées partielles des deux membres de cette équation par rapport à $x$ et par rapport à $y$; nous aurons.

$$\frac{\partial v}{\partial x} + \frac{\partial v}{\partial z}\frac{\partial z}{\partial x} = \frac{d\varphi}{du}\left(\frac{\partial u}{\partial x} + \frac{\partial u}{\partial z}\frac{\partial z}{\partial x}\right),$$

$$\frac{\partial v}{\partial y} + \frac{\partial v}{\partial z}\frac{\partial z}{\partial y} = \frac{d\varphi}{du}\left(\frac{\partial u}{\partial y} + \frac{\partial u}{\partial z}\frac{\partial z}{\partial y}\right);$$

en éliminant $\dfrac{d\varphi}{du}$ entre ces deux dernières relations, ce qui se fait en les divisant membre à membre, nous aurons une équation indépendante de $\varphi$; tous calculs faits, elle est de la forme

$$(6) \qquad P\frac{\partial z}{\partial x} + Q\frac{\partial z}{\partial y} = R,$$

ou bien

$$Pp + Qq = R,$$

P, Q et R étant des fonctions de $x$, $y$ et $z$ définies par

$$P = \frac{\partial u}{\partial y}\frac{\partial v}{\partial z} - \frac{\partial v}{\partial y}\frac{\partial u}{\partial z}, \qquad Q = \frac{\partial u}{\partial z}\frac{\partial v}{\partial x} - \frac{\partial v}{\partial z}\frac{\partial u}{\partial x}, \qquad R = \frac{\partial u}{\partial x}\frac{\partial v}{\partial y} - \frac{\partial v}{\partial x}\frac{\partial u}{\partial y}$$

L'élimination d'une fonction arbitraire conduit toujours, comme nous le voyons, à une équation du premier ordre, linéaire par rapport aux dérivées $p$, $q$.

*Exemples.* — Les surfaces de révolution autour de $Oz$ ont une équation de la forme

$$(7) \qquad z = \varphi(x^2 + y^2);$$

nous allons éliminer la fonction arbitraire $\varphi$, en appliquant la méthode que nous venons d'indiquer; ici, $u$ est égal à $x^2 + y^2$ et $v$ est égal à $z$. Les dérivées partielles de la fonction $z$ sont

$$\frac{\partial z}{\partial x} = \frac{d\varphi}{d(x^2 + y^2)}\, 2x, \qquad \frac{\partial z}{\partial y} = \frac{d\varphi}{d(x^2 + y^2)}\, 2y\,;$$

en divisant ces égalités membre à membre, nous en déduisons la relation suivante, indépendante de $\varphi$ :

$$(8) \qquad y\frac{\partial z}{\partial x} - x\frac{\partial z}{\partial y} = 0, \qquad \text{ou} \qquad yp - xq = 0.$$

Cette équation du premier ordre est dite l'équation aux dérivées partielles des surfaces de révolution autour de $Oz$.

Les cônes ayant pour sommet l'origine sont représentés par une équation homogène en $x, y, z$ que l'on peut écrire sous la forme $\frac{y}{z} = \varphi\left(\frac{x}{z}\right)$ ; l'élimination de $\varphi$ conduit à l'équation

$$(9) \qquad px + qy = z.$$

Toute équation du premier ordre exprime une propriété du plan tangent commune à toutes les surfaces satisfaisant à cette équation ; remarquons en effet que le plan tangent en un point de la surface

$$z - f(x, y) = 0$$

a pour équation (n° 336)

$$-(X - x)f'_x - (Y - y)f'_y + (Z - z) = 0,$$

ou bien

$$Z - z = p\,(X - x) + q\,(Y - y)\,;$$

par suite, ce plan est déterminé par les coordonnées du point de contact et par les deux dérivées $p$ et $q$ ; toute relation entre ces dérivées et les variables $x, y, z$ exprime donc une propriété du plan tangent.

Par exemple, l'équation (8) exprime que le plan tangent en un point est perpendiculaire au plan passant par ce point et par l'axe $Oz$ ; cette propriété est commune à toutes les surfaces de révolution ; l'équation (9) exprime que tout plan tangent à un cône passe par le sommet de ce cône.

**478. Problème inverse.** — Nous venons de voir qu'on forme une équation aux dérivées partielles du premier ordre, soit en éliminant deux constantes arbitraires, soit en éliminant une fonction arbitraire. Inversement, la solution d'une équation donnée peut renfermer soit deux constantes arbitraires : on l'appelle alors *solution* ou *intégrale complète*, soit une fonction arbitraire : on l'appelle *solution* ou *intégrale générale* ; en donnant aux constantes ou à la fonction des valeurs particulières, on obtient des solutions ou intégrales *particulières*. S'il existe d'autres solutions, elles sont dites *singulières*.

Le plus souvent, on cherche à déterminer une solution particulière en imposant à la surface qu'elle représente la condition de passer par une courbe donnée ; cela constitue une condition initiale. On démontre que, sauf dans des cas tout à fait spéciaux, il existe toujours une solution et une seule satisfaisant à une telle condition.

La distinction entre une intégrale complète et une intégrale générale n'est pas fondamentale, et l'on peut passer de l'une à l'autre facilement. Supposons que l'on connaisse une solution générale dépendant d'une fonction arbitraire $\varphi$ ; il suffit de donner à $\varphi$ une forme particulière, dans laquelle entrent deux constantes arbitraires, pour obtenir une intégrale complète.

Supposons inversement qu'on connaisse une solution d'une équation

$$(10) \qquad f(x, y, z, p, q) = 0$$

et que cette solution soit définie par une équation donnée

$$(11) \qquad F(x, y, z, C_1, C_2) = 0$$

renfermant deux constantes ; d'après ce que nous avons dit, $f$ résulte de l'élimination de $C_1$ et $C_2$ entre (11) et les équations dérivées

$$(12) \qquad \frac{\partial F}{\partial x} + p\frac{\partial F}{\partial z} = 0, \qquad \frac{\partial F}{\partial y} + q\frac{\partial F}{\partial z} = 0.$$

Nous allons chercher toutes les solutions que peut posséder l'équation (10) en employant la méthode de variation des constantes, c'est-à-dire en cherchant quelles fonctions de $x$ et de $y$ il faut mettre à la place de $C_1$ et $C_2$ dans F pour que $z$ défini par l'équation (11) satisfasse dans tous les cas à l'équation donnée (10).

Les valeurs de $p$ et $q$ sont alors données par les relations

$$(13) \qquad \begin{aligned} \left(\frac{\partial F}{\partial x} + \frac{\partial F}{\partial z}p\right) + \left(\frac{\partial F}{\partial C_1}\frac{\partial C_1}{\partial x} + \frac{\partial F}{\partial C_2}\frac{\partial C_2}{\partial x}\right) = 0, \\ \left(\frac{\partial F}{\partial y} + \frac{\partial F}{\partial z}q\right) + \left(\frac{\partial F}{\partial C_1}\frac{\partial C_1}{\partial y} + \frac{\partial F}{\partial C_2}\frac{\partial C_2}{\partial y}\right) = 0, \end{aligned}$$

et il faut écrire qu'elles satisfont à l'équation (10) ; mais celle-ci avait été obtenue en partant de (11) et (12) ; pour qu'elle soit encore satisfaite, il faut que les premières parenthèses dans les équations (13) soient nulles, et par conséquent que $C_1$ et $C_2$ satisfassent aux conditions suivantes qui en résultent :

$$(14) \quad \frac{\partial F}{\partial C_1}\frac{\partial C_1}{\partial x} + \frac{\partial F}{\partial C_2}\frac{\partial C_2}{\partial x} = 0,$$

$$\frac{\partial F}{\partial C_1}\frac{\partial C_1}{\partial y} + \frac{\partial F}{\partial C_2}\frac{\partial C_2}{\partial y} = 0.$$

Ce système est satisfait :

1° Lorsque les quatre dérivées de $C_1$ et $C_2$ sont nulles, c'est-à-dire lorsque $C_1$ et $C_2$ sont constants ; on retrouve l'intégrale complète.

2° Lorsque les dérivées de $F$ par rapport à $C_1$ et $C_2$ sont nulles ; ces conditions déterminent $C_1$ et $C_2$, et en les portant dans (11), on obtient une équation résultant de l'élimination de $C_1$ et $C_2$ entre

$$(15) \quad F(x, y, z, C_1, C_2) = 0, \qquad \frac{\partial F}{\partial C_1} = 0, \qquad \frac{\partial F}{\partial C_2} = 0.$$

Cette équation définit une solution $z$ qui est *singulière* ; la manière dont celle-ci se trouve déterminée rappelle celle que nous avons indiquée au n° 449 pour les équations différentielles ; elle est du reste susceptible d'une interprétation analogue. Remarquons en effet que l'équation (11) représente une famille de surfaces à deux paramètres ; l'enveloppe de cette famille est précisément définie (n° 352) par les équations (15) ; l'intégrale singulière est donc déterminée par l'enveloppe des intégrales complètes.

*Exemple.* — L'équation analogue à celle de Clairaut (n° 455)

$$z = px + qy + f(p, q)$$

a pour intégrale complète

$$z = C_1 x + C_2 y + f(C_1, C_2) ;$$

cette équation représente une famille de plans dont l'enveloppe est la surface représentative de l'intégrale singulière.

3° Lorsque l'on établit entre $C_1$ et $C_2$ une relation particulière arbitraire

$$(16) \quad C_2 = \varphi(C_1) ;$$

nous avons alors

$$\frac{\partial C_2}{\partial x} = \varphi'(C_1)\frac{\partial C_1}{\partial x}, \qquad \frac{\partial C_2}{\partial y} = \varphi'(C_1)\frac{\partial C_1}{\partial y},$$

et les relations (14) se réduisent à une seule qui est

$$(17) \quad \frac{\partial F}{\partial C_1} + \frac{\partial F}{\partial C_2}\varphi'(C_1) = 0.$$

En éliminant $C_1$ et $C_2$ entre les équations (11), (16), (17), nous obtiendrons une équation définissant $z$ comme dépendant de $x$ et de $y$, et d'une fonction arbitraire $\varphi$ de ces variables ; ce sera la solution générale ; toutefois cette solution ne se présente pas toujours sous la forme simple que nous avons considérée dans l'équation (5).

Nous pouvons interpréter géométriquement ce troisième cas ; en établissant entre $C_1$ et $C_2$ une relation (16), nous choisissons dans la double infinité de surfaces (11) une simple infinité de surfaces formant une famille à un paramètre ; l'enveloppe de ces surfaces représente une solution de l'équation aux dérivées partielles.

Si nous considérons par exemple l'équation de Clairaut généralisée dont nous venons de donner l'intégrale complète, représentant une famille de plans à deux paramètres, une relation telle que (16) définit une famille de plans à un paramètre et leur enveloppe, qui est une surface développable, est une surface intégrale dépendant de la fonction $\varphi$.

On démontre que les trois cas que nous venons d'examiner sont les seuls qui peuvent être envisagés.

**479. Intégration de l'équation linéaire du premier ordre.** — Toute équation linéaire peut s'écrire sous la forme

$$(18) \qquad P(x, y, z)\frac{\partial z}{\partial x} + Q(x, y, z)\frac{\partial z}{\partial y} = R(x, y, z)$$

ou bien

$$Pp + Qy = R ;$$

on effectue ordinairement l'intégration de cette équation en cherchant une intégrale générale.

Dans certains cas simples, on aperçoit immédiatement cette intégrale ; par exemple l'équation $\dfrac{\partial z}{\partial x} = f(x, y)$ a pour solution

$$z = \int f(x, y)\,dx + \varphi(y),$$

$\varphi$ étant une fonction arbitraire de $y$ ; c'est la solution générale.

Considérons l'équation générale (18) ; en utilisant, pour la commodité des raisonnements, un langage géométrique, cette équation exprime que le plan tangent à une surface intégrale en un point $(x, y, z)$, plan représenté par l'équation

$$p(X - x) + q(Y - y) = Z - z,$$

est parallèle à la droite $D$ de coefficients directeurs $P, Q, R$ ; il existe

donc sur une telle surface une ligne  C  passant par le point $(x, y, z)$
telle que sa tangente en ce point soit parallèle à  D.

Nous sommes ainsi amenés à envisager les lignes de l'espace dont la
tangente en chaque point $(x, y, z)$ ait pour coefficients directeurs les
valeurs de  P, Q, R  relatives à ce point ; ces lignes satisfont au système
d'équations différentielles simultanées

$$(19) \qquad \frac{dx}{P(x, y, z)} = \frac{dy}{Q(x, y, z)} = \frac{dz}{R(x, y, z)},$$

Nous avons vu dans le chapitre précédent comment on peut déterminer la solution générale de ce système, solution qui dépend de deux
constantes et représente une famille de lignes à deux paramètres. Ces
lignes sont appelées *lignes caractéristiques* ; il en passe en général une
par chaque point de l'espace.

Si l'on envisage P, Q, R comme représentant les composantes d'un
vecteur ou d'une force dans un champ de forces, les lignes caractéristiques sont les lignes de forces du champ.

Supposons que l'on ait résolu le problème de la recherche des lignes
caractéristiques. Toute surface  S  engendrée au moyen d'un ensemble
de lignes caractéristiques est une surface intégrale de l'équation (18), car
en chacun de ses points le plan tangent contient la tangente à la ligne
caractéristique qui y passe et est dès lors parallèle à la droite  D  de coefficients P, Q, R. Réciproquement, nous allons montrer que toute surface intégrale est obtenue de cette façon. Supposons en effet que l'on ait
trouvé une surface intégrale  S  représentée par l'équation $z = F(x, y)$ ;
considérons dans le plan  $xOy$  une courbe  $c$  satisfaisant à l'équation
différentielle

$$(20) \qquad \frac{dx}{P[x, y, F(x, y)]} = \frac{dy}{Q[x, y, F(x, y)]},$$

puis la courbe  C  de la surface  S  dont la projection est  $c$  ; en tout point
de  C,  les coefficients directeurs de la tangente sont proportionnels à
$dx, dy$  et  $dz = p\,dx + q\,dy$,  c'est-à-dire, d'après l'équation (20), à  P, Q
et  $Pp + Qq$  qui est égal à  R  d'après l'équation donnée. On conclut de
là que la courbe  C  de  S  dont  $c$  est la projection satisfait en tous ses
points aux équations (19) et est dès lors une ligne caractéristique.

Il résulte de là que toute surface  S  intégrale de l'équation (18)
pourra être engendrée au moyen d'une suite continue de lignes caractéristiques. Ces lignes sont fournies par la solution générale du système
d'équations (19) et l'on peut représenter cette solution par des équations

de la forme

$$(21) \qquad u(y, y, z) = C_1, \qquad v(x, y, z) = C_2,$$

$u$ et $v$ étant deux fonctions intégrales distinctes, $C_1$ et $C_2$ étant des constantes arbitraires.

Pour constituer une surface au moyen de courbes représentées par les équations (21), il suffit de donner à $C_1$ et $C_2$ des valeurs successives dépendant l'une de l'autre, c'est-à-dire de façon que l'on ait entre $C_1$ et $C_2$ une relation particulière arbitraire de la forme $C_2 = \varphi(C_1)$ ; le lieu de la courbe (21) est alors la surface représentée par l'équation

$$(22) \qquad v(x, y, z) = \varphi[u(x, y, z)].$$

La valeur de $z$ fournie par cette équation satisfait à l'équation donnée (18) ; elle dépend d'une fonction arbitraire $\varphi$. Du reste, on peut faire en sorte que la surface intégrale contienne une courbe donnée à l'avance ; il suffit pour cela de constituer cette surface par les lignes (21) qui s'appuient sur la ligne donnée. Nous concluons de là que l'intégrale générale de l'équation (18) est fournie par l'équation (22).

En résumé, pour intégrer l'équation donnée (18), il suffit d'intégrer le système d'équations différentielles simultanées (19), et d'exprimer qu'une intégrale de ce système est une fonction arbitraire d'une autre.

*Exemple.* — Soit à intégrer l'équation

$$(y - z)\frac{\partial z}{\partial x} + (z - x)\frac{\partial z}{\partial y} = (x - y) ;$$

le système d'équations simultanées analogue à (19) est

$$\frac{dx}{y - z} = \frac{dy}{z - x} = \frac{dz}{x - y} ;$$

nous l'avons intégré au n° 473, et nous avons trouvé deux intégrales

$$u = x + y + z, \qquad v = x^2 + y^2 + z^2.$$

En écrivant une équation de la forme

$$x^2 + y^2 + z^2 = \varphi(x + y + z),$$

où $\varphi$ est une fonction particulière arbitrairement choisie, on obtient l'équation d'une surface intégrale de l'équation donnée ; elle est formée de cercles dont les centres sont sur la droite $x = y = z$, et dont les plans sont perpendiculaires à cette droite ; elle est donc de révolution autour de cette droite elle-même.

Comme autre exemple, pour intégrer l'équation (8) $py - qx = 0$, nous devons envisager le système

$$\frac{dx}{y} = \frac{dy}{-x} = \frac{dz}{0},$$

que l'on peut écrire $xdx + ydy = 0$, $dz = 0$ ; les intégrales

$$u = x^2 + y^2, \qquad v = z$$

fournissent la solution $z = \varphi(x^2 + y^2)$, qui n'est autre que la relation (7).

**480. Exemples d'intégration d'équations non linéaires. —** Lorsqu'on intègre une équation du premier ordre non linéaire, on cherche ordinairement une intégrale complète renfermant deux constantes arbitraires ; nous allons indiquer quelques exemples :

1° Si les variables $x$, $y$, $z$ n'entrent pas dans l'équation et si celle-ci a la forme $f(p, q) = 0$, il suffit de chercher une solution de la forme $z = ax + by + c$, où $a$, $b$, $c$ sont des constantes ; ces constantes sont seulement assujetties à la condition $f(a, b) = 0$, et il en reste deux arbitraires.

2° Si les variables $x$ et $y$ n'entrent pas, et si l'équation a la forme $f(z, p, q) = 0$, on cherche une solution dans laquelle $p$ et $q$ sont liés par une équation $q = ap$, où $a$ est une constante ; en introduisant cette condition, d'une part dans l'équation donnée, d'autre part dans l'identité $dz = pdx + qdy$, on a d'abord $f(z, p, ap) = 0$, qui fournit $p$ en fonction de $z$ par exemple sous la forme $p = \varphi(z, a)$, et l'on a ensuite

$$dz = \varphi(z, a)(dx + ady),$$

d'où l'on tire

$$x + ay + b = \int \frac{dz}{\varphi(z, a)},$$

$b$ étant une deuxième constante ; on a ainsi une intégrale complète.

3° Si $z$ n'entre pas et si les variables se séparent, l'équation peut être écrite sous la forme

$$f_1(x, p) = f_2(y, q) ;$$

on égale les deux membres à une même constante $a$ ; on déduit de là $p$ et $q$ qui sont de la forme $p = \varphi_1(x, a)$, $q = \varphi_2(y, a)$ et en les portant dans l'identité $dz = pdx + qdy$, on a

$$dz = \varphi_1(x, a)dx + \varphi_2(y, a)dy,$$

d'où l'on tire

$$z = \int \varphi_1(x, a)dx + \int \varphi_2(y, a)dy + c.$$

$4°$ Dans le cas général, nous nous contenterons d'indiquer la marche suivante d'intégration. Étant donnée l'équation

$$F(x, y, z, p, q) = 0,$$

on forme le système d'équations différentielles simultanées

$$\frac{dx}{F'_p} = \frac{dy}{F'_q} = \frac{dz}{F'_p p + F'_q q} = \frac{-dp}{F'_x + F'_z p} = \frac{-dq}{F'_y + F'_z q};$$

on en détermine une intégrale $\Phi(x, y, z, p, q)$ indépendante de $F$; on tire alors des équations $F = 0$ et $\Phi = a$, où $a$ est une constante, les valeurs de $p$ et $q$ et on les porte dans la relation fondamentale

$$dz = pdx + qdy$$

qui devient intégrable; en l'intégrant, on introduit une deuxième constante.

Si l'on connaît deux intégrales $\Phi$ et $\Psi$, on les égale à deux constantes $a$ et $b$, on tire des équations ainsi formées les valeurs de $p$ et $q$ et on les porte dans l'équation $F = 0$ qui fournit alors $z$; il faut toutefois s'assurer que $dz$ est identique à $pdx + qdy$, ce qui n'a pas toujours lieu en partant de deux intégrales quelconques $\Phi$ et $\Psi$.

*Exemple.* — Si l'on considère l'équation (4) mise sous la forme

$$F(x, y, z, p, q) = z - pq = 0,$$

on a à intégrer le système des équations

$$\frac{dx}{q} = \frac{dy}{p} = \frac{dz}{2pq} = \frac{dp}{p} = \frac{dq}{q};$$

deux d'entre elles : $dq = dx$, $dp = dy$, fournissent les équations intégrales $q = x + a$, $p = y + b$, et on en déduit l'intégrale complète

$$z = pq = (x + a)(y + b).$$

On vérifie bien que $dz$ est identique à $pdx + qdy$.

**481. Équations aux dérivées partielles du second ordre.** — Les équations du second ordre peuvent, comme celles du premier ordre, prendre naissance de plusieurs façons; nous mentionnerons les suivantes :

$1°$ Par l'élimination de constantes arbitraires. Soit $F = 0$ une relation donnée entre $x$, $y$, $z$ et des constantes arbitraires en nombre égal à trois, quatre ou cinq; en éliminant ces constantes entre la relation donnée, ses deux dérivées premières et un nombre suffisant de ses dérivées secondes, on parvient à une équation du second ordre; c'est ainsi que la relation

$$z = C_1 x + C_2 y + C_3 xy$$

donne par dérivation

$$p = \frac{\partial z}{\partial x} = C_1 + C_3 y, \qquad q = \frac{\partial z}{\partial y} = C_2 + C_3 x, \qquad s = \frac{\partial^2 z}{\partial x \partial y} = C_3,$$

et $z$ satisfait à l'équation du second ordre

$$z = px + qy - sxy.$$

2° Par l'élimination de deux fonctions arbitraires. Soit la fonction

$$z = f(x) + \varphi(y),$$

où $f$ et $\varphi$ sont des fonctions arbitraires de $x$ et de $y$ respectivement ; elle satisfait à l'équation

$$\frac{\partial^2 z}{\partial x \partial y} = 0 \qquad \text{ou} \qquad s = 0.$$

De même la fonction

$$z = f(x) + x \varphi(y)$$

satisfait à l'équation

$$\frac{\partial z}{\partial y} = x \frac{\partial^2 z}{\partial x \partial y} \qquad \text{ou} \qquad q = xs.$$

Soit encore le cas où $z$ est défini par l'enveloppe d'une famille de surfaces à un paramètre, l'équation de ces surfaces renfermant deux fonctions arbitraires de ce paramètre ; pour fixer les idées, supposons que $z$ soit défini par une surface développable, enveloppe d'un plan, et soit déterminé par les deux équations

$$(23) \qquad F = z - ax - f(a)y - \varphi(a) = 0, \qquad \frac{\partial F}{\partial a} = 0 ;$$

en considérant $a$ comme une fonction de $x$ et de $y$ définie par la seconde équation, les dérivées de la première donnent

$$\frac{\partial F}{\partial x} = p - a + \frac{\partial F}{\partial a} \frac{\partial a}{\partial x} = 0 \qquad \text{ou} \qquad p = a,$$

$$\frac{\partial F}{\partial y} = q - f(a) + \frac{\partial F}{\partial a} \frac{\partial a}{\partial y} = 0 \qquad \text{ou} \qquad q = f(a);$$

on voit déjà que $q$ est égal à la fonction arbitraire de $p$, $q = f(p)$ : on éliminera cette fonction en prenant les dérivées

$$\frac{\partial q}{\partial x} = f'(p) \frac{\partial p}{\partial x}, \qquad \frac{\partial q}{\partial y} = f'(p) \frac{\partial p}{\partial y} ;$$

en divisant membre à membre on obtiendra l'équation

$$(24) \qquad \frac{\partial^2 z}{\partial x^2}\frac{\partial^2 z}{\partial y^2} - \left(\frac{\partial^2 z}{\partial x \partial y}\right)^2 = 0 \qquad \text{ou} \qquad rt - s^2 = 0 \,;$$

c'est l'équation aux dérivées partielles des surfaces développables.

L'intégration d'une équation aux dérivées partielles du second ordre est un problème compliqué ; il peut être simplifié par la connaissance d'une équation auxiliaire du premier ordre dont toutes les intégrales satisfont à l'équation donnée ; une telle équation porte le nom *d'intégrale intermédiaire du premier ordre*. Par exemple, l'équation

$$z = px + qy + \psi(p, q),$$

où $\psi$ est une fonction arbitraire, est une intégrale intermédiaire de l'équation (24) ; c'est une équation de Clairaut généralisée, que nous avons déjà considérée.

Lorsqu'on l'on connaît une solution dépendant de cinq constantes, on l'appelle solution ou intégrale complète ; lorsqu'on connaît une solution dépendant de deux fonctions arbitraires, on l'appelle ordinairement solution ou intégrale générale. Il faut remarquer que le passage de la première à la seconde n'est pas toujours possible, comme dans le cas du premier ordre ; de plus, le nombre des fonctions arbitraires ne renseigne pas toujours sur la généralité d'une solution. La seule manière de reconnaître qu'une solution est générale est de vérifier qu'on peut choisir les fonctions arbitraires de façon que la surface qu'elle représente : 1° passe par une courbe donnée à l'avance ; 2° ait tout le long de cette courbe une succession continue de plans tangents donnée à l'avance.

**482. Exemples d'équations du second ordre.** — 1° Certaines équations ne renferment que les dérivées partielles par rapport à une variable ; on les traite comme des équations différentielles par rapport à cette variable, l'autre étant considérée comme constante, et l'on remplace les constantes d'intégration par des fonctions arbitraires de l'autre variable ; par exemple l'équation

$$\frac{\partial^2 z}{\partial x^2} = A(x, y)$$

a pour solution

$$z = \int dx \int A(x, y)\,dx + f(y)x + \varphi(y),$$

$f$ et $\varphi$ étant deux fonctions arbitraires de $y$ ; l'équation

$$\frac{\partial^2 z}{\partial x^2} + A(y)\frac{\partial z}{\partial x} + B(y)z = 0$$

peut être considérée comme linéaire et homogène du second ordre ; sa solution générale est de la forme

$$z = f(y)e^{r_1 x} + \varphi(y)e^{r_2 x},$$

$f$ et $\varphi$ étant des fonctions arbitraires de $y$, $r_1$ et $r_2$ les racines de l'équation caractéristique $r^2 + A(y)r + B(y) = 0$.

2° L'équation $s = 0$ ou $\dfrac{\partial^2 z}{\partial x \partial y} = 0$ a pour solution

$$z = f(x) + \varphi(y),$$

$f$ et $\varphi$ étant des fonctions arbitraires l'une de $x$ et l'autre de $y$.

On peut ramener à la précédente, par un changement de variables indépendantes, beaucoup d'équations linéaires et homogènes en $r$, $s$, $t$, à coefficients constants, c'est-à-dire de la forme

$$(25) \qquad a\frac{\partial^2 z}{\partial x^2} + 2b\frac{\partial^2 z}{\partial x \partial y} + c\frac{\partial^2 z}{\partial y^2} = 0 ;$$

à la place de $x$ et de $y$, on prend comme nouvelles variables les quantités

$$u = x + \alpha y, \qquad v = x + \beta y,$$

$\alpha$ et $\beta$ étant des constantes ; on a alors

$$\frac{\partial z}{\partial x} = \frac{\partial z}{\partial u} + \frac{\partial z}{\partial v}, \qquad \frac{\partial z}{\partial y} = \frac{\partial z}{\partial u}\alpha + \frac{\partial z}{\partial v}\beta,$$

$$\frac{\partial^2 z}{\partial x^2} = \frac{\partial^2 z}{\partial u^2} + 2\frac{\partial^2 z}{\partial u \partial v} + \frac{\partial^2 z}{\partial v^2},$$

$$\frac{\partial^2 z}{\partial x \partial y} = \frac{\partial^2 z}{\partial u^2}\alpha + \frac{\partial^2 z}{\partial u \partial v}(\alpha + \beta) + \frac{\partial^2 z}{\partial v^2}\beta,$$

$$\frac{\partial^2 z}{\partial y^2} = \frac{\partial^2 z}{\partial u^2}\alpha^2 + 2\frac{\partial^2 z}{\partial u \partial v}\alpha\beta + \frac{\partial^2 z}{\partial v^2}\beta^2,$$

et l'équation donnée se transforme en

$$A\frac{\partial^2 z}{\partial u^2} + 2B\frac{\partial^2 z}{\partial u \partial v} + C\frac{\partial^2 z}{\partial v^2} = 0,$$

les constantes $A$, $B$, $C$ ayant pour valeurs

$$A = a + 2b\alpha + c\alpha^2,$$
$$B = a + b(\alpha + \beta) + c\alpha\beta,$$
$$C = a + 2b\beta + c\beta^2.$$

Si l'on veut annuler les coefficients $A$ et $C$, il suffit de prendre pour $\alpha$ et $\beta$ les racines de l'équation caractéristique

$$a + 2br + cr^2 = 0.$$

Lorsque $b^2 - ac$ est positif, cette équation a ses racines réelles et distinctes ; en les mettant à la place de $\alpha$ et $\beta$, l'équation transformée devient $\dfrac{\partial^2 z}{\partial u \partial v} = 0$ et a pour solution générale $f(u) + \varphi(v)$, de sorte que l'équation (25) a pour solution générale

$$z = f(x + \alpha y) + \varphi(x + \beta y).$$

On suppose toutefois que $c$ n'est pas nul ; si l'on avait $c = 0$, on intervertirait le rôle de $x$ et $y$.

Lorsque $b^2 - ac$ est nul, l'équation caractéristique a une racine double $\alpha$ qui annule A ainsi que sa demi-dérivée $b + c\alpha$ et par suite $a + b\alpha$ ; il en résulte que pour cette valeur de $\alpha$ non seulement A est nul, mais encore B quelle que soit la valeur de $\beta$ ; en donnant à $\beta$ une valeur arbitraire, l'équation se réduit à $C\dfrac{\partial^2 z}{\partial v^2} = 0$, et a pour solution générale $f(u) + v\varphi(u)$, de sorte que l'équation (24) a pour solution générale

$$z = f(x + \alpha y) + (x + \beta y)\varphi(x + \alpha y),$$

$\beta$ étant un nombre quelconque différent de $\alpha$.

Lorsque $b^2 - ac$ est négatif, l'équation caractéristique a ses racines imaginaires ; on peut conserver le calcul précédent, mais il est préférable de le remplacer par un autre où n'apparaissent que des éléments réels ; on peut faire en sorte que $A = C$ et $B = 0$, ce qui a lieu si $\alpha$ et $\beta$ sont deux nombres différents satisfaisant aux conditions

$$2b + c(\alpha + \beta) = 0, \qquad a + b(\alpha + \beta) + c\alpha\beta = 0 ;$$

ces équations fournissent la somme et le produit de $\alpha$ et $\beta$, et l'on trouve que ces nombres sont les racines de l'équation

$$c^2 r^2 + 2bcr + (2b^2 - ac) = 0,$$

qui a dans le cas actuel ses racines réelles et distinctes ; en les mettant à la place de $\alpha$ et $\beta$, on obtient l'équation

$$(26) \qquad \frac{\partial^2 z}{\partial u^2} + \frac{\partial^2 z}{\partial v^2} = 0.$$

Cette équation est analogue, avec deux variables, à l'équation de Laplace

$$\Delta V = \frac{\partial^2 V}{\partial x^2} + \frac{\partial^2 V}{\partial y^2} + \frac{\partial^2 V}{\partial z^2} = 0,$$

à trois variables ; ses solutions sont dites fonctions harmoniques ; dans le cas de deux variables, on obtient des fonctions harmoniques en prenant une fonction arbitraire de la variable complexe $u + iv$, $i$ étant la quantité imaginaire fondamentale, et en séparant cette fonction en sa partie réelle et sa partie imaginaire. La partie réelle et le coefficient de $i$ sont des solutions de l'équation (26), d'après ce que nous avons dit au n° 244.

4° Considérons une équation du second ordre linéaire et homogène à coefficients constants, de la forme

$$a\frac{\partial^2 z}{\partial x^2} + 2b\frac{\partial^2 z}{\partial x \partial y} + c\frac{\partial^2 z}{\partial y^2} + 2d\frac{\partial z}{\partial x} + 2e\frac{\partial z}{\partial y} + fz = 0;$$

en généralisant la méthode employée dans le cas des équations différentielles (n° 464), nous allons chercher une solution particulière de la forme $z = e^{\alpha x + \beta y}$, $\alpha$ et $\beta$ étant constants ; en remplaçant $z$ par sa valeur, nous trouvons que $\alpha$ et $\beta$ doivent satisfaire à l'équation caractéristique

$$(27). \qquad a\alpha^2 + 2b\alpha\beta + c\beta^2 + 2d\alpha + 2e\beta + f = 0.$$

A chaque système de valeurs de $\alpha$ et $\beta$ satisfaisant à cette équation correspond une solution particulière ; si nous remarquons que le produit d'une solution par une constante arbitraire, et la somme de deux solutions sont encore des solutions, nous voyons que nous pouvons trouver une solution renfermant une infinité de constantes arbitraires, de la forme

$$z = C_1 e^{\alpha_1 x + \beta_1 y} + C_2 e^{\alpha_2 x + \beta_2 y} + \cdots ;$$

ajoutons que si $\beta$ est remplacé par sa valeur en fonction de $\alpha$ dans la forme générale $e^{\alpha x + \beta y}$, les dérivées de tous ordres de cette expression par rapport à $\alpha$ sont encore des intégrales.

Lorsque l'équation caractéristique (27) se décompose en équations linéaires, et a la forme

$$a(\alpha - m\beta - n)(\alpha - m'\beta - n') = 0,$$

la fonction

$$z = e^{nx}f(mx + y) + e^{n'x}\varphi(m'x + y),$$

où $f$ et $\varphi$ sont des fonctions arbitraires, est la solution générale de l'équation proposée.

Si les deux facteurs linéaires sont égaux, c'est-à-dire si l'équation caractéristique (27) représente une droite double, la solution générale est

$$z = e^{nx}f(mx + y) + e^{nx}x\varphi(mx + y),$$

$f$ et $\varphi$ étant encore des fonctions arbitraires.

**483. Équation des cordes vibrantes.** — Lorsqu'on étudie les vibrations planes d'une corde tendue, de longueur $l$, l'amplitude de l'écart $z$

d'un point d'abscisse $x$ est reliée au temps $t$ et à l'abscisse $x$ de ce point par une équation de la forme

$$(28)\qquad\qquad \frac{\partial^2 z}{\partial t^2} = a^2 \frac{\partial^2 z}{\partial x^2},$$

où $a$ est une constante, cette équation rentre dans le type (25) ; l'équation caractéristique $r^2 - a^2 = 0$ a ses racines réelles, égales à $\pm a$ ; il suffit de poser $x + at = u$, $x - at = v$ pour ramener l'équation à $\frac{\partial^2 z}{\partial u \partial v} = 0$, de sorte que sa solution générale est

$$(29)\qquad\qquad z = f(x + at) + \varphi(x - at),$$

$f$ et $\varphi$ étant des fonctions arbitraires.

Généralement, on cherche une solution particulière de l'équation (28) satisfaisant à certaines conditions ; ces conditions sont de deux sortes, les unes dites conditions initiales consistent à donner à l'instant $t = 0$ la forme de la corde et la vitesse suivant l'axe des $z$ de chacun de ses points, c'est-à-dire la fonction $z = F(x)$ représentant à l'instant $t = 0$ la forme de la corde, et la fonction $V(x)$ représentant, pour toutes les valeurs de $x$, la valeur que prend la dérivée $\frac{\partial z}{\partial t}$ quand on y fait $t = 0$. Les autres conditions, dites conditions aux limites, indiquent comment se comportent dans la suite du temps les extrémités de la corde correspondant aux valeurs limites $x = 0$, $x = l$.

Quelles que soient les conditions initiales et les conditions aux limites, on peut considérer le mouvement de la corde comme la résultante de deux mouvements caractérisés l'un par $\varphi(x - at)$, l'autre par $f(x + at)$. Si nous envisageons le premier, et si nous comparons les écarts $z$ de deux points d'abscisses $x$ et $x'$ aux instants $t$ et $t'$, ces écarts sont égaux si l'on a $x' - at' = x - at$ ; on peut donc dire que l'écart $z$ du point d'abscisse $x$ à l'instant $t$ se propage le long de la corde de façon qu'à l'instant $t'$ il ait atteint le point d'abscisse $x'$ ; d'après l'équation précédente, qui s'écrit $x' - x = a(t' - t)$, on voit que cette propagation de l'écart $z$ se fait d'une manière uniforme, avec la vitesse $v = \dfrac{x' - x}{t' - t} = a$.

Le second mouvement, caractérisé par $f(x + at)$, donne lieu à un écart $z$ qui se propage en sens inverse du premier avec la même valeur absolue de la vitesse.

Nous allons montrer comment on utilise, dans le problème des cordes vibrantes, les conditions initiales et les conditions aux limites ; occupons-nous d'abord de ces dernières. Ordinairement, les extrémités de la corde restent fixes ; les conditions imposées sont alors que $z$ est nul, quel que soit $t$, pour $x = 0$ et pour $x = l$; il faut pour cela que $f$ et $\varphi$ satisfassent aux identités

$$f(at) + \varphi(-at) = 0, \qquad f(l+at) + \varphi(l-at) = 0.$$

En changeant dans la dernière $at$ en $at + l$, et comparant à la première, on trouve que l'on doit avoir $f(at) = f(2l + at)$, c'est-à-dire que $f(at)$ doit avoir la période $2l$, et il en est de même de $\varphi(-at)$, et des fonctions arbitraires de $t$, $f(x + at)$, $\varphi(x - at)$; on voit donc que le mouvement suivant $Oz$ d'un point quelconque de la corde, d'abscisse donnée $x$, est périodique, de période $T = \dfrac{2l}{a}$.

Pour introduire les conditions initiales, nous supposerons connues, pour toute valeur de $x$ comprise entre $0$ et $l$, les fonctions $F(x)$ et $V(x)$ représentant les valeurs de $z$ et de $\dfrac{\partial z}{\partial t}$ pour $t = 0$; dans le cas envisagé où les extrémités de la corde sont fixes, ces fonctions doivent être nulles pour $x = 0$ et $x = l$; nous déduirons de $F$ et $V$ les valeurs de $f$ et $\varphi$ par les équations

$$f(x) + \varphi(x) = F(x), \qquad af'(x) - a\varphi'(x) = V(x).$$

Nous introduirons la fonction $\Phi(x)$ égale à l'intégrale indéfinie de $V(x)$, divisée par $a$, et nous en déduirons, en désignant par $w$ la variable indépendante,

$$(30) \qquad f(w) + \varphi(w) = F(w), \qquad f(w) - \varphi(w) = \Phi(w);$$

ces équations nous permettront de calculer $f$ et $\varphi$ et, en portant dans la solution (29), nous trouverons

$$z = \frac{1}{2}\left[F(x + at) + \Phi(x + at)\right] + \frac{1}{2}\left[F(x - at) - \Phi(x - at)\right];$$

on peut remarquer que la constante d'intégration qui entre dans $\Phi(x)$ disparaît dans le calcul de $z$.

Les fonctions $F$ et $\Phi$ de $x$ ou de $w$ ne sont connues que dans l'intervalle $(0, l)$; la valeur précédente de $z$ ne peut donc être calculée que si $x + at$ et $x - at$ sont compris dans cet intervalle; il est facile de s'affranchir de cette restriction. Si nous envisageons d'abord les valeurs de $w$ comprises entre $0$ et $l$, l'équation démontrée $f(at) + \varphi(-at) = 0$, nous montre que l'on a

$$f(-w) = -\varphi(w), \qquad \varphi(-w) = -f(w),$$

par suite que $f$ et $\varphi$ sont déterminés, et qu'il en est de même, d'après

(30), de F et $\Phi$ lorsque $w$ est compris entre $-l$ et 0; ces deux fonctions étant ainsi connues dans l'intervalle $(-l, +l)$, la périodicité de $f$ et $\varphi$ entraîne celle de F et $\Phi$, et permet d'écrire

$$F(w + 2l) = F(w), \qquad \Phi(w + 2l) = \Phi(w);$$

il en résulte que l'on peut calculer F et $\Phi$, et par suite $z$, pour toutes les valeurs des variables $x + at$ et $x - at$.

Il est possible de représenter la solution de l'équation des cordes vibrantes par une série trigonométrique. Si nous cherchons une solution de la forme $e^{\alpha x + \beta t}$, les coefficients $\alpha$ et $\beta$ sont reliés, comme nous l'avons dit au n° précédent, par l'équation caractéristique $\beta^2 = a^2 \alpha^2$, de sorte que la solution est $e^{\alpha x} e^{\pm a\alpha t}$. Les nombres $\alpha$ et $\beta$ peuvent être réels ou imaginaires; si nous prenons pour $\alpha$ un nombre imaginaire $\alpha i$, la solution précédente se transforme en un ensemble de termes tels que

$$\cos \alpha x \cos a\alpha t, \qquad \cos \alpha x \sin a\alpha t, \qquad \sin \alpha x \cos a\alpha t, \qquad \sin \alpha x \sin a\alpha t.$$

En donnant à $\alpha$ différentes valeurs, on aura différentes solutions; la somme de ces solutions multipliées par des constantes quelconques sera encore une solution de l'équation (28).

Cherchons à satisfaire à cette équation avec les conditions aux limites que $z$ soit nul pour $x = 0$ et pour $x = l$ quel que soit $t$; $\alpha$ ne peut pas être réel dans l'exponentielle, car $e^{\alpha x}$ ne pourrait s'annuler; il faut donc adopter la forme trigonométrique et comme $\cos \alpha x$ n'est pas nul pour $x = 0$, il faut conserver seulement les termes renfermant $\sin \alpha x$. De plus, comme ils doivent s'annuler pour $x = l$, il est nécessaire que $\alpha l$ soit égal à $n\pi$, $n$ étant entier positif ou négatif. Nous arrivons de cette façon à des solutions de la forme

$$(31) \qquad A_n \sin \frac{n\pi x}{l} \cos \frac{n\pi a t}{l}, \qquad B_n \sin \frac{n\pi x}{l} \sin \frac{n\pi a t}{l}.$$

Nous serions arrivés au même résultat, dans le cas où les extrémités de la corde sont fixes, en nous appuyant sur le fait que toute solution doit être périodique par rapport à $t$, avec la période $T = \dfrac{2l}{a}$; si nous cherchons en effet à satisfaire à l'équation (28) par des fonctions telles que

$$z_1(x) \cos \frac{n\pi a t}{l}, \qquad z_2(x) \sin \frac{n\pi a t}{l},$$

qui possèdent cette périodicité, nous trouvons que $z_1$ ou $z_2$ doivent satisfaire à l'équation

$$\frac{d^2 z_1}{dx^2} + \frac{n^2 \pi^2}{l^2} z_1 = 0;$$

la solution de cette équation est

$$C_n \cos \frac{n\pi x}{l} + D_n \sin \frac{n\pi x}{l};$$

comme elle doit s'annuler pour $x = 0$ et $x = l$, $C_n$ doit être nul, et nous retrouvons bien la forme indiquée (34) de la solution.

La somme d'un nombre fini ou infini de solutions particulières étant encore solution, nous voyons que l'équation (28) est, dans le cas qui nous occupe, satisfaite par la série

$$\sum_{n=1}^{n=\infty} \sin \frac{n\pi x}{l} \left( A_n \cos \frac{n\pi a t}{l} + B_n \sin \frac{n\pi a t}{l} \right).$$

Il reste, dans les applications, à calculer les coefficients $A_n$ et $B_n$ lorsque l'on donne les conditions initiales ; il faut pour cela que l'on ait

$$\Sigma A_n \sin \frac{n\pi x}{l} = F(x), \qquad \Sigma \frac{n\pi a}{l} B_n \sin \frac{n\pi x}{l} = V(x).$$

Le calcul de $A_n$ et $B_n$ s'effectue comme nous l'avons indiqué au n° 395 pour déterminer les coefficients d'une série de Fourier : on considérera l'intervalle $(-l, +l)$, on adoptera pour $F(x)$ et $V(x)$ dans l'intervalle $(0, l)$ les valeurs fournies par les conditions initiales, et dans l'intervalle $(-l, 0)$ les valeurs $-F(-x)$, $-V(-x)$ ; les fonctions F et V étant impaires ne peuvent présenter que des sinus dans leur développement.

La représentation précédente de la solution de l'équation (28) met en évidence le terme fondamental, correspondant à $n = 1$, et les harmoniques successifs ; pour $t$ donné, le terme fondamental représente une sinusoïde coupant l'axe $Ox$ aux points d'abscisses 0 et $l$ ; l'harmonique de rang $n$ représente une sinusoïde coupant l'axe $Ox$ aux points d'abscisses $0, \frac{l}{n}, \frac{2l}{n}, \ldots, l$, qui sont les nœuds de vibration ; le mouvement vibratoire représenté par les termes de rang $n$ a pour période $\frac{2l}{na}$.

**484. Équation de la propagation de la chaleur.** — Si dans un milieu homogène existent des sources de chaleur portées à des températures déterminées, en raison de la conductibilité, la température V en un point $(x, y, z)$ extérieur à ces sources variera avec le temps de façon à satisfaire à l'équation

$$\frac{\partial V}{\partial t} = a\Delta V, \qquad \text{où} \qquad \Delta V = \frac{\partial^2 V}{\partial x^2} + \frac{\partial^2 V}{\partial y^2} + \frac{\partial^2 V}{\partial z^2}.$$

Dans le cas particulier où les surfaces d'égale température ou surfaces isothermes sont des plans parallèles au plan $yOz$, l'équation se réduit à

$$(32) \qquad \frac{\partial V}{\partial t} = a \frac{\partial^2 V}{\partial x^2}.$$

Cette équation se rencontre encore dans la théorie de la conductibilité électrique, et aussi lorsqu'on étudie la manière dont varie avec le temps la concentration d'une solution salée placée dans un cylindre.

On peut intégrer cette équation par des développements en séries ordonnées suivant les puissances entières de $t$ ou les puissances entières de $x$; on peut vérifier que les fonctions

$$V = f(x) + \frac{at}{1} f''(x) + \frac{a^2 t^2}{1 \cdot 2} f^{(4)}(x) + \cdots,$$

$$V_1 = \varphi(t) + \frac{\left(\dfrac{x}{a}\right)^2}{1 \cdot 2} \varphi'(t) + \frac{\left(\dfrac{x}{a}\right)^4}{1 \cdot 2 \cdot 3 \cdot 4} \varphi''(t) + \cdots,$$

$$V_2 = \frac{x}{a} \psi(t) + \frac{\left(\dfrac{x}{a}\right)^3}{1 \cdot 2 \cdot 3} \psi'(t) + \frac{\left(\dfrac{x}{a}\right)^5}{1 \cdot 2 \cdot 3 \cdot 4 \cdot 5} \psi''(t) + \cdots$$

sont des solutions de l'équation (32) quelles que soient les fonctions arbitraires $f(x)$, $\varphi(t)$, $\psi(t)$.

On cherche ordinairement des solutions de la forme $z = Ce^{\alpha x + \beta t}$; comme nous l'avons dit au n° 482, $\alpha$ et $\beta$ doivent satisfaire à l'équation caractéristique $\beta = a\alpha^2$; en prenant pour $\alpha$ une valeur imaginaire $\omega i$, on a une solution de forme trigonométrique

$$(33) \qquad V = (C_1 \cos \omega x + C_2 \sin \omega x) e^{-a\omega^2 t},$$

et une somme de termes de cette forme est encore une solution.

Généralement, les conditions aux limites sont que la température est invariable dans deux plans parallèles dont on peut prendre les abscisses égales à 0 et $l$; nous supposerons que V ait la valeur $V_0$ pour $x = 0$ et la valeur $V_i$ pour $x = l$; une solution immédiate est

$$V = V_0 + (l - x) V_i$$

donnant une répartition linéaire dans l'intervalle $(0, l)$; toute autre solution s'obtiendra en ajoutant à la précédente une fonction W qui soit nulle quel que soit $t$ aux limites $0$ et $l$. Si l'on cherche une telle solution de la forme (33), il faut que $C_1$ soit nul, et que $\omega l$ soit un multiple entier de $\pi$, ou que $\omega = \dfrac{n\pi}{l}$; on est ainsi amené, en faisant

la somme de solutions particulières, à former la solution représentée par
la série

$$W = \sum_{n=1}^{n=\infty} C_n e^{-\frac{an^2\pi^2}{l^2}t} \sin\frac{n\pi x}{l}.$$

Les conditions initiales sont données par une répartition de la température pour $t = 0$, c'est-à-dire par une fonction $W = F(x)$ donnée
entre $0$ et $l$; on calculera dès lors les coefficients $C_n$ par la condition
que la série de Fourier déduite de $W$ quand on y fait $t = 0$,

$$W(x, 0) = \Sigma C_n \sin\frac{n\pi x}{l},$$

soit égale à la fonction $F(x)$ pour $0 < x < l$; comme dans le n° précédent, on calculera ces coefficients en supposant que la fonction est connue
dans l'intervalle $(-l, +l)$, qu'elle est égale à $F(x)$ entre $0$ et $l$,
et égale à $-F(-x)$ entre $-l$ et $0$.

**485. Équations aux différentielles totales.** — Une relation entre plusieurs variables, en nombre égal ou supérieur à trois, et les différentielles
de ces variables, s'appelle une équation aux différentielles totales ; une
telle équation doit être homogène (n° 228).

Nous nous limiterons au cas où il existe trois variables $x$, $y$, $z$, et
où la relation est linéaire et homogène par rapport à leurs différentielles,
de la forme

$$(34) \qquad P(x, y, z)dx + Q(x, y, z)dy + R(x, y, z)dz = 0.$$

Une telle équation peut être écrite *a priori* ; elle peut aussi prendre naissance dans différentes circonstances. Par exemple, si l'on envisage une famille de surfaces dont l'équation dépend d'une constante arbitraire C, telle que

$$(35) \qquad F(x, y, z, C) = 0,$$

la différentielle du premier membre doit être nulle, ce qui donne la relation

$$F'_x(x, y, z, C)dx + F'_y(x, y, z, C)dy + F'_z(x, y, z, C)dz = 0 ;$$

en tirant C de l'équation $F(x, y, z, C) = 0$ et portant sa valeur dans la
précédente, nous obtiendrons une équation de la forme (34).

L'équation (35) représente une famille de surfaces ; on peut remarquer que par tout point de l'espace passe une surface de la famille ; le
plan tangent à cette surface a des coefficients proportionnels aux valeurs
que prennent P, Q, R en ce point; on peut donc dire que toute équation

(34), lorsqu'elle a des solutions données par l'équation (35), exprime une propriété reliant chaque point de l'espace au plan tangent en ce point à la surface qui y passe.

Toute équation telle que (34), dans laquelle P, Q, R sont quelconques, n'a pas toujours de solutions; si on la résout par rapport à $dz$ et si on l'écrit sous la forme

$$(36) \qquad dz = A(x, y, z)dx + B(x, y, z)dy,$$

elle est équivalente aux deux équations aux dérivées partielles

$$(37) \qquad \frac{\partial z}{\partial x} = A(x, y, z), \qquad \frac{\partial z}{\partial y} = B(x, y, z).$$

Celles-ci ne sont compatibles que si les valeurs de $\dfrac{\partial^2 z}{\partial x \partial y}$ que l'on en déduit sont identiques, c'est-à-dire si l'on a

$$(38) \qquad \frac{\partial A}{\partial y} + \frac{\partial A}{\partial z}B = \frac{\partial B}{\partial x} + \frac{\partial B}{\partial z}A.$$

En remplaçant A et B par leurs valeurs $-\dfrac{P}{R}$, $-\dfrac{Q}{R}$, cette condition s'écrit

$$(39) \qquad P\left(\frac{\partial Q}{\partial z} - \frac{\partial R}{\partial y}\right) + Q\left(\frac{\partial R}{\partial x} - \frac{\partial P}{\partial z}\right) + R\left(\frac{\partial P}{\partial y} - \frac{\partial Q}{\partial x}\right) = 0.$$

Si les relations (38) ou (39) ne sont satisfaites que par un nombre limité de valeurs de $z$, l'équation donnée ne possède qu'un nombre fini de solutions, mais ce cas n'a aucun intérêt. Nous n'envisagerons que le cas où les conditions (38) ou (39) sont identiquement satisfaites; on dit alors que les équations (36) ou (34) sont *complètement intégrables*; nous allons montrer qu'elles ont effectivement dans ce cas une infinité de solutions exprimées par une fonction renfermant une constante arbitraire.

Remarquons déjà que si, dans l'équation (36), A et B ne dépendent pas de $z$, la relation (38) se réduit à la condition déjà envisagée au n° 428 pour que $Adx + Bdy$ soit une différentielle totale. Nous avons montré alors que l'équation est satisfaite par une infinité de fonctions $z$ de la forme $z = F(x, y) + C$. A ce cas on peut rattacher celui où dans l'équation (34) P et Q ne dépendent que de $x$ et $y$ et R ne dépend que de $z$; alors $Pdx + Qdy$ doit être différentielle totale et en intégrant cette différentielle d'une part, la quantité $Rdz$ de l'autre, on aura intégré l'équation, et la solution renfermera une constante arbitraire.

Dans le cas général, nous allons montrer que l'on peut intégrer l'équation (36) lorsque la condition (38) est satisfaite identiquement. Pour cela, nous envisagerons le système des équations (37); la première est une équation différentielle du premier ordre par rapport à la fonction $z$ de la variable $x$; elle fournira pour $z$ une valeur $\varphi(x, y, u)$ dépendant d'une quantité $u$ constante par rapport à $x$, mais pouvant renfermer $y$. Il reste à montrer que $u$ peut être déterminé par la deuxième des équations (37). Si l'on prend en effet la dérivée de $\varphi$ par rapport à $y$, et si l'on écrit qu'elle est égale à B, on obtient la relation

$$\frac{\partial\varphi}{\partial y} + \frac{\partial\varphi}{\partial u}\frac{du}{dy} = B\big[x, y, \varphi(x, y, u)\big],$$

qui fournit

$$\frac{du}{dy} = \frac{B\big[x, y, \varphi(x, y, u)\big] - \dfrac{\partial\varphi}{\partial y}}{\dfrac{\partial\varphi}{\partial u}}.$$

Le second membre est indépendant de $x$; si l'on forme en effet sa dérivée par rapport à cette variable, on obtient une expression dont le numérateur est

$$\frac{\partial\varphi}{\partial u}\left[\frac{\partial B}{\partial x} + \frac{\partial B}{\partial\varphi}\frac{\partial\varphi}{\partial x} - \frac{\partial^2\varphi}{\partial x\partial y}\right] - \frac{\partial^2\varphi}{\partial x\partial u}\left[B(x, y, \varphi) - \frac{\partial\varphi}{\partial y}\right],$$

mais on a identiquement

$$\frac{\partial\varphi}{\partial x} = A(x, y, \varphi), \qquad \frac{\partial^2\varphi}{\partial x\partial y} = \frac{\partial A}{\partial y} + \frac{\partial A}{\partial\varphi}\frac{\partial\varphi}{\partial y}, \qquad \frac{\partial^2\varphi}{\partial x\partial u} = \frac{\partial A}{\partial\varphi}\frac{\partial\varphi}{\partial u};$$

on constate alors que le numérateur précédent est égal au produit de $\dfrac{\partial\varphi}{\partial u}$ par une quantité qui est identiquement nulle d'après la relation (38); dès lors $\dfrac{du}{dy}$ ne dépend pas de $x$ mais seulement de $y$ et de $u$.

Il en résulte que $u$ est déterminé comme solution d'une équation différentielle du premier ordre à une seule variable $y$. Lorsqu'on aura intégré cette équation, dont la solution renferme une constante C, il suffira de remplacer $u$ par cette solution pour obtenir la valeur cherchée de $z$; l'intégration de l'équation aux différentielles totales est ainsi terminée.

*Exemple.* — Considérons l'équation

$$z = x + y + Cxy$$

renfermant une constante arbitraire C; en prenant la différentielle des deux membres et éliminant C entre l'équation obtenue et l'équation donnée, on obtient l'équation aux différentielles totales

$$xy\,dz - y(z - y)dx - x(z - x)dy = 0.$$

Supposons que l'on donne cette dernière équation ; on peut constater qu'elle est complètement intégrable. En la résolvant par rapport à $dz$, on la mettra sous la forme

$$dz = (z - y)\frac{dx}{x} + (z - x)\frac{dy}{y}$$

et on la remplacera par le système des deux équations

$$\frac{\partial z}{\partial x} = \frac{z - y}{x}, \quad \frac{\partial z}{\partial y} = \frac{z - x}{y}.$$

Considérons la première comme une équation différentielle donnant la fonction $z$ de la variable $x$ ; en l'écrivant

$$\frac{dz}{z - y} = \frac{dx}{x},$$

on voit que sa solution est fournie par

$$\log|z - y| = \log|x| + \log u, \qquad z = y + ux.$$

Reste à trouver la fonction $u$ de $y$ ; en écrivant que $z$ satisfait à la deuxième des équations précédentes, celle-ci fournit pour $u$ l'équation différentielle

$$\frac{du}{dy} = \frac{u - 1}{y};$$

sa solution est fournie par

$$\log|u - 1| = \log|y| + \log C, \qquad u = 1 + Cy,$$

ce qui donne finalement pour $z$ la valeur

$$z = x + y + Cxy ;$$

cette valeur de $z$ est bien conforme à celle d'où l'on était parti.

Remarquons que la résolution de l'équation donnée par rapport à C sous la forme

$$\frac{z - x - y}{xy} = C$$

entraîne le fait que la différentielle totale du premier membre est nulle. Cette différentielle totale est

$$\frac{1}{xy}\left[dz - (z - y)\frac{dx}{x} - (z - x)\frac{dy}{y}\right];$$

ceci montre, d'une part, que l'on pourrait retrouver par cette voie l'équation aux différentielles totales, d'autre part que le premier membre peut être écrit sous la forme de la différentielle totale d'une fonction des trois variables $x, y, z$.

Étant donnée une équation de la forme (34), complètement intégrable, il est toujours possible, d'après ce qui précède, de trouver un facteur $\mu(x, y, z)$, dépendant des trois variables, tel que le produit du premier membre par ce facteur soit une différentielle totale exacte ; $\mu$ s'appelle *facteur intégrant*, comme nous l'avons déjà dit au n° 450. Si l'on sait trouver un tel facteur, le problème de l'intégration de l'équation (34) est ramené à l'intégration d'une différentielle totale, problème que nous avons résolu au n° 429.

# EXERCICES



### Exercices sur les compléments d'algèbre.

**1.** Effectuer les développements de $(x+a)^4$, $(x+a)^5$, $(x+a)^6$, et ceux de $(x+y+z)^2$, $(x+y+z)^3$.

**2.** Calculer les coefficients successifs des développements de $(1+x+x^2+\cdots)^2$, et de $(1+2x+3x^2+\cdots)^2$.

**3.** Calculer la somme des cubes des $n$ premiers nombres, en partant du développement de $(n+1)^4$; vérifier que cette somme est égale au carré de la somme des $n$ premiers nombres.

**4.** On forme une table analogue à une table de multiplication, en écrivant sur une première ligne les $n$ premiers nombres, puis au-dessous de chacun d'eux les produits de ces nombres par 2, puis au-dessous leurs produits par 3, et ainsi de suite, et en $n^e$ ligne leurs produits par $n$.

Former la somme S de tous ces nombres; former ensuite la somme $S_n$ de ceux qui se trouvent dans la dernière ligne et la dernière colonne, puis la somme $S_{n-1}$ de ceux qui se trouvent dans l'avant-dernière ligne et l'avant-dernière colonne, non compris dans la somme précédente, et ainsi de suite. En écrivant que S est égale à $S_n + S_{n-1} + \cdots$, retrouver le résultat de l'exercice précédent.

**5.** Calculer la somme $1.2 + 2.3 + 3.4 + \cdots + n(n+1)$; de même calculer la somme $1.2.3 + 2.3.4 + \cdots + n(n+1)(n+2)$.

**6.** On donne dans un plan $n$ droites indéfinies dont deux quelconques ne sont pas parallèles et trois quelconques ne passent pas par le même point. Déterminer le nombre de leurs points de rencontre et le nombre des régions polygonales finies ou infinies qu'elles déterminent dans le plan.

On donne dans l'espace $n$ plans indéfinis dont deux quelconques ne sont pas parallèles, trois quelconques ne sont pas parallèles à une même droite et quatre quelconques ne passent pas par le même point. Déterminer le nombre de leurs droites d'intersection, celui de leurs points de rencontre, celui des régions polygonales finies ou infinies déterminées sur ces plans, et celui des régions polyédrales finies ou infinies déterminées par ces plans dans l'espace.

**7.** On considère la suite des nombres

$$a_1 = 1, \qquad a_2 = \frac{4 - a_1}{3 - a_1}, \qquad a_3 = \frac{4 - a_2}{3 - a_2}, \qquad \cdots ;$$

calculer la valeur du terme $a_n$ en fonction de $n$ et sa limite pour $n$ infini.

**8.** On considère la suite des nombres

$$a_1 = 1, \qquad a_2 = \frac{1}{1 + a_1}, \qquad a_3 = \frac{1}{1 + a_2}, \qquad \cdots ;$$

montrer que cette suite a une limite et calculer la valeur de cette limite.

**9.** Calculer la limite de $\dfrac{\sqrt[m]{a} - \sqrt[m]{b}}{\sqrt[p]{a} - \sqrt[p]{b}}$ quand $b$ tend vers $a$ ; on posera $a = \alpha^{mp}$ et $b = \beta^{mp}$.

**10.** Trouver la limite pour $n$ infini de $\sqrt[n]{x^n + \dfrac{1}{x^n}}$ ; représenter graphiquement cette limite quand $x$ varie de $0$ à $\infty$.

**11.** On partage la hauteur d'une pyramide en $n$ parties égales et l'on mène par les points de division des plans parallèles à la base ; trouver, lorsque $n$ augmente indéfiniment, la limite de la moyenne arithmétique des surfaces des sections ainsi obtenues.

**12.** Déterminer le volume d'une pyramide ; on partagera sa hauteur en $n$ parties égales et l'on tracera par les points de division des plans parallèles à la base ; on considérera des prismes inscrits dans la pyramide, ayant pour bases supérieures les sections successives, et pour hauteur la distance de deux plans consécutifs ; puis on déterminera la limite de la somme des volumes de ces prismes lorsque $n$ augmente indéfiniment.

**13.** Trouver la limite pour $n$ infini du produit

$$(1 + x)(1 + x^2)(1 + x^4) \cdots (1 + x^{2^n}).$$

**14.** Trouver la limite pour $n$ infini de

$$\frac{1 - \cos \dfrac{x}{n}}{n^2}, \qquad \frac{\operatorname{tg} \dfrac{x}{\sqrt{n}} - \sin \dfrac{x}{\sqrt{n}}}{n\sqrt{n}}.$$

**15.** Trouver la limite pour $x$ infini de

$$x - \sqrt{x^2 + x + 1}, \qquad \sqrt[3]{x^3 + x^2 + 1} - \sqrt[3]{x^3 - x^2 + 1}.$$

**16.** Effectuer le produit $\left( a^{\frac{1}{3}} b^{-\frac{1}{4}} c^{\frac{5}{6}} \right)\left( a^{-\frac{3}{4}} b^{\frac{2}{3}} c^{\frac{1}{4}} \right)\left( a^{-\frac{1}{12}} b^{\frac{1}{3}} c^{-\frac{3}{4}} \right).$

**17.** Rendre rationnelles les équations

$$x^{\frac{1}{2}} + y^{\frac{1}{2}} + z^{\frac{1}{2}} = 0, \qquad (ax)^{\frac{2}{3}} + (by)^{\frac{2}{3}} = c^{\frac{4}{3}},$$

**18.** Étudier la convergence ou la divergence des séries dont le terme général est

$$\frac{a}{b+cn}, \qquad \frac{n+2}{n^3+1}, \qquad \frac{n}{1+a^n}, \qquad \frac{na^n}{n^2+1}, \qquad q^n\left(a^n + \frac{1}{a^n}\right),$$

$$n^p\left(1 - \cos\frac{\pi}{n}\right), \qquad \operatorname{tg}\frac{\pi}{\sqrt{n}}, \qquad \operatorname{tg}\frac{\pi}{\sqrt{n}} - \sin\frac{\pi}{\sqrt{n}}.$$

**19.** On appelle série hypergéométrique la série

$$1 + \frac{\alpha\cdot\beta}{\gamma\cdot 1}x + \frac{\alpha(\alpha+1)\beta(\beta+1)}{\gamma(\gamma+1)1\cdot 2}x^2$$
$$+ \frac{\alpha(\alpha+1)(\alpha+2)\beta(\beta+1)(\beta+2)}{\gamma(\gamma+1)(\gamma+2)1\cdot 2\cdot 3}x^3 + \cdots;$$

montrer qu'elle est convergente lorsque $x$ est inférieur à l'unité en valeur absolue.

**20.** Démontrer que la série dont le terme général est $q^{n^2}x^n$ est convergente quel que soit $x$ lorsque $q$ est inférieur à l'unité en valeur absolue.

**21.** Démontrer que les séries

$$\frac{1}{1\cdot 2} + \frac{1}{2\cdot 2^2} + \frac{1}{3\cdot 2^3} + \cdots + \frac{1}{n\cdot 2^n} + \cdots,$$

$$1 - \frac{1}{1}\frac{1}{3} + \frac{1}{1\cdot 2}\frac{1}{5} - \frac{1}{1\cdot 2\cdot 3}\frac{1}{7} + \frac{1}{1\cdot 2\cdot 3\cdot 4}\frac{1}{9} - \cdots$$

sont convergentes et trouver leur somme à 1 millième près.

**22.** Pour quelles valeurs de $x$ la série

$$x + 2x^2 + 3x^3 + \cdots + nx^n + \cdots$$

est-elle convergente? Évaluer le produit par $(1-x)^2$ de la somme des $n$ premiers termes, et en déduire que la série, lorsqu'elle est convergente, a pour somme $\dfrac{x}{(1-x)^2}$. Appliquer ce résultat au calcul de la somme de la série considérée au n° 45.

**23.** La longueur du périmètre d'une ellipse est donnée par la formule

$$S = 2\pi a\left[1 - \left(\frac{1}{2}\right)^2\frac{e^2}{1} - \left(\frac{1\cdot 3}{2\cdot 4}\right)^2\frac{e^4}{3} - \left(\frac{1\cdot 3\cdot 5}{2\cdot 4\cdot 6}\right)^2\frac{e^6}{5} - \cdots\right]$$

où $a$ est le demi-grand axe et $e$ l'excentricité; calculer S à un centième près pour $a = 5$ et $e = 0,3$.

**24.** Lorsque, dans une équation de la forme $ax^p + x - c = 0$, $a$ est inférieur à $\dfrac{1}{pc^{p-1}}$, on détermine une racine par approximations successives en posant $x = c - ax^p$, et calculant la suite des nombres

$$x_1 = c, \qquad x_2 = c - ax_1{}^p, \qquad x_3 = c - ax_2{}^p, \qquad \cdots;$$

démontrer que si $a$ et $c$ sont positifs, les nombres de cette suite ont une limite, et que cette limite est racine de l'équation donnée; déterminer une limite de l'erreur commise en s'arrêtant à un certain terme; appliquer cette méthode à la recherche d'une racine de l'équation

$$0,04x^8 + x - 2 = 0.$$

**25.** Sachant que $\sin x$ est égal à la somme de la série

$$\sin x = \frac{x}{1} - \frac{x^3}{1.2.3} + \frac{x^5}{1.2.3.4.5} - \cdots,$$

que $\arcsin x$ est égal à la somme de la série

$$\arcsin x = \frac{x}{1} + \frac{1}{2} \cdot \frac{x^3}{3} + \frac{1.3}{2.4} \cdot \frac{x^5}{5} + \cdots,$$

et que $\operatorname{arc\,tg} x$ est égal à la somme de la série

$$\operatorname{arc\,tg} x = \frac{x}{1} - \frac{x^3}{3} + \frac{x^5}{5} - \cdots,$$

calculer la valeur de $\dfrac{\sin x}{x}$ à 1 dix-millième près pour $x = 1$ degré et pour $x = 0,1$ radian; calculer les valeurs de $\arcsin \dfrac{1}{4}$ et de $\operatorname{arc\,tg} \dfrac{1}{4}$ à 1 dix-millième près; vérifier les résultats à l'aide des tables.

**26.** On dit qu'un produit d'un nombre infini de facteurs de la forme

$$\Pi(1 + u_n) = (1 + u_1)(1 + u_2) \cdots (1 + u_n) \cdots$$

est convergent si le produit $\Pi_n$ des $n$ premiers facteurs a une limite qui n'est ni nulle ni infinie quand $n$ augmente indéfiniment. Si $u_1, u_2, \ldots$ sont positifs, démontrer que, pour qu'un tel produit soit convergent, il est nécessaire et suffisant que la série de terme général $u_n$ soit convergente.

Application aux produits $\Pi\left(1 + \dfrac{1}{n}\right)$, $\Pi\left(1 + \dfrac{1}{n^\alpha}\right)$.

**27.** On démontre en mécanique que les tensions T et $t$ aux extrémités d'une corde passant par une poulie sont liées par la relation

$$\frac{T}{t} = e^{f\alpha},$$

$e$ étant la base des logarithmes népériens, $\alpha$ l'arc embrassé par la corde, évalué en radians, et $f$ le coefficient de frottement de la corde sur la poulie ; calculer $\alpha$ lorsque l'on a $f = 0,28$ et $T = 100t$.

**28.** Trouver la limite pour $m$ infini de

$$\left( \cos \frac{\varphi}{m} + x \sin \frac{\omega}{m} \right)^{m}.$$

**29.** Trouver la limite pour $n$ infini de

$$n^2\left(\sqrt[n]{a} - \sqrt[n+1]{a}\right), \qquad n^3\left(\sqrt[n-1]{a} + \sqrt[n+1]{a} - 2\sqrt[n]{a}\right).$$

**30.** On circonscrit à un cercle de rayon égal à l'unité un polygone régulier de $n$ côtés ; si $r$ est le rayon de ce polygone, déterminer la limite de $r^{n^2}$ pour $n$ infini.

On inscrit dans un cône de révolution d'apothème égal à l'unité et de demi-angle au sommet V une pyramide régulière de $n$ faces et l'on trace l'apothème de cette pyramide ; si $a$ est la longueur de cette apothème, déterminer la limite de $a^{n^2}$ pour $n$ infini.

**31.** Résoudre le système d'équations

$$(m + 1)x + y = m,$$
$$3x + (m - 1)y = 2 ;$$

examiner les différents cas qui se présentent suivant les valeurs de $m$.

**32.** Calculer le déterminant $\begin{vmatrix} a & b & c \\ b & c & a \\ c & a & b \end{vmatrix}$ ;

montrer qu'il est égal au déterminant $\begin{vmatrix} a+b+c & b & c \\ a+b+c & c & a \\ a+b+c & a & b \end{vmatrix}$,

et en déduire que $a^3 + b^3 + c^3 - 3abc$ est divisible par $a + b + c$.

**33.** Calculer le déterminant $\begin{vmatrix} a^2 & a & 1 \\ b^2 & b & 1 \\ c^2 & c & 1 \end{vmatrix}$ ;

montrer *a priori* qu'il est nul si deux des quantités $a, b, c$ sont égales, et en conclure qu'il est égal au produit des différences de ces quantités deux à deux. Généraliser.

**34.** Sachant qu'entre les côtés et les angles d'un triangle existent les relations

$$a = b\cos C + c\cos B, \qquad b = c\cos A + a\cos C, \qquad c = a\cos B + b\cos A,$$

en déduire, par l'élimination de $a, b, c$, la relation qui existe entre le cosinus des trois angles A, B, C.

**35.** Calculer le déterminant
$$\begin{vmatrix} 0 & a & b & c \\ -a & 0 & d & e \\ -b & -d & 0 & f \\ -c & -e & -f & 0 \end{vmatrix},$$
et vérifier qu'il est carré parfait.

**36.** Résoudre le système d'équations
$$qz + ry = a, \qquad rx + pz = b, \qquad py + qx = c.$$

**37.** Résoudre le système d'équations
$$qz - ry = a, \qquad rx - pz = b, \qquad py - qx = c;$$
suivant que $ap + bq + cr$ est différent de zéro ou égal à zéro, le système est impossible ou indéterminé.

**38.** Résoudre le système d'équations
$$\begin{aligned} x + ay + a^2z &= a^3, \\ x + by + b^2z &= b^3, \\ x + cy + c^2z &= c^3. \end{aligned}$$

**39.** Calculer le déterminant
$$\begin{vmatrix} a & 1 & 1 \\ 1 & a & 1 \\ 1 & 1 & a \end{vmatrix}.$$

Application : discuter et résoudre le système d'équations
$$\begin{aligned} ax + y + z &= 1, \\ x + ay + z &= a, \\ x + y + az &= a^2. \end{aligned}$$

Calculer plus généralement un déterminant d'ordre $n$ dont tous les éléments de la diagonale principale sont égaux à $a$ et tous les autres éléments égaux à l'unité.


### Exercices sur la géométrie analytique.


**40.** En assimilant la surface de la terre à celle d'une sphère de 40 000 kilomètres de circonférence, évaluer en kilomètres carrés la surface d'un triangle sphérique géodésique, au moyen des mesures des angles de ce triangle en grades, le grade étant la centième partie de l'angle droit.

**41.** Quelle est la valeur d'une accélération de 5cm : sec² lorsqu'on prend comme unité de longueur le mètre et comme unité de temps la minute?

**42.** L'équivalent mécanique de la calorie est représenté par le nombre 425 quand on prend comme unités de temps la seconde, de longueur le mètre, de force le kg-force, de quantité de chaleur la grande calorie; quelle est la valeur numérique de cette constante lorsqu'on prend pour unités de temps la seconde, de longueur le centimètre, de force la dyne, de quantité de chaleur la petite calorie?

**43.** En Angleterre on emploie comme mesures de longueur le yard, qui vaut 91$^{cm}$,4404, le foot (ou pied), qui est le tiers du yard et vaut 30$^{cm}$,4801, et l'inch (ou pouce), qui est la douzième partie du foot et vaut 2$^{cm}$,5400; comme mesure de poids, on emploie le pound (ou livre), qui vaut 453,592428 g.-poids. On demande de déterminer :

1° la valeur en foot : sec² du nombre $g$ qui, au centre de l'Angleterre, vaut 981$^{cm}$,33; la dimension est $[LT^{-2}]$;

2° la valeur en kilowatt et en cheval-vapeur du horsepower des mécaniciens, qui est la puissance de 550 foot-pounds par seconde; la dimension est $P = [L^2MT^{-3}] = [FLT^{-1}]$;

3° la valeur en dynes : cm² et en kg-poids : cm² d'une pression de une livre-poids : inch²; la dimension est $[L^{-1}MT^{-2}] = [FL^{-2}]$. Quelle est la pression en kg : cm² de la vapeur dans une chaudière lorsqu'un manomètre anglais marque 200 livres : inch²?

**44.** Vérifier l'homogénéité de la formule des cordes vibrantes

$$n = \frac{1}{2rl}\sqrt{\frac{g\mathrm{P}}{\pi d}};$$

$n$ représente le nombre par seconde de vibrations d'une corde, $r$ et $l$ son rayon et sa longueur, $d$ son poids spécifique, P le poids tenseur, $g$ l'accélération due à la pesanteur, et $\pi$ le nombre 3,1416.

**45.** On considère une circonférence tangente à l'origine à l'axe $Ox$ et sur cet axe un point A d'abscisse $a$; on joint ce point A au centre C de la circonférence et l'on prend les points M et M' de rencontre de la circonférence avec la droite ainsi tracée. Trouver le lieu des points M et M' lorsque le rayon de la circonférence varie. Montrer qu'il est le même que le lieu du point de rencontre du côté AB d'un triangle rectangle variable OAB d'hypoténuse OA avec la bissectrice de l'angle AOB. Déterminer en coordonnées cartésiennes et en coordonnées polaires l'équation de ce lieu, qu'on appelle strophoïde droite, et le construire.

**46.** Étant donnés sur l'axe des $x$ un point A d'abscisse 2 et sur l'axe des $y$ un point B d'ordonnée 3, on mène par le point B une droite faisant avec l'axe des $x$ un angle de 120° et par le point A une perpendiculaire à cette droite; écrire les équations de ces droites, trouver les coordonnées de leur point de rencontre et celles du symétrique de A par rapport à la droite.

**47.** Montrer que la condition pour que trois droites représentées par les équations

$$Ax + By + C = 0, \qquad A'x + B'y + C' = 0, \qquad A''x + B''y + C'' = 0$$

se coupent au même point est

$$\begin{vmatrix} A & B & C \\ A' & B'' & C' \\ A'' & B'' & C''_2 \end{vmatrix} = 0,$$

**48.** Connaissant les coordonnées des sommets d'un triangle dans le plan $xOy$, déterminer les coordonnées du centre de gravité, ainsi que les longueurs des côtés et les angles de ce triangle ; écrire les équations des côtés, des perpendiculaires aux milieux des côtés, des médianes et des hauteurs du triangle ; vérifier que les droites de chacun des trois derniers systèmes sont concourantes.

**49.** Déterminer le lieu des points équidistants de deux points donnés.

**50.** Déterminer le lieu des points équidistants de deux droites données ; en déduire les équations des bissectrices de l'angle de ces deux droites et de son supplément.

**51.** On considère la droite représentée par l'équation

$$2x - y + 9 = 0 ;$$

par le point de coordonnées $(2, 3)$ on fait passer les droites faisant avec la droite donnée l'angle $\dfrac{\pi}{4}$ ; former les équations de ces droites et calculer les coordonnées des points qu'elles ont en commun avec la première ; former l'équation du cercle circonscrit et l'équation du cercle inscrit au triangle formé par les trois droites.

Vérifier les résultats par les constructions graphiques de ces droites et de ces cercles.

**52.** Déterminer l'angle des deux droites représentées par l'équation

$$Ax^2 + 2Bxy + Cy^2 = 0 ;$$

condition pour qu'elles soient rectangulaires. Former l'équation de l'ensemble des bissectrices des angles formés par ces droites.

**53.** On sait (n° 102) que quatre points A, B, C, D situés sur un même axe sont conjugués harmoniques si l'on a la relation

$$\frac{(CA)}{(CB)} = -\frac{(DA)}{(DB)} ;$$

cette relation est équivalente à l'une ou à l'autre des deux suivantes :

$$\frac{2}{AB} = \frac{1}{AC} + \frac{1}{AD}, \qquad \overline{IA}^2 = IC \cdot ID,$$

l désignant le milieu du segment AB. Si les abscisses de A et B sont $x_1$ et $x_2$, celles de C et D $x_3$ et $x_4$, la relation qui existe alors entre ces abscisses est

$$2x_1x_2 + 2x_3x_4 = (x_1 + x_2)(x_3 + x_4).$$

1° Si $x_1$ et $x_2$ sont les racines de l'équation $ax^2 + bx + c = 0$, et $x_3$ et $x_4$ les racines de l'équation $a'x^2 + b'x + c' = 0$, trouver la relation qui existe entre les coefficients de ces équations lorsque la condition précédente est remplie.

2° On considère les couples de points A et B dont les abscisses sont les racines de l'équation

$$ax^2 + bx + c + \lambda(a'x^2 + b'x + c') = 0,$$

où $\lambda$ est un paramètre variable ; montrer que l'on peut déterminer deux points fixes C et D tels que A et B soient conjugués par rapport à C et D, quelle que soit la valeur de $\lambda$.

**54.** Former l'équation d'une circonférence de rayon R passant par l'origine, et dont le centre est sur la bissectrice de l'angle $xOy$.

**55.** Étant donnée la droite représentée par l'équation

$$x + y - 1 = 0,$$

trouver le lieu du point dont le carré de la distance à cette droite est égal au produit des distances du même point aux deux axes, et construire ce lieu.

**56.** Trouver le lieu des points d'un plan dont la somme des carrés des distances à $n$ points donnés dans ce plan est constante.

**57.** Quelle relation doit-il exister entre les coefficients des équations de deux cercles, écrites sous la forme

$$x^2 + y^2 + 2ax + 2by + c = 0,$$
$$x^2 + y^2 + 2a'x + 2b'y + c' = 0,$$

pour que ces cercles soient orthogonaux ? On écrira que le carré de la distance des centres est égal à la somme des carrés des rayons.

**58.** Étant donnés sur l'axe des $x$ deux points A et A' symétriques par rapport à O, trouver le lieu des points du plan dont le rapport des distances à A et A' est égal à $k$ ; ce lieu est une circonférence. Montrer que lorsque $k$ varie, les circonférences obtenues coupent l'axe des $y$ en deux points fixes imaginaires, et qu'elles sont orthogonales à toutes les circonférences passant par A et A'. Les points A et A' sont appelés les points limites du premier faisceau de circonférences.

**59.** Montrer que la projection d'une circonférence sur un plan qui ne lui est pas parallèle est une ellipse ; on supposera que le plan de projection passe par le centre du cercle, on prendra ce centre pour origine, l'axe des $x$ dirigé suivant le diamètre du cercle situé dans le plan, l'axe des $y$ suivant la projection du diamètre perpendiculaire à celui-là et l'on déterminera l'équation de la projection de la circonférence rapportée à ces axes. Déduire de là la valeur de l'aire de l'ellipse.

**60.** Former l'équation de l'ellipse en coordonnées polaires en prenant comme pôle le centre de la courbe. Montrer que si $\rho_1$ et $\rho_2$ sont deux rayons vecteurs rectangulaires de la courbe, on a

$$\frac{1}{\rho_1^2}+\frac{1}{\rho_2^2}=\frac{1}{a^2}+\frac{1}{b^2}.$$

**61.** Quelle est la courbe dont les points ont des coordonnées représentées en fonction du paramètre $\varphi$ par les équations

$$x=\frac{a}{\cos\varphi}, \qquad y=b\,\mathrm{tg}\,\varphi?$$

**62.** Une sécante coupe une hyperbole en deux points $A$ et $B$, et les asymptotes en deux points $A'$ et $B'$; démontrer que les milieux des segments $AB$ et $A'B'$ sont confondus, par suite, que $AA'$ et $BB'$ sont des segments égaux et de sens contraires. Déduire de là une construction par points d'une hyperbole dont on connaît les asymptotes et un point $A$, en faisant tourner une sécante autour de ce point et en construisant chaque fois le deuxième point de la courbe situé sur la sécante.

**63.** Exprimer en fonction de $a$ et de l'excentricité $e$ les quantités $b$ et $c$ dans le cas d'une ellipse et dans celui d'une hyperbole. Dans le dernier cas, déterminer en fonction de $e$ le demi-angle des asymptotes.

**64.** Trois rayons vecteurs d'une ellipse issus d'un foyer $F$ de cette courbe ont pour longueurs

$$FA_1=2, \qquad FA_2=4, \qquad FA_3=8;$$

les angles $(FA_1,\ FA_2)$ et $(FA_1,\ FA_3)$ sont respectivement égaux à $\frac{\pi}{2}$ et $\pi$; déterminer les éléments de l'ellipse.

**65.** Deux rayons vecteurs d'une parabole issus du foyer $F$ de cette courbe ont pour longueurs $FA_1=2$, $FA_2=6$, et l'angle $(FA_1,\ FA_2)$ est égal à $\pi$; déterminer les éléments de la parabole.

**66.** On considère sur l'axe $OX$ un point $A$ d'abscisse $a$; déterminer et construire le lieu des points $M$ tels que l'angle $MAO$ soit le double de l'angle $MOA$. Rapporter ce lieu à ses axes.

**67.** On considère la famille de droites représentées par l'équation

$$y=mx-\frac{p(1+m^2)}{2m},$$

où $p$ est la mesure d'une longueur donnée et $m$ un nombre variable. Par un point $M$ de coordonnées $(x_0,\ y_0)$ passent deux droites de la famille; condition de réalité de ces droites. Lieux du point $M$ lorsque les droites qui y passent sont rectangulaires, ou lorsqu'elles font un angle donné V; transformer en coordonnées polaires l'équation de ce dernier lieu et le construire.

**68.** On considère la droite D rencontrant les axes de coordonnées $Ox$, $Oy$ en des points A et B tels que $OA = OB = a$. Déterminer le lieu des points M tels que la somme des carrés des distances de chacun de ces points aux trois côtés du triangle OAB soit égale à $\dfrac{a^2}{2}$; le rapporter à ses axes et le construire.

**69.** Déterminer graphiquement et par le calcul la somme géométrique de deux vecteurs représentés par les deux diagonales d'un rectangle, ou de quatre vecteurs représentés par les quatre diagonales d'un parallélépipède; examiner les divers cas qui se présentent suivant le sens de parcours de ces vecteurs; évaluer les angles que font avec les arêtes les différentes diagonales, et les angles que ces diagonales font entre elles deux à deux.

**70.** Sur les bissectrices des faces d'un trièdre trirectangle on prend à partir du sommet des vecteurs égaux à l'unité. Déterminer la somme géométrique de ces vecteurs, les angles qu'ils font deux à deux et l'angle de leur somme géométrique avec chacun d'eux.

**71.** Étant donnés des vecteurs $V_1$, $V_2$, ..., démontrer que la grandeur de leur somme géométrique V est donnée par la formule

$$V^2 = \Sigma\, V_i^2 + 2\Sigma\, V_i V_k \cos(V_i,\, V_k),$$

$(V_i,\, V_k)$ désignant l'angle des vecteurs $V_i$ et $V_k$.

**72.** Montrer que les équations

$$x = a \cos \varphi + a' \sin \varphi,$$
$$y = b \cos \varphi + b' \sin \varphi,$$
$$z = c \cos \varphi + c' \sin \varphi$$

représentent une courbe plane du second ordre; déterminer le plan de la courbe, et ses projections sur les plans de coordonnées.

**73.** On considère dans l'espace la courbe définie par les équations

$$x = \cos t + \sqrt{3} \sin t,$$
$$y = \cos t - \sqrt{3} \sin t,$$
$$z = -2 \cos t;$$

démontrer qu'elle est une circonférence ayant pour centre l'origine des coordonnées; déterminer son rayon et son plan. Former les équations de ses projections sur les plans de coordonnées. Quelle relation doit-il exister entre les paramètres $t$ et $t'$ de deux points M et M' pour que les rayons aboutissant à ces points soient rectangulaires?

**74.** Courbe de Viviani. Sur une sphère de centre O et de rayon R, on considère le lieu des points dont les coordonnées polaires $\theta$ et $\psi$ sont liées par la relation $\theta + \psi = \dfrac{\pi}{2}$. Former les expressions des coordonnées des points de ce lieu et les équations de ses projections sur les plans de coordonnées; construire ces projections.

**75.** Trouver l'équation du cône ayant pour sommet l'origine et pour directrice le cercle représenté par les équations

$$x^2 + y^2 + z^2 - R^2 = 0, \qquad x + y + z - R = 0.$$

**76.** Démontrer que toute section plane d'un cône de révolution se projette sur un plan perpendiculaire à l'axe suivant une conique ayant pour foyer le point de rencontre de l'axe et du plan de projection.

**77.** Une surface réglée est définie par les équations

$$x = (a + z)\cos t, \qquad y = (a - z)\sin t,$$

$t$ étant un paramètre variable. Former l'équation de cette surface et étudier ses sections par des plans parallèles au plan $xOy$.

**78.** On considère le paraboloïde de révolution d'équation

$$x^2 + y^2 - 2pz = 0 ;$$

on coupe ce paraboloïde par des plans représentés par l'équation

$$z = m(x - a),$$

où $a$ est la mesure d'une longueur donnée et $m$ un nombre variable ; démontrer que les projections sur le plan $xOy$ des sections du paraboloïde par ces plans sont des cercles ayant même axe radical. Trouver le lieu des centres de ces sections.

**79.** Étant donnés dans l'espace trois points A, B, C de coordonnées $(x_1, y_1, z_1)$, $(x_2, y_2, z_2)$, $(x_3, y_3, z_3)$, montrer que les coordonnées d'un point D du plan ABC ont pour valeurs

$$x = \frac{\lambda_1 x_1 + \lambda_2 x_2 + \lambda_3 x_3}{\lambda_1 + \lambda_2 + \lambda_3}, \qquad y = \frac{\lambda_1 y_1 + \lambda_2 y_2 + \lambda_3 y_3}{\lambda_1 + \lambda_2 + \lambda_3},$$

$$z = \frac{\lambda_1 z_1 + \lambda_2 z_2 + \lambda_3 z_3}{\lambda_1 + \lambda_2 + \lambda_3} ;$$

déduire de là l'équation du plan passant par les trois points A, B et C.

**80.** Déterminer les coordonnées du centre de gravité d'un triangle ou d'un tétraèdre dans l'espace.

**81.** Trouver le lieu des points de l'espace équidistants de deux points donnés ou de trois points donnés.

Trouver le lieu des points équidistants de deux plans donnés ou de trois plans donnés.

Trouver le lieu des points équidistants de deux droites données.

**82.** Montrer que pour que quatre plans représentés par des équations de la forme

$$Ax + By + Cz + D = 0$$

aient un point commun, il faut que le déterminant formé par les coefficients de $x$, $y$, $z$ et les termes connus dans ces équations soit nul.

Trouver la condition pour que deux droites données par leurs équations soient dans un même plan.

**83.** Par deux droites D et D′ on fait passer des plans P et P′ assujettis à la condition d'être perpendiculaires. Lieu de la droite d'intersection de ces deux plans. Cas où D et D′ sont deux droites concourantes.

**84.** Un tétraèdre a pour sommets l'origine O, un point A de l'axe des $x$ d'abscisse 4, un point B du plan $xOy$ d'abscisse 4 et d'ordonnée 3, et un point C de l'axe des $z$ de cote 3. Déterminer les angles formés par les couples d'arêtes opposées de ce tétraèdre, le dièdre d'arête BC, le centre et le rayon de la sphère circonscrite au tétraèdre, le centre et le rayon de la sphère inscrite.

**85.** Généraliser dans l'espace les problèmes $n^{os}$ 56 et 57.

**86.** Démontrer que l'ellipsoïde, les hyperboloïdes, le cône, le paraboloïde elliptique et le cylindre elliptique possèdent des sections circulaires. Pour les déterminer, on opère un changement d'axes de coordonnées en conservant l'un des axes et faisant tourner les deux autres dans leur plan d'un angle $\alpha$ ; on détermine $\alpha$ de façon que la section de la surface par un plan parallèle à l'un des nouveaux plans de coordonnées soit une circonférence.

**87.** Montrer que les formules

$$(1 + l^2)x = (1 - l^2)x' - 2ly',$$
$$(1 + l^2)y = 2lx' + (1 - l^2)y'$$

définissent dans le plan une transformation de coordonnées rectangulaires en d'autres rectangulaires ayant la même origine ; de même les formules

$$\rho x = (1 + \lambda^2 - \mu^2 - \nu^2)x' + 2(\lambda\mu - \nu)y' + 2(\lambda\nu + \mu)z',$$
$$\rho y = 2(\mu\lambda + \nu)x' + (1 - \lambda^2 + \mu^2 - \nu^2)y' + 2(\mu\nu - \lambda)z',$$
$$\rho z = 2(\nu\lambda - \mu)x' + 2(\mu\nu + \lambda)y' + (1 - \lambda^2 - \mu^2 + \nu^2)z',$$

où

$$\rho = 1 + \lambda^2 + \mu^2 + \nu^2,$$

définissent dans l'espace une transformation de coordonnées rectangulaires en d'autres rectangulaires ayant la même origine.

**88.** Étant donnés trois vecteurs $V_1$, $V_2$, $V_3$ formant un trièdre de sommet O, tout vecteur V issu de ce point peut être considéré comme la somme géométrique de trois vecteurs $aV_1$, $bV_2$, $cV_3$, où $a$, $b$, $c$ sont trois facteurs numériques convenablement choisis. Si l'on considère deux vecteurs V et V′ caractérisés par les systèmes de nombres $(a, b, c)$, $(a', b', c')$, former le produit scalaire de ces deux vecteurs en fonction de ceux des vecteurs $V_1$, $V_2$, $V_3$ pris deux à deux ; cas où ces vecteurs forment un trièdre trirectangle. Former le produit vectoriel de V par V′.

**89.** Étant donnés trois vecteurs V, V′, V″ formant un trièdre de sommet O, on considère leurs produits vectoriels : soient G le produit de V′ par V″, G′ de V″ par V, G″ de V par V′ et P le volume du parallélépipède ayant pour arêtes V, V' et V". Sur les droites portant les produits précédents on prend à partir de O les vecteurs

$$W = \frac{G}{P}, \quad W' = \frac{G'}{P}, \quad W'' = \frac{G''}{P}.$$

Montrer que : 1° si Q est le volume du parallélépipède ayant pour arêtes W, W', W", le produit PQ est égal à l'unité ;

2° les deux systèmes de vecteurs V, V', V" et W, W', W" sont réciproques, c'est-à-dire que le premier peut être déduit du second comme le second a été déduit du premier.

**90.** Des vecteurs représentés par les côtés successifs d'un triangle parcourus dans un même sens de circulation forment un système équivalent à un couple. Généraliser pour un polygone quelconque.

**91.** Lieu des points de l'espace tels que le moment résultant d'un système de vecteurs par rapport à chacun d'eux soit parallèle à une droite donnée. Discussion des différents cas.

**92.** Déterminer les angles d'un triangle sphérique connaissant les trois côtés, et rendre calculables par logarithmes les formules donnant $\cos \frac{A}{2}$, $\sin \frac{A}{2}$, $\operatorname{tg} \frac{A}{2}$. Déduire de là l'expression du volume d'un parallélépipède quelconque connaissant les longueurs des arêtes et les angles des faces de ce parallélépipède.

### Exercices sur les dérivées et différentielles.

**93.** Exercices sur les dérivées, avec les résultats.

| FONCTIONS | DÉRIVÉES |
| --- | --- |
| $x^4 + 4x^3 - 6x^2 + 1$, | $4x(x^2 + 3x - 3)$, |
| $(x^2 + x + 1)(x^2 - x + 1)$, | $2x(2x^2 + 1)$, |
| $(5x + 1)^4(x^2 - 4)^3$, | $(5x + 1)^3(x^2 - 4)^2(50x^2 + 6x - 80)$, |
| $\dfrac{ax - b}{ax + b}$, | $\dfrac{2ab}{(ax + b)^2}$, |
| $\dfrac{1}{1 - x^2}$, | $\dfrac{2x}{(1 - x^2)^2}$, |
| $\dfrac{x^2 + x + 1}{x^2 - x + 1}$, | $\dfrac{-2x^2 + 2}{(x^2 - x + 1)^2}$, |
| $\dfrac{1}{\sqrt{ax + b}}$, | $\dfrac{-a}{2\sqrt{(ax + b)^3}}$, |

| FONCTIONS | DÉRIVÉES |
|---|---|
| $\dfrac{1}{\sqrt{1-x^2}},$ | $\dfrac{x}{\sqrt{(1-x^2)^3}},$ |
| $\dfrac{x}{\sqrt{a^2+x^2}},$ | $\dfrac{a^2}{\sqrt{(a^2+x^2)^3}},$ |
| $e^{-x^2},$ | $-2xe^{-x^2},$ |
| $\log\dfrac{1-x}{1+x},$ | $\dfrac{-2}{1-x^2},$ |
| $\log(x+\sqrt{a^2+x^2}),$ | $\dfrac{1}{\sqrt{a^2+x^2}},$ |
| $\log\operatorname{tg}\left(\dfrac{\pi}{4}+\dfrac{x}{2}\right),$ | $\dfrac{1}{\cos x},$ |
| $\dfrac{n\sin 2x}{1-n\cos 2x},$ | $\dfrac{2n(\cos 2x-n)}{(1-n\cos 2x)^2},$ |
| $\operatorname{arc\,tg}\dfrac{2x}{1-x^2},$ | $\dfrac{2}{1+x^2},$ |
| $\operatorname{arc\,tg}\dfrac{x}{\sqrt{1-x^2}},$ | $\dfrac{1}{\sqrt{1-x^2}},$ |
| $\operatorname{arc\,sin} 2x\sqrt{1-x^2},$ | $\dfrac{2}{\sqrt{1-x^2}}.$ |

**94.** Montrer que la dérivée $n^e$ d'un produit $uv$ est donnée par la formule suivante, qu'on appelle formule de Leibniz :

$$y^{(n)} = u^{(n)}v + \frac{n}{1}\,u^{(n-1)}v' + \frac{n(n-1)}{1 \cdot 2}\,u^{(n-2)}v'' + \cdots + uv^{(n)},$$

les coefficients successifs étant ceux du binome.

**95.** Déterminer la dérivée d'ordre $n$ de $\dfrac{1}{\sqrt{x}}$, de $\sin ax$, de $\cos ax$, de $\log(1+x)$, de $e^x\sin x$, de $e^{-x^2}$.

**96.** Vérifier que les fonctions $e^{ax}\cos bx$ et $e^{ax}\sin bx$ satisfont à la relation

$$y'' - 2ay' + (a^2+b^2)y = 0.$$

**97.** Étudier les variations des fonctions suivantes, et construire les courbes représentatives :

$$x^4 + px^2 + q, \qquad (x-1)^3(5-x)^2, \qquad x + \frac{a}{x} \qquad (a > 0 \text{ ou } a < 0),$$

$$\frac{x^2 - 3x + 2}{(x+1)^2}, \qquad \frac{2x^2 - 5x + 2}{3x^2 - 10x + 3}, \qquad \frac{x^3 - a^2 x}{x^2 - b^2}, \qquad x\sqrt{\frac{1-x}{1+x}}, \qquad \frac{\operatorname{tg} 3x}{\operatorname{tg} 2x},$$

$$x - \sin 2x, \qquad 2\sin x + \cos 2x, \qquad x^n e^{-x^2}, \qquad x + \log(x^2 - 1),$$

$$e^{ax}\sin bx, \qquad e^{ax}\cos bx, \qquad e^{\frac{1}{x}}, \qquad xe^{-\frac{1}{x}}, \qquad (x+a)e^{\frac{1}{x}}, \qquad e^{\frac{x-a}{x^2}}.$$

**98.** Étudier la variation du volume d'un cône d'apothème donné.

**99.** Étudier la variation du volume et celle de la surface totale d'un cylindre ou d'un cône inscrits dans une sphère donnée.

**100.** Étudier la variation du volume, de la surface latérale et de la surface totale d'un cône circonscrit à une sphère donnée.

**101.** Déterminer les dimensions d'un litre cylindrique en métal à une seule base, sachant que la surface du métal est minimum.

**102.** Déterminer, sur la droite joignant deux points où sont placées des sources lumineuses d'intensités données différentes, le point dont l'éclairement est maximum.

**103.** On donne un petit segment rectiligne horizontal; déterminer le point où il faut placer une source lumineuse : 1° soit sur une droite donnée perpendiculaire à la direction du segment; 2° soit sur une ellipse donnée dont le centre est le milieu du segment, pour que l'éclairement de ce segment soit maximum. On sait que cet éclairement est en raison inverse du carré de la distance de la source lumineuse au centre du segment et proportionnel au sinus de l'angle formé par le rayon lumineux aboutissant à ce centre avec la direction du segment éclairé.

**104.** Trouver la vraie valeur pour $x = 1$ de

$$\frac{1 - 3x^2 + 2x^3}{(x^2 - 1)^2}, \qquad \frac{2}{1 - x^2} - \frac{3}{1 - x^3}, \qquad \frac{\log x}{x^n - 1}, \qquad \frac{\log \sin \frac{\pi x}{2}}{(x-1)^2};$$

pour $x = 0$, de

$$\frac{e^x - e^{-x}}{\sin x}, \qquad \frac{x^2 - \sin^2 x}{x^4}, \qquad \frac{\sin x - x\cos x}{x(1 - \cos x)}, \qquad x^n \log x, \qquad x^x.$$

**105.** Former les dérivées partielles du premier ordre des fonctions

$$\frac{x+y}{xy}, \qquad \operatorname{arc\,tg} \frac{x+y}{1 - xy}, \qquad \frac{xy}{\sqrt{1 + x^2 + y^2}}, \qquad e^{xyz};$$

pour la dernière fonction, former $f'''_{xyz}$.

**106.** Déterminer les dérivées première et seconde des fonctions implicites $y$ définies par les équations

$$x^2 - 4xy + y^2 - 1 = 0, \qquad x^3 + y^3 - 3axy = 0,$$
$$\sin y = n \sin x, \qquad \log \sqrt{x^2 + y^2} = \operatorname{arc} \operatorname{tg} \frac{y}{x}.$$

**107.** Déterminer les dérivées particlles de la fonction $z$ définie par l'équation

$$\frac{x^2}{x^2 + y^2 + z^2 - a^2} + \frac{y^2}{x^2 + y^2 + z^2 - b^2} + \frac{z^2}{x^2 + y^2 + z^2 - c^2} - 1 = 0.$$

**108.** Déterminer les maxima et les minima des fonctions implicites $y$ définies par les équations

$$y^2 - 2xy + 2x^2 - 2x = 0, \qquad y^3 + x^3 - 3axy = 0.$$

**109.** Étant donnée la courbe du second ordre ayant pour centre l'origine et représentée par l'équation

$$Ax^2 + 2Bxy + Cy^2 - 1 = 0,$$

déterminer les directions et les longueurs de ses axes en cherchant les points pour lesquels le carré de la distance au centre, c'est-à-dire la fonction $\rho^2 = x^2 + y^2$, passe par un maximum ou un minimum.

**110.** Étant donnée dans l'espace la courbe d'intersection de l'ellipsoïde

$$\frac{x^2}{a^2} + \frac{y^2}{b^2} + \frac{z^2}{c^2} - 1 = 0$$

et du plan

$$ux + vy + wz = 0$$

passant par le centre, déterminer les axes de cette section en cherchant les points pour lesquels la fonction $\rho^2 = x^2 + y^2 + z^2$ passe par un maximum ou un minimum ; démontrer que les directions des axes sont les droites communes au plan et au cône dont l'équation est

$$uyz\left(\frac{1}{b^2} - \frac{1}{c^2}\right) + vzx\left(\frac{1}{c^2} - \frac{1}{a^2}\right) + wxy\left(\frac{1}{a^2} - \frac{1}{b^2}\right) = 0,$$

et que les carrés des longueurs des demi-axes sont les racines de l'équation

$$\frac{a^2u^2}{\rho^2 - a^2} + \frac{b^2v^2}{\rho^2 - b^2} + \frac{c^2w^2}{\rho^2 - c^2} = 0.$$

**111.** Étant donnée la surface du second ordre ayant pour centre l'origine et pour équation

$$Ax^2 + A'y^2 + A''z^2 + 2Byz + 2B'zx + 2B''xy - 1 = 0,$$

déterminer les directions et les longueurs de ses axes en cherchant les points pour lesquels la fonction $\rho^2 = x^2 + y^2 + z^2$ passe par un maximum ou un minimum.

**112.** Déterminer sur un paraboloïde d'équation

$$\frac{x^2}{p} + \frac{y^2}{q} - 2z = 0$$

un point dont la distance à un point donné de l'axe $Oz$ soit maximum ou minimum.

**113.** Déterminer dans l'espace le point dont la somme des carrés des distances à des points fixes donnés est maximum ou minimum.

**114.** Un récipient a la forme d'un parallélépipède rectangle et sa surface se compose de l'ensemble de ses faces moins une; déterminer ses dimensions de façon que cette surface soit minimum pour un volume donné.

**115.** Déterminer dans le plan d'un triangle le point dont le produit des distances aux trois côtés est maximum.

**116.** Déterminer un parallélépipède rectangle inscrit dans un ellipsoïde, et dont le volume ou la surface totale soit maximum ou minimum.

**117.** Étant donnés deux nombres $x$ et $y = x + \varepsilon$ dont la différence est très petite, quelle erreur commet-on lorsqu'on substitue à $\sqrt{xy}$ la moyenne arithmétique $\dfrac{x + y}{2}$ des deux nombres ?

**118.** Avec quelle approximation connaît-on la surface d'un rectangle dont les dimensions sont $a = 75^{cm}$ à $2^{mm}$ près, et $b = 32^{cm}$ à $1^{mm}$ près ?

**119.** Évaluer une limite supérieure de l'erreur dont est affectée la racine cubique d'un nombre approché; déterminer le rayon d'une sphère dont le volume est $2^{m3},752$ à $1^{dm3}$ près, le nombre $\pi$ étant pris égal à $3,1416$ : évaluer une limite supérieure de l'erreur commise.

**120.** Déterminer l'approximation avec laquelle on peut évaluer le côté $b$ d'un triangle rectangle dont on connaît l'hypoténuse $a = 85^m,7$ à $0^m,2$ près et l'angle $B = 36°28'$ à $5'$ près.

**121.** Avec quelle approximation connaît-on la durée d'oscillation d'un pendule simple dont la longueur est $l = 1^m,578$ à $0,002$ près; le nombre $g$ est égal à $9,81$ à $0,005$ près. Quelle valeur approchée suffit-il de prendre pour $\pi$ pour effectuer le calcul ?

**122.** Calculer à un millimètre près les dimensions du litre, sachant qu'il a la forme d'un cylindre dont la hauteur est égale au diamètre.

**123.** Calculer à 1 millième près tg $15°$, qui est égale à $\sqrt{\dfrac{1 - \cos 30°}{1 + \cos 30°}}$.

**124.** L'intensité d'un courant est liée à la déviation $\varphi$ de la boussole par la formule $i = a\,\mathrm{tg}\,\varphi$, $a$ étant une constante. Quelle relation existe-t-il entre les erreurs relatives de $i$ et de $\varphi$ ?

**125.** Former le tableau des différences successives de la suite des carrés des nombres entiers, ainsi que de la suite des cubes de ces nombres.

**126.** Appliquer la formule d'interpolation de Lagrange et celle de Newton à la détermination d'une fonction qui prend les mêmes valeurs que $\cos x$ pour $x = -\dfrac{\pi}{2}$, $-\dfrac{\pi}{4}$, $0$, $+\dfrac{\pi}{4}$, $+\dfrac{\pi}{2}$. Même question en remplaçant $\cos x$ par $\sin x$.

**127.** La pression de la vapeur d'eau en mm. de mercure aux environs de $100°$ est donnée par le tableau suivant :

$$\begin{array}{llllll} t & 99 & 99,5 & 100 & 100,5 & 101 \\ p & 733,24 & 746,52 & 760 & 773,69 & 787,58; \end{array}$$

appliquer les diverses formules d'interpolation au calcul de la pression pour une température comprise entre $99,5$ et $100,5$.

**128.** Appliquer la formule d'interpolation de Lagrange à la détermination d'une fonction $u$ qui pour $x = 0$, $1$ et $2$ prend respectivement les valeurs $u_0 = 7,8$, $u_1 = 5,2$, $u_2 = 0$. Appliquer la méthode des moindres carrés à la détermination d'une fonction $v = a + bx^2$ qui s'approche le mieux de $u$ ; comparer les fonctions $u$ et $v$.

**129.** En se servant des développements en série des fonctions simples, déterminer les développements en série des fonctions suivantes :

$$e^{-x^2}, \qquad \frac{2+x}{2-x}, \qquad \frac{-1+\sqrt{1+x^2}}{2x}, \qquad \log\frac{1+x}{1-x};$$

déduire du dernier développement, en posant $x = \dfrac{1}{2n+1}$, la formule

$$\log(n+1) - \log n = 2\left[\frac{1}{2n+1} + \frac{1}{3(2n+1)^3} + \cdots\right];$$

cette formule sert à calculer les logarithmes népériens des nombres entiers successifs.

**130.** Sachant que la surface d'un ellipsoïde de révolution aplati dont le rayon de l'équateur est $a$ et l'excentricité $e$ est donnée par la formule

$$s = 2\pi a^2\left(1 + \frac{1-e^2}{2e}\log\frac{1+e}{1-e}\right),$$

développer $s$ en série ordonnée suivant les puissances croissantes de $e$

**131.** Développer en série les fonctions

$$e^x\cos(x\sin\theta), \qquad e^x\sin(x\sin\theta), \qquad \operatorname{ch}x\cos x, \qquad \operatorname{sh}x\cos x.$$

**132.** Développer en série $\arcsin x$ en utilisant le développement en série de la dérivée de cette fonction.

**133.** Vérifier la formule

$$\frac{\pi}{4} = 4 \text{ arc tg} \frac{1}{5} - \text{arc tg} \frac{1}{239}$$

et en déduire la valeur de $\pi$.

**134.** On donne un arc de cercle AB dont la corde est égale à $2l$ et dont la flèche est $f$, et l'on pose $\frac{f}{l} = x$; démontrer que la valeur de l'arc AB est donnée par la série

$$\text{arc AB} = 2l\left(1 + \frac{2}{1 \cdot 2}x^2 - \frac{2}{3 \cdot 5}x^4 + \frac{2}{5 \cdot 7}x^6 - \cdots\right);$$

montrer que si l'on prend, comme valeur approchée de l'arc AB, l'expression $2\sqrt{l^2 + f^2} + \frac{f^2}{3l}$, et si on la développe en série suivant les puissances croissantes de $x$, la différence entre la valeur exacte et la valeur approchée de l'arc est divisible par $x^4$.

**135.** On dit que des nombres $a_0$, $a_1$, $a_2$, ..., forment une suite récurrente du second ordre s'ils satisfont, pour toute valeur de $n$ égale ou supérieure à 2, à une relation de la forme $a_n = \alpha a_{n-1} + \beta a_{n-2}$, où $\alpha$ et $\beta$ sont des nombres donnés.

On considère la série entière

$$y = a_0 + a_1 x + a_2 x^2 + \cdots,$$

dont les coefficients satisfont à la loi de récurrence précédente; montrer que l'on peut trouver un trinome $1 + Ax + Bx^2$ tel que le produit de $y$ par ce trinome se réduise à un binome du premier degré.

Déduire de là, en supposant $A^2 - 4B > 0$, que $y$ peut se mettre sous la forme d'une somme de deux fractions du premier degré de la forme $\frac{H}{1 - hx}$; en déduire l'intervalle de convergence de la série $y$ et la valeur de $a_n$ en fonction du rang $n$. Application au cas où $a_0 = 2$, $a_1 = 3$, $\alpha = 1$, $\beta = 2$.

**136.** Déterminer l'ordre infinitésimal et la partie principale des fonctions suivantes, où $x$ est infiniment petit principal :

$$1 - \cos x, \qquad \text{tg } x - \sin x, \qquad 2 \sin x - \sin 2x - x^3, \cdot \qquad \sqrt{x} - \sqrt{\sin x} ;$$

$$\frac{a + b}{2} - \sqrt{ab} \quad (a - b = x), \qquad e^x - \frac{2 + x}{2 - x}, \qquad \log(1 + x) - \frac{2x}{x - 2}.$$

**137.** Un cercle et une parabole étant représentés par les équations

$$x^2 + y^2 - 2Ry = 0, \qquad x^2 - 2py = 0,$$

on considère $x$ comme infiniment petit principal; évaluer l'ordre infinitésimal et la partie principale de la différence entre les ordonnées des deux courbes correspondant à la même valeur de $x$; comment doit-on choisir R pour que l'ordre infinitésimal soit maximum ?

**138.** On considère un cercle de centre $O$ et de rayon $R$, la tangente en un point $A$ de ce cercle, et un point $B$ sur le diamètre passant par $A$. On joint ce point $B$ à un point $M$ pris sur le cercle, et l'on prend le point de rencontre $T$ de $BM$ avec la tangente en $A$; déterminer la longueur $AB$ de telle sorte que la différence arc $AM - AT$ soit d'ordre infinitésimal maximum, l'angle $AOM$ étant l'infiniment petit principal.

**139.** Déterminer les coefficients qui entrent dans les fonctions

$$a \sin x + b \operatorname{tg} x - x, \qquad a \sin x + b \cos x + c e^{-x} - 2,$$

dans lesquelles $x$ est l'infiniment petit principal, pour que l'ordre infinitésimal de ces fonctions soit maximum ; quelle est la partie principale du résultat ?

**140.** Déterminer les dérivées et les différentielles des fonctions implicites étudiées dans l'exercice 106, ainsi que des fonctions $y$ et $z$ définies par les équations

$$x^2 + y^2 + z^2 + yz + zx + xy = a^2,$$
$$x + y + z = b.$$

**141.** Étant données les deux fonctions

$$X = f(x, y), \qquad Y = \varphi(x, y),$$

on suppose que l'on exprime $x$ et $y$ au moyen de deux nouvelles variables $x_1$ et $y_1$; démontrer que l'on a

$$\begin{vmatrix} \dfrac{\partial X}{\partial x_1} & \dfrac{\partial X}{\partial y_1} \\[2ex] \dfrac{\partial Y}{\partial x_1} & \dfrac{\partial Y}{\partial y_1} \end{vmatrix} = \begin{vmatrix} \dfrac{\partial X}{\partial x} & \dfrac{\partial X}{\partial y} \\[2ex] \dfrac{\partial Y}{\partial x} & \dfrac{\partial Y}{\partial y} \end{vmatrix} \times \begin{vmatrix} \dfrac{\partial x}{\partial x_1} & \dfrac{\partial x}{\partial y_1} \\[2ex] \dfrac{\partial y}{\partial x_1} & \dfrac{\partial y}{\partial y_1} \end{vmatrix}.$$

Chacun des déterminants qui entrent dans cette formule s'appelle déterminant fonctionnel ou jacobien des deux fonctions qu'il renferme par rapport aux variables dont elles dépendent.

**142.** Calculer les dérivées partielles du second ordre de l'expression $r = \sqrt{(x-a)^2 + (y-b)^2 + (z-c)^2}$, ainsi que de $\dfrac{1}{r}$; montrer que la fonction $u = \dfrac{1}{r}$ satisfait à la relation

$$\frac{\partial^2 u}{\partial x^2} + \frac{\partial^2 u}{\partial y^2} + \frac{\partial^2 u}{\partial z^2} = 0.$$

**143.** La pression $p$ d'un gaz parfait est liée à son volume $v$ et à la température absolue $T$ par la formule $pv = RT$, où $R$ est une constante. Montrer que la différentielle totale de $p$ est donnée par la formule

$$\frac{dp}{p} = \frac{dT}{T} - \frac{dv}{v}.$$

**144.** Former *a priori* les différentielles totales des fonctions étudiées dans l'exercice 105, et en déduire les dérivées partielles de ces fonctions.

**145.** Transformer les expressions

$$\frac{x\,dy - y\,dx}{x^2 + y^2}, \qquad x\frac{\partial u}{\partial x} + y\frac{\partial u}{\partial y}, \qquad x\frac{\partial u}{\partial y} - y\frac{\partial u}{\partial x}, \qquad \frac{\partial^2 u}{\partial x^2} + \frac{\partial^2 u}{\partial y^2}$$

lorsqu'on passe des coordonnées cartésiennes aux coordonnées polaires, $u$ étant une fonction de $x$ et $y$.

**146.** Transformer les expressions

$$dx^2 + dy^2 + dz^2, \qquad \left(\frac{\partial u}{\partial x}\right)^2 + \left(\frac{\partial u}{\partial y}\right)^2 + \left(\frac{\partial u}{\partial z}\right)^2, \qquad \frac{\partial^2 u}{\partial x^2} + \frac{\partial^2 u}{\partial y^2} + \frac{\partial^2 u}{\partial z^2},$$

lorsqu'on passe des coordonnées cartésiennes aux coordonnées polaires dans l'espace.

### Exercices sur la théorie des équations.

**147.** Pour trouver les sommes des deux séries

$$S_1 = 1 + \rho \cos \alpha + \rho^2 \cos 2\alpha + \cdots + \rho^n \cos n\alpha + \cdots,$$
$$S_2 = \rho \sin \alpha + \rho^2 \sin 2\alpha + \cdots + \rho^n \sin n\alpha + \cdots,$$

on forme une nouvelle série en ajoutant aux termes de la première les produits par $i$ des termes correspondants de la seconde; montrer que cette nouvelle série peut se mettre sous la forme d'une progression géométrique; déterminer son rayon de convergence; évaluer sa somme et la mettre sous la forme $A + Bi$, $A$ et $B$ étant réels; en déduire les valeurs de $S_1$ et de $S_2$.

**148.** Étudier la transformation de figure définie par les fonctions

$$Z = z^2, \qquad Z = \frac{1}{z}, \qquad Z = (z - a)(z + a), \qquad Z = \frac{z - a}{z + a}\ (a\ \text{réel}).$$

Quelles sont pour les deux premières les lignes correspondant à $X = c^{te}$ et $Y = c^{te}$, pour les deux autres les lignes correspondant à module $Z = c^{te}$ et argument $Z = c^{te}$ ?

**149.** Exprimer rationnellement $\operatorname{sh} u$, $\operatorname{ch} u$, $\operatorname{th} u$ au moyen de $\operatorname{th}\frac{u}{2} = t$.

Si l'on pose $t = \operatorname{th}\frac{u}{2} = \operatorname{tg}\frac{\theta}{2}$, exprimer $\operatorname{sh} u$ et $\operatorname{th} u$ au moyen des fonctions trigonométriques de $\theta$.

Au point M de coordonnées $x = \operatorname{ch} u$, $y = \operatorname{sh} u$, on fait correspondre le point M' de coordonnées $x' = \cos\theta$, $y' = \sin\theta$; quels sont les lieux de ces points? Montrer que la droite MM' passe par un point fixe, que les tangentes aux lieux précédents en M et M' se coupent sur une droite fixe en un point d'ordonnée $t$, que les droites OM et OM' coupent cette droite en des points dont les coordonnées sont respectivement celles de M' et M.

**150.** Déterminer par la trigonométrie les racines réelles, puis les racines imaginaires des équations

$$x^5 - 1 = 0, \qquad x^6 - 1 = 0, \qquad x^8 - 1 = 0;$$

les calculer ensuite algébriquement en utilisant la méthode de résolution des équations réciproques.

**151.** Résoudre les équations

$$z^2 = 3 - 4i, \qquad z^3 = i, \qquad z^3 = 1 - i, \qquad (z+i)^m - (z-i)^m = 0.$$

**152.** Étant données les quantités $x = \cos 2\theta$, $y = \cos 3\theta$, former l'équation qui donne les valeurs de $x$ connaissant $y$; si l'on connaît une racine $x_1$ de cette équation, quelles sont les valeurs des autres racines exprimées au moyen de $x_1$?

**153.** Former les équations qui donnent $\operatorname{tg} \dfrac{a}{3}$, $\operatorname{tg} \dfrac{a}{4}$ et $\operatorname{tg} \dfrac{a}{5}$ connaissant $\operatorname{tg} a$; application au cas où l'on a $a = \dfrac{\pi}{2}$ ou $a = \pi$.

**154.** Évaluer $\cos^4 a$ et $\sin^4 a$ en fonction linéaire des sinus et des cosinus de $a$ et de ses multiples.

**155.** Montrer que le trinome bicarré à coefficients réels

$$x^4 + px^2 + q$$

peut être décomposé de trois façons en un produit de deux trinomes du second degré, et que pour l'une au moins des décompositions les trinomes ont leurs coefficients réels; appliquer à $x^4 + x^2 + 1$.

**156.** Étant donnée une équation algébrique, exprimer en fonction de ses coefficients la somme des carrés de ses racines, ainsi que celle de leurs cubes, de leurs inverses, des carrés de leurs inverses. Former l'équation qui a pour racines les carrés des racines, ou les inverses des racines de l'équation donnée; appliquer à l'équation du troisième degré.

**157.** Étant donnée une équation algébrique de degré $m$, former l'équation qui admet pour racines les racines de cette équation augmentées d'un nombre $h$; peut-on choisir $h$ pour que le coefficient du terme de degré $m - 1$ dans la nouvelle équation soit nul? Appliquer à l'équation du quatrième degré.

**158.** Pour quelles valeurs de $a$ l'équation

$$x^4 - 4x^2 + 4ax - 1 = 0$$

a-t-elle une racine double? Déterminer pour ces valeurs de $a$ les quatre racines de l'équation.

**159.** Quelles valeurs doit-on donner à $p$ pour que l'équation

$$x^4 + px + 3 = 0$$

ait une racine double? Déterminer alors les racines de l'équation.

**160.** Étant donnée la courbe représentée par l'équation $y^2 = x^3$, trouver la relation qui doit exister entre $h$ et $m$ pour que la droite représentée par $y = mx + h$ soit tangente à la courbe; on écrira que deux des points de rencontre de la droite et de la courbe sont confondus.

**161.** Résoudre un triangle connaissant le périmètre, le rayon du cercle inscrit et le rayon du cercle circonscrit.

**162.** Résoudre un triangle connaissant les distances du centre du cercle inscrit aux trois sommets, connaissant les distances du centre du cercle circonscrit aux trois côtés.

**163.** Déterminer le diamètre $x$ d'un demi-cercle connaissant les longueurs $a$, $b$, $c$ de trois cordes formant avec le diamètre un quadrilatère inscrit dans le demi-cercle.

**164.** Déterminer les dimensions d'un cône de révolution dont on donne le volume et l'apothème; discuter.

**165.** Déterminer les dimensions d'une chaudière formée d'un cylindre de révolution terminé par deux demi-sphères de même rayon que le cylindre, connaissant le volume et la surface totale; discuter.

**166.** Couper le volume d'un hémisphère en deux parties équivalentes par un plan parallèle à la base; résoudre numériquement l'équation dont dépend le rapport entre la hauteur de l'une de ces parties et le rayon de l'hémisphère.

**167.** Une sphère homogène de rayon $R$ et de densité $d$ flotte sur un liquide de densité $d'$; déterminer la hauteur de la calotte plongée dans le liquide.

**168.** Résoudre numériquement les équations

$$x^3 + x - 1 = 0, \qquad x^3 - 5x^2 - 60x + 108 = 0.$$

**169.** Démontrer que l'équation

$$\frac{A}{x-a} + \frac{B}{x-b} + \frac{C}{x-c} + \dots + \frac{L}{x-l} = 0,$$

où $A$, $B$, $C$, ... $L$ sont des nombres de même signe, a toutes ses racines réelles et séparées par les nombres $a$, $b$, $c$ ... $l$.

**170.** Étant donnée une équation algébrique $f(x) = 0$, de degré $n$, dont le premier coefficient est positif, on forme les dérivées successives $f'(x)$, $f''(x)$, ... $f^{(n-1)}(x)$, la dernière étant un polynome du premier degré; on calcule le plus petit nombre entier $x_1$ qui rend $f^{(n-1)}(x)$ positive, puis on substitue dans $f^{(n-2)}(x)$ les nombres entiers à partir de $x_1$, jusqu'à ce qu'on trouve un nombre $x_2$ égal ou supérieur à $x_1$ rendant $f^{(n-2)}(x)$ positive; on substitue de même dans $f^{(n-3)}(x)$ les nombres entiers à partir de $x_2$ jusqu'à ce que le résultat soit positif, et ainsi de suite jusqu'à la fonction $f(x)$ elle-même; montrer que pour toute valeur de $x$ égale ou supérieure au dernier nombre obtenu $x_n$, $f(x)$ est positive et non nulle, de sorte que $x_n$ est une limite supérieure des racines réelles et positives de l'équation ; cette limite a été donnée par Newton.

**171.** Séparer et calculer numériquement les racines réelles des équations

(1) $\quad x^3 - 4x^2 - 16x + 20 = 0,$ $\qquad$ (2) $\quad x^3 - 8x - 1 = 0,$

(3) $\qquad e^x - 4x = 0,$ $\qquad$ (4) $\quad \dfrac{e^x + e^{-x}}{e^x - e^{-x}} = x,$

(5) $\qquad x = 1,8(1 + \log x),$ $\qquad$ (6) $\quad (1,0077)^x - 9,12x = 12000,$

(7) $\qquad x - \cos x = 0,$ $\qquad$ (8) $\quad x + \sin x - \dfrac{\pi}{3} = 0,$

(9) $\qquad x - 2\sin x = 0,$ $\qquad$ (10) $\quad \operatorname{arc\,tg} x = \dfrac{2}{x}.$

On a à résoudre la quatrième lorsque l'on cherche le point de contact d'une chaînette et d'une tangente à cette courbe issue de l'origine ; la cinquième et la sixième se présentent lorsque l'on cherche, avec des données numériques particulières, le degré de détente d'une machine à vapeur ou la température du foyer d'une chaudière, la septième se présente lorsque l'on demande de couper la surface d'un demi-cercle en deux parties équivalentes par une parallèle au diamètre ; la huitième, quand on demande de couper la surface d'un cercle en trois parties équivalentes par des cordes issues d'un même point de la circonférence.

**172.** Étant donnée l'équation d'une chaînette

$$y = \frac{a}{2}\left(e^{\frac{x}{a}} + e^{-\frac{x}{a}}\right),$$

déterminer la valeur de $a$ de façon que cette courbe passe par un point donné de coordonnées $x_0$ et $y_0$, et discuter l'équation obtenue ; calculer numériquement la valeur limite que peut prendre le rapport $\dfrac{y_0}{x_0}$ pour que le problème soit possible.

**173.** Appliquer une méthode graphique à la résolution de l'équation

$$2^x(x - 1) - 1 = 0.$$

## Exercices sur les applications géométriques.

**174.** Déterminer l'équation d'une tangente à une ellipse rapportée à ses axes, connaissant le coefficient angulaire $m$ de cette tangente ; montrer qu'elle est de la forme

$$y = mx \pm \sqrt{a^2m^2 + b^2} ;$$

déduire de là les coefficients angulaires des tangentes à l'ellipse passant

par un point donné de coordonnées $x_0$, $y_0$, et trouver le lieu des points
d'où l'on peut-mener à la courbe deux tangentes rectangulaires. Même
question pour l'hyperbole et pour la parabole.

**175.** En employant les mêmes notations que dans le problème précédent, montrer que l'équation

$$\left(\frac{x^2}{a^2}+\frac{y^2}{b^2}-1\right)\left(\frac{x_0^2}{a^2}+\frac{y_0^2}{b^2}-1\right)-\left(\frac{xx_0}{a^2}+\frac{yy_0}{b^2}-1\right)^2=0$$

représente l'ensemble des deux tangentes à l'ellipse issues du point $(x_0, y_0)$;
plus généralement, l'ensemble des tangentes issues de ce point à la courbe
du second ordre dont l'équation est $f(x, y) = 0$ est représenté par

$$f(x,\ y)f(x_0,\ y_0)-\frac{1}{4}\left(x_0 f'_x + y_0 f'_y + f'_z\right)^2=0.$$

**176.** Former la condition pour que deux courbes passant par un point
de coordonnées $x$, $y$ soient en ce point orthogonales, c'est-à-dire aient
leurs tangentes rectangulaires.

**177.** Montrer que la courbe représentée par l'équation

$$x^4 - 2ay^3 - 3a^2 y^2 - 2a^2 x^2 + a^4 = 0$$

a trois points doubles, deux sur $Ox$ et un sur $Oy$; déterminer les tangentes en ces points.

**178.** L'équation

$$\frac{x^2}{a^2-\lambda}+\frac{y^2}{b^2-\lambda}-1=0$$

représente, lorsque $\lambda$ varie, une famille de coniques ayant mêmes directions d'axes et mêmes foyers; on dit qu'elles sont homofocales; par un point
$(x_0, y_0)$ du plan passent deux de ces coniques, et les valeurs correspondantes de $\lambda$ sont les racines de l'équation obtenue en remplaçant $x$ et
$y$ par $x_0$ et $y_0$; démontrer que cette équation a ses racines réelles, que
les coniques correspondantes sont l'une une ellipse et l'autre une hyperbole, et que ces courbes se coupent orthogonalement.

**179.** Même question en considérant l'équation

$$\frac{y^2}{p-\lambda}-2x+\lambda=0,$$

qui représente des paraboles homofocales. Déterminer et construire le lieu
des points de contact des tangentes à toutes ces paraboles issues d'un
point $(x_0, y_0)$.

**180.** Former l'équation de la normale en un point de la parabole
$y^2 - 2px = 0$; former l'équation de cette normale connaissant son coefficient angulaire; on obtient ainsi

$$Y = m(X - p) - \frac{pm^3}{2};$$

déduire de là les coefficients angulaires des normales issues d'un point $(x_0, y_0)$ à la parabole ; discuter la réalité de ces normales.

**181.** Démontrer que les pieds des normales issues d'un point donné $(x_0, y_0)$ à l'ellipse $\dfrac{x^2}{a^2} + \dfrac{y^2}{b^2} - 1 = 0$ sont les points communs à cette courbe et à l'hyperbole

$$(a^2 - b^2)xy + b^2 y_0 x - a^2 x_0 y = 0,$$

que l'on appelle hyperbole d'Apollonius ; construire cette courbe.

Former les équations des hyperboles analogues lorsqu'on remplace l'ellipse donnée par une hyperbole ou par une parabole, et construire ces hyperboles.

**182.** Écrire l'équation de la tangente en un point $M$ de la courbe représentée par $y^2 = x^3$ ; cette tangente rencontre la courbe en un point $N$ autre que le point de contact ; déterminer les coordonnées du point $N$ en fonction de celles du premier, $M$.

Mener à la courbe une tangente de coefficient angulaire $m$ et retrouver les résultats du n° 160. Comme application, combien peut-on mener de tangentes à la courbe par un point $M_0$ ; quel est le lieu de ce point lorsque deux de ces tangentes sont rectangulaires ?

**183.** Mener par l'origine des coordonnées une tangente et une normale à la courbe d'équation $y = \log x$.

**184.** Construire les courbes représentées par les équations suivantes et déterminer leurs points d'inflexion :

$$y = x^3, \qquad y = x^2 - x^4, \qquad y^2 = x^3 + 1,$$
$$y^2 = x^3 - x^4, \qquad y^3 = x^3 - x, \qquad y^2 = \frac{x}{(x-1)^2}.$$

**185.** Construire les courbes représentées par les équations suivantes et déterminer leurs asymptotes

$$y = \frac{x^3 + x}{x^2 - 1}, \qquad y = x\sqrt{\frac{x-1}{x-2}}, \qquad \frac{a^2}{x^2} + \frac{b^2}{y^2} - 1 = 0,$$
$$y^4 - x^4 + 2ax^2 y = 0, \qquad 2x^3 - y^3 + (y - x)^2 = 0,$$
$$xy + y^2 + x - 4 = 0, \qquad x^2 - 2xy + y^2 - 2x - 2y + 1 = 0,$$
$$xy(x + y) - (x - y)^2 = 0, \qquad y^3 - x^3 + a^2 = 0, \qquad x^3 + y^3 - 3axy = 0,$$
$$\begin{cases} x = \dfrac{t(t+2)}{t^2 - 1}, \\ y = \dfrac{t}{t+1}, \end{cases} \qquad \begin{cases} x = \dfrac{a(1 - t^2)}{1 + t^2}, \\ y = \dfrac{at(1 - t^2)}{1 + t^2}, \end{cases} \qquad \begin{cases} x = \dfrac{t^3}{1 - t^2}, \\ y = \dfrac{1 + t^2}{1 - t^2}, \end{cases}$$
$$x = a(1 + \cos^2 t) \sin t, \qquad y = a \sin^2 t \cos t,$$
$$x^{\frac{2}{3}} + y^{\frac{2}{3}} = a^{\frac{2}{3}}, \qquad y = a \cos 2\pi\left(\frac{x}{T} + \lambda\right), \qquad y = ae^{-x} \sin mx,$$

$$y = \frac{\sin x}{x}, \qquad y = x \log x, \qquad y = e^{\frac{1}{x}},$$

$$\rho = \cos \frac{\theta}{2}, \qquad \rho = \sin \theta + \cos \theta, \qquad \rho = \operatorname{tg} \frac{\theta}{2},$$

$$\rho = \frac{\cos \theta - \sin \theta}{\sin \theta \cos \theta}; \qquad \rho = \frac{1}{2 + \sin \theta + \sqrt{3} \cos \theta}.$$

**186.** Démontrer que l'équation $PQ = k$, où P et Q sont des fonctions linéaires de $x$ et $y$, et $k$ une constante, représente une hyperbole dont les asymptotes sont $P = 0$ et $Q = 0$.

**187.** Construire la courbe définie par les équations

$$x = a \sin \frac{2\pi t}{T}, \qquad y = b \sin 2\pi \frac{t - t_0}{T},$$

où $t$ est un paramètre variable, et former l'équation de cette courbe; déterminer les directions et les longueurs de ses axes en cherchant le maximum ou le minimum de $x^2 + y^2$.

**188.** Une droite de longueur constante se déplace de façon que ses extrémités restent sur $Ox$ et sur $Oy$; démontrer que le lieu d'un point particulier de cette droite est une ellipse.

**189.** On appelle podaire d'une courbe par rapport à un point le lieu des pieds des perpendiculaires abaissées de ce point sur les tangentes à la courbe; déterminer la podaire d'une conique par rapport à un de ses foyers, celle d'une ellipse par rapport à son centre, celle d'une hyperbole équilatère par rapport à son centre, celle d'une circonférence par rapport à un de ses points, celle d'une parabole par rapport à son sommet; transformer en coordonnées polaires les équations des courbes obtenues, et les construire.

**190.** Former l'équation du lieu des points d'un plan dont le produit des distances à deux points fixes de ce plan est constant; construire la courbe obtenue.

**191.** L'origine étant pôle d'inversion, trouver la figure inverse d'une droite, d'une circonférence, d'une conique dont un foyer est à l'origine, d'une hyperbole équilatère ayant l'origine pour centre.

**192.** Trouver le lieu des milieux des cordes d'une conique passant par un point donné.

**193.** Trouver le lieu des points de contact des tangentes menées parallèlement à une direction donnée à des coniques homofocales.

**194.** Démontrer que la polaire d'un point de la directrice d'une conique quelconque passe par le foyer correspondant et est perpendiculaire à la droite joignant le point à ce foyer.

**195.** Démontrer que si l'on joint un point d'une ellipse aux extrémités d'un diamètre quelconque, on forme deux droites parallèles à deux diamètres conjugués. Étudier la variation de l'angle de deux diamètres conjugués d'une ellipse.

**196.** Rapporter à ses axes la conique représentée par l'équation

$$x^2 + 2\lambda xy + y^2 + a^2(\lambda^2 - 1) = 0 \,;$$

discuter suivant la valeur de $\lambda$; montrer que la somme des carrés des axes a une valeur constante quel que soit $\lambda$.

**197.** Démontrer que si deux coniques ont leurs axes parallèles, leurs quatre points d'intersection sont sur une même circonférence et, réciproquement, toutes les coniques passant par quatre points d'une circonférence ont leurs axes parallèles. Parmi ces coniques combien y a-t-il de paraboles?

**198.** On considère une ellipse de grand axe $AA' = 4$ et de petit axe $BB' = 2$, puis la parabole ayant pour sommet le point B et passant par les foyers F et F' de l'ellipse. Déterminer les points communs à ces deux courbes et leurs sécantes communes.

Former l'équation générale des coniques ayant avec l'ellipse les mêmes points communs que la parabole; déterminer le lieu des centres de ces coniques, distinguer sur ce lieu les centres des ellipses, des hyperboles, du cercle, de l'hyperbole équilatère; déterminer le lieu des sommets de ces coniques.

**199.** Le sommet d'un angle droit se déplace sur une droite ou sur une circonférence données; l'un de ses côtés passe par un point fixe; démontrer que l'enveloppe de l'autre côté est une conique ayant pour foyer le point fixe.

**200.** Trouver l'enveloppe d'une droite de longueur constante dont les extrémités s'appuyent sur deux droites rectangulaires.

**201.** Montrer que l'enveloppe d'une droite, telle que le produit des distances de deux points fixes à cette droite a une valeur donnée, est une conique ayant pour foyers les deux points fixes.

**202.** Déterminer la polaire réciproque d'une circonférence par rapport à un cercle pris comme conique directrice.

**203.** Déterminer l'enveloppe d'une droite représentée par l'équation

$$x \sin \varphi - y \cos \varphi = \cos 2\varphi \,,$$

où $\varphi$ est un paramètre variable.

**204.** Déterminer l'enveloppe d'une droite représentée par l'équation

$$x \cos \varphi + y \sin \varphi = p(\varphi) \,;$$

montrer que la dérivée de cette équation représente la normale à l'enveloppe au point de contact de la droite donnée; calculer les coordonnées d'un point de l'enveloppe, le rayon de courbure et les coordonnées du centre de courbure en ce point en fonction du paramètre $\varphi$.

**205.** Quelle est la caustique par réflexion d'une parabole pour les rayons parallèles à l'axe ? pour les rayons perpendiculaires à l'axe ?

**206.** Étant donnée une courbe C et un point lumineux L, on considère le rayon réfléchi ayant pour point d'incidence un point M de la courbe ; soit Q le symétrique du point L par rapport à la tangente en M à la courbe C et soit C' le lieu du point Q lorsque M varie ; montrer que le rayon réfléchi en M est normal au point Q à la courbe C'. Pour simplifier le raisonnement, on pourra supposer le point L à l'origine et la courbe C définie comme l'enveloppe d'une droite représentée par l'équation du n° 204, il résulte de là que la caustique par réflexion de la courbe C pour les rayons issus de L est la développée de la courbe C'.

**207.** Déterminer l'enveloppe des axes des paraboles passant par l'origine O, tangentes en ce point à l'axe $Ox$, et passant par un point d'ordonnée $2b$ de l'axe $Oy$.

**208.** Déterminer les coordonnées du centre de courbure et le rayon de courbure en un point d'une ellipse en fonction des coordonnées de ce point ou en fonction du paramètre angulaire $\varphi$.

**209.** Déterminer le centre et le rayon de courbure en un point d'une parabole ; montrer que le rayon de courbure est égal à $\dfrac{N^3}{p^2}$, N désignant la longueur de la normale au point considéré comptée jusqu'à l'axe et $p$ le paramètre de la courbe ; déterminer la développée de la parabole.

**210.** Déterminer la développée de la chaînette, de la courbe d'équation $y = e^x$, de la courbe d'équation $y = x^3$.

**211.** Déterminer la tangente et la normale en un point d'une cycloïde (n° 305) ; montrer que la normale passe par le point de contact du cercle générateur avec la base de la courbe ; déterminer le centre et le rayon de courbure en un point de la cycloïde, ainsi que la développée de cette courbe ; montrer que cette développée est une cycloïde égale à la première.

**212.** Démontrer que la circonférence tangente en un point M d'une courbe à la tangente MT en ce point, et passant par un point voisin M' de la courbe, a pour limite le cercle de courbure au point M lorsque le point M' se rapproche indéfiniment du point M ; déduire de là que le rayon de courbure en M est la limite du rapport $\dfrac{\overline{MM'}^2}{2M'P}$, M'P étant la distance du point M' à la tangente MT.

**213.** Déterminer le rayon de courbure en un point de la spirale logarithmique (n° 295).

**214.** Déterminer la tangente et le rayon de courbure en un point de la lemniscate représentée par l'équation

$$\rho^2 = 2a^2 \sin 2\theta.$$

**215.** Déterminer les développantes de la courbe d'équation

$$9y^2 - 4x^3 = 0.$$

**216.** On considère un cercle de rayon R ayant pour centre l'origine et rapporté à deux axes $Ox$, $Oy$; déterminer la parabole osculatrice à ce cercle en un point M tel que l'angle $(Ox, OM)$ soit égal à 60°, l'axe de cette parabole étant parallèle à $Oy$.

**217.** Déterminer l'équation du plan tangent en un point de l'hélicoïde à plan directeur (n° 137).

**218.** On considère la surface réglée de l'exercice n° 77; déterminer le lieu des points de cette surface où le plan tangent est parallèle à $Oz$.

**219.** On considère la courbe représentée par les équations

$$x = \frac{a^2 x_0}{a^2 + \lambda}, \qquad y = \frac{b^2 y_0}{b^2 + \lambda}, \qquad z = \frac{c^2 z_0}{c^2 + \lambda},$$

où $\lambda$ est un paramètre variable; déterminer et construire ses projections sur les trois plans de coordonnées; montrer que cette courbe est du troisième ordre, ou, comme on dit, une cubique gauche, et qu'elle passe par les pieds des normales abaissées du point $(x_0,\ y_0,\ z_0)$ sur l'ellipsoïde dont l'équation est $\dfrac{x^2}{a^2} + \dfrac{y^2}{b^2} + \dfrac{z^2}{c^2} - 1 = 0$.

**220.** Montrer que l'équation

$$\left(\frac{x^2}{a^2} + \frac{y^2}{b^2} + \frac{z^2}{c^2} - 1\right)\left(\frac{x_0^2}{a^2} + \frac{y_0^2}{b^2} + \frac{z_0^2}{c^2} - 1\right) - \left(\frac{x x_0}{a^2} + \frac{y y_0}{b^2} + \frac{z z_0}{c^2} - 1\right)^2 = 0$$

représente le cône ayant pour sommet le point $(x_0,\ y_0,\ z_0)$ et circonscrit à l'ellipsoïde précédent.

**221.** L'équation

$$\frac{x^2}{a^2 - \lambda} + \frac{y^2}{b^2 - \lambda} + \frac{z^2}{c^2 - \lambda} - 1 = 0.$$

représente, lorsque $\lambda$ varie, une famille de surfaces du second ordre, que l'on appelle homofocales; démontrer que par un point $(x_0,\ y_0,\ z_0)$ passent trois de ces surfaces et qu'elles sont l'une un ellipsoïde, une autre un hyperboloïde à une nappe et la troisième un hyperboloïde à deux nappes; démontrer que deux quelconques de ces trois surfaces se coupent orthogonalement en tous leurs points communs.

**222.** Le lieu des perpendiculaires menées par le sommet d'un cône aux plans tangents à ce cône s'appelle cône supplémentaire du premier; déterminer le cône supplémentaire du cône représenté par l'équation

$$\frac{x^2}{a^2} + \frac{y^2}{b^2} - \frac{z^2}{c^2} = 0 ;$$

montrer que le cône supplémentaire du cône ainsi obtenu est identique au premier.

**223.** Démontrer qu'un hyperboloïde à une nappe est coupé par un plan tangent à son cône asymptote suivant deux droites parallèles à la génératrice de contact du plan avec le cône.

**224.** Trouver les propriétés des diamètres et des plans diamétraux d'un paraboloïde.

**225.** On considère trois diamètres conjugués quelconques d'un ellipsoïde et le parallélépipède construit sur ces trois diamètres ; démontrer : 1° que la somme des carrés des arêtes de ce parallélépipède est constante ; 2° que la somme des carrés des surfaces de ses faces est constante ; 3° que son volume est constant. On démontrera d'abord cette proposition en supposant qu'un diamètre reste fixe et que les deux autres varient dans le plan diamétral conjugué ; on passera de là au cas général en comparant deux systèmes quelconques de trois diamètres à d'autres systèmes ayant entre eux ou avec ceux-là un diamètre commun.

**226.** Effectuer la réduction de l'équation

$$x^2 - 4yz - 2x + 8y = 0.$$

**227.** Une quadrique est circonscrite à une sphère le long d'un plan P ; démontrer que toute section plane de cette quadrique par un plan tangent à la sphère est une conique ayant pour foyer le point de contact du plan et de la sphère, et pour directrice la droite d'intersection du plan sécant et du plan P de contact de la sphère et de la surface.

Dans le cas où la surface est un cône de révolution, on retrouve le théorème de Dandelin sur les sections planes de ce cône.

**228.** Un plan variable est défini par l'équation

$$X \sin \theta - Y \cos \theta + mZ - R\theta = 0,$$

où $\theta$ est un paramètre variable ; déterminer la surface développable enveloppe de ce plan et l'arête de rebroussement de cette surface ; montrer qu'elle est engendrée par les tangentes à une hélice ; cette surface s'appelle hélicoïde développable.

**229.** Déterminer l'enveloppe d'un plan qui forme avec les plans de coordonnées un tétraèdre de volume constant.

**230.** Déterminer l'enveloppe d'une sphère passant par l'origine des coordonnées et dont le centre décrit la parabole d'équations

$$z = 0, \qquad y^2 - 2px + p^2 = 0.$$

Quel est le lieu du centre de la ligne caractéristique ? Quelle est la surface inverse de l'enveloppe par rapport à l'origine ? Déduire de la nature de cette inverse la propriété de la surface d'être l'enveloppe d'une deuxième famille de sphères. Déterminer le lieu des centres de ces sphères et le lieu des centres des lignes caractéristiques.

**231.** Déterminer l'enveloppe du plan P d'équation

$$ax - y + bz - a^2b = 0,$$

$1^\circ$ lorsque $a$ est constant et $b$ variable ;
$2^\circ$ lorsque $a$ est variable et $b$ constant ;
$3^\circ$ lorsque $a$ et $b$ sont variables ;
$4^\circ$ lorsque $ab^2$ a une valeur constante $k$. Déterminer dans ce cas l'arête de rebroussement de l'enveloppe et le lieu de cette arête lorsque l'on donne à $k$ toutes les valeurs possibles.

**232.** Déterminer sur le paraboloïde d'équation $az = xy$ le lieu des points où la normale fait un angle constant donné avec $Oz$. Déterminer l'enveloppe de la trace sur le plan $xOy$ du plan tangent à la surface en un de ces points ; déterminer l'enveloppe de ce plan tangent et l'arête de rebroussement de cette enveloppe.

**233.** On considère la congruence des droites représentées par les équations

$$x = tz + p, \qquad y = \frac{z}{p} + \frac{4}{t},$$

où $t$ et $p$ sont deux paramètres variables.

$1^\circ$ Combien de ces droites passent par un point $(x_0, y_0, z_0)$? Où doit se trouver ce point pour que les droites qui y passent soient confondues ?

$2^\circ$ Combien de ces droites sont situées dans un plan d'équation $ux + vy + wz + 1 = 0$? Comment doit être choisi ce plan et quelle est son enveloppe lorsque les droites qui s'y trouvent sont confondues ?

$3^\circ$ Comment doit être choisi $p$ en fonction de $t$ pour que les droites forment une surface développable? On obtient ainsi deux familles de surfaces développables formées de droites de la congruence ; déterminer pour chacune d'elles l'arête de rebroussement et le lieu des arêtes de rebroussement des surfaces de l'une et l'autre familles.

**234.** On considère la cubique gauche représentée par les équations

$$x = t, \qquad y = t^2, \qquad z = t^3 ;$$

construire les projections de cette courbe sur les trois plans de coordonnées ; trouver les équations de la tangente et du plan osculateur en un point ; montrer que par un point de l'espace passent trois plans osculateurs ; on dit alors que la courbe est de troisième classe ; déterminer la surface développable enveloppe du plan osculateur.

**235.** Déterminer le plan osculateur et le rayon de courbure en un point d'une hélice circulaire $C$ ; déterminer le centre de courbure $M'$ de $C$ en un point $M$, et le lieu $C'$ du point $M'$ ; montrer que les courbes $C$ et $C'$ sont réciproques et que leurs tangentes en $M$ et $M'$ sont rectangulaires.

**236.** On considère la courbe gauche $C$ définie par les équations

$$x = e^{m\theta} \cos\theta, \qquad y = e^{m\theta} \sin\theta, \qquad z = e^{m\theta} \cotg\varphi,$$

où $\theta$ est un paramètre variable, $\varphi$ un angle constant ; déterminer la tangente en un point ; montrer que la courbe est située sur un cône de révolution ayant pour sommet l'origine et pour axe $Oz$, et que la tangente en chaque point fait un angle constant avec la génératrice du cône passant par ce point.

**237.** Déterminer les développantes de la courbe d'équations

$$y = x^2, \qquad z = \frac{4}{3}x^{\frac{3}{2}}.$$

**238.** Déterminer les rayons de courbure principaux en un point d'une surface de révolution; application à l'ellipsoïde de révolution, au paraboloïde de révolution, à la surface engendrée par une chaînette tournant autour de sa base.

**239.** Démontrer que l'on peut déterminer un tore tangent a une surface donnée en un point donné, de façon que les sections de ce tore et de la surface par un plan quelconque passant par le plan de contact aient même rayon de courbure en ce point.

**240.** Déterminer les lignes de courbure du paraboloïde d'équation $az = xy$.

### Exercices sur le calcul intégral.

**241.** Exercices sur les intégrales indéfinies, avec résultats (on a omis la constante arbitraire).

| FONCTIONS | INTÉGRALES |
|---|---|
| $1 - \dfrac{x}{1} + \dfrac{x^2}{2} - \dfrac{x^3}{3},$ | $x - \dfrac{x^2}{1.2} + \dfrac{x^3}{2.3} - \dfrac{x^4}{3.4},$ |
| $\dfrac{1}{(x-a)^2},$ | $-\dfrac{1}{x-a},$ |
| $\dfrac{1}{(x-a)(x-b)},$ | $\dfrac{1}{a-b}\log\left|\dfrac{x-a}{x-b}\right|,$ |
| $\dfrac{x^2+6x+5}{x^2-6x+5},$ | $x - 3\log|x-1| + 15\log|x-5|,$ |
| $\dfrac{1}{x^3(x-1)^2},$ | $-\dfrac{1}{2x^2} - \dfrac{2}{x} - \dfrac{1}{x-1} + 3\log\left|\dfrac{x}{x-1}\right|,$ |
| $\dfrac{x-2}{x^4-1},$ | $\dfrac{1}{4}\log\left|\dfrac{(x-1)^3}{(x+1)(x^2+1)}\right| - \arctan x,$ |
| $\dfrac{x}{2+\sqrt{1+x}},$ | $\dfrac{2x+20}{3}\sqrt{1+x} - 2(1+x)$ $\qquad - 12\log|2+\sqrt{1+x}|,$ |
| $\dfrac{x}{\sqrt{a+bx^2}},$ | $\dfrac{1}{b}\sqrt{a+bx^2},$ |
| $\sqrt{a^2-x^2},$ | $\dfrac{1}{2}x\sqrt{a^2-x^2} + \dfrac{a^2}{2}\arcsin\dfrac{x}{a},$ |

| FONCTIONS | INTÉGRALES |
|---|---|
| $\sqrt{x^2 + A}$, | $\dfrac{1}{2} x\sqrt{x^2 + A} + \dfrac{A}{2} \log\left| x + \sqrt{x^2 + A}\right|$, |
| $\dfrac{3x^2 - 2x^4}{\sqrt{(1 - x^2)^3}}$, | $\dfrac{x^3}{\sqrt{1 - x^2}}$, |
| $\sin^4 x$, | $\dfrac{3}{8} x - \dfrac{1}{4} \sin 2x + \dfrac{1}{32} \sin 4x$, |
| $\dfrac{\sin 2x}{\cos 3x}$, | $\dfrac{1}{2\sqrt{3}} \log\left| \dfrac{2\cos x + \sqrt{3}}{2\cos x - \sqrt{3}}\right|$, |
| $\dfrac{1}{1 + \cos^2 x}$, | $\dfrac{1}{\sqrt{2}} \operatorname{arc\,tg}\left(\dfrac{\operatorname{tg} x}{\sqrt{2}}\right)$, |
| $\dfrac{1}{\sqrt{\cos x(1 - \cos x)}}$, | $\dfrac{\sqrt{2}}{2} \log\left| \dfrac{1 - \sqrt{1 - \operatorname{tg}^2 \dfrac{x}{2}}}{1 + \sqrt{1 - \operatorname{tg}^2 \dfrac{x}{2}}}\right|$. |

**242.** Appliquer la méthode d'intégration par parties aux fonctions $x^m e^{ax}$, $x^m \cos bx$, $x^m \sin bx$, $x^m \log x$, $m$ étant un nombre entier positif, ainsi qu'aux fonctions $e^{ax} \cos bx$ et $e^{ax} \sin bx$.

**243.** Appliquer une méthode d'intégration par formule de récurrence à la fonction $\operatorname{tg}^n x$, $n$ étant un nombre entier positif.

**244.** Lorsqu'une fonction renferme rationnellement deux radicaux portant sur des quantités du premier degré, comme $\sqrt{a + bx}$ et $\sqrt{a' + b'x}$, montrer qu'on peut l'intégrer en égalant l'un des radicaux à une nouvelle variable $t$. Appliquer à l'intégration de la fonction

$$\frac{1}{\sqrt{1 + x} + \sqrt{1 - x}}.$$

**245.** Appliquer la méthode d'intégration des différentielles binomes à l'intégration des fonctions

$$\sqrt{\frac{x^3}{a - x}}, \qquad \frac{\sqrt{x}}{1 + \sqrt[3]{x^2}}, \qquad \frac{\sqrt[4]{1 + x^3}}{x}.$$

**246.** Déterminer le développement en série qui représente l'intégrale de la fonction $e^{-x^2}$.

**247.** Calculer les intégrales définies

$$\int_0^1 xe^x\,dx, \qquad\qquad \int_{0.?}^1 x^2(1-x)^2\,dx,$$

$$\int_0^1 \sqrt{x(1-x)}\,dx, \qquad\qquad \int_{-1}^{+1} \frac{dx}{(a-x)\sqrt{1-x^2}},$$

$a$ étant un nombre supérieur à l'unité.

**248.** Un courant périodique de période T a une intensité I variable avec le temps $t$; on appelle intensité moyenne et intensité efficace les quantités

$$\frac{1}{T}\int_0^T I\,dt, \qquad \sqrt{\frac{1}{T}\int_0^T I^2\,dt};$$

calculer ces quantités pour un courant sinusoïdal $I = I_0 \sin\dfrac{2\pi t}{T}$, et pour le courant redressé $I = I_0 \left|\sin\dfrac{2\pi t}{T}\right|$.

**249.** Déterminer la valeur moyenne des ordonnées d'un demi-cercle dont le diamètre égal à 2R est placé sur l'axe Ox; la valeur moyenne des rayons vecteurs d'une ellipse issus du foyer, du rayon vecteur de la boucle d'une strophoïde droite (Exercice n° 45).

**250.** Calculer les coefficients des séries trigonométriques qui représentent entre $-\pi$ et $+\pi$: 1° la fonction $x^2$; 2° une fonction égale à $-1$ entre $-\pi$ et 0 et à $+1$ entre 0 et $\pi$; 3° la fonction ch $x$.

**251.** Déterminer la valeur de l'intégrale définie

$$\int_{-1}^{+1} \frac{\sin a}{1 - 2x\cos a + x^2}\,dx$$

d'abord directement, puis en effectuant le développement en série de la fonction sous le signe d'intégration. Comparer les résultats obtenus à la solution de la deuxième question de l'exercice précédent.

**252.** Calculer les intégrales définies

$$\int_0^{\frac{\pi}{2}} \sin^m x\,dx, \qquad \int_0^{\frac{\pi}{2}} \cos^m x\,dx, \qquad \int_0^1 \frac{x^m\,dx}{\sqrt{1-x^2}},$$

$m$ étant entier positif; on considérera successivement le cas de $m$ pair et celui de $m$ impair.

**253.** Démontrer que les intégrales définies

$$(1)\quad \int_a^b \frac{dx}{\sqrt{(x-a)(b-x)}}, \qquad (2)\quad \int_0^{\frac{\pi}{2}} \frac{dx}{\sqrt{1-k^2\sin^2 x}} \qquad (k<1),$$

$$(3)\quad \int_0^1 \frac{dx}{\sqrt{(1-x^2)(1-k^2x^2)}}, \qquad (4)\quad \int_{\frac{1}{k}}^{\infty} \frac{dx}{\sqrt{(1-x^2)(1-k^2x^2)}} \qquad (k<1),$$

$$(5)\quad \int_0^{\infty} e^{-x^2}\,dx, \qquad (6)\quad \int_0^{\infty} x^{n-1}e^{-x}\,dx \qquad (n>0),$$

ont un sens; déterminer la valeur de la première; trouver la valeur de la seconde sous forme d'un développement en série ordonné suivant les puissances croissantes de $k$; montrer que la troisième se ramène à la deuxième en posant $x = \sin \varphi$, et la quatrième à la troisième en posant $x = \dfrac{1}{ky}$; la sixième est l'intégrale eulérienne de seconde espèce $\Gamma(n)$.

**254.** Un mobile est animé d'un mouvement rectiligne sous l'action d'une force dont la direction est celle de la trajectoire; déterminer par un procédé graphique la loi du mouvement: 1° lorsque la force est une fonction du temps définie par une formule ou par un tableau de valeurs numériques; 2° lorsque la force est une fonction de l'abscisse du mobile, définie également par une formule ou par un tableau de valeurs numériques; dans ce dernier cas on déterminera graphiquement la vitesse, puis le temps en fonction de l'abscisse.

**255.** Effectuer la quadrature et la rectification de la parabole, de la chaînette (n° 279), de la cycloïde (n° 305), de la développée de l'ellipse (n° 329), de la cardioïde (n° 307), de la lemniscate (n° 289); pour cette dernière courbe, le calcul de l'arc résulte d'un développement en série.

**256.** Trouver l'aire comprise entre les courbes $y^2 = 2px$, $ay^2 = x^3$, entre les courbes d'équation

$$\frac{x^2}{25} + \frac{y^2}{16} - 1 = 0, \qquad \frac{x^2}{9} - \frac{y^2}{16} - 1 = 0;$$

entre le cercle de centre O et de rayon 2 et l'hyperbole équilatère $xy - 1 = 0$ (en coordonnées cartésiennes ou en coordonnées polaires); entre l'hyperbole équilatère $xy - 1 = 0$ et son inverse par rapport à l'origine, la puissance d'inversion étant égale à 4; entre la cissoïde et son asymptote (en coordonnées rectilignes ou en coordonnées polaires).

**257.** Pour quelles valeurs entières ou fractionnaires de $n$ la courbe d'équation $y = ax^n$ est-elle rectifiable par les fonctions élémentaires ? Application à la courbe $y = ax^{\frac{2}{5}}$.

**258.** Démontrer que l'aire de la surface d'un cylindre parallèle à $Oz$ comprise entre le plan des $xy$ et une courbe tracée sur le cylindre est représentée par une intégrale de la forme $\displaystyle\int_{s_0}^{s_1} z\, ds$, $s$ étant l'arc de la courbe de base. Évaluer de la même manière l'aire de la surface d'un cône comprise entre le sommet et une courbe tracée sur le cône, au moyen d'une intégrale en coordonnées polaires.

**259.** Deux cylindres de révolution ont leurs axes rectangulaires et concourants; trouver le volume et la surface du solide commun, dans le cas où les rayons sont égaux, puis dans le cas où ils sont inégaux.

**260.** Un segment de cercle a pour corde le côté du triangle équilatéral inscrit; déterminer l'aire et le volume du solide de révolution engendré par ce segment tournant autour de sa corde.

**261.** Déterminer l'aire et le volume du tore.

**262.** Déterminer le moment d'inertie d'une sphère, d'un tore, d'un cône droit par rapport à leur axe de révolution.

**263.** Un fluide élastique se détend dans un cylindre en passant du volume $v_0$ au volume $v$; évaluer le travail effectué pendant la détente: 1° lorsque le fluide satisfait à la relation de Van der Waals (n° 298); 2° lorsque la détente satisfait à la relation $pv^\gamma = c^{te}$, $\gamma$ étant un exposant constant.

**264.** Une barre homogène OA de section constante négligeable et dont la masse de l'unité de longueur est égale à $\mu$ est placée le long de l'axe $Ox$; chacun des éléments infiniment petits de cette barre exerce sur un point extérieur M de masse $m$ une attraction proportionnelle au produit des masses et inversement proportionnelle au carré de la distance; déterminer l'attraction de la barre sur le point M et calculer les composantes de cette attraction parallèles aux axes; examiner le cas où la barre a une longueur infinie.

**265.** Trouver le moment d'inertie d'une surface plane par rapport à une droite de son plan, d'un cercle par rapport à son diamètre, d'un demi-cercle par rapport à la parallèle à son diamètre passant par son centre de gravité, d'un rectangle par rapport à l'un de ses côtés.

**266.** Un liquide s'écoule par un tuyau cylindrique de telle sorte que la vitesse de chaque filet soit $v = v_0 - kr^2$, $v_0$ étant la vitesse le long de l'axe, $r$ la distance du filet considéré à l'axe et $k$ une constante donnée; trouver le débit du tuyau connaissant son rayon et la vitesse $v_0$.

**267.** Déterminer le centre de gravité d'un arc de cercle, de la surface d'un demi-cercle, du volume d'une demi-sphère, du volume d'un segment de paraboloïde de révolution compris entre le sommet et un plan perpendiculaire à l'axe.

**268.** Démontrer que le volume d'un tronc de cylindre quelconque limité par des faces planes est égal au produit de l'aire de la section droite par la longueur de la droite joignant les centres de gravité des deux bases.

**269.** Évaluer les intégrales doubles

$$\iint \sin \frac{\pi}{2}\left(\frac{x}{a} + \frac{y}{b}\right) dx\,dy, \quad \iint \left(\frac{x}{a} + \frac{y}{b}\right)^{-\frac{1}{2}} dx\,dy, \quad \iint \sqrt{x^2 + y^2}\, dx\,dy$$

étendues à un rectangle dont deux côtés OA, OB sont placés suivant les axes de coordonnées et sont égaux respectivement à $a$ et $b$, puis au triangle OAB moitié de ce rectangle. Évaluer encore, après l'avoir transformée en coordonnées polaires, la dernière de ces intégrales étendue à un cercle passant par l'origine, à la boucle d'une lemniscate et à la boucle d'une strophoïde droite.

**270.** Trouver le volume compris entre le plan des $xy$, la surface du paraboloïde de révolution dont l'équation est $2z = x^2 + y^2$ et la surface d'un cylindre parallèle à $Oz$ ayant pour base, soit : 1° un rectangle ayant pour centre l'origine et dont les côtés sont parallèles aux axes $Ox$ et $Oy$ ; 2° l'aire comprise dans l'angle des coordonnées positives entre les axes $Ox$, $Oy$ et l'hyperbole dont l'équation est $xy + x + y - 1 = 0$ ; 3° l'aire comprise à l'intérieur de la circonférence dont l'équation en coordonnées polaires est $\rho = 2R\cos\theta$ ; dans ce dernier cas, on emploiera les coordonnées polaires, et l'on déterminera l'aire de la portion du paraboloïde intérieure au cylindre.

**271.** Déterminer le volume compris entre les deux cylindres d'équations

$$z = x^2, \qquad z = 4 - y^2.$$

**272.** On considère la portion de l'hélicoïde à plan directeur d'équation

$$z = k \operatorname{arc} \operatorname{tg} \frac{y}{x}$$

comprise à l'intérieur du cylindre d'axe $Oz$ et de rayon $R$ et entre les plans $z = 0$, $z = 2\pi k$.
Déterminer le volume compris à l'intérieur du cylindre entre le plan $xOy$ et la portion précédente de l'hélicoïde ; déterminer l'aire de la surface limitant ce volume.

**273.** Évaluer l'intégrale double de la fonction $\cos^2\theta\, d\sigma$ étendue à la surface d'une sphère de rayon $R$.

**274.** Fenêtre de Viviani. On considère sur une sphère de rayon $R$ la courbe dont les coordonnées polaires $\psi$ et $\theta$ sont liées par l'équation $\psi + \theta = \dfrac{\pi}{2}$, et le cylindre projetant cette courbe sur le plan $xOy$. On prend la portion de la sphère solide comprise dans le trièdre positif des coordonnées, et extérieure à ce cylindre. Évaluer le volume de cette portion et l'aire des différentes portions de surface qui la limitent.

**275.** Les différents éléments d'un plateau circulaire homogène de densité $\mu$ exercent une attraction proportionnelle à la masse et en raison inverse du carré de la distance sur un point matériel $A$ placé sur la normale au plateau en son centre ; déterminer la résultante des attractions des éléments du plateau ; cas où le rayon de celui-ci devient infini.

**276.** Évaluer l'intégrale triple $\displaystyle\int\int\int xyz\, dx\, dy\, dz$ étendue au volume situé dans le trièdre positif des plans de coordonnées entre ces plans et la surface de l'ellipsoïde dont l'équation est

$$\frac{x^2}{a^2} + \frac{y^2}{b^2} + \frac{z^2}{c^2} - 1 = 0.$$

**277.** Les différents éléments d'une sphère homogène de rayon $R$ et de densité $\mu$ exercent une attraction proportionnelle à la masse et en raison inverse du carré de la distance sur un point matériel A placé sur la surface de la sphère. Déterminer la résultante des attractions exercées :

1° par les éléments de la sphère entière ;

2° par les éléments de l'hémisphère séparé par le plan diamétral perpendiculaire au rayon passant par le point A, et ne contenant pas ce point.

**278.** Intégrer les différentielles totales

$$\frac{x\,dx + y\,dy}{x^2 + y^2}, \quad \frac{(y\,dx - x\,dy)(x^2 - y^2)}{x^2 y^2}, \quad z^2 dx + 2yz\,dy + (2xz + y^2)dz.$$

**279.** Étant données trois fonctions P, Q, R de trois variables $x$, $y$, $z$, à quelle condition doivent-elles satisfaire pour que l'on puisse trouver un facteur intégrant $\mu$, c'est-à-dire une fonction $\mu$ telle que

$$\mu.(P\,dx + Q\,dy + R\,dz)$$

soit différentielle totale ?

**280.** Déterminer la fonction $R(x, y, z)$ de façon que l'expression

$$\left(\frac{z}{x} + \frac{y}{z}\right)dx + \frac{x}{z}dy + R(x, y, z)dz$$

soit différentielle totale et effectuer l'intégration de cette différentielle.

**281.** Évaluer le travail pour un déplacement dans un champ de forces tel que la force s'exerçant en un point M soit dirigée vers un centre fixe O, et soit une fonction $f(r)$ de la distance $r$ du point M à ce centre. Cas de l'attraction en raison inverse du carré de la distance.

**282.** Évaluer l'intégrale curviligne $\int x^3 dy - y^3 dx$ prise le long d'une circonférence ayant pour centre l'origine, dans le sens direct ; transformer cette intégrale curviligne en intégrale double.

**283.** Évaluer, en la transformant en intégrale double, l'intégrale curviligne

$$\int_C (e^x \cos y + xy^2)\,dx - (e^x \sin y + x^2 y)\,dy$$

prise dans le sens positif le long de l'arc de la lemniscate $r^2 = \cos 2\theta$ compris dans l'angle positif des axes de coordonnées.

**284.** Évaluer l'intégrale curviligne

$$\int (y - z)\,dx + (z - x)\,dy + (x - y)\,dz$$

prise le long des côtés successifs d'un triangle ABC dont les sommets sont sur les axes de coordonnées ; transformer cette intégrale curviligne en intégrale de surface.

**285.** Évaluer les intégrales

$$\int_C z^2 dx + x^2 dy + y^2 dz, \qquad \iint_A xyz\,(x\,dy\,dz + y\,dz\,dx + z\,dx\,dy)$$

étendues : la première au contour, parcouru dans le sens direct, du triangle sphérique trirectangle découpé sur la surface d'une sphère de centre O et de rayon R par les faces positives du trièdre de coordonnées; la seconde à la surface de ce triangle sphérique.

Transformer la deuxième en intégrale de volume.

**286.** Un contour fermé est parcouru dans un sens déterminé ; en considérant chaque élément infiniment petit de ce contour comme un vecteur, déterminer le moment résultant par rapport à un point de l'espace de tous les vecteurs ainsi placés sur le contour ; l'évaluer au moyen d'intégrales curvilignes, puis au moyen d'intégrales doubles, et montrer qu'il est indépendant du point choisi.

### Exercices sur les équations différentielles.

**287.** Intégrer les équations obtenues en égalant $\dfrac{dx}{dt}$ à l'une des fonctions suivantes :

$$(a-x)^2, \quad (a-x)(b-x), \quad (a-x)^2(b-x), \quad (a-x)^2(b-x)^2;$$

ces équations se présentent en chimie dans l'étude des vitesses de réactions.

**288.** Intégrer les équations différentielles du premier ordre

$$(1) \quad (x-4y)dx+(6y-x)dy=0,$$

$$(2) \quad c\frac{dy}{dx}=(y-a)(b-y), \qquad (3) \quad (1-x^2)\frac{dy}{dx}+xy=ax,$$

$$(4) \quad \frac{dy}{dx}-ay=e^{bx}, \qquad (5) \quad \frac{dy}{dx}\sin x-y\cos x=\operatorname{tg} x,$$

$$(6) \quad x\frac{dy}{dx}+y=y^3, \qquad (7) \quad y=x\frac{dy}{dx}-\frac{4}{27}\left(\frac{dy}{dx}\right)^3,$$

$$(8) \quad x\frac{dy}{dx}+y=\left(\frac{dy}{dx}\right)^3, \qquad (9) \quad 8x^2\left(\frac{dy}{dx}\right)^3-4xy\left(\frac{dy}{dx}\right)^2+1=0.$$

**289.** Une courbe est rapportée à deux axes rectangulaires $Ox$, $Oy$; on considère la tangente en un point de cette courbe de coordonnées $(x, y)$. Déterminer la courbe de façon que l'ordonnée à l'origine de la tangente en M soit égale à l'une des quantités

$$my, \qquad mx, \qquad xy, \qquad a\frac{y^2}{x^2}, \qquad \sqrt{x^2+y^2}.$$

**290.** Soient T et N les points où la tangente et la normale à une courbe en un point M rencontrent l'axe $Ox$. Déterminer la courbe par l'une des conditions suivantes : 1° TN $=2a$ ; 2° OT . ON $=c^2$; 3° $\overline{MN}^2=2a$ . ON; 4° la normale MN est égale à la distance de l'origine à la tangente ; 5° le point de la tangente dont l'abscisse est celle de N a une ordonnée constante égale à $2a$ ; 6° le milieu de la normale MN se trouve sur la parabole d'équation $y^2-2ax=0$.

**291.** Déterminer l'équation différentielle de la famille de courbes

$$xy - 1 + C(y - x^2) = 0 ;$$

intégrer inversement cette équation différentielle en remarquant qu'elle admet la solution $y = x^2$.

**292.** Déterminer une série entière qui soit solution de l'équation

$$\frac{dy}{dx} - xy = 1 .$$

**293.** Sur le paraboloïde de révolution d'équation

$$x^2 + y^2 - 2pz = 0,$$

déterminer une courbe telle que la tangente en un point quelconque M de cette courbe fasse un angle constant avec $Oz$, ou bien fasse un angle constant avec le méridien du point M.

**294.** Déterminer les trajectoires orthogonales des paraboles qui se déduisent de la parabole d'équation $y^2 - 2px = 0$, 1° par une translation parallèle à $Ox$, 2° par une translation parallèle à $Oy$.

**295.** Déterminer les trajectoires orthogonales des cercles qui se déduisent d'un cercle donné par une rotation autour de l'un des points.

**296.** On considère la famille de courbes C représentées par l'équation

$$x^3 y^3 (y^3 - x^3) = a,$$

où $a$ est un paramètre arbitraire. Déterminer les courbes $C'$ telles qu'en chacun des points M où elles rencontrent une courbe C, les tangentes aux courbes C et C' forment des angles dont les bissectrices sont parallèles aux axes de coordonnées.

**297.** En supposant l'axe $Oz$ vertical, on appelle ligne de plus grande pente d'une surface une ligne tracée sur cette surface et telle qu'en chacun de ses points sa tangente soit perpendiculaire aux horizontales du plan tangent à la surface en ce point. Déterminer les lignes de plus grande pente des surfaces représentées par les équations

$$z^2 - 2xy = 0, \qquad \frac{x^2}{p} - \frac{y^2}{q} - 2z = 0 .$$

**298.** Une tour verticale pleine a la forme d'un solide de révolution et est constituée par des matériaux homogènes de poids spécifique $p$ ; on suppose que la charge sur chaque tranche horizontale est répartie uniformément sur tous les éléments de cette tranche, et que la face supérieure supporte un poids P par unité de surface ; déterminer la méridienne de la surface de révolution limitant le volume, de façon que la charge sur chaque unité de surface d'une tranche horizontale soit la même pour toutes les tranches.

**299.** Un réservoir cylindrique vertical de section $S = 1\,\mathrm{dm}^2$ et de hauteur $H = 25^{cm}$ est primitivement rempli d'eau ; dans la paroi inférieure on ouvre un orifice circulaire de section $s = 1\,cm^2$ ; déterminer le temps au bout duquel le réservoir sera vidé. On sait que la vitesse d'écoulement par l'orifice est $v = \sqrt{2gh}$, lorsque le niveau de l'eau dans le réservoir est à une hauteur $h$ au-dessus de l'orifice et que le débit de l'écoulement est $0,62\,sv$.

**300.** Un réservoir renferme 200 litres d'une solution salée contenant 10 grammes de sel par litre ; on fait écouler le liquide d'une manière uniforme à raison de 1 litre par seconde et on le remplace au fur et à mesure par la même quantité d'eau pure. On suppose que le mélange se fait instantanément et est toujours homogène. Déterminer la variation, en fonction du temps, du titre de la solution et le temps au bout duquel ce titre sera de $1^g$ par litre.

**301.** Intégrer les équations différentielles

$$\frac{d^2y}{dx^2} = x(a - x), \qquad\qquad \frac{d^2y}{dx^2} = y(a - y),$$

$$2y\,\frac{d^2y}{dx^2} = 1 + \left(\frac{dy}{dx}\right)^2, \qquad a\,\frac{d^2y}{dx^2} = \sqrt{1 + \left(\frac{dy}{dx}\right)^2},$$

$$4\,\frac{d^2y}{dx^2} - y = 2x^2 + 1, \qquad \frac{d^3y}{dx^3} - y = e^{-x},$$

$$(1 + x^2)\frac{d^2y}{dx^2} + 2x\,\frac{dy}{dx} = 6x^2 + 2 \qquad \text{(elle admet la solution } y_0 = x^2\text{)},$$

$$(1 + x^2)^2\frac{d^2y}{dx^2} + 2x(1 + x^2)\frac{dy}{dx} + 4y = 0 \quad \text{(on posera } x = \operatorname{tg} t\text{)},$$

$$x\,\frac{d^2y}{dx^2} + 2\,\frac{dy}{dx} = 4\log x, \qquad \frac{d^3y}{dx^3} + \frac{dy}{dx} = \operatorname{tg} x,$$

$$\frac{d^4y}{dx^4} + 2\,\frac{d^2y}{dx^2} + y = \cos mx \qquad \text{(cas de } m = \pm 1\text{)},$$

$$x^2\,\frac{d^2y}{dx^2} + x\,\frac{dy}{dx} - 4y = 0, \qquad x^2\,\frac{d^2y}{dx^2} - 3x\,\frac{dy}{dx} + 4y = 0.$$

**302.** Montrer que si $n$ est un nombre entier positif, les équations

$$(x^2 - 1)\frac{d^2y}{dx^2} - n(n - 1)y = 0,$$

$$(x^2 - 1)\frac{d^2y}{dx^2} - 2x\,\frac{dy}{dx} - n(n + 1)y = 0,$$

$$x\,\frac{d^2y}{dx^2} + (x + 1)\frac{dy}{dx} - ny = 0,$$

ont chacune pour solution un polynome entier et former leur solution générale par des quadratures.

VOGT. — Math. sup.                                        51

**303.** Montrer que les équations

$$x\frac{d^2y}{dx^2}+\frac{dy}{dx}-xy=0, \qquad x\frac{d^2y}{dx^2}+a\frac{dy}{dx}-bxy=0$$

ont chacune comme solution une série entière et former leur solution générale par des quadratures.

**304.** Étant donnée une équation différentielle du second ordre linéaire et homogène mise sous la forme

$$P(x)\frac{d^2y}{dx^2}+Q(x)\frac{dy}{dx}+ky=0,$$

où $k$ est une constante, est-il possible d'effectuer un changement de variable $x=f(t)$ de façon que l'équation entre $y$ et $t$ soit à coefficients constants ? Appliquer à l'intégration de l'équation

$$(1-x^2)\frac{d^2y}{dx^2}-x\frac{dy}{dx}+ky=0.$$

**305.** Déterminer en coordonnées cartésiennes une courbe plane de façon que le rayon de courbure en un point M : 1° se projette sur une droite fixe suivant une longueur constante ; 2° soit égal à $m$ fois la portion de la normale comprise entre le point M et l'axe $Ox$ ; cas où $m=1$, $m=-1$, $m=2$, $m=-2$.

**306.** Déterminer en coordonnées polaires une courbe plane de façon que le rayon de courbure en un point M soit égal à $m$ fois la portion de normale comprise entre le point M et la perpendiculaire à OM ; cas de $m=1$, $m=-1$, $m=2$.

**307.** Déterminer une courbe plane de façon que le rayon de courbure en un point M : 1° soit proportionnel à l'angle que fait avec $Ox$ la tangente au point M ; 2° soit proportionnel à la longueur de l'arc de la courbe compté jusqu'au point M.

**308.** Déterminer le mouvement d'un point matériel pesant se déplaçant suivant la verticale dans un milieu résistant : 1° lorsque la résistance est proportionnelle à la vitesse ; 2° lorsqu'elle est proportionnelle au carré de la vitesse ; cas du mouvement ascendant, cas du mouvement descendant.

**309.** En supposant l'axe $Oz$ vertical dirigé vers le haut, les équations du mouvement d'un point pesant sont

$$\frac{d^2x}{dt^2}=0, \qquad \frac{d^2y}{dt^2}=0, \qquad \frac{d^2z}{dt^2}=-g ;$$

déterminer la solution de ces équations satisfaisant aux conditions suivantes : la position initiale du mobile est l'origine, de plus, la vitesse initiale est égale à $v_0$ et est dirigée dans le plan des $xz$ suivant une droite faisant avec $Ox$ un angle donné $\alpha$.

**310.** Intégrer les systèmes suivants d'équations simultanées :

$$\left\{ \begin{aligned} \frac{dx}{dt} &= a(x-y), \\ \frac{dy}{dt} &= b(y-x); \end{aligned} \right. \qquad \left\{ \begin{aligned} \frac{dx}{dt} + \omega y &= -a\sin t, \\ \frac{dy}{dt} - \omega x &= a\cos t. \end{aligned} \right.$$

Pour le deuxième système, on étudiera plus spécialement le cas ou $\omega = 2$, et l'on construira la courbe représentant la solution particulière qui, pour $t = 0$, se réduit à $x = 0$, $y = 0$.

**311.** Intégrer les systèmes suivants d'équations simultanées

$$\left\{ \begin{aligned} \frac{dx}{dt} &= y+z, \\ \frac{dy}{dt} &= z+x, \\ \frac{dz}{dt} &= x+y, \end{aligned} \right. \qquad \left\{ \begin{aligned} \frac{dx}{dt} &= qz-ry, \\ \frac{dy}{dt} &= rx-pz, \\ \frac{dz}{dt} &= py-qx. \end{aligned} \right.$$

**312.** Intégrer le système des équations simultanées suivantes, qui se présente en électromagnétisme :

$$M\frac{dC_1}{dt} + L_2\frac{dC_2}{dt} + R_2 C_2 = E_2,$$

$$M\frac{dC_2}{dt} + L_1\frac{dC_1}{dt} + R_1 C_1 = E_1 ;$$

on suppose constants les coefficients et les seconds membres.

**313.** Intégrer les systèmes d'équations simultanées

$$\left\{ \begin{aligned} \frac{d^2x}{dt^2} + ay &= 0, \\ \frac{d^2y}{dt^2} + bx &= 0, \end{aligned} \right. \quad \left\{ \begin{aligned} \frac{d^2x}{dt^2} + ax + by &= 0, \\ \frac{d^2y}{dt^2} + bx + cy &= 0, \end{aligned} \right. \quad \left\{ \begin{aligned} \frac{d^2x}{dt^2} + ax + by &= 0, \\ \frac{d^2y}{dt^2} - bx + cy &= 0. \end{aligned} \right.$$

**314.** Intégrer les équations aux dérivées partielles

$$ap + bq = c, \qquad py + qx = 0, \qquad px + qy = \frac{xy}{z},$$

$$pq = 1, \qquad pq = z, \qquad pq = xy, \qquad p^2 + q^2 = a^2, \qquad p + q = mz,$$

$$\frac{\partial^2 z}{\partial x^2} - \frac{\partial^2 z}{\partial t^2} + z = 0 \qquad \text{(équation des télégraphistes)}.$$

**315.** Intégrer les équations aux différentielles totales

$$yz\,dx + zx\,dy - xy\,dz = 0,$$

$$yz(y+z)dx + zx(z+x)dy + xy(x+y)dz = 0.$$

# TABLE DES MATIÈRES

### Chapitre V. — Fonction exponentielle et logarithmes.



### Chapitre VI. — Des Séries.



### Chapitre VII. — La série $e$ et la fonction $e^x$.



### Chapitre VIII. — Déterminants.



### Chapitre IX. — Équations linéaires.

# DEUXIÈME PARTIE

## PRINCIPES DE GÉOMÉTRIE ANALYTIQUE

## TROISIÈME PARTIE

## DÉRIVÉES ET DIFFÉRENTIELLES

### CHAPITRE I. — Dérivées des fonctions d'une variable.



### CHAPITRE II. — Variation des fonctions d'une variable.



### CHAPITRE III. — Formes indéterminées.



### CHAPITRE IV. — Dérivées des fonctions de plusieurs variables.

## QUATRIÈME PARTIE
### THÉORIE DES ÉQUATIONS

#### Chapitre I. — Nombres complexes.



#### Chapitre II. — Applications trigonométriques.



#### Chapitre III. — Propriétés des racines des équations algébriques.



#### Chapitre IV. — Séparation des racines. Equation du troisième degré.



#### Chapitre V. — Résolution numérique des équations.

### Chapitre VI. — Procédés graphiques de résolution des équations.



# CINQUIÈME PARTIE

## APPLICATIONS GÉOMÉTRIQUES

### Chapitre I. — Tangentes et normales aux courbes planes.



### Chapitre II. — Construction de courbes planes.



### Chapitre III. — Construction de courbes planes (suite).



### Chapitre IV. — Étude des courbes du second ordre.



### Chapitre V. — Enveloppes de lignes planes.

## SIXIÈME PARTIE

### CALCUL INTÉGRAL

## EXERCICES



CHARTRES. — IMPRIMERIE DURAND, RUE FULBERT.